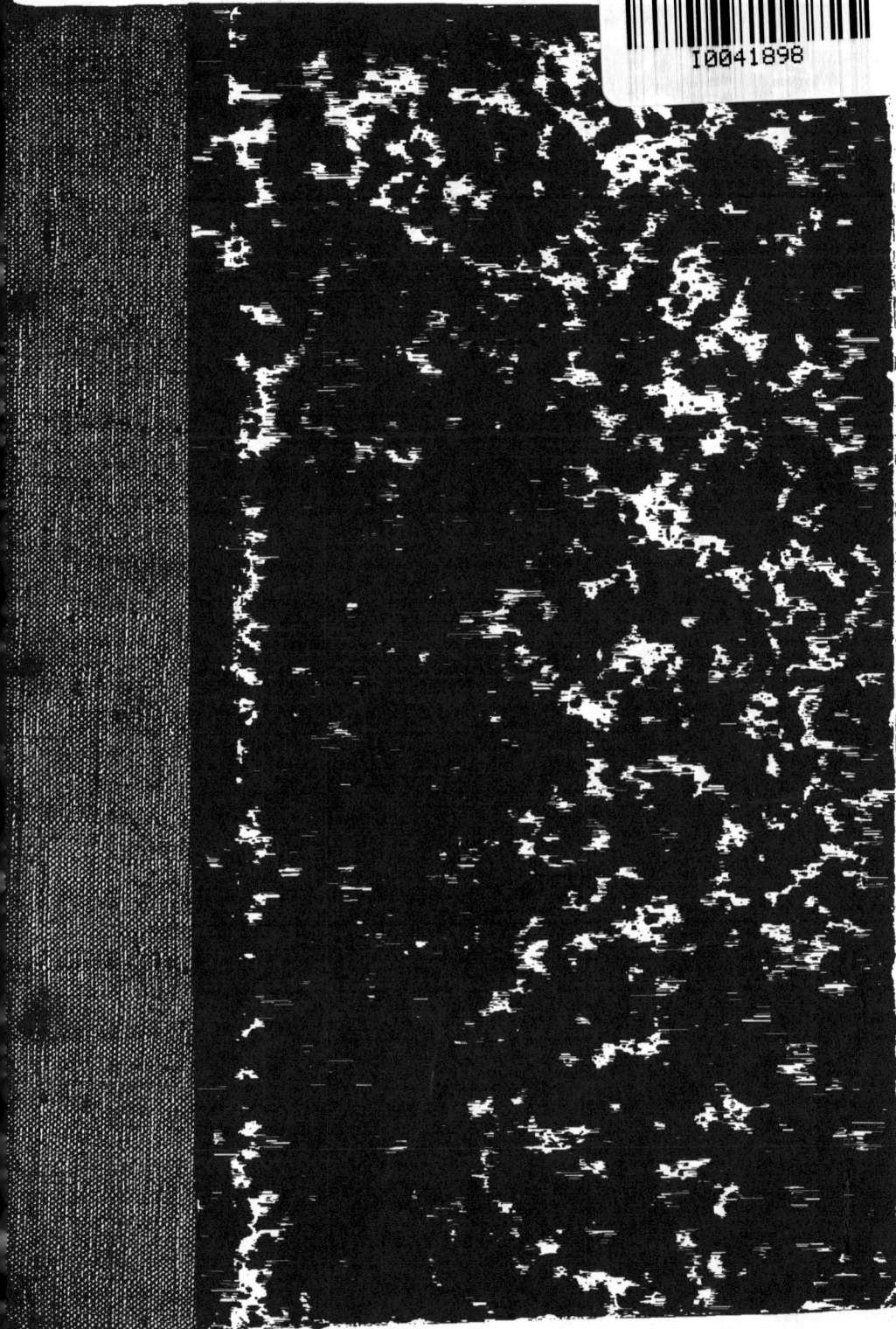

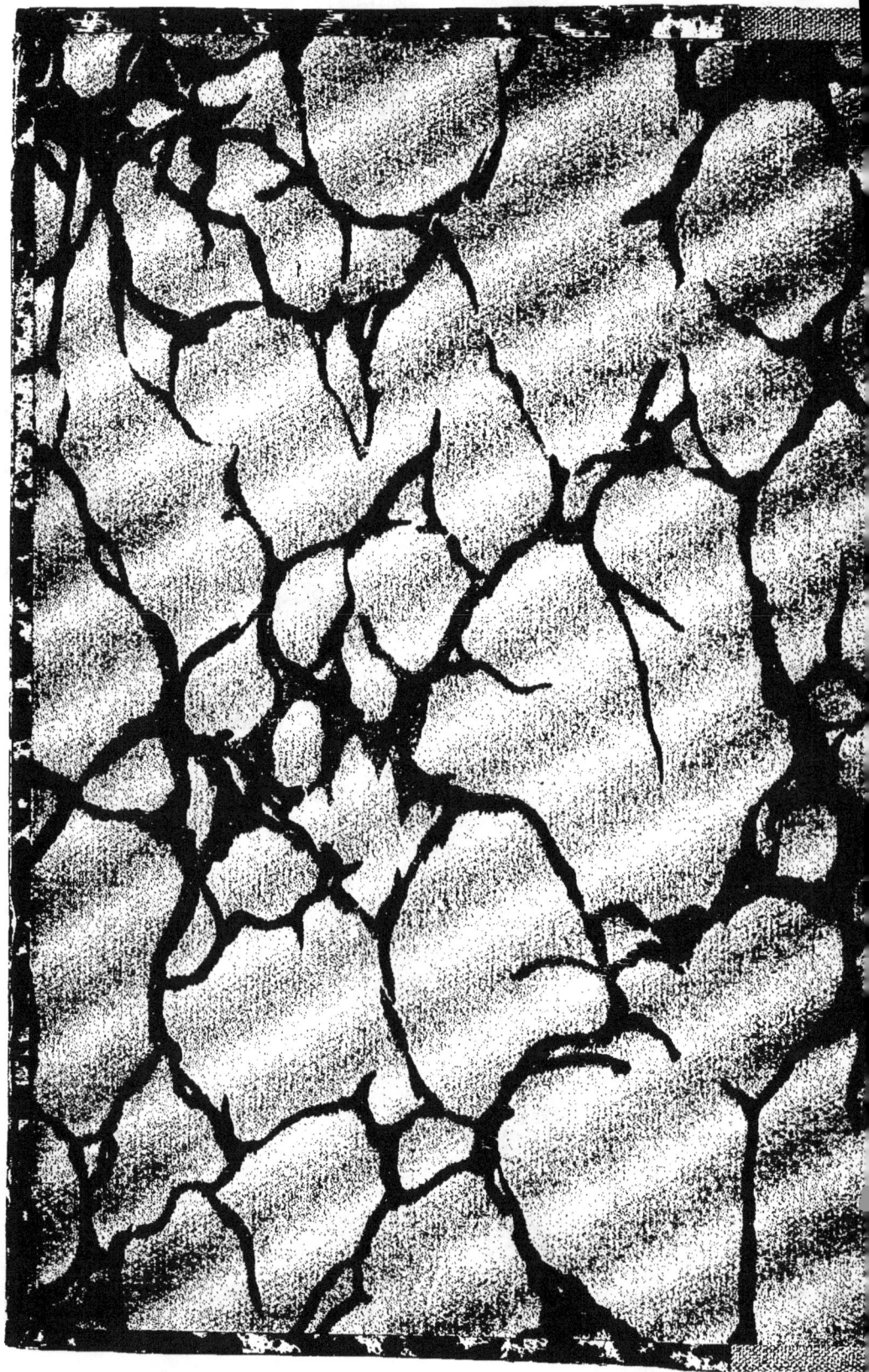

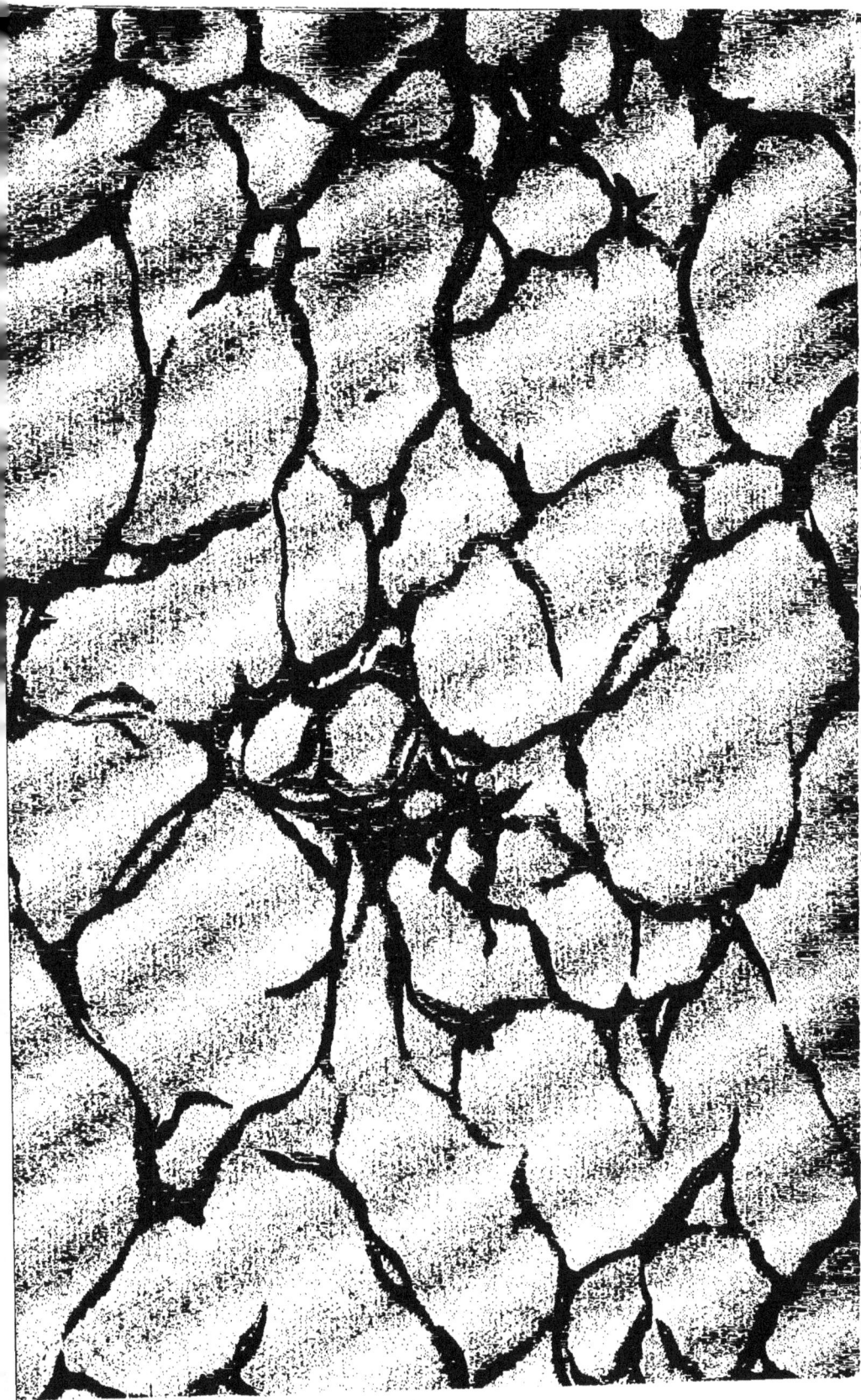

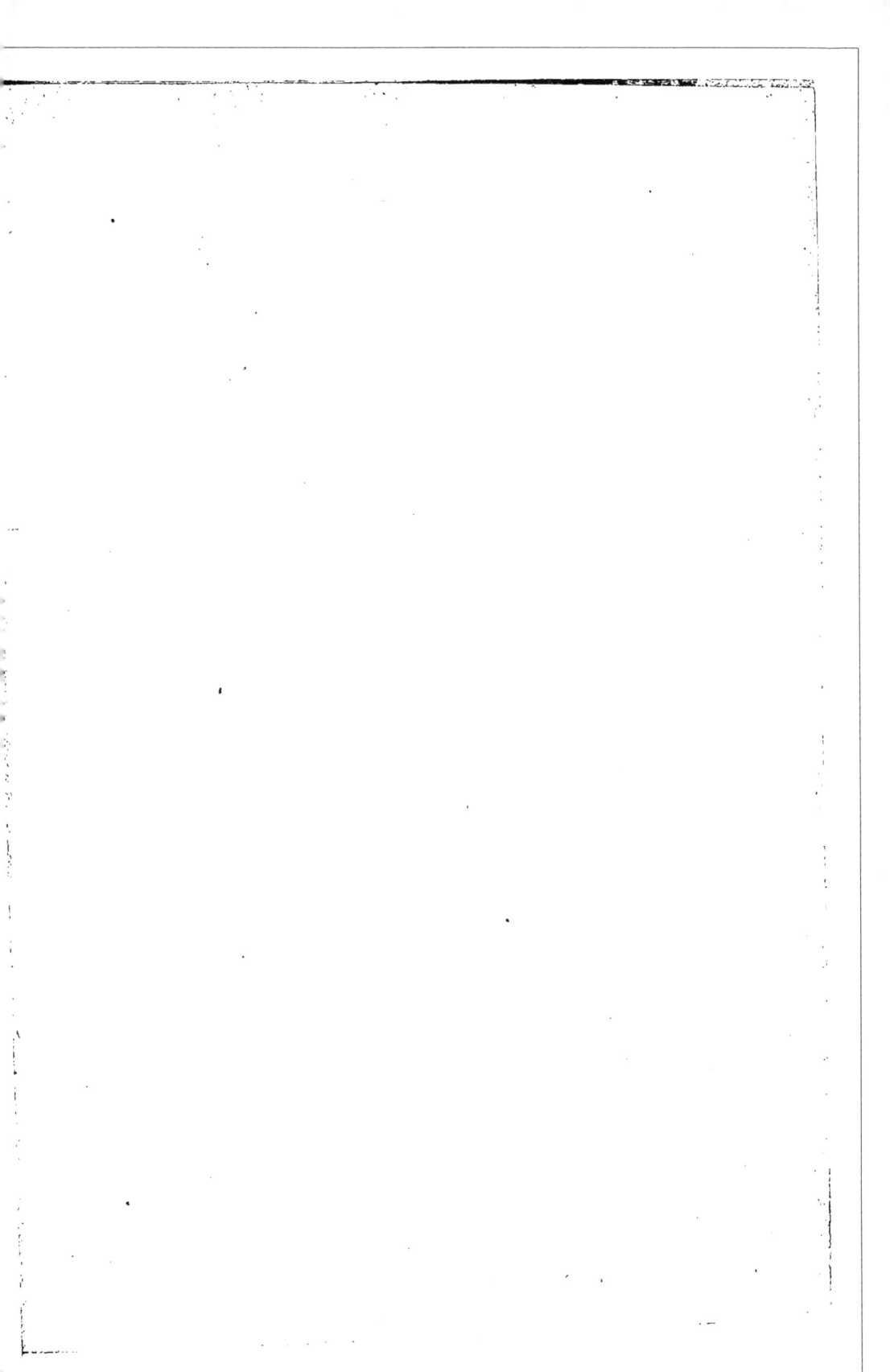

Architecture et la

construction pratique

PAR DANIEL RAMÉE,

Revue
augmentée et remise
entièrement

à jour par

HEGELBACHER

Ingénieur civil

LIBRAIRIE DE PARIS

FIRMIN-DIDOT & Cie

L'ARCHITECTURE

ET

LA CONSTRUCTION

PRATIQUE

A LA MÊME LIBRAIRIE

TYPOGRAPHIE FIRMIN-DIDOT ET Cⁱᵉ. — MESNIL (EURE)

L'ARCHITECTURE

ET

LA CONSTRUCTION

PRATIQUE

*mise à la portée des gens du monde, des élèves et
de tous ceux qui veulent faire bâtir*

PAR

DANIEL RAMÉE

architecte

*Ouvrage orné de 600 gravures, revu
et mis complètement à jour
par HEGELBACHER, Ingénieur civil*

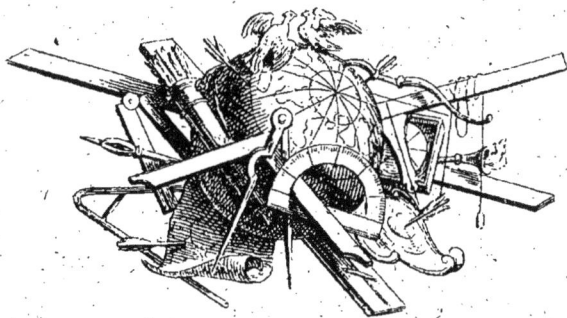

LIBRAIRIE DE PARIS

FIRMIN-DIDOT ET Cie, IMPRIMEURS-ÉDITEURS

56, rue Jacob

PRÉFACE

Cet ouvrage est destiné à servir à toutes les personnes qui veulent élever des constructions quelconques, soit à la ville, soit à la campagne. Il est surtout destiné aux propriétaires qui font bâtir, et qui, par une raison ou une autre, ne peuvent s'adresser à un architecte pour diriger et contrôler les travaux. Cet ouvrage les initiera utilement aux connaissances pratiques qui sont nécessaires à la direction des œuvres qui constituent ce qu'on nomme la *construction*.

Qu'on ne s'effraie pas de la quantité d'instructions que contient ce volume. En les lisant avec quelque attention on verra bientôt qu'elles sont faciles à saisir et à appliquer. La presque totalité de ces instructions sont éminemment pratiques. L'auteur s'est efforcé d'en éloigner, autant que possible, les sujets théoriques, qui sont du domaine de l'architecte et du constructeur de profession. S'il n'y a pas de doute que le propriétaire trouve dans ce livre des notions pratiques qui lui sont déjà connues, il est certain aussi qu'il en rencontrera d'autres qu'il ignore et qu'il ne pourrait apprendre qu'en consultant un grand nombre d'excellents ouvrages sur la construction, ce qui serait fastidieux et ne pourrait se faire qu'avec une grande perte de temps et une dépense considérable.

Pour la lecture de cet ouvrage, nous demandons quelque

attention. Il est divisé en trois parties principales, précédées
de quelques connaissances d'arithmétique et de géométrie,
qui seront utiles à apprendre, si on ne les possède déjà, ce
qui aura certainement lieu pour beaucoup de nos lecteurs.
Ces connaissances préliminaires et auxiliaires s'appliquent
au dressé des plans, à la rédaction des devis, à la conduite
et au contrôle des travaux et enfin au règlement des mémoires. On verra, à la lecture de la partie géométrique de
ces connaissances auxiliaires, qu'elles se rapportent toutes à
la pratique, à l'expérience. Nous nous sommes abstenu à
dessein d'entrer dans les démonstrations des propositions :
on les trouvera dans les livres de géométrie et autres ouvrages
théoriques. Au reste, avec un peu d'attention, on saisira la
vérité de toutes les énonciations contenues dans la partie de
ce volume qui est intitulée *Connaissances auxiliaires et préliminaires.*

Le premier livre de cet ouvrage traite de la connaissance
des matériaux, tels que pierres naturelles et artificielles,
pisé, métaux, bois de construction, chaux, sable, mortier,
ciments, mastics, couleurs, etc., etc.

Le second livre enseigne la science des constructions, ou
notions pour employer en connaissance de cause les matériaux qu'on a appris à connaître. On s'y occupe du sondage
et de la connaissance du sol, des fouilles, des fondements,
des fondations, de la maçonnerie, de la charpente, de la
menuiserie, de la serrurerie, de la couverture, etc.

Le troisième livre est consacré à l'initiation de la composition des projets de construction, c'est-à-dire au plan, à l'élévation ou façades, aux coupes des bâtiments, à l'échelle de
réduction et enfin à la mise en œuvre des travaux à exécuter.

Dans l'appendice, on traite la question des devis et l'évaluation des ouvrages.

Toutefois, ce livre n'est pas exclusivement destiné aux propriétaires qui cherchent une distraction agréable dans la construction, et il y en a beaucoup de cette catégorie, ou bien qui sont forcés de bâtir dans des localités où ils ne peuvent faire diriger les travaux par un architecte. Ce volume s'adresse aussi aux jeunes architectes, aux entrepreneurs qui exercent leur profession en province, loin des grandes bibliothèques; il s'adresse encore aux ouvriers intelligents du bâtiment, qui trouveront dans nos pages une grande accumulation de renseignements utiles et nouveaux.

Nous avons dû nous étendre un peu plus longuement sur la question des voûtes que sur celles qui embrassent les autres parties de la maçonnerie, parce qu'elles constituent une question capitale dans la construction. Cette question est cependant à la portée de tout propriétaire constructeur, s'il a soin de s'initier aux éléments géométriques qui s'appliquent à la composition graphique comme à l'exécution matérielle des voûtes. Qu'il n'oublie pas qu'on lit en sachant épeler, et qu'on n'épelle que quand on connaît l'alphabet. L'alphabet pour la composition et la *lecture* des voûtes consiste en notions élémentaires de géométrie et en quelques calculs. Nous ne parlons, bien entendu, que des voûtes pratiquées dans les maisons, comme voûtes en berceau et voûtes d'arête.

Pour la commodité de notre exposé, nous avons établi une distinction très nette entre les fondations et ce que nous avons appelé les fondements. Les fondements sont l'ensemble ou la totalité des opérations ou travaux qui doivent former seulement un appui destiné à supporter les fondations proprement dites. La science des fondements est certes portée à un haut point de perfection en France. Mais les détails qui constituent son ensemble ne sont pas réunis en un corps d'ouvrage;

on les trouve disséminés dans les publications périodiques des ponts et chaussées et dans les livres que publie le génie militaire; plusieurs ouvrages qui traitent de la construction, en donnent aussi certaines parties. De tous ces détails éparpillés nous avons formé un résumé qui remplira les vues du propriétaire qui doit bâtir sur des sols douteux ou entièrement mauvais.

La nouvelle édition que nous présentons aujourd'hui a été complétée par l'adjonction d'un glossaire des termes techniques employés généralement en construction.

TABLE DES MATIÈRES

LIVRE PREMIER.

DES MATÉRIAUX PRINCIPAUX.

LIVRE DEUXIÈME.

LA SCIENCE DES CONSTRUCTIONS.

CHAPITRE PREMIER.

CHAPITRE II.

CHAPITRE III.

CHAPITRE IV.

CHAPITRE V.

CHARPENTE.

CHAPITRE VI.

MENUISERIE.

CHAPITRE VII.

SERRURERIES ET CHARPENTE EN FER.

DE LA CHARPENTE MÉTALLIQUE.

CHAPITRE VIII.

COUVERTURE.

CHAPITRE IX.

INSTALLATIONS SANITAIRES : WATER-CLOSETS, ÉVIERS, VIDOIR, SALLES DE BAINS, STÉRILISATEURS.

CONSEILS GÉNÉRAUX

POUR DIVERSES CONSTRUCTIONS.

INTRODUCTION

CONNAISSANCES
AUXILIAIRES ET PRÉLIMINAIRES.

Nous avons cru devoir faire précéder la science pratique de la construction de quelques notions de géométrie, de statique, de physique, etc. Ces connaissances, resserrées dans un cadre restreint, aideront à comprendre les opérations ainsi que bon nombre de termes géométriques dont on est forcé de se servir pour la construction. Nous avons cherché autant que possible à éloigner de notre travail les termes techniques employés dans chaque corps de métier, mais on comprendra qu'il nous a été impossible de les bannir entièrement. Quand on a affaire à des ouvriers, quand on veut diriger les travaux qu'ils exécutent, il faut parler le plus qu'on peut le langage auquel ils sont habitués. D'abord les ordres donnés se présentent plus clairement à leur esprit, et ensuite on évite des phrases longues que leur inexpérience les empêche de saisir du premier coup.

Il ne faut pas s'effrayer de l'étude des quelques connaissances contenues dans les pages qui vont suivre; car elles ne sont pas difficiles à comprendre. Il faut les lire avec attention, et s'y initier lentement, peu à peu; il faut surtout ne pas sauter sur les éléments préliminaires, qu'il est essentiel de connaître et de retenir pour comprendre les explications qui suivent.

Les connaissances auxiliaires ne serviront pas seulement pendant les travaux, elles mettront encore celui qui fait construire à même de dresser plus facilement un devis pour se rendre compte de la dépense. Plus tard, quand tous les travaux sont achevés,

elles l'aideront puissamment dans la lecture et l'appréciation des
mémoires des différents entrepreneurs et lui permettront de
mener à bonne fin le règlement définitif de ces mémoires.

Les principes de géométrie, par exemple, que nous donnons
en tête de ce livre trouvent continuellement leur application dans
la maçonnerie, dans la charpente et même dans la menuiserie.
Ils seront utiles pour la surveillance à exercer sur la coupe des
pierres, l'exécution des voûtes, la combinaison et l'assemblage
des bois de charpente, etc.

Il faut connaître aussi les premiers éléments de géométrie pour
dessiner ou comprendre les projets de construction à élever. La
paroi d'un mur est une surface ; un mur est un corps ou solide de
maçonnerie. Or la géométrie est la science qui initie aux rapports
et aux propriétés des limites soit des surfaces, soit des corps ou
solides. Les limites des surfaces sont des lignes, et les limites ou
extrémités des corps ou solides sont des surfaces. Les corps peuvent être vides ou solides. Une chambre, quoique vide, est formée
de quatre côtés verticaux, de deux faces horizontales, le plancher
et le plafond. Un corps est plein ou dit *solide* s'il est constitué
dans toute son étendue, longueur, hauteur et épaisseur, par une
matière ou substance quelconque. Un mur est donc un corps
plein ou solide, parce que toute son étendue ou volume est remplie
de maçonnerie ; une poutre est un corps plein, parce que toute
son étendue est remplie par le bois (fibres et sève).

La plus grande partie des innombrables détails qui constituent
le monde, et les détails surtout de notre globe, visibles à l'œil,
témoignent de la présence des lois qu'enseigne la géométrie. On
les retrouvera dans la minéralogie, dans la botanique, dans les
transformations chimiques naturelles, dans la météorologie (configuration de la neige), etc., et si nous avions un livre qui re-
traçât dans un ensemble complet la réunion des parties divisées
qui forment le monde, on verrait le rôle important, absolu, que
joue la géométrie dans la nature visible et immatérielle.

C'est l'appropriation de cette nature qui est de nouveau mise
en œuvre dans la construction. Or comme cette nature repose
essentiellement sur des éléments de géométrie qui lui inculquent
l'ordre et l'harmonie qu'on y remarque et qu'on admire, il faut

que le constructeur connaisse au moins les éléments rudimentaires de cette science. Ces éléments il les trouvera concentrés aussi succinctement que possible dans les quelques pages suivantes. Ils lui suffiront pour comprendre tous les principes contenus dans cet ouvrage. Mais s'il veut pousser plus loin l'étude de ces diverses sciences, nous l'engageons alors à consulter des livres spéciaux de géométrie, de physique et de chimie expérimentale.

Nous nous sommes servi de quelques signes abréviatifs dont on fait usage dans les mathématiques. Ainsi le signe $+$ indique l'addition et s'énonce *plus*. A ajouté à B (que A et B soient des mesures ou des nombres), s'exprime ainsi : $A + B$, soit A plus B.

Le signe $-$ exprime la soustraction et s'énonce *moins*; $A - B$ veut dire A moins B.

Le signe $\times$ signifie la *multiplication*; $A \times B$ veut dire que A est multiplié par B.

Le signe $=$ signifie l'*égalité*; $A = B$ veut dire que A est égal à B.

$\dfrac{A}{B}$ signifie A divisé par B.

: deux points placés ainsi l'un au-dessus de l'autre signifient *est à*.

: : quatre points placés en carré signifient *comme à*. Ainsi $2 : 3 :: 4 : 6$ veut dire 2 est à 3 comme 4 est à 6.

Des lignes, des angles, du cercle, des polygones et des corps	Une ligne en géométrie est une longueur sans largeur ni hauteur. On tire cependant des lignes matérielles, des polygones et des corps

afin de les rendre visibles à l'œil.

La ligne droite est la plus courte distance d'un point à un autre.

Par deux points on ne peut faire passer qu'une ligne droite.

Toute ligne qui n'est ni droite ni composée de lignes droites est une ligne *courbe*.

Toute ligne composée de lignes droites est une ligne *brisée*.

Si entre deux points donnés A B on trace une ligne *a* qui n'est pas droite, on peut tirer entre ces deux points une autre ligne *b* identiquement semblable à la première (*fig.* 1).

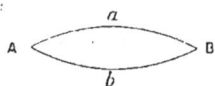

Fig. 1.

Si deux lignes situées dans un même plan sont prolongées indéfiniment sans jamais se rencontrer, ces lignes sont dites *parallèles*.

On nomme lignes *convergentes* celles qui tendent vers un seul et même point, et *divergentes* celles qui s'écartent d'un point.

Une ligne est *horizontale* lorsqu'elle est parallèle à la surface d'une eau calme.

Un poids quelconque suspendu en l'air par un fil ou cordeau produit au moyen de ce fil ou de ce cordeau une ligne *perpendiculaire* à la surface de l'eau et qui se dirige droit au centre de la terre. On nomme aussi une telle ligne *verticale*, ligne *normale*.

En mathématiques toute ligne qui forme un angle droit avec une autre ligne, est dite perpendiculaire à celle-ci.

Un angle est formé par la rencontre de deux lignes droites; l'angle est la quantité d'espace plus ou moins grande contenue entre ces lignes au point de leur intersection.

Le point où se rencontrent deux lignes, ou l'intersection, se nomme sommet de l'angle, et les deux lignes qui forment l'angle sont appelées ses *côtés*.

Deux lignes qui se croisent forment quatre angles.

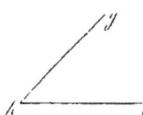

Fig. 2.   Fig. 3.   Fig. 4.

On nomme angle *droit*, *abc* (*fig.* 2), un des angles formés par une perpendiculaire abaissée ou élevée sur une ligne.

L'angle droit est encore un des quatre angles formés par deux lignes qui se croisent au centre d'un cercle, de telle sorte que ces lignes coupent la circonférence en 4 parties égales *fig.* 3).

Angle *obtus* est tout angle plus grand qu'un angle droit, *def* (*fig.* 3).

Angle *aigu* est tout angle plus petit qu'un angle droit, *ghi* (*fig.* 4).

On appelle *circonférence de cercle* une ligne courbe dont tous les points sont également distants d'un point intérieur *C* appelé centre. La surface limitée par cette circonférence est appelée *cercle*. Une droite quelconque allant du centre à la circonférence se nomme *rayon*. Les plus longues lignes que l'on puisse tracer dans un cercle sont celles qui passent par le centre; on les nomme *diamètres :* le diamètre est double du rayon.

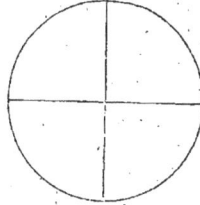
Fig. 5.

L'*arc* est une portion de la circonférence : *egf* est un arc. La *corde* est la ligne droite *ef* qui joint les deux extrémités de l'arc.

Le *segment* est la surface ou portion de cercle comprise entre l'arc et sa corde.

La tangente est une ligne qui n'a qu'un point de commun avec la circonférence; ainsi la ligne TT ne touche la circonférence qu'au point M : c'est une tangente.

Pour faciliter les opérations dans plusieurs sciences, et pour pouvoir indiquer en chiffres la valeur d'un angle, on a divisé le cercle en 360 parties. Une perpendiculaire élevée au centre du cercle sur le diamètre divise la circonférence en quatre parties

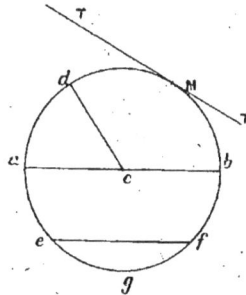
Fig. 6.

égales. On est convenu de diviser chacune de ces quatre parties en 90 autres parties, nommées *degrés*. L'angle droit a 90 degrés.

On tend à adopter aujourd'hui une unité qu'avait préconisée Borda : cette unité se nomme « le grade » : c'est la 400ᵉ partie de la circonférence ; le grade se divise suivant la loi décimale tandis que le degré se subdivise en minutes et secondes, un degré valant 60 minutes, et une minute valant 60 secondes ce qui rend les calculs compliqués.

La *surface* est ce qui a longueur et largeur, sans hauteur ni épaisseur.

Le *plan* est une surface dans laquelle prenant deux points à volonté, et joignant ces deux points par une ligne droite, cette ligne est tout entière dans la surface.

Quand les lignes qui renferment un espace sont droites, la figure qu'elles forment s'appelle figure rectiligne ou polygone, et les lignes elles-mêmes prises ensemble forment le *contour* ou *périmètre* du polygone.

Le *triangle* est formé de trois lignes; c'est le plus simple des polygones. On ne peut pas former de figure avec deux lignes.

Le *carré* est une figure ou polygone qui a ses quatre côtés égaux et ses angles droits.

Le *rectangle* a ses angles droits mais seulement deux côtés égaux; il est plus long que large.

Une *surface courbe* est celle qui n'est ni plane ni composée de surfaces planes. On ne peut tirer une ligne droite d'un point à un autre sur une surface courbe.

Tout solide a trois mesures d'étendue : longueur, largeur, hauteur ou épaisseur. Les solides ou corps sont terminés par des surfaces, des plans ou faces planes.

Pour faire un corps, il faut quatre surfaces au moins. Une, deux, trois surfaces ou plans ne peuvent pas faire un corps ou solide.

La surface d'un corps est celle au moyen de laquelle il est ou se trouve formé ou enveloppé.

Le cube d'un corps ou solide est l'espace qu'il renferme selon sa longueur, sa largeur, sa hauteur ou épaisseur.

La surface de sa base est celle sur laquelle il est posé.

La hauteur ou l'élévation d'un solide est la mesure qui s'étend de son sommet en ligne verticale jusqu'à sa base, ou la prolongation de sa base.

Les corps ont des surfaces planes ou courbes.

Si les surfaces d'un corps sont planes et terminées par des lignes droites, si enfin ces surfaces sont des rectangles, parallèles deux à deux, elles font naître le *cube*, le *parallélipipède*, le *prisme quadrangulaire*.

Fig. 7.

Le cube *fig.* 7 est un corps parallélipipédique régulier, compris sous six carrés égaux, quatre pour les faces verticales, deux pour les faces horizontales (une pour la base, une pour le sommet ou haut). Toutes les lignes qui terminent un cube, et qui sont nommées arêtes, sont d'égale longueur. Les dés à jouer sont des cubes.

Le parallélipipède (*fig.* 8) est un prisme qui a six faces, quatre verticales plus longues que les deux faces rectangulaires horizontales ; une poutre peut donner l'idée du parallélipipède, qui a toujours une base carrée ou rectangulaire.

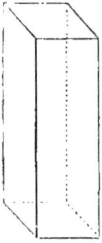 

Quand les deux faces extrêmes, ou horizontales, ou la base et le sommet d'un parallélipipède, forment un cercle, alors ce corps ou solide ou volume est nommé *cylindre* (*fig.*9). La colonne en est un exemple. La ligne droite ponctuée au centre du cylindre se nomme axe du cylindre.

Fig. 8.   Fig. 9.

Fig. 10.

Le solide ou corps qui naît de la révolution d'un demi-cercle (*fig.* 10) sur son diamètre est nommé *sphère* (boule). La ligne ou le diamètre autour duquel s'opère la révolution est nommée *axe* de la sphère : ses deux extrémités sont appelées *pôles*.

La sphère aplatie à ses deux pôles, comme l'est notre globe, est nommée *sphéroïde*.

De la mesure et du mètre   Mesurer une grandeur quelconque, c'est chercher combien de fois cette grandeur contient l'unité.

Le mètre est l'unité fondamentale des poids et mesures en France.

Le mètre est une longueur qui est la dix-millionième partie du quart du méridien terrestre, ou la quarante-millionième du plus grand cercle de la terre, dirigé du nord au sud.

Un *centimètre* est la centième partie de la longueur du mètre ; le pied de l'homme a environ 25 centimètres : on peut donc se faire à peu près l'idée du mètre, en le comparant à quatre fois la longueur du pied humain.

Quand on dit telle ligne a 10 mètres de longueur, on a une idée de la longueur de cette ligne, parce qu'on connaît l'étendue de l'unité employée pour désigner cette mesure.

Pour tracer une ligne de 10 mètres, il faudra placer dix fois à la suite les unes des autres l'unité ou la mesure qu'on figurera à côté.

Il est d'usage de nommer la mesure destinée à mesurer des lignes, *mesure linéaire, mesure de longueur.*

Pour les mesures décimales ou division par 10, la mesure se multiplie par 10; 10 millimètres font un centimètre, dix fois dix centimètres font un mètre, dix mètres font un décamètre, cent mètres font un hectomètre, mille mètres font un kilomètre et enfin dix mille mètres font un myriamètre.

Les lignes ne peuvent être et ne sont mesurées qu'au moyen de lignes.

Plusieurs lignes combinées entre elles forment des surfaces et plusieurs surfaces peuvent se réunir pour former un corps. C'est ce que nous voyons en minéralogie. Or si une surface est déterminée par des lignes, une surface peut aussi être mesurée par des lignes.

Ainsi, si une figure plane d'un mètre de longueur et d'un mètre de largeur était circonscrite par quatre angles droits, cette figure formerait un carré parfait, dont chaque côté aurait un mètre de longueur. Un tel carré pourrait servir commodément pour mesurer toutes les surfaces possibles. Si l'on avait un rectangle de 3 mètres de longueur sur 3 mètres de largeur tout carré de 1 mètre de longueur sur 1 mètre de largeur serait contenu 9 fois dans le rectangle en question.

Le carré *a* (*fig.* 11) serait donc contenu 9 fois dans le rectangle *abce*.

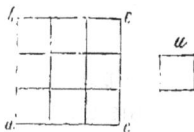
Fig. 11.

Si l'on nomme le petit carré *a*, dont les côtés ont $\frac{1}{10}$ de centimètre de longueur, millimètre carré, parce que 10 parties ou millimètres font un centimètre, le grand rectangle *abce*, 3×3 contiendra 9 millimètres superficiels.

Supposons encore que le petit carré ait 1 centimètre en tous sens, alors on dira que le grand carré *abce* a 9 centimètres superficiels.

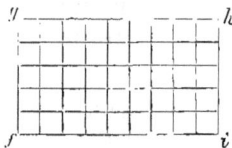
Fig. 12.

Supposons enfin un rectangle *fghi* (*fig.* 12), figure à angle droit plus longue que large, qui se compose de 5 carrés en hauteur et de 9 en longueur; 5 multipliés par 9 font 45. Si un des petits carrés est pris comme unité, un millimètre, on dira que le rectangle *fghi* a 45 millimètres de superficie ; si l'unité est un centimètre, il aura 45 centimètres de superficie, si l'unité est 1 mètre, il aura 45 mètres de superficie.

Il n'est pas besoin d'appliquer réellement la mesure carrée pour connaître la superficie d'un plan, sur le plan lui-même. Il suffit de savoir la longueur de chaque côté, pour savoir combien de fois cette unité est contenue dans le rectangle à mesurer.

Prenons pour modèle le rectangle *fghi*. Nous mesurons avec notre unité. Si cette unité est 1 mètre, nous trouverons qu'elle va 5 fois sur la face *fg*, et 9 fois sur la face *gh;* alors en multipliant 5 par 9 nous aurons 45 qui est le même nombre que celui qu'on trouve en comptant chaque carré séparément. Si au lieu de l'unité *mètre*, nous prenons l'unité centimètre, on aura 45 centimètres au lieu de 45 mètres. Si l'on adopte l'unité millimètre, on aura 45 millimètres au lieu de 45 mètres ou 45 centimètres. Il y a par conséquent des mètres, des centimètres et des millimètres carrés.

Un mètre superficiel, ou une superficie d'un mètre de long sur un mètre de large, contient 10,000 centimètres de superficie, parce que dans un mètre linéaire (une ligne d'un mètre de longueur) il y a 100 centimètres, et que ces 100 centimètres de la longueur multipliés par les 100 centimètres de la largeur ou profondeur produisent dix mille ($100 \times 100 = 10,000$).

Il y a un million de millimètres carrés ou superficiels dans un mètre carré ou superficiel, par la raison qu'il y a 1,000 millimètres linéaires dans un mètre et que 1,000 multipliés par 1,000 font 1,000,000.

Pour mesurer soit un carré, soit un rectangle, il suffit de multiplier l'un des côtés par l'autre.

Supposons une surface de 30 mètres 27 centimètres de longueur sur 23 mètres 54 centimètres de largeur, quelle sera sa superficie ?

Multipliez un nombre par l'autre et le résultat sera la superficie ou contenance demandée.

Ainsi : 30,27
23,54
————
12108
15135
9081
6054
————
712,558 ou 712 mètres, 55 centimètres, 58 millimètres.

Il faut bien que nous disions ici un mot de la célèbre proposition de Pythagore que : *le carré fait sur l'hypoténuse d'un triangle rectangle est égal à la somme des carrés faits sur les deux autres côtés.*

Sur l'hypoténuse, c'est-à-dire le plus grand côté du triangle rectangle *abc* (*fig.* 13), élevez un carré *acde*, et sur les côtés *ab*, *bc*, élevez-en deux autres *abfg* et *bihc*. Divisez le côté *ac* du carré *acde* ou l'hypoténuse en cinq parties égales, et l'on trouvera que le plus petit côté du triangle, *cb*, contiendra trois parties des cinq parties de l'hypoténuse et que l'autre côté *ab* du triangle en contiendra quatre. Faites selon ces divisions des carrés ainsi que le montre la fig. 13, et l'on trouvera que le carré élevé sur l'hypoténuse contiendra 25 petits carrés, tandis

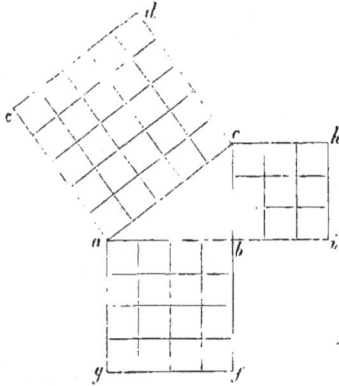

Fig. 13.

que le carré du petit côté en contiendra 9 et qu'enfin le carré fait sur l'autre côté du triangle en contiendra 16. Maintenant qu'on additionne le nombre des carrés du petit carré au nombre des carrés de l'autre côté, $9 + 16 = 25$, on trouvera ce nombre égal à celui des carrés de l'hypoténuse.

Cette proposition est également vraie en se servant d'autres proportions. Si par exemple l'hypoténuse a 10 parties de longueur, les côtés pourront mesurer 6 et 8 de ces parties; car si $10 \times 10 = 100$, $6 \times 6 + 8 \times 8 = 36 + 64 = 100$.

Il s'ensuit que si un ouvrier quelconque a besoin de construire un angle droit au moyen de trois planches ou lattes, il n'a qu'à en couper une de $0^m,60$ de longueur, une autre de $0^m,80$ et enfin une de 1 mètre pour l'hypoténuse. On voit donc par ce que nous venons de dire quelle est l'utilité de la proposition de Pythagore dans la pratique de la construction.

Tout rectangle peut être divisé en deux triangles rectangles dont les superficies sont identiquement les mêmes. Or si la superficie d'un rectangle peut se trouver en multipliant sa base par sa hau-

teur, on peut trouver celle d'un triangle rectangle en multipliant
sa base par sa hauteur et en prenant la moitié du produit.

(Fig. 14). Si la superficie du carré abcd est égale à ab multiplié
par bc (ou disons en chiffres ab représente 10 mètres et bc également 10 mètres), cette superficie sera la base multipliée par la
hauteur (ou 100). Mais la diagonale
ca divise le rectangle en deux triangles équivalents, abc, adc, il faut
par conséquent que la superficie ou
l'aire du triangle abc soit égale à
ab multiplié par bc et divisé par 2
(10 × 10 = 100 divisé par 2　50),
et que ad multiplié par dc et divisé
par 2 soit égal au triangle précédent.

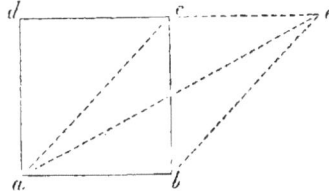
Fig. 14.

Si nous admettons que ab a 3^m,56, bc 2^m,60, la superficie de
abcd sera de 9^m,2560 (3^m,56 × 2^m,60 = 9^m,2560), et celle des deux
triangles abc, adc, de 4^m,6280, ou moitié de 9^m,2560.

*La surface d'un triangle est donc toujours la moitié de la surface
d'un rectangle qui a même base et même hauteur.*

Cette proposition est absolument vraie; on peut donc élever
sur la base d'un triangle quelconque un rectangle qui aura pour
superficie juste le double de celle du triangle.

La géométrie prouve que le triangle abc est équivalent au
triangle adc, que leurs superficies sont identiquement les mêmes,
parce que leur hauteur bc et leur base ab sont égales. Mais si adc
est la moitié de abcd, abc est également la moitié de abcd, et la
superficie du triangle abc est ab multiplié par bc et divisé par 2.

Donc des triangles qui ont une même base et une même hauteur perpendiculaire ont aussi leurs superficies égales.

On prouve en géométrie que la superficie du triangle abc est
égale à celle du triangle abe, parce que la base ab est commune
aux deux polygones et que la hauteur bc est la même pour les
deux figures.

*Toute figure ou polygone dont les côtés sont formés de lignes
droites peut se décomposer en triangles; en mesurant et calculant
la superficie de ces triangles, on peut donc se rendre compte de la
superficie entière du polygone.*

Nous avons sous les yeux (*fig.* 15) une figure de six côtés, *ab,*
bc, cd, de, ef et *fa.* Nous divisons cette figure
en 4 triangles, 1, 2, 3, 4. Du sommet de chacun de ces 4 triangles, nous tirons les lignes
ponctuées *by, cs, uf, te,* hauteurs de ces triangles. Multipliez la hauteur *by* du triangle
n° 1 par sa base *ac,* prenez la moitié du produit qui sera la superficie du triangle n° 1 ou
du triangle *abc.* Faites-en autant pour les au-

Fig. 15.

tres triangles, additionnez ensuite les résultats de vos calculs, et
le total sera la superficie de la figure *abcdef.*

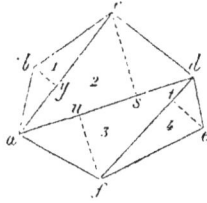

Il y a encore une autre manière de calculer la surface d'un
triangle. C'est de multiplier sa base par la
moitié de sa hauteur (*fig.* 16). Si sa base *ab* a,
par exemple, 6^m,30 et sa hauteur *dc* 5^m,36, multipliez 630 par 268 (moitié de 5^m,36). C'est comme
si vous vous rendiez compte de la superficie
d'un rectangle de 6^m,30 de longueur sur 5^m,36
de hauteur, dont la superficie serait de 33^m,7680,
et que vous prissiez ensuite la moitié de ce

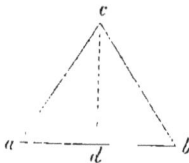

Fig. 16.

dernier produit, qui est égale à 16^m,8840; or 630 multipliés par
268 produisent aussi 16^m,8840.

Quand il s'agit de mesurer la superficie d'un polygone régulier,
il suffit d'additionner les longueurs des côtés, de multiplier la
somme par la longueur de la perpendiculaire tirée du centre sur un
des côtés et d'en diviser le produit par 2 ; on aura
la superficie du polygone.

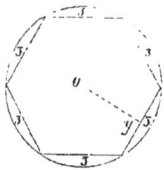

Supposons (*fig.* 17) un hexagone ou figure à
six côtés égaux, dont chaque côté aurait 3 mètres ; les six faces nous représenteront 18 mètres. La perpendiculaire *oy* aurait 2^m,60 ; 18 multipliés par 2^m,60 produisent 46^m,80, dont la moitié est 23^m,40.

Fig. 17

L'aire ou la superficie du cercle est égale au produit de sa cir-
conférence par la moitié du rayon. On peut en effet regarder le
cercle comme formé d'un nombre infini de triangles. Qu'on se
figure le cercle équivalant à un triangle dont la hauteur serait le

demi-diamètre ou rayon du cercle et dont la base serait aussi longue que la circonférence du même cercle.

Si l'on pouvait réellement construire un tel triangle, on pourrait aussi réellement mesurer géométriquement le cercle, et il ne s'agirait que de trouver une ligne droite égale à la circonférence. Mais on n'a pu trouver jusqu'à présent le rapport exact de la circonférence au rayon et au diamètre ; on n'a pu déterminer ce rapport que d'une manière approximative, et cette manière suffit pour les calculs nécessaires dans la construction.

Si l'on suppose un diamètre de cercle de 1 mètre de longueur, la circonférence de ce cercle sera de 3^m,1416. C'est le rapport le plus exact qu'on a pu trouver, et c'est celui qui a été adopté pour tous les calculs mathématiques.

Ainsi donc, toutes les fois que le diamètre d'un cercle vous sera donné, pour connaître la circonférence, il faudra multiplier le diamètre par 3,1416.

Par exemple si le diamètre a 5 mètres de longueur, la circonférence *c* sera égale à 5 multipliés par 3^m,1416... ou 15^m,7080, ou 15 mètres 70 centimètres 80 dix-millièmes.

Et réciproquement, selon une proportion semblable, on peut trouver par une circonférence donnée son diamètre.

Fig. 18.

Il suffit pour cela de diviser la circonférence par le chiffre 3,1416. Ainsi si la circonférence était égale à 21, le diamètre serait égal à 21 divisés par 3,1416, c'est-à-dire 6,67.

Nous venons de voir comment on obtenait la circonférence du cercle, une fois le diamètre connu. Pour en obtenir la superficie voici comment il faut procéder.

Prenez le rayon ou moitié du diamètre, multipliez-le par lui-même pour en obtenir le carré, et multipliez ensuite ce carré par 3,1416.

Supposons un diamètre de 6 mètres de longueur. Pour savoir quelle sera la superficie du cercle, prenez le rayon ou moitié du diamètre : 3 mètres, multipliez-le par lui-même pour en faire le carré, soit 9 mètres, et multipliez enfin ce carré par 3,1416, ce qui vous donnera pour la superficie du cercle 28^m,274.

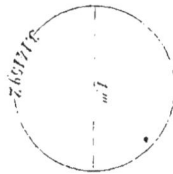

Mesures des cubes Pour mesurer le cube des corps il faut un cube, ou solide, pris pour unité de mesure. Si les lignes se mesurent par des lignes, des surfaces au moyen de surfaces, il faut pour mesurer les corps une mesure formée comme eux.

Pour mesurer les corps on se sert du corps le plus simple, qui est le cube, solide formé par six carrés égaux, comme nous l'avons déjà dit. Le cube est semblable aux dés avec lesquels on joue. Le cube est en tous pays l'unité fondamentale, la mesure normale pour mesurer les solides, soit maçonnerie, soit charpente, etc. Et c'est même de cette unité, renfermant les trois dimensions de l'étendue : longueur, largeur, hauteur, qu'est venu le verbe *cuber*, c'est-à-dire mesurer et réduire à un cube donné, ou adopté, un autre solide quelconque.

L'espace creux ou vide d'un parallélipipède, d'un cube (à six faces), peut être rempli, comblé par de plus petits cubes, lorsqu'on dispose ces cubes les uns à côté des autres, les uns au-dessus des autres, c'est-à-dire en rangées horizontales et en piles verticales. Les petits cubes combleront parfaitement le vide du grand corps si leur volume est une partie exacte de ce dernier. Admettons, par exemple, que les côtés du grand cube aient 1 mètre de largeur, sa base contiendra 10,000 centimètres (la profondeur de 1 mètre, ou 100 centimètres, multipliée par la longueur de 1 mètre, ou 100 centimètres). Or si chacun des petits cubes a pour base 1 centimètre carré, il est clair que pour couvrir la base du grand cube il faudra 10,000 petits centimètres. Ces petits cubes forment un lit ou une assise dans le grand cube, de la hauteur exacte de 1 centimètre, et il est bien clair qu'il faut 100 lits, ou assises semblables, posés les uns au-dessus des autres, pour remplir entièrement le vide du grand cube. Dans ce but, il faut 100 fois 10,000 petits cubes pour combler ou occuper entièrement l'espace vide du grand cube.

Le grand cube, dont chaque face contient exactement 10,000 centimètres carrés ou superficiels, est nommé, à cause de cette contenance, *un mètre cube*; le petit cube, au moyen duquel on a mesuré le plus grand, est nommé *centimètres cube*; car les côtés de ces petits cubes ont exactement 1 centimètre carré.

Il y a donc dans 1 mètre cube 1,000,000 de centimètres cubes.

Il s'ensuit encore que le cube d'un dé, ou corps à six faces égales, est le produit de sa base et de sa hauteur (base 100 multipliés par 100 multipliés par 100, ce qui fait 1,000,000), ou, en expression mathématique, $100 \times 100 \times 100 = 1,000,000$.

On peut donc mesurer le cube d'un corps ou solide parallélipipédique en multipliant la longueur par la largeur et le résultat par la hauteur. Si un corps a 20 mètres de longueur, 18 mètres de largeur et 16 mètres d'élévation, il aura 5,760 mètres cubes; $20 \times 18 \times 16 = 5760$; ou le carré de sa base multiplié par sa hauteur.

C'est par la même règle qu'on trouve le volume cubique d'un prisme, d'un cylindre, etc.; on calcule le carré ou superficie de la base, qu'on multiplie ensuite par la hauteur.

Mais il n'en est point de même de la mesure cubique du cône et de la pyramide.

On peut, au moyen d'une tracé graphique, diviser un prisme triangulaire en trois pyramides, équivalentes entre elles en volume cubique, mais qui réunies équivalent au cube du prisme entier. Donc toute pyramide triangulaire est le tiers du prisme triangulaire de même base et de même hauteur.

De là on déduit la règle suivante pour le calcul d'une pyramide : multipliez la base par la hauteur et divisez-en le produit par 3. Cette règle s'applique à toutes les pyramides. Soit donnée une pyramide rectangulaire dont la base a 12 mètres carrés ou superficiels, et de 6 mètres de hauteur; pour savoir son cube il faut multiplier 12 par 6 et diviser le produit par 3. — 12 fois 6 font 72 et 72 divisés par 3 font 24; cette pyramide aura donc 24 mètres cubes. On peut dire aussi que toute pyramide a pour mesure le tiers du produit de sa base par sa hauteur. Le tiers de 12 est 4, multiplié par 6, produit également 24.

Le volume d'un cône est égal au produit de sa base par le tiers de sa hauteur. Supposons que le cercle qui forme la base du cône ait 10 mètres de diamètre. Pour trouver la superficie de ce cercle, il faut multiplier le quart du diamètre ou moitié du rayon (le quart est 2^m,50, la moitié du rayon est également 2^m,50) par la circonférence (31,41) ce qui produit 78^m,525 carrés. Supposons que le cône ait 6 mètres de hauteur; le tiers de 6 est 2. Or 78,525 multipliés par 2 font 157,05 mètres cubes (ou 157 mètres cubes 5 centimètres cubes).

Mais on peut encore procéder d'une autre manière. Multipliez la superficie de la base (78,525) par 6, ce qui fera 471,15, et divisez par 3, cela fera également 157^{m3},05.

On peut tronquer par une section horizontale un cône ou une pyramide quelconque, ce qui donne naissance aux cônes et aux pyramides tronqués, comme on les nomme. On se rend compte du cube du cône tronqué et de la pyramide tronquée en calculant d'abord ces deux corps comme s'ils n'étaient point tronqués, et l'on en déduit ensuite la partie qu'on en supprime. Si B est la base d'un cône (*fig.* 19), et *s* la face de section, si *a* est la hauteur de la partie à tronquer et *h* enfin la hauteur de la pyramide entière, on aura

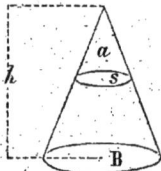

Fig. 19.

$$\frac{\mathrm{B} \times h}{3} \text{ moins } \frac{s \times a}{3} = (\mathrm{B} \times h - s \times a)$$

soit $\frac{1}{3}$ du cube de la partie tronquée restante.

Prenons le cône de 157 mètres 5 centimètres, cité plus haut ; 10 mètres sont le diamètre de la base B. La hauteur *h* est de 6 mètres, 3^m,33 (1/3 de 10) est le diamètre de la face de section *s*, et 2 mètres enfin la hauteur *a*.

On aura pour la superficie de la base, comme nous l'avons vu plus haut : 78,525, qu'il faut multiplier par un tiers de 6 (la hauteur), soit 2, ce qui fait 157,05 pour le cône entier. — Mais comme de ce nombre total il faut soustraire la partie tronquée et pour cela, faisant la même opération, déduire la face de la section *s* (d'un diamètre 3^m,333 multipliés par 3,1416), soit 10,4461528, lesquels multipliés encore par le quart du diamètre (1/4 de 3^m,333), soit 8333, produisent 8,72544496824, nombre qu'il faut encore multiplier pour avoir le cube par un tiers de sa hauteur, qui est de 2 mètres soit 0,666, ce qui produit enfin 5,81.

Donc si de 157,05 nous retranchons 5,81, nous trouverons pour le cône tronqué 151,24.

On procède de la même manière pour connaître le cube d'une pyramide tronquée.

Mais cette opération, pour arriver à la connaissance du cube d'une pyramide ou d'un cône tronqués, n'est pas toujours praticable dans la réalité ; elle rencontre souvent de grands obstacles, puisqu'il faut se figurer dans le vide les sommets de la pyramide et du cône. On ne peut donc mesurer exactement le corps tronqué, représenter ce corps avec ses mesures sur le papier, prolonger les lignes qui manquent et qui donneront la hauteur de la partie tronquée, et alors seulement on peut procéder à l'opération de calculs indiquée précédemment. On peut toutefois calculer le cube du cône ou de la pyramide tronqués sans connaître la grandeur de la portion retranchée ni celle du corps ou solide entier.

La forme de la pyramide et du cône tronqués est plus fréquente dans l'usage pratique qu'on ne le pense. Elle s'applique à des mesures de liquides, à des matières en poudre, etc., dont le diamètre de l'orifice est moindre que le diamètre de la base. Mais si la base de ces mesures forme un ovale, le calcul de leur contenance n'est pas du ressort de la géométrie élémentaire. Des tas circulaires de sable, de terre, de cailloux, des tas de grains, de graines, etc., rentrent dans la forme des pyramides et des cônes tronqués. Pour calculer le cube des premiers, la superficie sur une hauteur donnée des derniers, pour l'établissement de granges, magasins, etc., il faut absolument savoir se rendre compte du cube de ces corps, tronqués ou non.

Nous allons indiquer enfin une troisième manière vulgaire de mesurer le cube d'un cône tronqué sans entrer dans les complications précédentes de calcul. *Prenez la base du cône tronqué, et multipliez sa superficie par sa hauteur.* Si la base a 10 mètres de diamètre, sa superficie aura 78^m,5250. Multipliez ce nombre par la hauteur du cône tronqué, soit 4 ; ce qui fera 314,100, qu'il faudra diviser par 2, ce qui produira 157^m,05. Maintenant il s'agit d'en déduire le petit cône. Admettons que sa face de section ou sa base ait 3^m,33 de diamètre, elle aurait alors 8^m,712 de superficie ; multipliez ce nombre par 4, hauteur du grand cône tronqué, ce qui fera $34^m,848$, qu'il faudra diviser par 2, ce qui produira $17^m,42$. Divisez encore ce nombre par 3, et vous aurez $5^m,80$, cube du petit cône qu'il faudra soustraire du cube du grand cône : $157^m,05 - 5^m,80 = 151^m,25$.

On calcule aussi dans la stéréométrie les surfaces des solides ou corps. Les surfaces des cubes ou dés, des parallélipipèdes et en général des prismes, sont faciles à trouver. Les prismes et les parallélipipèdes ont pour leurs bases des polygones, comme triangles, quadrilatères, pentagones, hexagones, etc.; leurs côtés sont des parallélogrammes, dont la superficie est le produit du côté de la figure ou polygone de base multiplié avec la hauteur du solide. Autant il y a de côtés dans le polygone de base, autant de parallélogrammes forment les surfaces du solide ou polyèdre. Voilà aussi pourquoi la superficie des côtés réunis d'un prisme rectangulaire ou parallélipipède est le produit du périmètre ou contour du polygone de base multiplié par la hauteur du solide.

On trouve donc la surface d'un cylindre en multipliant sa circonférence avec sa hauteur ; le produit est la superficie ou surface demandée. Elle est un parallélogramme aussi long que la circonférence ou périphérie dont la hauteur est égale à celle du cylindre.

La surface convexe d'un cône est égale à la circonférence de sa base multipliée par la moitié de son côté. Cette surface représente un secteur du cercle, une partie de cercle comprise entre un arc et deux rayons menés aux extrémités de son arc.

Supposons un cône dont la base a 10 mètres de diamètre et qui a 6 mètres de hauteur. Nous aurons $10 \times 3,1416 = 31,416 \times 6 = 188,496$ divisés par $2 = 94^m,24$, surface demandée.

La surface latérale d'un tronc de cône est égale à son côté multiplié par la demi-somme des circonférences de ses bases.

Soit un cône tronqué ayant à sa base un cercle de 10 mètres de diamètre, et ayant pour sa face supérieure un cercle de 3,33 de diamètre et 4 mètres de hauteur. La circonférence de la base sera 3,1416 multipliés par 10, ce qui fait 31,4160, dont la moitié est 15,7080. La circonférence du cercle supérieur est 3,33 multipliés par 3,1416, ce qui fait 10,461528, dont la moitié est 5,230764, qui additionnés à 15,7080 produisent 20,93877, qu'il faut multiplier par 4, ce qui fait 83ᵐ,7550, qui est la surface demandée.

Pour calculer le volume de la sphère, il est nécessaire de connaître auparavant sa surface; puis on multiplie la superficie par le rayon de la sphère et on divise le produit par 3.

La surface ou superficie de la sphère est égale à quatre fois la superficie du cercle né d'une section faite au point de centre de la sphère, ou bien cette surface équivaut à celle d'un cercle qui aurait pour rayon le diamètre de cette sphère.

Supposons une sphère ou boule d'un diamètre de 100 mètres. Il faut multiplier ces 100 mètres par 100 pour avoir le carré du diamètre, soit 10,000, qu'il faut multiplier par 3,1416, circonférence du grand cercle, ce qui fait 31416, qui est la superficie demandée.

Quand on connaît la superficie de la sphère, il est facile d'en calculer le volume. Qu'on se représente la sphère comme un polygone régulier formé d'une infinité de côtés; qu'on se représente encore la superficie de la sphère divisée en surfaces planes rectilignes, surfaces qui seraient les bases d'une infinité de pyramides, dont les sommets se réunissent tous ensemble au point de centre de la sphère : alors le volume de toutes ces pyramides réunies sera le volume de la sphère. La hauteur de ces pyramides est le rayon de la boule.

Si, d'après ce que nous venons de dire, on a trouvé le volume d'une des pyramides en multipliant la superficie de sa base par le tiers de sa hauteur, on aura le volume de la sphère si l'on multiplie sa superficie (c'est-à-dire la somme des surfaces de base d'une infinité de pyramides qui forment le volume de la sphère) avec le rayon de la sphère et en divisant le produit par 3.

Supposons une sphère de 100 mètres de diamètre, multipliez-les par 100 pour en avoir le carré (10,000) et multipliez ce carré par 3,141 pour avoir la circonférence qui sera 31,410ᵐ, qu'il faut multiplier par 50 (moitié du diamètre), ce qui fera 1,570,500, qu'il faut diviser par 3, ce qui produit 523,500 mètres cubes, faisant le volume demandé.

Trouver la superficie d'un triangle rectangle
Multipliez la longueur de la base *ab* (*fig.* 20) avec la hauteur *ac* et divisez-en le produit par 2. Le résultat sera la superficie demandée. Soit la base *ab* de 25 mètres de longueur et la hauteur *ac* 23. 25 multipliés par 23 font 575, qui divisés par 2 donnent 287,50, la superficie demandée.

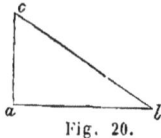

Fig. 20.

Trouver la superficie d'un triangle quelconque
Soit un triangle *abc* (*fig.* 21). D'un angle quelconque du triangle *abc* abaissez une perpendiculaire sur le côté opposé de l'angle, soit *co* de notre figure. Multipliez la longueur de la base *ab* par la hauteur *oc* et prenez-en la moitié, qui sera la superficie demandée.

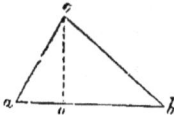

Fig. 21.

Soit la base *ab* de 18,50 de longueur, multipliez-la par la hauteur *oc* de 8,95, ce qui donnera 165^m,5750, qui divisés par 2 donnent 82,7875, qui est la superficie du triangle *abc*.

Trouver la superficie d'un carré
Multipliez la base par la hauteur. Que *ab* (*fig.* 22) ait 25^m de longueur, *ad* en aura également 25; 25 fois 25 font 625. La longueur et la hauteur d'un mur étant données, on veut savoir la quantité de mortier de chaux qu'il faut pour crépir ce mur.

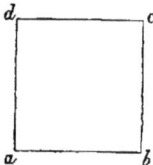

Fig. 22.

Ce mur a 10 mètres de longueur sur 12 de hauteur, sa superficie sera donc de 120 mètres. Si pour crépir 145 mètres il faut 0^m,25 cubes de mortier de chaux, il en faudra 0^m,20 cubes pour crépir 120 mètres superficiels. Il s'agit de calculer 145 : 120 : : 25 : *x*.

$$x = \frac{120 \times 25}{145} = 0,20$$

Trouver la superficie d'un parallélogramme
Soit *abcd* (*fig.* 23) ce parallélogramme. Tirez la perpendiculaire *fa*, de la ligne *cd* vers l'angle *a*, multipliez *ab*

par *fa*, et le produit sera la superficie demandée. Supposons que *ab* ait 12 mètres de longueur et *fa* 5 mètres de hauteur, 5 fois 12 font 60, la superficie demandée.

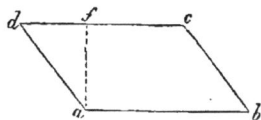

Fig, 23.

Trouver la superficie d'un trapèze Multipliez la hauteur du trapèze par la demi-somme des bases parallèles. Que la hauteur *po* (*fig.* 24) soit 8 mètres, la base *ab* 8 mètres et la ligne *cd* 10 mètres ; on dira 8 et 10 font 18, dont la moitié est 9, qui multipliés avec la hauteur 8 font 72 mètres.

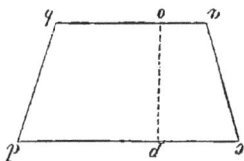

Fig. 24.

Construire un rectangle d'une superficie voulue et dont un côté est donné Ce rectangle doit avoir une superficie de 32 mètres et un de ses côtés aura 8 mètres. Qu'on se figure savoir déjà la hauteur cherchée d'un rectangle, et nommons-la *x*. La superficie du rectangle à construire sera $r = 8 \times x$, d'où il suit que *x* est égal à $\frac{r}{8}$; mais comme *r* est égal à 32, *x* sera égal à $\frac{32}{8}$ ou 4. La hauteur du rectangle sera donc de 4 mètres.

Trouver la superficie d'un secteur Le secteur est la partie du cercle comprise entre un arc et deux rayons *ca*, *cb* menés aux extrémités de cet arc (*fig.* 25).

L'aire ou la superficie du secteur est égale à la longueur de son arc multipliée par la moitié du rayon. Supposons que l'angle *c* a 90 degrés, en d'autres termes qu'il est un angle droit, par conséquent il donnera à l'arc *ab* le quart de la circonférence. Si nous supposons ensuite que les deux rayons *ca*, *cb* ont 5 mètres de longueur chacun, en les doublant nous aurons pour diamètre du cercle 10 mètres, qui multipliés par 3,1416 donnent 31,416, dont le quart est 7,854. L'arc a

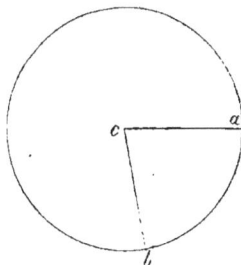

Fig. 25.

donc 7,854 de longueur, qui multipliés par la moitié du rayon, ou 2ᵐ,50, donnent 19ᵐ,635 de superficie.

Autre exemple. Si l'arc a 6ᵐ,50 et le rayon 7ᵐ,26, on aura à multiplier 6ᵐ,50 par la moitié du rayon ou 3ᵐ,63, produit 23ᵐ,5950.

Il est donc facile de mesurer la superficie d'un arc elliptique, en calculant les divers secteurs dont il est formé. Supposons qu'on a un arc *abfg* (*fig.* 26), qui avec la ligne de base *ag* forme la superficie *abfga*. On veut calculer la surface de cette figure, construite par une ligne droite et ayant un arc, formé de trois portions de cercle. On calculera d'abord la superficie du secteur *acb* ; on y ajoutera la superficie du secteur *egf*, car ces deux secteurs sont égaux. On calculera la superficie du secteur *dbf*, dont il faudra soustraire la superficie du triangle *dce* ; ce qui restera sera additionné à la superficie de deux secteurs *abc*, *egf*, et le produit sera la superficie de la figure *abfga*.

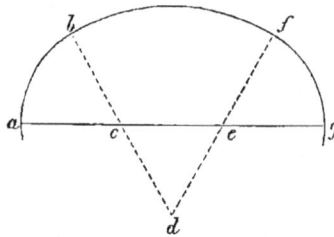

Fig. 26.

Supposons, par exemple, que le rayon *ac* ait 2ᵐ,50 de longueur, l'arc *ab* 2ᵐ,55, la superficie du secteur *acb* sera 3ᵐ,1875 ; le secteur *efg* a également 3ᵐ,1875, et les deux ensemble 6ᵐ,3750. Le rayon du grand secteur *dbf* a 4ᵐ,80, l'arc *bf* a 5ᵐ00 ; sa superficie sera de 12 mètres, dont il faut retrancher la superficie du triangle *dce*, qui est équilatéral : sa superficie sera de (250, un de ses côtés, multiplié avec la moitié de sa hauteur, qui est de 2ᵐ12 supposons) 2ᵐ,65 qu'il faut ôter de la superficie entière du secteur *dbf*, qui est 12 mètres. Il restera 9ᵐ,35, qui ajoutés aux 6ᵐ,3750 trouvés plus haut produiront 15,725, ou la superficie demandée de la figure *agfb*.

Comme il est d'usage de tracer les voûtes et les arcs de grandeur naturelle sur une superficie plane quelconque, tracé qu'on nomme vulgairement une *épure*, c'est sur cette épure qu'on peut prendre, d'une manière exacte, les dimensions des voûtes et des arcs, pour en calculer la superficie ou le cube. On doit faire cette opération conjointement avec l'entrepreneur, et les calculs faits lui en laisser un double, lui faire signer une copie, qu'on garde afin de vérifier les appréciations faites par lui plus tard dans le mémoire qu'il présentera.

Cette manière de procéder abrégera le métré et la vérification des mémoires.

Trouver la superficie ou aire d'un segment de cercle Calculez d'abord la superficie du secteur, et retranchez-en l'aire du triangle construit sur la corde du segment. Soit à chercher la surface du segment *aebd* (*fig.* 27). Trouvez d'abord celle du secteur *aebc*, ôtez-en la superficie du triangle *acb*, et ce qui reste sera la superficie du segment *aebd*.

Il faut savoir calculer la superficie d'un segment, car dans la construction le segment couronne fréquemment les portes et les fenêtres et encore d'autres parties du bâtiment.

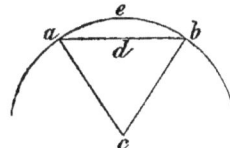

Fig. 27.

Trouver la superficie d'un toit conique Un toit conique peut être regardé comme étant un cône. Le développement de la superficie d'un cône produit un secteur : nous avons indiqué la manière de trouver sa superficie. La surface latérale d'un cône ou d'un toit conique est égale à la circonférence de sa base multipliée par la moitié de son côté. Soit la circonférence de la base d'un cône 8 mètres, la hauteur de son côté oblique 10, il faut multiplier les 8 mètres par 5, et 40 mètres formeront la superficie demandée.

On trouve de la même manière la superficie d'un toit pyramidal ou à pans triangulaires. On calcule d'abord la superficie d'un des triangles qui le composent, qu'on multiplie ensuite par autant de côtés qu'il y en a dans la pyramide.

Trouver le volume ou le cube d'un parallélipipède Mesurez la longueur et la largeur de sa base, que vous multiplierez l'une par l'autre. Vous aurez alors la superficie de sa base, qu'il faut multiplier par sa hauteur. Le produit sera le volume ou cube du parallélipipède.

Soit un parallélipipède de 3 mètres de longueur et 4 mètres de largeur : la superficie de sa base sera de 12 mètres. Maintenant, qu'il ait 6 mètres d'élévation ; multipliez 12 mètres par 6, et 72 mètres sera son volume ou cube.

Trouver en mètres cubes le volume d'un mur donné pour connaître la quantité de briques qui doivent y entrer   Supposons un mur de 5ᵐ,50 de longueur sur 4ᵐ,75 de hauteur et de deux briques ou 0ᵐ.22 d'épaisseur : on aura pour le cube 5ᵐ,50 multipliés par 4ᵐ,75 multipliés par 0ᵐ,22, ce qui produit 5ᵐ,747 cubes. La brique aura, supposons, 0ᵐ,22 de longueur sur 0ᵐ,10 de largeur et 5 d'épaisseur. Calculez d'abord le cube d'une brique et voyez ensuite combien de fois ce cube est contenu dans le cube trouvé du mur, 22 × 10 = 220 × 5 = 11 centimètres cubes. Ces 11 centim. sont contenus 5,224 fois dans 5ᵐ,747 cubes.

Quand on a le cube d'un mur en mètres, il est inutile d'indiquer combien de mètres cubes de moellons il faut pour l'élever. Le volume de moellon est identique au cube du mur donné.

Trouver le volume ou cube d'un prisme triangulaire   Supposons que ce prisme soit le comble d'une maison, comble à deux rampants et terminé aux extrémités par deux pignons verticaux. Les pignons ont 8 mètres de hauteur verticale, leur base a 10 mètres de largeur et la longueur du comble est de 20 mètres. Calculez d'abord la superficie d'un pignon, c'est-à-dire multipliez sa base par la moitié de sa hauteur : 10 × 4 ce qui produit 40, qu'il faut multiplier par la longueur, 20, ce qui donnera 800 mètres ; ou bien multipliez la hauteur par la largeur et le produit par la longueur ; vous aurez 8 × 10 = 80 × 20 = 1.600 dont il faut prendre la moitié, qui est de 800.

Les mesures d'un magasin à grain étant données, trouver la quantité de blé qu'il peut contenir   Le plan du magasin forme un rectangle de 20 mètres de longueur sur 8ᵐ,50 de largeur, la hauteur des murs est de 6 mètres et enfin la hauteur des pignons est de 3 mètres. Dans le magasin se trouve une aire à battre le grain qui a 2^m,50 de largeur et autant de longueur et 3 mètres de hauteur, qu'il faudra défalquer du cube total.

Multipliez d'abord la largeur par la longueur, 8^m,50 × 20^m, ce qui produit 170^m,00, qu'il faudra multiplier par la hauteur de 6 mètres. Vous aurez 1,020 mètres, dont il faut déduire le cube occupé par l'aire à battre. Pour calculer ce cube, multipliez 2^m,50 par 2^m,50 et le produit par 3 mètres, ce qui vous donnera 18^m,75 à déduire de 1,020, reste 1,001^m,25.

Maintenant nous avons à mesurer le cube du comble, 8^m,50 de largeur par la moitié de sa hauteur, 1^m,50, ce qui produit 12^m,75, qu'il faut multiplier avec 20 mètres, longueur du magasin; on aura 255 mètres cubes, qui ajoutés à 1,001^m,25, trouvés pour la partie parallélipipédique du bas, feront 1,256^m,25.

Nous savons que mille litres sont contenus dans un mètre cube. Le magasin en question pourra donc contenir 12,562 hectolitres de grain battu.

Si l'on voulait se rendre compte combien de bottes de foin ou de paille le magasin pourrait contenir, il faut mesurer le cube d'une botte et voir combien de fois ce cube est contenu dans le cube du magasin.

Une quantité de bottes non battues de grain étant donnée, trouver le cube qu'il faut pour la placer Six mille bottes de blé, dont une moitié à battre avant l'hiver et l'autre au printemps, doivent être conservées dans une grange à élever. La largeur du bâtiment n'est que de 10 mètres et ne peut être étendue : la longueur est arbitraire. La grange doit contenir en outre une aire à battre de 10 mètres de longueur sur 5 de largeur.

Calculez d'abord le cube des bottes ou gerbes à conserver et ajoutez-y le cube de l'aire demandée.

Supposons que 1,500 gerbes d'hiver produisent un cube de 16 × 120 = 1,920 mètres et 1,500 gerbes de printemps 16 × 100 = 1,600 mètres cubes. Si l'on veut donner 5 mètres d'élévation aux murs de la grange à bâtir, le cube qu'absorbera l'aire sera de $10^m \times 5 \times 5 = 250$ mètres. Pour résoudre le problème donné, la grange de 10 mètres de largeur aux murs de 5 mètres de hauteur devra avoir un cube de 3,770 mètres. La provision d'hiver absorbe 1,920 mètres, celle du printemps 1,600 et l'aire 250 mètres; donc un espace de $1,920 + 1,600 + 250 = 3,770^m$.

Supposons maintenant que le bâtiment doit être couvert d'un toit à deux rampants et à pignons, admettons que le cube de ce comble soit la moitié du cube de la totalité de la grange; le cube du toit ou comble sera 1/3 du cube total $\frac{3770}{3} = 1256,66$, et le cube du corps de la grange sera de $2513^m,34$ cubes.

Nous exprimerons la longueur encore inconnue du bâtiment par x; mais nous admettons un moment qu'elle est connue; la largeur est égale à 10. Le produit de la base (10^m multipliés par x) multiplié par la hauteur (5 mètres) sera le cube demandé. 10 multipliés par x multiplié par 5 produisent $50 \times x$, ce qui est égal au cube de la partie parallélépipédique de la grange. De là on a: x est égal à a divisé par 50, et qui est égal à $\frac{2513^m,33}{50}$ et produit 50^m26. La longueur de la grange sera donc de $50^m,26$.

Si la longueur et la largeur du comble prismatique sont données par la longueur et la largeur de la grange parallélépipédique, on connaît également le cube du prisme triangulaire du toit. Pour trouver la hauteur du comble, que nous nommerons y, on dira: 10 multipliés par y, divisé par 2 et multipliés par 5,026. ce qui fait 1256,66.

$$\left(\tfrac{1256,66}{2}\right) \times y = 628,33,$$
$$628,33 \times y = 1256,66,$$

et enfin $\frac{1256,66}{628,33} = 2^m,00$.

Une grange de 10 mètres de largeur, sur 5 mètres de hauteur, devant contenir un cube de $3,770^m$, devra avoir $50^m,26$ de longueur, avec pignons de 2 mètres d'élévation, ce qui était demandé.

Comme dans les calculs précédents, il n'a point été tenu compte des épaisseurs de murs, il faut considérer les dimensions données comme étant celles dans œuvre de la grange.

Trouver les dimensions d'une grange destinée à conserver une quantité de grain donnée La grange doit offrir trois planchers ou aires, y compris le plancher du grenier ; elle doit avoir 15 mètres de largeur et pouvoir conserver 550,000 hectolitres de blé. Combien faut-il que le bâtiment demandé ait de longueur ?

On pourrait à la vérité considérer le blé comme des couches, comme des cônes ou des pyramides tronqués ; mais ce calcul entraînerait à de trop longues opérations. Il est donc préférable de se rendre compte de la superficie inférieure et supérieure du cône ou de la pyramide, d'en prendre une moyenne proportionnelle, de la multiplier par la hauteur et d'arriver ainsi au volume du cône tronqué.

On sait que le volume d'un hectolitre est la dixième partie d'un mètre cube. Nous avons donc 550,000 hectolitres divisés par 10 = 55,000 ou 55,000 mètres cubes. Le grain étendu sur le plancher ne devra pas dépasser $0^m,45$ d'épaisseur ou de hauteur. De là il suit que la moyenne superficie géométrique formée par le blé sera $= 45 \times x = 55,000$: d'où l'on aura par conséquent $x = \frac{55000}{45}$ (ce qui produit 1,222) ; x est donc $= 1,222$. Mais si $x = 1,222$ mètres superficiels, la moyenne superficie du cône tronqué de chaque étage sera $= \frac{1,222}{3} = 407,33$. Nous avons dit que la largeur de la grange serait de 15 mètres, dont il faut déduire encore un mètre pour l'épaisseur des murs, et au pourtour intérieur de ces murs on demande un passage libre d'un mètre de largeur. Il faut donc déduire 2 mètres pour passages et un mètre pour l'épaisseur des deux murs, en tout 3 mètres. Il reste donc seulement 12 mètres pour étendre le grain. C'est cette mesure qui va donner la longueur de chaque couche de blé et la longueur totale du bâtiment demandé. Car $12 \times x = 407,33$, d'où il suit qu'on aura par inversion $\frac{40733}{12} = 3,394$. Chaque étendue de grain de $12^m,00$ de largeur sera donc de $33^m,94$ en longueur, et la longueur totale du bâtiment, y compris les passages et l'épaisseur des murs, sera de $33^m,94 + 2^m + 1^m$, c'est-à-dire $36^m,94$.

Mais la superficie inférieure du grain étendu est plus considérable que la moyenne, et, de plus, le grain en tombant forme un

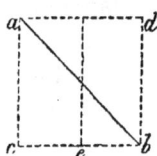

Fig. 28.

angle de 45 degrés ; ab est la diagonale du carré $cbda$ ($fig.$ 28). Comme ca a 45 centimètres de hauteur, bc sera égal à 45 divisé par 2, ce qui fera $0^m,225$. La surface du cône tronqué admise augmente de deux fois $33^m,94$ multipliés par $0^m,225$, ou $15^m,273$ dans la longueur et de deux fois 12 multiplié par $0^m,225$ ou $5^m,400$ superficiels.

Il faut ajouter $15^m,273$ plus $5^m,400$ superficiels à la longueur du cône tronqué, parce qu'on ne doit pas se départir de la largeur donnée au bâtiment. Mais 12 multiplié par $x = 20^m,673$, d'où on a $\frac{20673}{12} = 1^m,72$.

$36^m,94$ plus $1^m,72 = 38^m,66$, qui sera la longueur demandée.

Trouver le cube d'un mur plus large au pied qu'au sommet, ou mur en talus. La fig. 29 est la coupe verticale du mur ; elle forme un trapèze dont la superficie sera $= \left(\frac{ab + cd}{2}\right) \times db$, et si la longueur

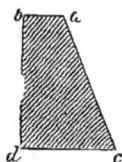

Fig. 29.

du mur est l, son cube sera $= \left(\frac{ab + cd}{2}\right) \times db \times l$. Si l'épaisseur supérieure ab du mur est de 2 mètres, l'épaisseur inférieure cd de 4 mètres et sa hauteur db de 10 mètres, et la longueur de 20 mètres, le cube de ce mur en talus $= \left(\frac{2 + 4}{2}\right) \times 10 \times 20 = \frac{60 \times 20}{2} = \frac{1200}{2}$ $= 600$ mètres cubes.

Trouver le cube d'un contrefort. Que le contrefort soit appuyé contre un mur vertical. On peut considérer le contrefort abc ($fig.$ 30) comme étant la moitié d'un parallélipipède : supposons qu'il ait à sa base 4 mètres

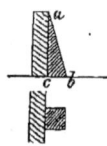

Fig. 30.

superficiels et 5 mètres d'élévation. Son cube sera $= \frac{4 \times 5}{2} = 10$ mètres cubes. Car un parallélipipède ayant à sa base 4 mètres de superficie et 5 mètres d'élévation aurait 20 mètres cubes, double du calcul que nous avons trouvé.

Trouver le cube de terre enlevé d'un fossé La coupe verticale en travers du fossé forme un trapèze, *abcd* *(fig.* 31). Le fond du fossé a 0,50 de largeur, le haut du vide 0,75, la profondeur verticale *ef,* 0,80 et la longueur du fossé est de 15 mètres ; le cube de ce fossé sera $= \left(\dfrac{ab + ci}{2}\right)$ *ef* multiplié par la longueur ou $\left(\dfrac{0,50 + 0,75}{2}\right) 0,80 \times 15 = 7,^{m}50$ cubes. Si la main-d'œuvre est de 55 centimes par mètre, ce fossé coûtera à creuser 4 fr. 12 cent.

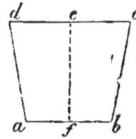

Fig. 31.

Trouver le cube d'un pilier ou poteau octogone La superficie horizontale de la base d'un corps octogone forme un polygone qui peut se décomposer en plusieurs triangles. La somme de la superficie de ces triangles multipliée par la hauteur du pilier ou poteau donne le cube demandé. Ce corps est un prisme octogonal, et son cube est le produit de sa base multipliée par sa hauteur.

Trouver le cube ou volume de la margelle d'un puits Mesurez d'abord avec un ruban métrique la circonférence *(fig.* 32 intérieure, puis la circonférence extérieure. Additionnez les deux résultats ensemble et prenez-en

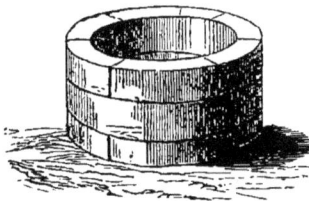

Fig. 32.

la moitié. Multipliez cette circonférence moyenne par l'épaisseur de la margelle, et enfin le produit par sa hauteur. Ce dernier produit est le cube demandé.

Supposons la circonférence extérieure de 8^{m},50, la circon-

7,32
0,35
———
3 660
21 96
———
25,620
0,92
———
51240
2 30580
———
2,357040

férence intérieure de 6ᵐ,15. Ces deux mesures additionnées font 14ᵐ,65, dont la moitié est 7ᵐ,32. L'épaisseur de la margelle est de 35 centimètres et sa hauteur 92 centimètres. Nous aurons donc :

$$7^m,32 \times 0^m,35 \times 0^m,92.$$

Le volume ou cube demandé sera de 2ᵐ,35.

Il est aisé·à comprendre que cette règle s'applique également au métré d'une tourelle circulaire quelle que soit son élévation.

Trouver le cube du bois en grume La forme du bois en grume est celle d'un cylindre ou d'un tronc de cône plus ou moins régulier. On mesure la circonférence de l'arbre en deux ou trois endroits de la longueur, aux deux extrémités seulement par exemple, ou aux deux extrémités et au milieu, et on prend la moyenne. Cette moyenne donne la circonférence d'un cercle dont il faut multiplier la surface avec la longueur de l'arbre. Supposez que la circonférence d'une extrémité soit 1ᵐ,17 et celle de l'autre 69 centimètres. — 1ᵐ,17 + 0,69 = 1ᵐ,86 : la moyenne de 1ᵐ,86 est 0ᵐ,93. De la circonférence on déduit la surface du cercle. Ici le tiers de la circonférence est 0ᵐ,31. Ces 31 centimètres sont le diamètre moyen de l'arbre en question. Nous savons que la superficie·d'un cercle est égale au produit de sa circonférence par la moitié du rayon. Nous avons ici pour rayon la moitié de 31 centimètres, soit 0ᵐ,155 (155 millimètres) avec lesquels il faut multiplier la circonférence trouvée, c'est-à-dire 0ᵐ,93, ce qui produit 0ᵐ,14415. C'est cette superficie du cercle qu'il faut multiplier par la longueur totale de l'arbre. Disons que cette lon-

14415
5,40
———
576600
72075
———
0,7784100

gueur sera de 5ᵐ,40. Il faut donc multiplier 14415 millimètres par 5ᵐ,40.

Le volume demandé est de 0 mètre cube 77 centimètres cubes ou 778 millimètres cubes. Maintenant si l'on mesurait aux deux extrémités et au milieu de l'arbre, il faudrait additionner les trois circonférences ensemble, prendre du produit le tiers qui serait la circonférence moyenne ; calculer ensuite avec cette circonférence le cercle qu'elle donne et multiplier la surface de ce cercle par la longueur de l'arbre.

Supposons que le gros bout de l'arbre donne une circonférence de 1^m,38, le bout mince une de 0^m,96 et vers le milieu une de 1^m,20. Ces trois mesures font ensemble 3^m,54 dont il faut prendre le tiers comme moyenne, soit 1^m,18. La moitié de 1^m, 18 est 0^m,59.

$$\begin{array}{r} 118 \\ 295 \\ \hline 590 \\ 1062 \\ 236 \\ \hline 34810 \end{array}$$

Ces 59 centimètres seront le rayon dont la moitié multipliée par la circonférence (1^m,18) nous donnera la superficie du cercle, qu'il faudra multiplier par la longueur de l'arbre.

Ces 0^m,34810 multipliés par la longueur de l'arbre, que nous supposons être de 4^m,85, produisent 1^m,6882 cubes, qui est le volume demandé.

Trouver la superficie d'un cercle donné Pour trouver cette superficie, prenez la longueur du rayon et calculez-en le carré, multipliez-en le produit par le nombre 3,141. Que le rayon ait 7^m,50 de longueur, multipliez-le par 7^m,50 pour en avoir le carré, qui est de 56,2500, que vous multipliez encore par 3,141; vous trouverez 176^m,68125.

Vous pouvez aussi multiplier la circonférence par la moitié du rayon. Si le diamètre est de 15^m, multipliez-le par 3,141. Vous aurez alors 47^m,115. Multipliez ces 47^m,115 par 3,75, moitié du rayon, et vous aurez également 176^m,68125.

Trouver la superficie d'un cercle, sa circonférence seule pouvant être connue Multipliez la circonférence par elle-même pour en avoir le carré, multipliez ce carré par la formule $4 \times 3,141 \times 3,141$ divisé par $4 \times 9,865881 = 39,463524$, et multipliez ensuite le quotient par 3,141.

Que la circonférence donnée soit 1^m, on aura $\dfrac{1 \times 1 \times 3,141}{4 \times 3,141 \times 3,141}$ $= \dfrac{3141}{39,463524}$, ou 0,079 mètre. Si la circonférence est égale à 1, le diamètre sera égal à $\dfrac{1}{3,141}$ ou 0^m,3183, et le rayon 0,1591 et la surface du cercle, le carré du rayon multiplié par la circonférence ou le. carré de 1591 (= 2531281) multiplié par 3,141, ce qui produit 0,0795..., ce qui correspond parfaitement au résultat précédent.

Le rapport d'une circonférence à son diamètre est toujours le même, quelle que soit la circonférence que l'on considère; ce rapport est un nombre constant.

Du calcul décimal   Comme nous ne supposons pas que tous nos lecteurs soient parfaitement au courant du calcul décimal, nous allons nous occuper un moment de l'essence ou de la nature ainsi que de l'emploi des fractions décimales.

Dans le système décimal on écrit les unités entières sur la même ligne que la fraction. Ainsi pour écrire 4 unités et $\frac{3}{10}$, on écrit 4, 3 : pour écrire 67 $\frac{6}{100}$, on écrit 67,06 en séparant les chiffres entiers des chiffres formant la fraction, au moyen d'un point ou d'une virgule, ainsi que nous venons de l'indiquer. Cinquante-sept unités vingt-cinq centièmes s'écrivent 57.25 ou 57,25.

Lorsqu'il s'agit de mesures, de poids, de distances ou de monnaies, cette séparation des unités de la fraction se fait par une lettre initiale placée au-dessus du point ou de la virgule; par exemple 360 mètres 52 centimètres s'écrivent ainsi : 360^m.52 (ou 360^m,52).

Si la quantité exprimée ne contient point d'unités et rien que des décimales, elles s'écrivent après un zéro qui désigne la place des entiers, et le point ou la virgule, fait la séparation comme à l'ordinaire. Ainsi 0.19 ou 0,19 signifie dix-neuf centièmes; 0^m.19 ou 0^m,19, signifie 0 mètres, dix-neuf centimètres.

S'il n'y avait pas de dizaine dans les fractions à exprimer, comme dans sept centièmes, alors on mettrait 0.07 (0^m,07, 0^{fr},07). Huitmillièmes s'écrivent 0,008.

Un ou des zéros ajoutés à la droite des décimales n'en changent nullement la valeur; ainsi 0,6, 0,60, 0,600 sont absolument la même chose. On comprendra que 60 centièmes équivalent à 6 dixièmes ou à 600 millièmes.

Il y a toujours un point ou une virgule à toute fraction décimale;

ainsi que nous l'avons déjà fait remarquer, ce point ou cette virgule sépare les nombres entiers de la fraction. Si dans le nombre donné il n'y a pas de nombres entiers, s'il ne contient que des fractions, à la place des nombres entiers, on met un zéro et à sa droite on met un point ou une virgule ; ainsi 0,564 veut dire qu'il n'y a pas de nombres entiers, mais seulement 5 dixièmes, 6 centièmes, 4 millièmes. Ainsi encore 0^m,564 veut dire 564 millimètres.

Addition des décimales Placez les nombres selon leur valeur respective les uns sous les autres, en sorte que tous les points décimaux, les unités et décimales du même ordre soient sur une seule et même ligne verticale ; alors additionnez comme s'il n'y avait que des nombres entiers. Cherchez la ligne horizontale qui contient le plus grand nombre de décimales : dans le produit, comptez l'équivalent du nombre trouvé en partant du premier chiffre de droite, et placez un point ou une virgule. Le nombre à la droite de la virgule sera la fraction décimale et le nombre de gauche indiquera les nombres entiers.

Il s'agit de trouver le total ou la somme de 25,074 + 1,8254 + 125 + 0,0567876 + 1776,111.

$$
\begin{array}{l}
25,074 \\
1,8254 \\
125, \\
0,0567876 \\
1776,111 \\
\hline
1928,0671876
\end{array}
$$

Ce qui fait 1928 entiers et

$$
\frac{671876}{10000000}
$$

Soustraction des décimales La soustraction des décimales ou des nombres suivis de décimales se fait comme si les nombres ne contenaient que des entiers. Il faut faire attention de placer les nombres les uns sous les autres, de façon à ce que les unités et décimales du même ordre et par conséquent les points décimaux soient dans la même ligne verticale.

Quand la soustraction est faite, on place dans le résultat la virgule ou point décimal sous la colonne des virgules ou des points décimaux.

Exemple
$$
\begin{array}{l}
64,512 \\
18,25 \\
\hline
46,262
\end{array}
$$

Si le nombre dont on veut soustraire ne contient que des dixièmes, et que celui à soustraire porte des centièmes, on écrit dans le premier nombre un zéro à côté des dixièmes, ce qui n'en altère nullement la valeur, et ensuite la soustraction se fait comme dans les autres cas.

```
Exemple  8,60
         0,45
         ————
         8,15
```

Étant donné 6,4 on doit en soustraire 3,6822. Au premier abord, l'opération semblera impossible. Mais elle se fait cependant, puisque le nombre entier de la somme dont on veut soustraire est plus fort et plus considérable que celle à soustraire.

```
Exemple  6,4000
         3,6822
         ——————
         2,7178
```

Ajoutez au nombre 6,4 autant de zéros qu'il en faut pour avoir autant de décimales qu'il y en a dans le nombre 3,6822, et opérez comme si vous aviez des nombres entiers.

Multiplication des décimales

Traitez encore dans la multiplication les décimales comme des nombres entiers. Placez les facteurs l'un sous l'autre, et multipliez comme s'il n'y avait point de décimales. Mettez ensuite dans le produit un point ou une virgule à la suite, de droite à gauche, d'autant de décimales qu'il y en a dans les deux sommes multipliées. Si dans le résultat de la multiplication vous n'avez pas autant de chiffres qu'il y en a dans les sommes multipliées, suppléez-y au moyen de zéros.

```
0,02534
0,03256
———————
  15204
 12670
 5068
7602
————————
8250704
```

Exemple : multipliez 0,02534 par 0,03256.

Dans le produit vous n'avez que sept décimales, tandis que dans les deux facteurs vous en avez dix. Ajoutez donc à la gauche de la somme trois zéros pour former dix décimales avec les sept que vous a données le produit de la multiplication et écrivez : 0,0008250704.

Division des décimales

Opérez comme avec des nombres entiers, et dans le quotient ou résultat marquez, en comptant de droite à gauche, autant de décimales qu'il y en a dans le dividende excédant ceux du diviseur. Si vous ne trouvez pas dans le résultat assez de chiffres ainsi que l'in-

dique la règle, ajoutez-y autant de zéros à la gauche qu'il en est
requis.

Exemple : divisez 12,678945 par 5.

$$12,678945 \quad \Big| \quad \dfrac{5}{2,535789}$$

Si après la division il restait un nombre
quelconque ou plus de décimales dans
le diviseur qu'il y en a dans le dividende, ajoutez des zéros
au dividende; le quotient peut être étendu à toute valeur nécessaire.

Supposons qu'on veuille savoir combien on peut faire de mètres
d'ouvrage à 4^{fr},30 le mètre pour trois mille francs. Il s'agit de diviser 3000 par 4,30.

$$\begin{array}{r|l} 3\,:0000 & 430 \\ \hline 2580 & 697 \\ \hline 4200 & \\ 3870 & \\ 3300 & \\ 3010 & \\ \hline 290 & \end{array}$$

Transformez d'abord ces nombres ainsi qu'il
suit : 3000 francs en 300000 centimes et 430.
Voici ensuite l'opération :

On trouve donc 697 pour quotient; mais il
reste 290, nombre qui, étant plus petit que
430, ne peut plus donner qu'une fraction.

Il faut donc continuer l'opération de la division et ajouter encore des zéros à 290; ajou-
tons-en deux, et divisons par 430.

$$\begin{array}{r|l} 29000 & 430 \\ \hline 2580 & 67 \\ \hline 3200 & \\ 3010 & \\ \hline 190 & \end{array}$$

Par cette nouvelle division on obtient au
quotient deux nouveaux chiffres formant 67;
séparez-les des précédents par la virgule décimale.

La réponse à la question proposée sera 697
mètres 67 centimètres.

S'il était nécessaire de pousser la division jusqu'aux millièmes,
on ajouterait un troisième zéro, et l'on continuerait à diviser 1900
par 430, etc.

Comme on est souvent encore obligé de se servir de fractions
ordinaires et de sous-espèces d'anciennes mesures et d'anciens
poids, utiles dans la construction, nous allons indiquer la manière
d'opérer la conversion de ces fractions de mesures et de poids
en décimales.

Supposons 5/6 à convertir en décimales; cette fraction indique
la division de 5 par 6. Or, comme elle ne peut pas se faire en nombre entier, on ajoute à 5, et à sa droite, autant de zéros qu'on

$$\begin{array}{r|l} 500 & 6 \\ \underline{48} & \overline{83} \\ 20 & \\ \underline{18} & \\ \overline{2} & \end{array}$$

veut avoir de décimales. Par exemple, pour avoir des centièmes on ajoute deux zéros au 5, et l'on fait la division ainsi qu'il suit.

Le quotient ou la valeur de la fraction 5/6 est 83 centièmes, exprimés ainsi : 0,83. S'agit-il de convertir $\frac{2}{3}$ en millièmes, on ajoutera trois zéros au 2, et l'on fera la division comme précédemment.

$$\begin{array}{r|l} 2000 & 3 \\ \underline{18} & \overline{666} \\ 20 & \\ \underline{18} & \\ 20 & \end{array}$$

Le quotient ou la valeur de la fraction 2/3 est 666 millièmes, exprimés ainsi : 0,666. Veut-on convertir six onces en décimales, six onces ou six seizièmes de livre sont la même chose. Posez le 6, ajoutez-y trois zéros si vous voulez avoir des millièmes de livre, divisez ensuite par 16 et le quotient sera le résultat demandé.

$$\begin{array}{r|l} 6000 & 16 \\ \underline{48} & \overline{375} \\ 120 & \\ 112 & \\ \overline{80} & \\ 80 & \\ \overline{00} & \end{array}$$

6 onces sont donc égales à 375 millièmes de livre, exprimés ainsi : 0,375.

Conversion des anciens poids et mesures en nouveaux Pour trouver des renseignements sur la manière de construire, on a recours généralement à des ouvrages antérieurs à l'introduction du système décimal en France. Nous croyons donc utile de donner ici la manière de convertir les anciens poids et mesures en nouveaux.

La proportion légale de la toise ancienne au mètre est dans le rapport suivant : 1 toise vaut 1^m,94904. C'est-à-dire que la longueur de la toise équivaut à un mètre 94904 centimillièmes.

L'ancien pied représente 0^m,32484, c'est-à-dire $\frac{32\,484}{100000}$ d'un mètre.

L'ancien pouce, la 12e partie du pied, équivaut à 0^m,02707, ou $\frac{2707}{100000}$ d'un mètre.

L'ancienne ligne, la 12e partie du pouce, équivaut à 2,256 millimètres.

Maintenant si on désire convertir une mesure ancienne quelconque en mètres, soit par exemple 6 toises 2 pieds 4 pouces, multipliez 1^m,94904 par 6 ; multipliez ensuite 32484 par 2 ; multipliez enfin 02702 par 4.

$$\text{Vous aurez d'abord } 1,94904 \times 6 = 11,69424$$
$$\text{Ensuite.} \ldots \ldots \ldots 32484 \times 2 = 0,64968$$
$$\text{Enfin.} \ldots \ldots \ldots \ldots 2702 \times 4 = 0,10808$$

Additionnez ces trois sommes, et le résultat, 12^m,45200, vous donnera la réduction demandée.

C'est-à-dire que 6 toises 2 pieds et 4 pouces sont égales à 62 mètres 45200 cent millièmes de mètre.

La 100e partie du pied ancien est égale à $\frac{324}{1000}$ de mètre, exprimés ainsi, 0^m,324.

Le mètre est au pied comme 466,56 sont à 144.

$$\text{L'ancienne livre valait 0 kil. 48951}$$
$$\text{L'ancienne once.} \ldots \ldots 30,59$$
$$\text{L'ancien gros} \ldots \ldots \ldots 3,83$$

Opérez pour la conversion des poids comme vous l'avez fait pour celle des mesures. Supposez que vous vouliez savoir combien 5 livres 6 onces et 6 gros font en kilogrammes et en grammes : multipliez 48951 par 5, puis 30,59 par 6 et enfin 3,83 par 6, additionnez le résultat de ces trois multiplications, et vous trouverez que 5 livres 6 onces et 6 gros sont 2 kil. 65407.

La 100e partie de la livre ancienne est égale à $\frac{489}{1000}$ de kilogramme, exprimés ainsi : 0 kil. 489.

Nous allons donner quelques exemples de calculs qui se présentent continuellement dans la construction, et surtout dans le métré des ouvrages terminés.

Il y a des ouvrages qui se payent au mètre courant, comme par exemple les murs de clôture. On convient d'avance combien ces murs auront de hauteur et d'épaisseur, s'ils seront hourdés en mortier de chaux ou de plâtre, etc., avec ou sans chaînes, et l'on dit tel mur sera payé, supposons 17 francs le mètre courant : cela veut dire qu'on n'en métrera que l'indéfinie longueur, sans s'occuper de la hauteur ni de l'épaisseur. Supposons qu'un mur de clôture étant terminé, sa longueur soit de 18 mètres 65

centimètres. Il faut multiplier le nombre de mètres et de centimètres par le prix convenu, et faire cette multiplication en ne
tenant aucun compte des décimales, mais en les regardant comme des nombres entiers.

$$
\begin{array}{r}
18,65 \\
17 \\
\hline
13055 \\
1865 \\
\hline
317,05
\end{array}
$$

Voici l'opération :

On voit qu'il y a une virgule après le nombre 317 :
cette virgule est pour séparer les francs des centimes.
Il y a dans le multiplicande deux décimales; un 6 et
un 5. Ce sont ces deux décimales qu'il faut séparer, de droite à
gauche, dans la somme trouvée de 31705. Ces 18^m,65 de mur, payés
à raison de 17 francs, reviendront donc à 317 francs 5 centimes.

Autres exemples : 36 mètres courants 5 centimètres 5 millimètres à 15 francs feront 548 fr. 25.

11 mètres 80 centimètres à 19 francs feront 224 fr. 20 cent.

Si l'on est convenu avec un entrepreneur de payer le cube de
maçonnerie de telle ou telle nature un prix de tant, il faut mesurer les trois dimensions de la maçonnerie, c'est-à-dire sa longueur, son épaisseur et sa hauteur, multiplier par elles-mêmes
ces trois dimensions : alors on en aura le solide ou cube qu'on
multipliera par le prix. Supposons un mur de 8 mètres 50 de
longueur, sur 0^m,48 d'épaisseur et 3 mètres 22 de hauteur; nous
aurons $8,50 \times 0,48 \times 3,22 = 13^m$ cubes 1376. Chaque mètre
sera payé supposons 31 francs 25 centimes. Multipliez 13,1376
par 31 francs 25 ou 31,25, et vous trouverez 410 francs 55.

De la pesanteur, du poids, de la densité, de l'équilibre, etc. Quand on éloigne du sol une pierre, un morceau de bois, etc.,
et qu'on les abandonne à eux-
mêmes, ils tombent jusqu'à ce qu'ils atteignent le sol ou un
corps quelconque qui les arrête. Comme la matière est inerte,
sans activité, elle ne peut pas passer d'elle-même de l'état de
repos dans celui de l'activité.

Donc quand nous voyons qu'un corps en repos commence à
se mouvoir au moment que nous le privons de son appui ou soutien, nous devons assigner ce mouvement à une puissance, et
cette puissance est nommée *pesanteur*.

La pesanteur n'est autre que cette tendance de tous les corps vers le centre de la terre. Rien ne s'échappe de notre globe pour se porter dans l'immensité, et les corps qui se trouvent accidentellement lancés hors de sa surface y reviennent toujours avec rapidité. La terre a la propriété d'attirer constamment vers son centre toutes les parties matérielles qui la composent, tous les corps qui sont à sa surface et tous ceux qui peuvent être placés autour d'elle à distance.

On ne peut mieux déterminer la direction de la pesanteur qu'en fixant un fil ou cordon à un objet quelconque et en assujettissant à l'autre extrémité un petit poids ou corps pesant. La direction du fil ou cordon quand il est tendu et en repos est identique à la direction de la pesanteur; car si la force de l'attraction terrestre produisait une autre ligne, elle attirerait le cordon vers cette ligne.

Ce petit instrument, formé d'une ficelle, d'un cordeau, ou corde mince, et d'un petit poids, et dont on se sert constamment dans la construction, est nommé *plomb*, et la ligne décrite par le cordeau fixé d'une manière quelconque au sommet étendu vers le bas par l'effet du poids libre et en repos est nommée ligne *verticale*. Si cette ligne était prolongée, elle rencontrerait infailliblement le centre de la terre.

La direction de la pesanteur est donc celle du plomb ou de la ligne verticale. Il n'y a rien de si facile que de déterminer la *verticale,* en tous temps et en tous lieux. La verticale, n'importe sur quel point du globe, se dirige toujours vers son centre.

Quand un corps est empêché de tomber par un obstacle quelconque, l'effet de la pesanteur n'en est point pour cela anéanti; dans ce cas, il se manifeste par une pression qui s'exerce sur la masse qui le soutient.

La pesanteur n'est pas seulement une propriété générale des corps, c'est-à-dire elle n'est pas une propriété des corps compactes, elle est encore une propriété des liquides et des gaz. La chute des gouttes de pluie prouve assez la pesanteur des fluides, et la pression que les gaz, ou la masse d'air, exercent sur la surface terrestre prouve de son côté la pesanteur des gaz.

La quantité de la pression qu'un corps exerce sur le corps qui le supporte est appelée son *poids;* cette pression augmente en raison de la quantité des molécules matérielles dont le corps est composé. Pour comparer le poids de différents corps entre eux on se sert de balances dont l'usage est généralement connu.

L'unité légale de poids est en France le *kilogramme :* c'est le poids dans le vide d'un litre d'eau distillée, à la température de 4º centigrades.

Comme il arrive souvent que pour le bâtiment et ses nombreux détails on consulte des ouvrages étrangers où il n'est point fait usage de notre système métrique, nous croyons devoir donner ici le rapport des mesures et poids étrangers à notre système décimal.

Le pied anglais, un tiers du yard, correspond à	30,479	centimètres.
Le pied de Vienne (Autriche).......... » ...	31,611	»
Le pied du Rhin ou de Prusse........ » ...	31,385	»
Le pied de Bavière.................... » ...	29,10	»
Un mille marin d'Angleterre, de 60 au degré » ...	1852	mètres.
Un mille anglais, de 1760 yards........, » ...	1609	»
Un mille d'Allemagne, de 15 au degré... » ...	7408	» •
Un mille d'Italie..................... » ...	1852	»
La livre anglaise (troy-pound).......... correspond à	373,226	gram.
Une once........................... »	31.102	»
Pennyweight, $\frac{1}{20}$ d'once............... »	1,555.	»
Un grain........................... »	0,065	»
La livre anglaise (avoir du poids)....... »	453,57	»
Une once (16e de livre)............... »	28,35	»
Un dram (16e d'once)................. »	1,77	»
Une livre de Prusse.................. »	467;702	»
Une livre de Vienne (Autriche), du commerce. »	572,880	»

Avec la table que nous venons de donner, il sera facile de convertir au système décimal français les mesures étrangères.

La densité des corps consiste dans le rapport de leur poids à eur volume. L'idée de la densité se confond avec celle du poids spécifique. Le poids spécifique est pour toute substance une propriété perpétuelle et caractéristique. Afin de déterminer la densité des corps, il faut adopter la densité d'un corps quelconque pour unité : on a choisi à cet effet l'eau dans sa plus forte densité. La densité ou le poids spécifique d'un corps est donc le nombre qui accuse combien de fois un corps est plus pesant qu'un égal volume d'eau. Un centimètre cube de fer pèse 7,8 grammes, un centimètre d'or, 19,258 grammes, tandis qu'un pareil volume d'eau ne pèse qu'un gramme : donc le poids spécifique du fer est 7,8, celui de l'or est 19,258. On trouve en général le poids spécifique d'un corps quelconque en divisant son poids absolu par le poids d'un volume d'eau d'égale capacité.

Un corps est en équilibre quand toutes les forces qui agissent sur lui s'annulent réciproquement, ou bien quand leur action est annulée par une résistance quelconque. Ainsi, par exemple, l'action de la pesanteur d'un corps suspendu à un fil est annulée par la résistance de ce fil. Si le fil n'est pas assez solide, il se rompt, et le corps qu'il soutenait tombe à terre. Toutefois l'équilibre a lieu sans un point d'appui stable et sans résistance apparente. Le poisson peut être en équilibre dans l'eau comme le ballon l'est dans les airs : mais dans ces cas la pesanteur de ces corps est annulée par une pression qu'il est inutile de démontrer ici.

La *statique* est la science qui s'occupe à découvrir les conditions de l'équilibre, et la *dynamique* est la science qui recherche de son côté les lois du mouvement qui naissent quand les conditions de l'équilibre ne sont point satisfaites. Ces deux sciences trouvent leur application dans le bâtiment, mais quelques notions élémentaires suffisent.

Pour mesurer des forces, il faut adopter pour unité une force quelconque. Deux forces sont égales quand elles s'équilibrent en agissant en sens contraire mais sur un même point. Deux forces égales qui agissent dans la même direction, sont comme la même force double. Quel que soit le nombre de forces agissant sur un point matériel, quelle que soit leur direction, elles ne communiqueront néanmoins qu'un seul et unique mouvement dans une seule direction déterminée. On peut donc se figurer une force, une puissance, capable d'amener seule cet effet, et qui serait susceptible de suppléer au système complet des forces dont nous avons parlé plus haut. Cette force est nommée *résultante;* elle n'est autre chose que la somme de toutes les actions de la pesanteur, que l'on appelle le poids d'un corps, et c'est le point où elle est appliquée qu'on appelle son centre de gravité. Nous avons dans la poulie un exemple de résultante.

Des réservoirs, de l'eau et des jets d'eau — L'eau remonte à la même hauteur que celle d'où elle est descendue quand une certaine pression s'exerce sur elle. Supposons un réservoir quelconque A (*fig.* 33), dont l'eau à sa superficie est de niveau avec une ligne horizontale *ab;* que ce réservoir soit en communication avec un tuyau placé dans une direction descendante et fermé à son extrémité : l'eau descendra dans ce tuyau. Elle s'écoulera si le tuyau est ouvert au point O. Qu'on se figure que ce tuyau soit en communication avec un coude dont une portion est verticale et qui s'ouvre au point *o*. L'eau s'élèvera verticalement avec une certaine puissance en s'échappant par l'ouverture *o* et formera un jet qui atteindra presque à la ligne horizontale *ab*.

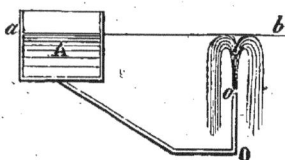

Fig. 33.

On explique en hydrostatique ce phénomène au moyen de la loi qu'un fluide pesant et liquide n'arrive dans un vaisseau quelconque au repos qu'au moment où sa superficie (*ab* dans ce cas) est complètement horizontale; car le tuyau et le réservoir A sont à considérer ici comme ne faisant qu'un seul et même vase ou vaisseau, dans lequel se trouve de l'eau.

Toutefois le jet n'atteindra pas la ligne du niveau *ab*, parce qu'il n'a pas de cohésion, parce qu'il se divise en gouttes par la résistance de l'air, parce qu'il y a une friction qui s'opère à l'orifice *o*, enfin par suite d'autres motifs inutiles à énumérer ici. Dans cet état, le jet, séparé de la masse d'eau, ne subit plus la pression de l'eau chassée par sa pesanteur.

Nous nous sommes occupé ici de l'ascension de l'eau, parce qu'elle se présente dans la pose des réservoirs destinés aux lieux d'aisances. On doit également en connaître la théorie pour l'employer lorsqu'on a de l'eau à conduire d'une montagne soit pour les besoins de la construction, soit pour les besoins domestiques. Cette théorie est encore utile à connaître pour l'établissement de jets d'eau dans des parcs ou des jardins.

La pression exercée par les liquides de haut en bas sur le fond d'un vase ou réservoir, où ils sont contenus, est tout à fait indépendante de la forme de ce vase ou réservoir. La pression que le fond d'un vase ou d'un réservoir a à subir par l'eau qu'ils contiennent, est égale au poids d'un cylindre d'eau vertical dont la base est égale au fond et dont la hauteur est égale à celle du fond jusqu'au niveau supérieur de l'eau.

Quant à un réservoir à gradins intérieurs (*fig.* 34), son fond *ab* ne supporte que le poids de la colonne ou cylindre d'eau *abcd*, tandis que le poids des volumes d'eau qui circonscrivent la colonne *abcd* est soutenu par le fond horizontal formé par des gradins superposés.

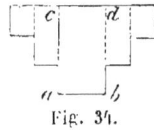
Fig. 34.

De la pompe La pompe est un appareil composé d'un tuyau et d'un piston montant et descendant et au moyen duquel on fait monter l'eau à une certaine élévation. On en distingue de deux sortes : la pompe *aspirante* et la pompe *foulante*. La pompe aspirante consiste en un tuyau ou grand canal au-dessus duquel s'adapte le corps de la pompe proprement dit. Au-dessus du canal inférieur est adaptée une soupape, qui s'ouvre par une pression faite par en bas et qui se ferme par une pression faite par en haut. Cette soupape est fixée sur l'orifice supérieur du canal, et le bouche hermétiquement. Dans le corps de la pompe se meut, en s'élevant et en s'abaissant, le piston creux muni d'un bourrelet en cuir et d'une soupape centrale, qui, comme la précédente, est ouverte par une pression inférieure et fermée par une pression verticale du haut. En élevant le piston, le vide se fait dans le corps de la pompe, en dessous du piston, la soupape inférieure se lève, tandis que l'eau entre dans le corps de la pompe, pressée qu'elle est par le poids de l'air extérieur ; en baissant le piston, la soupape inférieure se ferme, en sorte que la retraite est coupée à l'eau aspirée, qui, par la pression, du piston descendant, est forcée de traverser la soupape pratiquée au-dessus de ce piston.

En levant derechef le piston une autre quantité d'eau est

aspirée ; l'eau qui est déjà au-dessus du piston est montée pour s'échapper par un tuyau latéral.

Si le piston et les soupapes pouvaient être faits avec une précision telle qu'il serait impossible à l'air de pénétrer, on pourrait aspirer l'eau, par une moyenne pression d'air, jusqu'à une élévation de 10 mètres ; mais les pompes ordinaires ne peuvent guère aspirer l'eau au delà de $7^m,50$ ou 8 mètres.

La pompe foulante est composée d'un tuyau plongeant dans l'eau, et qui permet son introduction jusqu'à une certaine élévation, au moyen de petits trous. Si, lorsque ce tuyau est ainsi en partie rempli, on abaisse rapidement le piston, l'eau se trouvera pressée et se précipitera dans un canal latéral et adjacent, où une soupape lui livrera passage. En élevant le piston, cette eau tendra à retourner dans le premier tuyau ; mais la soupape s'abaissant aussitôt lui interdira le retour, en sorte que par cette action répétée elle sera élevée jusqu'à un orifice déterminé, placé à telle hauteur qu'on voudra.

Des moufles — Pour enlever les plus pesants fardeaux dans les travaux de bâtiment, on se sert d'une machine composée de plusieurs poulies enchâssées séparément et retenues avec un boulon dans une main de bois, de fer ou de bronze, appelée écharpe ou chape. Cette machine est nommée moufle. On sait que la poulie est une petite roue, massive ou évidée, en bois ou en métal, tournant sur un axe en fer et sur la circonférence (dans l'épaisseur) de laquelle une gorge ou cannelure est creusée pour recevoir et tenir un cordage, dont elle facilite le mouvement, lorsque la direction suivant laquelle ce cordage fait effort, en tirant, doit changer. Cette combinaison de poulies et de cordages facilite le mouvement en augmentant l'effort de la puissance.

Le moufle que représente la fig. 35 est composé de trois poulies fixes et de trois poulies mobiles : c'est celui dont on fait le plus usage. Le poids, suspendu à la chape commune des trois poulies inférieures, est évidemment porté par les six portions du cordage qui relient entre elles les poulies supérieures et inférieures. Ce poids se reporte donc uniformément sur les six parties du cordage et par conséquent chacune d'elles est tendue par 1/6 du poids. Si par exemple ce poids était de 60 kilogr., chacune des six cordes seraient tendues comme si elles avaient seules un poids de 10 kilogr. Si l'équilibre doit avoir lieu, il faut que la portion de corde qui s'abaisse à droite et à gauche de la poulie supérieure soit également tendue : nous avons dit que la portion de gauche était tendue par un sixième du poids. Il faut par conséquent fixer à la portion de droite de la corde un poids égal aussi à un sixième du poids. On peut donc tenir notre moufle en équilibre avec un poids de 10 kilogrammes s'il soutient un poids de 60 kilogrammes.

On a aussi des moufles composés de deux chapes, celle du haut garnie de quatre poulies, celle du bas de trois. Qu'on se souvienne bien que chaque portion de corde glissant sur une poulie mobile double la puissance, car chaque extrémité du cordage soutient une égale quantité du poids tandis que chaque portion de cordage fixée à une poulie n'augmente la puissance que par unités. L'établissement d'une poulie est facile si on est trop loin d'un lieu où le commerce en livre toutes fabriquées.

Fig. 35.

La chèvre Au nombre des machines employées pour élever des fardeaux, la plus simple est un mât planté en terre et maintenu par quatre haubans ou gros cordages. On se sert de ce procédé en Italie et en France pour les ouvrages maritimes. Mais la machine la plus en usage dans toutes les parties de la France est celle nommée *chèvre*. Il y en a de plusieurs espèces. Il y a des chèvres formées de trois longues pièces de charpente, appelées pieds, et dans ces chèvres il y en a encore deux sortes : l'une agit par le moyen d'un treuil ou moulinet à quatre barres, tandis que l'autre porte dans le milieu du treuil un tambour ou grande poulie, sur laquelle s'entortille le câble qui doit être tiré par les hommes qui élèvent le fardeau.

Une autre espèce de chèvre est celle qui n'a que deux pieds formant un triangle plus ou moins grand, plus ou moins élevé, et qui ne se soutient que par des haubans. Dans ces chèvres il y a un treuil mû par des leviers, autour duquel s'enroule le cordage renvoyé par une poulie placée au sommet des bras, qui sont maintenus par des pièces de bois horizontales nommées entretoises. Les haubans ou cordages destinés à soutenir cette chèvre, et qui embrassent le sommet doivent toujours être fixés à des objets solides; c'est une précaution qu'il ne faut jamais négliger afin de prévenir les accidents.

Une autre précaution qu'il faut prendre, c'est de ne pas laisser poser les pieds ou bras de la chèvre sur des parties trop faibles sur lesquelles elle pourrait glisser. Quand elle sera employée à la construction des étages, il faudra la placer sur des madriers ou autres fortes pièces de bois qu'on mettra en travers des solives. La chèvre est une machine très pratique et très utile, qu'on peut très facilement changer de place et qui apporte une grande économie de temps dans l'élévation des fardeaux.

Le treuil Le treuil (*fig.* 36) est une machine composée d'un châssis carré de dimension arbitraire, mais plus long que large, qu'on pose à terre et aux extrémités duquel sont

Fig. 36.

assemblés deux montants consolidés par des contrefiches. Un cylindre horizontal tourne sur deux pivots placés sur chacun des montants latéraux, munis d'une garniture en fer sur laquelle posent les pivots. Aux extrémités des pivots est pratiquée une manivelle pour faire mouvoir le cylindre principal; et pour que le fardeau qu'on élève au moyen d'une corde ne puisse pas entraîner le mouvement en arrière, on y adapte une petite roue à rochet, comme il est indiqué dans la figure. L'axe du cylindre ne doit pas être placé au delà de 1 mètre au-dessus du châssis; les manivelles ne doivent pas non plus dépasser la hauteur de l'épaule ni descendre au-dessous de la longueur du bras, afin que le travailleur puisse les faire agir sans être obligé de fléchir le genou. autrement il perdrait de sa force. La longueur la plus convenable du rayon d'une manivelle, ou tige courbée qui relie les pivots de l'axe au manche, est 18 centimètres.

On se sert du treuil pour monter les terres qui proviennent de la fouille des puits, ainsi que pour celles qui descendent à une grande profondeur : on s'en sert encore pour monter dans les étages supérieurs les briques, les moellons, le mortier, etc. Comme pour la chèvre, il est nécessaire de poser avec précaution le treuil sur une base solide, sur des madriers ou de fortes pièces de bois de charpente. Il faut aussi placer le treuil le plus près possible des murs, afin de ne pas faire fléchir les charpentes au milieu des pièces.

Il y a encore un autre genre de treuil, qui sert à arracher les vieux pieux dont on ne peut plus se servir.

On nomme *moulinet* une sorte de treuil auquel sont adaptés quatre bras de levier perpendiculaires les uns aux autres, deux de chaque côté.

LIVRE PREMIER

DES MATÉRIAUX PRINCIPAUX

Des matériaux en général Pour élever une bonne construction, il faut non seulement faire
un bon emploi des matériaux, mais il faut encore connaître leurs
qualités et leurs défauts. Il ne s'agit pas, pour le propriétaire
qui fait bâtir, de s'initier entièrement à la connaissance du bois
et de la pierre, ainsi que doivent le faire l'architecte, le charpentier et le maçon, il lui faut se borner à en connaître les avantages
et les vices, savoir distinguer le bois de chêne du bois blanc, la
pierre dure de la pierre tendre, etc. Si l'étude des divers matériaux est faite avec intelligence, avec plaisir et intérêt, comme
elle comprend les éléments de plusieurs sciences, elle deviendra
agréable en portant l'attention de l'homme qui étudie sur des
sujets qui auparavant n'existaient pas ou étaient lettre close
pour lui. Ainsi l'étude des pierres le conduira à la géologie et à
la minéralogie, celle des bois à la botanique, qui lui servira pour
la plantation des jardins d'agrément et des parcs.

La connaissance élémentaire des matériaux est intimement
liée à la construction ; car si certaines constructions demanden
des matériaux de qualités particulières, et vice versa, d'autres
matériaux ne doivent et ne peuvent être employés qu'à certains
genres de constructions. Sous ce rapport il faut non seulement
connaître quelles sont les qualités présentes des matériaux, mais
il faut encore savoir ce que ces matériaux deviendront avec le
temps. Cela est d'autant plus important que, soumis dès leur
emploi à des influences diverses, ces matériaux peuvent se
métamorphoser dans la suite, soit en bien soit en mal.

La plus grande partie des matériaux sont employés tels que les fournit la nature, mais avec une façon extérieure qui les approprie au but proposé : c'est ce qu'on peut appeler matériaux naturels; d'autres ont besoin d'une transformation radicale, soit chimique, soit mécanique : on peut nommer ces derniers matériaux artificiels.

Nous examinerons les matériaux artificiels, c'est-à-dire les briques, les tuiles, les différentes poteries, les pierres artificielles, la chaux, etc. ; mais nous n'entrerons pas dans la partie technique de la fabrication de ces matériaux, fabrication qui est en dehors du but de cet ouvrage et que l'on peut trouver décrite dans des ouvrages spéciaux. Disons seulement qu'il n'est pas tout à fait inutile que le propriétaire constructeur soit quelque peu initié à la fabrication des briques ainsi qu'à la cuisson de la pierre à chaux ou à plâtre. Jamais trop de connaissances ne peuvent nuire.

La connaissance des matériaux s'acquiert par l'étude, l'observation et l'expérience. On peut acquérir l'expérience en étudiant les matériaux déjà mis en œuvre dans le voisinage de la localité où l'on veut bâtir. On peut arriver à de bons renseignements en questionnant les ouvriers ou les entrepreneurs, qui sont presque toujours de bons praticiens. Avec un peu d'attention et de mémoire, on parvient facilement à distinguer la pierre tendre de la pierre dure et à connaître les différentes essences de bois.

Division des matériaux de construction Les matériaux de construction se divisent : 1° en *pierres* de toutes natures et matériaux de construction artificiels, 2° en *métaux*, 3° en *bois*, 4° en *matières pour former liaison*, comme mortiers, ciments, plâtres, mastics, etc., 5° en *matières conservatrices*, telles que enduits, couleurs à l'huile, bitumes et autres.

Remarquons que pour les fondations d'une construction quelconque, il faut toujours employer les matériaux les plus durs de la contrée où l'on bâtit, à moins que ces matériaux ne soient perméables à l'eau et par suite conducteurs de l'humidité. Nous allons donner une description et une analyse succinctes des différentes pierres à employer ou à éviter dans la construction.

1º *Pierres et matériaux de construction artificiels.*

Pierres Les pierres peuvent se diviser en deux classes : en pierres *dures* et en pierres *tendres*. Les pierres dures sont celles qui ne peuvent être débitées qu'au moyen de la scie à eau (sans dents) et du grès; les pierres tendres peuvent être travaillées à la scie à dents et à la hachette. Au nombre des pierres dures sont : le marbre, le granit, le porphyre, la roche, le liais. Parmi les pierres tendres, on compte le moellon, la pierre de craie, l'ardoise, la mollasse, le tuf.

La croûte terrestre qui enveloppe le noyau de notre globe fournit les pierres dont nous venons de parler, et qui pour la plupart sont formées par la combinaison de plusieurs minéraux. On peut appeler pierre *simple* celle dont la masse générale n'est formée que d'un seul minéral; pierre *compacte* ou pierre *cristallisée grenue*, celle qui consiste en un mélange de deux minéraux et plus, et enfin pierre *amalgamée*, celle qui est le résultat de procédés mécaniques, mais naturels.

Les pierres simples et amalgamées doivent la plupart du temps leur origine à l'eau, tandis que les pierres compactes ou cristallisées ont été produites par le feu et le figement subit amené par le refroidissement de la masse en fusion.

Au nombre des pierres simples il faut placer les calcaires; la pierre calcaire se trouve généralement dans tous les pays. Elle est formée d'une combinaison d'oxyde de calcium et d'acide carbonique. La plus grande partie du sol de la France en offre des dépôts plus ou moins considérables de diverses sortes. Les dépôts tertiaires, comprenant des calcaires grossiers marins et des calcaires fluviatiles, couvrent ce que l'on appelait l'Ile-de-France, et l'Orléanais, ainsi que la Touraine, la Guyenne et la Gascogne, jusqu'au pied des Pyrénées. Beaucoup de calcaires fluviatiles se retrouvent en outre, par lambeaux, dans l'Auvergne, dans le Cantal, dans le Languedoc et la Provence. D'autres calcaires, et plus particulièrement ceux de la formation jurassique, couvrent la Franche-Comté et la Bourgogne, et constituent la plus grande partie du reste de la France, où ils sont limités par les terrains cristallins des Ardennes, des Vosges, des Alpes, du

Dauphiné, des Pyrénées, de la Bretagne ; ils entourent de tous les côtés le groupe cristallin qui constitue le Limousin, l'Auvergne, le Lyonnais et une partie du Languedoc.

Le calcaire est une matière d'un usage journalier. Comme pierre à bâtir, il se laisse tailler facilement et conserve néanmoins les arêtes, les moulures et les ornements les plus délicats. Cependant dans cette pierre il y a beaucoup de choix à faire. La craie est le plus souvent trop tendre ; les variétés lamellaires, simples ou micacées, résistent peu à la charge ; beaucoup de calcaires compacts sont secs, et fréquemment remplis de fissures qui leur ôtent beaucoup de solidité.

Les variétés de calcaire qui conviennent le mieux à la construction sont celles qui sont compacts, à cassure inégale, plates ou irrégulières, celles qui sont mates et ont souvent un aspect terreux. On en trouve ainsi d'excellentes dans les formations analogues à celles de Paris et dans les dépôts jurassiques : ce sont ces formations qui ont fourni des matériaux à la plupart des monuments de l'Europe.

On emploie quelquefois aussi les tufs calcaires, et parmi ceux-ci les meilleurs sont ceux des États Romains, connus sous le nom de *travertins*, employés dans une grande partie de l'Italie.

Il y a des pierres qui ne peuvent rester exposées aux intempéries de l'air sans se désagréger plus ou moins promptement et tomber en fragments ou en poussière ; ce sont surtout les variétés susceptibles de s'imbiber lentement d'eau, qui, lors des gelées, augmente de volume en se consolidant, et fait éclater la masse.

Ces variétés se nomment *pierres gélives*, et il faut en éviter soigneusement l'emploi.

Une des particularités du calcaire, c'est l'effervescence, le bouillonnement qui s'opère lorsqu'après avoir plongé un morceau dans une solution saline on l'en retire ensuite. Le sel, en se cristallisant dans l'intérieur, augmente de volume, et produit l'effet de la congélation de l'eau ; si la pierre résiste à l'épreuve, on peut être certain qu'elle résistera de même aux intempéries de l'air. Certaines pierres poreuses pourtant ne se désagrègent jamais à l'air, parce que l'eau dont elles se sont imbibées se dégage aussi rapidement qu'elle a pu pénétrer.

Le calcaire est donc une bonne pierre à bâtir, même pour certains travaux hydrauliques; mais il faut autant que possible éviter de l'employer pour des foyers et des cheminées.

Les pierres calcaires s'emploient soit à l'état de moellons, soit à l'état de pierres de taille; un moellon est un bloc qu'un homme peut facilement manœuvrer, une pierre de taille est un bloc de grande grosseur, taillé suivant une forme géométrique.

Les *marbres* sont des variétés de calcaire à grains fins susceptibles de poli. Leur blancheur ou leurs couleurs plus ou moins vives permettent de les employer à la décoration des édifices. On les trouve en quelque sorte partout. — Il existe de nombreuses variétés de marbres, qui portent toutes un nom particulier. Les plus beaux marbres se nomment *marbres antiques*, expression qui dans le principe indiquait des marbres dont les carrières étaient perdues, et qu'on tirait des anciens monuments, mais qui maintenant s'applique aux variétés choisies parmi celles qu'on exploite journellement.

On nomme *marbres simples* ceux qui sont unicolores et de couleurs nettement décidées. Tels sont les *marbres blancs* statuaires de Carrare; les marbres noirs de Dinant, de Namur, de Huy en Belgique; les *marbres rouges*, parmi lesquels on distingue surtout la *griotte d'Italie*, que donne le Languedoc, de couleur rouge-brun pâle avec de grandes taches d'un blanc sale; les *marbres jaunes*, qu'on nomme jaune antique ou jaune de Sienne, etc.

Les *marbres simples veinés* sont en grand nombre et avec fond de couleur. La Flandre en fournit beaucoup de variétés : ce qui fait qu'on les nomme aussi *marbres de Flandre*. Celui de Sainte-Anne à fond gris et veines blanches est un des plus communs; mais il en existe de beaucoup plus agréables, à fond brun et rouge, à fond bleuâtre, etc. Parmi les belles variétés qui proviennent de différents endroits, on distingue le *grand antique*, à fond noir et veines blanches nettement tranchées; le *portor,* à fond noir et veines jaunes; le *bleu* turquin, à fond bleuâtre et veines plus foncées, dont le plus beau provient de Carrare; le *languedoc*, qui vient de Narbonne, à fond rouge et grandes veines blanches ondulées, qu'on emploie surtout pour les décorations monumentales, etc.

Les *marbres brèches* ne sont souvent que des variétés de marbres, dans lesquelles les veines coupent la masse de telle sorte qu'elle semble composée de fragments réunis. Les plus renommés sont : le *grand deuil* et le *petit deuil*, qui offrent des éclats blancs sur un fond noir, et qu'on tire de l'Ariège, de l'Aude et des Basses-Pyrénées; la *brèche d'Aix*, ou *brèche de Tolonet*, à grands fragments jaunes et violets réunis par des veines noires, qu'on exploite à Aix en Provence; la *brèche violette*, à fond violet avec de grands éclats blancs, un des marbres les plus riches, qui provenait de la côte de Gênes, mais dont les carrières sont depuis longtemps épuisées.

Les *marbres composés* renferment des matières étrangères distribuées par feuillets, par paquets, ou disséminées. On distingue principalement les *marbres cypolin* de la côte de Gênes, qui contiennent du mica verdâtre disséminé dans une pâte blanchâtre et saccharoïde; les *marbres campan*, des Pyrénées, composés de feuillets ondulés de matières analogues de diverses couleurs, renfermés dans des pâtes de calcaire compact de diverses teintes. La Corse fournit du *cypolin* et le *marbre jaune d'Erbalonga*. Enfin, au nombre des marbres composés, il faut encore compter les diverses variétés de *vert antique*, qui sont des marbres saccharoïdes, blancs ou verdâtres, mélangés de diallage et de serpentine de couleur verte.

Les *marbres lumachelles* renferment des coquilles, des madrépores, etc. On distingue surtout des variétés à fond noir sur lequel se dessinent des taches de calcaire blanc, dont chacune est une coquille; on en tire de la Flandre et des environs de Narbonne. Le *petit granit*, rempli d'encrinites, ou marbre des Écaussines, près de Mons, est celui qui couvre la plupart de nos meubles.

Le *grès* est une matière scintillante formée de petits grains distincts. Les *quartzites* sont des grès consolidés qu'on rencontre dans le voisinage des terrains de cristallisation, où ils ont pris le caractère de quartz grenu. Le *grès houiller*, ainsi nommé parce que c'est au milieu de ses dépôts que se trouve la houille, est en général formé d'une accumulation de grains quartzeux et feldspathiques réunis par un ciment argileux plus ou moins micacé, ordinairement grisâtre. Le *grès rouge* présente souvent un ciment argileux et sablonneux, de couleur rouge, qui empâte des galets de quartz, de quartzite, de schiste argileux, de porphyre, de granit, etc. Le *grès bigarré*, ordinairement à grains fins, est en général de couleur rouge. Le *grès vert* doit son nom à la grande quantité de petits grains verts qu'il renferme ; il est presque toujours calcarifère. C'est dans la forêt de Fontainebleau que l'on trouve les grès les plus blancs et les plus purs, qui servent au pavage de Paris.

Les grès se rencontrent en masses ou rochers informes, quelquefois par bancs ou couches de différentes épaisseurs. Dans les carrières de grès, ou *grésières*, les masses sont plus ou moins dûres, suivant la profondeur où elles se trouvent, et plus le grès est dur, plus il aisé de le diviser en morceaux. Cette espèce de pierre, n'ayant pas de lit, se débite sur tous sens et de la grandeur qu'on veut.

On se sert de pierres de grès pour bâtir dans plusieurs pays de l'Europe et dans certaines contrées de la France. Le grès employé comme pierre de taille fait de bonnes constructions quand il est bien choisi ; mais il n'en est pas de même lorsqu'on l'emploie comme moellons, parce que le mortier, qui fait la principale force de ce genre de construction, ne se lie pas bien avec le grès. Le bon moellon est préférable et d'un prix infiniment moins élevé.

Le grès employé pour soubassement est un excellent conducteur de l'humidité. Si l'on a d'autres matériaux, il faut donc les choisir de préférence. En général l'on ne doit employer le grès que pour des seuils, des marches d'escalier, des bordures de trottoir, des bornes, des linteaux de baies de porte et de fenêtre et enfin pour des murs de soutènement ou de clôture dans lesquels l'humidité n'a pas d'inconvénient.

La pierre *meulière* est un composé de concrétions quartzeuses et grossières, dont le tissu est criblé de trous ; on en distingue deux espèces, l'une qui se trouve par bancs ou grandes masses, propre à faire des meules de moulin d'une seule pièce, et l'autre en roches ou morceaux isolés et épars dans les campagnes, avec lesquels on forme des meules de plusieurs pièces. Il y en a qui se débitent en petits morceaux pour être employés comme moellons dans les ouvrages de maçonnerie.

Les pierres de meulière débitées en moellons, et employées avec du mortier, forment une excellente maçonnerie, parce que le mortier s'y attache fortement et s'insinue dans toutes les cavités de manière à former une liaison solide.

Dans les localités humides on peut se servir de la meulière pour former le soubassement de maisons d'habitation. On peut les tailler sur cinq faces pour en former des assises horizontales, ou seulement sur une seule face pour construire des parements irréguliers ou polygonaux.

Parmi les *albâtres* on recherche surtout ceux qui sont d'un blanc légèrement jaunâtre, d'une belle demi-transparence, avec des veines d'un blanc laiteux : c'est là l'albâtre oriental ou albâtre antique. Viennent ensuite les variétés jaunâtres, présentant des zones de diverses teintes qui ne tranchent pas trop sur la masse : c'est ce qu'on nomme *albâtre-veiné, marbre onyx, marbre agate*, mais employés seulement dans les intérieurs, pour des revêtements de chapelle, des objets de grand luxe monumental.

Au nombre des pierres compactes ou pierres cristallisées grenues, il faut ranger : 1° les *argiles*. Ce sont au fond des silicates formés, mais aussi souvent salis par des mélanges de toutes espèces, tels que sables quartzeux, tantôt purs et tantôt impurs. Les argiles sont employées à un grand nombre d'usages, et surtout à la fabrication des briques et des diverses sortes de poterie, objet d'une haute importance dans la construction. Les argiles varient de couleur. 2° Les *ardoises*, formées de cristaux en lamelles minces ou paillettes de mica, déposées à plat les unes sur les autres, ou petits cristaux capillaires couchés sur leur longueur et formant des masses plus ou moins considérables. Ces masses se divisent suivant le plan des lames ou des fibres, en feuillets plus ou moins épais; on désigne aussi cette structure sous le nom de structure schisteuse (ou aisée à fendre'. Les ardoises de première qualité proviennent de Fumay et de Revin dans les Ardennes; les environs d'Angers en fournissent également.

Au nombre des pierres compactes, il faut encore ranger les *brèches* et les *poudingues* nommées aussi *grauwackes*, et parmi ces dernières les *grauwackes schisteuses*, à teintes sombres presque noires.

Les pierres amalgamées se composent du syénite, de la serpentine, du porphyre, du trachyte, du basalte, du granit, de la solénite et enfin des laves.

Remarques sur l'emploi des pierres
Les moellons s'emploient bruts en plus ou moins grands morceaux, tels qu'ils viennent de la carrière : il ne faut en faire usage que lorsqu'ils sont bien secs. Ordinairement on ne les dresse à la hachette que sur une seule face, celle qui doit être apparente, afin de ne pas produire des aspérités trop saillantes ni des creux trop profonds : ces derniers demanderaient une trop grande quantité d'enduit.

Les pierres destinées à élever des murs solides et durables doivent avoir toutes la même dureté et une force suffisante de résistance. Pour reconnaître ces qualités il faut s'assurer si le son que rend la pierre lorsqu'on la frappe est clair ou sourd, et si lorsqu'elle se fend les éclats en sont aigus ou ronds ; les éclats arrondis prouvent la tendreté de la pierre ; généralement aussi on ne trouve un grain fin, une masse compacte, que dans les pierres dures.

Quant à la couleur des matériaux, elle a moins d'influence sur leur qualité, bonne ou mauvaise, car des pierres foncées peuvent être aussi dures que des pierres de teinte claire et réciproquement ; seulement, il faut avoir soin de n'employer que de la pierre d'égale nuance dans une construction.

La bonne pierre de construction peut résister aux intempéries de l'air ainsi qu'à l'épreuve des sels. Il ne faut pas employer la pierre où l'on remarque des agglomérations d'oxyde de fer et de manganèse : elle ne résisterait pas à l'air. Les pierres schisteuses, ou soumises au clivage, se détériorent, en tombant par lames ou feuilles, quand l'humidité peut y pénétrer, et quant aux pierres qui pompent l'eau, elles sont généralement exposées à être décomposées par la gelée. La pierre est à l'épreuve de la gelée quand elle a résisté un ou deux hivers, en plein air, aux effets de l'humidité et du froid.

La bonne pierre de construction doit en outre être exempte de crevasses intérieures, de fentes, et offrir une surface un peu rude afin que le mortier puisse former une bonne liaison, ce qui n'a pas lieu quand la pierre a une surface trop lisse. Il ne faut pas non plus une trop grande différence de volume dans les pierres employées : il faut qu'elles aient des dimensions et des épaisseurs proportionnées aux travaux dans lesquels on les emploie. Toutefois de grosses pierres donnent une plus grande solidité aux murs que des petites. Quant à la pierre destinée aux foyers, aux tuyaux de cheminées, etc., pour se convaincre de sa bonne qualité il n'y a qu'à la soumettre à une forte chaleur. Si elle ne fond ou ne se fend pas, si elle ne se détache pas en lames, elle résistera au feu des foyers et à la chaleur des conduites de fumée.

2° Matériaux de construction artificiels : briques, pisé, pierres moulées, carreaux de plâtre, béton armé.

La brique On distingue deux sortes de briques : 1° la *brique crue* ou seulement durcie à la chaleur du soleil, et 2° la *brique cuite*, durcie par l'action du feu. La première est principalement employée dans le Sud, et dans les pays méridionaux, tandis qu'on ne se sert que de la seconde dans le Nord, où la brique crue serait décomposée par la gelée.

Pour faire de la bonne brique régulière, il faut que la terre à brique soit nettoyée de tous corps étrangers, comme racines, pierres, etc. On la mêle ensuite avec de l'eau et on en fait une pâte assez malléable, pour que le doigt puisse y entrer sans qu'elle se fende. La brique faite avec de la glaise trop grasse ou de la terre argileuse trop forte n'est point bonne; elle se gerce en séchant ou se fend dans la cuisson du four. L'air et le feu en détériorent aussi la régularité, et les arêtes, au lieu de présenter des lignes droites, offrent des courbes dans plusieurs sens. La terre à brique ne doit pas non plus être trop maigre, ni contenir une trop grande proportion de sable, parce que les briques fonderaient en cuisant et en se vitrifiant adhéreraient ensemble. L'expérience a prouvé que pour avoir de bonnes briques, il faut mêler à l'argile pure du sable fin (de rivière si c'est possible) dans la proportion d'un cinquième à un quart de son volume; et comme la cuisson diminue un peu le volume donné primitivement aux briques, il faut dans le moule leur donner une faible dimension en plus de celles qu'elles doivent avoir.

La terre à brique doit être exempte de terre et de marne calcaires qui amènent la fusibilité, et franche de métaux sulfureux, qui feraient fendre la brique en lames ou feuillets; et enfin dépourvue de cailloux calcaires, qui cuits avec les briques produiraient de la chaux grasse, pomperaient de l'humidité, gonfleraient et feraient fendre les briques.

Pour faire de bonnes briques, préparez la terre en automne, laissez lui passer l'hiver en l'étendant sans lui donner trop d'épaisseur; elle est alors excellente à employer au printemps. Si l'argile est grasse, étendez-la soit sur le sol, soit sur une aire de planche, et pétrissez-la jusqu'à ce que ce mélange forme une pâte égale. La terre à briques ainsi préparée est jetée dans des moules en bois saupoudrés de sable pour que la terre ne s'y attache point. En sortant du moule, les briques sont séchées au soleil ou plutôt à l'air jusqu'à ce qu'elles aient acquis assez de consistance pour être empilées et former le four. En empilant les briques, on laisse des vides, pour faciliter l'évaporation de l'humidité qui sort des briques. Mais il faut se garder de vouloir les faire sécher trop vite, on ferait gercer et voiler les briques.

La brique non cuite est peu solide et peu durable dans nos climats; il vaut mieux employer la brique cuite et surtout celle cuite au charbon de bois.

Nous n'entrerons pas plus avant dans la fabrication des briques; car la cuisson est plutôt une affaire de vieux patricien que celle d'un propriétaire amateur de constructions.

Il y a des briques qui résistent à l'action des feux les plus violents, et qui sont employées pour la construction des fours et des appareils métallurgiques. Ces briques sont connues sous le nom de *réfractaires;* elles se composent d'argile pure, exempte de chaux et de fer.

Il est très important, lorsqu'on achète de la brique, de s'assurer de sa bonne qualité : elle ne doit être ni scarifiée ni vitrifiée, mais bien et également cuite. Pour juger de la bonne qualité de la brique, il faut surtout prendre en considération quatre

choses : 1º sa fermeté, sa résistance à fendre et à l'écrasement ;
2º son apparence lorsqu'elle est rompue : il faut que la brique,
dans sa cassure, soit égale de texture, fine de grain, brillante :
elle ne doit point avoir de cavités intérieures ; elle ne doit pas
être rubanée ni pierreuse ; 3º il faut que son extérieur soit uni,
lisse, à vives arêtes, régulier, non déjeté. Quand les briques
sont de grandeur identique, qu'elles n'ont point de dimensions
diverses entre elles, cette circonstance est aussi un indice que
la terre a été bien travaillée et qu'en général la brique a été
bien fabriquée ; 4º il faut, enfin, que la brique, lorsqu'on la frappe,
rende un son clair, plein, pur.

Les bonnes briques sont ordinairement d'un rouge brun foncé,
et quelquefois elles présentent à la surface de petites parties
vitrifiées. Il ne faut cependant pas toujours se fier à cette dernière apparence, parce que souvent c'est au degré de cuisson
seul qu'elles doivent ce commencement de vitrification, quoique
l'argile dont elles se composent soit impure et mal préparée.

On reconnaît facilement les briques de mauvaise qualité à leur
couleur jaune rougeâtre, et mieux encore au son sourd qu'elles
rendent dans la percussion ; leur grain est mollasse et grenu, elles
s'émiettent sous les doigts, se rompent facilement, et absorbent
l'eau avec avidité.

La bonne brique ne doit absorber que 1/15 environ d'eau de
son propre poids : elle doit paraître sèche, et l'être effectivement. La brique qui n'absorbe pas d'eau est trop cuite, le mortier n'y adhère qu'imparfaitement, mais elle est bonne conductrice de la chaleur. Elle peut être employée dans des terrains
humides et servir aussi de pavés. La brique noyée dans de l'eau et
qui s'effeuille et se boursoufle est de mauvaise qualité et contient
du calcaire caustique. La brique chauffée au rouge, sur laquelle
on verse de l'eau froide et qui ne se fend pas est d'une dureté
extraordinaire et rare. La brique qui a subi l'humidité et la sécheresse pendant quelques hivers et qui ne s'est pas effeuillée ni
fendue aux influences alternatives de l'eau et de la glace est
excellente.

Pour vérifier si une brique peut résister à l'action de la gelée,
on la fait bouillir pendant une demi-heure dans une dissolution

saturée à froid de sulfate de soude, puis on la suspend par un fil au-dessus de la capsule dans laquelle elle a bouilli. Au bout de vingt-quatre heures, la surface se trouve recouverte de petits cristaux, que l'on fait disparaître par une nouvelle immersion dans la dissolution : ils se reforment encore après quelque temps de suspension; on les fait disparaître de même. Après avoir répété la même opération pendant cinq jours, à chaque nouvelle apparition de cristaux, si la brique est gélive, elle abondonne des petits fragments qui se sont réunis au fond de la capsule ; dans le cas contraire, la cristallisation du sulfate de soude n'en détache aucune particule, les arêtes ne s'émoussent même pas.

D'après des expériences faites, 100 kilogrammes de briques sèches absorbent, en moyenne, $13^{kg}, 11$ d'eau.

On emploie beaucoup les briques creuses à deux ou plusieurs trous. Elles ont la forme des briques ordinaires, la forme prismatique, et sont fabriquées en bonne argile cuite et garnies de petites cloisons intérieures longitudinales, ainsi qu'on peut le voir dans la figure 37. Ces briques offrent une économie de 15 à 30 p. 100 sur la matière première, de 20 à 30 p. 100 de chauffage ; le transport en est moins coûteux, et enfin elles sont cuites plus également. Plus légères que les briques ordinaires, elles sont très convenables pour la construction de certaines voûtes et forment des murs qui conservent davantage la chaleur.

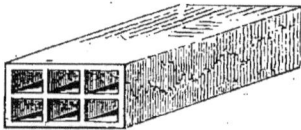
Fig. 37.

Les dimensions des briques creuses sont très variables ; mais, en général, on leur donne la même que celle des briques ordinaires en usage dans les localités où on les emploie, afin de pouvoir, au besoin, les relier ou les raccorder ensemble.

Pour faire des voûtes légères, on emploie aussi une espèce de petits pots tronconiques fermés des deux bouts et dont la partie supérieure est carrée, mais se raccordant par des surfaces gauches au cône qui est la forme générale de ces petits pots.

Poteries On fait encore en terre cuite des pièces appelées « *Poteries* », qui servent à la construction des

tuyaux de fumée. Ces poteries affectent deux formes : « bois-
seaux » et « wagons » ; les premières sont utilisées pour les tuyaux
de fumée adossés aux murs, les secondes pour les tuyaux de
fumée intérieurs aux murs.

Pisé. Le pisé est un genre de construction en terre, servant à faire des murs, en usage dans plusieurs parties
de la France, surtout dans le Midi et dans les pays méridionaux
de l'Europe. Lorsque les murs en pisé sont faits avec soin, ils ne
forment qu'une seule pièce, et lorsqu'ils sont revêtus à l'extérieur
d'un bon enduit, ils peuvent durer longtemps. On se sert principalement du pisé pour les constructions de la campagne.

Les terres qui ne sont ni trop grasses ni trop maigres sont
propres à faire le pisé. La meilleure est la terre franche, un peu
graveleuse. Toutes les fois qu'avec une pioche, une bêche ou une
charrue, on enlève des mottes de terre qu'il faut briser pour les
désunir, cette terre est convenable pour faire du pisé. Les terres
cultivées, les terres de jardin, les terres naturelles, formant des
berges qui se soutiennent presque à plomb, ou avec peu de
talus, sont bonnes aussi à cet usage.

Pour faire du pisé, il faut écraser la terre et la faire passer par
une claie moyenne pour en extraire les pierres qui excéderaient
la grosseur d'une noix. Si la terre est trop sèche, on la mouille
en l'aspergeant, et en la remuant à mesure avec une pelle pour
l'humecter également. Il suffit qu'elle soit un peu humide, de
manière qu'en en prenant une poignée elle puisse, lorsqu'on la
rejette, conserver la forme qu'on lui a donnée en la pressant un
peu dans la main.

Lorsque la terre est ainsi préparée, on la met dans une espèce
de moule ou encaissement mobile, où elle est battue avec un
pilon.

Ce moule mobile est formé : 1° de deux tables en bois de sapin
que les piseurs des environs de Lyon appellent *banches*, composées de planches solidement assemblées et fortifiées par des
traverses et enfin munies de poignées, 2° de châssis pour soutenir
les deux banches : ces banches ont ordinairement 3 mètres de
longueur sur 0^m,90 ou 1 mètre de hauteur. L'épaisseur du mur

donne l'écartement des deux banches, écartement qui est variable et arbitraire.

Le pisé doit être élevé sur un soubassement soit en pierre, soit en brique, pour le préserver de l'humidité qui pourrait facilement le détériorer.

Les banches ajustées en place, on met entre elles une couche de terre d'environ 0^m,10 d'épaisseur qu'on étale avec les pieds ; ensuite cette terre est massée au moyen d'un pilon jusqu'à ce qu'elle soit réduite à peu près de la moitié de son épaisseur. On continue cette opération jusqu'à ce que l'encaissement soit rempli. La couche de terre doit être terminée par des plans inclinés à 60 degrés.

L'encaissement rempli, on le démonte et on le repose à la suite pour former un nouveau massif de même forme que le précédent, et qui se relie avec lui par un joint incliné à 60 degrés.

Quand une assise de pisé est faite, en procédant comme nous venons de le dire, on en commence une autre en s'y prenant de la même manière, mais en observant toutefois d'incliner les faces de joint à 60 degrés en sens inverse, en passant d'une assise à une autre et en faisant tomber les joints de l'assise supérieure sur le milieu de l'assise inférieure, comme on le pratique dans la construction de la brique et de la pierre de taille.

Pour construire l'angle droit d'un mur, il faut ajouter à l'extrémité où se trouve cet angle, une troisième banche, que l'on fixe solidement, cependant de manière à pouvoir être facilement démontée, une fois le moule mobile rempli. Il faut aussi que les assises d'angle soient montées en liaison, c'est-à-dire en faisant recouvrir l'assise faite dans une des deux directions de l'angle par celle qui se trouve dans la direction perpendiculaire ou d'équerre, de manière à obtenir un véritable enchevêtrement des assises successives aux angles.

Lorsque les murs de pisé sont terminés, il faut, avant de les recouvrir d'un enduit quelconque, les laisser bien sécher pendant quelque temps, en raison de la température du pays et de la saison où ils ont été faits. L'expérience a prouvé que dans un pays tempéré, comme le département du Rhône, par exemple, les murs en pisé de 0^m,48 à 0^m,55 d'épaisseur, achevés vers le commencement de mai, étaient assez secs à la fin de septembre ou au commencement d'octobre, pour être recouverts d'enduits, et que ceux qui étaient achevés en juillet, et même en août, pouvaient encore être enduits avant l'hiver ; enfin, que pour ceux terminés plus tard il fallait attendre au moins six mois après l'achèvement de l'ouvrage. Il est inutile de dire que si ce terme arrivait dans un temps de gelée ou à une époque où elle serait encore à craindre, il faudrait différer. Il est encore convenable de ne pas construire les murs en pisé dans les temps humides et pluvieux.

Au lieu d'employer de la terre argileuse pour faire le pisé, on se sert dans les pays du nord et du centre de l'Europe, d'un mélange de chaux et de sable additionné soit de brique ou de tuileau pilé, soit de cendre de forge, de pouzzolane ou de ciment en petite quantité, le tout fortement pilonné dans des moules entièrement semblables à ceux du pisé ordinaire.

Voici quelques compositions de cette sorte de pisé qui sont données comme ayant parfaitement réussi.

Sable......................	5 à 7 parties.
Terre cuite................	1 partie.
Chaux en pâte.............	1 —

On obtient ainsi un pisé d'une prise assez prompte pour les cas ordinaires.

Lorsqu'on veut une prise plus rapide et une dureté plus grande, on emploie :

Sable......................	5 ou 6 parties.
Terre cuite................	1 partie.
Chaux en pâte.............	1 —
Ciment.....................	1 4 ou 1/3 de partie.

Tout le secret de cette fabrication, une fois le mélange convenablement composé et humecté, consiste dans le pilonnage, qui doit être aussi complet que possible.

On peut confectionner de cette façon des blocs de pierre factice en forme parallélipipédique, qu'on maçonne ensuite comme les pierres de taille ordinaires.

Quand les murs de pisé sont bien construits, ils durent longtemps, témoins ceux d'Espagne élevés par Annibal, et qu'on voyait encore avec étonnement deux siècles plus tard au dire de

Pline l'Ancien. Il paraît qu'à Marseille on se servait, d'après Vitruve, au lieu de tuiles, de pisé mêlé de paille, pour couvrir les maisons.

On fait aussi des voûtes en pisé.

Les pierres moulées Les pierres artificielles moulées sont constituées par 7 à 10 volumes de sable, 1 à 2 volume de chaux, 1/2 volume de ciment de Portland.

Carreaux de plâtre On utilise fréquemment des carreaux de plâtre creux ou pleins pour l'exécution de cloisons légères.

Le Béton armé Le béton armé est une matière composée d'une ossature métallique noyée dans du béton. Les mots béton armé et ciment armé sont si couramment employés indistinctement l'un pour l'autre, que dans le langage ordinaire ils sont devenus synonymes; il est toutefois bon de rappeler qu'au point de vue technique le béton est du ciment auquel on a ajouté du sable, du gravier, de la pierraille, et qu'en réalité dans tous les travaux c'est le béton armé que l'on emploie; le ciment armé n'est guère employé que dans les cas où la résistance n'a qu'une importance secondaire comme par exemple dans la construction de minces cloisons de séparation de pièces, de bureaux etc.

L'histoire du béton armé et celle du ciment armé se confondent. C'est en 1855 que l'on voit une première application officielle du ciment armé réalisée par Lambot dans la construction d'un figurant à l'exposition de cette date. Auparavant, de ci de là, certains esprits ingénieux avaient formé avec un treillis de barres de fer une carcasse qu'ils recouvraient et empâtaient ensuite avec du ciment. En 1861 François Coignet énonce les premiers principes du béton armé et en indique certaines applications. En 1865 Joseph Monier prend en France un brevet concernant les caisses et bassins mobiles en fer et ciment. Puis en Angleterre Fairbairn, en Amérique Ward, Hyatt, Ransome se livrent à des recherches sur le béton armé ; en 1889 Bordenave crée un système de tuyau avec ce matériau ; en 1892 apparaissent deux nouveaux systèmes : ceux de Edmond Coignet et de Hennebique, et enfin en 1895 Hennebique fait breveter un système qui a donné au béton armé son véritable essor en lui permettant d'embrasser tout le bâtiment.

D'autre part le béton armé se développait à l'étranger où en 1880 Monier prenait des brevets en Allemagne et en Autriche ; ces pays ont su tirer un profit merveilleux des procédés des inventeurs français ; Moller, Wünsch, Molan, Koenen, Rabitz sont ceux qui dans ces pays se sont le plus dévoués à la cause du béton armé.

Les dernières expositions de Paris, Dusseldorf, Saint-Louis, Rome ont été la consécration officielle du béton armé.

Dans le béton armé le béton et le métal doivent former un tout homogène dans lequel le béton travaille à la compression et le métal à l'extension. L'homogénéité est indispensable afin que les forces élastiques se transmettent du béton au métal et que la réunion des deux matériaux fassent réellement un nouveau corps. Le métal emprisonné dans le béton est complètement à l'abri des influences extérieures tout en conservant ses qualités physiques et chimiques. La rouille ne l'altère plus et on a même constaté qu'une barre de fer placée rouillée dans le béton perdait sa rouille au bout d'un certain temps. Les changements brusques de température n'ont plus d'action sur le métal. Cependant il faut avoir bien soin pour maintenir ces qualités de n'employer que du fer qui ne soit ni galvanisé, ni peint, et du béton qui ne contienne aucun principe capable de corroder le fer.

Le béton armé perméable au début devient imperméable au bout de peu de temps et d'autant plus rapidement que le ciment entrant dans sa composition est employé en plus grande quantité. Pour les ouvrages destinés à retenir ou contenir de l'eau, on obtient toujours l'étanchéité nécessaire soit en augmentant la quantité de ciment du béton soit en recouvrant le béton d'un enduit au mortier riche. Cette étanchéité du béton le rend très intéressant au point de vue hygiénique dans la construction des hôpitaux où les murs et les planchers ne se laissent plus pénétrer par les germes épidémiques ; un simple lavage suffit à entretenir une propreté irréprochable.

Le béton armé est plus sonore que la maçonnerie mais moins sonore que le métal. Il est impénétrable, ce qui constitue une gêne quand on a des travaux à exécuter dans une installation terminée. Aussi adopte-t-on souvent le béton armé pour la carcasse du bâtiment et remplit-on les panneaux de matériaux ordinaires. Par contre l'avantage de cette dureté du béton armé est qu'il est absolument inattaquable par la dent des rongeurs.

Le béton armé a une grande souplesse, ce qui est pour lui une supériorité sur le métal et la maçonnerie ; il se moule aisément et se prête aux formes les plus compliquées.

Une des très grandes qualités du béton armé c'est son incombustibilité ; il se comporte admirablement au feu le plus violent alors que le bois est consumé, que la pierre est calcinée et éclate sous l'action de l'eau que l'on jette ; et enfin que le fer a un rôle déplorable, les poutrelles de plancher se dilatant et faisant écrouler les murs, et les colonnes de fer se pliant et s'effondrant.

Le béton armé étant mauvais conducteur de la chaleur, s'il est fortement chauffé à sa surface, la chaleur ne se transmet pas dans sa masse et n'arrive pas au métal ; sa masse ne prend pas la température élevée que prend dans ces conditions une poutre de fer ; la chose est si vraie que dans les expériences on peut mettre la main sur une paroi de 8 à 12 centimètres d'épaisseur dont la face opposée est chauffée au rouge. Voici d'ailleurs les expériences d'incombustibilité auxquelles ont été soumis presque tous les systèmes de béton armé. On construit en béton armé un petit bâtiment que l'on clôture et qui est couvert par une planche que l'on charge au taux maximum prévu ; ce petit bâtiment est rempli de matériaux très combustibles ; l'incendie est allumé et entretenu de façon à produire rapidement une température intérieure de 1.000 à 1.500 degrés. Cette température est maintenue une heure ou deux, puis le feu est éteint à l'aide de jets d'eau. Lorsque le plancher est refroidi on le décharge puis on le charge à nouveau pour constater la résistance qu'il offre encore. Les résultats de ces expériences ont toujours été satisfaisants.

Pratiquement, de grands incendies comme celui d'une partie de la ville de Baltimore ont démontré que les constructions en béton armé se comportaient remarquablement bien dans de pareils sinistres.

Toutefois il faut bien se pénétrer que le béton armé n'est pas totalement incombustible et qu'après l'assaut du feu il faut soigneusement visiter la construction pour en refaire les parties endommagées.

Un des phénomènes contre lequel le béton armé permet de lutter utilement c'est le tremblement de terre. A ce point de vue les désastres de San Francisco et de Messine ont été concluants. Les constructions en béton armé ont résisté. Dans les constructions ordinaires, en effet, les matériaux n'ont pas cette cohésion absolue qui caractérise le béton armé et au moment du tremblement de terre chacun d'eux vibre pour son propre compte, ce qui entraîne la dislocation de l'édifice. Le béton armé forme au contraire un tout qui suivra les ondulations du terrain à la façon d'un bloc continu et élastique.

Le béton armé est donc un matériau de construction qui présente de grandes qualités : nous signalions plus haut que les dernières grandes expositions en avaient consacré l'emploi, nous ajouterons qu'il a pris récemment droit de cité, même dans les constructions artistiques : le dernier théâtre construit à Paris, le théâtre des Champs-Élysées, réservé aux représentations les plus élégantes, est construit tout entier en béton armé : cependant il a fallu remédier ici à l'apparence grisâtre et peu agréable du béton armé en revêtant toute la façade du monument par du marbre. Mais les parties intérieures sont restées telles quelles et l'ensemble de l'édifice ne laisse rien à désirer au point de vue esthétique.

Constitution du béton armé.

Les matériaux qui entrent dans la composition du béton armé doivent être choisis avec le plus grand soin : la proportion de ces matériaux entre eux varie avec l'ouvrage que l'on a à construire et il n'est pas possible de donner des règles générales pour cette proportion.

Le béton se compose de ciment, de sable et de gravier.

Le ciment doit être à prise lente et régulière ; quelquefois dans des cas tout à fait particuliers on fait usage de ciment à prise rapide, comme par exemple lorsqu'il s'agit d'une réparation à exécuter très vite, pour certains travaux hydrauliques notamment : mais il faut alors agir avec beaucoup de prudence.

Le véritable ciment qui convient aux constructions en béton armé est le ciment Portland artificiel à prise lente. Rappelons que le ciment Portland provient de la cuisson d'un calcaire argileux contenant 20 à 25 pour 100 d'argile ; les ciments de Vassy, de Pouilly, de Bourgogne sont au contraire à prise rapide et proviennent de la cuisson d'un calcaire argileux contenant 25 à 35 pour 100 d'argile.

Le meilleur sable à employer est le sable propre, à grains anguleux : la grosseur de ces grains varie avec l'épaisseur des pièces et la largeur des mailles de l'armature métallique.

Le gravier doit également être très propre : Les dimensions de ses éléments ne doivent guère dépasser 3 centimètres.

Le dosage du béton a, on le conçoit, une grosse importance : à titre d'indication nous pouvons signaler que dans le système Hennebique on utilise la proportion de 300 kilogs de ciment pour $0^{m3},400$ de sable et $0^{m3},850$ de gravier et pierrailles.

D'une façon générale il est recommandé, quand on a un travail d'une certaine importance à effectuer, de faire un essai préalable pour bien connaître la qualité du ciment, du sable et du gravier que l'on va utiliser.

L'ossature métallique qui au début était exclusivement faite en fer, est souvent maintenant constituée par de l'acier : on emploie ce métal surtout dans les pièces fortement chargées.

La disposition de l'ossature métallique est très variable avec les constructeurs : dans tous les cas elle présente deux sortes de pièces : les pièces principales faites pour la résistance aux efforts, et les pièces secondaires destinées à établir la liaison entre l'ossature et le béton de façon à obtenir un tout bien homogène.

Souvent les pièces principales sont des fers ronds et les pièces secondaires des pièces plates ou « étriers » : elles affectent par exemple la disposition indiquée sur le croquis A ; on renforce fréquemment l'ossature en plaçant une seconde barre de fer rond au-dessus de la première et en la pliant de façon à obtenir la forme figurée au croquis B. On peut également adopter la disposition du croquis C. Au lieu de fers ronds et d'étriers on fait

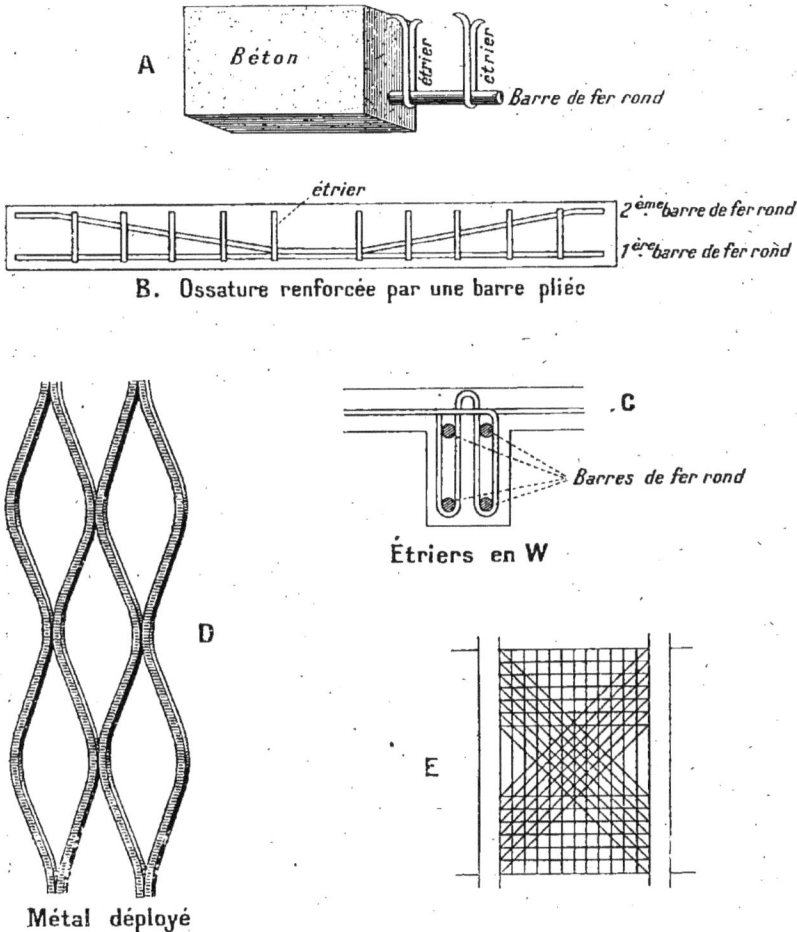

A. *Béton* *étrier* *étrier* *Barre de fer rond*

étrier 2ème *barre de fer rond* 1ère *barre de fer rond*

B. Ossature renforcée par une barre pliée

C. *Barres de fer rond*

Étriers en W

D. Métal déployé

E.

Fig. 38.

souvent usage du métal appelé « Métal déployé », qui est le produit obtenu en étirant les fragments d'une tôle d'acier découpée de façon à leur donner une forme de losanges : ces losanges se placent les uns à côté des autres de façon que leurs parties évidées se superposent comme le montre la figure D.

Quelquefois il arrive que le béton devient secondaire et n'est plus utilisé que comme enveloppe protectrice, l'armature métallique assurant par elle-même la résistance, de la bâtisse; dans ce cas l'ossature prend la forme indiquée sur le croquis (système Matrai).

Le béton se prépare à la main ou par moyens mécaniques; cette dernière manière de faire est la meilleure, mais nécessite des frais spéciaux de matériel. La préparation des fers se réduit à des opérations simples effectuées sur le chantier même sans ouvriers spéciaux quand les différentes pièces de l'ossature métallique de la construction ne demandent aucun assemblage entre elles. Dans certains cas au contraire la construction exige que les différentes pièces métalliques soient réunies entre elles; il faut alors une main-d'œuvre plus considérable.

Pour la constitution définitive de l'ouvrage on emploie deux procédés : ou bien on exécute l'ouvrage tout entier à son emplacement, ou bien certaines parties ou quelquefois même tous les éléments sont moulés à l'avance dans un chantier séparé. Le premier procédé est le plus fréquent dans les ouvrages de quelque importance : le béton mis en place à l'état mou reçoit la forme extérieure de l'ouvrage à construire à l'aide de moules que l'on nomme coffrages; ces moules emprisonnent la masse jusqu'à ce qu'elle soit capable de se soutenir par elle-même; la résistance finale de l'ouvrage est assurée par un « damage » soigné pendant la pose, damage qui consiste à fouler le béton au fur et à mesure qu'on l'ajoute avec l'outil appelé « dame », l'armature doit avoir une disposition telle qu'elle laisse toute facilité pour cette opération. Dans plusieurs systèmes les armatures ne présentent pas par elles-mêmes de résistance et ne peuvent tenir sans le béton qui les englobe. Les fers se placent alors après l'établissement du coffrage au fur et à mesure de la pose du béton. Dans d'autres systèmes l'armature métallique forme une carcasse métallique complète qui peut être établie avant le coffrage.

Après l'enlèvement du coffrage, la construction est en général recouverte d'un enduit qui lui donne un aspect plus agréable, mais rien n'empêche au point de vue résistance qu'elle reste telle qu'elle sort des coffrages. La pose de l'enduit demande des ouvriers spéciaux, car elle exige de grands soins pour obtenir un ton de parement uniforme.

Un des grands avantages du béton armé est la rapidité avec laquelle on l'utilise, rapidité due à ce que l'on utilise seulement des matériaux d'emploi courant sans engins de levage puissants. sans moyens de transports particuliers ; l'économie est incontestablement très grande sur les constructions métalliques ou en maçonnerie.

On trouvera dans la circulaire ministérielle relative à l'emploi du béton armé tous les renseignements nécessaires à l'application du béton armé et l'indication des précautions à prendre dans son emploi, précautions rendues obligatoires par cette circulaire.

Métaux On emploie plusieurs métaux dans la construction. Les plus usuels sont : le fer, le cuivre, le zinc, l'étain et le plomb.

Le fer joue surtout un grand rôle dans la construction. Toutefois un habile constructeur sait en ménager l'emploi. Une trop grande quantité de fer n'ajoute pas toujours à la solidité des bâtiments ; cette solidité est surtout obtenue par une combinaison judicieuse des parties verticales de maçonnerie avec les chaînes horizontales en fer.

Le fer est extrait du minerai qui le produit par la fusion dans des fourneaux. Après la fonte, le fer est coulé en barres plus ou moins grosses, et, à la suite d'une manutention particulière, on obtient le fer à forger. Le fer coulé en barres appelées *gueuses* est nommé *fer de fonte* ou *fer cru*. La masse principale du fer cru est du fer combiné avec différentes proportions de carbone. Le fer cru contient de deux à six pour cent de carbone ; il est très aigre, très cassant et oppose une résistance extraordinaire au poids et à la pression. Le fer ductile du commerce se nomme fer en barres, de formes et de dimensions diverses. Le beau fer forgé a ordinairement une couleur gris clair. une cassure nerveuse et à pointes déliées ; il est doué d'une ténacité considérable, mais qui varie beaucoup suivant le degré de pureté des différentes sortes de fer.

Il faut toujours préférer les fers méplats, qui ont plus d'épaisseur que de largeur, aux fers carrés.

Les fers dont les surfaces ne sont que forgées sont moins susceptibles de s'oxyder que ceux qui sont limés ; les scellements dans le plâtre s'oxydent beaucoup : ceux faits dans le mortier ne s'oxydent presque pas.

Une barre de fer forgé de $1^m,94904$ de longueur s'allonge de $\frac{1}{1838}$ de sa longueur, depuis le terme de congélation jusqu'à celui de l'eau bouillante, c'est-à-dire pour 100 degrés centigrades ou $\frac{1}{147064}$ par degré, en supposant la dilatation proportionnelle.

Le fer s'emploie dans le bâtiment pour des chaînes, des tirants, des ancres, des étriers, des boulons ; dans la serrurerie pour un grand nombre d'objets.

Le fer est laminé pour en faire de la tôle, du fer-blanc, etc.

Dans l'emploi du fer il faut surtout s'assurer de la bonté du grain, de sa texture : on y arrive en cassant un barreau, car les cassures anciennes n'éclairent pas sur la qualité du fer. Un œil exercé peut, avant d'avoir vu le grain, savoir la qualité du métal.

La meilleure manière, et aussi la plus simple, pour connaître la qualité du fer, c'est d'entamer avec un ciseau ou une lime le travers de la barre que l'on pose ensuite à faux, en l'appuyant sur deux soutiens distants l'un de l'autre, ou en l'appuyant simplement contre quelque objet stable. On frappe alors avec la partie d'un marteau formée en coin sur l'endroit limé ou entaillé. Dans le cas où le barreau cède et plie, s'il faut le retourner plusieurs fois avant qu'il se rompe, c'est preuve que le fer est doux : s'il dégage beaucoup de calorique en se rompant, c'est un autre indice de sa bonne qualité. Enfin si le marteau marque les empreintes sur ce fer et semble le pétrir, on peut en conclure qu'il sera doux, à froid du moins. Le fer aigre se brise sur-le-champ, et ne produit pas de chaleur bien sensible à l'endroit de la cassure.

Le fer absorbe le gaz oxygène à la température la plus élevée.

et décompose l'eau à l'aide de la chaleur rouge. Les trois centimètres cubes de fer de Berri pèsent 153 grammes 12 décigrammes. Les trente-trois centimètres cubes pèsent 243 kilogrammes 682 grammes, et forgé 283 kilogrammes 925 grammes. Sa pesanteur spécifique, sous la température moyenne, comparée à celle de l'eau prise pour l'unité, est de 7,783.

Le poids spécifique ou densité est un nombre proportionnel qui exprime combien de fois un corps pèse plus ou moins qu'un volume d'eau égal au volume de ce corps. On prend pour unité un kilogramme ou mille grammes, poids dans le vide d'un décimètre (dixième de mètre) cube d'eau distillée à la température de 4 degrés centigrades.

Par exemple, si une sphère en verre massive pèse cinq fois autant qu'une sphère massive en bois, le poids spécifique du verre au bois serait comme 5 à 1.

Si un mètre cube d'eau pèse 1,000 kilogrammes et un mètre cube de chaux 800 kilogrammes, le poids spécifique de l'eau sera au poids spécifique de la chaux comme 1,000 à 800 ou 10 à 8. On admet d'habitude l'eau comme unité = 1, le poids spécifique de la chaux vive sortant du four = 0,88.

Le *cuivre* est d'un usage beaucoup plus restreint que le fer, et sert principalement pour la serrurerie.

Le cuivre est d'une couleur rouge jaunâtre particulière et très brillante; sa saveur est astringente et nauséabonde; lorsqu'il a été tenu et frotté pendant quelque temps dans les mains, celles-ci acquièrent une odeur désagréable particulière. Le cuivre est extrêmement ductile; il se laisse marteler et laminer à froid, et plus il est pur, plus aussi il est malléable; mais il est moins dur et moins dense que le fer.

Le cuivre fond dès qu'il est chauffé à blanc; le cuivre fondu donne une masse poreuse avec soufflures. De là des inconvénients dans l'emploi de la fonte de cuivre. Dans quelques pays du nord de l'Europe, on se sert de la tôle de cuivre pour couvertures, gouttières et tuyaux de descente, à cause de sa longue durée et de la facilité avec laquelle on la travaille. Le cuivre étant exposé à l'air, sa surface se ternit par degrés, et se recouvre d'une croûte verdâtre d'un bel effet (oxyde amené par l'acide carbonique de l'atmosphère. Cette croûte est très compacte et abrite le métal de toute transformation postérieure.

Allié au zinc, le cuivre forme le *laiton*. Le cuivre n'est altéré par l'eau qu'avec le concours de l'air ; la surface en contact avec l'eau se recouvre alors d'une croûte verte connue sous le nom de vert-de-gris, ou sous-acétate de cuivre impur, composé d'acide acétique, de peroxyde de cuivre, d'eau et d'impuretés. Son poids spécifique est 8,87 lorsqu'il est écroui. Le cuivre vient principalement de Sibérie et de l'Amérique septentrionale.

Le *zinc* est un métal de couleur bleue blanchâtre ; il est brillant, cassant et peut cependant être laminé pour en faire de la tôle. Le zinc ne s'oxyde pas à l'air, mais promptement au contact du plâtre. Il est employé pour couvertures et gouttières. On peut s'en servir sans l'enduire de peinture. L'humidité le couvre d'une croûte d'acide carbonique (oxyde de zinc), qui le préserve. On s'en sert pour faire des ornements pour l'extérieur des maisons.

Lorsqu'on frotte le zinc pendant quelque temps entre les doigts, il les noircit en leur communiquant un goût particulier, et il émet une odeur sensible. Chauffé à environ 100 degrés centigrades, il devient très malléable. Le zinc fond à la température de 360 degrés centigrades, et si on augmente la chaleur, il s'évapore ; il se ternit promptement à l'air, mais il y éprouve à peine d'autre changement. Lorsqu'on le garde sous l'eau, sa surface se noircit aussitôt ; l'eau est lentement décomposée : il y a émission de gaz hydrogène et combinaison d'oxygène avec le métal.

La plupart des acides attaquent le zinc et le dissolvent. Il ne faut pas l'employer pour des couvertures exposées à des vapeurs humides qui feraient agir le tannin du bois sur la tôle de zinc.

L'*étain* est un métal ductile, d'un gris blanc, employé pour l'étamage du fer, la soudure du zinc et du plomb. La tôle de fer étamée était employée pour les gouttières anciennement.

Le *plomb* a une couleur d'un bleu grisâtre qui est très brillante. Ce métal est mou, ductile, résistant, déteint et s'oxyde difficilement. Le plomb laminé sert dans la couverture et dans la maçonnerie pour scellement de fers divers. On l'emploie aussi pour tuyaux d'eau et de gaz.

Nous ne devons point omettre de parler ici d'une matière essentielle dans le bâtiment : il s'agit *du verre,* qui est un mélange liquéfié de silex et de plusieurs oxydes métalliques. Son usage est généralement connu et apprécié. On en distingue plusieurs qualités.

Bois Le *bois de construction,* tiré en général de la partie ligneuse des troncs d'arbre, est employé à des usages très divers dans la construction. On distingue dans le tronc des arbres :

1° Le *bois,* composé d'une masse de fibres compactes qui résultent du serrement progressif des filaments de l'aubier ;

2° L'*aubier,* situé entre l'écorce et le bois, avec lequel il s'identifie par l'effet de la végétation ; c'est un bois tendre et imparfait, attaqué par les vers ;

3° L'*écorce,* substance molle, remplie de gerçures ; elle est formée du *liber* ou *livret,* qui est sa partie intérieure, et de l'*épiderme,* qui est son enveloppe extérieure.

Le bois se tire des arbres qui perdent leurs feuilles en automne aussi bien que des arbres verts à feuilles aciculaires. Le temps le plus convenable pour la coupe des bois est du mois d'octobre au mois de février.

Les bois les plus employés en construction sont : le chêne, le pin et le sapin.

Bois divers Le *bois de chêne* est d'une grande importance dans la construction, parce que, employé pour soutenir ou pour porter, il est de tous les bois le plus propre à cet effet ; et, de plus, d'une durée plus longue que tous les autres bois. Le chêne résiste parfaitement aux alternatives de l'humidité et de la sécheresse ; il se conserve parfaitement dans l'eau, où il prend une couleur noire, qui le fait ressembler à l'ébène. Dans l'eau, le chêne peut être employé vert ; mais il n'en est point de même quand il doit être employé au-dessus du sol ou à l'air. Dans le dernier cas, il doit avoir plusieurs années de coupe. Il faut aussi éviter de l'employer pour des assemblages avant qu'il soit bien sec: autrement il se tourmente, se déjette et se rapetisse.

Le bois de chêne *robur* est fort dur, liant et difficile à travailler. Il n'est bon que pour les ouvrages rustiques, qui ne demandent que de la solidité. Sa couleur est d'un rouge brun clair.

Le *quercus* est le chêne proprement dit; il croît plus haut que le *robur;* son bois, quoique très dur, est moins rustique et se travaille plus facilement; sa couleur brune rougeâtre tire sur le jaune. C'est le chêne qui convient le mieux pour les grandes pièces de charpente, telles que les poutres. Il se fend plus facilement que le robur.

Le *cerrus* est une espèce particulière de chêne qui croît surtout en Italie. Il s'élève haut et fort droit; son bois ressemble à celui du liège, mais il est moins dur. Comme celui du robur, son bois peut être parfaitement fendu.

Le chêne *ægilops*, arbre court à tronc régulièrement circulaire, a un bois très compact et dur, plus serré que le bois du robur et, comme celui-ci, sec et cassant.

Le bois du *hêtre* est plein et dur, propre à la charpente, à la menuiserie et à une infinité d'ouvrages, mais il est sujet à être piqué des vers : pour l'en garantir il faut le faire tremper quelque temps dans l'eau et l'exposer ensuite à la fumée. Lorsqu'il est bien sec, il est plus sujet à se fendre et à se rompre que le chêne. On ne doit donc l'employer pour les grosses charpentes qu'à défaut d'autres bois ou de bois meilleur.

L'*aulne* a un bois d'une texture fine et serrée, d'une belle couleur, et qui se travaille bien; il se conserve longtemps dans l'eau, où il se durcit. Il est excellent pour les pilotis et pour les autres constructions analogues.

Le bois de l'*orme* est plein, ferme et liant, difficile à travailler et sujet à se tourmenter. Peu convenable à la charpente, on s'en sert pour les corps de pompe et pour le charronnage.

Le *charme* donne un bois d'un blanc grisâtre, tirant un peu sur le jaune : ce bois est très dur et compact, et ne peut servir à la

charpente ni à la menuiserie. Il n'est bon que pour le charronnage et les ouvrages du tour.

Les différentes espèces de peupliers, *noirs, blancs, trembles, ar-
gentés* et d'*Italie*, s'emploient dans la construction des bâtiments.
Le peuplier de Lombardie, dont le bois est le plus dur et le plus
droit, est propre à la charpente ; les autres espèces de peupliers,
dont le bois est également léger, tendre et facile à travailler, se
débitent en planches et en voliges. La volige fixée sur les chevrons
sert à clouer l'ardoise ou le zinc.

Poids du mètre cube de 21 espèces de bois.

A titre de comparaison, le mètre cube d'eau pèse 1,000 kilogr.

	kilogr.		kilogr.
Cœur de chêne	1170	Châtaignier	652
Chêne vert	993	Aulne commun	608
Chêne commun	934	Marronnier d'Inde	606
Frêne	760	Peuplier blanc	588
Charme commun	752	Orme	553
Pin du nord	745	Mélèze	543
Platane	728	Peuplier noir	462
Hêtre	696	Peuplier de la Caroline	450
Tilleul	687	Saule	421
Sapin	660	Peuplier d'Italie	378
Noyer	655		

D'après cette table, il sera facile de trouver le poids d'une pièce
de bois d'un équarrissage donné, sans la peser. Il suffira d'en
chercher le cube et de multiplier ce cube par le nombre correspondant du bois dans la table ci-dessus. Supposons une pièce de
frêne de 4 mètres de longueur sur 28 centimètres de largeur et
21 centimètres de hauteur ; son volume sera désigné par 4 multiplié par 28 multiplié par 21, ce qui donnera en nombre rond
23 centimètres. Multipliez ces 23 centimètres par le nombre 760
de la table, nombre qui correspond au frêne, et vous trouverez
174 kilogrammes 80 centièmes.

Les arbres verts à feuilles aciculaires, ou semblables à des
aiguilles, fournissent un bois résineux ; la texture de ce bois est
moins dense et moins uniforme que celle du chêne. Ce bois est
en général peu flexible et sujet à se fendre.

Le *pin des bois* (*pinus sylvestris*) vient de la Russie, de la Suède, de la Norvège et du Danemark. Son bois est rouge ou jaunâtre; le rouge vient principalement de Riga. Il est importé en France en troncs bruts et surtout en madriers, dont on fait des planches pour la menuiserie. Le sapin jaune vient de Suède. Quand ces arbres sont encore jeunes, la couleur du bois est jaune et l'aubier blanc; lorsqu'ils sont âgés, les cercles qui indiquent la pousse des années sont rouge vif et l'aubier est jaune. Le bois est très résineux.

Le *mélèze* (*pinus larix*) est résineux, comme le pin des bois. Son bois est presque blanc; mais lorsqu'il est exposé à l'air, il a l'inconvénient de se noircir au bout de quelques années. Cet arbre perd sa verdure en hiver; il croît souvent jusqu'à une élévation de 30 mètres, surtout dans un bon terrain; son bois, de couleur brunâtre, quelquefois jaune rouge quand il est vieux, est élastique, tenace et serré. On peut employer ce bois pour des poutres de longue portée; et comme il renferme beaucoup de résine, il peut même être employé aux charpentes de rez-de-chaussée, tant planchers que pans de bois, car les variétés du chaud et du froid, de la sécheresse et de l'humidité, ne lui portent aucun préjudice.

Le *sapin* (*pinus abies*), qui croît dans les Alpes, dans les Pyrénées et dans les Vosges, est un arbre svelte et à tige droite. Ses branches diminuent de bas en haut et forment de cet arbre une sorte de pyramide, assez régulière. Son grain est fin et ses fibres très flexibles. Comme le bois en est peu résineux, il ne peut pas être employé à proximité du sol et ne doit servir que dans les intérieurs. Il y a des sapins rouges et blancs. Dans les pays où ils sont abondants, on emploie les sapins blancs pour en faire des découpures, des ornements, comme aux chalets suisses, par exemple. Le sapin peut servir pour de petites poutres, pour des solives et des planchers. Quand le sapin est chargé verticalement, il est d'un cinquième plus fort que le chêne.

Le *pin* (*picea*), ou pesse, est un arbre vert dont les feuilles sont pointues, courtes, étroites, roides et plus vertes que celles du sapin; elles sont rangées autour d'un filet commun, de manière à former ensemble un rameau arrondi, hérissé de brins, à l'extrémité des branches. Son bois, plus lourd et plus serré que celui du sapin vulgaire, est aussi plus résineux et d'une couleur rouge jaunâtre. Il se conserve dans l'eau, mais se gâte s'il est soumis à la variation de l'humidité et de la sécheresse. Pour les ouvrages intérieurs, le bois de ce pin est préférable à celui du sapin commun.

Une autre espèce d'arbre résineux : le pitchpin, nous vient d'Amérique (de Géorgie et de Floride notamment) : C'est un bois d'une résistance supérieure à celle des bois de sapin ; sa couleur est un jaune orange ; il offre de grandes dimensions, il est droit avec peu de défauts ; en raison de son prix il est réservé soit aux charpentes apparentes particulièrement soignées soit aux travaux de menuiserie.

Remarques générales à tous les bois.

Les bois ont beau être secs, au printemps et en automne ils font toujours un certain effet ; ils se dilatent ou se rétrécissent. L'auteur de ce livre avait du bois de chêne scié depuis trente ans en planches, provenant de la charpente d'une cathédrale de France, charpente qui, par son système, indiquait qu'elle était de la fin du treizième siècle. Ce bois de chêne était certainement très sec, puisqu'il avait été exposé pendant trente ans à la chaleur sous le comble d'une maison de campagne : il était cependant sujet à des craquements au moins d'avril et au mois d'octobre.

Quoique la fibre ligneuse du bois, même celle des bois les plus légers, soit plus pesante que l'eau, la plupart des bois sont cependant plus légers que l'eau. Au moment de son abatage, tout bois est plus pesant que lorsqu'il est resté un certain temps à l'air ou qu'il est séché artificiellement. Le poids spécifique de la plupart des bois du centre de l'Europe, et séchés à l'air, est 0,6 à 0,8, peu d'espèces exceptées. Quant à déterminer au juste la pesanteur réelle et effective du bois, elle varie beaucoup, car elle dépend de son degré d'aquosité, de l'époque de l'abatage, de l'âge, du sol, etc., et enfin de l'arbre. Le bois pesant est ordinairement dur.

L'expérience enseigne que le bois qui reste constamment dans l'eau tend plutôt à se durcir qu'à s'attendrir ; aussi dans la construction toutes espèces de bois peuvent être employées dans l'eau. Il n'y aurait qu'une exception à faire, et ce serait dans le cas où l'eau serait en communication avec des sources acidifères. Rien

toutefois n'est plus préjudiciable au bois que les alternatives de
l'humidité avec la sécheresse.

Si l'on expose au soleil du bois récemment abattu, il sèche, il
diminue, s'amoindrit, sa circonférence se rapetisse ; mais si ce
bois reçoit ensuite de l'humidité, par la pluie par exemple, sa
circonférence sera de nouveau altérée, elle se développera et le
bois gonflera.

L'amoindrissement du bois provient de la disparition des parties
aqueuses de la sève. La quantité de la sève et de l'eau contenues
dans le bois récemment abattu diffèrent selon son âge et selon
l'époque où on l'a mis bas. Les arbres sont généralement haut
montés en sève au printemps. Le charme contient environ 20 p. 100
d'eau, le chêne 35 p. 100, le sapin 37 p. 100, le pin 45 p. 100, et le
saule va même jusqu'à 60 p. 100. Quand le bois est resté exposé à
l'air et refendu, il ne contient tout au plus que 20 à 25 p. 100 d'eau ;
c'est ce qu'on nomme la dessiccation naturelle. La quantité aqueuse
du bois ne descend au-dessous de 10 p. 100 que lorsque le bois est
refendu en petites parties minces et soumis à une dessiccation
artificielle.

Pour parer le plus possible aux variations du bois, il faut avoir soin :

1° D'abattre les arbres dans la saison où ils ont le moins de
sève, c'est-à-dire à la fin de l'automne ou au commencement de
l'hiver ;

2° De débiter de suite, ou le plus tôt possible, l'arbre abattu dans
les plus petits échantillons qu'on veut obtenir, afin de hâter leur
dessiccation, que l'écorce retarde toujours ;

3° De métamorphoser de telle sorte les parties de la sève
qu'elles ne conservent plus la propriété de pomper l'eau, ce qui
s'opère en y introduisant d'autres substances.

On abat les arbres en les entaillant avec une cognée pour les
faire tomber, ou bien en coupant leurs racines pour les enlever en
les faisant pivoter, ou bien enfin en les déracinant. Quand on se
sert de la cognée, on entaille l'arbre du côté où il doit tomber ;
l'entaille doit pénétrer jusqu'au milieu du tronc. Ensuite on pratique du côté opposé une autre entaille, plus élevée que la première d'environ huit à neuf centimètres. L'arbre tombe d'ordinaire quand la seconde entaille est arrivée au tiers du tronc.

L'abatage se fait aussi en sciant les arbres par le pied. On scie d'abord d'un côté et ensuite de l'autre un peu plus haut, et dans ce second trait de scie on introduit des coins à mesure que le trait devient plus profond, afin de faciliter l'action de la scie et d'accélérer la chute de l'arbre, qu'on peut, si l'on veut, diriger au moyen de cordages dans la direction voulue. Quand on abat des arbres sur le versant d'une montagne, il est bon de les faire tomber du côté qui remonte, et il ne faut jamais aussi abattre d'arbres pendant de grands vents, parce qu'alors l'arbre tombe plus tôt qu'il ne doit et est susceptible de se fendre.

Les arbres abattus sont écimés : c'est-à-dire qu'on en retranche la cime pour ne laisser au tronc que le bois destiné à la charpente. On doit éviter de renverser les arbres sur de grosses branches susceptibles d'être équarries, de peur qu'elles ne se brisent par le choc qu'elles éprouvent en tombant : si la situation de l'arbre ne permettait pas de tenir compte de cette observation, il serait prudent de détacher les branches avant la chute du tronc.

Quand on a écimé et ébranché l'arbre, on le taille régulièrement à quatre faces sur sa longueur : c'est ce qui s'appelle l'équarrir. Ensuite, comme plus les pièces sont petites, plus aussi la dessiccation a lieu promptement, on débite le bois le plus tôt possible de la grosseur de l'échantillon dont on a besoin.

Les troncs non équarris sèchent plus vite dans leur aubier que dans leur noyau ; et comme l'aubier se retire plus que le bois, il se fait à la surface des gerçures longitudinales, tandis qu'aux extrémités se forment des fentes. Pour parer à cet inconvénient, on colle du papier sur les extrémités, ou on les enduit d'huile ou de glaise. Quant aux gerçures longitudinales, on peut les empêcher de se produire en n'écorçant pas trop promptement, afin de ne pas précipiter la dessiccation. Pour que cette dernière se produise uniformément, il faut avoir soin de ne pas laisser le bois sur la terre, mais de le placer sur des couchis en le laissant exposé à toutes les variations de l'atmosphère et de manière à ce que des courants d'air s'établissent autour de lui avec la plus grande facilité. Il est bon aussi de le changer de place et de le retourner souvent.

Les bois débités sont empilés et séparés les uns des autres au moyen de cales. Plus la différence entre l'épaisseur et la largeur des bois est grande, moins aussi a lieu une dessiccation uniforme. C'est pour cette raison qu'il faut faire sécher lentement et à l'ombre les madriers et les planches et les changer de position.

On emploie assez souvent les moyens artificiels de dessiccation des bois de construction. Ils consistent à faire sécher le bois dans des emplacements chauffés à cet effet, ou bien à introduire dans des appareils en fer où sont placés les bois, de la vapeur chauffée de 125 à 175 degrés centigrades. Cette vapeur enlève aux bois leur humidité, ainsi que le ferait une atmosphère chaude et sèche. Mais il est à noter que l'emploi de ces moyens artificiels a comme inconvénient de dessécher trop le bois qui reprend au contact de l'air, une partie de l'humidité qu'on lui a enlevée, et de faire perdre au bois de sa flexibilité et de sa résistance.

Le moyen le plus usuel et le plus simple pour enlever la sève du bois, c'est de le faire flotter dans une *eau courante;* alors les divers fluides qui constituent la sève sont dissous peu à peu et lavés par le courant. Mais plus le bois a d'épaisseur, plus aussi ce procédé prend de temps: Avant la flottaison, il est donc préférable de lui donner les dimensions voulues. Les bois d'un puissant équarrissage demandent à rester plusieurs années dans l'eau, bien que quelques mois d'été donnent déjà un résultat très sensible. L'eau chaude, ou plutôt l'eau bouillante donne le même résultat, mais elle ne peut être employée que pour de très petites dimensions. Il est bon de faire remarquer que le bois flotté perd un peu de sa résistance, car l'eau enlève des matières gommeuses qui aggloméraient les fibres.

Comme la sève et les sels ne peuvent être entièrement expulsés du bois par les moyens dont nous venons de parler, que, de plus, les fibres qui le composent conservent toujours l'inconvénient d'attirer l'humidité, il faut, pour obvier à cet inconvénient, enduire le bois de matières impénétrables à l'eau, dont nous parlerons plus loin.

La sève ne cause pas seulement l'amoindrissement et le gonflement du bois, elle amène encore sa pourriture, car elle provoque sans cesse l'humidité extérieure; ensuite la chaleur la fait fermenter et se corrompre, ce qui doit nécessairement influer sur les fibres du bois. Selon le plus ou le moins d'humidité active, on pourrait classer la pourriture en pourriture humide et en pourriture sèche.

La dernière est une épidémie végétale, contre laquelle tous les préservatifs sont impuissants. Elle se manifeste par la croissance de champignons qui, se nourrissant des substances et fluides du bois, en accélèrent la destruction. Le champignon apparaît sous la forme de taches blanches, qui finissent par recouvrir le bois d'abord d'une peau blanchâtre, et d'une odeur désagréable. Cette peau, à peine de quelques millimètres d'épaisseur, ressemble au liège en croissant; elle atteint quelquefois plusieurs centimètres d'épaisseur, et finit enfin par couvrir comme une masse l'entière superficie du bois. Les très fines racines de ces champignons pénètrent profondément dans l'épaisseur du bois; on aperçoit aussi des points blancs, logés dans les pores du bois. Ils infectent le bois sain du voisinage et couvrent même quelquefois la pierre, le mortier, etc.

Ce dangereux champignon, qu'on pourrait appeler *domestique*, naît surtout dans les endroits où la lumière ne pénètre pas, et où l'air ne se renouvelle pas.

La manière la plus simple de se préserver de ce champignon est donc d'éviter l'emploi du bois dans les lieux où il pourrait être atteint de la corruption par le manque de *lumière et d'air*. Car depuis l'invention ou la découverte de la photographie, on sait quelle est l'action de la lumière sur les objets qu'elle frappe. Si pourtant l'on était absolument forcé d'employer le bois dans des conditions où il pourrait s'altérer, comme nous venons de le dire, on devra se servir de bois bien sain, ayant atteint sa maturité et surtout bien sec : en second lieu, on fera en sorte d'en éloigner tout accès d'humidité, et dans le cas où on ne le pourrait, il faudrait au moins aviser à laisser pénétrer la lumière dans la place où le bois sera employé, et l'exposer de manière à subir de la ventilation. C'est ce qu'on néglige beaucoup trop en France.

Cependant il y a des cas où l'on ne peut tenir compte des précautions que nous venons de recommander. Alors il faut choisir le bois qui résiste le mieux à l'humidité, et le mettre à l'abri des inconvénients dont nous avons parlé précédemment, tels que le

chêne, l'orme, le mélèze, le pin, le sapin, le hêtre, l'aune, le bou-
leau, ou même que les bois de peuplier et de saule. On peut aussi
employer comme préservatifs des enduits de goudron, de peinture à l'huile appliquée sur le bois quand il est sec. Enfin il est
bon de passer au feu la surface ou l'extrémité qui doivent être
cachées ou enterrées, jusqu'à ce qu'elles commencent à charbon-
ner.

Depuis l'établissement des chemins de fer, on a fait de nombreux essais pour découvrir le moyen de préserver le bois de la
pourriture. On l'imprègne de matières empyreumatiques, qui
agissent contre la corruption, telles que créosote, acide pyroligneux, goudron, etc. On a encore essayé l'injection de solutions
de divers sels : de deux sels, par exemple, qu'on présumait devoir se composer réciproquement et former dans le bois de nouveaux précipités, indissolubles dans l'eau.

Les principaux liquides employés pour imprégner les bois afin
de paralyser en partie l'effet des substances corruptrices et
d'introduire dans les pores du bois des matières susceptibles
d'empêcher la pourriture, sont les suivants :

La créosote brute provenant de la distillation des goudrons ;
Le chlorure de zinc ;
Le sulfate de cuivre ;
Le sulfate de fer ;
Les huiles essentielles ;
L'acide pyroligneux.

Le chlorure de sodium ou sel marin ordinaire a été essayé,
mais il a comme inconvénient d'être déliquescent et de maintenir humide la cellulose du bois ; il provoque rapidement la rouille
des pièces métalliques. L'acide pyroligneux a les mêmes inconvénients.

Le choix de ces matières dépend de la nature et de la qualité
du bois. D'après les expériences actuelles, il est assez difficile de
recommander lequel des liquides énoncés doit être préféré à
l'autre dans la conservation des bois.

L'imprégnation du bois par ces substances se fait par deux
procédés : soit par pression, soit par imbibition.

Le procédé par pression consiste à introduire dans un orifice pratiqué dans le bois l'extrémité d'un tuyau qui amène le liquide sous pression; le bois à injecter est débité en billes et c'est au milieu de ces billes que l'on pratique l'orifice. Le procédé par imbibition consiste à immerger le bois dans le liquide antiseptique, mais après l'avoir soumis à l'action de la vapeur sous pression en vase clos, vapeur qui chasse du bois les gaz et les liquides qui y sont contenus; ces derniers auraient rendu très difficile la pénétration du bois par imbibition.

Le chlorure de zinc a sur tous les sels métalliques l'avantage du bon marché; il n'altère point la teinte des bois de sapin, prend la couleur à l'huile et n'empêche point l'action de la colleforte.

Avec le sulfate de cuivre, on ne peut se servir de la couleur à l'huile, qui au bout d'un certain temps s'écaille et se détache.

Quant au chlorure de zinc, voici sa préparation : on brise des plaques de zinc en petits morceaux, on les place dans des pots de terre et on y verse de l'acide muriatique; l'ébullition produit, au moyen de l'acide muriatique, de l'oxyde de zinc. On laisse reposer la solution plusieurs jours, au moins quarante-huit heures, afin d'y conserver le moins possible d'acide superflu. La solution, ainsi préparée pendant un temps sec et chaud, atteint 56 à 58° Baumé, mais dans un temps humide et froid elle n'arrive qu'à 52°. Au moyen d'un bain de sable chaud, on peut arriver également à la première température désignée. Trois parties pesantes d'acide muriatique suffisent pour dissoudre une partie de zinc. Il est bon toutefois d'avoir une plus grande quantité de zinc quand on fait la manipulation, afin d'empêcher une surabondance d'acide muriatique.

Les solutions du sulfate de cuivre sont employées de 2 1/2 à 4° Baumé : elles se composent de 500 grammes de sulfate de cuivre et 12 kil. 500 d'eau, ce qui donne une solution de 3 1/2 degrés Baumé.

Les solutions de sulfate de fer se font à 6° Baumé, avec 500 grammes de sulfate et 9 kilogrammes d'eau.

Lorsque l'on veut se contenter d'enduire entièrement les bois pour les préserver contre les agents atmosphériques de destruction, on les goudronne : on se sert d'un mélange de brai sec et de brai liquide ou goudron, substances provenant de la distillation imparfaite du bois de pin ; le mélange de ces deux matières forme une autre matière, appelée brai gras. On peut aussi utiliser le coaltar, qui est un goudron provenant de la distillation de la houille.

Avant d'appliquer le goudron il est nécessaire de bien nettoyer les surfaces qui le recevront. Le goudron s'étale à la brosse. Pour en accélérer la dessiccation on peut le mélanger à 5 ou 10 pour cent de son poids de poudre de chaux ou de ciment. Le goudronnage ne peut s'appliquer qu'aux charpentes grossières exposées à l'air ; pour les pièces de bois des habitations on utilise la peinture à l'huile qu'on applique sur les bois suffisamment secs : il faut en effet éviter de renfermer de l'humidité dans ces derniers, car ils pourriraient en peu de temps. Nous conseillons notamment l'emploi d'une espèce de peinture très en usage en Suède. Cette peinture peut même être appliquée à l'extérieur sur des pièces de charpente exposées à l'air ; elle se compose :

1 kilog. 500 grammes de colophane dissous par la chaleur dans 10 kilogr. d'huile de baleine.
5 kilogr. de farine de seigle pétris en pâte dans 15 kilogr. d'eau froide.
2 kilogr. de chlorate de zinc dissous dans 45 kilog. d'eau chaude.

La pâte farineuse est mêlée à la solution de chlorate de zinc et bien mariée avec elle ; ensuite quand le mélange est terminé, on y ajoute la solution de colophane et d'huile de baleine. Enfin, on pétrit le tout pour en faire une masse d'égale épaisseur. On prétend encore en Suède que cette peinture, à laquelle on peut ajouter du carbonate de fer, de l'ocre ou de la terre d'ombre, ou enfin toute autre couleur terreuse, préserve le bois également de l'humidité et de l'action du ver.

Il nous reste encore à parler ici d'une cause fréquente de l'altération des bois, et qui n'est pas une des moins dangereuses; il s'agit des vers. On sait que des larves de plusieurs espèces et surtout le *ptinus* attaquent la charpente; et le ver produit par ce dernier insecte est surtout pernicieux, parce qu'il laboure le bois en y faisant des trous longitudinaux, c'est-à-dire en suivant la direction des fibres et des petits canaux contenant la sève. La

larve de ce petit scarabée établit de petites galeries parallèles
dans la longueur du bois, séparées à peine les unes des autres
par de petites cloisons fort minces. Cet insecte s'attaque surtout
aux vieux bois, ou bien aux bois avec aubier.

Une longue expérience a prouvé que les vers attaquent les bois
qui ont été abattus pendant l'été au moment de la plus grande
activité de la sève et surtout si ces bois sont mis en œuvre trop tôt,
sans qu'on leur ait laissé le temps de se sécher convenablement.
On évite les vers en écorçant les bois avant de les abattre en pré-
cipitant ainsi la maturité de l'aubier, c'est-à-dire en accélérant
sa conversion en bois. Le meilleur moyen d'éviter le ver, c'est
dans tous les cas de n'employer que le *cœur des arbres*. Tout bois
séché à une chaleur de 100 à 125 degrés centigrades n'est que
très rarement attaqué. Il y a aussi tout lieu d'admettre que les
bois imprégnés des matières dont nous avons parlé plus haut
sont à l'abri de la funeste action des vers.

La chaux   La chaux pure est appelée en chimie le protoxyde
de calcium ; elle a de très fortes proportions alca-
lines. La chaux est caustique et change en vert les bleus végétaux.
Elle est très difficile à fusionner, mais contribue puissamment
à fusionner d'autres corps terreux. A une température ordinaire,
l'eau pure peut dissoudre $\frac{1}{772}$ de son propre poids de chaux ; mais
l'eau bouillante en dissout une plus petite quantité. Sa base métallique pure ne se trouve jamais à l'état naturel, pas plus
que son protoxyde, la chaux pure. Si l'on exposait la chaux
pure pendant un temps très court même, elle absorberait l'eau et
l'acide carbonique de l'atmosphère. On la trouve donc dans un
état de carbonate et sous-carbonate de chaux, dans lequel elle
est contenue à un degré considérable. La chaux vendue dans le
commerce est obtenue par la calcination de ces carbonates, opération qui consiste à enlever par la chaleur l'acide carbonique
qu'elle contient naturellement.

Les minéraux qui contiennent le carbonate de chaux, et qui
sont désignés sous le nom générique de pierres calcaires. sont
de natures très diverses. Ils sont le plus habituellement com-

posés de carbonate de chaux, de magnésie, d'oxyde de fer, de manganèse, de silicate et d'alumine, combinés dans des proportions qui varient ; on les trouve aussi avec un mélange d'argile, soit bitumineux ou non, de sable quartzeux et d'une quantité d'autres matières.

Chaque espèce de pierre calcaire produit une chaux de qualité différente, diverse de couleur et de poids, qui absorbe l'eau avec plus ou moins d'avidité ; de la nature de la pierre dépend encore le degré de dureté que la chaux acquiert dans le mortier où elle est employée. Toutefois la nature physique de la pierre n'est en aucune manière un guide sûr pour apprécier la bonne ou mauvaise qualité de la chaux qu'elle peut fournir. L'analyse chimique d'un petit échantillon ou d'une petite portion de chaux donne fréquemment un résultat très différent de celui obtenu dans la pratique. Il faut donc uniquement s'en rapporter à l'expérience.

Le carbonate de chaux se trouve dans presque toutes les formations géologiques ; mais il est rare de le rencontrer dans les formations primitives. Il est plus abondant dans les roches de transition, et il constitue la plus grande masse des formations secondaires et tertiaires. On l'utilise soit pour en extraire des pierres à bâtir, soit pour le calciner et en faire de la chaux. Les roches calcaires des formations primitives ainsi que les séries de transition primitives fournissent la plus grande quantité des pierres travaillées sous le nom de marbres. Les roches calcaires et tertiaires contiennent le carbonate de chaux avec des mélanges d'argile et d'autres matières qui les rendent susceptibles de fournir de la chaux.

A la suite d'une cuisson ou calcination suffisante pour en dégager le gaz acide carbonique, la pierre à chaux a considérablement perdu de son poids, et ce qui reste a la propriété d'absorber l'eau soit en dégageant de la chaleur ou non. Alors aussi elle se fend, et tombe en morceaux au contact de l'eau. Quand on entreprend ce qu'on nomme son extinction, elle passe à l'état de *chaux hydratée.*

Les principaux caractères de l'hydrate de chaux, c'est qu'il est blanc et pulvérulent, et beaucoup moins caustique que la chaux vive. Quand il est exposé au feu ou seulement à la friction, il se dégage facilement de ses parties aqueuses ; mais il demande un haut degré de chaleur pour dégager toutes les parties d'eau qui sont entrées dans sa composition. Toutefois il existe encore aujourd'hui une grande incertitude sur l'action chimique des hydrates. Ils passent généralement pour ne point absorber l'oxygène.

La proportion du sable à mêler dans le mortier varie selon la nature de la chaux et selon la qualité du sable. Dans les chaux riches on peut mêler de 50 à 240 pour 100 de volume de la pâte, mais au delà de cette proportion la résistance diminue.

Dans les chaux hydrauliques la proportion du sable est de 50 à 180 pour 100 de la pâte.

Les meilleures chaux hydrauliques perdent leurs qualités quand elles restent longtemps exposées à l'air : il est donc bon de ne les employer qu'au moment même de leur mélange avec le sable, afin d'assurer leur réduction complète en hydrate et leur amalgame parfait avec le sable. Au contraire, les chaux riches, absorbant difficilement l'acide carbonique, comme nous l'avons dit plus haut, gagnent à être exposées un certain temps au contact de l'atmosphère.

M. Vicat a prouvé par ses expériences que toutes les chaux perdent de leur force si elles sont préparées avec trop d'eau. Il est donc préférable d'humecter les matériaux à mettre en œuvre, d'employer un mortier épais, au lieu de se servir d'un mortier liquide comme les maçons ont souvent l'habitude de le faire.

Certaines conditions de l'état atmosphérique attaquent les matières et nuisent à leur qualité. Ainsi les mortiers faits en été sont moins bons que ceux faits en hiver. Cela provient sans doute de la dessiccation trop rapide du mortier ; M. Vicat assure même qu'ils perdent quatre cinquièmes de leur énergie s'ils sèchent avec trop de rapidité. Il recommande donc pour la maçonnerie faite pendant l'été de l'arroser de temps en temps.

L'évaporation de l'eau de l'acide carbonique en solution est une condition essentielle pour la bonne qualité des chaux hydrauliques. Leur succès dépend, jusqu'à un certain point, de la manière modérée, lente et graduelle dont elles absorbent ce gaz dans l'atmosphère.

Comme la chaux réduite en pâte ne remplit que les creux des matériaux avec lesquels elle est mêlée, il y a nécessairement une diminution considérable de volume sur les matières respectives prises isolément. Le montant exact de cette diminution varie naturellement selon la chaux et le sable employés; mais on peut admettre en thèse générale qu'elle est environ les trois quarts de leurs volumes réunis. Pour déterminer ce fait par une formule convenable, si a est égal au volume de la chaux, b au volume du sable, alors a ajouté à b $(a + b)$ multiplié par $0{,}75$ sera le volume du mortier qu'ils produiront.

L'emploi que l'on doit faire du mortier modifie aussi la proportion du sable qui doit y entrer. Car il faut employer moins de sable quand le mortier est employé sous terre dan s l'eau ou dans des lieux humides que lorsqu'il est exposé à l'air et à ses influences diverses.

Du mortier On appelle en général mortier une composition destinée à unir fortement les pierres et à faire corps avec elles, et qui employée molle durcit ensuite. Le mortier est formé de chaux et de sable mélangés au moyen d'eau. Pour des constructions peu importantes, comme hangars, murs d'enceinte, etc., on se sert quelquefois et dans certains pays, d'argile au lieu de chaux; mais cette dernière est toujours préférable dans tous les cas.

Comme le mortier de chaux ne résiste que médiocrement à l'action du feu, qui calcine et décompose la chaux, il faut avoir soin de maçonner les cheminées et leurs tuyaux en mortier de terre argileuse.

Il y a certaines espèces de chaux qui non seulement ne se durcissent pas dans l'eau ou à l'humidité, mais qui se détériorent, tandis que d'autres au contraire font durcir le mortier dans l'eau.

Quant au mortier de terre argileuse, il ne résiste pas à l'humidité et encore moins à l'action de l'eau. À l'exception de la chaux hydraulique, qui durcit dans l'eau, l'air est indispensable à tous les mortiers de chaux, d'abord pour les sécher et ensuite pour les durcir.

La chaux est produite par là calcination du calcaire; cette calcination enlève l'acide carbonique et l'humidité de la pierre à chaux, et la substance qui reste ainsi purifiée par l'action ignée produit la chaux vive propre aux mortiers.

Les calcaires les plus purs produisent ce qu'on appelle la *chaux grasse*, qui demande beaucoup d'eau pour être éteinte, supporte une grande quantité de sable, et fournit par suite beaucoup de mortier; mais cette chaux est très lente à durcir à l'air, elle n'y prend même jamais une grande consistance, et reste tendre dans les lieux humides.

Les calcaires mélangés de silicates alumineux, et principalement de silicates hydratés, produisent au contraire la *chaux maigre* ou la *chaux hydraulique*. Moins productive que la chaux grasse, en ce qu'elle absorbe beaucoup moins d'eau et supporte peu le sable, elle a l'avantage immense de durcir promptement à l'air et dans les endroits humides, et on doit l'employer lorsqu'on tient plus à la solidité qu'à l'économie. La chaux hydraulique durcit même dans l'eau, circonstance qui la rend indispensable pour toutes les constructions hydrauliques, où les mortiers de chaux grasse se *délayeraient complètement*.

On ne trouve pas partout des calcaires capables de produire de la chaux maigre, ou hydraulique; mais on parvient à en faire artificiellement lorsqu'on peut se procurer de la craie ou des marnes calcaires susceptibles de se délayer à l'eau. On les réduit en bouillie épaisse, qu'on mélange avec des matières argileuses délayées ou des scories volcaniques, des scories de forges, des briques ou des poteries réduites en poudre fine; on en fait alors des pains, qu'on laisse sécher et qu'on cuit ensuite comme le calcaire lui-même. Lorsqu'on n'a pas de calcaire délayable, on peut employer la chaux ordinaire de la localité, qu'on laisse éteindre à l'air : on en mêle ensuite la poussière avec des silicates argileux délayés ou broyés; on fait une pâte du tout avec un peu d'eau, et on forme comme précédemment des pains, qu'on laisse sécher pour les recuire de nouveau. Ce procédé a l'inconvénient de coûter cher, à cause de la double cuisson.

Pour faire de la bonne chaux, il faut choisir les pierres calcaires les plus dures, les plus pesantes, celles dont le grain est fin, homogène, et dont la texture, ou liaison des parties, est la plus compacte. Les cailloux calcaires et les marbres font d'excellente chaux.

La pierre est convertie en chaux au moyen d'un four, qui ne doit être chauffé que par degrés ; il faut que le degré de chaleur aille toujours en augmentant, sans interruption. Chaque fournée ne doit contenir qu'une seule espèce de pierre, d'une même carrière, s'il est possible, afin que la chaux qui en provient soit d'une même qualité. Nous n'entrerons pas plus avant dans la fabrication de la chaux, parce que cette fabrication n'est pas du ressort du constructeur amateur, qui emploie les matériaux tels que les livre le commerce. Disons seulement en dernier lieu qu'il est utile d'employer la chaux le plus tôt possible après sa cuisson.

Quand la chaux nouvellement fabriquée est arrosée d'eau, elle pompe cette eau jusqu'à un quart de son propre poids (poids de la chaux), et gonfle pour se réduire ensuite en peu de temps en une poudre blanche et sèche. Dans cette transformation de la pierre à chaux cuite en poudre sèche et facilement triturable (hydrate de chaux), il se dégage une assez grande quantité de calorique, qui forme une vapeur d'une odeur particulière, et qui en s'échappant entraîne de la substance calcaire décomposée. Alors si l'on ajoute une plus grande quantité d'eau à la chaux éteinte, la poudre calcaire se change en une bouillie nommée *lait de chaux*, qui sert pour faire le mortier destiné à lier les matériaux entre eux dans la maçonnerie.

La chaux éteinte gagne en qualité lorsqu'elle est préservée du contact de l'air et conservée pendant un certain temps dans des fosses humides. Dans beaucoup de localités, on a l'habitude d'éteindre la chaux dans une sorte de caisse carrée en bois, de 2 mètres à 2^m,60 en tous sens, et d'environ 60 centimètres de profondeur, afin que le manœuvre puisse broyer ou triturer commodément la masse calcaire avec le croc à chaux. Le fond de cette caisse est un peu incliné vers le côté où l'on a creusé en terre la fosse destinée à recevoir la chaux éteinte. Sur ce même côté on a pratiqué une ouverture destinée à laisser échapper la matière, ouverture qui est fermée au moyen d'une trappe à coulisse.

On met dans la caisse en bois ou dans tout autre récipient, formé d'un fond de bois entouré d'un bourrelet de terre, par exemple, une quantité de chaux égale au quart du volume du contenant, puis on jette dessus autant d'eau que le chaux peut en absorber : on la laisse ensuite reposer jusqu'à ce qu'elle se fende ou se convertisse en poudre. Alors on y mêle assez d'eau pour produire une bouillie liquide, et ayant toujours soin de triturer la masse avec un croc ou rabot. Quand le tout est bien mêlé et qu'on n'y remarque plus de petits morceaux de chaux non dissous, on ouvre la trappe et laisse couler la chaux éteinte dans la fosse disposée à cet effet.

Dans le cas où l'on aurait mis trop peu d'eau, il se trouverait encore des parcelles de calcaire non éteintes; ces grains non encore dissous se dissolvent peu à peu dans la fosse en question.

Quand la chaux qu'on a laissée couler dans la fosse est assez évaporée, il s'y forme des fentes ou gerçures à la superficie; il faut alors la préserver de l'action de l'air, qui serait nuisible, parce que cette action de l'air y introduirait de l'acide carbonique. On peut facilement obvier à cet inconvénient, en couvrant la fosse d'une couche de sable de 40 à 60 centimètres. Le séjour prolongé de la chaux dans une fosse humide et recouverte de sable produit une masse homogène, et la terre calcaire fait intimement corps avec l'eau. Or, le mortier composé avec de la chaux préparée ainsi dans une fosse où elle est restée un certain temps est préférable au mortier fait avec de la chaux éteinte au moment même de son emploi. Le premier est plus compact, plus serré et plus dur.

Il est prudent de ne pas jeter l'eau trop précipitamment sur la chaux qu'on veut éteindre, car il est prouvé que les parties chaudes et non encore dissoutes de la chaux se fondent mal, surtout si l'extinction se fait avec de l'eau froide. Plus cette eau est froide, plus aussi son action est nuisible dans l'opération de l'extinction de la chaux échauffée. La condition de l'eau exerce une grande influence sur le résultat de l'extinction calcaire. Aussi l'eau potable, l'eau de rivière ou d'étang est préférable à l'eau de puits, et dans tous les cas il faut éviter de se servir de l'eau sale qui à la longue produit le salpêtre. L'eau salée a le même inconvénient.

On éteint la chaux maigre dès qu'elle sort du four : on la baigne pendant quelques secondes dans l'eau jusqu'à ce qu'elle semble se réduire en poudre : alors on la sort de l'eau. Si l'on veut l'éteindre complètement, la réduire réellement en poudre, il faut la concasser en petits morceaux de deux à trois centimètres cubes de volume, afin que la vapeur d'eau amenée par le calorique puisse pénétrer la chaux et la dissoudre. Si l'on met la chaux en poudre obtenue par immersion à l'abri de l'humidité, on peut la conserver assez longtemps ; mais il vaut mieux l'employer aussitôt qu'elle a été éteinte : le mortier est plus liant, il prend et durcit plus vite.

La bonté du mortier dépend autant de la manière dont il est préparé que de la qualité des matières qui le composent. Il est donc essentiel que cette opération soit faite avec toutes les précautions qu'exigent les qualités de ces matières.

Mais les procédés à suivre peuvent plutôt s'indiquer que se prescrire d'une manière absolue, les doses en quantités dépendant toujours des qualités des matières, qui varient selon les localités.

Ainsi, il y a de la chaux vive, comme celle de Melun, qui absorbe en s'éteignant deux fois et demie son poids d'eau pour former une pâte moyennement liquide, comme il faut qu'elle soit pour faire le mortier ordinaire sans être obligé d'y ajouter de l'eau.

D'autres qualités de chaux ne consomment, pour former une pâte de même consistance, qu'une quantité d'eau égale à son poids. Pour faire un bon mortier avec la première de ces pâtes (chaux de Melun), il faut mêler trois parties de sable de rivière avec une partie et demie de chaux ; en faisant usage de la seconde pâte, il en faut deux parties pour trois du même sable. — Dans le premier mortier la quantité de chaux en pâte est moitié de celle du sable, tandis que dans le second elle en est les deux tiers.

Pour la fondation des bâtiments on prendra de la chaux grasse (non hydraulique et éteinte par fusion) dans la proportion de 0^m,370 cubes et du sable de rivière 0^m,950 cubes.

Pour pavage de cours, chaux grasse un peu hydraulique 0^m,340 et 0^m,820 cubes de ciment de tuileaux.

Pour réservoirs, etc., chaux grasse un peu hydraulique $0^m,250$ cubes, $0^m,940$ cubes de sable de rivière et $0^m,200$ cubes de pouzzolane ou matière analogue.

Pour travaux quelconques dans l'eau, chaux hydraulique très énergique $0^m,360$ cubes, 1 mètre cube de sable de rivière et $0^m,040$ de pouzzolane.

Pour faire les joints, 2 parties de chaux hydraulique, 2 parties de sable et 1 partie de bon ciment romain.

Lorsque le mortier, le bon mortier hydraulique, est entièrement confectionné, on ajoute, pour faire du *béton*, la pierraille ou les cailloux qui doivent le constituer, et le mélange s'effectue encore à l'aide de pilons ou de massettes (fixées au bout de manches en bois, et dont nous avons déjà parlé plus haut), en battant avec force et vitesse. Nous revindrons plus tard sur l'emploi du béton.

Indices de la bonne cuisson de la chaux « La chaux vive, de quelque nature qu'elle soit, pour être cuite au degré convenable, doit fuser promptement et complètement dans l'eau. Si elle est trop calcinée, elle reste quelquefois un jour ou deux dans l'eau sans avoir subi une extinction complète. Pour être de bonne qualité, les chaux ne doivent contenir aucune matière étrangère, ni aucun biscuit ou durillon de quelque nature que ce soit.

« Les bonnes chaux hydrauliques bien cuites se reconnaissent facilement à leur légèreté, à leur consistance crayeuse, et à l'effervescence qu'elles font avec l'eau, lorsqu'elles n'ont pas encore été éventées. Quand, au contraire, elles sont lourdes, compactes, vitrifiées légèrement sur les arêtes des morceaux, et longtemps inactives après l'immersion, c'est que le terme de la bonne cuisson a été dépassé. Si elles fusent superficiellement, en laissant un noyau, c'est que la cuisson est incomplète.

« Les pierres à chaux perdent dans leur calcination parfaite environ 0,45 de leur poids primitif, par l'effet de l'évaporation de toute l'eau et de l'acide carbonique qu'elles contiennent. La diminution est moins grande en volume qu'en poids; quoique très variable selon les diverses espèces de pierres, on l'évalue

assez généralement à 0,1 ou à 0,2 du volume primitif. On conçoit
que cette évaluation ne peut être qu'approximative, car la pierre
calcaire se réduisant en fragments plus minimes à la calcination,
la même mesure en contiendra une quantité moindre après cette
opération qu'avant, attendu que plus on divise la chaux, plus le
volume d'une masse est considérable (1). »

Du sable Le sable est une matière composée de parties détachées qui tiennent le milieu entre la terre et les
pierres, des débris desquelles elles paraissent formées ; il y a
autant de sables qu'il y a d'espèces de pierres : il y a des sables
vitreux, quartzeux, calcaires et argileux. Il y a des sables *de rivière* et des sables *fossiles* ou *de carrière*. Le gros sable est nommé
gravier. Il faut que le sable destiné au mortier soit propre, c'est-
à-dire exempt de mélange de terre. En général le meilleur sable
est celui qui, étant frotté dans la main, rend un petit bruit sec,
effet que ne produit pas celui qui est terreux ou sans aspérités.

On reconnaît encore que le sable est de bonne qualité, dit
Vitruve, lorsque après en avoir répandu sur un vêtement blanc,
on le rejette en secouant l'étoffe, et qu'il n'y laisse aucune trace.
On peut purifier tout sable de la terre qui pourrait s'y trouver en
le lavant. Le sable fossile, ou de fouille ou de carrière, est préférable au sable de rivière, parce que le premier est prismatique
et anguleux, tandis que le second est de forme ronde. Les grains
de sable ronds n'adhèrent entre eux que sur peu de points et
laissent de grands intervalles, tandis que les grains du sable
fossile sont prismatiques et anguleux ; dans la trituration ou
préparation du mortier leurs faces finissent par devenir adhé-
rentes et laissent peu d'interstices. Si l'on est forcé d'employer
le sable de rivière, faute de sable de fouille ou de carrière, et si
la rivière reçoit des immondices, son sable devra être lavé, parce
que, sans cela, il serait nuisible aux constructions, de même que

(1) *Pratique de l'Art de construire*, par J. Claudel et L. Laroque, 2e édit.,
Paris, 1 vol. in-8°, page 87. — Voyez, pour de plus amples détails : *Résumé sur
les mortiers et ciments calcaires*, par Vicat, Paris, 1828 ; 2e éd., 1864. —
Traité sur l'art de faire de bons mortiers, par Raucourt de Charleville, Péters-
bourg, 1822, 1 vol. in-8°.

l'eau sale est contraire à l'extinction de la chaux, comme nous l'avons dit plus haut.

Il a été généralement reconnu que la meilleure eau pour la préparation du mortier est l'eau de pluie ou de citerne. L'eau de rivière quand elle est limpide est bonne aussi. L'eau la moins bonne pour le mortier est l'eau de puits.

Avant de faire le mélange de l'eau et du sable avec la chaux, il faut qu'elle ait été ramenée à l'état de pâte bien homogène de consistance argileuse. Après vingt-quatre heures d'extinction la fermeté de la chaux est déjà telle qu'on ne peut la diviser sans pioche, ou au moins sans une pelle tranchante. On peut toutefois la ramener facilement à l'état de pâte convenable en la battant verticalement avec des massettes en fonte, fichées au bout de manches en bois. On y mêle ensuite le sable sans addition d'eau, ce qui est indispensable pour obtenir un mortier solide, mais ce que les maçons évitent de faire, comme étant plus pénible; généralement ils ajoutent assez d'eau pour que le mélange qu'ils ont l'habitude de faire ne demande que le quart du temps nécessaire. On obtient ainsi des mortiers dont la résistance se trouve diminuée de *moitié*, des *deux tiers* et même des *quatre cinquièmes*.

Il faut que la chaux soit complètement éteinte avant d'ajouter le sable, et que tout travail ait cessé, ce dont on peut s'assurer par le *refroidissement* qui survient après l'effervescence. Lorsque la trituration du mortier a rendu le mélange aussi parfait que possible, une plus longue manipulation devient nuisible aux chaux hydrauliques, par le renouvellement des contacts avec l'air, qui les détériore tandis qu'il améliore les chaux grasses; les mortiers à chaux grasse doivent donc être battus le plus longtemps possible, et les mortiers à chaux hydraulique au contraire ne doivent l'être qu'autant que cela est nécessaire pour que la chaux adhère à chaque grain de sable et l'enveloppe entièrement.

Il est bon que le mortier soit fabriqué à couvert, soit pour éviter une dessiccation trop rapide dans la saison des chaleurs, soit pour le préserver des pluies, qui en détruiraient les qualités. Lorsqu'on construit dans la saison des chaleurs, il faut, ainsi que nous l'avons déjà dit, entretenir l'humidité des mor-

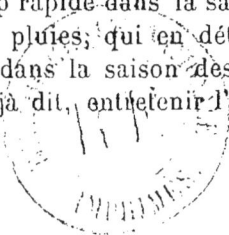

tiers en arrosant les maçonneries, surtout si l'on emploie des chaux hydrauliques, afin que le mortier conserve quelque temps l'eau nécessaire à sa solidification.

Du plâtre   Le gypse des environs de Paris, appelé plâtre lorsqu'il a été calciné en poudre, se fige rapidement en masse solide lorsque, après les deux opérations dont nous venons de parler, on lui rend, par le *gâchage*, l'eau qu'il avait perdue. Le plâtre peut être considéré comme une espèce de chaux qui n'a besoin du mélange d'aucune autre matière que de l'eau pour former un corps solide, d'une dureté *moyenne*. Quoique le plâtre ne résiste pas aussi longtemps aux intempéries de l'air et à l'humidité, c'est cependant une matière fort commode pour la construction des maisons ordinaires, surtout à Paris et dans ses environs, où il est de bonne qualité, lorsqu'il est employé convenablement.

Le plâtre s'attache également aux pierres et aux bois; aussi s'en sert-on avec avantage pour la construction des murs, des voûtes et pour les enduits. On recouvre les cloisons, les pans de bois, les planchers, etc.

Tout constructeur doit bien se pénétrer de ce fait : c'est que le plâtre *gâché* augmente de volume en faisant corps, tandis que le mortier diminue, surtout lorsqu'il n'a pas été massé. Il y a donc de grandes précautions à prendre lorsqu'on se sert du plâtre pour certains ouvrages, tels que les voûtes, les cheminées qu'on adosse aux murs isolés, les plafonds et autres ouvrages qui seront énumérés dans la suite.

Les pierres à plâtre des environs de Paris sont d'un blanc grisâtre. Leur fracture présente une texture plus ou moins irrégulière, mêlée de particules brillantes, semblables à celles d'un marbre à gros grains.

On nomme à Paris et dans les environs *plâtres au panier* les plâtres les plus communs réduits en poudre par le broyage au moyen de meules et tels qu'ils sortent du moulin.

On nomme *plâtres au sas*, les plâtres plus fins, passés au tamis de crin, et enfin *plâtres au tamis de soie* les plâtres particulièrement affectés pour les travaux intérieurs du plafonnage et d'enduits faits avec soin.

Le plâtre en poudre s'emploie en le versant au moment même de l'emploi dans une certaine quantité d'eau, et en remuant ce mélange avec une *truelle de cuivre,* jusqu'au moment où il forme une pâte plus ou moins liquide. Lorsque la pâte a une consistance assez ferme, qui lui permet de *faire prise* presque immédiatement, le plâtre est dit *gâché serré.* Il est *gâché clair,* au contraire, quand la quantité d'eau employée en a fait une pâte ou bouillie plus ou moins liquide et dont la prise n'a lieu qu'au bout d'un certain temps.

Comme les chemins de fer transportent au loin le plâtre de Paris, et cela à un prix assez modique, on peut l'employer pour plafonds et moulures à des distances assez éloignées de ses carrières. On ne le fera pas venir en poudre, mais en pierre.

Le meilleur procédé pour cuire la pierre à plâtre consiste d'abord à lui communiquer une chaleur modérée, pour dessécher l'humidité qu'elle contient ; on augmente ensuite graduellement le feu pour lui donner le degré de cuisson convenable, ce qui exige environ vingt-quatre heures. Lorsque le plâtre n'est pas assez cuit, il est aride et forme un corps peu solide ; lorsqu'il est trop cuit, en le gâchant on trouve qu'il n'est pas assez gras. Quand le plâtre est cuit à propos, l'ouvrier sent en le maniant qu'il est doux et qu'il s'attache aux doigts. C'est surtout à cette qualité que l'on peut reconnaître le bon plâtre.

Le plâtre doit être réduit en poudre aussitôt qu'il est cuit, soit en le battant, soit en l'écrasant avec des meules ou cylindres de pierre, parce qu'il perd de sa qualité, pour peu qu'il reste exposé à l'air ; le soleil, en l'échauffant, le fait fermenter ; l'humidité diminue sa force, et l'air emporte la plus grande partie de ses sels. C'est ce qui lui fait perdre son onctuosité et la faculté de durcir promptement et de former un corps solide. Ce plâtre ne s'unit alors que faiblement aux matières qu'il doit lier, et si l'on en fait des enduits, ils gercent.

Si le plâtre vient de loin, il est nécessaire de le renfermer dans des tonneaux et de le placer dans des lieux secs à l'abri des ardeurs du soleil.

Avec l'ocre jaune mêlée au plâtre en le gâchant, on peut lui donner une couleur de pierre; l'ocre brune ou rouge donnera un ton de brique; de l'ocre jaune et un peu de noir mêlés au plâtre donnent un ton de granit dont on peut se servir convenablement pour les enduits extérieurs des rez-de-chaussées.

Dans les constructions usuelles, qui, par leur destination, ne comportent pas nécessairement l'emploi des matériaux de grandes dimensions, tels que la pierre dont on se sert pour les édifices publics, le plâtre sert à décorer les façades construites en moellons. Ainsi appliqué, le plâtre se trouve à la vérité exposé aux pluies, qui le détériorent; mais sa durée est encore suffisante eu égard à la nature de l'édifice et de la dépense peu considérable qu'il occasionne comparativement à celle des décorations en pierre. On en a fait pendant longtemps un usage considérable dans la construction des tuyaux de cheminée, quoique le feu altère les qualités du plâtre; mais on pouvait ainsi les élever en ne leur donnant que de faibles épaisseurs et sans charger les murs et les planchers qui les recevaient.

On a fini par reconnaître les inconvénients qui en résultaient, et qui se manifestaient par des crevasses susceptibles d'occasionner de graves accidents. On a été ainsi amené à substituer la brique au plâtre dans la construction de ces tuyaux.

Le plâtre ordinaire se compose de 32,91 parties de terre calcaire, de 46,31 d'acide sulfureux et de 20,78 d'eau.

Si le plâtre est mis en contact avec le fer, il en détruit la qualité au moyen de l'acide sulfureux, l'oxyde fortement, et cela en rapport du temps que le plâtre met à sécher. Il est donc prudent de ne pas abuser du plâtre pour scellements et surtout dans les lieux où il ne peut sécher promptement ou qui seraient constamment exposés à l'humidité.

Dans les pays où le plâtre est rare et cher, on en fait un mélange avec de la chaux dans les proportions suivantes : pour faire les enduits extérieurs, un peu rustiques, on prend trois parties de mortier de chaux, qu'on mêle à une partie de mortier de plâtre (de plâtre gâché). Ce mélange neutralise, par le gonflement du plâtre, la diminution de volume de la chaux et empêche par là les gerçures et fentes qui se font quelquefois dans les enduits en chaux lorsqu'ils sèchent et se durcissent. Pour un enduit qui doit sécher très promptement, on ajoute, dans les pays où le plâtre est rare, une certaine quantité de sable quartzeux, d'ordinaire à 2 parties de plâtre en poudre, 1 partie de sable. Cette espèce d'enduit peut être employée à des épaisseurs assez fortes sans se gercer, et comme elle durcit promptement, elle convient pour former les premières charges destinées à recevoir les corniches, et encore pour enduire des pans de bois. Pour traîner les corniches, on se sert dans les mêmes pays de ce qu'on y nomme stuc de plâtre, composé de 3 parties de chaux fraîchement éteinte, d'une partie de sable et de quatre parties de mortier de plâtre.

Quand le plâtre est trop cuit, il est scarifié, et n'est pas susceptible de former une bouillie par l'addition d'eau; si le plâtre n'est pas assez cuit, la poudre ne se dissout pas dans l'eau et tombe au fond, comme le ferait le sable.

Ciments On appelle ciment des subtances mêlées à la chaux grasse, et qui ont la propriété de rendre cette chaux hydraulique.

1° La *pouzzolane* est un produit volcanique, amas de petits fragments scoriacés ou rappilli, accumulés autour des volcans, ou amas de matières terreuses qui en renferment une quantité plus ou moins grande. On en emploie le sable que le vent a dispersé à des distances considérables des volcans. Les pouzzolanes des environs de Naples sont grises, jaunes, brunes et noires. Celle de Rome est d'un rouge brun mêlé de particules brillantes d'un jaune métallique. On trouve de la pouzzolane dans presque tous les lieux où il y a eu des volcans. En France, nous en avons dans les départements de l'Ardèche, de la Haute-Loire, du Puy-de-Dôme et de la Haute-Vienne.

2° Le *trass* ou *tuf volcanique*, qu'on trouve en Italie et sur les bords du Rhin, particulièrement près d'Andernach, lorsqu'il est broyé et mêlé avec de la chaux grasse, produit bientôt dans l'eau une masse dure.

3° *Ciment de tuileaux*. Poudre faite avec des tuileaux pilés, qui mêlée avec de la chaux forme un mortier résistant à l'eau et à l'humidité. Il faut seulement que les tuileaux soient bien cuits;

ceux qui ont servi pour les toits sont préférables aux tuileaux neufs et encore plus aux briques, qu'on a quelquefois l'habitude d'employer. — *Le ciment* dit *de fontainier* est fait avec de la poudre de poterie de grès, de mâchefer, de tuileaux et de pierre meulière; le tout broyé avec de la bonne chaux vive, produit un ciment excellent, qui durcit dans l'eau.

4° *Le ciment anglais de Parker*, nommé *ciment romain*, contient 55,4 parties de terre calcaire, 36 parties de terre argileuse graveleuse et 6 parties d'oxyde de fer. On peut aussi ajouter à 6 parties de ciment 4 parties de sable sans qu'il perde de sa qualité hydraulique. L'imitation française de ce ciment contient 54 parties de terre calcaire, 31 parties de terre argileuse graveleuse et 15 d'oxyde de fer, et comporte une addition de sable égale à celle du ciment anglais.

5° *Le ciment*, dit *de Portland*, qui vient d'Angleterre, où il fut composé, en 1824, par John Aspdin. Il a la couleur de la pierre, est inaltérable à l'air, à la gelée et à la chaleur.

Une sorte particulière de calcaire argileux donne immédiatement des chaux hydrauliques à la cuisson. Si le calcaire renferme de 10 à 12 pour 100 d'argile, il aura des propriétés hydrauliques. La chaux qui en provient, gâchée avec de l'eau, durcira en vingt jours environ dans les lieux humides ou sous l'eau. Quand le calcaire renferme de 20 à 25 pour 100 d'argile, la chaux gâchée fait prise en deux ou trois jours. En dernier lieu, enfin, si le calcaire renferme de 25 à 35 pour 100 d'argile, la chaux fait prise en quelques heures, et on lui donne le nom de chaux à ciment.

En 1756, J. Smeaton observa le premier que la chaux provenant de la cuisson de calcaires contenant de l'argile jouissait de la propriété de durcir sous l'eau. En 1796, Parker prenait un brevet pour l'exploitation d'un calcaire très argileux produisant une matière analogue à la chaux hydraulique, mais à prise beaucoup plus énergique, à laquelle il donna le nom de *roman ciment*, ciment romain, nom conservé depuis par les industriels français, pour les produits analogues qu'ils découvrirent postérieurement, et au nombre desquels on classe, par rang d'ancienneté, le ciment de Pouilly, découvert par M. Lacordaire, et le ciment de Vassy, découvert en 1831 par M. Gariel. Les espèces les plus réputées en

France sont les *ciments de Vassy* (Yonne), *de Pouilly* (Côte-d'Or), *de Portland*, *de Boulogne* (Pas-de-Calais) et *de Grenoble* (Isère).

Le ciment de Vassy provient d'un calcaire argileux et magnésien dur, d'une couleur bleu cendré, que l'on trouve immédiatement au-dessus du liais, et dont la composition chimique est :

63,8 parties de carbonate de chaux,
1,5 — — de magnésie,
11,6 — — de fer,
14,0 — de silice,
5,7 — d'alumine,
3,4 — d'eau et matières organiques.
_____
100,0

Réduit par la calcination, sa couleur devient jaune terne. Quand ce ciment est fabriqué, on l'enferme dans des barriques goudronnées et garnies à l'intérieur, pour en faciliter le transport et en assurer la conservation. A la suite de la cuisson, l'analyse donne la composition de ce ciment :

56,6 parties de chaux,
13,7 — de protoxyde de fer,
1,1 — de magnésie,
21,2 — de silice,
6,9 — d'alumine,
0,5 — de perte.
_____
100,0

L'avarie du ciment a pour cause principale l'humidité de l'air. Elle se manifeste d'abord au contact des parois de la barrique, puis elle gagne lentement, mais progressivement, jusqu'au centre ; il arrive assez souvent que le contenu d'une barrique est avarié à la surface, tandis qu'il est d'excellente qualité au centre. Pour que le ciment puisse être réputé non avarié et propre à un bon emploi, il faut que les fragments désagglomérés que l'on retire de la barrique cèdent facilement sous la pression des doigts, et que sa couleur n'ait éprouvé aucune altération, c'est-à-dire ne soit pas devenue blanchâtre. On est quelquefois obligé d'employer des barres de fer pour retirer le ciment des barriques, et souvent il faut avoir recours à la truelle du gâcheur. La quantité de mortier obtenue est à peu près proportionnelle au poids du ciment employé ; c'est pour cette raison que le prix de celui-ci est fixé d'après le poids, et non selon le volume.

Il est d'usage, dans le commerce du ciment, de compter le poids des barriques au même prix que leur contenu. Le poids de l'enveloppe varie de 0,08 à 0,12 du poids total, suivant la densité et l'épaisseur du bois, soit 0,1 en moyenne. Chaque barrique contient de 100 à 235 litres de ciment, et pèse de 130 à 300 kilogrammes.

Le ciment s'emploie sous forme de mortier, avec ou sans sable, en y ajoutant une quantité d'eau égale à environ la moitié de son volume : cette quantité d'eau varie légèrement suivant la température et d'après le degré d'humidité du sable.

Un mètre cube de ciment en poudre, pris à la densité de 0,96 et converti en mortier sans mélange de sable, perd 17 pour 100 de son volume et ne donne que $0^m,83$ de mortier.

On emploie rarement le ciment pur ; on le mélange ordinairement avec une certaine quantité de sable dur, purgé de vase et de toute matière terreuse. On obtient ainsi un mortier plus résistant, moins sujet à se fendiller à la surface et beaucoup plus économique. Les mortiers de ciment pur ne sont guère en usage que pour le cas où un durcissement instantané est nécessaire, par exemple pour l'étanchement de sources dans les radiers des bassins et écluses, ou pour d'autres cas analogues.

Le ciment qui vient d'être employé est d'un jaune terre très foncé ; mais en séchant il prend une couleur qui a beaucoup d'analogie avec celle de la pierre de taille.

Des mastics Les mastics sont composés de matières ou subtances diverses, que l'huile de lin ou le feu doivent mélanger ou dissoudre.

1° Le *mastic à l'huile* sert à réparer les cassures de la pierre. Dans la pierre de taille il remplit les joints, qu'il fait presque disparaître.

2° Le *mastic à chaud,* bon à faire certains joints, à refaire des angles cassés, est formé d'une partie de goudron, 1/2 partie de colophane et 1/5 de poudre de tuileaux, qu'on fond en remuant sur un feu lent ; on peut encore employer la colophane chaude mélangée de grès en poudre.

Un des meilleurs mastics connus en France est celui de Dhil. Sa composition a longtemps été tenue secrète, mais le principe de sa fabrication consiste dans le mélange de poudre de brique pilée ou d'argile bien calcinée, de litharge, de protoxyde rouge de plomb et peut-être de quelque matière étrangère et inconnue.

Au nombre des mastics qui approchent de celui de Dhil pour la qualité, nous en citerons un inventé par M. Thénard. Ce mastic lithargé est composé de 93 parties d'argile calcinée, pulvérisées et de 7 parties de litharge, réduite en poudre très fine. On le prépare avec une quantité suffisante d'huile de lin pure, pour lui donner la consistance du plâtre gâché ; on l'applique comme celui-ci, en ayant soin de nettoyer le mur auparavant et en l'ayant humecté avec une éponge trempée dans l'huile.

A La Rochelle, les officiers du génie ont employé en 1826 une sorte de mastic qui avait une grande analogie avec celui de Dhil. Il se composait de 14 parties en volume de sable caillouteux, 14 parties de pierre calcaire pulvérisée, $\frac{1}{14}$ en poids de litharge (des poids réunis du sable et de la pierre) et $\frac{1}{7}$ du poids total des ingrédients d'huile de lin.

Ces poudres avaient préalablement été séchées dans un four ; car on découvrit que l'affinité du mélange avec l'huile dépendait de l'état de dessiccation des matières ainsi que du commencement d'une calcination qui semblait en voie de s'être produite. Ce mastic, employé avec de l'huile de la manière habituelle, fut appliqué sur les surfaces après qu'elles eurent été imprégnées d'huile.

3° *Mastic hydraulique*, fait avec un mélange de tuf en poudre, de sang de bœuf et de chaux pulvérisée.

4° *Mastic pour scellement* de fer dans la pierre ; composé d'une partie de chaux hydraulique, deux parties de poudre de tuileaux et d'une demi-partie de limaille de fer, mis en pâte au moyen d'huile de lin.

5° *Mastic gras*, pour jointoiement de tuyaux en fonte : formé de minium, de poudre de tuileaux, de sable fin et d'huile de lin, bien mélangés.

6° Le *mastic de vitrier*, composé de céruse ou de craie et d'huile de lin.

7° Le *mastic de menuisier*, destiné à réparer le bois, comme trous, gerçures etc., etc., formé d'ocre, de céruse ou de blanc d'Espagne et d'huile de lin. On y mêle quelquefois aussi un peu de sable fin ou de poudre de tuileaux.

Couleurs   Au nombre des matières préservatives on compte les enduits des murs, l'application des couleurs à l'huile et autres.

Indépendamment de l'usage du mortier comme matière à liaison, on emploie encore le mortier pour en recouvrir la superficie des murs, afin de la préserver des intempéries de l'air ou pour obtenir des surfaces plus unies et plus régulières et par conséquent plus agréables aussi à l'œil. L'opération de l'application des enduits à l'extérieur est dite *ravaler*, en terme du métier. Ravaler est donc l'action de faire un enduit sur un mur de moellon ou de brique, soit tout uni, soit en y figurant en saillie des champs, des naissances, des tables de plâtre ou de mortier. Mais on dit aussi faire un ravalement lorsque l'on ripe ou gratte et blanchit une façade de pierre de taille.

Un enduit de chaux ou de plâtre, d'une épaisseur de 2 centimètres à 34 millimètres, a pour but de garantir les murs de la pénétration de l'eau et de l'humidité filtrant par les joints ; l'enduit empêche aussi les matières soulevées par le vent de venir se fixer sur les parois des murs. Nous aurons encore à revenir plus loin sur les avantages des enduits.

Au moyen de l'application des couleurs, on cherche également à garantir le bois, le fer et même la maçonnerie des injures de l'atmosphère ; on s'en sert pour l'agrément de la vue.

1° Le *badigeon* ne s'emploie que sur les enduits de mortier de chaux ou de plâtre : il consiste dans l'application d'un lait de chaux soit naturel, soit coloré en jaune ou brun. Le badigeon doit être appliqué en plusieurs couches afin de ne pas s'effeuiller ou tomber : en trois couches légères, par exemple.

2° *Peinture à la colle* ou *en détrempe*, préparée avec de la colle forte chauffée modérément ; on lui donne presque toutes les nuances connues. L'eau collée doit être employée dans une certaine proportion avec la couleur, parce que les couleurs deviennent foncées par un excès de colle, et peu durables s'il n'y a pas assez de colle dans le mélange. Quand on veut peindre à la colle un mur avec un enduit de chaux, et que la superficie n'en est pas trop étendue, on peut imprimer l'enduit qu'on veut peindre avec du lait et de l'eau.

3° *Peinture à l'huile*. Si les couleurs de la détrempe sont broyées à l'eau, celle-ci est broyée à l'huile. On se sert comme base, dans la peinture à l'huile, de blanc et surtout de blanc de zinc. Presque toutes les surfaces à peindre sont d'abord *imprimées* avec une couche de blanc ou de gris, ou se rapprochant de la dernière couche à poser. Le fer seul s'imprime au *minium* ou oxyde de plomb, d'un rouge orangé ou jaunâtre.

Toutes les couleurs non en détrempe, mais à l'huile ou mélangées d'autres substances grasses ou résineuses, ne doivent être appliquées sur les corps que lorsque ceux-ci sont complètement secs ou séchés. Pour les couches d'impression à l'huile qui précèdent le rebouchage des trous faits par les clous, des nœuds ou des gerçures, il faut ne mettre que peu de couleur dans l'huile afin que cette huile pénètre le plus possible dans le corps imprimé. Pour les seconde et troisième couches, au contraire, le corps liquide à étendre doit être saturé ou rassasié de la matière colorante ou couleur, en sorte qu'on ne puisse l'étendre qu'avec une certaine difficulté.

Pour composer une bonne couleur à l'huile de lin bien limpide ou claire, ajoutez-y la moitié de son poids de litharge d'argent ; faites bouillir lentement et constamment ce mélange sur un feu de charbon de bois modéré pendant deux ou trois heures en remuant toujours ; laissez alors refroidir pendant une couple d'heures, au bout desquelles vous versez avec précaution l'huile bouillie en retenant au fond ce qui s'y sera déposé. Ce fond broyé ensuite peut être employé à peindre des corps exposés à l'extérieur aux injures du temps. On prend quelquefois aussi, au lieu d'huile de lin, de l'huile de pavot, de noix ou de chènevis.

Pour faire sécher promptement une couche de couleur à l'huile, on ajoute à 500 grammes de couleur de 30 à 45 grammes de *siccatif*. Cette matière est faite d'égales parties de plâtre calciné, de terre d'ombre brûlée, de minium et de litharge d'argent, mêlées avec de l'huile de lin et bouillies pendant huit à neuf heures sur un feu lent. Ensuite on y ajoute de l'huile de térébenthine pour délayer davantage ce mélange. Sur un kilogramme des substances nommées, on compte 1 litre et demi d'huile de lin et 8 litres d'huile de térébenthine.

Pour donner aux corps et surfaces peints à l'huile du brillant ou luisant, on les recouvre d'une couche de vernis que fournit le commerce.

Quand on veut conserver la couleur et le travail naturel du bois, on l'enduit d'une couche d'huile naturelle, sans couleur aucune. On peut aussi se servir pour le même objet du vernis dont nous venons de parler.

Nous avons vu, à propos du bois, l'emploi du goudron dont on se sert aussi dans certains cas pour protéger de l'humidité le fer et la maçonnerie.

Asphaltes et bitumes La France possède un assez grand nombre de dépôts bitumineux ; il s'en trouve dans les tufs basaltiques en Auvergne, dans les sables tertiaires à Gabian près de Pézenas, à Lobsann et Beschelbrunn dans le Bas-Rhin, dans les dépôts crétacés supérieurs à Orthez et Caupenne près de Dax, à Seyssel près de la perte du Rhône dans l'Isère, etc.

Les bitumes qui sont naturellement huileux, plus ou moins visqueux, comme à Beschelbrunn et dans un grand nombre de lieux de l'Allemagne, ne sont pas employés dans la construction. Les bitumes propres au bâtiment sont mélangés avec des calcaires en poudre, avec des sables, des graviers, pour le dallage des trottoirs, des terrasses, pour des tuyaux de conduite, des réservoirs, etc., etc.

On nomme aussi momie une couleur brune qu'on tire du bitume.

L'asphalte est un minerai bitumineux, à gangue calcaire, de couleur brune foncée, tirant sur le noir ; c'est une matière qui se ramollit quand on la chauffe dans une chaudière, et qui est inflammable, indissoluble dans l'eau et très imperméable. L'asphalte pur est composé de carbone, d'environ 80 pour 100 d'eau, d'oxygène et d'une petite quantité d'azote ; cette matière pure est insoluble dans l'alcool.

L'asphalte employé dans les constructions se tire principalement des mines du Val-Travers dans le canton de Neufchâtel (Suisse), de Chavaroche (Savoie), de Rocca-Secca près de Naples, de Seyssel. On en trouve également en Sicile. La roche asphaltique y est à gangue calcaire imprégnée de bitume ; on l'extrait à la mine. Une partie est cassée en morceaux de 3 à 4 millimètres de côté, mise dans des tonneaux et livrée au commerce ; l'autre partie est réduite en poudre, dont les quatre cinquièmes sont livrés au commerce dans des tonneaux, et l'autre cinquième réduit en mastic bitumineux par une addition de 2,5 à 4,5 pour 100 de son poids de bitume ductile. Le mélange se compose en moyenne de 84,5 parties de calcaire et 15,5 de bitume : on l'opère à chaud dans une chaudière, d'où on le tire pour le mettre en pain à l'aide de moules ; refroidis, ces pains se solidifient et sont ainsi livrés au commerce. Ils ont 50 centimètres de longueur, 33 de largeur et 11 d'épaisseur.

Pur ou mélangé de sable, le mastic bitumineux sert aux dallages intérieurs et extérieurs, aux sols de terrasse, quelquefois aux couvertures de bâtiment, aux chapes de pont, etc. On peut aussi l'employer pour couronner l'épaisseur d'un mur de soubassement, pour empêcher l'humidité de monter ; mais il faut que cette opération soit faite avec beaucoup de soin et de précaution.

A Seyssel, l'asphalte est réduit en poudre, puis converti en mastic bitumineux, en y mélangeant, par fusion dans des chaudières, de 4,5 à 14 parties pour 100 de bitume de Bastennes ou de Gaujac. Ce mastic est coulé en pains, que l'on transporte sur le lieu des travaux. Là, on le concasse pour le refondre avec du bitume et avec du gravier desséché. Pour les dallages habituels de trottoirs, on ajoute 4 pour 100 de bitume et 50 pour 100 de gravier ; ces proportions varient toutefois suivant la destination des dallages.

Bitumes Les bitumes sont des matières glutineuses, visqueuses, ou sèches et fragiles, brunes ou noires, fondant assez facilement à la chaleur, les unes à 100 degrés ou même au-dessous, les autres à une température plus élevée. Il y a des bitumes solubles, d'autres sont insolubles. La plupart sont attaqués par l'éther ou par l'essence de térébenthine. A la distillation et après épuration les bitumes deviennent plus ou moins limpides, et ne présentent plus qu'un carbure d'hydrogène. On pense que les bitumes sont des mélanges en toutes proportions de carbure d'hydrogène huileux, plus ou moins abondant, avec des composés formés de carbone, hydrogène et oxygène, dont les uns sont analogues à l'asphalte et dont les autres ont quelques rapports avec la houille maigre.

Le bitume se trouve à l'état natif en Auvergne, au Mexique, à Cuba, à Trinidad.

Stucs Le stuc est une composition, ou sorte d'enduit, connue des anciens Romains, et qui au moyen de la peinture et du polissage parvient à imiter parfaitement le marbre. C'est au moyen de chaux mêlée à de la poudre calcaire, de craie, de plâtre et de différentes autres matières qu'on obtient cet enduit, qui acquiert en peu de temps une grande dureté. Dans les constructions on se sert de stuc pour revêtir des colonnes, des pilastres, des murs, des panneaux et des plinthes; on en forme même quelquefois des moulures, des bas-reliefs et autres objets de décoration.

Le stuc est employé aussi pour protéger des parois extérieures exposées à l'air ou à l'humidité; mais dans ce cas on ne doit faire usage que de matériaux qui puissent résister à l'action de l'eau. Comme les substances pour faire le stuc ne sont pas de même nature dans les diverses localités, sa composition doit naturellement varier selon les lieux; mais pour obtenir un enduit d'une grande dureté, et pouvant bien conserver le poli, une des principales conditions à remplir, c'est de réduire les différents ingrédients à l'état de la poudre la plus fine possible; il faut ensuite qu'ils puissent se solidifier promptement.

On distingue deux sortes de stucs, le *stuc en chaux* et le *stuc en plâtre*. Il est clair que le premier, qui est le meilleur, doit être rangé parmi les ciments; mais sa couleur désagréable l'empêche d'être employé, du moins pour la décoration architectonique. On peut cependant, lorsqu'on a quelque humidité à craindre, l'utiliser comme première couche, sur laquelle on applique ensuite une préparation plus agréable à la vue.

On a l'habitude en Italie d'exécuter les stucs en trois couches. Le stuc en chaux se fait avec un mortier de chaux et du sable fin tamisé; on mélange ce mortier avec soin jusqu'à ce qu'il ne reste plus de grumeaux. On fait une sorte de bassin sur une palette, avec une certaine quantité de ce mortier; on y verse de l'eau, sur laquelle on sème avec la main une quantité de plâtre nécessaire pour l'absorber; puis on se hâte de faire le mélange du plâtre gâché et du mortier, afin de l'employer le plus promptement possible. Ce mélange, qui contient 2 parties de plâtre gâché pour 1 de mortier, sert à former la masse des corniches et moulures, ou la couche intérieure des enduits pleins. Pour les dernières couches de l'ébauche, la quantité de plâtre gâché n'est plus que de 1 partie contre 3 de mortier.

La masse étant ainsi formée, on la laisse sécher jusqu'à ce qu'elle ne contienne plus d'humidité à l'intérieur, avant de poser la dernière couche ou le stuc proprement dit. Cette dernière couche est faite d'un mélange de quantités égales de chaux et de marbre en poudre tamisée. La chaux doit être choisie morceau par morceau, afin d'éviter ceux non cuits et les biscuits; on l'éteint par immersion; puis on l'écrase sur un marbre avec une molette, comme on le fait pour la peinture. Après quatre ou cinq mois d'extinction, on mêle cette chaux avec la poudre de marbre sans y ajouter d'eau, et on broie jusqu'à ce que le mélange soit parfait.

Une fois que l'on a préparé une certaine quantité de cette pâte, on mouille l'ébauche, c'est-à-dire les premières couches jusqu'à ce qu'elle n'absorbe plus d'eau, et avec un pinceau on applique dessus un peu de stuc, que l'on a délayé dans un vase. Alors, au moyen d'une spatule, on applique une couche de stuc dur, dont, à mesure qu'elle sèche, on détermine les formes et à laquelle on donne le poli avec des ébauchoirs en acier et du linge mouillé enveloppé autour du doigt ou même avec le doigt seul.

Le stuc à la chaux peut s'employer à l'extérieur comme à l'intérieur; seulement, dans le premier cas, l'ébauche ou les premières couches doivent être faites entièrement avec du mortier de chaux hydraulique.

Le stuc en plâtre s'obtient en gâchant du plâtre de premier choix dans une dissolution de colle forte. On commence par choisir du bon plâtre bien cuit, on l'écrase dans un mortier en fonte ou sous une meule, puis on le passe dans un tamis de soie bien fin. Quelquefois même, afin d'être plus sûr de son plâtre, on choisit le meilleur et le plus blanc sulfate de chaux, on le casse en morceaux de la grosseur d'un œuf et on le fait cuire dans un four de boulanger très chaud et dont l'ouverture est hermétiquement fermée. Après avoir préparé, au moyen d'un crépi, la surface sur laquelle le stuc doit être appliqué, l'ouvrier gâche son plâtre à stucquer dans une caisse où il a fait fondre une quantité de colle de Flandre suffisante pour que la dissolution ne soit pas trop claire ; c'est à l'expérience à guider pour le degré de force à lui donner. Le *plâtre maigre* exige plus de colle que le *plâtre gras* et *onctueux* au toucher. Le plâtre ainsi gâché fait prise plus lentement que s'il était gâché à l'eau pure.

On peut remplacer la colle de Flandre par d'autres matières gélatineuses. Ainsi, si l'on veut obtenir du stuc blanc, il faut employer une colle incolore, de la colle de poisson, par exemple. Pour avoir des stucs colorés en jaune ou en vert, on ajoute de l'hydrate de peroxyde de fer ou de l'oxyde de chrome. On obtient d'autres couleurs avec les oxydes de manganèse, de cuivre, les hydrocarbonates de cuivre, etc. Le plâtre étant gâché et remué, on l'emploie à la manière ordinaire. Si l'on veut donner au stuc un aspect rubané ou marbré, on fait dans l'enduit des veines que l'on remplit avec du plâtre gâché coloré. On imite les brèches en introduisant dans la pâte des fragments de stuc coloré. Les granits se font, comme les brèches, en taillant le stuc, et en remplissant les trous avec une pâte ayant la couleur des cristaux qu'on veut représenter.

Quelquefois le stuc s'applique liquide, à l'aide d'une brosse ; dans ce cas on en superpose une vingtaine de couches sur la surface que l'on veut recouvrir. Pour polir le stuc on emploie le grès pilé et une molette de pierre ; il présente alors des cavités qu'on rebouche avec du stuc liquide plus chargé de gélatine. On le passe à la pierre ponce, puis on rebouche de nouveau les cavités, et on répète l'opération jusqu'à ce que la surface soit bien unie. On lui donne alors un poli plus parfait avec pierre la de touche, et on relève ce poli en le frottant avec des chiffons légèrement enduits de cire. Avant de commencer le polissage,

les surfaces doivent être parfaitement dressées, surtout lorsqu'elles sont grandes : car les flaches, qui deviennent plus sensibles par l'effet du poli, seraient d'un effet désagréable.

Le stuc en plâtre est d'un usage très fréquent, mais il n'a de
durée que dans les appartements et autres lieux secs.

LIVRE DEUXIÈME

LA SCIENCE DES CONSTRUCTIONS

CHAPITRE PREMIER

Des liaisons, des murs Toutes les constructions ont un but identique et général, qui est de limiter un ou plusieurs espaces verticalement et horizontalement, et de telle sorte qu'ils offrent le plus de solidité et le plus de durée possible. La construction n'est donc pas autre chose que l'établissement des limites d'un espace donné, limites qui ont des noms divers selon la position qu'elles occupent dans la bâtisse, comme murs, plafond, planchers, toits, portes, fenêtres, etc. C'est la réunion de ces parties diverses de la bâtisse qui constitue ce qu'on nomme *la construction*. Chacune de ces parties est soumise à de certaines conditions, pour concourir convenablement au but désiré; et bien que semblables entre elles sous certains points, elles en diffèrent totalement sous d'autres. Il en est de même des matières ou substances employées à l'édification des différentes parties de la bâtisse; car leurs qualités diverses rendent tels et tels matériaux propres à certaines constructions et impropres à d'autres. Chaque construction est donc formée, composée de matériaux divers. La manière et la façon de les unir ou de les lier entre eux dépend de leurs qualités particulières, ainsi que du but que se propose le constructeur. Il y a donc plusieurs moyens d'unir entre eux les matériaux, d'en faire un ou plusieurs corps, et c'est le résumé de tous ces moyens qui constitue la théorie de la liaison ou de l'assemblage.

Les constructions du genre le plus simple sont : 1° les murs en général, ou la maçonnerie, proprement dite bâtisse, et 2° la réunion des bois de charpente. Nous ne nous occuperons ici que des murs, et plus tard de la charpente.

Des murs On appelle ainsi des assises horizontales de pierre ou de brique, posées les unes sur les autres, assises liées entre elles au moyen du mortier ou toute autre espèce de procédé, et cela suivant les dimensions voulues données par la théorie et l'expérience.

Dans des circonstances identiques, des murs épais résisteront davantage à la chute ou à l'écroulement que des murs trop minces ou de peu d'épaisseur. Il est cependant inutile d'élever des murs d'une trop forte épaisseur; mais il suffit d'en déterminer la stabilité au moyen de règles résultant de l'expérience et de la pratique. C'est ainsi que l'expérience montre que certains murs de bâtiment demandent des dimensions déterminées pour être solides, et que pour cela il faut employer de bonnes liaisons et observer une coupe des pierres régulière et selon les règles de l'art.

La maçonnerie en pierre et la maçonnerie en briques sont donc la solidarité réciproque et la stabilité des pierres ou des briques. Cette solidarité est atteinte quand le corps de chaque pierre couvre le joint formé par les pierres inférieures, c'est-à-dire qu'il faut que les joints se croisent et qu'il ne s'en trouve pas l'un sur l'autre dans deux assises différentes.

La coupe des pierres consiste à tailler les pierres d'après leur forme et leur configuration. En effet, si l'on se représente une pierre quelconque dans un mur ordinaire, il sera évident que cette pierre conservera plus facilement sa position dans le cas où ses surfaces supérieures et inférieures auront une position horizontale et ses surfaces latérales une position verticale.

Pour faire des murs solides et durables, il faut aussi n'employer que de bons matériaux, d'une bonne qualité et lier ces matériaux par de bons mortiers. Il faut, en dernier lieu, donner de la durée aux murs en appliquant sur leur superficie des enduits, que l'on rendra plus solides encore en les recouvrant de couches de badigeon, de couleur à l'huile ou autre.

Les murs doivent *porter, enceindre* et *séparer*. Les murs qui ne font que porter sont nommés murs de fondation. Ces murs donnent une base solide aux constructions ; on les établit à une profondeur plus ou moins forte de la superficie du sol, sur le terrain naturel et solide, et on les monte généralement jusqu'au niveau du plancher du rez-de-chaussée, ou même, mais pour certaines constructions seulement, jusqu'à une hauteur convenable pour se garantir de l'eau du sol ou de l'eau de pluie.

Les murs de fondation supportent tout le poids du bâtiment, en le répartissant d'une façon uniforme et normale sur le sol, qui, comme on le sait, est compressible à un certain degré. Ils sont destinés aussi à préserver le bâtiment des changements ou modifications que la gelée serait susceptible de faire subir à un sol humide ; car la gelée et le dégel dilatent et étendent le sol, le rendent meuble et le décomposent quelquefois. C'est même pour cette raison qu'on enfonce les murs de fondation assez avant en terre pour que la gelée ne puisse les atteindre, surtout quand il n'y a pas de caves sous le bâtiment, comme par exemple pour des écuries, des remises ou des hangars. Il est dans tous les cas convenable de donner aux murs de fondation au moins un mètre de profondeur, si le sol est bon à cette distance. Mais nous parlerons d'une manière plus détaillée des fondations à l'article spécial qui les concerne.

Les murs *enceignent* dès qu'ils sont destinés à limiter au-dessus du sol certains espaces. Lorsqu'on utilise les espaces compris entre les murs de fondation d'un bâtiment quelconque, espaces formés par l'enlèvement des terres et limités horizontalement par un plancher ou une voûte, les murs de fondation en question deviennent alors des *murs de cave*, et dans ce cas ces murs enceignent autant qu'ils supportent. Ils servent aussi à maintenir dans les caves une température invariable et égale ; à préserver l'intérieur des eaux pluviales, à supporter le poids et la poussée des voûtes établies dessus, à résister enfin à la pression des terres adjacentes.

Les autres murs qui s'élèvent au-dessus des murs de fondation forment ce qu'on nomme le rez-de-chaussée et les étages. Il y a dans ces murs deux catégories : dans la première on compte les murs de *pourtour*, ou murs *extérieurs* d'une construction quelconque; dans la seconde sont rangés les murs qui divisent et constituent les espaces ou pièces demandées : on les nomme murs de *refend*.

Les murs formant les étages se supportent eux-mêmes; ces murs ont pour objet de garantir les espaces ou pièces intérieures des intempéries des saisons, soit de la chaleur, soit du froid ou de l'humidité, tandis que les murs de refend sont destinés à recevoir une partie des constructions supérieures et à déverser un certain poids sur les murs de pourtour et de fondation. Les murs de refend servent aussi à l'établissement des voûtes de cave et au maintien des planchers et de la charpente.

Pour la construction des murs de fondation il faut n'employer que des matériaux de nature à ne pas attirer l'humidité, afin que les murs du rez-de-chaussée et des étages se maintiennent secs et en bon état; on doit en outre donner une bonne épaisseur à ces murs de fondation pour obtenir et maintenir une température invariable. Pour les murs de pourtour, les matériaux doivent être mauvais conducteurs de la chaleur et inattaquables à la gelée. Enfin, on doit se servir de matériaux légers pour les murs hors de terre et de matériaux pesants pour les murs de fondation, qui ont tout le poids des murs de pourtour et de refend à supporter.

Quant à la nature des matériaux, on distingue quatre genres différents de maçonnerie, celles en brique, en moellon, en pierre de taille, et la quatrième qu'on nomme maçonnerie mixte.

La maçonnerie en brique est le plus communément employée dans les pays de plaines ou dans les contrées où la pierre est absente ou trop dure pour être facilement façonnée. On se sert cependant de la brique dans les lieux où il se trouve de la pierre en abondance et où elle est taillée sans demander trop de main-d'œuvre. Dans ce cas la maçonnerie en brique est une question de goût, de fantaisie. La maçonnerie en brique est surtout employée dans le nord-est et le sud de la France.

La brique a une forme rectangulaire; sa longueur est ordinairement double de sa largeur et son épaisseur est égale à la moitié de la largeur. Les briques moyennes, dont on fait le plus usage, ont de 22 à 24 centimètres de longueur, sur 11 ou 12 centimètres de largeur, et 55 millimètres à 6 centimètres d'épaisseur. C'est avec cette espèce de briques qu'on élève les murs, qu'on fait les revêtements, les voûtes, les cloisons et les languettes de cheminées.

Les grandes briques ont depuis 30 jusqu'à 36 centimètres de longueur, sur 20 à 24 de largeur et de 4 à 5 centimètres d'épaisseur. On les pose de champ (sur une des petites faces longitudinales) pour former des cloisons et des voûtes de peu d'épaisseur.

On fait usage à Paris et dans les environs : 1° de la brique du département de l'Yonne, connue sous le nom de brique de Bourgogne : elle est bien cuite et très résistante ; — 2° de la brique de Montereau et de Solins (département de Seine-et-Marne) : elle ressemble beaucoup à la brique de Bourgogne ; — 3° de la brique de Sarcelles (département de Seine-et-Oise), peu résistante et fragile ; — et 4° de la brique des environs de Paris, brique dite du pays, très cassante.

Tableau des briques employées à Paris et dans les environs.

LIEUX DE FABRICATION.	LONGUEUR.	LARGEUR.	ÉPAISSEUR.	POIDS LE MILLE.
Bourgogne............	0^m220	0^m107	0^m055	2250 kilog.
Montereau...........	0^m220	0^m107	0^m048 à 0^m050	2063　»
Paris................	0^m220	0^m107	0^m044 à 0^m045	1894　»
Sarcelles...........	0^m210	0^m095	0^m050	1750　»
Solins..............	0^m220	0^m107	0^m048 à 0^m050	2063　»

Il y a des briques qui résistent au feu ; on s'en sert pour la construction des appareils métallurgiques et des foyers ; ces briques, nommées *réfractaires*, sont composées d'argile pure, sans chaux et sans fer.

Il y a aussi des briques *creuses* qu'on emploie pour les légers ouvrages ; elles ont la forme prismatique des autres briques ordinaires, mais elles ne sont pas entièrement creuses, elles ont des cavités selon leur longueur, formées par des cloisons longitudinales. V. fig. 37, page 60.

Pour former les conduits de cheminée dans les murs, les tuyaux de fosses d'aisances, etc., on se sert de poteries de formes et de dimensions diverses, qu'on place en les ajoutant les unes sur les autres jusqu'à la hauteur voulue.

Enfin, il y a des murs isolés, qui n'ont rien à supporter au-dessus d'eux et qui n'enceignent que de très vastes espaces, comme parcs, jardins, cours, etc. Ces murs doivent surtout être cons-truits en matériaux de qualité durable, inattaquables à la gelée et à la pluie. Dans certains pays de l'Europe, et surtout dans le sud, on élève ces murs d'enceinte pleins jusqu'à une hauteur de 1 à 2 mètres : au-dessus de cette élévation on les construit à jour en formant diverses combinaisons au moyen de la brique ordi-naire.

Ces murs isolés d'enceinte doivent toujours recevoir une cou-verture pour préserver leur sommet des eaux pluviales et de la gelée ; cette couverture s'appelle *couronnement*, mot qui s'applique aussi à la terminaison de tout mur qui n'est pas couvert par le toit d'un bâtiment. Ces couronnements peuvent être en pierres de taille, en briques, en poteries, en tuiles, en ardoises, etc. Quand un mur est mitoyen, c'est-à-dire quand une moitié du mur, en longueur et en hauteur, appartient à un propriétaire, et l'autre moitié à un autre propriétaire, on fait le couronnement en forme de toit à deux pans ou deux rampants (fig. 39), afin que l'eau qui tombe sur le mur soit partagée de moitié entre les deux propriétaires.

Fig. 39. 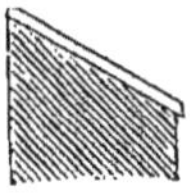   Fig. 40.    Fig. 41. 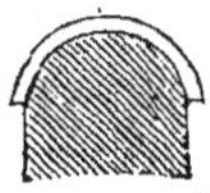   Fig. 42.

La couverture d'un mur se nomme aussi *chaperon* quand ce mur, comme nous venons de le dire, a deux *égouts* ou *larmiers* à l'extrémité inférieure de chacun des petits rampants. Quand le mur n'a qu'un propriétaire, il n'a qu'un égout et un rampant dont l'égout est du côté de la propriété (fig. 40). Plus les matériaux em-ployés au couronnement d'un mur d'enceinte sont durs, moins on est obligé de leur donner de pente, plus ils sont tendres, plus aussi leur pente doit être rapide.

La forme et le volume des murs dépendent de leur destination ainsi que de leurs rapports avec l'ensemble de la construction.

De l'épaisseur des murs Il n'y a pas de lois absolues pour l'épaisseur des murs et des piliers, parce que ces lois sont soumises à diverses exigences et conditions qui varient à l'infini, selon les circonstances.

Nous n'appellerons donc l'attention du constructeur que sur les conditions essentielles qui régissent cette question, et que nous ne lui indiquerons que comme jalons qui pourront le guider dans certains cas.

L'épaisseur d'un mur dépend de la charge qu'il doit supporter ainsi que du poids des matériaux dont il est formé. Quant à la charge verticale, il y a à considérer la stabilité compressive des diverses assises horizontales du mur par rapport à leurs sections transversales. Tantôt c'est l'assise inférieure qui a à supporter proportionnellement la plus forte charge; tantôt c'est une assise plus élevée qui supporte cette charge, quand par exemple le mur contient des baies de portes, de fenêtres, etc.

La résistance d'un mur à la charge qu'il porte dépend des matériaux principaux dont il est construit, de la bonne liaison ou appareil des pierres naturelles ou artificielles dont il est formé, et enfin du mortier destiné à faire de cette agglomération de substances un tout compact. Il est très rare que l'épaisseur d'un mur soit déterminée par sa seule stabilité, parce que généralement d'autres exigences commandent une épaisseur plus forte et autre que celle requise par la stabilité naturelle, tandis que les dimensions des piliers isolés, qui ne sont assujettis qu'à une pression verticale peuvent facilement se déterminer. Nous ferons remarquer que ces piliers ne doivent avoir qu'une hauteur proportionnelle à leur superficie horizontale pour les empêcher de se rompre.

Dans aucune construction on ne rencontre de piliers en pierre qui aient au delà de *onze* fois leur épaisseur pour élévation. Les murs qui sont montés à une hauteur plus considérable que onze fois leur épaisseur doivent être retenus dans leur à-plomb ou position normale par des chaînes et des annexes.

On calcule aussi l'épaisseur des murs d'après la résistance qu'ils doivent offrir à la pression oblique effectuée par le vent et les ouragans, la poussée des voûtes ou celle d'autres parties de la construction, telles que poutres, solives, etc. Quant aux murs isolés ou piliers, ils sont regardés comme solides quand ils ont pour épaisseur de 1/6 à 1/8 de leur élévation, d'une solidité moyenne quand ils ont 1/10 d'épaisseur de leur hauteur, et enfin d'une solidité douteuse s'ils n'ont qu'un douzième de leur élévation pour épaisseur.

Pour connaître l'épaisseur à donner à un mur, il n'y a donc qu'à diviser sa hauteur par 1/6, 1/8, 1/10, suivant le plus ou moins de stabilité qu'on veut lui donner.

Indépendamment de l'élévation des murs et de son rapport à l'épaisseur, la longueur des murs isolés influe aussi sur l'épaisseur qu'on doit leur donner. Un mur d'une longueur considérable, par exemple, est sujet à des oscillations pendant de fortes tempêtes, et ces oscillations longtemps continuées compromettent l'aplomb des murs. Quand leur longueur est infiniment plus considérable que leur élévation, il est d'usage de les renforcer par leur épaisseur elle-même, ou par des piliers ou des contreforts élevés à des distances égales les uns des autres. Si les matériaux sont rares et par conséquent coûteux, il faudra employer le dernier moyen pour la consolidation des murs isolés ou d'enceinte. Ceci s'applique non seulement aux murs de clôture ou autres murs isolés, mais encore à des murs de pourtour ou de face qui ne sont point reliés et consolidés par des murs transversaux ou de refend, ou maintenus dans leur aplomb par des couvertures ou charpentes sans poussée. Ordinairement les murs des bâtiments sont consolidés et reliés entre eux par des murs transversaux ou de refend et ces derniers contribuent puissamment à la stabilité des murs de pourtour.

L'épaisseur des murs peut encore être modifiée par la dimension des matériaux. Des murs en brique, par exemple, peuvent être construits en une demi, ou en une brique entière, en une brique et demie et en deux briques. On peut élever des murs en pierres de taille de toutes épaisseurs, tandis qu'on ne donne qu'une épaisseur déterminée aux murs en moellons, qui ne dépasse guère 0^m,48 à 0^m,50, à cause des parpaings qu'ils nécessitent, et qui dans leur longueur ne dépassent pas ces mesures ordinairement. Quant aux murs en pisé, on doit leur donner une épaisseur de 0^m,35 et mieux encore de 0^m,48, lorsque le pisé est à la chaux. Dans le cas où le pisé serait à la chaux hydraulique, comme on le pratique dans quelques parties de l'Allemagne, on peut ne donner à ces murs que 0^m,15 à 0^m,17 d'épaisseur.

Les murs en pisé de terre argileuse ne doivent être élevés qu'à une hauteur de 5 à 6 mètres, les murs en pisé à chaux ne doivent avoir que deux étages. Les murs en briques et en pierres peuvent être montés à des hauteurs indéterminées quand on leur donne une épaisseur en rapport avec leur élévation.

Il résulte d'une infinité d'observations faites par l'architecte Rondelet et consignées dans son grand ouvrage intitulé : *Traité théorique et pratique de l'art de bâtir*, qu'on peut se servir des calculs suivants pour déterminer les épaisseurs à donner aux murs.

Supposez que le rectangle ABCD (fig. 43) soit la face d'un des

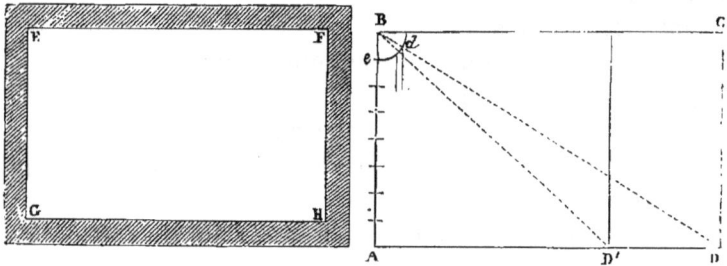

Fig. 43.

grands murs qui doivent renfermer l'espace rectangulaire EFGH. Tirez la diagonale BD et portez dessus de B en *d* la huitième partie de la hauteur AB si l'on veut lui donner beaucoup de solidité, la neuvième ou dixième partie pour une solidité moyenne, et la onzième ou douzième pour une construction légère. Si par le point *d* on mène une parallèle à AB, l'intervalle compris entre cette parallèle et la ligne AB indiquera l'épaisseur à donner aux grands murs EF, GH dont la longueur est égale à AD.

On aura l'épaisseur des murs EG, FH, en portant leur longueur de A en D', et, après avoir tiré la diagonale BD', on opérera comme pour les premiers.

On peut encore déterminer par le calcul l'épaisseur des murs que nous avons trouvée géométriquement. Faites une figure en proportion comme pour les exemples précédents et une simple règle de trois. La figure étant faite sur une échelle assez grande pour indiquer les centimètres, on mesurera avec cette échelle la longueur de la diagonale; connaissant par ce moyen les trois côtés du triangle ABD semblable au petit triangle B*ed*, on aura BD est à B*d* comme AD est à *ed*. Exemple :

Supposons que la longueur du mur désigné par AD soit de 20 mètres et sa hauteur AB de 10 mètres, on trouvera la longueur de la diagonale de 22^m,50; en prenant la neuvième partie de la hauteur AB, ou 1^m,11 pour l'épaisseur à porter sur la diagonale de B en *d*, on dira : si 22^m,50 donnent 1^m,11, combien donneront 20 mètres, et on trouvera pour la valeur de *ed* 1 mètre.

Autre exemple : supposons la longueur du mur AD de 9^m,09 et sa hauteur 3^m,89, on trouvera la longueur de la diagonale de 9^m,90; en prenant la neuvième partie de la hauteur, ou 0^m,43 pour l'épaisseur à porter sur la diagonale, on dira :

$$9^m,90 : 9^m,09 :: 43 : x,$$ et l'on trouvera 0^m,39.

Cependant, nous le répétons, comme dans la composition des édifices et des maisons les murs se combinent les uns avec les autres, il en résulte qu'avec une moindre épaisseur que celle trouvée par la règle précédente ils peuvent quelquefois avoir une stabilité suffisante.

Il est facile de concevoir aussi que la résistance d'un mur placé entre deux autres murs sera d'autant plus grande que ces deux murs seront plus près l'un de l'autre; de manière que dans un rapprochement extrême le déchirement serait impossible, et que dans un grand éloignement la partie du milieu ne résisterait guère plus qu'un mur isolé.

Les murs qui renferment un espace sont dans le cas du mur précédent, parce qu'ils se soutiennent mutuellement par leurs extrémités : ainsi leur épaisseur doit augmenter en raison de leur longueur.

Dans les maisons ordinaires, où la hauteur des planchers ne dépasse pas 3^m,90 à 4^m,90, pour trouver l'épaisseur des murs intérieurs ou de refend, il ne faut avoir égard qu'à la largeur de l'espace qu'ils divisent et au nombre de planchers qu'ils ont à soutenir. Quant aux murs de face, qui sont isolés d'un côté dans toute leur hauteur, il faut avoir égard à l'épaisseur du bâtiment et à son élévation. Ainsi un corps de logis simple exige des murs de face plus épais qu'un corps de logis double de même genre et de même hauteur, parce que leur stabilité est en raison inverse de leur largeur.

POIDS DU MÈTRE CUBE DES PRINCIPAUX MATÉRIAUX DE CONSTRUCTION

(A titre de comparaison le mètre cube d'eau pèse 1000 kilogs.)

Plomb fondu.	11346 kil.
Fer forgé.	7783
Fer de fonte	7202
Zinc fondu	7138
Pierre meulière compacte	2484 à 2613
Tuiles ordinaires.	2000
Sable pur.	1900
Maçonnerie en moellon.	1700 à 2300
Meulière poreuse.	1242 à 1285
Chaux vive sortant du four.	800 à 887

Pour les bois se reporter au tableau de la page 77.

CHAPITRE II

Des fondements Il y a dans toutes les constructions deux causes qui tendent à les détruire; l'une est le tassement, et l'autre la poussée. Ces deux causes de destruction sont le résultat de la pesanteur. Dans le tassement les corps agissent de haut en bas, verticalement avec toute l'énergie de leur poids, pour presser, comprimer et quelquefois même pour écraser ceux qui les soutiennent. Dans la poussée, la pesanteur ne pouvant agir librement, selon la direction qui lui est naturelle, tend à écarter les obstacles qui l'empêchent de la suivre.

Pour empêcher ces deux causes de destruction, il faut surtout apporter une scrupuleuse attention au terrain sur lequel on veut bâtir.

La solidité et la durée d'une construction quelconque dépendent, surtout et avant tout, de la nature du sol sur lequel elle est élevée; il faut que ce sol soit capable de résister au poids qu'on lui fait supporter, et que la maçonnerie achevée, elle ne soit pas exposée à faire de mouvements n'importe en quel sens. Le meilleur sol pour bâtir sera donc celui qui n'éprouvera aucune atteinte de l'effet de la pesanteur du bâtiment qu'on élèvera sur ce sol. Un sol peut être bon pour y établir une construction légère, mais il peut ne pas être assez solide ou assez ferme pour porter sans inconvénient, sans accident, une construction d'un poids considérable : d'où il résulte que la qualité du sol ou du terrain peut être subordonnée au poids plus ou moins grand qu'on établit dessus, c'est-à-dire qu'un terrain convenable pour une bâtisse légère peut ne pas convenir pour y élever une construction d'un poids considérable.

Si le sol est d'une nature identique dans toute l'étendue du bâtiment, et si le poids du bâtiment est également réparti dans toute sa superficie, le tassement du sol peut avoir lieu sans préjudice pour la construction, par la raison que le tassement général et égal n'opère point de ruptures dans les murs. Si au contraire la charge constituée par un bâtiment est inégalement combinée, si par exemple il y a des portions plus hautes et plus massives les unes que les autres, il s'ensuivra une pression inégale du sol qui aura pour conséquence d'opérer des déchirements ou des lézardes dans la construction.

Il peut arriver encore que par l'inégale fermeté du sol, ainsi que par l'inégale répartition du poids, le bâtiment subisse des tassements seulement dans certains endroits et non dans d'autres, ce qui amène également des ruptures et des crevasses.

Quand on a la liberté du choix, on doit éviter des sols comme ceux que nous venons d'indiquer. Mais si au contraire on est contraint par une cause ou une autre à bâtir sur un mauvais sol, on doit prendre certaines précautions pour rendre un mauvais sol en état de porter sans fâcheux résultats des constructions pesantes quelconques.

Le sol pourrait être classé en quatre catégories selon la résistance qu'il oppose à la construction élevée dessus.

La première comprendrait les roches dures, qui résistent parfaitement au poids élevé dessus et qui n'en subissent aucune action. Ces roches ne se fouillent pas, on doit les travailler à la pioche, ou les faire sauter au moyen de la mine.

La seconde comprendrait les sols graveleux et les terrains sablonneux fermes, qui, encaissés dans des étendues limitées, ne sont pas susceptibles de compression.

La troisième comprendrait les terrains susceptibles de compression, sans pour cela s'étendre latéralement. On y rangerait les terrains argileux, les terres grasses, les terres végétales et tourbeuses.

La quatrième classe, enfin, comprendrait les terrains compressibles et qui étant comprimés s'échappent dans les directions latérales. Dans cette quatrième catégorie on rangerait les plus mauvais terrains à bâtir, tels que terrains à tourbe, marais, terrains d'alluvion et terrains rapportés.

La science qui a pour objet de sonder le sol et de bien établir les fondements a, de tout temps, été reconnue si importante, que depuis l'antiquité elle n'a pour ainsi dire subi aucun progrès et que les conseils du romain Vitruve peuvent toujours être suivis avec sûreté. Et qu'on n'oublie pas que les effets et les défectuosités causés par la négligence de ne pas avoir assez sérieusement sondé la nature du terrain à bâtir sont et restent éternellement irréparables.

Comme il arrive que diverses natures de sol alternent en couches plus ou moins profondes dans un même terrain à bâtir, il est indispensable, surtout si le bâtiment à élever offre une certaine superficie, de sonder le terrain scupuleusement en plusieurs endroits, si toutefois il n'est pas déjà suffisamment connu par des fouilles adjacentes. Mais encore dans ce cas on ne doit tirer de conséquences que si les couches naturelles des substances dont est formé le terrain s'étendent régulièrement aux alentours et si l'expérience a confirmé l'identité du terrain à bâtir avec celui où il a déjà été bâti. C'est en s'informant auprès des constructeurs du voisinage qu'on peut acquérir ces renseignements. Lors de la fouille des murs de fondation, il peut arriver qu'on rencontre plusieurs natures de sol dans des endroits divers ; dans ce cas il devient on ne peut plus urgent de fouiller le terrain dans toute l'étendue de la construction avant d'aller plus loin.

Souvent on arrive aussi à s'assurer de la nature du sol en creusant un puits afin d'avoir de l'eau à proximité pour les besoins de la maçonnerie. Le puits est un trou vertical en terre qui enseigne quelles sont les couches de substances qui constituent le terrain à bâtir.

Si le terrain est d'une nature sèche, on peut le sonder en creusant des trous d'une certaine profondeur. Ces trous peuvent être pratiqués aux points principaux de la construction future, aux principaux angles, sur l'emplacement des caves, par exemple. Il serait inutile de les pratiquer en dehors du périmètre de la fouille ; on perdrait du temps et de l'argent. Ces trous creusés aux extrémités doivent être descendus à la profondeur nécessaire pour s'assurer de la qualité du sol.

Quand le terrain est aqueux on le fouille jusqu'à l'eau, et à partir du niveau de l'eau on se sert de la sonde. A cet effet on emploie des instruments divers suivant les contrées.

Du sondage Les sondes sont une espèce de tire-bouchon-cuillère qui fore et enlève : la sonde proprement dite est rivée ou soudée à une barre de fer de 27 millimètres environ, carrée, et dont on augmente indéfiniment la longueur en y adaptant des rallonges ainsi que le fait voir la fig. 44. A la deuxième rallonge du haut est adaptée une poignée comme aux fortes tarières de charpentier et destinée à faire manœuvrer la sonde : ces différentes parties en constituent l'assemblage. Nous donnons dans la figure quatre de ces parties : *a* est le sommet, *b* une des rallonges, *c* une cuil-

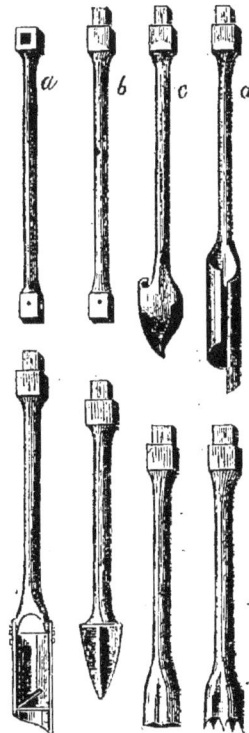

Fig. 44.

lère et *d* un évidoir. A la pièce de sommet se trouve ce qu'on nomme un œil, avec une ouverture carrée dans laquelle on pratique la poignée destinée à faire fonctionner l'instrument. A son extrémité inférieure est un bourrelet carré avec une mortaise qui doit recevoir un tenon destiné à assujettir la rallonge. La pièce intermédiaire *b* a également à son sommet un bourrelet muni d'un tenon qui est destiné à entrer dans la mortaise de la pièce précédente. En bas cette pièce a, comme la première, un bourrelet avec une mortaise. Quand une pièce est entée ou emboîtée dans l'autre, ces deux pièces sont maintenues ensemble au moyen d'une cheville rivée. C'est de cette façon qu'on construit des sondes d'une grande longueur et qui descendent aux profondeurs voulues. La cuillère de notre figure sert pour sonder des terrains sablonneux et des terrains meubles, tandis que la sonde *d* est employée pour des terrains argileux et des terres grasses.

On comprendra facilement que les deux sondes dont nous venons de parler ne sont pas propres à ramener à la surface le sol foré ; car si la sonde opérait dans l'eau elle ne ramènerait rien. On a donc inventé un autre moyen de s'assurer de la nature d'un sol dans l'eau.

A cet effet on emploie la sonde ou cuillère à soupape. A une sorte de potence de brimbale (fig. 44) est pratiquée une sonde cylindrique avec une pointe tranchante placée en contre-bas. Dans la partie inférieure et à l'intérieur du cylindre est adapté un petit bourrelet qui rapetisse l'orifice du cylindre. Cet orifice est fermé au moyen d'une soupape à charnière. Maintenant on comprendra aisément que quand la sonde fonctionne, la soupape est soulevée par l'action de la terre forée et que le cylindre en est rempli. En retirant la sonde, le poids de la terre entrée dans la cuillère fait par sa pression fermer la soupape, et laisse arriver la substance qui y est contenue à la surface du sol, dût-elle traverser des nappes d'eau.

Pour traverser ou percer des couches de cailloux roulés, limons ou calcaires, on se sert, au lieu de la cuillère, d'un outil en forme de poinçon, et qui ressemble à l'extrémité des pieux qui servent aux pilotis. Cet outil fonctionne au moyen d'un mouton ou d'un appareil à levier, qui fait monter et descendre le poinçon par chocs.

Quant aux forages de bancs de pierre, on se sert pour les effectuer d'outils qui font les fonctions de marteaux, qui pulvérisent et
broyent la substance dure sur laquelle ils frappent. L'extrémité de
ces marteaux est forgée en forme de coin; d'autres sont à cinq
pointes, comme une sorte de griffe, opérant par la pression de leur
pesanteur en tombant, et on les tourne tant soit peu horizontalement à chaque choc qu'on leur imprime.

Comme les sondages ne doivent servir qu'à s'assurer de l'état
et de la qualité du terrain à bâtir, il est inutile de les poursuivre au delà de la profondeur nécessaire pour offrir une résistance convenable.

Le roc, quand ses masses ne recouvrent pas en couches de
petite épaisseur des cavités inférieures, est sans contredit le
meilleur sol à bâtir. Des terres fermes, comprimées, au nombre
desquelles on compte le gravier, le gros sable pierreux, en général des couches identiques de terre d'une grande épaisseur, offrent
un bon sol pour la construction, si toutefois elles sont exemptes
d'humidité et n'alternent pas avec des couches de terre meuble.
Dans le cas où des tranches horizontales de terre comprimées et
fermes alternent avec des couches meubles, il ne faut pas fouiller
les couches fermes, mais au contraire les utiliser pour y asseoir
la base des murs de fondation. On peut même considérer comme
un bon sol le sable fin s'il se montre en fortes et épaisses couches.
Un lit de sable de 2 mètres à 2ᵐ,60 d'épaisseur suffit, en effet,
pour supporter sans danger un bâtiment de trois étages.

Les sols argileux et glaiseux d'une moindre épaisseur offrent
moins de sécurité que des sols secs, parce qu'ils sont souvent
détrempés par la pénétration des eaux pluviales; ils sont alors
plus facilement comprimés de haut en bas et peuvent s'échapper
latéralement.

L'infiltration des eaux dans des terres fermes est très préjudiciable aux constructions, surtout pendant les fortes gelées. Il est
donc prudent de descendre tous les murs de fondation au moins
à une profondeur assez grande pour que la plus forte gelée ne
puisse pas en atteindre le pied, c'est-à-dire à un mètre de profondeur dans nos climats du Nord.

On doit considérer comme mauvais sol tout terrain aqueux,

marécageux, tout terrain rapporté, tourbeux, d'alluvion ou chargé de sable provenant de sources : et il faut bien se garder d'élever directement des constructions sur de pareils sols. Mais s'ils sont recouverts de bancs de sable d'une certaine épaisseur, ils gagnent alors une grande solidité, et deviennent capables de résister à des poids considérables.

Quand on est obligé de jeter des fondations sur des terres légères ou poreuses, ou qui ont dû être remuées, il faut préalablement les battre jusqu'au refus du mouton ou autre machine dont le choc soit proportionné à la charge des constructions qu'on doit établir dessus. Sur ce sol bien battu on construira les fondements comme nous l'indiquerons plus loin pour les bons sols.

Le battage du sol est souvent préférable et moins coûteux que le pilotage, parce que la terre comprimée par les pieux oppose quelquefois une telle résistance et occasionne un frottement si considérable, qu'il empêche l'enfoncement des pilots, quoiqu'ils n'aient pas atteint le bon sol. Le battage d'un terrain compressible et la maçonnerie des fondations établies dessus effectuent, au contraire, d'avance le tassement dont la terre est susceptible, et la rendent assez ferme pour résister à la charge qu'elle doit soutenir, sans crainte de réaction.

Il faut renfermer et dessécher les sables mobiles et ceux à travers lesquels suinte l'eau. On fait usage pour cette opération de pilotis et de palplanches ou mandrins plantés dans le sol comme des pieux, pourvu qu'ils puissent pénétrer assez avant dans la couche de terrain inférieure, pour résister aux effets de la mobilité du sable et faciliter l'épuisement de l'eau, s'il en est pénétré.

Le meilleur moyen pour établir des fondements solides sur cette espèce de sol c'est d'étendre sur toute la superficie de l'espace renfermé par les pieux ou les palplanches une forte couche de béton ou de maçonnerie en blocage à bain de mortier, ainsi que nous l'indiquerons plus loin. Sur cette couche bien battue, nivelée et arrosée, on posera à 35 ou à 65 centimètres en retraite une assise de forts libages (gros moellons équarris grossièrement) aussi à bain de mortier, et battus pour servir de base aux fondations des murs ou points d'appui.

Pour former l'enceinte on se sert d'un double rang de pieux réunis par des palplanches, dont l'intervalle est rempli de glaise ou de terre franche; ainsi faite, cette enceinte convient également pour les terres marécageuses et les fondements dans l'eau. Pour élever cette espèce d'enceinte nommée *batardeau*, on pratique dans des pieux, plantés à très peu de distance les uns des autres, des rainures dans lesquelles on fait entrer des palplanches ou madriers en bois de chêne taillés en pointe par le bas. La largeur intérieure de cette espèce d'encaissement peut avoir depuis 1 jusqu'à 4 mètres, en raison de son étendue et de la puissance de l'eau.

Quant aux fondements dans la glaise, il est dangereux de creuser ou de piloter dans un tel terrain. Pour construire dessus d'une manière solide, il faut poser les fondements du bâtiment sur un grillage de charpente recouvert de plates-formes. Ce grillage est formé de pièces de bois longitudinales et transversales de 25 à 30 centimètres d'équarrissage, assemblées à queue d'aronde. Sur ce grillage enfoncé de son épaisseur dans la glaise, on forme un plancher de niveau dans toute son étendue avec des madriers jointifs de 8 à 10 centimètres d'épaisseur et chevillés sur les pièces de bois de grillage. C'est ensuite sur ce plancher qu'on établit la première assise de libages pour la fondation des murs. Pour éviter tout *tassement inégal*, il faut construire tous les murs ensemble et par assise générale, c'est-à-dire ne commencer de nouvelle assise qu'après avoir entièrement achevé celle de dessous dans tout son pourtour.

Il faut agir de même pour établir des fondations sur la tourbe, sur les terrains vaseux et marécageux. Mais il faut que l'épaisseur et la consistance du terrain vaseux soient partout égales, afin que le tassement se fasse uniformément et de manière que toutes les parties élevées au-dessus conservent leur aplomb.

On compte parmi les fonds solides les rocs, les masses de carrières non fouillées, le gravier, les terrains pierreux, le gros sable mêlé de terre, le tuf, les terres franches et compactes qui n'ont pas été remuées.

Les mauvais terrains sont les terrains formés de sable fin (plus il est fin plus il est mauvais), ceux qui sont formés de décombres,

de terres rapportées, etc.; les terrains tourbeux, vaseux, marécageux doivent subir une préparation avant d'y asseoir les bâtiments. On ne doit jamais fonder une construction quelconque
directement sur la surface du sol. Après avoir enlevé la terre
franche, il faut creuser le sol jusqu'à ce que l'on rencontre un
bon sol, capable de porter ce que l'on veut élever dessus. Pour
de petites constructions il y a lieu d'enfoncer les fondements
jusqu'à 75 centimètres ou 1 mètre, et pour les murs de cave, il
faut les descendre jusqu'à 1 mètre au-dessous de leur niveau.

Lorsqu'on veut fonder solidement, il faut que la première
assise soit faite en libages, c'est-à-dire en grosses pierres sans
parement, dont les lits soient dressés et piqués à la grosse pointe.
On pose cette assise, après avoir bien nivelé et battu le sol, sur
un lit de mortier, ou sur la terre, mais après l'avoir arrosée avec
un lait de chaux. Cette première assise doit être battue à la *hie*
ou *demoiselle;* le surplus peut être construit en gros moellons
posés à bain de mortier et battus à mesure, avec des chaînes en
libages sous les points d'appui et les parties les plus chargées,
en proportionnant leur épaisseur à la charge qu'ils ont à soutenir.

Lorsqu'on s'est assuré qu'il n'y a pas de cavités sous le roc ou
sous la masse apparente de carrière, et que l'épaisseur du sol
est assez forte pour soutenir sans se rompre le poids des constructions qu'on se propose d'élever au-dessus, on commence par
faire dresser les parties sur lesquelles doivent poser les premières
assises. Si le roc est trop inégal, on le divise par banquettes ou
gradins de niveau, et afin que les parties basses ne soient pas dans
le cas de tasser, il faut, s'il est possible, les construire en pierre
de taille ou libages posés sans mortier, jusqu'à la hauteur de
l'arasement général. Si l'on est obligé de construire en maçonnerie de moellons et mortier, il faut avoir soin de la battre par
assise, pour diminuer autant que possible l'effet du tassement.
Lorsqu'on sera arrivé à l'arasement général, il sera à propos de
laisser reposer l'ouvrage pendant quelque temps, pour que la
maçonnerie puisse acquérir une certaine consistance avant de
construire dessus.

La fermeté d'un sol, tel que le roc, peut aussi permettre de n'établir les fondements que sur des points d'appui éloignés les uns des autres et réunis par des arcs.

Pour établir des fondements dans l'eau ou dans un endroit qu'on ne peut mettre à sec, on enlève auparavant avec des dragues la vase qui est au fond. Ensuite l'on plante deux files de pilots ou pieux l'une parallèle à l'autre, placées à une distance proportionnée à l'élévation de l'eau, et tenues ensemble par des liernes et entretoises; ensuite on enfonce dans l'intérieur du batardeau, le long de ces pilots, des files de palplanches, formant un coffre que l'on remplit de glaise ou d'autre terre liante. La vase doit préalablement être enlevée pour asseoir le batardeau, afin d'empêcher que l'eau ne filtre par le fond, ce qui arriverait immanquablement. A défaut de glaise, on peut employer de la terre; plus elle sera forte et grasse, mieux elle vaudra : il faut prendre garde qu'il ne s'y trouve ni branche ni racine, ni cailloux ni graviers; on la jette dans le batardeau par lits de 35 centimètres d'épaisseur, qu'on réduit en la battant à 20 ou 22 centimètres.

Les batardeaux en terre doivent avoir une épaisseur égale à la profondeur de l'eau, depuis 1 mètre jusqu'à 3; mais on ne leur donne jamais moins d'un mètre d'épaisseur. Pour les profondeurs au-dessus de 3 mètres, on se contente d'ajouter 33 centimètres pour 1 mètre de profondeur de plus; ainsi pour 3^m,90, 4^m,90, 5^m,85, 6^m,80, etc., on donne 3^m,25, 3^m,60, 3^m,90, 4^m,25 d'épaisseur. Lorsque les batardeaux sont remplis de glaise, il suffit de leur donner pour épaisseur les deux tiers de la hauteur de l'eau, à partir de 1 mètre jusqu'à 3, et d'augmenter cette épaisseur pour les profondeurs au-dessus de 3 mètres, comme nous venons de l'indiquer. Mais c'est plutôt l'expérience que le calcul qui a déterminé ces épaisseurs.

Du béton — Le béton peut être regardé comme une maçonnerie coulée, formée de pierres ou briques concassées à la grosseur d'un petit œuf, et de mortier hydraulique en quantité telle que les pierres y soient entièrement noyées et retenues. Ainsi fait, le béton présente une masse compacte et uniforme, qui lorsque son ensemble a fait prise offre en peu de temps une résistance assez solide. Une couche ou assise de béton pouvant être considérée comme formant un seul morceau, une seule masse, on comprend de suite les services qu'il peut rendre pour la fondation des bâtiments. Une couche de béton de 11 centimètres d'épaisseur peut supporter un poids de 380 kilogrammes sans se rompre. Aussi si l'on étend une masse de béton de 55 centimètres à 1 mètre d'épaisseur sur le plus mauvais sol, en donnant à cette masse une largeur en rapport avec la compressibilité du sol, il est impossible d'admettre aucune séparation des matières composant cette masse compacte. La mise en œuvre du béton n'amenant aucun choc, aucune commotion du sol, il est donc préférable à toute autre matière pour fondement dans un mauvais sol.

La bonne qualité du béton dépend surtout de la qualité de la chaux hydraulique et de l'addition du trass au ciment, de la pureté et de la vivacité des arêtes des pierres employées, et enfin du mélange soigneux des matières qui le composent. Il ne faut mettre dans le béton que la quantité de mortier nécessaire pour envelopper les pierres concassées et remplir les interstices qui pourraient s'établir. La proportion du mortier ne doit pas dépasser les 2/5 cubes de la totalité de la masse. Dans des fondements à sec, au-dessus de l'eau, afin d'obvier à une prise (dureté) trop précipitée, on peut ajouter à la chaux hydraulique 1/8 à 1/4 de son volume de chaux grasse et plus de sable dans les mêmes proportions.

On prépare le béton sur une aire ou plancher formé de fortes planches, de madriers ou de dalles; ce plancher aura de 12 à 14 mètres de longueur, de 3 à 5 mètres de largeur. A une des extrémités longitudinales de ce plancher on placera une couche de mortier hydraulique, et sur cette couche on étendra également les pierres concassées du volume environ d'une grosse noix ou d'un petit œuf. Deux ou trois ouvriers munis de forts râteaux à dents de fer tireront la masse à eux, de manière à ce que les pierres en mouvement soient amalgamées avec le mortier mu en même temps; d'autres ouvriers placés en face des premiers, et munis de pelles, ramassent les pierres et le mortier restés en route pour les jeter ensuite dans la masse ou sur le tas en mouvement.

Quand le plancher a été parcouru de cette manière, les ouvriers changent de position et recommencent l'opération de nouveau en roulant la masse avec leurs rateaux. Quand elle est bien triturée ou amalgamée, on la dépose en tas. Elle peut être employée le lendemain; mais il vaut infiniment mieux s'en servir immédiatement.

On peut aussi faire ce béton par des moyens mécaniques, mais ce procédé n'est généralement employé que pour de grands travaux. Sur un sol de médiocre résistance, on peut éviter des fondations trop profondes ou trop épaisses, en établissant un béton de deux ou trois fois la largeur des murs à construire et en donnant à cette couche de béton une épaisseur de 40 à 55 centimètres.

S'il s'agit de murs élevés portant des poids considérables, on donnera à cette couche de 80 centimètres à 1 mètre d'épaisseur. Indépendamment de la sécurité qu'offre la couche de béton contre des tassements partiels, elle empêche encore l'humidité du sol inférieur de s'élever dans les murs.

L'eau de source n'est pas un obstacle à l'emploi du béton : car ce dernier la refoule et acquiert une dureté d'autant plus forte que l'eau le submerge pendant un certain temps.

Lorsqu'on veut obtenir un béton tout à fait imperméable et susceptible de résister à de fortes pressions d'eau, il est indispensable que le mortier remplisse complètement tout le vide existant dans la pierraille, et pour cela il est nécessaire que la quantité de mortier soit au moins égale au volume du vide. Ordinairement même, pour être bien sûr d'un remplissage complet, on en augmente la quantité d'environ 1/4 du volume du vide.

Mais lorsque les constructions ne sont pas soumises à des pressions d'eau et qu'elles s'exécutent dans des lieux secs, et lorsqu'il s'agit seulement d'obtenir des massifs incompressibles, on peut se borner à ajouter à la pierraille une quantité de mortier égale seulement à celle du vide qu'elle renferme, ou même un peu moindre.

D'après des expériences faites dans un grand nombre de chantiers, une masse de pierre concassée dont les morceaux ne dépassent pas la grosseur d'un petit œuf contient à peu près

38 pour 100 de vide quand les morceaux ne sont pas tous de grosseur uniforme, tandis que le volume du vide atteint 48 pour 100 quand tous les morceaux sont de grosseur uniforme ; ainsi dans 1 mètre cube de biscailloux propres à faire du béton, on peut évaluer qu'il y a environ 520 à 620 décimètres cubes de parties solides et de 380 à 486 décimètres cubes de vide. Ces données peuvent être prises comme moyennes ; mais si l'on veut opérer avec exactitude, on peut déterminer le vide relatif d'une masse de pierraille en procédant comme il suit :

« On prend un tonneau ou un bac bien étanché, et dont la capacité a été préalablement bien cubée ; on le remplit avec de la pierraille concassée et préparée pour la fabrication du béton, qu'on a pris la précaution de mouiller préalablement et de laisser égoutter, afin de faire absorber par la pierre toute l'eau qu'elle peut retenir dans ses pores.

« Puis avec un vase préalablement jaugé, on verse de l'eau dans le tonneau rempli de pierraille, et l'on continue l'opération jusqu'à ce qu'on voie l'eau affleurer au bord du vase. « On constate ainsi : 1° La capacité égale à celle du tonneau occupée par la pierraille ; 2° Le volume des vides qu'elle contient, et qui est évidemment égal à celui de la quantité d'eau qu'on aura pu y verser sans la faire déborder du tonneau. On aura donc, de cette façon, la proportion du vide au plein de la pierraille, et l'on pourra, d'après cela, en se basant sur ce qui a été dit plus haut, déterminer les quantités proportionnelles de pierraille et de mortier nécessaires pour constituer un bon mélange. »

« Voici au surplus quelques dosages indiqués par MM. Laroque et Claudel, qui pourront servir de types dans un grand nombre de cas.

	MORTIER, mètre cube.	CAILLOUX. mètre cube.	
Béton gras............	0,55	0,77	Pour radiers, réservoirs, etc., soumis à une pression d'eau considérable.
— ordinaire........	0,52	0,78	Pour les ouvrages de maçonnerie des eaux et égouts de la ville de Paris.
— ordinaire........	0,48	0.84	Pour les travaux de navigation dans Paris, fondations de piles de pont, de murs de quai, etc.

	MORTIER, mètre cube.	CAILLOUX, mètre cube.	
Béton un peu maigre...	0,45	0,90	Pour fondations d'édifices sur terrains mauvais.
— maigre.........	0,38	1,00	Massifs, fondations sur terrains secs et mouvants.
— très maigre.....	0,20	1,00	

« Le transport du béton fabriqué, lorsque par les dispositions mêmes du chantier il n'arrive pas directement aux endroit où il doit être mis en œuvre, se fait dans des brouettes ou dans de petits wagons basculant en avant ou de côté, et parfois s'ouvrant par le fond au moyen de clapets (1) pour laisser écouler la matière qu'ils contiennent à l'emplacement convenable.

« Lorsqu'on travaille à sec, le béton se prend à la pelle et se pose par couches sur terrain préparé, en le laissant couler suivant son talus naturel sur les bords du massif. On prend soin seulement de le poser par couches régulières de 20 à 25 centimètres d'épaisseur, qu'on affermit en les pilonnant avec des dames en fer ou en bois. Lorsque le travail a été interrompu et que la dernière couche de béton a pu prendre corps, on doit, avant de poser une nouvelle couche, arroser l'ancienne couche pour faciliter la soudure entre les deux couches et leur permettre de ne faire qu'un seul corps.

« Lorsque le bétonnage doit être circonscrit par des faces verticales ou moins inclinées que celles du talus qu'il prend naturellement au moment où on l'emploie, on se sert d'un coffrage suffisamment solide fait en bois et en planches, offrant intérieurement la forme du massif de béton à construire, et on y étend la matière par couches de 20 à 25 centimètres d'épaisseur, comme dans le cas précédent. Ces coffrages peuvent être faits de manière à pouvoir être démontés et à servir ainsi successivement à la confection de diverses parties de mur ou de massif, d'une façon analogue à ce qui se pratique pour les constructions en pisé.

« Malgré toutes les précautions que l'on prend lorsqu'on coule du béton sous l'eau, il arrive toujours qu'une certaine quantité

1. Soupapes à charnières.

de la chaux du mortier se délaye et forme ce qu'on appelle une *laitance*, qu'il est important d'enlever; on réserve pour cela à proximité du massif de béton une dépression dans laquelle ces laitances se rassemblent et d'où on les enlève de temps à autre avec des louches ou des augets à clapet, et l'on a soin de procéder à l'étalage successif du béton de manière à chasser, par le fait même de l'opération, les laitances précédemment formées vers le point préparé pour les recevoir.

« En général, dans nos climats il ne faut pas travailler aux ouvrages de maçonnerie avant le 1er mars ni après le 1er novembre. » (DEMANET.)

Dans le cas où l'on serait obligé de circonscrire l'espace où l'on veut jeter des fondements dans l'eau, on s'y prendra de la manière suivante pour pouvoir travailler à sec. On enfoncera une rangée de pilots ou pieux extérieurs D descendant plus bas que le fond de la couche de béton, en les joignant aussi bien que possible pour empêcher la pénétration de l'eau et en les maintenant au-dessus du niveau de l'eau au moyen de traverses comme on peut le voir dans la fig. 45. En dedans de ces deux rangées de pieux, on étend le massif horizontal de béton A dans la totalité de l'étendue contenue entre les deux rangées de

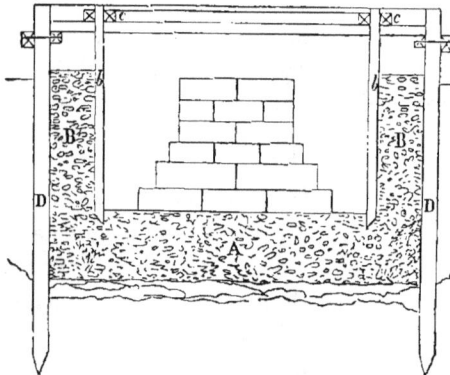

Fig. 45.

pilots. Avant que ce massif ne soit entièrement pris, ce qui s'opère dans un temps plus ou moins long, de deux à trois jours environ, on enfonce, à une distance de 65 centimètres à 1 mètre de distance de la première rangée de gros pieux, une cloison *b* en palplanches taillées en chanfrein ou en biseau vers le bas, de manière à ce que son pied entre de 8 à 10 centimètres dans le massif de béton. Ces palplanches sont maintenues à leur sommet par des soles ou sablières longitudinales c. Ces préparatifs terminés, on remplit de béton l'espace BB compris entre la rangée de gros pieux et les palplanches, jusqu'à une hauteur un peu au delà du niveau le plus élevé de l'eau. Quand le béton est pris, on vide l'espace compris entre le fond et les deux murs de béton, et alors on maçonne à sec.

On ne peut répéter trop souvent que la première condition pour obtenir un bon béton, c'est que la chaux soit parfaitement convertie en hydrate avant son mélange avec les matières qu'elle est destinée à envelopper. Il faut donc d'abord la réduire à l'état de pâte épaisse, ensuite la changer en mortier avant d'y mêler les cailloux concassés. Au lieu de jeter le béton de la surface du sol sur l'endroit où il doit être employé, et où on le laisse s'asseoir comme il peut, on devrait le rouler et le tasser; car lorsque le béton est précipité d'une certaine élévation, les matériaux se séparent les uns des autres, et alors le fond du béton est privé de la proportion de chaux qui doit lui revenir.

Pour les travaux hydrauliques, où la prise du béton doit être rapide, on peut faire un excellent béton avec un mélange de chaux hydraulique, de pouzzolane et de sable. Les proportions suivantes sont données comme ayant eu les meilleurs résultats :

30 parties de chaux hydraulique, très énergique, mesurée en volume avant l'extinction.
30 — de trass d'Andernach,
30 — de sable,
20 — de gravier,
40 — de cailloux concassés, pierre calcaire dure.

Après manipulation ces proportions diminuent d'un cinquième de volume; on prépare d'abord le mortier, et ensuite on y ajoute les cailloux et le gravier. Dans le cas où l'on emploierait la pouzzolane d'Italie, les proportions seraient comme il suit (mesurées en volume comme précédemment) :

33 parties de chaux hydraulique énergique, dosée avant l'extinction,
45 — de pouzzolane,
22 — de sable,
60 — de cailloux concassés en gros gravier.

Le premier de ces deux bétons doit être employé immédiatement après sa préparation, et le second doit être exposé à l'air pendant douze heures environ avant de servir.

Dans le cas où l'on ferait emploi de glaise cuite et de briques pilées, les proportions seront les mêmes qu'avec le trass ; mais cette matière ne doit pas être employée dans l'eau de mer. Si à la chaux hydraulique on substitue des chaux riches, grasses, la dose de la pouzzolane naturelle ou artificielle sera augmentée et celle du cailloux ou gravier diminuée.

Fondements Par ce qui précède, on voit que nous entendons par le mot *fondement* la partie de la construction qui est destinée uniquement à servir de base à la bâtisse qui doit être élevée au-dessus. On désigne par fondement *naturel* un terrain ou base solide sur lequel on peut bâtir en toute sûreté. Quand il s'agit de fondement *artificiel*, il est formé de bois de charpente, de béton ou de fascines, etc., placées sur un sol trop mou ou trop mouvant pour supporter par lui-même le poids d'un bâtiment, ce qui nécessite l'emploi d'une combinaison afin de répartir le poids également sur une surface plus étendue.

Toute construction formée d'assises, soit de pierres, soit de briques, tassera jusqu'à un certain degré, et à peu d'exceptions près tous les terrains sont plus ou moins compressibles sous le poids ou la charge qui est élevée sur eux. Il s'agit donc surtout de chercher à faire opérer uniformément ce tassement et surtout à le prévenir, afin que le bâtiment élevé se maintienne intact, sans vice et sans lézardes, comme sans fentes et sans crevasses.

Pour y parvenir, il s'agit de répartir également le poids sur une grande étendue, et ensuite d'empêcher les matériaux employés de s'échapper de côté.

Il y a différents genres de fondements, qu'on pourrait diviser en deux grandes catégories :

1° Les fondements construits dans le cas où le sol naturel est suffisamment ferme et solide pour supporter le poids de la construction future ;

2° Les fondements construits dans le cas où une plate-forme artificielle est nécessaire par suite de la compressibilité du sol.

Ensuite, on aura encore : 1° les fondations dans lesquelles l'eau n'offre aucun obstacle à l'exécution des travaux, et 2° les fondations faites dans l'eau.

Quand le sol est bon et à l'abri de l'air et de l'eau, comme la roche ou le gravier durci, on n'a besoin que de niveler les fouilles creusées pour les murs de fondation, de sorte que la maçonnerie s'élève d'un même niveau. Si la constructoin à élever était importante et si l'on trouvait des parties compressibles ou des irrégularités dans le fond solide, il vaut mieux employer le béton, qui est presque incompressible à toute forte pression, excepté à celle produite par un choc.

Dans le cas où il serait absolument nécessaire que certaines portions des fondements s'élevassent moins haut les unes que les autres, il faut avoir soin de tenir les joints aussi minces que possible, ou bien il faut exécuter ces parties inférieures en ciment ou en mortier compact. Sans cette précaution il serait difficile de conserver de niveau les joints de la construction future; car le tassement se ferait précisément sur les points où ces joints se trouveraient en plus grand nombre.

Quand on rencontre un sol qui est sujet à subir l'influence de l'air et de l'eau, il faut le protéger contre cette influence en enfonçant les fondements assez avant pour qu'ils soient hors d'atteinte des chaleurs de l'été ainsi que des gelées de l'hiver. On peut aussi, pour soustraire un sol à cette influence, y étendre de niveau et en suivant les fouilles des murs, une couche de béton. C'est pour avoir négligé ces précautions qu'on voit fréquemment des bâtiments nouvellement élevés sur des fondements peu profonds sérieusement compromis par la contraction et l'expansion du sol.

Il y a d'autres sols qui, bien que pour être remués ils aient exigé l'action de la mine, se décomposent néanmoins rapidement au contact de l'atmosphère, et subissent une action chimique qui détruit complètement leur cohésion. Il y a aussi des lits dans la formation du liais qui à première vue ont l'apparence de roches dures, mais qui se changent en boue ou en poussière après avoir été exposés peu de temps à l'air.

En ce cas, on doit laisser ce sol le moins longtemps possible en contact avec l'air et le recouvrir promptement.

Quand le bon sol se trouve en dessous d'un sol meuble ou mouvant, la dépense est quelquefois trop forte pour enlever le mauvais sol. Alors on élève un certain nombre de supports qui, s'appuyant sur le bon sol, traversent le sol mouvant, et sur ces supports on construit la plate-forme destinée à supporter la construction future. Cette opération peut être faite de plusieurs manières; voici celles qu'on emploie généralement :

1° On creuse des trous à travers le terrain meuble, qu'on remplit ensuite de sable, de gravier ou de béton, ou de toute autre matière incompressible. On enfonce en terre de forts pieux jusqu'au bon sol : et aussitôt qu'on les retire, on remplit de sable le vide qu'ils laissent.

2° On *enfonce* des pieux en bois ou en fer à travers le mauvais sol jusqu'à ce qu'ils atteignent le bon sol.

3° On *visse* des pieux dans le terrain jusqu'à ce qu'ils atteignent le bon sol.

4° Des cylindres creux en fonte sont descendus jusqu'à ce qu'ils reposent sur le bon sol; afin de faciliter la descente de ces tuyaux, on les vide au fur et à mesure qu'ils se remplissent de mauvaise terre.

Dans le cas contraire, où une croûte de bon sol s'appuie sur un fond dangereux, il faut y toucher le moins possible, et s'abstenir de tout ébranlement du sol soit en pilotant soit en enfonçant des pieux ou en enployant d'autres moyens semblables. Mais on réduira, autant que faire se peut, le poids de la construction à élever dessus, et l'on en répartira la pesanteur sur la plus grande étendue horizontale possible.

Quand le mauvais sol est seulement compressible, on peut lui faire faire son tassement extrême en chargeant les fondements avant de commencer la construction, qui alors peut être continuée sans crainte.

Si le mauvais sol sous la bonne croûte se composait d'argile humide et délayée, il faudrait avoir soin de ne pas faire de tranchées trop profondes ou d'égouts dans son voisinage, car ils pourraient occasionner un glissement considérable.

Si le mauvais sol est du sable, il n'y a que peu ou point de tassement à craindre tant que ce sol ne sera pas entamé. Mais s'il était exposé à l'action de l'eau, on ne peut nullement compter sur un sol pareil, car il est constamment exposé à être miné. Ainsi une haute cheminée se maintient parfaitement d'aplomb pendant de longues années sur un sol formé de sable sec, et elle peut être détruite dans quelques jours si on creuse un puits dans ses environs, ou si l'on établit un égout à une distancs même assez considérable de la cheminée.

Il faut donc apporter un soin particulier dans l'établissement des constructions des égouts, tranchées, etc., situés dans le voisinage de bâtiments achevés, quand on connaît l'existence d'un sol compressible et meuble sous un bon sol à bâtir.

Enfin, si le sol inférieur était d'une nature tourbeuse, l'on devrait drainer l'emplacement de la bâtisse avant de commencer les constructions, et cela aussi parfaitement que possible.

Nous avons à nous occuper maintenant des récentes méthodes employées pour établir des fondements dans l'eau. On a remarqué que le système de pieux en bois situés en partie hors de l'eau était préjudiciable, vu que la pourriture les gagnait au niveau de l'eau. Dans des lieux soumis à la marée, le bois est bientôt attaqué par les vers et détruit par les ravages qu'ils y font.

On a donc eu recours à des pieux en fonte soit pleins soit creux, carrés ou circulaires. Quand ces pieux sont creux, on en retire la terre au moyen d'un forage pratiqué dans l'intérieur des pieux, afin de faciliter leur descente. On peut enfoncer ainsi facilement des pieux en fonte dans du gravier ou dans de la craie. Toutefois les pieux ou cylindres en fer de fonte ne sont pas de longue durée dans l'eau salée; la fonte s'y ramollit à tel point qu'elle a pu être entamée par le couteau.

Le système de pieux à vis a été employé avec succès dans la construction aux bords de la mer, dans celle de phares, par exemple, ainsi que dans des cas où d'autres systèmes auraient échoué. Les pieux à vis sont d'un bon emploi dans les lieux où toute autre méthode ne peut être pratiquée, par exemple, dans des bancs de sable, soit dans les rivières, soit dans la mer.

On a aussi imaginé de faire des fondations au moyen de cylindres creux en fonte. On les laisse s'enfoncer par leur propre poids en ayant soin de retirer la terre de l'intérieur, ou bien on les enfonce au moyen de l'air comprimé. Enfin on a inventé de les *visser* dans le sol, comme on le pratique pour les pieux simples. Quand les cylindres creux en question ont un grand diamètre, il est d'usage de les remplir de béton ou de maçonnerie, et dans ce cas on peut les considérer comme des caissons plutôt que comme des pieux.

Bien qu'il soit fréquemment employé, nous ne recommandons pourtant pas l'usage de chasser des pieux dans un terrain mou, afin de le consolider, car on broye le sol et on le fait ressembler à une pâte délayée. Dans ce cas, au lieu d'enfoncer des pieux, il vaut mieux creuser ou *forer des trous* avec une forte tarière, et cela à une profondeur considérable, puis on les remplit de sable, qui, ayant presque la propriété d'agir comme un liquide, est un bon ingrédient pour répartir la pression sur tous les points d'une étendue de grande dimension. Un pieu en bois ne transmet en effet la pression que de haut en bas selon la direction de sa longueur; tandis qu'une pile de sable transmet le poids dont on la charge non seulement au fond ou à sa base, mais encore sur les côtés, c'est-à-dire latéralement, et n'ébranle point le sol par les vibrations produites par l'enfoncement des pieux.

Il y a enfin de nombreux cas dans lesquels une large tranchée remplie de sable sec serait une meilleure précaution à employer pour empêcher le tassement que l'emploi des grils en charpente, le béton ou tout autre expédient destiné à répartir simplement la pression sur le sens vertical.

Si le sol est à moitié liquide, c'est-à-dire s'il est formé de boue, de vase ou de tourbe, l'opération pour le consolider est des plus difficiles. On ne doit alors jamais manquer de construire une plate-forme solide, inébranlable, sur laquelle flottera la construction future, comme si elle flottait sur le sol liquide lui-même, et dans lequel elle s'enfoncera à une profondeur considérable. On éprouve alors les fondements en les chargeant aussi fortement que possible, et d'un poids équivalent à celui du bâtiment qu'on veut élever dessus. Par ce moyen, qui, il est vrai, demande du temps et de la main-d'œuvre, on parviendra du moins à éviter des tassements désastreux.

Fondements dans l'eau Nous avons maintenant à parler des fondements de la plus difficile espèce, c'est-à-dire de ceux qui se pratiquent dans l'eau, dans des terrains mous et d'alluvion.

Si le terrain est passablement ferme, on peut le circonscrire par un batardeau. Mais dans ce moyen de procéder il y a toujours à craindre que le terrain ne soit soulevé par la pression de l'eau, aussi est-il en général nécessaire de lester le terrain, c'est-à-dire de le charger de nombreuses pierres placées sur des madriers afin d'éviter les accidents. Il est quelquefois prudent d'opérer par petites parties et de compléter une portion avant que la fouille d'une autre ne soit commencée.

Quand le sol est à moitié liquide, l'exécution d'un batardeau devient impossible. Alors le moyen le plus efficace est de faire plonger l'ouvrage par caissons, le fond ayant été préalablement couvert d'un lit de fascines, chargé de maçonnerie en moellon ou en brique. Ces lits de fascines sont très usuels en Hollande pour les ouvrages hydrauliques; ils sont quelquefois de très grande dimension et de 60 à 90 centimètres d'épaisseur. Ils sont formés de bottes de fascines se croisant à angles droits, assujetties par des cordes goudronnées et consolidées par des perches ainsi que par des liens d'osier. Ces sortes de plates-formes sont alors chargées de gravier et de cailloux et plongées dans l'eau au moyen de cordages qui les dirigent vers les lieux où elles doivent se loger, et où on les fixe par des pieux, qui les traversent.

Caves citernées On est quelquefois dans la nécessité de construire à proximité d'un cours d'eau ou dans un sol marécageux. Dans ce cas, il faut mettre les caves à l'abri d'une inondation accidentelle ou de l'infiltration des eaux permanentes; cela doit se faire pendant la construction primitive. On se rendra compte par l'expérience de la plus haute élévation des inondations partielles, et ensuite, dans le second cas, du niveau le plus élevé des eaux permanentes. Pour élever au-dessus des murs imperméables, on emploiera la meulière quand la localité en présente, et, à défaut de ces matériaux, on se servira de briques cuites, maçonnées en chaux hydraulique avec un soin tout particulier, jusqu'à la hauteur déterminée par les eaux adjacentes, ou jusqu'au premier plancher (ou du rez-de-chaussée). Les parois de ces murs extérieurs, ou de pourtour du bâtiment, seront recouvertes d'un enduit en mortier de chaux hydraulique ou mieux de ciment romain. On s'assure ainsi de l'imperméabilité à l'intérieur.

Quant au fond des caves, nous renvoyons à ce que nous avons dit de l'emploi du béton dans les fondements. Plus on emploiera de pieux en béton, mieux cela vaudra. On peut les distancer de 0m,50 de centre à centre, et si le sol est très imprégné d'eau, on pratiquera un coulage de béton dans des rigoles transversales et longitudinales de 0m,30 de largeur. Au-dessus de cette préparation, comme fond ou sol des caves, on établira une couche de béton de 0m,30 d'épaisseur, bien pilonnée, afin de ne laisser aucun interstice par où pourrait s'introduire une infiltration quelconque. Au-dessus de cette couche de béton, on pourra pratiquer un carrelage soit en brique ou autre, en employant toujours un mortier de chaux hydraulique. Nous répétons que l'ensemble de ce travail doit être fait avec le plus grand soin ; il faudra surtout veiller à ce que la couche de ciment verticale pénètre bien dans les joints, s'y agrafe, pour ainsi dire, afin d'amener la plus grande solidité possible.

Cette construction est identiquement la même que celle des fosses d'aisances, seulement sur une bien plus grande étendue et sauf la voûte : elle pourra aussi servir pour la construction des citernes, qui, elles, doivent être voûtées comme les fosses d'aisances.

On conçoit que si la citerne conserve l'eau qu'on y conduit, la construction que nous venons d'indiquer empêchera l'eau extérieure de pénétrer dans le bas du bâtiment.

La profondeur de ces caves citernées est arbitraire, elles peuvent être plus ou moins profondes, selon le désir du propriétaire. Mais leur élévation n'est point telle, surtout si l'habitation est exposée à des inondations fluviales. Il faut se rendre compte de leur maximum d'élévation, par l'expérience, et n'établir qu'à 0m,30 ou même 0m,40 en hauteur au-dessus de ce maximum, l'appui des soupiraux ou bais destinés à éclairer le sous-sol. C'est le niveau des hautes inondations ainsi que la hauteur des soupiraux ou baies en question qui détermineront la hauteur de la cave hors de terre, ainsi que la hauteur du premier plancher, qui ne doit naturellement jamais être atteint par l'eau soit accidentelle, soit permanente.

Les fondements sur lesquels reposeront les perrons doivent être établis avec le plus grand soin pour éviter les tassements et la destruction. Il faudra encore employer le béton pour leur donner la solidité nécessaire.

Nous le répétons encore une fois, il faut que l'établissement des caves citernées soit fait avec les meilleurs matériaux et avec tout le soin possible.

Des empatements   En commençant l'édification d'un bâtiment, il est d'usage de prolonger les premières assises de fond bien au delà de la partie verticale qui doit s'élever dessus. Ces saillies ou assises premières, plus étendues que les suivantes qui les surmontent, sont nommées *empatement* en terme de construction.

On répartit ainsi le poids élevé dessus, sur une surface plus développée; ce qui diminue la compression verticale du sol.

Et dans le cas de constructions isolées établies sur des bases comparativement restreintes, on les protège contre le danger d'être jetées hors d'aplomb par l'action du vent.

Supposons, par exemple, une cheminée de 30 mètres d'élévation, placée sur une base de 3 mètres carrés. La compression du sol sous le vent au degré de 0,0075 suffirait pour faire surplomber la cheminée de 0,152. Mais si l'on élargit la base jusqu'à 6 mètres carrés, on ne double pas seulement la puissance par laquelle la fondation résistera à la force du vent, mais la surface qui supporte étant quadruplée en étendue, la résistance totale est huit fois plus considérable que dans le premier cas.

Pour que les empatements produisent leur effet voulu, il faut les relier solidement à l'œuvre générale : ils doivent être, de plus, assez solides pour résister au poids des murs de refend qui les traverseront.

Malheureusement on néglige trop souvent la construction des empatements, et c'est en partie la négligence apportée dans ce détail qui cause souvent la ruine de bâtisses qui sous les autres rapports ont été bien entendues.

Plus une pierre est placée en contre-bas ou profondément dans un bâtiment, plus aussi est puissant le poids qu'elle a à supporter ; de là augmentation de péril par les irrégularités dans le travail des assises qui devraient être posées d'aplomb et de nouveau avec autant et plus de soin même que les parties supérieures de la construction.

Il ne doit exister aucun joint au delà des faces de la maçonnerie supérieure, excepté dans le cas où l'empatement est formé de plusieurs assises ; toutes les pierres doivent pénétrer dans l'œuvre de 10 centimètres. Car si l'on ne tient pas compte de ces règles, les empatements ne recevront pas le poids de la maçonnerie supérieure et deviendront inutiles (fig. 46).

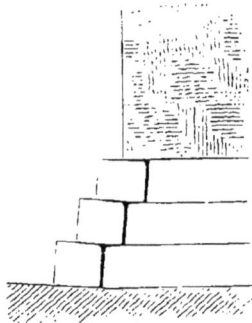

Fig. 46.

Il faut que la saillie de chaque assise, l'une en dessous l'autre, soit calculée d'après le poids de la maçonnerie supérieure : autrement, si ces saillies étaient trop grandes, le poids supérieur ferait fendre l'empatement du haut en bas, ainsi qu'on le voit dans la fig. 47.

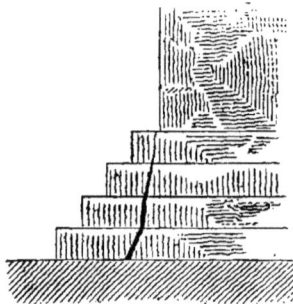

Fig. 47.

Lorsqu'on élève de fortes masses de maçonnerie, telles que des têtes de pont et autres, l'augmentation proportionnelle de la surface qui supporte au moyen de la saillie des empatements est très minime, car il y a en général un grand danger que ces empatements ne soient rompus par le tassement du corps de l'ouvrage. Il est donc d'usage dans ce cas de ne donner qu'une petite saillie aux assises de l'empatement et de le monter en face un peu biaise, ainsi que le montre la ligne ponctuée de la fig. 48, ou bien encore de l'élever en forme d'escalier, dont les marches auraient très peu de giron.

On ne saurait trop éviter les empatements exécutés en mauvais et petits matériaux et en mortier, car ce dernier par sa facile compression causera des mouvements dans la maçonnerie supérieure. Le meilleur moyen lorsqu'on se sert de cailloux, c'est de les casser en grosseur moyenne, et de les placer à sec dans les tranchées, c'est-à-dire *sans mortier;* alors ils forment un fond solide et inflexible. Si les matériaux ne consistaient qu'en petits cailloux, il

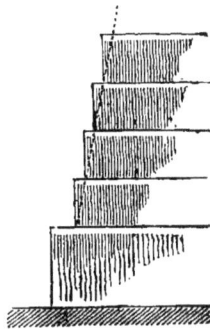

Fig. 48.

faudrait employer du mortier de ciment. Le tout ne formant ainsi qu'une masse compacte et solide, la grandeur, la forme et la taille des matériaux importeraient peu.

Dans la construction en brique, évitez autant que possible les joints intérieurs des faces de la maçonnerie. On établit ordinairement les empatements avec de simples assises de briques; il faut ensuite que les faces d'empatement ne présentent que des largeurs de brique, c'est-à-dire une demi-brique à plat, et qu'elles n'aient en saillie les unes sous les autres qu'un quart de brique, excepté dans les cas où les murs n'auraient que 22 centimètres d'épaisseur.

Fig. 49.

Si l'on désirait continuer l'empatement sur toute la longueur du bâtiment, afin d'y introduire une liaison dans ce sens, il faut alors que les assises aient double rang de briques, dans lesquels les boutisses (dont la plus grande longueur est dans le corps d'un mur, doivent être placées au-dessus des panneresses (dont la plus grande longueur est

Fig. 50.

en vue), lesquelles formeront le rang inférieur. Voyez les fig. 49, 50, 51 et 52.

Il semble presque superflu d'ajouter que les briques employées

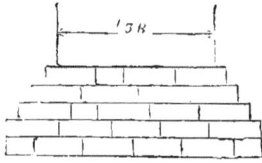

Fig. 51.

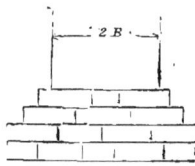

Fig. 52.

dans les empatements doivent être aussi dures que possible et avoir un son clair et sonore. Quant à l'assise de fond de l'empatement des briques, il faut toujours la construire en un double rang de briques.

On ne saurait apporter assez de soins à l'établissement des assises formant empatement d'un bâtiment quelconque, car c'est de cet établissement que dépend la solidité de l'œuvre. Si les rangs inférieurs ne sont point solidement fondés, régulièrement posés, si des fentes ou des vides sont laissés dans les assises de la maçonnerie, ou si les matériaux eux-mêmes sont de mauvaise qualité et mal liés, tôt ou tard les funestes effets d'une mauvaise construction se feront sentir, et souvent tous les efforts pour y remédier seront inutiles.

Avant de terminer ces observations sur les empatements, il

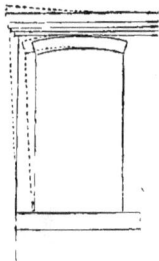

Fig. 53.

faut signaler un système imprudent dans l'emploi d'arcs renversés établis sous des baies ou de grands espaces vides, système vicieux qui conduit souvent à de sérieux accidents. L'arc renversé ne devrait être employé que lorsqu'on peut lui donner deux points d'appui ou deux culées, une de chaque côté. S'il est pratiqué à l'angle d'un bâtiment, comme l'indique la fig. 53, l'effet d'un tassement quelconque fera dévier l'encoignure de la verticale, comme l'indique la même figure, dans laquelle on a un peu exagéré les lignes ponctuées afin de mieux faire comprendre l'effet qui se produit.

De l'emploi des madriers pour fondements

Quand on élève des bâtiments sur un sol mou, et lorsqu'une grande surface est nécessaire pour les supporter convenablement, on a très souvent recours à l'emploi de madriers, mais dans le cas seulement où le bois n'est pas exposé à pourrir. Si le sol est humide et si le bois est sec, il y a peu de

danger ; mais si le terrain est sec, ou bien s'il est exposé à des
alternatives d'humidité et de sécheresse, il ne faut pas employer
de bois sans lui avoir fait subir auparavant une opération pour
assurer sa conservation. On trouvera dans ce livre quels sont
ces moyens de conservation du bois, et nous renvoyons à l'article
qui en fait mention.

Le grand avantage du bois, c'est qu'il résiste à des actions
transversales, c'est-à-dire d'équerre sur sa longueur, soit verticales, soit horizontales : il cède d'une manière presque insensible, et pour cette raison on peut le faire servir à un empatement très étendu, sans pour cela augmenter à l'excès les assises
fondamentales de la maçonnerie. La meilleure manière d'employer le bois en dessous des murs, c'est de le couper en petites
longueurs, et de le placer *en travers* de la fondation, c'est-à-dire

d'équerre sur les murs, puis de
le relier en longueur par des pièces longitudinales, ayant pour
épaisseur celle de la première
assise de maçonnerie, et solidement chevillées et clouées sur
les madriers de fond (fig. 54 .

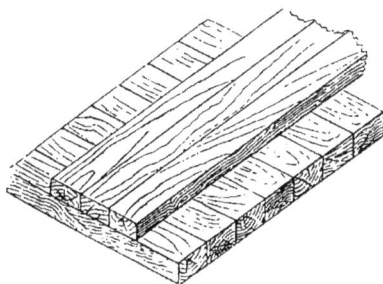

On pose souvent les madriers
sur des traverses ou supports, et
l'espace vide entre les traverses
est rempli de terre fortement

Fig. 54.

damée ou pilonnée. Mais ce système exige de grandes précautions : il n'est pas sans danger s'il est imparfaitement exécuté.
Il vaut donc mieux combler le vide de béton jusqu'à la face supérieure des traverses, afin que les madriers soient appuyés entièrement sur une surface solide et bien de niveau.

Quand le sol est seulement mou et non liquide, on le consolide en y enfonçant des pieux jusqu'à ce qu'il devienne si ferme
et si incompressible, que les pieux refusent de s'y enfoncer
par le frottement latéral. Une seconde manière de consolider ce
terrain, c'est d'y établir une plate-forme de fascines, de charpentes ou de béton ; cette plate-forme se pratique entre le mauvais sol et les constructions qu'on veut élever au-dessus. On fait

ainsi une répartition égale du poids sur une grande étendue. Ces deux systèmes sont souvent combinés ensemble. On entoure le sol de pieux derrière lesquels sont placés des madriers ou des palplanches afin d'empêcher l'éboulement des terres. Alors on consolide le sol en y enfonçant des pieux à une petite distance les uns des autres. Quand cette opération est terminée, on coupe de niveau la tête de tous les pieux enfoncés, on enlève la terre ou tous autres matériaux intermédiaires sur une profondeur de 60 à 90 centimètres. Ces excavations ou déblais faits, on les remplace par du béton ; ensuite on couvre la surface horizontale de madriers (le sapin en est exclu) sur lesquels on élève enfin la maçonnerie de fondation. Quelquefois on ne place pas les madriers sur la tête des pieux, mais sur une sorte de gril, formé de pièces horizontales, placées d'équerre les unes sur les autres, ainsi que l'indique la figure 55.

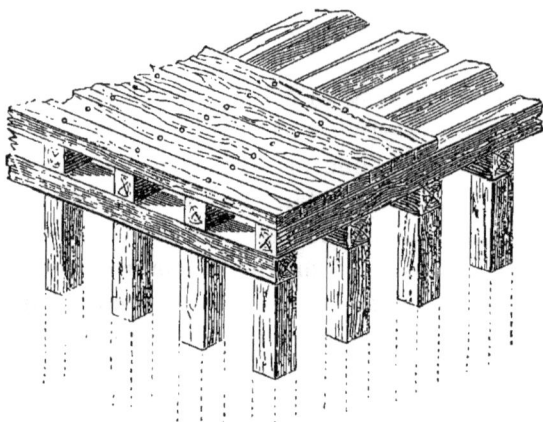

Fig. 55.

De l'emploi du sable pour fondements. Depuis des siècles on s'est servi de sable comme moyen de répartition du poids en construction. Il peut sembler étrange au premier abord qu'une matière pour ainsi dire liquide, sans cohésion, et dont l'instabilité est proverbiale, puisse être d'une utilité quelconque dans les fondements des constructions, et surtout quand on réfléchit que le sable ressemble beaucoup à un fluide et que, non retenu, il peut à peine être maintenu sur une pente quelconque. Mais c'est précisément grâce à cette instabilité que le sable répartit le poids placé au-dessus non seulement

dans une direction verticale, mais encore dans un sens horizontal ;
la pression latérale exercée sur les côtés des tranchées de fouille
allège ainsi considérablement celle qui s'opère sur le fond. Ce
système de fondation au moyen du sable est impraticable dans un
terrain très mou ; car le sable tend à s'abaisser et s'y enfoncerait
peu à peu. Mais dans tous les cas où le sol bien que mou offrirait
cependant une consistance assez grande pour que le sable se
maintienne emprisonné, l'usage du sable offre plusieurs avantages quant à la dépense et à la solidité de l'œuvre.

Il y a deux manières d'employer le sable, en *couches* ou en
piles. — Si on veut en former un tapis ou plate-forme, il faut
commencer par enlever le sol mou à 60 ou 90 centimètres de profondeur : on y jette alors le sable, qu'on a soin de bien pilonner
par couches et par parties à mesure qu'il y est introduit ; cette
opération est nécessaire pour forcer le sable à se loger contre les
parois verticales de la fouille. Si ce travail est bien fait, tout le
tassement, s'il y en a, se fera uniformément.

La surface supérieure de la couche de sable peut être protégée
de différentes manières, soit en employant certains matériaux,
soit en la pavant. Il faut avoir soin que le fond de la maçonnerie
à élever sur les fondements soit à une profondeur telle qu'il se
trouve à l'abri de toutes eaux venant de la superficie supérieure
du sol ou de toute autre cause de ruine.

L'emploi du sable en piles verticales est un moyen peu dispendieux et très efficace d'établir des fondements dans des cas où
l'on ne pourrait et où l'on ne voudrait pas, pour une cause ou
une autre, faire usage de madriers. Cependant le sable en piles
ne serait pas suffisant dans un terrain meuble ou humide, car
le sable se ferait jour à travers le sol avoisinant.

On fait les piles de sable en chassant en terre des pieux en
bois de moyenne longueur ; on retire ensuite les pieux, et les
trous qu'ils laissent sont remplis de sable, qu'on a soin de bien
pilonner, afin qu'il garnisse entièrement le vide. Dans les cas où
la solidité des piles ou pieux est due à la pression du sol qui les
entoure, les piles en sable sont préférables aux pieux en bois,
parce qu'un pieu en bois n'effectue la pression que dans le sens
vertical ; il n'exerce aucun effet latéral sur le sol à travers lequel

il passe, excepté dans le moment où il est chassé ; tandis que la pile verticale de sable communiquant la pression non seulement au fond du trou qu'elle fait, mais encore aux côtés du trou qu'elle remplit, agit donc par conséquent sur une forte étendue de surface.

La disposition à donner au sol au-dessus de la tête des piles de sable est très simple. On peut le couvrir de madriers, de béton, de maçonnerie, afin d'empêcher le sable de monter et de s'échapper, ce qui résulterait infailliblement de la compression latérale exercée par les piles. Sur la plate-forme ainsi formée on élève la maçonnerie comme d'habitude.

Il est bon d'étendre une couche de cailloux concassés, de gravier, de glaise cuite ou de toute autre matière dure semblable, au-dessus de la superficie des fondements.

De l'emploi du béton dans les fondements Nous avons vu plus haut comment se faisait le béton, voyons maintenant comment on l'emploie dans des ouvrages sous-marins, et dans les endroits où le sol ne peut être desséché.

Pour pouvoir donner aux terrains compressibles un certain degré de résistance, on y enfonce, de distance en distance, dans les tranchées de fouille, un pieu en bois, qu'on retire aussitôt pour remplir l'alvéole qu'il laisse avec du béton fortement pilonné au fur et à mesure de la pose. On fait autant de ces pieux en béton que cela est nécessaire pour rendre le sol résistant, puis on recouvre ce sol d'une couche de béton bien pilonnée.

Le pieu qu'on enfonce doit avoir de 1 mètre à 1^m,60 de longueur, et de 0^m,18 à 0^m,25 de diamètre à la partie supérieure ; sa tête doit être garnie d'une frette en fer, pour résister au choc du mouton ou du maillet, et il est percé d'un trou dans lequel on passe une pince ou une barre de fer, qui sert, pendant le battage, à remuer et à tourner le pieu au fur et à mesure qu'on l'enfonce, de manière à lisser les parois de l'alvéole et à leur donner une certaine consistance, qui permet la pose du béton sans qu'elles s'éboulent ; ce mouvement imprimé au pieu le rend facile à retirer quand il est entièrement enfoncé.

On conçoit que, sur un sol consolidé par des pieux en béton, on peut encore faire usage d'une plate-forme en bois pour bien répartir la pression; mais le plus souvent on emploie une couche de béton assez forte pour qu'elle ne puisse se briser.

Il n'y a pas de difficulté, comme on voit, dans l'emploi du béton à sec ; mais il n'en est point ainsi quand il doit être utilisé dans l'eau. Quoique le cadre de cet ouvrage soit restreint, et qu'il ne doive pas entrer dans des détails qui ne se rapportent pas directement à la construction ordinaire, nous croyons cependant convenable de consacrer quelques paragraphes à l'emploi du béton dans l'eau. Un propriétaire peut avoir une construction à élever au bord d'un lac, d'un ruisseau ou d'un fleuve : il peut vouloir faire un pont dans son parc. Nous allons donc l'aider dans ses opérations et le mettre à même d'exécuter ses projets.

L'immersion du béton en eau profonde présente généralement assez de difficultés. Pour des profondeurs d'eau qui ne dépassent pas de 1^m,50 à 2 mètres, on adopte généralement le *coulage au talus*, qui consiste à descendre d'abord, au moyen d'une coulotte et d'une caisse en planches, une certaine quantité de béton pour former un talus naturel, jusqu'au niveau de l'eau. On fait ensuite progresser ce talus, en posant le béton hors de l'eau sur la crête de ce talus, comme s'il s'agissait d'un remblai. De temps à autre on facilite le glissement au moyen de la pelle. Le béton chasse devant lui la laitance, qu'on a soin d'enlever, au fur et à mesure qu'elle se forme, au moyen de la drague à main ou de pompes. Le coulage au talus est fréquemment employé pour les massifs de radiers ou de fondations de ponts, quand la profondeur d'eau ne passe pas 2 mètres.

Quand la profondeur d'eau excède 2 mètres, le coulage du béton se fait au moyen d'une trémie, ou mieux avec des caisses prismatiques ou demi-cylindriques que l'on descend au fond de l'eau où on les vide, soit en les basculant, soit en ouvrant une soupape. La caisse demi-cylindrique présente sur les autres l'avantage de diminuer les remaniements du béton sous l'eau, et de le maintenir autant que possible à sa consistance première, en réduisant son délayement et la formation de la laitance.

La laitance (chaux détrempée) se produit toujours en plus ou moins grande quantité, suivant les précautions apportées à l'immersion; elle est formée en grande partie par la chaux délayée, mais aussi par la vase qui s'est déposée sur le fond après le dragage, et qui se soulève quand on coule le béton. C'est afin de remplacer la chaux qui s'échappe sous forme de laitance, qu'on en force un peu la dose dans le mortier employé à la fabrication du béton destiné à être coulé.

Quand le béton est coulé dans une enceinte non fermée, la laitance est entraînée naturellement par l'eau s'il existe un petit courant; mais si, au contraire, l'enceinte est bien close, l'eau ne peut se renouveler, et la laitance se dépose en si grande quantité qu'il devient nécessaire de l'enlever.

L'immersion du béton doit se faire sans secousse, afin d'éviter tout délayement; la caisse doit être parfaitement remplie, et la surface du béton égalisée avec le plat de la pelle, de manière à la rendre presque lisse, et par suite plus propre à s'opposer à la pénétration de l'eau dans le béton. La caisse ne doit être vidée que quand elle arrive à 30 ou 40 centimètres du fond.

Quand il y a un courant, les *couches de caissée,* auxquelles on peut donner environ 1 mètre de hauteur, se forment en allant de l'amont vers l'aval, afin de favoriser l'écoulement de la laitance, qui se trouve naturellement entraînée en avant sur la couche inférieure, où elle se dépose, et d'où on l'enlève avec la drague à main ou mieux au moyen d'une pompe.

Les caissées doivent être descendues les unes sur les autres jusqu'à ce que le tas ait la hauteur qu'on veut donner à la couche. Quand un tas est formé, on avance le treuil sur l'emplacement du tas suivant, et on continue ainsi de suite par zones de tas, en ayant soin de toujours comprimer le béton au fur et à mesure de sa pose avec un pilon muni d'un long manche. La laitance va se déposer entre les bases des cônes formant les sommets des tas, d'où il est très important de l'enlever à mesure de sa formation, et surtout avant de placer dessus du nouveau béton, sans quoi elle formerait une espèce de vide sans consistance dans la masse. On facilite l'enlèvement de la laitance en la chassant avec un balai vers la couche inférieure, ou même vers un puisard disposé exprès pour faciliter son aspiration par des pompes.

Quand une couche de caissée de 1 mètre environ d'épaisseur est coulée, on en pose dessus une nouvelle, et l'on continue ainsi de suite jusqu'à ce que le massif de béton arrive à la hauteur voulue.

Au lieu de faire l'immersion du béton par couches horizontales de caissées, pour faciliter l'écoulement de la laitance, on peut aussi le couler par gradins allongés donnant lieu à un talus de 28 de base pour 4 à 5 de hauteur.

Le coulage aux talus avec des caissées a été employé avantageusement pour de grandes profondeurs d'eau. Toute la hauteur de béton se mène d'une seule couche, que l'on pose par bandes appliquées les unes contre les autres, montées successivement du fond jusqu'à la surface, et ayant un talus de 1 et 1/2 à 2 de base pour 1 de hauteur. Sous cette inclinaison, et à cause de la perte du poids due à l'immersion, il ne se produit aucun éboulement ni roulement de pierrailles, surtout si l'on emploie le béton aussi ferme que possible, et qu'on ne le comprime pas trop au fur et à mesure de sa pose. La laitance ne se forme qu'en petite quantité, et elle descend au pied du talus, d'où on l'enlève facilement.

Du battage des pieux ou pilotis. — De la sonnette à tiraudes. La méthode la plus usuelle employée pour le battage des pieux consiste en une succession de coups donnés par une lourde masse en bois ou en fer, nommée *mouton*, et qui est élevée par une corde ou une chaîne agissant sur une poulie fixée au sommet d'un assemblage vertical de charpente, nommé *sonnette*, et qui retombe en liberté sur le pieu à battre.

La construction de la sonnette est très simple, quelle que soit la nature de la force employée ou la manière dont elle est utilisée, il y a peu de différence dans la combinaison des principales parties qui la composent. Les parties principales de la sonnette sont les montants, pièces de charpente verticales et destinées à diriger le mouton dans sa descente ou chute.

Il y a deux espèces de ces machines, que l'on nomme sonnettes à *tiraudes* et sonnettes à *déclic*.

La sonnette à tiraudes (fig. 56) a une disposition fort simple. Sa base horizontale est triangulaire; elle est nommée *enrayure*, et se compose d'une forte pièce de charpente, nommée semelle *aa*, sur laquelle une autre, appelée *queue* (*b*) vient s'assembler d'é-

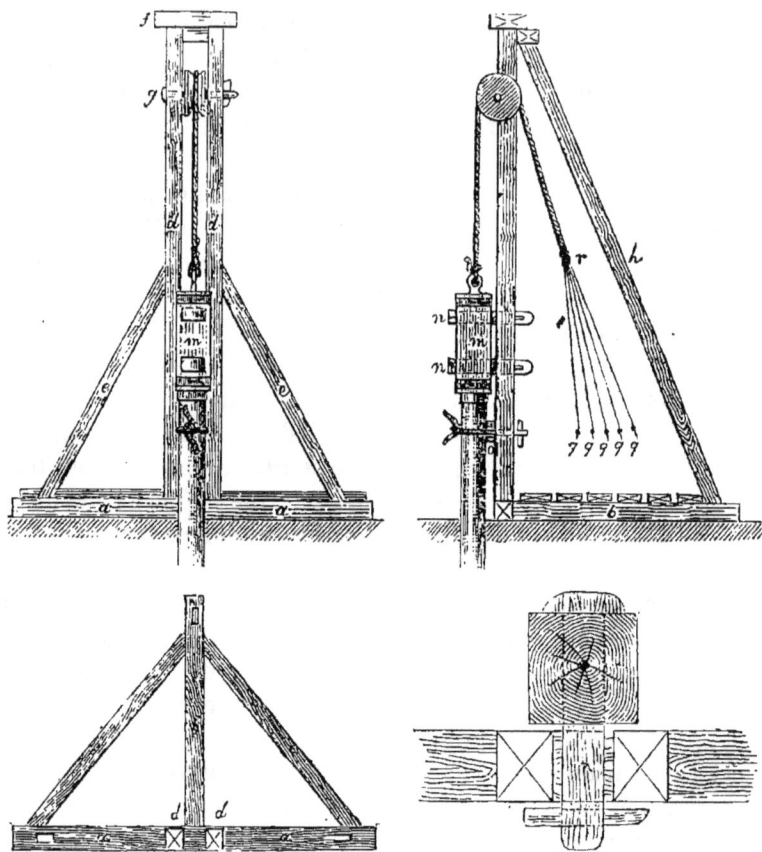

Fig. 56.

querre; viennent ensuite deux *contre-fiches* (*cc*), pièces biaises, assemblées à tenon et mortaises dans la semelle *aa* et la queue *b*, et destinées à maintenir ces deux pièces dans leur position respective. Pour donner de la stabilité à la sonnette, on place sur l'extrémité de la queue des pierres ou une masse de fer, mais de manière à ne pas gêner les hommes qui doivent manœuvrer le mouton.

La partie verticale d'une sonnette se compose de deux montants *dd*, qu'on nomme aussi jumelles, assemblés sur la semelle

aa; ces deux montants sont réunis à leur sommet par une clef ou tête, appelée aussi chapeau, et maintenus par deux pièces biaises ou contre-fiches (ee), qui, s'appuyant sur la semelle aa, empêchent tout déversement latéral des jumelles.

Afin de maintenir les jumelles verticales de l'arrière à l'avant, on emploie une cinquième pièce de charpente biaise ou arc-boutant (h). Cet arc-boutant est traversé par de fortes chevilles en bois, qui servent d'échelons pour monter jusqu'au sommet de la sonnette; et cette disposition lui a fait donner entre autres dénominations, celles d'*échelette* et de *rancher*.

Entre les jumelles est placée une poulie fixe (g).

La masse de bois ou de fer m, ou mouton, glisse en avant et entre les deux jumelles; elle y est maintenue par des pièces de bois (nn) nommées guides. A l'anneau ou au crochet pratiqué au centre et au sommet de la masse prismatique, ou mouton, est attachée une corde qui passe sur la poulie g, et à l'extrémité de cette corde, de l'autre côté de la poulie, en r, s'attachent les plus petites cordes (qr, qr, etc.), nommées tiraudes, sur lesquelles agissent les manœuvres qui doivent faire fonctionner la machine.

Un pieu étant placé sous le mouton et maintenu aussi verticalement que possible au moyen d'un guide (o), nommé *bonhomme*, auquel il est attaché par une corde, et qui glisse entre les jumelles, s'enfoncera successivement dans le sol, par le choc réitéré du mouton.

Un charpentier, qu'on désigne sous le nom d'*enrimeur*, dirige la manœuvre de la machine. Aidé des manœuvres, il met le pilotis *en fiche*, c'est-à-dire dans la position verticale correspondant à l'axe du mouton, l'attache au bonhomme et le maintient le mieux possible dans sa direction, pendant le battage.

Il s'agit maintenant de savoir le nombre de coups qu'un mouton peut frapper par minute.

Supposons que la somme du poids et des résistances provenant des frottements et de la raideur de la corde (résistances qu'on peut calculer séparément) soit de 180 kilogrammes. Une des conséquences générales déduites d'expériences faites sur les moteurs animés, c'est qu'un manœuvre élevant des poids avec une corde et une poulie (ce qui l'oblige à faire descendre la corde à vide,, élève avec un effort moyen 10 kilogrammes avec une vitesse de $0^m,20$ par seconde.

Supposons que la hauteur à laquelle doit être élevé le mouton soit de $1^m.30$. Il faut pour arriver au résultat demandé diviser la hauteur $1^m,30$ par $0^m,20$ le quotient $6,5$ exprime le nombre de secondes qu'il faut pour chaque coup de mouton, et $\frac{60''}{6,5}$ exprime le nombre de coups de mouton par minute exigible des ouvriers une fois que le pilotis est mis en place. Comme $60''$ divisées par $6,5 = 9,23$ ce nombre est le nombre demandé.

Si un homme ne produit qu'un effort moyen de 18 kilogrammes, il faudra donc pour faire un travail suivi avec le mouton de 180 kilogrammes, en travaillant six heures effectives par jour, employer dix hommes.

Comme pour mettre le pilotis en fiche, ainsi que pour les petits repos qu'il faut accorder aux ouvriers, il y a environ un tiers du temps total employé; si l'on compte ensuite le nombre des coups de mouton d'après le temps total, il n'y aura que six coups de mouton donnés par minute. Mais alors la durée du travail ou plutôt de la journée, au lieu d'être de six heures, devra être portée à neuf heures.

Dans les chantiers de construction, on exige ordinairement des ouvriers dix coups de mouton par minute, et on leur fait donner trente coups de suite. Ces trente coups forment ce qu'on nomme une *volée*, et après chaque volée on leur donne un petit repos.

Le mouton est une forte masse, prismatique, ordinairement parallélipipédique, soit en bois, soit en fonte de fer, qui est destiné à frapper avec force comme un gros marteau sur la tête des pieux pour les enfoncer dans le sol. Il peut être fait avec un bout de poutre; il doit être fretté ou cerclé à ses deux extrémités supérieure et inférieure, et avoir un poids tel que huit à dix hommes puissent facilement le lever, c'est-à-dire de 144 à 180 kilogrammes.

Dans les pays où, comme en Allemagne par exemple, l'on construit des sonnettes à un seul montant, le mouton est maintenu dans sa position au moyen de guides ou bras encastrés, et

ces bras eux-mêmes sont munis de boulons mobiles transversaux, qui glissent sur les faces de derrière et de devant du montant, et qui permettent aux guides de glisser à leur tour sur les
faces latérales de ce dernier. Mais cette sorte de machine ne peut

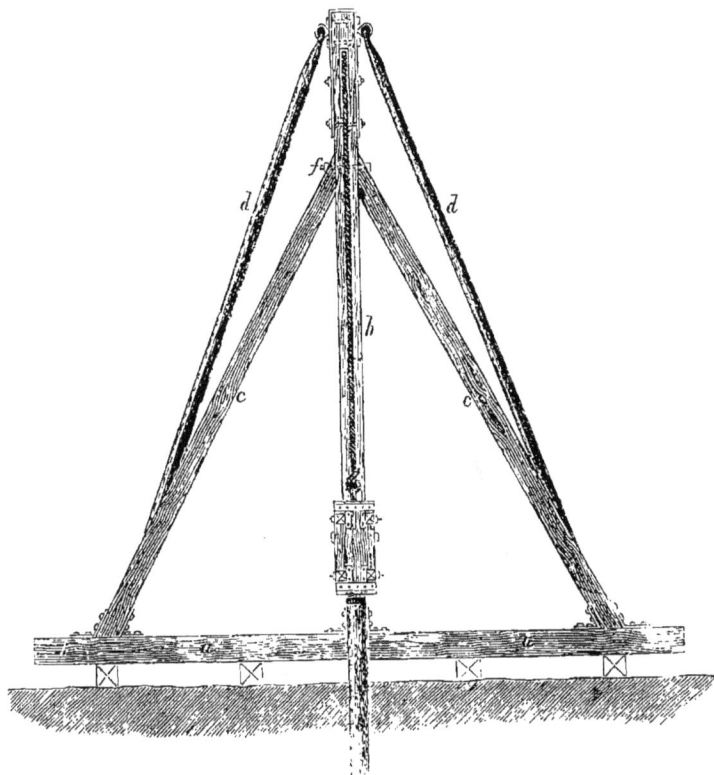

Fig. 57.

être employée que dans des travaux légers, où il ne s'agit que
d'enfoncer des pieux de moyenne grosseur à peu de profondeur.

Voici comment cette sonnette est construite :

Sur la semelle a s'élève le montant b, d'environ 5 mètres de
hauteur, assemblé à tenon et mortaise dans la semelle et consolidé au moyen de deux équerres placées sur les faces latérales
ainsi que l'indiquent les figures 57,58. La position verticale et à

angle droit du montant sur la semelle est assurée latéralement par deux pièces biaises ou contrefiches (*cc*), assemblées à tenon et mortaise dans le montant et dans la semelle. A leur extrémité supérieure, elles sont encore consolidées par un boulon à écrou (*f*). Cette machine, composée de la semelle, du montant et des contrefiches, est posée sur une sorte de plancher, formé de pou-

trelles et de madriers sur lesquels se placent les ouvriers, et de manière à ce qu'elle se trouve derrière le pieu à battre. A l'extrémité supérieure du montant, de chaque côté, est pratiqué un œil en fer dans lequel passe un crochet fixé à un montant léger ou gaule qui aboutit au plancher. Ces deux petits montants biais (*dd*) maintiennent le montant principal dans sa position verticale, et servent aussi à maintenir la sonnette en équilibre quand on la change de place ou de position. Ces deux petits arcs-boutants *dd* sont ferrés en pointe à leur extrémité inférieure.

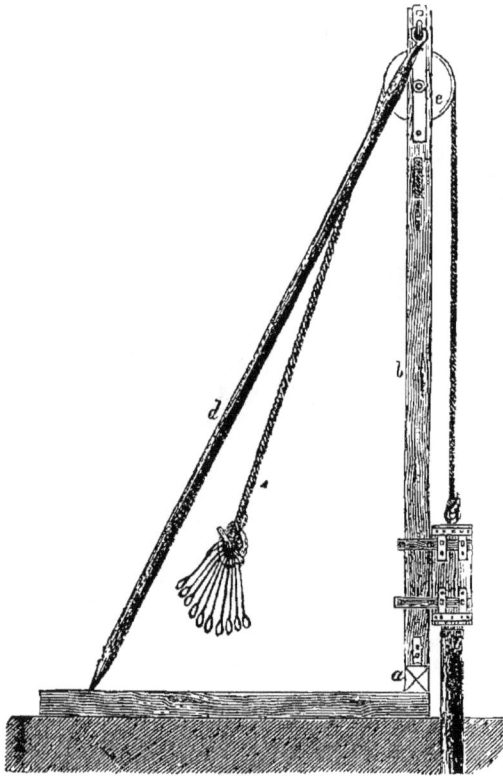

Fig. 58.

La poulie *e*, sur laquelle est conduite la corde qui soulève le mouton, est pratiquée dans une mortaise spacieuse qui traverse le montant principal de part en part. La tête du montant est consolidée par une ferrure boulonnée, dans laquelle tourne aussi l'axe de la poulie, ainsi que l'indique la fig. 58.

Les figures 59, 60 montrent le mouton de face et de côté. La dimension horizontale du mouton est terminée par celle du montant, car il faut que les guides ou bras encastrés puissent glisser le long des deux faces latérales de ce montant, en ayant soin de laisser pour le jeu une petite distance de deux à trois millimètres. Supposons que l'épaisseur du montant soit de 18 centimètres, celle des guides ou bras de 10, on aura pour la longueur horizontale de chaque face du mouton 38 centimètres 4 millimètres. Il est clair que la hauteur du mouton est déterminée par le poids qu'on lui donne : cette hauteur est d'ordinaire de 1 mètre à $1^m,30$. Les guides du mouton encastrés entièrement dans ce dernier, comme nous l'avons déjà dit, sont assujettis entre eux et au mouton par quatre boulons à vis et écrou. Sur chacune des faces du mouton, on pratique quatre ferrures verticales en fer méplat, dont huit maintiennent de plus les guides sur les faces latérales. Ces seize ferrures verticales forment crochet à celles de leurs extrémités aboutissant au haut et au bas du mouton, et maintiennent ainsi les frettes ou cercles inférieur et supérieur. Les quatre boulons traversant les guides devant et derrière le montant b, formant office de galets, doivent avoir leur œil garni d'une boîte cylindrique en métal et de préférence en cuivre. D'un côté le boulon a une tête fixe, mais de l'autre une petite ouverture oblongue et longitudinale, dans laquelle est passée une clavette à ressort.

L'anneau destiné à assujettir la corde qui doit faire manœuvrer le mouton peut être forgé à l'extrémité d'une barre de fer

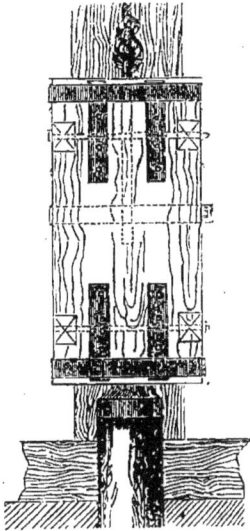

Fig. 59.

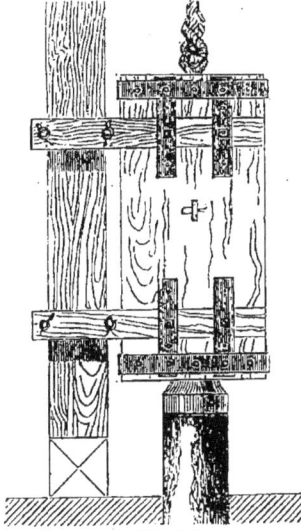

Fig. 60.

Fig. 61.

qui elle-même descend au milieu du mouton, où elle est maintenue par un boulon transversal (fig. 61). Au lieu d'anneau on emploie quelquefois un crochet fixé à une traverse en fer repliée sur deux faces du mouton et maintenue par la frette supérieure.

On concevra facilement que pour l'établissement d'une sonnette il ne faut employer que du bois bien sec et ne subissant en aucune manière l'influence de l'air. Il faut aussi avoir soin que les assemblages soient faits avec précision, que les boulons faisant fonction de galets roulent et glissent bien, et enfin que les équerres et autres ouvrages de serrurerie soient convenablement ajustés et posés.

Il va sans dire que la sonnette doit être posée de manière à ce que le milieu de la face inférieure du mouton frappe bien verticalement la tête du pieu à enfoncer. Il faut bien se mettre dans l'esprit que des soins que l'on apporte à la bonne confection de la sonnette et du mouton, ainsi qu'aux ouvrages qu'on exécute par leur moyen, dépendent la bonté et la perfection des constructions futures qu'on élèvera dessus.

Si la sonnette a deux jumelles, le mouton, s'il est en bois, aura huit guides au lieu de quatre. Ces guides seront en bois, comme le mouton, et en bois de charme de préférence. Ces huit guides

Fig. 62.

ne feront que quatre pièces de charpente; car chacun des quatre guides traversera le mouton, ainsi que l'indiquent les fig. 61, 62, et sera boulonné à travers ce dernier. La conduite du mouton se fait sûrement; mû entre deux montants, il est propre à battre des pieux sur un plan incliné quand ces pieux doivent prendre une position biaise.

On se sert, dans la plus grande partie de l'Allemagne septentrionale, d'une sorte de sonnette très simple et très solide. Au sommet, des jumelles sont maintenues dans leur position verticale et parallèle par une clef horizontale qui est assemblée sur chacune d'elles à queue d'aronde et boulonnée; le déversement de l'avant à l'arrière est empêché par deux fortes contre-fiches. L'axe de la poulie est posé au milieu de l'épaisseur de bois des contre-fiches de derrière, lesquelles sont reliées, en outre, par une autre clef, pour chacune d'elles, aux jumelles. Les deux contre-fiches servent de montants dans lesquels sont pratiqués des échelons afin de faciliter l'ascension des ouvriers au sommet de la sonnette, pour pouvoir graisser la poulie, y faire passer la corde et faire en général toutes les dispositions nécessaires à la mise en fiche et au mouvement de la machine.

Si le mouton est en bois, il aura huit guides ou bras, comme l'indique la fig. 61 ; si au contraire il est en fonte, il aura sur ses flancs des côtes saillantes, ou languettes qui glisseront dans des rainures pratiquées dans les jumelles.

Quant à la poulie sur laquelle se meut la corde, elle est en bois quand le mouton lui-même est en bois, et s'il est en fonte la poulie est également en fer. Le diamètre de la poulie est déterminé par la grosseur de la corde employée ; ce diamètre doit être d'autant plus étendu que la corde est forte. Plus la poulie est petite, plus aussi est considérable la perte de la traction amenée par la raideur de la corde, et plus encore est fort le frottement de l'axe de la poulie.

Si le mouton est en bois et léger, d'un poids de 150 kilogrammes, par exemple, le diamètre de la poulie ne devra point être moindre de 45 à 48 centimètres, et le diamètre de la poulie augmente en raison du poids du mouton dans une proportion telle que ce diamètre devra être d'un mètre pour un poids de 500 kilogrammes.

S'il s'agit d'enfoncer des pieux dans un sol recouvert d'eau, on établira la sonnette sur un plancher porté soit par des chevalets s'il y a peu d'eau, soit par des bateaux si l'eau présente trop de profondeur ou trop de rapidité pour établir les chevalets.

De la sonnette à déclic La sonnette à déclic ne diffère de la sonnette à tirandes qu'en ce que la corde du mouton, au lieu d'être directement tirée par des hommes, vient s'enrouler sur le corps d'un treuil à engrenage. Une roue dentée est fixée sur l'arbre du corps du treuil. Cette roue engrène avec un pignon, dont l'arbre porte à chaque bout une manivelle. L'arbre du pignon peut glisser dans le sens de sa longueur, de manière à dégager le pignon de la roue d'engrenage, et ce mouvement s'opère par les soins d'un ouvrier lorsque le mouton est élevé à la hauteur convenable..

La grande roue et le corps du treuil, entraînés par le poids du mouton, tournent alors en sens inverse, et le mouton vient frapper le pieu à battre. La corde, filant avec beaucoup de rapidité, continuerait à se dérouler après la chute du mouton, en vertu de la vitesse acquise. Pour obvier à cet excès de déroulement qui occasionnerait une perte de temps, sur l'arbre du treuil est placé un frein double, et l'ouvrier qui a désengrené le pignon serre fortement ce frein aussitôt qu'il entend le coup du mouton. Pendant cette manœuvre, les ouvriers continuent à tourner les manivelles, toujours dans le sens convenable, pour élever le mouton, et. il n'y a qu'à rengrener le pignon après chaque coup.

Cette disposition de sonnette exige une surveillance attentive du travail vers la fin du battage, pour s'assurer que le pilotis a atteint le refus jugé nécessaire : attendu que l'ouvrier qui manœuvre le frein peut en faire usage pour amortir le coup du mouton. On peut se mettre à l'abri de cette fraude en adaptant à ce mouton l'appareil à détente, au moyen duquel le mouton, se séparant de la corde lorsqu'il a atteint la hauteur voulue, retombe sans entrave. D'après des expériences, on a calculé que dans une hauteur de 1 mètre 30 centimètres le mouton doit donner 9 coups par minute.

S'il s'agit d'enfoncer des pieux dans un sol recouvert d'eau, lorsque le guide du pilotis a atteint la semelle de la sonnette, on se sert pour continuer le battage d'un faux-pieu fretté des deux bouts, maintenu sur la tête du pilotis par une fiche en fer et attachée au bonhomme.

Les sonnettes à déclic permettent de se servir facilement de lourds moutons du poids de 400 à 500 kilogrammes et même au delà, procurant une grande économie (dans des travaux considérables et d'importance) dans la main-d'œuvre. du battage des pieux. Suivant les observations faites, toutes choses égales d'ailleurs, ces frais ne seraient que 0,65 à 0,70 de ceux qu'entraîne la sonnette à tiraudes.

Nous avons parlé plus haut d'un appareil à détente, nous allons en donner la description. La fig. 63 offre la coupe de cet appareil. Le crochet à détente se meut sur un axe horizontal dont les points d'appui son t pratiqués dans un bloc mobile et dont la fig. 64 donne le plan. Dès que le crochet du haut du bloc mobile, retourné sur la face de la sonnette, frappe avec son extrémité oblongue et arrondie du haut, contre la clef ou étrésillon, le crochet en continuant à être élevé s'échappe dans sa partie inférieure de l'œil ou anneau dans lequel il était passé, et le mouton tombe de haut en bas. Une bascule du même genre est figurée dans les fig. 65 et 66, qui en donnent l'élévation et le côté latéral. Dans l'exemple précédent le chapeau de la détente est en fer, tandis que dans le dernier il est

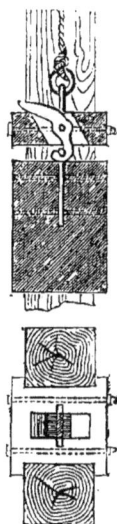

Fig. 63 et 64.

remplacé par une pièce de bois solidement boulonnée et glissant dans les rainures des jumelles. Ce chapeau empêche le crochet de dépasser la hauteur voulue, et sert à le faire basculer. Le chapeau qui dirige le crochet est posé au-dessus de lui, et, composé lui-même de deux pièces de charpente épaisses, il enveloppe une courte barre de fer, qui à son extrémité supérieure a un œil dans lequel est attachée la corde de manœuvre; à son extrémité inférieure cette barre a une fourchette, à travers laquelle passe un boulon à écrou qui réunit le crochet à la fourchette au point où la bascule du premier doit avoir lieu par son évolution.

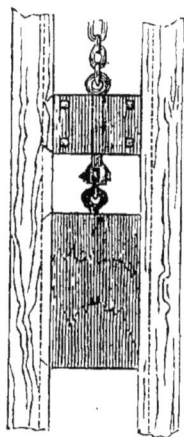

On se sert beaucoup en Allemagne de la sonnette à déclic et de l'appareil

Fig. 65.   Fig. 66.

à détente. Si la force du manœuvre dans ce genre de sonnette est double de ce qu'elle est dans les sonnettes à tiraudes, la première a encore un autre et grand avantage, celui de pouvoir élever le mouton à une hauteur du double de celle qu'atteint la sonnette à tiraudes. Il résulte d'expériences faites avec les deux sonnettes, enfonçant, avec des moutons de poids égal, des pieux de même grosseur et de même longueur à une même profondeur dans le même sol, que la sonnette à tiraudes manœuvrée par vingt-deux hommes et un charpentier ne pouvait faire monter le mouton qu'à 1^m,57, tandis que celle à déclic et détente faisait monter à chaque effort le mouton à 4 mètres : chaque sonnette battait 48 pieux; or celle à tiraudes mit 28 jours et l'autre seulement 18 à faire cet ouvrage.

Il s'ensuit donc que la sonnette à tiraudes nécessitait pour un même travail huit fois plus d'ouvriers et qu'elle employait plus d'un tiers de temps de plus que la sonnette à déclic et à détente. Si l'on considère encore que quatre ouvriers employés aux manivelles d'un treuil convenablement établi sont capables d'élever un mouton pesant de 5 à 600 kilogrammes à 3^m,75, jusqu'à 7^m,50, on verra l'avantage qu'il y aura à se servir de la sonnette à déclic et à détente pour des fondements de quelque étendue.

La tête ou couronne de tout pieu ou pilotis doit être armée d'un cercle de fer pour l'empêcher d'éclater. Quand le battage s'est prolongé sur un pieu, les fibres de la tête de ce pieu sont comprimées et deviennent spongieuses; cet état forme un lit mou, qui nuit à l'effet du mouton. Il est convenable de couper alors le pieu jusqu'au bois ferme, et de le fretter de nouveau avec grand soin avant de continuer le battage.

Des pieux ou pilotis Il résulte de nombreuses expériences sur la résistance des bois, que des cubes en bois posés debout, c'est-à-dire dont la direction des fibres est verticale, ne sont écrasés que lorsqu'on charge le centimètre carré :

pour le chêne, de 384 à 461 kilogrammes;
—   sapin, de 438 à 461   —

La compression qui précède l'écrasement est de 1/3 pour le bois de chêne et de la 1/2 pour le bois de sapin, de leur hauteur.

Or comme la résistance des bois debout ou des pieux diminue dès qu'ils commencent à plier et qu'ils plient d'autant plus qu'ils ont plus de longueur, cette diminution dépend de la hauteur et de la surface transversale. Rondelet donne la progression suivante de la force des bois dans le rapport de leur hauteur ou longueur avec leur surface :

Rapport de la hauteur à la superficie horizontale......	1	12	24	36	48	60	72
Rapport de leur résistance...	1	5/6	1/2	1/3	1/6	1/12	1/24
Force du bois de chêne et du bois de sapin en kilogrammes par centimètre carré..	420	350	210	140	70	35	17.5

Pour que cependant ces expériences puissent trouver leur application dans la pratique, Rondelet donne pour règle, en supposant qu'il se trouve une infinité de circonstances qui peuvent doubler ou tripler l'effort d'un poids ou d'une charge, qu'il est prudent de ne compter la force d'un poteau dont la hauteur n'excède pas dix fois la longueur de sa base, qu'à raison de 48 kilogrammes par centimètre carré, et pour un poteau dont la hauteur serait de quinze fois la longueur de la base seulement 38 kilogrammes par centimètre carré.

Si l'on admet pour la stabilité d'un pieu 1/7 du poids qu'il faut pour l'écraser, on aura les nombres du tableau suivant, que Rondelet indique comme poids pour les bois selon le rapport de leur hauteur à la plus petite superficie de leur face transversale.

Rapport de la longueur à la plus petite superf. transversale......	1	12	14	16	18	20	22	24	28	32	36	40
Charge en kilogrammes par cent. carré...		45,0	44,3	42,0	39,4	37,0	35,0	32,7	30,6	26,0	22,6	19,1	15,4

Quant aux pieux, en s'aidant du résultat des expériences faites par Rondelet, on pourrait trouver un guide dans les essais faits par Hodgkinson sur la résistance des bois de forme cylindrique posés verticalement dans la direction longitudinale de leurs fibres.

Hogkinson à trouvé par des expériences faites sur des bois de forme cylindrique de 25,4 millimètres de diamètre et 50,8 millimètres de hauteur, dont la hauteur était par conséquent double du diamètre de la surface transversale, les résistances des bois comme il suit :

POIDS EN KILOGRAMMES PAR CENTIMÈTRE CARRÉ QUI AMENA L'ÉCRASEMENT.

	Bois secs ordinaires.	Bois extraordinaires secs.
Chêne	455,679	706,850
Hêtre	543,455	658,000
Aune	480,065	489,120
Pin sauvage des bois	403,955	462,847
Pin	379.147	528,346
Sapin (*pinus abies*)	476,550	512,545
Mélèze	224,958	391,304
Noyer	426,092	507,895

Hodgkinson dit que les pieux en bois de chêne ont une résistance qu'on peut calculer au moyen de la formule suivante : que P soit le poids qu'ils peuvent supporter, exprimé en kilogrammes, que a soit la plus petite mesure et b la plus grande de la surface transversale, exprimées en centimètres, et l la longueur ou hauteur des pieux en décimètres, on aura :

pour des pieux carrés : P kilogrammes $= 2565 \dfrac{b^4}{l^2}$;

pour des pieux rectangulaires : P kilogrammes $= 2565 \dfrac{ab^3}{l^2}$.

Comme on ne doit admettre que 1/10 du poids pour la résistance de pieux battus, de celui qui amènerait l'écrasement, Hodgkinson donne la formule qui suit :

pour des pieux carrés en bois de chêne : P $=$ en kilog. $256,5 \dfrac{b^4}{l^2}$;

pour des pieux rectangulaires en chêne : P $=$ en kilog. $256,5 \dfrac{ab^3}{l^2}$;

pour des pieux carrés en pin des bois : P $= 214,2 \dfrac{b^4}{l^2}$:

pour des pieux rectangulaires : P $= 214,2 \dfrac{ab^3}{l^2}$.

La profondeur à laquelle doivent être battus ou enfoncés les pieux et le poids destiné à les battre dépendent de la qualité du sol et de la charge que doit supporter le pieu. On admet en général que le poids du mouton dans le battage sur la tête du pieu doit être le double du poids que doit supporter le pieu une fois enfoncé, et qu'il faut poursuivre le battage jusqu'à ce que le poids du mouton à une même élévation ne produise plus après chaque volée que 2 à 3 millimètres d'effet. Dans les fondements de bâtiments de très grand poids, on ne considère la stabilité absolue des pieux que lorsqu'à la suite de trois volées successives ils ne s'enfoncent pas au delà de 2 à 3 millimètres.

Il est impossible d'indiquer la hauteur du battage d'un pieu opéré par un certain poids du mouton, et il est tout aussi impossible de préciser par la nature du battage combien un pieu pourrait supporter de charge une fois enfoncé. C'est ce que l'expérience seule peut apprendre : car dans un sol de nature égale le battage des pieux est quelquefois différent, et dans un sol de nature inégale le battage est nécessairement inégal dès que les couches de matières à travers lesquelles les pieux sont chassés se trouvent différentes. On a vu quelquefois que le battage dans un sol d'inégale nature n'enfonçait plus les pieux que de 2 ou 3 millimètres à la suite de volées régulières et de repos intermédiaires, et qu'ils arrivaient ainsi à la stabilité absolue. Cependant, en reprenant le battage au bout de quelques jours, le pieu s'enfonçait de nouveau à chaque volée, et cela de plusieurs millimètres et quelquefois même de quelques centimètres.

C'est au charpentier enrimeur à savoir, d'après le mouvement plus ou moins régulier des pieux, s'il faut continuer l'action du mouton pour arriver à la stabilité voulue des pieux, ou bien s'il est utile d'interrompre le battage pendant quelques jours afin de consommer alors cette stabilité d'une manière absolue.

Comme on est obligé pour les fondements d'enfoncer plusieurs rangées parallèles de pieux les unes à la suite de autres, il s'agit de savoir s'il faut commencer par les rangées intérieures ou extérieures du bâtiment. Il faut commencer par la rangée de pieux extérieure, continuer par la rangée intérieure et terminer par la ou les rangées intermédiaires.

Le battage des pieux extérieurs comprime le sol également sur les deux côtés, en sorte que les pieux qui devront y être enfoncés trouveront plus de fermeté de terrain, et par conséquent n'auront pas besoin d'être enfoncés aussi profondément que les pieux des rangées extérieures.

Si les pieux intermédiaires ou du milieu étaient battus en premier, il s'ensuivrait infailliblement que les pieux des rangées extérieures, trouvant une plus forte résistance vers le milieu du sol comprimé, s'enfonceraient d'aplomb par l'action du mouton, comprimeraient encore latéralement le sol du milieu déjà lui-même comprimé, le soulèveraient, le rendraient meuble, ce qui ébranlerait les pieux du centre.

Il est bon aussi de repasser le battage des rangées du milieu si les pieux qui les composent doivent atteindre la stabilité absolue avant d'y faire porter le poids définitif.

Quand la fouille est assez profondément pratiquée pour commencer le battage tracé d'après le plan par le constructeur, on fouille encore le sol pour y placer chaque pieu, et cela aussi profondément que le permet la nature du sol. Ensuite on place le pieu contre la sonnette, de manière à ce qu'il se trouve en dessous et au milieu du mouton; cette opération s'appelle l'*enfermer*. Si les pieux sont d'une longueur considérable, il faut nécessairement placer la sonnette sur un échafaudage ou de forts chevalets. Dès que l'enrimeur a légèrement enfoncé le pieu en terre, soit en l'ayant tourné, soit en l'ayant soulevé pour ensuite le laisser retomber, il doit l'assujettir avec un lien quelconque, une corde ou une chaine, au montant ou aux jumelles. Cette opération peut se répéter en haut et en bas du pieu.

Puis on commence le battage avec le mouton, d'abord lentement avec des intervalles réguliers entre les coups ; peu après on peut battre plus vite jusqu'à ce qu'on ait atteint le nombre voulu par minute. Dans le cours du battage, à un tiers de sa hauteur à partir du bas, le pieu est embrassé par des cordes ou chaînes pour qu'on puisse le maintenir par des leviers dans la direction qu'il doit avoir. Afin de pouvoir le plomber, on aura tiré au chantier trois lignes parallèles au moyen de coups de cordeau à l'axe du pieu et dans sa longueur, et qui, en étant plombées, devront toujours tomber d'aplomb avec le centre du pieu.

Pour manœuvrer la sonnette et surtout tirer le mouton, il faut

choisir des hommes jeunes et robustes, qu'on place en cercle sur
le plancher, et en plusieurs cercles si le mouton est d'un grand
poids, les hommes de petite taille au centre et les hommes grands
en dehors, pour que l'action du tirage soit identique dans les
cercles. Le cercle intérieur doit être formé d'un nombre d'hommes
tel qu'ils ne se gênent point dans leurs mouvements et avoir la
face tournée vers le nœud d'où partent les tiraudes. Il faut exiger
que les hommes manœuvrent avec un ensemble parfait.

Après un certain nombre de coups, on crie aux ouvriers employés à cette corvée : *au renard*, pour les faire cesser tous en même
temps, et *au lard* pour les faire recommencer. Ce commandement
est prononcé par l'enrimeur. Aux mots de *au lard*, ils doivent
faire un effort qui fasse monter le mouton au moins à $1^m,50$ ou à
$1^m,90$. Si le commandement est bien exécuté, si les hommes agissent ensemble et avec énergie, le mouton s'élèvera à une hauteur
encore plus considérable.

Extraction d'anciens pilotis Dans le cas où l'emplacement
destiné à recevoir des fondements offrirait d'anciens pieux dont on ne pourrait se servir pour
une cause quelconque et qu'il faudrait faire disparaître ; quand
dans le battage de pieux nouveaux ceux-ci ne s'enfoncent pas
d'une manière satisfaisante et convenable, ou bien quand il s'agit,
après les fondements achevés, d'enlever des pieux ayant servi à
des batardeaux, voici comment il faudra opérer. Pour extraire un
ancien ou nouveau pieu du sol, il faut lui faire subir un ébranlement en le frappant sur ses côtés ; ensuite il faut rendre le terrain
qui l'enveloppe aussi meuble que possible. Si l'emplacement est
libre on se servira ensuite d'un levier puissant, formé d'une poutrelle.

Le point d'appui du levier doit être posé le plus près possible du
pieu à extraire ; ce levier est adapté à une machine de charpente
composée de deux semelles, de deux petits montants, maintenus
par des contre-fiches, coiffés d'un chapeau et munis d'une poulie.
Le point d'appui a pour base une poutrelle posée en travers ; il
peut aussi être formé d'un pieu battu ; ou bien, si l'un et l'autre
sont impossibles à pratiquer, on se servira d'un châssis épais en

chêne et fortement boulonné. Pour élever le levier, on se sert
d'une corde et d'une poulie qui tourne entre les deux montants.
Dès que la partie la plus étendue du levier est levée et que la plus
courte est abaissée, son extrémité est reliée au pieu à extraire
par une chaîne, très courte et tendue dès l'origine afin d'empêcher
l'arrière du levier de s'abaisser, avant que la manœuvre ne soit
commencée. Alors les manœuvres saisissent les tiraudes fixées à
l'extrémité supérieure du levier et commencent l'opération.

Quelquefois cependant on fait une amélioration au levier, qui
consiste à le ferrer à son extrémité d'un fort crochet auquel est
attachée la chaîne fixée au pieu à arracher. Ensuite on le munit
d'un axe qui tourne sur des supports fixés sur les semelles, et qui
sert de point d'appui quand on change la machine de place. On
peut voir par son étendue qu'elle n'est pas praticable dans tous
les cas; et s'il s'agit d'extraire des pieux dans l'eau, on devra utiliser des chevalets ou des bateaux.

Enture des pieux Le cas peut se présenter que la longueur
d'un pilotis ne suffise pas pour le battre
jusqu'au bon sol. Dans ce cas il faut pratiquer une enture, c'est-
à-dire greffer un prolongement de pieu sur celui qui est déjà
battu. Les deux faces à joindre bout à bout doi-

vent être taillées bien d'équerre sur l'axe du pieu
et rendues aussi lisses que possible avec le rabot. Il y a plusieurs sortes d'entures. La liaison
la plus simple est celle qui consiste à cercler
d'un anneau de fer de 8 à 11 centimètres de largeur le pilotis battu, de telle sorte que la moitié
de la longueur de l'anneau ou cercle s'emboîte
sur le pilotis en question, tandis que l'autre
moitié reste saillante pour recevoir le pied de
l'enture. Cette sorte de frette sera entaillée de
son épaisseur dans les deux parties à enter,
ainsi que l'indique la fig. 67 en *a*. Afin d'augmenter l'adhésion des deux faces horizontales,
on enfoncera dans l'axe du pieu et verticalement
un clou à deux pointes, dont on facilitera la

Fig. 67.

pénétration dans les deux pièces à unir, en amorçant des trous où ils doivent entrer. Il ne faut jamais faire d'entures biaises ni employer de chevilles transversales dans l'opération dont nous parlons, parce que toute autre liaison non horizontale serait brisée par l'action du mouton qui frappera dessus.

Dans le cas où des pieux entés seront battus par un mouton d'un très grand poids, on se sert d'un disque en fer pour empêcher la compression réciproque des deux faces horizontales des pieux. Ce disque se placera dans l'enture et sera adhérent à la frette extérieure, et supportera aussi le clou central à deux pointes (fig. 67). Quand les travaux sont étendus et considérables, cet appareil d'une pièce, composé du disque, de la frette et du clou, sera en fer fondu. Dans tous les cas le fer forgé sera préférable. Si l'on voulait encore consolider cette enture, on emploierait des bandes de fer méplat placées longitudinalement, clouées sur le pieu ou vissées à travers la frette.

Ferrure des pieux La grosseur des pieux dépend en partie de leur longueur, mais en partie aussi du poids que doit supporter chaque pieu isolé du grillage ; cette grosseur dépend encore de l'espèce de bois employé. Pour se rendre compte de la longueur à donner aux pieux, il faut enfoncer des pieux d'essai ; c'est la manière la plus sûre d'arriver à un bon résultat. Cependant on a admis dans la pratique que pour des pieux d'une longueur de 3 mètres à 3^m,80, leur diamètre doit être à la tête de 24 à 26 centimètres ; pour une longueur de 5 mètres, 30 centimètres à la tête. Si la longueur des pieux dépasse 5 mètres, leur diamètre doit augmenter de 25 millimètres au moins pour chaque mètre cinquante centimètres en plus des 5 mètres.

Les bois les plus estimés pour l'usage des pieux sont le mélèze, le sapin (non saigné), le hêtre et le chêne. On choisira toujours des bois sains, bien droits, sans nœuds et sans fentes. La plus petite grosseur du pieu sera placée en bas pour entrer dans le sol ; et, afin que le battage se fasse avec plus de facilité, on écorcera les pieux avant de les enfoncer. Les pieux circulaires, cylindriques s'enfoncent plus facilement que les pieux équarris.

Afin de mieux percer le sol et ouvrir un passage facile entre les pierres, il est généralement d'usage de munir le bas du pieu d'une pointe en fer, nommée *sabot*.

On taillera le bout du pieu en forme de pyramide à quatre faces, comme le montre la fig. 68. Cette pyramide devra avoir pour hauteur une fois et demie ou double du diamètre du pieu; quand le sol est léger ou meuble, on peut même prendre pour hauteur de la pyramide trois fois le diamètre inférieur du pieu. La pointe ne doit pas être taillée trop aigüe, mais former presque une pyramide tronquée, comme l'indique encore la même figure, et dont les côtés n'auront que 4 à 5 centimètres de longueur.

La fig. 69 donne la forme du sabot et la manière de le fixer à l'extrémité du pieu. Ce sabot sera en *fer forgé* et fixé sur les quatre faces pyramidales au moyen de clous qui traverseront les branches du sabot, comme l'indique suffisamment la fig. 69.

Nous avons donné précédemment, page 159, la manière de calculer la résistance des bois par centimètre carré, et nous y renvoyons le lecteur.

Fig. 68.

Fig. 69.

Des grillages sur pilotis — Le grillage en charpente posé sur des pieux enfoncés dans le sol étant destiné à former un appui ou une base horizontale pour la maçonnerie qui s'élève dessus, nous aurons à nous occuper des dispositions diverses à donner à la pose des grillages et des moyens à employer pour empêcher le terrain comprimé par le battage des pieux de devenir meuble.

On pose habituellement les pièces longitudinales d'un grillage directement sur la tête des pilotis, et on les y fixe par des tenons, puis on place d'équerre sur les pièces longitudinales les pièces transversales, qu'on consolide en les assemblant au moyen d'entailles à mi-bois. Comme les pieux doivent toujours être battus à distance égale les uns des autres, tant dans la longueur que dans la largeur, et qu'on doit poser les pièces transversales verticalement sur l'axe des pilotis, il s'ensuit que ces pièces forment en se croisant avec les pièces longitudinales de véritables grils.

Fig. 70.

On peut ne pas entailler les pièces en question et les poser les unes transversalement sur les autres, ainsi que l'indique la fig. 70. On les entaille aussi à mi-bois (fig. 71), ce qui produit un grand affaiblissement des bois. Il vaut donc mieux ne les entailler qu'au quart ou au tiers du bois; cette dernière manière est souvent pratiquée dans les grandes constructions de l'État en Angleterre, dans lesquelles on emploie de très fortes pièces de bois pour les grillages de fondements. Quand les pièces du grillage sont entaillées

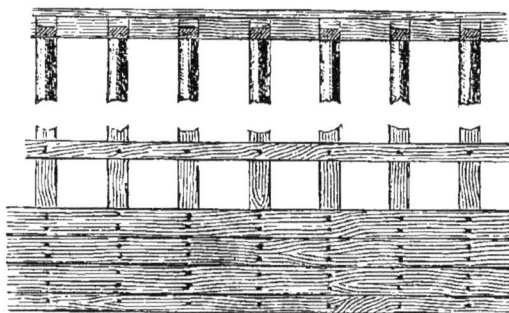

Fig. 71.

à mi-bois, les pièces longitudinales et les pièces transversales présentent leur face supérieure sur un même niveau, et les madriers peuvent se placer sans avoir égard aux traverses qui ne sont pas saillantes. Il n'en est point de même quand les pièces en question sont entaillées au quart ou au tiers du bois; alors les traverses forment saillie sur les pièces longitudinales, et par conséquent les madriers ne remplissent que les espaces intermédiaires et arrivent de niveau avec la face supérieure des traverses (fig. 72).

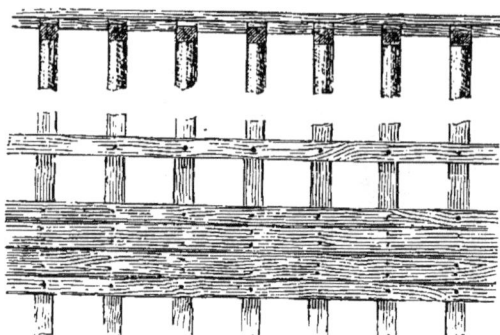

Fig. 72.

Nous avons dit plus haut que les pièces longitudinales du grillage étaient fixées aux pieux par des tenons. Lorsque les pièces posées dans les deux directions sont entaillées au quart du bois à leur intersection, le tenon est moins long que la largeur de la pièce qui le coiffe : il n'aura pour hauteur que les deux tiers de sa longueur, et la mortaise n'aura juste de profondeur que ce qu'il faut pour loger le tenon. On chasse légèrement dans ce dernier deux coins en bois, suffisamment pour qu'ils tiennent, et l'on pose de suite les pièces de charpente longitudinales. Dès que le tenon entre dans la mortaise, et que les coins en rencontrent le fond, ils sont chassés encore par des coups de maillet appliqués sur la pièce. Comme on voit, la mortaise est à queue d'aronde, l'enfoncement des coins étend le tenon, qui vient de se loger solidement contre les deux faces biaises de la mortaise.

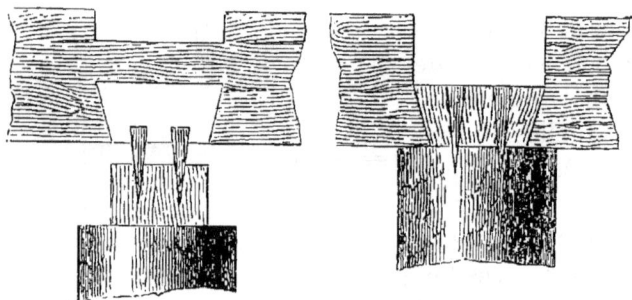

Fig. 73.

Des grillages sans pilotis, ou fondations sur racinaux On emploie quelquefois, par surcroît de précaution, des grillages sans pilotis. On en fait usage dans le cas où le sol a pu être convenablement comprimé, où il n'est pas susceptible de glisser latéralement, et enfin où il est assez solide pour porter le poids du bâtiment si ce poids est réparti sur une plus grande surface que celle offerte par les murs de fondation. Si l'extension des fondements dans un terrain de moyenne solidité est d'un grand avantage, il en est de même à plus forte raison dans un terrain d'inégale fermeté, où certaines parties seulement sont susceptibles de supporter un poids plus considérable que d'autres. Dans le cas où le terrain présenterait des inégalités de fermeté, le grillage sans pilotis offre un moyen d'obvier à cet inconvénient.

Mais il n'atteindra ce but que s'il est construit avec grand soin, si le bois est de bonne qualité et d'épaisseur convenable, si enfin les fondations qu'on élève au-dessus ont de bonnes liaisons : autrement ce grillage fléchirait dans les endroits où le sol n'est pas suffisamment résistant. Toutefois le grillage n'aura de durée qu'autant qu'il sera toujours submergé ; s'il était alternativement exposé à l'humidité et à la sécheresse, ou s'il était établi dans un sol tout à fait sec, le grillage pourrirait et s'écraserait avec le temps.

Le grillage sans pieux se fait avec deux rangées de sablières ou racinaux, pièces de charpente méplates, se croisant à angle droit. Entaillées aux points d'intersection, elles forment un assemblage solide et homogène. Dans la figure 74, on voit un grillage dont les pièces transversales sont placées directement sur le sol et dont la longueur est un peu supérieure à l'épaisseur de la fondation.

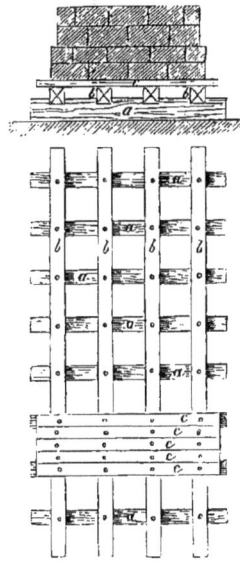

Fig. 74.

Sur ces pièces en sont posées d'autres, d'équerre et longitudinalement. Toutes ces sortes de sablières se posent à 1 mètre, 1^m,20 les unes des autres, et à leur intersection elles sont entaillées à un huitième de leur épaisseur. Les traverses doivent être d'un seul morceau. Il est clair que les sablières longitudinales seront évidemment formées de plusieurs pièces de charpente, mais il faut que leurs abouts reposent toujours au

milieu d'une traverse et ensuite que leurs jonctions ne se fassent pas sur la même traverse,
mais qu'elles se contrarient comme dans la maçonnerie de pierres de taille ou de briques. Au-
dessus de ce gril ou grillage en charpente, on
pose des madriers de chêne en travers, de 8 à 9
centimètres de largeur, et qu'on fixe avec de
forts clous ou des chevillettes, de manière à
former une espèce de plancher sur lequel on
élève les fondations.

La figure 75 représente un grillage où les pièces longitudinales *b* sont directement placées sur
le sol et où les traverses *a* les couronnent. Ces
dernières sont entaillées d'un quart de leur épaisseur sur les pièces longitudinales, également
entaillées d'un quart, en sorte que les traverses
ne forment saillie que de la moitié de leur hauteur sur les sablières longitudinales. L'espace
qui reste entre les traverses est garni de ma-

Fig. 75.

driers *c* d'une épaisseur telle que leur face supérieure soit de
niveau avec celles des traverses.

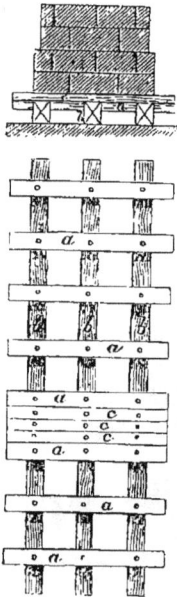

CHAPITRE III

Maçonnerie
Construction en brique

Les murs en brique se composent
de briques et de mortier. Les briques constituent la masse des
murs, le mortier est destiné à combler les interstices qui sont
formés par l'assemblage des briques; il est encore destiné à lier
des briques entre elles pour en faire un tout homogène et compact.
Comme pour faire de bons murs en brique il faut que les matériaux soient d'une bonne qualité, il importe beaucoup que le constructeur apporte un grand soin dans le choix de ses matériaux.

Il faut aussi avoir soin que les joints formés par le mortier ou par toute autre espèce de matière pour former liaison, ne soient pas trop épais; et enfin que la liaison soit appropriée au but que les murs doivent remplir. On doit également prévoir les inconvénients auxquels les diverses liaisons seront exposées dans la suite.

Les dimensions des briques donnent ordinairement l'épaisseur des murs. Cependant cette épaisseur peut varier et faire exception à la règle. Toute brique a une épaisseur déterminée, qui varie de $0^m,045$ à $0^m,055$.

Mais la déviation de sa forme, résultat de la cuisson, fait que tout en posant les briques les unes à côté des autres, il y aura toujours des intervalles; ces irrégularités sont compensées par le mortier. Afin que la pression du haut se fasse également sentir sur les pierres ou briques inférieures, il faut veiller à ce que chaque brique ait un lit égal de mortier, c'est-à-dire que la mince couche de mortier sur laquelle on pose la brique soit également étendue sur la superficie qui doit recevoir la brique supérieure. En thèse générale, l'épaisseur des joints dépend du plus ou moins de régularité des briques, et ensuite de la nature plus ou moins graveleuse du sable avec lequel est formé le mortier.

L'épaisseur des joints dans une maçonnerie soignée peut être $0^m,01$ et ne doit pas dépasser $0^m,013$.

Il faut commencer par étendre avec la truelle une couche de mortier sur le lit de pose, y poser ensuite la brique qu'on frotte sur le mortier ou qu'on frappe avec la truelle jusqu'à ce qu'elle ait pris une position stable.

Il faut que les murs en brique soient élevés par assises horizontales qui s'alignent au cordeau et qui prennent le nom de *tas*. Les joints verticaux seront remplis de mortier au moyen de la truelle; l'exacte juxtaposition des matériaux est obtenue par le choc ou le frottement de la brique dans le mortier ou toute autre espèce de liaison.

Pour bien lier et consolider des briques entre elles, il faut avoir soin que les joints verticaux ne tombent pas l'un sur l'autre, mais qu'ils alternent.

Quand la brique est de bonne qualité, on peut l'employer pour élever des cloisons portant charpente. La brique se pose alors à plat ; elle donnera une épaisseur de cloison égale à sa largeur

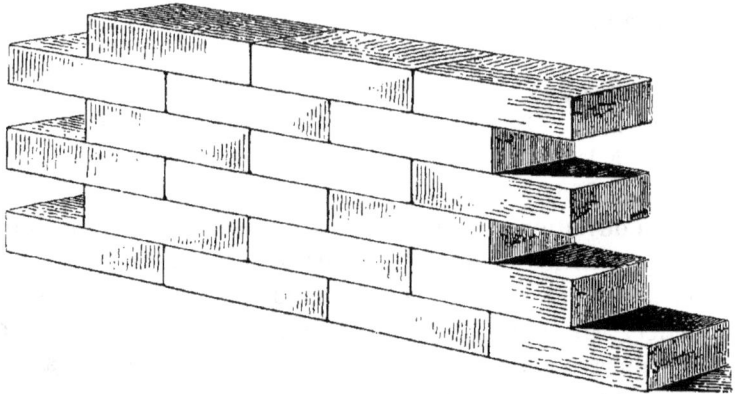

Fig. 76.

(de 0^m,107), ou demi-brique, sans enduit des deux côtés, bien entendu.

Voici comment se fait ce genre de construction en brique :

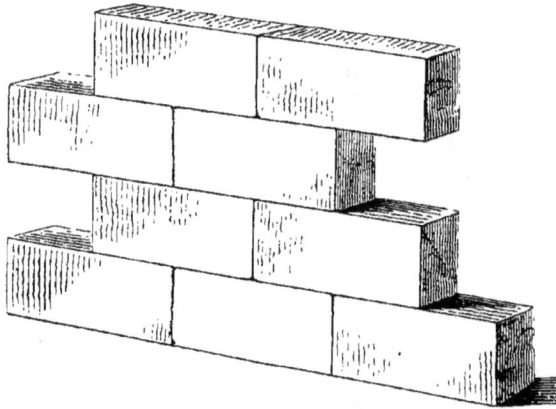

Fig. 77.

Pour des cloisons qui n'ont point de charpentes à porter, on peut employer la brique sur champ, c'est-à-dire placée sur son épaisseur, ainsi que le montre la fig. 77.

La fig. 76 donnera des assises de 0^m,4 cent. 1/2 à 5 cent. 1/2 de hauteur, et la fig. 77 en donnera de 0^m,10 cent. 1/2 environ, sans compter l'épaisseur des joints.

La fig. 78 donne la manière de poser les briques pour former

un mur dit d'épaisseur de brique. Dans ce cas, c'est la longueur
de la brique qui forme l'épaisseur du mur.

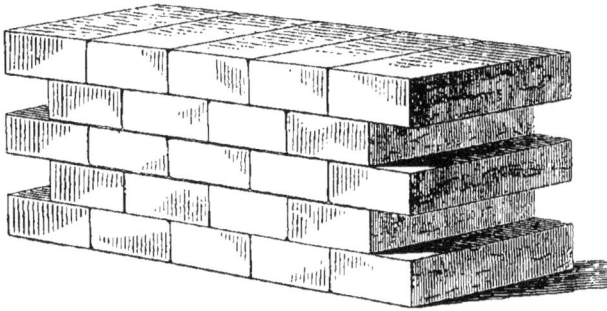

Fig. 78.

Un mur d'épaisseur de brique peut aussi être formé par des briques
posées en travers comme celles de la fig. 79, alternant avec deux
briques à plat, for-
mant la largeur du
mur au moyen de
leurs deux lar-
geurs réunies.

On élève des
murs en brique
et demie d'épais-
seur : dans ce cas
on place en travers
une longueur de
brique contre la-
quelle s'appuie
une brique en lar-
geur (fig. 80). A
est une assise et B
en est une autre;
elles doivent ainsi
alterner afin de
contrarier les
joints et former
une bonne liaison.

Fig. 79.

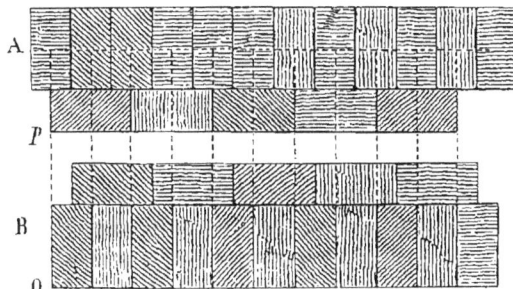

Fig. 80.

Un système compliqué de croisement de joints et qui offre la meilleure de toutes les liaisons dans la maçonnerie en brique, est ce qu'on nomme *liaison en croix*, ou liaison cruciforme, ou en losange, parce que effectivement dans cet appareil on voit paraître de distance en distance des croix de Saint-André.

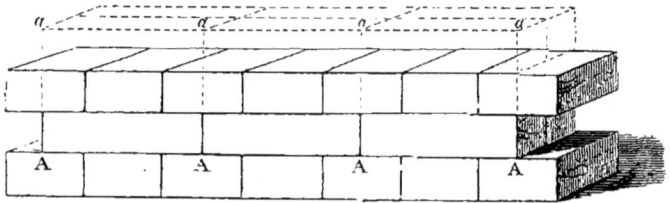

Fig. 81.

Supposons un mur d'une brique d'épaisseur; admettons que la première assise soit formée de briques dont la plus petite face se présente à nous; au-dessus de cette première assise s'en élèvera une autre de briques, qui nous font voir leur plus longue face; une troisième assise sera la répétition de la première, mais (fig. 81) la quatrième assise ne sera pas la répétition de la seconde. Les briques seront posées dans la même direction que

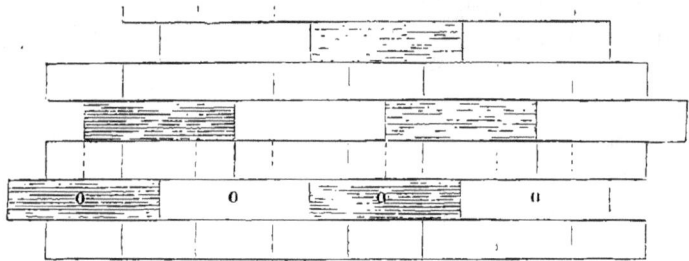

Fig. 82.

celles de la seconde assise, c'est-à-dire en longueur, mais non point comme nous l'indiquons par l'assise ponctuée, où les joints *aaa* sont perpendiculaires sur les joints AAA de la seconde assise. Ces joints au contraire devront tomber au milieu des briques oooo de la seconde assise, ainsi que le montre la figure 82. Quatre assises semblables seront montées jusqu'à la hauteur

Fig. 83.

voulue. En continuant ainsi les assises comme dans la fig. 83, on verra paraître régulièrement les croix de Saint-André dont nous avons parlé.

La figure 84 fait voir un mur en liaison cruciforme de deux briques d'épaisseur.

Les bons ouvriers briqueteurs construisent en liaison cruciforme, les médiocres se contentent du système où toujours les assises 1, 3, 5, etc.; 2, 4, 6, etc. (fig. 85) se ressemblent, comme le montre la fig. 86.

Nous avons maintenant à nous occuper des têtes de mur ou angles de maçonnerie de brique et des

Fig. 84.

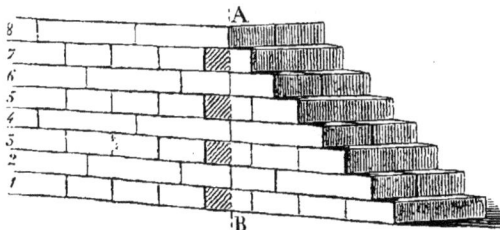

Fig. 85.

retours d'angle. Nous commencerons par un angle d'après le système de liaison en croix. Supposons qu'il s'agisse d'arrêter l'appareil en question dans un plan vertical en AB (fig. 85), passant par un joint de briques posées en longueur, il restera à la 1re, 3e, 5e, 7e, etc., assise des vides de 1/4 de brique, qu'il faut remplir pour arriver à l'aplomb de la ligne AB ; de même il restera à la 2e, 6e, etc., assise des vides d'une demi-brique. Pour remplir ces derniers vides, il n'y a pas d'inconvénient à se servir de demi-briques, mais il n'en est point de même pour les autres vides, qui ne sont que d'un quart de brique.

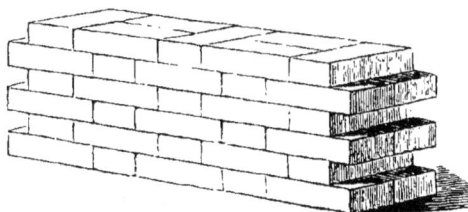

Fig. 86.

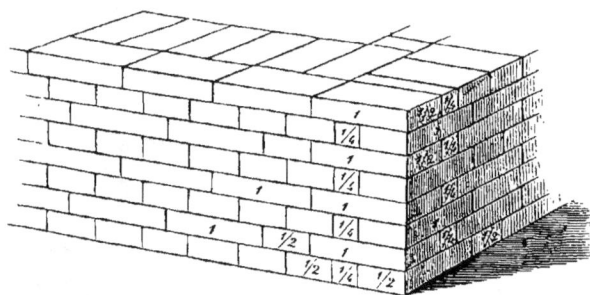

Fig. 87.

Au lieu de ces quarts de briques à l'extrémité, on y substitue une demi-brique à la suite, on place le quart de brique, ce qui conserve la solidité de l'angle. La figure 87 fera aisément comprendre cette manière de former les angles ou têtes de mur en maçonnerie de brique. Quant au retour d'angle dans l'intérieur, pour murs de refend ou cloisons, l'appareil en donne l'amorce, soit en vides, soit en briques en saillie. Il est essentiel de veiller à ce que les murs et cloisons intérieurs soient bien liés aux murs extérieurs de la construction.

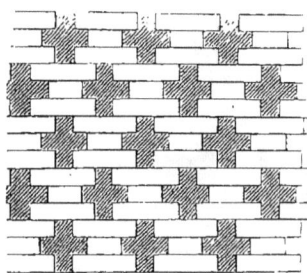

Fig. 88.

Quand on a des briques de diverses couleurs ou des briques vitrifiées, ou d'un rouge jaunâtre ou violettes, etc.,

on peut facilement rompre la monotonie d'un mur en brique en composant avec des briques de même
nuance des bandes horizontales, des
losanges, des compartiments, etc.

Dans les figures 88, 89, 90, nous
donnons des combinaisons de briques, dont on peut se servir pour des
constructions diverses, soit d'utilité,
soit d'agrément.

Fig. 89.

Dans quelques pays, surtout dans
le midi, on se sert dans la construction de briques non cuites au feu,
mais simplement séchées au soleil.
On les confectionne avec de la terre
argileuse ou de l'argile mélangée

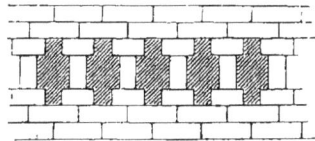

Fig. 90.

quelquefois de foin ou de paille hachée. Quand on a d'autres matériaux à sa portée, il faut les employer de préférence aux briques
crues.

Murs en moellons Les moellons sont des pierres naturelles, comme nous avons dit, de
moyennes et de petites dimensions, auxquelles on donne des
formes plus ou moins régulières par une taille grossière; quand
on ne se sert que de la hachette ou du marteau, elles ne subissent qu'un simple *épinçage*. Dans la maçonnerie en moellons
bruts, les rangs horizontaux peuvent être d'inégales hauteurs,
et les pierres de grandeurs différentes, sans que pour cela les
murs aient moins de solidité; mais il faut qu'ils soient bien
construits à bain de mortier et que les pierres soient bien placées
en raison de leur forme et de leur volume, et disposées en liaison, tant à l'intérieur qu'à l'extérieur. Ce genre de maçonnerie, qui
doit toujours être recouverte d'enduit, est appelée *limousinage*.

Il y a une autre sorte de maçonnerie, celle en *moellons piqués*,
employée pour les revêtements et murs extérieurs, tels que murs
de terrasse et autres, auxquels on veut donner une certaine apparence sans enduit. Pour construire ces murs d'une manière

convenable, les moellons destinés à former les parements doivent
être équarris et avoir leurs lits, leurs joints et parements bien
dressés ; il faut, enfin, qu'ils soient posés par rangs d'assise en
liaison, les uns sur les autres, de manière à ce que deux joints
verticaux ne tombent jamais d'aplomb l'un sur l'autre. Dans la
maçonnerie à moellons piqués, les rangs sont d'égale hauteur
et les moellons de même dimension ; quant à la solidité, elle
dépend de la manière dont les moellons sont posés, reliés et
garnis dans l'épaisseur du mur par des bains de mortier ou de
plâtre.

Pour avoir une bonne maçonnerie il faut avoir soin de recommander aux ouvriers de poser leurs moellons sur un bon lit de
mortier ou de plâtre, de frapper sur chaque moellon pour l'assujettir en place et opérer une bonne jonction, et après avoir
bien garni le milieu du mur et tous les vides entre les moellons,
au moyen des petites pierres et des recoupes broyées avec le
mortier, araser le mur *bien de niveau* à chaque rang d'assise
avec une bonne couche de mortier. En dernier lieu, si l'on
construit pendant la chaleur, pour que le mortier s'unisse mieux
avec les moellons, il est bon que les ouvriers aient auprès d'eux
une grande auge ou baquet plein d'eau, dans lequel ils trempe-
raient leurs moellons avant de les poser, et un panier à claire-
voie pour les recoupes ou garnis qu'on trempe de même avant
de les broyer avec le mortier. Ce procédé, pratiqué dans plusieurs contrées méridionales, est surtout excellent pour les ouvrages qui doivent contenir de l'eau, tels que bassins, réservoirs,
aqueducs, pour les constructions qui exigent une parfaite et
grande solidité et même pour celles qui doivent être maçonnées
en plâtre.

La plupart des ouvriers n'opèrent point ainsi ; après avoir posé
les moellons des parements en mortier ou en plâtre, ils se contentent de remplir le milieu avec des débris de pierrailles et de la
poussière à sec, en sorte qu'ils n'emploient du mortier ou du
plâtre que pour les parements. C'est ce qu'il faut soigneusement
éviter.

Pour donner la solidité convenable à une construction en maçonnerie de moellons, il faut qu'un certain nombre de moellons

occupent toute l'épaisseur du mur, formant ainsi parement des deux côtés : ces moellons sont nommés *parpaings*. On comprendra aisément que l'office du parpaing est de relier les deux parements et d'empêcher les murs de *boucler*, comme on dit, ou de se fendre dans leur épaisseur.

Dans les contrées où la pierre est rare ou d'une grande dureté, on emploie ce qu'on nomme l'*appareil polygonal*, formé de pierres de toutes dimensions et formes ; on cherche à les juxtaposer en joignant ensemble les faces semblables, et dont le parement forme par conséquent des polygones plus ou moins irréguliers.

Dans les pays où se trouvent des cailloux roulés, des recoupes de meulières ou d'autres pierres, des silex ou pierres à feu, de la caillasse, ces matériaux sont employés pour former un appareil nommé *rocaillage ;* alors ils sont de formes très irrégulières, et on les pose de façon à avoir des lignes aussi irrégulières que possible dans la disposition des joints. On se sert de cet appareil pour les constructions rustiques et autres, pour des soubassements, etc. ; mais il ne faut jamais employer le grès pour les soubassements, car le grès est un bon conducteur de l'humidité. Si cependant on ne pouvait faire autrement, il faudrait alors placer à hauteur du premier plancher ou plancher du rez-de-chaussée, une couche mince de béton ou bien même une mince lame de plomb pour empêcher l'humidité pompée par le grès de s'élever plus haut dans la construction.

La solidité des constructions en *mortier* va toujours en augmentant, tandis que celle des ouvrages en plâtre va toujours en diminuant. Lorsque ces derniers sont exposés à l'humidité ou aux injures de l'air, ils ont besoin d'être renouvelés au bout de vingt ans et quelquefois même au bout de quinze ans. Les ouvrages en mortier au contraire, en s'affaissant, prennent une consistance plus solide, par le rapprochement de leurs parties ; ceux en plâtre changent de forme en augmentant de volume : ils se tourmentent et gauchissent par l'effet du renflement que contrarie toujours quelque obstacle.

Afin de consolider les angles droits aux extrémités des constructions en moellons ou en pierres dures, les jambages des baies

des portes et des fenêtres, on emploie quelquefois, pour ces travaux, des briques ou des pierres de taille. Mais une assise de l'é-
paisseur d'une seule brique ne serait pas convenable à l'effet
qu'on se propose ; il faut composer ces assises de plusieurs épaisseurs de brique à plat.
La fig. 91 montre la ma-
nière de lier du moel-
lonnage avec la brique.

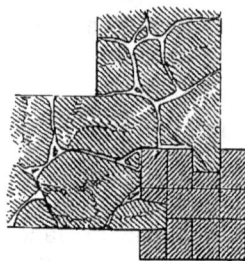

Fig. 91.

Fig. 92.

et la fig. 93 celle du moellonnage avec la pierre de taille qui se fait
de la même manière.

Il va sans dire que le nombre d'assises de briques dépend de
la dimension des moellons employés ; il en est de même de la
pierre de taille quant à la hauteur de son assise.

Mais le système indiqué dans la fig. 91 ne doit être employé que
pour des hauteurs peu considérables, pour des baies de porte ou
de fenêtre ; s'en servir pour des élévations de quatre mètres, par
exemple, pourrait être dangereux, en ce que le poids serait capable de rompre l'extrémité des briques dans la saillie formée par
la plus large assise de ces briques. On a donc obvié à cet inconvénient dans les pays où la brique est d'un emploi absolu, en n'employant point de harpes (1), mais en montant un écoinçon vertical
ainsi que l'indique la fig. 92, et de chaque côté un peu en saillie
sur le mur. On comprendra que ce moyen de solidité ne peut être
employé avec utilité et sécurité que dans des murs épais.

(1) Pierres laissées alternativement en saillie à l'épaisseur d'un mur, pour faire
liaison avec un autre qui peut être construit dans la suite.

Sans nuire à la solidité d'une construction en moellon apparent ou
pierre dure apparente, on peut y introduire des assises de brique pour rompre la monotonie de la pierre et donner une certaine vie aux ouvrages. On pratique souvent ce système en alternant la rocaille avec la brique.

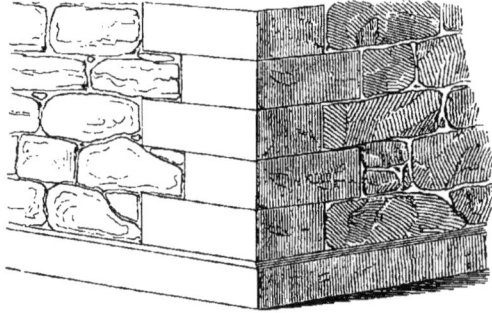

Fig. 93.

On nomme *stabilité*, en terme de construction, cette qualité qui fait que des assemblages de corps solides se soutiennent entre eux par leurs formes et leurs positions et résistent aux efforts combinés qui résultent de leur pesanteur.

La stabilité est la première qualité que doit présenter une construction parfaite. Elle résulte de la bonne qualité des matériaux, de leur résistance ainsi que de l'habileté avec laquelle ils sont assemblés. Pour qu'un édifice soit stable, il faut donc :

1° Que toutes les parties d'un bâtiment soient formées de matériaux de bonne et durable qualité ;

2° Que toutes les parties d'un bâtiment soient parfaitement soutenues ou appuyées ;

3° Que toutes les superficies des parties souterraines ou basses soient plus étendues que celles qui sont élevées au-dessus ;

4° Que la partie qui supporte un poids soit plus solide que le poids supporté ;

5° Que les parties vides, les baies de fenêtres, des portes, etc., les parties pleines de maçonnerie, s'élèvent les unes sur les autres, les vides sur les vides, les pleins ou massifs sur les pleins ou massifs ;

6° Que les matériaux soient liés de telle façon entre eux que les parties qui pèsent ne déchirent, ne rompent point celles qui supportent, ni les écrasent, ni les épaufrent;

7° Que les matériaux à assembler soient bien unis, afin que les matériaux qui doivent faire corps ou un ensemble compact se touchent sur le plus grand nombre possible de points, en se juxtaposant et en formant ainsi une puissante homogénéité.

Tels sont les premiers axiomes de bonne construction, qu'on ne doit jamais perdre de vue.

On sait que la terre est isolée dans l'espace ; de là le principe de la tendance de tous les corps vers son centre ; rien ne se détache de notre globe pour s'échapper dans l'immensité, et les corps qui se trouvent accidentellement lancés hors de sa surface y retournent toujours avec rapidité. C'est cette tendance de tous les corps au centre de la terre qu'on nomme la *pesanteur*. La terre a la propriété d'attirer constamment vers son centre toutes les parties matérielles qui la composent, tous les corps qui sont à sa surface et tous ceux qui peuvent être placés autour d'elle à distance. Quand un corps quelconque est empêché de tendre vers le centre de la terre, il manifeste cet empêchement par la *pression*, la *déviation* ou le *poids*.

La direction que suit un corps en tombant sur la surface de la terre forme la ligne verticale, ou ligne d'aplomb. Il est d'usage de la figurer par un fil à l'extrémité inférieure duquel pend un corps solide. Si les corps entiers tendent à suivre cette direction, toutes leurs parties en font de même. Ainsi un corps pesant suspendu par un fil prend à son égard une situation telle que les parties opposées, relativement à une ligne qui traverserait ce corps en suivant le prolongement du fil, sont également pesantes, ou agissent avec des efforts égaux ; de sorte que cette ligne peut être regardée comme un axe d'équilibre. Toutes les fois qu'on change le point de suspension d'un corps, la direction du fil prolongée donne un nouvel axe d'équilibre ; mais ce qu'il y a de remarquable, c'est que tous ces axes se rencontrent en un même point situé au centre de la masse du corps (fig. 94).

Nous venons d'indiquer ce qu'est la pesanteur. Si un corps est empêché d'obéir et forcé de rester dans un lieu ou un point quelconque, il exerce sur ce lieu ou point toute la pesanteur ou poids de sa masse ou volume, et ce point ou lieu est nommé de là le *centre de gravité* de ce corps, le centre de la gravité ou centre de la pesanteur de toutes les parties de ce corps.

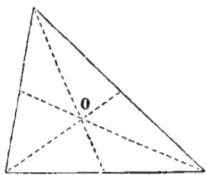

Fig. 94.

Ce centre de gravité est aussi le centre de la masse, parce qu'on peut se figurer que toute la masse d'un corps, quand même cette masse ne serait pas pesante, serait rassemblée sur ce point ; et quand un corps est en mouvement, il ne s'agit que d'arrêter ce point pour amener l'immobilité de tout le volume du solide en mouvement.

Si la masse d'un corps a partout une égale densité, son centre de gravité sera identique au centre de sa masse ou de sa figure. Une sphère ou boule dans tout son volume d'une égale densité aura son centre de gravité dans son centre ; un cylindre l'aura au centre de son axe ; un bâton prismatique, au centre de la ligne qui le partage en deux ; etc.

De ce que nous venons de dire il résulte qu'un solide, d'une figure quelconque, a toute la stabilité dont il est susceptible lorsqu'une des verticales abaissées des points de son contour ne tombe pas hors de sa base.

La stabilité des solides de même base diminue en raison de la hauteur de leur centre de gravité ; ainsi dans les prismes, les parallélipipèdes et les cylindres, le centre de gravité étant situé sur l'axe à moitié de leur hauteur, tandis que dans les pyramides et les cônes il est placé au quart, il en résulte que la stabilité d'une pyramide est à celle d'un prisme de même base et de même hauteur, comme 2 est à 1, c'est-à-dire qu'elle est double.

Ce que nous venons de dire en général sur la stabilité suffit pour expliquer les effets, qui résultent de la forme et de la disposition des pierres de taille employées à la construction des édifices et des bâtiments. Nous allons ajouter encore quelques règles qui se rapportent au centre de gravité.

Pour trouver le centre de gravité d'un triangle quelconque, il faut tirer du milieu de chacun de ses côtés une ligne aboutissant à l'angle opposé ; le point d'intersection de ces lignes sera le centre de gravité cherché (fig. 94).

Pour trouver le centre de gravité d'une surface rectiligne irrégulière quelconque, telle que le pentagone ABCDE, par exemple, décomposez d'abord ce pentagone en trois triangles ABC, ACD et ADE, et déterminez les centres de gravité de chacun de ces triangles par le moyen que nous venons d'indiquer. Vous tirerez ensuite deux lignes NO, OP formant un angle droit dans lequel se trouvera placé le polygone. Une fois cet angle droit tracé, vous multiplierez

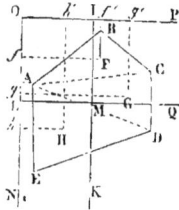

Fig. 95.

la surface de chaque triangle par la distance de son centre de gravité à la ligne ON indiquée par F*f*, G*y*, H*h*, et diviserez la somme de ces produits pas là surface entière du pentagone; le résultat de cette opération vous donnera une distance moyenne, par laquelle vous mènerez une ligne IK parallèle indéfinie à ON; en faisant la même opération par rapport à ligne OP, vous aurez une nouvelle distance moyenne, pour mener une autre ligne parallèle à OP, le point M où les deux parallèles se couperont sera le centre de gravité du pentagone.

Quant aux solides dont nous allons nous occuper, il faut supposer qu'ils sont toujours composés de parties homogènes dont la pesanteur est partout uniforme. On peut distinguer les solides en deux classes principales : savoir, les solides réguliers et les solides irréguliers.

Dans les solides réguliers, composés d'éléments de même figure que leur base, posés les uns sur les autres, leurs centres de gravité se trouvent dans une ligne verticale, nommée axe droit. Tels sont les parallélipipèdes, les cylindres, les pyramides, les cônes, les conoïdes, les sphères et les sphéroïdes.

Pour trouver le centre de gravité d'une pyramide ou d'un cône tronqué, multipliez le cube du cône entier ou de la pyramide par la distance de son centre de gravité au sommet; ensuite ôtez de ce produit celui de la portée MSR, qui manque au cône ou à la pyramide tronquée, par la distance de son centre de gravité au sommet; divisez le reste par le cube du cône ou de la pyramide tronquée : le quotient sera la distance du centre de gravité G de ces parties de cône ou de pyramide tronquée à leur sommet (fig. 96).

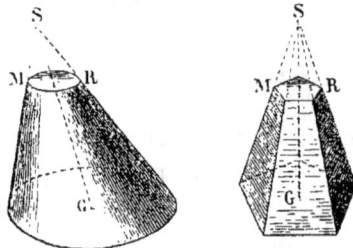

Fig. 96.

Le centre de gravité d'une demi-sphère est aux trois huitièmes du rayon qui forme sa hauteur, à partir du centre.

Tous les solides, quelle que soit leur forme, peuvent être divisés en pyramides, de même que nous avons dit que les surfaces planes irrégulières pouvaient se diviser en triangles; il s'ensuit qu'on peut trouver leur centre de gravité par la même méthode. Seulement, au lieu de deux lignes formant un angle droit, il faut supposer deux plans verticaux NAC, CEF, entre lesquels est placé le solide G (fig. 97). On rapportera à chacun de ces plans les *moments* des pyramides, c'est-à-dire le produit de leur cube par la distance de leur centre de gravité; on divisera la somme de ces produits, pour chaque plan, par le cube total du solide; le quotient indiquera la distance des

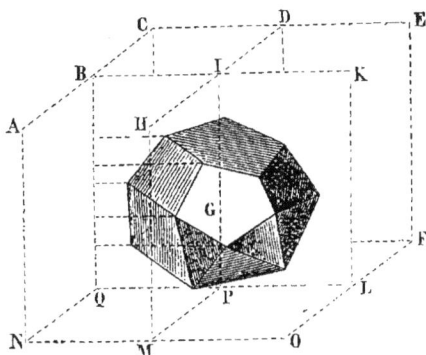

Fig. 97.

deux autres plans BKL, DHM parallèles aux premiers. L'intersection de ces deux derniers plans donnera une ligne IP ou axe d'équilibre sur lequel doit se trouver le centre de gravité du solide. Pour déterminer ce point G, on supposera un troisième plan NOF, perpendiculaire aux précédents, c'est-à-dire horizontal, sur lequel on peut supposer que le solide est placé. On cherchera encore, par rapport à ce plan, les moments des pyramides, en multipliant leur cube par la distance de leur centre de gravité; divisant ensuite la somme de ces produits par le cube du solide entier, le quotient donnera sur l'axe la distance PG de ce troisième plan au centre de gravité du solide irrégulier.

Murs en pierres de taille   Les murs élevés en pierres naturelles, taillées régulièrement, et qu'on nomme pierres de taille, sont construits généralement selon les règles que nous développons pour la construction en brique et à laquelle nous renvoyons pages 180 et suivantes.

Quand la construction en pierres de taille est bien exécutée,

elle se distingue par une grande stabilité et une longue durée. La
presque totalité des pierres de taille employées ont une forme paral-

Fig. 98.

lélipipédique deux fois aussi larges et quatre
fois environ aussi longues que leur hauteur.
Cependant cette dimension n'est point absolue,
mais relative aux lits de la pierre dans la carrière. Les pierres de taille cubiques ne donnent pas de bonne liaison : il faut éviter leur
emploi; et si la longueur de la pierre dépasse quatre fois sa hauteur, elle est souvent sujette à se casser.

En thèse générale, 1° les pierres de taille doivent avoir des
faces unies et régulières, et point d'angles ni d'arêtes aigus;
2° dans les murs de peu d'épaisseur, la pierre de taille doit être
placée selon la longueur de sa dimension, et dans les murs épais,
alternativement en longueur et en parpaing, les intervalles étant
remplis exactement avec des pierres régulières. Il va sans dire
que les assises ne doivent pas s'élever identiquement les mêmes

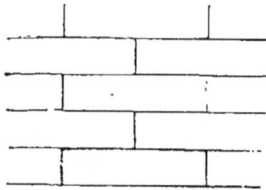

Fig. 99.

les unes sur les autres, mais que les joints
doivent être alternés ainsi que le montre
la fig. 99; 3° il faut que les pierres d'une
assise aient la même hauteur; quant aux
assises, leur élévation peut varier sans
nuire à la solidité; 4° il faut que les faces
horizontales des pierres ne soient pas
convexes, mais plutôt convexes; 5° enfin,
il faut que le mortier soit composé de chaux grasse et de sable
fin et pas trop épais : car.le mortier sert moins à la liaison des
pierres qu'à remplir les interstices et les joints, pour former un
lit régulier et convenable pour les pierres.

Comme c'est l'effet de la pesanteur qui unit les pierres les
unes aux autres, il est évident que plus elles seront grandes, plus
elles auront de stabilité et plus leur union sera solide; mais il
faut, comme nous l'avons dit, que leurs lits soient bien dressés
et dégauchis, afin qu'elles portent également partout, car plus
elles sont grandes, plus elles sont sujettes à se rompre lorsqu'il
se trouve des endroits qui ne portent pas.

Les pierres qui ont trop peu d'épaisseur relativement à leur longueur se rompent sous la charge. Plus les pierres ont d'épaisseur relativement à leur longueur, plus elles sont à même de résister à un tassement inégal, qui pourrait provenir de ce que les pierres ne portent pas également dans toute l'étendue de la surface de leurs lits, ou parce que ces surfaces n'auraient pas été exactement dressées et dégauchies.

Les pierres cubiques d'une assez forte dimension sont celles qui soutiennent le mieux de fortes charges; elles ont cependant moins de stabilité et ne forment pas assez de liaison entre elles.

Lorsqu'on a des pierres dures d'une grande fermeté, et qui portent plus de 0^m,33 d'épaisseur toutes taillées, on peut leur donner jusqu'à quatre à cinq fois leur hauteur en longueur, et deux ou trois fois cette hauteur pour largeur.

Avant de procéder à la pose de pierres de taille pour les murs ou pieds-droits, et disposées par rangs d'assises horizontales, il faut vérifier si les joints et surtout les lits sont bien dressés et dégauchis. On saura si une pierre est gauche, en appliquant dessus une règle bien droite d'un angle à l'autre de la surface d'un de ses joints ou lits, c'est-à-dire de 2 en 4 et de 1 en 3. Si la règle porte dans toute son étendue, sans laisser de jour, c'est une preuve que la face est droite et bien dégauchie.

Pour faire des constructions solides et durables en pierres de taille, il faut non seulement que les lits et joints soient bien dressés et dégauchis, il est encore

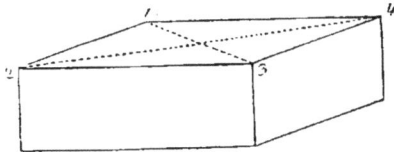

Fig. 100.

nécessaire qu'ils soient d'équerre, c'est-à-dire qu'ils forment des angles droits avec les parements, afin qu'ils puissent se trouver d'aplomb lorsque les pierres sont posées de niveau sur leurs lits.

Quant à la pose, on commencera par déraser bien de niveau le lit, ou la surface quelconque sur laquelle les pierres doivent être posées; on les présentera d'abord à leur place en les posant à cru sur leur lit, afin de vérifier avec le plomb, l'équerre et le niveau, si dans cette position le parement, les joints et les lits sont disposés ainsi qu'ils doivent l'être, et si le fort qu'on a laissé pour retravailler le parement sur place est suffisant. En-

suite on relèvera cette pierre, et après avoir bien nettoyé et arrosé le *tas* (1) et le dessous de la pierre, on étendra une couche
de mortier clair fait avec du sable très fin ; on posera ensuite la
pierre dessus dans la position où elle a été essayée, et on la battra
avec une dame ou billot de bois de moyenne grosseur, afin de
l'asseoir sur son lit, et faire refluer le mortier superflu.

Il ne faut pas qu'il se trouve dans le sable des petites pierres
ou du gravier qui puisse empêcher les pierres de se joindre,
parce que le moindre petit caillou qui résisterait serait dans le
cas de faire éclater les pierres, et de produire les mêmes effets
que les cales, que de médiocres ouvriers ont quelquefois l'habitude de poser sur les lits pour racheter la mauvaise taille des
pierres. Aussi doit-on préférer les sables doux et argileux aux
sables de rivière ; on peut encore faire usage de poudre de pierre
tendre tamisée.

S'il s'agit d'ouvrages dans l'eau ou destinés à en contenir, on
fera usage de tuileaux pilés. A leur défaut, on peut y suppléer en
faisant de petites boules ou pelottes de terre glaise ou argileuse
qu'on fera cuire au four, pour les écraser lorsqu'elles seront bien
cuites. On peut encore faire usage de petits cailloux ou galets que
l'on trouve dans les campagnes et sur le bord des rivières et des
fleuves, qu'on fera rougir au feu, pour les réduire ensuite en
poudre et que l'on mêlera à la chaux.

Pour faciliter la pose de la pierre sur mortier, on peut, après
avoir étendu ce dernier sur la pierre inférieure, mettre des cales
de bois aux quatre angles pour la renverser dessus. On ôte ces
cales dès que la pierre est en place, pour la lâcher sur le mortier et la battre, afin de la faire porter également sur tous les points,
comme nous l'avons expliqué plus haut.

Toute pierre doit être posée sur son lit de carrière, c'est-à-dire
dans la direction qu'elle occupait dans les couches ou bancs d'où
elle a été extraite. Il ne faut jamais poser de pierre *en délit*, ou
hors d'aplomb.

La plus simple construction en pierres de taille est celle où la
pierre forme l'épaisseur totale du mur. Si les pierres ont une

(1) Dans l'art de bâtir, c'est le bâtiment même qu'on élève.

égale longueur, on les pose comme les briques, c'est-à-dire que les joints d'une assise tombent au milieu des pierres de l'assise inférieure, ainsi que le montre la fig. 101. Dans cet *appareil* les assises peuvent être de même hauteur, chaque pierre d'égale longueur et former l'épaisseur du mur, comme nous avons dit.

La fig. 102 montre une combinaison de pierres de même forme et de mêmes dimensions, disposées par assises de hauteur égale. Ces pierres, dont la longueur est double de la largeur, présentent alternativement une face carrée et une face rectangulaire nommée *barlongue*. Les pierres à faces carrées forment seules l'épaisseur du mur, tandis qu'il en faut deux des autres pour former cette épaisseur. Ces pierres à doubles faces carrées sont désignées sous le nom de *parpaings* (A, A).

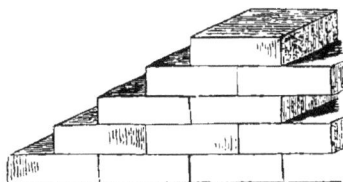

Fig. 101.

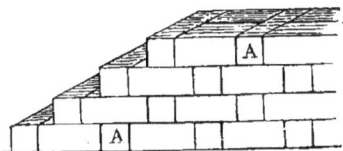

Fig. 102.

La fig. 103 offre une combinaison dans laquelle chaque rang est composé de pierres de même forme; mais un rang de pierres à faces carrées se trouve entre deux rangs ou assises de pierres à faces barlongues. Les pierres à faces carrées forment toute l'épaisseur du mur, tandis qu'il en faut deux ou trois rangs de celles qui sont barlongues pour former cette épaisseur. Ces pierres qui se relient en tous sens, forment une construction très solide.

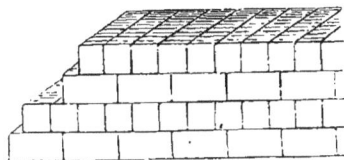

Fig. 103.

Il y a une construction formée d'assises de deux hauteurs différentes, posées alternativement l'une sur l'autre. Les petites assises n'ont que les deux tiers de dimensions des grandes; en sorte qu'il en faut trois petites pour former l'épaisseur du mur, et deux des grandes, ce qui produit une double liaison à l'intérieur et à l'extérieur.

Il y a une disposition de pierres qui est à peu près la même

que la précédente. Elle n'en diffère qu'en ce que le mur étant
supposé plus épais, l'intervalle qui se trouve entre les pierres
qui ont leur longueur en parement, est rempli avec de la maçonnerie en blocage. On peut, par économie, adopter cette manière de
bâtir lorsque les murs n'ont pas une *grande charge à supporter.*

Mais il faut bien surveiller les ouvriers pour les empêcher d'a-
bréger leur travail; car ils sont enclins à faire bon marché des
saines règles de construction, soit par ignorance, soit par intérêt.
Il faut surtout exiger qu'ils posent fréquemment des parpaings,
afin de bien lier les murs et les empêcher de s'écarter.

Des baies   Les baies sont pratiquées dans les murs pour
divers usages : il y a des baies de fenêtre, de porte,
etc. ; le mot de baie est équivalent d'ouverture. Les baies sont généralement établies de manière à ce que leur partie inférieure soit
horizontale, les côtés ou faces verticales, perpendiculaires et leur
sommet horizontal ou en arc. La partie inférieure des baies de

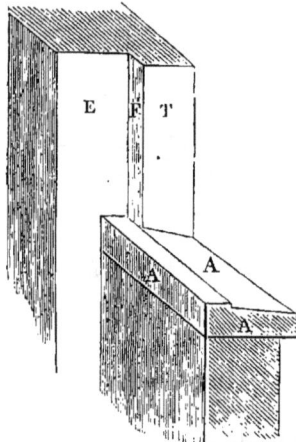

Fig. 104.

porte est nommée *seuil;* celle des fenêtres *appui,* A. Les côtés verticaux,
comprenant le tableau T (fig. 104),
la feuillure F et l'ébrasement E, sont
nommés *pieds-droits* ou *jambages.* Le
sommet de la baie est appelé *plate-
bande de baie,* soit horizontale, soit
en arc.

Dans la construction en brique et
dans les localités où il n'y a pas de
pierre, le seuil est formé d'une rangée de briques posées sur champ,
les unes à côté des autres. On choisit
à cet effet les briques les plus dures,
auxquelles on donne pour liaison du
mortier à chaux hydraulique. On
recouvre ensuite cette maçonnerie d'une frise en chêne, goudronnée en dessous et sur ses faces verticales latérales. Mais il
vaut mieux se servir de pierre dure ou de grès pour les seuils de
porte.

Les appuis de fenêtre se forment aussi d'une rangée de briques sur champ ou d'un morceau de pierre, auquel on donne un petit biais du dedans en dehors, afin de faciliter l'écoulement des eaux pluviales et les eaux produites par la fonte des neiges. Ce biais aura pour hauteur 1/6 de sa largeur. L'appui, soit en briques soit en pierre, doit former une saillie d'environ 3 à 4 centimètres sur le nu du mur extérieur, et sur cette saillie, en dessous, on pratique une rainure ou petit canal appelé larmier, pour empêcher l'eau de couler le long du mur. Les appuis de fenêtre, dont on dispose l'emplacement lorsqu'on monte la construction, ne se posent qu'après coup, quand le tassement des murs a eu lieu et qu'il n'y a plus de crainte à avoir pour la rupture de l'appui, ce qui a lieu souvent quand on les met en place trop tôt. Il faut avoir soin de laisser un jour en dessous de l'appui, jour qu'on remplit plus tard en mortier, pour empêcher l'appui de casser.

Les jambages ou pieds-droits de la baie renferment le tableau et la feuillure. Le tableau est la partie droite ou épaisseur du mur visible au dehors, jusqu'à la porte ou la fenêtre ; cette partie est presque constamment d'équerre avec le parement extérieur. La feuillure forme avec le tableau un angle rentrant, et c'est dans la feuillure qu'est posée la fenêtre ou la porte. Elle est suivie de l'embrasure, élargissement ou biais qui se prolonge jusqu'au parement du mur, à l'intérieur, pour faciliter la pénétration de la lumière, l'ouverture des guichets, des portes et des fenêtres (fig. 104).

Dans la construction en briques, l'épaisseur du tableau est déterminée par la longueur des briques. Dans la construction en pierres de taille, cette épaisseur est arbitraire. Pour les maisons ordinaires d'habitation, on lui donne de 16 à 20 centimètres de profondeur ou épaisseur. En dessous de cette mesure, l'effet en devient disgracieux et camus.

Dans les constructions mixtes ou dans celles en pierres de taille, quand le bandeau ou linteau est formé d'une seule pierre, il faut avoir soin de la décharger du fardeau supérieur qui pourrait la casser. On pose donc au-dessus du linteau une autre pierre de la largeur de la baie aa', afin que ses deux extrémités

ne posent pas sur le vide, mais bien sur les deux montants verticaux de la baie de fenêtre ou de porte, ainsi que le fait comprendre la fig. 105. Souvent aussi on élève au-dessus du bandeau

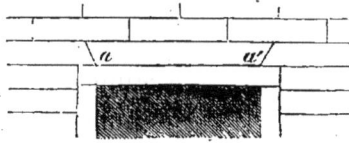

Fig. 105.

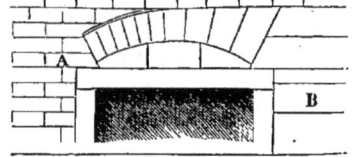

Fig. 106.

un arc en pierre côté B ou en brique côté A, comme nous l'indiquons par la fig. 106.

S'il est nécessaire de couronner des baies au moyen de pierres
qui n'auraient pas pour longueur la largeur des baies, il y a
deux manières pour effectuer ce couronnement. Le premier
serait l'encorbellement et l'autre l'arc.

L'encorbellement est très ancien. Il était connu des Égyptiens,
des Grecs, etc., mais on ne le pratique que
très rarement aujourd'hui. Il peut servir pour
des constructions pittoresques ou de fantaisie, dans des parcs et des jardins. L'encorbellement consiste à disposer les assises supérieures de manière à ce qu'elles forment
saillie sur les assises inférieures, fig. 107.

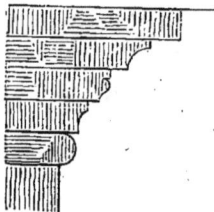

Fig. 107.

Quant au couronnement ou terminaison
supérieure d'une baie au moyen d'un arc, les
matériaux sont posés sur champ et forment des coins qui se soutiennent mutuellement. Cette espèce de voûte étroite au-dessus
d'une ouverture de médiocre largeur est nommée *arc*, tandis qu'on
nomme *voûte* une construction courbe qui surmonte un espace
quelconque pour lui servir de couverture. En construction, arc et
voûte désignent le même objet.

Les différentes parties de l'arc ont des dénominations particulières, qu'il est utile de connaître. On nomme *pieds-droits* les parties du mur sur lesquelles s'élève l'arc ; *intrados* ou *douelle* la
partie ou surface inférieure de l'arc, qu'elle soit droite ou concave ; *extrados* le dessus convexe de l'arc ; les plans verticaux de

devant et de derrière s'appellent *faces;* les premières assises inclinées sont nommées *pieds* de l'arc ; le point le plus élevé de l'arc
est nommé *sommet* ou *clef;* joints *en coupe*, les joints inclinés et
tracés d'après un centre ; joints *de tête* ou *de face*, ceux qui sont
tous d'un côté du parement de l'arc ; joints *de douelle*, ceux qui
sont sur la longueur du dedans d'une voûte, ou sur l'épaisseur
d'un arc. La corde de l'arc est la distance de la naissance de l'arc
d'un pied-droit à l'autre. La distance verticale depuis la corde
jusqu'à l'intrados ou douelle est la *hauteur* de l'arc.

On emploie un grand nombre de lignes courbes dans l'exécution des arcs et des voûtes ; telles que le plein cintre ou moitié
du cercle, l'arc à segment dont la courbe n'est qu'une partie de
la moitié du cercle, l'arc ogival ou à
tiers-point, l'arc en ellipse, l'arc
surbaissé, etc.

Le plein cintre est une courbe *abc*
généralement connue et employée
fig. 108. Les joints de cette espèce
d'arc aboutissent tous au point de
centre du plein cintre et les joints de *douelle* ou intérieur de la
voûte sont tous parallèles entre eux.

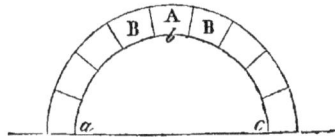

Fig. 108.

Il en est de même dans l'arc à segment.

Dans l'exécution des arcs et des voûtes, on se sert de ce qu'on
nomme *cintres*, ouvrages en charpente dont l'extérieur a la forme
de la douelle ou intrados qu'on veut établir, et sur lesquels on
pose les rangées ou assises courbes des matériaux employés, en
commençant en même temps aux extrémités inférieures, jusqu'à ce que la pose des clefs ait donné aux arcs ou voûtes la faculté de se soutenir seuls. On a l'habitude de laisser les *cintres*
en place jusqu'à ce que le mortier ait pris assez de consistance
pour ne pas permettre aux matériaux formant l'arc ou la
voûte de se déplacer ; c'est une précaution à laquelle il ne faut
pas manquer. Le voussoir central A qui porte le nom de *clef*,
a deux voussoirs latéraux B, B, nommés *contre-clefs*. « Quand il
ne reste plus que ces trois rangées ou *cours de voussoirs* à poser,
on commence par les placer simultanément aux *têtes*, ou extrémités de la voûte, et dans quelques points intermédiaires, afin de

soulager les cintres qui souffrent beaucoup en ce moment. On remplit ensuite successivement les intervalles.

« La pose des contre-clefs et la clef doit se faire avec des soins tout particuliers, ayant pour objet de serrer les voussoirs assez fortement les uns contre les autres pour qu'au moment où l'on enlèvera le cintre le surcroît de serrement qui se fait sentir sur les joints de mortier, encore plus ou moins frais, ne fasse pas trop affaisser le sommet de la voûte, et pas assez cependant pour que la voûte cesse d'avoir une certaine élasticité qui lui permette de prendre sa position normale d'équilibre sans exercer sur certains points des pressions qui pourraient occasionner des éclats dans les voussoirs. Cette partie délicate de l'opération ne doit être confiée, qu'à des maçons très expérimentés, et qui emploient les procédés qui leur ont le mieux réussi dans des circonstances analogues.

« En général, on pose d'abord les deux contre-clefs à bain flottant de mortier, puis, après avoir enduit de mortier bien fin et bien liant celles de leurs surfaces sur lesquelles la clef doit être assise, on y descend cette clef, et on l'affermit dans sa position à coups de maillet ou de dame. Dans quelques cas, la pose de la clef ne se fait qu'après avoir enlevé les couchis du cintre à l'endroit où elle doit être posée, afin de lui permettre de produire tout son effet comme *coin*.

« On s'est très bien trouvé aussi de poser *à sec* les *contre-clefs* et la *clef,* et de les *ficher* ensuite avec de bon ciment, d'une prise rapide, dont on a eu soin de bien remplir tous les joints. » (DE-MANET.)

Nous n'entrerons dans aucun détail du tracé d'un demi-cercle : ce tracé est assez connu. Il n'en est point de même de l'ellipse, qui peut être considérée comme le résultat de la section oblique d'un cylindre. Prenez la hauteur de la voûte ou ellipse à construire, soit A*a*. Avec la longueur A*a* décrivez le demi-cintre BCD, dont le diamètre formera un angle de 45 degrés avec l'axe de l'ellipse demandée. Divisez arbitrairement le diamètre BD en autant de parties égales que vous jugerez convenable, et par les points de division élevez autant de lignes normales ou verticales au diamètre, qui devront couper le plein cintre BCD. Divisez ensuite la

longueur ou l'axe
de l'ellipse à cons-
truire en autant
de parties que
vous aurez divisé
le diamètre en
question, et par
les points de di-
vision élevez éga-
lement des nor-
males. Reportez
dans leur ordre
les longueurs des
normales du dia-
mètre sur les nor-

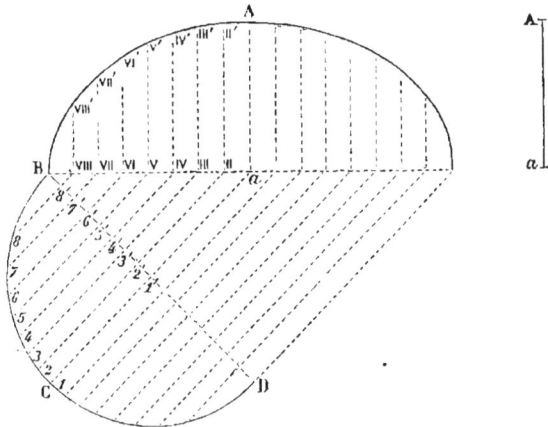

Fig. 109.

males de l'axe ou longueur de l'ellipse à construire : ainsi 11′ sur
Aa, 22′ sur II II′, 33′ sur III III′, et ainsi de suite ; les points supérieurs que vous déterminerez sur les normales de l'axe seront les
points par lesquels vous devez faire passer la courbe elliptique.

Il y a encore d'autres moyens de tracer des voûtes ou arcs elliptiques, surbaissés,
en anse de panier,
etc. Tracez sur une
ligne AB la longueur
de l'arc demandé,
soit CD. Avec la
moitié du grand axe
CD, tracez un demi-
cercle CFD. Avec la
hauteur donnée de

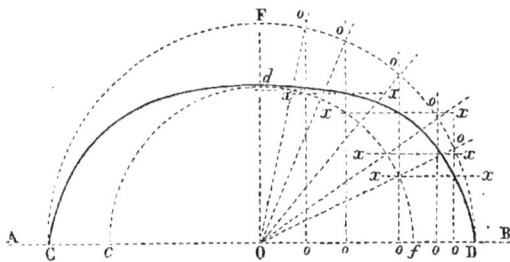

Fig. 110.

l'arc, tracez un autre cercle cdf. Tirez ensuite des lignes arbitraires aboutissant au point de centre O. Par leurs points d'intersection avec le grand cercle abaissez des perpendiculaires o, o
à la ligne AB ou parallèles à OF, et par leurs points d'intersection avec le petit cercle menez des parallèles x, x à AB. Les
points d'intersection de ces perpendiculaires et de ces parallèles

donneront ceux par où il faut faire passer la courbe de la demi-ellipse demandée.

Voici comment on s'y prendra pour tracer un arc en anse de panier ou arc surbaissé. La largeur AB étant donnée ainsi que la hauteur CD; CO est une verticale tirée sur le milieu de la ligne AB. Le point de centre de l'arc aCa' sera en O et les points de centre des arcs Aa, $a'B$ seront en 2 et 2'. On trouvera ces points en tirant la ligne SC parallèle à AB, et la ligne SA parallèle à CO, et puis en divisant en deux angles égaux les angles SAC, SCA, de l'intersection a des deux lignes produites par cette opération, on tirera une perpendiculaire sur AC prolongée jusqu'au point O de la verticale CO. O sera le point de centre de l'arc aCa', et de l'intersection des lignes aO, AB, comme points de centre, on décrira les arcs Aa', $a'B$. Les angles x, x' seront toujours égaux.

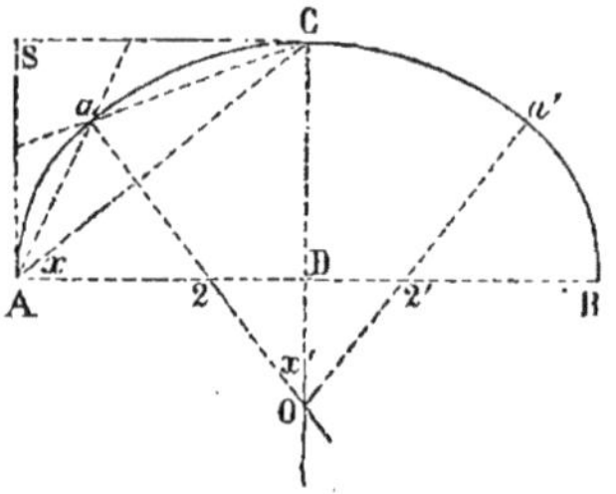

Fig. 111.

Des murs creux en briques

Dans les pays où en fait de matériaux on n'a que de la brique pour élever les murs, comme en Angleterre, par exemple, on a souvent employé un système de maçonnerie *creuse*. Ce système a surtout été adopté par économie dans certaines constructions rurales et même pour des maisons de campagne de moyenne dimension.

Les murs creux, d'après Silverlock, sont construits en briques posées sur champ, chaque assise étant formée de briques posées en travers du mur et de briques dites barlongues, formant une épaisseur d'environ 27 centimètres. Cette construction produit de petites cellules ou vides parallélipipédiques, à peu près de 10 centimètres de largeur, et 11 à 15 centimètres de profondeur. L'autre assise est constituée de même manière, seulement la tête de la brique transversale en faisant fonction de parpaing est posée au milieu de la brique barlongue de l'assise inférieure, ainsi que l'indique plus clairement la fig. 112. Comme

règle générale, il ne
faut jamais laisser de
continuité dans les
joints verticaux,
c'est-à-dire qu'ils ne
doivent pas se cor-

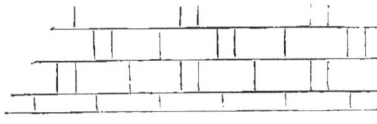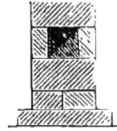

Fig. 112.

respondre dans deux assises consécutives.

M. Dearne a imaginé une autre méthode de construction de murs creux. Cette méthode consiste à poser une rangée de briques barlongues de chaque côté du mur (de 27 centimètres d'épaisseur) laissant ainsi un vide de la hauteur de la brique dans toute la longueur du mur. L'assise suivante est formée de briques à plat placées en parpaings
et montrant en
parement leur
plus petite face
(fig. 113, 114).

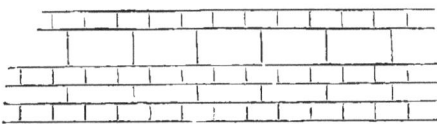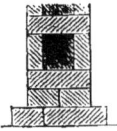

Fig. 113.

Fig. 114.

Enfin, le célèbre M. J.-C. Loudon est l'auteur d'un troisième système de murs creux en briques de 33 centimètres environ d'épaisseur; il pose les briques à plat et celles formant parpaing de 5 centimètres en retraite sur le parement intérieur du mur (fig. 117). Les briques placées en longueur laisseront par conséquent un vide ou creux dans le milieu du mur de 5 centimètres de longueur.
« Des murs construits de cette manière, dit-il, sont d'un agréable aspect du côté apparent; ils sont au moins aussi solides que des murs pleins; ils sont toujours secs, laissent moins pénétrer le froid en hiver et la chaleur en été. La paroi intérieure étant inégale, est particulièrement appropriée pour recevoir et conserver l'enduit. »

Fig. 115.

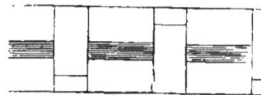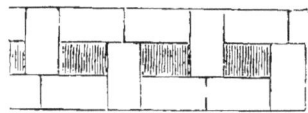

Fig. 116.

Un autre système de construction de murs creux, de 43 centimètres d'épaisseur, ne demande qu'une petite quantité de briques

en plus qu'un mur plein de 27 centimètres d'épaisseur; nous donnons ce système dans la fig. 116, qui représente une assise; la
suivante est posée en sens con-
traire. La fig. 117 indique un mur
creux de 30 cent. d'épaisseur.

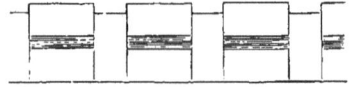

Fig. 117.

Les murs creux en brique sont
convenables pour des clôtures, des
habitations rurales, pour les murs de refend et en général pour
les constructions de peu d'élévation ou qui ont peu de charge
à porter. Dans tous les cas, ces murs creux sont solides, ainsi
que l'expérience l'a prouvé, et offrent de plus une économie de
matériaux. Mais il faut exiger que leur exécution soit très bien
faite, et surtout qu'on n'y laisse point de trous communiquant
avec l'intérieur par lesquels pourraient s'introduire des rats et
des souris ou autres animaux et insectes nuisibles. Les précautions à prendre à cet effet ne sont pas difficiles. Il s'agit de surveiller attentivement la pose des premières assises creuses, qui
ne doivent s'élever qu'à partir du plancher du rez-de-chaussée.
Il est bien entendu que les fondations et le soubassement seront
exécutés en maçonnerie pleine. Cette maçonnerie pourrait encore
se continuer jusqu'au premier étage, où commencerait alors le
système des murs creux.

De la maçonnerie mixte Si par un motif quelconque, soit
par goût, par économie ou conve-
nance, on élevait de la maçonnerie mixte, c'est-à-dire formée
de pierres de taille comme parement ou face extérieure, garni à
l'intérieur de briques, de moellons, de meulières, etc., il y a d'indispensables précautions à prendre. Il ne peut pas évidemment y
avoir autant de joints dans le parement que dans la garniture du
dos du mur, et surtout si cette garniture est en briques. Or, plus
il y a de joints, plus aussi le tassement est sensible, tandis qu'il
est moindre dans la partie élevée en pierres de taille. Il sera
donc prudent d'élever la maçonnerie de briques en ciment ou en
mortier de chaux d'une prise immédiate. Quand on emploie la
maçonnerie mixte, il faut avoir soin aussi que les pierres soient
dressées bien carrément, et que leur hauteur corresponde à un

certain nombre d'assises de briques. Si cette précaution était négligée, il se formerait des vides dans le mur, la pierre de taille se séparerait de la brique, et le mur aurait une tendance à s'incliner vers l'intérieur, ainsi que le font voir les lignes ponctuées fig. 118. Dans la maçonnerie mixte, les pierres formant le parement extérieur ne doivent pas toujours être de même épaisseur : il faut qu'il y en ait de peu épaisses, de moyennes et, si c'est possible, de temps en temps de plus fortes, afin de faire une liaison convenable avec la brique ou le moellon qui se trouvera derrière, ainsi que l'explique la fig. 118.

Fig. 118.

Il y a dans la construction des murs verticaux qui ont une charge verticale à supporter, trois principes essentiels à observer :

1° Uniformité de construction dans toute l'épaisseur du mur;

2° Combinaison, afin que les joints verticaux ne se rencontrent pas les uns sur les autres, ce qui *lie* les matériaux pour en constituer un ensemble compact;

3° Distribution convenable de la charge à supporter.

Nous avons déjà parlé du danger d'élever le derrière d'un mur avec des matériaux plus compressibles que ceux du devant ou du parement ; on ne peut insister trop souvent sur ce point, car dans la construction ce n'est point l'étendue ou le degré plus ou moins élevé du tassement qui est dangereux, mais bien l'irrégularité du tassement. Ainsi un mur en moellons élevé avec soin peut être monté à une grande élévation, supporter les planchers et les combles d'un grand bâtiment, tandis qu'un mur bâti en briques avec un parement en pierres de taille, dans une position identique au premier, se lézardera du haut en bas, effet qui sera amené par sa construction mixte de pierres et de briques.

Dans certaines contrées, où l'on n'a que de la brique, on a l'habitude de placer horizontalement dans les murs et aux encoignures, des pièces de charpente, ayant l'épaisseur et la largeur des briques. Cette méthode est vicieuse, car le bois en se retirant se détache de la maçonnerie, ou contribue en pourrissant à compromettre la stabilité des murs. Au lieu donc d'employer le bois, on se sert généralement de fer méplat mince. Ce fer est goudronné, pour le protéger du contact du mortier : on le pose longitudinalement dans les joints horizontaux du mur; il a tous les avantages des chaînes ou liaisons en charpente et ne présente aucun de leurs vices.

Quant à la distribution de la charge, lorsqu'il s'agit d'un poids considérable qui doit être supporté sur un petit nombre de points, comme par exemple d'un plancher étendu formé de solives, il est toujours convenable d'appuyer le poids sur le milieu de l'épaisseur du mur autant que cela est possible. Dans la construction en briques il faut répartir la charge des solives ou des poutres sur la surface de la plus grande étendue qu'on puisse obtenir; on placera donc de la pierre en dessous de la partie des pièces de charpente, et cette pierre devra former parpaing, c'est-à-dire avoir toute l'épaisseur du mur. C'est une bonne précaution à prendre pour éviter l'écrasement de la brique sous le poids des poutres ou solives d'enchevêtrure.

Dans la composition des dessins de maisons, il faut combiner les baies des portes, fenêtres, etc., de manière à ce qu'elles se trouvent les unes sur les autres, dans le même axe aux différents étages, en sorte que les vides se trouvent sur les vides et les pleins sur les pleins. Si l'on ne prend pas cette précaution, il est presque impossible de prévenir des tassements inégaux. Pour qu'il n'y ait pas de poussée latérale dans le sens de la longueur du mur, on peut lier les trumeaux entre eux par des arcs renversés, et ainsi la charge est répartie également sur toute la superficie des fondations (fig. 53).

Toute baie ou ouverture de porte ou de fenêtre devra être couronnée d'un arc dans les pays à briques; cet arc devra, de plus, avoir toute l'épaisseur du mur où il est pratiqué; les poitrails et les linteaux en charpente, quand on en pose, ne doivent servir que de liens, contrebalancer la poussée de l'arc, et servir enfin de points d'attache pour la boiserie ou décoration intérieure.

A Paris, et dans les grandes villes de France, on se sert de poitrails en fonte ou poutres de fer pour supporter les murs qui se trouvent au-dessus des ouvertures ou des vides d'une grande largeur, comme pour les boutiques, les portes cochères et les magasins.

Des chaînes en pierre Quand on est forcé de bâtir des murs en briques ou en autres petits matériaux, on a recours à ce qu'on appelle des chaînes en pierre, élevées verticalement et par assises. Ces chaînes ont l'avantage de donner à la maçonnerie plus de stabilité et de résistance, aux points où elles se trouvent, que dans les parties en petits matériaux hourdés en mortier ordinaire ; mais, d'un autre côté, l'inégalité de tassement, qu'il est impossible de prévenir, a quelquefois de graves inconvénients. Le tassement est proportionnel à l'épaisseur totale des joints en mortier, laquelle est beaucoup plus grande en maçonnerie de

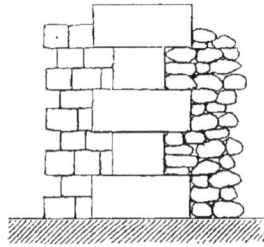

Fig. 119.

petits matériaux que dans celle de pierres de taille, où les joints sont moins épais et infiniment moins nombreux.

Les pierres formant ces chaînes s'étendent ordinairement dans toute l'épaisseur du mur ; il faut avoir la précaution de les alterner en longues et en courtes, en commençant à en poser une longue sur la fondation. La seconde pierre à poser sur la précédente doit être plus courte de 35 à 40 centimètres environ que la première, afin que son déharpement ou saillie sur celle-ci ne soit pas inférieur à 18 ou 20 centimètres. La troisième pierre doit être de même longueur que la première, afin de jeter harpe sur la deuxième qui est en dessous, et ainsi de suite jusqu'au sommet du mur, où l'on termine par une pierre longue (fig. 119).

CHAPITRE IV

Des voûtes Les voûtes en général sont des masses de maçonnerie composées de pierres détachées. Ces masses se maintiennent dans le vide au-dessus de l'espace auquel elles doivent servir de couverture, au moyen de la forme donnée aux pierres employées. Elles se maintiennent encore dans le vide par la tension des matériaux entre eux, ainsi que par la résistance qu'elles trouvent dans les murs ou dans les arcades qui circonscrivent l'espace voûté.

Selon leur forme, les voûtes les plus simples sont des arcs dont la largeur ou la longueur est égale à la longueur de l'espace intérieur à couvrir; leur courbe ou intrados est cylindrique ou conique; d'autres voûtes ont une forme sphérique, et enfin il y a des voûtes qui ne sont qu'un assemblage, une combinaison des voûtes simples dont nous venons de parler.

On entend donc par le mot de *voûte* une construction composée de plusieurs pierres de taille, moellons, briques ou autres matières façonnées, disposées et réunies de manière à se soutenir dans le vide pour couvrir un espace donné. Dans les constructions particulières on ne se sert généralement de la voûte que pour couvrir les caves des maisons. Nous ne parlerons donc que de celles des voûtes qui servent journellement à cet usage.

La voûte la plus simple est nommée voûte en *berceau* ou à *plein cintre;* elle sert pour cave, écurie, orangerie, etc. Cette voûte décrit une courbe en demi-circonférence. Voici comment on peut expliquer l'origine de sa forme, qui est un demi-cylindre. Supposez un demi-cercle vertical OSO′ comme ligne génératrice, mû sur deux lignes horizontales et parallèles OP et O′P′, comme lignes de direction, et de telle sorte que chaque position nouvelle du demi-cercle soit parallèle au demi-cercle primitif : ce demi-cercle décrira une surface qui aura la forme d'un demi-cylindre couché ou celle de l'intrados ou courbe intérieure d'un plein cintre en berceau. La ligne que suit le point de centre du demi-cercle de *b* en *b'* est nommée l'axe de la voûte (fig. 120).

Si au lieu d'un demi-cercle on se sert dans la même opération d'une courbe en anse de panier, d'une ellipse, ou d'une ogive, on obtiendra selon la courbe de ces diverses lignes des voûtes surbaissées, surhaussées, elliptiques, en anse de panier ou à ogive. La voûte surbaissée est celle qui est moins élevée qu'un demi-diamètre de circonférence; la voûte surhaussée est celle qui est plus élevée que le demi-diamètre de circonférence. On élève encore des voûtes dont la courbe est formée d'une partie de la circonférence du cercle. Quant aux voûtes sphériques, on peut saisir leur formation au moyen d'une face verticale ayant de sa base à son sommet la courbe déterminée ou demandée et faisant révolution sur son axe.

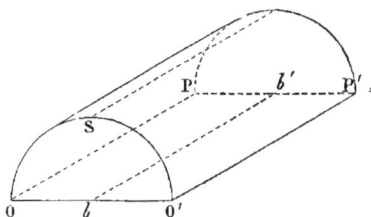

Fig. 120.

Exemple : la voûte complètement sphérique n'est que la surface produite par la révolution sur son axe d'un quart ou d'un demi-cercle (fig. 121). La voûte en anse de panier ou elliptique sphérique n'est que la surface produite par un quart d'ellipse faisant révolution sur son axe; alors on obtient une voûte sphérique surbaissée.

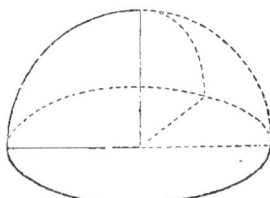

Fig. 121.

Les voûtes sphériques supposent des pieds-droits ou un pied-droit continu circulaire : ce support circulaire est nommé tambour. Il va sans dire que la voûte ou calotte sphérique couvre et abrite un espace circulaire. Il y a cependant des exceptions à cette règle; ainsi il se présente des cas où des voûtes sphériques servent de couverture à des espaces rectangulaires en plan. Pour couvrir de tels espaces on se sert d'une courbe tracée avec le demi-diamètre du cercle qui circonscrit le carré ou le rectangle donné, et cette ligne sera génératrice. Les portions produites par la révolution de ladite courbe sur son axe, et en dehors des faces verticales de l'espace à couvrir, sont nulles.

L'intrados ou courbe intérieure d'une voûte demi-sphérique dont le diamètre est égal à la diagonale d'un rectangle, se voit dans la fig. 122. Là, nous avons figuré une voûte ou calotte sphérique surmontant un rectangle. Les quatre portions sphériques sur les quatre côtés sont retranchées de la demi-sphère.

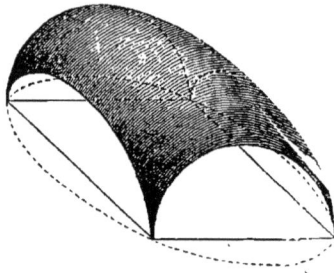

Fig. 122.

Les polygones irréguliers sont également susceptibles d'être couverts de voûtes sphériques, il faut seulement que leurs angles soient disposés de manière à ce qu'ils touchent tous à la circonférence d'un cercle qui les circonscrit, comme le montre la fig. 123. Dans ce cas, le rayon de cette circonférence tracera la courbe ou circonférence demandée ou intrados de la voûte sphérique. Dans tous les cas dont il vient d'être parlé, il est entendu que le pied ou naissance des voûtes doit avoir une même ligne de niveau.

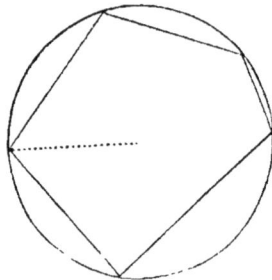

Fig. 123.

On comprendra qu'une voûte conique est produite par la révolution d'un triangle rectiligne ou curviligne sur une face, sur le côté choisi pour axe.

Dans les voûtes à surface courbe, les pierres employées se nomment *voussoirs*.

Après la voûte la plus simple, la voûte cylindrique ou en berceau, vient la voûte d'arête formée par deux demi-cylindres qui se croisent à angle droit et se coupent, ou par la rencontre de quatre lunettes dont les arêtes paraissent au dehors. La voûte d'arête ne s'appuie que sur ses quatre angles. Pour couvrir de deux demi-cylindres en croix

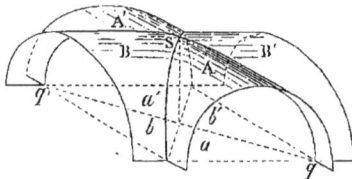

Fig. 124.

le carré commun qq', on peut se servir des deux triangles aa' avec la prolongation du demi-cylindre AA' et des triangles bb' avec la prolongation du demi-cylindre BB'; ou bien on se servira (fig. 124, 125) pour les triangles a et a' de portions de demi-cylindre BB' et pour les triangles b et b' des portions du demi-cylindre AA'. Dans les deux cas les quatre parties triangulaires de voûte (en projection) se trouveront

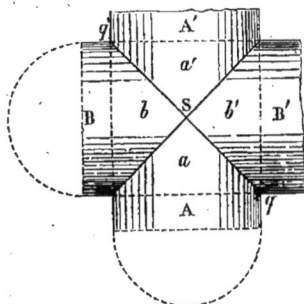

Fig. 126.

placées dans les faces verticales censées s'élever sur les diagonales de l'espace carré. Les lignes courbes formées à l'intérieur par l'intersection des deux berceaux sont nommées *arêtes;* de là aussi le nom de ce genre de voûte. Le point d'intersection supérieur des deux berceaux se nomme sommet de la voûte; il n'est autre que la rencontre des quatre arêtes. Ce point de rencontre est perpendiculaire au centre de gravité de la figure en projection.

Il y a encore un autre genre de voûtes aussi simples que les précédentes, formées également de quatre triangles, dont chacun porte par un de ses côtés sur le mur dans toute sa longueur, d'où il suit que ces dernières sont plus solides, et ont beaucoup moins de poussée que les voûtes d'arête.

Dans la voûte d'arête, ce sont celles des parties des deux berceaux qui se croisent qui sont superposées, qui servent de voûte. Dans les fig. 126, 127, ce sont les triangles aa', prolongation du demi-cylindre AA', qui sont censés s'étendre au-dessus du demi-cylindre BB', et les triangles b et b' de la prolongation du berceau BB' qui s'étendent au-dessus du berceau AA'. Si l'on retranche les parties

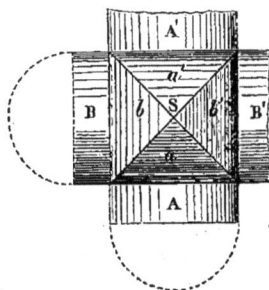

Fig. 126.

AA' et BB' dans la fig. 126, et qu'on se figure l'existence de piliers aux quatre angles, ces piliers sembleront reliés entre eux par des triangles à faces courbes appelées lunettes. Les piliers d'angle

formeront les pieds-droits de la voûte d'arête. Les murs qui limi-
teraient l'espace couvert par une voûte d'arête ou qui lieraient
les quatre pieds-droits entre eux sont inutiles dans la construction des voûtes d'arête : les piles ou pieds-droits d'angle n'ont
besoin d'être reliés entre eux que par des arcs : ces derniers sont
nommés *arcs doubleaux*.

Dans les voûtes d'arcs de cloître, celles des portions destinées à
couvrir un espace quelconque sont précisément celles qui sont

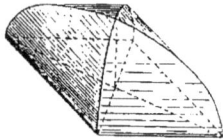

Fig. 127.

situées en dessous des berceaux. Dans ce
genre de voûte il y a des arêtes dans la
même position que celles qui naissent dans
la voûte d'arête. Tandis que dans cette dernière l'arête est en saillie, elle est située dans
un angle dans la voûte d'arc de cloître. On
pourra se faire une idée de la voûte d'arête,
en examinant les voûtes sur l'intersection de la nef et du chœur
avec les bras de la croix ou transepts dans les églises du moyen
âge. On en trouvera qui sont à plein cintre (romanes) et d'autres
aiguës, à tiers-point (ogivales . Les quatre lunettes ou triangles
à superficie courbe de la voûte d'arc de cloître posent leurs bases
sur des murs qui leur servent de point d'appui dans toute leur
longueur. Dans ce genre de voûte la poussée ou le poids de la
voûte ne se dirige pas sur les quatre angles, mais sur tous les
points à la fois des murs qui la supportent sur les quatre faces.

Ces deux genres de voûtes, la voûte d'arête et la voûte d'arc
de cloître sont fréquemment employés dans les constructions de
caves des maisons particulières. Il y a encore une autre espèce
de voûte fréquemment employée, c'est la voûte d'arc de cloître
barlongue, c'est-à-dire voûte à arc de cloître sur un espace beaucoup plus long que large. Dans ce genre de voûte, il ne faut pas
que les arêtes suivent les diagonales du rectangle en plan, ce qui
donne le cintre répondant aux petits côtés beaucoup plus rallongé
que celui qui répond aux grands. Comme cette disposition est
disgracieuse, il est convenable, lorsque la pièce ou l'espace à voûter est beaucoup plus long que large, de faire la partie du milieu
en berceau, et disposer les arêtiers à 45 degrés, ce qui produira
une courbe de cintre égale sur tous les côtés.

Enfin, on pratique dans les grandes maisons d'habitation et dans quelques-unes de leurs dépendances la voûte en arc de cloître avec plafond au milieu, très convenable pour de grandes salles. Au lieu de pierre il vaut mieux employer la charpente pour la construction de ces voûtes. La forme qui convient le mieux pour l'exécution est celle qui résulte de la division de la largeur en trois parties égales, dont deux pour les parties cintrées, et la troisième pour le plafond du milieu.

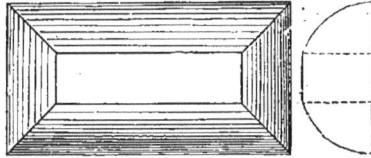

Fig. 128.

On peut élever une voûte d'arête sur un rectangle quelconque ou quadrilatère qui a les angles droits sans avoir les côtés égaux. Dans ce cas, un des berceaux sera surbaissé en anse de panier ou elliptique, et l'autre à plein cintre, afin que les arêtes puissent arriver à un même niveau au sommet de la voûte, ce qui n'a pas lieu si les deux berceaux de largeur inégale étaient tous les deux à plein cintre et ce qui est facile à concevoir.

L'épaisseur des voûtes varie selon la forme de leur courbe, la manière dont elles sont extradossées, leur portée plus ou moins étendue, la nature des pierres, les mortiers et les ciments employés, les positions et les circonstances même dans lesquelles elles sont placées, et qui peuvent y exercer des pressions continues et des chocs accidentels et intermittents.

Cependant l'épaisseur d'une voûte au sommet ou à la clef peut se déterminer d'une manière assez certaine au moyen d'exemples pris dans l'expérience. Quant aux proportions et aux largeurs qui se présentent communément dans les maisons d'habitation, toute voûte en berceau ou en plein cintre de 5^m,80 à 6^m,30 de largeur peut n'avoir que 32 centimètres d'épaisseur à son sommet ou clef, et 48 à 65 centimètres à sa naissance.

On ne donne cependant quelquefois qu'une épaisseur de 16 à 18 centimètres au sommet de voûtes de 4^m,75 à 5^m,80 de largeur, mais on a soin de le renfoncer de distance en distance, longitudinalement, de 1 mètre à 1^m,50, d'arcs doubleaux qui affleurent l'intrados. Alors on donne une épaisseur de 48 à 60 centimètres à

ces arcs doubleaux. Il ne faut pas donner aux voûtes de cave une
épaisseur moindre que 30 à 32 centimètres.

Extradosser, c'est rendre le parement extérieur aussi uni que
celui de la douelle ou de l'intrados. Il est rare que les voûtes soient
extradossées parallèlement, c'est-à-dire qu'on leur donne la même
épaisseur à la clef qu'à la naissance. On diminue généralement
l'épaisseur à partir du pied ou de la naissance en allant à la clef.
Il y a un moyen facile de déterminer l'augmentation d'épaisseur
en partant du sommet en allant aux naissances.

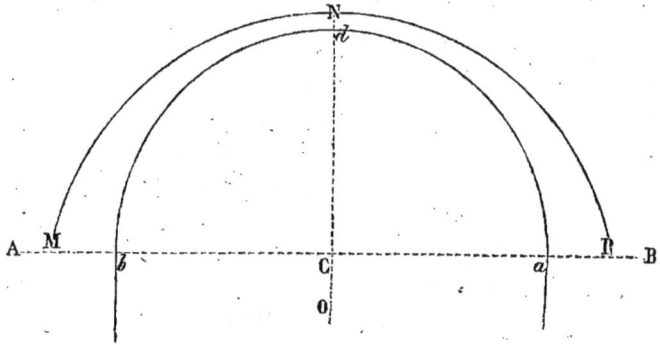

Fig. 129.

Tirez une ligne AB, portez-y la largeur de la voûte. Du milieu de
cette largeur, au point C, comme point de centre, prenez Ca Cb
comme rayon et décrivez l'arc b d a. Vous aurez la courbe
plein cintre de la voûte de cave. Sur le sommet de l'arc a d b,
ajoutez l'épaisseur de la voûte. Ensuite prenez le quart du rayon
Ca ou Cb, ou de la hauteur Cd, ajoutez-la en bas à la verticale
dC, jusqu'en O, et de ce point décrivez l'arc MNP, et vous aurez
la diminution demandée.

Voici une seconde manière de trouver la diminution de voûte
et qu'enseignent Rondelet et M. Demanet (fig. 130) :

Après avoir tracé la courbe ABC de l'intrados et l'épaisseur BD
de la clef, puis mené la verticale DO, passant par la centre de la
voûte, on marque au compas, de B vers O, une certaine quantité de divisions Be, Bf, Bg, etc., toutes égales à l'épaisseur DB;
par les points B, e, f, g, etc., on fait passer des horizontales indé-

finies; puis, par les points e' $f'g'$ où ces horizontales coupent la courbe d'intrados, on fait passer des rayons Ox, Ox', Ox'', qu'on limite successivement aux horizontales Bb' ee', ff'', etc., etc., et par les points D, x, x', x'', etc., on fait passer une courbe qui est

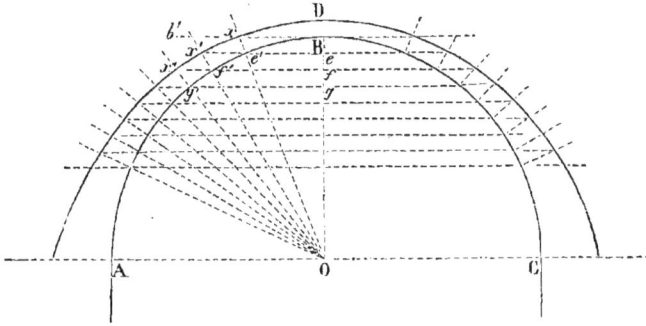

Fig. 130.

celle de l'extrados de la voûte. On arrête cette courbe au rayon qui fait un angle de 30 degrés avec l'horizon, et on la raccorde, soit par une ligne droite, soit par une série de ressauts, ou parement extérieur du pied-droit, dont l'épaisseur peut se déterminer graphiquement de la manière suivante.

Pour trouver l'épaisseur à donner aux pieds-droits de toutes sortes de voûtes extradossées d'égale épaisseur (fig. 131), tracez la courbe moyenne TKG, la sécante FO perpendiculairement à la courbe du cintre, et par le point K où cette sécante coupe la courbe moyenne, menez la ligne horizontale IKL, et élevez du point B une verticale qui rencontre l'horizontale IKL au point i; portez iK de K en m, et la partie mL de B en h, et le double de l'épaisseur de la voûte de B en n. Divisez ensuite hn en deux parties égales au point a, duquel, comme centre, et avec un rayon égal à la moitié de hn décrivez une demi-circonférence de cercle qui coupera en E l'horizontale BA prolongée. La partie BE indiquera

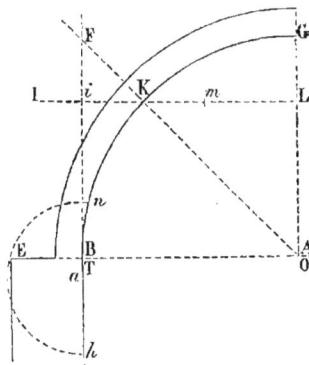

Fig. 131.

l'épaisseur qu'il faudra donner aux pieds-droits de la voûte pour qu'ils puissent résister avec solidité convenable à l'effort de sa poussée.

Pour trouver l'épaisseur à donner aux pieds-droits de voûtes intradossées par un circonférence de cercle qui n'est pas concentrique ou parallèle avec celle qui forme la courbe intérieure, en sorte que son épaisseur va en diminuant depuis le bas jusqu'au milieu de la clef, on fera l'opération suivante : ayant tracé les deux courbes de l'intrados et de l'extrados de la manière indiquée plus haut, prenez la moitié de l'épaisseur de la voûte à la clef, par ce point O tracez la courbe OG. Par le point O tirez une ligne horizontale et par le point G une ligne verticale se coupant au point X. Du point X tracez une perpendiculaire à une ligne supposée allant de O en G ou au centre de la courbe. Par le point L, intersection de cette perpendiculaire, et de GO, tracez la ligne horizontale NLP, prenez ensuite LM égal à SL, distance horizontale du point L à la prolongation verticale de la paroi intérieure du pied-droit. Prenez ensuite MP, et portez-le de A en M′; faite AB égal à deux fois l'épaisseur de la voûte sur la ligne XZ, et sur BM′ comme diamètre décrivez une demi-circonférence de cercle qui rencontrera la ligne horizontale ZZ′ en Z′, qui donnera l'épaisseur cherchée.

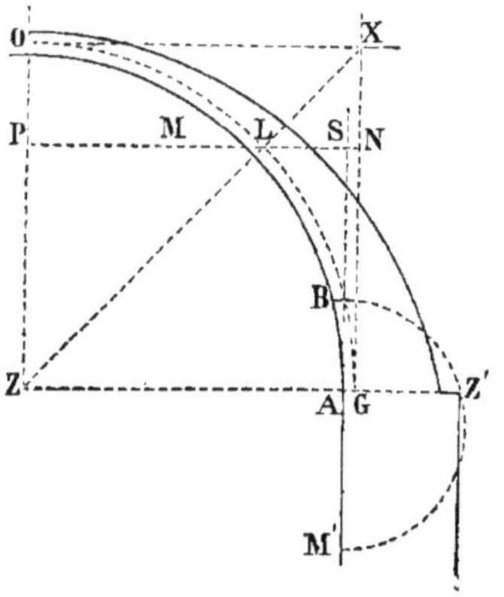

Fig. 132.

« Les voûtes construites en *pierres de taille*, dit Monge, sont composées de pièces distinctes, auxquelles on donne le nom générique de *voussoirs*. Chaque voussoir a plusieurs faces qui exigent la plus grande attention dans l'exécution : 1° la face qui doit faire *parement*, et qui, devant être une partie de la surface visible de la voûte, doit être exécutée avec la plus grande précision, cette face se nomme *douelle* ; 2° les faces par lesquelles les voussoirs consécutifs s'appliquent les uns contre les autres, et qu'on nomme généralement *joints*. Les joints exigent aussi la plus grande exactitude dans leur exécution, car, la pression se transmettant d'un voussoir à l'autre perpendiculairement à la surface des joints, il est nécessaire que les deux pierres se touchent par le plus grand nombre possible de points, afin que pour chaque point de contact la pression soit la moindre, et que pour tous elle approche le plus de l'égalité. Il faut donc que dans chaque voussoir les joints approchent le plus de la véritable surface dont ils doivent faire partie, et pour que cet objet soit plus facile à remplir, il faut que la surface des joints soit de la nature la plus susceptible de précision. C'est pour cela que l'on fait ordinairement les joints plans. Mais les surfaces de toutes les voûtes ne comportent pas cette disposition : dans quelques-unes, on blesserait trop les convenances dont nous parlerons dans un moment si l'on ne taillait pas les joints suivant une surface courbe.

« Dans ce cas, il faut choisir, parmi toutes les surfaces courbes qui pourraient d'ailleurs satisfaire aux autres conditions, celle dont la génération est la plus simple et dont l'exécution est la plus susceptible d'exactitude. Or, de toutes les surfaces courbes, celles qu'il est le plus facile d'exécuter sont celles qui sont engendrées par le mouvement d'une ligne droite, et surtout les surfaces développables; ainsi, lorsqu'il est nécessaire que les joints des voussoirs soient des surfaces courbes, on les compose, autant qu'il est possible, de surfaces développables.

« Une des principales conditions auxquelles la forme des joints des voussoirs doit satisfaire, c'est d'être partout perpendiculaire à la

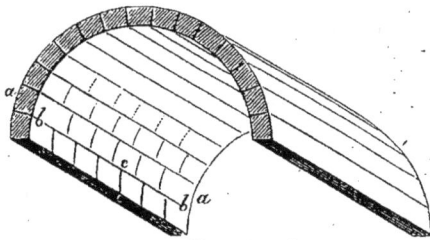

Fig. 133.

surface de la voûte que ces voussoirs composent. »

La fig. 133 représente la voûte en berceau et à plein cintre.

aa, rangées de voussoirs;

bb, joints horizontaux;

cc, joints verticaux.

Dans la figure 134, on voit dans le tracé de droite que la pierre ou voussoir *c d h e f b a g* forme coin. La face de derrière *g h e f*

sur l'extrados de la voûte sera plus haute que la face de douelle
c d a b. Mais les deux faces *c d h g, b a e f* seront égales, et les

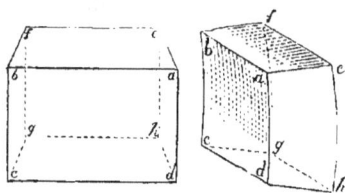

Fig. 134.

faces *d h e a, c g f b* seront parallèles. Les joints *dh, ea* tendront
au point de centre : il en sera de
même des joints *gc, fb*.

Une voûte en parfait équilibre
peut être considérée comme une
suite d'arcs en maçonnerie ou
d'arcades, ou encore comme un
composé d'arcs, qu'on peut se représenter chacun comme une
pièce de bois de charpente légèrement élastique et courbe, dont
chaque partie est dans un état de compression ; la poussée qui
naît du poids de l'arc lui-même et du poids placé sur sa face extérieure et supérieure se transmettant ou se prolongeant de haut en
bas jusqu'au pied ou à la naissance courbe de l'arc, parcourt une
ligne courbe qui passe dans l'épaisseur de l'arc. Cette ligne, qui
agit réellement, mais qu'on ne voit pas, que toutefois on peut
tracer par des calculs qui n'entrent pas dans le but de cet ouvrage,
se nomme **ligne des pressions**.

Cette ligne variera selon la hauteur et la largeur de l'arc, l'é-
paisseur des voussoirs et la répartition du poids ; mais elle aura
toujours la propriété de conserver la même proportion de poussée
horizontale sur n'importe lequel de ses points.

La science de l'équilibre des voûtes appartient aux plus grandes
difficultés des mathématiques appliquées. Toutefois des recherches
précieuses ont été faites sur les conditions et la stabilité des voûtes,
et sur la forme la plus convenable à leur donner dans certains
cas. Mais une initiation à ces recherches demande et suppose des
connaissances étendues de mécanique et une pratique consommée
des ressources données par les hautes mathématiques. Au surplus les recherches en question ont surtout rapport à la construction des ponts, dans laquelle la voûte forme la partie essentielle :
les théories qu'on trouve appliquées à cette construction s'y rapportent directement, et ne sont que très rarement pratiquées dans
la construction des maisons d'habitation.

Nous croyons cependant ne pas devoir nous dispenser et être

agréable ou utile à quelques-uns de nos lecteurs en leur donnant succinctement quelques notions de statique dans leur rapport avec les voûtes. Nous parlerons ici des voûtes en berceau, et ce que nous en rapportons s'applique également aux autres voûtes.

Qu'on se figure la moitié d'un arc reposant par sa base sur un pied-droit solide et invariable; qu'on admette ensuite que cet arc soit immobile, n'importe de quelle manière, il n'en manifestera pas moins une tendance à tourner sur le joint intérieur w du pied-droit et à tomber dans le vide. Cette tendance toutefois peut être détruite au moyen d'une force, d'une pression horizontale, qui agit contre le sommet de l'arc, pression dont la puissance sera égale au poids de l'arc (G) multiplié par la distance l d'un aplomb à travers le centre de gravité du solide à l'arête ($= Gl$) sur laquelle on supposerait que le corps devrait tourner. Qu'on se figure cette force sur le sommet Ss' ou sur tout autre point de l'épaisseur de l'arc, elle agira au moyen d'un levier dont la moindre longueur sera h et la plus forte h', distance de la poussée au joint de torsion.

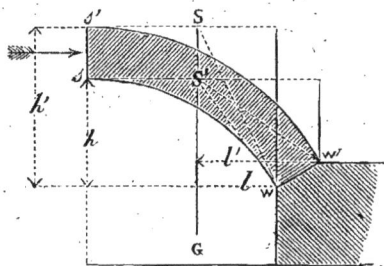

Fig. 135.

On obtiendra la moindre poussée horizontale possible avec le plus grand de ces leviers s'il s'agit de l'équilibre. Leur motion sera donc égale à hh'. Mais comme cette motion a à maintenir l'équilibre de la masse (Gl), il s'ensuit qu'il faut aussi que ces expressions formulaires soient égales, et l'on aura G multiplié par $l =$ à h multiplié par h', ou $h = \dfrac{G \times l}{h'}$. Une poussée ou force horizontale de cette quantité qui s'oppose au sommet de l'arc (au point s') au déplacement ou torsion de cet arc, l'empêche de tourner autour du point w et de tomber dans le vide.

Si au lieu d'une poussée horizontale de cette force, il y en avait une autre plus considérable agissant dans le même sens, il s'élèverait une autre considération : il se pourrait alors que l'arc tournât autour de l'arête extérieure du joint du pied-droit, au point w'. L'arc résiste sur ce point de torsion, au moyen d'une poussée exprimable par la motion G multiplié par l'. Comme les leviers possibles pour faire agir la poussée horizontale restent les mêmes qu'auparavant, le maximum de la puissance ou poussée horizontale, dont la mesure ne doit pas être excédée, tant que la moitié d'arc ne doit pas tourner autour du point w', sera exprimable par la formule $h' = \dfrac{Gl'}{h}$.

Il s'ensuit donc que pour l'équilibre d'un arc la puissance de la poussée horizontale possible qui pourrait agir au sommet de l'arc serait restreinte dans les limites suivantes : $h = \dfrac{Gl}{h'}$ et $h' = \dfrac{Gl'}{h}$.

La tendance à tomber dans le vide qui existe dans des arcs tout à fait symétriques existe aussi d'une matière tout aussi énergique dans l'autre moitié. Les deux moitiés d'arc se poussent donc avec une force $= \dfrac{Gl}{h'}$. Cette action, appelée poussée horizontale, doit au moins être annihilée par la *clef*. La poussée horizontale se transmet toutefois aux autres assises d'une voûte et de ses pieds-droits, et cette poussée engendre l'équilibre des voussoirs, en ce qu'elle empêche le glissement des pierres et la chute dans le vide de la moitié de l'arc comme la torsion des parties composant la voûte.

Lors donc qu'une voûte est en équilibre, la pression ou poussée sur chaque joint se répartira entre les différents points ; l'ensemble des pressions partielles donne une résultante unique appliquée en un point du joint. Tous ces points déterminent une courbe nommée courbe ou ligne des pressions.

L'expérience enseigne que la ligne des pressions varie malgré les calculs et les résultats de la théorie ; elle prend une infinité de positions différentes, qui dépendent du tassement et des surcharges accidentelles auxquelles la voûte peut être soumise.

La poussée des voûtes dépend toujours de la manière dont elles sont construites. Elle devient dangereuse quand on ne tient pas compte de la forme de leur cintre, de leur épaisseur, de leur ex-

trados, du rapport au genre de matériaux employés à leur construction, de leur disposition, de leur appareil, afin d'éviter les
effets du tassement irrégulier dont elles sont susceptibles, de
ceux de leurs murs ou point d'appui, qui sont les plus à craindre.
La moindre rupture ou désunion dans une voûte trop mince,
extradossée d'égale épaisseur, peut causer sa ruine.

Ce défaut est plus dangereux dans les voûtes où les joints sont
très multipliés, comme par exemple dans celles qui sont construites en briques sur champ; car si elles sont maçonnées en
mortier, elles sont sujettes à un tassement considérable, qui ne
s'opère jamais bien également : si elles sont en plâtre, il en résulte
un renflement qui les brise vers les flancs quand ils ne sont pas
appuyés, ou qui renverse les murs lorsqu'ils le sont, si l'on n'a
pas pris toutes les précautions nécessaires pour éviter ces inconvénients. Il faut, pour y obvier, faire un emploi du plâtre et du
mortier, tel que le renflement du premier compense le tassement
du second. On pourrait donc maçonner en mortier les parties inférieures, et le remplissage des reins ainsi que les parties supérieures en plâtre.

Quels que soient les matériaux employés à la construction des
voûtes, on doit prendre toutes les précautions nécessaires pour
qu'il ne puisse pas se faire de désunions, et que dans le cas où,
par quelque accident imprévu, il viendrait à s'en faire, la résistance des parties inférieures puisse balancer l'effort des parties
supérieures. Les désunions qui se font dans les voûtes en berceau,
les plus fréquemment employées dans les maisons particulières,
sont les plus dangereuses, parce qu'elles se font en lignes droites,
qui se continuent dans toute la longueur de la voûte, parallèlement aux murs qui les supportent. Pour éviter les suites de cet
effet, on remplit les reins avec des garnis et recoupes de pierres et
avec un bain de plâtre ou de mortier. On entend par
reins d'une voûte les parties comprises entre les retombées de la voûte et la tangente menée au cercle de la
voûte, la partie *a* (fig. 136). Pour les voûtes en berceau, la hauteur des reins pourra être un peu moins
que les quatre cinquièmes de la hauteur totale de la
voûte.

Fig. 136.

La moindre épaisseur à donner à un arc extradossé d'égale épaisseur dans toute sa courbure, pour qu'il puisse se soutenir, ne doit pas être plus petite que la cinquantième partie du rayon. Mais comme les pierres et les briques employées à la construction des voûtes ne sont jamais aussi parfaites que le suppose la théorie, on peut réduire la moindre épaisseur pour les voûtes en berceau depuis $2^m,95$ à $4^m,90$ de rayon à 11 centimètres, soit qu'on les forme d'un rang de briques posées sur champ, ou de deux rangs de briques posées à plat et de 135 millimètres pour les voûtes en pierres tendres, en augmentant cette épaisseur depuis le milieu de la clef jusqu'au point où leur extrados se détache des murs ou pieds-droits qui les soutiennent.

Pour les voûtes surbaissées formées d'un seul arc de cercle ou d'une portion de circonférence, on prendra pour la moindre épaisseur la cinquième partie de la flèche d'une de ses moitiés, c'est-à-dire la cinquième partie de la ligne ab (fig. 137). Ce moyen est aussi applicable aux voûtes à ogive ou à tiers-point et à toutes les

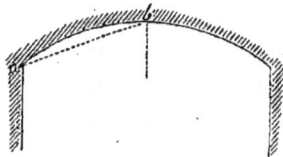

Fig. 137.

sortes de voûtes à plein cintre ou en berceau. Au résultat que donne cette opération, il sera ajouté pour les voûtes maçonnées en plâtre 2 millimètres par 33 centimètres de la longueur, ou un cent quarante-quatrième de la corde ab, qui soutient la partie extradossée. Pour les voûtes maçonnées en mortier, on ajoutera $\frac{1}{96}$, et $\frac{1}{72}$ pour celles qui seront exécutées en pierre de taille tendre, qui n'ont pas de charge à porter. Cette épaisseur ira en augmentant à partir du milieu de la clef jusqu'au point C, où la voûte se détache des reins, où elle aura une fois et demie l'épaisseur trouvée pour le milieu de la clef.

Les voûtes d'arête, d'arc de cloître, et les voûtes sphériques de même diamètre que les voûtes en berceau, peuvent avoir moins d'épaisseur : ainsi, on peut se dispenser de rien ajouter à l'opération pour les profils qui leur correspondent.

Tous les joints biais d'un arc ou d'une voûte à plein cintre, c'est-à-dire formés de la moitié de la circonférence d'un cercle, doivent tendre au point de centre de cette demi-circonférence.

Il n'en est point ainsi des joints d'une voûte en ellipse, où ils ne peuvent et ne doivent être dirigés sur le milieu du grand axe ni vers les deux foyers. Le nombre de joints dans une voûte dépend de la dimension de la pierre de taille employée. Après avoir fait l'épure de la voûte à construire, on se rend compte combien de pierres ou voussoirs sont nécessaires pour former la moitié d'arc à partir de l'extérieur de la clef jusqu'à la naissance. Supposons que dans cette longueur courbe ou intrados il en faille neuf; divisez cette courbe en neuf parties égales, et par les points de division tirez des rayons aux deux foyers, dont

Fig. 138.

l'un sera plus long que l'autre. En tirant ces rayons prolongez-les à quelque distance au delà de l'intrados. Ces rayons formeront au point de leur intersection un angle extérieur, qui se trouvera dans l'épaisseur de l'arc ou de la voûte. C'est cet angle extérieur qu'il

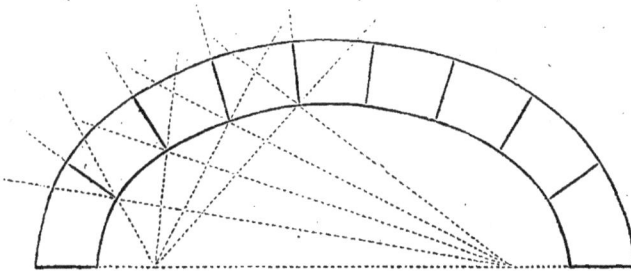

Fig. 139,

faut diviser en deux parties égales dont la ligne de séparation formera la direction demandée des joints.

On opérera de la même manière pour déterminer les deux joints de la clef. Dans la pose des voussoirs, on doit interposer dans chacun des joints un lit de mortier d'une épaisseur uniforme de 15 millimètres au plus pour les voûtes de grandes dimensions, et de 8 millimètres au moins pour les petites. En posant le mortier des joints, il faut avoir soin de n'en pas laisser sous les voussoirs quand on les pose sur le cintre; car l'arête supérieure de ces voussoirs s'appliquerait sur le cintre, et l'arête inférieure, au contraire, en serait séparée par l'interposition de ce mortier, et il en résulterait un déversement qui nuirait à la solidité, tout en produisant à l'intrados de la voûte des balèvres (sortes d'inégalités entre les pierres sur une surface commune) dont l'effet serait très désagréable et que l'on serait obligé de retailler après le décintrement.

Le poseur doit affermir chaque voussoir au fur et à mesure de sa pose, au moyen d'un maillet en bois, afin de ne pas faire d'écornures. Il doit également apporter une grande attention à ce que les vides qui peuvent exister entre les lits et les joints, par suite de défauts dans les voussoirs, soient remplis au moyen d'éclats de pierre enfoncés à bain de mortier; en un mot, il doit apporter tous ses soins à ce que les joints soient parfaitement pleins et garnis ou fichés, action qui consiste à introduire le mortier dans les joints en se servant d'un instrument à dents.

Il faut que les deux côtés d'une voûte se montent simultanément et avec le même mortier, afin que leurs poussées se fassent équilibre sur le cintre et ne l'endommagent pas, et ensuite pour que les mortiers puissent prendre la même consistance des deux côtés et que le tassement soit identique. On ne doit commencer une nouvelle assise de voussoirs que lorsque l'assise inférieure est posée dans toute son étendue.

Dans l'exécution d'une voûte en berceau, on choisit toujours la moindre étendue de l'espace à couvrir pour en faire la largeur de cette voûte, tandis qu'au contraire les deux côtés de la plus longue étendue sont destinés aux pieds-droits ou murs de retombée qui soutiennent la voûte sur ses côtés longitudinalement. Les rangées de voussoirs de cette voûte sont posées en longueur, parallèles à l'axe de la voûte, et qu'on peut comparer aux douves d'un tonneau (fig. 133). Il est rare que dans les constructions particulières la largeur des voûtes en berceau excède 7 mètres. Quand la largeur de la voûte n'est pas au delà de 3 mètres à 3^m,25, on peut la construire d'une demi-brique d'épaisseur, en admettant que les reins soient pleins.

Dans les pays où la brique est employée avec art et avec un grand soin, on est dans l'usage, pour les voûtes de 3^m,25 à 4^m,75, d'établir, à 3ᵐ,40 environ les uns des autres, des arcs doubleaux de plus ou moins de largeur, d'une brique à une brique et demie et d'une demi-brique de saillie. Ces espèces d'arcs qui sont exécutés en même temps que la voûte, lui donnent de la force et de la solidité; ils remplissent pour ainsi dire les fonctions des cerceaux pour les tonneaux. Habituellement ces arcs doubleaux forment saillie sur l'extrados de la voûte afin de ne pas être vus. On les fait cependant saillir aussi sur la face intérieure de la voûte : on gagne un peu d'espace en élévation, à la vérité, en les pratiquant de cette manière apparente, mais l'exécution en est difficile par rapport aux cintres, qui ne se trouvent plus dans un seul et même plan.

Dans des cas exceptionnels on pratique aussi des rangs de briques ou de pierre longitudinalement, c'est-à-dire parallèles à l'axe de la voûte et qui s'intersectent avec les arcs doubleaux. Cette manière donne naissance à une sorte de compartiments ou caissons bruts. Ce genre de voûte n'est employé que pour couvrir de larges espaces et pour ménager les matériaux.

Quand la corde de l'arc ou la largeur de la voûte est considérable ou que cette dernière doit supporter de fortes charges (de terre ou de marchandises), on donne aux voûtes en berceau à leur sommet, ou clef, une brique, une brique et demie d'épaisseur, et l'on augmente cette épaisseur vers les murs de retombée, jusqu'au double de celle de la clef.

La théorie a prouvé et l'expérience a confirmé que pour la voûte en berceau formant des arches de pont fortement chargées, l'épaisseur de la clef doit être de 33 centimètres, plus autant de fois 13ᵐᵐ,535, soit 13 millimètres 1/2 qu'il y a de fois 33 centimètres dans la corde de l'arc.

Supposons une voûte qui aurait 5ᵐ,94 de corde : disons que sa clef aura 33 centimètres d'épaisseur, il faudra ajouter à ces 33 centimètres 18 fois 13,535 millimètres, par la raison que dans 5ᵐ,94 il y a 18 fois 33 centimètres. Or 13,535 millimètres multipliés par 18 font 243,630 millimètres, ou 2 centimètres 4 millimètres, pour ne pas pousser la fraction trop loin, à ajouter à 33, soit 35,4 centimètres.

L'expérience a également prouvé que pour des voûtes ayant

une *charge moyenne* à supporter, comme celles des caves et autres espaces dans les maisons particulières, la moitié de l'épaisseur ndiquée était suffisante, et que pour des voûtes qui n'ont que leur propre poids à supporter un quart de cette épaisseur suffisait, en admettant toutefois que l'épaisseur de la voûte allât en augmentant du double de la clef en arrivant aux murs de retombée.

Il faut toutefois remarquer que l'emploi de matériaux très durs ou résistants demande une moindre épaisseur de voûte que celle énoncée, et que des matériaux tendres au contraire en exigent une plus forte.

Les formules au moyen desquelles on calcule mathématiquement l'équilibre des voûtes sont trop abstraites, peut-être aussi trop compliquées pour qu'elles puissent et doivent être énumérées dans ces pages; toutefois le principe sur lequel elles sont basées est fort simple.

Supposons qu'il s'agisse de construire un arc en pierre de taille selon une courbe donnée et sur lequel doit passer une route : il faut trouver le poids dont chaque rangée de voussoirs doit être chargée, afin de mettre l'arc en équilibre, *e f g* représente la ligne de pression (fig. 140). Tracez la ligne de milieu de l'arc sur une assez grande échelle, et en sens inverse sur un plan vertical, comme par exemple sur une planche à dessiner, et de ses naissances *a, d,* suspendez un fil de

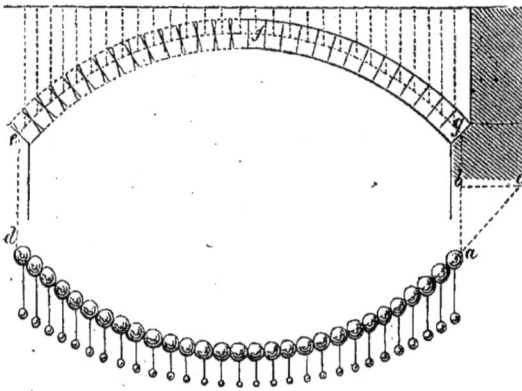

Fig. 140.

soie de la longueur de la ligne de milieu et auquel on appendra d'autres fils tenant de petites boules dont le diamètre et le poids correspondront à l'épaisseur et au poids des voussoirs de l'arc; ensuite suspendez du centre de chaque boule un poids d'une proportion telle qu'il tirera le fil jusqu'à la courbure indiquée sur la surface plane : or ces poids représenteront la charge qui devra être placée au-dessus du centre de gravité de chaque vous-soir, ainsi que l'indiquent les lignes ponctuées dans la fig. 140, pour que l'arc soit en équilibre.

Pour trouver quelle sera la poussée aux naissances ou sur un point quelconque de l'arc, tirez la ligne *ac* en prolongation droite de la courbe, ensuite la ligne verticale *ab* d'une longueur quel-conque, et enfin la ligne horizontale *bc;* alors les longueurs des lignes *ac*, *ab*, et *bc* seront respectivement comme la poussée de l'arc au point *a*, dans la direction de *ac*, et la poussée ou pres-sion verticale et horizontale dans laquelle elle est déterminée; le poids de cette partie de l'arc située entre son centre et le point *a*, qui est représenté par *ab*, étant connu, les autres poids en seront aisément déduits et calculés.

Dans le cas où la forme d'un arc ne coïncide pas exactement avec la courbe ou ligne des pressions, ou ligne de poussée hori-zontale, il faudra qu'il y ait toujours quelque minimum d'épais-seur pour contenir la courbe et pour assurer la stabilité de l'arc. Dans un arc plein cintre, dont l'épaisseur est 1/9 de son rayon, la ligne des poussées identiques touche justement l'extrados au sommet et l'intrados aux naissances, et indique les points où les vices se manifesteraient dans une épaisseur plus faible ou par une charge inégalement répartie qui amèneraient une perturbation dans les voussoirs qui tourneraient sur leur arête. Les arcs qui diffèrent le plus de leur courbe de pression ou de poussée hori-zontale sont ceux à plein cintre et les demi-ellipses, lesquels ont une tendance à s'affaisser à leur sommet et à se soulever à leurs naissances, à moins qu'ils ne soient contenus par des reins bien établis. Les arcs à tiers-point ou à ogive tendent à se soulever au sommet, et pour empêcher ce vice les arcs diagonaux des voûtes d'arête du moyen âge sont formés à leur sommet en demi-cercle, cet applatissement étant dissimulé au moyen de clefs de voûte étendues et ornées, au point de l'intersection des arcs.

Il faut que l'épaisseur des voussoirs de tout arc soit assez forte pour renfermer la courbe des pressions sous la plus grande charge à laquelle il peut être exposé; et comme la poussée sur les pierres augmente de bas en haut, ou depuis la clef jusqu'aux naissances, on augmente proportionnellement leur épaisseur, ainsi que nous l'avons déjà indiqué plus haut. Chaque joint de vous soir doit être d'équerre ou à angle droit à une tangente à la courbure de pression au point par lequel elle passe.

Pour ceux de nos lecteurs qui auraient besoin de savoir rigoureusement la détermination du profil d'équilibre pratique d'une voûte, nous les renvoyons à l'ouvrage de Dejardin, *Routine de l'établissement des voûtes*, Paris, 1845; nouvelle édition, 1865, 1 vol. in-8°; on y trouvera des formules pratiques et des tables déterminant *a priori* et d'une manière élémentaire le tracé, les dimensions d'équilibre et le métrage des voûtes d'une espèce quelconque.

Dans la construction des arcs et des voûtes en briques, qui d'ordinaire sont de même épaisseur dans toute leur longueur, il s'élève une difficulté qui provient de ce que la largeur des joints est plus considérable à l'extrados qu'à l'intrados ou superficie intérieure. Alors quelquefois les briques glissent de haut en bas et peuvent même faire crouler l'arc ou la voûte. Pour détruire cette difficulté et obvier à ces mauvais résultats, il faut bander entièrement la maçonnerie en brique et dans toute son épaisseur soit avec du ciment, soit en mortier de prise immédiate, ce qui rendra l'épaisseur des joints comparativement de peu d'importance.

Toutefois le ciment ne remplira pas aussi bien le but que les mortiers qui durcissent de suite, parce que le ciment durcit avant que l'ouvrage puisse être achevé, et dans le cas d'un tassement, quelque minime qu'il soit, pendant le décintrement des arcs ou des voûtes, l'œuvre devient bouclée ou inégale de surface. Il est donc préférable d'employer du mortier, qui prend assez vite, mais cependant pas aussi vite que le ciment, et qui permet ainsi à l'arc ou à la voûte de se régler ou de s'asseoir sous le poids qu'ils ont à supporter, ou en termes de praticien de *prendre son assiette*, avant que le mortier devienne parfaitement dur.

Nous avons dit précédemment qu'un arc en équilibre pouvait être regardé comme une pièce de bois courbée, dont chaque partie était sous une certaine compression; dans un arc formé de voussoirs en pierre, cela a lieu pratiquement.

Dans l'emploi d'autres matériaux toutefois, comme la fonte de fer et le bois de charpente, on peut construire des arcs et des voûtes dont les formes diffèrent matériellement de leur courbure de pression, ou tracé de poussée horizontale.

Ainsi, par exemple, l'arc plein cintre (fig. 141), s'il était élevé en voussoirs de pierre, petits par rapport à la largeur de la voûte, s'écroulerait par l'ouverture des joints aux points *a* et *b* : mais le même arc pourrait être construit avec sécurité en nervures de fer de fonte, avec les joints placés en *c* et en *d,* le métal étant exposé aux points *a* et *b* à une poussée transversale exactement semblable à celle d'une

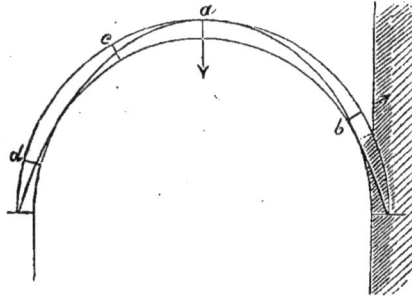

Fig. 141.

poutre en bois horizontale et chargée au milieu.

L'observation rigoureuse d'une bonne taille des pierres dans la construction des voûtes est encore plus essentielle dans ce travail que pour l'appareil des murs. Il faut d'abord que tous les points se dirigent dans une position perpendiculaire sur la surface de la voûte, comme le montre la fig. 142, et que leur direction ne soit pas ainsi que l'indiquent les lignes ponctuées de la même figure. Il faut ensuite que les joints transversaux se contrarient, c'est-à-dire que

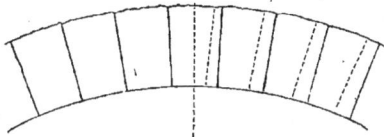

Fig. 142.

deux joints, ne se rencontrent pas sur la même ligne, tel que l'on peut le voir de *a* en *b* de la fig. 144.

La voûte en berceau nécessite de chacun de ses côtés un mur longitudinal : ces deux murs sont nommés murs de retombée, nom qui s'explique de lui-même, puisque c'est sur chacun de ces murs que retombe la voûte, pour ainsi dire. La voûte en berceau ou à plein cintre est indiquée par un demi-cercle ponctué ou non

Fig. 143.

sur le plan. Quelquefois aussi on l'indique par deux demi-cercles ponctués, posés en sens contraires.

La voûte à plein cintre doit se construire par assises ou rangées longitudinales, dont les joints longitudinaux rayonneront sur l'axe du demi-cylindre que forme la voûte. On comprendra que les matériaux servant à la construction d'une telle voûte, ou de toute voûte quelconque, doivent avoir été préalablement taillés, pour qu'on n'ait pas besoin de le faire sur les cintres, ce qui ne se ferait qu'inhabilement et avec une grande perte de temps. C'est d'après une épure de grandeur naturelle qu'on fait les calibres qui doivent servir aux différentes tailles des voussoirs, des coussinets et autres. Nous répétons encore qu'il faut que les joints transversaux se contrarient ou alternent comme en c et d de la fig. 144.

Il convient de combiner les assises ou rangées de voussoirs d'une voûte de manière à ce que leur nombre soit impair, afin qu'il y ait une rangée au milieu de la voûte pour former clef dans toute la longueur.

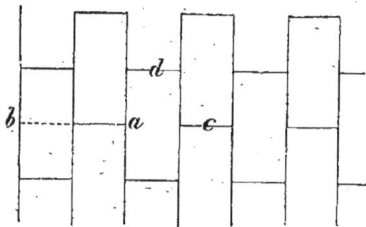
Fig. 144.

Quand il s'agit d'une voûte en berceau à élever en briques, on s'y prend habituellement de la manière que nous venons d'indiquer pour la pierre. On y introduit cependant une modification, qui consiste à monter une partie de la voûte à joints de niveau ou horizontaux, surtout si le mur de retombée a une épaisseur moyenne.

La fig. 137 représente une voûte plate dont l'intrados ou surface inférieure forme un segment de cercle; sa largeur est de 3^m,50; son épaisseur sera d'une brique et demie ou 33 centimètres. Cette sorte de voûte fait perdre peu d'espace, et convient pour des pièces souterraines dans les maisons bâties à mi-côte; elle peut également être construite en pierre de taille.

Des cintres en charpente La voûte d'arête est dite régulière quand son plan forme un carré et que le sommet de ses quatre lunettes est dans un même niveau. La surface intérieure peut être un demi-cercle (fig 145) ou une ogive (arc à tiers-point). Afin de pouvoir exécuter cette voûte d'arête, il faut se servir de six cintres au moins, quatre cintres en demi-cercle et deux cintres en diagonale. Comme les diagonales font intersection au sommet de la voûte, un seul cintre d'un seul assemblage peut être posé d'un angle à l'autre de l'espace à voûter; l'autre cintre en diagonale se fera en deux assemblages séparés qui

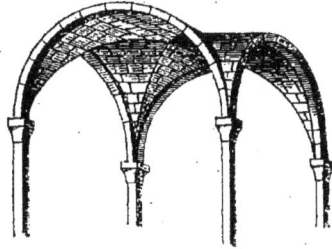

Fig. 145.

seront assujettis à leur jonction au premier. On sait que si l'on adopte le plein cintre pour la voûte d'arête, les diagonales seront des moitiés d'ellipse, dont nous avons enseigné le tracé. Ces six cintres en question suffisent pour construire des voûtes de petite et de moyenne dimension; mais ils sont insuffisants pour exécuter des voûtes d'une certaine étendue. Dans ce cas, on a recours à des cintres intermédiaires, qui suivent toujours la courbure des cintres formerets. Comme les cintres en diagonale reçoivent d'équerre, et de chaque côté sur leur face supérieure, les couchis de deux lunettes, il faut que cette face (l'épaisseur) soit taillée selon l'angle que produit en diagonale l'intersection des couchis.

Si la voûte d'arête doit être élevée en briques, il est clair que sa naissance ne peut pas s'opérer au moyen de briques rapportées et maçonnées en porte-à-faux. On a donc soin d'établir aux angles des sommiers (pierre ou brique posant dans un mur, sur un pied-droit, un pilier ou une colonne, ayant une coupe pour recevoir le premier claveau d'une plate-bande ou les premiers voussoirs d'une voûte) encastrés dans ces piliers ou la muraille. Ces sommiers sont en pierre de taille ou bien en assises de briques ressortant du corps de la maçonnerie du bâtiment. Il faut établir cette base avec un grand soin et solidement; car dans la voûte d'arête chacune de ses portions ne peut se soutenir qu'en s'appuyant sur les deux portions voisines, comme un berceau sur ses culées; toute la poussée se trouve composée dans le sens de la longueur de chaque arête et transmise intégralement à chacun des quatre points d'appui, dans le sens de la diagonale de leur base.

Comme dans les cas les plus nombreux, la voûte d'arête ne sert généralement qu'à couvrir et garantir des espaces, qu'elle n'a par conséquent que son propre poids à soutenir, on peut la construire d'une demi-brique d'épaisseur.

Les mortiers de ciment romain, par leur propriété hydraulique, leur très grande dureté et leur cohésion supérieure, ont un avantage très marqué sur le plâtre, qui perd sa résistance et se détruit à l'humidité, et dont le gonflement lors de la prise augmente considérablement la poussée des voûtes sur les murs ou pieds-droits.

Dans la voûte d'arête, la brique se pose comme la pierre de taille, en assises dont les joints longitudinaux doivent être parallèles à l'axe ou plutôt aux axes de la voûte; car les quatre parties courbes composant la voûte d'arête peuvent être regardées comme des portions triangulaires de voûte en berceau qui se croiseraient d'équerre dans un même niveau.

Il est prouvé aujourd'hui, par de nouveaux exemples que, tant sous le rapport de la stabilité que sous celui du tassement, il n'y a aucun désavantage à décintrer les voûtes presque immédiatement après la pose des clefs; mais, d'un autre côté, sous le rapport des mouvements, imperceptibles ou non, qui s'accomplissent dans la voûte au moment du décintrement, il y a, on n'en saurait douter, tout avantage à ce qu'alors le mortier soit encore dans un état qui lui permette de se comprimer, de se mouler suivant de nouvelles figures, sans que sa désorganisation s'ensuive. Il semble donc qu'il faut maçonner les voûtes et les décintrer le plus promptement qu'on pourra, afin d'éviter qu'il n'y ait quelques portions de mortier complètement prises au moment du décintrement.

Il faut que le décintrement soit fait et dirigé de telle manière que les cintres ne quittent la voûte que par progression insensible et en plusieurs phases, séparées par un intervalle de temps notable. Il est bon même que le décintrement puisse être arrêté à un moment donné, de telle sorte que la voûte se retrouve sur ses cintres comme avant le commencement de l'opération.

Chaque ferme du cintre, disent MM. Claudel et Laroque, n'étant maintenu qu'à ses deux extrémités par des coins doubles, à petit angle, on lui imprimera un mouvement aussi modéré qu'on voudra, soit d'abaissement vertical, soit d'écartement horizontal, en faisant glisser l'un sur l'autre les deux coins d'une même paire.

Il suffit souvent, pour la manœuvre dont il s'agit, de placer à chaque pied de ferme un ouvrier, muni d'une cognée de charpentier ou d'un têtu de tailleur de pierre, qui frappera à petits coups sur le coin inférieur de la paire portant la semelle traînante. Quelquefois on éprouve de grandes difficultés pour faire glisser ce coin, à cause du poids considérable qui agit dessus ; il arrive même souvent, lorsque ce coin est un peu desserré, que cette pression le lance avec force jusqu'au pied-droit opposé ; les ouvriers doivent toujours se placer de manière que, ce cas arrivant, ils ne puissent être atteints.

Le constructeur doit diriger l'opération et avoir l'œil sur les ouvriers, afin qu'ils agissent tous, autant que possible, d'une manière identique. Dans les premiers instants, et quoique l'abaissement des fermes soit accusé par le mouvement des coins, l'effet du décintrement de la voûte n'est pas visible, parce que tout l'espace rendu libre est successivement occupé en vertu de la réaction d'élasticité des bois, dont la compression décroît graduellement ; en un mot, le cintre quitte la voûte comme un ressort qui se débande lentement. Lorsqu'une fois il s'est fait un jour continu entre l'intrados et la nappe des couchis, on peut enlever complètement les coins et ensuite les couchis ; mais il vaut mieux différer d'un jour ou deux pour attendre les effets du tassement, lesquels peuvent très bien ne se révéler qu'après ce délai.

Quand on emploie pour les rez-de-chaussée des solives en fer à T placées de 95 centimètres à 1 mètre 5 centimètres les unes des autres, il est d'usage depuis quelque temps de construire de petites voûtes formées de briques à plat, et de très peu d'élévation. On leur donne de flèche juste ce qu'il faut pour que leur extrados, ou côté extérieur de la voûte, ne dépasse pas

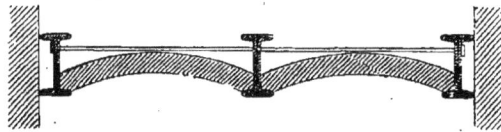

Fig. 146.

le dessus des solives. Ces petites voûtes très plates sont très convenables pour couvrir certains espaces dans les maisons de campagne. Quand on les exécute avec soin, on peut les laisser apparentes, et dans ce cas on nettoie bien les joints qu'on rebouche en mastic ou en plâtre.

Des murs de revêtement ou de soutènement Le nom de *mur de revêtement* est généralement appliqué à tout mur élevé pour soutenir une masse de terre dans une position verticale, ou presque telle. Mais dans la construction usuelle ce terme est restreint aux murs élevés pour soutenir une digue ou une rive artificielle; le nom de *mur de terrasse* ou *de soutènement* est donné à tout mur destiné à soutenir la face verticale ou biaise d'un sol naturel.

Plusieurs auteurs ont donné une infinité de règles et de formules pour le calcul de la poussée qu'une masse de terre exerce sur un

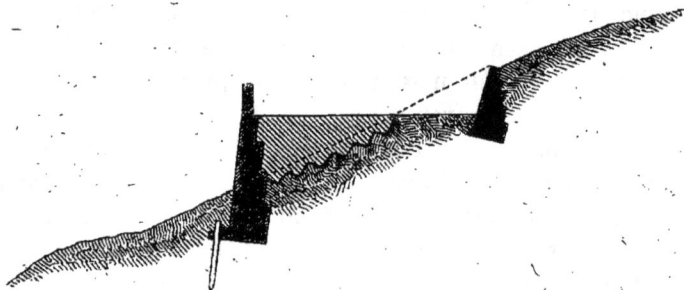

Fig. 147.

mur de soutènement, ainsi que pour déterminer la forme du mur qui présente le plus de résistance avec les moindres matériaux. L'application de ces lois est toutefois très difficile dans la pratique, parce que nous n'avons aucun moyen pour constater la manière exacte dont la terre agit sur ou contre un mur. Ces lois sont donc d'une minime valeur pour le praticien, excepté cependant en ce qu'elles déterminent les principes généraux desquels dépend la stabilité de ces constructions.

Le calcul de la stabilité d'un mur de terrasse ou de soutènement se divise en deux parties : 1º La poussée de la terre qui doit être soutenue, et 2º la résistance que doit offrir le mur.

On nomme *ligne de rupture* (fig. 148) celle qui a lieu le long de la séparation lorsqu'une masse de terre glisse oblique-ment sur elle-même. La pente que prendrait la terre si elle était laissée libre en tombant est nommée la *pente natu-relle*, et il a généralement été constaté que la ligne de rup-ture divisait l'angle formé par la pente naturelle et le

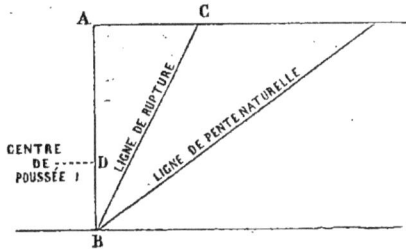

Fig. 148.

derrière du mur en deux parties presques égales.

On appelle *centre de poussée* le point sur la face intérieure du mur, au-dessus et au-dessous duquel il y a une poussée égale, et l'on a trouvé par l'expérience et par le calcul que ce point ou foyer de poussée était situé aux deux tiers de la hauteur verticale, à partir du sommet du mur.

On admet que le mur est une masse solide, incapable de glisser ou de se mouvoir en avant, et de ne céder seulement qu'en se renversant comme un appui ou un bâton, sur son pied. Dans les figures suivantes nous n'avons pas reproduit les fondations des murs, afin de simplifier les détails autant que possible. Dans les recherches qui vont suivre, le mot de *pente* est employé pour remplacer le terme de ligne de rupture.

Il y a deux manières de calculer la force ou la valeur et la direction de la poussée : 1º En admettant uniquement la poussée de la terre agissant comme une masse solide qui glisserait le long d'un plan incliné, toute espèce de glissement entre la terre et la face de derrière du mur étant empêché par le frottement, ce qui donne le minimum de la poussée de la terre; 2º En admettant la même poussée, mais en supposant que les molécules de terre ont si peu de cohésion, qu'il n'existe point de frottement sur la pente ni contre le mur, et en ce cas le calcul donne le maximum de la poussée.

Mais il est vraisemblable que la poussée réelle de toute masse de terre se trouve entre les deux, et qu'elle dépend d'une variété de conditions qu'il est impossible de soumettre au calcul; car quoique l'on puisse obtenir des données, au moyen d'expériences faites avec du sable, du gravier et des terres de différentes sortes, pour calculer la poussée que ces matériaux exercent dans un état de parfaite sécheresse, un autre point doit être pris en considération lorsqu'il s'agit d'appliquer ces données à la pratique : il faut prendre en considération l'action de l'eau; celle-ci, en effet, en détruisant la cohésion des molécules de terre produit sur la masse de la terre contre le mur un effet de demi-liquidité, qui rend cette action plus ou moins semblable à celle d'un fluide, selon que la terre est plus ou moins imbibée.

La tendance au glissement dépendra aussi de la manière dont les matériaux ou la terre sont disposés contre le mur. Si le sol est disposé en gradins ou degrés, inclinés en s'écartant du mur, la pression ou poussée sera très faible, pourvu cependant que pour l'écoulement des eaux de la surface horizontale on ait établi un drainage derrière le mur. Mais si le talus est taillé comme d'usage en gradins à pic, la poussée entière de la terre aura lieu contre le mur de soutènement, qui doit être d'une résistance égale à la force de cette poussée.

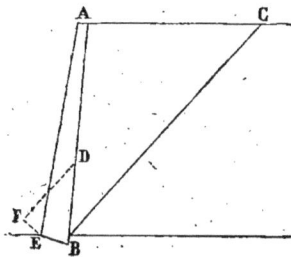

Fig. 149.

Pour calculer le minimum de la poussée, qu'on se figure le poids du prisme de terre exprimé ou représenté par le triangle ABC (fig. 149), poids qui sera directement comme la largeur AC, la hauteur étant constante; la pente BC restant constante, tandis que la hauteur peut varier, il s'ensuit que le poids sera égal au carré de la hauteur. Si nous disons pour cette raison que nous nommons P le poids du prisme ABC, L la largeur AC et H la hauteur AB, et S le poids spécifique de la terre, nous aurons $P = \frac{LHS}{2}$, c'est-à-dire le poids du prisme ABC égal à la largeur AC multipliée par la hauteur AB multipliée par le poids spécifique de la terre et divisé par 2. Si nous représentons la poussée de P dans la direction de la pente ou ligne de rupture, par P', alors (en ne tenant point compte du frottement) par les principes du plan incliné, P sera à P' comme la longueur de l'inclinaison est à sa hauteur; ou, nommant la longueur de l'inclinaison BC, I, on aura :

$$I : H : : P : P' = \frac{HP}{I} = \frac{LH^2S}{2I}.$$

L'effet du poids du prisme ABC, effet qui renversera le mur, sera donc comme P multiplié par l'action du levier EF, trouvé en tirant la perpendiculaire EF du pied du mur sur DF, à travers le foyer ou centre de pression et parallèle à la direction de la pente.

Quand DF passe à travers E, alors EF = O, et la poussée n'a aucune tendance à renverser le mur; et si DF tombe sur la base du mur, EF devient une quantité négative dont la stabilité est augmentée par la poussée. Si nous nommons la poussée capable de renverser le mur, T, on aura :

$$T = P' \times EF = \frac{LH^2S \times EF}{2I},$$

la valeur de EF dépendant de la direction plus ou moins inclinée de la pente et de l'épaisseur de la base du mur.

Pour calculer le maximum de la poussée, il faut d'abord se figurer que la masse mobile glisse en toute liberté du haut en bas sur le plan incliné, ensuite que le frottement entre le derrière du mur et la terre soit si minime qu'il est inappréciable : alors le prisme ABC agira comme un coin, et exercera une pression perpendiculaire au dos du mur qui sera toujours la même quelle que soit l'inclinaison de BC, la hau-

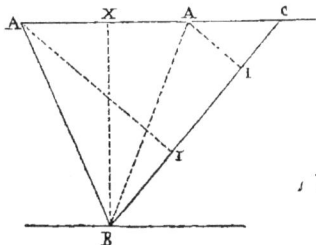

Fig. 150.

teur et la pente du dos du mur étant constantes, qui sera, répétons-nous, comme le carré de la hauteur, où la hauteur varie, la poussée étant la moindre quand le dos du mur est vertical. Nommant la pression R, et tirant AI perpendiculaire à BC (fig. 150), nous aurons, d'après les principes qui se rapportent à l'action du coin :

$$AI : AB : : P' : R = \frac{P' \times AB}{AI} = \frac{LH^2S \times AB}{2I \times AI},$$

et par construction LH = IAI, puisqu'ils sont égaux chacun au double de la surface du triangle ABC : donc on aura encore, par substitution :

$$R = \frac{I \times AI \times HS \times AB}{2I \times AI} = \frac{HS \times AB}{2}.$$

L'action du prisme ABC pouvant renverser le mur sera R multiplié par le levier EF, qu'on trouvera en tirant DF d'équerre au dos du mur à travers le point de pression et en faisant EF perpendiculaire à ce point; ensuite, en nommant la poussée perturbatrice comme auparavant T, on aura :

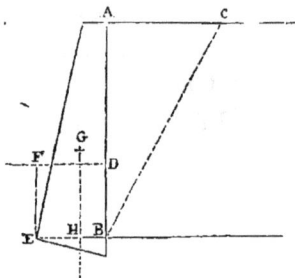

Fig. 151.

$$T = R \times EF = \frac{AB \times HS \times EF}{2}.$$

Si DF passe par E, alors EF = 0, et la pression n'a point de tendance à renverser le mur; et si DF tombe dans la base, la poussée ou pression *augmentera* sa stabilité. Si le dos du mur est vertical, alors :

$$AB = H \text{ et } EF = \frac{H}{3} \text{ et } T = \frac{H^3S}{6}.$$

Ces résultats prouvent que là où le frottement de la terre contre la pente et contre le dos du mur est anéanti par l'infiltration des eaux, l'action de la terre sera précisément identique à celle d'une colonne d'eau de la hauteur du mur. La poussée sur le côté d'un vaisseau ou récipient quelconque est la moitié de la pression qui aurait lieu sur le fond de ce vaisseau d'une même superficie. Or, nommant la pesanteur spécifique de l'eau S, la pression sur le fond, en supposant que AB soit sa longueur, sera HSAB : donc la poussée latérale sera :

$$\frac{HSAB}{2}; \text{ et } T = R \times EF = \frac{HSAB \cdot EF}{2}.$$

Et si le dos du mur est vertical, on aura :

$AB = H$ et $EF = \frac{H}{3}$ comme plus haut. Donc

$$R = \frac{H^2 S}{2} \text{ et } T = \frac{H^2 S}{2} \times \frac{H}{3} = \frac{H^3 S}{6},$$

résultats identiquement les mêmes que ceux trouvés plus haut.

Résistance des murs En considérant le mur comme une masse solide, l'effet de résistance de son poids à une poussée destructive sera directement comme la distance horizontale EH de sa base extérieure à une ligne verticale tirée à travers G, centre de gravité du mur (fig. 152); ou bien en nommant la résistance R et le poids du mur W, alors $R = W \times EH$. EH sera directement comme EB, les proportions du mur étant constantes : c'est pourquoi un mur d'une coupe triangulaire offrira plus de résistance qu'un mur rectangulaire dont le profil aurait la même surface, la base d'un triangle étant le double de la base d'un rectangle de hauteur et de superficie égales.

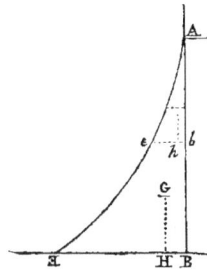

Fig. 152.

Si la face apparente du mur a une surface courbe et concave, EH sera plus puissant que dans le cas d'un mur triangulaire en coupe, les deux surfaces en coupes égales ; et si le mur était une masse solide, à l'abri de toute fracture, cette forme courbe offrirait plus de résistance qu'un mur en coupe triangulaire. Mais comme cela n'est pas le cas, considérons une portion quelconque du mur comme séparée du pied par une ligne horizontale, portion que nous admettons comme étant un mur pour soi, reposant sur la partie inférieure comme une fondation. Qu'on se figure que Aeb est un mur entier pouvant tourner sur e, comme point d'appui. La résistance serait considérablement plus faible que celle d'une partie triangulaire correspondante d'un mur. Dans le cas d'un mur triangulaire, les proportions de la résistance à la poussée seront les mêmes dans toute sa hauteur. Dans le cas d'un mur rectangulaire, la résistance sera plus considérable à la poussée, plus la distance du pied sera étendue. Dans le cas d'un mur avec une paroi courbe concave, le contraire aura lieu.

La valeur de EH sera la plus considérable si EH = EB, et alors le mur sera exactement équilibré sur H; mais on ne devrait jamais arriver à ce cas dans la pratique, de crainte que le mur ne devienne *pendant* ou *corrompu* et dépendant de la terre pour se soutenir. La valeur de HE sera la plus petite possible si H coïncide avec E, dont la limite opposée n'est jamais atteinte en pratique (pour des causes évidentes), car dans ce cas, le mur surplomberait sur sa base et serait sur le point de s'écrouler en avant.

L'augmentation de puissance de levier n'est pas le seul avantage qui résulte de la forme triangulaire d'un mur. Dans les recherches précédentes, nous avons considéré le mur comme une masse solide qui tourne sur sa ligne longitudinale de base. Cependant, en pratique, la difficulté ne consiste pas tant à empêcher le mur de pencher et de tomber en avant, qu'à prévenir les assises de glisser les unes sur les autres.

Dans un mur d'aplomb, bâti en assises horizontales, la principale résistance au glissement provient de la dureté et de l'adhésion du mortier; mais si le mur est élevé avec une face en pente, avec une paroi inclinée, comme les assises sont inclinées vers l'horizon, la résistance à la poussée de la rive ou du talus est augmentée en proportion de la tendance des assises à glisser vers le talus, en rendant ainsi l'adhésion du mortier simplement un surcroît de sécurité.

Il est de toute impossibilité, dans la pratique, de déterminer exactement la poussée exercée contre un mur d'une hauteur donnée, parce que cette poussée dépend de la cohésion de la terre, de son état plus ou moins humide ou sec, de la manière dont le dos du mur sera élevé et d'autres conditions qu'il est inutile d'énumérer ici. Toutefois, l'expérience a montré que la base ou le pied du mur ne doit pas avoir moins du quart, et l'inclinaison pas moins

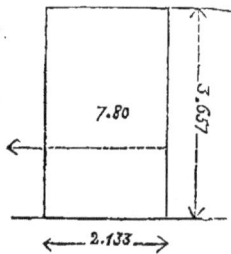

7.80   3.657

←— 2.133 —→

Fig. 153.

d'un sixième de la hauteur verticale, quoique néanmoins ces proportions soient encore douteuses.

Les résultats des calculs faits précédemment sont reproduits d'une façon plus facile à saisir dans les fig. 153, 154, 155 et 156, qui montrent aussi la superficie en coupe de murs de différentes formes, formes demandées pour résister à la pression ou poussée d'un talus de 3 mètres 657 centimètres d'élévation.

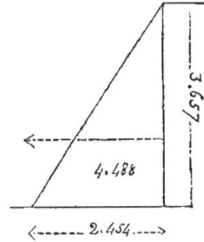

Fig. 154.

Les trois premières figures montrent des calculs destinés à résister au maximum, et la quatrième figure à résister au minimum de la poussée, tandis que la fig. 156 représente la forme modifiée telle qu'elle est d'ordinaire adoptée dans la pratique.

Il est quelquefois nécessaire, dans des terrains mous, de fortifier le pied de la base, à l'extérieur, au moyen de pilotis serrés, afin de le préserver d'être poussé en avant. Voyez la fig. 147.

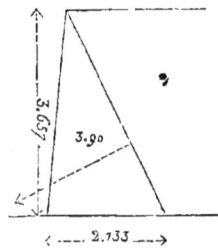

Fig. 155.

Des contreforts Les murs de soutènement sont souvent élevés avec des contreforts, nommés aussi éperons, placés à de petites distances les uns des autres, système qui permet une diminution de dimension dans la coupe des murs et de les bâtir plus légèrement que sans contreforts. Le principe d'après lequel ces contreforts sont généralement construits est toutefois défectueux : car on a l'habitude communément de les placer *derrière* ou dans le *dos* du mur, vers le talus qui se détache alors des contreforts par la poussée exercée par la terre. La force d'un mur de terrasse ou de soutènement serait toutefois considérablement augmentée au moyen d'une suite d'arcs-boutants, s'appuyant sur de longs et minces éperons ou contreforts. Mais la perte de terrain

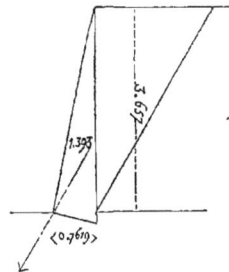

Fig. 156.

que nécessite ce genre de construction empêche constamment de l'employer, excepté dans des cas qui ne se présentent que rarement. L'exemple des églises et fortifications du moyen âge montre la grande solidité de construction déterminée par l'usage des contreforts.

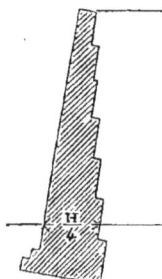

Il y a des cas où le sol étant ferme, dur, les couches qui le composent étant horizontales, le mur de soutèment ne doit que protéger les terres et ne point les soutenir. Il faudrait bien se persuader qu'une légère force appliquée avec art contre une terre compacte, sans désagrégations, soutiendra dans sa stabilité une masse de matériaux qui, étant mise en mouvement, écraserait un mur épais et d'un grand poids. Il faut donc pour cette raison ne pas exposer des terres nouvellement remuées à l'influence de l'air et de l'humidité plus longtemps qu'il n'est strictement utile ou nécessaire pour l'œuvre, et il faut, de plus, éviter le plus petit mouvement qui pourrait s'opérer entre la terre et le dos du mur.

Fig. 157.

Dans le cas où les couches du terrain inclineraient *vers* le mur, il faut que sa force ou épaisseur soit augmentée proportionnellement; si, au contraire, les couches déclinent, le mur pourra n'avoir que l'épaisseur d'un simple parement, uniquement destiné à empêcher le sol de devenir trop meuble et de s'ébouler (fig. 158).

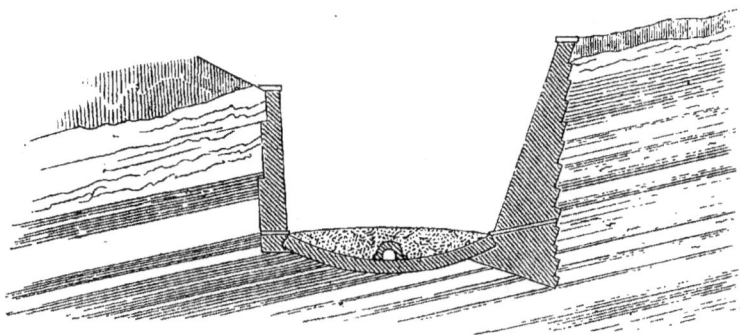

Fig. 158.

Quant à ce qui concerne encore la construction des murs de terrasse, un des points les plus importants à ne pas négliger,

c'est d'établir un écoulement naturel des eaux pluviales : de là
dépend surtout et puissamment leur stabilité. On ne peut prescrire aucune règle sur la manière de procéder à ce drainage; mais
il doit être étudié attentivement dans chacun des cas qui peuvent se présenter.

On pratique quelquefois dans les murs de terrasse de hautes
ouvertures étroites, appelées *barbacanes,* et destinées à donner de
l'air ou à, laisser écouler les eaux qui pourraient se réunir dans
le dos du mur. Il faut que ces ouvertures soient établies avec soin
et que leur pourtour dans l'épaisseur soit formé de gros et durs
matériaux qui ne puissent pas geler. Mais il vaut mieux en tous
cas employer un drainage supérieur si cela est possible ; car les
résultats en sont plus positifs et plus certains.

Étaiement des terres Quand il s'agit de faire la fouille d'un
                        grand espace, d'un bâtiment entier
ou d'une cave, il arrive fréquemment que lorsqu'on creuse dans
un sol meuble, dans du gravier ou dans du sable, il se produit
des éboulements. Outre la dépense qui résulte de la main-d'œuvre
à payer pour retirer les terres éboulées, il est à craindre que la
chute des terres n'écrase ou ne blesse les ouvriers.

Pour éviter ce danger on se sert d'un genre particulier d'étaiement oblique, qu'on exécute par
petites parties et avec grande
précaution. Quand on a creusé
à une certaine profondeur, on
place horizontalement le long
du terrain creusé des planches
ou des madriers *b* en laissant
entre eux un intervalle de 20 ou
35 centimètres, selon le plus ou

Fig. 159.

moins de mobilité du terrain. Ensuite on pose verticalement de
moyennes pièces de charpente ou des madriers *a* contre les premières, afin de les maintenir dans leur position. Ces secondes
pièces verticales seront maintenues d'aplomb au moyen de fortes
pièces de charpente placées en arcs-boutants *c*, dont un bout est
posé contre les pièces verticales *a* et l'autre est retenu sur le sol

par des coins ou courtes et épaisses pièces de charpente *f* qu'on enfonce en terre. Pour empêcher l'extrémité supérieure de ces pièces biaises de s'échapper, on les retient au moyen de deux ou plusieurs clous ou chevilles en fer qu'on enfonce dans les pièces verticales, comme le fait voir la figure 159.

Si la fouille est élevée, il sera nécessaire de poser un second rang de poutrelles biaises *d*, qu'on fixera de la même manière que les précédentes. Si ces seconds arcs-boutants ont une grande longueur, pour en augmenter la solidité il sera bon de les lier ou moiser par des pièces *e* qui peuvent être boulonnées ou simplement clouées sur les poutrelles biaises quand l'étaiement ne doit pas avoir une trop longue durée.

Il faut éviter que les pièces longitudinales qui tapissent la face verticale de la terre aient une trop grande longueur, afin qu'on puisse les enlever par petites portions ou travées, pour y substituer la maçonnerie. Il faut aussi apporter le plus grand soin dans l'enlèvement partiel de l'étaiement, afin d'éviter les éboulements.

Fosses d'aisances   Quand les terrassements et les fouilles sont terminés, on procède habituellement à la construction des fosses d'aisances, s'il y a lieu d'en établir ; il sera examiné plus loin les différents systèmes mis à la disposition du propriétaire pour faire évacuer les produits de vidange de la maison. En ce qui concerne les fosses d'aisances, si la nature du sol le permet, elles doivent être placées à un niveau inférieur à celui des caves de la maison. L'extérieur ou l'extrados de leur voûte doit se trouver au niveau des caves, afin d'éviter les inconvénients qui pourraient résulter des infiltrations et des fuites des gaz et qui répandraient une mauvaise odeur. Au reste, chaque localité a ses règlements de voirie que le propriétaire constructeur doit observer dans l'établissement des fosses d'aisances, pour ne pas avoir de désagréments dans la suite.

La construction des fosses d'aisances doit être exécutée avec beaucoup de soin. La matière qui convient le mieux pour cette construction est la meulière, et partout où on peut en trouver il faut l'employer de préférence à toute autre pierre. On cherchera aussi à en avoir les plus gros échantillons possible. La totalité

de la fosse doit être hourdée ou maçonnée en mortier formé de
bon sable et de chaux hydraulique ; ses parois intérieures doivent
être recouvertes de chaux hydraulique ou de ciment romain, ce
qui vaut mieux encore. Il faut que ce ciment pénètre dans les
joints, s'y agrafe, pour ainsi dire, afin d'offrir plus de solidité.

Les quatre murs verticaux d'une fosse d'aisances doivent avoir
50 centimètres d'épaisseur et la voûte 40 d'épaisseur. Cette voûte
peut être à plein cintre ou en berceau ; on peut aussi la construire surbaissée ou en anse de panier. Le fond de la fosse doit
faire cuillère, c'est-à-dire être plus creux au milieu que sur les
côtés. L'angle que ce fond forme avec les faces verticales doit
être arrondi ; il en est de même des angles de rencontre des
quatre faces verticales.

Au sommet de la voûte, au milieu ou sur un des côtés, on
pratique ce qu'on nomme la cheminée d'extraction des matières ;
c'est une ouverture carrée assez spacieuse pour qu'un homme
puisse y descendre facilement ; elle est fermée d'une pierre d'au
moins 20 centimètres d'épaisseur, posant dans une feuillure pratiquée dans le cadre ou châssis de la cheminée, qui doit également être en pierre. Le milieu de la pierre de fermeture est garni
d'un anneau en fer, pour faciliter l'enlèvement de cette fermeture.

Pour conduire les odeurs en dehors de la fosse, on établit un
ventilateur ou tuyau qui s'élève verticalement depuis l'intrados
de la voûte de la fosse jusqu'au toit. Le ventilateur doit être
formé de bouts de tuyau de fonte ayant au moins 20 centimètres
de diamètre intérieur. Il est vrai que la fonte est plus chère que
toute autre matière, que la terre cuite par exemple. Mais elle est
préférable, parce que soigneusement peinte au minium à deux
couches, et posée avec précaution. il n'y a ni crevasses ni cassures
à craindre dans la suite. Les ventilateurs en zinc peuvent se
placer à l'extérieur, mais il faut se garder de les envelopper de
maçonnerie, qui les détruirait dans peu de temps.

Les tuyaux de descente doivent avoir de 22 à 25 ou 27 centimètres de diamètre intérieur ; ils doivent être placés perpendiculairement sur la fosse. On doit éviter avec soin les coudes trop
allongés ainsi que de trop longues pentes biaises.

On comprendra que la dimension de la fosse d'une maison dépend du nombre de ses habitants. Dans tous les cas, il vaut mieux l'établir trop grande que trop petite.

Enduits Les enduits composés de plâtre, ou de mortier de chaux et de sable, ou bien encore de chaux et de ciment, sont destinés à revêtir les murs. Ils ne doivent pas seulement rendre la maçonnerie agréable à l'œil, mais concourir surtout à la solidité et à la conservation des bâtiments.

On n'enduit pas extérieurement la maçonnerie en pierre de taille, en brique ou en meulière, parce qu'on taille ordinairement la pierre et la meulière à faces aussi lisses que possible; il n'est pas non plus nécessaire de recouvrir d'enduits la maçonnerie en brique, parce que cette maçonnerie étant bien exécutée n'est pas désagréable à la vue, et, en outre, parce que son parement étant lisse, quoique composé de petits matériaux, n'est pas exposé à être détruit par les accidents et les phénomènes atmosphériques.

Mais on recouvre d'enduits les travaux exécutés en moellon, ou en petits matériaux irréguliers qui nécessitent des joints d'une certaine largeur : l'enduit se pose généralement, comme moyen préservatif, sur toute maçonnerie dont les parois n'étant pas unies, offrent des aspérités et des anfractuosités produites par la nature de la pierre employée.

L'enduit sur briques est une affaire de goût. Dans les pays où par suite du manque de pierre, on est forcé de bâtir en pierre artificielle ou en brique, il est d'usage de couvrir quelquefois d'enduits certaines portions de la construction, pour leur donner l'apparence de la pierre de taille : le mélange de la brique avec cette dernière n'est pas d'un mauvais aspect, et, pratiqué avec discernement, il produit souvent des effets agréables à l'œil.

Quand on n'enduit pas les faces extérieures d'un bâtiment, on les nettoie avec soin lorsque la construction s'est assise, et on fait le jointoiement. Pour cela on gratte légèrement les joints, et on les remplit d'un mortier à peu près de la même couleur. Si les faces sont en briques, on fait les joints en mortier de chaux aussi blanc que possible, et on emploie pour cela des ouvriers habiles dont c'est la spécialité.

Quelquefois sur les enduits qui recouvrent soit de la brique, soit du moellon, on figure la construction en pierre de taille, afin de lui imprimer un plus grand caractère de solidité. Les faces sont recouvertes d'abord d'un enduit général : ensuite on y trace les joints qu'on entaille avec un instrument tranchant. Enfin on introduit dans les joints ainsi préparés du plâtre ou du mortier de chaux, auxquels on aura donné la teinte qu'on désire avoir, soit jaunâtre, soit rougeâtre pour imiter le ciment. Pour l'exécution matérielle de joints de ce genre, les ouvriers ont des moyens divers, qui varient selon les contrées où ils sont pratiqués.

On fait souvent des imitations de briques en plâtre en colorant d'ocre rouge le plâtre au moment où il est gâché. Il faut avoir soin de ne pas employer un rouge trop criard, ce qui est toujours d'un mauvais effet. Quand on imite la brique, il faut, par des essais faits quelques jours à l'avance, s'assurer de la quantité nécessaire de matière rouge à mélanger avec le plâtre, afin d'approcher le plus possible du ton de la brique employée dans la localité ou dans ses environs, et ne pas faire disparate avec les matériaux en usage.

Il y a une autre espèce d'enduit destiné à l'intérieur, dont le but est plutôt l'embellissement que l'utilité : Il s'agit de ce qu'on nomme *légers ouvrages,* en opposition des gros ouvrages de maçonnerie, comme fondations, voûtes, murs de face et murs de refend, etc., etc. A Paris et dans les environs on comprend sous la dénomination de légers ouvrages ceux qui sont exécutés en plâtre seul : tels que pigeonnages pour les languettes de cheminée, ravalements en plâtre, feuillures, moulures, cloisons et pans de bois hourdés, aires, crépis, scellements, etc., etc.

Quelle que soit la nature des matériaux formant la surface sur laquelle on applique un enduit, la condition essentielle est l'adhérence la plus parfaite possible de l'enduit au mur. Pour remplir cette condition, il y des soins tout particuliers à observer; ensuite il ne faut employer que des ouvriers faits, expérimentés, intelligents et soigneux.

Lorsqu'il s'agit d'enduire en plâtre un mur en moellon ou en brique, on commence par nettoyer avec soin la surface et les joints; ensuite, après l'avoir bien arrosé et avoir bouché les grands joints avec du plâtre à la main, on procède à ce qu'on nomme le *gobe-tage*. Le gobetage consiste à prendre du plâtre au panier (c'est-à-dire passé au mannequin), gâché un peu clair, pour le jeter avec un balai sur la surface, lattis ou pièces de charpente sur lesquels on veut appliquer un crépi ou un enduit.

Après cette première opération faite, et quand le plâtre a pris corps, on applique sur le gobetage le *crépi*, fait avec du plâtre écrasé, passé au panier, et gâché plus serré. Le plâtre est jeté à la main et étendu avec le tranchant de la truelle pour rendre la surface plus rude, afin que l'enduit, ou troisième couche, s'y accroche mieux. Enfin, cette dernière couche ou *enduit* se fait en plâtre fin passé au *sas* ou tamis de crin. C'est ainsi que se font aussi les enduits sur les cloisons, les pans de bois, les plafonds ou lambris sous les toits; il n'y a de différence que dans le lattis, qui se fait ou jointif ou à claire-voie. Dans le lattis jointif, les lattes se touchent ou sont peu distantes les unes des autres; dans le lattis à claire-voie, elles sont éloignées de 5, 8 et jusqu'à 10 centimètres, comme lorsqu'il s'agit de pans de bois, de cloisons ou de planchers hourdés pleins, c'est-à-dire dont les intervalles sont garnis en maçonnerie de plâtras. Lorsque les intervalles entre les poteaux ou solives ne sont pas remplis de maçonnerie, et que l'on veut, par raison d'économie, ou pour éviter le poids, les laisser vides, on pose les lattes jointives.

Les lattes dont on fait le plus généralement usage sont de cœur de chène refendu; elles ont 1^m, 30 de longueur sur environ 5 centimètres de largeur et 7 à 9 millimètres d'épaisseur. Elles doivent être posées bien parallèlement et fixées avec des clous à tête *plate* sur chaque poteau ou solive. Enfin, nous ferons observer qu'il faut les poser en liaison.

Il y a nombre de départements en France où l'on ne trouve pas de plâtre, et alors les enduits se font en ce qui est nommé blanc en bourre. Cet enduit se compose de mortier de chaux et de sable, ou de chaux et d'argile douce, auquel on a mélangé de la bourre. Pour obtenir de bons enduits de ce genre, qui prennent un beau poli, il faut que la chaux employée soit éteinte depuis plusieurs mois, afin que l'on soit assuré qu'aucune de ses particules n'a échappé à l'extinction. Pendant la gelée le blanc en bourre ne doit pas être employé. La première couche doit avoir de $0^m,018$ à $0^m,020$ d'épaisseur; la seconde, que l'on pose quand la première est à moitié sèche, afin qu'elle adhère mieux, n'aura que $0^m,007$ environ; enfin, la troisième n'a que $0^m,002$ à $0^m,004$ d'épaisseur; elle doit toujours être en mortier plus fin que les premières.

Lorsqu'on veut peindre les enduits de blanc en bourre, il convient de ne le faire que neuf à dix mois après leur exécution et autant que possible dans la belle saison.

Échafauds Les échafauds sont des constructions temporaires, pour aider à l'élévation des édifices et des maisons. Tout constructeur doit veiller scrupuleusement à ce que les échafauds soient combinés et établis avec la plus grande solidité : car on est responsable devant la loi des malheurs qui peuvent arriver. Il n'est malheureusement pas rare de voir des ouvriers tués ou blessés par l'insouciance apportée à l'établissement de ces planchers auxiliaires, sur lesquels les ouvriers exposent leur vie pendant la plus grande partie de la durée des travaux.

Pour les échafauds des monuments et des édifices publics on emploie des bois de charpente avec des assemblages boulonnés en fer, attendu que ces constructions demandent presque toujours des années pour leur achèvement, par suite du grand nombre de moulures et de sculptures qui ornent leurs façades. Il n'en est point de même pour la construction des maisons particulières, et surtout pour celles qu'on élève dans la campagne.

Pour les constructions particulières et pour la construction de leurs dépendances, on peut donner une grande légèreté aux échafauds tout en les construisant d'une solidité suffisante pour supporter les hommes qui travailleront dessus, ainsi que les matériaux qui pourront y être accumulés. Mais nous ne saurions trop répéter qu'il faut que le propriétaire constructeur surveille l'ouvrier chargé d'établir les échafauds, afin que celui-ci y apporte un soin et une attention particuliers. Si ce conseil est suivi il n'y aura pas d'accident à déplorer. Le chef d'une construction ou le propriétaire qui fait bâtir quand il dirige lui-même les ouvriers, a pour ainsi dire la charge des âmes et du corps de ceux qui travaillent pour lui.

Les échafauds peuvent être divisés en deux classes : ceux qui sont simplement construits par les maçons, et ceux posés par les charpentiers : on ne se sert de ces derniers que pour la construction des monuments importants, ce qui les exclut du cadre de cet ouvrage. Nous ne parlerons pas non plus du plus simple genre d'échafauds que les maçons ou autres ouvriers établissent avec des tonneaux, des caisses, des tréteaux ou chevalets, posés sur le sol. Nous ferons seulement remarquer qu'il faut exiger que les points d'appui soient solidement posés, qu'ils ne vacillent pas, afin que le plancher provisoire qu'on jette pour ainsi dire dessus ne vacille pas lui-même, ce qui compromettrait la vie des ouvriers, qui en tombant même d'une petite hauteur peuvent se casser une jambe ou un bras. Les échafauds dont nous venons de parler permettent de monter des maçonneries jusqu'à trois ou quatre mètres d'élévation.

Les échafauds de la première classe dont nous avons parlé plus haut, et qui sont des échafauds de maçon, sont les plus simples et les plus ordinairement employés, puisqu'ils servent à construire toutes les maisons et quelquefois même des bâtiments d'un ordre supérieur. Ces échafauds sont remarquables par les moyens simples et économiques avec lesquels les maçons eux-mêmes les établissent.

Il y a trois sortes d'échafauds que les maçons établissent eux-mêmes : 1° *Les échafauds sur plans verticaux* (fig. 160), qu'on établit en commençant par poser verticalement, à environ 1^m,50 du pied du mur ou du pan de bois à élever, ce qu'on nomme des échasses ou écoperches, espacées entre elles de deux mètres ou à peu près. Les échasses sont de grandes perches nommées aussi baliveaux. On scelle les pieds des échasses dans le sol ou simplement dessus au moyen de petits massifs en moellons et plâtre, que l'on appelle *patins*. Ensuite, à des intervalles de 1^m,75 de hauteur à peu près, et au fur et à mesure que la construction monte, on place des boulins horizontalement et qui sont assujettis d'un bout aux échasses par des cordages à main et scellés de l'autre de 10 centimètres au moins dans le mur ou le pan de bois. C'est sur ces boulins qu'on établit, à chaque étage qu'on fait, un plancher, soit en planches de bateau quand on est à proximité de rivières, soit en bons madriers, en ayant surtout soin de ne point les placer en *bascules*. Lorsque la hauteur de la maçonnerie empêche l'ouvrier de continuer son travail, on pose les boulins de l'étage supérieur suivant, et sur ces boulins on pose les planches ou madriers du plancher provisoire que l'on va quitter. Mais afin de conserver la solidité des échasses ou écoperches, et les maintenir invariablement dans leur position verticale, on a soin de laisser les boulins en place ; on laisse aussi sur chacun de leurs étages un rang de planches ou de madriers pour faciliter le travail s'il y a des alignements ou des aplombs à relever.

Quand les murs d'une construction sont en pierre de taille, on ne peut y sceller les pièces de bois nommées boulins : alors on a soin de dresser les écoperches ou perches verticales vis-à-vis des baies des fenêtres et, en face, sur les appuis des fenêtres ou même à l'intérieur du bâtiment, on place des boulins *verticaux*, venant se buter contre le plafond ou la partie supérieure des fenêtres. Sur ces boulins on assujettit les boulins horizontaux avec des cordages à

Fig. 160.

main, comme on a fait pour les relier aux écoperches.

Mais les écoperches n'ont pas toujours une longueur suffisante pour atteindre le sommet de la construction : alors il faut les *enter*, c'est-à-dire les prolonger par d'autres écoperches qu'on relie au sommet de celles qui partent de terre, en ayant soin de faire reposer le pied de chacune de celles qui sont entées sur un des derniers boulins horizontaux pour lui donner plus de stabilité.

La grosseur des écoperches varie de 15 à 25 centimètres à leur pied, et suivant leur longueur, qui varie elle-même de 5 à 10 mètres. Les boulins ont d'ordinaire 2^m, 50 de longueur et 10 à 15 centimètres de diamètre. Les boulins ne doivent pas avoir de mauvais nœuds. Il faut qu'ils soient en bois sain, pour éviter les accidents et les malheurs qu'occasionnerait leur rupture. Quand on se sert de planches de bateau pour les poser sur les boulins, ou de planches en bois blanc, elles ont généralement de 4 à 5 centimètres d'épaisseur; elles doivent être frettées (garnies de petites bandes de fer mince) par les deux bouts, pour les empêcher de se fendre.

2° *Les échafauds sur plans horizontaux* sont destinés à construire les plafonds et leurs corniches et à faire les rejointoiements et enduits des voûtes. Pour établir cette sorte d'échafauds on pose verticalement des boulins le long des deux murs se faisant face dans la pièce qu'on veut plafonner, en les espaçant environ de deux mètres les uns des autres; à ces boulins on fixe des pièces horizontales ou traverses au moyen de cordages à main. C'est sur ces traverses qu'on pose ensuite le plancher temporaire de l'échafaud. Les traverses n'ont pas toujours la longueur suffisante; alors on les ente pour leur donner la longueur de la pièce. Ensuite il faut avoir la précaution de poser de distance en distance des étrésillons en dessous des traverses, afin qu'elles puissent supporter le plancher et la charge, qui est assez considérable. On aura soin aussi que les étrésillons soient posés sur des pièces de charpente du vrai plancher et non sur les lattis ou les aires. Il doit en être de même des boulins posés verticalement.

3° *Les échafauds volants* servent à faire les ravalements partiels ou autres ouvrages qui n'ont pas besoin d'être échafaudés de fond, ou à partir du sol. On démonte en tout ou en partie cette sorte d'échafaud pour le changer de place suivant les besoins et l'avancement des travaux pour lesquels ils sont établis.

Il y a bien des manières d'établir ces échafauds selon la nature des travaux et la disposition des lieux où on les élève. Dans des travaux où il y a impossibilité de faire reposer les écoperches sur le sol, si l'on peut disposer du premier étage, on construit ce qu'on nomme un échafaud à bascule. On pose horizontalement sur les appuis des fenêtres de fortes pièces de bois, qu'on maintient dans leur position en les faisant reposer à l'intérieur sur un petit potelet placé sur le plancher, et en les serrant avec un poteau vertical d'aplomb sur le potelet. Cette opération faite avec soin, on établit le premier plancher de l'échafaud sur les parties qui font saillie à l'extérieur; ensuite à une distance convenable du mur on scelle les pieds des écoperches avec de forts patins en plâtre, comme on le ferait sur le sol.

Si au contraire le premier étage n'est pas libre, il faut faire supporter la portion extérieure des premiers boulins horizontaux par des boulins inclinés ou posés de biais, dont on scellera les pieds au bas du mur dans des patins en plâtre. Pour éviter tout mouvement, on scelle avec le plus grand soin dans le mur les boulins du premier rang : il est même bon de fixer à chacun une patte en fer qui tienne dans le scellement.

Dans l'établissement de tout échafaud, on doit éviter d'employer de vieux ou de trop vieux cordages, ni des cordages trop usés ou trop minces. Il faut penser que ces cordages resteront exposés aux intempéries de l'atmosphère pendant des mois entiers, et que s'ils venaient à manquer, il en résulterait de graves accidents causés par une aveugle et condamnable économie.

Lorsqu'il s'agit de monter des maçonneries ou de faire des travaux de consolidation ou de restauration à des édifices déjà construits, les échafaudages prennent souvent des formes encore beaucoup plus compliquées, et qu'il serait impossible de définir autrement que par de nombreux exemples qui ne sauraient trouver leur place ici. Qu'il nous suffise de dire que dans ce cas on se sert fréquemment des saillies qu'offrent les constructions existantes pour y établir le pied des principaux supports de l'échafaudage, et que ceux-ci, au lieu d'être de simples perches en pièces de charpente toutes droites et montant de fond, sont souvent des chevalets ou des potences dont les chapeaux *en surplomb* servent de support aux premiers planchers ou aux autres pièces de charpente verticales qui les recevront à des étages plus élevés.

S'il s'agit de vastes constructions particulières, comme bâtiments de manufactures, magasins, usines, formés de plusieurs étages élevés et d'une grande étendue, les échafauds dont nous venons de parler seront peut-être insuffisants. Dans ce cas il faudra des échafauds plus importants ou établis avec plus de soin. La disposition des pièces sera à peu près la même, seulement les écoperches et les boulins seront remplacés par des pièces de charpente plus fortes, équarries et reliées par des croix de Saint-André et des moises, de façon à constituer de véritables pans de bois à jour reliés au mur par les boulins. Dans les cas dont nous avons parlé, on a élevé en Angleterre, en Allemagne et aussi en France un échafaud en pan de bois de chaque côté de la construction ou mur, de façon à comprendre l'ouvrage dans l'intervalle qui les sépare l'un de l'autre. Des *chapeaux* couronnent ces pans de bois qui règnent dans toute la longueur, et qui servent de support à deux lignes de rails. Ces rails portent les roues d'un chariot à longs essieux qui transporte les matériaux où l'on veut, après les avoir montés au moyen d'un engrenage mû par une manivelle.

CHAPITRE V

Charpente On entend par la *charpente* d'un bâtiment l'ensemble des pièces de bois ou de fer assemblées entrant dans la construction de ce bâtiment. La charpente comprend principalement les planchers, les cloisons et les toits. On voit quelle est l'importance de la charpente dans un bâtiment quelconque. Il peut y avoir des constructions sans planchers et sans cloisons; mais dans nos climats septentrionaux il ne peut y avoir de constructions sans toit. Il est donc essentiel d'approfondir les règles générales de cet art.

Nous examinerons tout d'abord la charpente en bois.

Le temps qui a été reconnu le plus convenable pour la coupe des bois est du mois d'octobre au mois de février. Pour abattre les arbres, il convient de les écorcer sur pied, opération qui doit se faire au mois de mai, pour les abattre à la fin d'octobre. Après les avoir fait équarrir, encore frais, on peut les placer debout, sous des hangars disposés de manière à les entretenir isolés les uns des autres, par le moyen de fortes traverses contre lesquelles on les appuie.

La transition successive de la sécheresse à l'humidité exerce une puissante et très nuisible influence sur le bois. Le bois dure longtemps employé dans les lieux ou secs ou humides ; mais cette longue durée dépend cependant de l'essence du bois, du lieu où il a poussé, et enfin des parties plus ou moins résineuses qui le mettent à même de résister à la pourriture. Les essences de chêne durent des siècles dans l'eau, par exemple, tandis que les essences résineuses des sapins sont plus tôt détruites.

Tout bois est plus dur près du tronc de l'arbre que dans le sommet. Il est encore plus dur au milieu de l'arbre que vers son écorce, par la raison que tout bois vers le tronc et vers le cœur est plus vieux et s'est développé plus tôt.

Les assemblages en charpente placés horizontalement forment les planchers, ceux qui sont placés verticalement forment les cloisons et enfin les assemblages inclinés de plusieurs manières forment les toits.

De la résistance des bois. Indépendamment d'une bonne main-d'œuvre, il est facile de comprendre que pour établir une charpente solide il faut du bon bois.

Les bois dont on fait le plus d'usage sont le chêne et le sapin.

Le bois de chêne est un des meilleurs qu'on puisse employer pour les ouvrages de charpente ; il a toutes les qualités nécessaires, telles que la dimension, la force et la fermeté. Quant à la dureté du chêne, il a l'avantage sur tous les autres arbres qui peuvent fournir d'aussi grandes pièces. Il est aussi plus pesant, celui qui se conserve le mieux à l'air, dans l'eau ou dans la terre. Il résulte des expériences faites sur le chêne et sur plusieurs autres espèces de bois que leur force est proportionnelle à leur densité et à leur pesanteur, c'est-à-dire que de deux pièces de même bois et de mêmes dimensions, la plus pesante est ordinairement la plus forte. On a observé aussi que les pièces tirées de la partie inférieure de l'arbre sont plus pesantes que celles qui sont tirées du milieu, et que ces pesanteurs diminuent dans les parties les plus élevées et les branches, en raison de leur éloignement du pied du tronc. Ainsi, lorsqu'il s'agit de choisir une pièce forte, il faut la prendre dans la partie inférieure de l'arbre.

Dans les arbres parfaits, qui sont parvenus à toute leur croissance, la dureté est presque égale du centre à la circonférence.

Dans les arbres qui commencent à dépérir, le cœur est moins dur que la circonférence.

Dans les constructions en charpente, les bois agissent tantôt par leur force absolue et tantôt par leur force relative. La force absolue est l'effort qu'il faut pour rompre un morceau de bois en le tirant par les deux bouts, dans le sens de la longueur de ses fibres.

La force relative du bois dépend de sa position : ainsi une pièce de bois posée horizontalement sur deux appuis placés à ses extrémités se rompt plus facilement et sous un moindre effort que si elle était inclinée ou d'aplomb. L'effort qu'il faut pour la rompre est d'autant moins grand que ces pièces sont plus longues, et cet effort ne décroît pas tout à fait en raison inverse de leur longueur, lorsque les grosseurs sont égales. Ainsi une pièce carrée de $0^m,165$ de grosseur sur $2^m,60$ de longueur posée horizontalement porte un peu plus du double d'une autre de même grosseur sur $5^m,20$ de longueur posée de même.

Si le bois n'était pas flexible, une pièce de bois posée bien d'aplomb porterait une même charge, quelle que fût sa hauteur ; mais l'expérience prouve que dès qu'un poteau a plus de sept ou huit fois la largeur de sa base en hauteur, il plie sous la charge avant de s'écraser ou de se refouler, et qu'une pièce de bois dont la hauteur aurait cent fois le diamètre de sa base n'est plus capable de porter le moindre fardeau sans plier.

La proportion selon laquelle cette force diminue en raison de la hauteur est difficile à déterminer, à cause de la variété des résultats que donne l'expérience. Cependant lorsqu'une pièce de bois de chêne est trop courte pour pouvoir plier, la force qu'il faut pour l'écraser ou la faire refouler est de 20 à 24 kilogrammes par $0^m,00073$ superficiels, et cette force pour le bois de sapin va de 24 à 28 kilogrammes.

Une pièce en sapin ou en chêne diminue de force dès qu'elle commence à plier, en sorte que la force moyenne du bois de chêne qui est de 22 kilogrammes par $0^m,00073$ superficiels pour un cube, se réduit à 1 kilogramme pour une pièce de même bois dont la hauteur est égale à 72 fois la largeur de la base. Les expériences faites à ce sujet ont donné la progression dont nous parlerons plus tard.

Deux considérations principales se présentent dans le calcul de la force des bois exposés à la rupture transversale : 1° l'effet mécanique qu'un poids donné quelconque produira en raison des conditions des points d'appui ; 2° la résistance de la pièce de bois et la manière dont cette résistance est déterminée par la forme de coupe en travers de la pièce.

Si une pièce de bois rectangulaire est supportée à ses deux extrémités et chargée en son milieu, la force de la pièce, en admettant que sa coupe transversale reste la même, sera en raison inverse de la distance entre les appuis, le poids agissant avec une force qui augmente à cette distance. Si une pièce de bois est fixée à l'une de ses extrémités, et chargée d'un poids à l'autre, sa force sera la moitié de celle d'une pièce de même grosseur et du double de longueur supportée à ses deux extrémités. Il en est de même d'une pièce supportée au milieu et chargée à ses deux extrémités. Dans chacun des cas que nous venons de citer, la pièce supportera le double du poids si ce poids est réparti sur toute la longueur de la pièce. Et enfin, la force d'une pièce fortement assujettie à ses deux extrémités est à la force de la même pièce posée seulement sur deux appuis, comme trois est à deux.

On peut exprimer ces résultats fort simplement, ainsi qu'il suit.

Admettons que s soit le poids qui rompra une pièce de bois d'une longueur et d'un équarrissage donnés, scellée à une extrémité et chargée du poids à l'autre :

alors 2 s rompront la pièce fixée à une de ses extrémités et uniformément chargée;

4 s rompront la même pièce supportée aux deux extrémités et chargée au milieu;

6 s rompront la même pièce assujettie aux deux extrémités et chargée au milieu;

8 s rompront la même pièce supportée aux deux extrémités et uniformément chargée;

19 s rompront la même pièce assujettie à chacune de ses extrémités et uniformément chargée.

Si une pièce de bois chargée de manière à se rompre se brise, la rupture aura lieu vers un centre ou axe neutre, en dessous duquel les fibres du bois seront déchirées, tandis qu'en dessus ces fibres seront écrasées. C'est ce qu'on pourra se représenter en

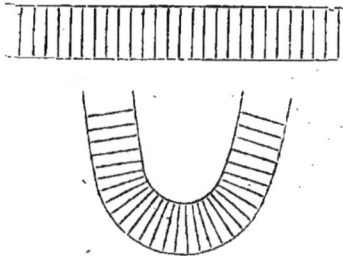

traçant avec un crayon tendre un certain nombre de lignes parallèles sur l'épaisseur d'un morceau de gomme élastique (fig. 161); ensuite on placera la gomme en cercle, on verra que les lignes se rapprochent les unes des autres sur le côté concave, et qu'elles s'écartent au contraire sur la face convexe, tandis qu'entre les deux arêtes on peut

Fig. 161.

tracer une ligne neutre sur laquelle les divisions demeurent de la dimension primitive, et cette ligne neutre, enfin, sépare les fibres qui sont sous le coup de la pression de celles qui sont exposées à la tension.

La résistance d'une pièce de bois rectangulaire dépendra donc : 1° du nombre de fibres en rapport avec sa largeur et sa hauteur; 2° de la distance de ces fibres de l'axe neutre et de la pression conséquente au moyen de laquelle ils agissent, pression qui sera identique à la hauteur; et enfin, de la force active des fibres, qui variera naturellement avec les matériaux divers employés, et qui ne peut être déterminée qu'approximativement d'après les expériences faites jusqu'à présent sur des pièces de bois rectangulaires de même essence que celles dont on veut estimer la force.

La force effective de toute pièce de charpente rectangulaire sera donc directement comme sa largeur multipliée par le carré de sa hauteur, et en raison inverse de sa longueur.

En prenant s pour la force transversale de la matière, en nommant h sa hauteur, e son épaisseur, l la longueur entre les appuis et P le poids qui fera rompre, on aura

$$P = \frac{she^2}{l}.$$

On a calculé la valeur d'une constante relative à la résistance par chaque centimètre carré de section transversale, pour différentes natures de bois.

Ainsi pour le bois de chêne, la constante sera de 117 kilogr.
— méléze — 70 —
— sapin de Russie ou de Riga. 76 —
— sapin de Norvege. . . . . . . 115 —
— d'orme. . . . . 71 —

Pour trouver le poids qui fera rompre une pièce fixée à l'une de ses extrémités, il faut multiplier la largeur de la pièce par le carré de son épaisseur et ensuite par la valeur constante du bois et en diviser le produit par la longueur. Par exemple, supposons qu'on veuille connaître le poids qui pourra rompre une pièce de bois de chêne de 8 centimètres de largeur sur 12 centimètres de hauteur, et 9 mètres de longueur :

On prendra la largeur, 8 centimètres, qu'on multipliera par le carré de 12 ($12 \times 12 = 144$) ou 144, ce qui fera 1152. On multipliera ces 1152 par 117, nombre qui représente la valeur constante du bois de chêne, par exemple, 1152 multiplié par 117 = 134784.

Divisez maintenant ces 134784 par la longueur, 900 centimètres (car toutes les mesures dans ce calcul doivent être exprimées en centimètres), vous trouverez 149 kilogrammes qui seront à très peu de chose près le poids demandé.

2e Exemple : On demande le nombre de kilogrammes qu'il faut pour rompre une pièce de chêne de 11 centimètres de largeur sur 19 centimètres de hauteur et 7m,50 de longueur, fixée dans le mur à une de ses extrémités. Prenez le carré de 19, hauteur, qui est 361, qu'il faut multiplier par 11 largeur, ce qui fait 3971, qu'il faut multiplier par 117, la constante du bois de chêne, ce qui produira

464607, qu'on divisera par 750, longueur. Le nombre 619 (kilo-grammes) sera le poids cherché.

Si dans le premier exemple on substituait du bois de mélèze au bois de chêne, il faudrait dire : 8 $\times$ par 12 $\times$ par 12 $\times$ par 70 (au lieu de 117), ce qui fera 80640 divisé par 900 = 89. Le poids de 89 kilogrammes ferait rompre cette pièce.

Dans le second exemple en substituant le bois de mélèze au bois de chêne, il faudra dire : 11 $\times$ 19 $\times$ 19 = 3971 $\times$ 70 = 277970 divisé par 780 = 370 kilogrammes.

Pour trouver le poids qui fera rompre une pièce supportée li-brement à ses deux extrémités avec charge au milieu, il faut mul-tiplier la quantité par *quatre fois la largeur* de la pièce et par le carré de sa hauteur, en diviser ensuite le produit par la longueur, et le résultat sera le poids demandé.

Supposons qu'on veuille connaître le poids chargé au milieu qui pourra rompre une pièce de chêne supportée à ses deux ex-trémités de 8 centimètres de largeur sur 12 centimètres de hau-teur et 9 mètres de longueur.

On prendra *quatre fois la largeur*, soit 32 centimètres, qu'on multipliera par le carré de 12, ou 144, ce qui fera 4608, qu'on multipliera par 117, constante du chêne; on obtiendra 539136, qu'il faut diviser par 900 (9 mètres, la longueur) = 599 kilo-grammes.

Pour trouver le poids qui fera rompre une pièce de bois de chêne encastrée et scellée à ses deux extrémités, et chargée au milieu, il faut multiplier quatre fois la largeur de la pièce par le carré de son épaisseur, multiplier ensuite par la valeur constante, divisée par la longueur. Le produit sera multiplié ensuite par 3 et divisé par 2. Prenons la pièce précédemment calculée; nous avons trouvé 599, qu'il faut multiplier par 3 (= 1797) et diviser par 2, ce qui fera 898 kilogrammes.

Il faut se souvenir que le poids donné précédemment qui fait rompre une pièce de bois ne doit pas être pris d'une manière ab-solue. Dans la pratique on ne doit prendre pour règle que le tiers du poids causant rupture. Le bois souffre s'il n'est même chargé que du quart de son poids de rupture, et c'est pour cette raison qu'il sera prudent et convenable de ne jamais dépasser ce quart.

On peut conclure des expériences faites par les hommes les plus compétents qu'une pièce de bois peut supporter sans inconvénient à la rigueur le tiers du poids qui la ferait rompre.

Un seul exemple suffira pour démontrer l'importance des principes que nous venons d'énumérer, et combien de soin il faut apporter à la direction que l'on donne aux dimensions du bois, ou à la position selon leur forme. Prenons une pièce de bois de sapin de Norvège de 10 centimètres sur 22 centimètres et 4 mètres de longueur posée sur champ.

Son poids de rupture sera de $\dfrac{115 \times 10 \times 22^2}{4} = 13915$.

Si pour gagner de l'espace la même pièce était posée à plat, son poids de rupture serait $\dfrac{115 \times 22 \times 10^2}{4} = 6325$.

Il est aisé de voir par cet exemple que la forme et la pose d'une pièce de charpente quelconque exercent une grande influence sur sa force.

RÉSISTANCE À LA FLEXION DE PLUSIEURS ESPÈCES DE BOIS

NOMS DES BOIS.	TRINGLES soumises à l'expérience.			Mesures de la flexion opérées immédiatement par le poids posé dessus.	Plus grande flexion suivie de rupture.	1re charge, résistance à la rupture.	2e charge, suivie de rupture.
	Longueur.	Hauteur.	Épaisseur.				
	m.	m.	m.	m.	m.	kil.	kil.
Sapin ordinaire.	1.098	0.02615	0.02615	0.02619	0.07846	16.602	41.158
Sapin rouge. ...	1.202	0.0266	0.02667	0.02641	0.05512	29.933	43.263
Sapin blanc.....	1.255	0.0326	0.03269	0.031631	0.05512	58.383	74.365
Chêne..........	1.281	0.0339	0.038939	0.028238	0.08537	78.753	101.025
Hêtre..........	0.862	0.0213	0.02615	0.027716	0.07187	34.142	48.174
Aune...........	1.124	0.0245	0.02615	0.046769	0.09361	33.207	39.755

D'après ce tableau, il s'ensuit qu'une tringle parallélipipédique de sapin ordinaire ou sauvage, de 1 mètre 9 centimètres et 8 millimètres de longueur, de 2 centimètres 6 millimètres de hauteur sur 2 centimètres 6 millimètres (nombre rond), se rompt au milieu (appuyée seulement aux deux extrémités) sous un poids de 41 kilogr. 158 grammes; elle fléchit avant sa rupture en contre-bas de sa position horizontale de 0,0261.

Les raideurs ou forces respectives de deux pièces de bois d'iné-gales hauteurs et épaisseurs, mais d'égales longueurs, sont en rapport des produits de leurs épaisseurs multipliées par les carrés de leurs hauteurs, ou

$$e \times h^2 :: E \times H^2.$$

Supposons une solive de 7 centimètres d'épaisseur sur 20 cen-timètres de hauteur, et de 4 mètres 40 centimètres de longueur; une autre solive de 5 centimètres d'épaisseur, de 28 centimètres de hauteur et également de 4 mètres 40 de longueur. Les surfaces transversales (en travers des pièces) des deux solives sont égales, car $7 \times 20 = 5 \times 28 = 140$, et il faut qu'une quantité égale des fibres soit violemment tendue et rompue. Les raideurs des deux solives sont entre elles comme $7 \times 400 \cdot (20 \times 20) :: 5 \times 784$ (28×28),

ou comme 2800 $(7 \times 400) :: 3920$ (5×784),
ou comme 5 est à 7.

La deuxième solive, quoique de 5 centimètres seulement d'é-paisseur, tandis que la première en a 7, a cependant une force de $\frac{2}{7}$ plus considérable. On peut donc se convaincre par cet autre exemple de quelle importance est l'emploi du bois posé sur champ.

Équarrissage des bois Pour employer un arbre dans les tra-vaux de charpente, il faut d'abord le rendre carré de rond qu'il est naturellement. Cette opération se nomme *équarrir*; on retranche dans le sens de la longueur de l'ar-bre les parties circulaires, et il en résulte quatre faces d'équerre entre elles. On nomme *bois d'équarrissage* le bois qui se présente sous la forme d'un parallélipipède rectangle. Les morceaux de bois enlevés par l'équarrissage au moyen de la scie, et qui ont une face droite et plane, et l'autre circulaire ou convexe, se nomment *dosses*, qu'on utilise aussi de beaucoup de manières.

Équarrir le bois, c'est donc le tailler à angles droits. Dans cette opération, il faut tâcher de perdre le moins possible de bois. Dans l'équarrissage, il s'agit d'enlever ce qu'on nomme des *dosses*, c'est-à-dire les segments circulaires qui donnent à l'arbre en grume une forme circulaire ou cylindrique. On n'équarrit point de bois au-dessous de 16 centimètres de diamètre. Pour trouver dans l'équarrissage d'un arbre la plus grande dimension d'une poutre carrée, voici comment il faut opérer.

Si l'arbre est court, s'il a à peu près le même diamètre aux deux extrémités, prenez son diamètre *dc*, multipliez-le par 5 et divisez-en le produit par 7; le quotient vous donnera la largeur de la face *ab*, à laquelle les trois autres seront semblables. Supposons (fig. 162) que le diamètre *dc* soit de 43 centimètres; multipliez ces 43 par 5, ce qui produira 215, qu'il faut diviser par 7. Le quotient sera 306 ou 30 centimètres 6 millimètres. Supposons que le diamètre *dc* soit de 39 centimètres; multipliez ces 39 par 5 ce qui produira 195, qu'il faut diviser par 7. Le quotient sera 278, ou 27 centimètres 8 millimètres.

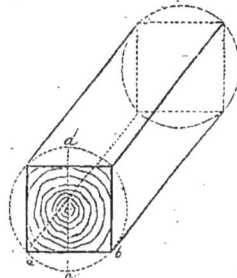

Fig. 162.

Maintenant, s'il s'agit de connaître quel doit être le diamètre d'un arbre qui devra fournir un équarrissage déterminé, multipliez le côté donné (*ab*) par 7 et divisez-en le produit par 5. Le quotient donnera le diamètre de l'arbre que demande la mesure proposée. Supposons qu'on veuille avoir une poutre de 35 centimètres d'équarrissage carré : il s'agit de savoir quel sera le diamètre de l'arbre d'où elle doit être tirée. Multipliez le côté par le nombre 7, et divisez-en le produit par 5, le quotient sera le diamètre demandé. Supposez que le côté de la poutre future ait 35 centimètres de largeur : multipliez ces 35 par 7, et divisez le produit par 5. — 35 × 7 = 245 divisés par 5 = 49. L'arbre devra donc avoir 49 centimètres de diamètre pour livrer une poutre de 35 centimètres d'équarrissage en tous sens.

S'il s'agit de connaître la plus grande force d'une poutre plus haute que large à débiter dans un arbre, il faut savoir que cette force est donnée par une pièce de charpente dont la largeur est en rapport avec la hauteur dans la proportion de 5 à 7. Par conséquent si l'on veut savoir quelle doit être la grosseur d'un arbre dans lequel on doit débiter une poutre oblongue en coupe transversale, on multipliera la hauteur ac de la poutre (fig. 163) par 5, et on en divisera le produit par 4. Le quotient donnera le diamètre demandé de l'arbre. Supposons que le côté vertical, ou hauteur de la poutre, soit de 24 centimètres : il faut multiplier 24 par 5 ce qui fait 120, qui, divisés par 4, produiront 30.

Fig. 163.

— 30 centimètres sera donc le diamètre d'un arbre dans lequel on pourra débiter une pièce de charpente ayant 24 centimètres de hauteur en offrant la plus grande résistance possible.

Veut-on savoir, au contraire, quelle sera l'épaisseur ab d'une pièce plus haute que large de la plus forte résistance, on multipliera son diamètre par 4 et on en divisera le produit par 7; que le diamètre, par exemple, soit de 42 contimètres; 42 multipliés par 4 produisent 168, qui, divisés par 7, font 24.

Il arrive qu'à défaut de gros arbres, ou encore par économie, on emploie dans beaucoup de cas des bois non à vive arête, mais qui conserveront à leurs extrémités longitudinales une partie de leur courbure naturelle. Dans ce cas si l'on veut connaître l'équarrissage carré le plus résistant d'un arbre dont le diamètre est connu, il faut multiplier ce diamètre par 6 et en diviser le produit par 7; le quotient donnera la dimension de l'équarrissage. Supposons un tronc d'arbre de 42 centimètres de diamètre; $42 \times 6 = 252$, qui divisés par $7 = 36$. Les quatre faces auront donc chacune 39 centimètres de largeur.

S'agit-il de calculer d'un équarrissage carré connu le diamètre du tronc d'où il a été tiré, multipliez le côté ponctué en c par 7, et divisez-en le produit par 6. Le quotient donnera le diamètre demandé (fig. 164).

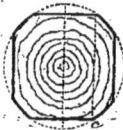

Fig. 164.

Si l'on veut connaître la plus grande résistance d'une poutre plus haute que large sans vive arête et qui conserve à ses extrémités longitudinales une partie de la courbure naturelle du tronc, qui doit être équarrie dans une proportion de 5 de largeur sur 7 de hauteur, on trouve la hauteur de cette poutre ab en multipliant le diamètre du tronc d'arbre cd (fig. 165) par 10 et en divisant le produit par 11.

Supposons un tronc d'arbre de 44 centimètres de diamètre : 44 multipliés par 10 = 440, qui divisés par 11 font 40. Supposons, pour citer un autre exemple, que ce tronc ait 27 centimètres 5 millimètres (0^m,275) de diamètre : 275 × 10 = 2750 divisés par 11 = 25 centimètres. L'épaisseur de la pièce dans les deux cas sera déduite du rapport de 5 à 7, qui donne la plus forte résistance.

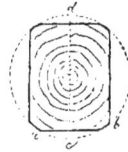

Enfin, s'il s'agit de déterminer le diamètre d'un arbre d'où l'on doit équarrir une charpente offrant par ses proportions la plus grande résistance et étant plus haute que large, il faut multiplier la hauteur donnée par le nombre 11 et en diviser le produit par le nombre 10. Le quotient donnera la dimension du diamètre demandé. Supposons que 40 centimètres soient la hauteur de la poutre, ce nombre multiplié par 11 produit 440 centimètres, qu'il faut diviser par 10; on aura pour quotient 44 centimètres, qui seront le diamètre demandé.

La masse de bois de tout tronc d'arbre est d'une compacité inégale; son extérieur, l'aubier, bois non encore arrivé à sa maturité, est la partie la plus tendre. Le bois augmente en dureté en approchant du cœur de l'arbre, jusqu'à son contact avec le cœur, où il devient de nouveau plus tendre.

Le tronc des arbres qui ont poussé dans des contrées arbritées forme presque un cercle parfait en coupe transversale; ils ont le cœur au centre et la compacité du bois est la même à égale distance du cœur.

Le tronc des arbres qui ont poussé sans abri, isolément ou sur les lisières des bois et des forêts, offre en coupe une forme irrégulière, le cœur n'en est point placé au centre et la dureté du bois est inégale, malgré l'identité de sa distance du cœur.

Le bois en est plus tendre là où les réseaux concentriques de la pousse annuelle sont les plus larges. La cause de ce phénomène c'est que l'arbre en croissant augmente annuellement sa circonférence au moyen d'une enveloppe extérieure de substance ligneuse, que la circulation de la sève est plus active du côté frappé par le soleil, et enfin que dans la plus ou moins grande activité de la sève il s'établit une proportion plus ou moins considérable dans la dimension des tubes conducteurs de la sève.

Il s'ensuit de ces faits que le bois d'un arbre isolé est moins compact du côté du sud que sur sa face septentrionale.

C'est de cette nature inégale du bois que proviennent les changements et les altérations que le bois subit lors de sa dessiccation, et ensuite quand, sec, il est travaillé pour le mettre en œuvre. C'est aussi à cause de cette nature inégale que le bois attire plus ou moins l'humidité de l'atmosphère, s'en sature, qu'il se coffine ou se gauchit, se rapetisse et se gerce.

Fig. 166.

Étudions le tronc d'un arbre qui a poussé isolément (fig. 166). Dans la coupe transversale le cœur s'approche du côté du nord, et à nombre égal de réseaux concentriques annuels, ces réseaux sont beaucoup plus larges sur la face méridionale. Dans la dessiccation, les réseaux placés au sud du cœur, et qui sont plus tendres, se resserreront davantage que les réseaux compacts de la face nord, et le tronc droit avant la dessiccation deviendra courbé après cette opération, et courbé dans la direction opposée au nord. Ce gauchissement, qui s'opère dans toute l'étendue longitudinale des arbres qui ont grandi isolément, engage le constructeur à poser toutes pièces de charpente horizontales la face nord de l'arbre en dessus, afin que sa courbure oppose plus de résistance au poids que le bois peut avoir à subir. Quant aux bois debout qui ont à subir une pression ou poussée latérale, il faut poser leur face nord vers la direction d'où vient la poussée. Dans les pans de bois extérieurs, il faut poser les bois équarris à la cognée de façon à ce que

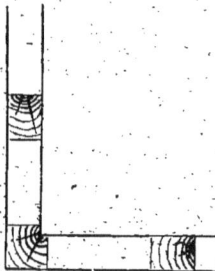

Fig. 167.

le cœur du bois dans les poteaux corniers (ou d'angle) se trouve à l'intérieur, en équerre, ainsi que l'indique la fig. 167. Pour les poteaux intermédiaires on posera le bois de façon à ce que la courbure puisse avoir lieu dans la longueur du pan de bois.

Quant aux poteaux ou colonnes isolés en bois, il faut mettre au centre le cœur du bois, soit qu'on fasse des corps cylindriques, soit qu'on fasse des poteaux à plusieurs pans. Il est en outre très essentiel que les bois employés à cet usage soient parfaitement secs.

Quand des planches et des madriers sont exposés alternativement à l'humidité et au vent, leurs extrémités longitudinales s'élèvent, mais le cœur reste en place. Supposons deux planches dont l'une aura le cœur du bois tourné en l'air, tandis que l'autre aura le cœur posé en bas au-dessous, la première se gauchera en l'air ou par en haut, tandis que la seconde se coffinera en sens inverse, c'est-à-dire de haut en bas (fig. 168).

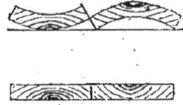

Fig. 168.

Il est donc préférable d'employer des planches ayant le cœur du bois sur une face que de se servir de planches qui auraient le cœur au centre. Dans le premier cas on les contrarierait en les posant.

Si le gauchissement et l'amincissement du bois dépendent de son inégalité de compacité, la même cause produit aussi les gerçures. Dans un tronc abattu, ayant la forme la plus régulière, le cœur au centre, et où on ne remarque aucune différence bien sensible dans la masse de bois d'un seul et même réseau annuel, il n'en est pas moins vrai qu'on voit la diminution de la compacité du cœur en allant vers l'écorce, ainsi que l'augmentation de la circonférence des réseaux, augmentation qui est en proportion inverse avec la compacité. Or, moins le bois est compact, plus il diminuera dans la dessiccation.

Les règles de la charpente apprennent donc les dimensions des bois, c'est-à-dire leur longueur et leur épaisseur. Quant à leur *longueur*, on se sert pour l'augmenter de divers assemblages, qui ont chacun un nom particulier.

Fig. 169.

Fig. 170.

Fig. 171.

Fig. 172.

Ces assemblages sont employés pour linteaux, sablières, etc., celui de la fig. 169 est appelé *à mors d'âne*, celui de la fig. 170 est dit *à chaperon*, celui de la fig. 171 est nommé *à paume*, celui de la fig. 172 *tenon à paume à repos*. On nomme assemblage à mi-bois bout à

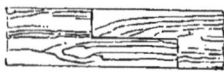

Fig. 173.

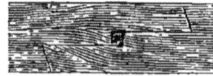

Fig. 174.

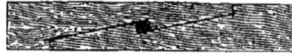

Fig. 175.

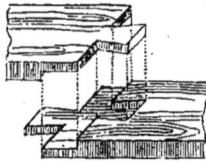

Fig. 176.

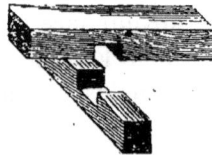

Fig. 177.

bout celui de la fig. 173, à double *queue d'aronde* (fig. 174), et enfin à trait de Jupiter (fig. 175), employé pour les tirants ou poutres. C'est l'assemblage le plus solide pour rallonger deux fortes pièces de bois.

On distingue un autre genre d'assemblage, celui destiné à unir d'*équerre* deux pièces de bois (fig. 177); on se sert alors de l'assemblage dit à entaille à moitié bois, qui se fait par entailles; dans ce cas les pièces réunies ne forment qu'une même épaisseur. Un autre assemblage de cette catégorie est nommé carré à tenon et mortaise (fig. 178). Il y a encore un grand nombre d'espèces d'assemblages à équerre, dont on se sert dans la charpente des planchers, des cloisons ou pans de bois et des toits,

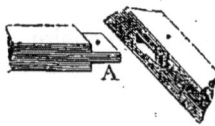

Fig. 178.

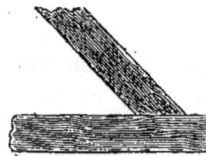

Fig. 179.

qu'on trouvera détaillées dans le *Manuel du charpentier*, par Biston et Hanus (collection Roret).

Il nous reste à parler des assemblages *obliques*, destinés à lier entre elles des pièces de bois soit horizontalement, soit verticalement, soit en l'air, mais ne formant pas d'angles droits

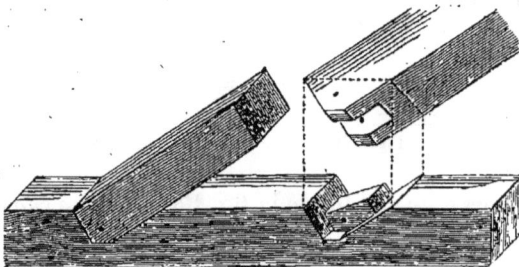

Fig. 180.

(fig. 179). Nous donnons dans les fig. 180,183 les exemples les plus habituellement suivis dans les constructions ordinaires, pour lesquelles il est inutile de recourir aux assemblages trop compliqués.

On est quelquefois forcé de rallonger des pièces de charpente posées de bout, comme poteaux, supports, et en général toutes pièces quelconques placées verticalement. Rallonger ces pièces se dit, en terme de bâtiment, les *enter*. Il faut que la manière d'enter ne diminue pas leur force. Les fig. 181, 182 en sont des exemples. Le *tenon* doit être taillé suivant le fil du bois (fig. 181 : il doit être égal au tiers de l'épaisseur de la pièce et situé dans son milieu. La *mortaise* est semblablement disposée; il s'ensuit que les épaisseurs de bois qui restent au-dessus et au-dessous de cette dernière, et qu'on nomme les *jouées*, sont chacune égale à l'épaisseur du tenon, afin que la résistance soit la même de part et d'autre.

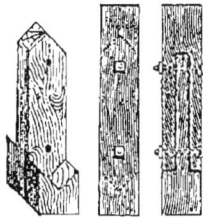

Fig. 181.

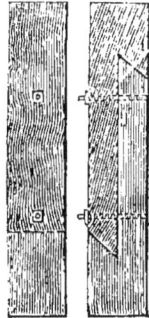

Fig. 182.

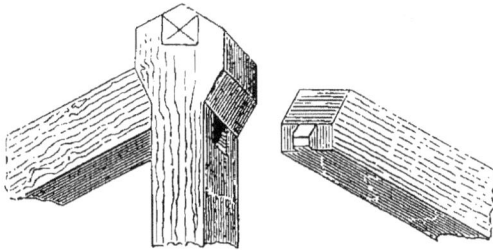

Fig. 183.

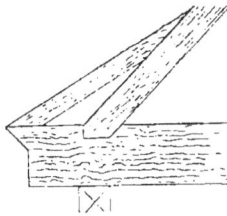

Fig. 184.

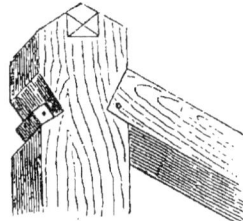

Fig. 185.

C'est pour le même motif que le trou destiné à recevoir la *cheville d'assemblage* est situé au tiers de la longueur du tenon, à partir de sa naissance, et dans l'axe de sa largeur, qu'on nomme *joue.* Cette cheville cylindrique, et d'un diamètre ordinairement égal au quart de l'épaisseur du tenon, doit être de bois dur et surtout de fil; cependant il ne faut jamais la considérer comme partie constituante de l'assemblage; elle ne doit servir réellement qu'à faciliter le travail; une charpente bien combinée, bien exécutée et posée doit se maintenir sans le secours des chevilles, puisque, si elles avaient quelque utilité, la rupture de l'une d'elles, pourrait occasionner la destruction de toute la charpente. Toutefois, malgré ces considérations, on les laisse dans les assemblages, en ayant soin de les couper à fleur des faces des pièces.

Bien que la précision soit préférable à toutes les précautions que l'on peut prendre dans l'exécution, la difficulté d'obtenir une exactitude rigoureuse fait choisir un terme moyen présentant la plus grande solidité possible jointe à une exécution certaine; ainsi, dans l'assemblage dont il s'agit, il faudrait que la mortaise et le tenon fussent égaux, afin que le bout de celui-ci portât sur le fond de la mortaise en même temps que les épaulements du tenon sur les jouées qui en sont la portée; mais comme il peut arriver que le tenon soit un peu trop long et porte seul, il faut le faire un peu plus court que la mortaise, pour faire porter de préférence les épaulements du tenon.

Les liernes sont des pièces de bois entaillées de manière à pouvoir embrasser les solives sur lesquelles elles sont arrêtées par des chevilles. Les liernes sont destinées à empêcher les solives de fléchir séparément.

Un des assemblages les plus solides est celui à queue d'aronde et à mi-bois, qui empêche tout mouvement en travers ou en lon-

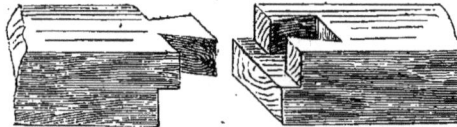

Fig. 186.

gueur. Nous n'en ferons pas la description, la fig. 186 montrant distinctement la combinaison de cet assemblage.

L'assemblage A est très simple, on le nomme entaillé à double renfort incliné. Celui en B est à queue d'aronde et celui en C est à tenon et à renfort biais.

Il sera aisé de comprendre que l'assemblage A (fig. 187) peut avoir lieu après que la pièce longitudinale est posée, et il en est de même de l'assemblage B.

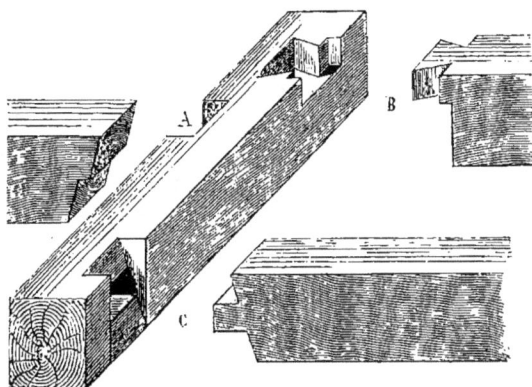

Fig. 187.

Comme dans l'assemblage C il y a un tenon, il faut qu'il se fasse simultanément avec la pose de la charpente ou pendant ce qu'on nomme le *levage*.

Des planchers En parlant de l'équarrissage des arbres, nous avons dit que la plus grande force d'une pièce de bois tirée d'un tronc cylindrique était celle que présentait la proportion de sa largeur à sa hauteur dans le rapport de 5 à 7. Or, la solidité de deux pièces de bois d'égale longueur est en proportion du produit de la largeur avec le carré de la hauteur, d'où il résulte qu'une pièce mise sur champ de plus petite largeur, mais de plus d'élévation, tout en présentant en coupe une superficie égale, offrira plus de solidité qu'une pièce de bois de plus de largeur mais de moins de hauteur. Prenons une poutre de 30 centimètres de largeur et de 40 centimètres de hauteur dont la superficie en coupe sera donc de 1.200 centimètres superficiels, et une autre poutre de 20 centimètres de largeur sur 60 centimètres de hauteur, le rapport de leur solidité sera comme $30 \times 40 \times 40$ soit 48000 est à $20 \times 60 \times 60$ soit 72000, ou autrement la poutre rectangulaire oblongue sur champ supporte moitié plus du poids que la poutre équarrie carrément d'un tronc d'arbre.

Il y a donc économie à mettre en œuvre des pièces de charpente sur champ, sans parler de la solidité.

Comme exemple d'un plancher formé de solives posées sur

champ, supposons un espace à couvrir, qui aurait 6 mètres 25 centimètres de largeur et 9^m,50 de longueur. Il faut 25 solives dans la longueur espacées à 35 centimètres les unes des autres, de milieu en milieu. La dimension de ces solives, pour être solides, doit être au moins de 7 centimètres sur 25. Les solives de cette dimension, qui en coupe donnent 175 centimètres superficiels, seront plus solides et résisteront à un plus grand fardeau qu'un nombre égal de solives de 12 sur 15 centimètres, qui donnent chacune 188 centimètres superficiels en coupe.

On nomme planchers simples ceux formés de solives parallèles D, D (fig. 188, 1), dont les bouts ou extrémités posent sur deux

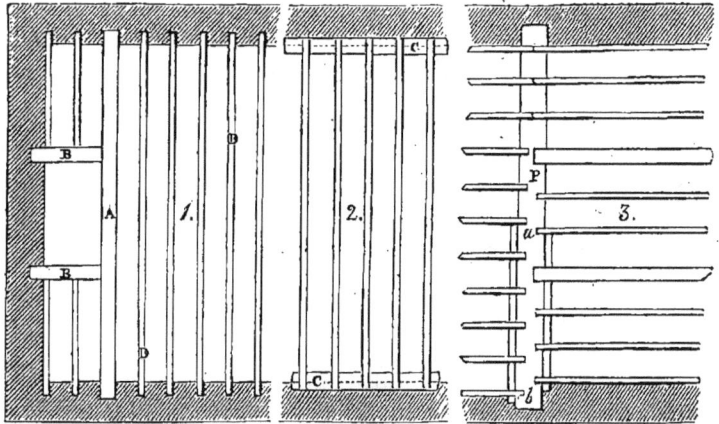

Fig. 188.

murs opposés, ou sur un mur et un pan de bois, ou sur deux pans de bois. Généralement les planchers construits en France se composent de poutres, de solives, de solives d'enchevêtrure, de chevêtres, de lambourdes, d'étrésillons, de linçoirs et de liernes.

Nous avons déjà dit que les *solives* étaient des pièces de bois plus hautes que larges, et qui étaient posées horizontalement à quelque distance les unes des autres.

Quand on veut établir un plancher dans un espace trop étendu (espace pour n'employer que des solives de plus de 6 mètres de longueur par exemple), on a recours à la *poutre* (P, 3), la plus grosse pièce de charpente, dont les extrémités ne doivent jamais être posées sur un vide ou un point d'appui faible. La poutre recevant les bouts des solives *a a* donc un très grand poids à soutenir. Sa hauteur ou épaisseur verticale doit toujours avoir la dix-huitième partie de sa portée ou longueur dans œuvre.

Les *solives d'enchevêtrure* (A, 1) sont les pièces toujours portées et scellées de 22 à 24 centimètres dans les murs, qui soutiennent les jambages des cheminées ou petits murs élevés de chaque côté d'une cheminée pour en porter le manteau. Elles portent aussi la maçonnerie des âtres, à l'aide des bandes de trémie et enfin l'assemblage des chevêtres et des linçoirs.

Le *chevêtre* B est une pièce qui s'assemble d'un bout dans les solives d'enchevêtrure, et de l'autre pose sur le mur au-devant des âtres, et qui reçoit par assemblage un des bouts des solives de remplissage.

Les *lambourdes* (C, 2) sont scellées dans les murs par les extrémités ; elles portent les solives avec ou sans assemblages et sont soutenues volontiers par dessous, de distance en distance, par des corbeaux de fer entaillés de leur épaisseur. Pour une plus grande solidité, on encastre les lambourdes dans le mur de la moitié de leur largeur (fig. 189).

Cependant on ne se sert pas toujours de lambourdes pour poser dessus le bout des solives : souvent on pose ce bout sur la maçonnerie même, en remplissant ensuite les intervalles que laissent entre elles les solives.

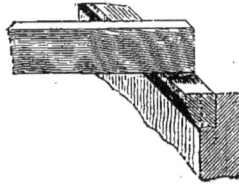

Fig. 189.

Les planchers dans lesquels les solives sont portées ou même assemblées sur des lambourdes sont préférables à ceux où elles ne sont que scellées dans les murs. Dans les premiers en effet, les solives se trouvent plus solidement réunies. Ces lambourdes procurent encore aux planchers une plus grande solidité que les linçoirs isolés des murs, qu'on leur a substitués, et qui ne sont soutenus que par des tenons, de même que les solives qu'ils doivent porter.

L'épaisseur verticale des lambourdes peut être égale à une fois et demie celle des solives ordinaires, et leur largeur à une

fois. Ainsi, pour un plancher de $4^m,50$ dans œuvre, dont les solives devraient avoir 19 centimètres de hauteur ou d'épaisseur
verticale, celle des lambourdes serait de 28 centimètres sur 19
centimètres de largeur. L'assemblage le plus solide pour réunir
les solives aux lambourdes est celui à queue d'aronde.

Les *étrésillons* sont des morceaux de bois que l'on fait entrer
d'équerre dans l'espace vide qui se trouve entre les solives pour
les empêcher de fléchir séparément et quand elles sont d'une
grande longueur pour les maintenir aussi dans leur position horizontale. On ne les emploie que lorsque les planchers ont une certaine étendue. Toutefois leur usage n'est jamais superflu. On les
place ordinairement sur l'axe des chevêtres ou bien encore entre
deux fortes solives d'enchevêtrure.

Les *linçoirs* sont placés à 13 ou 16 centimètres des murs et
entaillés de mortaises pour recevoir les solives de toute portée
ou de remplissage et éviter les porte-à-faux, afin de décharger,
suivant le besoin, les murs de face, qui sont toujours percés par
des ouvertures de fenêtres ou de portes. On les place aussi le
long des tuyaux de cheminée. Mais lorsque le passage des tuyaux
de cheminée ou la place des âtres se trouvent trop resserrés pour
faire usage des chevêtres de bois, on les remplace par des chevêtres de fer, sur lesquels on appuie les solives boiteuses ou les
faux-chevêtres.

Les *liernes* (fig. 190) sont des pièces de bois qu'on pose sur les
solives d'une grande portée, afin de les lier

Fig. 190.

l'une à l'autre. Ces pièces de bois ont 4, 5 à 7
mètres de longueur, et sont posées en travers
au-dessus des solives; elles sont entaillées de
la moitié de leur épaisseur, au droit de chacune, ensuite arrêtées
par des boulons en fer passant au travers de la solive avec un boulon par-dessous et une clavette par-dessus, ou par des chevilles
en bois ou en fer. Il ne faut pas confondre les liernes des planchers avec les liernes des combles, dont il sera parlé plus loin.

L'espace à donner aux poutres (P, 3) est ordinairement de 3 à
4 mètres et leur scellement (b, 3) dans les murs doit être de 25 centimètres au moins. Il est bon de passer plusieurs couches de
goudron sur la partie des poutres qui doit être scellée dans le

mur. Afin d'augmenter la résistance des poutres, et pour prévenir en même temps l'écartement des murs, on adapte horizontalement à la poutre une pièce de fer carrée ou méplate de 95 centimètres de longueur qui traverse le mur. A l'extrémité de cette pièce, se trouve un œil ou anneau dans lequel on passe une barre de fer soit verticale soit horizontale, appelée *ancre*, qui maintient la poussée du mur.

On a employé plusieurs modes d'assemblage pour relier les solives aux poutres, soit par des entailles à mi-bois, soit par une entaille dans la poutre, de toute la hauteur de la solive ; mais le meilleur assemblage et celui qui est généralement pratiqué, c'est d'assembler les solives dans des lambourdes accolées (3) aux deux côtés des poutres et reliées avec elles au moyen de boulons et d'étriers en fer (fig. 191). Ce dernier arrangement est préférable sous tous les rapports, et permet aussi de réduire la force des poutres. Ainsi, par exemple, pour un plancher qui exigerait une poutre de $7^m,80$ de longueur, au lieu de se servir d'une poutre de 48 centimètres sur 38, il suffira d'employer une

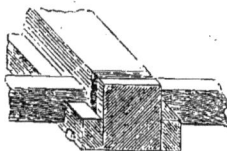

Fig. 191.

poutre de 35 centimètres de grosseur, en y appliquant des lambourdes de 27 centimètres de hauteur sur 16 centim. de largeur, qui seraient portées dans les murs et reliées comme nous l'avons dit plus haut. En coupe la superficie de la première poutre donne 1824 centimètres (48×38) et la seconde avec l'addition des deux lambourdes donne 2089 centim. ($35 \times 35 = 1225 + 27 \times 16 = 432$ deux fois $= 2089$).

Des poutres armées Lorsqu'on n'a pas de poutres assez fortes pour soutenir les solives, on les fortifie par des pièces d'assemblage appelées *armatures*. Les bois d'une grande dimension sont rares, souvent fort chers, et en général d'une qualité moins sûre que les bois de moyenne grosseur, à cause du grand âge des arbres. On a donc imaginé d'y suppléer, dans les constructions, au moyen d'armatures réunissant la solidité à l'économie. Ce n'est cependant que depuis le milieu du dix-septième siècle que les poutres armées ont été combinées. Le meilleur moyen de renforcer une poutre trop faible, c'est d'employer l'assemblage dit à crémaillère dont les lignes obliques se dirigent vers le haut et le milieu de la pièce. Ce

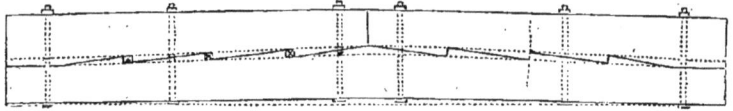

Fig. 192.

système consiste en entailles ainsi que le montre la figure 192, et en coins carrés qu'on chasse entre les deux pièces ; et on serre le tout au moyen de boulons.

On peut encore adosser sur leurs longues faces deux pièces de bois qu'on boulonne et auxquelles on pratique des brides ou colliers en fer, à vis et écrou.

En superposant deux pièces de bois, on peut introduire dans leur joint des coins inclinés en bois, afin d'assujettir la pièce du dessus; ensuite on boulonnera à écrou verticalement les pièces (fig. 194).

Dans ce dernier système, ainsi que dans celui à crémaillère, on peut former la partie inférieure de plusieurs pièces de bois, si l'on n'en a pas deux de dimension suffisante, et disposées comme l'indique la figure 193.

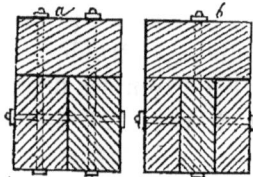

Fig. 193.

Voici la manière de former une poutre armée :

Lorsqu'on a déterminé la dimension de la poutre proportionnellement à la charge qu'elle doit porter, il faut donner aux deux pièces à assembler 6/10 à chacune de la hauteur totale. La pièce inférieure aura au milieu 6/10 et aux extrémités 5/10 de hauteur. Sur sa face horizontale inférieure on lui donnera une concavité (un cintre) de 1/60 de la longueur dans le vide. Ensuite on tracera sur la face verticale une ligne parallèle à 1/10 de distance de l'arête supérieure. C'est dans cet espace qu'on fera la division des entailles de la crémaillère. Ces entailles auront pour distance les unes des autres la hauteur environ de la poutre armée, et elles

doivent se tourner d'équerre sur la face supérieure et la ligne
parallèle tracée dont il a été parlé plus haut. Alors on tracera les
longues lignes de la crémaillère d'une division à l'autre, obliquement ainsi que l'indique la figure 192. La dernière division
de la crémaillère au lieu d'être oblique sera horizontale, en sorte
que la pièce inférieure n'aura aux extrémités que 4/10 de la
hauteur. Ensuite cette division inférieure sera reportée très exactement sur la pièce qui doit être placée au-dessus de la première,
de telle sorte que toutes les parties se juxtaposent, et que le milieu de la pièce supérieure ait 4/10, aux extrémités 6/10 de la
hauteur totale. Ensuite on assujettira les pièces entre elles par
des boulons à écroux, ainsi que le montre la figure 192. Le
nombre des boulons sera déterminé par la longueur de la poutre.
Comme la charge de la pièce supérieure exerce une forte pression sur les dents de la crémaillère et que la juxtaposition est
assez difficile à obtenir d'une manière absolue, on se sert, comme
l'indique la partie gauche de la figure 192, de coins en bois placés à l'extrémité des entailles. Ces coins seront chassés avant la

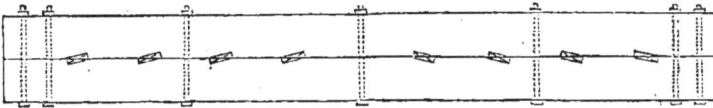

Fig. 194.

pose des boulons. Comme dans toutes les poutres armées, les
2/10 de la hauteur se perdent par la façon ; on peut encore armer
une poutre en juxtaposant des pièces de charpente les unes sur
les autres. Alors on chasse dans les joints de distance en distance
des coins en bois, afin d'assujettir la pièce supérieure, et puis on
garnit la poutre de boulons comme l'indique la figure 194.

Le travail de l'armature des poutres doit être fait avec soin et
avec une grande précision, afin d'éviter de fausses coupes et par
conséquent de perdre du bois.

Dans la pose de la charpente des planchers, il faut apporter
un soin tout particulier à ce que toutes les pièces soient bien de
niveau ou dans un même plan horizontal à leur extrémité supérieure. C'est ce qu'on vérifie au moyen d'une longue règle bien

droite sur laquelle on pose un niveau. La règle doit être placée sur champ dans cette opération, présentée longitudinalement dans les deux sens, et il faut que toutes les faces supérieures touchent le bas de la règle. Il faut aussi que les pièces de charpente de plancher posent bien verticalement sur leur axe, pour ne pas diminuer leur solidité et ne pas offrir d'inconvénients lors de la pose du plancher ou parquet en menuiserie. Le constructeur doit donc être

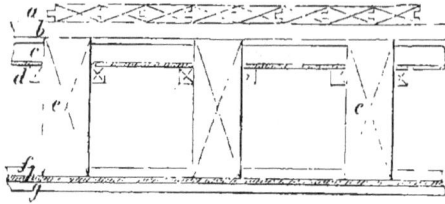

Fig. 195.

a Les frises du plancher de menuiserie.
b Les lambourdes.
c L'aire de l'entrevous.
d Les tasseaux pour supporter le lattis.
e Les solives.
f L'aire en plâtre inférieure.
h Le lattis du plafond.
g L'enduit du plafond.

présent à la pose de la charpente des planchers et veiller à ce que chaque pièce de bois reçoive sa position et sa place normales.

La figure 195 représente la coupe du plancher de la chambre des notaires, telle que l'a établie en 1840 M. Lahure, architecte.

Des pans de bois Après les planchers, il s'agit maintenant d'étudier la combinaison des pans de bois, qui s'élèvent verticalement et plus particulièrement dans l'intérieur des bâtiments. Les pans de bois peuvent être placés sur des murs, ou les uns sur les autres.

Mais il faut éviter autant que possible ce qu'on nomme le *porte-à-faux*, c'est-à-dire de placer des pans de bois ayant du vide au-dessous et ne portant que par leurs extrémités. Quand la partie d'un pan de bois n'est pas étendue, on pratique quelquefois le porte-à-faux; mais il faut employer des précautions dont nous parlerons plus loin.

Le pan de bois est destiné à remplacer un mur en maçonnerie. Il sert aussi à séparer des espaces ou des pièces : il peut dans certains cas n'avoir d'autre but que d'amortir la sonorité, d'empêcher d'entendre et de distinguer ce qui se dit et se fait dans deux pièces voisines, ce qui n'a pas lieu quand on emploie une séparation plus légère, qu'on nomme *cloison*.

L'emploi des pans de bois dans l'intérieur n'exclut pas leur emploi à l'extérieur. On les utilise pour les dépendances des maisons d'habitation, pour les façades donnant sur les cours, pour la construction de petites ailes de peu d'importance; mais dans les contrées du Nord, où le froid est rigoureux, il est convenable de ne pas les employer pour limiter des chambres à coucher. Le pan de bois qui n'est pas épais laisse plus facilement pénétrer le froid et la gelée qu'un mur d'une épaisseur moyenne.

Les pans de bois et les cloisons n'ont pas de stabilité par eux-mêmes à cause de leur peu d'épaisseur, et ils ne se soutiendraient pas s'ils étaient isolés. Ils ont donc besoin d'être reliés aux murs ou cloisons en retour et d'être maintenus par les planchers.

Le système des pans de bois consiste dans un assemblage de pièces de charpente formant un grillage. Les vides que les pièces laissent entre elles sont ensuite remplis de maçonnerie de petits moellons, de briques ou de plâtre. Il faut que cette maçonnerie soit faite avec grand soin, afin de procurer à l'ouvrage la fermeté d'un mur formé de poteaux jointifs ou poteaux assemblés et posés les uns à côté des autres.

A défaut d'autres matériaux, on peut aussi se servir pour remplir les vides d'un pan de bois, de terre glaise, ou de toute matière quelconque employée dans les pays où l'on bâtit. La maçonnerie de peu d'épaisseur ou la terre glaise est maintenue entre deux lattis, ou lattes clouées sur champ, sur les bois verticaux, obliques ou horizontaux. Ensuite le tout est recouvert d'un enduit quelconque en usage dans la contrée où s'exécute le pan de bois. On peut y simuler des joints, y pratiquer des moulures et des corniches, et les traiter enfin, en fait de décoration, comme les murs uniquement en maçonnerie.

A première vue le pan de bois semble offrir une grande complication d'assemblage et de pièces de bois. Mais l'analyse le simplifiera aussitôt. En effet voici les pièces de charpente qui entrent dans la formation de l'espèce de grillage que forment les pans de bois (fig. 196).

1º Les *sablières*, a, f, pièces placées horizontalement, l'une en bas, l'autre en haut et dans lesquelles s'assemblent à tenons et mortaises les poteaux dont nous allons parler

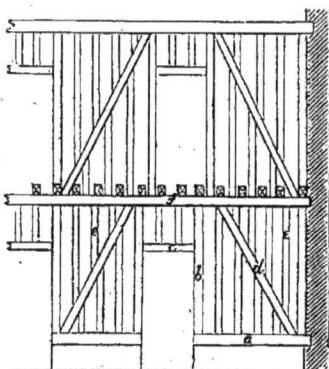

Fig. 196.

2º Les *poteaux* posés debout et espacés, en sorte que les vides soient égaux aux pleins. Parmi ces poteaux on en distingue de trois espèces : poteaux *corniers*, placés aux différents angles ou montant de fond dans l'élévation de plusieurs étages, là où les pans de bois de refend ou de distribution se rencontrent avec ceux de la façade. Les poteaux corniers forment encore le poteau d'angle, là où deux pans de bois font naître une encoignure. Il doit avoir 24 à 27 centimètres de grosseur sur ces faces; on donne encore la même dimension aux poteaux placés aux deux côtés d'une grande ouverture quelconque, formant l'angle des trumeaux, dits d'*étrière*. — b, poteaux d'*huisserie*, ceux formant les baies ou ouvertures des portes et des fenêtres. Le mot huisserie vient du vieux mot français *huis*, c'est-à-dire *porte*. On donne aux poteaux d'huisserie de 19 à 22 centimètres de grosseur. — e, poteaux de *remplage* ou de remplissage, ceux qui remplissent le vide entre les poteaux corniers et les poteaux d'huisserie; quand ils sont très courts, ils prennent le nom de *potelets*.

3º Les *décharges*, d, pièces inclinées obliquement, dont l'inclinaison dépasse trois fois leur épaisseur; quand cette inclinaison n'est que de deux ou trois fois leur épaisseur, ces pièces sont nommées *guettes*. Ces bois obliques sont destinés à obvier aux inconvénients qui peuvent résulter du relâchement des assemblages, causé par le dessèchement des bois. On comprendra aisément la résistance qu'offrent ces bois inclinés et qui empêchent les rectangles du grillage de charpente de devenir des parallélogrammes.

4º Les *tournisses*, pièces placées verticalement dans les vides que laissent les décharges et les guettes; la tournisse est taillée obliquement soit en haut soit en bas, suivant sa position au-dessus des guettes ou des décharges; les tournisses sont assemblées dans les sablières hautes et basses.

5° Les *croix de Saint-André*, pièces en croix ainsi que l'indique leur nom, entaillées à mi-bois à l'endroit où elles se croisent. Ces pièces sont quelquefois employées, au lieu de décharges ou de guettes, pour fortifier les trumeaux d'encoignure : elles doivent être assemblées à tenon dans les sablières.

6° Les *linteaux, c,* pièces de bois posées horizontalement entre deux poteaux d'huisserie et formant le dessus d'une ouverture de porte; les poteaux et le linteau ensemble se nomment *huisserie*.

7° Les *appuis de fenêtre*, pièces placées horizontalement entre deux poteaux et formant le bas des ouvertures de fenêtre.

Quand le dessus des linteaux des portes et fenêtres et le dessous des appuis de fenêtre sont garnis de petits poteaux de remplissage, ils sont nommés *potelets*.

Si par une diposition donnée et obligée un ou plusieurs *pleins*, appelés trumeaux, se trouvent correspondre verticalement dans l'élévation du bâtiment, sur le milieu ou vide d'une grande ouverture pratiquée au rez-de-chaussée, il est nécessaire de venir au secours de la sablière du haut ou poitrail, surtout dans le cas où le pan de bois porterait planchers, par un système de décharges, par une petite sablière et deux décharges.

Toutes les pièces qui composent un pan de bois ou une cloison de charpente doivent être assemblées à tenons et mortaises, entrées de force et chevillées. Pour les décharges et autres pièces de bois obliques, on coupe le bout du tenon et des épaulements du côté de l'angle aigu. Ainsi façonné, on l'appelle *tenon en about*. La partie des tournisses coupée obliquement s'assemble avec les décharges par des tenons triangulaires, nommés à *tournisses* ou *oulices,* dont le bout est coupé carrément. Cet assemblage se fait généralement en ce qu'on nomme *fausse coupe* ou joint d'assemblage, qui n'est ni coupé d'équerre ni en onglet. On se contente quelquefois de couper les tournisses obliquement, et de les arrêter contre les décharges avec de grands clous, appelés *dents de loup,* ou enfin avec des chevillettes.

Il faut avoir soin de surveiller la pose des tournisses, parce que les charpentiers n'emploient souvent que les rebuts de chantier et les plus mauvais bois, qu'ils font payer comme s'ils étaient bons et bien assemblés. On fera donc bien d'examiner les tournisses avant même leur pose.

Rondelet dit qu'un pan de bois élevé sur un poitrail, au-dessus de grandes ouvertures, pour magasins ou portes cochères, doit avoir pour épaisseur verticale le douzième de la largeur de ces ouvertures; ainsi, par exemple, pour une ouverture qui aurait 2^m,30, le pan de bois aurait 19 centimètres, pour une ouverture de 3 mètres 25 centimètres.

Pour les cloisons intérieures portant plancher, les poteaux d'a-plomb doivent avoir pour épaisseur le douzième de leur hauteur. Les décharges et les sablières auront 0^m,028 de plus en largeur et en épaisseur. Quant aux pans de bois servant de séparation, n'ayant pas besoin de monter de fond, ils n'exigent pas du bois aussi fort, et la moitié des épaisseurs précédentes leur suffira. Et pour plus de légèreté, au lieu de les hourder, comme il est d'usage de le faire, on les laisse creux, et l'on se contente de les latter et enduire par-dessus.

On ne doit jamais, dans aucun cas, placer un pan de bois au rez-de-chaussée sur le sol. Il est convenable de le faire poser sur un socle soit en pierres de taille, formant parpaings, soit en bri-ques de 50 à 80 centimètres d'élévation.

On peut poser à volonté les pans de bois de séparation; il est cependant nécessaire de prendre quelques précautions dans la disposition de la charpente d'un plancher, quand les pans de bois ne peuvent pas être mis en travers sur les solives, afin que chacune d'elles porte sa part. Lorsqu'un pan de bois doit être posé suivant la longueur des solives, il est à propos de le tenir aussi léger que possible, d'y placer des décharges qui rejettent une partie de son poids vers ses extrémités latérales ou sur les murs. Il convient de poser une solive d'une plus forte dimension que les autres sous la sablière dite de chambrée, et même de faire porter le pan de bois, quand cela se peut, sur trois solives, par le moyen de bar-res de fer qui unissent ensemble les deux solives les plus rappro-chées, avec celle qui est particulièrement chargée du pan de bois. Quelquefois, pour soulager la solive souffrante, on met encore des tirants dans l'épaisseur du pan de bois, qui l'embrassent et vont s'attacher sur les décharges.

Il y a un soin tout particulier à apporter à la disposition et à la pose de la sablière basse, celle qui pose au rez-de-chaussée directement sur un socle en maçonnerie, et cela surtout quand on laisse les bois du pan de bois apparents. Si la sablière est en chêne, il faut la disposer de manière à ce que le cœur du bois soit du côté posant sur le socle. Il y a ensuite à aviser aux moyens pour que l'eau qui pourrait s'introduire dans les mortaises qui

reçoivent les tenons des décharges et des poteaux n'y puisse séjourner et pourrir ou détériorer le bois. On a donc eu en Allemagne l'idée de creuser la mortaise un peu plus profondément que le tenon qui doit s'y adapter, et du fond de la mortaise on a pratiqué un petit trou circulaire et oblique qui

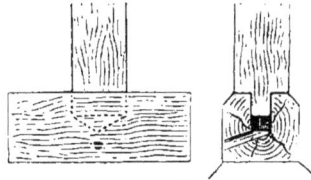

Fig. 197.

laisse écouler l'eau à l'extérieur ainsi que le montre la fig. 197.

Nous avons dit qu'il fallait éviter autant que possible de poser des pans de bois en porte-à-faux ou sur le vide. Cela compromet d'abord la solidité et fait souvent fléchir le plancher et par contre gercer ou même fendre le plafond qui est en dessous. Il y a cependant des cas où l'on est forcé de se servir de pans de bois en porte-à-faux. Cela peut arriver dans des dépendances dans lesquelles au, premier étage,

on désire faire des distributions qui n'existent pas au rez-de-chaussée. Pour des bâtiments de peu d'étendue on peut se servir de la disposition indiquée par la fig. 198. On comprendra aisément la fonction des décharges *b* ou des pièces posées obliquement et qui servent à déverser une partie du poids

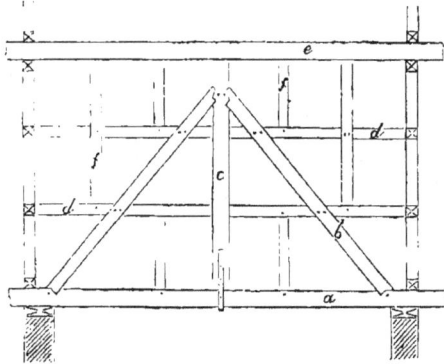

Fig. 198.

du pan de bois sur les extrémités des appuis fermes. Dans notre figure il s'agit d'un pan de bois plein, sans ouvertures. Il faut que les décharges soient posées le moins obliquement possible, pour profiter de toute la hauteur du poteau c sur lequel elles viennent s'assembler. Nous ferons remarquer que dans un pan de bois à porte-à-faux les tournisses ne doivent pas s'assembler à tenons avec les sablières et les décharges, on les cloue simplement sur ces dernières et l'on emploie des traverses, combinées ainsi que l'exprime la fig. 198. *a, e,* sont les sablières haute et basse, *c* le poteau, *b* les décharges, *d* et *f* les pièces de remplissage.

Quand l'espace où l'on veut placer un pan de bois en porte-à-faux est d'une certaine étendue et doit avoir une porte au milieu, on emploie deux poteaux (fig. 199), que l'on peut nommer flot-

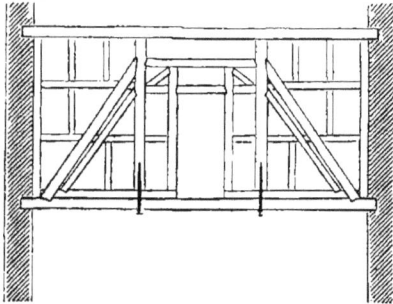

Fig. 199.

tants ou suspendus. Alors il faut placer le faux linteau entre les deux poteaux, lesquels seront en partie soutenus en l'air par les décharges. Les poteaux d'huisserie s'assembleront dans le faux linteau et seront également soutenus par les décharges, qui poseront sur une seconde sablière. Les poteaux d'huisserie poseront sur la principale sablière, et avec eux s'assembleront à tenons et mortaises les deux bouts de la seconde sablière.

Dans les deux cas que nous venons de supposer, il faut consoli-

Fig. 200.

der la sablière (ou poutre) avec les poteaux verticaux au moyen de deux morceaux de fer plat fixés sur les poteaux et dont l'extrémité inférieure, à vis et écrou, maintiendra un morceau de fer transversal qui soulagera le poids de la solive pratiquée de la manière que l'indique la figure 200.

Quand un pan de bois en porte-à-faux doit traverser deux étages (fig. 201), on peut l'établir de la manière suivante : de la poutre A et de son extrémité, on pose la décharge C, qui aboutit au niveau du linteau d'huisserie J et au poteau d'huisserie B, du second étage. De la même extrémité, on conduit la décharge E au linteau du bas. Les pieds de ces deux décharges sont assujettis au moyen d'un coin et d'un boulon à écrou, ainsi qu'on le voit dans la fig. 202. Au second étage, on place la décharge D, qui se dirige

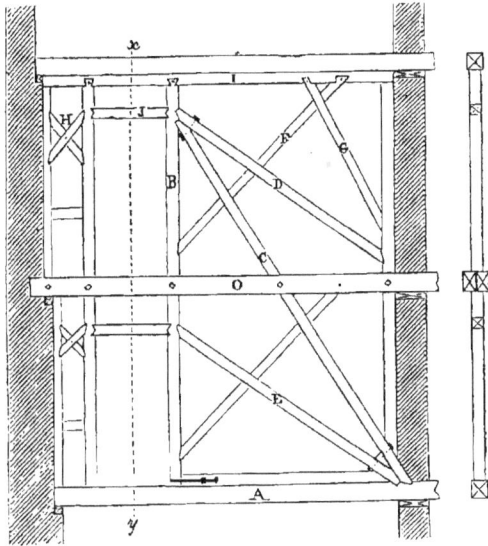

Fig. 201.

obliquement du pied du poteau d'angle au linteau d'huisserie J, et fixée en position inverse comme le pied des décharges E et C. Les pièces de charpente de ce porte-à-faux sont moisées au moyen de deux solives O boulonnées et qui en forment un ensemble solide. La sablière supérieure I est de plus soutenue par la décharge G,

Fig. 202.

en sorte qu'au moyen de la pièce oblique F le poteau d'huisserie B est étayé. Enfin l'écartement de toute les pièces obliques et verticales est maintenu par les moises O.

La coupe sur la ligne *xy* est représentée à la droite de notre figure.

Nous parlerons des cloisons lorsque nous nous occuperons de la menuiserie.

Des combles La dénomination des combles dépend de leur forme extérieure. On les divise généralement en deux espèces : 1° en combles à surfaces (pans, égouts, versants et rampants) planes, 2° en combles à surfaces courbes ou circulaires.

Dans la première classe sont encore compris ce qu'on nomme

combles simples, *combles brisés* ou à la *Mansart* (fig. 207) et *combles à la figure pyramidale*. Nous nous occuperons principalement des combles à surfaces planes dans cet ouvrage, parce qu'ils sont d'un usage plus général dans les constructions particulières.

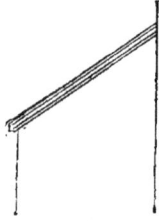

Fig. 203.

On nomme *appentis* le comble qui n'a qu'une surface ou qu'un égout. Cette espèce de comble est spécialement employée pour la couverture de hangars ou autres moyens bâtiments appuyés ou adossés contre des murs isolés ou non (fig. 203).

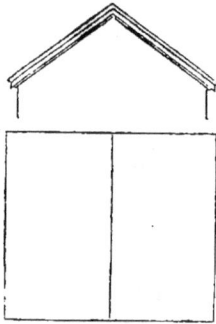

Fig. 204.

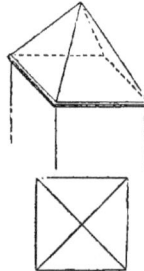

Fig. 205.

Les *combles à deux surfaces* planes ou rampants opposés sont ceux qui ont deux versants inclinés en sens contraire, formant un angle au sommet et dont les extrémités se terminent par des murs triangulaires, nommés pignons (fig. 204).

Les combles à *pavillon carré* sont ceux construits sur un plan carré et offrant pour versants quatre triangles inclinés qui se réunissent à leur sommet (fig. 205).

Les combles à *croupe* sont ceux terminés sur un ou sur les deux petits côtés par des pentes triangulaires au lieu de pignons. Ces combles sont surtout en usage pour les bâtiments isolés et plus particulièrement pour les maisons de campagne (fig. 206).

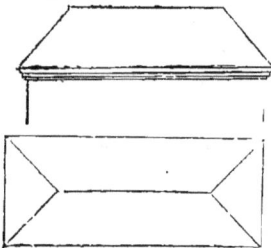

Fig. 206.

Quand l'espace à couvrir a peu de longueur, les pièces de charpente parallèles à cette longueur, c'est-à-dire le faîtage et les pannes, sont simplement portées par les pignons. Mais il n'en est point ainsi si la longueur à couvrir a plus de 4 à 5 mètres d'étendue; dans ce cas on exécute les combles par travées, et l'assemblage des bois placés en travers du bâtiment ou d'équerre sur sa façade est nommé *ferme*. Ces fermes sont destinées à tenir lieu de pignons.

La distance comprise entre deux fermes, ou d'une ferme à l'autre, est nommée travée. Cette distance n'est jamais moins de 3 mètres et jamais plus de 4.

Dans le cas où les fermes de charpente n'auraient pas beaucoup de portée ou de largeur transversale, elles peuvent être formées avec trois pièces de bois seulement, une horizontale, nommée *entrait*, et des autres *obliques* ou inclinées appelées *arbalétriers*. Ces deux der-

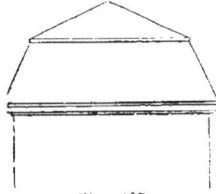

Fig. 207.

nières sont assemblées à l'extrémité de la première, de manière à former un triangle isocèle. C'est surtout dans le midi de l'Europe que cette sorte de ferme est employée. Les arbalétriers de ces fermes sont assemblés comme nous l'avons dit, par le bas dans les bouts de l'entrait, par des entailles en crémaillère et retenus

par des liens en fer qui, placés perpendiculairement à la pente des arbalétriers, les fixent d'une manière invariable, ainsi qu'on le voit fig. 208. Au sommet, ces arbalétriers se réunissent pour former la pointe du comble et se raccordent par un joint à plomb. Quelquefois on les fixe par une espèce de clef entaillée dans les deux pièces et chevillée. Souvent aussi les arbalétriers ne sont réunis que par des entailles à mi-bois arrêtées avec une cheville (fig. 209).

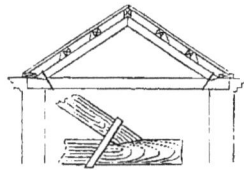

Fig. 208.

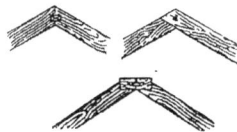

Fig. 209.

Lorsque ces fermes ont une certaine dimension, on les fortifie à l'intérieur par une armature composée de trois pièces de charpente (fig. 210), dont deux doublent les arbalétriers jusqu'aux deux tiers, mais en partant du pied, et une autre en forme d'entrait, placée horizontalement, pour les contre-buter, comme on le voit dans la figure 210.

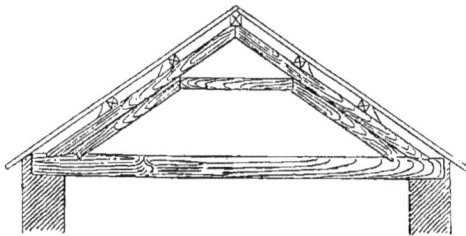

Fig. 210.

Chaque ferme en charpente se compose des pièces suivantes (fig. 211) :

1° D'un *entrait* ou *tirant* A posé horizontalement sur deux points d'appui ou murs, et dans lequel sont assemblées deux pièces obliques. nommées arbalétriers ;

2° De deux *arbalétriers*, ou fortes pièces inclinées *aa*, ser-

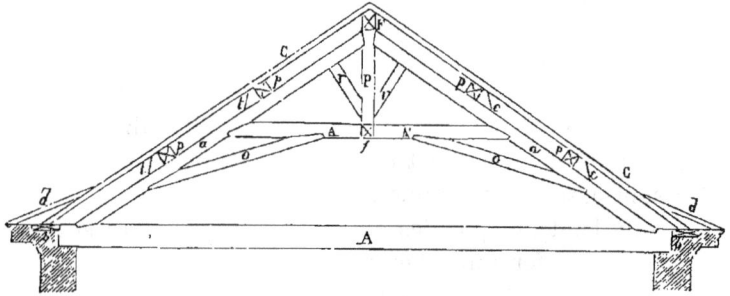

Fig. 211.

vant à porter quelques-unes des diverses pièces formant le comble ;

3° D'un second entrait AA′, dit *faux* ou *retroussé*, placé parallèlement au premier, ou grand entrait, et assemblé dans les arbalétriers, qu'il empêche de fléchir ;

4° D'un *poinçon* P, dans lequel s'assemblent les arbalétriers, et qui prévient la flexion du faux-entrait ;

5° De *contre-fiches* r r, assemblées dans le poinçon et d'équerre dans les albalétriers, pour les raidir ;

6° D'*aisseliers* oo, destinés à fortifier le faux-entrait.

La ferme ainsi combinée est destinée à porter d'autres pièces, comme :

1° Le *sous-faîte* f, assemblé dans les faux-entraits, et qui concourt à maintenir la stabilité des fermes ;

2° Le *faîtage* F, pièce la plus élevée de tout le comble et qui règne aussi dans toute sa longueur ; il est assemblé dans les poinçons, et ses extrémités posent sur les murs de pignon. Dans le cas où le faîtage viendrait aboutir à des pignons renfermant des tuyaux de cheminée, au lieu de l'y encastrer par ses extrémités, ce qui pourrait amener des incendies, on le fait porter sur un chevalet dont le pied est soutenu par une espèce de *semelle,* ordinairement posée en travers sur les *pannes;*

3° Les *pannes pp,* pièces horizontales et longitudinales, portées par les arbalétriers et qui s'appuient comme le faîtage, à leurs extrémités, sur les murs de pignon. Les pannes sont destinées à soutenir et à fortifier d'autres pièces, posées obliquement et nommées chevrons;

4° Les *chevrons* CC, posés sur les pannes et le faîtage, et sur lesquels se clouent les lattes destinées à recevoir les tuiles ou les voliges des couvertures en ardoises. Les chevrons se chevillent sur le faîtage;

5° La *sablière* ou *plate-forme b,* qui se pose en longueur sur les murs de face : l'épaisseur de cette pièce est toujours moindre que sa largeur; elle est destinée à recevoir le pied des chevrons. On peut cependant la faire reposer sur les extrémités des entraits ou tirants. Les chevrons y sont posés dans ce qu'on nomme des *pas,* qui y sont entaillés en creux pour les empêcher de glisser.

Dans le cas où les murs ont une forte épaisseur, et pour éviter un tassement inégal que pourraient exercer sur l'entablement les pièces *dd,* nommées *coyaux,* on pose une plate-forme double, formée de deux pièces, dont celle de l'intérieur reçoit le pied des chevrons et dont celle de l'extérieur supporte les coyaux;

6° Les *entretoises* sont de petites pièces placées d'équerre sur les façades ou en travers des murs sur les doubles plates-formes, pour les entretenir, les assujettir ou les relier, afin de prévenir leur écartement;

7° Les *blochets,* pièces horizontales de peu de longueur, mais d'un équarrissage assez fort, et qui dans les combles où l'on veut gagner de l'élévation remplacent l'entrait. Ces pièces reçoivent le pied des arbalétriers et des arêtiers, quand ceux-ci aboutissent à des angles. Ils sont posés sur le sommet des murs ou sur des sablières en plates-formes avec lesquelles ils sont assemblés ainsi qu'avec les jambes de force, comme l'explique la figure 228;

8° Les *coyaux d,* dont nous avons déjà parlé (fig. 211) sont de petits chevrons qui posent par leur extrémité supérieure sur les chevrons et par en bas sur la double plate-forme ou sur l'entablement du bâtiment; ils sont destinés à rejeter les eaux pluviales au delà du mur, soit qu'il y ait une gouttière ou non. Les coyaux ne sont employés que dans les cas où les combles auraient beaucoup de pente, et lorsque les chevrons sont posés sur la sablière;

9° La *chanlatte* est une petite pièce de bois triangulaire en coupe posée sur l'entablement du bâtiment et sur le pied des coyaux, et destinée à recevoir les premières tuiles ou ardoises, afin de rejeter aussi les eaux pluviales au delà du pied du mur ;

10° Les *tasseaux t, t, c, c,* ou chantignolles, petits morceaux de bois ayant en profil la forme d'un trapèze, assemblés ou fixés par des boulons ou de gros clous sur l'épaisseur des arbalétriers et destinés à supporter les pannes. Le tasseau est coupé carrément en haut, et en bas, tandis que la chantignolle est coupée carrément en haut, en biais ou en biseau par en bas.

Dans la figure 212, *a* représente la panne, dont le prolongement est indiqué par les trois lignes ponctuées *bbb*, — *c* la même panne en coupe, *d* la chantignolle, *e* le chevron, *f* l'arbalétrier et *v* le vide entre ce dernier et le chevron.

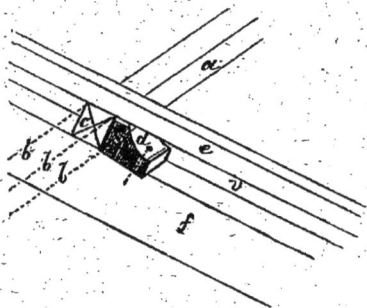

Fig. 212.

Quand on ne termine point les combles par des pignons en maçonnerie, on établit à leur place des pentes qui ont une forme triangulaire formant ce qu'on nomme *égout*; ces pentes triangulaires en charpente portent le nom de *croupes*. Dans ce cas les grandes faces du comble sont nommées longs-pans, et les angles formés par la rencontre de ces longs-pans et des croupes se nomment *angles d'arêtier*. Les figures 211, 213, 214, donnent les détails des combles à croupe. La figure 211 est une coupe en travers des longs-pans; la figure 214 représente le plan de la charpente d'une portion de longs-pans avec celle de leur croupe. La croupe (fig. 211) et le plan (fig. 214) sont sur une même échelle. La coupe en longueur (fig. 213), où l'on voit intérieurement la charpente des longs-pans et celle de la croupe, est sur une échelle double des figures 211 et 214, afin d'être plus claire.

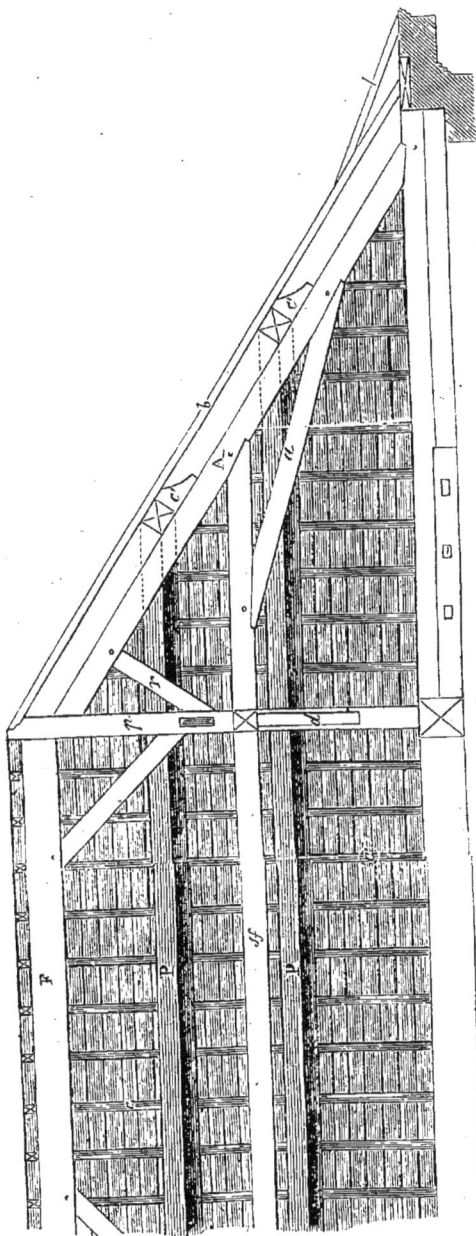

Fig. 243.

A, Arbalétrier.
a, d, Aisseliers.
b, Chevron de croupe.
c′, c′, Chantignolles.
c, c, Chevrons.
F, Faîtage.

l, Coyaux.
P, P, Pannes.
p, Poinçon.
r, r, Contre-fiches.
sf, Sous-faîte.

Les pentes triangulaires forment à leur réunion avec les longs-pans des arêtes qu'on soutient par des fermes (ou demi-fermes à l'extrémité des combles ordinaires) dites *d'arêtier*, sur le dessus desquelles on fait ordinairement porter les chevrons des deux pentes qui viennent se rencontrer aux angles. Le chevron du milieu d'une croupe, qui est le plus long, s'assemble par le haut dans le poinçon et par le bas dans une plate-forme; on le désigne sous le nom de *chevron de croupe* ou de *ferme*. Les autres chevrons, nommés *empanons*, s'assemblent par le haut dans les arêtiers, et par le bas dans la même plate-forme que les chevrons de croupe.

Dans la figure 214 la plate-forme ou sablière est indiquée par les

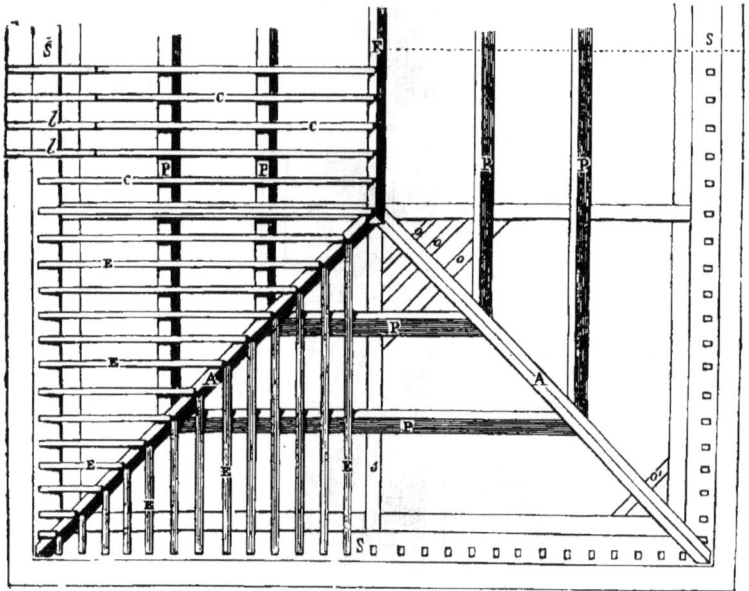

Fig. 214.

lettres SSS, les arêtiers par la lettre A, les pannes par P, les chevrons par C, les coyaux par *ll*, les empanons par E, le faîtage par F, les goussets par *ooo*, *o'*. La lettre *s* indique le demi-entrait qu'on voit dans le plan placé dans le prolongement du faîtage : il s'assemble par un bout dans l'entrait des longs-pans et l'autre bout est posé sur le mur latéral du bâtiment.

Les goussets *o* sont assemblés diagonalement d'une part dans l'entrait et de l'autre dans le demi-entrait. Pour plus de solidité on en place aussi quelquefois dans les angles de la croupe, ainsi que l'indique la lettre *o'*.

Une coupe est dite *biaise*, lorsque dans une croupe le mur latéral d'un bâtiment (où l'on aurait pu élever un pignon) n'est point perpendiculaire à l'axe de ce bâtiment, en sorte que les arétiers

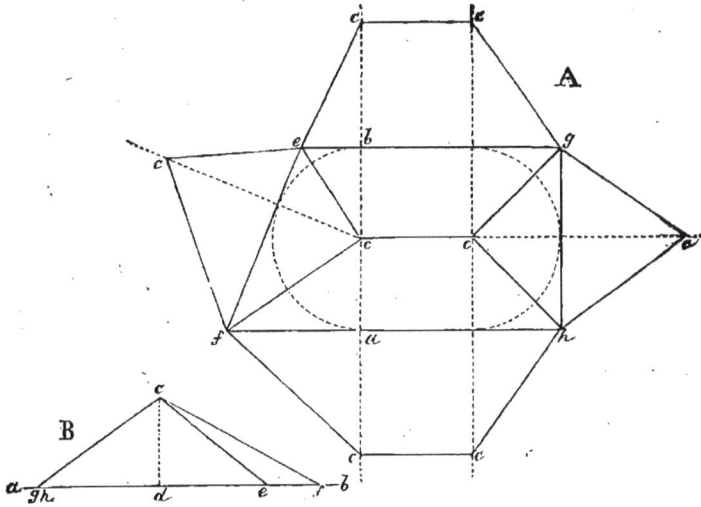

Fig. 215.

sont d'inégales longueurs. Voyez une croupe biaise (fig. 215) ; *ecf* est une croupe biaise.

Lorsque deux parties de bâtiment se réunissent angulairement, comme l'indiquent les figures 216 et 217 au point *o*, le pli de la couverture qui répond à l'angle interne prend le nom de *noue*. La formation de cette noue ne présente pas plus de difficultés que celle d'un arétier ; les empanons s'y assemblent de la même manière :

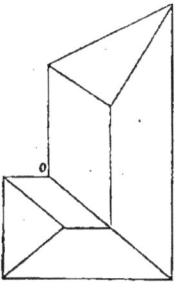

Fig. 216.

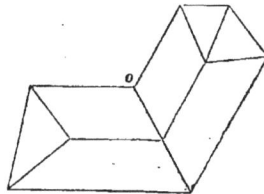

Fig. 217.

la seule différence est que le dessus offre un angle rentrant au lieu d'un angle saillant ou sortant.

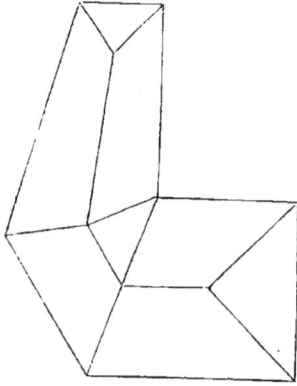

Les fig. 218 et 219 sont d'autres exemples de croupes biaises et de bâtiments se joignant à angle droit, dans lesquels on procédera de la même manière qu'auparavant pour déterminer les faîtages et les arétiers.

Quand on donne une inclinaison identique à tous les versants d'un comble, il acquiert plus de solidité que si ces versants étaient d'une inclinaison

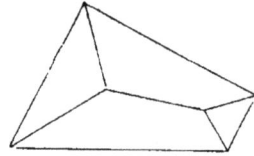

Fig. 218.

Fig. 219.

inégale entre eux; en même temps on obtient pour l'écoulement des eaux une plus grande régularité. Il s'ensuit donc qu'il faut donner aux croupes une inclinaison pareille à celle des longs-pans du bâtiment, longs-pans divisés en deux parties égales par le faîtage.

Quand les deux longues faces, du bâtiment sont parallèles (fig. 214), on divise la longueur de ce bâtiment en deux parties égales longitudinalement par une ligne cc qui représente le faîtage. Pour déterminer sur cette ligne cc le point où les arétiers iront à leur sommet rejoindre le faîtage, on prend avec le compas (si c'est sur le papier qu'on fait le tracé) ou avec un cordeau (si c'est une grande épure qu'on fait) une des deux distances ca ou cb, qu'on avance ou recule sur la ligne de faîtage jusqu'à ce qu'elle touche l'extrémité des croupes à déterminer, ou faces latérales du bâtiment. Les points de centre des deux demi-cercles tracés indiqueront la longueur du faîtage et les points où les arétiers y aboutiront. De ces points on tirera, se dirigeant vers les angles du bâtiment, les lignes cc, cf, cg, ch, qui représentent les arétiers.

Il y a encore une autre manière de trouver la longueur du faîtage et la direction des arétiers : c'est de diviser en deux angles égaux les angles *e, f, g, h,* et de continuer la ligne qui les divise en deux, jusqu'au faîtage. On arrive alors au même résultat que par le procédé précédent.

Dans le cas où la hauteur du comble est donnée, il est facile d'arriver à la véritable longueur des arêtiers; que, fig. 215, en B, la hauteur donnée soit *dc* élevée sur une ligne horizontale *ab*. Prenez dans la fig. A la distance *ec*, reportez-la sur la ligne *ab* de *d* en *e* : prenez ensuite la distance *fc*, reportez-la sur la ligne *ab* de *d* en *f;* prenez la distance *gc*, reportez-la sur la ligne *ab* de *d* en *gh* (les deux arêtiers *cg, ch* étant d'égale longueur). Tirez dans la coupe les lignes *ce, cf, cgh*, ces lignes donneront la longueur réelle des arêtiers.

On peut procéder d'une autre manière. Tirez aux extrémités du faîtage les deux perpendiculaires *cc, cc*, indéfiniment prolongées. De ces extrémités élevez une perpendiculaire aux faces latérales ou pieds de croupe. Prenez *cf* sur la coupe et reportez cette distance de *f* en *c* (du plan) et tirez la ligne *fc*. Tirez ensuite la ligne *ce* (du triangle *cef*) pour l'arêtier *ec*. Prenez la distance *cgh*, reportez-la de *g* en *c* et de *c* en *h* (du triangle *gch*) pour les deux arêtiers *gc, ch* qui sont égaux.

La ligne *ab* du plan correspond à la ligne *ab* de la coupe.

En repliant ver le faîtage *cc* les deux triangles *cef, cgh* et les deux trapèzes *eccg, fhcc*, on aura la forme réelle d'un toit dont les quatre pentes auront une inclinaison identique; on se rendra compte de cette forme en découpant notre figure dans du papier un peu fort, et sur une plus grande échelle.

Comme les croupes n'ont qu'une pente, elles représentent une moitié de ferme, et en profil la coupe a quelque analogie avec l'appentis.

Dans les croupes, qui ne sont généralement que les moitiés de ferme, les pièces qui remplissent les fonctions d'entraits ou de tirants sont nommées demi-entraits.

Le demi-entrait se trouve placé au niveau des entraits entiers et dans l'axe de prolongement du faîtage. Il s'assemble d'un côté dans l'entrait de la ferme la plus rapprochée des longs-pans, et se pose par l'autre extrémité sur le mur latéral du bâtiment qui formerait le pied du pignon triangulaire si le comble était sans croupe. Les entraits placés dans l'axe des arêtiers peuvent, comme le précédent, s'assembler dans l'entrait; mais il vaut mieux encore les faire poser sur des pièces nommées *goussets*. Les goussets sont des pièces placées en diagonal qui s'assemblent dans l'entrait et le demi-entrait. Au moyen des goussets, l'entrait se trouve moins affaibli par les assemblages qui, dans ce cas, aboutiraient en un seul et même point.

Les empanons sont posés et s'assemblent sur l'arêtier, et leur pied pose sur les sablières ou plates-formes pratiquées au sommet du mur latéral. L'empanon du centre, au milieu de la croupe, s'assemble par son sommet dans le poinçon et par le bas dans un pas taillé dans la plate-forme. Les empanons doivent tous ensemble ne former qu'une surface plane triangulaire.

L'inclinaison des combles est en général assez arbitraire, et le goût seul peut en déterminer le degré. Du plus ou du moins d'inclinaison des combles résulte naturellement leur élévation ou hauteur. Dans les pays méridionaux la pente peut être faible ou moyenne; mais dans les contrées septentrionales, où les pluies et les neiges sont abondantes et en permanence pendant une bonne partie de l'année, la hauteur des toits doit être plus considérable que dans le sud.

De quelque manière que les combles soient couverts, en ardoises ou en tuiles, ils ne doivent pas avoir besoin de plus de force qu'un plancher de même superficie de base, parce que la charge que portent les combles est distribuée uniformément dans toute leur superficie, tandis que celle des planchers est souvent inégale et qu'ils éprouvent quelquefois des chocs et des ébranlements auxquels les combles ne sont jamais exposés. Si les bois des combles n'étaient pas sujets à se tourmenter, à cause des variations de la température de l'air, il suffirait souvent de trois pièces de bois pour former une ferme solide.

On peut donner pour élévation à un comble le tiers de la largeur extérieure d'un bâtiment. Soit cette largeur de 10 mètres, la hauteur du comble sera de 3m,33. Un comble de cette élévation est dit d'un tiers de pente, et le rampant, à l'extrémité, formera avec une ligne de niveau, ou le dessus de l'entrait, un angle de 34 degrés. — Si l'on donne pour hauteur au comble un quart de base, l'inclinaison sera de 27 degrés seulement. Cette proportion est très en usage dans les pays méridionaux. — Si l'on donne à l'inclinaison du versant 45 degrés ou la moitié d'un angle droit qui en a 90, sa superficie sera égale à 7/5 de sa base. Supposez que la largeur d'un bâtiment est de 5ᵐ,50 : la longueur à recouvrir sera de 2ᵐ,75 et le versant mesurera 3ᵐ,82. — Une inclinaison de 60 degrés donne le double de superficie de la projection. La dépense augmente aussi, comme il s'ensuit, avec le plus de pente du toit, car le cube de bois de la charpente augmente naturellement en raison de l'élévation du comble. Il est nécessaire en effet de donner plus de force aux assemblages ainsi qu'aux diverses pièces qui les forment afin de résister convenablement à l'action des vents.

Dans l'ensemble de la construction il n'y a aucun objet qui mérite plus l'attention du constructeur que la toiture. Il y a de grandes précautions à prendre pour que la charpente de la couverture ne soit ni trop pesante ni trop légère : ces deux extrêmes doivent être évités avec le plus grand soin.

Néanmoins une charpente trop massive est préférable dans tous les cas à un comble trop léger. Car la charpente de couronnement n'est pas seulement destinée à couvrir le bâtiment pour le garantir des intempéries de l'air, mais elle est encore destinée à exercer une certaine pression sur les murs, et à réunir en un ensemble toutes les portions d'une construction, afin de les maintenir dans leurs positions respectives. Or ce but ne peut être atteint si les pièces de charpente employées dans le comble sont de dimensions insuffisantes. Toutefois, dans la pratique, l'erreur commune s'applique plutôt à la trop forte dimension des bois de la charpente.

L'expérience a prouvé que pour un bâtiment de moyenne longueur le cube de bois d'un comble pouvait être évalué par mètre carré d'espace couvert à raison de 0ᵐ,090 cube de bois pour un couvert en *ardoises* de 45 degrés d'inclinaison : de 0ᵐ,105 cube de bois pour un comble couvert en *ardoises* de 60 degrés d'inclinaison.

Quant à la couverture en tuiles creuses posées à sec avec

inclinaison de 18 à 21 degrés, on peut évaluer la charpente nécessaire de 0^m,058 à 0^m,068 cube par mètre carré d'espace à
couvrir. Ce cube de charpente sera de 0^m,900 cube pour couverture à tuiles plates, inclinée à 45 degrés. Pour les tuiles creuses
maçonnées sur des planches en bois, sur une obliquité de 18 à
21 degrés, le cube de la charpente sera de 0^m,067 à 0^m,720 cube
de bois. Nous ferons remarquer que l'entrait, ou pièce principale
d'une ferme de charpente, n'est pas compris dans les évaluations
qui précèdent. Nous ferons encore remarquer que dans un comble à inclinaison de 45 degrés la hauteur de la pente est égale à
la moitié de la base : l'angle de son sommet sera un angle droit.

Cette disposition, dite d'équerre, a été abandonnée dans les
temps modernes. On y retourne cependant quelquefois, quand on
adopte pour style d'architecture le style en usage du temps de
Henri IV et de Louis XIII. Dans ce cas, on donne encore une élévation plus grande aux combles, nommés alors *surhaussés*. Ils
ont l'inconvénient de pousser sur les murs et d'augmenter la
dépense.

Depuis une vingtaine d'années, la mode a ramené le style d'architecture du règne de Louis XIV, et avec ce style les toits ou

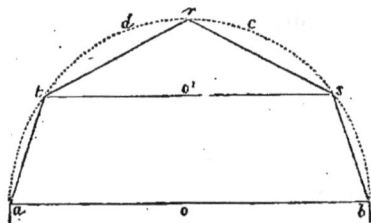

Fig. 220.

combles brisés, inventés par l'architecte Mansart, mort en 1666.
Ces toits ou combles sont à deux
rampants, mais à rampants ou
égouts brisés ainsi que l'indique la
fig. 220, qui représente ce comble
en coupe. Les faces inférieures *at*,
bs, forment le vrai comble et les
faces supérieures, beaucoup plus
petites, forment ce qu'on nomme le *faux comble*. L'arête horizontale qui accuse la brisure ou le changement d'inclinaison des deux
pans, se nomme arête de brisure.

Le tracé de ces sortes de combles, dits à la Mansart, n'est en
aucune manière arbitraire; il se fait au moyen de règles qui leur
donnent l'élégance avec la solidité.

Voici une des trois manières de donner les proportions voulues à ces combles (fig. 220).

Tirez une ligne horizontale, portez-y avec le compas, dans une proportion quelconque et relative, la largeur du bâtiment à couvrir; soit cette largeur *ab*. Divisez *ab* en deux parties égales, du milieu de *ab*, soit au point *o*, prenez avec votre compas *oa* ou *ob*, et, avec cette longueur, décrivez la demi-circonférence de cercle *arb*. Divisez cette demi-circonférence en quatre parties égales *at*, *tr*, *rs*, et *sb*. Des points *t* et *s* tirez une parallèle à *ab* : cette parallèle sera le haut de l'entrait de la charpente à tracer. Pour la pente du versant inférieur tirez *at* et pour celle de l'autre côté tirez *sb*. Pour la pente du faux comble *trso'*, tirez les lignes *tr* et *rs*, et, ces opérations achevées, vous aurez le diagramme ou contour extérieur du toit demandé.

La seconde manière de tracer les combles brisés ne diffère que peu de la première (fig. 221).

Tirez une ligne horizontale, portez-y avec le compas, dans une proportion quelconque et relative, la largeur du bâtiment à couvrir; soit cette largeur *ab*. Divisez *ab* en deux parties égales, du milieu de *ab*, soit au point *o*, prenez avec le compas *oa* ou *ob*,

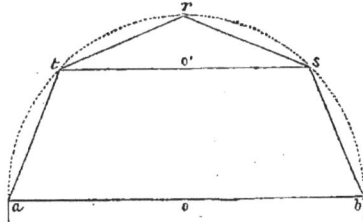

Fig. 221.

et avec cette longueur décrivez la demi-circonférence *arb*. Divisez cette circonférence en cinq parties égales *at*, *td*, *dc*, *cs* et *sb*. Des points *t* et *s* tirez une parallèle à la ligne *ab*; cette parallèle sera le haut de l'entrait de la chapente à tracer. Pour la pente des versants inférieurs tirez les lignes *at* et *sb*. Pour la pente du faux comble *trsó*, tirez les lignes *tr* et *rs*.

La troisième manière de tracer les combles brisés se fait ainsi qu'il suit :

Tirez une ligne horizontale, portez-y avec le compas, dans une proportion quelconque et relative, la largeur du bâtiment à couvrir; soit encore cette largeur comme dans les deux précédents exemples. Divisez la ligne du bas en deux parties égales; du milieu, prenez avec le compas *ao* ou *ob*, et avec cette longueur décrivez une demi-conférence. Tirez au sommet de ce demicercle une tangente parallèle à la ligne du bas. Divisez le rayon en trois parties égales : prenez deux de ces parties et portez-les sur la tangente parallèle à la ligne du bas. Pour la hauteur du faux-comble, prenez une des trois parties du rayon, portez-la verticalement sur l'axe ou sur le milieu de la tangente. Tirez ensuite les quatre lignes biaises, et vous aurez le contour extérieur du comble brisé demandé.

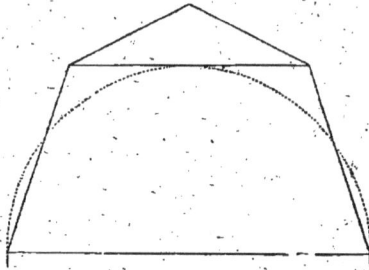

Fig. 222.

La troisième manière donne le comble le plus élevé à *l'intérieur*. Si le bâtiment a, par exemple, 10 mètres de largeur, l'espace à partir du dessus de l'entrait ou poutre, jusqu'au dessus du faux entrait, sera de 5 mètres.

La première manière donne un comble beaucoup moins élevé à l'intérieur : il n'aura que $3^m,50$ de o en o'.

La seconde manière donne un comble encore moins élevé que les deux précédentes; il n'aura que 3 mètres de o en o'. Sa forme est aussi la plus élégante des trois et celle encore qui est le plus généralement employée.

Comme les précédents combles simples dont nous avons parlé plus haut, les combles à la Mansart, ou combles brisés, peuvent

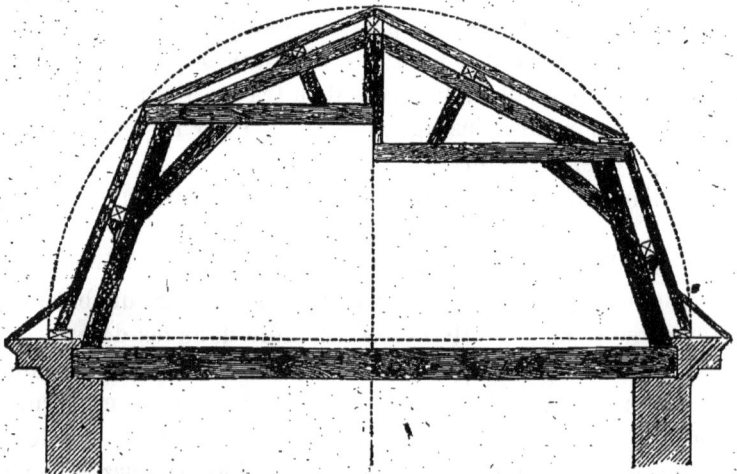

Fig. 223.　　　　　　Fig. 224.

se terminer à leurs extrémités, soit par des pignons, soit par des croupes. Ces combles s'exécutent comme les précédents par travées formées de fermes. Seulement, au lieu d'arbalétriers dans la partie inférieure, on se sert de jambes de force (fig. 223, 224), dont le pied s'assemble dans l'entrait ou poutre, et le sommet dans l'entrait qui soutient aussi la panne de brisis, c'est-à-dire la panne qui se trouve placée à l'endroit de la brisure d'un comble à la Mansart.

Les combles brisés ont l'avantage d'offrir des espaces qu'on peut distribuer en chambres de maître et en chambres de domestiques, ce qui est surtout avantageux à la campagne. On peut construire une maison, composée d'un rez-de-chaussée et d'un étage, et trouver cependant assez d'espace pour les chambres d'enfants ou de jeunes gens et les chambres d'amis, dans les combles, lorsqu'ils sont brisés. On fait pour ainsi dire l'économie d'un second étage.

Lorsque l'assemblage de pièces de bois appelé ferme en terme de charpente n'a pas une grande portée, cette ferme peut être composée (fig. 208) : 1° d'une pièce horizontale, allant d'un mur à l'autre du bâtiment : cette pièce, avons-nous dit, est appelée entrait ou tirant. C'est la plus forte de toute la ferme ; 2° de deux pièces obliques ou arbalétriers, dont le pied ou extrémité inférieure repose sur les extrémités de l'entrait et dont les bouts supérieurs viennent se joindre ensemble pour former un angle plus ou moins obtus, c'est-à-dire plus grand qu'un angle droit de 45 degrés. Les arbalétriers sont assemblés par le bas dans les bouts de l'entrait, par des entailles en crémaillère, et consolidés par des liens en fer qui seront placés perpendiculairement à l'inclinaison des arbalétriers, pour les fixer d'une manière invariable.

Le joint central du sommet des arbalétriers se raccorde par un joint à plomb. Ils sont fixés par une petite clef entaillée dans les deux pièces et chevillée comme le représente la fig. 209. Quelquefois on ne les réunit que par des entailles à mi-bois arrêtées avec une cheville. L'assemblagee à mi-bois est le plus solide.

Quand l'espace à couvrir est d'une certaine étendue, il faut fortifier la précédente ferme. On ajoute alors trois pièces à l'intérieur de la ferme, dont deux, placées obliquement comme les arbalétriers, les doublent jusqu'aux deux tiers environ, et une autre en forme de faux entrait pour les maintenir et les contre-buter, ainsi qu'on peut le voir dans la fig. 210. Les deux joints du faux entrait seront coupés d'équerre à la longueur de la pièce, et les pieds des petits arbalétriers seront assemblés dans l'entrait ou grand tirant par embrèvement. Sur les grands arbalétriers se clouent les tasseaux ou chantignolles destinés à soutenir les pannes, qui elles-mêmes reçoivent les chevrons, comme l'indique la fig. 210.

La fig. 225 représente une autre ferme, d'une grande simplicité et dans laquelle l'entrait est plus élevé que le pied des arbalétriers. Ce genre de ferme peut être employé pour de petits toits et lorsqu'on veut gagner de la hauteur. L'extrémité inférieure des arbalétriers, ainsi que celle des chevrons, reposera dans ce cas sur une

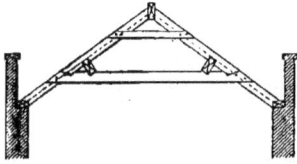

Fig. 225.

sablière longitudinale. Les pannes reposeront sur l'entrait et les chevrons viendront aboutir au sommet à un faîtage qui s'étendra dans toute la longueur du bâtiment. Nous ferons remarquer que cette sorte de ferme n'est applicable qu'à de très petites portées : car il y a une poussée transversale qui s'exerce par les arbalétriers en dessous de l'entrait, poussée qui est réduite à peu de chose dans une petite largeur par la grande force des arbalétriers, mais qui dans une forte portée ferait écarter les murs et les renverserait même peut-être.

Dans les combles d'une plus grande portée, l'entrait est placé sous les arbalétriers, lesquels sont assemblés dessus à tenon et mortaise, et quelquefois même les arbalétriers sont boulonnés sur l'entrait pour leur donner plus de stabilité.

Le poinçon, dont nous avons déjà parlé, est une pièce de charpente suspendue à partir du sommet des arbalétriers aboutissant dans le bas, à l'entrait. Le poinçon est la pièce destinée à empêcher le tirant ou entrait de plier par sa propre pesanteur. Dans la charpente en sapin, on a l'habitude de mettre le poinçon en bois de chêne, et en Angleterre on le remet fréquemment en fonte. La

partie inférieure du poinçon devra avoir des aboutements pour
recevoir le pied des contre-fiches, lesquelles sont destinées à raidir les arbalétriers, dans lesquels elles sont assemblées (fig. 226).

Disons ici une fois pour toutes que les contre-fiches doivent
toujours s'assembler à un
angle droit ou d'équerre
dans les arbalétriers. C'est
la seule manière de les
faire servir utilement. En
inclinant davantage leur
extrémité supérieure,
c'est-à-dire en leur faisant
former un angle obtus

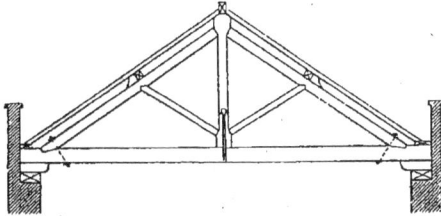

Fig. 226.

avec l'arbalétrier verticalement au-dessus de l'entrait, on leur
enlève la force qu'elles ont quand elles sont placées d'équerre sur
les pièces obliques.

Dans le cas où l'entrait est supporté dans sa longueur par des
pans de bois ou des murs qui leur servent de points d'appui, le
faux entrait, pièce horizontale et parallèle à l'entrait, est supporté
par des poteaux placés dans une direction verticale, ainsi que le
montre la fig. 227. Les chevrons, destinés, comme on sait, à recevoir la volige ou les lattes, sont assemblées dans l'entrait, par
le moyen indiqué en bas de la figure. Au faîtage, ces chevrons
sont entaillés à mi-bois ou à tenon et mortaise et chevillés. La
dimension des chevrons n'est point déterminée par le poids qui
pourrait les faire plier dans leur longueur, mais cette dimension
est déterminée par la force des pannes qui doivent les empêcher
de fléchir. Comme il s'agit de donner la plus grande solidité
possible aux chevrons, il faut leur donner certaines proportions enseignées par la théorie ainsi que par la pratique. La hauteur des chevrons devra être à leur largeur comme 7 : 4.

Dans ce genre de comble, les entraits ou pièces que nous nommons ainsi, peuvent ne pas avoir les fortes dimensions qu'on a
l'usage de leur donner, supportées qu'elles sont par des points
d'appui inférieurs. Mais comme le point capital est d'empêcher
les chevrons de glisser, leur assemblage avec la pièce horizontale
est ici d'une grande importance. L'extrémité inférieure des che-

vrons est assemblée dans la presque totalité de son épaisseur à angle droit ou d'équerre sur la plus longue pièce horizontale du bas. Les trois détails du bas de la fig. 227 indiquent cet assemblage, à gauche de profil, au milieu de face, et à droite en pers-

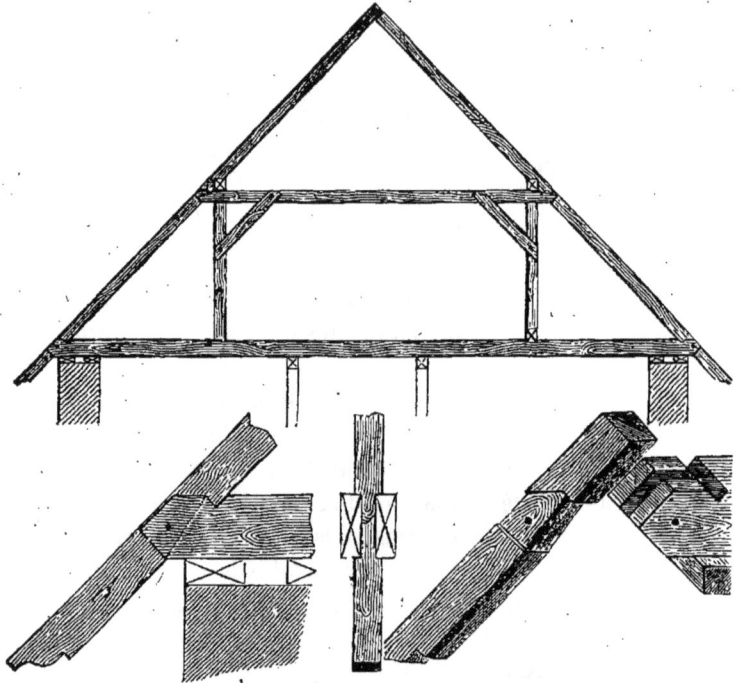

Fig. 227.

pective. Toute personne peu intelligente comprendra cet assemblage du premier coup en voyant la figure.

Cette sorte de comble est appelée comble *de bout* ou d'*aplomb* par les Allemands, qui en font un fréquent emploi. S'il n'y a point d'empêchement, on pose les pannes au milieu de la longueur des chevrons, et de distance en distance on place des poteaux verticaux pour les supporter et leur donner plus de solidité. Pour conserver l'équerre de ces poteaux avec la pièce horizontale supérieure, on pratique de l'un à l'autre et obliquement, à un angle de 45 degrés, une *moise* ou lien entaillé à mi-bois. Ces moises devront se répéter longitudinalement des deux côtés des poteaux,

s'assembler sur la face intérieure du poteau et sur la face intérieure
de la panne et n'être entaillées que d'un sixième de l'épaisseur du
poteau; elles devront en outre être soigneusement chevillées. Si
le bâtiment est d'une longue étendue, pour plus de sécurité on
prolongera une des deux moises en question, jusqu'à l'entrait
principal sur lequel elle sera également entaillée à une petite profondeur et chevillée.

Cette charpente de comble est économique, ses bois étant de
moyennes dimensions. Elle convient pour les bâtiments dont on
ne veut pas utiliser les greniers. Car il serait imprudent de charger fortement le plancher à cause de la faiblesse des bois qui en
constituent la charpente.

Quand le comble a une assez grande largeur et qu'il s'agit d'utiliser le grenier, on peut employer un assemblage qui offre une
ferme très solide (fig. 228). La panne est entaillée sur l'arbalétrier

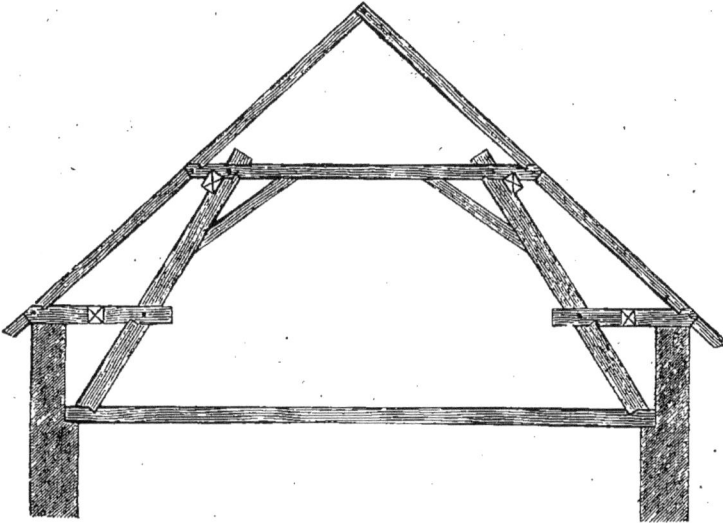

Fig. 228.

et maintenue sur lui au moyen de contre-fiches. Le faux entrait
est formé de deux pièces de bois qui se joignent ou qui sont posées
à une petite distance l'une de l'autre (distance qui peut être le
quart de l'épaisseur de l'arbalétrier).

Toutes les pièces de bois composant des ouvrages de charpente sont horizontales, verticales et obliques. Les bois de charpente qui ne sont pas assemblés à angle droit ont un assemblage oblique, c'est-à-dire qu'ils se rencontrent sous un angle plus grand ou plus petit qu'un angle droit. Ces bois sont principalement les arbalétriers, les chevrons dans certains cas, les contre-fiches et les jambettes. Ces bois inclinés peuvent glisser : c'est pour cette raison qu'ils sont soumis à d'autres assemblages que les bois debout avec les bois horizontaux.

Dans les charpentes les plus usitées, les arbalétriers posent à leur extrémité inférieure sur une poutre ou entrait, sur lequel ils sont assujettis par ce qu'on nomme un assemblage par embrève-

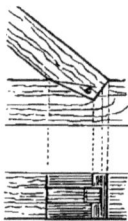 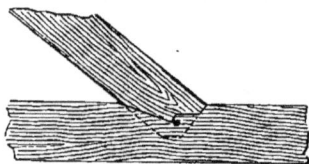 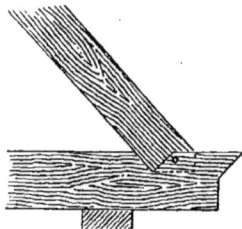

Fig. 229.   Fig. 230.   Fig. 231.

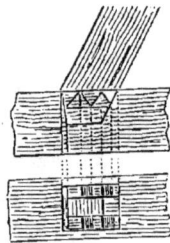

ment. Cet assemblage est formé par un tenon et une mortaise, sur laquelle est pratiquée une entaille qu'on appelle embrèvement. La manière la plus simple de faire cet assemblage est indiquée par les figures 229, 230, 231.

La fig. 232 indique un autre genre d'assemblage à embrèvement et très solide.

Fig. 232.

Nous avons vu plus haut que les extrémités supérieures des arbalétriers viennent aboutir à une pièce de charpente centrale et verticale, appelée poinçon. Les arbalétriers s'y assemblent à tenon et mortaise, et ordinairement sans embrèvement. Il est cependant prudent d'en pratiquer un qui peut se faire comme on le voit dans les fig. 233, 234, et qui suffit pour supporter une charge moyenne.

En Angleterre et en Allemagne, on a l'habitude de démaigrir

le poinçon sur deux faces, de laisser une tête coupée d'équerre

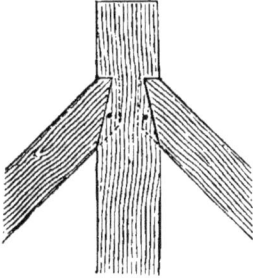

Fig. 233.

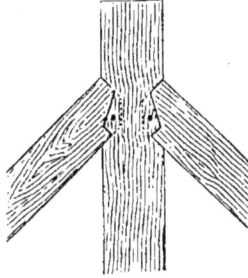

Fig. 234.

sur le joint qu'elle forme avec la largeur de l'arbalétrier, ainsi que l'indique la fig. 235. Dans le cas où l'on ne voudrait pas affaiblir le poinçon, on assemblerait les arbalétriers à *crans*, et, pour ne pas nuire à la solidité, on laissera au centre une portion de bois de forme parallélipipédique. Ce système est fréquemment employé en Allemagne, et n'a offert que de bons résultats.

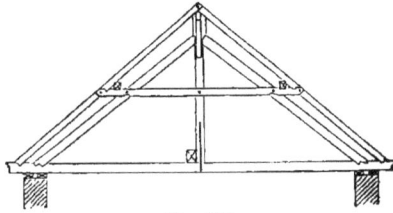

Fig. 235.

Dans les charpentes légères et économiques, où les solives remplacent les entraits ou tirants de ferme, le pied des chevrons peut être assemblé par embrèvement, c'est-à-dire au moyen d'une entaille faite dans la face horizontale et supérieure de la pièce qui présente la mortaise.

Si le pied des chevrons est en retraite sur la solive, un autre genre d'embrèvement sera pratiqué comme l'indique la fig. 236. Si enfin le chevron doit former saillie sur le mur, il faudra pratiquer un as-semblage par enfourche-ment qui est très solide (fig. 237).

Quand il arrive, comme dans les pans de bois, par

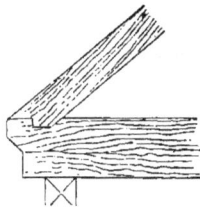

Fig. 236.

Fig. 237.

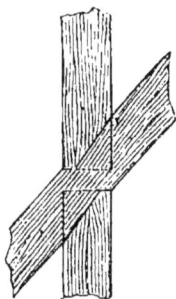

Fig. 238.

exemple, qu'une pièce oblique interrompt des poteaux, l'assemblage à tenon et mortaise avec embrèvement est alors appliqué : c'est ce qu'on nomme assemblage à *oulice*. La fig. 238 indique suffisamment cette espèce d'assemblage.

La ferme représentée par la fig. 239 est celle qui convient le mieux pour un comble d'une maison ayant 9 mètres de profondeur. Dans ce comble les entraits supérieur et inférieur sont séparés par un espace libre pour former un étage habitable. La partie supérieure de ce comble est formée d'un poinçon, de deux contre-fiches et de deux arbalétriers, ensuite l'entrait supérieur est établi sur des jambes de force qui en reportent le poids sur l'entrait inférieur ; les blochets

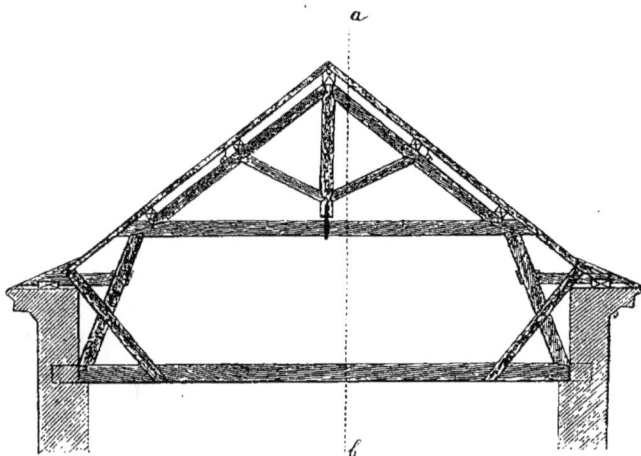

Fig. 239.

sont assemblés dans ces jambes de force au moyen de queues d'aronde et se lient par entailles réciproques aux sablières, qui, se trouvant ainsi fixées sur les murs, résistent à la poussée des chevrons qui viennent s'y assembler, et dont la portée est divisée en trois parties égales par les pannes. Le trapèze formé par les deux entraits et les jambes de force est maintenu par des moises qui lient l'entrait inférieur et les blochets aux jambes de force.

La fig. 240 est la projection de la moitié intérieure du comble sur la ligne *ab*. On voit par cette figure que les aisseliers se croisent pour former ce qui est appelé la croix de Saint-André. Ce croisement des pièces obliques est destiné à maintenir les fermes

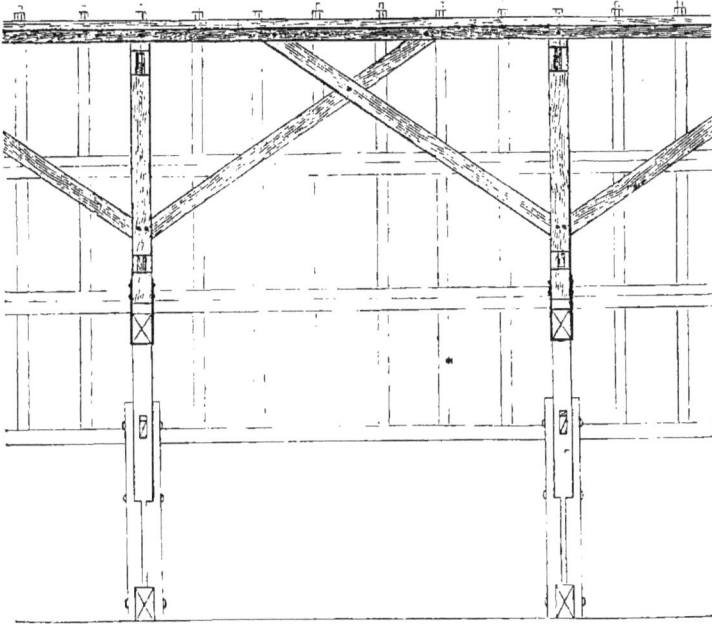

Fig. 240.

dans leur position verticale en soulageant la pièce longitudinale nommée *faîtage*.

Cet exemple est combiné de manière à ce que les portées des diverses pièces qui le composent soient divisées en parties égales, afin que la charge régulière qu'elles ont à supporter n'agisse pas plus sur un point que sur un autre. Cette disposition, qui assure la force des diverses parties, concourt à la conservation de l'ensemble.

On remarquera que dans cet exemple de charpente de comble, l'entrait principal ou inférieur est posé en contre-bas de la corniche supérieure du bâtiment. Cette disposition, dans la perspective, ne laisse apercevoir qu'une médiocre élévation de chacun des rampants ou égouts du toit.

On appelle *œuvres suspendues* les fermes de combles pratiquées sur des entraits posant aux deux extrémités sur les murs de face, sans points d'appui ou supports intermédiaires. Dans ce genre de construction de la ferme toute la charge ou poids de la charpente du comble est portée par les murs extérieurs. La ferme la plus simple en ce genre est celle de la fig. 241, formée par l'entrait posé à chaque extrémité sur une double sablière, par les deux arbalétriers, placés obliquement contre une pièce de charpente verticale, nommée *poinçon*, et qui est suspendue au moyen de l'action des arbalétriers. Les arbalétriers sont assemblés à tenon et mortaise et à crémaillère dans l'entrait ainsi que dans le poinçon. Ce dernier se prolonge jusque sous les chevrons et reçoit le faîtage, sur lequel s'appuient les extrémités supérieures des chevrons. Du faîtage partent des aisseliers qui s'assemblent dans le poinçon ;

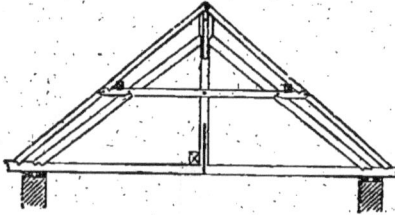

Fig. 241.

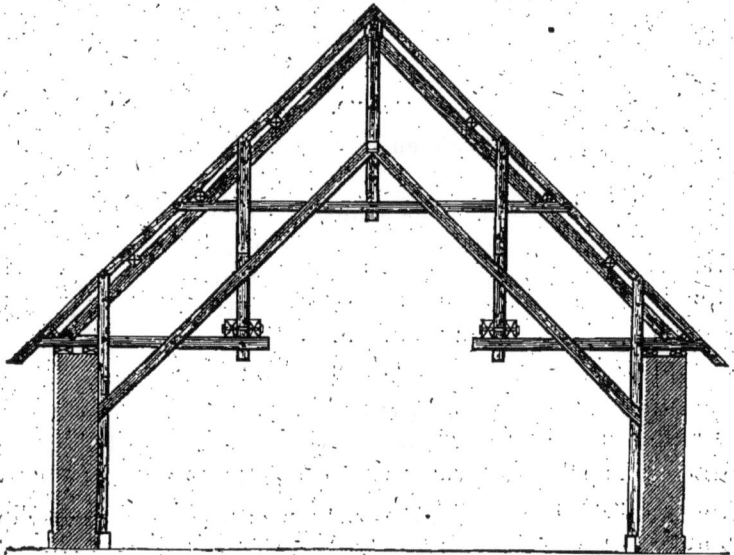

Fig. 242.

ces aisseliers sont destinés à maintenir les fermes, en longueur, dans leur position verticale, et ensuite à soulager le faîtage.

Les pannes reposent sur des moises, deux pièces horizontales, entaillées à un cinquième de leur épaisseur dans le poinçon et les arbalétriers. Ces moises soulagent les arbalétriers en divisant leur longueur, et consolident en même temps le grand triangle formé par les deux arbalétriers et l'entrait.

La fig. 242 représente une charpente légère avec combinaison de moises et convenable pour un hangar ou magasin. Elle se compose d'un poteau placé contre le mur, consolidé par deux moises verticales et boulonnées dans le blochet et l'arbalétrier, chevillées dans le chevron et entaillées à crémaillère dans l'arbalétrier. Les blochets sont formés de deux pièces, ainsi qu'on peut le voir dans le détail, (fig. 243). Le faux entrait est également formé de deux moises, entaillées à crémaillère sur l'arbalétrier et le chevron, afin de maintenir leur écartement et les empêcher de glisser. A l'extrémité intérieure des blochets s'élèvent des poteaux entaillés dans le faux entrait, l'arbalétrier et le chevron. Deux grandes moises parallèles au rampant du toit, partant des poteaux principaux et allant rejoindre le poinçon, consolident la position respective de toutes les pièces composant la ferme. Au pied des poteaux supérieurs et au-dessus des blochets s'étendent longitudinalement deux sablières-moises boulonnées dans le poteau, destinées à maintenir les fermes dans leur position verticale. Cette charpente, quoique légère, est fort solide et passe pour une des plus parfaites du genre.

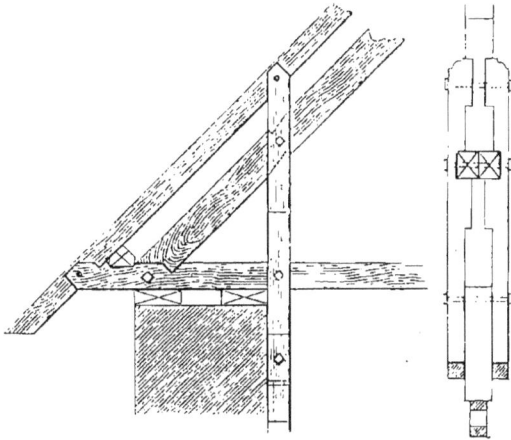

Fig. 243.

La fig. 244 représente la moitié d'une ferme formant la charpente d'un comble surbaissé de 18 mètres de largeur. Il n'est

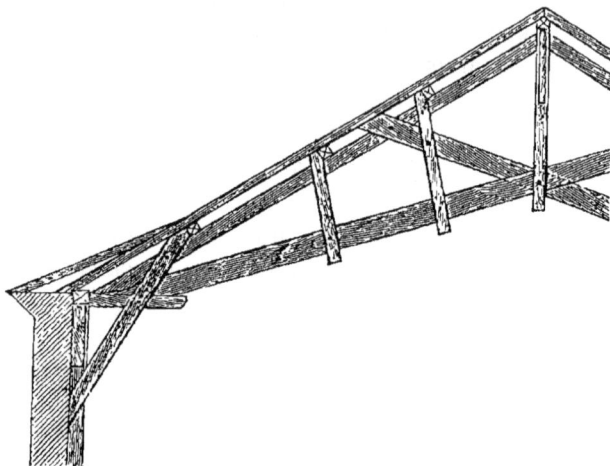

Fig. 244.

exécuté en plats-bords ou madriers de sapin, dont la plus grande largeur est verticale. Les combles ainsi construits sont solides, quoique très légers, grâce aux moises qui embrassent tout le système, maintiennent la rigidité des pièces et les rendent solidaires.

On trouve le même principe de moises formant croix de Saint-André dans la fig. 245, représentant un comble de 11m,50 de largeur. Dans ce système de construction, non seulement on obtient sur l'exécution du comble une économie assez considérable, mais, eu égard à la légèreté de la charpente, on peut encore, en ne donnant aux murs que la solidité nécessaire, diminuer ainsi la dépense.

Les deux derniers exemples de charpente peuvent être utilisés pour de grands hangars, de vastes granges ou pour des ateliers, mais rarement pour des maisons d'habitation. Si nous avons donné ces exemples de charpente à grande portée, c'est qu'on pourra s'en servir soit dans des bâtiments d'utilité, soit dans des constructions destinées à des manèges ou autres exercices agréables.

Nos figures sont dessinées à une assez grande échelle pour que tout amateur, avec l'aide d'un charpentier, puisse saisir et

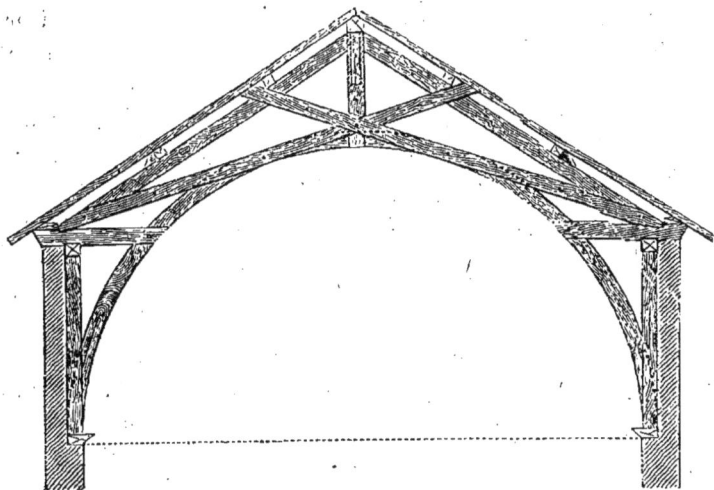

Fig. 245.

comprendre la combinaison ainsi que les assemblages des pièces de charpente que lui montrent ces figures.

La fig. 246 montre une charpente de comble couvrant un grand espace et donnant du jour et de l'air au centre du bâtiment. Notre exemple représente la charpente du marché Saint-Germain à Paris, construit en 1816. Les fermes ont une largeur de 14^m,05 hors

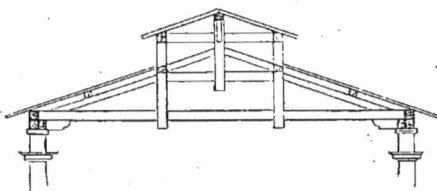

Fig. 246.

œuvre et 4 mètres d'élévation; elles sont distantes les unes des autres de 4^m,05. On peut parfaitement réduire cette ferme à de plus petites dimensions.

La fig. 223 représente la moitié d'un comble brisé, dit à la Mansart, dans lequel le faux entrait est placé au sommet de la première des cinq divisions faites du demi-cercle ponctué, ainsi que nous l'avons déjà indiqué précédemment.

La fig 224 représente la moitié d'un comble brisé, construit sur

le principe de seulement quatre divisions du demi-cercle. La panne assemblée dans les faux entraits à l'endroit de la pliure du toit, est appelée *panne de brisis*. Cette panne est souvent ornée d'un torse avec ou sans filet en dessous, qu'on recouvre en plomb ou en zinc.

Dans le premier exemple des mansardes (division du demi-cercle en cinq parties) le logement qu'on y pratique aura de 2m,65 à 2m,75 d'élévation; dans le second (division du demi-cercle en quatre parties égales) le logement aura de 3m,30 à 3m,40. Mais le premier exemple est préférable parce qu'il est plus élégant extérieurement; aussi est-il d'un usage plus fréquent.

Si la largeur dans œuvre d'un bâtiment à couvrir d'un comble brisé est de 6 mètres, on donnera 42 centimètres sur 30 à l'entrait ou tirant portant plancher, 23 sur 20 au faux entrait, 20 sur 18 aux arbalétriers, 18 sur 18 au poinçon, 14 sur 14 aux jambettes, 14 sur 14 aux contre-fiches, 19 sur 19 aux pannes, 5 sur 9 aux chevrons. Si cette largeur est de 9 mètres, on donnera 50 centimètres sur 35 à l'entrait, 30 sur 25 au faux entrait, 25 sur 22 aux arbalétriers, 23 sur 23 au poinçon, 16 sur 16 aux jambettes, 16 sur 16 aux contre-fiches, 20 sur 20 aux pannes, 6 sur 11 aux chevrons; si la largeur du bâtiment est de 12 mètres, on donnera 58 sur 42 à l'entrait, 35 sur 32 aux faux entrait, 28 sur 25 aux arbalétriers, 27 sur 27 au poinçon, 18 sur 18 aux jambettes, 18 sur 18 aux contre-fiches, 22 sur 22 aux pannes, 7 sur 12 aux chevrons.

Rondelet indique dans son grand ouvrage (1) quelques dimensions à donner généralement aux pièces de bois qui composent les combles ordinaires. Pour une largeur de comble de 8 à 9m,75 on donnera aux entraits ou tirants portant plancher le dix-huitième de cette largeur dans œuvre; et pour ceux qui ne portent pas plancher un vingt-quatrième; aux arbalétriers un quinzième, aux faux entraits un vingt-quatrième, aux poinçons un douzième, aux liens un vingt-quatrième, aux pannes un douzième de l'intervalle entre les fermes.

—————

(1) *Traité théorique et pratique de l'art de bâtir*, Paris, 1862, 12ᵉ édition, page 120 du tome III.

On donne communément aux chevrons de 8 à 11 centimètres, aux faîtages de 16 à 19 centimètres, aux bannes de 19 à 22 centimètres, aux sablières ou plates-formes 11 à 27 centimètres, aux jambettes 27 millimètres de moins qu'aux maîtresses fermes, et enfin aux coyaux de 5 à 8 centimètres.

Toutefois le propriétaire constructeur devra étudier les genres de charpente exécutés dans la localité où il veut bâtir. Il ne peut pas entrer dans une infinité d'approximations et de calculs théoriques sur la force et la résistance des bois de différentes grosseurs et longueurs. Il ne faut pas en effet employer de bois trop gros ni trop minces ; trop gros, ils chargent inutilement les murs, et, trop minces, ils plient et finissent par casser. Les pannes et les chevrons demandent une attention toute particulière.

Les courbures et les ondulations qu'on remarque assez fréquemment dans les toits, viennent plutôt de la défectuosité des bois employés, que de la faiblesse de leurs dimensions ou de la mauvaise combinaison des fermes.

On trouve dans les pays du midi et du nord de l'Europe, des combles en bois de sapin beaucoup plus légers et moins compliqués que les nôtres, qui se maintiennent droits et en bon état, quoiqu'ils soient chargés de couvertures une fois plus pesantes.

En effet, le bois de chêne étant plus lourd que le sapin, ayant des fibres moins droites, est plus sujet à se tourmenter que ce dernier.

Le moyen le plus sûr de former des fermes solides, est de les composer avec une combinaison de triangles, parce que leur figure ne peut jamais varier, lorsque les pièces qui les forment sont assemblées d'une manière convenable.

Afin de mieux faire comprendre la construction, l'assemblage des fermes et enfin la combinaison de l'ensemble de la charpente d'un comble, nous donnons dans la figure 247 un toit entier. Nous avons supposé l'absence d'un des murs latéraux, et comme si nous étions placés plus bas que le comble, un peu en dehors du bâtiment.

La poutre ou entrait est marquée A ; on verra qu'elle se répète trois fois pour former le pied de trois fermes. Sur ces pièces ho-

Fig. 247.

A. Entrait ou poutre.
B. Faux entrait.
C. Poinçon.
D. Arbalétrier.
E. Aisselier.
F. Contre-fiche.

G. Faîtage.
H. Sablière.
I. Sous-faîtage.
J. Contre-fiche.
K. Solives.
L. Pannes.

M. Chevrons.
N. Coyaux.
O. Tasseaux ou chantignolles.
P. Partie voligée.
Q. Faîtière.
R. Partie couverte en ardoises.

rizontales s'élèvent obliquement deux pièces marquées D ; ce sont les arbalétriers qui s'assemblent au sommet dans le poinçon C, qui lui-même repose sur le faux entrait B. Les deux pièces obliques de petite dimension et marquées E sont les aisseliers, destinés à fortifier le faux entrait. Les aisseliers s'assemblent dans les arbalétriers D et le faux entrait B. Les petites pièces obliques F qui s'assemblent dans le bas du poinçon et le haut des arbalétriers, sont les contre-fiches ; elles sont destinées à raidir les arbalétriers. Les petits morceaux de bois marqués O sont des tasseaux ou chantignolles, destinés à maintenir les pannes L posées sur les arbalétriers. Au-dessus du poinçon on voit le faîtage G composé de plusieurs pièces placées bout à bout à la suite des autres. Le faîtage est porté par les poinçons des fermes, qui y sont assemblés par leurs sommets taillés en tenons. Les pièces obliques J sont d'autres contre-fiches, assemblées dans les poinçons et le faîtage. Les pièces I sont les sous-faîtes. Les bouts arrachés de pièces marquées K, sont les solives qui s'étendent d'un entrait à l'autre. Nous les avons figurées rompues, pour laisser voir une plus grande étendue de la charpente. Les chevrons portent la lettre M ; ils posent sur la sablière H, les pannes L et le faîtage G. Les petites pièces obliques N sont des petits chevrons qui s'appuient à la fois sur les plus grands chevrons et sur la double plate-forme ou sur l'entablement du bâtiment ; on les nomme coyaux.

La partie PP du comble indique une portion recouverte de la volige clouée sur les chevrons.

La partie RR fait voir une portion recouverte d'ardoises et terminée au sommet par la faîtière Q.

On comprendra qu'on supprime les deux fermes des extrémités quand il y a des pignons en maçonnerie. Nous avons supposé dans notre figure trois fermes formant deux travées de comble, d'un bâtiment plus long que l'étendue de ces deux travées.

Dans les deux fermes de gauche nous avons supprimé les contre-fiches J, pour ne pas embrouiller le lecteur par trop de pièces dans le détail.

Il sera aisé de comprendre que les pannes L doivent régner dans toute la longueur du bâtiment, ainsi que le montre le côté

du dessous du comble. Il en est de même des chevrons. Il y a des
parties rompues dans notre figure destinées à faire voir avec plus
de clarté l'ensemble de cette charpente.

Charpente d'un appentis La charpente de comble la plus
simple est celle employée à un
rampant et adossée à un mur ou bâtiment quelconque. Cette charpente, d'un fréquent usage pour les magasins et les hangars, se
compose de *poteaux g* posés sur des dés en pierre, d'*entraits e*
assemblés à un bout sur les poteaux et posant de l'autre sur le
mur ou sur des poteaux si le point d'appui du mur n'est pas assez
solide. Pour maintenir les poteaux et les entraits dans leurs positions respectives et ensuite pour recevoir le pied des chevrons,

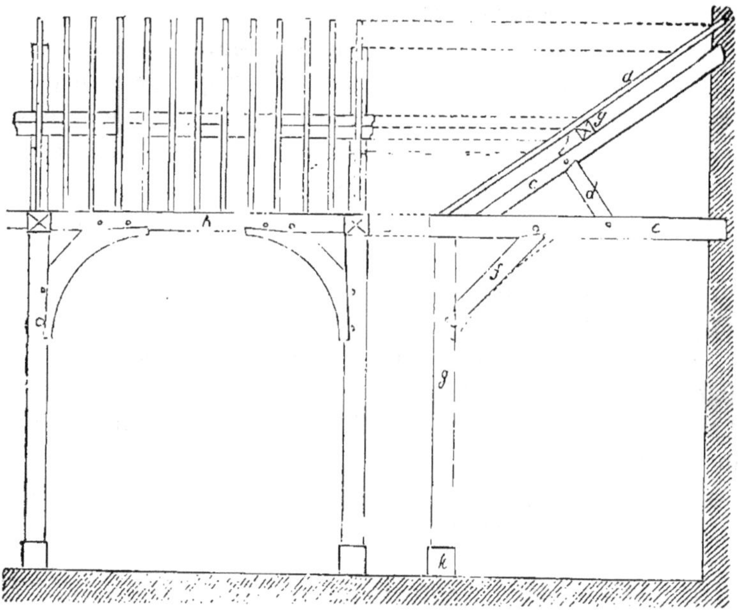

Fig. 248.

on assemble dans les poteaux la *sablière* horizontale *k* (fig. 248).
Pour conserver l'équerre du poteau avec l'entrait, on y assemble
les *aisseliers f*, à tenon et mortaise et à entaille. Sur les entraits
s'assemblent les *arbalétriers*, fortes pièces obliques *c*, dont le

sommet porte sur le mur du fond. Pour consolider le bas des arbalétriers on pose les *jambettes d*, assemblées à tenon et mortaise
dans l'entrait et l'arbalétrier.

Si le rampant de l'appentis est d'une hauteur moyenne, on pose
sur les arbalétriers *c* la *panne g*, pièce horizontale destinée à supporter les chevrons par le milieu de leur longueur, afin de leur
donner plus de solidité. Pour maintenir ces pannes sur les pièces
qui les reçoivent, on cloue et on assemble ou l'on fixe avec des
boulons de petits morceaux de bois, formant le trapèze en profil,
et qui sont nommés *tasseaux* ou *chantignolles*. Enfin sur les pannes, on pose les *chevrons a* qui reçoivent la volige si l'on couvre
en ardoise, et la latte si on se sert de tuiles pour la couverture. Sur
la face, l'écartement des poteaux avec la sablière est maintenu
par deux aisseliers droits, comme le montre la face latérale, ou
cintrés comme l'indique la même figure et celle qui nous représente la face.

Il ne faut jamais poser le pied des poteaux sur le sol, ou sur un
bout de poutre formant dé; il faut toujours que ce dé soit en
pierre ou à son défaut en une petite maçonnerie en brique. Ensuite on fera bien de goudronner la face transversale du poteau,
celle qui pose sur le dé. Ce dé lui-même devra avoir de 25 à 30
centimètres d'élévation, afin de préserver le pied du poteau des
effets de l'eau.

Les appentis sont quelquefois employés pour former le comble
et la couverture de portions en saillie dans un bâtiment, de pièces
latérales qui ne montent pas à la hauteur de celles qui sont placées dans le milieu, etc., etc.

Des combles en dôme et des combles à surfaces courbes formés par des planches; système de Philibert de l'Orme
Nous nous sommes occupé jus-
qu'à présent de combles formés
de pièces de charpente droites,
placées horizontalement, verticalement et obliquement; mais
on construit aussi les combles
dans lesquels on suit le principe de l'arc. Philibert de l'Orme,
célèbre architecte du seizième siècle, proposa de construire des
combles et des dômes avec des bois courbés au lieu de fermes. Les

combles conçus sur le principe de l'arc trouvent leur emploi quand on a de très longs espaces à couvrir et que les points d'appui sont de moyenne force. On peut employer ce genre de combles pour des manèges, des salles d'exercices gymnastiques, pour conserver pendant l'hiver des plantes et des arbres élevés qui ne demandent pas la chaleur des serres. Il y a nombre d'autres circonstances où les combles en forme de voûte peuvent être nécessaires et convenables : c'est pour cette raison que nous allons entrer dans quelques détails sur leur combinaison.

Philibert de l'Orme est le premier qui ait fait l'application de ce système aux combles à deux égouts; il est le premier qui ait imaginé de relier des planches clouées les unes sur les autres au moyen de liernes (pièces de bois horizontales) qui les traversent, en les serrant avec des clefs pour les maintenir et leur procurer plus fermeté. Le grand avantage du système de de l'Orme dans son emploi pour les dômes ou courbure extérieure apparente, c'est que les côtes ou nervures courbes et verticales acquièrent une telle solidité, un tel aplomb, qu'elles n'exercent aucune poussée latérale sur le mur d'appui.

Comme on peut désirer élever un comble à surfaces courbes sur un espace plus ou moins grand, nous allons indiquer ici la manière de le former.

Tracez d'abord l'épure du trait de la courbe que vous aurez déterminée. Appliquez dessus un premier rang de planches; si c'est pour un comble dont le dessous ne doit pas former voûte, ou pour un cintre, placez les planches en dessous de la courbe tracée. Si c'est pour une voûte qui n'a pas besoin d'être extradossée, placez-les en dehors, de façon cependant que, dans l'un et l'autre cas, on puisse tracer dessus la courbe qu'elles doivent former. Si les combles ou voûtes doivent être courbes en dessus et en dessous, il faut que les planches recouvrent les deux courbes de l'épure, afin de pouvoir les tracer sur ces planches pour les chantourner.

Les planches en question (fig. 249) doivent avoir une longueur d'environ 1^m,30 ; mais on peut ne pas s'astreindre rigoureusement à cette dimension ; on peut en prendre une un peu plus ou un peu moins longue, qui divise la courbe en un nombre quelconque de parties égales. Cette longueur peut varier pour chaque division

même, comme dans l'el-
lipse dont la courbure
n'est pas uniforme, afin
que les fibres des plan-
ches puissent se croiser.
Cette méthode procure
plus de raideur aux cour-
bes et empêche aussi les
planches de se fendre.
Il est facile de voir que
moins il y a de courbure,
plus il faudra de lon-
gueur pour obtenir cet
avantage, et que les
planches qui doivent for-
mer les parties AC, BD
n'ont pas besoin d'avoir
autant de longueur que
celles du milieu CD.
Lorsque vous aurez ar-
rêté la division qui vous
paraîtra la plus conve-
nable, tirez des perpen-
diculaires à la courbe
pour indiquer les joints
des planches. Dès

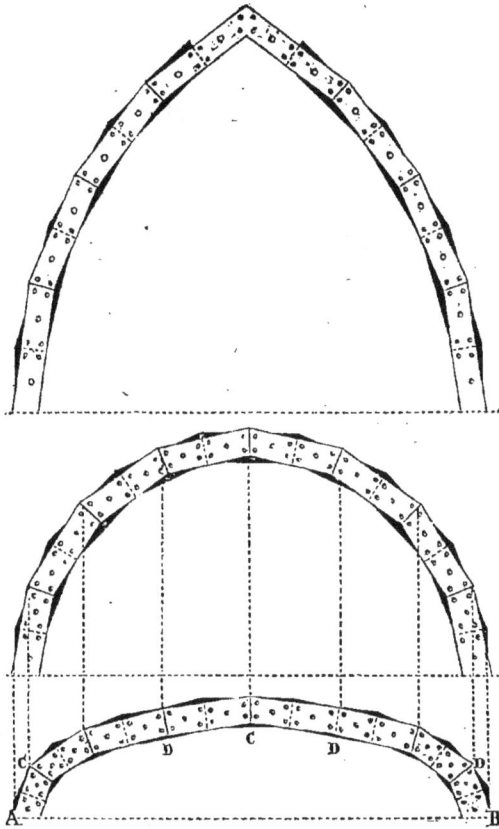

Fig. 249.

qu'elles seront bien ajustées, posez dessus un second rang, dis -
posé de manière à ce que les joints des planches formant ce
second rang tombent au milieu de celles qui forment le premier
rang ; il faut pour cela que les planches des extrémités n'aient
que la moitié de la longueur des autres ou qu'elles aient une fois
et demie cette longueur.

Quand ces deux rangs sont ainsi ajustés, il faut les réunir
avec des chevilles de bois. Ensuite on percera les mortaises pour
recevoir les liernes ou triangles de bois *a, a, a* (fig. 249), qui doivent les traverser, afin de lier les fermes les unes avec les autres
Ces liernes doivent avoir la même épaisseur que celle des plan-

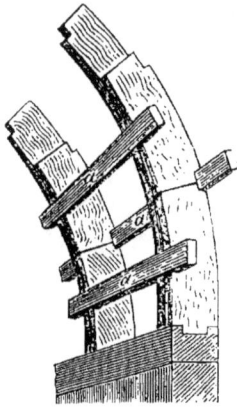

ches courbes et pour largeur quatre fois cette épaisseur. Pour donner à l'ouvrage plus de fermeté, on percera dans ces liernes d'autres mortaises de chaque côté de l'épaisseur des courbes, pour y chasser de force des clefs de bois dont l'épaisseur sera la même que celle des liernes, sur une largeur double de cette épaisseur; leur longueur sera égale à la largeur des courbes.

Fig. 250.

Les liernes ne forment pas continuité dans la longueur du comble; elles ne doivent réunir que trois courbes : cependant, comme chaque rang commence et finit à une courbe différente, cet arrangement équivaut en partie à des liernes continues, surtout lorsque le dessus doit être latté pour recevoir des tuiles ou des ardoises, ou bien le dessous pour former un plafond. Il y avait encore au seizième siècle des voûtes en courbes de planches, réunies seulement par des cannes revêtues en plâtre, qui étaient encore très solides quoiqu'elles eussent plusieurs siècles d'existence.

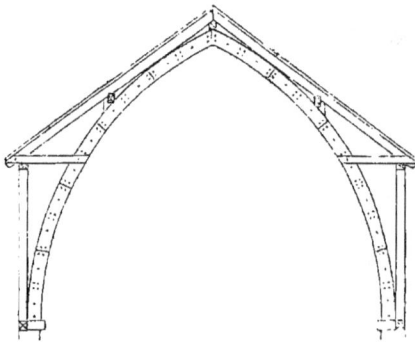

Fig. 251.

Rondelet pense qu'au lieu des liernes qui traversent les courbes, il serait préférable d'en placer dessus et dessous, en les entaillant à moitié bois et en les clouant sur chaque courbe, ce qui produirait autant de solidité avec moins d'ajustements et moins de dépense. La fig. 251 indique la manière de couvrir les voûtes à surfaces courbes; l'exemple que nous donnons est la couverture d'un arc à ogive.

Pour les combles de 7^m,80 de diamètre, de l'Orme fixe la largeur des planches qui forment les courbes à 21 centimètres de largeur, et leur épaisseur à 2 centimètres.

Pour 11^m,70 il donne aux planches 27 centimètres de largeur sur 4 centimètres d'épaisseur. Pour 19^m,50, il fixe la largeur des planches à 35 centimètres et leur épaisseur à 5 centimètres.

Pour asseoir ces combles, on formait, à 1 mètre du dessous de l'entablement des murs de face, une retraite de la moitié de leur épaisseur, sur laquelle on posait une sablière de 21 à 24 centimètres d'épaisseur. On creusait dans cette pièce des entailles de 65 en 65 centimètres, destinées à recevoir le pied des courbes formant chevrons. Le prolongement de la surface du comble, jusqu'au nu extérieur du mur de face, se faisait en ajoutant des bouts de courbes en forme de coyaux, fixés par le bas dans une entaille pratiquée au-dessus de l'assise formant corniche.

On ne peut cependant se dissimuler que le système de Philibert de l'Orme est désavantageux sous plusieurs rapports. Les planches débitées coûtent beaucoup plus cher que le bois de charpente : la façon des différentes pièces est également plus élevée : c'est pour cette raison qu'il n'y a pas d'économie à préférer les combles en planches aux combles en pièces de bois. Mais pour de petites constructions de fantaisie les combles en planches sont convenables, parce qu'ils sont légers et peuvent se poser sur des murs moins épais que ceux exigés pour des combles formés de chevrons, fortifiés en dessous par des liens cintrés formant voûte et qui offrent aussi plus de solidité.

Frappé des désavantages qu'offrait le système de Philibert de l'Orme, lorsqu'il est employé sur une grande échelle, le colonel Emy en

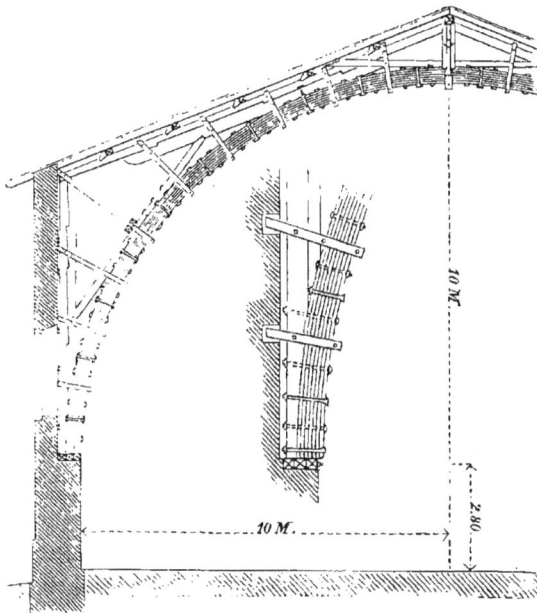

Fig. 252.

inventa un autre composé de madriers longs et étroits, superposés les uns sur les autres, comme les feuilles d'un ressort de voiture, et courbés sur leur plat par leur flexibilité seule. M. Émy fit en 1825 l'application de son système dans le hangar de Marac (fig. 252), près de Bayonne.

« Chaque ferme de la charpente du hangar de Marac, dit-il, est composée d'un arc en demi-cercle de 20 mètres de diamètre, de deux jambes de force verticales, de deux arbalétriers, de deux aisseliers et d'une petite moise horizontale tangente à l'arc et formant entrait : le tout est lié par des moises normales à l'arc. L'espace entre le sol et l'arc est libre. L'arc dont il s'agit est la pièce principale de chaque ferme, et c'est dans sa construction que résident la force et les autres avantages de cette charpente.

« Les faces planes des arcs, ainsi que les moises normales, sont entaillées à 1 centimètre de profondeur, de sorte qu'elles forment des assemblages de 2 centimètres, qui ont le double objet de tenir les arcs serrés et de former des arrêts qui empêchent le glissement des madriers les uns sur les autres. Deux recouvrements de 1 centimètre, sur les deux faces de l'arc, sont taillés dans les joints des moises, pour empêcher qu'il ne se fasse des éclats aux entailles des madriers ou feuilles.

« Les jambes de force sont éloignées des murs de 10 centimètres, mais les trois premières moises de chaque côté sont prolongées au delà des jambes de force, et pénètrent de 20 centimètres dans des cases de 30 centimètres de profondeur, réservées dans les murs. Cette disposition n'a pas pour but de profiter de la résistance des maçonneries ; car la charpente n'a pas de poussée : il s'agit seulement de maintenir les fermes dans le sens de la longueur du bâtiment.

« Entre les moises, qui ne pouvaient être multipliées sans augmenter inutilement le poids de la charpente, sont des liens en fer et des boulons qui pressent les feuilles de l'arc et qui s'opposent au glissement de ces feuilles. L'expérience a prouvé que ces boulons ne coupent point le fil du bois d'une manière nuisible. On voit que les moises, les liens et les boulons rendent les feuilles d'un arc pour ainsi dire solidaires les unes des autres, et qu'ils s'opposent avec une grande force à leur redressement.

Dans un arc de cinq feuilles et de 20 mètres d'ouverture, le développement de l'extrados a 60 centimètres de plus que celui de l'intrados ; le redressement est par conséquent impossible.

« Dans chaque ferme, trois grands triangles sont formés extérieurement à l'arc par les jambes de force, les arbalétriers, les aisseliers et la moise-entrait. Leur combinaison avec l'arc et les moises normales compose un réseau aussi invariable que le permet la flexibilité des bois et le jeu des assemblages ; mais dans ce système, et notamment dans la charpente du hangar de Marac, dont il s'agit ici, c'est principalement la raideur ou le ressort des arcs qui produit l'invariabilité de forme, et qui détruit entièrement la poussée sur les murs.

« Les feuilles ou madriers qui entrent dans la composition d'un arc ont 55 millimètres d'épaisseur, 13 centimètres de largeur et 12 à 13 mètres de longueur. Deux longueurs et demie, mises bout à bout, à joints carrés, suffisent au développement de l'arc. Les joints sont distribués de façon à ce que aucun joint d'une feuille ne réponde à un autre joint d'une feuille du même arc, et que tous soient couverts par les moises normales. Les feuilles ne peuvent avoir chacune que trois joints, le plus souvent elles n'en ont que deux ; ainsi il ne peut y avoir que dix à douze de ces joints dans un arc.

« Toutes les pièces des fermes ont 13 centimètres comme l'arc et les arbalétriers, excepté les jambes de force, dont l'épaisseur a été portée à 20 centimètres.

« Les fermes sont entretenues à la distance de 3 mètres, de milieu en milieu, par des moises-liernes horizontales, qui embrassent les moises n° 4, par le faîte et la moise sans faîte, et enfin par les pannes (1). »

Une charpente du même genre a été exécutée pour le manège de Libourne et a 21 mètres de largeur sur 48 mètres de longueur.

Une des plus grandes coupoles élevées en Allemagne dans les temps modernes (de 1822 à 1827) et selon le système des courbes

(1) *Description d'un nouveau système d'arcs pour les grandes charpentes, exécuté sur un bâtiment de 20 mètres de largeur*, etc., par A.-7 R. Émy, 1828, in-folio.

en planches, est celle de l'église catholique de Darmstadt, qui a un diamètre de 33 mètres 50 centimètres; Georges Moller en fut l'architecte. La fig. 253 indique la liaison longitudinale des courbes

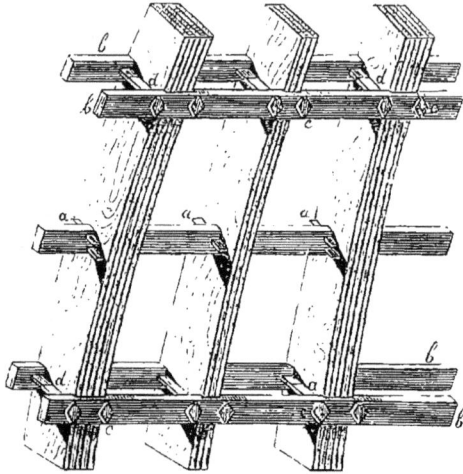

Fig. 253.

de ce dôme. Si Rondelet avait déjà proposé de substituer aux liernes de de l'Orme, qui traversaient les courbes, d'autres liernes non interrompues, entaillées à mi-bois et clouées au-dessus et au-dessous des planches, Moller double ces liernes entaillées, tout en conservant les liernes transversales.

L'adhésion des planches formant une courbure est d'abord effectuée au moyen de clous et ensuite de coins en bois de chêne *a*, *a*, chassés dans les liernes transversales. Les liernes jumelles *b*, *b*, sont maintenues et consolidées par des boulons à écrou *c*, *c*, posés en dessous des coins *d*, *d*, qui traversent les doubles liernes, ainsi que l'indique la fig. 254. Les trois autres détails de la fig. 254 donnent les plan, coupe et face latérale d'une

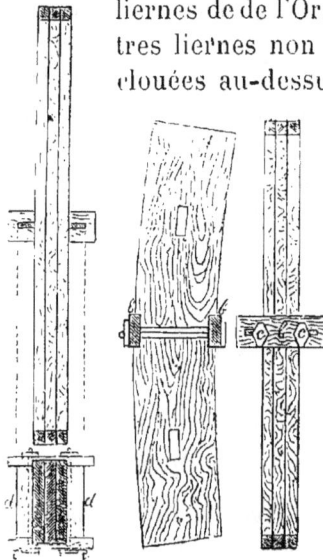

Fig. 254.

courbure intermédiaire, formée de trois planches seulement, tandis que les principales consistent en cinq planches.

Le comble le plus simple qui puisse recouvrir un espace circulaire est appelé conique (fig. 255). Sa base est ronde et son sommet est aigu, en pointe. Il est souvent pratiqué pour terminer des tours et des tourelles. Il se compose : 1° d'une plate-forme circulaire posée sur la maçonnerie du mur : quelquefois cette plate-forme est double, et alors ces deux plates-formes sont réunies par des blochets ou entre-toises; 2° d'un poinçon central et commun; 3° de quatre ou huit principaux chevrons en demi-fermes, assemblés par le haut dans le poinçon commun et par le bas dans la plate-forme circulaire; 4° de chevrons moins forts remplissant l'intervalle entre les principaux chevrons, et dont le nombre diminue en raison de la circonférence qui va en rétrécissant du bas en haut (vers la pointe, l'extrémité du poinçon suffit pour former le sommet du comble conique continué jusqu'à une certaine distance par les principaux chevrons qui se réunissent); 5° de faux entraits assemblés dans le poinçon, placés de deux en deux

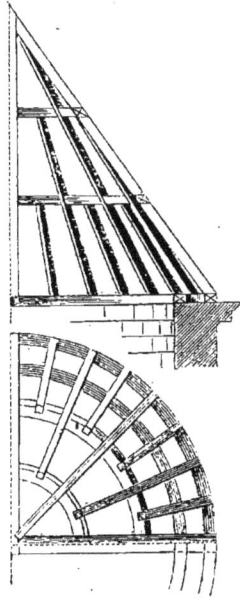

Fig. 255.

chevrons, et servant encore à renforcer ces derniers, dans le cas où ils ont trop de portée; 6° de liernes ou entre-toises circulaires, placées dans les intervalles que les chevrons laissent entre eux, et qui sont destinées à fixer l'extrémité supérieure d'autres chevrons de moindre longueur que les premiers. Ces liernes se posent à la hauteur où les chevrons sont éloignés de 50 en 50 centimètres les uns des autres : on en pose une ou deux, selon le plus ou le moins de hauteur du comble.

Pour répartir aussi également que possible les chevrons autour d'une surface conique, il faut partager le comble sur sa hauteur en un ou plusieurs rangs de liernes. L'usage et la solidité veulent que l'espacement des chevrons n'ait pas plus de 40 à 48 centimètres de milieu en milieu, tant au-dessus de chaque lierne que sur la plate-forme où se termine le comble par le bas. Pour fortifier le pied des chevrons, on pose des jambettes sur la plate-forme intérieure.

Tout ce que nous venons de dire pour un comble conique entier peut s'appliquer également à la moitié ou une partie d'un comble semblable, tel que le toit de l'abside d'une église, et en général à une partie de cône quelconque, régulier ou irrégulier, droit ou oblique.

Lorsque la base ou le plan du cône à former donne une autre courbe que le cercle, le moyen le plus simple et le plus expéditif est d'enlever le calibre sur l'épure, pour la tracer sur la pièce de bois. Les courbes représentant les arêtes des surfaces coniques, étant divisées en parties égales ou proportionnelles, donneront les points pour appliquer la règle et former les surfaces en abattant les parties triangulaires.

Des escaliers Les escaliers et leur main courante sont une partie essentielle et importante des ouvrages de bâtiment. Il faut apporter un soin tout particulier à leur position, à leur conception, ainsi qu'à leur exécution. De leur perfection dépendent la sécurité et la commodité des habitants d'une maison. On a généralement la mauvaise habitude de négliger de donner aux escaliers les dimensions indispensables pour les rendre convenables, et on a souvent vu des maisons où on les avait oubliés et où l'on s'est trouvé dans la nécessité soit de sacrifier une portion de l'intérieur, soit de les annexer à l'extérieur.

Il existe quelques principes généraux qui s'appliquent indistinctement à toutes sortes d'escaliers de quelques matériaux qu'ils soient exécutés. Le premier principe, c'est qu'une marche d'une certaine largeur ou giron doit avoir moins d'élévation qu'une marche dont la largeur est moindre; et cela par la raison bien claire que ce que l'homme perd en montant par une enjambée, il peut le regagner en n'étant pas obligé de lever trop fortement le pied. Il est donc d'usage de donner à une marche de 0m,30 de giron, 0m,13 environ de hauteur. Cependant pour les escaliers les plus habituels on donne aux marches de 0m,25 à

0^m,27 de giron ou de largeur et 0^m,16 d'élévation ou de hauteur.

Le second principe, quant aux dimensions, c'est que la hauteur doit invariablement être la même pour toutes les marches d'un même escalier.

Si pour les marches d'un escalier destiné aux maîtres de la maison on doit donner 0^m,16 de hauteur, pour les marches d'un escalier de service on peut leur donner jusqu'à 0^m,19; mais il est convenable de ne jamais dépasser cette hauteur, parce que des marches plus élevées deviennent de véritables casse-cou, surtout pour la descente : la jambe ne conserve plus assez de force d'équilibre et plie sous le poids du corps. On ne doit donc donner la hauteur de 0^m,19 aux marches d'escaliers que quand la place est trop restreinte et qu'on ne peut faire autrement.

Il ne faut pas dans un plan de maison, et surtout dans sa mise au net à l'échelle, laisser en *blanc* l'emplacement de l'escalier et dire simplement : c'est là qu'il sera. Il faut étudier les dimensions de cet emplacement, y tracer les marches, et voir s'il y a assez d'espace pour le développement de la quantité de marches nécessaires pour passer du rez-de-chaussée au premier étage et de celui-ci aux autres, etc.

On mesure toujours la largeur ou giron des marches *au milieu* de leur longueur, et jamais à aucune de leurs extrémités dont la largeur est très variable.

Le *palier* est un giron plus étendu que celui de la marche : c'est un repos observé aux angles ou pour mieux dire à chaque révolution d'escalier. Le palier interrompt les marches de l'escalier : il est quelquefois forcé, quelquefois arbitraire.

On nomme *rampe* ou *volée d'escalier* une suite non interrompue de marches d'un palier au palier suivant : on la fait d'ordinaire d'un nombre impair de marches, ou degrés. Pour qu'un escalier soit facile, commode et d'un bon usage, on doit employer trois marches, au moins, et vingt au plus.

La conception d'un bon escalier est une des parties les plus importantes et les plus difficiles du constructeur, et la construction d'un escalier irréprochable est également une des parties les plus importantes comme les plus difficiles de l'art de la charpente.

Chacun sait qu'il y a des escaliers de formes et de constructions diverses, et dont le constructeur doit connaître les différences et les noms.

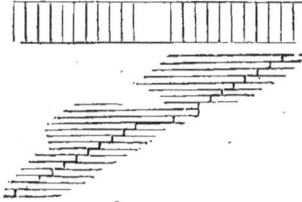

Fig. 256.

On distingue d'abord les escaliers à *rampe droite* et à *rampe circulaire.* Dans le premier les marches ou degrés sont parallèles, et l'on monte droit devant soi, sans se détourner à droite ni à gauche. Quand l'espace le permet, on emploie les escaliers à rampe droite, et il est d'usage de placer un palier vers le milieu de l'escalier. Supposons qu'on ait 22 marches, à la onzième on pratique un palier carré, c'est-à-dire aussi long que la largeur de l'escalier. Mais cette sorte d'escalier n'est pas gracieuse et ne doit être employée que dans les dépendances, comme magasins à foin, scellerie, greniers à grains, etc.

Les escaliers à deux rampes contraires sont ceux qui commencent par un palier, tournent soit à gauche, soit à droite et se terminent par un autre palier ou plancher d'un étage supérieur (fig. 257).

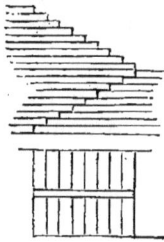

Fig. 257.

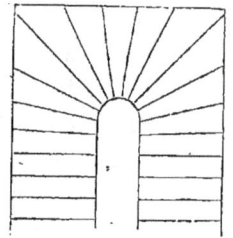

Fig. 258.

L'escalier à deux rampes contraires et à marches tournantes est celui qui a deux rampes comme les précédents, mais où les marches tournent en se continuant et remplacent le palier (fig. 258).

L'escalier à repos et d'un bel effet est celui dont les rampes sont droites et parallèles, formant des angles droits entre elles et terminées par des paliers carrés. On pratique cette sorte d'escalier dans les palais et les grandes maisons de ville et de campagne.

On a parmi les escaliers à rampe droite : 1° les escaliers à jour, dans lesquels on a laissé un vide entre les rampes; 2° les escaliers à quartiers tournants, dont les rencontres des limons de chaque rampe sont curvilignes ou circulaires; 3° les escaliers en biais, ou ceux qui n'ont point d'ouverture ou de vide (nommé aussi *puits*), et dont les rampes, la balustrade et l'élévation progressive, ainsi que les contours, retombent dans les mêmes plans.

Au nombre des escaliers à rampe circulaire, on place : 1° les escaliers *ronds*, dont les marches portent par un bout au mur de la cage et de l'autre au noyau du centre ; 2° les escaliers *ronds suspendus,* dont le limon du centre décrit une ligne en spirale, en laissant un jour au centre ; 3° les escaliers en *fer à cheval,* dont la rampe est un peu plus que semi-circulaire avec une rampe des deux côtés qui, en montant, se réunissent à un palier commun.

Les escaliers ronds ou circulaires sont ceux qui prennent le moins de place dans tous les escaliers connus : ce sont ceux qui sont employés dans les tours et tourelles de toutes nos églises du moyen âge. Quand on lui donne une largeur convenable, de 1^m,30 par exemple ou plus, qu'il est éclairé par des jours directs, cet escalier peut être parfaitement employé pour des maisons particulières ; mais mieux vaudrait encore adopter l'escalier rond suspendu qui est d'un effet plus élégant.

Nous avons déjà dit que le nombre de marches pour un escalier dépendait naturellement de la hauteur du dessus du plancher du bas au-dessus du plancher du haut : mais ce nombre dépend et peut dépendre encore de la forme et de la dimension de la cage de l'escalier. De cette dernière dépend particulièrement la hauteur des marches, et c'est d'après cette hauteur que peut être déterminée la largeur du giron. C'est pour cette raison qu'on ne peut pas toujours donner une proportion normale entre la hauteur de la marche et de son giron.

Mais dans les escaliers de luxe pratiqués dans de grandes habitations, où l'on ne vise pas précisément à l'économie, la largeur des marches ne devra jamais être moins de 0^m,304 ni jamais plus de 0^m,48.

Nous avons dit plus haut que cette proportion était généralement de 0,25 à 0,27 de largeur, sur 0,16 d'élévation. Toutefois, il nous reste maintenant à indiquer le nombre de degrés nécessaires pour nous faire parvenir d'un étage à un autre. La démonstration, quoique un peu abstraite, n'est cependant pas bien difficile à comprendre si l'on saisit bien notre raisonnement. Supposons que la distance ou hauteur du dessus d'un plancher au-dessus d'un autre soit de $4^m,64$, ou, ce qui revient au même, 464 centimètres. Nous disons qu'une marche doit avoir $0^m,16$, de hauteur ; par conséquent, sans nous inquiéter de la forme et de la longueur des marches, nous devons chercher combien de fois 16 il y a dans 464 ; divisant donc ce dernier nombre par 16, nous trouvons 29. Pour monter convenablement à un étage, placé à $4^m,64$ au-dessus d'un autre étage, il faut par conséquent construire un escalier ayant vingt-neuf marches de 16 centimètres de hauteur chacune. Maintenant, comme les marches doivent avoir 25 centimètres de giron ou de largeur, il s'ensuit qu'en mettant les 29 marches à la file les unes des autres, il faut $7^m,25$ pour ce qu'on nomme leur développement, car $29 \times 25 = 725$. Mais la profondeur d'une maison ordinaire n'est pas toujours assez considérable pour y trouver $7^m,25$ en droite ligne, et, de plus, un escalier à rampe droite n'est pas élégant ni commode, parce qu'en descendant on a devant soi un trop grand vide, ce qui le rend dangereux pour quelques personnes.

On a donc imaginé de faire tourner les escaliers et d'y pratiquer même quelquefois des repos, nommés paliers.

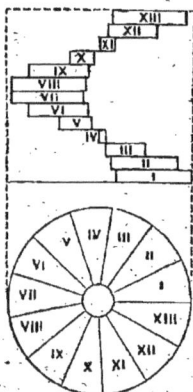

Fig. 259.

On a cherché le minimun de grandeur d'un espace dans lequel il serait possible d'établir un escalier circulaire, tournant sur lui-même comme une vis, et dont les marches auraient 16 centimètres de hauteur ou de pas, 32 centimètres de giron ou de largeur, 97 centimètres de longueur et $1^m,95$ d'échappée (hauteur pour passer au-dessous d'une rampe d'escalier) ; et on a trouvé treize marches dans une révolution ou dans un espace circulaire de $2^m,31$ de diamètre (fig. 259).

C'est parce que la place est souvent très bornée et que les points de départ et d'arrivée sont déterminés, qu'on est quelquefois obligé de donner aux escaliers des formes contournées, afin d'avoir de l'échappée, c'est-à-dire la facilité de pouvoir monter et descendre sans risquer de se heurter la tête contre le dessous des marches supérieures, lorsque l'escalier fait plus d'une révolution.

Les principales difficultés qui se rencontrent dans l'exécution des escaliers consistent dans la distribution des marches en plan, relativement aux points de départ et d'arrivée, surtout pour les escaliers de dégagement, dont la cage est souvent très bornée. Quel que soit le plan d'un escalier, il faut que la division des marches soit faite également sur une ligne qui passe par le milieu des rampes, qu'elles soient droites ou circulaires. Lorsqu'il y a des parties tournantes, leur division doit se faire sur un arc de cercle qui se raccorde avec le milieu des parties droites x, qui sont au delà des cercles inscrits au droit des marches tournantes (fig. 260).

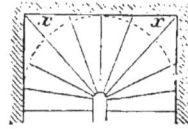

Fig. 260.

Tout escalier se compose : 1° d'un *limon*, pièce de bois rampante, qui soutient les marches du côté du vide; quelquefois d'un *faux limon*, pièce de charpente rampante posée contre le mur, laquelle ne reçoit pas le bout des marches comme le vrai limon, mais qui est découpée pour les porter en dessous et en appuyer les

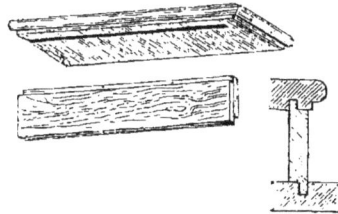

Fig. 261.

contre-marches; 2° de *marches*, pièces de bois sur lesquelles on pose le pied pour monter ou descendre; 3° de *contre-marches*, pièces de bois posées verticalement et qui font le devant de la marche. Dans un escalier en charpente les marches peuvent être pleines ou non. Dans le premier cas, chacune d'elles est formée d'un seul morceau de bois, profilé et taillé selon la disposition de l'escalier; dans le second cas, les marches sont simplement en planches (fig. 262), alternativement verticales et horizontales et assemblées à rainures et languettes. Les rainures se trouvent alors sur la marche et les languettes sur la contre-marche. On construit des escaliers à limon *continu*, qui peut être de

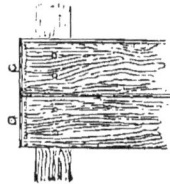

Fig. 262.

plusieurs morceaux dans son étendue rampante; les différentes parties de ce limon sont alors reliées entre elles par des plates-bandes en fer plat, entaillées de leur épaisseur et fixées à vis.

Pour faire cette sorte de limon il faut mettre le plus grand soin à choisir du bois de chêne bien sec. Sans cette précaution les rac-

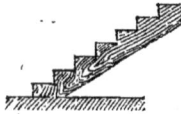

Fig. 263.

cords des pièces se disjoindraient, produiraient un mauvais effet et compromettraient même la solidité de l'escalier.

Dans ces escaliers à limon continu, les marches sont entaillées à crémaillère : le dessus de la marche se visse sur la partie horizontale du limon en crémaillère, la partie verticale de la crémaillère est coupée à onglet qui reçoit l'onglet de la contre-marche.

C'est ce genre d'escalier qu'on nomme *demi-anglais*.

La manière de construire un escalier dit à l'*anglaise* consiste à supprimer le limon, à faire les marches pleines et à recouvrement (avancement que fait une pièce de bois par-dessus le point où elle s'assemble avec une autre pièce), emboîtées l'une sur l'autre par un joint pendant. Dans ce cas il faut avoir soin de réunir les marches par des pièces de fer appelées clefs (fig. 264), entaillées dans les joints et serrées par-dessous au moyen des chevilles pour prévenir le relâchement des assemblages.

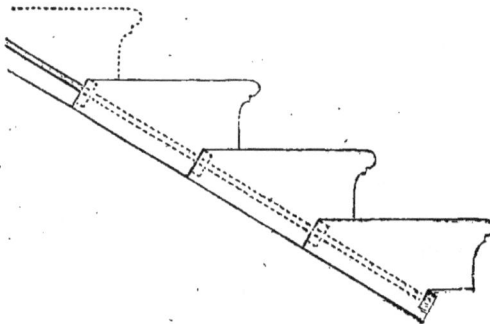

Fig. 264.

L'escalier à l'anglaise ne s'emploie guère que pour des escaliers de luxe, où la dépense vient en second ordre.

La forme circulaire ou elliptique de l'escalier est celle qui est le plus généralement adoptée pour les maisons particulières. Elle peut présenter des parties droites plus étendues. Quant au dessous des marches, il est d'usage de le plafonner sur lattis, comme les plafonds appliqués sur solives ; il est inutile de faire raboter et lisser tout ce qui est caché, une fois l'escalier terminé, comme le dessous des marches et la face intérieure des contre-marches : ils peuvent rester bruts.

Il faut encore apporter un soin tout particulier à ce qu'il n'y ait pas le moindre aubier, ni de nœuds et gerçures dans les bois qui constituent un escalier. Le ver se met dans l'aubier, les nœuds et gerçures sont un obstacle pour la bonne peinture et sont toujours d'un mauvais effet. Quand on a le soin de recommander au charpentier de choisir ses bois pour les escaliers, et de lui dire qu'on veut les laisser apparents, on peut se dispenser de les enduire de couleur et se contenter d'y passer plusieurs couches d'huile. Alors le bois reste naturel et est d'un aspect agréable.

Dans les rez-de-chaussée dallés, on a l'habitude de poser la première marche d'un escalier en pierre, afin de la garantir de l'humidité qui pourrait être produite par la dallage. Mais comme on élève beaucoup maintenant le sol des rez-de-chaussée, qu'on les parquette ou plancheie au lieu de les daller ou de les carreler, la première marche peut être en bois. Dans tous les cas elle sert de base au limon, et son extrémité est assez habituellement circulaire. La courbe ordinairement don-née à cette première marche est celle d'un demi-cercle ou d'une volute ou spirale. Toutefois son contour doit toujours être subordonné à l'emplacement de l'escalier.

On construit des escaliers droits dans des dépendances comme écuries, greniers à fourrages, etc. Cette sorte d'escaliers (fig. 265), très économique, qu'on peut établir en chêne ou en sapin, est

Fig. 265.

appelée *échelle de meunier*. Chaque marche n'est formée que d'une seule planche, assemblée dans les limons à tenon et à queue d'aronde avec entaille.

On se sert encore de l'échelle de meunier pour monter au grenier dans une maison d'habitation.

Quand une cage d'escalier forme un rectangle allongé, l'escalier se compose ordinairement de deux rampes droites jointes ensemble par des marches si l'on n'y pratique point des paliers. Il n'y a pas de difficulté pour le tracé de marches qui sont parallèles; il n'en est point ainsi des marches tournantes. Cette difficulté est cependant vaincue par un procédé très simple. Voici comment on s'y prendra :

Tirez d'abord une ligne droite *ab*, d'une longueur arbitraire ; faites-y autant de divisions égales qu'il doit y avoir de marches entre la marche (fig. 266) la plus large et la marche la plus étroite, *plus une*. Aux extrémités *a* et *b* de cette ligne élevez des perpendiculaires, soit *ac*, *bds*; donnez à l'une des perpendiculaires, à *ac*, pour longueur la plus grande largeur de marche, donnez à l'autre, *bd*, pour longueur, la moindre largeur de marche que vous aurez déterminée à volonté. Maintenant, si les points *c* et *d* sont joints par une ligne droite et que vous tiriez des perpendiculaires à la ligne *ab* par tous vos points de division, allant aboutir à la ligne *cd*, toutes vos perpendiculaires entre *ac* et *db*

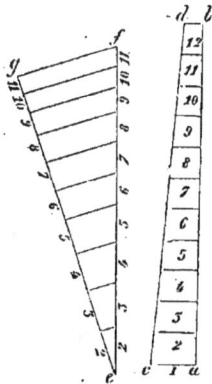

Fig. 266.

diminueront proportionnellement de grandeur. Les perpendiculaires qui se trouvent entre les deux perpendiculaires extrêmes *ac* et *db*, et qui sont indiquées par les nombres 2, 3, 4, etc., jusqu'à 10, doivent ensuite être rapportées sur une autre ligne *ef*, c'est-à-dire *ca* de *e* en *f*, et ainsi de suite. Du point *e* tirez une ligne *eg*, formant un angle arbitraire avec *ef ;* donnez pour longueur à cette ligne l'étendue du limon, y compris le développement de la partie circulaire jusqu'à la marche la plus étroite; soit cette longueur, *eg*. Du point *f* joignez les deux lignes *ef, eg* par une ligne droite, et tirez ensuite des parallèles à cette ligne *gf* par les points que vous avez précédemment reportés sur la ligne *ef*. Les points que vous donneront ces parallèles sur la ligne *eg* seront les points où vos marches dansantes devront aboutir au limon.

Pour faire ce raccordement proportionnel des marches droites avec les marches tournantes, on peut encore employer le moyen suivant, qui est également géométrique. Il consiste dans le développement des parties de limon droit et courbe qui répondent aux petites et aux grandes longueurs de marches. La hauteur des marches dans les parties droites étant la même, en traçant une ligne, suivant la direction de ces marches droites, cette ligne, lorsqu'elle arrive aux marches courbes, se trouve former un angle F : ayant fait F 6 égal à FG, on élève des points 6 et G, des lignes indéfinies perpendiculaires à la direction des rampes sur lesquelles ils se trouvent ; le point H, où ces perpendiculaires se rencontrent, sera le centre de l'arc qui doit former le raccordement de ces lignes de rampe (fig. 267).

Les lignes des hauteurs de marche, tracées sur ce développe-pement, donneront, par leur intersection avec la courbe de raccordement, les points 1, 2, 3, 4, 5 et 6, qui indiqueront la largeur du collet des marches contre les parties de limons droits et courbes. On aura ces largeurs progressives en abaissant les perpendiculaires 6 a, 5 b, 4 c, 3 d, 2 e, 1 f, qui donneront a 5, b 4, c 3, d 2, e 1 et f B, qu'on portera, dans le même ordre sur le plan à côté en 6, 5 ; 5, 4 ; 4, 3 ; 3, 2 ; 2, 1, 1, BA : de ces points et de ceux qui divisent la ligne tracée sur le milieu de la largeur des rampes, divisée en autant de parties égales qu'il doit y

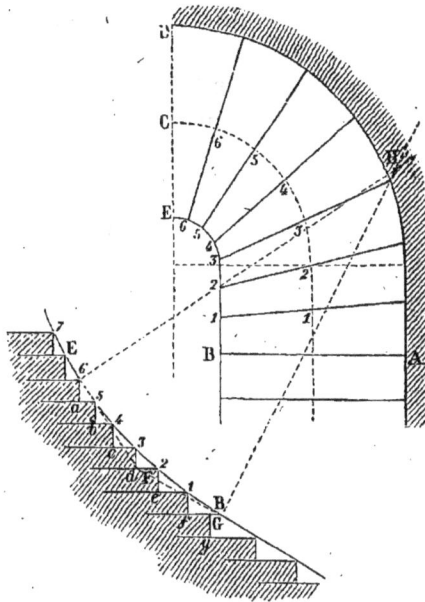

Fig. 267.

avoir de marches, on tirera des lignes qui exprimeront la direction et le devant de chacune d'elles.

Enfin, il y a encore une troisième manière de tracer un escalier tournant, à noyau évidé, représenté dans la fig. 268. De e en b il n'y a point de difficulté pour la division des marches. Dès que le point de centre de la courbe régulière du noyau évidé est déterminé, on trace ce noyau ainsi que la ligne

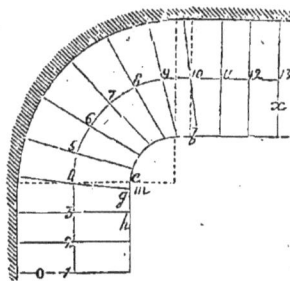

Fig. 268.

de foulée, ou ligne qui passe au milieu de la longueur des marches, depuis la ligne de départ *o* jusqu'à la ligne d'arrivée *x*. Les lignes d'emmarchement sont menées d'équerre sur la ligne de foulée depuis la première jusqu'à la quatrième marche, et depuis la dixième jusqu'à la treizième marche. Quant aux six autres marches, elles s'obtiennent en divisant d'abord la ligne *eb* en six parties égales.

Ayant fixé ainsi la direction de la cinquième et neuvième marche, pour ne pas brusquer le passage des marches droites aux marches dansantes, il faut chercher le milieu *g* entre le point *e* et le point *h*, puis le milieu *m* entre le point *e* et le point *g*. C'est par ce point *m* qu'on fait passer la quatrième ligne d'emmarchement. Une opération semblable sera faite pour la détermination de la ligne d'emmarchement de la dixième marche.

On appelle emmarchement l'assemblage d'une marche dans le *limon*, c'est-à-dire la quantité ou l'épaisseur dont une marche pénètre dans le limon pour s'y assembler.

La première marche d'un escalier, au rez-de-chaussée, est posée sur le sol. Quand la révolution de l'escalier qui conduit d'un étage à un autre est terminée, cette révolution aboutirait au vide si l'on ne prenait pas une disposition d'abord pour l'affermir, la consolider. A cet effet, on emploie ce qu'on nomme la *marche palière*, qui soutient la partie supérieure de l'escalier. Cette marche est une pièce de bois scellée dans le mur d'*échiffre* (mur rampant sur lequel portent les marches et la rampe d'un escalier) qui forme les deux côtés latéraux de la cage de l'escalier. Ces murs d'échiffre ne sont quelquefois formés qu'avec de simples cloisons en briques à plat, ou bien avec de simples pans de bois.

La marche palière doit former la dernière marche en montant et toujours être dans le niveau du plancher de l'étage auquel elle aboutit. Elle forme encore le support ou le pied, ou le départ de la révolution suivante, c'est-à-dire de la révolution qui conduit à un autre étage. C'est sur la marche palière que se posent la contre-marche et le limon de la première marche d'une autre révolution d'escalier, conduisant d'un étage à un autre. Il faut éviter de faire porter sur la marche palière les solives de remplissage qui doivent former le plancher, palier ou repos auquel aboutissent les marches formant une révolution.

Des cintres Comme la voûte est la couverture d'un espace vide quelconque, on comprendra qu'elle ne peut être exécutée sans une sorte de support. A cet effet, on emploie ce qu'on appelle des *cintres*, ouvrages en charpente qui servent à soutenir la maçonnerie des voûtes pendant leur construction, et jusqu'à ce que la pose de leurs *clefs* leur ait donné la faculté de se tenir seules. Les cintres sont donc à ce point de vue de véritables échafauds; mais ils ne sont que des étais lorsqu'on les établit sous de vieilles voûtes qu'il s'agit de réparer ou de démolir avec précaution, soit pour prévenir les accidents qui pourraient arriver aux ouvriers, soit pour ménager les matériaux, qui se dégraderaient dans leur chute.

L'objet des cintres est donc de maintenir les voussoirs immobiles après leur pose, jusqu'à ce que la voûte qu'ils doivent former par leur réunion puisse être abandonnée à elle-même.

Il est facile de comprendre que les cintres varient en forme et en importance selon les travaux auxquels ils sont employés. Dans tous les cas, il faut qu'ils soient construits avec soin et exactitude.

Les cintres destinés à l'exécution des voûtes ont de l'analogie avec les fermes employées dans la charpente des combles; seulement les fermes sont à demeure, tandis que les cintres ne sont que temporaires.

Le cintre pour une voûte en berceau est formé d'une *entrait a*, pièce horizontale posée à la hauteur de la naissance de la voûte et dont l'objet est de porter les autres pièces de bois du cintre; d'un *poinçon b*, pièce de bois solide posée verticalement au milieu de l'entrait; de deux *fiches c, c*, pièces biaises, assemblées dans l'entrait, au pied du poinçon; de *courbes d, d, d, d*, faisant l'office d'arbalétriers et destinées à recevoir les *madriers* ou *couchis e, e*. L'entrait *a* est soutenu par trois poteaux *f* dont la hauteur est déterminée par l'élévation de la cave, du sol à la naissance de la voûte; un de ces trois poteaux se place au milieu de l'entrait pour aider à supporter le poinçon, et

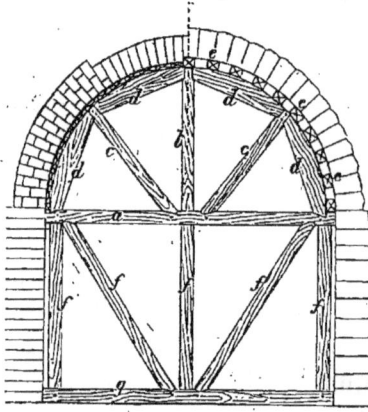

Fig. 269.

les deux autres se placent contre les murs de retombée pour maintenir l'entrait à ses deux extrémités. Ces poteaux sont posés et assemblés sur une autre pièce de charpente *g*, nommée *sablière*, et qu'on établit bien de niveau sur le sol de l'espace à voûter.

On incline quelquefois les deux poteaux d'extrémité sous l'entrait; alors, dans cette position biaise, ainsi que l'indique la figure, ils prennent le nom de jambes de force.

Pour une voûte au delà d'une dimension moyenne, le cintre doit être plus solide et se complique par conséquent. Au lieu seulement de deux fiches, on y ajoute des contre-fiches *d*, côté droit de la figure 271.

Dans la construction d'une suite d'arcades on se sert de cintres avec deux arbalétriers *e*, sur lesquels on pose le pied des fiches et des contre-fiches; il est entendu que les poteaux soutiendront l'entrait, comme dans les exemples précédents. Voyez le côté gauche de la fig. 271.

Fig. 270.

S'il s'agit d'une voûte surbaissée ou en anse de panier, on se servira du principe suivi dans la fig. 270 en allongeant la courbe, en se servant de fiches et de contre-fiches. On placera sous les contre-fiches des jambes de force, destinées à soulager l'entrait.

Les différents genres de cintres dont nous venons de parler, et qui s'appuient sur un certain nombre de supports posés sous l'entrait, s'appellent cintres *fixes*. Il y a un autre genre de cintres, nommés *retroussés*, parce qu'ils n'ont de points d'appui qu'à

leurs extrémités ou à la naissance de
la voûte ; on emploie principalement
des cintres retroussés pour la construction des ponts et des voûtes de
grande étendue.

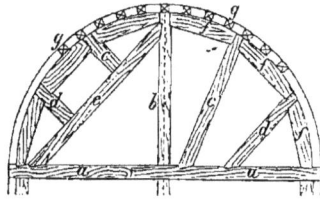

Fig. 271.

On se sert souvent pour les courbes
de deux ou trois planches clouées ou
chevillées ensemble et auxquelles on
fait suivre à l'extérieur la courbure de l'intrados de la voûte
à construire. Mais les courbes
de ce genre ne peuvent être employées que pour les voûtes légères et de peu d'étendue. Il en
est des joints de cet assemblage
de planches, comme de ceux des
joints des voussoirs : il faut
qu'ils soient perpendiculaires à la surface de la voûte, afin d'avoir
toute la solidité désirable (fig. 272).

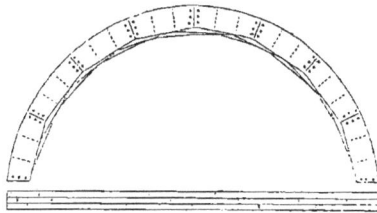

Fig. 272.

Il y a trois choses principales à observer dans les cintres :
1° Il faut que les cintres aient une force suffisante pour prévenir
tout dérangement ou tassement pendant la construction de la
voûte ; 2° il faut ménager les moyens de donner du jeu aux
cintres ou de pouvoir les baisser graduellement au-dessous d'une
partie quelconque de l'arc ou de la voûte ; 3° comme la construction des cintres demande généralement une assez grande
quantité de bois de charpente, employée seulement à un usage
temporaire, il faut éviter avec soin tout ce qui pourrait sans nécessité détériorer les pièces de charpente formant les cintres, afin
de diminuer le moins possible leur valeur et qu'on puisse encore
en tirer parti dans la suite.

Le choix des bois pour les cintres n'est pas indifférent ; ils
peuvent être neufs ou vieux ; la distinction doit en être faite dans
le mémoire, et il est bon de s'assurer quel est le genre de bois
employé avant que la construction de l'arc ou de la voûte soit
commencée. En France, on a l'habitude de construire les cintres
en bois de chêne et de prendre du bois blanc ou de sapin pour

les couchis. Pour les cintres de petites dimensions on emploie le sapin en Angleterre et en Allemagne.

Comme l'ellipse se rencontre fréquemment dans l'intersection des voûtes en berceau, nous allons donner la manière de la tracer.

Cette figure, courbe fermée, est une des plus remarquables de son genre; sa forme n'est point arbitraire, c'est pourquoi aussi elle est comptée au nombre des courbes régulières. Les planètes et leurs satellites ou lunes opèrent leur rotation en forme elliptique, et l'ellipse, quelle que soit sa dimension, présente l'apparence la plus solide pour les voûtes.

L'ellipse peut être considérée comme le résultat de la section oblique d'un cylindre.

Nous avons déjà précédemment indiqué une méthode pour tracer l'ellipse, page 205 : mais cette méthode n'est bonne que pour faire des études sur le papier, et elle serait d'une trop grande difficulté dans l'application pratique des travaux. Voici donc une autre méthode pour le tracé des ellipses qui peuvent servir à l'épure des voûtes et de leurs cintres.

C'est la meilleure et la plus simple des méthodes pour tracer l'ellipse; elle consiste à en trouver le contour au moyen de deux foyers.

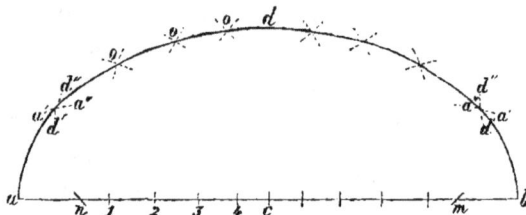

Fig. 273.

Tirez une ligne horizontale, reportez-y la longueur que doit avoir l'ellipse, soit ab. Au milieu de ab élevez une perpendiculaire cd, reportez-y la moitié de la largeur que doit avoir l'ellipse. Il s'agit ensuite de déterminer les foyers mn. Prenez la longueur cb comme rayon, et du point d comme centre faites à droite et à gauche deux petites sections sur le grand axe ab, aux points m, n : ces points seront les foyers qui vont servir pour continuer l'opération. Divisez comme vous l'entendrez le grand axe entre les foyers, en n'importe combien de parties, ainsi que l'indique la fig. 273, par les nombres 1, 2, 3, 4; prenez la distance de a en 1 comme rayon, et des foyers, comme points de centre, décrivez les sections a' a'' : prenez ensuite b 1 sur le grand axe, et des foyers m, n, comme points de centre, décrivez les sections d' d'' en coupant les sections a' a''. Prenez successivement a 2, a 3, a 4, b 2, b 3, b 4, et opérez avec ces rayons comme vous l'avez fait avec les rayons a 1, b 1. Plus vous aurez divisé le grand axe ab en un grand nombre de parties, plus vous aurez aussi tout naturellement de points indiqués pour faire passer la courbe de l'ellipse.

Une des principales propriétés des foyers consiste en ce que la somme des lignes tirées d'un point quelconque de la courbe à chacun des foyers est toujours égale à la longueur du grand axe ; de sorte que mo ajouté à on représentera la même longueur que ab.

C'est sur cette propriété de l'ellipse qu'est fondée la manière de tracer l'ovale du jardinier, avec un cordeau et deux piquets. On place ces piquets aux foyers, et on y attache les deux bouts d'un cordeau dont la longueur doit être égale au grand axe ; ensuite, avec une pointe ou un autre piquet, mis dans le pli du cordeau, on trace également la courbe en observant de tenir le cordeau toujours tendu. Par ce moyen on obtient une ellipse véritable. Mais cette pratique n'est suffisante que pour les opérations de jardinage, et elle n'offre pas assez de précision pour le tracé des épures. C'est pourquoi la manière de déterminer cette courbe par un nombre indéterminé de points est préférable.

Des étaiements On nomme étaiement la combinaison de plusieurs pièces de bois de charpente servant à supporter une partie de bâtiment qui menace ruine, ou qui est destinée à maintenir dans un état normal des portions de construction auxquelles on veut apporter des modifications. On se sert d'étaiements quand on veut pratiquer une baie de fenêtre ou de porte dans un mur existant, ou établir une porte cochère en supprimant un trumeau qui se trouve au rez-de-chaussée.

Les pièces de bois de l'étaiement servent encore temporairement d'appui aux parties supérieures d'un bâtiment, dans le cas où l'on a l'intention de reprendre certains murs ou une partie quelconque de mur en sous-œuvre quand il menace ruine. Enfin l'étaiement sert de point d'appui à des portions de maçonnerie au-dessous desquelles on veut supprimer celles qui existent pour les remplacer par un poitrail ou par une poutre armée.

Les étaiements sont principalement employés pour les remaniements de vieux bâtiments, pour y pratiquer de nouvelles distributions, y faire des additions ou des soustractions. Mais c'est surtout quand on veut faire un rempiètement ou reprise de maçonnerie en sous-œuvre qu'il faut employer les étaiements.

L'étaiement, pour être fait convenablement, demande quelque expérience; si cette opération n'est pas faite à propos et d'une manière pratique, elle contribue plus à la ruine d'un bâtiment qu'à son soutien. Comme les exemples peuvent varier à l'infini, il est impossible de prescrire aucune règle fixe à cet égard. Toute la science consiste à combiner les étaiements de façon à ce qu'ils soutiennent les parties qui sont en mauvais état, sans altérer la solidité des autres.

S'il s'agit d'étayer un mur de face pour soutenir un trumeau

Fig. 274.

qui sépare deux fenêtres, afin de former en dessous une baie quelconque, une porte cochère par exemple, en supprimant une partie de maçonnerie qui se trouve au rez-de-chaussée, on commencera par appliquer des pièces de charpente verticales le long des jambages ou côtés latéraux des fenêtres des étages qui sont au-dessus ; ces pièces sont nommées *plates-formes* ou *couchis, aa.* Ensuite on posera des pièces biaises *bb*, nommées *étrésillons* en travers, inclinées alternativement en sens contraire. Enfin, on soutient la partie du trumeau conservée au moyen d'une forte pièce de bois *c*, appelée *poitrail*, et que l'on pose sur les jambages conservés des fenêtres supprimées au rez-de-chaussée.

La pose de ce poitrail se fait de la manière suivante. Sur les jambages conservés des fenêtres supprimées au rez-de-chaussée, on place des étais appelés *chevalements,* parce qu'ils ressemblent à de grands chevalets. Ces chevalements sont composés d'*étais dd* inclinés en sens contraire, qui supportent une forte pièce de bois *e* nommée *chapeau.* Le pied de ces étais est coupé en biseau des deux côtés, et afin que ce biseau porte dans toute son épaisseur sur la sablière, on y pratique des coins. Par le haut ces étais inclinés sont arrêtés contre la pièce qui traverse le mur, au moyen d'entailles pratiquées dans ces étais.

Quand les fenêtres supérieures sont étayées avec les couchis ou plates-formes et les étrésillons, on procède à la pose des chapeaux ou pièces qui traversent le mur ; à cet effet on fait des trous dans la maçonnerie assez grands pour y lancer les chapeaux. Après avoir posé sur le sol les sablières, on établit dessus les étais inclinés. Alors on dégage la maçonnerie et on commence l'opération de la pose du poitrail. Le chevalement doit naturellement rester en place jusqu'à ce que la maçonnerie de raccord soit entièrement terminée.

Quand il s'agit de la reprise en sous-œuvre d'un mur ou d'une simple restauration, on se sert pour l'étayer de ce que l'on nomme *étançons.* L'étançon est une poutre de bois de moyenne grosseur, appuyée avec une petite inclinaison d'une part sur le sol, et de l'autre encastrée dans le mur. Pour plus de réussite on pose un étançon de chaque côté du mur en danger de tomber. Le pied des étançons doit poser sur des madriers, afin de répartir leur action

sur une grande superficie. Ce pied ou extrémité inférieure de l'é-
tançon sera coupé en biseau peu sensible et raidi fortement par
un coin chassé dessous à coups de masse.

Dans le cas où l'on aurait un mur de refend à soutenir, on posera à une certaine distance du mur une pièce de charpente, un
bout de poutre d'environ 1ᵐ,50 de longueur. Sur cette poutre sera
placée une sablière inclinée vers le mur et de façon à former un
angle droit avec la contre-fiche, dont l'extrémité inférieure sera
coupée en biseau des deux côtés et raidie par un coin chassé dessous à coups de masse.

Lorsqu'il s'agira de la réparation d'un cintre ou de la reprise
en sous-œuvre de ses pieds-droits, on se servira de l'étaiement
suivant, qui se compose de quatre étais *g*, *g*, portés sur une sablière *b*, d'un entrait *a*, huit fiches en poitrail *c* et *d*, de quatre
couchis *ee*, de diverses cales *f,f*. Nous ferons remarquer que le

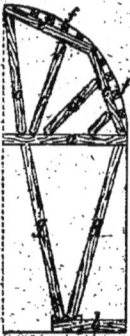
Fig. 275.

nombre et la grandeur de ces diverses pièces ne sont
point limités, et qu'ils peuvent varier suivant les besoins, l'apparence ou forme de la voûte, et le plus ou
le moins d'importance de l'étaiement.

Nous n'avons donné ici que la moitié de cet étaiement, l'autre côté de gauche étant en tout semblable.

Quand il s'agit d'étayer un plancher afin de reconstruire le mur qui le supporte, on posera sur le sol
des sablières d'équerre sur les solives ou en travers
des solives : sur ces sablières on placera des étais qui
supporteront un chapeau placé parallèlement et
verticalement au-dessus des sablières. Le pied des
étais sera coupé en biseau des deux côtés et raidi par un coin
chassé à la pince pour ne pas causer d'ébranlements. Le coin en
question sera fixé avec des clous sur la sablière, afin de ne pas
s'échapper.

Fig. 276.

Quand un mur de face ou de refend est à
reconstruire dans toute sa hauteur, il faut que
tous les planchers soient étayés. Il faut aussi
prendre un soin tout particulier pour que
tous les étais soient placés immédiatement
les uns au-dessus des autres, avec des cou-

chis ou sablières par le bas et des chapeaux par le haut.

Pour étayer les terres d'une tranchée, on pose horizontalement contre les parois de terre de la tranchée des couchis en planches, sur lesquelles on appuie des couchis debout maintenus de distance en distance par des étrésillons, inclinés alternativement en sens contraire.

CHAPITRE VI

Menuiserie La menuiserie est une des parties les plus importantes de la construction, car elle est l'art de travailler des bois de diverses natures et de qualités différentes, de les assembler, d'en former une quantité d'ouvrages aussi utiles que décoratifs. Elle exige un travail soigné et par conséquent des ouvriers habiles, ainsi que des bois d'une belle nature.

La menuiserie se divise en deux parties distinctes. Tous les ouvrages appliqués aux murs, voûtes, plafonds et planchers des édifices et maisons particulières, sont compris dans ce que l'on nomme *menuiserie dormante*. On comprend généralement sous cette dénomination tous les travaux fixes exécutés par les procédés de cet art.

Dans la seconde partie, on range tous les ouvrages de menuiserie destinés à clore à volonté les baies et issues pratiquées dans les murs des constructions, pour y donner accès ou pour y laisser pénétrer l'air et la lumière. Ces ouvrages sont connus des architectes et des constructeurs sous le nom de *menuiserie mobile*. Il faut avoir soin de ne pas confondre ces deux espèces d'ouvrages.

Plus on remonte du midi au nord, plus aussi la menuiserie devient abondante et compliquée; cela se comprend en tenant compte des intempéries de l'atmosphère et de la nécessité de vivre, par conséquent, plus longtemps dans les maisons dans les climats du nord que dans ceux du midi, où la vie est en grande partie passée en plein air.

Dans nos régions septentrionales, la menuiserie est devenue un puissant moyen d'assainissement pour nos habitations, et l'on en tire également un grand parti pour leurs décorations.

Les principaux bois employés dans la menuiserie sont le chêne tendre et dur et le sapin. On se sert cependant aussi, pour certains ouvrages, du châtaignier, du hêtre, du peuplier et du noyer. Le chêne employé dans la menuiserie est presque le seul bois qui exige un choix tout particulier. La qualité du bois est en raison du sol qui l'a produit. Le *bois français* ou *bois du pays*, qui est tiré du Bourbonnais, est à la vérité dur, mais il est aussi noueux, rebours, et difficile à travailler; sa couleur est d'un gris pâle; il est sujet à se tourmenter et ne doit être employé, dans la menuiserie, qu'à des ouvrages grossiers et qui ne demandent que de la solidité. Il ne doit jamais, sous aucun prétexte, être employé pour faire des panneaux qui se fendraient ou se *coffineraient*, c'est-à-dire qui se tourmenteraient et se gauchiraient.

L'autre chêne de pays, tiré de la Champagne, est plus tendre et moins noueux que le précédent; il est d'une couleur jaunâtre et peut être employé à des panneaux lorsqu'il est bien sec, et après qu'il aura été refendu en planches ou *voliges*, et qu'il aura été exposé pendant quelque temps à l'air.

La Lorraine ou les Vosges fournissent le chêne tendre : à l'opposé des précédents, il est presque sans nœuds ni *galles* (petites excroissances et boursouflures formées par des insectes qui pour s'y loger endommagent la surface du bois, sans pour cela le mettre hors de service). La couleur de ce bois est très belle, le plus tendre est d'un jaune clair parsemé de taches rouges. Ce dernier ne doit s'employer que pour les panneaux et les ouvrages de sculpture, jamais pour les pièces d'assemblage; car étant très gras, comme on dit, ses fils trop courts l'exposent à se rompre.

Le chêne dit de Fontainebleau tient le milieu entre le bois français et le bois des Vosges, dit aussi de Hollande; il est moins dur que le premier et moins tendre que le second; il est excellent pour l'assemblage ainsi que pour les moulures. Il se travaille facilement, prend mieux le poli que le bois des Vosges qui, étant trop gras, a ses pores très ouverts et reste toujours rude, quelle que soit la précaution prise en le travaillant. Mais le bois de Fontainebleau est sujet à être piqué par une espèce de ver qui y fait des trous de la grosseur d'un doigt sur 13 à 17 centimètres de longueur et même plus, qu'on n'aperçoit quelquefois que lorsque l'ouvrage est presque terminé. Il se fend aussi par le milieu, n'est propre que pour les bâtis et presque jamais pour les panneaux. Sa couleur est très belle et un peu plus foncée que celle du bois des Vosges; son grain aussi est plus serré et ses pores moins ouverts.

Mais le plus beau bois de chêne pour la menuiserie est celui dit du *Nord* et qui nous vient de Russie. Il est dur, sans nœuds ni gerçures, d'une couleur jaune tirant un peu sur le gris, et est propre aux assemblages comme aux panneaux, surtout quand il est bien sec.

Le sapin est, comme le chêne, propre aux ouvrages de menuiserie; mais il en existe de diverses qualités. Les sapins qu'on emploie à Paris, dans ses environs et encore dans d'autres parties de la France, sont principalement tirés de l'Auvergne et des Vosges : le premier a beaucoup de nœuds et se travaille avec difficulté, le second en a moins et est plus uni; mais ces deux espèces de sapins sont altérées par les saignées qu'on y pratique afin d'en extraire le corps résineux. Elles sont par conséquent sujettes à s'échauffer et à être attaquées par les vers. Il faut donc avoir soin de ne les employer qu'à de légers ouvrages, tels que cloisons, petites portes ou tablettes. Les autres ouvrages exécutés en sapin d'Auvergne ou des Vosges coûteraient trop cher, attendu leur peu de durée et leur mauvais usage. On peut cependant parvenir à les garantir d'une destruction trop prompte en leur donnant une ou deux couches de peinture à l'huile.

Il n'en est point ainsi du bois de sapin dit du *Nord*, qui vient depuis une trentaine d'années de Suède, de Norvège et de Russie. Il est aussi connu sous le nom de *sapin rouge*. Il est d'une excellente qualité; il a non-seulement une solidité presque égale à celle du chêne, mais il est encore d'une couleur plus agréable et a des veines nuancées qui sont d'un bel effet, avantage qui lui permet, plus qu'à tout autre bois indigène, d'être employé sans le secours de la peinture. On peut se contenter de lui donner une couche d'huile sans couleur, ou simplement un vernis. Le sapin du Nord se travaille au moins aussi bien que les chênes français et pèse beaucoup moins. Sa durée est considérable, parce que, avant d'être coupé, on n'en a pas extrait la résine, comme il est d'usage de le faire pour ceux d'Auvergne et de Lorraine.

La preuve de l'excellente qualité du sapin du Nord, c'est qu'il est employé dans une grande partie de l'Allemagne et en Angleterre pour la charpente des planchers et celle des combles. Il convient cependant de ne pas l'exposer aux variations trop violentes de l'humidité et de la sécheresse. Nous avons souvent vu dans le nord de l'Europe des perrons en bois de sapin qui avaient au delà d'un demi-siècle d'existence, dont les crémaillères posaient à leur pied sur des dés en pierre ou maçonnés en brique. On a eu soin d'enduire de plusieurs couches de bon goudron les faces non apparentes et surtout celles qui posent sur les dés. Les perrons en bois de sapin peuvent être employés pour les maisons de campagne et offriraient une grande économie. Il convient de leur donner plusieurs couches de peinture à l'huile et de les bien entretenir en bouchant les gerçures qui pourraient se produire par la chaleur du soleil. On devrait aussi tous les deux ans les couvrir d'une nouvelle couche de peinture.

Le peuplier est un bois dont on fait un grand usage dans la menuiserie. Le peuplier blanc et le grisard ou grisaille, dit *de Hollande*, s'emploient beaucoup à Paris et dans les environs. Quand ces bois sont bien secs et bien choisis, ils sont quelquefois préférés au sapin, et plus particulièrement le grisard. Leurs pores sont plus serrés, et on les travaille en général avec plus de propreté et de solidité. On en forme de belles boiseries qui ont une longue durée si on ne les place pas dans les lieux humides. Le peuplier reçoit un beau poli qui manque toutefois d'éclat.

On fait moins cas du peuplier d'Italie que des autres espèces de cet arbre, parce que sa contexture est spongieuse et qu'il pourrit facilement.

Le bois de noyer est plein, liant, ondulé, d'une dureté moyenne et facile à travailler; c'est un des plus beaux et des meilleurs bois de l'Europe. Dans les contrées où le bois de noyer n'atteint pas à un prix trop élevé, les menuisiers en font usage pour les lambris et surtout pour les meubles. On peut faire des assemblages en noyer pour portes d'appartements avec panneaux en sapin du Nord, le tout couvert d'une couche d'huile simple et d'un vernis, ce qui fait une menuiserie riche et agréable à la vue.

Le bois de châtaignier est dur et compacte, très propre aux ouvrages de menuiserie : sa couleur approche de celle du bois de chêne, mais il est moins résistant, et, lorsqu'il est vieux, il devient cassant et sujet à se fendre.

L'orme est un bois plein, ferme, liant, facile à travailler, mais il est sujet à se tourmenter. On en fait peu usage pour cette raison : il est cependant très propre à faire des pièces cintrées. Le bois d'orme est bien nuancé et tout pointillé. Il ne prend que difficilement le poli, mais bien le vernis. Si un tenon de bois dur et qui ne fléchit point est chassé à grands coups de marteau dans une mortaise taillée dans du bois d'orme, les fibres de celui-ci, forcées de céder à l'impulsion, réagissent alors contre le tenon, en le serrant ensuite comme dans un étau.

Les différents bois employés dans la menuiserie doivent être parfaitement *sains* et *secs*. Ils doivent être débités dans le droit fil, sans aubier, sans nœuds vicieux, sans *malandres* (veines, blanches ou rouges, qui tendent à la pourriture), sans *gélivures* (fentes causées par les fortes gelées), sans *roulures* (défaut de liaison qui se trouve entre la sève d'une année avec celle de la précédente, de sorte que le bois se sépare de lui-même), sans piqûres de vers rongeurs ni aucune pourriture.

On comprend encore dans le nombre des défauts des bois les galles et les fistules. La fistule est la trace que l'on rencontre quelquefois des coups d'outils, tels que les haches, les cognées, etc., etc.

On appelle *bois d'échantillon* les bois débités dans les dimensions appropriées aux diverses exigences de la menuiserie. Ces bois prennent divers noms particuliers selon la forme qu'ils ont reçue, ou selon l'usage auquel ils sont spécialement destinés.

Ce sont surtout le chêne, le sapin et le peuplier qui se trouvent dans le commerce préparés d'avance, et nous donnons ici les noms et les dimensions de tous les morceaux ou pièces qui sont débités dans ces trois espèces d'arbres.

Bois de chêne — Les *battants de porte cochère* sont les plus grands bois de l'essence de chêne; on les trouve par morceaux de 4 mètres sur 0ᵐ,32 à 30 de largeur et 0ᵐ,10 d'épaisseur.

La *membrure*, destinée à former les bâtis de la plus forte menuiserie, tels que battants, montants et traverses, se trouve par morceaux de 1ᵐ,95, 2ᵐ,27, 2ᵐ,92, 3ᵐ,90, 4ᵐ,25 sur une largeur de 0ᵐ,16 et une épaisseur de 0ᵐ,081.

Les *chevrons*, destinés à des ouvrages du même genre que la membrure, portent la même longueur, quelquefois plus, sur 0ᵐ,081 et rarement 0ᵐ,095 de largeur sur 0ᵐ,081 d'épaisseur.

La *doublette*, qui s'emploie pour les bâtis de moindres dimensions, se trouve, comme toutes les planches de chêne, par longueurs de 1ᵐ,95, 2ᵐ,27, 2ᵐ,60, 2ᵐ,92, 3ᵐ,25, 3ᵐ,90 sur 0ᵐ,650 à 0ᵐ,657 d'épaisseur et 0ᵐ,298 ou 0ᵐ,325 de largeur.

On classe sous le nom de *planches* toutes les feuilles qui ont de 0ᵐ,034 à 0ᵐ,038 d'épaisseur sur 0ᵐ,244 à 0ᵐ,258 de largeur, sur les mêmes longueurs de la doublette.

Les *entrevoux* sont des planches de 0ᵐ,298 à 0ᵐ,325 d'épaisseur sur mêmes largeurs et longueurs que les précédentes.

Le *panneau* est une planche de 0ᵐ,018 à 0ᵐ,020 d'épaisseur, sur les mêmes largeurs et longueurs que celles qui précèdent.

Le *feuillet* ne porte que 0ᵐ,011 à 0ᵐ,014 d'épaisseur, sur les mêmes largeurs et longueurs que les planches.

Enfin, le *merrain* a 1ᵐ,30 à 1ᵐ,46 de longueur sur 0ᵐ,034, 0ᵐ,041, 0ᵐ,047 d'épaisseur et de 0ᵐ,135 à 0ᵐ,165 de largeur.

Bois de sapin — L'échantillon le plus fort du bois de sapin est nommé *madrier;* il porte de 3ᵐ,57 à 3ᵐ,90 de longueur sur 0,33 de largeur et 0ᵐ,054 à 0ᵐ,061 d'épaisseur.

A la suite du madrier il y a encore des planches de sapin de 0ᵐ,041 à 0ᵐ,047 d'épaisseur.

Les *sapins de forte qualité*, tirés d'Auvergne, ont toujours 0^m,034 d'épaisseur sur 3^m,90 de longueur et 0^m,33 de largeur.

Les *sapins ordinaires* qui viennent de Lorraine ont 0^m,025 à 0^m,027 d'épaisseur, 3^m,57 à 3^m,90 de longueur, de 0^m,217, 0^m,271 et 0^m,325 de largeur.

Le *feuillet de sapin* porte 0^m,016 à 0^m,018 d'épaisseur; il a tantôt 0^m,217, 0^m,271, 0^m,325 de largeur et 3^m,57 à 3^m,90 de longueur.

On emploie aussi dans la menuiserie du sapin dit *de bateau*, qui provient du déchirage des bateaux qui apportent des marchandises et qu'au lieu de faire remonter les cours d'eau on déchire sur place. On emploie ce sapin pour cloisons de distribution, hourdées ou recouvertes en plâtre. On utilise souvent le plus beau comme bois neuf, pour tablettes, cloisons et même quelquefois pour planchers économiques. Les bordages des bateaux en question sont des planches, qui portent jusqu'à 19^m,50 de longueur sur 0^m,487 au plus de largeur et 0^m,068 d'épaisseur. On tire des bordages, appelés *plats-bords*, des chevrons qui se débitent à 0^m,088 de largeur et qui portent de 0^m,054 à 0^m,067 d'épaisseur. Ces plats-bords s'emploient aussi en planches entières pour divers ouvrages qui exigent de fortes dimensions en longueur.

Bois de peuplier Ce bois se débite d'ordinaire en deux échantillons : 1° en *voliges*, 2° en *planches*. Les premières ont 0^m,014 à 0^m,016 d'épaisseur, sur environ 0^m,217 de largeur; les secondes ont 0^m,027 d'épaisseur et portent de 0^m,229 a 0^m,243 de largeur.

Il résulte des observations nombreuses faites sur les effets occasionnés dans les bois par les variations de température que, dans la menuiserie, la tendance naturelle des bois refendus à se courber dans le sens de leur largeur, et la variabilité de leur volume, sont deux grands obstacles que cet art doit sans cesse avoir en vue de surmonter dans ses ouvrages.

Une règle de sapin bien sec, de 12^m,30 de longueur, exposée alternativement à l'humidité et à la sécheresse, n'a varié dans ce sens que de 0^m,00112, et une pareille en chêne de 0,00188. Les mêmes règles, exposées au soleil après avoir été mouillées, ont varié, savoir, celle en chêne de $0^m,00282$ et celle en sapin de $0^m,001592$; ce qui donne dans le premier cas $\frac{1}{10944}$ pour la variation que peut éprouver en longueur le bois de sapin, et $\frac{1}{6656}$ pour celle du bois de chêne, employés l'un et l'autre à l'intérieur ; et dans le second cas $\frac{1}{4377}$ pour le bois de chêne exposé à l'extérieur, et pour le sapin, à même exposition, $\frac{1}{9120}$.

Quant à la variation dont le bois de sapin est susceptible dans le sens de sa largeur, elle va de $\frac{1}{75}$ à $\frac{1}{360}$, et celle qu'éprouve le bois de chêne, de $\frac{1}{83}$ à $\frac{1}{412}$; d'où l'on peut déduire la variation moyenne du sapin à $\frac{1}{217}$ et celle du chêne à $\frac{1}{248}$. Il résulte des expériences faites que le bois de sapin éprouve, dans le sens de sa largeur, une variation 42 fois plus grande que celle qu'il éprouve dans sa longueur, et que dans le bois de chêne cette variation n'est que 22 fois plus grande.

D'où il suit qu'un montant de $1^m,949$ de longueur en bois de sapin ne peut éprouver, dans sa longueur, qu'une variation de $0^m,000225$ qui n'est pas sensible, tandis qu'un panneau de $1^m,949$ de largeur en même bois peut varier de $0^m,00924$; et qu'en bois de chêne, un montant de $1^m,949$ peut éprouver dans sa longueur une variation de $0^m,000376$, qui devient un peu plus sensible, et que, dans un panneau de $1^m,949$ de largeur en même bois, la variation peut être de $0^m,00767$.

Des planchers et des parquets   Les ouvrages les plus simples de menuiserie sont les revêtements en bois des aires des planchers et des murs intérieurs. Le plancher est un assemblage jointif de planches de chêne ou de sapin, entières ou refendues, placées en divers sens sur les lambourdes ou directement sur les solives. Les planchers sont formés de planches corroyées, jointes à rainures et languettes.

La rainure est une petite entaille rectangulaire faite en long ou en large dans un morceau de bois pour y assembler une autre pièce ou pour servir à une coulisse. (Détail de droite de la fig 277.)

La languette est une partie rectangulaire de l'ais qui est amenuisée au moyen du rabot pour entrer dans un autre ais ou morceau de bois. (Détail de gauche de la fig. 277.)

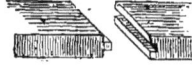

Fig. 277.

Les planchers faits en planches refendues ou en *alaises* et qu'on nomme *planchers à frises* sont infiniment pré-férables aux planchers faits de planches de toute largeur, parce que, moins le bois est large, moindre aussi est le travail iné-vitable dans ce bois. Quand les planches n'ont pas la longueur de la chambre, on les rejoint habituellement bout à bout, en faisant usage de rainures et de lan-guettes; mais quand on veut obtenir plus de solidité, on divise la surface du plancher par travées, suivant la longueur des bois à em-ployer, que l'on réunit au moyen de frises pla-cées en sens contraires, dans lesquelles vien-nent s'assembler les extrémités des alaises ou frises. En variant la direction des planches dans chaque travée, on peut obtenir une véritable décoration avec les planchers de frises. La combi-naison de la fig. 279 est nommée *points de Hongrie* ou *en fougère.*

Fig. 278.

Pour former un plancher à points de Hon-grie avec toute la correction convenable et nécessaire, il faut commencer par établir une frise autour de la pièce et qui servira d'en-cadrement à l'ensemble du plancher. Ensuite il faut diviser l'espace compris entre les deux frises longitudinales en un nombre impair de parties égales, dont la largeur peut varier de 0m,75, 0m,78 à 0m,92, afin de produire des diagonales de 1 mètre à 1m,30 de longueur. Pour 0m,974 de longueur, les planches doi-vent avoir 0m,08 de largeur, et 0m,10 pour

Fig. 279.

1m,30 de longueur. A l'égard de l'angle que les planches doivent former entre elles, il faut qu'il soit un angle droit ou à 90 degrés. Quant à la manière de les raccorder à leur rencontre, elle

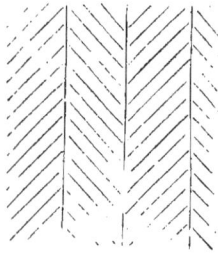

Fig. 280.

peut varier, ainsi qu'on le voit dans les figures 279, 280, sans que la solidité de l'ouvrage en éprouve la moindre altération.

On doit distinguer le parquet du plancher : le premier est un assemblage d'une superficie plus ou moins grande de frises, de traverses et de panneaux carrés, disposés par compartiments réguliers afin de former des surfaces d'une étendue déterminée et qui ne sont pas sujettes à se tourmenter, par la raison que les morceaux de bois employés sont de petites dimensions ; car plus les bois sont petits, moins les effets qu'occasionnent les variations de température sont sensibles.

On nomme *parquet sans fin* celui qu'on peut construire sur place ; mais les menuisiers l'établissent ordinairement par feuilles, pour utiliser les bouts de bois qui leur restent. Les parquets sans fin, appelés aussi *parquets d'assemblage,* sont composés de morceaux de bois assemblés à tenons et à mortaises, et forment des feuilles carrées qui ont depuis 0^m,974 jusqu'à 1^m,212. Les feuilles se composent de bâtis et de panneaux arasés ; l'épaisseur des différentes pièces peut varier depuis 0^m,027 jusqu'à 0^m,054. Quelle que soit la manière dont on emploie ce parquet, toute la perfection de sa construction consiste à éviter la multiplicité des joints d'onglets (ou joints coupés diagonalement suivant l'angle de 45 degrés ou moitié de l'angle droit), qui le rendraient d'une exécution difficile et beaucoup moins solide. Avant d'exécuter un parquet d'assemblage, le propriétaire fera bien de se faire présenter un dessin de grandeur naturelle des feuilles, afin de s'assurer par lui-même si l'inconvénient signalé a été évité. Il faut donner à chaque pièce carrée une longueur égale à deux panneaux carrés, plus la longueur d'une autre pièce qui sépare lesdits panneaux et vient s'assembler dans son milieu. Les panneaux sont assemblés dans les traverses à rainures et à languettes. Les feuilles de parquet se joignent de la même manière les unes avec les autres.

La construction étant toujours la même, l'explication que nous venons de donner mettra à même de l'appliquer aux différentes combinaisons qu'on peut former avec cet assemblage, telles que le parquet à *petites feuilles*, celui à *gran-des feuilles*, et enfin celui à comparti-ments.

Si l'on emploie à la construction des parquets des bois de diverses essences, et par conséquent de diverses teintes, on obtiendra des mosaïques d'une belle apparence et peu dispendieuses, à moins qu'on ne fasse emploi de bois exotiques ou étrangers, qui sont d'un prix plus élevé. Composée de pièces assemblées à rainures et à languettes,

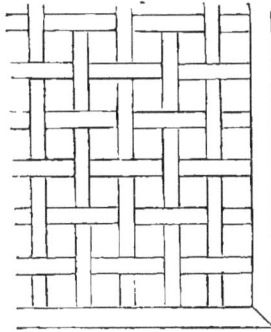

Fig. 281.

avec clefs, cette sorte de parquet se monte sur place sur des plan-chers de chêne ou de sapin du Nord, joints également à rainures et à languettes et bien assujettis sur les lambourdes.

Quand bien même on ne mettrait pas de frise courante au pourtour de la pièce, le long des murs, il est toujours convenable d'en placer une au-devant de la cheminée et d'entourer le marbre qui orne l'âtre par un encadrement d'une largeur égale à celle des bâtis du parquet. Ce sera aussi dans les parois de ce cadre que viendront s'assembler les feuilles à rainures et à languettes.

Il est d'usage d'employer, pour les feuilles de parquet, du mer-rain, bois d'échantillon qui a été fendu et non débité à la scie. Le merrain est du chêne du Nord : ses dimensions varient, mais le plus communément il a $1^m,30$ à $1^m,46$ de longueur, sur $0^m,034$, $0^m,041$, $0^m,047$ d'épaisseur, et de $0^m,135$ à $0^m,162$ de largeur. Quand on a soin de le choisir, et surtout de contrarier le fil du bois, on obtient des effets semblables au tissu de la moire.

Il convient de toujours choisir pour les feuilles de parquet du bois dur, dont les fibres sont bien entières, ce qui lui donne plus de force et le fait mieux soutenir les fardeaux et le frottement occasionné par la marche ou les pas de l'homme.

Si un parquet est établi dans un bâtiment neuf, il faut avoir soin de faire poser les lambourdes (pièces de bois de $0^m,054$ à $0^m,08$ de grosseur, scellées et arrêtées sur le plancher de char-pente ou solives pour porter le plancher ou parquet) un peu *bou-ges*, c'est-à-dire un peu relevées vers le milieu de la pièce, surtout lorsqu'elle est d'une certaine dimension, afin que, lorsque les planchers viennent à faire leur effet, ils soient toujours droits ou de niveau.

Les lambourdes étant posées solidement sur la charpente, on fixe le parquet avec des pointes qui n'ont pas de tête et dont on se sert aujourd'hui généralement en tous lieux. Les bouts de ces pointes sont invisibles, car elles doivent être enfoncées ou chassées dans l'épaisseur des frises ou planches. Pour avoir de bons planchers et de bons parquets, il faut d'abord avoir un grand soin dans la pose des lambourdes. Il faut faire en sorte que leurs superficies supérieures, celles qui sont destinées à recevoir le plancher ou le parquet, soient bien de même niveau, à l'exception des grandes pièces dont nous avons parlé plus haut. Il faut autant que possible éviter l'emploi des fourrures, petites pièces de bois, plus ou moins épaisses, qu'on met sur les lambourdes pour racheter un défaut de niveau. Il faut ensuite choisir du bois sain, autant que possible sans nœuds, et surtout ne jamais souffrir d'*aubier;* il faut que le bois soit également sans fentes ni gerçures. Les planches ou frises doivent être bien dressées, leurs arêtes franches et vives, leurs faces bien d'équerre entre elles, et les bouts bien à angle droit dans la longueur de la frise. Il faut aussi que les onglets soient taillés avec précision à 45 degrés, afin qu'il n'y ai point d'intervalle entre les pièces juxtaposées. Enfin, pour avoir de beaux planchers, on choisira d'excellentes qualités de bois et on exigera que la façon soit donnée à des ouvriers habiles qui ont fait leurs preuves en fait de main-d'œuvre.

On ne doit poser les planchers et parquets dans les bâtiments neufs que lorsqu'ils sont déjà pourvus de volets ou de persiennes. Mieux vaudrait encore ne poser les planchers qu'après la mise en place des fenêtres, afin d'éviter l'influence des courants d'air, ainsi que les mauvais effets des variations de la température. Autant que possible, on ne placera les planchers ou parquets qu'en été, ou dans un temps sec. Pendant l'hiver les molécules du bois se ramollissent, absorbent l'humidité, et donnent à la matière un développement, qui est détruit ensuite par l'action de la sécheresse au printemps et en été. Voilà la cause de ces planchers à joints ouverts, à moins qu'ils n'aient été exécutés en bois vert.

Quand un plancher est posé, on devra le couvrir également d'une couche épaisse de copeaux ou de toute autre matière qui l'empêchera d'être exposé trop subitement au contact de l'air, toujours très abondant et très actif dans les bâtiments neufs. On comprendra aussi qu'il est bon d'éviter dans les premiers temps que les rayons du soleil tombent sur un plancher neuf.

Si l'on pose des planchers dans un rez-de-chaussée peu élevé au-dessus du sol naturel, pour empêcher le bois de pourrir, on peut faire de petites ouvertures aux murs de façade, pour établir ainsi des courants d'air en dessous du plancher. Le père de l'auteur de ce livre a souvent pratiqué ce moyen, en Europe comme aux États-Unis d'Amérique, et toujours avec le meilleur résultat.

Dans le cas où l'on aurait à poser des planchers au nord, dans des lieux humides, on peut encore avoir recours à des moyens artificiels de conservation. Il existe pour cela un procédé américain qui est fort simple. Quand le bois est scié ou fendu, on façonne les différentes pièces à employer, et on les met à couvert pendant huit ou dix jours, pour les empêcher d'être mouillées. En outre, chaque jour on leur applique avec une brosse grossière une couche d'acide pyroligneux, qui finit par les pénétrer à $0^m,025$ ou $0^m,020$ de profondeur.

On est souvent obligé dans quelques localités de se servir de bois tendre pour planchers ; dans certains cas, on s'en sert aussi par économie. On a réussi à trouver le moyen de donner de la durée à ce bois en se servant pour le durcir et le conserver contre l'humidité d'une dissolution de sulfate de cuivre. Deux kilogrammes suffisent pour sulfatiser un mètre cube de bois. On verse dans un chaudron la dissolution du sulfate de cuivre, composée de 93 parties d'eau et de 7 parties de sulfate de cuivre (couperose bleue vulgaire), en supposant qu'il y ait 100 parties d'eau.

Comme il serait très long de faire cette composition, on a un instrument, nommé aréomètre de Baumé, qu'on plonge dans le liquide, et l'on ajoute soit de la couperose, soit de l'eau, jusqu'à ce que l'aréomètre marque 7 degrés. On chauffe pendant une heure et demie au plus à 70 ou 80 degrés centigrades (l'eau bout à 100 degrés), et il s'agit tout simplement d'entretenir un petit bouillon pendant tout le temps que le bois restera dans la solution.

Lorsqu'au bout d'une heure et demie il en est retiré, on ajoute de la dissolution pour remplacer le liquide absorbé par le bois, et on continue l'opération.

Le liquide, chargé de sulfate de cuivre, pénètre dans les cellules du bois par l'effet de la capillarité, lorsque le bois est sec et que les cellules sont vides. Quand le bois est vert et que les cellules sont encore remplies par la sève, le liquide chasse cette dernière et se met à sa place. Il en résulte qu'il faut laisser plus longtemps dans la dissolution le bois vert que le bois sec, le bois dur que le bois tendre.

Un autre procédé peut donner au bois une très grande dureté, c'est de l'imbiber d'huile de lin ou de graisse et de l'exposer pendant un certain temps à une chaleur modérée. Il devient lisse, luisant et très dur quand il est refroidi.

Pour faire un parquet en mosaïque de couleur, on se servira du rouge, du noir et du jaune.

Pour teindre le bois en rouge il faut réduire en poudre 122 grammes de bois du Brésil, faire bouillir jusqu'à réduction de moitié, dans 0 litre 568 d'eau, avec 30 grammes 59 de crème de tartre et autant d'alun. On peut obtenir un résultat encore plus sûr en substituant du fort vinaigre à l'eau et en supprimant la crème de tartre.

Si on supprimait la crème de tartre en employant de l'eau au lieu de vinaigre, on n'obtiendrait qu'une teinture rose qui ne serait d'aucune utilité pour des parquets.

Pour teindre du bois en jaune, il faut le plonger dans une décoction de gaude, à laquelle on ajoute une petite quantité de soude.

Pour teindre du bois en noir, il faut mêler ensemble parties égales d'acide sulfurique et d'eau, et y plonger le bois. En faisant quelques expériences de teintures de bois, on arrivera, en cherchant, à la teinte qu'on a en vue d'obtenir. Si le noir par exemple ne se manifestait pas, ce serait une preuve que la liqueur ne serait pas assez active relativement à la nature du bois, et il faudrait la rendre plus pénétrante en augmentant la quantité d'acide sulfurique. Quand la teinture noire du bois est devenue bien foncée, on peut encore en rendre la couleur plus vive en le frottant avec de l'essence de térébenthine.

Pour teindre le bois en noir, on peut aussi le faire bouillir dans l'huile de lin et le frotter ensuite d'acide sulfurique, ou le faire bouillir dans une décoction d'une partie de noix de galle, d'une partie de sulfate de fer ou couperose verte, et enfin trois parties de bois de campêche. On peut encore frotter le bois avec de la limaille de fer bouillie dans du vinaigre. On répète cette double opération, et le bois devient d'un noir de jais.

Il serait à désirer qu'on sortît de la monochromie des planchers, si universelle en France, et qu'on maintient par une déplorable routine. Le propriétaire qui utiliserait la coloration des bois que nous venons d'indiquer serait charmé de voir dans sa maison, au moins pour le salon, un parquet en mosaïque, dont la dépense serait tout à fait insignifiante. On admire les beaux planchers en marqueterie de couleur dans les palais et monuments publics ; dans les simples habitations particulières de l'Italie, on marche avec plaisir sur les sols en mosaïque formés d'une sorte de stucs de couleur, et pourtant, chez soi, on ne songe nullement à colorer diversement les morceaux de bois qui composent le plancher de votre habitation usuelle.

Des lambris Les lambris sont des ouvrages de menuiserie dont on revêt les parois intérieures des murs : on en distingue de deux sortes, l'un qu'on appelle *lambris d'appui* et l'autre *lambris de hauteur*. Les lambris d'appui sont destinés aux lieux que l'on veut tapisser ou peindre ; on ne leur donne ordinairement que 0m,80 à 0m,90 de hauteur, qui est à peu près la hauteur de l'appui des croisées. Les lambris sont simples ou bien à cadres et à pilastres. Dans la composition des lambris le goût est l'essentiel, car la forme et les dimensions à donner aux diverses parties sont plutôt l'ouvrage de l'architecte ou du décorateur que du menuisier. Le bas des lambris est ordinairement orné au moyen d'une plinthe ou socle plus ou moins haut ; le haut est surmonté d'une corniche qui doit être peu saillante. Quant à la partie comprise entre le socle et la corniche (appelée aussi cymaise), on la divise habituellement en panneaux séparés les uns des autres par de petits pilastres ou montants avec ou sans chapiteau et base. Les panneaux sont renfermés dans des traverses ou formés par des bâtis; ils doivent être faits avec des planches jointes ensemble, à rainure et à languette, ayant depuis 0^m,013 jusqu'à 0^m,040 d'épaisseur. On choisit pour ces panneaux des planches très étroites, ayant au plus 0^m,16 à 0^m,21 de largeur; en les prenant plus larges, elles pourraient se retirer et même se fendre, ce qui n'arrive que trop fréquemment. Les panneaux doivent se faire en feuillet de chêne, et le parement de derrière reste toujours brut. Il faut avoir soin, surtout dans les endroits humides, d'y faire appliquer une et même deux couches de peinture à l'huile : on peut aussi enduire la face contre le mur d'une couche de bitume ou de goudron; dans ce cas, il faut laisser cette menuiserie un certain temps à l'air, à l'abri du soleil, afin d'en faire évaporer l'odeur. Pour plus de précaution, on maroufle souvent les panneaux en grosse toile, pour les empêcher de fendre.

Les lambris d'appui, malgré leur peu d'élévation, ne doivent jamais être posés avant que les murs neufs ne soient entièrement secs; autrement ils enfermeraient l'humidité qui, ne pouvant plus s'échapper, ferait fendre, gonfler et éclater les panneaux. Dans les pièces où l'on a l'intention de poser des lambris, on a soin de ne pas enduire les murs qui doivent les recevoir. Il suffira de les rejointoyer et de laisser la pierre, le moellon ou la brique apparents, ou, si on les recouvre, ce ne sera que d'un gros crépi fait avec de la manchette, ou résidu de plâtre passé au sas.

Pour toute la menuiserie en général, avant de commencer à poser celle qui est dormante, comme les lambris, il faut faire attention dans quelle saison de l'année on se trouve; si les bâtiments sont anciens, ou neufs; si les enduits ont eu le temps de perdre une partie de leur humidité; si la menuiserie se pose au rez-de-chaussée ou dans les étages supérieurs; si enfin l'endroit où l'on doit la poser est exposé au grand air ou à l'humidité. D'après ce qui vient d'être dit, il faut encore faire attention à l'épaisseur des bois, à leur qualité dure ou tendre, afin de prévenir les accidents qui ne manquent jamais d'arriver si l'on néglige de tenir compte de ces détails qui ne sont nullement insignifiants.

Comme on ne peut pas toujours attendre que les murs soient

entièrement secs pour poser la menuiserie, on emploie des moyens qui atténuent en grande partie l'effet de l'humidité des murs. On laisse entre les murs et les lambris un espace vide de 0ᵐ,025 à 0ᵐ,050, pour que l'air puisse circuler entre deux, et faire évaporer une partie considérable de l'humidité. Quand la menuiserie est précieuse et en bois apparent, et qu'on craint qu'elle ne travaille malgré toutes les précautions prises dont nous avons parlé plus haut, on garnit le derrière ou revers des panneaux et des bâtis avec de l'étoupe que l'on a trempée dans du goudron en ébullition.

Les lambris se fixent de deux manières sur les murs des appartements, soit avec des broches, soit avec des vis. La première manière est la moins coûteuse, mais aussi la moins propre. La pose des lambris au moyen de vis demande un peu plus de sujétion, parce qu'il faut sceller des morceaux de bois dans les murs à la rencontre de chaque vis. Pour bien faire, il faut que ces morceaux de bois soient taillés à queue d'aronde sur leur épaisseur, afin qu'ils ne puissent être arrachés des murs dans lesquels ils ont été scellés. Les tampons doivent être aussi bien d'aplomb et bien dressés, pour que les lambris portent également dessus. Si l'on isole les lambris des murs ainsi que nous l'avons indiqué, on doit faire saillir les tampons jusqu'au droit des montants. Il faut éviter, en général, d'employer trop de vis ou de broches dans la pose des lambris. Pour qu'ils soient solides, il suffit que les rainures et languettes des angles et des ressauts soient bien justes, qu'ils soient bien calés par derrière pour ne point ployer ou fléchir et pour qu'ils portent également partout, ce qui est important.

Les vis, dans la pose de la menuiserie, doivent toujours avoir leurs têtes enterrées et être recouvertes par un tampon de bois *de fil*, c'est-à-dire, du sens du bois. Quand ces têtes sont apparentes, elle produisent un très mauvais effet et se rouillent quand elles sont peintes en détrempe.

On pose aujourd'hui les glaces avec ou *sans* parquet. Les parquets de glaces ne s'attachent pas, comme le reste de la menuiserie dormante, parce qu'on ne peut enfoncer de broches ni de vis ni sceller de tampons dans les tuyaux de cheminée; on se sert donc de vis à écrou, nommées *vis à parquets de glaces,* qui ne sont jamais apparentes, mais qui se placent dans les traverses du parquet, dans lesquelles leur tête est entaillée jusqu'à fleur, pour qu'elle ne porte pas sur le tain de la glace.

Des cloisons   Les distributions nécessaires des appartements se font par des cloisons qui sont formées de plusieurs façons : en bois, en briques, en carreaux de plâtre.

Les cloisons en bois les plus simples sont celles des caves et elles sont faites avec des planches brutes clouées sur des bâtis de charpente. Pour les cloisons qui demandent plus de soin, on dresse convenablement les planches.

Les cloisons pour la distribution des appartements se composent de poteaux et de traverses, d'huisseries de $0^m,08$ environ, carrés, en *chêne,* dressés et corroyés avec une feuillure au droit des ouvertures de portes, et une double nervure du côté opposé, pour recevoir le bout de la latte.

Les cloisons de distribution portent des traverses en haut et en bas, clouées au plafond et fixées sur le plancher ; au milieu on y place des entretoises. Quand l'appartement a une certaine élévation, on met deux rangs d'entretoises. On emploie communément le bois de sapin à leur construction ; on les recouvre de toile et sur la toile on colle du papier.

Quelquefois ces cloisons sont lattées des deux côtés en lattes *de chêne,* et hourdées comme les pans de bois, en petits platras, puis recouvertes des deux côtés d'un enduit de plâtre ou de chaux qui affleure les bois. C'est là une cloison solide qui a en outre l'avantage de recevoir les clous. Pour construire les cloisons il convient de choisir du bois sec et sans aubier.

Les alcôves, invention du dix-septième siècle, sont des espèces de niches rectangulaires et destinées à recevoir un ou deux lits. La mode des alcôves commence à passer, parce qu'on a reconnu qu'il était malsain de coucher dans un espace où l'air ne se renouvelle pas. Si cependant, malgré cette observation, on voulait en établir, leur profondeur et leur élévation sont presque toujours déterminées par la dimension de la pièce. Toutefois l'alcôve ne doit pas avoir moins de profon-

deur que 0^m,98 sur 2^m,10 de longueur : car, si elle était plus restreinte, le lits les plus petits ne pourraient point y trouver place commodément. Il va sans dire que l'alcôve peut être de dimension plus grande que celle que nous venons d'indiquer. Son ornementation est une affaire de goût.

A droite et à gauche de l'alcôve, on pratique souvent un petit cabinet, séparé de l'alcôve et de la chambre à coucher par une cloison en menuiserie. Ces cloisons doivent se composer de planches jointes à rainure et à languette. On pratique quelquefois une porte de communication du cabinet dans l'alcôve; alors quand la place est très restreinte, on fait cette porte à coulisse. On peut aussi la rendre tout à fait invisible en la construisant en panneau qu'on recouvre de la même tenture d'étoffe ou de papier que celle employée pour l'alcôve elle-même.

Lorsqu'une pièce a des armoires sans tenture, on en construit la menuiserie dormante, c'est-à-dire les bâtis en sapin de 0^m,027 d'épaisseur et mêmes panneaux à l'intérieur, mais arasés du côté de la pièce, pour recevoir la toile et le papier. Il faudra avoir soin que ces armoires ouvrent directement au-dessus de la cimaise ou corniche du lambris d'appui, s'il y en a, ou entre la cimaise et la plinthe, dans le cas où elles ne seraient que basses et dans le lambris d'appui.

Les cloisons en briques sont effectuées de deux façons : en briques à plat ou en briques de champ; elles se font en briques creuses ou en briques pleines.

Les briques à plat exigent un plancher particulièrement solide pour les porter; on les lie avec du mortier de chaux ou de ciment. Quand on ne craint pas les tassements on emploie du mortier de plâtre; dans ce cas, on remplace le plâtre par le ciment dans le premier mètre de la cloison en partant du sol et on n'achève la partie supérieure de la cloison que quand cette dernière a pris son tassement, soit au bout de huit jours environ.

La liaison dans les cloisons en briques de champ a lieu comme pour les cloisons en briques à plat, mais la stabilité étant moins grande, il est nécessaire de l'augmenter par des poteaux espacés d'au plus de 2 mètres; ces poteaux sont le plus souvent en bois avec une nervure de chaque côté pour engager la brique. Le grand inconvénient des cloisons en briques dans les habitations est l'impossibilité qu'il y a à y enfoncer des clous.

Les cloisons composées de carreaux de plâtre sont constituées par des carreaux placés de champ l'un sur l'autre ; ces derniers présentent deux surfaces rugueuses et, sur leur tranche, des rainures qui reçoivent le mortier qui unira les carreaux entre eux.

Signalons, en terminant, les cloisons en *briques de liège,* qui permettent de faire des.panneaux légers, de mauvaise conductibilité et insonores.

Des fenêtres Les fenêtres sont une partie capitale de la construction. Ce sont des ouvertures pratiquées dans les murs des bâtiments et destinées à introduire l'air et la lumière dans l'intérieur des pièces et des salles. Sous le rapport de leur construction, les fenêtres peuvent être considérées comme l'ouvrage le plus difficile et le plus compliqué, comme le plus ingénieux et le plus délicat de la menuiserie.

C'est au constructeur et non au menuisier à déterminer la dimension des fenêtres. Le menuisier remplit avec son ouvrage la baie réservée par le maçon, baie dont les proportions ont été fixées par l'auteur des projets d'un bâtiment, ou par l'architecte si le propriétaire en a consulté un. Nous parlerons ailleurs des proportions que la fenêtre devra avoir.

La fenêtre se compose de deux parties distinctes : 1° d'un bâti ou *dormant;* 2° de vantaux ou mobiles *châssis vitrés,* mais assujettis sur un côté de leur élévation.

Le dormant est un encadrement en menuiserie, composé de deux montants et de deux traverses, assemblés à angle droit ou carrément à tenon et mortaise, fixés d'une manière invariable dans la baie de la fenêtre, à $0^m,050$ ou $0^m,080$ au moins de la paroi intérieure des murs. Sur la face intérieure, celle qui se présente quand on est dans la pièce, ces dormants portent les feuillures dans lesquelles s'emboîtent et s'appliquent les châssis vitrés. Ces dormants reçoivent aussi les ferrures qui maintiennent ces derniers : de telle sorte que le châssis dormant porte et soutient les deux châssis vitrés mobiles. Le mot dormant indique assez l'office de ce cadre immobile. On nomme *pièce d'appui* la traverse in-

férieure que la fig. 282 donne en coupe. La
figure 283 donne la traverse inférieure d'un des
châssis vitrés mobiles. La pièce d'appui porte à
l'intérieur une feuillure, et à l'extérieur elle a
une forme ronde, donnée par un quart de cylindre sur lequel l'eau peut facilement glisser et
s'échapper sur l'appui en pierre de la fenêtre. Un listel
(a) s'élève à l'extérieur au-dessus de cette partie cylindrique et forme dans l'intérieur la face verticale de la
feuillure (b).

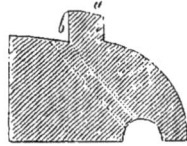

Fig. 282

La traverse inférieure (c) du châssis mobile, appelée
aussi jet d'eau, a une disposition à peu près pareille ;
elle est saillante comme la première et extérieurement
curviligne comme elle ; mais la feuillure, au lieu d'être
tournée à l'intérieur de l'appartement, est tournée à
l'extérieur, et enfin la surface verticale arrive d'aplomb
sur celle de la pièce d'appui. Cette combinaison de
feuillure est destinée à empêcher l'introduction de la
pluie et du froid. Mais ce système serait encore insuffisant quant
à l'introduction de l'eau de pluie, si l'on n'avait pas imaginé un
moyen pour empêcher l'eau de glisser à l'intérieur. On a donc
creusé dans la face inférieure de la traverse mobile un petit canal,
nommé *larmier*, de forme triangulaire, formé d'une face verticale
et d'un quart de cercle. On conçoit que l'eau, arrivant à l'extrémité gauche, ne peut remonter dans le canal, et, quand elle augmente en volume, l'effet de sa pesanteur la fait tomber sur la pièce
d'appui d'où elle s'échappe facilement sur l'appui en pierre.

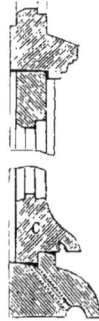

Fig. 283.

Les deux battants ou châssis mobiles tiennent au dormant
par des fiches. Chacun des deux battants forme la moitié de
la fenêtre. Il est rare qu'on soit dans l'obligation de faire un des
deux châssis mobiles plus grand ou plus petit que l'autre, ce
qu'on doit éviter avec soin.

Chacun des châssis vitrés mobiles se compose de deux montants
et de deux traverses, une en haut et l'autre en bas. Les deux
montants portent, sur leur tranche extrême, c'est-à-dire sur celle
qui joint les montants fixes du bâti dormant, une saillie, dite languette circulaire, qui entre dans ce que l'on nomme la noix, vide

également creusé dans ces montants et aussi circulaire. L'arête interne est également creusée en congé ; la traverse supérieure porte sur sa face extérieure une feuillure ; ainsi que nous l'avons dit, la traverse inférieure est taillée comme la barre d'appui, elle n'en diffère que par la position de sa feuillure, s'appuie sur elle par sa face de dessous et forme enfin une saillie ou sorte de toit en avant du listel, ainsi qu'on peut le voir dans la figure 283.

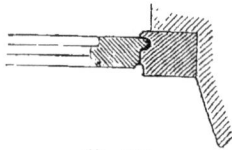

Fig. 284.

Les montants et les traverses des châssis mobiles sont unis entre eux à enfourchement ; on nomme *enfourchement* un assemblage dont la mortaise et le tenon occupent toute la longueur de la pièce et qui n'a point d'épaulement ou petit espace de bois plein réservé après une mortaise. La fig. 285 indique un assemblage en enfourchement, et la fig. 286 un assemblage à épaulement.

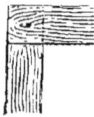

Fig. 285.

De cet assemblage il résulte un parallélogramme à jour, dans lequel se placent les glaces ou le verre double. Par économie, on divise aussi le grand parallélogramme en plusieurs parties, de manière cependant à ce que chacune des subdivisions soit toujours plus haute que large. Ces subdivisions sont assurées par ce qu'on nomme *petits bois*, qui sont ornés de moulures sur leurs deux faces intérieure et extérieure, fig. 287.

Fig. 286.

Fig. 287.

Il s'agit maintenant de décrire les deux montants du milieu, c'est-à-dire les deux motants intérieurs des deux châssis mobiles. Là il y a encore une précaution prise pour empêcher la pluie et l'air de passer et de pénétrer dans l'intérieur des appartements. L'épaisseur libre d'un des montants des châssis mobiles, le montant de gauche du châssis de droite, par exemple, quand on est dans l'intérieur de la pièce, est creusée en noix ou rainure creusée en moitié de cylindre vide. L'épaisseur de l'autre montant libre a ses arêtes intérieures arrondies également en forme de demi-cylindre, mais plein, dont la division est en tout semblable à celle de la noix. Ces deux pièces s'emboîtent donc réciproquement. Mais il faut toujours donner au montant dans lequel est creusée la noix plus de largeur et plus d'épaisseur qu'à l'autre. Il faut plus de largeur, pour que, indépendamment de la noix, il reste assez de place pour assembler les traverses avec ce montant; il faut plus d'épaisseur, car ce montant doit contenir l'autre; mais on peut diminuer l'épaisseur de ce montant, à partir du point où est creusée la noix, de façon que les deux tranches internes des deux montants aient la même dimension, ainsi que le montre la fig. 288.

Fig. 288.

La dimension des montants dormants doit être de environ 0m,054 au moins d'épaisseur sur 0m,08 à 0m,10 de largeur. Les pierres de taille, briques ou enduits sur moellons qui forment la baie de la fenêtre, portent habituellement une feuillure dans laquelle on place les montants; la baie par conséquent est plus grande à l'intérieur, mesurée entre les deux saillies de la feuillure, qu'à l'extérieur, mesurée entre les deux tableaux; il suffit donc que les montants en bois et la traverse supérieure dépassent la pierre de taille, la brique ou l'enduit sur moellon, d'environ 0m,135; on peut néanmoins les faire dépasser davantage sans inconvénient, et alors on orne le pourtour d'une moulure. Mais cette façon est une chose de luxe et une augmentation de dépense. A l'intérieur, la largeur des montants dormants n'est réglée que par la considération de les tenir assez larges pour qu'ils offrent assez de force. (On doit toujours donner au menuisier les mesures des fenêtres prises pour la largeur, dans le tableau, et pour la hauteur de l'appui au-dessous du linteau.) Toutefois, si l'on devait fixer des volets brisés à l'intérieur, comme cela arrive quelquefois, il faudrait que la largeur des montants fût telle que l'épaisseur des volets repliés n'empêchât pas d'ouvrir les fenêtres.

La dimension des fenêtres se règle toujours d'après l'étendue et surtout l'élévation des étages. Pour les étages élevés, la hauteur des fenêtres est de deux fois et même deux fois et demie leur largeur. Mais on les fait à peu près carrées pour les entre-sols et pour les attiques : là elles sont quelquefois même oblongues, c'est-à-dire plus larges que hautes.

On donne aux croisées ordinaires de 1ᵐ,20 à 1ᵐ30 de largeur; les dormants doivent avoir 0ᵐ,054 et les châssis 0ᵐ,048.

Depuis 3ᵐ,25 jusqu'à 3ᵐ,90 et 4ᵐ,90 de hauteur de fenêtre, on met ordinairement des impostes, afin de diminuer autant que possible, pour la facilité de l'usage, la dimension et le poids des châssis ; les fenêtres sont souvent garnies de volets à l'intérieur, et celles qui n'en doivent point avoir sont toujours disposées de manière à pouvoir en recevoir plus tard si on le juge convenable.

Les impostes sont des traverses qui servent à diminuer, ainsi que nous venons de le dire, la trop forte élévation des châssis : elles doivent avoir de 0ᵐ,08 à 0ᵐ,10 de hauteur, sur même largeur que les battants de dormant au fond de la feuillure, à moins cependant que, comme dans les fenêtres cintrées, les volets ne montent que jusqu'à la naissance du cintre; alors elles devront s'affleurer avec la côte. L'imposte doit porter, en dessous à l'intérieur, une feuillure dans laquelle se loge l'épaisseur du châssis, et à laquelle on donne 0ᵐ,013 à 0ᵐ,015 de hauteur. L'espace compris entre le dessous de la traverse d'en haut et l'imposte est fermé par des châssis dormants, arrêtés haut et bas dans les feuillures;

Fig. 289.

pour celle du bas, on suit la même disposition qu'aux pièces d'appui et aux rejets d'eau des châssis mobiles. Ces deux petits châssis sont séparés par un montant de même largeur que la côte saillante ménagée sur le battant *meneau*, assemblé haut et bas à tenon et mortaise.

Pour les fenêtres cintrées par le haut, les impostes se placent au niveau de la naissance du cintre et même à quelques centimètres plus bas; mais quand les fenêtres se terminent carrément, après avoir fait le compartiment total des carreaux, en y observant l'élévation des impostes, des jets d'eau et des traverses, on doit placer l'imposte à la hauteur d'un carreau en contre-bas du linteau de la fenêtre. Dans toutes les fenêtres, les carreaux doivent être de forme oblongue en hauteur, comme nous l'avons déjà fait remarquer; ils peuvent avoir en hauteur depuis un quart jusqu'à un tiers en sus de leur largeur.

Les *portes-croisées* ne diffèrent des fenêtres qu'en ce qu'elles ouvrent toujours à doucine ou à chanfrein, fig. 290, et parce

qu'elles ont par le bas des panneaux autour desquels règne en
parement la même moulure qu'au-dessus. Ces panneaux sont
arasés par dehors, ou bien ils font corps sur le bâti, ce qu'on
nomme *panneaux recouverts*. Il faut rapporter ou ravaler, sur
les traverses d'appui des portes fenêtres, des
cimaises méplates de 0^m,030 à 0^m,060 de largeur selon la dimension des portes, lesquelles
régneront d'épaisseur avec la côte pour servir
à porter les volets.

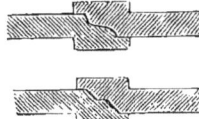

Fig. 290.

Avant de sceller et arrêter une fenêtre, il
faut avoir soin de mettre, entre les châssis et
les traverses des dormants, de petites cales de l'épaisseur du jeu qu'il doit y avoir entre deux, pour qu'on
ne les fasse pas ployer en les scellant; il faut aussi
mettre des coins de bois entre le dormant et le mur,
pour maintenir la fenêtre immobile pendant qu'on la
scelle. Mais il faut seulement placer ces coins au droit
des traverses et des impostes, pour ne pas faire fléchir
les battants.

Les fenêtres s'arrêtent au moyen de *pattes à scellement,* entaillées de leur épaisseur sur les dormants, où
elles doivent être fixées par des vis à *tête fraisée*. Afin
d'augmenter la solidité, on donne à l'extrémité de la
patte la forme d'une queue d'aronde. Le jeu qui pourrait se trouver entre les fenêtres et le fond des feuillures, ce qui est presque inévitable, se remplit avec

Fig. 291.

du plâtre ou autre matière qui le remplace. Cette opération doit
être faite par un ouvrier habile et soigneux.

Certains constructeurs établissent des croisées dites *à guillotine* qui fonctionnent non plus en ouvrant leurs battants à l'intérieur mais au contraire de haut en bas et de bas en haut. Un
système de contre-poids assure la facilité des manœuvres. Ces
croisées sont actionnées à distance si on le désire. Elles conviennent dans les endroits où l'ouverture d'une fenêtre ordinaire ne
peut s'effectuer par suite de la disposition intérieure des locaux :
dans un couloir ou une antichambre, où les battants d'une fenêtre
ordinaire empêchent une fois ouverts toute circulation ; dans un

cabinet de toilette, souvent de dimensions restreintes où un meu-

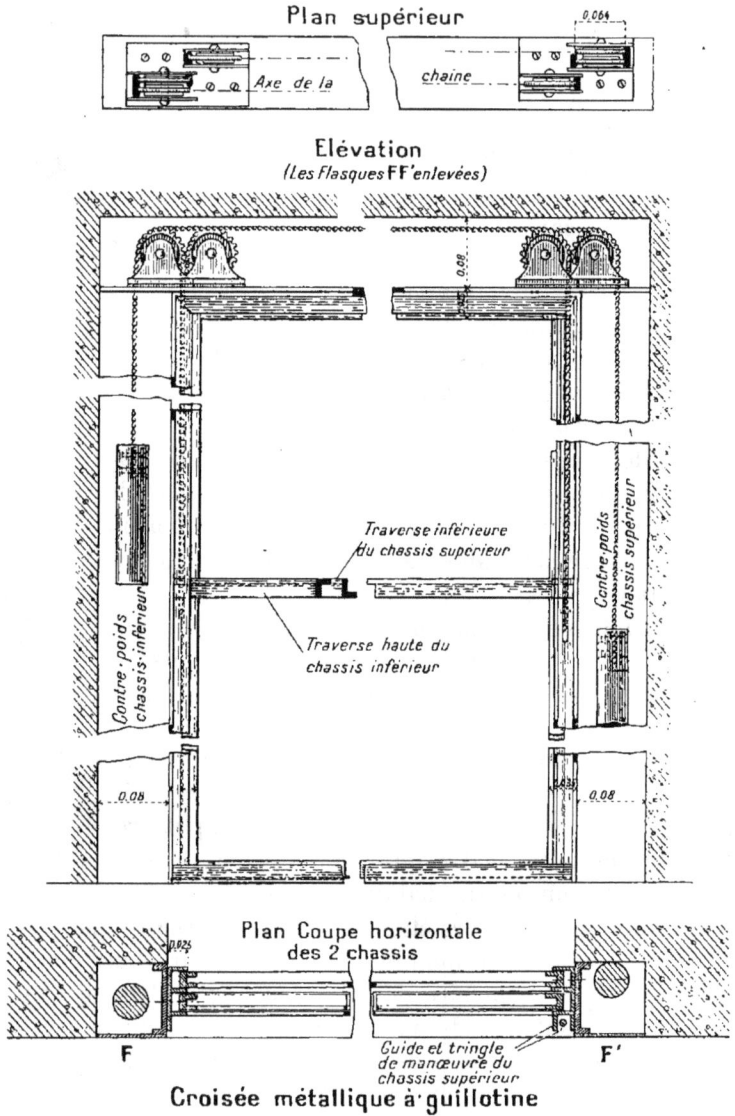

Plan supérieur

Axe de la   chaine

Elévation
(Les Flasques FF'enlevées)

Contre-poids chassis-inférieur

Contre-poids chassis supérieur

Traverse inférieure du chassis supérieur

Traverse haute du chassis inférieur

0.08   0.08

Plan Coupe horizontale des 2 chassis

F   F'

Guide et tringle de manœuvre du chassis supérieur

Croisée métallique à guillotine

Fig. 292.

ble, une coiffeuse occupe par exemple, la place naturelle devant

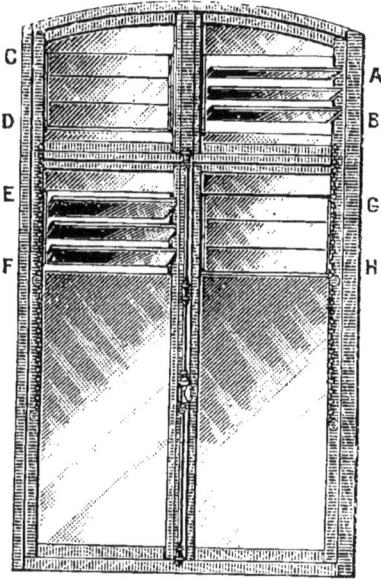

Fig. 293.

FENÊTRE : Carreaux d'imposte demi-cintres.
A B Lames ouvertes. — C D Lames fermées.
E F Lames demi-ouvertes. — G H Lames fer-
mées.

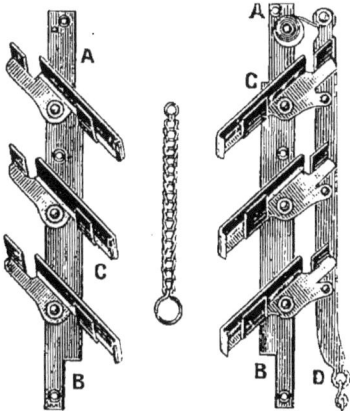

Fig. 294.

Monture complète :
A B Montants.
C Porte-lames.
D Tirage à droite.

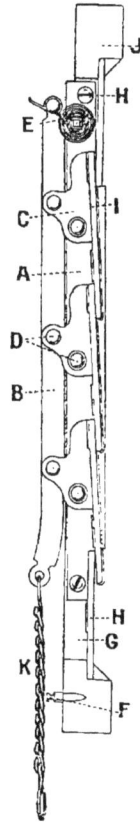

Fig. 295.

Appareil monté sur
cadre bois :
A Montant.
B Tirette.
C Support des lames
de verre.
D Axe des supports.
E Ressorts.
F Piton d'arrêt.
G Feuillure.
H Lame verre fixe.
I Lame verre mobile.
J Coupe du cadre bois.
K Chaînette.

la fenêtre; dans une salle de bains où l'on peut ouvrir par le haut pour évacuer rapidement les buées, sans gêne pour les occupants; ces croisées peuvent encore rendre des services dans un salon pour être placées derrière un guéridon ou une jardinière qui rendent la fenêtre inaccessible; dans une bibliothèque derrière une table bureau; dans une salle de billard où les croisées ouvertes empêchent de circuler autour du billard, etc.

Les croisées à guillotine sont de modèles différents suivant les constructeurs; chacun d'eux indique la façon de poser son système.

Il y a lieu de signaler un dispositif qui s'applique aux fenêtres ordinaires et qui permet sans ouvrir celles-ci d'aérer la pièce. Ce dispositif consiste en lames de verre qui remplacent les carreaux de la partie supérieure de la fenêtre; on peut manœuvrer ces lames de façon qu'elles soient ou verticales, c'est-à-dire appliquées contre la fenêtre, ou horizontales; dans le premier cas, le dispositif est fermé; dans le second cas, il est ouvert. L'appareil se compose de deux montants munis de porte-lames; l'un de ces montants, celui de droite ou de gauche, suivant que le tirage est demandé à droite ou à gauche, porte dans sa partie supérieure un ressort d'acier en spirale.

Pour poser l'appareil dans une fenêtre déjà vitrée, on retire la vitre en ayant soin de bien démastiquer les feuillures à verre et les battues. On ne laisse pas de bavures sur les battants; au besoin, on les rabote pour qu'ils soient bien unis.

On place ensuite chaque montant perpendiculairement sur le plat de chaque battant en observant de repérer au crayon les trous à vis bien exactement les uns au-dessus des autres sur chaque battant; on visse à fond.

Une fois les montants vissés, il ne reste plus qu'à introduire dans les porte-lames les lames de verre mobile, et à poser dans les feuillures à verre restées libres en haut et en bas les deux parties de verre fixe pour faire recouvrement.

Des volets Les volets, vantaux de menuiserie, se composent de battants, de traverses, de panneaux et de frises disposés par compartiments, comme dans les lambris. Ce sont des espèces de portes suspendues en l'air, dont toutes les pièces sont beaucoup plus minces et plus délicates que celles qui sont employées dans les portes réelles. On soutient les volets par des fiches fixées sur les montants des châssis dormants.

Les volets peuvent être brisés en deux ou trois parties, selon la dimension des châssis qu'ils ont à couvrir et selon l'épaisseur de la muraille qui forme ébrasure. Pour qu'ils soient d'une seule pièce, c'est-à-dire sans brisure sur la largeur, il faut que les ébrasements soient assez larges pour les contenir, ce qui n'arrive guère dans les habitations particulières de nos jours.

La brisure des volets se fait de deux manières différentes, soit à rainure et languette, soit à feuillure. Les dernières feuilles des volets brisés doivent être plus étroites de 0^m,035 au moins, pour que la saillie de la boule de l'espagnolette ne nuise pas en les brisant, et qu'on ne soit pas obligé de faire des entailles dans le dormant

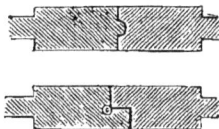

Fig. 296.

pour faire entrer les ferrures. On donne, en général, aux battants de volets qui portent les fiches depuis 0^m,067 de largeur, plus les feuillures et la moulure, et 0^m,007 et même 0^m,013 de moins à ceux des rives. Ceux de brisure doivent avoir ensemble 0^m,08 à 0^m,10 de largeur, et leur épaisseur doit être de 0^m,034 à 0^m,038. Les traverses des volets doivent avoir de largeur, tant celles du haut que du bas, et que celle du milieu, 0^m,067 à 0^m,08 de champ, plus la longueur des moulures et des feuillures. Leurs assemblages doivent toujours être placés, autant que cela est possible, au derrière de la rainure et avoir les $\frac{2}{7}$ d'épaisseur de celle des volets. On doit faire passer ces assemblages au travers des battants de brisure pour plus de solidité.

Des persiennes Les persiennes sont des fermetures composées d'un bâti ou châssis, comme ceux des fenêtres, dans le vide duquel viennent s'assembler parallèlement entre elles des lattes ou feuilles de bois minces, éloignées les unes des autres de l'épaisseur du châssis et disposées diagonalement en abat-jour, ou sous un angle de 45 degrés, de manière à abriter l'intérieur des appartements contre les eaux pluviales et les rayons du soleil, tout en laissant à l'intérieur un libre passage à l'air et à la vue.

En somme, les volets sont pleins et les persiennes sont au contraire constituées par des lamelles laissant entre elles des intervalles.

Les persiennes doivent toujours ouvrir ou battre en dehors ; elles peuvent être posées sans battants, ajustées seulement dans des feuillures pratiquées sur l'arête extérieure du tableau, fig. 297.

Fig. 297.

Les bois des châssis peuvent avoir depuis 0^m,08 jusqu'à 0^m,10 de largeur, sur 0^m,034 et même 0^m,045 d'épaisseur, selon que l'exige l'élévation des fenêtres. Les lames sont assemblées dans les bâtis de différentes manières : on peut les faire entrer en entailles dans les battants, en observant de faire les entailles plus profondes par le haut pour que les lames se serrent en entrant. On les fixe par le bas avec une petite pointe de chaque côté. On peut encore les faire entrer en entailles comme les premières et ménager un goujon saillant de la lame et qui entre dans un trou que l'on pratique au milieu de l'entaille. Enfin, on peut supprimer les entailles et les goujons, et faire à chaque lame un tenon de 0^m,011 à 0^m,013 de largeur. Cette dernière manière est la plus convenable et la plus solide, et elle est préférable parce qu'on n'est pas obligé de mettre de traverse large dans la hauteur du châssis ; dans ce cas, on laisse seulement aux tenons de deux ou trois lames réparties à distances égales, une longueur suffisante afin de pouvoir être chevillés.

Si l'on emploie des traverses, quand, par exemple, on exécute les persiennes en sapin du Nord, on abattra haut et bas le champ de ces traverses à l'intérieur selon l'inclinaison donnée aux lames ; il en sera de même à l'égard de celles du milieu, auxquelles on pourra donner l'épaisseur de plusieurs lames en raison de l'élévation de la baie.

Quelquefois, une portion de ces lattes ou lames est mobile, et particulièrement celles qui se trouvent à hauteur d'œil ; alors elles sont montées sur une *crémaillère* (tringle de bois dentelée) à *tourillons* (pivots placés en bas et en haut de la partie mobile), qui les fait mouvoir de manière à les fermer entièrement, puisqu'elles sont disposées à recouvrement les unes sur les autres, et à les ouvrir tout à fait, c'est-à-dire horizontalement ou obliquement en l'air du dedans à l'extérieur en les tournant en sens inverse. Pour les rez-de-chaussée il convient de faire les persiennes en bois de chêne, surtout si l'on ne met pas de volets intérieurs. Le chêne résiste mieux à l'effraction.

L'épaisseur des lames peut être façonnée en doucine ou en feuillure, ce qui est plus solide que les chanfreins ordinaires qui présentent une arête très aiguë. Les chanfreins sont cependant généralement pratiqués. L'épaisseur des lames peut être de $0^m,009$ à $0^m,014$. Il faut que le bois employé aux lames de persiennes soit parfaitement sain et surtout sec ; il faut surtout ne jamais souffrir de nœuds ni de gerçures. Autrement elles se détérioreraient en peu de temps; car les persiennes sont constamment exposées aux intempéries de l'air.

En outre de la disposition que nous avons indiquée plus haut et qui consiste à monter une portion des lattes sur une crémaillère, il existe un dispositif très employé dans les régions méridionales qui permet à la persienne de protéger l'intérieur de la pièce contre le soleil tout en laissant entrer la lumière. A hauteur d'homme, entre deux traverses, on réunit toutes les lames dans un châssis spécial qui se loge en feuillure dans le bâti du vantail et qui est fixé à la traverse supérieure au moyen de charnières. Tout le châssis peut se soulever en avant de la persienne vers l'extérieur en tournant autour des charnières et dans cette position on le supporte par une tringle en fer.

Les persiennes ont l'inconvénient de tenir beaucoup de place une fois ouvertes et de ne pas être d'une manœuvre commode ; aussi fait-on souvent usage de persiennes brisées ; ces persiennes se composent de deux, trois ou quatre feuilles qui se replient les unes sur les autres au moyen de charnières. On peut donc par ce dispositif n'ouvrir qu'une partie de la persienne d'une part, et d'autre part la persienne grande ouverte étant repliée n'a plus que la largeur d'une feuille ; elle peut donc se placer sur la surface du tableau de la baie.

Les persiennes peuvent être également tout en fer ou même en fer et bois ; dans ce dernier cas, le bâti est en fer à rainure dans lequel s'engage à force une baguette en bois qui porte les tenons des lattes.

Des portes La combinaison des assemblages des portes dites *pleines* ne diffère que peu de celle des planchers de frise. Ces portes, les plus simples et les plus économiques qu'on puisse établir, ne se composent que de planches assemblées entre elles, à rainures et languettes et à clef (espèce de tenons de rapport) pour les empêcher de se désunir, et assemblées par leurs extrémités, dans des traverses nommées `emboîtures`. Lorsque les portes ont plus de $0^m,034$ d'épaisseur, et qu'elles doivent servir à l'extérieur, on les joint à plat, et on y rapporte des languettes que l'on fait le plus minces possible, afin de conserver plus de solidité aux joints.

Il ne faut pas omettre de donner ce qu'on nomme de la *refuite* aux tenons qui entrent dans les emboîtures. (La refuite est la facilité qu'on donne aux planches des ouvrages emboîtés de se retirer sur elles-mêmes.) Cela se fait en élargissant les trous des cheville dans les tenons et en agrandissant les mortaises en sens contraire. Si on négligeait ce soin, quand les planches viendraient à se retirer chacune sur elle-même, les chevilles et les épaulements en les arrêtant feraient fendre les joints. La refuite doit donc être pratiquée aux deux extrémités. Dans le cas où ces portes sont trop exposées à l'humidité, on se contente de n'y mettre qu'une emboîture par le haut et simplement une barre par le bas, parce que autrement les tenons pourriraient trop promptement.

Nous l'avons déjà dit et nous le répétons, les portes à un vantail doivent avoir pour hauteur au moins deux fois leur largeur.

Une porte d'appartement a presque toujours deux parements, dont les deux surfaces sont apparentes et travaillées avec également de soin ; elles doivent toujours ouvrir à feuillure. L'épaisseur des bois qui y sont employés se règle en raison de la dimension de la porte. Ainsi, aux portes de $2^m,27$ à $2^m,92$ d'élévation, ils auront $0^m,036$ d'épaisseur ; à celles de $2^m,92$ à $3^m,88$, ils auront $0^m,040$, et enfin à celles de $3^m,88$ à $4^m,90$, ils auront $0^m,045$ d'épaisseur.

On revêt souvent entièrement les baies des portes, de menuiserie, c'est-à-dire par des chambranles sur les deux faces, contre lesquels viennent aboutir les tentures, ou s'assembler les lambris, indifféremment; et le dessous et les côtés du tableau par des *ébrasements* (dits *embrassements* par les ouvriers), qui s'assemblent avec les chambranles.

Lé *chambranle* est une espèce d'encadrement en menuiserie qui limite extérieurement les baies des portes : il reçoit aussi les gonds destinés à supporter les battants. Le chambranle n'est souvent formé que de deux montants et d'une traverse supérieure, le tout orné de quelques moulures. La décoration du chambranle est une question de plus ou moins de goût. Quand on veut de la richesse, on décore les montants verticaux en pilastres et la traverse en entablement ou simplement au moyen d'une partie pleine couronnée d'une corniche. Le pied de chaque montant pose sur une plinthe, ayant une petite saillie, tant de face que sur les côtés. Les pièces qui constituent cet ouvrage de menuiserie, doivent être assemblées d'onglet, à tenons et mortaises : ces dernières doivent toujours être creusées dans la corniche.

Sur l'épaisseur du chambranle est toujours pratiquée une feuillure, dans laquelle vient se loger la porte. Si le côté opposé du mur est revêtu d'une menuiserie semblable, mais qui ne doit pas recevoir de porte, cette menuiserie n'est qu'un pur ornement, appelé *contre-chambranle*, et, à la place de la feuillure qui est inutile, on adapte une moulure, afin d'éviter les faces trop lisses.

On ne met ordinairement que deux grands panneaux dans les portes à un vantail, et surtout à l'intérieur, fig. 298. Mais pour des panneaux de cette dimension, il faut du bois très sec. Il est pré-

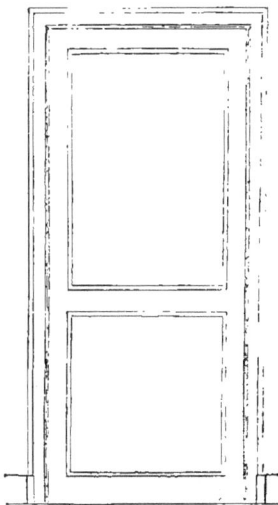

Fig. 298.

férable d'adopter deux grands panneaux haut et bas, et d'en mettre un plus petit, c'est-à-dire de moins de hauteur, intermé-

diaire, fig. 299. Pour les portes extérieures, il convient d'y pratiquer six panneaux si elles sont à un vantail, fig. 300. Ainsi
faites, elles sont beaucoup plus solides et laissent aussi pénétrer
moins de chaleur, parce qu'il y a une plus grande superficie de bois épais.

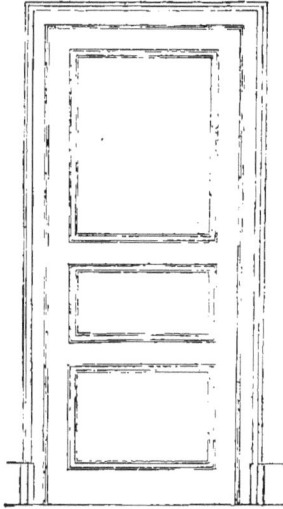

Les panneaux des portes, tant extérieures qu'intérieures, sont encadrés de
moulures, tantôt fort simples, tantôt plus
compliquées, ce qui n'est qu'une affaire
de goût. Mais ces moulures ne doivent
pas être rapportées; elles doivent être
poussées sur les montants et les traverses. Il est convenable de ne pas les faire
trop délicates, de crainte que l'épaisseur
de peinture dont elles seront recouvertes
n'en détruise l'effet. L'arête extérieure
de la porte peut être rectangulaire; on y
pratique souvent un *congé*; moulure
creuse de quart de cercle, qu'on répète
alors sur l'arête vive du chambranle.

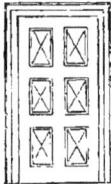

Fig. 299.

On pose souvent les serrures dans l'épaisseur des
portes : dans ce cas, il faut toujours avoir soin de
combiner la division des panneaux de sorte qu'il se
trouve une traverse pour recevoir la serrure, traverse
qui ne soit ni trop haute ni trop basse, afin de se
trouver à la portée de la main et de ne pas enlever
une partie de la force du bras.

Fig. 300.

Les portes sont quelquefois vitrées dans leur partie
supérieure; dans ce cas, ou bien le panneau entier est
remplacé par une seule vitre ou bien on divise l'espace
vide laissé par l'enlèvement du panneau en petits compartiments; chacun de ceux-ci recevra une vitre. Cette

Fig. 301.

disposition est surtout adoptée dans les pièces à décoration
comme les salons. La première disposition convient à des pièces
moins soignées comme les cuisines, portes de couloir, etc.

Les vitres employées peuvent être soit en carreaux ordinaires, soit en toute autre espèce de carreaux opaque, strié, etc.

Dans les portes vitrées, le vitrage est maintenu par une feuillure de petite dimension sur laquelle le verre est fixé par quelques clous que l'on rabat ; on mastique ensuite ou pour obtenir un résultat plus élégant on remplace le mastic par une moulure en bois dite « parclose ».

Les vantaux des portes cochères sont, d'habitude, formés chacun d'un fort bâti, au haut duquel est un panneau, et de deux guichets, dont l'un est dormant et l'autre mobile. L'épaisseur des gros bâtis des portes cochères devra toujours être proportionnée à l'élévation des portes : cette épaisseur sera de $0^m,10$ dans les portes de $3^m,90$ de hauteur ; de $0^m,12$ pour celles de 4 ,90, et de $0^m,16$ pour les portes de $5^m,90$ de hauteur. Les battants de rive doivent avoir leur épaisseur en largeur, plus la grandeur du champ qui peut varier de $0^m,13$ à $0^m,18$ en raison de l'élévation de la porte : il faudra y ajouter $0^m,027$, $0^m,033$ et même $0^m,040$ pour la moulure qu'on fait régner sur les arêtes intérieures. Il faut que les battants du milieu aient la même largeur de champ et de moulure que les précédents, plus la moitié de leur épaisseur, que les portes qui ouvrent à feuillure, et le tiers de ceux qui ouvrent à noix.

Les traverses du haut, du bas et du milieu, devront avoir mêmes épaisseur et largeur du champ que les battants, plus $0^m,034$ ou $0^m,067$ de portée pour celle du haut, et les embrèvements et moulures nécessaires, tant pour celle-ci que pour celle du milieu. Les traverses du bas doivent avoir $0^m,13$ de largeur au moins et $0^m,16$ au plus, afin de ne pas gêner lorsqu'on passe dessus dans les guichets : leur épaisseur sera égale à celle des battants ; on la tient cependant quelquefois plus forte, de manière à former plinthe sur le devant. Les battants qui portent le guichet dormant, doivent être rainés à l'intérieur ; on laissera $0^m,033$ de joue en parement à ceux qui ont $0^m,10$ d'épaisseur, $0^m,040$ à ceux de $0^m,13$ et $0^m,045$ à ceux de $0^m,16$. Les rainures doivent avoir le tiers de largeur de ce qui reste après la joue, ou l'épaisseur du guichet, ce qui est la même chose, sur $0^m,027$ de profondeur. La traverse au-dessus du guichet doit être rainée de même, mais il n'y aura pas de rainure à celle du bas, parce qu'elle ne servirait qu'à conserver l'eau et pourrirait ainsi la traverse.

La largeur d'une porte cochère d'une bonne dimension doit être environ de 2^m,60 à 3^m,20 et son élévation de 3^m,80 à 4^m,50 et plus. Une porte cochère basse et large est toujours d'un mauvais effet. Quand l'élévation du rez-de-chaussée le permet, donnez à la porte cochère deux fois sa largeur en hauteur, et vous aurez une proportion élégante.

Quant aux portes d'entrée à un vantail, on les fait d'un mètre de largeur et plus, afin que les gros meubles puissent y passer.

Dans l'intérieur des appartements, en raison du manque de place et extérieurement soit pour la même raison, soit pour la facilité des manœuvres, on se sert parfois de portes roulantes. Ces portes, dont les dimensions varient depuis la simple porte d'armoire jusqu'à la grande porte cochère, sont munies, à leur partie supérieure, de galets qui roulent sur des bandes de fer plates ; en bas, elles sont guidées par une rainure ou par d'autres galets. Ces portes ont l'inconvénient de ne pas fermer aussi bien que les portes ordinaires.

Les assemblages de menuiserie Il ne faut pas oublier que la menuiserie est l'art de joindre ou d'assembler des pièces de bois destinées à concourir à la salubrité, à la commodité et à la beauté des habitations. Nous avons énuméré les principaux ouvrages de menuiserie, tels que planchers, parquets, fenêtres et portes. La menuiserie demande plus de soin dans l'exécution que la charpente, parce qu'elle est de sa nature essentiellement décorative et plus en vue que la charpente. Les surfaces des ouvrages de menuiserie doivent par conséquent être parfaitement dressées et unies, et tous les joints doivent être exécutés avec une grande précision. Il faut surtout veiller à ce que les assemblages soient faits dans les règles voulues. Les assemblages sont une des parties les plus importantes de la menuiserie, et c'est d'eux que dépendent la solidité ainsi que l'élégance de ses travaux.

Nous avons indiqué dans la charpente (page 273, fig. 181) ce qu'est un assemblage à tenons et mortaises ; cet assemblage se pratique aussi dans la menuiserie.

Dans l'assemblage dit à *à enfourchement* la mortaise n'a que trois côtés et règne jusqu'à l'extrémité du bois : elle n'a point d'épaulement, ou petit espace de bois plein réservé à la suite de la mortaise. Cette sorte d'assemblage s'emploie pour les ouvrages grossiers, non apparents.

L'*assemblage carré* est celui dans lequel les arasements, ou extrémités de la pièce qui porte le tenon, sont égaux de chaque côté.

L'*assemblage d'onglet* est employé pour unir principalement des pièces de bois ornées de moulures sur les bords, comme les traverses haut et bas avec les montants des portes, fig. 302.

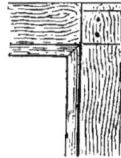

Fig. 302.

Pour les ouvrages soignés on emploie encore une autre manière d'assemblage, appelé *à bois de fil*. Dans cet assemblage, le tenon est pratiqué dans la même direction que la traverse qu'il limite ; la mortaise est creusée d'équerre sur le montant : mais les arasements ainsi que les épaulements ont une direction biaise. L'onglet est non seulement coupé sur la moulure, mais encore sur toute la largeur de la traverse, le tenon excepté, en sorte que la ligne d'assemblage coupe régulièrement en deux l'angle droit formé par la rencontre des deux pièces jointes. L'arasement forme donc avec la tranche interne de la traverse un angle de 45 degrés ; il en est de même de l'épaulement de la mortaise et de l'entière sur-

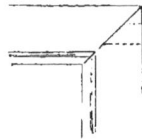

Fig. 303.

face dans laquelle elle est creusée. Dans cet assemblage, les fibres du bois se joignent bout à bout et semblent se replier elles-mêmes pour faire l'angle que forment les pièces. C'est la manière la plus régulière de faire la menuiserie dont le bois doit être laissé apparent, c'est-à-dire rester sans peinture et ne recevoir qu'un vernis ou une couche d'huile.

Quand des traverses, qu'on assemble au milieu des portes pour séparer des panneaux les uns des autres, portent des moulures des deux côtés, il faut que chacune des moulures soit coupée à onglet, ainsi que l'indique la fig. 304.

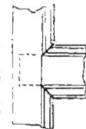

Fig. 304.

L'*assemblage à fausse coupe* est nécessaire quand il s'agit de joindre deux pièces de bois d'une largeur inégale, et qui doivent être assemblées à bois de fil. La figure 305 indique suffisamment cet assemblage.

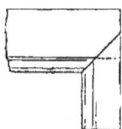

Fig. 305.   Fig. 306.

L'*assemblage à demi-bois*, employé pour les ouvrages communs, n'a ni tenon ni mortaise : il est peu solide, mais promptement exécuté.

Fig. 307.

Nous donnons ici, fig. 306, 307, divers assemblages formant angles, et employés pour des piédestaux, des plinthes, des réservoirs et autres usages.

Fig. 308.

La fig. 308 indique l'assemblage de deux faces d'équerre disposées de manière à dissimuler le joint : c face, l autre face, o joint.

Des moulures dans la menuiserie

On a appelé *moulures* les contours ou formes donnés à l'épaisseur de tout membre d'architecture, soit saillant, soit rentrant. Les menuisiers ont l'habitude de placer souvent des moulures où il n'en faut pas, plus souvent encore de trop les compliquer, et enfin d'en combiner qui ne répondent pas toujours à l'effet qu'on en attendait. Il faut être très sobre dans l'emploi des moulures en menuiserie, et plus elles sont simples, plus aussi elles produisent le bon résultat qu'on en demande. L'architecture grecque nous a conservé les plus belles moulures que les Grecs ont formées de quelque section conique, comme une portion d'ellipse, ou d'une hyperbole, et le plus souvent d'une ligne droite biaise formant ce qu'on nomme *chanfrein*.

Les moulures sont de deux sortes : les unes simples, primitives ; les autres composées. Au nombre des premières sont le *filet* ou *listel* (*a*), face très étroite, verticale et horizontale ;

La *bande,* qui est un filet large (*b*) ;

L'*astragale* (*c*), formée de la moitié d'un cercle d'un petit rayon ;

L'*échine* ou quart de rond, formé d'un quart de la circonférence d'un cercle (*d*) ;

Le *cavet* ou quart de rond renversé, moulure concave et formant gorge (*e*) ;

Le *tore* ou *boudin,* formé de la moitié d'un cercle dont le rayon est plus grand que celui de l'astragale (*f*).

Au nombre des moulures composées sont : la *cimaise* ou *talon,* composé du quart de rond et du cavet ; cette moulure est convexe en haut et concave en bas (*g*) ;

La *doucine,* composée comme le talon du quart de rond et du cavet, mais en sens inverse (*h*) ;

La *scotie,* moulure cave, tracée au moyen du cercle, mais de deux rayons différents (*j*).

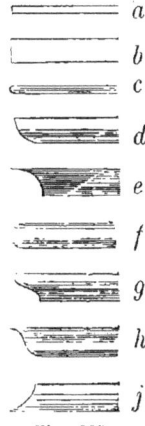

Fig. 309.

Dans la disposition des moulures pour l'architecture et plus particulièrement pour les ouvrages de menuiserie, il faut éviter de mettre côte à côte des formes semblables ou des membres pareils ; ainsi ne mettez pas une astragale au-dessus ou en dessous d'un boudin, ne mettez pas doucine sur doucine, etc., etc. Quand vous faites un corps de moulures, pour une corniche, pour un encadrement de panneau quelconque, séparez toujours vos moulures curvilignes les unes des autres au moyen d'un listel, d'une bande ou d'un quart de rond. Si vous employez une doucine ou un talon. ajoutez-y toujours un filet haut et bas.

Pour les petits bois des fenêtres, on se sert de moulures diverses, de filets et de chanfreins, fig 287, haut ; de la coque composée, bande au filet large, chargé d'une moulure elliptique, appelée poire ou œuf, fig. 287, bas.

Il ne faut pas donner en général trop de saillie aux moulures de menuiserie qui se trouvent à une hauteur d'un mètre à un mètre soixante à partir du sol ou plancher des appartements. Le changement de place des meubles et autres circonstances concourent à produire souvent des chocs contre la menuiserie et à la détériorer si les détails en relief qui la composent sont proéminents. Que la menuiserie soit donc simple dans sa partie inférieure et qu'elle se développe en richesse à mesure qu'elle s'élève. Avant de vous décider pour le dessin de telle ou telle moulure, demandez au menuisier de vous en faire un échantillon en bois, grandeur d'exécution, ou naturelle, comme on dit, et jugez par vous-mêmes si ce modèle, qui est une partie de ce qui sera exécuté, répond à votre attente.

On suit une malheureuse routine en menuiserie, comme dans les autres parties du bâti-

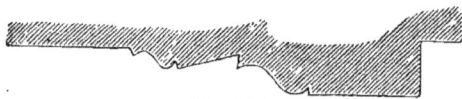

Fig. 310.

ment. On tient à d'anciens modèles et on est l'ennemi d'innovations intelligentes ou pratiques. Pour les moulures extérieures des portes d'entrée, on se sert de membres très saillants et très rentrants qui se remplissent de poussière, que le brouillard humecte en hiver pour en faire presque de la boue. On peut cependant produire beaucoup d'effet avec des moulures fines et plates, en les combinant avec goût et intelligence. Nous en donnons ici un exemple tiré de l'antiquité, de l'art étrusco-romain, et de la porte de l'église des Saints Cosme et Damien dans le forum à Rome.

CHAPITRE VII

Serrurerie et charpente en fer

On entend par serrurerie non seulement la construction et la pose des serrures, mais aussi l'ensemble des travaux métalliques qui lient, fixent ou supportent les ouvrages des autres corps de métier. La serrurerie s'occupe de la construction des portes, fenêtres, persiennes, clôtures, en matériaux métalliques, des vérandas, serres et autres constructions légères.

Les matériaux employés en serrurerie sont soit le fer brut, soit des métaux déjà travaillés, souvent assemblés et prêts pour la pose, qui sont du domaine de la quincaillerie.

Le fer est le plus employé des métaux ; il est presque toujours combiné avec un peu de carbone, et c'est d'ailleurs cette teneur en carbone qui différencie entre eux le fer et ses dérivés.

Le fer contient de 0 à 0,15 de carbone, l'acier de 0,20 à 1 %, la fonte de 2 à 4, 5 % et même 6 % en présence du silicium.

La fonte se retire du minerai de fer en mettant ce dernier en contact avec du carbone (carbone qui est fourni par du charbon de bois ou du coke) dans les hauts fourneaux. La fonte est grise si elle contient du graphite, blanche si elle n'en contient pas, et entre ces deux couleurs il y a des fontes blanches tachées de gris que l'on nomme fontes truitées ou fontes gris clair.

La fonte fond à une température de 1050° à 1250°, suivant les espèces ; elle présente une résistance relativement faible à la traction ; la densité de la fonte est comprise, suivant la catégorie, entre 6, 8 et 7,7.

La fonte malléable est une fonte obtenue de la façon suivante : on moule un objet en fonte, puis on le porte au rouge (au-dessous du point de fusion), en contact avec un milieu oxydant, tel que des minerais de fer ; on poursuit longtemps ce contact ; on obtient une décarburation superficielle de l'objet qui se transforme ainsi sur une mince épaisseur en de l'acier. L'objet a donc la forme compliquée de la fonte moulée tout en ayant la résistance et la flexibilité de l'acier ; on dit qu'il est en fonte malléable.

L'acier contient plus de carbone que le fer, et moins que la fonte : les procédés anciens de fabrication de l'acier consistaient à donner du carbone au fer pour obtenir l'acier ; on maintenait le fer en contact avec du charbon à haute température : on avait ainsi un acier appelé acier de cémentation peu homogène. Aujourd'hui, on applique la méthode qui consiste à enlever du carbone à de la fonte : les progrès considérables de la métallurgie ont seuls permis cette fabrication qui a lieu dans des appareils appelés « convertisseurs ». Les aciers sont de composition et de qualités variées : on les nomme aciers extra-doux, doux, mi-doux, mi-durs, extra-durs. La densité de l'acier varie entre 7.8 et 7,9 ; il fond entre 1600° et 1400° suivant les qualités. Plus l'acier est doux, plus sa résistance est faible.

La trempe de l'acier consiste à le chauffer à haute température et à le refroidir brusquement dans un bain d'eau, par exemple. Par le recuit, on fait disparaître les résultats de la trempe : le recuit consiste à chauffer l'acier à la température atteinte pour la trempe et à le laisser refroidir lentement.

Le fer s'obtient rarement en partant directement du minerai : en général, il provient du « puddlage » de la fonte, opération qui consiste à enlever à la fonte le carbone qu'elle contient, au moyen d'un courant d'air chaud à température élevée. Il reste dans le fer environ 0.05 à 0.15 % de carbone.

La densité du fer est de 7,8 à 8, et le point de fusion est de 1700 à 1800°; bien avant cette température, le fer se ramollit et on peut alors le travailler à la forge.

Le grand ennemi du fer est la rouille; la rouille est un mélange d'oxyde et de carbonate de fer; elle fait augmenter considérablement de volume les constructions. Pour lutter contre la rouille, il faut recourir soit à la peinture du fer, soit à la galvanisation ou à l'étamage pour les pièces peu importantes. La peinture employée est le minium recouvert ensuite d'une peinture à l'huile; cette peinture ne protège pas indéfiniment le métal; elle se raye et s'enlève sous l'action des chocs; de plus, elle se détériore au contact des agents atmosphériques, et il faut la refaire au moins tous les dix ans. La peinture à l'huile ne supporte pas le contact avec la chaux et le ciment qui la décomposent.

La galvanisation consiste à recouvrir le fer d'une couche de zinc; mais dès que cette protection cesse, la rouille se développe sur le métal plus vite que sur le fer seul.

Dans l'étamage, on remplace le zinc par l'étain.

Le fer peut présenter toute une série de défauts que les non initiés ne peuvent pas toujours reconnaître; il faut donc s'adresser à un fabricant de confiance.

Le fer se présente sous des aspects bien différents suivant l'emploi que l'on doit en faire; fer rond, fer plat, fer carré, fer aplati, glacé, feuillard, ruban, rails, fer en I, fer en $\cup$, fer en $\top$, fer en double I (1), cornière, fer Zorès, etc. Toutes ces classes se trouvent divisées en un nombre considérable de catégories, suivant les dimensions et les qualités; chaque constructeur a des types déterminés.

Le feuillard est une bande de fer dont on fait, par exemple, les cercles de tonneaux; les fers en I, $\cup$, T, double $\mathbf{I}$, sont ainsi dénommés en raison de leur forme identique à celle de ces lettres. La cornière est un fer en équerre. Le fer Zorès (du nom de l'inventeur) a une forme intermédiaire entre un $\cup$ et un $\vee$ renversé.

L'acier est employé avec les mêmes profils que ceux du fer auxquels s'ajoutent des profils spéciaux à l'acier. Les prix de l'acier et du fer étaient, il y a quelques années, assez écartés; maintenant, l'écart est moindre; aussi l'emploi de l'acier se développe-t-il beaucoup.

Quant à la tôle, elle joue un très grand rôle dans la construction. On appelle tôle une feuille d'épaisseur égale en tous points, faite soit en fer, soit en acier; il y a donc de la tôle de fer et de la tôle d'acier. Il existe un grand nombre de qualités de tôles qui portent des noms différents, suivant les forges.

Nous allons passer en revue un certain nombre de travaux qui rentrent dans la serrurerie.

Quelles que soient l'habileté et l'attention apportées à la construction des murs d'un bâtiment, il est un fait avéré par l'expérience autant que par la théorie, c'est que le poids des planchers et la charpente des combles avec leur couverture fait tendre les murs à pousser au vide à l'intérieur, ou du dedans au dehors. Il y a donc des précautions à prendre d'étage en étage pendant la construction pour obvier à cet inconvénient désastreux. Pour prévenir ce qu'on nomme l'écartement, on pratique au milieu des murs ou dans leur épaisseur, ce qu'en termes de l'art on appelle des *chaînes*, sorte de liaisons horizontales, consistant en fer carré ou plat, bien tendues, et solidement assujetties à leurs extrémités par des ancres, qui maintiennent les murs dans l'aplomb et la position qu'on leur a donnés, de manière à ne pouvoir agir l'un sans l'autre, et à se prêter un secours réciproque. Ces chaînes se posent dans les murs pendant leur construction. Il faut avoir soin de les prévoir, et, au moyen du plan du bâtiment, les commander, selon leurs longueurs, d'avance au serrurier, afin que, quand le moment de la pose est arrivé, les maçons ne soient pas dans l'obligation de les attendre.

Quand une maison est isolée sur ses quatre faces, on place des chaînes en fer dans toute la longueur des quatre murs; mais, lorsque le bâtiment est accoté à d'autres, elles deviennent inutiles. Il n'est pas inutile de peindre ces chaînes avec leurs ancres, au minium, quoique d'ordinaire on néglige de le faire par une économie mal entendue.

Pour éviter l'aspect disgracieux des ancres qu'autrefois on laissait apparentes sous la forme d'un s, d'un y, ou d'un z, on les encastre de 0^m,05 à 0^m,08 en dehors, ce qui les dérobe à la vue. Dans les murs en moellons, on pratique simplement une tranchée pour loger l'ancre : on rebouche ensuite cette tranchée, qui contient l'ancre, avec du mortier ou du plâtre. Dans le cas où le mur serait en pierre, on perce en le bâtissant l'ouverture nécessaire pour recevoir l'ancre, du moins dans l'assise supérieure; car, quant à l'assise inférieure, on la perce d'habitude sur place à force de la battre avec un pic, de l'eau et du sable ou du grès.

Indépendamment des chaînes posées dans l'épaisseur des murs, on assujettit encore à l'extrémité des poutres, en dessus ou en dessous, une bande de fer à talon d'environ 1 mètre à 1^m,30 de longueur, sur 0^m,66 de largeur et 0^m,013 d'épaisseur,

Fig. 311.

au bout de laquelle est pratiqué un œil où l'on passe aussi une ancre qui s'encastre également au dehors du mur qui soutient sa portée. Dans le cas où les extrémités de deux poutres se rencontreraient vis-à-vis l'une de l'autre au milieu du mur, comme cela arrive quelquefois quand les maisons sont doubles, dans ce cas, disons-nous, on les lie ensemble au moyen d'une bande de fer solidement fixée avec des clous dentelés et retenue par des crampons ou talons à chaque bout.

On doit encore en mettre de semblables avec des ancres, à l'extrémité des sablières, de grosses cloisons de charpente, au droit des planchers, et au bout des entraits des fermes, des combles,

qui servent alors de chaînes et de tirants ; enfin, il faut en poser
aussi à l'extrémité des pannes, des faîtages, soit à leur rencontre avec les murs de face, soit avec celle des murs de pignon
d'un bâtiment, surtout lorsqu'ils sont isolés; et cela pour
empêcher d'étage en étage le déversement des murs de face,
et pour que le bâtiment ne puisse s'écarter d'aucun côté de son
aplomb.

Quand on emploie du fer plat, on prend ordinairement des
barres de 54 à 67 millim. de largeur sur 13 à 15 millim. d'é-
paisseur. Si l'on prend du fer carré, les barres doivent avoir
de 31 à 34 millim. de grosseur et quelquefois davantage si le
bâtiment est d'une certaine étendue et d'une élévation plus qu'ordinaire. Toutefois, les fers plats sont toujours préférables, parce
qu'il arrive quelquefois qu'en forgeant les surfaces qui s'étendent
sous le marteau, on diminue l'adhérence des parties du milieu
sur lesquelles le marteau a eu moins d'action.

Il y a trois systèmes différents de former les assemblages des
chaînes : car on ne trouve pas toujours les longueurs voulues
pour le bâtiment.

On nomme *assemblages à charnières* celui où l'extrémité de
l'une des barres est façonnée en forme de
fourche dans laquelle on introduit le bout de
l'autre (fig. 312). Les trois épaisseurs de fer

Fig. 312.

réunies sont percées d'un trou dans lequel
on fait entrer un boulon soit à vis, soit à
clavette, et quelquefois de doubles coins quand il s'agit de faire
tirer les barres qui forment la chaîne; on préfère les doubles
coins qui permettent aux ouvriers de
bander la chaîne, c'est-à-dire lui faire
produire toute l'action qu'on lui demande et dont elle est susceptible

Fig. 313.

(fig. 313). Il arrive assez fréquemment
que les chaînes et tirants en fer méplat manquent au droit du
pli ou recourbure pratiquée à leur extrémité, pour que l'œil qui
les termine puisse saisir l'ancre dans une position verticale, parce
que le fer est corrompu en cet endroit. On peut toutefois éviter
cet inconvénient en posant les barres de champ dans les murs,

ou le long de la paroi de l'une des faces verticales des poutres.

Dans le second assemblage dit à *talons*, les extrémités qui doivent s'unir sont terminées par des talons ou ressauts, tournés en sens contraire. On fait bander la chaîne, en chassant des coins de fer entre les deux talons, et l'on maintient les bouts de barre réunis par le moyen de deux brides placées au droit des talons, fig. 314.

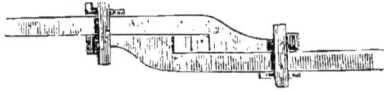

Fig. 314.

Le troisième système d'assemblage, dit à *moufles,* ne diffère du précédent qu'en ce que les talons sont plus forts et contournés ainsi qu'on le voit dans la fig. 315. Cette manière de réunir les barres est la plus solide et elle est toujours préférée pour les chaînes d'une grande étendue qui ont de puissants efforts à soutenir.

Fig. 315.

Le constructeur doit veiller à ce qu'on lui donne pour les chaînes, les tirants et les ancres, du fer de bonne qualité; il veillera aussi à ce que la façon des œils et des talons soit convenable et faite par un ouvrier entendu.

Ces fers doivent être pesés avant la pose ; le serrurier doit en donner un *attachement* en double, dont un est signé du propriétaire et rendu au serrurier, pièce qui lui sert de justification du poids des fers livrés, et accusé plus tard dans le mémoire des travaux.

Le prix du fer et de la façon pour chaînes, tirants et ancres, est convenu d'avance à tant les cent kilogrammes. Il y a des prix courants dans toutes les localités, qui varient selon la qualité du fer, l'activité plus ou moins grande des travaux, etc., et dont le constructeur peut toujours se rendre compte. Quand la localité où le fer est employé est à quelque distance de la ville où il est acheté, il faut naturellement tenir compte au serrurier du montant du transport extraordinaire, mais qu'on englobe dans le prix général souscrit d'avance par les deux parties.

Des linteaux Le linteau est une barre de fer placée en travers et au sommet d'une baie de porte ou de fenêtre. Dans la maçonnerie ordinaire il est d'usage de placer des linteaux en bois de charpente au-dessus de l'ébrasement horizontal des fenêtres, et l'on bande le haut des tableaux en dehors, avec des moellons taillés en coupe. Dans la construction en pierre de taille, ces barres sont encastrées sur les claveaux (pierres en forme de coin et qui forment la plate-bande) et scellées dans les pieds-droits de la baie.

D'après des expériences faites par des hommes de l'art, il résulte que, pour ce qui regarde la raideur des barres de fer posées horizontalement, un linteau de fer doit avoir pour épaisseur au moins la trentième partie de sa longueur entre les points d'appui.

On s'est rendu compte, en effet, qu'une barre de fer qui avait 47 millim. de grosseur sur 45 millim., pliait par son propre poids de 4 millim. dans une longueur de 3^m,32. Ce qui prouve combien peu on doit se fier aux barres posées sur les plates-bandes lorsqu'on ne les arrête pas par les bouts, pour les faire agir en tirant, et pour les empêcher de courber; et comme alors elles ont un double effort à soutenir, il est convenable de leur donner une largeur double de leur épaisseur verticale.

Employer les barres de fer comme simples supports, serait donc faire un faux emploi de la matière, parce que, dans ce cas, la flexion dont elle est susceptible annulerait l'effet qu'on se propose d'obtenir en employant cette sorte d'armatures.

Nous croyons utile de donner ici la manière d'évaluer la force des fers. Les barres de fer forgé acquièrent une augmentation de force en raison directe de leur périmètre ou pourtour de grosseur, et en raison inverse de leur épaisseur. Multipliez donc la surface de grosseur de la barre exprimée en millimètres carrés, plus son contour ou périmètre par 240, qui est la force moyenne des fers tous grains; ainsi, désignant la surface de la grosseur par a, le périmètre de la grosseur par b, et la force moyenne par c, on trouvera pour l'expression générale de la force des fers qui agissent en tirant, $a \times b \times c$.

Fers forgés, fers d'assemblage, quincailleries On distingue dans le bâtiment trois catégories d'ouvrages de serrurerie :

1° Ceux en fers forgés, tels que les gros fers et autres façonnés au marteau, et qui n'ont pas été travaillés sur l'établi ;

2° Ceux en fers d'assemblage, comprenant les grilles, balcons, rampes d'escaliers et autres ;

3° Enfin, les ferrures et quincailleries.

Nous avons déjà parlé des chaînes, des tirants, des ancres et des linteaux. Il faut encore ajouter à la série des gros fers de bâtiment les *étriers* (fig. 316), bande de fer plat coudé, contre-coudé et à talon de chaque bout, destinée à embrasser une pièce de bois pour la suspendre ; les *plates-bandes*, barre de fer plat, qui se pose sur les barres d'appui et sur les rampes ; les *manteaux de cheminées*, pièce de fer qui porte sur les jambages ou sur les corbeaux, et qui soutient la partie supérieure de la cheminée ; les *bandes de trémie*, fig. 317, fers plats, coudés aux deux extrémités, portant sur les enchevêtrures en charpente, supportant l'âtre d'une cheminée, et remplaçant le bois à cette place, afin d'éviter l'incendie ; les *colliers,* liens de fer dans la forme d'un anneau terminé par deux branches à scellement ou à pattes.

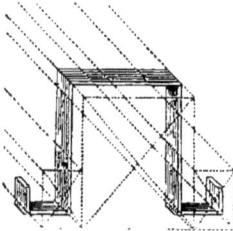
Fig. 316.

Fig. 317.

On range aussi dans la catégorie des gros fers les grilles dormantes pour fenêtres avec barreaux de fer, tels qu'ils se trouvent dans le commerce, scellés dans le linteau et l'appui de la fenêtre.

Les grilles le plus en usage pour clôture et les plus solides sont celles dont les montants ou barreaux, d'ordinaire ronds, sont d'un seul morceau du bas jusqu'en haut. Les barreaux passent tout au travers de deux barres de fer transversales, nommées *traverses* ou *sommiers*. Quand les travées sont séparées par des piles de maçonnerie, les traverses sont scellées dans les piles. La traverse a des trous pour laisser passer les barreaux ; en la forgeant, on lui ménage ses renflements au milieu desquels on perce les trous au foret. Il faut que ces trous aient exactement le diamètre des barreaux ronds qu'on y ajuste. On emploie aussi, ce qui n'est pas d'un mauvais effet, des barreaux carrés posés en diagonale.

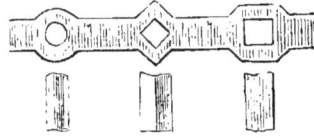

Quant aux balcons, on en exécute rarement aujourd'hui en fer forgé, qui a été remplacé par la fonte.

Fig. 318.

On a aussi beaucoup simplifié les rampes d'escalier. Dans les escaliers dits à *l'anglaise*, qui n'ont pas de limon et dont les marches se profilent sur leur épaisseur, on emploie des barreaux de fer rond, qui par le bas portent un tenon rond taraudé, ajusté et monté sur un support simple ou orné, dont la tête est ordinairement carrée, percée d'un trou pour recevoir le tenon du barreau, et posé soit à vis, pour les escaliers en bois, ou à scellement pour ceux en pierre. Ces supports, nommés *pitons*, se posent à l'extérieur des marches.

On pratique d'autres rampes, et qui sont le plus en usage aujourd'hui ; elles ont leurs barreaux coudés à col de cygne par le bas, posés sur le côté de la marche, soit à pointe, soit à patte fixée avec des vis, et ornés de patères en cuivre ou en fonte.

Fig. 319.

Le serrurier fournit et le quincaillier vend un grand nombre d'objets qui s'emploient dans le bâtiment, auxquels on a donné le nom de *quincaillerie*, serrurerie proprement dite, et qui comprend la généralité des objets que l'on peut fabriquer en fer ou en acier, tant pour la solidité que pour la sûreté et la décoration. Les articles de quincaillerie sont innombrables ; nous n'en mentionnerons que les plus importants et les plus en usage :

D'abord les serrures de toutes espèces, depuis 33 millimètres jusqu'à 21 à 24 centimètres. La serrure est une boîte parallélépipédique, dont la face principale est une plaque de fer battu sur laquelle est bâtie la serrure et qui supporte la broche, la bouterolle, etc. : cette plaque est nommée *palastre*. La pièce opposée au palastre est nommée la *couverture;* c'est la partie visible et principale de la serrure ; les quatre autres faces en forment l'épaisseur. La face que traverse le pène se nomme le *bord* ou *rebord,* les trois autres ont le nom de *cloison.* Ce sont donc six côtés formant une boîte qui contient tout le mécanisme. Le pène, petit verrou de fer que la clef fait aller et venir, se meut sur le palastre; il est contenu par un ressort qui le comprime et qui s'introduit dans des coches qui lui sont destinées. Une clef introduite dans cette machine accroche, en tournant, le ressort et le soulève, tandis qu'en même temps elle rencontre une barre du pène, la pousse et la fait marcher. Ce pène, en sortant de la serrure, entre dans une gâche qui retient sa tête fortement, et par ce moyen la porte est fermée. Afin d'empêcher qu'une clef étrangère n'ouvre la serrure, on dispose dans son intérieur des pièces minces, qui sont autant de portions de diaphragme, placées de telle sorte qu'elles passent librement dans des ouvertures correspondantes et ménagées à la clef. Voilà, aussi brièvement que possible, l'analyse du mécanisme d'une serrure.

Parmi les serrures on distingue :

La *serrure à veille,* qui sert à ouvrir un loquet.

La *serrure bénarde,* qui s'ouvre de deux côtés, employée dans les appartements pour s'enfermer à l'intérieur.

La *serrure à demi-tour,* dont le pène se pousse avec un bouton, une pomme, une olive, et qui s'ouvre aussi avec un demi-tour de clef. Cette sorte de serrure peut avoir un ou deux tours indépendamment du demi-tour.

La *serrure à pène dormant,* dont le pène ne se meut qu'au moyen de la clef.

La *serrure à deux fermetures,* celle qui se ferme à deux pènes par deux endroits dans le bord du palastre.

La *serrure de sûreté,* celle qui est parfaitement faite, dont les garnitures (c'est-à-dire les bouterolles, pertuis, planches, râteaux et rouets) répondent bien aux entailles du panneton de la clef, et dont les pièces, les rivures, les brasures, sont parfaitement finies. Le pène de ces serrures est, assez ordinairement, dormant, et elles ont en outre un demi-tour et un verrou de nuit.

Les *gonds* à scellement et à repos pour volets extérieurs et persiennes, fig. 320.

Fig. 320.

Les *loqueteaux simples*, fig. 321, ou coudés,
fig. 322, petits loquets à ressort, attachés au haut
des fenêtres ou des persiennes à des endroits où
la main ne peut atteindre et qu'on ouvre en tirant
un cordon en fil de fer attaché à sa bascule. Le

Fig. 321.

loqueteau peut entrer quelquefois dans un mentonnet; quelquefois aussi il porte lui-même son mentonnet, qui accroche un étoquiau (ou petite cheville
en fer, ronde ou carrée).

Les *pivots à équerre*, pièce qui tourne sur son
axe, employée pour les portes cochères ou pour
les portes qu'on veut faire fermer seules.

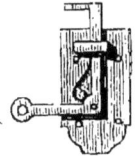

Fig. 322.

Les *gonds à pointe simple* et ceux à *pointe et à
repos*, fig. 323.

Les *pivots à équerre et crapaudine*, pour portes,
fig. 324.

Les *charnières*, pour ferrure
de placards, fig. 325.

La *pommelle simple* en T,
pour portes et fenêtres, fig. 326.

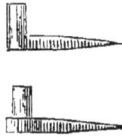
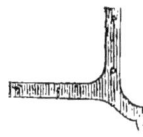

Fig. 323.　　Fig. 324.　　Fig. 325.

La *pommelle double* en T,
pour portes et fenêtres, fig. 327.

La *pommelle simple* en S,
pour portes et fenêtres, fig. 328.

Les *charnières* pour ouvrages
divers, pour portes, armoires,
etc.

Les *tourniquets*, pour fixer
les volets et les persiennes,
fig. 329.

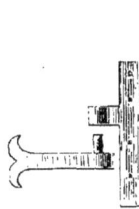

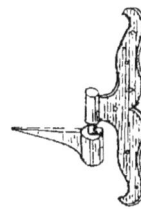

Fig. 326.　　Fig. 327.　　Fig. 328.

Les *pommelles simples* à queue d'aronde, pour usages divers,
fig. 330.

Les *fiches à vases*, pour usages divers, fig. 331.

Les *charnières* pour volets brisés fig. 332.

Les *charnières à un coq*, fig. 333.

Fig. 329.

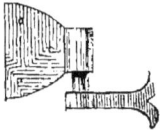
Fig. 330.

Fig. 331.

Fig. 332.

Fig. 333.

Fig. 334.

Fig. 335.

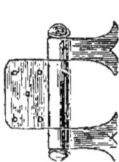
Fig. 336.

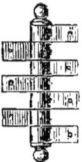
Fig. 337.

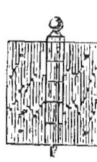
Fig. 338.

Fig. 339.

Fig. 340.

Fig. 341.

Fig. 342.

Fig. 343.

Les *charnières à deux coqs*, fig. 333, bas.

Les *couplets à pans*, fig. 334.

Les *loquets pour volets et portes*, fig. 335.

Les *espagnolettes* ou *crémones* avec leurs gâchettes haut et bas, recevant le crochet, le support du haut et celui du bas et ceux du milieu s'il y en a, la poignée, l'agrafe et le contre-panneton.

Les *fiches à gonds*, pour portes pesantes, fig. 336.

Les *fiches à nœuds*, pour guichets, fig. 337.

Les *fiches à broche*, fig. 338.

Les *verrous à ressort sur platine*, pour haut, pour portes.

id.   bas,   id.

Les *équerres* simples ou doubles, pour volets, persiennes et fenêtres, fig. 339.

Les *targettes*, pour nombreux usages, fig. 340.

Les *charnières à branches*, fig. 341.

Les *poignées brisées*, fig. 342.

Les *crochets*, fig. 343.

On nomme *pentures* des bandes de fer méplat, terminées par un œil ou anneau dans lequel entre le gond, et qu'on arrête sur la porte avec des clous. Leur usage est de tenir les portes ouvrant et fermant.

La penture peut être *soudée*, fig. 344, ou *ployée*, fig. 345.

Le ferrage d'une porte consiste en gonds ou en fiches à broche et à bouton, sorte de gond à charnières, dont tous les nœuds sont enfilés par une seule et même broche (fig. 337); ensuite vient la serrure et enfin la gâche. La gâche est une pièce de serrurerie

Fig. 344.

Fig. 345.

dans laquelle s'engage le pène de la serrure pour tenir la porte fermée. Il est aisé de comprendre que cette pièce peut être plus ou moins compliquée, selon le degré de force et de sûreté qu'on veut lui donner; quelquefois ce n'est qu'un simple crampon de fer. C'est au constructeur à choisir le genre de pentures et de serrure qu'il préfère selon son goût et selon les pièces auxquelles les portes sont destinées. Les belles serrures, d'un prix élevé, ne doivent être posées qu'aux portes d'entrée, aux salons, salles à manger et chambres à coucher. Pour les portes des autres pièces de la maison, on peut choisir des serrures moins chères.

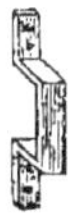

Fig. 346.

Il ne faut pas faire usage de charnières pour les portes d'appartement; car, dans le cas où l'on voudrait déposer la porte, on abîmerait la peinture ainsi que la menuiserie. Il est donc convenable de n'employer pour des portes pleines que des gonds ou des fiches à broches et à bouton; il y en a de simples et d'ornées dans le commerce.

Quant aux boutons de serrure, il y en a en cuivre, en cristal et en porcelaine blanche ou peinte. Les boutons en cuivre se ternissent facilement, sont d'un entretien journalier et donnent de l'odeur à la main qui s'en sert. Les boutons en cristal, devenus d'un usage vulgaire, sont préférables : ils ne se crassent point. Il en est de même des boutons en porcelaine que nous recommandons comme étant d'un bon usage et d'un aspect élégant; le blanc se dessine nettement sur toute espèce de peinture.

Le commerce livre des serrures qui se posent dans l'épaisseur des portes et qui sont invisibles. Elles sont convenables pour les salons, les salles à manger; on peut aussi les employer pour les chambres à coucher; elles coûtent un peu plus que les serrures ordinaires.

Si les ferrures des portes sont simples, celles des fenêtres au contraire sont compliquées, mais cependant faciles à comprendre et à ordonner.

Il faut d'abord attacher les châssis mobiles ou bâtis au dormant, portion de la fenêtre scellée contre la maçonnerie au moyen de pattes à scellement, à l'intérieur, dans la feuillure. Ces pattes doivent être encastrées, affleurer la menuiserie et être par conséquent invisibles. Pour attacher les châssis vitrés au bâti, on se sert de fiches à broche ou de fiche à vase, à volonté. Quand la fenêtre est de moyenne hauteur, on se contente de trois fiches : mais si la fenêtre a de l'étendue, il faut la munir de quatre fiches dans son élévation.

La fermeture des châssis mobiles d'une fenêtre se fait par l'espagnolette. Cette fermeture se compose d'une barre de fer ronde ou verge ronde, terminée aux deux extrémités en crochets, qui sont destinés à entrer dans les gâches (l'une placée dans la traverse du haut du bâti, l'autre dans la pièce d'appui) quand la verge tourne sur son axe vertical, et qui en sortent quand elle tourne en sens inverse. La verge passe dans plusieurs lacets (deux, trois, quatre, selon la hauteur de la fenêtre), terminés en pitons qui l'attachent sur celui des deux battants qui reçoit l'autre battant dans la feuillure ou la gueule de loup, et qui lui laissent la liberté de tourner. Les pitons traversent le montant et se fixent à l'extérieur au moyen d'écrous encastrés. Des embases (petite partie saillante) placées des deux côtés de la tête des pitons (haut et bas) empêchent la verge de hausser ou baisser et ne lui laissent que le mouvement giratoire. A la portée de la main un levier de 16 à 19 centimètres de longueur, façonné diversement en poignée pleine ou à jour et ornée d'un bouton, est attaché sur le cul-de-poule, de manière à pouvoir se mouvoir horizontalement et verticalement. Dans son mouvement horizontal, ce levier tourne la verge, ouvre ou ferme la fenêtre ; et par le mouvement vertical de son extrémité, on l'accroche à un crochet nommé *support*, placé sur le battant opposé, et par ce moyen la fenêtre reste fermée.

Quand il y a des volets intérieurs, on ajoute à l'espagnolette de petits tenons nommés *pannetons,* ou *ailerons,* qui servent à tenir les volets fermés, de façon que cette ferrure retient tout, et d'un seul coup de main ou effort on ouvre ou l'on ferme la fenêtre et les volets intérieurs.

Les deux châssis mobiles sont munis haut et bas, à l'intérieur, d'équerres pour maintenir les angles droits de la menuiserie, ou angles à 90 degrés. Toute la ferrure complète de la fenêtre est ce qu'on nomme *quincaillerie*. Le propriétaire peut lui-même acheter les différents objets qui composent cette ferrure et ensuite en confier la pose au serrurier. Il se rendra dans les magasins où se vendent ces objets, et il fera son choix selon son goût et le prix qu'il veut mettre aux objets à acheter : car le choix est arbitraire. Il fera bien de se faire donner un modèle d'espagnolette qu'il montrera au menuisier, afin que ce dernier connaisse à l'avance comment on entend que ses fenêtres soient ferrées. Il fera bien aussi de se conformer aux échantillons du commerce, afin de ne pas avoir de retouches et d'augmentation de main-d'œuvre.

Quand la menuiserie est ferrée, il faut d'abord avoir soin de ne pas la laisser au soleil ni à l'humidité. Aussitôt qu'elle sera ferrée, mettez-la dans un lieu sec et abrité, et faites-lui donner une première couche de peinture à l'huile, nommée *impression*.

Quels que soient le genre, la nature et la destination des objets de serrurerie, ils doivent toujours être peints ou goudronnés avant leur pose ou mise en place, pour les préserver de la rouille ; on doit demander au serrurier que les écrous et les vis soient graissés ; lorsqu'on pratique des encastrements (objet placé dans un autre au moyen d'une entaille qui lui est préparée), ils doivent être de la plus rigoureuse précision ; que l'entaille d'une équerre, par exemple, ne soit pas plus grande que l'équerre qui doit y être placée ; il faut que les trous des boulons soient droits, parfaitement ronds et du diamètre exact et nécessaire pour loger ces pièces. Si l'on n'assujettit pas les ouvriers à cette exactitude et à ces précautions, on ne peut pas entièrement compter sur ce procédé de liaison, car si les boulons peuvent remuer et ballotter, ils finiront dans un temps donné par agrandir leurs trous et en peu d'années ne rendre plus aucun service.

Il ne faut jamais compter sur le mastic pour réparer les maladresses de quelque ouvrier inhabile ; demandez toujours de bons compagnons à l'entrepreneur, et ne confiez jamais le ferrage et

la pose de votre menuiserie à des apprentis ou ouvriers trop
jeunes et sans assez d'expérience. Ayez soin que les pièces encastrées affleurent bien les bois où elles sont entaillées, qu'elles
n'aient pas de gauche et que, lorsqu'elles sont recouvertes de
peinture, elles semblent ne former qu'un avec le bois. Cette observation s'applique surtout à la pose des équerres et des gâches.

Les paratonnerres C'est dans la serrurerie qu'est comprise
l'installation des paratonnerres. Nous
avons à faire sur ces appareils des considérations que nous em-
pruntons aux instructions officielles de l'Académie des sciences.

Les nuages orageux qui portent la foudre, ne sont autre chose
que des nuages ordinaires chargés d'une grande quantité d'électricité.

Le tonnerre est le bruit de l'étincelle. La foudre est l'étincelle
elle-même. Quand l'un des points de départ de l'éclair est à la
surface électrique du sol, on dit que les objets terrestres sont
foudroyés.

Avant que la foudre éclate, le nuage orageux chargé d'électricité,
bien qu'il soit à plusieurs kilomètres de hauteur, agit par influence
sur le sol pour donner naissance à l'électricité de nom contraire
qu'il attire. Cette influence s'exerce sur tous les corps mais principalement sur les métaux, l'eau, le sol très humide, les corps
vivants, les végétaux, etc. Elle est d'abord très faible lorsque ces
nuages orageux sont éloignés, mais elle devient bientôt très puissante à mesure qu'ils s'approchent, et lorsqu'ils se trouvent au
zénith d'un lieu, cette influence est à son maximum d'intensité.

C'est à cet instant que la surface du sol, si les conditions sont
favorables, reçoit cette influence avec une incomparable énergie.

Le sol est pour ainsi dire inondé d'électricité que le nuage y
accumule incessamment par son attraction sur un point qui lui
est favorable. Aussi, lorsque la foudre éclate, les deux points de
départ de l'éclair sont l'un à la surface du sol sur le point terrestre favorable et l'autre sur le nuage.

Si, sur ce point terrestre favorable, il se trouve un édifice, un
arbre, un corps vivant, comme ils participent de la nature du sol,
ils seront sûrement foudroyés; il est de même certain que ces

intermédiaires ont exercé une action d'autant plus grande qu'ils ont une conductibilité meilleure.

C'est donc bien au préjugé qui veut que la foudre tombe des nues en frappant les objets pour ensuite s'enfoncer dans le sol que les ferronniers ont cru, en établissant dans un seul trou de quelques décimètres de profondeur des fourches métalliques dites *perd-fluides* estimées largement suffisantes pour anéantir le feu du ciel.

Aussi lorsque les circonstances atmosphériques se sont trouvées telles que la foudre devait éclater entre le sol et le nuage orageux et que, par suite de l'insuffisance du contact à la terre, elle suivait d'autres voies, ces constructeurs attribuaient simplement ce fait aux caprices de la foudre.

De ce qui précède, il se dégage ce fait de la plus haute importance : c'est que la foudre ne tombe pas mais qu'au contraire l'électricité développée dans le sol peut s'en dégager avec violence s'il y a accumulation et déterminer ainsi le foudroiement.

Les métaux tels que le fer en barre ou mieux encore le cuivre rouge en ruban, conduisent l'électricité comme des tuyaux conduisent l'eau ou la vapeur. Aussi, les

Paratonnerre.

Fig. 347.

derniers procédés appliqués pour éviter le coup de foudre consistent-ils à empêcher l'accumulation de l'électricité dans le sol, autour du bâtiment à protéger, et à établir, à l'instar des drains des rubans en métal suffisamment larges et étendus pour obtenir un véritable drainage électrique. Ces conducteurs inaltérables sillonnent le sol en tous sens soit en tranchées profondes de 65 à 80 centimètres soit en plongeant dans l'eau de puits intarissables; ils s'emparent ainsi de l'électricité libre au fur et à mesure de sa production et la conduisent par plusieurs conducteurs en rubans de cuivre inoxydable au sommet des bâtiments et sur les faîtages où elle se diffuse dans l'atmosphère.

Toutes les parties extérieures de quelque importance telles que chéneaux, tuyaux de descente, toitures et terrasses métalliques, doivent être reliées à ce réseau.

Pour augmenter encore la dispersion, on établit sur les points élevés au-dessus des faîtages tels que campaniles, cheminées, poinçons, etc., des pointes reliées au réseau général et faisant ici l'office des soupapes de sûreté d'une chaudière à vapeur.

Enfin, tous les objets métalliques isolés pénétrant du sol dans le bâtiment tels que canalisations d'eau, de gaz, etc., concourent fatalement à cette sorte de drainage; il en résulte une accumulation d'électricité à tous les robinets soit d'eau, soit de gaz; pour obvier à cet inconvénient ces canalisations doivent être raccordées avant leur entrée dans le bâtiment au réseau général qui sert de drain collectif et de conduit d'échappement des pointes.

Ce vaste réseau métallique assure ainsi la libre diffusion dans l'air du flux électrique, annihile sa puissance originelle, et permet souvent d'éviter l'explosion.

Ainsi donc, la disposition que nous venons d'examiner supprime les grandes tiges, peut se placer sur les toitures même les plus légères, a l'avantage de ne pas provoquer la foudre, d'être toujours en état de la laisser passer sans danger, en lui assurant un échappement certain. L'efficacité de cette disposition trouve sa raison d'être dans les instructions qu'a données l'Académie des Sciences pour la protection des poudrières et qui consistent à armer le bâtiment d'un double conducteur en cuivre rouge sans tige de paratonnerre; on emprisonne en quelque sorte le bâtiment dans une cage métallique; on forme ainsi un « écran électrique » qui joue par rapport à l'électricité atmosphérique exactement le même rôle qu'une surface opaque pour arrêter le rayonnement de la chaleur d'un foyer.

L'armature métallique a non seulement l'avantage de ne pas attirer la foudre, mais encore de soustraire l'intérieur des habitations ainsi que les personnes qui y séjournent à toute influence électrique provenant de la présence des nuages orageux; l'électricité atmosphérique enveloppant le bâtiment se porte exclusivement à la surface extérieure de l'armature conductrice, et sa neutralisation ou sa dispersion a lieu dans l'espace par les petites pointes multipliées et fixées sur tous les points élevés au-dessus des faîtages de la construction.

L'ancien dispositif de paratonnerre a de graves inconvénients; il comporte des tiges hautes placées sur les bâtiments, ces tiges sont toujours d'un poids considérable; elles sont le point de mire de la foudre et la font éclater plus sûrement dans cette direction. Il entraîne l'établissement absolument indispensable de puits spéciaux très dispendieux parce qu'il est de toute nécessité qu'un paratonnerre à grandes tiges, après avoir été construit avec tous les soins voulus, soit encore soumis à une visite et à un entretien annuels afin de renouveler la plaque de terre et les conducteurs chaque fois que cela sera rendu nécessaire. La plaque de terre est presque toujours défectueuse, et c'est ce qui explique que très souvent lorsque la foudre frappe un bâtiment muni d'un paratonnerre à longue tige, elle ne suive pas le conducteur de ce dernier et passe par l'intérieur du bâtiment en y occasionnant des dégâts. Les exemples de ces accidents sont nombreux.

Pour l'installation d'un paratonnerre il faut s'adresser à un spécialiste connu, car du soin apporté dans cette installation dépend l'efficacité du système.

Les sonneries La sonnerie est un des accessoires les plus répandus dans les habitations : autrefois, les sonneries se composaient de clochettes actionnées par des fils de fer que l'on tirait au moyen de cordons. On ne fait plus guère d'installations de ce genre, et on a recours toujours maintenant aux sonneries électriques.

Dans une installation électrique, il y a trois parties essentielles : les *piles*, les *sonnettes*, les *fils* qui réunissent les piles aux sonnettes.

La pile à employer pour les sonneries est la pile Leclanché : le modèle habituel se compose d'un bocal en verre renfermant une solution de chlorhydrate d'ammoniaque dans lequel plongent d'une part un bâton de zinc amalgamé, d'autre part un vase poreux en terre de pipe renfermant une lame de charbon de cornue entourée d'un mélange de charbon de cornue en grains et de bioxyde de manganèse.

On achète dans le commerce le bocal, le bâton de zinc, le vase poreux constituant avec ce qu'il contient un objet unique ; enfin, le sel ammoniac.

Pour monter la pile, on place dans le bocal le vase poreux puis une certaine quantité de sel variable avec les modèles, on ajoute de l'eau jusqu'aux trois quarts de la hauteur du vase et on met le bâton de zinc.

Suivant la longueur de l'installation, on met deux, trois, quatre, etc., piles; s'il y en a deux, par exemple, voici comment on dispose les choses; la pile n° 1 a le haut de son bâton de zinc réuni à un des deux fils qui vont aux sonnettes, et le haut de la lame de charbon réuni au bâton de zinc de la pile n° 2; le haut de la lame de charbon de la pile n° 2 est réuni au second fil allant aux sonnettes. De cette façon, il y a un circuit constitué de la manière suivante : sonnette, fil I, bâton de zinc de la pile I, liquide de la pile I, vase poreux de la pile I, fil réunissant le vase poreux de la pile I par la lame de charbon au bâton de zinc de la pile 2; bâton de zinc de la pile 2, liquide de la pile 2, vase poreux de la pile 2, fil 2, sonnette.

Si un pareil circuit est coupé, il n'y a pas de courant électrique et si, pendant un instant, nous supprimons la coupure nous refaisons le circuit et il y a courant électrique actionnant la sonnette.

C'est au moyen de petits appareils que l'on rétablit le courant électrique comme nous venons de le dire. Ces appareils sont des boutons, des poires, des pédales à ressorts actionnées avec le pied sous les tables de salle à manger, etc. Ils comprennent dans leur intérieur deux parties normalement séparées l'une de l'autre : supposons le fil 2 coupé en un point; on fixera une des portions du fil sur une des parties du bouton d'appel et l'autre portion sur la seconde partie du bouton. Quand on voudra établir le courant, on mettra en contact les deux parties du bouton; ceci sera obtenu au moyen d'un petit organe en os. Chaque fois que l'on poussera ce petit organe la sonnerie marchera.

L'emploi des piles Leclanché demande quelques précautions que nous allons résumer : Il faut, tout d'abord, placer les piles

Sonnette

Charbon   Charbon
        Zinc   Zinc

Bouton d'Appel

2 éléments de Pile Leclanché

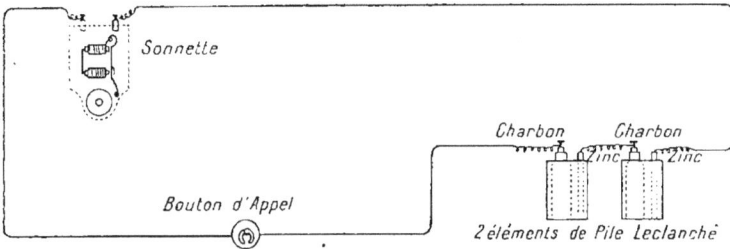

Schéma d'une installation de sonnerie : 1 bouton d'appel, 1 sonnette.

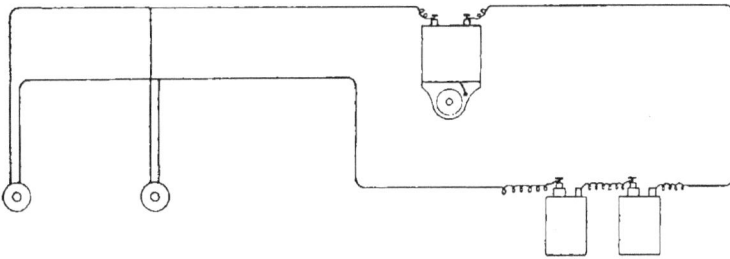

Schéma d'une installation de sonnerie avec deux boutons d'appel.

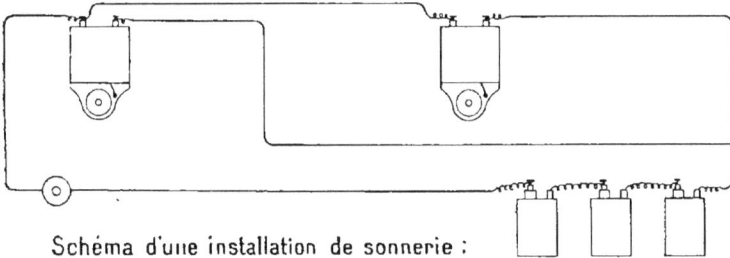

Schéma d'une installation de sonnerie :
1 bouton actionnant deux sonnettes sonnant ensemble.

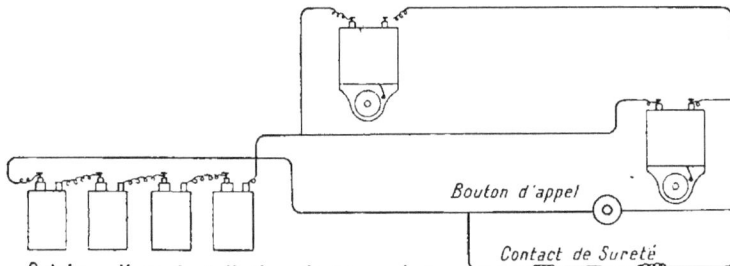

Bouton d'appel

Contact de Sureté

Schéma d'une installation de sonnerie :
1 bouton d'appel et 1 contact de sûreté actionnant 2 sonnettes sonnant
ensemble.

Fig. 348.

dans un endroit sec et de température moyenne : il faut que les divers bocaux soient bien séparés les uns des autres et ne reposent pas sur des surfaces humides.

On ne doit employer que du sel ammoniac bien pur ; quand le liquide baisse trop dans le bocal il faut en ajouter ; et quand, au contraire, le liquide devient laiteux, c'est qu'il manque du sel et il faut en remettre : on doit veiller à ce que les contacts soient bien propres et, au besoin, il faut gratter les cristaux qui se déposent parfois sur les zincs.

Les fils employés pour transmettre le courant utilisé dans les sonneries doivent être convenablement isolés : ils sont placés le long des murs au moyen de petits clous droits sur lesquels on a enfilé des isolateurs. Quand on fait usage d'une poire, c'est-à-dire quand l'interrupteur de courant se trouve placé à une certaine distance de la muraille sur laquelle courent les fils, on branche sur ces fils du fil souple ; ce fil est composé de trois brins tressés ensemble dont deux renferment un fil de cuivre, le troisième servant à la solidité de l'ensemble.

La liaison du fil souple et du fil ordinaire se fait au moyen d'un organe appelé « rosace » ; la rosace comprend deux lames de cuivre posées à plat fixées par quatre vis ; à chacune de ces lames on raccorde un des fils ordinaires et un des fils souples.

Nous ne ferons pas ici la théorie des sonnettes électriques ; nous dirons simplement que, dans le commerce, on vend des sonnettes toutes prêtes à être posées ; elles comportent « deux pôles » ; à chacun de ces pôles, on fixe un des fils. On peut d'ailleurs utiliser soit la sonnette munie d'un timbre dans l'habitation soit la cloche dans les parties extérieures.

Une installation destinée à desservir plusieurs pièces peut être munie d'un tableau indicateur qui, placé dans la cuisine ou l'office, désigne la pièce où l'on a sonné. Ces tableaux se présentent sous l'aspect d'une boîte rectangulaire accrochée au mur et munie de petites fenêtres en nombre aussi grand que celui des boutons d'appel. A chacune de ces fenêtres correspond un électro-aimant entre les branches duquel bascule une aiguille aimantée ; cette dernière porte le voyant qui apparaîtra derrière la fenêtre. Les communications dans la boîte sont établies de telle façon que

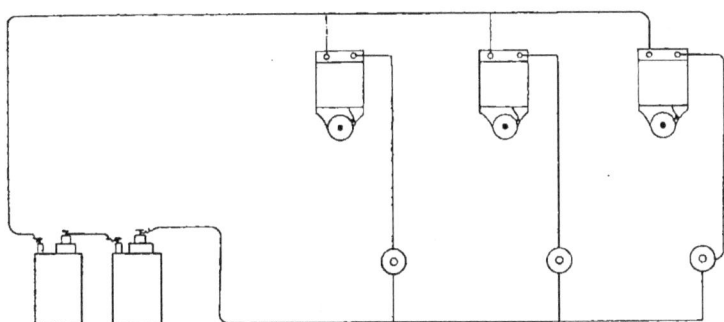

Pose de 3 boutons actionnant 3 sonnettes séparées.

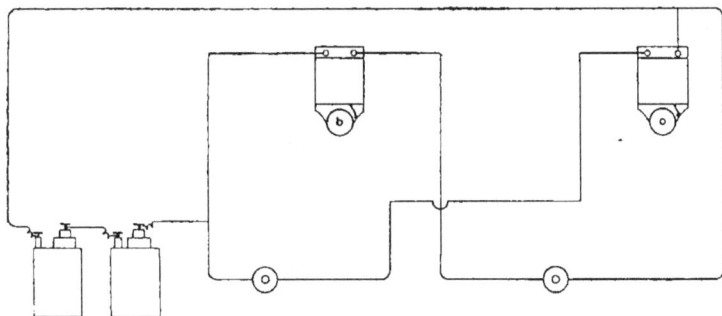

Organisation de deux postes *(appel et réponse)* **avec trois fils.**

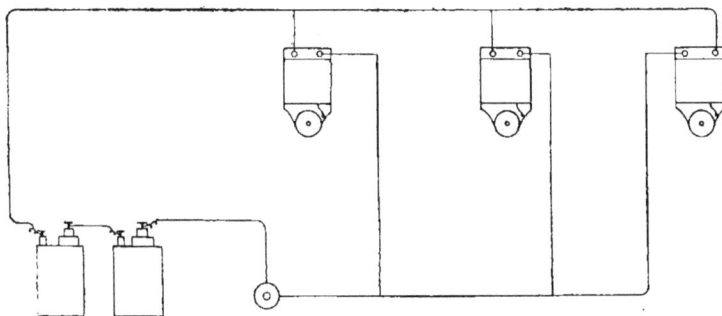

Pose d'un bouton actionnant 3 sonnettes ensemble.

Fig. 349.

chaque électro-aimant corresponde à un bouton d'appel avec lequel il est en communication par un fil; il y a donc entrant dans la boîte autant de fils que de boutons d'appel.

On peut utiliser avec l'installation électrique des contacts de sûreté : ces contacts sont disposés sur la porte d'entrée, par exemple : dès qu'on ouvre la porte ils fonctionnent comme un bouton d'appel, c'est-à-dire qu'ils mettent en action la sonnette. On peut combiner ainsi toute une série de boutons d'appel soit sur les portes de la maison, soit sur les fenêtres, soit sur les portes d'entrée dans le jardin, en un mot partout où cela sera nécessaire.

On peut aussi brancher sur l'installation de la sonnerie des appareils avertisseurs d'incendie : il existe plusieurs systèmes d'avertisseurs d'incendie; voici, par exemple, le principe de l'un de ceux qui est le plus employé. Il se compose de deux lames constituées chacune par trois bandes métalliques formées l'une par de l'acier, l'autre par du cuivre, la troisième par du zinc; ces métaux sont d'une dilatation inégale : si donc la lame est faite de façon que le métal le plus dilatable soit en dehors, le moins dilatable en dedans et le troisième au milieu, et qu'une variation de température se produise, la lame se pliera vers l'intérieur. L'avertisseur est basé sur ce principe : on place en face l'une de l'autre deux lames ainsi constituées; si la température s'élève dans le local où l'avertisseur est placé, les deux lames se plieront l'une vers l'autre et se toucheront établissant la communication électrique dans les fils avec lesquels elles sont en relation. Cet avertisseur joue donc le rôle d'un bouton d'appel automatique.

DE LA CHARPENTE MÉTALLIQUE

Dans ces dernières années, la Charpenterie métallique a pris une extension considérable, et c'est avec le fer et ses dérivés que l'on a pu résoudre, dans la construction, une série de problèmes réputés insolubles il y a un demi-siècle encore. Notamment au point de vue de la portée, ces matériaux ont permis de franchir des espaces impossibles pour la maçonnerie; d'autre part, cette dernière ne peut être que comprimée tandis que le fer et l'acier peuvent non seulement être comprimés, mais en outre supporter des tensions considérables ; la fonte ne peut être que comprimée comme la maçonnerie mais avec des intensités bien plus fortes.

Enfin, le fer et l'acier se prêtent à des attaches d'une grande solidité.

Au point de vue général, il est intéressant d'examiner quelle peut être la durée d'une construction métallique.

L'établissement d'une construction métallique demande à être fait avec précaution si l'on ne veut pas avoir des désillusions pénibles. Comme nous l'avons dit plus haut, l'ennemi de la charpente en fer est la rouille qui fait des ravages considérables, à tel point qu'une construction en fer faite sans soin peut durer très peu de temps relativement, la construction en maçonnerie étant dans ce cas beaucoup plus durable et revenant moins cher finalement, puisque la construction métallique, d'un prix moins élevé comme premier établissement, durera beaucoup moins de temps. Pour lutter contre la rouille, il faut d'une part employer de la peinture d'excellente qualité et la faire appliquer par de bons ouvriers, et d'autre part prendre toutes les dispositions voulues pour que l'eau ne puisse nulle part pénétrer jusqu'au métal. Il faut, en un mot, recouvrir le métal d'une enveloppe continue sans aucun interstice.

M. Denfer donne les conseils suivants : peindre les tôles avant de les assembler et laisser bien durcir la peinture. Au jonctionnement de deux pièces interposer une matière molle, mastic capable de durcir, remplissant tous les vides sous la pression du serrage des boulons ou des vis et refluant en dehors de tout l'excédent inutile. Remplacer dans les joints rivés le mastic libre par une bande d'étoffe enduite de ce mastic. Procéder à la peinture définitive avec tout le soin voulu et avec des matières de qualité irréprochable, étant entendu que le remplissage préalable de tous les joints dispenserait d'un rebouchage ultérieur, en même temps qu'il rendrait efficace d'une manière absolue les peintures d'entretien. Enfin, disposer les fers soumis aux intempéries de telle sorte que jamais l'eau de pluie ne puisse s'accumuler ni séjourner sur leur surface.

De pareilles dispositions sont capables de décupler la durée des constructions en fer. La très légère augmentation de prix qui résulte de l'application des quelques précautions que nous venons de signaler, est insignifiante si on tient compte de la prolongation de durée de la construction.

Planchers en fer Le plancher en fer se compose, comme celui en bois, d'une partie résistante formée de solives en fer qui sont portées par les murs ou par des poutres. L'entretoisement en fer ou la combinaison qui relie transversalement entre elles les solives, se place entre les solives, ainsi que le hourdis (maçonnerie grossière formée de petits mœllons ou plâtras avec mortier ou plâtre et qui forme l'aire d'un plancher sur des lattes). Au-dessus de ce hourdis, on dispose une aire destinée à supporter un carrelage, ou bien des lambourdes en bois sur lesquelles on fixe le parquet ou le plancher. L'enduit formant le plafond proprement dit est établi en dessous du hourdis.

Les solives en fonte employées primitivement sont aujourd'hui bannies des planchers, parce que la fonte résistait mal à la flexion et apportait un poids plus que triple de celui du fer laminé pour la même résistance. Après la fonte, on a employé plusieurs systèmes et enfin, en dernier lieu, on s'est arrêté aux fers à double T, seule forme rationnelle à adopter.

Ces fers à double T se divisent en deux classes : 1° ceux dits *fers ordinaires à planchers*, comprenant les profils à semelles étroites de 8 à 22 centimètres de hauteur; 2° ceux dits *fers à larges semelles*, comprenant les profils de mêmes hauteurs, mais avec semelles plus larges.

On nomme *semelle* la partie verticale oo′ de la fig. 350, et *ailes* ou *nervures* les parties horizontales ab, cd, de la même figure.

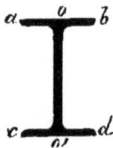
Fig. 350.

Les fers à larges ailes sont, à hauteurs et à épaisseurs égales, plus avantageux que ceux à petites ailes.

Lorsqu'on est amené à accoler ensemble deux fers à petites ailes pour former une solive portant une faible cloison, il convient de chercher à les remplacer par un seul fer à larges

ailes qui est toujours plus avantageux sous le rapport du poids.
Il faut éviter l'emploi des fers à triple aile horizontale, dont l'une
à mi-hauteur de la section, car la nervure ou aile centrale n'apporte qu'une résistance complémentaire insignifiante en présence
de son poids relativement énorme.

On espace d'ordinaire les solives en fer de 60 à 80 centimètres
les unes des autres : elles sont encastrées dans les murs sur une
longueur de 15, 25 ou 30 centimètres suivant leur portée; mais
indépendamment de ce scelle-
ment obligé, il faut les ancrer
de deux en deux dans les murs,
comme l'indique la fig. 351.
L'ancrage ordinaire est représenté dans la fig. 351, dont le
bas figure la coupe sur *ab* de
l'élévation. Cet ancrage a l'a-
vantage de relier entre eux les
murs de face et de refend, et de
tenir lieu du chaînage ordinaire.

L'établissement d'une cheminée à un étage donné ne modifie en rien la disposition des
solives et n'exige ni chevêtres

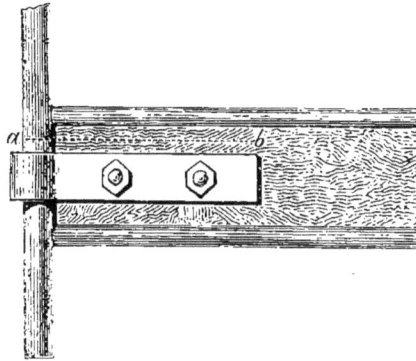

Fig. 351.

ni enchevêtrures comme dans les planchers en bois. Toutefois,
quand un tuyau de cheminée traverse un plancher, il est quelquefois nécessaire de créer une enchevêtrure pour lui faire sa
place. L'enchevê-
trure s'emploie en-
core au rez-de-
chaussée au droit
des baies (fig. 352),
pour ménager des
jours pour éclairer
les sous-sols, et
aussi aux étages su-

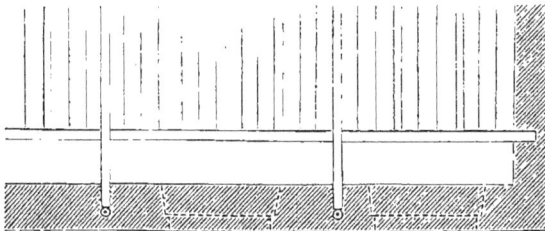

Fig. 352.

périeurs en face des baies, lorsqu'il est nécessaire de ne pas char-

ger les linteaux. On donne aux solives d'enchevêtrure une épaisseur plus forte qu'aux autres solives.

Il faut toujours avoir grand soin d'araser le niveau *inférieur*
de toutes les solives d'un plancher à un même plan horizontal,
pour ne pas être obligé à donner une épaisseur trop forte à l'enduit du plafond. L'as-
semblage ordinaire de
deux solives qui se ren-
contrent se fait avec
des cornières et des
boulons, ainsi que l'in-
dique la fig. 353. B re-
présente la coupe sur

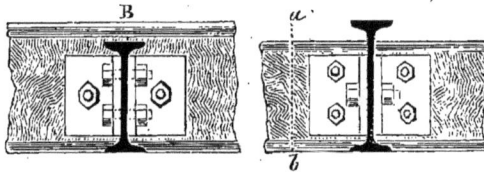

Fig. 353.

ab. La cornière est une pièce en
fer pliée en deux dans sa longueur et formant à l'intérieur
un angle droit, et dont l'épaisseur à l'extérieur est arrondie.

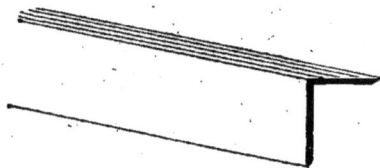

Fig. 354.

Les solives reçoivent habituellement une flèche de fabri-
cation de un deux-centième de leur longueur ; cette flèche ne sert
qu'à compenser la butée que la solive prendrait naturellement
sous l'action de sa charge normale, de sorte qu'après la construction du plancher, le plafond se
maintient horizontal et ne prend pas
de courbure concave.

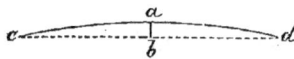

Fig. 355.

On nomme *flèche* la ligne qui passe
sur l'axe d'un arc et qui est perpendiculaire à la ligne qui serait
tirée d'une extrémité de l'arc à l'autre. Dans la fig. 355, *ab* est la
flèche de l'arc *cad*.

Pour empêcher les solives de se déverser et pour contribuer à
leur solidité, on les relie tous les 70 à 80 centimètres au moyen
de *chevêtres* ou *entretoises* A, en fer carré, recourbés à leurs extrémités de façon à s'accrocher sur les ailes supérieures des solives
et s'appuyer sur leurs ailes BB inférieures, ainsi que l'indique la
fig. 356. Sur ces chevêtres on place, parallèlement aux solives, de
petits fers carrés appelés *fantons* ou *carillons*, espacés de 25 cen-

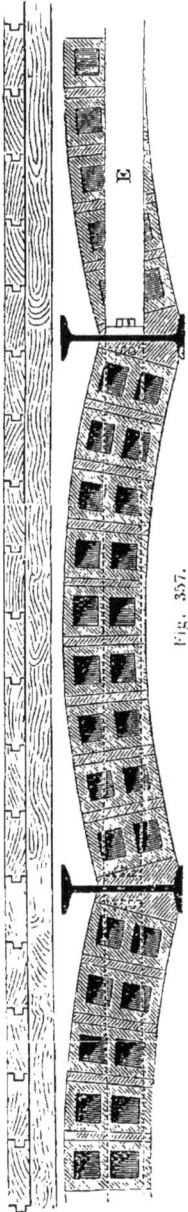

limètres environ. L'intervalle entre les solives se trouve ainsi divisé en cases rectangulaires

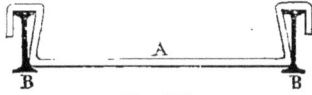

Fig. 356.

de 75 centimètres de longueur sur 25 cent. de largeur environ, en sorte que le hourdis se trouve bien supporté. Les fers carrés pour chevêtres ont 16, 17 ou 18 millimètres de côté, suivant l'espacement des solives. Ceux qui sont employés pour fantons ont 11 millimètres de côté.

Dans le cas où le hourdis est formé de petites voûtes en briques, on ne peut plus employer les chevêtres et les fantons; alors on entretoise les solives au moyen de fers méplats E noyés dans les voûtes, et les fantons sont supprimés. Quelques architectes n'entretoisent même pas dans ce cas.

Les fig. 357, 358 représentent l'entretoise-

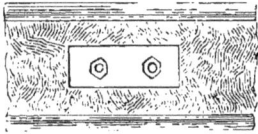 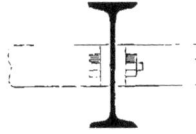

Fig. 358.

ment des solives dans le système, avec voûtes en briques.

Le hourdis le plus généralement employé, à Paris surtout, aux planchers de tous les étages, est celui en plâtre et plâtras provenant des démolitions, fig. 359. Le bas est la coupe sur AB. On lui donne une épaisseur moyenne de 11 centimètres et une forme concave à la partie supérieure, à la manière des augets, afin de soutenir les solives dans toute leur hauteur. Pour établir ce hourdis, on dispose sous les solives un plancher provisoire en planches brutes sur lequel on place les plâtras que l'on noie dans du plâtre liquide; ce plancher est retiré après la prise du plâtre. Ainsi arasé au niveau inférieur des

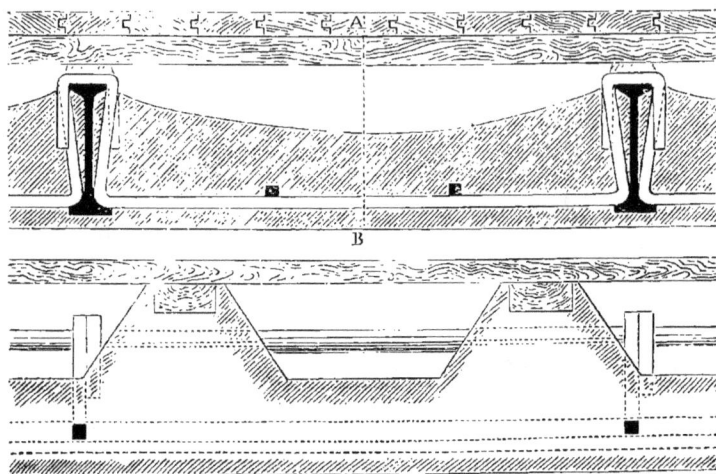

Fig. 359.

solives, ce hourdis est propre à recevoir, sans lattes, l'enduit du plafond sur une épaisseur totale de 25 à 30 millimètres. Ce système est des plus économiques. Le mètre cube de ce hourdis pèse 1,400 kilogrammes; il est sourd, incombustible et peu vibrant à cause de sa masse.

Le hourdis le plus en usage après celui précédemment décrit, est celui formé au moyen de briques creuses posées suivant un plan horizontal; il est préférable au hourdis en poteries creuses, en ce qu'il exige moins de mortier pour les joints. La variété de briques creuses permet de donner au hourdis l'épaisseur que l'on veut; on peut même, en posant les briques à plat, réduire cette épaisseur à 55 ou 65 millimètres, ce qui diminuerait considérablement le poids mort du plancher. Toutefois, en général, on les pose de champ, de façon à obtenir 11 centimètres d'épaisseur.

Ce hourdis est peu sonore, moins humide que celui en plâtras, et convient mieux pour les rez-de-chaussée et les lieux exposés à l'humidité; à épaisseur égale, il ne pèse pas moins que celui en plâtras, car des bavures de mortier se répandent toujours dans les vides des briques et élèvent le poids du mètre cube à 1.370 kilog. ou 1.400 kilog. comme celui en plâtras. Il se place sur une aire en planches comme le plâtras et peut recevoir ensuite directement par-dessous et sans lattes, l'enduit du plafond.

Pour les rez-de-chaussée seulement, on doit employer comme hourdis des voûtes en brique comme l'indique la fig. 357; on se dispense alors souvent d'entretoiser les solives, comme nous l'avons dit plus haut. Ces voûtes présentent plus de résistance que le hourdis plat, et permettent de charger davantage les planchers du rez-de-chaussée, destinés souvent à des magasins.

Comme ces voûtes ne recouvrent que des caves ou des soussols, on peut laisser apparentes les solives et les briques en se bornant à rejointoyer avec soin ces dernières.

Les hourdis formés de *carreaux creux en plâtre* sont plus légers que ceux en plâtras ordinaires, car les vides y occupent environ 40 pour 100 du volume total; ils sont tout aussi sourds et se posent plus rapidement que ces derniers. Ils se fabriquent à toutes hauteurs, depuis 10 centimètres jusqu'à 22 et à toutes largeurs; par suite ils remplissent exactement l'intervalle entre les solives qu'ils entretoisent dans toute leur hauteur, ce qui permet d'économiser les fantons et une partie des chevêtres.

Les hourdis en briques pleines ou en béton sont rarement employés à cause de leur poids considérable, qui exige une plus grande force de solives.

L'aire du plancher est ordinairement un carrelage ou un parquet. Le premier se pose sur une aire générale en plâtre de 4 centimètres d'épaisseur établie sur toute la surface du hourdis.

Le parquet se pose sur des lambourdes espacées de 40 à 50 centimètres les unes des autres; ces lambourdes ont en général 8 centimètres de largeur, sur une hauteur variable, depuis 33 millimètres jusqu'à 8 centimètres. Quand on a fixé le niveau du parquet, on arase la face supérieure des lambourdes suivant un plan horizontal, et on scelle ces dernières au moyen de petites murettes en plâtras et en plâtre situées sous chaque lambourde et reposant sur le hourdis (fig. 360). Il est entendu que la hauteur des murettes varie selon l'épaisseur totale qu'on veut donner au plancher.

Dans notre figure, la lettre P indique le plancher et L la lambourde. La partie en hachures est la murette.

Pour empêcher l'humidité, au rez-de-chaussée, d'atteindre au parquet, on établit par dessus le hourdis une aire générale ou chape en bitume, dans laquelle on scelle les lambourdes.

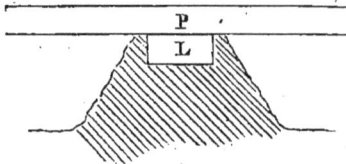

iFg. 360.

Le plafond se compose d'ordinaire de deux enduits, l'un en gros plâtre, l'autre en plâtre fin : leur épaisseur totale ne doit pas dépasser 3 centimètres. Ces enduits s'appliqueront directement contre la surface inférieure des hourdis précédemment décrits, sans intermédiaire de lattis, car cette surface est assez rugueuse pour que le plâtre y adhère suffisamment.

L'épaisseur totale du plancher en fer dépend de la hauteur des plus fortes solives. Cette hauteur étant déterminée, il suffira d'y ajouter 2 centimètres pour l'épaisseur du plafond, plus l'épaisseur des lambourdes et du parquet pour avoir l'épaisseur minima que l'on peut donner au plancher. Par exemple, avec des solives de 16 centimètres de hauteur, des lambourdes de 34 millimètres sur 80 millimètres et un parquet de 27 millimètres, l'épaisseur minima du plancher serait de $0^m,221$.

Si l'on adoptait une épaisseur plus forte, c'est par la hauteur des murettes qui scellent les lambourdes qu'on rachèterait la différence.

On divise les planchers en fer en planchers à *faibles portées* et en planchers à *grandes portées*. Les premiers comprennent ceux dont la portée est assez peu considérable pour permettre aux solives de franchir l'intervalle des murs. Dans ce cas, il suffit de disposer les solives suivant les écartements indiqués plus haut, en évitant, si cela est nécessaire, de poser des solives au-dessus des baies de l'étage inférieur ; pour cela faire on posera contre le mur un chevêtre en fer à double T, supporté par deux solives d'enchevêtrure qui portent sur les trumeaux. Les dimensions de ces chevêtres et enchevêtrures doivent être de la force que les praticiens connaissent. Il faut réserver le passage des tuyaux de

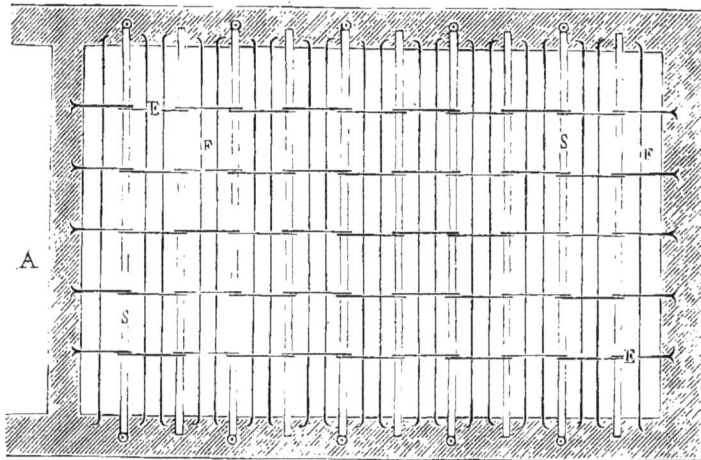

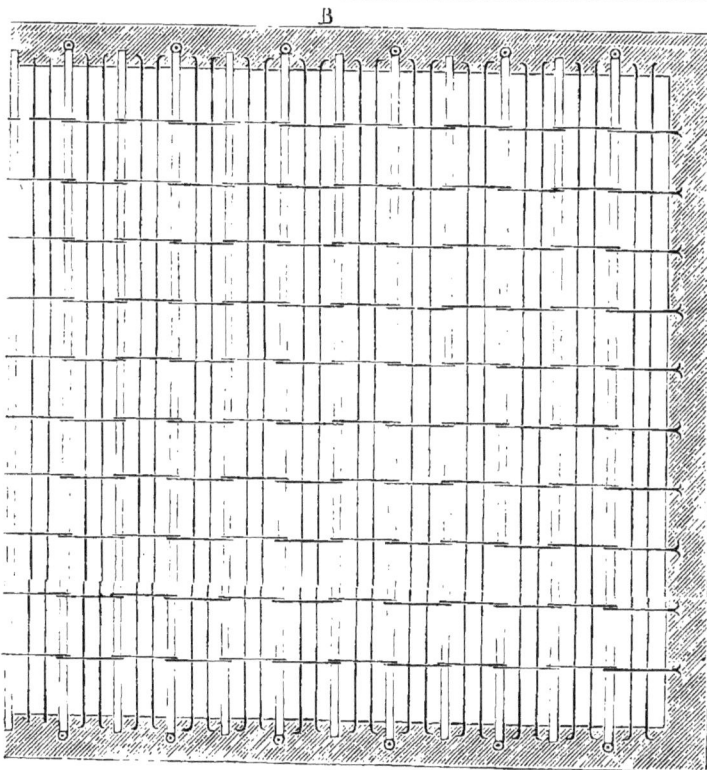

Fig. 361.

cheminée des étages inférieurs, et placer, autant que possible, une solive sous chaque cloison établie parallèlement à la direction des solives.

Les planchers à grande portée sont ceux dont l'espacement des murs est tel, qu'il deviendrait très dispendieux d'établir des solives ordinaires allant d'un mur à l'autre, et qu'il y a économie à placer dans l'axe des trumeaux des poutres transversales en fer sur lesquelles sont posées les solives avec leurs chevêtres et leurs fantons.

La figure A de la vignette 361 représentent un plancher à *faible portée*, de 4ᵐ,50 de largeur dans œuvre, sur 6ᵐ,50 de longueur. La lettre S indique les solives, la lettre E indique les chevêtres ou entretoises, et F les fantons ou carillons. On y voit aussi l'ancrage des solives de deux en deux.

La figure B de la vignette 361 représente un plancher à *grande portée* de 8 mètres de largeur ou de portée, avec disposition de solives seulement, comme dans les planchers en fer de faible portée. Mais il y a encore une autre disposition pour ce genre de planchers. On peut diviser la longueur en travées de 3ᵐ,50 par des poutres en tôle et cornières supportant des solives assemblées avec elles au moyen de cornières, comme l'indique la figure 362. Des détails estimatifs faits avec grand soin accusent un poids de 1,500 kilog. de fer par travée de la figure B; un poids de 1,390 kilog. pour une travée avec poutres et cornières, les solives espacées de 70 centimètres. L'avantage du poids, pour une portée de 8 mètres, appartient donc au second système et ne ferait qu'augmenter encore avec la portée. Aussi n'y a-t-il pas à hésiter à adopter le système des poutres à partir d'une portée de 8 mètres. Les poutres peuvent se noyer dans l'épaisseur du plancher ou rester apparentes en formant saillie au-dessous du plafond, s'il n'y a pas d'inconvénient. Dans le premier cas, on assemblera les solives à la partie inférieure des poutres au moyen de cornières et de boulons, et on donnera au plancher une épaisseur totale un peu plus forte que la hauteur des poutres qu'il faut réduire alors autant que possible.

Dans le second cas, on posera les solives à la partie supérieure des poutres, soit en les assemblant au moyen de cornières et de

boulons (fig. 362) et en les appuyant sur une cornière longitudinale fixée à la poutre, soit en les faisant reposer directement
sans aucun assemblage sur la semelle ou aile supérieure des
poutres, comme on le fait souvent. Seulement il faut avoir
soin de sceller les abouts des solives dans un petit mur en

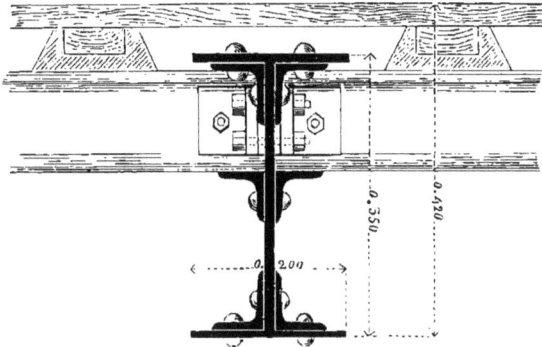

Fig. 362.

briques qu'on élève sur la poutre dans l'épaisseur du plancher.

Les poutres peuvent se faire en tôle et cornières ou bien se
composer de plusieurs fers à double T accolés ensemble, ainsi
qu'on le voit journellement pour les poitrails des maisons en
construction à Paris. Les poutres en tôle sont préférables, car
le poids du fer y est toujours moins considérable, à résistance
égale, outre qu'elles présentent une structure beaucoup moins
compliquée.

Des poitrails en fer Un poitrail est une poutre par laquelle on remplace une partie de mur
qui ne doit pas exister, et qui est destinée à supporter les
solives d'un plancher, ce qui permet d'obtenir de très grandes
surfaces pour les remises, hangars, magasins et boutiques de
rez-de-chaussée. Les poitrails portent quelquefois des charges
considérables ; ainsi dans la figure 363 qui représente le plancher d'un premier étage.

Généralement, à Paris, les poitrails sont composés de deux

ou de trois fers ou solives à plancher accouplés. Ces fers sont maintenus en place et rendus solidaires par des croisillons en fer carré de 25 millimètres de côté et par des frettes (sorte de

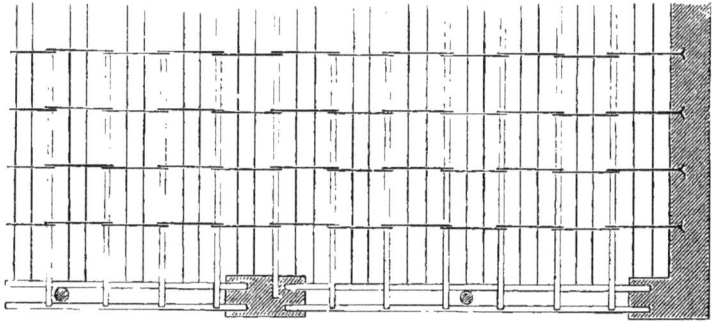

Fig. 363.

liens) en fer plat de 60/12 millimètres placés à peu près de mètre en mètre. Les frettes se posent à chaud afin qu'après leur refroidissement elles opèrent le serrage énergique des fers les uns contre les autres. On peut remplacer les croisillons par telles fourrures métalliques qu'on juge convenables, pourvu qu'elles maintiennent bien les fers en place. Les boulons par lesquels on remplace les frettes sont loin de valoir les fourrures.

Voici maintenant la manière de calculer les dimensions des solives d'un plancher.

Dans ce qui suit nous considérons la solive comme reposant sur deux points d'appui et non comme encastrée, les scellements n'étant jamais assez bien faits pour pouvoir lier la solive avec le mur de manière à les rendre inséparables.

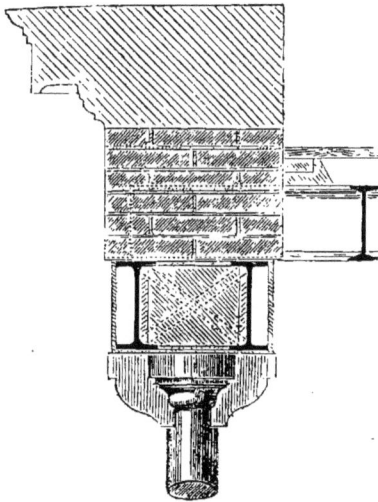

Fig. 364.

Voyons d'abord quels sont les éléments que nous possédons pour arriver à ce résultat. Disons qu'ils sont de deux natures : les uns fixes, les autres variables.

Les éléments fixes sont :

1° La longueur de ces solives qui nous est donnée par les dimensions de l'espace à couvrir ; appelons L cet élément pris entre les parois des murs.

2° Le poids à supporter par mètre carré, poids qui est déterminé par l'usage auquel est destiné l'espace ; appelons P ce poids.

Les éléments variables sont :

1° L'écartement des solives ; appelons E cet écartement.

2° La section ou coupe en travers des dites solives. Appelons h hauteur de la solive ou dimension de la section parallèle à la force P ; — b largeur de la section transversale de la solive ou dimension de cette section perpendiculaire à la force P.

Ceci posé, nous allons nous occuper du calcul d'un des deux éléments variables, mais liés entre eux de telle sorte que l'un des deux étant connu, l'autre est une conséquence invariable du premier.

Deux hypothèses se présente à nous : 1° Ou la personne qui veut construire a déjà à sa disposition des solives d'une dimension donnée ; alors elle veut savoir quel est l'écartement qu'elle pourra leur donner.

2° Ou bien cette personne veut employer tous matériaux neufs en déterminant à l'avance l'écartement de ses solives qui peut être exigé par des circonstances de construction ou d'économie. Elle veut savoir quelle sera la section qu'elle devra donner à ses solives.

Soit p le poids uniformément réparti par mètre courant de solive. Nous aurons :

$$p = P \times E.$$

Prenons la formule fondamentale $\dfrac{Rl}{V} = \dfrac{pL^2}{8}$,

d'où nous tirons $\dfrac{l}{V} = \dfrac{pL^2}{8R}$ (Formule 1re).

R est la plus grande résistance à la traction et à la compression, sans dépasser la limite d'élasticité des fibres qui composent la section de la solive ; I, le moment d'inertie de la section de la solive pris par rapport à la ligne des fibres invariables ; V, la distance de l'axe neutre de cette section à la fibre qui en est la plus éloignée ; lorsque la section est symétrique, V est égale à la demi-hauteur de cette section.

Si nous considérons une solive rectangulaire, nous aurons :

$$V = \frac{h}{2} \text{ et } I = \frac{bh^3}{12};$$

$$\frac{I}{V} = \frac{bh^2}{6}.$$

D'où la formule devient $\frac{pL^2}{8R} = \frac{bh^2}{6}$ (Formule 2e).

Dans cette formule, substituons à p sa valeur $P \times E$, nous aurons :

$$\frac{P \times E \times L^2}{8R} = \frac{bh^2}{6} \text{ d'où } E = \frac{bh^2 \times 8R}{6 (P \times L^2)} \text{ E étant l'inconnu,}$$

ou encore, deuxième cas, $bh^2 = \frac{6 (P \times E \times L^2}{8R}$.

Mais dans la pratique on fait $b = \frac{5}{7} h$ pour le bois et $b = \frac{1}{10} h$ ou $b = \frac{1}{8} h$ pour le fer ; substituant, nous aurons :

$$\frac{5h^3}{7} = \frac{6 (P \times E \times L^2)}{8R};$$

$$h = \sqrt[3]{\frac{7 \times 6 (P \times E \times L^2)}{5 \times 8R}} \text{ h étant inconnu.}$$

R = pour le bois de 600,000 à 800,000 kilogrammes.

R = pour le fer de 6,000,000 à 10,000,000.

Si maintenant nous envisageons une solive en fer à double T (fig. 365).

1er Cas : nous aurons $V = \frac{h}{2}$,

$$I = \frac{bh^3 - b'h'^3}{12}.$$

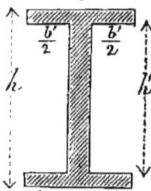
Fig. 365.

La troisième formule est $\dfrac{I}{V} = \dfrac{pL^2}{8R} = \dfrac{P \times E \times L^2}{8R}$ (3ᵉ formule).

Substituant les valeurs de V et de I,

nous aurons $\dfrac{bh^3 - b'h'^3}{6h} = \dfrac{P \times E \times L^2}{8R}$ (4ᵉ formule),

d'où : $\qquad E = \dfrac{(bh^3 - b'h'^3)\,8R}{6h \times P \times L^2}$ E étant l'inconnu.

2ᵉ Cas : pour déterminer les dimensions du fer à double T, la valeur E étant connue, rappelons que les fers livrés dans le commerce étant réguliers, le tableau suivant donnera toutes les valeurs de h, h', b' et b en relation avec $\dfrac{I}{V}$. Mais cette valeur de $\dfrac{I}{V}$ nous la tirons aisément de la formule 3ᵉ.

Maintenant, pour préciser, appliquons avec des chiffres. Ainsi si l'on adopte $E = 0^m70$ pour l'espacement des solives, le poids p uniformément réparti par mètre courant de solive aura pour valeur :

$$p = 450E = 450 \times 0^m70 = 315 \text{ kilogrammes.}$$

Le rapport $\dfrac{I}{V}$ que devra représenter la section ou coupe de la solive cherchée, sera donné par la formule (1ʳᵉ)

$$\frac{I}{V} = \frac{pL^2}{8R} = \frac{315 \times 450^2}{8 \times 10,000,000} = 0,0000797,$$

où $\dfrac{I}{V}$ coupe ou section de la solive est égale au poids multiplié par l'espacement :

Le poids 450 kilogrammes multiplié par $0^m,70$ (espacement)

$$\begin{array}{r} 450 \\ 0,70 \\ \hline 315,00 \text{ kilogr.} \end{array}$$

multipliés par le carré de 450 (égal à 20,2500) 20,2500 × par 315 ce qui donne 6378,7500 à diviser par 80,000,000, ce qui fait $0^m,000,797$.

Tableau des dimensions des profils ou coupes des différents fers à double T, à angles arrondis, des usines de la Providence et de Montataire; des poids par mètre courant de ces fers et des valeurs de $\frac{I}{n}$. Les nervures étant les mêmes, on a $n = \frac{h}{2}$.

DÉSIGNATION	VALEUR DE LA FIG. 358				POIDS PAR MÈTRE	VALEUR DE $\frac{I}{n}$
	h	h'	b	$b-b'$		
Providence	0,100	0,088	0,043	0,005	9,00	0,00002850
			0,045	0,007	12,00	0,00003184
Montataire...........	0,100	0,085	0,042	0,010	8,06	0,00003725
			0,047	0,015	11,56	0,00004560
Providence	0,120	0,106	0,045	0,004	11,00	0,00004018
			0,050	0,009	15,00	0,00005218
Montataire...........	0,120	0,104	0,047	0,005	10,00	0,00004551
			0,050	0,010	14,28	0,00005751
Providence...........	0,140	0,126	0,047	0,006	14,00	0,00005590
			0,053	0,012	20,00	0,00007546
Montataire...........	0,140	0,123	0,050	0,007	13,00	0,00007803
			0,055	0,012	18,00	0,00008454
Providence...........	0,160	0,144	0,048	0,007	15,00	0,00007727
			0,053	0,012	25,00	0,00009860
Montataire...........	0,160	0,142	0,055	0,007	16,50	0,00011519
			0,062	0,014	25,00	0,00013031
Providence	0,180	0,162	0,055	0,008	20,00	0,00011198
			0,062	0,015	30,00	0,00014978
Montataire...........	0,180	0,162	0,060	0,008	20,00	0,00011925
			0,067	0,015	30,00	0,00015709
Montataire...........	0,200	0,181	0,065	0,008	22,00	0,00015167
			0,073	0,016	34,40	0,00020500
Providence...........	0,220	0,200	0,064	0,009	26,00	0,00018224
			0,071	0,016	40,00	0,00023871
Montataire...........	0,220	0,201	0,065	0,008	24,30	0,00017366
			0,073	0,016	37,46	0,00023820
Providence...........	0,260	0,236	0,067	0,013	40,00	0,00029974
			0,074	0,020	58,00	0,00037860

Afin d'éviter des calculs simples en eux-mêmes, mais qui

pourraient paraître compliqués aux personnes qui n'en ont point l'habitude, nous donnons ici les dimensions et le poids des solives en fer à double T à ailes ou nervures égales, telles que les livrent au commerce les usines de la Providence; nous supposons les solives cintrées et hourdées, la charge totale étant de 250 à 300 kilog. par mètre superficiel. Nous donnons ici une figure (fig. 366) qui fera comprendre facilement le tableau suivant.

Il indique la hauteur de la solive, L sa largeur, A l'épaisseur de l'âme, *e* l'épaisseur des nervures.

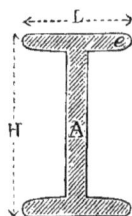

Fig. 366.

Fers à double T de la Providence.

POIDS DU MÈTRE COURANT	DIMENSIONS EN MILLIMÈTRES				ÉCARTEMENT DES SOLIVES	PORTÉE
	H	L	A	e		
9	100	43	5	6	0,80	3,00
12	100	45	7	6	1,00	3,50
11	120	45	5	6	0,80	4,00
15	120	50	9	7	1,00	4,50
14	140	47	6	7	0,80	5,00
20	140	53	12	7	1,00	5,50
15	160	48	8	7	0,80	6,00
25	160	53	12	8	1,00	6,50
20	180	55	8	9	0,80	6,50
27	180	60	13	9	1,00	7,00
30	180	62	15	9	»	»
22	200	55	8	9	0,80	7,00
30	200	60	13	9	1,00	7,50
40	220	71	16	10	0,80	7,50
26	220	74	8	10	1,00	8,00

Les épaisseurs des huit premières sections sont variables et le maximum indiqué pour A peut être dépassé.

Il est bien entendu que les solives doivent être en *fer laminé* et non en fonte.

On donne généralement de 0m,80 à 1 mètre d'écartement aux entretoises; celui des fantons sera de 20 à 25 centimètres.

Les entretoises en fer carré auront 15 millimètres sur 20 et les fantons en fer carillon de 8 millimètres sur 10.

La fig. 367 indique le mode d'assemblage ordinaire des solives.

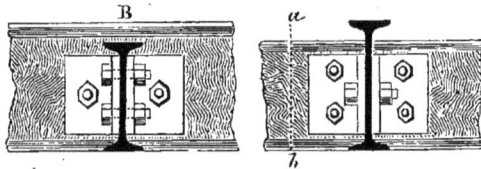

Fig. 367.

Quand le poitrail ainsi construit est en place, on remplit l'intérieur en maçonnerie de briques reposant sur la semelle inférieure des fers double T; cette maçonnerie se continue au-dessus du poitrail jusqu'à la première corniche et est destinée à recevoir les scellements qu'on veut y faire. Il arrive souvent qu'un tuyau de cheminée doit traverser un poitrail de refend : dans ce cas, on donne aux fers de ce poitrail un écartement suffisant pour livrer passage à ce tuyau.

Quand plusieurs poitrails doivent être placés à la suite les uns des autres, comme il arrive journellement aux façades des maisons, on peut quelquefois, si les fers à double T ont assez de longueur, les faire régner sans interruption sur toute la longueur des poitrails, sinon on les pose isolément, mais alors il est bon de les réunir entre eux par des fers plats boulonnés aux fers à T et aussi de les ancrer dans la maçonnerie des piles, afin d'opérer un chaînage toujours efficace. La figure 368 indique le mode de chaînage des poitrails, et la fig. 369 le mode de chaînage et de scellement. La fig. 370 représente le bas d'une maison

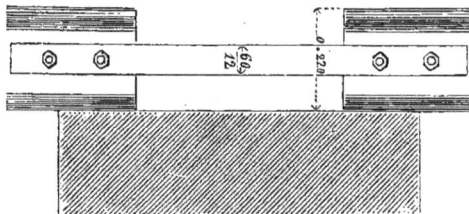

Fig. 368.

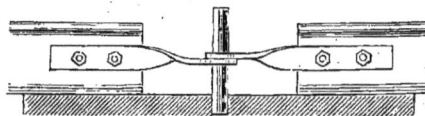

Fig. 369.

avec poitrails; C est la corniche et BB la partie en briques, et la fig. 363 en est le plan.

Les solives du plancher reposent directement et sans aucun assemblage sur les fers du poitrail, et sont noyées ensuite dans le mur en briques qu'on élève au-dessus de ce dernier.

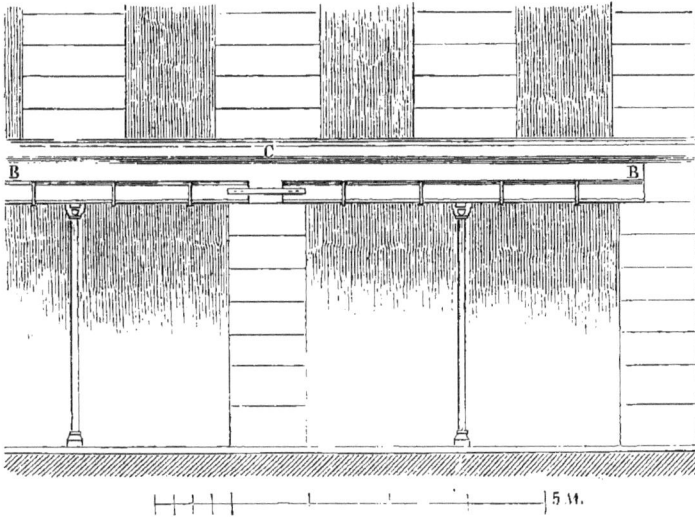

Fig. 370.

On peut encore employer un mode plus avantageux sous tous les rapports, c'est celui de former les poitrails de poutres de tôle et de cornières rivées ensemble et dont la semelle supérieure présenterait la largeur nécessaire pour supporter le mur supérieur. On peut au besoin donner à la poutre ainsi composée deux âmes verticales au lieu d'une seule. Les poitrails en tôle et cornières supprimeraient totalement les frettes et les croisillons, qui compliquent tant ces ouvrages.

Combles en fer — Les combles en fer sont surtout préférables aux combles en bois pour couvrir de grands espaces. Ils sont légers et résistent à l'incendie. Les combles en fer se composent des mêmes parties essentielles que celles qui sont employées dans les combles en bois. Au lieu d'entraits et de poinçons, les fermes en fer ont des tirants en fer malléable soit cylindrique, soit cruciforme, ou en fer méplat. Les pannes, les arbalétriers ainsi que les bielles ou contrefiches sont formés de pièces en fer laminé de formes diverses.

Le comble en fer se compose de *fermes*, de *pièces longitudinales* et de la *couverture*.

La ferme se compose d'*arbalétriers* A, A, droits ou courbes, qui viennent buter l'un contre l'autre à leur sommet; de *tirants* placés à leurs retombées qui transforment la poussée qu'ils exercent sur les murs en une pression verticale; d'*aiguilles pendantes* ou poinçons qui soutiennent les tirants d'une grande portée. Voyez les fig. 371, 387.

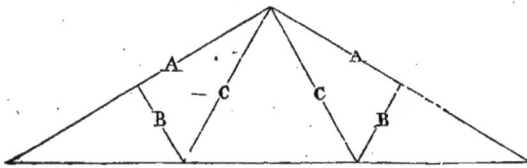

Fig. 371.

Dans les petites constructions, les arbalétriers se font souvent à section ou coupe rectangulaire; on emploie alors les fers méplats des dimensions courantes du commerce, dont l'épaisseur est environ le cinquième de la largeur, en ayant soin, bien entendu, de placer la plus grande dimension dans le sens perpendiculaire aux fibres, afin d'accroître la distance de la fibre supérieure à la ligne passant par le centre de gravité.

Pour les constructions de moyenne importance, on donne à ces pièces la forme d'un solide à nervure, en employant les fers à double T que fabriquent les usines, pour éviter la commande d'un modèle nouveau.

Quand les portées et les charges sont considérables, les arbalétriers deviennent alors de véritables poutres, que l'on construit en tôle pleine ou en lattis simples ou croisés. Le premier système, tout en accroissant le poids, est cependant plus économique que le second, à cause de la main-d'œuvre et des sujétions de construction que demande ce dernier système. Le plus souvent, lorsque le treillis est employé, c'est qu'il est nécessaire que l'économie soit sacrifiée à l'ornementation.

Les tirants ont pour but d'annuler la poussée de la ferme sur les murs, et sont, par conséquent, soumis à un effort de traction souvent assez considérable et d'autant plus grand que la montée de la ferme est moindre par rapport à sa portée. Les tirants ont généralement la forme d'un cylindre de très petit diamètre; mais dans certains cas, surtout lorsqu'ils sont destinés à porter un plancher ou un hourdis, il est préférable de les faire à coupe ou section rectangulaire, pour faciliter l'application des carillons qui doivent supporter le plancher.

Fig. 372.

Les tirants sont horizontaux ou inclinés; ils sont placés au niveau du pied des fermes, ou surélevés au-dessus de l'horizontale, suivant le système de la charpente. Quelquefois le tirant est fixé en un point de l'arbalétrier autre qu'à sa retom-bée, et le divise en deux parties parfaitement distinctes; dans ce cas, il forme entrait et doit, pouvoir résister à la tension produite par la poussée totale d'un arbalétrier sur l'autre. D'autresfois, les fermes sont munies d'un tirant

Fig. 373.

Fig. 374.

et d'un entrait : le premier placé à la partie inférieure travaille à l'extension, tandis que le second placé à un point quelconque des arbalétriers doit résister à l'effort de compression qui lui est transmis quand l'arbalétrier fléchit. Les tirants sont supportés généralement au milieu, et souvent même en divers points de leur longueur, par des poinçons ou aiguilles pendantes qui dimi-nuent leur portée et permettent d'obtenir des sections moindres quant à la résistance à la flexion; on peut même, dans ce cas, ne pas tenir compte de ce dernier effort, à moins qu'il ne s'agisse d'une trop grande portée.

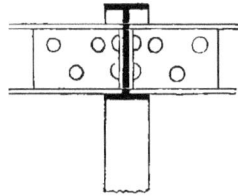

Fig. 375.

L'espacement des pannes varie de $1^m,50$ à 2 mètres; il est préférable de les rappro-cher le plus possible pour diminuer leur charge et leur poids propre, et permettre d'employer des matériaux plus légers pour supporter la couver-ture. Les pannes s'assemblent aux arbalétriers au moyen d'é-querres rivées après elles et boulonnées à ces dernières. Elles s'établissent en fer cornières ou en fer à simple T et même en fer méplat pour les petites constructions. Les fers à double T et les poutres en tôle et en treillis s'emploient pour les grands combles.

On incline généralement les pannes suivant le sens perpendiculaire à la pente du toit; cependant on leur donne aussi une position verticale, ce qui, dans le cas d'un fer double T, permet aux semelles supérieure et inférieure de résister dans de meilleures conditions aux efforts de glissement de la couverture, surtout lorsque les matériaux de cette dernière sont lourds et que la pente du toit est assez rapide ou forte.

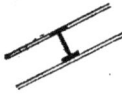 

Fig. 376.   Fig. 377.

Les *contre-fiches* ou bielles C (fig. 371) sont des pièces employées dans les charpentes dont les arbalétriers sont armés; elles doivent pouvoir résister aux efforts de compression qu'elles ont à supporter. On les construit en fer à section circulaire ou cruciforme avec des cornières et des fers plats rivés ensemble. Comme la fonte résiste bien à la compression, elle est fréquemment employée et avec avantage. On leur donne dans ce cas une section cruciforme renflée au milieu, afin de diminuer les chances de rupture occasionnée par la flexion résultant de l'effort de compression; une bonne dimension comme largeur en cet endroit, correspond environ à 1/8 de la longueur.

Les pièces longitudinales, comme pannes sablières et pannes faîtières, doivent résister aux efforts produits par les charges accidentelles et permanentes, et de plus à ceux qui agissent dans le sens de la longueur du comble.

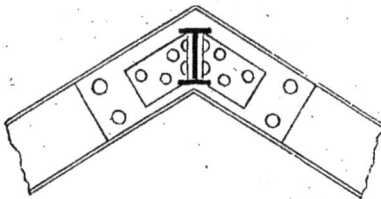

Fig. 378.

La fig. 378 représente l'assemblage des arbalétriers et du faîtage.

La fig. A de la vignette 379 représente une charpente en fer avec deux contre-fiches et tirants inclinés; B, l'assemblage de contre-fiches et tirants; C est l'assemblage en plan.

Les fig. 380 à 383 représentent divers assemblages de tirants.

La fig. 384 est un étrier avec sabot en tôle, et 385 un sabot en fonte.

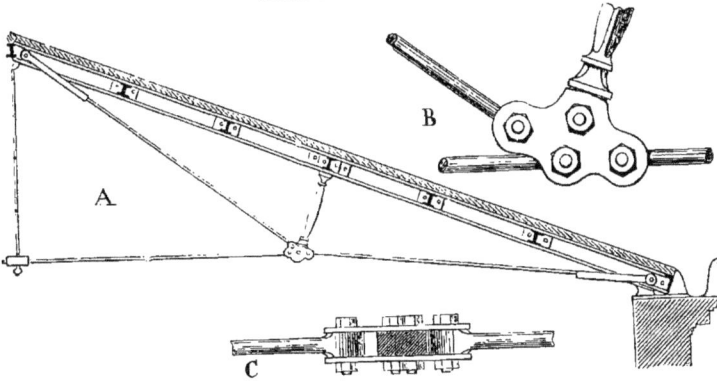

Fig. 379.

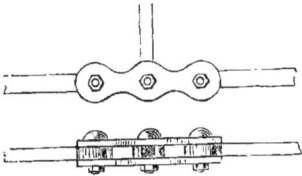

Fig. 380.

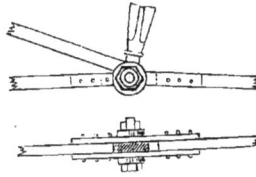

Fig. 381.

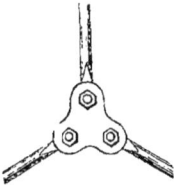

Fig. 382.

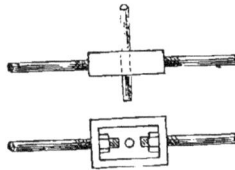

Fig. 383.

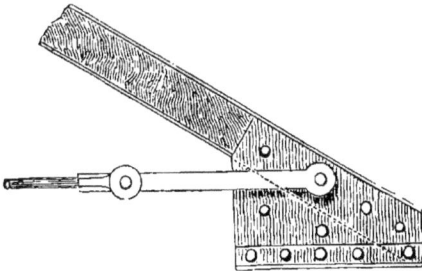

Fig. 384.

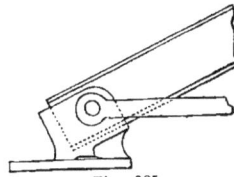

Fig. 385.

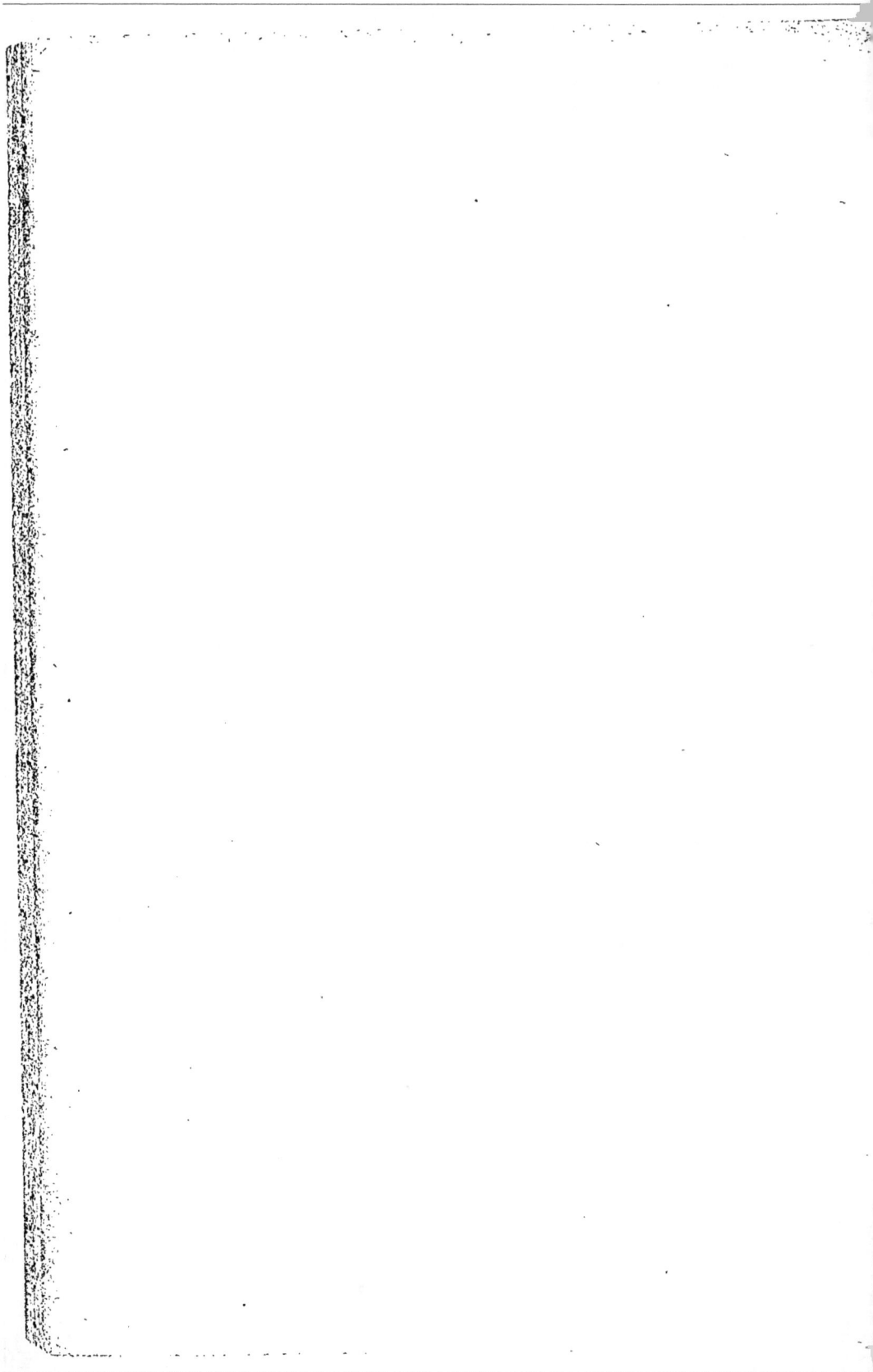

Tableau des dimensions principales pour des combles en fer de petites portées.

	Portée l.	h Hauteur.	Espacement des fermes.	Arbalétrier.	Pannes.	t Entrait.	t'' tirant supérieur.	t' tirant inférieur.
Combles sans bielles.	6	1,20	3,50	I de 160	I de 120	Fer rond de 18 $^{m/m}$		
	8	1,60	4,00	» 180	» 140	» 26		
	10	2,00	5,00	» 220	» 150	» 29		
Combles avec bielles.	12	2,40	5,00	I de 160	I de 260	» 32	Fer rond. 12	Fer rond. 35
	14	2,80	5,50	» 200	» 260	» 37	» 14	» 39
	16	3,20	6,00	» 220	» 180	» 41	» 15	» 43

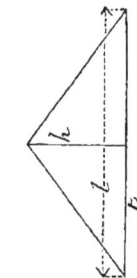

Fig. 386. — Comble sans bielles.

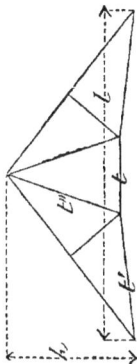

Fig. 387. — Comble avec bielles.

Combles en fer et bois Indépendamment des combles en bois et des combles en fer, on a combiné des combles en bois et en fer. On a conservé les arbalétriers, les faîtages, les pannes et les chevrons de la charpente en bois; mais au bois, pour les poinçons, les entraits, les faux entraits, les contre-fiches et les aisseliers, on a substitué des bielles ou contre-fiches et des tirants en fer.

Dans cette combinaison de charpente pour comble, toutes les pièces exposées à la tension sont exécutées en fer forgé ou laminé; toutes celles qui sont exposées à la pesanteur ou à la poussée sont exécutées en fonte, et enfin toutes les pièces exposées à la rupture, à la courbure ou à la flexion, ont pour matière le bois. Les entretoisements des fermes ou combinaisons destinées à maintenir solidement l'écartement des fermes dans leur position normale, s'exécutent en fer, tandis que les pannes, le faîtage et les chevrons seront en bois.

Ces charpentes mixtes sont légères et très économiques, ainsi que d'une construction facile. Elles ont le grand avantage de n'exercer qu'un poids moyen sur les murs pour lesquels on peut employer une épaisseur moindre que pour les charpentes de combles exécutées en bois.

Nous donnons ici, dans la fig. 388, une ferme mixte à deux contre-fiches et à cinq tirants inclinés.

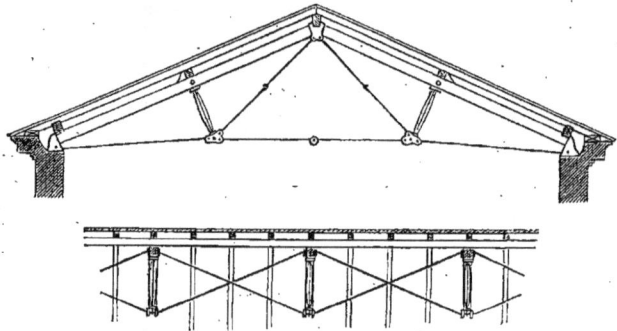

Fig. 388.

La fig. 389 représente le comble mixte couvrant un espace de 12 mètres. Le tirant horizontal est maintenu par un tirant vertical au centre. Le premier détail indique l'assemblage des deux pièces obliques avec le poinçon.

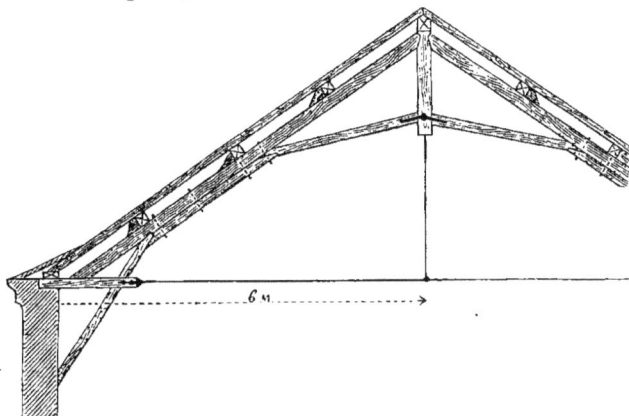

Fig. 389.

La fig. 390 représente l'assemblage d'un tirant avec l'arbalétrier.

La figure 391 est une ferme en appentis sans tirant.

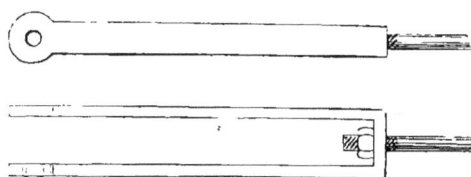

Fig. 390.

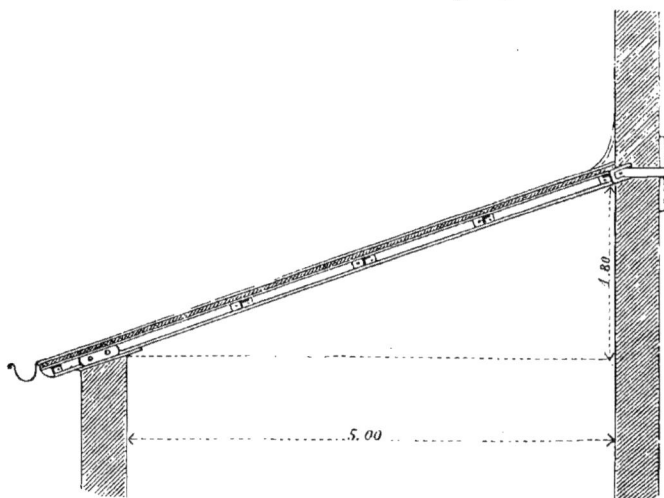

Fig. 391.

La fig. 392 est une ferme de comble avec tirant supportant un plancher.

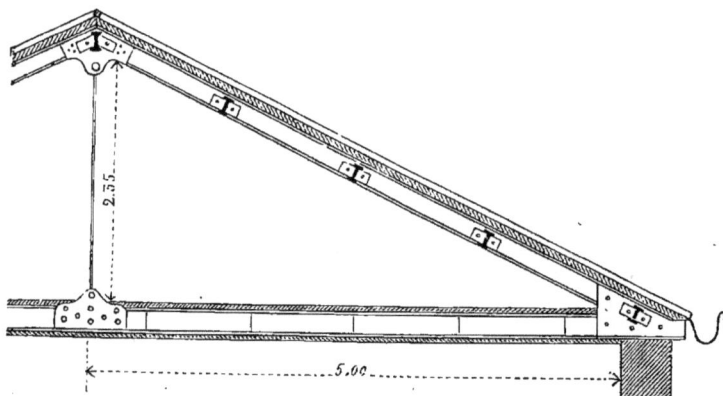

Fig. 392.

La fig. 393 est une ferme de comble avec tirant.

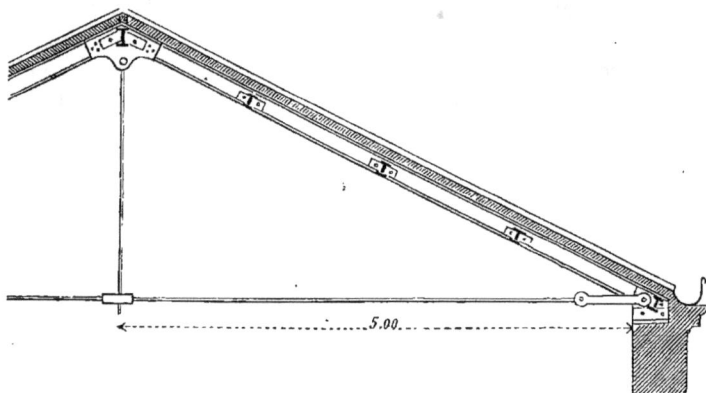

Fig. 393.

Fig. 394.   Fig. 395.   Fig. 396.   Fig. 397.   Fig. 398.   Fig. 399.

La fig. 394 est la coupe ou section d'une contre-fiche ou bielle circulaire en fer.

La fig. 395, la même dentelée en fonte.
La fig. 396, la même cruciforme en fonte.
La fig. 397, une contre-fiche cornière
La fig. 398, la même en T simple.
La fig. 399, la même en double T en tôle.

CHAPITRE VIII

COUVERTURE

Il existe un grand nombre de matières destinées à la couverture des édifices : on peut les classer de la façon suivante :

1° Couvertures schisteuses : ardoises.

2° Couvertures céramiques : tuiles.

3° Couvertures métalliques : zinc, plomb, cuivre, fonte, tôle.

4° Couvertures en matériaux ligneux : bois, papier, feutre, carton, chaume, roseaux.

5° Couvertures en matériaux de maçonnerie : pierres ciments, asphaltes, laves.

6° Couvertures en vitrerie.

Conditions à remplir pour une bonne toiture Une bonne toiture doit répondre aux conditions suivantes :

Être tout à fait imperméable, légère, aussi économique que possible, demander le minimum d'entretien, résister au vent, sécher très vite, se prêter aux dilatations dues aux variations de température extérieure, enfin protéger le bâtiment contre les incendies.

La pente de la toiture dépend des matériaux employés : les couvertures en matériaux ligneux sont celles qui exigent la pente la plus raide en raison de leur facile absorption de l'eau ; viennent ensuite dans l'ordre de pente de moins en moins grande : les ardoises, les tuiles, les métaux.

La surface destinée à recevoir les matériaux de couverture peut être soit continue, on la nomme alors : *voligeage*, soit formée par un réseau de pièces de bois de faible section séparées par un vide et que l'on nomme *lattis*.

Dans la construction de toute couverture il est prudent de prévoir des rampes, des marches et des mains courantes bien disposées pour permettre des visites régulières et faciles de la toiture, et rendre commodes les ramonages. Pour les maisons non isolées, de telles dispositions permettront de fuir plus facilement en cas d'incendie; par contre, il faudra prendre des précautions pour fermer la maison soigneusement dans ses parties hautes afin d'éviter toute introduction de personnes mal intentionnées.

1° *Couvertures schisteuses.*

Couverture en ardoises Les ardoises sont très employées comme couverture : elles sont légères puisque le mètre carré de couverture en ardoise ne pèse que 20 kilogs tandis que le mètre carré de tuiles pèse 80 kilogs. Par contre, les ardoises sont fragiles et elles absorbent une grande quantité de chaleur en raison de leur couleur noire.

Comme nous l'avons vu, l'inclinaison d'une toiture en ardoises

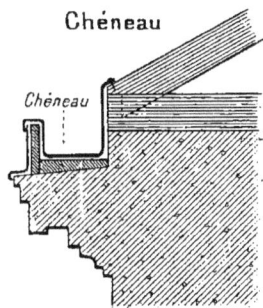

Fig. 400.

Fig. 401.

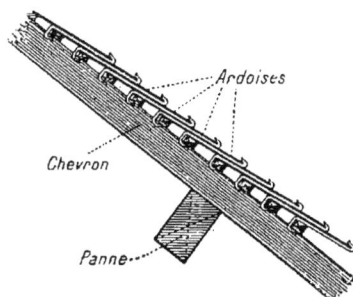

Ardoises fixées à l'aide de crochets

doit être assez forte, au moins 40°, car il faut faciliter l'écoulement de l'eau; de plus, il faut poser les ardoises de façon que le vent ne puisse prendre l'ardoise par en dessous.

On pose les ardoises de deux façons différentes : avec des clous ou avec des crochets. La fixation au moyen de clous est la moins bonne : elle se fait sur le voligeage par des clous galvanisés. Elle a le grand inconvénient de laisser prise au vent qui casse les ardoises. Aussi tend-on de plus en plus à n'employer que la méthode de fixation par crochets qui donne sous ce rapport, de bien meilleurs résultats et fournit un ensemble de couverture beaucoup plus résistant.

Il existe différents modèles de crochets mais le plus employé est le crochet n'exigeant pas de clous et se fixant d'une part au lattis (remplaçant le voligeage dans ce cas) et d'autre part à l'ardoise qu'il pince.

Pour faire la couverture d'ardoises, fig. 402, on commence par bien dresser les chevrons ; ensuite on latte, en commençant par le bas, avec des voliges en peuplier ou autres bois blancs. La volige étant posée, on forme l'égout, c'est-à-dire le bord inférieur de la couverture. Cet égout peut se faire de trois manières, c'est-à-dire simple, retroussé ou pendant.

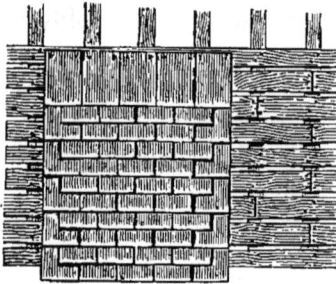
Fig. 402.

L'égout simple se fait en posant le premier rang d'ardoises de façon qu'elles recouvrent le chéneau pour verser les eaux dedans. Lorsqu'au bas d'un comble il se trouve une corniche avec un chéneau destiné à recevoir les eaux de la couverture, c'est le cas d'un égout simple, c'est-à-dire qu'on se contente de faire recouvrir le bord du chéneau par le premier rang d'ardoises.

S'il se trouve une corniche sans chéneau, on forme un égout retroussé ; pour cela, on commence à poser un premier rang de tuiles en plâtre ou en mortier sur le bord de la corniche, qui avance au delà de la cimaise d'environ 10 centim. Le premier rang doit avoir un peu de pente en dehors ; on double le premier rang par un second posé en liaison, qui n'avance pas plus que le premier et qui se nomme *doublis*. On doit avoir la précaution de peindre les tuiles en noir, pour ne pas faire disparate avec l'ardoise. A partir de l'égout, le surplus de la couverture s'opère en posant les ardoises par rangs horizontaux et en liaison, et bien alignées par le bas, arrêtées chacune avec deux clous. On donne au *pureau*, ou partie apparente, le tiers de la longueur de l'ardoise. Le pureau est toujours le même, quelle que soit la pente des toits. Cependant il conviendrait que le pureau fût moins grand pour les toits qui ont peu de pente que pour ceux qui en ont beaucoup. Ainsi, sur les combles à la Mansard, dont la partie inférieure a plus de 60 degrés d'inclinaison, les ardoises peuvent avoir des pureaux des trois quarts de leur hauteur, tandis que pour la partie supérieure des mêmes combles, dont la pente est de moins de 30 degrés, les pureaux pourront être réduits jusqu'au quart. Sur des combles à 45 degrés, les pureaux partageront les ardoises en deux parties égales.

Dans les combles à la Mansard, il faut avoir soin de former au droit du brisis un petit égout de 5 à 8 centimètres de saillie, pour recevoir le dernier rang d'ardoises de la partie inférieure : on y place souvent aussi une bavette en plomb ou en zinc.

Les faîtages ainsi que les noues, les chéneaux, les arêtiers et le dessus des lucarnes sont formés en plomb. Mais le plomb est cher et tente les voleurs. On y substitue des tuiles creuses, nommées tuiles faîtières; elles se posent sur l'angle (pour le recouvrir) formé par la réunion, au sommet, de deux pentes. Ces faîtières se posent en plâtre ou en mortier. Comme d'ordinaire, ces tuiles sont cylindriques, ou d'égale largeur par les deux bouts, elles ne s'emboîtent pas pour se recouvrir : on est donc obligé de faire les joints en plâtre.

On termine les toits à une seule pente et les pignons par des filets en plâtre ou en mortier, quelquefois aussi en ciment, qu'on désigne sous le nom de *solins* quand ils sont isolés, et de *ruelles* lorsqu'ils sont le long des murs. Les plis que forment les surfaces des combles en suivant la direction des murs, se nomment *arêtiers* au droit des angles saillants, et *noues* au droit des angles rentrants.

On peint les tuiles faîtières et celles des arêtiers en noir à l'huile. Pour former les arêtiers et les noues, on coupe les ardoises diagonalement. Pour les arêtiers qui ne doivent être recouverts ni en plomb, ni en zinc, ni en tuiles, on a soin de tailler les ardoises de manière qu'elles forment juste l'arêtier, et que les unes recouvrent exactement l'épaisseur des autres, afin que l'eau ne puisse pas s'introduire dans les joints. On peut poser par le bas une petite bavette de plomb taillée en *oreille de chat*, qui aura plus de saillie que l'ardoise.

2° *Couvertures céramiques.*

Les couvertures céramiques sont constituées par les *tuiles.* Les tuiles ont toutes les qualités requises pour une bonne toiture sauf celle de la légèreté : les tuiles sont en effet très lourdes : elles pèsent de 80 à 100 kilogs le mètre carré.

Les tuiles sont de différentes sortes : tuiles plates, tuiles creuses, tuiles en S, tuiles mécaniques.

Tuiles plates La couverture en tuiles plates, fig. 403, convient pour les combles qui ont beaucoup d'inclinaison. La moindre pente qu'on puisse donner à ces couvertures est de 27 à 60 degrés. La forme des tuiles plates est d'ordinaire rectangulaire, plus longue que large ; elles portent par derrière une espèce de tasseau de même matière, qui sert à accrocher, et quelquefois même des trous pour les fixer plus solidement avec des clous. Le pureau de la tuile doit être en général du tiers de sa hauteur.

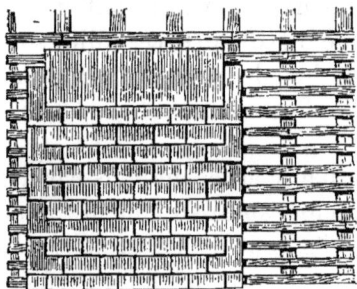

Fig. 403.

Les dimensions des tuiles à Paris sont, pour le grand moule, de 31 centim. de longueur ou hauteur, sur 23 centim. de largeur. Leur épaisseur est de 19 millim. et leur poids est d'environ 1 kilogr. 958. La longueur du petit moule est de 25 centim. et sa largeur de 182 millim. sur un peu moins de 13 millim. d'épaisseur. Le cent pèse 132 kilogr.

A Paris, les tuiles faîtières, qui sont creuses, ont de longueur 378 millim. sur 32 centimètres de contour et 24 de diamètre ; elles sont cylindriques et ne se recouvrent pas.

Il n'est pas nécessaire pour la couverture en tuiles plates que les chevrons soient recouverts en planches ; il suffit que ces pièces soient arrêtées et dressées par-dessus. Dans le cas contraire, le

premier soin des couvreurs sera de recouper les parties trop
hautes.

Quand la superficie des chevrons est bien dressée, les ouvriers
posent des lattes en commençant par le bas ; ces lattes doivent
être en bois de chêne *refendu ;* elles doivent être de droit fil, sans
nœuds, clouées sur chaque chevron. On les pose par rangs de
niveau et en liaison, c'est-à-dire que les bouts des lattes ne doivent pas se trouver à chaque rang sur le même chevron, mais sur
des chevrons différents, afin de les mieux lier ensemble. La distance des rangs de lattes doit être d'un tiers de la hauteur de la
tuile. Ces lattes, qu'on désigne sous le nom de *lattes carrées*, ont
1^m,30 de longueur, afin de pouvoir être clouées sur quatre chevrons espacés de 33 centim. ; elles ont environ 40 à 45 millim.
de largeur sur 3 à 4 millim. d'épaisseur. Le clou dont on se sert
pour fixer ces lattes, a 25 millim. de longueur ; lorsqu'il est fin il
en faut 320 pour 409 grammes, et ordinairement 260.

Les lattes étant posées, on commence la couverture par le rang
du bas, qui forme égout. Comme pour l'ardoise, l'égout peut être
simple, retroussé et pendant. Nous avons dit précédemment
ce que c'était qu'un égout simple, qu'un égout retroussé. Quant à
l'égout pendant, il n'a lieu que lorsqu'il n'y a pas de corniche
pour soutenir le bas de la couverture. Pour former l'égout pendant, on commence par clouer, sur les extrémités inférieures des
chevrons, qui doivent avancer de 48 à 50 centimètres environ au
delà du parement extérieur du mur de face, un rang de planches
appelées *chanlattes*, taillées en couteau ; c'est-à-dire plus épaisses
d'un bord que de l'autre, afin de procurer au premier rang de
tuiles le relèvement nécessaire pour former l'égout. Sur ces chanlattes on pose un double rang de tuiles.

L'égout étant formé, on accroche sur le premier rang de lattes,
au-dessus des tuiles qui forment l'égout, un rang de tuiles qui
constitue ce qu'on nomme *pureau*, sur celles de l'égout ; comme
elles prennent une autre inclinaison, il est à propos de doubler le
bas de ce premier rang par des demi-tuiles posées en plâtre ou en
mortier. Sur ce premier rang on en accroche un second, de manière que les joints montants répondent au milieu de la largeur
des tuiles du premier rang. Comme les rangs de lattes ne sont

ARCHITECTURE.   29

éloignés que du tiers de la longueur de la tuile, il en résulte que la partie apparente du premier rang, ainsi que des autres, n'est que le tiers de la longueur de la tuile ; et c'est cette partie apparente que les couvreurs appellent *pureau*, comme dans la couverture en ardoises.

On continue à poser les autres rangs de tuiles en allant de bas en haut, et en observant de faire les pureaux d'égale hauteur et bien alignés en dessous, et que les joints montants de chaque rang répondent toujours au milieu des tuiles de dessous jusqu'à ce qu'on soit parvenu au sommet ou faîtage du comble. Lorsque le comble est à deux pentes, on recouvre l'angle que forment ces pentes à leur jonction par un rang de tuiles creuses, comme nous l'avons déjà indiqué pour la couverture en ardoises.

Les lucarnes exigent des couvertures différentes : les unes sont à une seule pente et les autres à plusieurs. Toutes ces couvertures sont exécutées comme les précédentes, en observant de faire les faîtages, les noues et les arêtiers comme nous l'avons expliqué pour les ardoises.

Les tuiles plates sont plus ou moins rouges suivant la qualité de la terre ; au bout de quelque temps qu'elles sont en place, elles prennent une teinte grise ; parfois, on les colore en noir ou on les émaille ; la coloration en noir est donnée au moyen d'une dissolution de goudron dans du pétrole ; l'émaillage a lieu au feu ; il recouvre les tuiles d'un vernis de longue durée et dont on peut varier les tons autant qu'on le désire suivant les émaux employés. On peut ainsi faire des imitations très belles.

Tuiles creuses Les *tuiles creuses* sont employées dans le midi de la France où elles sont appliquées de deux façons différentes :

La première façon consiste à poser sur les chevrons un plancher jointif sur lequel on place des files de tuiles plates trapézoïdales s'emboîtant les unes dans les autres ; ces files sont séparées par un intervalle de $0^m,03$ environ ; cet intervalle

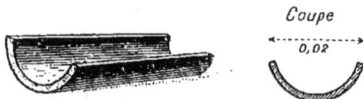

Coupe
0,02

Tuile romaine
Fig. 404.

est recouvert par des tuiles creuses s'appuyant d'un côté sur une file, de l'autre sur l'autre file.

La seconde façon, la plus employée, consiste à n'avoir pour une toiture qu'une seule espèce de tuiles : la tuile creuse; les tuiles plates de la méthode précédente sont remplacées par des tuiles creuses posées sur le dos, sur un plancher continu cloué sur les chevrons.

Tuiles en S Ces sortes de tuiles sont utilisées dans les Flandres; d'où le nom qu'on leur donne également de *tuiles flamandes.*

Elles sont à double courbure, chaque courbure servant à l'emboîtement dans la tuile voisine. Elles portent un crochet saillant qui sert à les accrocher à un fort lattis cloué transversalement sur le che-

Schéma de Tuiles en **S**

Fig. 405.

vronnage; mais ces tuiles sont de fabrication difficile, et les couvertures obtenues n'ont pas toujours l'étanchéité nécessaire.

Tuiles mécaniques Très employées; ce sont des tuiles moulées qui se fixent les unes aux autres par des saillies et des rainures.

Ces tuiles qui varient de dimension et de forme d'attaches avec les constructeurs, sont posées sur lattis cloué au chevronnage.

On fabrique même des tuiles en verre qui s'intercalent dans la toiture des tuiles mécaniques et permettent l'éclairage des parties supérieures de l'édifice, grenier, etc.

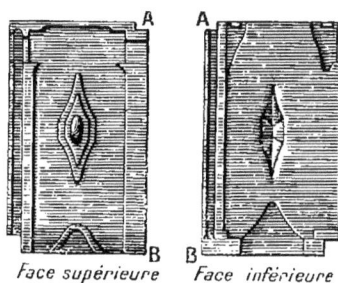

Tuile mécanique

Face supérieure   Face inférieure

Coupe

Fig. 406.

3° *Couvertures métalliques.*

Zinc La couverture en zinc est une des meilleures qui existe. Elle convient aux petites surfaces; elle est de longue durée, légère, facile à nettoyer ; elle ne s'oxyde qu'à la surface sous l'influence des agents atmosphériques ordinaires, et la première couche d'oxydation produite arrête l'action chimique et préserve le reste du métal. Le zinc est insoluble dans l'eau pure. La couverture en zinc convient depuis la pente de $0^m,25$ jusqu'à la surface entièrement verticale.

Le seul inconvénient du zinc est sa dilatation sous l'influence de la chaleur ; placée au soleil et fixée sur tout son pourtour, une feuille de zinc se gondole d'une façon irrégulière : il faut donc avoir le soin, quand on fait une couverture en zinc, de l'établir de manière à permettre au zinc les mouvements indispensables de dilatation dans tous les sens.

On fixe les feuilles de zinc de la façon suivante : en haut, par des clous en fer placés dans le voligeage ; en bas, la feuille recouvre les clous de la feuille suivante et s'agrafe à cette dernière par des crochets soudés à sa partie inférieure. Sur les côtés, les feuilles sont réunies par un simple ourlet, ou mieux on relève leurs bords le long d'un tasseau en bois sur lequel elles sont retenues par une patte clouée dans le tasseau ; on recouvre le tout par un chapeau en zinc.

On fabrique avec le zinc des « ardoises » qui se fixent au moyen d'agrafes dont la disposition varie avec les modèles. On obtient ainsi des couvertures plus solides et dans lesquelles on lutte plus aisément contre la dilatation. On a donné le nom d'ardoises à ces feuilles réduites, par analogie avec les ardoises ordinaires dont elles ont les mêmes formes.

Plomb Les couvertures en plomb ne conviennent guère aux maisons particulières. Elles sont lourdes, et leur valeur les expose à être découpées et volées. Signalons simplement que l'on recouvre souvent de plomb les balcons. De plus, on remplace souvent les ardoises ordinaires dans les couvertures difficiles comme celles des clochetons, des dômes de petites dimensions, par des pièces en plomb que l'on découpe de la même manière que les ardoises. On obtient, dans ce cas, un travail de résistance excellente et de durée très longue.

Cuivre Les couvertures en cuivre ne conviennent pas aux maisons particulières ; elles sont appliquées à certains édifices publics.

Fonte Les couvertures en fonte sont rares en raison de leur forte épaisseur, de leur poids et de leur prix. Cependant on établit quelquefois, dans certains pays comme l'Allemagne, des couvertures faites avec des tuiles de fonte qui arrivent à peser moins que la tuile ordinaire. On les goudronne pour éviter les taches de rouille.

Tôle La tôle s'emploie ondulée ; les couvertures en tôle ondulée ne sont applicables qu'à des cas bien particuliers de hangars, remise à machines, etc. ; il faut bien noter que la tôle s'altère sous l'influence des acides et des bases. Les ondulations de la tôle donnent à celle-ci une rigidité qui permet de supprimer, dans bien des cas, voligeage, lattis et chevron. La tôle s'emploie galvanisée ; mais quand elle commence à se rouiller il faut procéder à une nouvelle galvanisation ou encore à une application de peinture.

4° Couvertures en matériaux ligneux.

Bois, papier, carton, feutre, chaume, roseaux La *couverture en bois* peut s'exécuter de différentes façons ; nous ne nous y étendrons pas, car cette sorte de couverture n'a qu'une courte durée ; le bois se pourrit rapidement, et laisse passer la chaleur ; enfin, le feu y trouve un aliment facile. On peut augmenter la durée du bois en le recouvrant d'une couche de goudron ou encore en employant du bois qui a été injecté de sulfate de cuivre ou de créosote.

Les alternatives de sécheresse et d'humidité détériorent rapidement les couvertures en bois.

Pour remédier aux défauts d'étanchéité que présentent les couvertures en bois qui se fendent et se gercent toujours, on a imaginé de recouvrir ces couvertures avec du papier goudronné. Les couvertures ainsi obtenues sont économiques et présentent de meilleures garanties d'étanchéité.

Le *carton bitumé* est employé pour des constructions légères; il se vend en rouleaux; les feuilles de carton bitumé sont clouées sur le voligeage et on empêche le vent de les arracher en clouant des lattes par-dessus. Une telle couverture ne peut évidemment convenir que pour des bâtiments spéciaux, légers et en général provisoires; elle a une durée limitée à dix ou quinze ans.

On fait aussi des couvertures en toiles ou en feutres goudronnés. Les matières doivent être très filamenteuses, très solides et peu cassantes. Elles sont peu accessibles aux incendies.

Certains constructeurs fournissent pour toitures des sortes de cartons cuirs armés, sablés bitumés. Leur application est facile, et ce genre de toiture donne satisfaction pour des hangars ou autres constructions de ce genre.

Enfin, l'*amiante* est également employée sous forme d'ardoises ou plaques demi-rigides composées de fibres imperméabilisées. L'amiante est une substance minérale naturelle qu'on extrait des carrières comme l'ardoise et la pierre. Les plaques d'amiante se posent en les clouant.

Le *chaume* et le *roseau* offrent le grand inconvénient du danger d'incendie; ils tendent à disparaître; de plus, ce genre de couverture est exposée à donner abri aux rongeurs qui la démolissent en y creusant des galeries.

Le chaume ou le roseau est réuni par poignées ou javelles; on attache ces dernières sur des planchettes que l'on place ensuite en travers des chevrons. On place les brins, le gros bout en bas.

5° *Couvertures en matériaux de maçonnerie.*

Pierres, ciments, asphaltes, laves — Les couvertures en pierres sont rares et ne conviennent guère qu'aux grands édifices. Le *ciment,* les *asphaltes* peuvent être employés quand on recouvre la maison d'une terrasse. Les *laves* sont des roches naturelles schisteuses que l'on emploie dans certains pays, comme les ardoises, par rangs successifs à joints croisés.

Le *fibro-ciment* est une combinaison de ciment et de fibres d'amiante inattaquable aux agents atmosphériques; cette combinaison durcit rapidement à l'air et est imperméable. Il se fixe avec la plus grande facilité avec de simples attaches de laiton. Il offre une très grande résistance à l'action du feu. Le fibro-ciment se vend soit en ardoises soit en grandes plaques. Il se coupe, se scie, se cloue, se perce avec grande facilité.

6° *Couvertures en vitrerie.*

Ces couvertures sont appliquées dans des cas spéciaux notamment dans certains ateliers. Les verres employés peuvent être des verres ordinaires, des glaces brutes, des verres striés. Ceux-ci ont l'avantage de bien diffuser la lumière. En ce qui concerne l'habitation, les serres emploient naturellement beaucoup de verre.

Pour éviter une trop grande action du soleil sur les ateliers vitrés, on a avantage à recouvrir le verre d'une couche de couleur bleue.

Le complément de la couverture est l'écoulement des eaux de pluie qui sont tombées sur elle. Il faut disposer les choses pour que cette eau ne vienne pas couler sur les murs de la maison. Aussi les chevrons font-ils saillies en dehors des murs.

Le moyen le plus élémentaire est de placer à l'extrémité du chevron et en-dessous de ce dernier une feuille de zinc repliée à son extrémité et qui oblige l'eau à tomber verticalement sur le sol. La gouttière la plus simple est constituée par une feuille de zinc repliée ; plus perfectionnée est la gouttière composée d'un tube en zinc retenue par des pattes. Le chéneau est une gouttière plus importante qui aboutit à un tuyau de descente : celui-ci est en zinc sauf sa partie inférieure qui est en fonte.

CHAPITRE IX

INSTALLATIONS SANITAIRES,
WATER-CLOSETS, ÉVIERS, VIDOIRS, SALLES DE BAINS,
STÉRILISATEURS.

Water-closets Le système d'évacuation directe à l'égout des matières des cabinets d'aisances, a été rendu obligatoire à Paris par la loi du 10 juillet 1894 ; il est appliqué dans un assez grand nombre d'autres villes de France, ce système est connu dans d'autres pays sous le nom de système à circulation.

Il a, en effet, pour base l'entraînement rapide des matières nuisibles, depuis le point d'origine jusqu'au débouché final, par le moyen de chasses d'eau.

Pour assurer d'une manière parfaite le fonctionnement du système, il faut produire la chasse à l'endroit et au moment voulu pour que l'entraînement ait lieu immédiatement sans possibilité d'arrêt ou de dépôt.

C'est pourquoi une chasse doit être déterminée brusquement à chaque visite, dans la cuvette même des cabinets d'aisances, et le volume d'eau déversé doit être suffisant pour laver complètement la cuvette, renouveler l'eau contenue dans le siphon obturateur dont l'utilité sera indiquée plus loin, et véhiculer les matières dans la canalisation jusqu'à l'égout.

Cette chasse est utilement fournie par un réservoir spécial alimenté automatiquement au moyen d'un branchement muni d'un robinet flotteur placé à 2 mètres environ au-dessus de la cuvette et qui se vide soit à volonté par une commande à la portée de la main, soit par un mode automatique à des intervalles convenablement réglés. Elle peut aussi être produite par tout appareil qui a un effet analogue.

Pour obtenir le maximum d'effet utile, il convient de donner aux conduits d'évacuation, siphons, tuyaux de chute, canalisations à la suite, des diamètres relativement faibles ; en effet, dans un tuyau trop large l'eau se divise, coule sans force et n'empêche pas la formation de dépôts sur les parois, tandis qu'à volume égal dans un conduit étroit, elle forme piston, entraîne avec force et vitesse les matières qu'elle enveloppe, s'oppose à tout dépôt, lave énergiquement les parois et provoque un utile renouvellement de l'air.

Les canalisations qui relient le pied des tuyaux de chute à l'égout, doivent être établies avec le maximum de pente disponible et 0,03 par mètre au moins. Dans le cas exceptionnel où cette pente minima ne pourrait être obtenue, il y est suppléé par l'établissement de réservoirs de chasses supplémentaires, ou par tout autre moyen de propulsion en des points convenablement choisis.

Ces canalisations doivent être parfaitement étanches, capables de résister aux pressions intérieures, disposées de manière à y éviter tout dépôt et, de plus, aisément visitables ; c'est pourquoi on recommande de les tracer de manière qu'elles soient toujours formées de parties droites ; les raccordements courbes, s'ils sont indispensables, doivent être établis sous les plus grands rayons possibles. De plus, à chaque changement de direction ou de pente, à chaque rencontre ou intersection des canalisations, il doit être ménagé autant que possible un regard facilement accessible dont le tampon mobile constitue une fermeture rigoureusement hermétique.

L'hygiène la plus élémentaire réclame la protection de l'atmosphère des locaux habités contre toute pénétration de gaz odorant ou insalubre, d'air vicié provenant non seulement des égouts mais encore des tuyaux de chute et conduits d'évacuation, dont les émanations sont toujours plus redoutables et plus pénétrantes encore que celles des égouts.

Aussi n'est-ce point par un obturateur unique placé à la jonction de la canalisation intérieure de l'édifice avec l'égout qu'on peut réaliser cette protection d'une manière absolue, mais par une série d'obturateurs disposés à l'origine supérieure des divers branchements reliés à cette canalisation ; en un mot, à chacun des orifices ouverts dans les logements pour recevoir les eaux souillées (cuvette de cabinets d'aisances, éviers, lavabos, postes d'eau, bains etc.), et formant fermeture hermétique.

Le seul appareil de ce genre actuellement connu qui soit réellement efficace, est le siphon à occlusion hydraulique permanente, c'est-à-dire renfermant une certaine quantité d'eau, interceptant complètement ce siphon. Cet appareil simple et peu coûteux, est d'un fonctionnement absolument sûr quand il est convenablement disposé pour qu'il s'y maintienne en tout temps une garde d'eau suffisante.

Ces précautions spéciales doivent être prises lors de la construction des maisons, et une vigilance particulière doit être exercée par la suite pour protéger les siphons et tous les appareils hydrauliques contre les conséquences de la gelée : installation systématique des colonnes montantes dans des locaux bien clos, loin des murs extérieurs froids, protection au besoin des conduits et appareils par des enveloppes isolantes ; en temps froid, fermeture des baies d'aérage, maintien de l'alimentation d'eau par le moyen d'un petit écoulement continu ou d'une faible source de chaleur tel qu'un bec de gaz en veilleuse, addition d'un peu de sel marin dans l'eau des siphons qui ne sont pas en usage (appartements vacants), etc.

Outre l'emploi général des siphons, il est à recommander de veiller à l'étanchéité parfaite des canalisations.

On doit d'ailleurs s'efforcer d'empêcher autant que possible la production des gaz odorants ou insalubres et, à cet effet, il n'est pas de moyen plus certain que l'aération naturelle. C'est pourquoi les tuyaux de chute et d'évacuation des eaux usées auxquels aboutissent tous les branchements siphonnés, et les conduits à la suite, doivent être disposés de manière qu'un courant d'air s'y puisse établir constamment en communication directe avec l'égout, aéré lui-même par les bouches de la rue ; ils doivent déboucher librement à la partie supérieure dans l'atmosphère, et pour cela on recommande de les prolonger jusqu'au dessus du faîtage et ne pas les employer pour l'écoulement des eaux pluviales.

Avant d'examiner avec quelques détails les précautions à apporter dans la construction des canalisations de water-closet, nous dirons quelques mots de l'aménagement intérieur du cabinet d'aisance.

Un water-closet doit être aéré et éclairé directement par une baie ayant au moins une dimension de 25 à 30 décimètres carrés de section ; le minimum que l'on puisse donner à la pièce est de 1^m,20 de longueur sur 1 mètre de largeur et 2^m,60 de hauteur.

SIPHONS

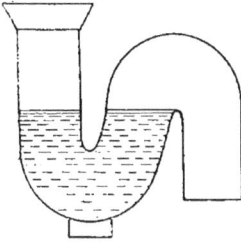

Siphon en S pour conduite verticale.
Nettoyage par en dessous.

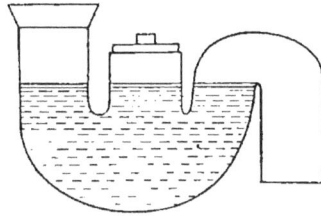

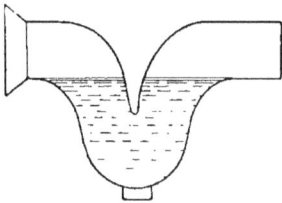

Siphon en S pour conduite verticale.
Nettoyage par en dessus.

Siphon en U pour conduite horizontale.
Nettoyage par en dessous.

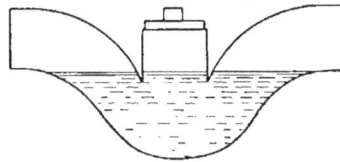

Siphon en U pour conduite horizontale.
Nettoyage par en dessus.

Fig. 407.

On doit employer des matériaux et disposer le local de façon que la plus grande propreté puisse y régner. Pour les murs tout d'abord, il est bon dans les installations modestes de les revêtir d'un enduit au ciment jusqu'à la hauteur d'environ 1 mètre et de les peindre au-dessus avec une peinture à l'huile à base de blanc de zinc et d'un ton clair. Dans les cabinets plus luxueux, le mieux est de peindre toute la pièce avec du ripolin clair. On peut aussi employer de la céramique ou des carreaux de faïence jus-

qu'à une certaine hauteur et peindre les parties au-dessus. Dans
les water-closets des appartements on a l'habitude d'employer du
parquet en bois; il serait à souhaiter que le parquet fût toujours
remplacé par une matière absolument imperméable et absolument
imputrescible; le ciment d'abord, les carreaux de céramique, la
terrazolith ou autre matière analogue sont bien préférables.

Dans la plupart des appartements il n'y a ni toilette avec écoulement d'eau installée, ni vidoirs pour jeter les eaux qui ont
servi; celles-ci sont alors portées au cabinet au moyen de seaux;
il est impossible, malgré le soin que l'on prenne d'empêcher les
eaux jetées ainsi dans les water-closets, d'éclabousser plus ou
moins fortement le sol; si celui-ci est en parquet de bois il
s'imbibe, s'abîme, et en outre les conditions hygiéniques sont
déplorables. Pour remédier à la chose, on place fréquemment un
linoléum par terre; mais beaucoup de personnes ont la malencontreuse idée de clouer le linoléum; dans ces conditions, s'il y a
moindre pénétration d'eau sous le linoléum, ce qui est presqu'impossible à éviter à la jointure du linoléum et de la cuvette, cette
eau n'étant pas essuyée, ne peut sécher, et le parquet est très
rapidement tout à fait détérioré.

Dans les cabinets autres que ceux d'appartement, comme les
water-closets d'atelier, d'école, etc., le sol doit être formé inévitablement de pierres, ciment etc., en aucune façon, on ne doit
employer le bois.

Les appareils employés avec le tout à l'égout sont dits « appareils
sanitaires »; ils constituent un progrès énorme sur les appareils
précédemment employés. Les cuvettes sont à siphon, assurant
l'interception complète entre la canalisation et le water-closet, et
elles se ramènent à deux types principaux : les cuvettes à effet
d'eau plongeant et les cuvettes à double garde d'eau.

Les cuvettes à effet d'eau plongeant se divisent en deux catégories : les cuvettes qui font corps avec leur siphon, c'est-à-dire
les cuvettes d'une seule pièce, et les cuvettes dont le siphon est
séparé et a été réuni à la cuvette par un joint; nous donnons le
croquis des types de ces deux dispositions.

Les cuvettes à double garde d'eau se divisent également en
deux classes suivant que la seconde garde d'eau sert pour baigner

le fond de la cuvette et l'empêcher de se souiller ou au contraire que cette garde est utilisée pour intercepter les mauvaises odeurs. Nous donnons également le croquis d'un des types de cette cuvette.

· Les réservoirs de chasse sont nombreux comme système, mais leur principe est le même dans tous les cas : ils se composent d'un récipient en fonte contenant l'eau et généralement muni d'un couvercle; le robinet qui assure l'entrée de l'eau dans le

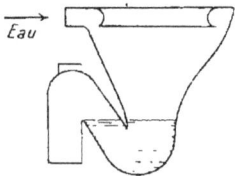

Type de Cuvette à effet d'eau plongeant d'une seule pièce.

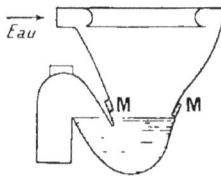

Type de Cuvette à effet d'eau plongeant en deux pièces.
(Cuvette proprement dite et siphon réunis par le joint M M.)

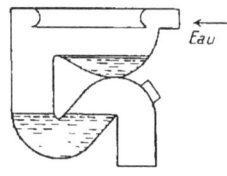

Type de Cuvette à double garde d'eau.

Fig. 408.

récipient, est actionné par un flotteur. Ce dernier est muni à son autre extrémité d'une tige qui est en relation avec le robinet. Si l'on tire la chaînette dont l'appareil est muni, on ouvre, dans ce mouvement, la communication entre le récipient et la cuvette; l'eau s'écoule avec force et vide le récipient, le flotteur se trouve descendu et la tige qu'il porte actionne le robinet; l'eau rentre dans le récipient, le flotteur remonte et la tige ferme peu à peu le robinet.

Nous n'avons pas à entrer ici dans le détail de ces réservoirs de chasse que celui qui fait bâtir, achète tout faits : mais ce que nous en avons dit, indique suffisamment que ce sont des appareils assez délicats et qu'il ne faut pas trop rechercher l'économie dans leur achat.

Le réservoir de chasse est appliqué le long du mur, à environ deux mètres au-dessus de la cuvette, soit au moyen de fortes vis tamponnées dans le mur et passant dans des oreilles que porte extérieurement le réservoir, soit au moyen de consoles fixées au mur et supportant le réservoir. Le tuyau de communication entre le récipient et la cuvette est le plus souvent en plomb; la liaison du tuyau avec le réservoir se fait par l'intermédiaire d'un bout de tube réuni par un raccord à vis avec le réservoir d'une part et que l'on soude d'autre part au tuyau. La liaison entre le tuyau et la tubulure d'arrivée d'eau dans la cuvette, se fait au moyen d'un manchon en caoutchouc fortement ligaturé.

Nous croyons devoir signaler ici un dispositif de chasse très spécial qui peut, dans certains cas, rendre service; dans ce dispositif, il n'y a plus de réservoir; il y a un branchement direct entre la tubulure d'arrivée d'eau dans la cuvette et la canalisation d'eau de la maison. L'appareil se compose d'un bouton analogue à un gros bouton de sonnette que l'on presse quand on veut faire fonctionner le système; dans ce mouvement, on établit la communication entre la canalisation et le robinet d'accès à la cuvette; celui-ci est, en réalité, une soupape actionnée par l'eau qui arrive ainsi; la communication se trouve alors établie entre la canalisation et la cuvette; et l'on a calculé l'appareil pour que, lorsqu'on lâche le bouton, la soupape revienne à sa place primitive assez lentement pour assurer une chasse suffisante dans la cuvette.

Les cuvettes sont en porcelaine et, suivant les installations, elles sont plus ou moins décorées; elles reposent sur le sol (où elles sont soit scellées, soit fixées par des vis suivant ce sol). Il est recommandé de ne jamais les entourer d'un coffrage en bois qui est un réceptacle de poussière et empêche de reconnaître, dans certains cas, qu'il y a une fuite. La cuvette est munie d'un siège à abattant en bois d'essences diverses: chêne, noyer, acajou, pitchpin, etc. Ce siège affecte des formes différentes; les modèles les plus nouveaux sont échancrés en avant.

Tout ce que nous venons de dire a trait aux habitations qui sont munies du « tout à l'égout »; c'est le cas de celles qui sont dans les grandes villes, mais malheureusement le problème des water-closets se pose avec beaucoup plus de difficultés pour les agglomérations non pourvues de ce système, et c'est le cas le plus général; depuis que les travaux de nos savants hygiénistes ont attiré dans ces dernières années l'attention sur les contagions produites en raison de la négligence apportée dans l'établissement des cabinets, on a compris toute l'importance qu'avait pour une maison et ses alentours l'évacuation des matières de vidange.

Le moyen qui consiste à faire communiquer directement les fosses d'aisance avec un cours d'eau, est malheureusement encore utilisé dans bien des endroits ; il est inutile d'insister sur cette solution antihygiénique ; le maire peut d'ailleurs, dans un certain délai, imposer la suppression de ces communications.

Le système le plus employé à l'heure actuelle est encore la fosse fixe ; mais il est à souhaiter qu'elle disparaisse le plus rapidement possible. Déjà, il y a plus de trente ans, la commission instituée par le Ministre de l'Agriculture en 1881, pour l'étude de l'assainissement, avait conclu que, si l'on ne pouvait exiger une suppression radicale et immédiate des fosses fixes, il fallait tout au moins exiger l'adoption de système de fosse supprimant toute communication entre la fosse et le sol, et n'admettre comme communication entre la fosse et l'air extérieur qu'un tuyau de ventilation ; une fosse étanche en métal pouvait seule répondre à ce désir : le vidage de la fosse doit être fait par des procédés empêchant rigoureusement toute communication avec l'extérieur.

Depuis la réunion de cette commission, l'expérience est venue prouver la sagesse de ces décisions ; des épidémies terribles ont été provoquées par la contamination d'eau de source par des fosses non étanches laissant les matières fuir peu à peu dans le sol.

Si même l'on a établi une fosse fixe absolument étanche, on se trouve en présence d'un système qui offre de grands inconvénients et notamment d'exiger des vidages relativement fréquents, de limiter l'emploi de l'eau dans les cabinets afin d'éviter le remplissage trop rapide de la fosse. Il y a toujours à craindre des émanations par les conduites, et la maison, placée au-dessus d'un tel réceptacle, est dans des conditions d'hygiène peu satisfaisantes que n'arrivent pas à améliorer suffisamment l'emploi de désinfectants comme le lait de chaux, le crésol, le sulfate de chaux, etc., dont il faut bien entendu faire usage.

Nous verrons plus loin que nous sommes à l'heure actuelle à une période de création de nouveaux modes d'évacuation des vidanges, que le propriétaire fera bien d'examiner avec grand soin avant de se décider à une installation quelconque.

Pour ce qui concerne la fosse fixe si on ne l'établit pas en métal en raison de difficultés trop grandes, on la construira comme nous l'avons dit précédemment.

Un autre dispositif qui peut être employé, est celui de la fosse mobile : la fosse mobile est un récipient cylindrique qui reçoit les matières et que l'on vide régulièrement. Ces fosses sont plutôt appelées *tinettes*. Elles ne sont pas aérées. On peut utilement placer dans ces tinettes de la terre et de la cendre qui absorbent les matières; on fait même des cuvettes pour water-closets qui, au lieu de fonctionner à l'eau, fonctionnent à la tourbe, c'est-à-dire qu'en tirant une chaînette après la visite, on assure l'envoi dans la conduite et dans la tinette d'une certaine quantité de tourbe. Dans les installations plus simples, on se contente de prendre quelques pelletées de terre (deux ou trois) que l'on jette dans l'orifice des water-closets. Le système Goux est une tinette assez répandue qui est formée d'un cylindre de métal renfermant intérieurement une couche épaisse atteignant presque la moitié de la tinette de matière poreuse mêlée à une petite quantité de sulfate de chaux ou de fer.

Parmi les procédés les plus modernes de traitement des vidanges se trouvent les transformateurs et les fosses septiques. Ces appareils fonctionnent d'après le même principe qui consiste à placer les matières dans des conditions telles qu'elles subissent une fermentation anaérobie et une fermentation aérobie qui les transforment complètement.

Il est nécessaire de savoir qu'une ordonnance très importante a été rendue le 1er juin 1910 par le préfet de la Seine après avis du Conseil supérieur d'Hygiène publique de France. Cette ordonnance déclare que seuls seront autorisés désormais dans les communes du département de la Seine les appareils ayant subi avec succès les expériences bien déterminées et consacrées par un certificat de vérification. L'article 5 notamment spécifie qu'en aucun cas, les effluents des fosses septiques ne pourront être déversés dans des puisards absorbants. Ils ne pourront être déversés dans des fossés, rigoles, égouts ou cours d'eau qu'à la condition d'être épurés sur des terrains d'épandage ou sur des lits bactériens d'oxydation, ou d'être traités par tout procédé qui en assure la désinfection, la désodorisation et l'épuration, de manière qu'ils satisfassent aux conditions imposées par les instructions du Conseil supérieur d'Hygiène du 12 juillet 1909.

Lorsqu'ils devront être épurés sur des lits bactériens ou des terrains d'épandage, les effluents de fosses septiques devront y être conduits par des tuyaux étanches d'un diamètre suffisant pour en assurer le facile écoulement.

Pour le choix d'un appareil, même pour une autre région que celle du département de la Seine, il est bon de s'en tenir à ceux qui ont reçu le certificat de vérification dont il vient d'être question, car ce sont eux qui sont conçus dans les seules conditions d'hygiène acceptable.

Nous allons donner ici la description de l'appareil qui a reçu le premier le certificat (certificat n° 1 en date du 1er mars 1911). Il est construit par la maison Barbas et Balas. L'appareil se compose de deux bacs en ciment armé. Le premier bac ou compartiment septique porte fixé sur la paroi un tuyau coudé O destiné à conduire le liquide septisé dans le second bac A épurateur; il est fermé à la partie supérieure par un couvercle en deux parties; l'une supportant le tuyau plongeur destiné à recevoir le tuyau de chute des water-

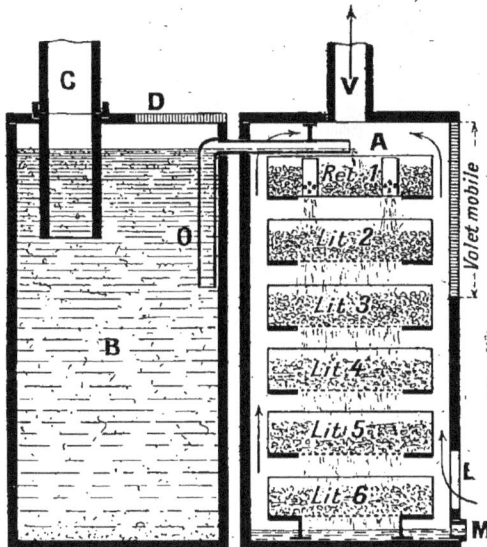

Fig. 409.

closets; l'autre D servant de regard de visite. Le second bac A ou compartiment épurateur porte à la partie inférieure un tuyau M pour l'écoulement de l'effluent et un orifice E pour l'entrée de l'air dans l'appareil. Sur la paroi opposée à la sortie de l'effluent se trouve un orifice placé à la hauteur du tuyau de communica-

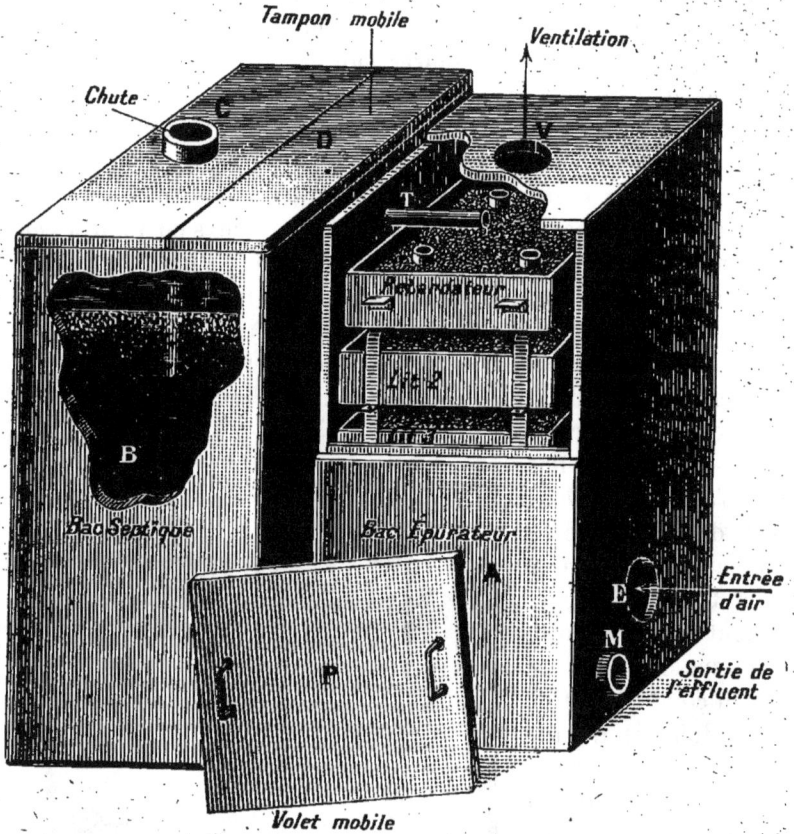

Fig. 410.

tion amenant le liquide septisé; cet orifice est destiné au passage du tuyau déverseur T vissé sur le raccord en attente du tuyau O. La partie supérieure du bac est fermée par un couvercle sans feuillure comportant un orifice sur lequel se raccorde le tuyau de ventilation V ou sortie d'air qui est prolongé aussi haut que

possible pour assurer une ventilation énergique. Sur la face de
l'épurateur il existe un volet mobile permettant l'accès facile de
l'intérieur où sont placés superposés cinq lits bactériens et un
retardateur garnis de matières épurantes. Ces lits sont constitués par des paniers métalliques à parois pleines et à fonds
grillagés et de chaque côté des lits un espace libre est réservé
pour le passage de l'air. A la mise en service, le compartiment

septique B est rempli d'eau jusqu'au niveau du tuyau T; le
compartiment épurateur A est
garni de ses lits bactériens; les
matières provenant des closets
pénètrent par le tuyau de chute
C dans le compartiment septique B où, par le travail connu
des microbes anaérobies, elles
se décomposent et se diluent
complètement. Au moment de
cet afflux de matières, un volume égal de liquide septisé
s'écoule par le tuyau T dans
le retardateur qui l'épand lentement sur les lits inférieurs.
A la surface et dans le sein de
ces lits en présence de l'air
fréquemment renouvelé, le
travail des microbes aérobies
opère l'oxydation et la nitrification des composés ammo-
niacaux. Le liquide s'écoule à
l'extérieur par le tuyau M; cet
effluent peut être évacué dans
une canalisation.

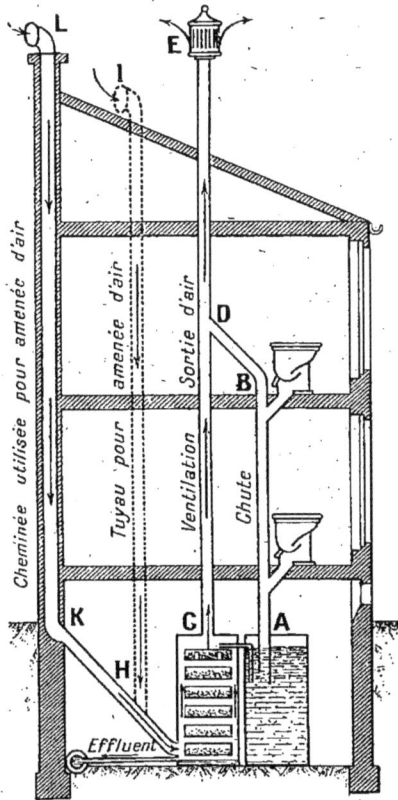

Fig. 411.

Ce transformateur est destiné seulement à l'épuration des matières de vidange et doit donc recevoir uniquement les closets; on
ne doit y envoyer ni eaux pluviales ni eaux de toilette ou de cuisine; il est d'ailleurs toujours facile de raccorder la canalisation

des eaux ménagères à la canalisation sortant du transformateur et après ce dernier.

Pour que le fonctionnement de l'appareil soit assuré, il est de toute nécessité que tous les appareils employés dans les water-closets soient munis de réservoirs de chasse déversant 6 litres d'eau par visite, et que les water-closets ne soient fréquentés que par le nombre maximum de personnes pour lequel l'appareil est construit. Il faut aussi que la ventilation soit aussi active que possible; il faut donc que le tuyau de ventilation prolongé au-dessus du toit aussi haut que possible, soit muni d'un aspirateur activant le tirage; d'autre part, il faut qu'un tuyau amène de l'air dans l'appareil en prenant ce dernier au ras du toit: fréquemment on pourra utiliser comme tuyau de ventilation ou d'amenée d'air les tuyaux de fumée sans emploi.

Le transformateur que nous venons de décrire, demande naturellement un certain entretien d'ailleurs assez simple et qui consiste à nettoyer, deux ou trois fois par an, le retardateur supérieur en lavant simplement le machefer qui peut resservir, et à changer les matières épurantes une fois par an si l'appareil est constamment en service.

En général, ce qui caractérise tous les systèmes autres que le « Tout à l'égout », c'est la nécessité où l'on se trouve de limiter la quantité d'eau à jeter dans la canalisation après chaque visite; ceci n'empêche pas cependant l'emploi des appareils à chasse d'eau que nous avons décrits précédemment; dans la plupart des cas, un simple réservoir ordinaire est placé soit au-dessus des closets soit dans les combles du bâtiment; il communique avec la cuvette par une canalisation. Pour faire arriver l'eau ou l'arrêter, la cuvette peut être munie d'une poignée que l'on tire, ce qui actionne l'ouverture d'un robinet et, dans des cas encore plus simples, d'un robinet que l'on ouvre ou ferme directement à la main.

Pour en terminer avec cette question de water-closets, nous dirons que, dans certaines installations sommaires convenant à des fermes, des écuries etc., on installe souvent des cabinets dits « à la turque »; ce système est celui qui est installé dans la plupart des cabinets publics des gares. Un simple orifice donne accès au tuyau d'évacuation des matières par l'intermédiaire d'une valve qui ne s'ouvre que sous le poids des matières. Le sol de ces cabinets doit être en pente afin de diriger vers un orifice placé au-dessus de la valve les liquides répandus sur le sol; ce dispositif permet en outre un lavage énergique à grande eau de temps en temps. Notons qu'on peut munir ce genre de cabinet de réservoirs de chasse que l'on peut, si besoin est, rendre automatiques: ils sont disposés de telle façon que, de temps à autre, sans que l'on tire aucune chaîne, ils entrent en fonctionnement et lavent la cuvette.

Enfin, dans certains cas, on établit des water-closets dont l'évacuation se fait sur le tas de fumier; nous en arrivons là aux procédés les plus simples.

L'étude des water-closets que nous venons de faire, est voisine de l'étude de l'évacuation des eaux de vidange des cuisines et des salles de bains dont nous allons dire quelques mots maintenant.

Cuisines Les eaux des cuisines sont évacuées par l'évier. Les éviers sont constitués par une pierre spéciale d'une seule pièce ou par du grès cérame recouvert d'une couche d'émail ivoire extrêmement dure et inattaquable aux acides. On donne à l'évier une forme telle que les eaux en s'écoulant aboutissent au trou percé dans l'évier. Cet orifice est fermé par une grille qui arrête les ordures les plus grosses. Afin d'empêcher toute odeur de venir de la canalisation dans la cuisine, on munit le branchement qui réunit l'évier à cette canalisation d'un siphon qui assure une occlusion parfaite. Quand l'évier sert suffisamment pour que les eaux contenues dans le siphon se renouvellent souvent, il suffit habituellement d'avoir la grille dont nous venons de parler; mais pour les éviers utilisés rarement, il vaut mieux employer, outre la grille, un bouchon appelé bonde qui ferme complètement l'orifice de l'évier quand on ne s'en sert pas.

Dans l'installation d'une cuisine, une autre considération que celle de l'écoulement des eaux est à envisager au point de vue hygiénique, c'est celle de l'enlèvement de la vapeur d'eau et des fumées produites par la cuisson des aliments.

La ventilation de la cuisine se fait de deux façons principales :
par hotte ou par système spécial installé près du plafond sur le

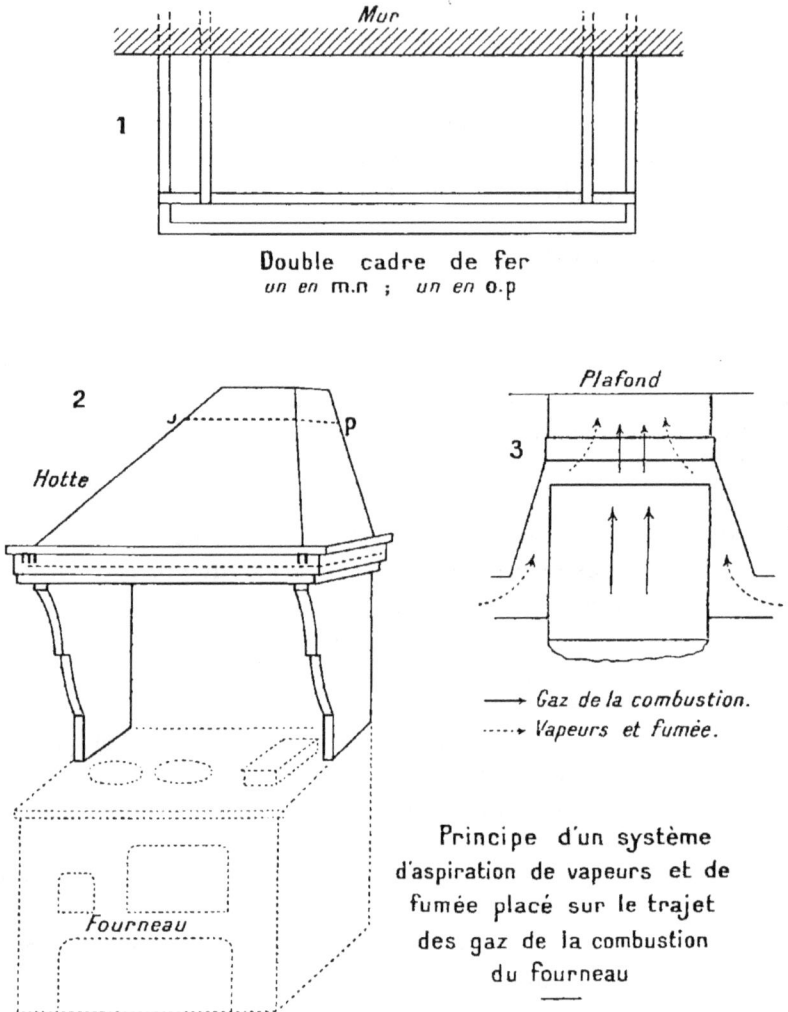

Double cadre de fer
un en m.n ; *un en* o.p

Plafond

→ Gaz de la combustion.
····→ Vapeurs et fumée.

Principe d'un système
d'aspiration de vapeurs et de
fumée placé sur le trajet
des gaz de la combustion
du fourneau
——

Fig. 412.

trajet d'évacuation des produits de la combustion du fourneau.

La hotte est un entonnoir renversé placé à une certaine hauteur
au-dessus du fourneau; cet entonnoir aboutit à un tuyau qui

débouche sur le toit de la maison. Une hotte est constituée par une armature de fer soutenant un remplissage en plâtre. Le plus habituellement, l'armature de fer est formée : 1° par un double cadre de fer horizontal fixé par scellement au mur dans lequel il pénètre. 2° Par des fers fixés à ce cadre au moyen de ligatures en fil de fer galvanisé et remontant en pente jusqu'à une petite distance du plafond, où ils sont fixés à un double cadre semblable au premier, mais de dimensions plus petites.

L'armature ainsi obtenue est recouverte de plâtre. Le plus souvent, dans la hotte, on doit installer des pans de plâtre qui dirigent les fumées vers l'orifice du tuyau d'évacuation.

On construit plus généralement maintenant les hottes sans leur donner une pente extérieure; on évite ainsi que la poussière se dépose sur ces pentes; dans ce cas, il est absolument nécessaire de rétablir la pente ainsi supprimée par des pans de plâtre installés dans la hotte.

Afin que la hotte donne le tirage nécessaire, on la ferme sur ses côtés au moyen de briques posées sur leur tranche et entourées d'une console en fonte.

Les systèmes placés près du plafond sur le trajet des tuyaux d'évacuation des produits de la combustion du fourneau, sont basés sur l'entraînement des vapeurs et des fumées de la cuisine par ces produits.

En principe, ils comportent un tuyau central par où passent les gaz de la combustion du fourneau, et des ouvertures placées autour de ce tuyau et qui établissent la communication entre la cuisine et le tuyau.

Les gaz de la combustion en passant provoquent une aspiration qui attire les fumées et les vapeurs contenues dans la cuisine.

Il existe un très grand nombre de ces appareils que l'on peut, en général, régler par des chaînettes actionnant des volets fermant les ouvertures.

Dans bien des habitations urbaines et dans certains appartements il existe des *vidoirs* qui ne sont autres que des cuvettes très creuses dans lesquelles on jette les eaux de toilette ; ici encore, on utilise un siphon pour intercepter toute mauvaise odeur.

Salles de bains — Les *salles de bains* se répandent de plus en plus; leur installation devient un besoin pour tout propriétaire qui fait construire une habitation qui lui est destinée.

Le choix d'une baignoire dépend absolument du goût du propriétaire et surtout du prix qu'il veut y mettre. Les baignoires se font en zinc, en fonte émaillée, en grès porcelaine, en allant de la moins cher à la plus cher. La baignoire en fonte émaillée est le modèle intermédiaire qui convient à une installation moyenne; le zinc est ordinaire, et le grès porcelaine est tout à fait luxueux.

Dans les localités où il y a le gaz, on emploie des chauffe-bains au gaz : ces appareils sont délicats et il ne faut pas chercher à faire des économies sur leur achat; il faut bien comprendre qu'ils sont soumis à des températures très élevées d'une part, et que d'autre part leur fonctionnement repose sur le jeu de pièces actionnées par l'eau; il est donc nécessaire qu'ils soient bien conditionnés aussi bien pour donner satisfaction que pour éviter des accidents. Il existe plusieurs modèles d'excellents chauffe-bains; le tout est d'y mettre un prix suffisant. Il nous est impossible de donner ici des indications sur la pose de ces appareils et les précautions à prendre dans leur emploi; nous dirons seulement que le type de chauffe-bains au gaz dépend de la pression du gaz à laquelle il devra marcher, de la pression de l'eau, du tirage dont on disposera; il faudra se conformer strictement à toutes les règles de conduite que recommandera le constructeur; toujours considérer qu'il faut de la prudence avec ce genre d'appareils, et ne pas hésiter à faire venir immédiatement quelqu'un visiter le système dès qu'il y a quelque chose d'anormal, surtout lorsqu'il y a la moindre petite fuite de gaz.

Pour les localités sans gaz, on dispose de chauffe-bains au bois, au pétrole, au gaz d'essence. On fait même des chauffe-bains ultra-modernes à l'électricité, mais leur consommation de courant en fait des appareils de haut luxe, à moins qu'on ne se trouve dans des conditions exceptionnelles.

Dans bien des cas, on pourra placer un bouilleur d'eau dans le fourneau de la cuisine, et ce bouilleur alimentera la salle de bains en eau chaude. Mais il faudra, la plupart du temps, avoir un

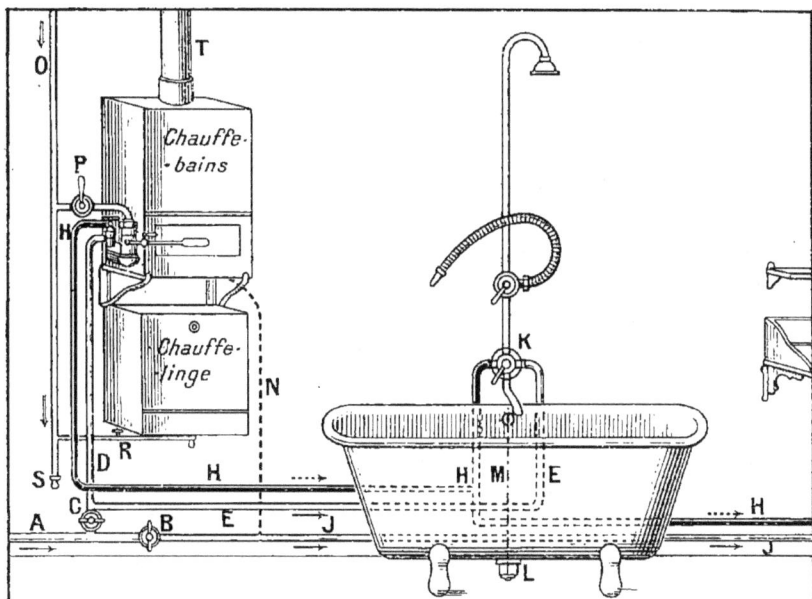

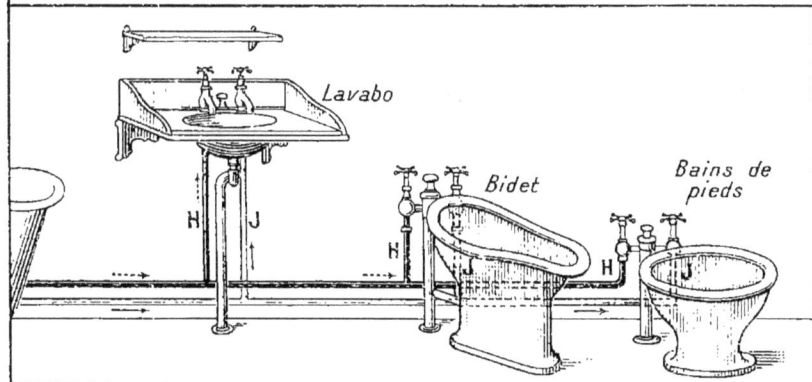

**Disposition des Canalisations d'une Salle de Bains
avec lavabo, bidet et bain de pieds**

A *Arrivée d'eau principale.*
B *Robinet commandant l'eau froide de la
  toilette, du bidet et du bain de pieds.*
C *Robinet d'arrêt d'eau du chauffe-bains
  et du robinet* K.
D *Alimentation du chauffe-bains.*
E *Alimentation d'eau froide du robinet* K.
H *Sortie d'eau chaude du chauffe bains.*
J *Canalisation d'eau froide pour la toilette,
  le bidet et le bain de pieds.*

K *Robinet de la baignoire.*
L *Soupape de vidange de la baignoire.*
M *Tube de commande hydraulique de la soupape.*
N *Tube des condensations du chauffe-bains.*
O *Arrivée du gaz.*
P *Robinet d'arrêt commandant l'alimenta-
  tion du chauffe-bains.*
R *Alimentation du chauffe-linge avec robi-
  net de commande.*
S *Bouchon de siphon.*
T *Echappement des produits de la combustion.*

Fig. 413.

chauffe-bain de secours pour les cas où le fourneau n'est pas allumé.

Dans tous les cas, l'emploi des chauffe-bains dans une salle de bains comporte une aération de la pièce, aération aussi importante que la présence du tuyau d'évacuation des produits de la combustion dont le tirage doit être excellent et le ramonage très fréquent.

A titre d'indication, une salle de bains absolument complète comporte : un chauffe-bain, une baignoire, un chauffe-linge, une toilette à écoulement d'eau et alimentation en eau chaude et eau froide, un bidet à écoulement et alimentation en eau froide et chaude, un bain de pied et un bain de siège dans les mêmes conditions, un appareil à douche installé sur la baignoire et entouré d'un rideau imperméable dans lequel on s'enferme en prenant la douche, de façon à ne pas éclabousser tout autour de la baignoire ; enfin dans certains cas, on place, dans une sorte de petite alcôve attenant à la salle de bains, un water-closet.

Quant aux parquets et murs des salles de bains, il est à peine besoin de dire qu'il faut éviter le parquet en bois qui se pourrit rapidement ; le mieux est de recouvrir le sol de carreaux de céramique dont on nuance à volonté les tons, ou de toute autre matière unie, dans laquelle l'eau ne pénètre pas et peut être facilement essuyée. Les murs peuvent être en céramique, ou toute matière analogue ou encore en plaques de zinc décorées. Le plafond est utilement peint au moyen d'une couleur au vernis, comme le ripolin. Bref, dans l'installation de la salle de bains, on ne doit pas perdre de vue les deux considérations suivantes : dégagement de vapeur et très grande humidité d'une part, et nécessité d'une grande propreté d'autre part. Ces considérations permettent le choix des matériaux à employer.

La stérilisation de l'eau La stérilisation de l'eau servant à la boisson et aux usages domestiques, est l'une des nécessités les plus impérieuses de l'hygiène moderne.

L'eau est le véhicule par lequel se propagent les maladies contagieuses les plus redoutables telles que la fièvre typhoïde, le choléra, la méningite cérébro-spinale, la dysenterie, etc.

Pour combattre ces fléaux dont les ravages peuvent devenir terribles, il ne suffit pas de filtrer l'eau par un procédé mécanique quelconque; la faire bouillir est déjà mieux, mais cette méthode est loin d'être suffisante; en effet, la plupart des microbes qui provoquent les maladies que nous avons signalées plus haut, résistent victorieusement à la température de 100 degrés qui est celle de l'ébullition de l'eau, c'est-à-dire celle que l'on obtient quand on fait bouillir de l'eau.

Pour détruire radicalement toutes les bactéries que contient l'eau, il est nécessaire de stériliser celle-ci soit en la portant à une température d'au moins 110 degrés, soit en la traitant par l'ozone.

Dès que l'eau arrive à la température de 100 degrés elle bout et sa température ne s'élève plus; pour obtenir la température d'au moins 110 degrés, il faut donc faire usage d'appareils spéciaux qui échauffe l'eau sans la faire bouillir. Le stérilisateur le plus connu est le stérilisateur Cartault qui porte l'eau à la température de 115 à 120 degrés sous pression, ce qui empêche son ébullition.

L'*appareil Cartault* se compose d'un corps cylindrique vertical (*a*) sur lequel est fixé, par quatre boulons, une petite chaudière étranglée à sa base et hermétiquement fermée (*c*). Cette chaudière porte le régulateur de température, elle est entourée dans sa partie étranglée par un brûleur annulaire chauffé au gaz, à l'alcool ou à l'essence suivant les cas (*d*).

Le régulateur de température se compose d'une ampoule métallique hermétiquement fermée (*j*), n'ayant aucune communication avec l'eau à stériliser et contenant d'une manière permanente une petite quantité d'eau introduite au moment du montage de l'appareil. Elle se trouve en communication au moyen d'un tube (*k*) avec une petite boîte fermée placée horizontalement et latéralement à la partie supérieure de la chaudière dont le fond est constitué par une membrane métallique ondulée (*e*).

Cette membrane se trouve située à une distance très petite,

(1/2 millimètre environ) d'un écrou à six pans vissé sur la tige

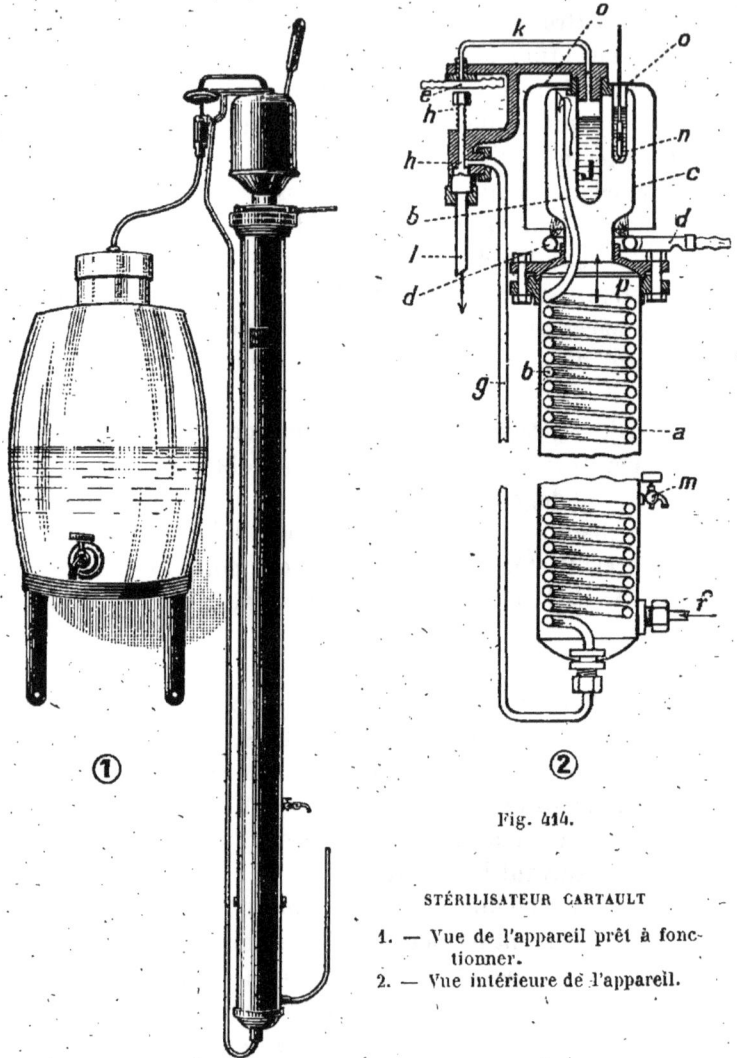

Fig. 414.

STÉRILISATEUR CARTAULT

1. — Vue de l'appareil prêt à fonctionner.
2. — Vue intérieure de l'appareil.

d'un clapet régulateur (*h*) commandant la sortie de l'eau stérilisée. Lorsque l'appareil est au repos, ce clapet est constamment fermé par la tension d'un ressort venant s'appuyer sur l'écrou dont il vient d'être parlé.

La boîte du clapet est reliée par une tubulure (g) raccordée à la base du corps cylindrique à un serpentin (b) contenu dans l'intérieur de celui-ci, et dont l'extrémité supérieure monte jusque dans l'intérieur de la petite chaudière.

Celle-ci comporte, en outre des appareils ci-dessus, un petit tube (n) qui baigne dans l'eau à stériliser et qui est destiné à recevoir un thermomètre (i) servant à constater la température de stérilisation.

La chaudière est recouverte extérieurement d'une calotte (o) descendant jusqu'au brûleur et destinée à obtenir une meilleure utilisation de la chaleur.

L'appareil fonctionne de la façon suivante :

L'admission de l'eau à stériliser a lieu sous pression au moyen d'un branchement pris sur une canalisation d'eau existante et raccordé sur un orifice (f) placé à la partie inférieure du corps cylindrique. L'eau remplit tout l'appareil et redescend de l'intérieur de la chaudière par le serpentin pour gagner à la partie inférieure du corps cylindrique la tubulure (g) qui la conduit au clapet régulateur de sortie. Ce clapet est, comme nous l'avons dit, fermé lorsque l'appareil n'est pas allumé, de sorte qu'aucune goutte d'eau ne peut s'en échapper.

Si l'on allume le brûleur annulaire, la température de l'eau contenue dans la chaudière s'élève graduellement; elle atteint bientôt la température de stérilisation. A ce moment, l'eau contenue dans la petite ampoule (j) du régulateur se vaporise. La vapeur produite exerçant une pression sur la membrane métallique ondulée (e) distend légèrement celle-ci et la force à s'appuyer sur l'écrou vissé sur la tige du clapet régulateur (h). Lorsque la température de stérilisation pour laquelle l'appareil est réglé, est atteinte, ce que l'on peut à tout instant contrôler au moyen du thermomètre, la pression exercée par la membrane métallique ondulée ouvre de haut en bas le clapet régulateur et permet à l'eau de s'échapper de l'appareil.

L'appareil étant en marche, les phénomènes qui se produisent successivement sont les suivants : l'eau impure entre dans l'appareil à la partie inférieure du corps cylindrique ; elle s'y élève progressivement pendant que sa température augmente au contact du serpentin par lequel se fait la descente de l'eau stérilisée chauffée. Arrivée dans la chaudière, l'eau atteint la température de stérilisation de 115 à 120° sans qu'une ébullition puisse se produire puisqu'elle se trouve toujours sous pression et que cette pression, d'après une loi physique bien connue, retarde le point d'ébullition. Elle redescend ensuite dans le serpentin et se rafraîchit dans celui-ci qui baigne dans l'eau venant froide du dehors ; elle sort donc par le clapet régulateur stérilisée et fraîche.

Si l'on vient à éteindre le brûleur, l'eau vaporisée dans la petite ampoule se condense ; la pression exercée sur la membrane, et par conséquent sur la tête du clapet régulateur, diminue, de sorte que celui-ci se referme au moment ou la température n'est plus suffisante pour assurer la stérilisation de l'eau.

La pression nécessaire au bon fonctionnement de l'appareil étant de 20 mètres d'eau, si la pression dont on dispose n'atteint pas ce chiffre mais dépasse 12 mètres, on peut encore l'utiliser, à condition toutefois de le régler pour une température plus basse (toujours supérieure à 110 degrés). Si la pression devient inférieure à 12 mètres, il n'est plus possible d'avoir une température supérieure à 110 degrés ; il faut alors adjoindre à l'appareil un réservoir de compression qui donne la pression voulue.

Il existe deux modèles principaux de stérilisateurs Cartault, l'un débitant 12 litres à l'heure, l'autre 25 litres.

Appareils de stérilisation par l'ozone L'emploi de l'ozone pour la stérilisation de l'eau convient non seulement aux installations particulières, mais aussi pour les applications industrielles comme dans le cas de l'alimentation en eau d'une ville.

Le principe de ces appareils est le suivant : sous l'influence des décharges électriques, l'oxygène contenu dans l'air se transforme en ozone. Mis à froid au contact de l'eau polluée, cet ozone brûle les microbes et les germes.

Pour stériliser l'eau de cette façon, il faut deux choses : d'une part, un appareil dans lequel on peut soumettre l'oxygène de l'air à l'action des décharges électriques : c'est le générateur d'ozone ; d'autre part, des organes spéciaux de mise en contact intime de l'ozone ainsi produit avec l'eau à stériliser ; ces organes constituent le stérilisateur proprement dit qui comprend lui-même l'émulseur et la colonne de *self contact*.

Le générateur d'ozone produit l'ozone par simple passage de l'air atmosphérique convenablement desséché à travers des effluves produits électriquement.

En vertu d'un phénomène électrique bien connu, l'effluve se produit entre les surfaces intérieures de deux plaques non conductrices d'électricité dont les surfaces extérieures sont maintenues à des voltages différents. La production de l'effluve entraînant une élévation de température de ces plaques, il est indispensable d'en assurer le refroidissement continu. Les plaques non conductrices d'électricité sont constituées par des glaces placées par groupe de 2 et sur les faces extérieures desquelles sont appliquées des plateaux métalliques creux. Dans l'intérieur de ces plateaux existe une circulation d'eau pour re-

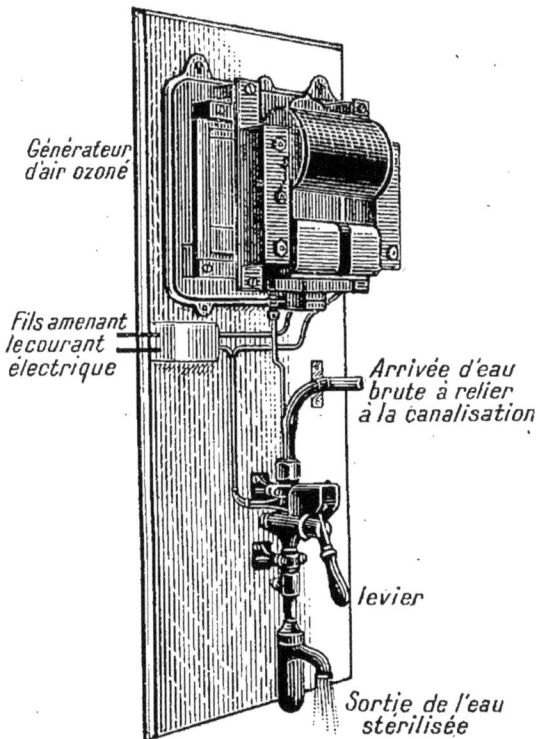

Stérilisateur Otto pàr l'Ozone

Fig. 415.

froidissement, et cette eau est également employée comme conductrice d'électricité.

Les plateaux sont ainsi mis en contact électrique les uns avec la terre et les autres avec le côté haute tension d'un transformateur; les faces extérieures des glaces étant de cette façon maintenues à des potentiels différents, l'effluve se produit entre leurs faces intérieures.

L'air atmosphérique est attiré (comme nous allons le voir) dans la cage vitrée de l'ozoneur où les dispositions sont prises pour qu'il traverse l'effluve dans toute son étendue.

De l'ozoneur, l'air se rend par des tuyauteries dans l'émulseur qui est une sorte d'injecteur qui aspire vivement l'air.

L'émulseur se compose de deux cônes opposés par le sommet, celui d'en dessus convergent, celui d'en dessous divergent; entre les deux cônes est réservé un léger espace; c'est en ce point qu'arrive l'air ozonisé; le passage rapide de l'eau dans cet espace produit une dépression utilisée pour aspirer l'air ozonisé; ce dernier pénètre dans la masse de l'eau et il se forme une véritable émulsion d'air et d'eau; à la suite de l'émulseur est placée la colonne de *self contact* où la stérilisation se continue.

CHAPITRE X

DISTRIBUTION D'EAU

L'eau nécessaire aux usages d'une maison peut être fournie de plusieurs façons : la plus simple est évidemment le branchement sur la canalisation de la ville lorsque la maison est située dans une localité où l'eau est distribuée par la municipalité. Dans ce cas, aucune difficulté. Il en est autrement pour des habitations qui doivent elles-mêmes pourvoir à leur fourniture d'eau. Plusieurs moyens existent : la prise directe dans une rivière ou un ruisseau; la réception des eaux de pluie; les puits.

Nous examinerons successivement ces divers procédés sur les-

quels il est nécessaire qu'un propriétaire ait des données exactes.
Il est bien entendu une fois pour toutes que nous ne donnons ici
que des indications générales permettant à chacun de déterminer
en principe le mode qui correspond le mieux aux conditions dans
lesquelles il se trouve ; ensuite, il sera le plus souvent nécessaire
de s'adresser à un spécialiste qui fera un devis de l'installation
et proposera de préférence tel ou tel système : les quelques lignes
qui suivent, permettront de discuter en toutes connaissances de
cause ces propositions. Nous devons tout d'abord donner quelques indication sur les organes couramment en usage dans les
distributions d'eau.

Tuyaux Les tuyaux employés peuvent être en plomb, en
fonte, en ciment armé, en ciment, en grès vernissé.
Les tuyaux de plomb ne conviennent que pour les petits débits
car en raison de
leur prix ils devien-
draient très cher
pour les canalisa-
tions d'un diamètre
tant soit peu élevé :
le plomb convient
bien aux installa-
tions intérieures où
précisément le dé-
bit est petit et où
l'on bénéficie de la
souplesse du plomb
qui est sa grande
qualité. Cette sou-
plesse permet de
conduire la canali-
sation à travers les
sinuosités rencon-
trées ; c'est ce qui
fait aussi que sou-
vent dans les cana-

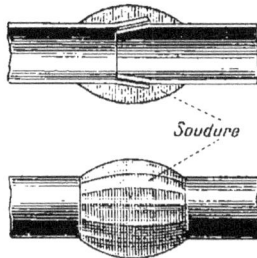

Soudure de
deux tuyaux
de plomb placés
bout à bout

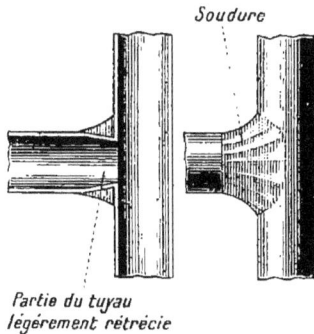

Soudure d'un
branchement et
d'une conduite
de plomb

Fig. 416.

lisations placées en dehors des habitations on fait usage du plomb quand ces canalisations doivent être sinueuses ou installées dans les terrains sujets à des tassements fort préjudiciables aux autres systèmes de canalisations qui n'ont pas de souplesse.

Pour obtenir une canalisation en plomb, on sera appelé à fixer bout à bout des tuyaux de plomb que l'on raccordera au moyen de soudure; cette soudure s'effectue au moyen d'un alliage de plomb et d'étain vendu en baguettes et que l'on fait fondre. Les deux tuyaux à souder reçoivent une préparation préalable qui consiste à diminuer le diamètre de l'un et à évaser l'extrémité de l'autre au moyen d'une petite pièce de bois appelé « toupie ». On emboîte le premier tuyau dans le second et on coule sur cet assemblage la soudure fondue dans un creuset où on la prend avec une cuiller. Une fois l'opération terminée, la soudure forme sur les deux tuyaux ainsi réunis une saillie appelée « nœud de soudure ».

Lorsqu'un tuyau de plomb doit être branché sur une conduite de plomb on opère également par soudure, et l'on fait alors un « nœud à empattement »; on perce un trou dans la conduite; avec un marteau et une tringle de fer, on évase ce trou en refoulant le plomb tout autour de ce dernier; on rétrécit l'extrémité du tuyau, extrémité que l'on enfonce dans le trou de la conduite, puis on effectue la soudure.

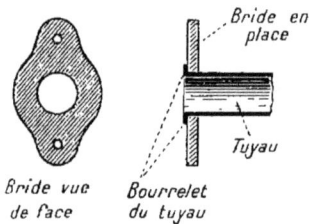

Bride en place

Fixation de deux tuyaux de plomb par brides.

Bride vue de face

Bourrelet du tuyau

Tuyau

Fig. 417.

Lorsque l'on se trouve dans un endroit tel que la soudure de deux tuyaux de plomb ne peut se faire facilement, ou encore lorsque l'on sait que l'on devra démonter la jonction des deux tuyaux, on les réunit par des brides en fer; dans ce cas, on enfile sur chaque tuyau la bride qui lui correspond, puis on rabat par dessus cette bride l'extrémité du tuyau de façon à former un bourrelet. Les deux brides sont réunies par des boulons.

On opère la soudure d'un tuyau de plomb et d'une douille de

cuivre de robinet par exemple, d'une façon identique à celle que nous avons décrite pour la soudure de deux tuyaux de plomb, l'extrémité du tuyau de plomb étant évasée à la toupie.

Les tuyauteries de plomb se placent soit accrochées, soit placées à terre. Accrochées, elles sont soutenues par des crochets qui affectent des formes variables; à terre, elles sont placées dans des tranchées.

Nous avons vu plus haut comment on opérait quand on devait brancher un tuyau sur une conduite; ce cas se produit à tout instant, car il est rarement possible de prévoir quels sont les nouveaux branchements que l'on sera amené à réaliser; toutefois, dans certains cas exceptionnels quand on sait qu'en tel point on sera amené à placer un branchement, on installe sur la conduite ce que l'on appelle une « nourrice »; c'est un organe en saillie à raccords qui recevra le branchement beaucoup plus facilement qu'une conduite

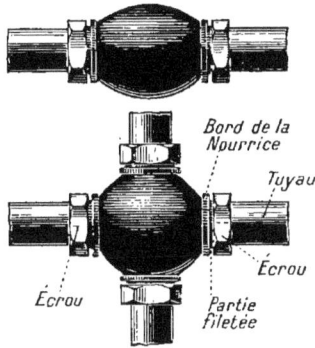

Nourrice prête à recevoir des branchements.

La même nourrice ayant reçu deux branchements.

Fig. 418.

non préparée. De même quand, en un point de la conduite, on a à placer un certain nombre de branchements comme par exemple dans la cave d'un immeuble pour le départ des différentes canalisations, on place sur la conduite une nourrice qui reçoit toutes les canalisations.

Les tuyaux en fonte ne présentent aucunement la souplesse des tuyaux en plomb. Ils sont rigides, ne se prêtent pas aux canalisations sinueuses; leurs jonctions et leurs courbes, ainsi que les portions de ligne droite courtes, doivent être faites avec des pièces spéciales.

La jonction de deux tuyaux de fonte se fait par emboîtement et cordon, et aussi par brides.

Par emboîtement et cordon, un des tuyaux se termine par une

partie évasée et l'autre par une partie saillante qui est le cordon.

Raccord ordinaire à
Tubulure à bride

Raccord ordinaire a
2 tubulures a emboitement.

Raccord
ordinaire

Raccord ordinaire à
Tubulure à emboîtement

Raccord ordinaire
à 2 tubulures à bride

Raccords

Bride et Cordon à
Tubulure à emboîtement

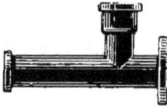

Bride et Emboîtement à
Tubulure à emboîtement

Bride et
Emboîtement

Bride et Cordon
à Tubulure à Bride

Bride et Emboîtement
à Tubulure à Bride.

Bride et
Cordon

Brides

Cordon   Bride

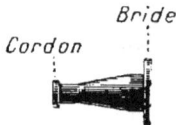

Cordon
Emboîtement

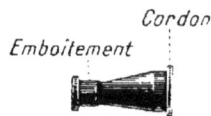

Bride
Emboîtement

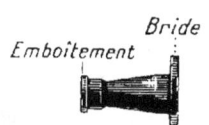

Cônes

Fig. 419.

On place le tuyau à cordon dans le tuyau à évasement. Dans la séparation qui existe entre les deux extrémités des deux tuyaux, on place au fond une corde goudronnée et on coule au-dessus du plomb fondu. Lorsque celui-ci est refroidi, on le mate extérieurement.

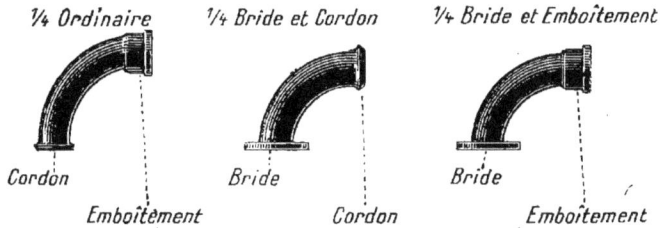

Coudes pour tuyaux

à emboîtement   et   cordon.

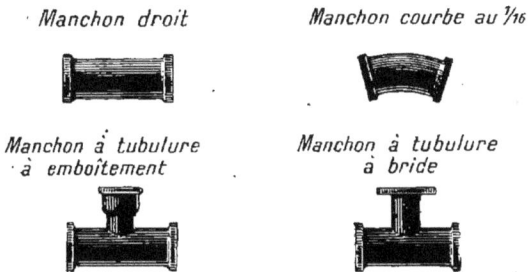

Raccords - Manchons pour tuyaux

à emboîtement   et   cordon.

Fig. 420.

La jonction par brides est moins économique que la précédente mais rend service dans bien des cas, par exemple quand on doit réunir une conduite avec une pièce quelconque. Dans ce cas, l'extrémité de la conduite a la forme d'un disque ; et c'est ce disque qui est la bride. En somme, le tuyau et la bride ne font qu'un.

On place les deux tuyaux à fixer en face l'un de l'autre de façon que leurs brides se correspondent ; on les serre l'une contre l'autre au moyen de boulons ; on a eu soin, avant d'effectuer ce serrage, de placer entre les deux brides une matière souple quelconque qui assurera l'étanchéité nécessaire ; cette matière peut être du cuir gras, du caoutchouc, etc.

Les pièces spéciales employées avec les tuyaux proprement dits pour exécuter une canalisation en fonte, se nomment des coudes, des raccords, des brides, des cônes.

Tout d'abord, pour faire les courbes, on se sert de *coudes*.

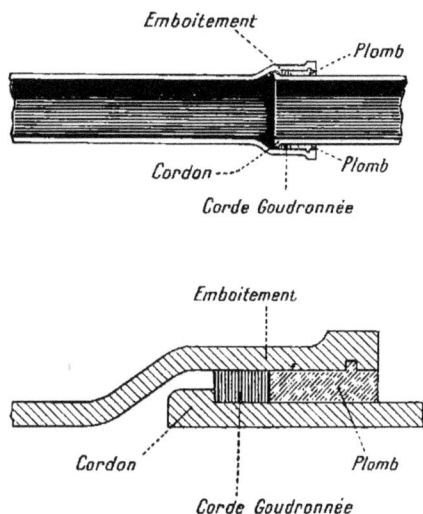

Jonction de deux tuyaux de fonte par emboîtement et cordon

Fig. 421.

qui présentent une extrémité à cordon et une extrémité à emboîtement. Ces coudes sont faits pour des courbes plus ou moins prononcées ; et on les désigne sous le nom de coude au quart, au seizième, suivant l'importance de la courbe qu'ils donnent. Parmi les raccords se trouvent les manchons qui sont des tuyaux courts, à cordon à leurs deux extrémités, faits pour changer le sens des emboîtements, ou pour assurer le départ d'un branchement. On les distingue en manchons ordinaires, courbes, à tubulure à bride, à tubulure à emboîtement.

Il y a différentes combinaisons de raccords dont nous donnons quelques exemples; enfin, il y a encore des brides de modèles divers et des cônes.

Les conduites de fonte subissent intérieurement des altérations dont l'importance et la rapidité de production dépend de la nature des eaux. Pour remédier à ces altérations on les goudronne intérieurement. Les conduites de fonte se placent soit suspendues au moyen de crochets-supports, soit dans des tranchées.

On peut également faire usage de canalisations en ciment armé et en grès vernissé; ces canalisations, dont l'installation coûte moins cher que celle des canalisations en métal, ont malheureusement l'inconvénient de n'avoir aucune souplesse et de ne pouvoir convenir qu'à des sols où l'on est absolument sûr de n'avoir aucun mouvement de terrain. La jonction de ces conduites se fait au ciment.

Robinets Les robinets appartiennent à deux catégories différentes suivant qu'ils sont destinés à intercepter le passage de l'eau dans une canalisation ou à puiser de l'eau dans cette canalisation.

Les premiers sont les robinets d'arrêt et les robinets vannes. Les seconds sont appelés robinets de puisage.

La grande qualité demandée à un robinet quel qu'il soit, c'est de ne pas provoquer ce que l'on appelle un coup de bélier. Le coup de bélier est ce choc énergique provoqué par une veine d'eau en mouvement dans un tuyau que l'on arrête subitement; la masse d'eau entraînée se précipite en quelque sorte en avant avec une violence qui dépend de l'importance du débit et de la pression de l'eau. Non seulement le coup de bélier fait un bruit désagréable, mais en outre peut amener la détérioration de la canalisation.

Les robinets d'arrêt peuvent être à rodage ou à vis; les robinets à rodage sont durs à manœuvrer pour des pressions un peu importantes et ils donnent facilement des fuites; ils se composent en principe d'un cône percé d'un trou de part en part et traversant la conduite; quand il y a coïncidence entre la conduite et le trou, l'eau passe.

Les robinets à vis sont beaucoup plus faciles à manœuvrer et ils sont d'un fonctionnement plus sûr; ils se composent en principe d'une capacité placée sur le trajet de la conduite; cette capacité est divisée en deux par une cloison qui est percée d'un orifice; sur cet orifice peut venir s'appuyer une soupape fixée à l'extrémité de la vis.

(Coupe)

Robinet posé

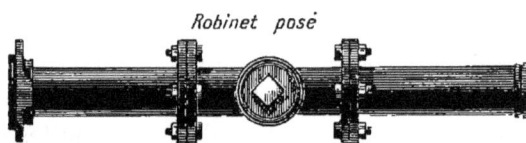

Robinet d'arrêt à rodage

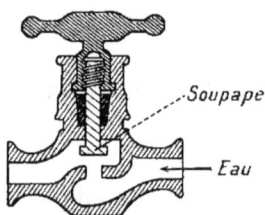

Soupape

Eau

Coupe d'un robinet d'arrêt à vis et à soupape.

Robinet de Puisage à vis

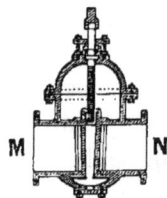

Type de Robinet Vanne

M   N

Fig. 422.

Les robinets vannes sont employés pour les grosses conduites, ils se composent d'un morceau de tuyau MN divisé en deux parties M et N séparées par une interruption. Dans cette interruption est un disque plein qui obture complètement le passage de l'eau; ce disque est monté sur une vis que l'on peut faire tourner; les choses sont disposées pour que, dans son mouvement, la vis ne monte pas, mais que ce soit le disque qui monte sur elle laissant ainsi un passage de plus en plus grand entre les deux parties M et N du tuyau.

La manœuvre des robinets d'arrêt et des robinets vannes comporte souvent l'installation d'accessoires; si, en effet, la conduite est à une certaine profondeur dans le sol, pour parvenir à ces robinets, il faut faire usage de longues clés spéciales; au-dessus du robinet se trouve un tube terminé à la surface du sol par une bouche normalement fermée par un couvercle métallique; on retire ce couvercle et on introduit dans le tube une des clés en question.

Les robinets de puisage sont soit à rodage, soit à vis : ces derniers peuvent être combinés pour revenir à leur position de fermeture dès qu'on ne les tient plus dans la position contraire; ceci a lieu grâce au fonctionnement d'un ressort. Ces derniers robinets sont manœuvrés soit par une béquille, soit par un bouton poussoir.

Établissement d'une canalisation

Quelle que soit la façon dont on s'est procuré l'eau que l'on amènera dans la maison (par la ville ou par tout autre moyen), il y a un certain nombre de règles générales qui doivent être suivies dans l'établissement d'une canalisation d'eau. Tout d'abord, il faut disposer cette canalisation pour que toutes les conduites puissent se vider tout entières afin d'effectuer les réparations qui seront rendues inévitablement nécessaires et empêcher les désastreux effets de la gelée pendant les périodes où la maison étant inhabitée par exemple, la canalisation se trouverait remplie d'eau au repos pendant un temps assez long. Il faut alors placer aux points bas de la canalisation des robinets de purge et aux points hauts des robinets de rentrée d'air; dans ces conditions, en ouvrant les robinets du bas et ceux du haut (une fois fermé le robinet qui commande toute la canalisation), l'eau s'écoulera complètement.

Nous venons de parler du robinet commandant toute la canalisation. Il faut, en effet, toujours placer un tel robinet au commencement de la canalisation pour pouvoir toujours l'isoler, et même si la canalisation a une longueur importante, on la sectionne, par des robinets d'arrêt, en plusieurs parties qui peuvent chacune être isolées des parties voisines; on facilite ainsi la recherche des fuites et les réparations.

Les canalisations extérieures se font presque toujours en fonte comme cela ressort des explications que nous avons données plus haut; elles se placent dans des endroits où l'on puisse facilement les atteindre pour faire les réparations nécessaires, mais on cherche autant que possible, en les plaçant notamment à une certaine profondeur dans le sol, à les mettre à l'abri de la gelée dont les conséquences sont désastreuses. On doit, dans l'établissement de ces canalisations, éviter les coudes brusques, les changements rapides de diamètre des conduites; s'il y a des pentes, il faut qu'elles soient aussi uniformes que possible afin d'éviter les coups de bélier.

A l'arrivée devant le bâtiment qu'elle doit alimenter, on continue la canalisation par un branchement en plomb que l'on fait passer à travers le mur de façade pour le faire arriver dans le sous-sol du bâtiment.

Si l'installation de l'eau dans la maison ne nécessite pas un réservoir placé en haut de l'édifice, on fera dans le sous-sol tous les branchements nécessaires au moyen d'une nourrice par exemple, et l'on s'arrangera pour que chaque branchement fasse dans le sous-sol tout le parcours horizontal qu'il peut avoir à effectuer; autrement dit, on amène chaque branchement exactement en-dessous des locaux qu'il a à desservir de façon qu'il gagne ces locaux par une canalisation bien verticale, ne comportant plus de canalisation horizontale aux étages.

S'il y a une installation de réservoir, on amènera le branchement arrivant de l'extérieur dans le sous-sol jusqu'au point exactement en-dessous du réservoir; de ce point partira la canalisation verticale allant au réservoir.

Les canalisations traversant des maçonneries le font dans des fourreaux qui sont en poterie ou en métal; les planchers sont traversés dans des fourreaux de fer qui dépassent le sol du plancher d'une quantité suffisante pour protéger la canalisation contre les chocs.

Pour les branchements disposés comme nous l'avons dit dans le sous-sol, on prend toutes les dispositions pour permettre le vidage éventuel de la canalisation; c'est là un principe qu'il faut se rappeler pour toutes les canalisations; de même dans les endroits où l'eau peut être exposée à des gelées fortes, on place des robinets de purge qui vident la conduite dès qu'elle est soumise à un arrêt un peu long.

Les réservoirs sont indispensables chaque fois que la maison ou la propriété reçoit son eau d'une façon intermittente ou encore quand le débit de cette eau est régulier mais faible. Le réservoir sert alors à avoir à un moment donné une grande quantité d'eau à sa disposition pour le cas d'incendie notamment, ou pour des usages domestiques. Quand le débit est suffisant toujours mais que la pression est très variable, le réservoir sert à avoir une pression toujours constante.

Les réservoirs peuvent être installés soit au-dessus du bâtiment soit extérieurement. Quand ils sont placés au-dessus de l'immeuble on cherche à les mettre, le plus possible au-dessus des locaux à desservir de façon à arriver à ceux-ci par des canalisations verticales et à éviter des canalisations horizontales. L'installation d'un réservoir dans un immeuble demande des précautions pour éviter les fuites qui seraient désastreuses. Sur le plancher destiné à recevoir le réservoir, on fait une sorte de cuvette composée d'un cadre en bois rectangulaire formant les bords de la cuvette, le fond de celle-ci étant constitué par une couche de plâtre disposée en pente; la pente est dirigée vers un des angles de la cuvette. La cuvette entière est recouverte d'une couche de plomb qui est raccordée au point bas dans l'angle où se termine la pente du fond de la cuvette avec un tuyau de descente muni d'un siphon.

Le réservoir ne repose pas directement sur le plomb; il est posé sur ce dernier par l'intermédiaire de pièces de bois placées parallèlement entre elles.

Comme on le voit, le réservoir repose sur une sorte de bassin en plomb disposé de telle façon que, s'il y a une fuite, l'eau tombe dans ce bassin et part par le tuyau de descente.

Le réservoir est muni d'accessoires extrêmement importants qui sont le *dispositif d'entrée d'eau* et le *trop-plein*. Le dispositif d'arrivée d'eau est constitué par un flotteur qui s'élève dans le réservoir au fur et à mesure que ce dernier se remplit d'eau. Il arrive un moment où le réservoir étant plein d'eau, le flotteur actionne un robinet qui intercepte l'arrivée de l'eau.

Le trop-plein est un simple tube qui part de la partie supérieure du réservoir au niveau le plus élevé que l'eau ne doit pas dépasser. Ce trop-plein fait écouler l'eau dans le bassin en plomb qui la conduit au tuyau de descente.

Le trop-plein assure l'évacuation de l'eau du réservoir lorsque, pour une cause quelconque, le flotteur, ou le robinet que cè dernier actionne, n'assure plus l'arrêt de l'arrivée de l'eau. Il faut donc comme on le voit, prévoir un trop-plein capable de débiter au moins toute l'eau qui arrive par la conduite desservant le réservoir.

Le réservoir porte encore sur une de ses parois latérales le départ de la canalisation qui desservira la maison et qui est commandée par un robinet d'arrêt placé à la sortie du réservoir. Il ne faut pas, en effet, faire prendre l'eau sous le réservoir, car il se produit toujours un certain dépôt dans le fond de ce dernier. Ce dépôt exige d'ailleurs que le réservoir soit nettoyé de temps en temps.

Le réservoir est recouvert d'un couvercle fermant bien, mais facile à enlever pour effectuer les nettoyages. Le couvercle est indispensable non seulement pour éviter que les poussières ne tombent dans l'eau, mais encore pour empêcher la production des végétations qui se forment quand l'eau est exposée au repos à la lumière.

Les réservoirs se font généralement en tôle, rectangulaires ou ronds. Les réservoirs rectangulaires utilisent mieux la place, mais les ronds résistent mieux à la pression de l'eau. Ils sont en tôle noire ou en tôle galvanisée. La tôle noire est recouverte de peinture pour la préserver de la rouille ; on peut aussi la recouvrir avec du goudron. La tôle galvanisée est plus longue à s'oxyder que la tôle noire, mais une fois que l'attaque de la rouille a commencé à se produire, l'oxydation se poursuit avec rapidité ; aussi la tôle noire paraît-elle finalement plus avantageuse.

Les réservoirs extérieurs les plus simples peuvent être en zinc ; ils sont alors montés sur un petit mur en briques sur lequel ils reposent par l'intermédiaire d'une planche en bois consolidée par des traverses. Ils portent un robinet qui sert à y puiser de l'eau au moyen d'un seau ou de tout autre appareil du même genre ; ils portent également un robinet flotteur et un trop-plein.

Les réservoirs plus importants que l'on emploie pour distribuer l'eau dans la propriété, sont en tôle ou en béton armé ; ils sont montés sur une sorte de tour en maçonnerie ou métallique. Ils possèdent les mêmes organes que les réservoirs intérieurs que nous avons vus plus haut, mais ils ne nécessitent plus l'installation de la cuvette en plomb. Notons que l'on peut utiliser les réservoirs en y refoulant l'eau après les avoir hermétiquement fermés ; l'air contenu est alors comprimé. Si, après la charge du réservoir, on ouvre le robinet d'eau de la distribution, cette eau est refoulée par la pression de l'air du réservoir dans les tuyaux de distribution. Ce système permet d'avoir de l'eau sous pression.

Différentes façons de se procurer de l'eau. Nous allons passer en revue les différentes façons de se procurer de l'eau dont on dispose.

Prise d'eau sur canalisation de la ville   La plus simple est évidemment celle où la maison est sur un terrain desservi par une canalisation d'eau d'une compagnie. Dans ce cas, un branchement fixé sur la canalisation aboutit à un compteur que loue la compagnie, ou que l'on peut acheter si on le désire. A l'origine du branchement, près de la canalisation de la ville, il y a un robinet d'arrêt, et le compteur est placé lui-même entre deux autres robinets d'arrêt qui permettent de l'isoler complètement pour des essais, des réparations etc.

La prise d'eau sur la canalisation d'eau de la ville ne présente pas de difficulté ; elle s'effectue de deux façons : ou la conduite de la ville ayant été vidée complètement de l'eau qu'elle contenait, ou la conduite étant remplie d'eau ; on applique, dans ce dernier cas, une méthode intéressante et utile à connaître.

Lorsque le point de la canalisation où l'on veut brancher une conduite, est compris entre deux robinets d'arrêt, rien n'est plus simple que d'isoler ce point du reste de la canalisation et de vider la partie ainsi séparée ; on perce la paroi de la canalisation et on joint la conduite à brancher, et portant son robinet, sur le trou percé, au moyen d'un collier qui, d'une part, entoure la canalisation et d'autre part, retient la conduite contre la canalisation au moyen d'un collet qui s'appuie sur la canalisation par l'intermédiaire d'un cuir gras. Le collier est composé de deux parties réunies par des brides dont le serrage assure la solidité de l'ensemble.

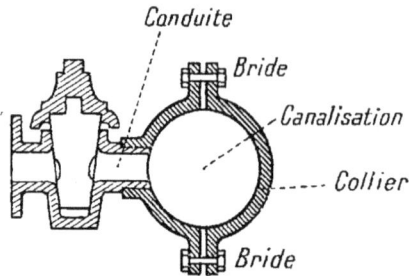

Jonction d'une canalisation de la ville avec un branchement

Fig. 423.

Quand, au contraire, on ne peut isoler le point de la canalisation où doit se faire le branchement, on se sert d'un appareil spécial; on place tout d'abord sur la canalisation un collier muni d'un robinet que l'on applique comme dans le cas précédent; on ouvre la clé du robinet et on passe au travers du robinet une sorte de machine à percer avec laquelle on fait le trou dans la canalisation; le foret perceur est monté sur une tige passant à travers un presse-étoupe de façon qu'aucune goutte d'eau ne puisse s'écouler au cours de l'opération; quand celle-ci est terminée, on recule le foret, on ferme le robinet, et on retire le foret.

Source Un autre cas extrêmement simple d'alimentation en eau est celui où il se trouve une source dans la propriété.

Prise d'eau directe dans une rivière Elle se ramène à deux cas bien distincts : ou l'on a à faire à un ruisseau ou à une rivière non flottable et non navigable qui borde la propriété et dans lequel on peut à volonté puiser de l'eau; une simple dérivation commandée par un vannage permet alors d'amener de l'eau du ruisseau dans un réservoir placé dans un point quelconque de la propriété. Au contraire, la rivière est navigable et bordée par un chemin de halage ou de circulation; il faut alors creuser un puits

qui arrive plus bas que le niveau du fond de la rivière; puis
faire communiquer ce puits avec le fond de la rivière par une
conduite débouchant au milieu du courant; on a ainsi de l'eau
aussi pure que possible. L'extrémité de la conduite n'est pas
ouverte directement dans l'eau, mais on la termine par ce que l'on
nomme une *crépine*. C'est un organe percé de trous à la façon
d'une pomme d'arrosoir et qui empêche les sables ou tout autre
matière de venir engorger les tuyaux.

Bien entendu, l'eau ainsi recueillie dans un ruisseau ou une rivière doit être employée avec précaution pour tout ce qui concerne
l'alimentation, en raison des impuretés qu'elle peut contenir.

Utilisation de l'eau de pluie   Au sujet de *l'eau de pluie*, il faut faire les
remarques suivantes : l'eau de pluie est
saturée des gaz de l'atmosphère, azote,
oxygène, acide carbonique; en outre, elle est chargée de toutes
les poussières tenues en suspension dans l'air et qui se composent de matières organiques et inorganiques. Il faut donc s'en
défier au point de vue boisson.

Pour recueillir l'eau de pluie il faut évidemment offrir à cette
dernière la plus grande surface possible : le mieux est donc
d'utiliser la toiture de la maison; mais il faut alors prendre de
grandes précautions, car les premières eaux qui coulent sur la
toiture, servent au lavage de cette dernière : il ne faut donc pas
la conserver pour des usages domestiques.

Nous n'insisterons pas sur le procédé qui consiste à recevoir
directement dans des citernes les eaux qui ont passé sur les toits;
dans ce cas, ces eaux sont éminemment dangereuses, car elles
reposent sur un fond vaseux dont l'épaisseur augmente rapidement; de fréquents nettoyages s'imposent. D'autres installations
comportent un réservoir dit de décantation dans lequel arrivent
les tuyaux du toit amenant eaux et ordures qui barbotent ensemble
avant de se déverser dans la citerne lorsque ce réservoir est trop
plein; évidemment, ce dernier garde les ordures les plus lourdes,
mais les plus légères passent à la citerne et l'eau se trouve plus
contaminée après un tel barbotage.

Enfin, un troisième procédé consiste à recueillir les eaux dans

un bac d'où, par l'intermédiaire d'une grille et d'un filtre, elle
arrive à la citerne; il n'y a plus, dans ce cas, de corps étrangers
entraînés, mais l'eau qui arrive dans la citerne ne perd pas l'odeur
des ordures qu'elle a contenues et qui l'ont plus ou moins contaminée.

Les seuls appareils qui peuvent donner satisfaction, sont ceux
qui ne recueillent les eaux dans la citerne qu'une fois les toits

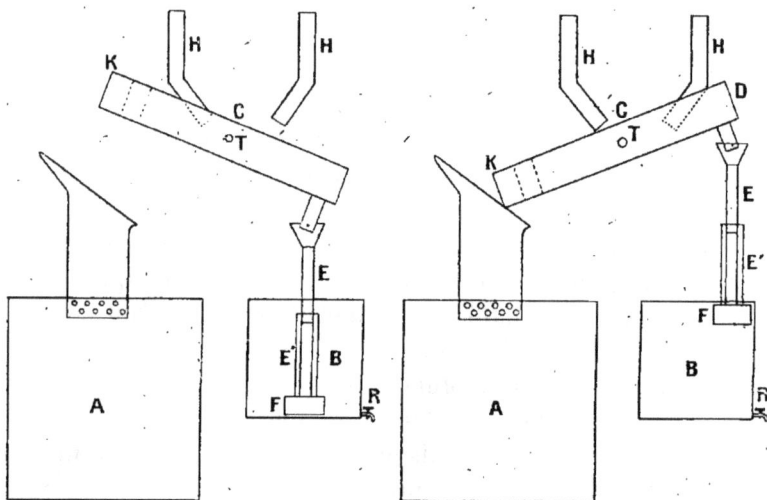

Fig. 424.

bien lavés d'une part, et d'autre part, qui fonctionnent automatiquement afin de ne pas dépendre de la mauvaise volonté ou de
l'oubli de quelqu'un.

Voici trois appareils qui répondent à cette double condition.
Le premier se compose de deux réservoirs : un d'eau potable, A;
un d'eau sale, B desservi par un morceau de chéneau C basculant
autour d'un tourillon T. L'extrémité D du chéneau C porte la tige
d'un flotteur F qui nage à la surface de l'eau sale dans B. Voici
ce qui se passe : l'eau du toit arrive par H et tombe dans C; à ce
moment B étant vide, le flotteur est au fond de B et le chéneau est
dirigé vers B; les premières eaux tombées vont donc dans le
réservoir d'eau sale, l'emplissant peu à peu et font monter le

flotteur qui remonte le chéneau jusqu'à le faire basculer. A ce
moment, les eaux sont dirigées vers A. Les eaux passent de C en B
au moyen d'un conduit, formé de deux parties tubulaires, E, E′
et qui traverse le flotteur pour que les eaux ne puissent éclabousser ce dernier. Les deux parties tubulaires s'engagent l'une
dans l'autre dans les mouvements de va et vient du flotteur.

D'autre part, il peut arriver qu'un corps étranger ait été retenu
sur les toits par une cause quelconque ou qu'il y ait été apporté
par le vent ou la tempête, après que la communication a été
établie entre les toits et le réservoir d'eau potable; aussi a-t-on
complété l'appareil en munissant le chéneau à son extrémité K,
d'un tamis métallique, précédé de deux grilles; de plus, les eaux
qui s'écoulent du chéneau basculant au lieu de s'engager dans un
orifice ouvert, tombent dans une sorte d'entonnoir formé d'une
caisse à parois et fonds perforés, rempli de gravier. Enfin, le chéneau lui-même est recouvert d'une toile métallique pour être à
l'abri de l'arrivée d'un corps quelconque.

On conçoit qu'il faut régler l'appareil suivant la quantité d'eau
à laisser passer dans le réservoir du flotteur avant de lui permettre
d'aller au réservoir d'eau potable. Ceci dépend de la nature de
la toiture (chaume, ardoise, tuiles plates, etc.) et des causes qui
concourent à la salir (voisinage du chemin de fer, d'une route
poussiéreuse, d'une usine, etc.). De nombreuses expériences ont
montré que la quantité d'eau nécessaire au lavage d'une toiture
atteignait au moins 4 litres par mètre carré pour un toit placé
dans les meilleures conditions, et pouvait exiger 6, 8, 10 litres
pour un toit dans de mauvaises conditions.

Quoiqu'il en soit, il est facile de disposer le flotteur pour qu'il
fasse basculer le chéneau au moment voulu, et si d'ailleurs, après
quelques expériences, on reconnaît qu'il bascule trop tôt, on le
règle une seconde fois.

Quand la pluie cesse, il est bien évident que si l'on ne vidait
pas le réservoir du flotteur, lorsque la pluie recommencerait, les
eaux venant du toit iraient tout droit dans le réservoir d'eau
potable; d'autre part, si l'on vidait le réservoir B aussitôt la pluie
finie et qu'il repleuve immédiatement le toit n'aurait pas le temps
d'être sali, et c'est de l'eau propre qu'on enverrait se perdre dans

le réservoir ; pour éviter ces inconvénients, on a placé au bas du réservoir B un robinet R qui, goutte à goutte, vide ce réservoir ; ce robinet gradué est calculé pour laisser écouler chaque jour une certaine quantité d'eau proportionnelle en quelque sorte à la quantité de saletés déposées sur les toits ; en un mot, grâce à ce robinet, on laisse la communication établie entre le toit et le réservoir d'eau sale, suivant le temps nécessaire au lavage du toit.

Le second système est à volet vanne ; l'eau arrive dans la caisse C et passant par E arrive dans le réservoir du flotteur B ; le flotteur F monte et dans son mouvement entraîne I qui entraîne lui-même le volet G ; finalement, celui-ci prend la position *a b* et l'eau passe en C′ pour aller dans le réservoir d'eau potable en passant par deux grilles et un tamis.

Enfin, le troisième appareil très simple se compose d'un entonnoir qui reçoit l'eau du toit et la dirige vers un réservoir à flotteur ; ce dernier, à un moment donné, dirige l'ouverture inférieure de l'entonnoir vers le réservoir d'eau potable.

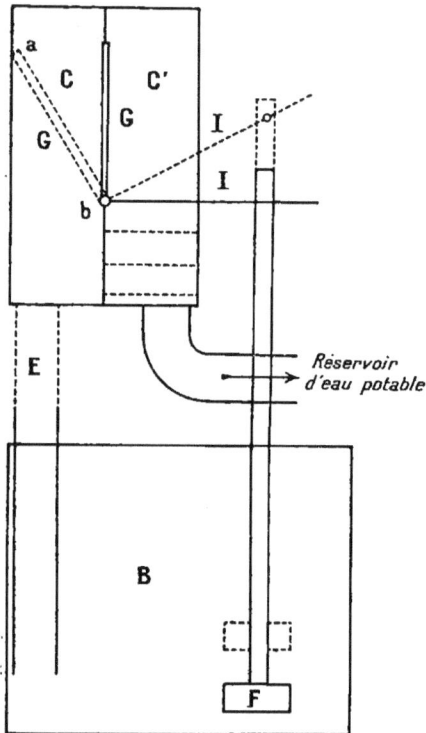

Appareil pour recueillir l'eau
de pluie.
(Système volet vanne)

Fig. 425.

tonnoir vers le réservoir d'eau potable.

Voici quelques chiffres intéressants sur les quantités d'eau que l'on peut recueillir par ces appareils.

Supposons un pays qui reçoit annuellement une quantité d'eau de 1 mètre de haut. Chaque mètre carré reçoit donc 1000 litres.

Une petite maison de 12 mètres sur 8, soit 96 mètres carrés, reçoit donc sur ses toits, en une année, près de 96.000 litres d'eau, soit une moyenne de 266 litres par jour.

Nous ferons ici une remarque fort importante : c'est qu'il faut éviter les canalisations en plomb pour les eaux de pluie ; ce métal est, en effet, légèrement soluble dans l'eau peu calcaire venant de l'atmosphère et peut lui communiquer des propriétés toxiques la rendant impropre à la boisson.

Les puits L'emploi des puits est très répandu. L'eau superficielle filtre à travers les terrains perméables et s'étend en nappe au-dessus de la première couche d'argile rencontrée ; c'est cette couche que le puits atteint.

Elle se trouve à une profondeur très variable, et la quantité d'eau donnée varie beaucoup non seulement avec les pays mais même d'un point à un autre d'une même localité. Nous ferons immédiatement ici une observation qui s'applique à tous les genres de puits : il faut être d'une prudence poussée à l'extrême dans l'emploi des puits ; des épidémies terribles de fièvre typhoïde ont ravagé des localités qui employaient des puits prenant l'eau des nappes souterraines en communication avec des infiltrations de fosses d'aisance ou de lavoirs, soit que ces infiltrations aient lieu dans la localité même, soit dans des localités éloignées sous lesquelles ou près desquelles passe la nappe d'eau utilisée. Il se produit même des cas où, par suite d'une circonstance quelconque, inondation, éboulements, etc., le régime de l'écoulement des nappes souterraines est modifié et qu'un puits excellent pendant des années devienne subitement très dangereux.

Les puits peuvent être construits d'une façon définitive en maçonnerie ou, au contraire, être du type dénommé puits instantané.

Puits en maçonnerie. — Pour l'établir, deux opérations sont nécessaires : d'abord, celle de l'excavation, et ensuite celle qui consiste dans la maçonnerie pour lui donner la solidité suffisante.

Toutes les fois qu'une source ne peut être amenée à portée des habitations parce qu'elle ne se trouve pas assez élevée, qu'elle est trop profonde, trop faible ou trop éloignée, qu'elle se trouve dans un terrain trop plat, ou que les propriétaires n'ont pas les moyens de faire les dépenses que nécessiterait une conduite d'eau, il est d'usage d'établir un puits sur la source que l'on reconnaît être la plus proche, la plus abondante et la moins profonde.

Il faut que le centre du puits qu'on entreprend de creuser, soit sur la ligne que suit la source sous terre; nous avons indiqué plus haut le moyen de s'assurer de la direction de cette ligne.

Il est d'usage de creuser les puits sur un diamètre de 2 à 3 mètres. Dès qu'on est arrivé à quelques mètres de profondeur, on établit, à fleur de terre, un plancher, sur lequel on dresse un tour avec câble et tinette solides.

Quand le creusement est parvenu au bas de la terre friable et qu'on trouve le rocher, il faut d'abord le bien déblayer, et s'il est de la nature de ceux qui laissent descendre l'eau à des profondeurs extraordinaires, il faut, sans hésiter, abandonner l'entreprise. S'il est de ceux qui, à raison de leur nature et disposition, présagent de l'eau, il faut examiner de quelle manière il se présente, et s'assurer si ses assises sont inclinées ou horizontales. Si les assises du rocher sont inclinées et que la ligne d'intersection des deux stratifications passe par le milieu du creux, on continue de creuser jusqu'à la profondeur de la source. Si cette ligne ne se trouve pas passer vers le milieu du creux, il faut élargir celui-ci jusqu'à ce qu'elle se trouve au milieu ; car cette ligne est le vrai thalweg du vallon, et c'est toujours sous le thalweg que passe la source.

Lorsqu'on est arrivé au rocher, si l'on voit que l'on est tombé sur l'un des deux plans inclinés qui forment la base d'un des deux coteaux, on doit pratiquer une petite galerie allant vers l'aval de ce plan, pour s'assurer à quelle distance est la base du coteau opposé. Si la base de ce dernier n'est qu'à un ou deux mètres du creux que l'on fait, il faut l'élargir suffisamment pour que la ligne d'intersection se trouve à son milieu, et continuer l'approfondissement en maintenant l'excavation autant sur la base d'un rocher que sur celle de l'autre. Si la base du côté opposé se trouve à plus de deux mètres du creux, il faut faire un autre creux et le placer de manière qu'il appuie autant sur la base d'un coteau que sur celle de l'autre; c'est donc quand on est arrivé au rocher qu'on peut se rendre compte bien plus clairement si l'indication qu'on a faite sur le terrain de transport est sur le vrai thalweg ou non ; et lorsqu'elle se trouve fautive, on voit comment on doit la rectifier, pour ne pas manquer la source.

Lorsque l'excavation que l'on pratique tombe sur un rocher qui a la surface et les assises horizontales, on peut continuer de creuser là où on se trouve, parce qu'il n'y a point de raison de croire que la source peut passer à côté.

S'il s'y trouve une crevasse verticale dont la direction soit la même que celle du vallon, on doit, en continuant de creuser, suivre cette crevasse et la tirer au milieu de l'excavation, quand même il faudrait l'élargir ou en faire une nouvelle.

Quand on creuse dans des terrains primitifs, où les rochers n'ont point de stratification régulière, si le thalweg y est bien caractérisé, il suffit de placer le milieu de l'excavation sur la ligne sans avoir aucun égard aux diverses directions que peuvent présenter les fissures des rochers ; parce que, si l'on voit des fissures qui amènent l'eau hors de l'excavation, plus bas on en trouvera très probablement d'autres qui l'y amèneront.

Dans quelque fouille que ce soit, lorsque les rochers ne peuvent pas être levés avec des instruments, on les fait éclater avec la poudre, sans avoir à craindre de compromettre la source.

Lorsqu'on est parvenu à la source, il ne faut pas s'arrêter, mais continuer de creuser au-dessous de la source de un à deux mètres, et même davantage si les besoins d'eau sont grands et la source petite, afin que si l'eau venait à reprendre son ancien conduit, il en restât toujours en réserve une certaine quantité au fond du puits. On a vu des puits qui étaient traversés au fond par de belles sources dont on ne pouvait tirer aucun parti, parce qu'elles arrivaient d'un côté et s'enfuyaient de l'autre par l'ancien conduit, sans jamais s'élever seulement à un décimètre.

Un autre inconvénient d'un puits qui n'est pas creusé au-dessous de la source, c'est qu'une partie de cette dernière peut passer au-dessous de son fond. Un grand nombre de puits ne sont insuffisants que parce qu'on s'est arrêté dès l'apparition de la première source, mais ils seraient surabondants si on les avait approfondis d'un mètre de plus.

Dans le cas où le terrain serait désagrégé et menacerait de s'é-
bouler, il faut étayer avec un clayonnage les parois du puits qui
est en creusement. Ce clayonnage consiste à placer autour du
puits et contre ses parois des perches dans une position verticale
et à la distance l'une de l'autre d'environ 35 centimètres. On en-
trelace ensuite des verges longues, fortes et flexibles, que l'on
pose une à une en descendant et que l'on fait passer alternativement derrière devant chaque perche. L'étayement convenable
d'un puits est de toute rigueur pour éviter les malheurs qui frappent trop souvent les puisatiers.

La forme la plus solide à donner à un puits est la forme *circulaire,* d'un mètre de diamètre dans œuvre au moins et davantage
si l'on veut. Il faut que les pierres pour former la maçonnerie du
puits soient taillées en voussoirs, comme les pierres des voûtes. On
doit les bâtir à pierres sèches. On ne doit commencer à employer
le mortier dans la construction que dès qu'elle n'est plus qu'à un
mètre de la surface du sol. On peut également employer le mortier pour la maçonnerie de la margelle ou bâtisse extérieure qui
doit avoir environ un mètre d'élévation.

Si l'on employait du mortier ou du ciment pour la construction
entière du puits, on empêcherait par là l'eau d'y arriver, et celle
qui pourrait y pénétrer aurait pendant quelque temps un mauvais
goût.

Dans les localités où il n'y a point de pierres ni moëllons, on emploie la brique pour la construction des puits. Quand on creuse à
travers de l'argile consistante, la maçonnerie du puits peut n'a-
voir qu'une demi-brique d'épaisseur (107 millimètres) pour des
puits de petit diamètre ; mais si le puits a une grande dimension,
il faut donner à la maçonnerie toute l'épaisseur de la brique entière, c'est-à-dire 22, 23 centimètres, selon l'échantillon de la brique du lieu. Dans ces derniers temps, on a apporté de grandes
améliorations à la construction en briques pour les puits. On a
abandonné les cales en bois, les châssis circulaires en charpente,
ainsi que la maçonnerie entière en mortier de chaux. Les cales et
les châssis étaient bientôt pourris et compromettaient les ouvrages
où ils étaient employés. Quant à la chaux qui entrait dans la composition du mortier, elle se dissolvait au moyen de l'eau du puits,

qu'elle rendait en outre non potable. Enfin, la lenteur de la prise
du mortier en a fait rejeter l'usage.

Il y a plusieurs manières de maçonner les puits : il s'agit de
l'épaisseur de la maçonnerie et du système de liaison. En thèse
générale, il faut que les briques soient de bonne qualité et surtout
dures, par conséquent bien cuites et sans *gauches*. Comme les
briques sont posées à sec, c'est-à-dire sans mortier, il faut les
poser très régulièrement et de façon que toutes celles d'une même
assise aient exactement la même épaisseur. Nous disons qu'il
faut que la brique soit dure, car autrement leur adhésion ferait
des épaufrures, puisqu'elles doivent être posées sans mortier. A
une distance qui varie de 1ᵐ,50 à 3ᵐ,60 selon la nature du sol, on
maçonne deux ou trois assises de bri-
ques avec du bon ciment, l'intervalle est
posé avec des briques à sec.

Quand le diamètre du puits n'est pas
trop considérable, les briques peuvent
être posées à plat, comme l'indique la
fig. 426. Il faut toujours faire croiser
exactement les joints et éviter avec le plus
grand soin qu'il ne s'en trouve deux au-
dessus l'un de l'autre. Il est convenable
d'introduire des éclats de brique avec
du ciment dans l'espace triangulaire
formé par deux briques sur la face
extérieure.

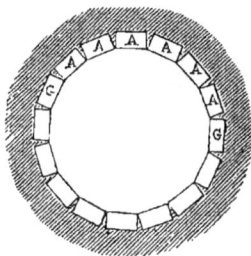

Fig. 426.

Lorsque le diamètre d'un puits est
considérable, de 1ᵐ,20 ou de 1ᵐ,50 et
plus, il faut que l'épaisseur de la maçonnerie soit d'une brique entière,
c'est-à-dire selon sa longueur, fig. 427.

Dans les terrains meubles, on ne
creuse que de la profondeur d'un an-

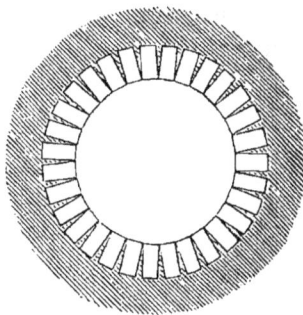

Fig. 427.

neau (ou assise posé à ciment) à l'autre; la nature du terrain
indiquera la distance de ces anneaux. On voit qu'il faut maçonner de *haut en bas :* quand la nature du sol le permet, on peut
poser le premier anneau sur ce sol : dans le cas contraire, il faut

maintenir la maçonnerie par des moyens artificiels. Toutefois, cette précaution sera rarement nécessaire si la brique est posée de manière à adhérer fortement aux parois de l'excavation, surtout si le terrain est argileux. Ensuite, on creuse plus avant ; et pour que la maçonnerie du dessous corresponde exactement à celle du dessus, on se sert du plomb, qui guidera parfaitement pour cette opération, ainsi que l'indique la fig. 428.

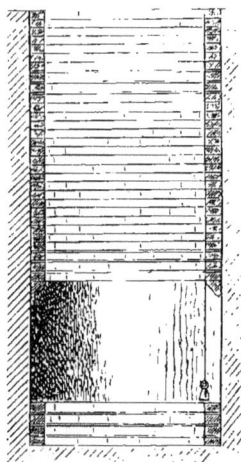
Fig. 428.

Pour le ciment employé dans la pose des briques formant anneaux, on y mêlera moitié de sable, comme pour les constructions élevées au-dessus du sol. Il ne faut pas se servir de ciment qui aurait une prise trop précipitée, parce que le ciment prend déjà de la consistance pendant qu'on le descend jusqu'aux ouvriers. Le ciment romain, le calcaire argileux bleu, le ciment de Portland ou du bon ciment hydraulique sont convenables pour la maçonnerie des anneaux en question.

La demi-brique posée à plat comme dans la figure 426 offre une maçonnerie très solide. La terre ou le sol contre lequel ces briques s'appuient, prévient tout déplacement des briques ; car la tendance de la pression qui consiste à les faire tourner sur

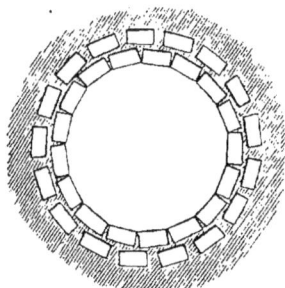
Fig. 429.

elles-mêmes ne peut naître qu'après une compression du terrain, et cette compression ne peut avoir lieu qu'après un mouvement opéré. Ainsi les briques AAAA, etc., de notre figure doivent nécessairement déplacer les briques voisines GG avant de s'avancer vers le centre du puits et se déplacer elles-mêmes. Mais ce déplacement des briques GG ne peut évidemment pas avoir lieu avant une compression du terrain qui se trouve

derrière. Dans ce cas encore, nous voyons quel est l'avantage de ne pas laisser d'intervalle à remplir après coup, entre la maçonnerie et le terrain. Si, dans cet ouvrage, on rencontrait un obstacle quelconque, soit une grosse pierre, soit qu'on n'ait pas creusé en suivant un cercle, il faut remplir l'intervalle d'argile qu'on aura soin de bien pilonner, afin de prévenir toute espèce de mouvement et compression postérieurs.

Quand on donne à l'épaisseur de l'ouvrage la longueur entière de la brique, on la place en rayonnant comme dans la fig. 427 ou bien en anneaux séparés, concentriques, comme l'indique la fig. 429.

Après avoir atteint à une certaine profondeur, les ouvriers qui creusent un puits, se trouvent souvent incommodés par un mauvais air, fort désagréable et nuisible à la santé. L'acide carbonique de l'haleine étant spécifiquement plus pesant que l'air naturel, reste immobile au fond du creux : pour remédier à cet inconvénient, on y descend souvent de l'eau de chaux destinée à l'absorption de l'acide carbonique. Cependant, cet expédient est insuffisant ; pour renouveler l'air au fond d'un puits pendant son exécution, il faut employer le soufflet et l'éventail et faire descendre l'air par des tuyaux. On se servira de zinc mince pour ces derniers, auxquels on donnera en outre environ cinq centimètres de diamètre. La profondeur à laquelle un secours artificiel d'air sera nécessaire, dépendra du diamètre du puits et de la position de son orifice. Si cet orifice reçoit l'air directement, sans couverture quelconque, temporaire ou non, l'air y sera naturellement plus pur que si une couverture en contrariait l'introduction. Il faut avoir soin de surveiller les ouvriers et observer s'ils se trouvent incommodés ou non. Dans le premier cas, il faudra refouler au fond du puits de l'air d'en haut ; dans tous les cas, il est humain de rafraîchir et de renouveler l'air au moyen d'un secours artificiel, la chaleur étant quelquefois très-désagréable pour les ouvriers qui travaillent ainsi dans un trou en terre.

Puits instantanés. — Ils peuvent être installés partout où la profondeur de la nappe à atteindre ne dépasse pas huit mètres.

Ce système de puits est des plus simples. Il se compose d'un tube creux ou d'une série de tubes creux placés les uns au bout des autres. Leur installation a lieu de la façon suivante : on prépare l'entrée du terrain au moyen d'une bêche avec laquelle on creuse un trou ; puis au dessus de ce trou on installe ce que l'on nomme un *mouton ;* cet appareil est destiné par des coups répétés à enfoncer les tubes. Le premier tube est placé verticalement au-dessus du trou préparé par la bêche ; il se termine à sa partie inférieure par une pointe plus large, et au dessus de cette pointe sur une certaine longueur, il est percé de trous. On fixe à la partie supérieure de ce tube une tige à arête supérieure saillante sur laquelle vient frapper le mouton. Quand le premier tube est enfoncé jusqu'à disparaître on démonte la tige, on visse un second tube sur le premier et au moyen de la tige fixée au second tube on recommence le battage ; quand on a atteint la couche aquifère, on place une pompe sur le dernier tube enfoncé. La première eau est trouble par suite de l'entraînement de sables et terres fines.

Des puits artésiens La forme des puits artésiens, leur profondeur et leur manière de fournir de l'eau, n'ont rien de commun avec ce qu'on voit dans les puits ordinaires.

Un puits artésien est un simple trou circulaire fait dans la terre avec une sonde ; son diamètre ordinaire est de un décimètre à quinze centimètres, et sa profondeur de trente à trois ou quatre cents mètres et quelquefois davantage. Lorsque la sonde est parvenue à la profondeur du cours d'eau souterrain, on la retire ; l'eau monte alors par le trou et continue de couler, tantôt au-dessus du sol, tantôt à sa surface, et d'autres fois elle reste au-dessous.

Pour qu'un cours d'eau souterrain puisse monter par le trou de sonde, il est nécessaire : 1° que la surface du terrain qui absorbe les eaux pluviales et fournit le cours d'eau, soit plus élevée que le point où l'on fait un percement ; 2° que la couche dans laquelle il marche ait l'inclinaison ordinaire des cours d'eau et soit éminemment perméable, comme le sont les couches de sable, de gravier, de galets, les roches à texture lâche et celles qui sont fendillées dans tous les sens ; 3° que cette couche perméable se trouve comme enveloppée dans toute sa longueur par des couches imperméables placées dessus, dessous, et sur les côtés ; 4° que l'eau n'ait pas d'issues vers le bas de cette couche, ou qu'elle n'y en trouve que d'insuffisantes, ou qu'elle n'y chemine qu'avec difficulté.

L'eau pluviale qui tombe sur les affleurements de la couche perméable, y descend comme dans un vaste conduit incliné, remplit tous les interstices et en suit toutes les directions. La sonde artésienne, en perçant les couches imperméables et venant atteindre l'eau contenue dans la couche perméable, ne fait que lui ouvrir une issue par laquelle elle monte toutes les fois que la surface de la colonne d'eau qui descend dans le terrain perméable se trouve à un niveau plus élevé que l'orifice du trou de sonde ; l'eau sort de terre et s'élève d'autant plus haut que cette surface est plus élevée. Cette eau s'élève dans le trou de sonde en vertu de la tendance qu'ont les liquides à se mettre en équilibre dans les vases communicants et elle se comporte comme celle qu'on fait passer dans un conduit qui, après une descente continue et fort prolongée, se relève vers son débouché.

Élévation de l'eau — La question intéressante qui se pose une fois que l'on a de l'eau soit par une source, soit par une rivière, soit par des puits, c'est-à-dire lorsque l'on a de l'eau au pied de sa maison, c'est de pouvoir la faire monter pour la distribuer aux étages. Les appareils qui permet-

Schéma d'un bélier
utilisant une rivière
la chute étant obtenue
par un barrage.

Bélier

Fig. 430.

tent cette élévation de l'eau sont de deux catégories : les appareils automatiques et les appareils non automatiques.

Dans la première catégorie se trouvent les machines telles que :
béliers hydrauliques, moulins à vent, etc.

Ce sont des appareils très pratiques puisqu'une fois installés
il n'y a plus besoin de surveiller
leur fonctionnement, mais ils ne sont
applicables que dans des conditions
déterminées.

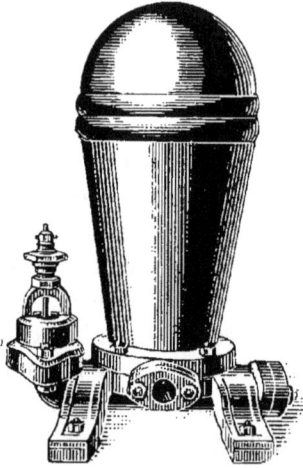

Le *bélier hydraulique* utilise le
« corps de bélier » dont nous avons
déjà parlé et qui est le choc produit
par une masse d'eau en mouvement
que l'on arrête brusquement. On utilise ce choc pour élever une certaine
quantité
d'eau. Il
faut, pour
que le bélier

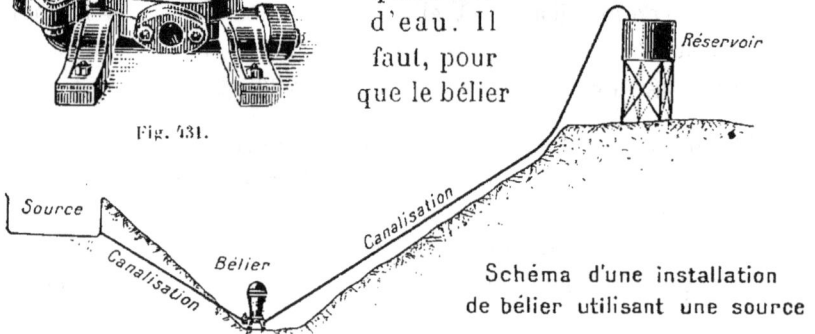

Fig. 431.

Schéma d'une installation
de bélier utilisant une source

Fig. 432.

puisse fonctionner, une chute d'eau d'au moins $0^m,75$ et un débit
de 3 litres d'eau à la minute au moins. Le bélier n'élève qu'une
certaine quantité de l'eau qu'il reçoit.

Les moulins à vent. Il existe en France un grand nombre de régions où souffle un vent à peu près constant : sans parler du littoral et des plaines du Nord, de l'Ouest et du Centre où les vents ont
toujours une certaine intensité, il existe dans les grandes vallées
larges et profondes des courants d'air de direction et de force à
peu près constants, c'est-à-dire qu'il est très souvent possible
d'installer des moulins à vent pour l'élévation de l'eau ; ces appareils n'ont plus l'aspect ni la constitution des antiques moulins
à vent. Ce sont des appareils légers montés sur des pylônes élancés.

Les moulins à vent destinés à surélever de l'eau, sont à mouvement alternatif; ils comprennent une roue munie à sa périphérie d'ailettes dirigées dans le sens des rayons de la roue; un grand gouvernail maintient cette roue face au vent, en général, car en cas de tempête par suite d'une disposition spéciale de l'appareil, la roue se place automatiquement dans le plan du gouvernail pour donner moins de prise au vent. Un amortisseur empêche les mouvements trop brusques du gouvernail, assurant ainsi un changement progressif dans la position de la roue.

Le mouvement de rotation de la roue est transformé en mouvement alternatif par un jeu d'engrenages doubles assurant la réduction de la vitesse nécessaire pour que le mouvement de la tige du piston soit bien régulier. On met l'appareil en marche et on l'arrête du bas du pylône en manœuvrant un petit treuil. On peut même ajouter un dispositif automatique qui arrêtera le fonctionnement du moulin à vent lorsque le réservoir à eau sera près de déborder; ce dispositif est actionné par un flotteur. On est arrivé, avec ce genre d'appareils, à prendre de l'eau dans une source ou dans une rivière et à l'élever dans des réservoirs situés à 45 mètres au-dessus et à des distances allant jusqu'à 800 mètres. A titre d'indications, un moulin de ce type de 2^m,40 de diamètre peut actionner une pompe de 76 millimètres de diamètre et donner un débit d'environ 500 litres à l'heure par vent de 3^m,60 à la seconde et d'environ 1.000 litres à l'heure par vent de 6^m,75. Si l'on compte sur une moyenne de 10 heures de vent par jour, on peut atteindre ainsi un débit quotidien de 5.000 à 10.000 litres suivant le vent. Naturellement, nous ne prenons ce chiffre de 10 heures que comme exemple, car il peut varier de 6 heures à 20 heures suivant les points.

Les moulins de ce genre fonctionnent par des vents très faibles, mais il faut avoir soin de les monter assez haut pour qu'ils atteignent des régions de l'atmosphère où règne une brise presque constante; on dispose maintenant de pylônes qui peuvent s'élever à 24 et même 30 mètres de hauteur, grâce à leur légèreté et à leur solidité obtenues en employant de légères charpentes en cornière d'acier qui offrent d'ailleurs le minimum de surface présentée au vent; leur faible poids permet de les monter sur le sol et de les dresser d'une seule pièce après y avoir fixé le moulin à vent; à titre d'indication, nous dirons qu'un pylône de 18 mètres pèse moins de 500 kilos.

Pour élever l'eau, si l'on ne peut employer de moulins à vent, on actionne la pompe au moyen d'un manège, d'un moteur à essence ou au pétrole, ou d'un électro-moteur. Dans tous les cas, il faut bien se souvenir que les pompes aspirantes fonctionnent, comme nous l'avons dit, pour élever l'eau à 7m,50 ou 8 mètres, et que si la différence de niveau est plus grande, il faut prende une pompe aspirante et foulante.

En ce qui concerne le travail humain, on admet qu'un homme peut élever en travail continu 6 litres d'eau à la seconde à la hauteur de 1 mètre ou 1 litre d'eau à la seconde à la hauteur de 6 mètres. Si la hauteur d'élévation est de 12 mètres, un homme ne pourra élever qu'un demi-litre à la seconde, c'est ce qu'on exprime en mécanique en disant qu'un homme produit un travail de 6 kilogrammètres à la seconde puisqu'un litre d'eau pèse 1 kilogramme. Si l'on fait le prix de revient du travail mécanique de l'homme, on trouve que le prix est excessivement élevé relativement au travail d'un moteur à essence, par exemple.

Un cheval de force moyenne pourra élever 40 litres d'eau à la seconde à 1 mètre de hauteur ou 1 litre à 40 mètres de hauteur.

Enfin, un moteur mécanique d'une puissance de un cheval, pourra élever 75 litres d'eau à la seconde à une hauteur de 1 mè-

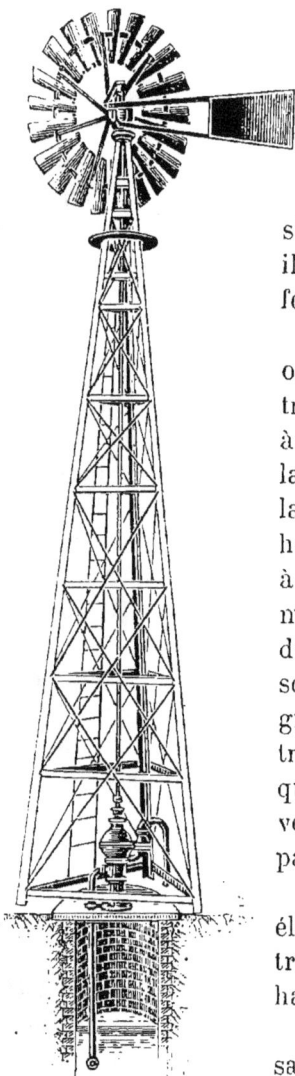

Fig. 433.

'tre ou 1 litre à 75 mètres de hauteur, c'est-à-dire qu'un tout petit moteur de 1 HP peut faire plus que le travail de dix hommes pour un prix considérablement moindre. Il est bon, en outre, de remarquer qu'un moteur mécanique peut marcher vingt-quatre heures, alors que l'homme est obligé de couper son travail par des intervalles de repos nécessaires.

Les chiffres ci-dessus sont théoriques : il y aurait lieu de les réduire suivant le rendement des appareils transformateurs de l'énergie de l'homme, du cheval, ou du moteur mécanique.

De la découverte des sources Voici, pour terminer ce qui a trait à la distribution de l'eau, quelques indications sur la découverte des sources. L'eau est une nécessité dans la construction pour préparer les mortiers et pour les autres usages dans la bâtisse. Le propriétaire est souvent embarrassé quand il ne connaît pas les moyens de s'assurer si le terrain où il veut bâtir, lui offre des sources propres à lui donner sur place l'eau indispensable aux travaux qu'il projette. Nous croyons donc utile et convenable de consigner ici quelques renseignements sur l'art de découvrir les sources.

Tout le monde sait qu'on nomme *vallées* les dépressions d'une largeur considérable qui partent du faîte d'une chaîne de montagnes et descendent jusqu'à une rivière ; *vallons*, celles qui séparent les rameaux ou qui ne forment qu'une petite vallée ; *défilés* ou *gorges*, celles qui séparent les contreforts ou éperons (rameaux qui se détachent de la chaîne principale et jettent à leur tour de nouvelles ramifications), ainsi que celles qui sont très étroites et bordées d'escarpements ; *ravins*, les excavations prolongées, étroites, à pentes rapides et qui ont été creusées par des cours d'eau ; et enfin *plis*, les dépressions dont la profondeur est peu sensible. Les flancs ou versants des collines, rameaux et contreforts qui laissent entre eux ces dépressions, se nomment les *flancs* ou *versants* de la vallée, du vallon, de la gorge, du ravin et du pli. La ligne d'intersection plus ou moins sinueuse que forment en bas les deux flancs ou versants et que suivent les eaux qui tombent sur la vallée, vallon, etc., se nomme *chemin de la vallée* ou se désigne par un mot allemand *thalweg*, qui a cette signification *a*, *a*, *a*, de la fig. 434.

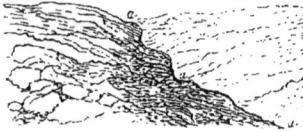

Fig. 434.

Dans les vallées et les vallons qui n'ont point de cours d'eau visible, on peut reconnaître le vrai thalweg en supposant le chemin que suivrait l'eau s'il s'y établissait un cours d'eau qui en parcourût toute la longueur; la ligne que suivrait ce cours d'eau supposé, est le vrai chemin de la vallée ou du vallon. Il est nécessaire de bien étudier sur le terrain cette ligne, qui est de la plus grande importance dans la recherche des sources.

Les vallées ont, entre elles, des relations qu'il est important de remarquer. Toute vallée principale est comme une espèce de tige à laquelle aboutissent des branches ou vallées latérales; chaque vallée latérale qui a une longueur considérable, est plus ou moins ramifiée et reçoit un grand nombre de dépressions d'un ordre inférieur qui, à leur tour, subissent en remontant plusieurs bifurcations.

Les *plaines* sont de grands espaces qui paraissent horizontaux, quoiqu'ils ne le soient jamais rigoureusement. On y remarque des arêtes ou crêtes de partage avec leurs rameaux, et de légères dépressions y forment les vallées dans lesquelles serpentent souvent des cours d'eau. Si, au premier coup d'œil, on n'aperçoit pas de quel côté une plaine est inclinée, pour peu qu'on la parcoure et qu'on observe attentivement, on reconnaît non-seulement sa pente générale, mais encore on y distingue les différents bassins qui se la partagent et jusqu'à leurs plus petites ramifications.

En géologie, on nomme *stratification* l'arrangement par couches successives des différents dépôts sédimentaires qui se sont formés les uns après les autres; on nomme donc ainsi une certaine disposition des matières diverses suspendues dans les eaux, et rassemblées lit par lit sur le fond des marais, des rivières, des lacs, des mers, etc. Les *roches stratifiées* sont celles qui ont été formées pendant que les eaux couvraient le globe.

Les innombrables filets et veines d'eau qui se forment dans les montagnes et collines perméables, tendent vers les fonds des vallons, parce que, dans les terrains stratifiés, les assises qui composent les deux coteaux sont le plus souvent inclinées dans le même sens que la surface des coteaux et plongent des deux côtés vers le thalweg. Dans chaque vallée, vallon, défilé, gorge et pli de terrain, il y a un cours d'eau apparent ou caché. Celui qui est apparent, marche à la surface du sol, parce qu'il est soutenu par une couche imperméable; celui qui est caché, marche aussi sur une couche imperméable, mais il est recouvert d'un terrain perméable qui ne peut le soutenir à la surface du sol.

Le point de départ d'un cours d'eau invisible ou source est tantôt dans une plage élevée, sèche, peu déprimée et peu inclinée, tantôt dans un vallon plus profondément creusé en forme de cirque. Lorsqu'une source prend naissance dans une plage élevée qui se compose d'un seul pli de terrain, tous les premiers filets d'eau convergent vers un centre commun qui en occupe le point le plus bas. Si cette plage se compose de plusieurs plis de terrain, ces plis n'étant pas égaux entre eux, on en distingue toujours un qui part de plus loin, qui est plus profond que les autres et dans lequel chacun de ceux qui sont moins profonds vient conduire le filet d'eau qu'il a recueilli. Afin de se faire une idée exacte de la manière dont se forme une source sous terre dans un pli de terrain, on n'a qu'à s'y rendre pendant une forte pluie et bien observer comment les eaux sauvages (celles qui ne courent sur terre que pendant les pluies) y marchent et se réunissent pour former le courant d'eau qui s'établit momentanément à la surface; on peut tenir pour certain que le petit cours d'eau permanent et caché se forme et marche sous terre de la même manière, et que ses veinules et veines suivent sous terre les mêmes lignes que les eaux superficielles.

En dehors des temps de pluie, on peut également se représenter la formation, la marche et le point de réunion des eaux pluviales, pour se rendre compte de la formation et de l'écoulement du cours d'eau caché. Lorsqu'une source prend naissance au bout d'un vallon qui a la forme d'un cirque, tous les filets d'eau que peuvent produire les plateaux et les coteaux qui le dominent con-

vergent à peu près comme les rayons d'un demi-cercle vers le
centre de ce cirque et viennent y former la source. Le point central d'un cirque est toujours au pied de la pente rapide et demi-
circulaire qui en forme les parois. A partir du fond du pli de
terrain, ou du centre du cirque, le thalweg commence à se dessiner, la pente du fond du vallon se radoucit, la source qui a
déjà un certain volume suit toujours le vallon du thalweg soit
qu'il forme une ligne à peu près droite ou même très tortueuse.
La source qui se trouve dans le vallon principal, de distance en
distance en reçoit d'autres plus ou moins importantes, qui lui
sont amenées par les vallons secondaires, et vers l'embouchure desquels elle s'infléchit pour aller les recevoir.

Le cours d'eau souterrain, n'étant jamais dérangé par les travaux
des hommes ni par les atterrissements qui ont lieu à la surface
du sol, suit toujours le thalweg, et le ruisseau qui coule temporairement à la surface, ne peut dans aucun cas servir de guide
pour reconnaître la ligne que suit le cours d'eau souterrain ; on
est donc obligé alors de chercher les traces de l'ancien canal,
étant supposé que la culture ou les atterrissements ne les aient
pas entièrement effacées, ou de recourir aux moyens suivants.

Toutes les fois que l'on reconnaît que, dans l'endroit où l'on
veut creuser pour trouver de l'eau, le thalweg visible est en désac-
cord avec le thalweg invisible, ce qui n'arrive que dans les parties des vallons qui sont en plaine, il faut observer attentivement
les deux plans inclinés que forment les deux coteaux opposés, et
savoir que le cours d'eau suit sous terre leur ligne d'intersection ;
ainsi, si la pente des deux coteaux est égale, le cours d'eau souterrain marche à égale distance des deux lignes côtières ; si la
pente des deux coteaux est inégale, par exemple si la pente de
l'un est d'un tiers, d'un quart, d'un cinquième, etc., plus rapide
que celle de l'autre, le cours d'eau s'approchera du coteau qui a
la pente la plus forte à proportion de sa rapidité, et si l'un des
deux coteaux est un escarpement, le cours d'eau souterrain passe
à sa base.

Le thalweg souterrain est encore indiqué par des épanchements
d'eau temporaires. En beaucoup de lieux, il sort sur la ligne du
thalweg, et toujours dans les rochers, un cours d'eau chaque

fois qu'il pleut considérablement; dans d'autres, des pluies peu abondantes ou de peu de durée déterminent la même éruption. Ce cours d'eau ne s'épanche hors de terre chaque fois qu'il pleut que parce que son volume ordinaire est augmenté et que son conduit se trouve alors insuffisant pour lui donner passage. Toute la partie du cours d'eau qui ne peut pas passer par ce conduit, s'épanche au dehors pendant les pluies et même quelque peu de temps après. Dans certains endroits, cette éruption a lieu par un boyau ou conduit vertical, qui reste toujours ouvert; dans d'autres, l'eau s'élève à travers les pierrailles ou le terrain détritique qui cache l'ouverture du rocher par où elle s'échappe. On n'a donc, en creusant, qu'à suivre ce boyau pour être assuré de trouver le cours d'eau permanent, et le plus souvent à une faible profondeur, à moins qu'il ne soit un de ceux qui ne viennent pas d'assez loin, ou qui, à raison de la trop grande pente de leur canal, ne coulent que pendant qu'il pleut et sont bientôt épuisés. Ainsi, dans tout vallon sec, long de quelques centaines de mètres, à fond rocheux ou couvert de terre de transport, peu ou fort profond, large ou étroit, il y a un cours d'eau qui suit son thalweg souterrain, et l'on peut, à peu près partout, reconnaître exactement la ligne droite ou sinueuse qu'il décrit et la suivre pas à pas.

Il s'en faut bien que tous les points de la ligne que parcourt une source sous terre, soient également avantageux pour la mettre à jour. Le thalweg invisible, où gît le cours d'eau souterrain, n'observe souvent aucun parallélisme avec le thalweg qui est sur terre; les pentes de l'un ne concordent que fortuitement et dans de courts trajets avec les pentes de l'autre. Là où l'on voit une plaine à la surface, le cours d'eau qu'elle recèle peut avoir une pente assez rapide, et là où la surface du sol a une pente assez forte, le cours d'eau caché n'en a souvent presque pas. Les points où une source a les moindres profondeurs sont : 1° le point central du premier pli de terrain où se réunissent sur la plage élevée tous les filets d'eau qui forment son commencement; 2° le centre ou cirque où elle commence; 3° le bas de chaque pente du thalweg visible; 4° l'approche de son embouchure.

1° Lorsqu'une source a son commencement dans une plage

élevée, le point le moins profond est celui vers lequel convergent et où se réunissent tous les premiers filets d'eau qui concourent à sa formation. Ce point est reconnaissable en ce qu'il est vers le milieu du pli du terrain, et que le thalweg commence à s'y manifester. Si on veut laisser ce point et creuser plus en aval sur le thalweg, la source s'y trouvera, et même plus abondante si quelque autre pli de terrain y décharge ses eaux; mais elle sera plus profonde, attendu que les deux petits versants du pli, devenant de plus en plus rapides, la culture et les eaux sauvages déposent sur la source un encombrement dont l'épaisseur va augmentant à mesure qu'on s'éloigne de l'origine du thalweg.

2° Lorsqu'une source prend naissance à l'extrémité d'un vallon qui a la forme d'un cirque, le point le moins profond est le centre même de ce cirque. Si on veut creuser plus en aval sur le thalweg, on la trouvera, mais elle sera plus profonde.

3° Dans tout le parcours souterrain d'une source, les points où elle est moins profonde sont les pieds des descentes. Ordinairement les pentes longitudinales des vallons se composent de plages à pentes radoucies et de pentes rapides ou chutes de terrain, alternant entre elles; ces deux sortes de pentes sont assez semblables à celles qu'on voit à la surface des cours d'eau, auxquelles on a donné les noms de *rapides* et de *ralentissements*. Chaque fois qu'un banc de rocher, une couche de terre dure ou même un mur, sont placés à travers un vallon et y forment barrage, il y a au-dessus une plage à pente douce, qui a été formée par les terrains de transport, et à chaque barrage il y a une pente rapide ou une cascade. Celui qui, dans ce cas, creuserait au haut de la descente aurait pour surcroît de profondeur toute la différence qu'il y a entre le haut et le bas de la descente, et de plus il aurait souvent à percer un banc de rocher, qu'il évitera en creusant au bas de la pente. On doit aussi, pour trouver moins de profondeur, creuser toujours au pied du mur ou du talus qui traverse le vallon.

4° Lorsqu'une source dégorge ses eaux dans un cours d'eau visible et permanent, et que le fond du vallon qui la conduit est en pente douce, en creusant non loin de son embouchure on peut compter la trouver à une assez faible profondeur, attendu qu'elle ne peut jamais être au-dessous du niveau du cours d'eau dans lequel elle se jette. Quoique l'eau d'une source qu'on met au jour près d'un cours d'eau visible, hausse et baisse en même temps que lui, on ne doit pas s'imaginer, comme le font les personnes qui ne connaissent pas l'hydrographie souterraine, que la source provient du cours d'eau visible. Toutes les sources vont de la montagne au cours d'eau visible. Ce n'est que pendant les crues de celui-ci qu'elles sont momentanément arrêtées et quelquefois refoulées, parce que ces deux sortes d'eau, étant alors en communication, se mettent en équilibre; mais dès que la crue cesse, les eaux de la source reprennent leur descente ordinaire.

Lorsque le thalweg d'un vallon est inculte et qu'on y voit naître naturellement des saules, des peupliers, des aunes, des osiers, des joncs, des roseaux et autres arbres ou plantes aquatiques, on doit présumer que le cours d'eau n'est pas profond en cet endroit. Cependant, comme ces végétaux croissent dans tous les terrains qui conservent leur humidité, ils ne peuvent servir à indiquer la présence des sources qu'autant qu'ils sont sur un thalweg ou au fond d'un réduit.

Les points où les sources ont la plus grande abondance d'eau, ne sont, comme pour la plus faible profondeur, que les pieds des descentes. Celui qui n'est pas propriétaire du pied de la descente, ou qui en est trop éloigné, ou qui n'a pas besoin de tout le cours d'eau, peut creuser dans le thalweg de la plaine, en observant toutefois de se rapprocher autant que possible du pied d'une descente, afin de s'épargner une partie de la profondeur et de trouver une plus grande quantité d'eau.

Il y a des plaines à pente douce et uniforme sous lesquelles existent des nappes d'eau courante, peu profondes, s'étendant d'une côtière à l'autre, et où l'art d'indiquer les sources est tout à fait inutile. Dans les plaines composées de terrain de transport, entrecoupées de couches alternativement perméables et imperméables, non seulement les sources s'étendent en nappes plus ou moins larges, mais encore en creusant profondément on trouve plusieurs nappes d'eau superposées les unes aux autres et marchant chacune dans sa couche perméable. Celui qui, en creusant, a déjà atteint une nappe d'eau qu'il trouve insuffisante, n'a qu'à continuer de creuser jusqu'à ce qu'il en ait trouvé une ou plusieurs qui lui fournissent toute l'eau qu'il désire, car généralement parlant, plus on descend dans ces sortes de terrains, plus on trouve les nappes d'eau abondantes.

Lorsqu'une montagne ou colline est terminée par une arête aiguë, ou par un sommet aigu ou arrondi en forme de dôme, il est impossible qu'il existe une source sur l'arête ou au sommet absolument pris. Lorsqu'une montagne est terminée par un plateau spacieux, faiblement incliné, recouvert de quelques mètres de terrain perméable reposant sur une couche imperméable, il est rare qu'il n'y ait pas une source qui vient se produire vers le milieu ou au point le plus bas du plateau. Les montagnes coniques ou isolées qui ont à leur base moins de quatre ou cinq cents mètres de diamètre, quelles que soient leur hauteur et constitution, ne peuvent produire à leur pourtour que de très faibles sources, et le plus souvent elles n'en produisent pas du tout. Il en est de même des collines prolongées qui n'ont, par exemple, que quatre ou cinq cents mètres d'épaisseur à la base.

Dans les versants des montagnes et des collines qui ont plusieurs kilomètres d'épaisseur, on peut trouver des sources importantes. Lorsque les coteaux à pentes rapides sont fort élevés, lorsqu'ils ont, par exemple, deux ou trois cents mètres de hauteur, que le terrain perméable qui les recouvre n'a que quelques mètres d'épaisseur et que tout le reste du coteau est composé de terrains propres aux sources, il peut s'y former des cours d'eau qui descendent vers la base de ces coteaux, mais ils ne sont ni importants ni nombreux.

Quant aux sources qui sortent de terre naturellement, elles se forment, marchent et se produisent différemment selon les divers terrains et, dans chaque espèce de terrain, elles observent une certaine uniformité. Dans les terrains primitifs, les sources sont, en général, très nombreuses, peu profondes, rarement dérangées de leur cours et d'un petit volume; dans les terrains secondaires, elles sont beaucoup plus rares, plus profondes, plus abondantes, et leur cours souterrain est assez souvent dérangé.

Dans beaucoup de localités, on voit sourdre de très fortes sources au pied des coteaux rapides, élevés et composés de terrains désagrégés. La plupart des propriétaires qui ont leurs maisons vers le haut de ces coteaux, croient qu'on peut atteindre ces sources sans creuser trop profondément; c'est une erreur. Chaque source ne marche pas sous le plateau parallèlement à sa surface ni à une faible profondeur; parvenue à la corniche, elle ne se précipite pas en cascade vers le pied du coteau; souvent, les cours d'eau souterrains n'ont que la pente ordinaire des cours d'eau visibles, et les cascades sont aussi rares dans les uns que dans les autres. Donc celui qui voudrait creuser vers la corniche d'un coteau pour y intercepter une source qui sort de terre à sa base, choisirait précisément le point le plus défavorable de tout son parcours, et serait obligé de donner à l'excavation presque autant de profondeur que le coteau a d'élévation. A partir de la corniche, la pente du coteau est tantôt unie et sans aucune ride sensible, et tantôt composée d'un seul pli de terrain; ailleurs, elle est sillonnée par plusieurs dépressions et reliefs plus ou moins prononcés. Lorsque la pente d'un coteau est absolument unie et sans aucune ride, ce qui arrive très rarement, il n'y a pas d'autre raison pour creuser à un endroit plutôt qu'à un autre que celle de l'éloignement de la crête de partage; car on sait que plus on s'en éloigne plus le cours d'eau qu'on obtient est considérable. Si donc le point où l'on veut creuser est éloigné, par exemple, de deux ou trois cents mètres de la crête, si la stratification des roches amène les eaux vers la surface et que l'assise aquifère soit peu profonde, on peut y trouver un grand nombre de filets d'eau qui descendent du coteau, marchant assez près l'un de l'autre : mais à défaut du vallon ou de pli de terrain pour les concentrer, on n'y en trouve aucun qui soit important. Quand on n'a pas d'autre moyen de se procurer de l'eau, on fait à travers le coteau une tranchée horizontale et d'une longueur proportionnée à la quantité d'eau qu'on veut obtenir. Nous indiquerons plus loin la forme qu'on doit donner à cette tranchée et à l'aqueduc qu'on doit y construire. Ces filets d'eau, ainsi interceptés et bien recueillis, finissent souvent par former un cours d'eau assez considérable.

Si le coteau forme une croupe étroite et arrondie depuis le haut jusqu'au bas, quelque peu convexe qu'elle soit, on ne doit pas y chercher d'eau, parce qu'on n'y en trouverait que très peu ou point; mais si la croupe est fort large, si elle a, par exemple, plus de cinq cents mètres de largeur, elle forme alors un véritable coteau, et on peut y trouver des sources, comme on va le voir.

Si, en comparant les deux bords latéraux du coteau avec son milieu, on aperçoit que ce milieu est légèrement déprimé, on ne doit point chercher l'eau vers les bords, mais on doit placer la tranchée vers le milieu, où il existe une espèce de thalweg assez large et dont la tranchée doit comprendre toute la largeur. Lorsqu'un coteau est sillonné de haut en bas par plusieurs dépressions, le creux que l'on veut faire doit être placé dans le thalweg de l'une d'elles; et si le thalweg présente vers le haut une pente plus rapide que vers le bas, le creux doit être placé précisément au bas de la pente rapide et au point où commence la pente radoucie. Si un pli de terrain part de la corniche du coteau et s'efface entièrement avant d'arriver en bas, on doit placer la fouille au pied de la corniche, ou du moins aussi près que possible, parce que cette cessation de dépression annonce que le cours d'eau prend de la profondeur à mesure qu'il descend.

Un des signes les plus favorables qu'on puisse avoir de la présence d'une source dans un coteau, est lorsqu'un pli de terrain y prend naissance et continue jusqu'à son pied. Toutes les fois qu'il existe une source visible dans un coteau, elle s'épanche au milieu d'un petit cirque qui forme le commencement du pli de terrain, et elle continue de couler extérieurement jusqu'à son pied. C'est donc au fond d'un creux semblable et à un point analogue qu'on doit chercher la source cachée qu'on désire.

On doit bien se garder de creuser sur aucun des points où la côtière fait le tour d'un angle saillant, parce que les croupes des montagnes, des collines, des contreforts et éperons sont privées de sources. On doit aussi éviter, autant que possible, de creuser dans les trajets où cette ligne suit le pied d'un coteau uni ou trop court, parce que, avec un creux ordinaire, on ne pourrait y trouver que des filets d'eau peu importants, et le plus souvent n'en rencontrer aucun, à moins d'y faire une tranchée prolongée. Quoique toutes les autres circonstances du terrain soient favorables, on doit encore éviter de creuser sur cette ligne dans les endroits qui sont encombrés d'épais éboulis (blocs de rocher, des

pierrailles et des terres végétales que les eaux pluviales, la gelée
et la culture détachent continuellement de tous les coteaux rapides et qui descendent à leur pied, et s'y déposent en forme de talus), parce que la hauteur de cet encombrement rendrait la source
d'autant plus profonde qu'il serait plus épais; mais on doit placer les fouilles dans la ligne côtière et à celui des points suivants
que chacun trouvera le plus à sa portée : 1° au sommet d'un angle
rentrant, autrement dit à son extrémité la plus reculée ; 2° à l'extrémité la plus reculée d'un réduit qui soit au niveau de la plaine
et au pied d'un escarpement ; 3° au bas d'un pli de terrain ou au
bas d'un ravin, au point où son thalweg et la côtière se croisent ;
4° choisir de préférence les points où, dans les temps de grosses
pluies, on voit sourdre des cours d'eau, et ceux où l'on voit croî-
tre des arbustes ou des plantes aquatiques.

La fouille que l'on veut faire pour mettre une source au jour,
peut être placée, comme nous venons de le dire, dans le thalweg
d'un vallon, dans la ligne côtière, dans un coteau, à sa corniche
ou sur un plateau. 1° Quand on creuse dans le thalweg d'un vallon, il faut examiner si la source s'y montre déjà en un ou plusieurs endroits, soit naturellement, soit dans quelque creux fait
de main d'homme, et surtout si elle se montre au-dessous et non
loin du lieu où l'on veut creuser. Chaque apparition de la source
est un point de repère d'où l'on part pour connaître, par un nivellement, de combien le point où l'on creuse est plus élevé que
le débouché de la source. La différence du niveau qui se trouve
entre ces deux points, est la profondeur de la source, moins quelque chose ; car la source sous terre a une pente quelconque, et
cette pente garantit qu'on ne sera pas obligé de creuser jusqu'au
niveau de son dégorgement. Toutefois, si la source sort de terre
par un mouvement ascensionnel, et que l'on puisse sonder la profondeur de la colonne d'eau ascendante, il faut niveler non pas à
partir de la surface de l'eau de la source, mais à partir du fond
de son conduit vertical.

Si le point où l'on veut creuser n'est qu'à quelques centaines
de mètres d'une rivière ou d'un ruisseau dont l'écoulement est
continuel, et que la source ne paraisse pas dans la plaine, on doit
s'assurer par soi-même ou par des informations si, lors des

basses eaux, elle ne se manifeste pas dans la berge ou au fond
du canal du cours d'eau par un conduit venant de bas en haut.

2° Lorsque la source que conduit un vallon ne se manifeste sur
aucun point, ou que le point où elle se montre est trop éloigné,
ou à un niveau trop bas par rapport au point où l'on veut creuser, on peut connaître sa profondeur par l'opération suivante :
Les fonds de presque tous les vallons étant comblés de terrains
de transport, excepté dans les étranglements, on détermine par
les moyens que nous avons indiqués, le point du thalweg où l'on
veut placer la fouille, et on y plante un jalon ; on mesure la distance qu'il y a entre ce jalon et le pied d'un des coteaux : on
nivelle ce coteau pour connaître sa hauteur et la distance horizontale qu'il y a entre sa corniche et une ligne verticale qui s'élèverait au pied du coteau. Cette hauteur et cette distance se composent des hauteurs et des distances partielles qu'on a trouvées
dans les stations du nivellement. L'opération terminée, on établit
la proportion suivante :

La distance qu'il y a entre la corniche et la ligne verticale qui

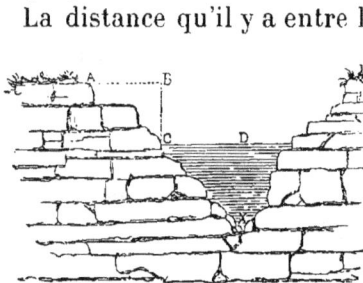

Fig. 435.

part du pied du coteau est à la
hauteur du coteau, comme la distance horizontale qu'il y a entre
le pied du coteau et le point où
l'on veut creuser est à la profondeur de la source. Ainsi, AB :
BC : : CD : DX. En multipliant la
hauteur BC par la distance CD, et
divisant le produit par la distance

AB, on trouvera au quotient la profondeur qu'il y a depuis D
jusqu'à X, qui est le point où coule la source. Lorsque la pente
du coteau est uniforme, on peut se dispenser de la niveler jusqu'au haut ; on peut, par exemple, ne niveler que jusqu'au tiers
ou au quart de sa hauteur, et le résultat de l'opération sera le
même. Lorsque le vallon se compose d'élargissements et de ré-
trécissements, on doit faire l'opération indiquée dans l'élargissement d'amont ou dans celui d'aval, à l'endroit où les pieds des
deux coteaux se trouvent le plus éloignés. Lorsque la source longe
la base d'un escarpement ou d'un coteau extrêmement rapide, le

nivellement se fait sur le coteau opposé. Ces deux moyens de connaître la profondeur d'une source sont applicables non seulement à la source qui suit le thalweg du terrain, mais encore à toutes celles qui circulent dans la même plaine et à celles qui sont aux lignes côtières; car dans les cours d'eau cachés, comme dans les cours d'eau visibles, le niveau de chaque courant accessoire concorde, vers son embouchure, avec le niveau du courant principal.

3° Les deux moyens qui viennent d'être indiqués n'étant applicables qu'aux sources qui sont dans les basses plaines, lorsqu'on veut connaître la profondeur de celles qui sont dans les coteaux, ou sur des plateaux, on procède différemment. Ici, tout se réduit à la connaissance des couches perméables, connaissance qu'on ne peut acquérir que par l'étude des ouvrages de géognosie et par de très nombreuses observations faites sur le terrain. Lorsqu'on est bien fixé sur le point où doit être placée la fouille dans la pente ou à la corniche d'un coteau, on part de ce point et l'on descend tout au plus à quelques dizaines de pas. En descendant, on examine attentivement l'inclinaison et la constitution de chaque couche de roche ou de terre. Dans ces sortes de pentes les têtes des couches sont presques toujours visibles; quand elles ne le sont pas au thalweg même, elles le sont ordinairement à côté, dans quelque creux fait de main d'homme. Si l'inclinaison des couches est opposée à la pente superficielle du coteau, et qu'au lieu d'amener les eaux hors de la montagne ou colline, elles les amènent au dedans, on ne doit y faire aucune fouille, parce que tout coteau dont la stratification est ainsi disposée est privé de sources. Si les couches sont horizontales, ou inclinées dans le même sens que la superficie du coteau, on ne s'arrêtera en descendant à aucune des couches perméables, mais on s'arrêtera à la première couche imperméable dont on verra l'affleurement, parce que c'est elle qui porte la source. En nivelant depuis cette couche jusqu'au point où l'on veut creuser, on trouve la vraie profondeur de la source. On doit toutefois déduire la hauteur que peut acquérir la couche imperméable, depuis son affleurement jusqu'à ce point. Cette hauteur peut très facilement être connue en nivelant la petite partie de la couche qui se montre à l'affleurement; si, par exemple, cette partie est inclinée d'un décimètre sur un mètre, et que le point où l'on veut creuser soit à 20 mètres de distance horizontale, la couche et la source se trouveront plus élevées d'environ 20 décimètres au point où l'on veut creuser.

On procède de la même manière lorsqu'il s'agit de connaître la profondeur d'une source située sur un plateau. Après avoir marqué le point où la fouille doit être faite, on suit le thalweg, et l'on se rend au pied de l'escarpement ou de la pente rapide qui forme la corniche du coteau, on nivelle depuis la plus haute couche imperméable qu'on y reconnaît, et l'on procède comme nous venons de le dire pour les sources qu'on veut mettre au jour dans les coteaux.

4° Il y a encore un moyen bien simple de connaître la profondeur des sources; mais il n'est applicable que dans les basses plaines : c'est celui qui a été expliqué précédemment. Si, dans la plaine où l'on veut trouver l'eau, il y a déjà plusieurs creux qui aient atteint la nappe d'eau à la même profondeur, ou à peu près, pourvu qu'on ait la même nature de terrain, on peut compter trouver la source à la même profondeur que les voisins.

Pour qu'un terrain soit favorable à la découverte de sources, il doit avoir à la surface une couche perméable de quelques mètres d'épaisseur et que sous cette couche perméable il y en ait une imperméable, convenablement inclinée. Si cette disposition du terrain se répète plusieurs fois, c'est-à-dire si plusieurs couches perméables sont superposées à des couches imperméables alternant entre elles et que toutes soient convenablement inclinées, une source coule sur chaque couche imperméable; d'où il arrive qu'en perforant un puits artésien, ou en creusant profondément un puits ordinaire, on trouve souvent une source à chaque étage que l'on traverse.

Les terrains défavorables à raison de leur constitution à la découverte des sources sont quelques terrains calcaires, les terrains volcaniques, quelques terrains friables. D'autres terrains le sont à cause de leur disposition. Tels sont : les collines affaissées, les éboulements et glissements, les coteaux dont les assises reposent sur leurs tranches, ceux qui présentent les têtes des strates et ceux qui ont plus de 45 degrés de pente.

On met les sources au jour en les amenant hors de terre avec des conduits, en établissant sur leur parcours des fontaines, des puits ordinaires ou des puits artésiens.

Toute source qu'on veut conduire hors de terre doit être peu profonde, se trouver à un niveau assez élevé pour pouvoir descendre au point voulu et être assez abondante pour les besoins des maisons qu'elle est destinée à approvisionner d'eau. Les sources qui sont à moins de 6 ou 7 mètres de profondeur sont généralement les seules qui puissent être conduites hors de terre, à cause des frais trop considérables que coûtent celles qui sont à de plus grandes profondeurs. Lorsque le passage d'une source est indiqué par les pieds de deux coteaux qui se joignent à la surface du sol, ou qu'elle marche dans une crevasse de rocher dont elle ne peut s'écarter, on n'a qu'à faire sur la ligne du thalweg un creux circulaire en forme de puits, d'environ 3 mètres de diamètre; mais lorsque le point où l'on veut placer la fouille se trouve dans une plaine, et que le terrain est désagrégé, ce simple creux ne suffirait pas, parce que, dans ce cas, la source principale est presque toujours accompagnée de sources accessoires qui marchent à ses côtés et à la même profondeur qu'elle parallèlement à la ligne qu'elle suit. Comme l'on a ordinairement intérêt à recueillir la plus grande quantité d'eau possible, on doit creuser à travers le vallon une tranchée perpendiculaire au cours d'eau, large d'environ 2 mètres et d'une longueur suffisante pour capter le plus grand nombre de filets d'eau. Lorsque la plaine est assez étroite pour que l'on puisse pratiquer la tranchée d'une côtière à l'autre, si elle n'a, par exemple, qu'une dizaine de mètres de traversée, la tranchée doit la comprendre tout entière, sans toutefois entamer les terres solides ou rochers des deux coteaux; on n'enlèvera donc que le terrain de transport au fond duquel est ordinairement la source.

Lorsque la plaine est beaucoup plus large, il n'est pas ordinairement à propos de donner à la tranchée une bien plus grande longueur, parce qu'elle deviendrait trop coûteuse, et que plus on s'éloigne de la source principale, moins les filets d'eau sont abondants. Cependant, lorsqu'il s'agit d'approvisionner d'eau une nombreuse population, et que l'on voit par l'étendue du bassin qui produit la source qu'il n'y a pas, dans la plaine, une source suffisante et que les eaux souterraines y marchent en nappe ou en filets séparés, on doit donner à la tranchée une longueur proportionnée à la quantité d'eau dont on a besoin.

Dans le cas où l'on serait obligé de creuser sur un point où le thalweg invisible concorde avec le thalweg visible, et que celui-ci soit occupé une partie de l'année par un cours d'eau, afin d'empêcher ce cours d'eau de venir déranger les ouvriers pendant les fouilles et, plus tard, de mêler ses eaux à celles de la source, on doit commencer par creuser un fossé de dérivation pour détourner les eaux superficielles des bords du creux qu'on veut pratiquer. Ce fossé de dérivation doit avoir son point de départ à quelques mètres au-dessus de la fouille, avoir assez de capacité pour recevoir tout le cours d'eau dans ses plus grandes crues, passer au moins à 2 ou 3 mètres de la fouille et se prolonger assez en aval pour que le cours d'eau temporaire ne puisse jamais revenir dans l'excavation. Si le cours d'eau temporaire a un canal, on doit établir une digue très solide au point de départ du fossé de dérivation, et employer les déblais qu'on en tire à combler le vieux canal.

La tranchée doit être perpendiculaire à la direction du cours d'eau. En la creusant, on doit descendre à peu près d'aplomb. Si les parois menacent de s'ébouler, il faut les étayer avec des planches appliquées contre le terrain et maintenues en place par des poutrelles appuyées contre le côté opposé, avoir soin de porter les déblais à plus de 2 mètres des bords de la tranchée, afin que leur poids ne contribue pas à déterminer des éboulements. On ne doit pas se contenter de l'approfondir jusqu'à l'apparition de l'eau, car tant qu'on voit les sources venir au fond de la tranchée de bas en haut, ou même horizontalement, il est très probable qu'une partie de leurs eaux continue de suivre sous terre leurs conduits accoutumés. On doit donc continuer de creuser jusqu'à ce que la source principale et les veines d'eau qui l'accompagnent, fassent, dans la tranchée, une petite chute de 2 à 3 centimètres; ce qui dénote qu'il ne reste aucune partie de la source au-dessous.

Lorsque la source est forte et que l'abondance de l'eau empêche de continuer l'approfondissement, au lieu d'enlever l'eau avec des vases ou des pompes, on creuse une tranchée en aval qui sert à faire écouler l'eau pendant les travaux et ensuite à placer les tuyaux de conduite.

L'approfondissement de la tranchée étant terminé, la source principale et les filets d'eau apparents étant en évidence, afin de les réunir, on donne une pente à son fond pour faire arriver toute l'eau à l'un de ses bouts, ou bien on lui donne deux pentes opposées pour la faire arriver à tel autre point du fond de la tranchée que l'on veut.

Ensuite, on bâtira au fond de la tranchée et sur toute sa longueur un aqueduc à pierres sèches et un peu taillées, de 30 à 40 centimètres de hauteur; on couvrira cet aqueduc avec des dalles solides. L'aqueduc doit être bâti en pierres sèches, afin que les sources puissent y entrer partout librement.

L'aqueduc étant bâti, il faut combler tout le fond de la tranchée, à partir du dessus des dalles, avec des pierrailles jusqu'à ce qu'elles s'élèvent du tiers à la moitié de sa profondeur, et combler le reste avec la terre qu'on a tirée. Cet empierrement sert : 1° à recueillir les filets d'eau qui peuvent se trouver plus élevés que la source principale et à faciliter leur chute dans l'aqueduc; 2° si, dans la suite, quelque dalle venait à se casser ou quelques parties des murs de l'aqueduc à se démolir, les pierrailles continueraient de transmettre les eaux jusqu'au tuyau de départ; tandis que, si on ne comblait la tranchée qu'avec de la terre, elle se tasserait plus tard, et empêcherait les filets d'eau supérieurs de descendre dans l'aqueduc, et si ce dernier venait à s'écrouler, la terre tomberait dans ce vide, arrêterait l'eau, l'empêcherait d'arriver jusqu'au tuyau de départ et la forcerait à reprendre ses anciens conduits.

Pendant qu'on jette les pierrailles et qu'on remet la terre dans la tranchée, on doit conserver, sur le point où arrive toute l'eau et où elle doit entrer dans l'aqueduc, un petit puits ou regard, que l'on bâtit jusque hors de terre et que l'on recouvre d'une dalle. Ce puits ou regard sert à faciliter à l'eau le moyen de prendre en partant l'air qui lui est nécessaire pour marcher dans les tuyaux; à défaut de cette précaution, l'eau n'arrive à la fontaine que par des bouffées, et souvent il n'en arrive point du tout. Ce petit puits sert encore à rejeter l'eau, qui ne peut entrer dans les tuyaux lors des grandes pluies.

Quand on n'est pas forcé à une stricte économie, on peut bâtir d'une extrémité à l'autre de la tranchée deux murs en pierres sèches et taillées, distants de 80 centimètres l'un de l'autre, hauts de 2 mètres, et sur lesquels on place des dalles solides, ou bien on y construit même une voûte. Cette galerie donne la facilité de réparer ses murs et d'enlever les terres ou sables que la source peut y amener.

On ne doit pas établir au fond de la tranchée, ni même devant le débouché de quelque source que ce soit, un barrage quelconque pour la forcer à s'élever sans s'exposer à la perdre ; car, toutes les fois qu'on barre l'issue d'une source, elle est refoulée dans son conduit d'amont, et si, par malheur, elle y rencontre une petite issue ou crevasse latérale, elle l'agrandit peu à peu et finit par s'y jeter tout entière ; on ôte ensuite le barrage, mais elle ne revient plus. Il est donc préférable de prendre les sources au niveau de leur débouché et de les conduire là où elles peuvent arriver.

Dès que l'on voit que la source est suffisante et de bonne qualité, on creuse une tranchée en aval pour y poser le conduit. La tranchée et le conduit doivent avoir au point de départ la même profondeur que le petit puits, diminuer la profondeur à mesure qu'on s'en éloigne et avoir une pente au moins de 30 centimètres pour 100 mètres. Le premier tuyau que l'on place au fond du puits doit être pourvu d'une gourde en plomb ou en cuivre, percée d'un très grand nombre de petits trous pour laisser passer l'eau et empêcher tout corps étranger de s'introduire dans les tuyaux. Lorsque le conduit est arrivé près de la surface du sol, on doit, pour le reste de son parcours, le poser sous terre à la profondeur d'environ 60 centimètres ; car lorsque les conduits sont placés trop près de la surface du sol, en été l'eau s'échauffe jusqu'à devenir quelquefois impotable, et en hiver elle se gèle, cesse de couler et souvent fait crever les conduits. D'un autre côté, lorsque les conduits sont placés trop profondément, leur entretien est plus dispendieux. Pour que l'eau puisse jaillir, on est obligé de lui donner un cours forcé dans la partie de l'aqueduc qui avoisine la fontaine ou le jet d'eau et d'employer à cet endroit les tuyaux les plus solides. On doit donc, lorsque la pente du terrain le permet, ménager celle de l'aqueduc de manière que la partie dans laquelle l'eau est forcée, soit la plus courte possible, afin d'en soumettre la moindre longueur possible à la pression de l'eau et d'avoir, dans la suite, moins de frais à faire pour l'entretien de l'aqueduc. On doit, autant que possible, éviter les tournants trop subits, ou du moins les prendre d'un peu loin pour diminuer l'exagération de la courbe, et quand l'aqueduc suit un chemin, il faut éviter de le placer sous les ornières que forment les roues, pour qu'il n'en soit pas écrasé.

Les tuyaux employés pour la conduite des eaux, sont ordinairement en plomb, en fonte, en terre cuite ou en bois. De quelque matière que soient les tuyaux employés, ils doivent avoir un diamètre et une épaisseur proportionnée à la quantité d'eau qui doit être conduite. Tous les joints doivent être calfatés avec du mastic, que l'on composera comme il suit : moitié ciment de Pouilly, un quart de chaux hydraulique et l'autre quart de fragments de tuile ou de brique bien pulvérisés. Ce mastic se gâche comme le plâtre, et doit être employé aussitôt qu'il est préparé.

Les *tuyaux en plomb* sont les plus dispendieux, mais les moins coûteux à entretenir. Les *tuyaux en fonte* sont plus économiques. Les *tuyaux en poterie ou terre cuite* sont ceux qui altèrent le moins la pureté des eaux. Les *tuyaux de bois* sont les moins coûteux à établir, mais les plus coûteux à entretenir. Ils se fendent ou se pourrissent dans peu d'années, surtout quand on les laisse quelque temps sans eau, et ce sont ceux qui altèrent le plus les bonnes eaux. On ne doit jamais employer les tuyaux de zinc, parce que leur oxydation est si rapide, qu'en peu d'années ils sont hors d'usage.

Nous allons résumer succinctement les principes que nous venons d'exposer, en nous servant de quelques figures :

Dans la fig. 436 nous avons représenté une couche perméable ou poreuse, posée sur un fond imperméable, et dans ce cas un moment de réflexion prouvera que les eaux se masseront sur les points les plus bas des dépressions du terrain et au

Fig. 436.

sommet de ces mêmes dépressions. Il s'ensuit que si l'on y creusait des puits, les eaux de la couche supérieure se dirigeraient et couleraient de la couche supérieure perméable, dans la couche inférieure imperméable.

Fig. 437.

Dans la fig. 437 nous supposons qu'une couche perméable sur chacun des versants d'un vallon est recouverte d'une couche imperméable *aa* et coupée par un petit ravin ou source dans le thalweg : il est clair que, par la tendance naturelle des eaux qui tombent ou coulent sur l'excédent de la couche imperméable, à son sommet, elles descendront dans le ravin, à moins qu'un débouché ne leur soit offert sur un point plus élevé que le ravin.

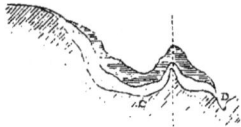
Fig. 438.

Dans la fig. 438 nous indiquons qu'une masse d'eau se formerait au point C; cette masse élèverait son niveau jusqu'au point le plus élevé (indiqué sur la ligne ponctuée) de la couche supérieure : du moment qu'elle aurait dépassé cette hauteur, elle commencerait à se diriger vers le point D : agissant alors comme un siphon, elle drainerait ou attirerait l'eau contenue dans la couche perméable et intermédiaire.

Fig. 439.

La fig. 439 expose le phénomène des alternances de couches, perméables et imperméables, et où il n'existe point de ravin ou de source qui pourrait altérer les conditions normales de la direction de l'eau.

Fig. 440.

La fig. 440 fait voir la disposition fréquente de la formation calcaire, recouverte de sables ou graviers mouvants AAA; dans ce cas, la masse d'eau viendrait se loger dans la dépression inférieure marquée B.

Des observations partielles ou isolées de la disposition des couches de terrain d'une contrée, ont conduit quelques personnes

à croire que les sources ne peuvent pas être alimentées par les
eaux de pluie qui tombent sur la surface de la terre, parce que
cette surface, située directement au-dessus des sources, serait séparée de ces sources par une couche d'argile ou de roche, imperméable à l'eau. Cette objection n'est d'aucune valeur, car il ne
s'ensuit pas que, parce que les sources sont alimentées par l'absorption des eaux de la surface du globe, elles doivent s'infiltrer
verticalement. Il en est dans la nature comme d'un réservoir artificiel et vulgaire, dans lequel les eaux sont conduites d'une surface quelconque au moyen de tuyaux. Donc si l'on substitue aux
tuyaux une couche perméable au-dessous de la couche imperméable, et que l'on suppose que la première est exposée à la pluie
sur des points éloignés les uns des autres, on comprendra facilement comment les choses se passent dans la nature. On se rendra donc compte, au moyen de ce fait, de l'existence de nombreuses sources, moyen qui expliquera aussi la différence qui existe
entre les sources situées à une petite distance de la superficie du
terrain et celles qui se trouvent à une certaine profondeur.

Quand la superficie d'une contrée consiste en une couche de
matière meuble et perméable posée sur une couche rétentive, les
eaux qui filtrent de la surface supérieure, descendront jusqu'au
point où elles trouveront un obstacle qui empêche leur descente.
Mais comme ces eaux ne subissent aucune pression hydrostatique,
elles ne peuvent s'élever au-dessus du sol : elles se précipitent
au contraire dans les dépressions ou creux quelconques de la
couche imperméable, et forment des sources profondes.

Quant aux sources profondes, elles offrent exactement les conditions que nous avons avancées. Leur alimentation provient des
eaux pluviales qui tombent sur la surface de la couche perméable
située à un niveau élevé; passant ensuite au-dessous d'une couche
imperméable, elles pénètrent l'intérieur jusqu'à ce qu'elles rencontrent la couche rétentive. Alors si les eaux ne peuvent trouver
ou faire une issue, elles suivront les niveaux les plus profonds
de la couche perméable en suivant les lois qui déterminent leur
cours sur terre ou à découvert. Si, dans ces circonstances, on pratique une ouverture à travers la couche imperméable supérieure,
l'eau montera jusqu'à l'élévation qui correspond à la pression

hydrostatique qu'elle subit, en tant cependant qu'elle ne sera pas empêchée par le frottement qu'elle subira dans son trajet ou par l'existence de quelque débordement naturel quelconque.

Si certaines sources situées à proximité de la mer reçoivent incontestablement quelque alimentation par des infiltrations de cette dernière, il est admis en général que les sources situées dans l'intérieur sont produites par la pluie, la grêle, la rosée, la neige, etc., qui s'élèvent d'abord par évaporation dans l'atmosphère pour retomber ensuite sous les formes que nous venons de nommer : il n'est pas étonnant que cette théorie ne soit admise que depuis peu. Jusqu'au moment où la géologie.a démontré, en expliquant la nature de la croûte terrestre, la direction naturelle des cours d'eau souterrains, et où des expériences précises ont déterminé quelle est l'immense étendue de l'évaporation naturelle quoique invisible pour nous, aucune preuve ne pouvait être donnée pour résoudre et déterminer le problème. Toutefois, la science est actuellement arrivée à pouvoir nous faire connaître la cause et les moyens par lesquels les réservoirs d'eau souterrains sont alternativement épuisés et alimentés.

Parmi les fontaines naturelles, la fontaine de Vaucluse est surtout remarquable par la quantité d'eau qu'elle fournit. On sait qu'en quittant son orifice elle forme la rivière nommée la Sorgue. Cette fontaine fournit l'immense quantité de 450,000 kilogrammes (1) d'eau par minute dans les saisons les plus sèches et 1,350,000 dans les temps humides. La fontaine de Nîmes est moins considérable, mais curieuse à cause de l'influence qu'elle subit du plus ou moins d'eau qui tombe du ciel. Dans les temps secs, elle ne produit que 1,625 litres d'eau par minute, mais aussitôt qu'il tombe de la pluie au nord-ouest de la ville, à une distance même de 6 à 8 kilomètres, la masse d'eau s'élève immédiatement à 10.000 litres. Le Loiret est alimenté de la même manière que la Sorgue : l'eau s'élève avec une grande force dans un large bassin, coule ensuite pour former un cours d'eau navigable pour des bateaux de deux à trois cents tonneaux.

---

(1) On sait qu'un centimètre cube d'eau pèse un gramme ; 1,000 grammes font un kilogramme, et qu'un kilogramme fait un litre.

CHAPITRE XI

CHAUFFAGE ET ÉCLAIRAGE DE L'HABITATION

Le chauffage Une des graves questions qui se pose pour un propriétaire est celle du chauffage de la maison qu'il habitera.

Le chauffage par cheminées est le plus déplorable qui existe au point de vue dépense : on ne sait pas assez que lorsqu'on fait du feu dans une cheminée, 85, voir même 90 % de la chaleur dégagée file en pure perte dans le tuyau de la cheminée ne contribuant ainsi nullement au chauffage de la pièce : lorsqu'autrefois on pouvait se permettre de faire des consommations exagérées de bois, les forêts couvrant une grande partie de notre territoire, cela n'avait en somme qu'un inconvénient relatif, et nos ancêtres mettaient dans leurs cheminées des bûches énormes; aujourd'hui, où l'on doit en toute chose chercher l'économie, il n'en est plus de même : le bois coûte cher, exception faite pour certaines régions.

Les systèmes de chauffage peuvent se classer de la façon suivante : cheminées perfectionnées; poêles (ouverts, fermés, et à combustion lente); chauffage central à air chaud, à eau chaude, à vapeur; chauffage au gaz; chauffage électrique; chauffage au pétrole.

Les cheminées perfectionnées sont des appareils qui se placent dans les cheminées ordinaires et qui en améliorent le rendement. Elles sont basées soit sur une augmentation du rayonnement de la cheminée, soit surtout sur l'utilisation de la chaleur emportée par la fumée; le rayonnement peut être augmenté en remplaçant le fond de la cheminée ordinaire par une plaque de fonte à nervures; la fonte est très rayonnante par elle-même, et cette qualité est augmentée par la grande surface que l'on obtient au moyen des nervures.

L'utilisation de la chaleur emportée par la fumée est appliquée dans les appareils Joly, Péclet, Fondet, Silbermann, etc. Le principe de ces appareils est d'établir une circulation d'air tout autour des conduits qui emportent la fumée. Cet air se réchauffe dans ces conditions, et il est rejeté dans la pièce par des bouches de chaleur ; pour bien faire comprendre le principe de ces cheminées, nous donnons une vue et une coupe de la cheminée Silbermann. fig. 441. Cette cheminée consiste essentiellement en une caisse métallique, formée de deux coffres réunis et clos, qui entoure le foyer en en occupant le fond et les côtés, formant ainsi le cœur et le contre-cœur du foyer. La face en contact avec la flamme est en fonte ; la face opposée en tôle. La fonte est ondulée et munie

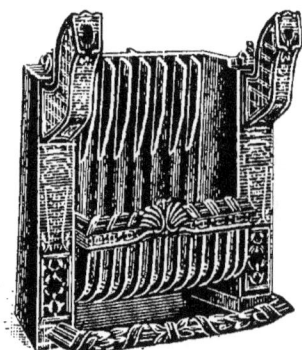

Vue de l'appareil.   Coupe de l'appareil.

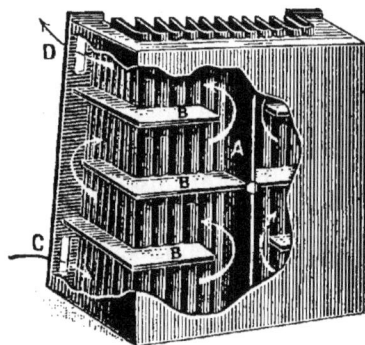

CHEMINÉE SILBERMANN.

Fig. 441.

d'ailettes pour augmenter la surface de chauffe et la radiation. L'intérieur de la caisse est divisé par une cloison verticale médiane A. Cette cloison est formée par les parois de deux coffres réunis et ces coffres sont eux-mêmes coupés horizontalement par des cloisons B formant chicanes. Une prise d'air C, et une bouche de sortie D s'ouvrent en avant de chaque côté du foyer. L'air froid est aspiré par l'ouverture C, s'échauffe au contact des parois de l'appareil, circule autour des chicanes B qui le forcent à faire un long parcours et sort finalement par les bouches de chaleur D.

Les poêles ouverts n'ont pas de tuyau d'échappement des produits de la combustion : ils sont connus plutôt sous le nom de *braseros* et ne conviennent naturellement pas à des locaux fermés. Les poêles fermés sont, soit des poêles ordinaires à tuyau d'échappement sans circulation d'air, soit des poêles calorifères à tuyau d'échappement et à circulation d'air. Enfin, les poêles à combustion lente sont les poêles mobiles dans la catégorie desquels rentrent en somme le genre *Salamandre* quoique habituellement on lui donne le nom de cheminée mobile.

Les poêles à combustion lente renferment un magasin de combustible; dans certains cas, ils sont à feu visible; ils sont montés sur roulettes et portent une poignée qui permet de les transporter d'une cheminée à une autre; le tuyau d'évacuation des gaz se placent dans la cheminée; à cet effet, le rideau de celle-ci est relevé et remplacé par un autre rideau muni d'un trou pour laisser passer le tuyau; ce dernier rideau est muni de coulisses qui lui permettent de se placer dans la position voulue suivant les dimensions de l'ouverture de la cheminée.

L'usage des poêles à combustion lente s'est beaucoup répandu depuis quelques années; des accidents mortels ont prouvé que leur emploi nécessitait de grandes précautions que nous allons résumer ici, d'après les indications du Conseil d'Hygiène publique de la Seine en 1889.

Les combustibles destinés au chauffage et à la cuisson des aliments ne doivent être brûlés que dans les cheminées, poêles et fourneaux qui ont une communication directe avec l'air extérieur même lorsque le combustible ne donne pas de fumée. Le coke, la braise, et les diverses sortes de charbon qui se trouvent dans ce dernier cas, sont considérés à tort comme pouvant être brûlés impunément à découvert dans une chambre habitée. Aussi doit-on proscrire l'usage des braseros, des poêles et des calorifères portatifs de tout genre, qui n'ont pas de tuyau d'échappement au dehors. Les gaz qui sont produits pendant la combustion par ces moyens de chauffage et qui se répandent dans l'appartement, sont plus nuisibles que la fumée de bois.

Il ne faut jamais fermer complètement la clef d'un poêle ou la trappe intérieure d'une cheminée qui contient encore de la braise allumée.

Il faut interdire formellement l'emploi des appareils et poêles économiques à faible tirage dits *poêles mobiles* dans les chambres à coucher et les pièces adjacentes.

L'emploi de ces appareils est dangereux dans les locaux occupés en permanence par des employés, et dont la ventilation n'est pas largement assurée par des orifices constamment et directement ouverts à l'air libre.

Dans tous les cas, le tirage doit être convenablement garanti par des tuyaux ou cheminées présentant une section et une hauteur suffisantes, complètement étanches, n'ayant aucune fissure ou communication avec les appartements contigus et débouchant au dessus des fenêtres voisines. Il est indispensable à cet effet, avant de faire fonctionner le poêle mobile, de vérifier l'isolement absolu des tuyaux ou cheminées qui le desservent.

Il ne suffit pas qu'un poêle portatif soit muni d'un bout de tuyau destiné à être engagé simplement sous la cheminée de la pièce à chauffer; il faut que cette cheminée ait un tirage convenable.

Il importe, pour l'emploi de semblables appareils, de vérifier préalablement l'état du tirage, par exemple à l'aide de papier enflammé. Si l'ouverture momentanée d'une communication avec l'extérieur ne lui donne pas l'activité nécessaire, on fera directement un peu de feu dans la cheminée avant d'y adapter le poêle, ou, au moins avant d'abandonner le poêle à lui-même. Il sera bon, dans le même cas, de tenir le poêle un certain temps en grande marche (avec la plus grande ouverture du régulateur).

On prendra scrupuleusement ces précautions chaque fois que l'on déplacera un poêle mobile.

On se tiendra en garde principalement dans le cas où le poêle est en petite marche, contre les perturbations atmosphériques qui pourraient venir paralyser le tirage et même déterminer un refoulement des gaz à l'intérieur de la pièce. Il est utile, à cet effet, que les cheminées ou tuyaux qui desservent le poêle, soient munis d'appareils sensibles indiquant que le tirage s'effectue dans le sens normal.

Les orifices de chargement doivent être clos d'une façon hermétique. Il est nécessaire de ventiler largement le local chaque fois qu'il vient d'être procédé à un chargement de combustible.

Les calorifères à air chaud sont placés dans les parties basses de la maison dans laquelle ils envoient de l'air chaud par des conduites spéciales, air chaud qui sort dans les locaux par des bouches de chaleur.

Il y a de nombreux types de calorifères à air chaud, mais en principe le calorifère à air chaud se compose d'un foyer analogue à celui des poêles surmonté d'une calotte appelée *cloche*, fig. 442 443. Du sommet de cette cloche partent des conduits que parcourent les gaz chauds de la combustion pour gagner la cheminée.

L'air destiné au chauffage des appartements entre dans l'appareil par des ouvertures spéciales, passe autour de ces conduits et se rend dans une capacité placée au-dessus du foyer ; de cette capacité partent les conduits de distribution de cet air.

L'air que l'on envoie ainsi dans des pièces habitées, doit être aussi pur que possible, et souvent la chose n'est pas facile à réaliser ; c'est en effet dans les parties hautes de l'atmosphère que l'air se trouve être le plus exempt de miasmes, mais pratiquement on doit se contenter de prendre l'air à la surface du sol en raison des dépenses élevées que demanderait la prise de l'air dans des parties plus hautes.

On doit donc prendre toutes les précautions nécessaires pour éviter toutes les causes possibles de contamination de l'air.

On peut, dans certains cas, prendre l'air directement dans la cave où est installé le calorifère ; mais il faut alors que la cave soit très bien aérée, saine, sèche, et ne serve de dépôt à aucune marchandise ; lorsque la cave ne répond pas à ces conditions, il faut prendre l'air à l'extérieur par des prises d'air spéciales qui doivent être au moins au nombre de deux placées dans une orientation tout à fait différente afin d'éviter toute influence fâcheuse du vent.

D'une façon générale, on prend toutes les dispositions nécessaires pour qu'autour de ces prises d'air, il n'y ait aucune cause d'insalubrité. Enfin, on empêche l'accès des animaux par des grillages placés devant les ouvertures spéciales du calorifère.

La distribution de l'air chaud aux divers étages se fait soit par un conduit principal sur lequel on branche à chaque étage un conduit secondaire, soit par conduits séparés, chaque étage ayant son conduit qui lui est propre et ne dessert que lui. On évite par cette dernière disposition l'inconvénient des difficultés que l'on

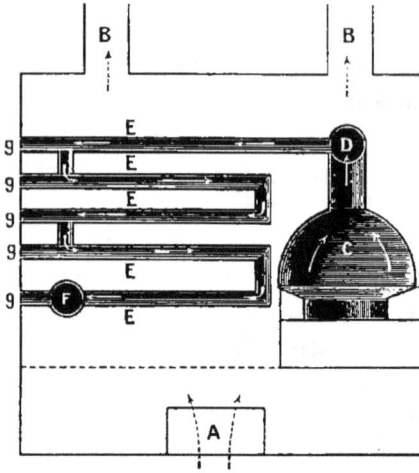

Schéma d'un calorifère à air
chaud à tubes horizontaux.

A *Entrée de l'air à chauffer*
B *Sortie de l'air chaud.*
C *Cloche*
D *Tube de départ des gaz chauds*
E,E,E, *Tubes de circulation des gaz autour*
        desquels l'air se réchauffe.
F *Tube emportant les gaz dans la cheminée.*
g *Tampons à enlever pour ramoner.*
----→ *Air*
——→ *Gaz chauds du foyer.*

Fig. 442.

éprouve à régler convenablement le fonctionnement de chaque

Schéma d'un calorifère à air
chaud à tubes verticaux

A *Entrée de l'air à chauffer.*
B *Sortie de l'air chaud.*
C *Cloche.*
D *Tube de départ des gaz chauds.*
F *Tube de distribution des gaz dans*
   les tuyaux E,E,E.
E,E,E, *Tubes de circulation des gaz.*
G *Tube de réception des gaz.*
H *Tube de départ des gaz vers la cheminée*

Fig. 443.

branchement dans la première solution : il arrive, en effet, souvent dans ce cas que les bouches supérieures prennent plus

d'air qu'elles ne devraient le faire et que le rez-de-chaussée, par exemple, loin d'être chauffé soit au contraire ventilé, c'est-à-dire que les bouches qui le desservent, aspirent l'air qu'il contient; il y a donc, dans ce cas, un refroidissement de l'appartement; les mêmes conditions peuvent se retrouver pour d'autres étages si les calculs de canalisation et d'ouvertures n'ont pas été bien faits.

Un calorifère à air chaud ne peut guère dans les conditions habituelles chauffer à une distance supérieure à 15 mètres; dans des cas particuliers, on peut assurer une insufflation d'air par des procédés mécaniques dans le calorifère : le chauffage peut alors être assuré à une distance d'une cinquantaine de mètres. Mais ce système est peu économique et a l'inconvénient de produire à la sortie des bouches un courant d'air assez gênant.

L'air chaud se rend du calorifère aux locaux à chauffer par des gaines montantes; ces gaines sont construites comme les conduits de fumée eux-mêmes c'est-à-dire en briques ordinaires, en briques cintrées ou en wagons, et dans l'établissement de ces gaines on prend les mêmes précautions contre l'incendie que pour les conduites emmenant les produits de la combustion ; il arrive, en effet, des cas où, par suite de l'élévation de la température extérieure, les habitants ferment les bouches de chaleur; l'air ne circulant plus qu'en petite quantité dans le calorifère, peut atteindre alors une température de 300 à 400 degrés capable d'enflammer spontanément tout corps combustible adjacent.

Les gaines montantes ne doivent jamais se placer dans les murs de face à cause du refroidissement : elles se mettent dans les murs de refend de la construction ; elles doivent avoir une pente ascendante continue depuis le calorifère jusqu'aux bouches de chaleur, et la pente ne doit pas descendre à moins de $0^m,03$ par mètre. Elles doivent suivre le chemin le plus court.

Les bouches de chaleur sont de différents modèles : on les trouve toutes faites dans le commerce et on peut les choisir à son gré.

L'emplacement des bouches de chaleur est très important : tout d'abord, il faut tenir compte de la remarque qui a été faite tout à l'heure et qui signalait que la température de l'air chaud pouvait atteindre de 300 à 400 degrés : des incendies ont été provoqués dans des pièces par une entrée d'air à une température aussi élevée. Il faut donc éviter de placer une bouche de chaleur contre des matières facilement inflammables comme les tentures et les rideaux, les étoffes en général; de plus, il faut soigneusement se rendre compte des espaces qui seront fatalement occupés par de gros meubles, car ceux-ci pourraient obstruer l'entrée de l'air.

Certains fabricants vendent des filtres à air que l'on place devant les bouches de chaleur; ces filtres renferment une substance qui laisse passer l'air et retient les poussières; ces filtres sont naturellement d'un certain prix; on peut aussi tout simplement sans dépense se fabriquer un filtre économique qui n'a naturellement pas le rendement du premier, mais qui cependant peut, dans certains cas, rendre de grands services pour les bouches peu visibles. Il suffit de fixer avec quatre petits clous une toile à laver à grosses mailles et bien propre devant la bouche de chaleur; de temps en temps, on retire la toile pour la nettoyer : d'ailleurs, l'état de saleté dans lequel se trouve la toile quand on l'enlève, prouve surabondamment quelle poussière peut amener dans un appartement un chauffage à air chaud.

Comme nous le disions plus haut, il y a une infinité de systèmes de calorifères à air chaud; nous ne pouvons entrer ici dans la description de tous ces appareils; nous dirons simplement que la plupart d'entre eux sont à paroi métallique (ils sont en outre enfermés dans une maçonnerie qui les isole du reste du bâtiment) et on peut les classer en trois groupes suivant la disposition des conduits de fumée autour desquels se réchauffe l'air destiné aux bouches de chaleur : calorifères à conduits de fumée verticaux, calorifères à conduits de fumée horizontaux, calorifères à conduits de fumée verticaux et horizontaux. Les conduits de fumée verticaux ont un rendement beaucoup plus avantageux que les conduits de fumée horizontaux, mais ils sont plus compliqués que les autres comme construction.

Chauffage à eau chaude Le chauffage à eau chaude consiste à faire circuler dans l'immeuble de l'eau qui a été chauffée au contact d'un foyer. Le principe est

① Ligne — Dôme — d'eau

Carneau Carneau

Foyer

Carneau Carneau

Grille
Cendrier

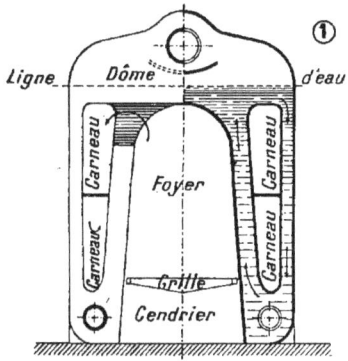

½ Coupe d'une section montrant le chemine-ment des gaz.

½ Coupe d'une section montrant la circulation de l'eau.

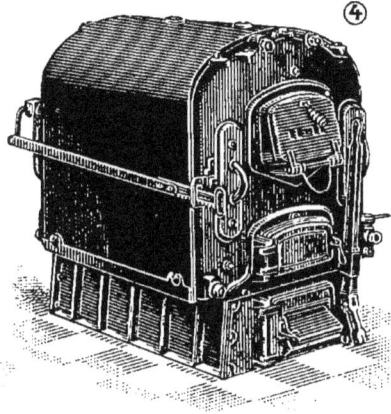

②

③

④

⑤ Vue de dos

CHAUDIÈRE
POUR
CHAUFFAGE À
EAU CHAUDE

Fig. 444.

le suivant : l'eau chauffée par le foyer dans les parties basses de la maison, acquiert une densité moindre que lorsqu'elle était froide ; il en résulte qu'elle s'élève dans la canalisation, poussée qu'elle est par de l'eau plus froide arrivant dans le foyer. L'eau chaude circule dans les tuyaux de distribution, passe dans les surfaces chauffantes, et parvient au sommet de l'édifice dans un vase d'expansion qui est le régulateur de tout le système ; de ce vase, une canalisation ramène au foyer l'eau qui s'est refroidie. On obtient ainsi un circuit fermé.

L'ensemble de l'appareil comprend donc : 1° Une chaudière ; 2° un circuit de distribution ; 3° des surfaces de chauffe ; 4° des accessoires parmi lesquels le plus important est le vase d'expansion qui permet la dilatation du liquide de tout le système sous l'influence de la chaleur.

Les différents systèmes de chauffage à eau chaude se classent en trois groupes : les systèmes sans pression où le vase d'expansion est en libre communication avec l'atmosphère ; les systèmes avec moyenne pression où l'eau atteint une pression de 1 à 2 kilogs ; enfin, les systèmes à haute pression où l'eau a une pression de 15 à 25 kilogs. Dans ces deux derniers cas, le vase d'expansion est fermé par une soupape.

Quant aux surfaces de chauffe, elles peuvent être placées soit dans l'intérieur même du local à chauffer, soit extérieurement. Dans le local à chauffer, elles affectent la forme de tuyaux à ailettes ou de poêles constitués par une réunion de tubes à ailettes. Les ailettes sont nécessaires pour augmenter la surface de l'appareil en contact avec l'air extérieur. On emploie aussi des radiateurs cylindriques à ailettes.

Dans certains systèmes, les surfaces de chauffe sont placées extérieurement au local à chauffer dans l'épaisseur même des murs dans des coffres spéciaux ; l'air qui circule dans ces coffres se trouve chauffé au contact de la surface de chauffe, et la pièce à chauffer reçoit cet air chaud par des bouches de chaleur.

Pour se rendre compte de l'étendue que doit avoir la surface de chauffe, nous indiquerons à titre d'indication que, dans le chauffage à moyenne pression, l'on peut compter qu'un mètre carré de surface de chauffe est nécessaire pour un cube de pièce de 25 à 30 mètres ; et comme capacité de chaudière, on peut évaluer

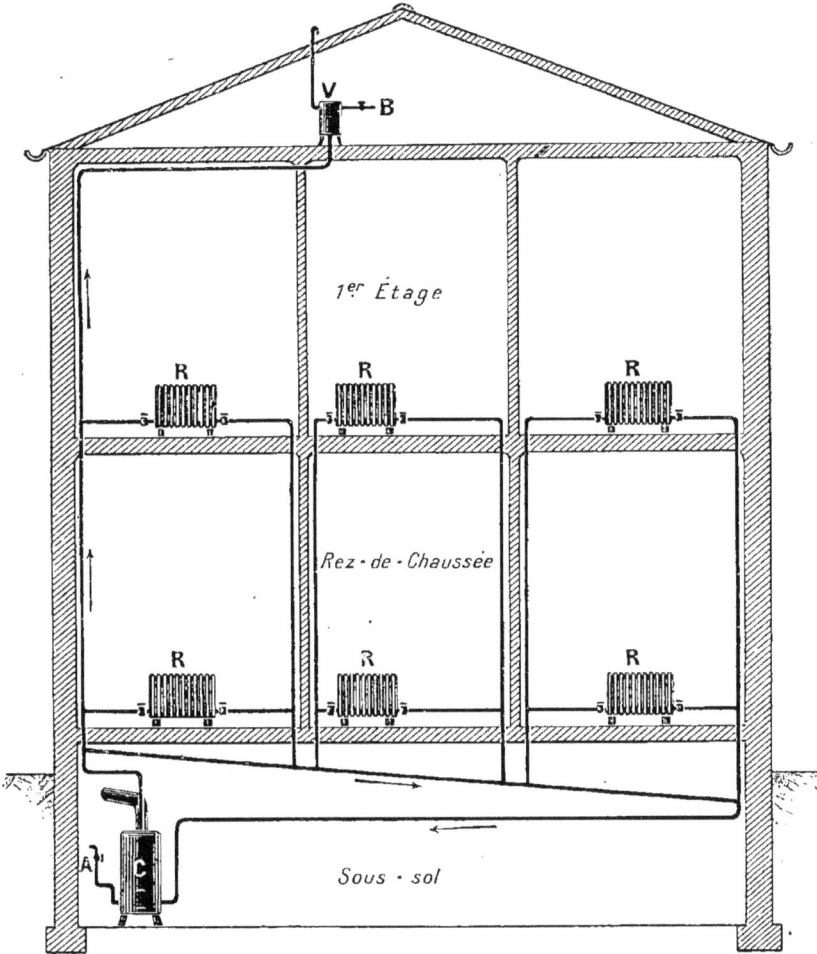

Schéma d'une installation de chauffage à eau chaude dans une villa.

C : *Chaudière*   V : *Vase d'expansion*   **R** : *Radiateur*
A B : *Pour le remplissage en eau.*

Fig. 445.

qu'il faut environ 35 litres par mètre carré de surface de chauffe.

Les systèmes de chauffage à eau chaude sont aussi désignés sous d'autres expressions qu'il faut connaître : le système sans pression se nomme aussi chauffage à grand volume d'eau ; le système à moyenne pression est synonyme de chauffage à moyen volume d'eau ; enfin, le système à haute pression est le même que le chauffage à petit volume d'eau. On conçoit, en effet, que plus la pression de l'eau est élevée plus sa température est élevée, puisque c'est de l'eau chauffée en vase clos ; il faut donc moins d'eau pour chauffer puisque cette dernière est plus chaude.

Le système à haute pression nécessite une installation très soignée en raison des fuites toujours à craindre, et la résistance des canalisations doit être éprouvée avec soin ; cet essai s'effectue au moyen d'une pompe foulante donnant une pression de 200 atmosphères dans tout le circuit.

Les systèmes les plus répandus sont le système à moyenne pression et le système sans pression. Ce dernier est de tous les chauffages centraux celui qui est à préférer pour les petites habitations particulières : il est très simple et il a même pu être rendu pratique pour le cas où la chaudière est au même niveau que les radiateurs ; c'est la condition où l'on se trouve quand on veut chauffer un appartement par une chaudière placée dans l'antichambre ou dans la cuisine. Tout se passant alors dans le même plan, on ne peut plus compter sur la différence de densité de l'eau chaude et de l'eau refroidie pour assurer une circulation de l'eau. Il faut que l'on donne à l'eau son mouvement de circulation par des procédés spéciaux qui reposent sur l'allègement de la colonne montante d'eau chaude et qui sont dits *à accélération*. Les deux procédés employés sont la pulsion et l'émulsion ; la pulsion de l'eau peut être assurée mécaniquement, notamment au moyen d'une pompe ou par injection de vapeur.

L'émulsion étant basée sur des phénomènes physiques plus compliqués, nous allons en donner ici une explication qui permettra de se rendre compte du phénomène. Supposons, fig. 446, que nous ayons une chaudière C surmontée d'un récipient R au dessus duquel est placé un réservoir A. Le récipient et le réservoir communiquent par un tube T fermé par une soupape X. La

canalisation qui dessert les locaux à chauffer, part du fond du
réservoir et va dans les différents radiateurs D; elle revient à
la chaudière par un tuyau muni d'une soupape Y un peu avant
son entrée dans la chaudière.

Supposons maintenant tout le système arrêté; les deux sou-

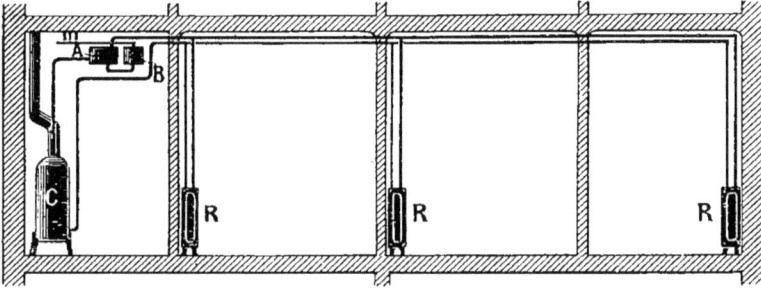

Schéma d'une Installation de chauffage à eau chaude
à accélération .

(La chaudière et les radiateurs sont sur le même plan.)

C. Chaudière , A . Bac accélérateur , B. Bac d'alimentation.

R . Radiateur , m . Canalisation d'alimentation.

Fig. 446.

papes X, Y interceptent la circulation; nous chauffons la chaudière; l'eau se vaporise et remplit le haut du récipient; au fur
et à mesure que nous chauffons, il se forme de la vapeur; à un
moment donné, la pression de cette vapeur devient suffisante
pour vaincre la résistance qui lui est offerte par le poids de
l'eau contenue dans le réservoir et dans le tuyau T et par la
soupape X; la vapeur contenue dans le récipient pousse alors
devant elle l'eau du récipient qui chasse elle-même devant elle
celle du tuyau T; la soupape est soulevée et le réservoir reçoit
donc de l'eau. Il arrive un moment où l'extrémité inférieure du
tuyau se trouve hors de l'eau; la vapeur passe alors librement
et arrive dans le réservoir; dans ces conditions, la pression baisse
dans le récipient et la colonne montante; il arrive un moment
où cette pression n'est plus suffisante pour résister à la pression
qu'exerce sur la soupape Y l'eau contenue dans la conduite de

retour E. La soupape Y s'ouvre alors et l'eau de la conduite de retour pénètre dans la chaudière où elle remplace l'eau chaude qui passe dans le récipient R; elle refoule la vapeur que ce dernier renferme et elle peut même monter dans le vase A.

Ce mouvement s'arrête quand la différence des pressions dans la colonne froide et dans la colonne chaude ne peut plus maintenir soulevées les soupapes; la circulation se trouve alors interrompue; l'eau dans la chaudière s'échauffe et le même cycle d'opérations recommence.

On réalise également des appareils de chauffage à l'eau chaude utilisant une chaudière placée contre le fourneau de la cuisine et à laquelle on a donné tout à fait l'aspect de ce dernier; le dessus de la chaudière est constitué par une plaque de fonte munie de rondelles et le chargement se fait par en haut comme dans le fourneau. Tout est disposé pour la simplification. Nous insisterons sur le fait qu'une pareille chaudière ne peut naturellement pas remplacer le fourneau; ces deux appareils ont un service absolument différent; la cuisine notamment exige qu'à certains moments on pousse le feu tandis que le fonctionnement des radiateurs demande de la régularité dans la marche de la chaudière. On peut demander à ces chaudières de maintenir les plats au chaud, de chauffer de l'eau, mais pas davantage.

Dans tous les systèmes de chauffage à eau chaude (comme dans les chauffages à la vapeur, et plus encore pour ceux-ci) une remarque s'impose : c'est que les installations doivent être faites

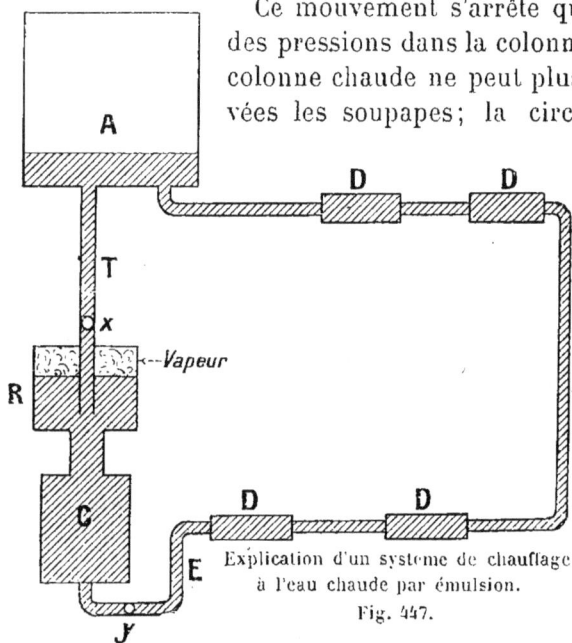

Explication d'un système de chauffage à l'eau chaude par émulsion.
Fig. 447.

avec le plus grand soin ; il faut toujours s'adresser à une maison tout à fait sérieuse, car une installation mal comprise et peu soignée amènera de graves mécomptes.

Chauffage à la vapeur Le chauffage par la vapeur est basé sur le fait que la vapeur repassant à l'état liquide abandonne une grande quantité de chaleur ; de plus, la vapeur est facilement transportable à de grandes distances sans craindre de perdre d'une façon exagérée de la chaleur.

Les systèmes de chauffage par la vapeur se classent en trois groupes : chauffage par la vapeur à haute pression ; chauffage par la vapeur à pression moyenne ; chauffage par la vapeur à basse pression ou sans pression, suivant que la vapeur atteint une pression de 9 à 4 kilog., de 4 à 1 kilog., de moins de 1 kilog.

C'est le système de chauffage par la vapeur à basse pression qui convient le mieux pour les maisons de rapport et les habitations particulières ; à condition que la canalisation n'atteigne pas un développement exagéré. La chaudière employée dans ce système rentre dans la troisième catégorie des apppreils à vapeur par décret du 1er mai 1880, c'est-à-dire qu'elle peut être placée dans n'importe quel endroit des locaux habités. Ce système coûte certainement beaucoup plus cher à installer que le chauffage à air chaud, mais il a sur ce dernier de très grands avantages. Tout d'abord, s'il faut estimer la dépense d'installation à 50 % plus cher avec ce système, il faut bien remarquer que la dépense de combustible est beaucoup moindre, car on place des régulateurs automatiques qui règlent le feu suivant la quantité de chaleur nécessaire dans l'édifice ; il n'y a donc plus de combustible brûlé en pure perte. De plus, la main d'œuvre pour conduire l'appareil est peu importante, car le chargement du foyer se fait d'une façon continue ; le chauffage est hygiénique, la carbonisation des poussières de l'air ne se produisant pas au contact des appareils comme dans le chauffage à l'air chaud.

Le chauffage à moyenne pression convient aux établissements publics, aux prisons, écoles, etc. partout où un homme sera affecté spécialement à la marche des appareils. Avec ces appareils, la

canalisation peut atteindre 800 mètres de développement. La
chaudière est timbrée à un chiffre supérieur à la pression que

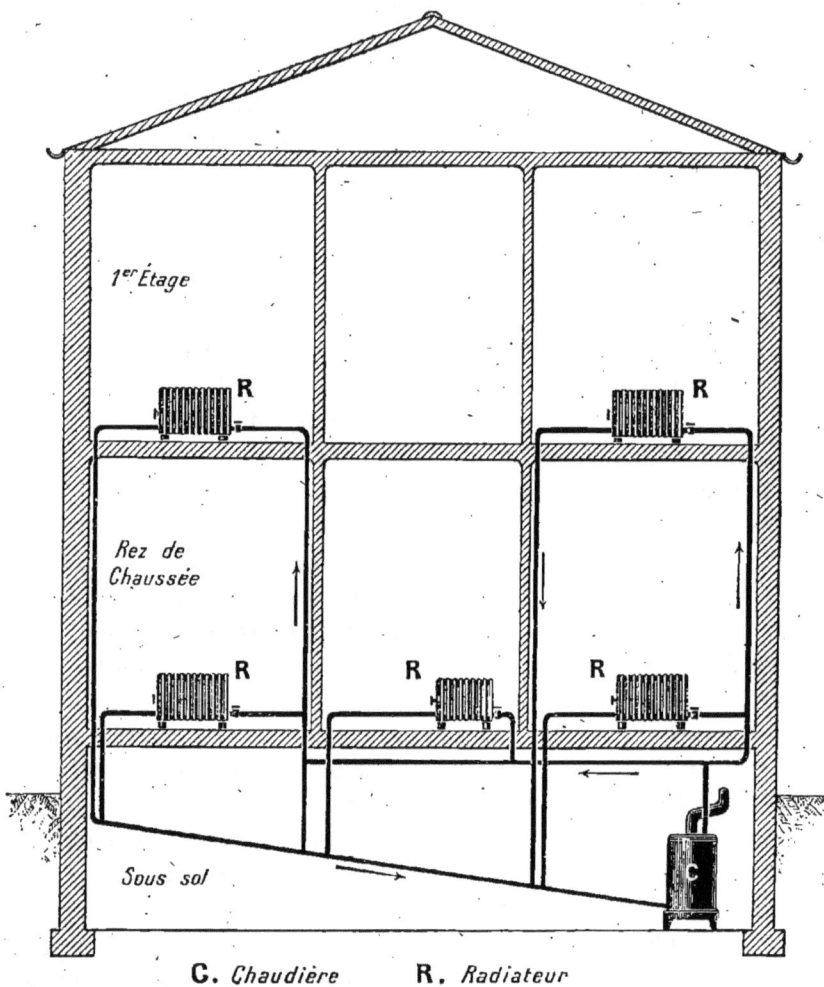

C. *Chaudière*   **R.** *Radiateur*

Schéma d'une installation de chauffage à vapeur dans
une villa.

Fig. 448.

devra avoir la vapeur dans la canalisation, et la vapeur devra
donc passer dans des détendeurs de pression qui ramèneront
sa pression au chiffre d'emploi.

Le chauffage à haute pression, rarement employé, convient à de grands établissements; la canalisation peut atteindre 1 kilomètre de développement. Ce système permet l'emploi de canalisation d'un petit diamètre, ce qui réalise une économie sensible sur de telles longueurs. Il faut des canalisations

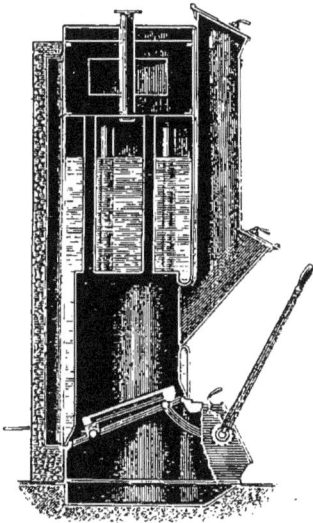

Exemple d'une chaudière pour chauffage par la vapeur à basse pression.

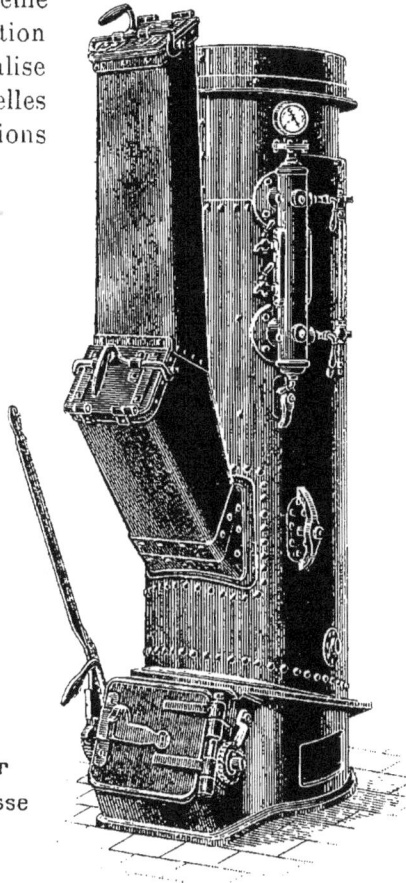

Fig. 449.

très robustes; de plus, ce système ne convient qu'à des locaux industriels où le bruit que fait le système n'a pas d'importance.

Chauffage au gaz Le chauffage au gaz ne peut pas, à notre avis, être considéré comme système de chauffage habituel pour des locaux habités; tout d'abord, il est certain qu'il faut que le prix du gaz soit fort bas pour ne pas coûter très cher comme chauffage. Au-dessus de 0ᶠ.11 ou 0ᶠ.12 le mètre cube, la dépense est importante; le gaz est fort utile pour donner rapidement un « coup de chaleur ». Dans un cabinet de toilette, par exemple, il permet d'avoir en quelques minutes une température suffisante. Il existe même quelques systèmes de chauffage central au gaz constitués par une chaudière composée de brûleurs à gaz qui chauffent de l'eau entraînée dans une canalisation; un tel système peut être utile dans des cas très particuliers où le chauffage est intermittent comme dans des bureaux par exemple; dans ces sortes de locaux, on peut éteindre sans inconvénient la nuit; le matin, le garçon de bureau tourne simplement un robinet, et dans un temps relativement court la température des pièces se trouve être assez élevée pour qu'on puisse y travailler; il n'y a aucune manipulation de combustible; le garçon de bureau n'a nullement à salir ses vêtements comme dans un système où il y aurait à mettre du charbon. Ce sont là des avantages spéciaux qui peuvent quelquefois faire choisir le chauffage central au gaz malgré son prix; en tous cas, il demandera de la prudence dans son emploi, au point de vue des dangers d'explosion et des émanations de gaz.

Dans tous les cas, nous insistons sur le fait qu'il faut, dans le chauffage au gaz, de quelque système qu'il soit, se borner absolument aux appareils ayant une évacuation des produits de la combustion par un tuyau spécial.

Chauffage électrique Ce mode de chauffage est encore d'un prix trop élevé (sauf exception tout à fait rare) pour être considéré comme un système pratiquement possible; tout au plus, peut-on se permettre d'utiliser le chauffage électrique pour des petits accessoires comme bouillottes, fers à friser etc.

Cependant, nous devons noter que le chauffage par l'électricité est, au point de vue appareils, tout à fait réalisé. Certains tramways et certaines lignes de chemins de fer électriques sont pourvus de ce mode de chauffage; des cuisines ont été installées à l'électricité et fonctionnent, dépenses à part, à la grande satisfaction de ceux qui les emploient. La cuisine de l'hôtel de la station d'Eismeer, sur le chemin de fer de la Jungfrau, ignore le gaz et le charbon ; nous faisons ces remarques car elles attirent bien l'attention sur le fait que, pour l'usage de l'électricité au chauffage des appartements et des cuisines, ce n'est plus guère qu'une question de prix et non d'appareils qui retient la marche en avant du progrès dans cette voie ; il peut se faire que, dans un temps relativement court, l'électricité ait pris la place de tous les systèmes de chauffages que nous avons décrits.

Chauffage au pétrole Ce système de chauffage est limité à l'emploi de poêles qui sont très utiles pour réchauffer rapidement une petite pièce comme un cabinet de toilette ou un bureau de travail où on reste quelques instants ; c'est un mode de chauffage qui est limité à des applications très particulières.

Avant de quitter ces questions de chauffage, nous dirons qu'en principe les températures qu'il faut atteindre dans les diverses pièces d'un appartement, sont les suivantes :

Cabinet de toilette...............................	18 degrés.
Chambre à coucher...............................	14, 15 —
Salons, salle à manger, bureaux.................	17, 18 —
Antichambre, escalier...........................	13, 14

En somme, cette question de chauffage est très délicate, et c'est à chacun de bien étudier le système qui lui convient le mieux : nous avons donné des indications qui permettent d'être guidé au milieu des différents systèmes qui ont surgi ; nous pourrons conclure notre étude de la façon suivante : Les poêles et les calorifères à air chaud nécessitent un budget moindre que la vapeur et l'eau chaude, mais avec cette remarque que, dans bien des cas, le chauffage à l'air chaud, moins cher comme installation, peut être plus cher à l'emploi qu'un chauffage à la vapeur bien conduit, ce dernier pouvant rattraper son excédent de prix d'installation par une économie de combustible.

Dans tous les cas, il faut choisir un système qui ne modifie pas les proportions et la composition chimique de l'air que l'on respire, et prendre des appareils dont les parois soient bien étanches

pour éviter l'émanation de l'acide carbonique et de l'oxyde de
carbone dans le local; il faut à ce propos bien se rappeler que la
fonte rougie se laisse traverser par l'oxyde de carbone. Les appareils à combustion lente doivent toujours être employés avec une
grande prudence, car ils sont dangereux autant pour celui qui
l'emploie que pour le voisin qu'ils peuvent venir empoisonner
par sa cheminée. Enfin, au point de vue hygiène, il est recommandé de ne pas chauffer les chambres à coucher; dans tous les
cas, dans ces pièces, il ne faut jamais, sous aucun prétexte, accepter l'installation d'un poêle à combustion lente; ce serait véritablement une imprudence impardonnable.

Éclairage Les progrès réalisés depuis trente ans dans l'é-
clairage sont considérables. Ils ont d'ailleurs eu
pour résultat que l'on a maintenant un besoin de lumière quelquefois même légèrement exagéré. L'éclairage de l'habitation est
donc une des graves préoccupations du propriétaire. D'une façon
générale, on peut classer les différents systèmes d'éclairage en
deux grandes catégories : les systèmes portatifs et les appareils
alimentés par une canalisation.

Malheureusement, l'on ne peut toujours choisir le système que
l'on préfère, car tout cela dépend de la ville que l'on habite, et
beaucoup de communes sont encore sans éclairage. Si donc on se
trouve dans l'une de ces dernières, il faudra soit se servir d'appareils portatifs, soit fabriquer soi-même un fluide qui desservira
la maison par des canalisations.

Gaz de houille. Le gaz de houille est le gaz d'éclairage ordinaire, c'est-à-dire le produit gazeux de la distillation de la houille
en vase clos. Sa composition est la suivante :

Hydrogène	47, 67
Gaz des marais	35, 75
Hydrocarbure	4, 88
Oxyde de carbone	3, 99
Azote	4, 76
Oxygène	0, 95

L'épuration du gaz a lieu avant de l'emmagasiner dans les gazomètres; cette épuration consiste à lui enlever les impuretés qui

nuiraient à son pouvoir éclairant, notamment l'hydrogène sulfuré dont la présence se constate facilement au moyen d'un papier imprégné d'acétate de plomb qui noircit si le gaz en contient.

Il faut être très prudent dans l'emploi du gaz, sa composition indique que si, d'une part, il contient des gaz inoffensifs mais cependant absolument impropres à la respiration, il contient aussi des gaz toxiques c'est-à-dire empoisonnant rapidement l'être humain. De plus, s'il y a une fuite, il forme avec l'air un mélange détonnant qui s'enflamme dès qu'on approche une lumière; il se produit donc une explosion. Des accidents malheureusement trop fréquents rappellent de temps à autre ces prescriptions essentielles.

Une installation de gaz destinée à une maison comporte un branchement sur la canalisation de la voie publique. S'il s'agit d'une maison de rapport, une colonne montante (faisant suite au branchement) dessert toute la maison. Chaque appartement se branche sur cette colonne au moyen d'un branchement dit branchement particulier.

Le branchement général destiné à alimenter la maison est piqué sur la canalisation de la ville d'un côté et, de l'autre, il aboutit à une boîte en fonte, disposée au-dessus du sol, qui contient le robinet d'arrêt; c'est de ce robinet que part la colonne montante (ou la canalisation qui va au compteur de la maison pour une villa). Un siphon placé à l'entrée de la maison est destiné à expulser les eaux provenant de refroidissement ou d'entraînement.

Le branchement particulier pris sur la colonne montante arrive au compteur qui dessert l'appartement. Les compteurs à gaz sont de deux modèles différents : compteurs à eau, ou compteurs secs ; les premiers sont seuls employés en France. Il existe des compteurs à paiement préalable, c'est-à-dire qui sont munis d'une fente dans laquelle on place 0.10 ; le compteur débite alors la quantité correspondante de gaz.

Les canalisations qui desservent le gaz à partir du compteur dans les différents locaux, suivent les moulures en évitant les dénivellations et les coudes brusques; quand il y a un abaissement du niveau de la conduite, il faut placer au point d'abaissement un *siphon*; ce dernier est un simple bouchon vissé à un bout de

conduite que l'on pique sur la conduite générale; il permet de recueillir l'eau condensée dans la canalisation; il arrive fréquemment que le gaz « danse », et c'est simplement parce qu'un siphon
n'a pas été depuis longtemps ouvert et qu'il contient trop d'eau.

En principe, les canalisations de gaz doivent rester apparentes;
d'ailleurs, le règlement de la Ville de Paris est fort judicieusement
fait, et nous allons en tirer quelques extraits qui donneront
d'utiles conseils non seulement aux propriétaires de Paris, mais
aussi à ceux des autres endroits.

On admet, à Paris, que les canalisations de gaz puissent être cachées dans des plafonds, planchers, murs, pans de bois, cloisons,
placards, espaces vides intérieurs quelconques, mais à condition
que chaque fois que les tuyaux seront ainsi dissimulés, ils seront
placés dans un manchon continu en fer forgé ou en cuivre. Ce
manchon devra être ouvert à ses deux extrémités et dépassera
d'un centimètre au moins les parements des murs, cloisons, planchers, etc., dans lesquels il sera encastré. Le diamètre intérieur
de ce manchon aura au moins un centimètre de plus que celui du
tuyau qu'il enveloppera.

Le manchon pourra toutefois être supprimé : 1° dans les murs en
pierre de taille lorsque le tuyau ne traversera des murs ou
cloisons que sur une longueur de moins de $0^m,20$. 2° Derrière les
glaces, panneaux, etc., pourvu qu'il existe entre les murs et les
panneaux un espace libre suffisant pour l'aération.

Si un tuyau est placé suivant son axe, dans un mur, une cloison, un plafond, un parquet ou un plancher, le manchon du
tuyau devra être terminé par un appareil à cuvette assurant la
ventilation de l'espace libre entre le tuyau et son manchon.

L'appareil de ventilation pourra comporter soit un tuyau droit
enfermé dans le manchon, soit un tuyau courbe; mais, dans ce dernier cas, le diamètre extérieur de l'ouverture de la boîte de ventilation devra avoir au moins $0^m,07$ et sa profondeur ne pourra dépasser les deux tiers de ce diamètre. La partie courbe du tuyau
devra avoir au moins $0^m,10$ de rayon et le centre de cette courbe
devra se trouver sur le plan passant par le fond de la cuvette, parallèlement à la surface du plafond. Le raccord soutenant l'appareil à gaz devra être vissé à la cuvette et non fondu avec elle.

Comme on voit, ces prescriptions se ressentent toutes de la préoccupation de placer toujours les conduites de gaz dans les meilleures conditions possibles d'aération.

Pour le compteur, il est absolument indispensable de le placer dans un endroit bien en vue et bien aéré.

Les tuyaux de la canalisation du gaz se font en plomb, quelquefois en cuivre pour les pièces à décoration.

En cours d'usage, des fuites peuvent se produire dans la canalisation de l'habitation : des accidents se produisent souvent dans la recherche de ces fuites parce qu'on oublie de se conformer à des règles élémentaires de prudence : c'est ainsi qu'il ne faut jamais chercher une fuite en promenant le long de la conduite une flamme quelconque ; un moyen assez pratique est d'appliquer un peu d'eau de savon sur la partie endommagée; s'il y a fuite, des bulles se produisent. On peut aussi promener le long de la canalisation un papier imbibé de chlorure de palladium ; ce corps noircit sous l'action du gaz; pour les endroits peu accessibles, il faut avoir souvent recours à des appareils spéciaux reposant tous sur l'emploi d'une pompe refoulant dans la canalisation de l'air ou de la vapeur.

La ventilation des pièces éclairées au gaz n'est pas rendu obligatoire par le Règlement de Paris pour les salons, salles à manger, salles de billard, chambres à coucher de maîtres, ni dans les appartements munis de cheminées d'appel spéciales prenant l'air à la partie supérieure des pièces à ventiler et débouchant au-dessus de la toiture. Mais cette exception ne s'étend pas aux arrière-boutiques, soupentes, entre-sols et sous-sols, en communication directe et permanente avec les boutiques, magasins, bureaux ou ateliers.

Une précaution que nous recommandons d'une façon toute spéciale, c'est de fermer le compteur pendant le sommeil des habitants de l'appartement ou de la maison : il est facile d'avoir sous la main en cas de besoin un petit appareil d'éclairage portatif quelconque pour la nuit; lorsqu'un compteur reste ouvert, la moindre petite fuite de gaz a le temps de laisser le gaz s'accumuler dans les lieux habités, ou encore un tuyau de caoutchouc peut céder, etc., et c'est l'asphyxie pour les habitants.

Quant aux appareils à gaz nous n'insisterons pas sur leur emploi et leurs formes qui sont trop connus de tous : il est à peine besoin de rappeler qu'il y a une grande économie à employer des manchons à incandescence genre Auer : outre que, pour une même lumière, la quantité de gaz qu'ils exigent est beaucoup moindre

Bec droit à incandescence pour essence de benzol par canalisation.

Fig. 450.

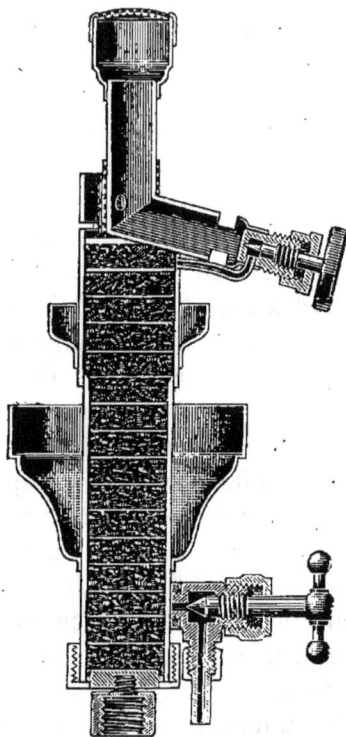

Coupe du bec droit à incandescence pour essence minérale ou benzol par canalisation.

Fig. 451.

qu'avec les anciens becs de gaz sans manchons, ils ont l'avantage de donner une lumière plus blanche.

Les appareils à gaz peuvent être à bec droit ou à bec renversé ; tout bec est réglé pour marcher à une certaine pression de gaz ; si la pression change, ce qui se produit quand on change de résidence par exemple, le bec ne fonctionne plus bien. Les becs renversés exigent plus encore que les becs droits la constance dans la pression du gaz.

Enfin, on a rendu le gaz d'un emploi commode en créant des allumeurs à distance : ces appareils sont basés, soit sur le fait que la substance appelée mousse de platine, placée sur un courant de gaz, rougit et s'enflamme spontanément, soit sur la formation d'étincelles électriques enflammant le gaz. Mais dans tous les cas, il faut choisir un allumeur qui ait fait ses preuves, et agir avec une prudence extrême avec tous ces systèmes, car il est clair qu'un appareil qui ne fonctionne pas, amène la fuite du gaz sans que ce dernier s'enflamme.

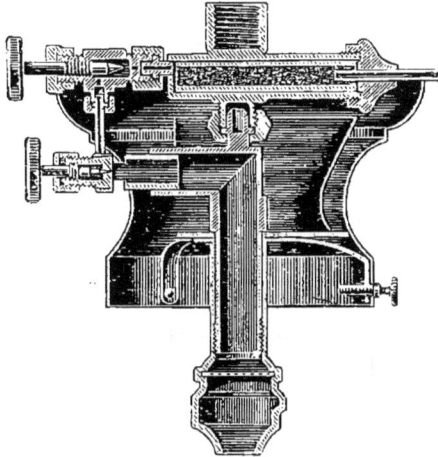

Coupe du bec renversé à incandescence par l'essence minérale ou le benzol par canalisation.

Fig. 452.

Éclairage électrique L'installation de l'éclairage électrique dans une maison demande des précautions particulières ayant toutes pour but d'isoler complètement la canalisation : Ce qui est à craindre avec le gaz, c'est la fuite de ce dernier provoquant l'asphyxie et l'explosion ; avec l'électricité, ce qui est à redouter, c'est la fuite du courant électrique ne provoquant plus l'asphyxie, mais amenant l'incendie et, dans le cas de courant important, l'électrocution.

Dans le cas où le courant est fourni par une compagnie, ce qui est le cas général, une *borne* placée à l'entrée de la maison, reçoit le fil conducteur du courant. Un interrupteur général commande la canalisation qui pénètre dans la maison et qui forme une colonne montante sur laquelle est branchée à chaque étage une canalisation secondaire desservant l'appartement correspondant. Un compteur placé à l'entrée de cet appartement, enregistre la consommation de courant.

Du compteur partent deux fils qui donnent naissance à tout le réseau de fils de l'appartement; les fils de la canalisation sont en cuivre et sont recouverts de substances qui les isolent complètement (ils sont notamment munis d'une enveloppe de caoutchouc). On doit mettre beaucoup de prudence dans l'installation de ces fils : particulièrement, on ne doit jamais employer ni clous ni « cavaliers », car ces objets s'oxydent plus ou moins rapidement et le fil qu'ils soutiennent se trouve rapidement attaqué; à l'intérieur des appartements et dans les endroits secs, on fait usage de moulures en bois, et dans les endroits humides comme les caves on emploie exclusivement des isolateurs en porcelaine montés eux-mêmes sur des taquets en bois paraffiné.

La traversée des cloisons, plafonds etc., demande des précautions, car toute maçonnerie renferme de l'humidité qui est l'ennemie des installations électriques. Le trou par où doit passer le fil, doit être muni d'un fourreau de métal débordant des deux côtés à l'extérieur en forme d'entonnoir; sur chacun des fils qui doivent passer dans ce fourreau, on enfile un tube de caoutchouc. Lorsque, dans l'installation, on rencontrera un tuyau quelconque on ne devra pas permettre que les fils soient en contact avec ce tuyau, ce contact serait-il aussi minime que possible; on doit, dans ce cas, entourer les fils d'une gaine de caoutchouc et faire faire à cette gaine un pont au-dessus du tuyau sans contact aucun.

Enfin, des *coupe-circuits* sont installés à toutes les dérivations de la canalisation; ces coupe-circuits sont destinés à couper le courant dans les appartements si celui-ci devient trop intense. Ce sont des fils de plomb dans lesquels passent le courant; si celui-ci devient trop fort, le fil de plomb fond et le courant ne peut plus passer. Si donc, en un point quelconque de la canalisation, il y a une détérioration qui amène un contact entre la canalisation et tout autre objet, le courant n'est plus maintenu dans cette canalisation, et par le nouveau chemin qui lui est offert, il file « à la terre » en quantité très grande. Mais alors le coupe-circuit qui précède le point où s'échappe le courant, fond dès que s'établit cette malencontreuse communication, et en général il fond assez vite pour éviter un commencement d'incendie.

Quant aux lampes employées avec l'éclairage électrique, elles sont de deux modèles : lampes à filament de carbone et lampes à filament métallique. Les lampes à filament de carbone coûtent moins cher que les autres, mais elles consomment plus de courant; de plus, elles donnent une lumière rougeâtre. Les lampes à filament métallique se répandent de plus en plus. Les progrès de la fabrication permettent de les obtenir assez solides maintenant.

Les lampes sont commandées par des commutateurs.

Enfin, les lampes portatives sont munies d'un fil souple terminé par une douille qui s'enfonce dans une prise de courant. Ce fil souple doit être choisi d'une excellente qualité afin de ne pas se couper d'une part, et d'autre part pour être suffisamment isolé.

L'installation de l'éclairage électrique dans une maison d'une ville éclairée à l'électricité, est une chose qui ne présente aucune difficulté; à la campagne ou dans une localité sans usine électrique, il n'en est plus de même, et il a fallu attendre jusqu'à ces dernières années pour pouvoir, dans de bonnes conditions, assurer dans une villa isolée la fabrication du courant électrique par le propriétaire. En raison de l'intérêt de cette question pour tous ceux qui font construire, nous allons donner ici quelques renseignements généraux sur cette fabrication.

La petite usine nécessaire se compose dans tous les cas :

1º D'un moteur.

2º D'une dynamo génératrice.

3º D'une batterie d'accumulateurs.

4º D'un tableau de distribution.

Le *moteur* peut être d'un type quelconque, à vapeur, au gaz pauvre, à essence, au benzol, au pétrole, à naphtaline, turbine ou roue hydraulique, moulin à vent; pour des installations privées, sa puissance varie en général entre 1/2 HP et 20 à 25 HP. La *dynamo génératrice* transforme le mouvement du moteur en électricité; ce mouvement lui est communiqué au moyen d'une courroie agissant sur une poulie placée à l'extrémité de sa partie mobile nommée *induit*. On conçoit que le moteur s'arrêtant, la dynamo cesse de produire, et les lampes s'éteignent n'étant plus alimentées d'électricité. Comme d'autre part, il serait bien peu pratique et trop onéreux de faire tourner continuellement le moteur pour avoir de la lumière au moment où on en a besoin, on a été amené à créer des réservoirs d'électricité qu'on appelle *accumulateurs*. On groupe un certain nombre d'éléments d'accumulateurs en quantité suffisante pour obtenir la tension voulue, et cet ensemble constitue une *batterie*.

La batterie emmagasine l'électricité pendant le fonctionnement du moteur et assure le service de l'éclairage avec la plus grande commodité en fournissant un courant extrêmement régulier à toute heure du jour et de la nuit, le moteur étant au repos. La charge de la batterie a lieu une fois par jour ou même seulement deux ou trois fois par semaine.

Cependant, lorsque la force motrice ne coûte rien, ce qui est le cas quand il est possible d'installer une turbine ou une roue hydraulique, on peut à la rigueur se passer d'accumulateurs; mais, même dans ce cas, cette solution est bien peu pratique, car il existe toujours des variations dans le débit suivant le nombre des lampes allumées; la vitesse de la turbine est par conséquent irrégulière, ce qui entraîne à établir des régulateurs compliqués; l'installation d'une batterie sera donc toujours plutôt préférée.

Le tableau de distribution est indispensable et il doit être à la portée de la main, car il comporte les appareils de mesure, de manœuvre, de réglage et de sécurité nécessaires à l'installation.

Par la combinaison des appareils de manœuvre, on peut diriger le courant de la dynamo, soit directement dans les lampes, soit dans la batterie d'accumulateurs, soit dans les deux simultanément; on peut diriger aussi le courant de la batterie seule dans les lampes et éclairer également par la batterie et la dynamo, en parallèle; on peut donc faire toutes les combinaisons de lumière nécessaires, et contrôler à chaque instant la tension et l'intensité du courant.

Les organes que nous venons d'examiner, moteur, dynamo,

Schéma d'une installation pour, au fur et à mesure
que l'on avance dans un couloir, allumer la lampe de l'endroit où l'on
se trouve et éteindre celle qui est derrière.

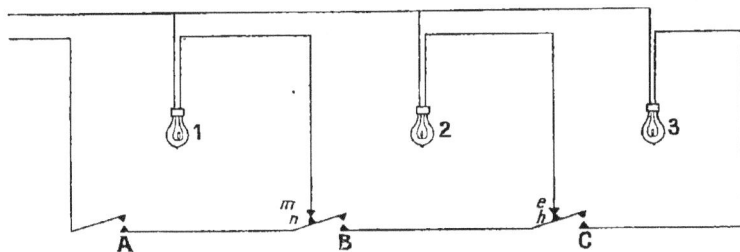

Croquis I : *Aucun courant ne passe*   **A,B,C,** *sont des commutateurs*

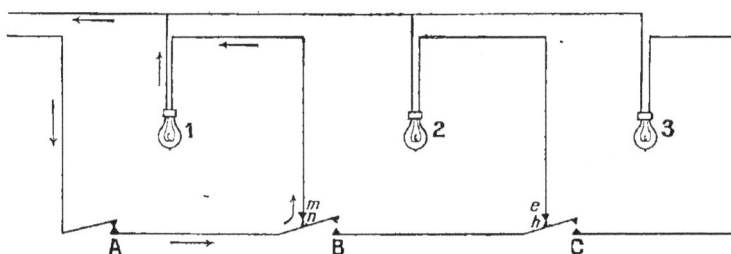

Croquis II: *On a actionné le commutateur* **A** *, le courant passe dans le sens de la flèche et la lampe* **1** *est allumée.*

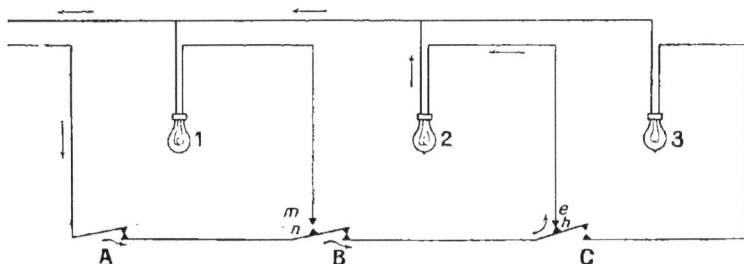

Croquis III : *On a actionné le commutateur* **B** = *m, n, se sont séparées, la lampe* **1** *s'est éteinte, le courant passe dans le sens de la flèche et la lampe* **2** *est allumée.*

Fig. 453.

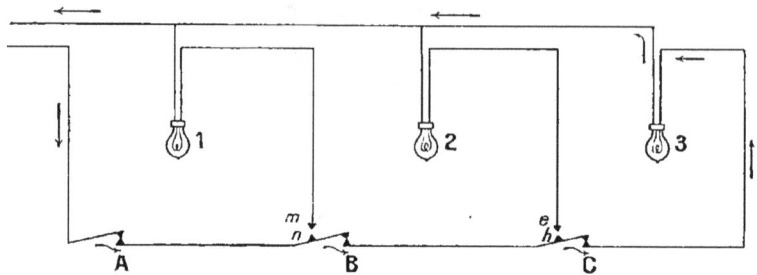

Croquis IV : *On a actionné le commutateur C = e,h, se sont séparés ; la lampe 2 s'est éteinte, le courant passe dans le sens de la flèche et la lampe 3 est allumée.*

(Les mêmes opérations se renouvellent en sens inverse)

Fig. 454.

batterie d'accumulateurs, tableau de distribution, se réunissent dans un local à part, local dont les dimensions sont minimes ; en effet, pour une installation de 25 à 30 lampes, le moteur de 1/2 HP, la dynamo, le tableau de distribution et la batterie d'accumulateurs composée dans ce cas de 14 éléments peuvent être installés dans un local d'une surface de 5 à 6 mètres carrés. Tout cet ensemble est d'ailleurs facile à conduire pour peu que celui qui en est chargé ait un peu de soin.

Comme chacun sait, le courant électrique est débité sous un certain voltage : le voltage le plus habituellement utilisé est celui de 110 volts. Or, dans les installations réalisées comme nous venons de l'expliquer, on a grand intérêt à fabriquer du courant ayant un voltage inférieur à 110 volts ; c'est ce que l'on nomme le système à basse tension : pour les installations de moins de 100 lampes, on peut se maintenir à 25 volts, et pour les installations supérieures, à 55 volts. Ce qui permet d'obtenir ce résultat, c'est l'emploi des lampes à filament métallique qui consomment environ trois fois moins que les lampes à filament de carbone. Avec ces dernières, on ne pourra alimenter par un moteur de 1 HP que 20 lampes de 10 bougies, tandis que ce même moteur peut alimenter maintenant 60 lampes de 10 bougies à filament métallique. Il en résulte que, dans une installation électrique, alors qu'il aurait fallu autrefois un moteur de 9 HP en employant des lampes à filament de carbone, nous obtenons la même puissance

Schéma d'une installation d'allumage et d'extinction d'une même lampe aux deux bouts d'un couloir.

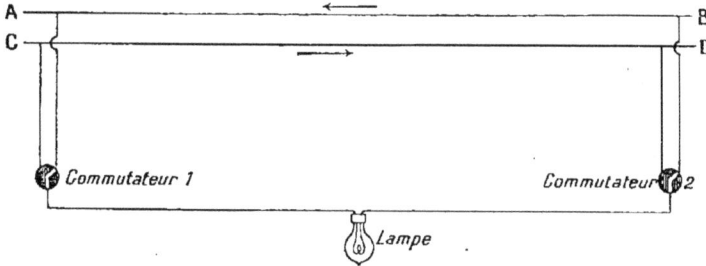

A ← B
C → D

🔘 Commutateur 1   Commutateur 🔘 2

🔘 Lampe

Position 1 : *Le commutateur 1 et le commutateur 2 sont dans la même position le courant ne passe pas.*

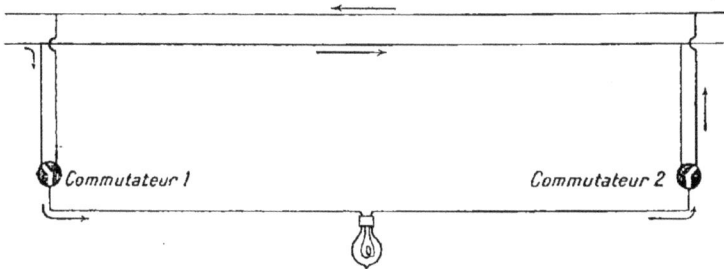

🔘 Commutateur 1   Commutateur 2 🔘

🔘

Position 2 : *On a tourné le Commutateur 1 ; le courant passe dans le sens de la flèche, la lampe est allumée.*

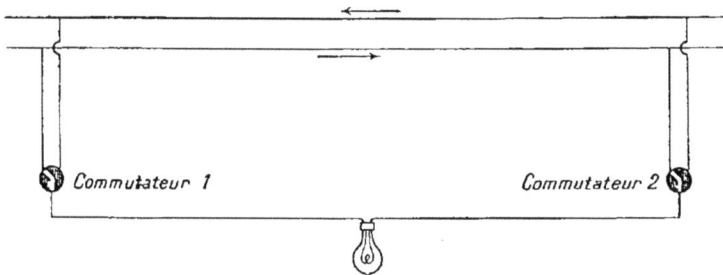

🔘 Commutateur 1   Commutateur 2 🔘

🔘

Position 3 : *On a tourné le commutateur 2 , le courant ne passe plus. Si une autre personne vient derrière ; elle tournera le commutateur 1 et le courant passera*

Fig. 455.

d'éclairage grâce aux lampes à filament métallique avec un moteur de 3 HP seulement. La puissance de la dynamo est réduite dans les mêmes proportions, d'où courant moins intense. Le prix d'achat pour la dynamo et pour le moteur se trouve donc beaucoup moins élevé ; il en est de même, et dans des proportions plus grandes encore, pour la batterie d'accumulateurs dont la contenance en électricité peut être trois fois moindre avec des lampes à filament métallique qu'avec des lampes à filament de carbone. De plus, l'encombrement moins grand et l'entretien plus facile de batteries ainsi réduites sont des avantages incontestables. Si la tension de 110 volts exige une batterie de 62 éléments, la tension de 55 volts ne demande que 31 éléments et celle de 25 volts 14 seulement.

L'emploi de la basse tension a encore d'autres avantages que nous allons résumer. On sait qu'avec le courant de 110 volts, les lampes à filament métallique ne descendent guère à moins de 20 bougies, 16 au moins. Avec la basse tension, au contraire, on peut employer des lampes d'intensité beaucoup moindre ; on pourra donc garnir un lustre avec des petites lampes de fantaisie de 5 et 10 bougies : on pourra répartir les lampes suivant les besoins et au lieu de quelques gros foyers lumineux, il sera possible d'avoir un grand nombre de petits foyers bien répartis. Les lampes pour une tension de 25 volts, ont un filament métallique beaucoup plus résistant que les lampes pour 110 volts, par le fait que leur filament est quatre fois plus court et plus gros ; les ampoules sont plus petites et peuvent être de toutes les formes, ce qui est précieux pour la décoration et pour l'adaptation des lampes aux appareils anciens ou de style. Enfin, les lampes pour basse tension sont moins cher que les lampes de 110 volts, leur durée est plus longue, parce qu'elles sont alimentées par le courant très régulier de la batterie d'accumulateurs ; enfin toute l'installation dans le courant à basse tension offre plus de sécurité qu'avec 110 volts, car les fils employés sont les mêmes, et le courant étant moins intense, il s'ensuit un coefficient plus grand de sécurité.

Quant à la question de prix, nous pouvons signaler que ces installations sont maintenant très abordables, que le prix d'entretien et de consommation des appareils est réellement très peu élevé; naturellement, nous ne pouvons donner d'indications précises, car tout dépend de l'installation

Les idées générales que nous venons de donner, seront, dans tous les cas, un guide qui permettra au propriétaire de demander en toutes connaissances de cause un devis d'installation.

Éclairage à l'acétylène L'acétylène est le résultat de l'action de l'eau sur le carbure de calcium : le carbure de calcium est livré en fûts métalliques étanches que l'on conserve soigneusement à l'abri de l'humidité. Il faut se défier des carbures de calcium de qualité inférieure et s'adresser à une maison de confiance, car suivant la qualité du carbure, le rendement en acétylène change beaucoup. L'acétylène produit une flamme blanche d'un grand pouvoir éclairant.

La partie de l'appareil dans laquelle se fait la décomposition du carbure est dénommée *générateur;* la partie dans laquelle s'enmagasine l'acétylène : *gazomètre fixe, gazomètre mobile, cloche* ou *cloche mobile.*

Dans un certain nombre d'appareils, ceux à contact par exemple, le générateur est quelquefois placé à l'intérieur du gazomètre.

L'attaque du carbure par l'eau produit un échauffement. A partir de 130 degrés, l'acétylène se décompose (polymérisation) en produits liquides ou solides qui se fixent sur la chaux et la colorent en jaune; cette décomposition correspond à une perte de gaz d'une part, et d'autre part à la production d'un gaz impur d'une odeur infecte qu'on ne trouve pas dans l'acétylène formé dans des conditions normales. Les flammes sont rougeâtres et par conséquent moins éclairantes.

Dans les appareils à chute de carbure dans l'eau, il ne peut y avoir d'échauffement qu'à cause du mauvais fonctionnement provenant d'un entretien défectueux.

Dans les appareils à chute d'eau et à contact, on peut obvier à l'échauffement trop considérable en divisant la charge de carbure, en disposant l'arrivée d'eau de façon convenable ou en éliminant une partie de la chaleur produite.

L'échauffement n'est véritablement nuisible que s'il atteint la température de polymérisation dont il est parlé plus haut, c'est-à-dire si l'on remarque sur la chaux résiduaire un produit jaunâtre et de consistance sableuse, qui provient de la décomposition du gaz.

La surproduction est une production de gaz plus ou moins limitée qui s'opère dans les appareils après l'arrêt de la consommation ou même pendant leur fonctionnement.

La surproduction doit être totalement emmagasinée par le gazomètre, c'est-à-dire que la capacité de ce dernier organe doit être suffisante pour recueillir tout le gaz que produit le générateur même à l'arrêt brusque de l'appareil.

Dans le cas où le gazomètre n'est pas d'un volume suffisant, le trop plein s'évacue en dehors et c'est autant d'acétylène perdu.

On divise les appareils d'acétylène en deux catégories :

1° Les appareils à production intermittente, appelés aussi appareils non automatiques, dans lesquels le gaz est préparé à l'avance et recueilli dans un gazomètre de grandeur appropriée à la consommation maximum d'une ou plusieurs soirées.

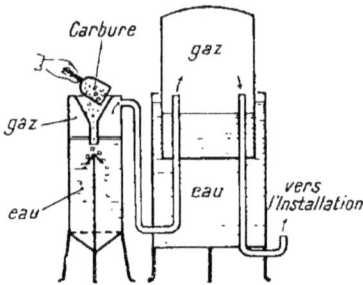

Schéma d'un appareil non automatique

Fig. 456.

Ces appareils sont tous établis sur le principe de la chute ou de l'immersion d'une quantité déterminée de carbure dans une masse d'eau.

2° Les appareils automatiques qui sont de beaucoup les plus employés et dans lesquels l'acétylène est produit au fur et à mesure de la consommation.

Les appareils automatiques peuvent être divisés en trois grandes classes : à chute d'eau, à contact, et à chute de carbure.

Les appareils à chute d'eau sont à gazomètre à cloche mobile ou à gazomètre à refoulement d'eau. Le fonctionnement automatique est produit, dans le premier cas, par le mouvement de la

cloche mobile, et dans le second par dénivellation ou par différence de pression.

Dans les appareils à contact, le carbure peut être fixe et l'eau
mobile ou l'eau fixe et le carbure mobile.

Les appareils à chute de carbure dans l'eau emploient du carbure tout venant concassé ou granulé. Les chutes automatiques
sont généralement commandées par le mouvement de la cloche
mobile.

Chaque mode de production de l'acétylène a ses avantages et
ses inconvénients. Mais avant d'essayer de les préciser, nous
tenons essentiellement à dire qu'avantages et inconvénients sont
plus ou moins sensibles, et plus ou moins à prendre en considération selon l'emploi que l'on veut faire des appareils, leur importance et leur construction.

Appareils à chute d'eau. — Les appareils à chute d'eau com-

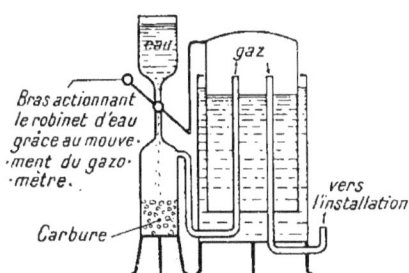

Schéma d'un appareil automatique
à chute d'eau

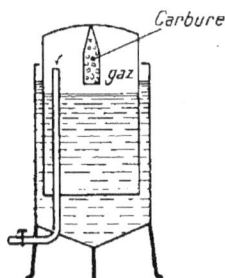

Schéma d'un appareil
automatique à contact

Fig. 457.

parés aux appareils à chute de carbure ont, sur ceux-ci, le désavantage de nécessiter un nettoyage plus long et moins commode,
de fournir un gaz moins pur et de perdre du gaz notamment à
l'arrêt brusque si le gazomètre n'est pas d'une capacité suffisante.

Par contre, ces appareils consomment moins d'eau, sont d'une
grande simplicité de fonctionnement, d'une sécurité absolue et
fournissent un excellent rendement, au moins si la surproduction
est toute emmagasinée.

Appareils à contact. — Les appareils à contact sont ceux qui s'échauffent le plus, donnent la surproduction la plus abondante et le gaz le plus impur. Leur simplicité est grande et cette raison rend leur emploi avantageux pour les appareils portatifs qui doivent fonctionner jusqu'à épuisement de la charge de carbure sans être arrêtés.

Avec le carbure ordinaire, le principe du contact est à rejeter pour les gros appareils destinés aux installations d'éclairage.

Appareils à chute de carbure tout venant. — Les inconvénients des appareils à chute de carbure en comparaison des appareils à

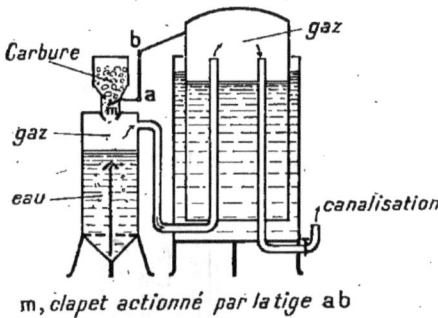

Schéma d'un appareil
automatique à chute de carbure
tout venant

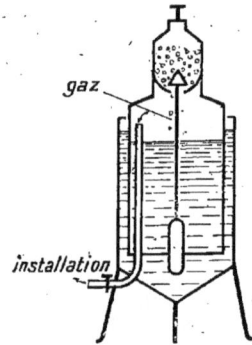

Schéma d'un appareil
automatique à chute de carbure
granulé

Fig. 458.

chute d'eau sont les suivants : encombrement plus grand à débit égal, rendement légèrement plus faible, consommation d'eau plus grande.

Les avantages sur ces derniers sont par contre : gaz produit à froid exempt d'ammoniaque et d'hydrogène sulfuré, facilité plus grande pour obtenir les gros débits variables, nettoyage commode, possibilité même d'une vidange automatique.

Appareils à chute de carbure granulé. — Le carbure est alors d'un prix plus élevé et d'un rendement en gaz plus faible que dans le cas de carbure tout venant. Les appareils à carbure granulé dits à distribution par cône, clapet, soupape, etc., sont généralement à rejeter comme dangereux dès que la provision de carbure dépasse 1 ou 2 kilogrammes, du moins toutes les fois qu'ils ne sont pas placés à l'air libre.

En effet, à la suite d'un mauvais fonctionnement toujours possible, de la présence d'un grain de carbure plus gros ou d'un corps étranger, toute la provision de carbure peut s'écouler à la fois dans l'eau. Par contre, les appareils à chute de carbure granulé dans lesquels la distribution est rigoureusement fractionnée, à l'aide d'une roue à augets par exemple, ne sont pas sujets à cet inconvénient.

Les appareils à carbure granulé sont d'un encombrement réduit, d'un chargement certainement des plus faciles, d'une élasticité de débit remarquable. Ils ne demandent que de petits gazomètres, les chutes pouvant être très fréquentes par suite de la rapide décomposition du granulé.

Le choix d'un appareil est fort important; la question de prix, quoique très digne d'attention, ne doit venir qu'en seconde ligne. Lorsqu'on veut acheter un appareil, il faut exiger du constructeur des références sérieuses et les contrôler sévèrement. Il faut considérer la force de l'appareil, c'est-à-dire sa charge totale en carbure, et calculer sa puissance d'après cette charge sans porter plus d'attention qu'il ne faut à la puissance en nombre des becs évaluée par le constructeur, ce qui la plupart du temps ne signifie absolument rien.

Il va sans dire qu'il faut choisir un appareil de charge totale suffisante pour éviter tout rechargement durant la plus longue durée d'éclairage.

La capacité du gazomètre de l'appareil doit pouvoir permettre de recueillir le gaz susceptible de se produire durant le repos, et éviter ainsi le plus possible des pertes par surproduction. Se faire donner une garantie formelle à ce sujet par le constructeur.

Les appareils à chute d'eau doivent comporter deux générateurs accouplés, et il sera bon de s'assurer que l'eau s'écoule automatiquement dans le deuxième générateur lorsque le premier est épuisé de façon à ce que l'on n'ait aucune manipulation à faire au cours de l'éclairage.

C'est une grande faute au point de vue économique de choisir un appareil trop faible ou même de la force exacte de l'installation que l'on a à faire. En effet, on arrive toujours à augmenter le nombre des becs, à ajouter un réchaud, etc., et l'appareil devient trop petit ; son fonctionnement laisse alors à désirer et il y a inévitablement échauffement du gaz et surproduction à l'extérieur. Lorsqu'un appareil est trop petit pour une installation déterminée, il est rare que l'on puisse augmenter facilement sa puissance sans être obligé d'apporter de profondes modifications dans tous les organes ; il vaut mieux faire immédiatement l'acquisition d'un appareil plus puissant.

L'accouplement de deux appareils sur la même canalisation présente très souvent des difficultés parce que les pressions ne sont pas exactement équivalentes. On devra éviter cet accouplement qui n'est pas pratique et donne toujours des ennuis.

Certaines conditions de bon fonctionnement sont communes à tous les bons appareils, et on devra exiger qu'elles soient remplies. Nous allons en donner l'énumération sous la forme de garanties qu'il est bon de faire spécifier par lettre ou sur facture.

1° L'appareil est construit selon les règles de l'art, avec les matériaux de nature et de qualité voulues ainsi que de force suffisante.

2° Sa charge normale de carbure est de ... kilos, le débit horaire maximum que l'on pourra lui demander est de ... litres.

3° Jusqu'à cette force de production, la température du carbure en décomposition n'atteindra pas celle où l'acétylène commence à se polymériser dans les générateurs c'est-à-dire qu'il n'y aura aucune formation de goudron, benzine, ni dépôt jaune sableux sur la chaux résiduaire par l'emploi de carbure de qualité normale.

4° La capacité du gazomètre est suffisante pour recueillir l'acétylène qui peut se dégager après l'arrêt, et dans aucun cas il n'y aura de surproduction évacuée à l'extérieur, même légère, en cours de fonctionnement.

5° Le tuyau et le robinet de départ ainsi que les passages du gaz dans les organes accessoires (épurateur, laveur, régulateur, etc., s'ils sont fournis avec l'appareil) ont une section suffisante pour que l'écoulement de l'acétylène se fasse normalement dans la canalisation c'est-à-dire sans occasionner de pertes de charge même au débit maximum fixé ci avant.

6° La pression du gaz mesurée à sa sortie de l'appareil et quel que soit son débit jusqu'à sa force de production maximum, est au moins égale à 12 centimètres d'eau (demander 14 ou 15 si possible).

7° Cette pression est pratiquement constante, les variations possibles ne dépassant pas 10 à 12 millimètres en plus ou en moins du régime fixé à n'importe quel moment du fonctionnement de l'appareil.

8° L'appareil peut être vidangé et rechargé sans perte appréciable de gaz. La quantité d'air introduite lors de chaque vidange et chargement, sera suffisamment faible pour qu'en se mélangeant d'elle-même à la plus petite quantité d'acétylène que peut contenir le gazomètre, elle n'ait aucun effet sur le pouvoir éclairant et particulièrement sur le fonctionnement des becs à incandescence.

9° A charge par l'acheteur d'entretenir l'appareil en bon état de conservation, conformément aux règles admises ; son bon fonctionnement est garanti pour une période de 10 années.

Emplacement des appareils. — Il est incontestable que le meilleur emplacement pour un appareil serait le plein air au point de vue de la sécurité mais non point à l'égard de sa conservation et parfois de son bon fonctionnement, étant donné qu'il serait soumis à l'influence des intempéries et des poussières.

Le mieux est de placer l'appareil dans un local-abri à l'extérieur des habitations (cour ou jardin) soit à distance, soit adossé contre un mur. Le niveau de l'appareil par rapport aux becs d'éclairage est sans importance. Choisir un emplacement abrité des vents froids du nord, du moins dans les régions où l'hiver est rigoureux.

Si la disposition des lieux ne permet pas d'opérer ainsi, on pourra choisir une partie écartée d'un hangar, d'un chai, d'un grenier ou de tout autre local suffisamment vaste, bien aéré et éclairé par la lumière du jour, de façon à éviter l'usage d'une lumière artificielle pour les manipulations.

A ce dernier point de vue, il faut se souvenir que les Compagnies d'Assurances inscrivent dans leur contrat sous peine de déchéance en cas de sinistre, qu'il ne doit pas être fait usage de lumières fixes ou portatives dans le local de l'appareil. Or les emplacements où l'on est susceptible de circuler la nuit avec une lumière, et notamment les placards, caves, sous-sols, sont absolument défectueux et prohibés de ce fait par les compagnies d'assurance d'abord et par les réglements administratifs ensuite parce qu'ils prédisposent à l'emploi d'une lumière et à la formation, dans les locaux habités, d'un mélange explosif d'acétylène et d'air au cas toujours possible, même avec les meilleurs appareils, d'une déperdition de gaz par surproduction, fonctionnement momentanément défectueux ou pour toute autre cause.

Dans tous les cas, si l'on veut prévoir un éclairage artificiel, celui-ci pourra être obtenu en disposant extérieurement, du côté opposé aux orifices d'aération, une ouverture hermétique fermée par une vitre avec planchette pour recevoir une lumière quelconque.

Le local de l'appareil peut être construit en planches, briques, ou maçonneries avec ouvertures garnies d'une toile métallique placées sur deux parois opposées, l'une à la partie inférieure, l'autre le plus haut possible ou, à défaut, d'une cheminée d'appel débouchant à l'extérieur, de façon à obtenir une ventilation parfaite; l'appareil doit être mis à l'abri de toutes mains imprudentes ou malveillantes. La porte du local fermant à clef ne sera accessible qu'à la personne chargée des opérations d'entretien, nettoyage et rechargement; elle devra porter un écriteau bien apparent rappelant de ne pas s'approcher avec du feu ou une lumière.

Les dimensions du local seront suffisantes pour permettre la visite de l'appareil de tous côtés, et l'aire sur laquelle ce dernier reposera, sera rendue étanche par l'emploi de ciment ou mortier avec pente pour faciliter l'écoulement des eaux; l'appareil, sauf s'il est construit sur pieds, sera lui-même un peu surélevé pour ne pas reposer directement sur le sol.

Le fournisseur de l'appareil est tout désigné pour mener à bien l'installation complète. A défaut, il devra donner tous les plans, toutes les indications nécessaires pour que le travail puisse être fait par un entrepreneur de plomberie aussi bien que s'il le réalisait lui-même. Il sera tenu par exemple de donner tous les renseignements utiles sur l'emplacement et la mise en marche de l'appareil, la nature et le diamètre des canalisations, la pose des becs.

Dans toutes les installations d'acétylène que l'on désire bien réalisées, on doit prévoir l'épuration de l'acétylène. On peut plus ou moins débarrasser l'acétylène de ses impuretés par le lavage et le filtrage du gaz, mais la seule épuration parfaite, celle qui doit être employée même là où il y a des laveurs et des filtreurs, est l'épuration chimique. Les matières les plus employées pour l'épuration chimique sont le Catalysol et l'Hératol.

En principe, les appareils d'éclairage destinés à l'acétylène sont les mêmes que ceux fabriqués pour le gaz de houille; genouillère, bras, lyres, surpensions, lustres, mais avec cette observation importante, c'est que l'acétylène étant distribué sous une pression supérieure à celle du gaz de ville, il est nécessaire d'employer des appareils d'éclairage spécialement fabriqués pour son usage, c'est-à-dire dont les robinets et joints divers auront été particulièrement soignés et vérifiés.

L'acétylène peut être utilisé dans des becs soit à flamme libre soit à incandescence, ces derniers ne pouvant convenir qu'aux installations bien réalisées dans lesquelles la pression est régulière et le gaz parfaitement épuré. En revanche, ils donnent, à lumière égale, une économie de 50 % sur les becs à flamme libre.

Quant aux fuites qui peuvent se produire dans une installation d'acétylène, elles ne doivent pas être recherchées au moyen du flambage, c'est-à-dire au moyen de ce procédé qui consiste à promener une flamme le long de la canalisation. L'odorat ne précise pas suffisamment l'emplacement de la fuite. L'emploi de l'eau savonneuse appliquée au moyen d'un pinceau ne peut pas être employée dans tous les points de la canalisation (on sait que l'eau savonneuse ainsi employée forme des bulles de savon là où il y a une fuite).

Le moyen le meilleur est celui qui consiste à faire usage d'une pompe, de compression munie d'un manomètre. Avec cette pompe, tous les becs étant fermés, on fait entrer de l'air comprimé dans la canalisation; on lit la pression du manomètre; s'il y a une fuite, l'air s'échappe et sa pression dans la canalisation baisse, ce qu'indique le manomètre; la fuite est d'autant plus grande que l'aiguille du manomètre descend plus rapidement vers le zéro.

Au point de vue installation, il est à remarquer que les installations d'acétylène pour usage privé ne sont soumises à aucune espèce de réglementation ni de déclaration. Par installations privées il faut entendre celles qui ne servent pas à un besoin commercial ou industriel : éclairage d'appartements, de maisons d'habitation, de villas, de château, etc. Par extension sont considérées comme installations privées celles qui alimentent les appartements de médecins, ingénieurs, etc. ; dans la plupart des cas l'administration considère également comme privées les installations appartenant à des notaires, avoués, huissiers, etc.

Par contre, sont considérées comme installations susceptibles de classement, non seulement toutes celles utilisées pour l'éclairage des locaux de commerce ou d'industrie, tels que magasins, ateliers, bureaux, mais encore celles qui sont appliquées à l'éclairage d'un appartement où travaillent des ouvriers, ouvrières, couturières, modistes, tisserands, etc.

Enfin, nous terminerons l'étude de l'acétylène en indiquant qu'il existe à Paris un office central de l'acétylène qui donne gratuitement tous les renseignements possibles à ceux qui ont l'intention de s'éclairer à l'acétylène.

Éclairage à l'essence   L'essence peut être employée canalisée; l'installation est fort simple : elle comprend un récipient contenant l'essence et une canalisation qui dessert les becs. Le récipient peut être de deux modèles : ou à chute liquide ou à pression. Le premier est un simple bidon possédant à sa partie inférieure un robinet et un raccord sur lequel se fixe la canalisation; le robinet commande le départ de l'essence dans la canalisation. A la partie supérieure du bidon se trouve un bouchon pour le remplissage. Enfin, sur l'essence nage un flotteur qui actionne extérieurement un contrepoids ou une aiguille; au fur et à mesure que s'épuise la quantité d'essence contenue dans le bidon, l'aiguille ou le contre-poids s'abaisse indiquant ainsi ce qui reste d'essence dans le récipient.

Le réservoir à pression convient pour les installations où il n'est pas possible de placer le récipient à chute de liquide assez haut au-dessus des becs. Ce réservoir est muni à sa partie supérieure d'un manomètre qui donne à chaque instant la pression de l'essence contenue, d'un bouchon de remplissage, d'un raccord avec robinet pour le départ de la canalisation, d'une valve pour la compression de l'air. On remplit le réservoir d'essence jusqu'à une certaine hauteur qui varie avec le modèle, et on y comprime de l'air au moyen d'une pompe de bicyclette adaptée à la valve dont il vient d'être question. La pression à donner dans le réservoir dépend évidemment de la hauteur des becs au-dessus du récipient.

Les becs dans lesquels est brûlée l'essence, sont soit à flamme libre soit à incandescence.

Réservoirs utilisés dans les installations d'essence canalisée

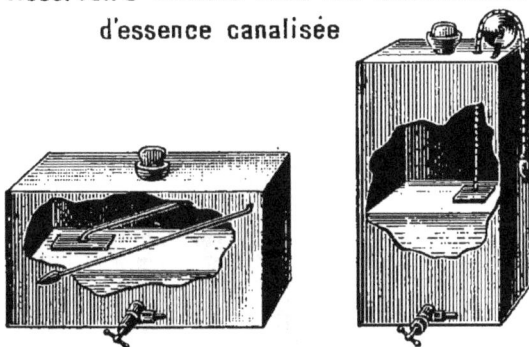

Réservoirs à chute d'essence

Fig. 459.

La canalisation est constituée par un petit tube de cuivre dont le diamètre varie entre 2 et 4 millimètres; ce tube est essentielle-ment maniable et très peu apparent. En hiver, il faut protéger les parties de la canalisation qui pourraient être exposées au froid, car il y aurait congélation.

Naturellement, il faut prendre de grandes précautions pour le remplissage des récipients en essence, étant donné l'inflammabilité de celle-ci; il faut, avec la plus grand soin, éviter tout voisinage d'une lumière quelconque.

Éclairage à l'air carburé L'éclairage au moyen de l'air carburé consiste à mélanger des vapeurs d'essence minérale ou de benzol à de l'air. Il existe plusieurs modèles d'appareils. A titre d'exemple, voici la description de l'un

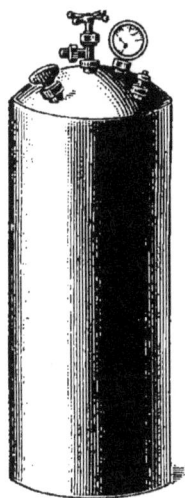

Réservoir à pression

Fig. 460.

d'eux : il se compose d'un moteur à air chaud, d'une pompe, d'un réservoir d'air, d'un saturateur.

Le moteur à air chaud est d'un fonctionnement très simple : il est basé uniquement sur la dilatation de l'air au moyen d'un brûleur allumé sous le moteur; il n'y a aucun autre allumage; ce brûleur utilise d'ailleurs le gaz fabriqué par l'appareil.

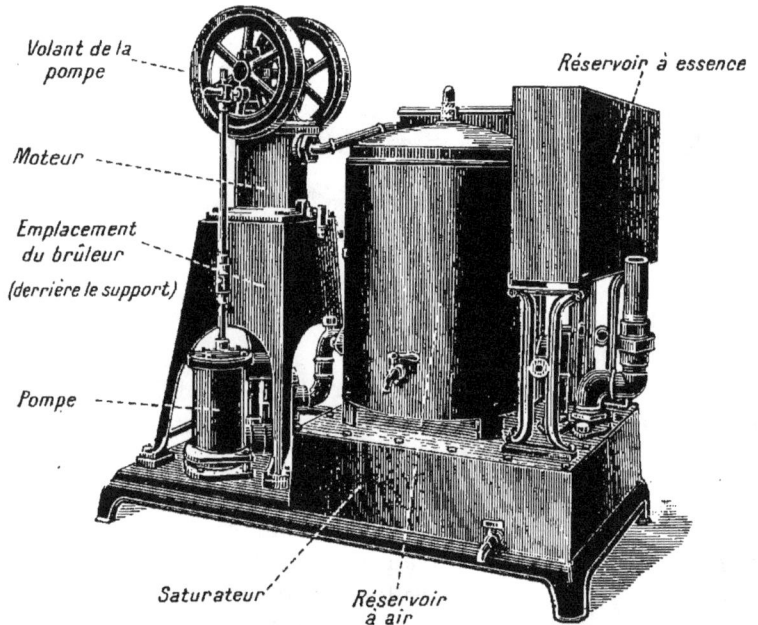

Appareil de production de l'air carburé

(Système à moteur à air chaud.)

Fig. 461.

Le moteur actionne une pompe qui envoie de l'air dans le réservoir où il s'accumule sous une cloche formant régulateur de pression. Au sortir du réservoir l'air passe dans le saturateur où il se mélange à l'essence.

La mise en marche de l'appareil se fait de la façon suivante : on donne à la main quelques tours de pompe, ce qui amène la production d'une certaine quantité de gaz : le brûleur placé sous le moteur se trouve alors alimenté ; on l'allume ; le moteur continue alors de lui-même le mouvement qui lui était communiqué par la pompe que l'on tournait à la main. L'appareil est désormais en plein fonctionnement.

Le gaz produit est canalisé dans des conduites exactement semblables à celles du gaz de houille ordinaire, et il est brûlé dans des becs à incandescence identiques à ceux qu'utilise le gaz de houille.

D'autres appareils sont basés sur l'emploi d'un aspirateur qui produit un courant d'air allant à un carburateur où arrive en même temps une quantité bien déterminée de liquide volatil venant du doseur à essence commandé par l'aspirateur.

Dans tous ces systèmes, l'important est d'obtenir un mélange constant de l'air et de l'essence ; il faut, de plus, beaucoup de précaution en raison de l'inflammabilité des produits.

Nous ne nous étendrons pas sur les systèmes d'éclairage portatifs qui ne rentrent en aucune façon dans la construction par le fait même de leur entière liberté par rapport à cette dernière.

CHAPITRE XII

CARRELAGE, DALLAGE ET MARBRERIE

A Paris et dans les grandes villes de France le carrelage forme un métier à part, et certains ouvriers ne font exclusivement que ce travail ; il n'en est pas ainsi dans les petites agglomérations, et là les maçons se chargent de ces travaux spéciaux. Il n'est plus d'usage à Paris ou dans les grandes villes de carreler toutes les pièces d'une maison d'habitation. On ne pave de carreaux que les pièces d'importance secondaire comme cuisines, communs, etc., ou celles qui sont appelées à être fréquemment mouillées comme les salles de bains ou les cabinets de toilette, et certaines pièces qui doivent être tenues fraîches, enfin certains espaces des dépendances d'une habitation, surtout à la campagne. Les carreaux communs sont ceux qui sont faits en terre cuite, préparée comme pour les briques. D'autres, sont de petites dalles en pierre calcaire dure, souvent à l'état de marbre. Il y en a de plusieurs formes et de plusieurs grandeurs : il y en a de triangulaires, de carrées, d'hexagonales, d'octogonales, etc. Il est d'usage de les employer séparément ou d'en faire des combinaisons diverses (1).

Les meilleurs carreaux sont ceux qu'on fabrique en Bourgogne, ce sont ceux qui résistent le mieux à humidité, et à Beauvais. Viennent ensuite ceux de Massy et de Fresnes, département de Seine-et-Oise, et ceux des environs de Paris, que l'on emploie ordinairement.

Pour carreler une pièce, il faut d'abord s'assurer exactement du niveau de son sol; il faut convenablement régulariser la forme sur laquelle les carreaux doivent être posés, en répandant sur l'aire, en plâtre ou en autre matière, de la poussière provenant de démolitions d'ouvrages en plâtre ou de recoupes de pierres qu'on a eu soin de passer au panier. Le niveau des pièces est ordinairement celui du dessus des seuils des portes pour les rez-de-chaussée, et celui de la marche palière pour les étages supérieurs.

Nous n'entrerons point ici dans la manière dont l'ouvrier carreleur ou maçon doit s'y prendre pour carreler une pièce; nous dirons seulement que, lorsque la pièce est achevée, on doit faire les raccords le long des murs avec des morceaux de carreaux. On nomme ces morceaux *pièces*, quand ils proviennent de carreaux coupés parallèlement à une de leurs arêtes, et *pointes* quand,

---

(1) Les carreaux les plus ordinairement employés sont en terre cuite : ils sont hexagonaux ou carrés : les dimensions courantes sont les suivantes :

hexagonaux :	épaisseur		0,027	à	0,035	largeur	0,22
d°	»		0,018	à	0,027	»	0,16
Carrés :	»		0,027	à	0,032	»	0,20 à 0,22
Carrés :	»		0,018	à	0,025	»	0,16

au contraire, ils proviennent de carreaux coupés perpendiculairement à l'une de leurs arêtes.

Pour les foyers de cheminée, on fait usage surtout de carreaux carrés. On les raccorde avec le carrelage de la pièce par un joint droit qui doit se trouver dans l'alignement du devant des jambages de la cheminée.

On peut se servir de mortier de chaux et de sable pour la pose des carreaux au rez-de-chaussée, et c'est aussi l'habitude dans toutes les contrées où il y a absence de plâtre et où il est d'un prix trop élevé.

Dans beaucoup de villes du midi de la France, on emploie des carreaux carrés et hexagonaux dont la surface est polie ou vernie. En les frottant avec un linge un peu gras, on leur donne un aspect de propreté que la peinture à l'huile et l'encaustique sont loin de leur prêter. C'est à Trèbes, auprès de Carcassonne, et à Saint-Henri que se trouvent les fabriques qui sont en grande réputation pour cette sorte de carreaux : de ces lieux on les expédie dans presque toutes les villes du littoral de la Méditerranée.

Il faut avoir soin, pour obtenir un bon carrelage, de n'employer que des carreaux bien droits, qui ne soient pas *gauchis* par la cuisson ; autrement, on aurait des *balèvres* (carreaux de plus de saillie que les autres du joint), qu'on serait obligé de dresser au grès, ce qui augmente inutilement la dépense.

Avec le même carreau carré, on peut faire plusieurs combinaisons. D'abord, en alternant les joints transversaux ;

Ensuite, en faisant suivre les joints dans les deux sens ;

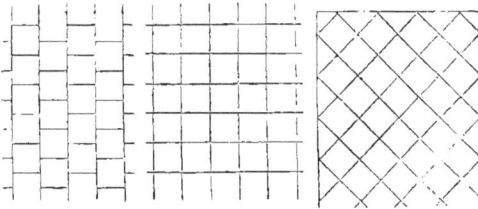

Fig. 462.

Et enfin, en posant les carreaux en quinconce ou en échiquier, c'est-à-dire les joints diagonalement aux faces de la pièce.

Si l'on est à proximité d'une fabrique de carreaux, on peut en faire faire de différentes formes et dimensions, et propres à former des combinaisons agréables à la vue. Il faut seulement avoir soin de ne point exiger des surfaces trop étendues, qui présentent presque toujours des *gauches* et qui sont toujours aussi d'un emploi dispendieux à cause du dressage au grès qu'il faut faire faire pour rendre le carrelage uni.

On a l'habitude dans certaines provinces de poser des briques au lieu de carreaux pour obtenir un sol solide dans les endroits qui doivent fatiguer. La première condition, c'est que ces briques soient dures, d'une excellente qualité et propres à résister au frottement des pieds. Il faut ensuite que ces briques soient à arêtes bien vives et non à *gauchies*, afin qu'on puisse ne donner qu'une petite épaisseur aux joints.

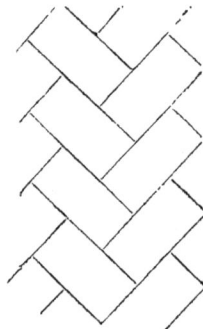

Si l'on veut économiser les matériaux ainsi que la main d'œuvre, on posera les briques à plat en contrariant les joints transversaux. C'est la manière la plus simple d'employer la brique à plat.

Fig. 463.   Fig. 464.

Si l'on veut donner plus de mouvement et de gaieté au sol, on posera la brique également à plat, mais en mettant les joints en diagonale ou en échiquier sur la face des murs.

Enfin, si l'on veut donner une plus forte solidité à la brique dans un but quelconque, on posera la brique *sur champ*, qui formera des bandes comme l'indique la fig. 465. On pourra éga-

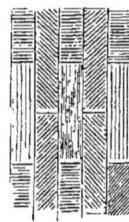

Fig. 465.   Fig. 466.

lement la poser sur champ en échiquier, comme l'indique la fig. 466.

Les figures 467 à 470 indiquent des combinaisons qu'on peut employer avec les carreaux que livre le commerce.

On emploie maintenant pour la confection des carreaux destinés au carrelage des matières autres que la terre cuite : c'est ainsi que l'on fait usage de carreaux de ciment qui se posent sur une couche de ciment, couche reposant elle-même sur une forme de béton ; on remplit les joints de ciment pur ou de poudre de ciment.

On fabrique des carreaux en grès cérame de toutes couleurs et dont la résistance est bien plus grande que celle des carreaux en terre cuite. Ils se posent habituellement en mortier de ciment sur béton. On peut obtenir avec ces carreaux les effets les plus artistiques.

Le dallage est un cas particulier du carrelage dans lequel on emploie des « dalles » qui sont de dimensions plus grandes que les carreaux. Ces dalles sont constituées par de la pierre naturelle : on en fait notamment en marbre et en liais.

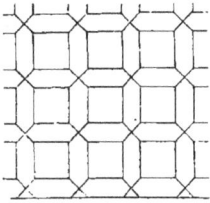 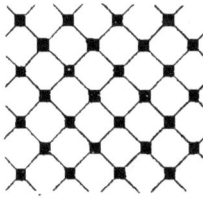 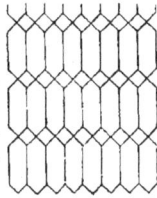 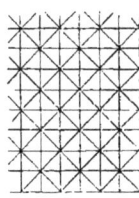

Fig. 467.   Fig. 468.   Fig. 469.   Fig. 470.

Les dalles sont posées sur béton ou dans un bain de mortier de chaux et de sable ou dans un bain de plâtre.

Par extension, on a englobé dans le mot « dallage » l'opération consistant à constituer le plancher par couche continue d'une matière quelconque comme le ciment, et autres produits comme terrazzolith, etc. Une application de ciment se fait dans ce cas de la façon suivante : l'emplacement du plancher est pilonné avec soin pour obtenir une surface bien plate ; sur cette surface, on place une couche de béton de 20 centimètres environ d'épaisseur que l'on constitue par des couches successives de 0m,05 que l'on tasse et pilonne. La couche de béton est recouverte d'un enduit de ciment et de sable d'environ 1 centimètre d'épaisseur.

Signalons encore les recouvrements en mastic d'asphalte sur béton pour les ateliers, et les dallages en mosaïques pour les grandes salles, les galeries, constitués par des cubes de marbre enchâssés dans du mortier de chaux grasse sur un béton bien établi.

Les marbres et les carreaux de terre cuite sont employés dans la constitution des cheminées que le commerce vend toutes prêtes à être posées.

On nomme *capucines* les cheminées les plus simples : elles ont leurs deux montants latéraux droits, sans moulures et posant sur un petit socle : leur traverse est également unie, droite et sans moulure. Sur cette traverse est posée la tablette qui n'a point de moulure sur son épaisseur. Les capucines, qui ont reçu leur nom de leur simplicité, sont ordinairement exécutées en marbre peu coûteux, comme en marbre de Flandre, de Sainte-Anne, par exemple, à fond gris et veines blanches. Ces capucines sont avec ou sans foyer, avec ou sans cadre à l'intérieur. Viennent ensuite les cheminées à modillons, cannelés ou non ; les cheminées à modillons à culots, ordinaires ou à panneaux ; les cheminées à modillons à culots, feuilles volutes et pointes de diamant ; les cheminées à griffes à feuilles d'eau et diamants ou à feuilles d'acanthe ; les cheminées à consoles à feuilles et pointes de diamant ; les cheminées à consoles à griffes, feuilles, volutes et pointes de diamant.

Une autre espèce de cheminée est celle dite *Pompadour,* dont la traverse est découpée en lignes sinueuses et à montants droits ; les cheminées Pompadour à consoles, dit style Louis XV. Il y a ensuite une grande variété de cheminées dites Louis XV, Louis XIV, Louis XIII. Les grandes maisons de marbrerie figurent sur leurs prospectus ces différentes espèces de cheminées avec leurs dimensions et leurs prix.

Quand on choisit une cheminée, il faut l'examiner en tous sens, derrière et devant, afin de s'assurer qu'elle n'a aucune écornure ; il faut aussi prendre soin de constater qu'aucune de ses portions n'a de fente dissimulée sur sa face polie et consolidée par derrière au moyen d'un rapport de plâtre ou de mastic.

Quant à la pose des cheminées, il faut avoir soin que les deux montants soient placés à leur base dans un même niveau, ce qui est facile à obtenir de l'ouvrier. Il faut, en fixant la tablette, présenter un niveau dans sa longueur, afin que cette tablette ne soit pas plus haute à une extrémité qu'à l'autre : car si cette partie de la cheminée n'est pas bien posée, elle fera toujours un mauvais effet, ce qui n'a lieu que trop fréquemment en province et à la campagne.

Si la cheminée est posée avec du plâtre, il faut aussi avoir soin de l'abâtardir au moyen d'une addition de mortier fin, fait avec du sable fin, autrement la force du plâtre ferait éclater le marbre.

Il faut avoir soin de faire poser la cheminée de manière à ce que sa tablette s'étende dans sa partie postérieure jusqu'à la languette de la cheminée, afin que la glace qu'on pose immédiatement sur la tablette, sans faire régner l'encadrement dans le bas, ne laisse point apercevoir la jonction de la tablette avec la languette.

Il faut que le poseur de la cheminée ait soin de ne laisser aucun passage pour la fumée, ce qui n'arrive que trop souvent. Pour cela, il faut être présent à la pose, et exiger qu'en dessous et derrière la traverse et la tablette il ne reste aucun interstice quelconque à travers lequel pourrait s'acheminer la fumée.

Les cheminées dites capucines n'ont que quatre parties, les deux montants, la traverse et la tablette. La face latérale des jambages est raccordée en peinture à l'huile avec le ton et avec le dessin du marbre. Pour les cheminées de prix, ces faces latérales sont revêtues en même marbre que celui de la cheminée.

Le foyer d'une cheminée peut être en bonne brique, pas trop cuite, ou en carreaux de terre cuite, ou enfin en une plaque en fonte de fer.

CHAPITRE XIII

PEINTURE, PAPIER, VITRERIE, TENTURES SPÉCIALES

Peinture La peinture de bâtiment est destinée à conserver, à décorer ou à embellir certaines portions de la construction. A cet effet, on se sert de substances mucilagineuses

dont on couvre les surfaces de maçonnerie, de bois, de fer, etc.
Ces substances en durcissant à l'air, préservent les matériaux sur
lesquels elles sont appliquées des effets de l'atmosphère. La
peinture est une des dernières opérations entreprises pour
achever et compléter un bâtiment quelconque.

La *peinture ordinaire*, et la plus vulgaire, consiste à poser
plusieurs couches de peinture sur les faces qu'on veut conserver
ou orner.

La *peinture de décors* est d'un degré supérieur ; elle consiste à
imiter des bois, des marbres, des granits, ainsi que la coupe, les
assises et les joints de la pierre de taille.

La première opération du peintre, c'est de bien nettoyer les
ouvrages qui doivent être peints. Cette opération est nommée
époussetage. L'époussetage se fait avec le balai de crin sans manche, et s'applique aux murs, aux plafonds, à la menuiserie, etc.
Ensuite, on procède au *rebouchage* ordinaire. Ce travail consiste
à boucher les fentes et les trous qui peuvent se trouver dans les
surfaces à peindre, soit dans la pierre ou le plâtre, soit dans le
bois. Le mastic qu'on emploie dans cette opération, devra se faire
au blanc de céruse ou au blanc de zinc. On peut aussi employer
du mastic de couleur, c'est-à-dire du ton qui doit recouvrir l'objet à peindre. Les rebouchages se font à l'huile et à la colle, selon
la couleur de ces deux substances employée.

Il y a deux sortes de peintures, la peinture à la colle, dite en
détrempe, et la peinture à l'huile. Pour la détrempe, les couleurs
sont broyées à l'eau et ensuite préparées ou détrempées à la colle.
Il faut faire une grande attention de ne jamais appliquer la couleur
à la colle sur une surface qui ne serait pas entièrement sèche, car
elle se remplirait de taches, se piquerait et se détruirait bientôt.
La peinture en détrempe ne doit être employée qu'à l'intérieur,
dans les appartements. La peinture en détrempe est moins chère
que celle à l'huile : elle est composée d'eau, de colle animale et
de blanc d'Espagne auquel on mêle d'autres couleurs pour faire
le ton qu'on désire. L'eau employée dans la peinture à la colle
doit être de l'eau douce et de rivière, si c'est possible ; car les
eaux de puits et de source sont habituellement chargées de sulfate
de chaux. Pour que cette couleur soit bonne, il faut qu'elle file au

bout de la brosse lorsqu'elle est retirée du pot : si elle y restait attachée, ce serait une preuve qu'elle ne contient pas assez de colle. Toutes les couches, et en particulier les premières, doivent être appliquées très chaudes, mais non bouillantes.

Quand on veut avoir de la peinture belle et solide, on prépare les objets à peindre par des encollages et des blancs d'apprêt. *Encoller*, c'est étendre une ou plusieurs couches de colle sur un sujet. Sur l'encollage se posent ensuite plusieurs couches de blanc. Il faut avoir soin que les couches posées successivement aient de l'égalité; car une forte couche posée sur une précédente dont la colle aurait été faible, tomberait par écailles. Il faut aussi ne pas faire bouillir le blanc, car la chaleur le graisse, et ne pas employer la couche trop chaude, parce que les blancs du dessous se dégarniraient.

Quand on désire obtenir une peinture soignée, on emploie la pierre ponce, qu'on promène sur la surface pour l'adoucir. Il faut que le ponçage soit fait par un ouvrier intelligent, qui, après cette opération terminée, répare l'ouvrage adouci. Il nettoie toutes les moulures, et alors seulement on applique la couleur du ton qu'on voudra et à deux couches.

Pour appliquer les vernis sur la peinture en détrempe, on passera deux couches d'une colle très faible en ayant soin, comme dès le commencement, de ne pas en gorger les moulures. Quand l'encollage est bien sec, on peut donner deux ou trois couches de vernis à l'esprit-de-vin. Mais habituellement, on ne vernit pas la détrempe, à cause de la cherté de ce travail; la peinture à la colle sans vernis se nomme détrempe *mate*.

La *détrempe à la chaux* est employée pour blanchir les parements extérieurs des murs; comme son nom l'indique, cette couleur est faite avec de la chaux, la plus belle qu'on puisse avoir, et qu'on a soin de bien laver. On la met dans un vase, on y ajoute un peu de bleu et de la térébenthine, afin de lui donner du brillant. Ce mélange est ensuite détrempé dans de la colle de peau en y ajoutant un peu d'alun; on l'applique enfin, à deux ou trois couches, sur les murs avec une grosse brosse. Les couches doivent être posées minces.

Pour la détrempe des murs intérieurs, encore en usage à la

campagne, on fera infuser à l'eau la couleur choisie, qu'on détrempera à la colle de peau. En mélant de l'ocre jaune au blanc de craie, on obtiendra un ton jaune de pierre convenable pour les corridors et cages d'escalier. On peut encore y ajouter une pointe d'ocre rouge destinée à soutenir la teinte.

Pour toute espèce de couleur en détrempe, il faut avoir soin que la couleur ne devienne pas grumeleuse par l'addition de la colle.

La couleur dont on se sert pour peindre l'extérieur des maisons est nommée *badigeon*. On obtient un badigeon conservateur dit Bachelier en prenant 23 parties de chaux récemment éteinte et tamisée, 7 parties de plâtre tamisé, 8 parties de céruse en poudre et 9 parties de fromage mou bien égoutté, dit *fromage à la pie*. On mêle bien ces différents ingrédients, on les broie, on y ajoute un peu d'ocre jaune ou rouge, selon le ton qu'on veut avoir.

Le badigeon de Lassaigne se compose de 100 parties de chaux vive, 5 d'argile blanche et 2 d'ocre jaune. Il faut commencer par éteindre la chaux avec de petites quantités d'eau, la délayer ensuite dans une plus grande quantité pour en faire un lait de chaux. On délaie l'argile en la laissant dans l'eau pendant un certain temps, et ensuite on la mélange le plus complètement possible avec le lait de chaux. On laisse séjourner ce mélange dans des baquets pendant un jour, en ayant soin de le remuer de temps à autre. Ensuite, on y ajoute de l'ocre jaune pour le colorer. Pour la nuance de ces badigeons, on fera des essais ou des échantillons, afin de s'assurer auparavant de la teinte ; car le badigeon blanchit en séchant. Quand il est trop foncé, il est d'un mauvais effet. Il faut toujours s'efforcer de lui donner le même ton que la pierre du pays.

Voici une formule intéressante de peinture à la pomme de terre due à Cadet-Devaux et qui convient aux intérieurs. Elle se compose de : 1 kilogramme de pommes de terre cuites à l'eau et pilées, de 2 kilogrammes de blanc d'Espagne, ou autres matières colorantes et de 8 kilogrammes d'eau (8 litres). On écrase les pommes de terre encore chaudes, on les délaie avec moitié environ d'eau, on y mêle le blanc détempé séparément dans une quantité d'eau égale ; on remue bien le mélange, on le passe au travers d'un tamis pour en séparer les grumeaux, et enfin on l'emploie comme la détrempe ordinaire.

On a composé un badigeon en Amérique qui a donné les résultats les plus satisfaisants. Il est formé de 17 litres de chaux vive, bien propre, en pierre, qu'on fait éteindre dans de l'eau bouillante en ayant soin de tenir couvert le vase pour conserver la chaleur. Cette liqueur est passée dans un tamis fin ; on y ajoute 9 litres de sel blanc également dissous dans de l'eau chaude, 1 kilogr., 1/2 de farine de riz réduite en bouillie claire, agitée et portée à l'ébullition, 0 kilogr., 225 de blanc d'Espagne en poudre et 0 kilogr., 500 de colle claire, préalablement dissoute en la détrempant dans de l'eau et en la chauffant ensuite doucement au bain-marie. 23 litres d'eau chaude sont ajoutés à ce mélange, qu'on remue bien, et qu'on laisse reposer pendant plusieurs jours, en ayant soin qu'il ne puisse s'y introduire de poussière. Ce badigeon s'applique très chaud en le puisant dans une marmite posée sur un fourneau portatif. Quand ce mélange est convenablement employé, il en faut environ 0 kilogr., 70 pour enduire un mètre carré de mur extérieur. Il est entendu qu'on l'applique avec des brosses plus ou moins fortes, suivant le genre de travail, et qu'on peut, à volonté, y ajouter des matières colorantes.

En ce qui touche la peinture à l'huile, nous faisons immédiatement une remarque qui a une grande importance, c'est que la loi récente du 20 juillet 1909, entrée en vigueur le 1er janvier 1915 et qui concerne l'emploi de la céruse dans les travaux de peinture exécutés tant à l'intérieur qu'à l'extérieur des bâtiments, interdit formellement l'usage de la céruse, de l'huile de lin plombifère et de tout produit spécialisé renfermant de la céruse. L'article 3 de cette loi prévoit cependant que pour les travaux où l'on démontrera que l'on ne peut se dispenser de la céruse un règlement d'administration publique pourra en autoriser l'emploi.

La céruse ayant jusqu'ici formé la base de la plupart des peintures à l'huile, les fabricants de peintures s'ingénient à trouver un corps capable de la remplacer. Parmi ceux-ci le blanc de zinc est déjà très employé.

On emploie pour les peintures à l'huile l'*huile de lin*. Quand on veut rendre cette matière très blanche on la laisse exposée au soleil dans une cuvette de plomb pendant un été, on y jette en même temps de la céruse et une petite quantité de talc calciné. On peut se servir d'*huile de noix* pour broyer les couleurs communes, qui donnent des tons foncés, mais elle ne doit pas être employée pour les tons clairs, parce qu'elle est trop colorante. L'*huile d'œillette* est d'un blanc jaunâtre : on peut l'employer au broyage des teintes claires et brillantes.

On nomme *huile grasse* une sorte de siccatif.

Le moyen de blanchir l'huile de lin, c'est de mettre 61 grammes de litharge dans 4 litres 550 d'huile ; après avoir remué fréquemment le mélange pendant deux semaines, on le laisse reposer un ou deux jours, puis on le soutire en y ajoutant un demi-litre d'esprit de térébenthine ; quand l'huile aura été exposée au soleil pendant trois jours, elle sera aussi blanche que l'huile de noix.

Toutes les couleurs à l'huile doivent être couchées à froid. Seulement lorsqu'on veut préparer une superficie neuve ou humide, on applique la couleur à l'huile, non froide, mais bouillante. Toute couleur détrempée à l'huile simple et à l'huile mélangée d'essence, ne doit jamais filer à l'extrémité de la brosse.

L'objet qu'il s'agit d'enduire de couleur à l'huile, doit recevoir une ou, mieux, deux couches d'impression : l'impression consiste dans une couche de blanc de céruse ou de zinc broyé et détrempé à l'huile. Les impressions pour les ouvrages du dehors, comme portes, fenêtres, etc., qui ne doivent pas être unies, peuvent être faites à l'huile de noix pure, en y mélangeant de l'essence dans une faible proportion, 6 à 8 décagrammes, par exemple, par kilogramme de couleur. Si l'on mettait une trop grande quantité d'essence, les couleurs bruniraient et tomberaient en poussière. Avec la dose indiquée plus haut, on évitera aussi les cloches qui pourraient se former sur l'ouvrage.

Quant à l'huile de noix, elle devient plus belle à l'air que l'huile de lin ; en s'évaporant, elle laisse blanchir davantage les couleurs, qui ressemblent alors aux couleurs en détrempe. Tous les *dehors,* peints à l'huile de noix, doivent être à l'huile pure sans essence.

Quand, à l'*intérieur,* on veut vernir la peinture, la première couche sera broyée et détrempée à l'huile, et la dernière *détrempée* à l'essence bien pure : elle emportera l'odeur de l'huile, et le vernis, appliqué sur une couche de couleur détrempée à l'huile coupée d'essence ou à l'essence pure, sera plus brillant. Enfin, l'essence mêlée avec l'huile la fait pénétrer dans la couleur.

L'essence est un liquide qui provient du suc résineux extrait de différents arbres qu'on a distillé à la température de l'eau bouillante, pour en enlever la partie résineuse. Lorsqu'il s'agit de vernir la peinture à l'huile la première couche sera à l'huile pure, et les deux dernières à l'essence pure ; lorsqu'elle ne doit pas être vernie, la première couche sera à l'huile pure, et les deux dernières à l'huile coupée d'essence.

On rencontre souvent des nœuds dans le bois, surtout des nœuds dans le sapin, sur lesquels la peinture ne prend que difficilement. Si l'on peint à l'huile simple, on préparera de l'huile à part dans laquelle on mettra beaucoup de litharge qu'on broiera ensemble ; on étendra cette préparation sur les nœuds, en ayant soin de ne pas laisser d'épaisseur de peinture sur les bords, qui, sans cette précaution, se verraient dans la peinture achevée. On enduit aussi les nœuds de deux ou trois couches de couleur de minium à l'huile, ce qui donne également un bon résultat. Quand on peint à l'huile vernie polie, il faut y mettre plus de *teinte dure*.

Certaines couleurs, comme jaune de stil de grain, noir de charbon, noirs d'os, d'ivoire, broyées à l'huile, ne sèchent que très difficilement. Dans ce cas, il faut se servir de siccatifs, substances qu'on mêle avec les couleurs broyées et détrempées à l'huile pour les faire sécher.

Pour la peinture de portes, fenêtres et volets ou persiennes extérieurs, on se servira d'une couche de blanc de céruse ou de zinc broyé à l'huile de noix. Afin de mieux couvrir le bois, on détrempe le blanc un peu épais avec de la même huile, dans laquelle on met du siccatif. Le rebouchage se fait au mastic à l'huile. Pour la seconde couche, on emploie le même blanc broyé à l'huile de noix, et l'on y mêle environ un huitième d'essence.

Dans le cas où l'on poserait des lambris, il faut appliquer sur le revers du derrière du lambris deux ou trois couches de gros rouge, broyé et détrempé à l'huile de lin, et ne poser la boiserie que lorsque la peinture est bien sèche.

On doit toujours donner la première couche à l'huile et jamais à la colle.

Pour une première couche d'impression de quatre mètres superficiels, il faut environ 600 grammes de blanc de céruse en détrempe.

Pour couvrir quatre mètres superficiels à trois couches, il faut 1 kilo 500 grammes de couleur; toutefois, la quantité absorbée par chacune des couches ne sera pas la même. La première en absorbera naturellement davantage, à peu près 550 grammes; la seconde 500, la troisième 450.

Le kilogramme 500 grammes de couleur peut se composer avec un kilog. ou 1 kilog., 250 grammes de couleur broyés et détrempés dans 6 ou 8 décilitres d'huile ou d'huile coupée d'essence ou d'essence pure.

Depuis quelques années, se sont répandues dans le commerce des peintures laquées dont la plus connue est le *Ripolin*. Ces peintures dispensent de l'emploi de vernis; elles résistent bien aux agents atmosphériques et se prêtent au nettoyage. Leur application doit se faire sur des surfaces très unies. Le mieux est d'abord d'appliquer sur la surface à recouvrir une couche ou deux de peinture ordinaire à l'huile, puis on applique deux couches de la peinture laquée.

Depuis quelques années, on fait usage de peintures à l'eau, qui sont à base de silicates solubles; ces peintures se vendent sous forme de poudres et on les dissout à l'eau en versant l'eau sur la poudre.

Dans le cas où l'on veut avoir une très belle peinture blanche pour intérieur, qui sèchera et cessera de donner de l'odeur au bout de six heures, on prendra 4 litres 545 d'esprit de térébenthine, 900 grammes d'encens mâle ou franc, qu'on fera bouillir sur un feu clair jusqu'à complète dissolution. Ensuite, on passera cette liqueur dans un linge en exprimant, et on la mettra, en bouteilles pour s'en servir au besoin. Alors on mettra pour 4 litres 545 d'huile de lin bien blanche, un litre de mélange conservé; on remuera bien ensemble ces deux liquides, qu'on conservera en bouteilles. Broyez alors une quantité quelconque de céruse avec de très bel esprit de térébenthine, et ajoutez-y suffisamment du dernier mélange : c'est ce qu'il faut pour une première couche. Si, en travaillant, on trouve que la préparation est trop épaisse, on la rend plus fluide avec de l'esprit de térébenthine. Cette couleur est d'un prix élevé, mais d'une rare perfection, surtout si on l'applique après avoir poncé le sujet qui la reçoit.

Pour la peinture au lait, on emploie le lait écrémé, 15 à 18 décilitres, qu'on a soin de bien passer avant de l'employer. Prenez ensuite 18 à 20 décagrammes de chaux récemment éteinte, 12 à 13 décagrammes d'huile d'œillette ou de lin ou de noix, 240 à 250 décagrammes de blanc d'Espagne. Éteignez la chaux en la plongeant dans l'eau ; après l'avoir retirée, exposez-la à l'air : elle s'y effleurit, et se réduit en poudre. Mettez-la ensuite dans un vase de grès, versez dessus une portion de lait suffisante pour en faire une bouillie claire : ajoutez un peu d'huile peu à peu, en ayant soin de remuer avec une spatule en bois ; versez ensuite le surplus du lait, et délayez le blanc d'Espagne : en tombant dans le mélange de lait et de chaux, l'huile disparaît, la chaux la dissout entièrement, et ils forment ensemble un savon calcaire. Enfin, on émiette le blanc d'Espagne, qu'on répand lentement à la surface du liquide ; il s'imbibe et tombe au fond du vase. Remuez-le alors avec un bâton.

On peut colorer la peinture au lait comme la peinture en détrempe, soit avec du charbon broyé à l'eau, soit avec des ocres jaunes ou rouges, etc., etc. Quand on emploie cette peinture sur des bois blancs, il ne faut pas oublier de les préparer par une lessive à l'eau seconde ou à l'ammoniaque ; sans cela, la chaux faisant sortir la matière résineuse, la peinture se tacherait de filets jaunâtres.

Pour les intérieurs, on peut se servir d'une peinture très vive et mate, qui est du meilleur effet. Fondez 500 grammes de gomme arabique dans deux litres d'eau, et passez le liquide dans un linge très fin. Cela fait, il faut : pour l'*azur*, l'outremer délayé dans 25 grammes de blanc d'œuf pourri et 5 grammes de gomme ; pour le *rouge,* le vermillon dans 25 grammes de blanc d'œuf et 8 grammes de gomme ; pour le *blanc,* blanc d'argent, 25 grammes de blanc d'œuf et 8 grammes de gomme ; pour le *noir,* noir d'ivoire 25 grammes de blanc et dix grammes de gomme ; pour le *vert,* le vert anglais, employé par glacis et sur un fond blanc ; l'œuf ne doit servir que pour les raccords et retouches à faire. Il faut éviter de se servir de gomme et repeindre avec des tons moitié plus clairs. L'application de l'or se fait à la cire.

Il serait à désirer qu'on se servît de peinture au lieu de papier peint pour les salons et les salles à manger. A cet effet, on em-

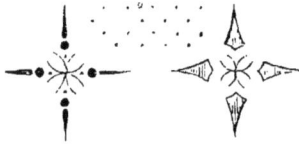

Fig. 471.

ploierait la peinture à la colle ou la peinture à l'œuf, qui est d'un magnifique effet ; elle est en outre très durable. Dans les contrées où l'on n'aurait pas sous la main de peintres décorateurs, on se contenterait d'un décor facile à exécuter et peu cher. On diviserait les murs en panneaux, de la hauteur de l'étage, on disposerait des bordures autour de ces panneaux, dans lesquels on adapterait, à leur pourtour, des filets de diverses grosseurs et de diverses couleurs. Ainsi,

Fig. 472.

par exemple, en employant un fond jaune abricot, fait avec le stil de grain, on ferait des bordures blanches, sur lesquelles on peindrait des ornements en rouge (vermillon clair). Sur le jaune, au bord, le long des bordures blanches, on ferait des filets bleus, également d'un ton clair, qui encadreraient le jaune. On pourrait peindre ces filets bleus à 4 centimètres de distance de la bordure blanche et leur donner 15 millimètres ou 2 centimètres de largeur. On pourrait ne pas les terminer aux quatre angles en équerre et, pour orner davantage tracer un angle orné dont nous donnons des modèles dans les figures 477 et 478. On pourrait ensuite parsemer le fond jaune de petits fleurons légers, soit en bleu, en rouge, soit de toute autre couleur, en ayant soin de ne pas les placer en damier, mais en quinconce, ainsi que l'indique la figure en *a*.

Nous donnons quelques exemples de bordures dans la figure en *c, f, h, i*, et figure 472. Les couleurs sont arbitraires et au goût du propriétaire. Pour se rendre compte de l'effet, on tracera le dessin sur un mur, et l'on fera plusieurs essais de tons, et l'on ne commencera l'exécution que lorsqu'on aura bien déterminé ce que l'on veut faire, afin de ne pas être obligé de recommencer.

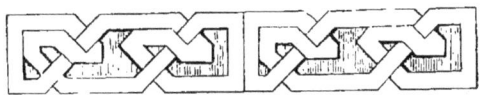

Fig. 473.

Dans l'angle que forment les parois verticales des pièces avec les plafonds, on place des corniches, soit traînées en plâtre, soit en bois. En dessous de ces corniches, on figure ce qu'on nomme des frises, ou parties plates verticales ornées de sculpture, ou simplement de peintures.

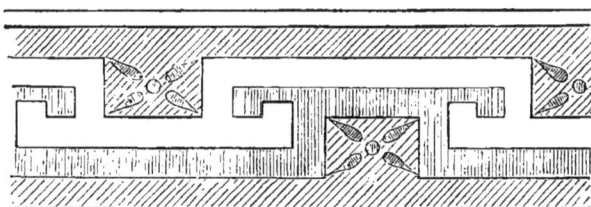

Fig. 474.

Fig. 475.

Fig. 476.

Les figures *a, b*, des fig. 475 et 476, et *a* et *e* de la fig. 472, sont des motifs de frises, ainsi que la figure 473 et *c, e* de la fig. 472. La fig. 474 présente un autre motif.

Si l'on voulait orner le filet, soit du haut, soit du bas, d'un

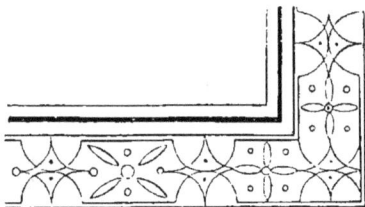

Fig 477.

Fig. 478.

panneau, on pourrait faire un fleuron en entrelacs ainsi que l'indique en *g* la fig. 472.

Nous donnons ici aussi quelques modèles d'angle, ou intersection de bordures verticales et horizontales, fig. 477 à 479.

Fig. 479.

L'assemblage ou la réunion bizarre de couleurs qu'on ne rencontre que trop souvent dans la peinture de bâtiment, comme dans la peinture de décors, provient premièrement d'une absence de goût et secondement de l'ignorance de la théorie de la couleur et de la lumière.

L'expérience, l'habitude et le goût peuvent suppléer à la théorie parce que de l'expression et du souvenir naît en partie la théorie qui ensuite enseigne une bonne pratique. Mais que de de fois l'homme de goût ne gémit-il pas du bariolage désagréable qui, dans la peinture, vient heurter son œil et son esprit.

Nous allons donc essayer de donner quelques règles générales sur l'harmonie des couleurs.

Parmi les couleurs, on en distingue de *primitives* et de *mixtes*. Les premières sont celles qui ne peuvent se composer d'aucune autre, ni se décomposer en aucune autre. Les couleurs primitives ne sont qu'au nombre de trois : 1° le jaune, 2° le rouge, 3° le bleu.

Toutes les couleurs dérivent de celles-ci, à l'infini et sans aucune exception.

Quant aux couleurs mixtes, elles ne sont autre chose que le résultat du mélange de deux couleurs primitives : donc, trois couleurs primitives engendrent trois couleurs mixtes.

Le mélange du jaune et du rouge produit l'orangé, du jaune et du bleu produit le vert, du bleu et du rouge produit le violet. Telles sont les couleurs mixtes, qui, dans cette fusion, se lient aux couleurs primitives par des *nuances* intermédiaires, dont les principales sont les suivantes : le ROUGE, la nuance capucine; l'*orangé*, la nuance cadmium (jaune tirant sur l'orangé, oxyde de cadmium); le JAUNE, la nuance soufre; le *vert*, la nuance turquoise; le BLEU, la nuance indigo; le *violet*, la nuance grenat.

Au nombre des rouges, sont : le *cinabre*, mercure sulfuré ou *vermillon*, le rouge de *Prusse*, le rouge de *Mars*, le rouge d'*Angleterre* et l'*ocre rouge*.

Le cinabre ou vermillon, composé de 86 pour 100 de mercure et de 14 de soufre, est le rouge par excellence : c'est le rouge le plus éclatant. C'est cette couleur qu'on nomme *gueules* dans la science héraldique ou science du blason. En gravure, on la figure par des traits verticaux ou perpendiculaires. Il faut employer les vermillons avec réserve et sobriété pour de petits fonds de médaillon, des fonds moyens de panneaux, des tiges de plante, des filets.

On peut en étudier l'application raisonnée dans les Loges de Raphaël au Vatican de Rome, dans les peintures de la villa Madama à Rome, dues à Jules Romain et à Jean d'Udine, dans les peintures du palais ducal de Mantoue, par Mantegna, Jules Romain, etc.

On ne peut composer de violets avec le vermillon.

Pour les orangés, on doit se servir du pourpre de Cassius, du minium, du brun orange (orangé de Mars), de l'orange de chrome.

Avec la laque plate de cochenille on fait les violets.

Le jaune représente l'or : dans l'art héraldique, on n'emploie pas de jaune, mais de l'or; il est représenté en gravure par des points. Les plus beaux jaunes sont : le jaune de Naples, le jaune de chrome, le jaune minéral, le massicot ou céruse calcinée, qui donne une teinte dure.

Enfin, pour les bleus on emploiera l'outremer artificiel de Guimet, le bleu minéral ou bleu d'Anvers, le bleu de cobalt, les cendres bleues, le bleu d'émail pour fonds azurés, et le bleu de Prusse. En blason, le bleu se nomme *azur* et s'exprime en gravure par des lignes ou traits horizontaux, d'un flanc de l'écu à l'autre.

Les verts dont les peintres en bâtiment font usage, sont les verts de Scheele, de montagne, de grain, le vert de gris, les verts de Vienne, de vessie, de chrome et de titane. En blason, le vert se nomme *sinople*; il est figuré par des diagonales à 45 degrés, c'est-à-dire par des traits d'un angle à l'autre, de droite à gauche. L'argent est figuré par un fond tout uni, et sans aucun trait. Le pourpre se figure par des diagonales de gauche à droite, le contraire du vert ou sinople. Enfin, le *sable* ou noir par des lignes croisées, verticales et horizontales.

MÉLANGE DES COULEURS POUR COMPOSER LES TEINTES.

Jaunes

Couleur d'or..........	blanc, jaune de chrome 1/10 ou bien jaune minéral 3/4 et vermillon 1/100.
Citron...............	blanc 40 parties jaune de chrome 1, bleu de Prusse 1.
Couleur soufre.......	blanc, jaune minéral 4/5, bleu de Prusse 1/400.
Jaune serin..........	jaune minéral pur.
Jonquille............	blanc 5 parties, jaune de chrome 1.
Jaune paille.........	blanc 40 parties, jaune de chrome 1.
Chamois.............	blanc 30 parties, jaune de chrome 1, vermillon 1.
Chamois foncé.......	blanc 10 parties, terre de Sienne 1.
Couleur de pierre....	blanc 15 parties, ocre jaune 1.
Nankin..............	blanc 40 parties, rouge de Prusse 1, ocre jaune 1/2.

Rouges.

Écarlate..............	vermillon de la Chine, pur.
Cramoisi............	parties égales de laque carminée et de vermillon.
Rouge cerise........	vermillon de la Chine, pur.
Rose................	blanc, laque carminée ou laque de garance 1/10 : en diminuant graduellement la proportion de la laque, on a des roses plus ou moins clairs.
Amarante............	bleu rouge, laque 1/4, blanc 1/4.
Lilas................	blanc, laque 1/15, bleu de Prusse 1/60.

Bleus.

Bleu azuré...........	blanc, 1/120 de bleu de Prusse ou 1/130 d'outremer.
Bleu barbeau ou bluet.	blanc, bleu de Prusse 1/50, laque 1/500.

Collage du papier peint Aux fresques du moyen âge ont succédé les toiles peintes et ensuite les tapis ou tapisseries. Plus tard, vers le milieu du XVIIIe siècle, on a imité les étoffes par des impressions sur papier. C'est notre papier peint d'aujourd'hui, qui commence dans beaucoup de contrées à être remplacé de nouveau par des peintures murales, soit à l'huile, soit à la colle ou en détrempe.

Pour coller le papier peint, il faut commencer par bien nettoyer les murs : les gratter et en faire disparaître les inégalités.

Quand le prix du papier de tenture l'exige, on colle auparavant sur les murs du papier bulle ou papier gris, sans couleur. Le rouleau de papier bulle n'a pas de fin : il a cependant d'ordinaire 8ᵐ de longueur et 50 cent. de largeur. Il faut exiger que ce papier gris soit très bien collé sur les murs, c'est-à-dire qu'il n'y ait point de plis et que les joints de haut en bas soient bien droits et bien perpendiculaires; car les défectuosités de collage du papier bulle reparaissent en partie sur le papier de tenture qu'on applique dessus.

La longueur du rouleau de papier de tenture, dit *papier carré*, est de 8 mètres 75 centimètres et sa largeur est de 47 centimètres; posé, il couvre environ 4 mètres de superficie de mur.

La longueur du rouleau de papier grand raisin sans fin est de 8 mètres, et sa largeur est de 50 centimètres; il peut couvrir environ 5 mètres 50 centimètres superficiels.

Les bordures se vendent aussi au rouleau.

On a l'habitude de coller au bas du papier de tenture des bordures souvent d'une assez grande largeur, ce qui diminue l'élévation des pièces de moyenne hauteur d'étage. Il vaut mieux poser sur la plinthe de légers filets, bandes, cordons ou torsades. Car il est inutile de donner de l'importance à ce bas du papier peint, qui est toujours coupé ou caché par les chaises et les autres meubles. Il faut aussi faire attention de ne pas prendre de trop riches bordures pour les pièces de moyenne dimension et surtout de moyenne hauteur.

Quand on colle du papier de tenture dans un vieux bâtiment dont le plafond peut ne pas être de niveau, il faut prendre le point le plus bas du plafond ou de la corniche s'il y en a une, et tirer une ligne de niveau tout au pourtour de la pièce et faire régner le dessus de la bordure avec le tracé de cette ligne horizontale; car une bordure qui n'est pas posée de niveau fait un très mauvais effet.

Il y a des papiers bulle, sans couleur, qui ont des tons de pierre agréables. On peut les employer pour fonds unis dans des cabinets ou des chambres d'amis et de garçon. On collera alors des torsades en haut et en bas, dont la couleur est arbitraire et au goût du propriétaire. Mais il convient cependant de ne prendre que des tons francs, comme rouges, bleus, jaunes ou verts. Les couleurs mixtes ou composées sont généralement d'un moins bon effet.

La colle pour la pose des papiers de tenture se fait avec des farines communes et de l'eau; en Allemagne, on emploie à cet effet de la farine de seigle.

Nous n'entrerons point davantage dans la pose du papier de tenture, qui est très simple et que presque tout le monde a vu pratiquer. Il y a cependant à faire observer qu'on doit toujours commencer la pose du côté d'où vient la lumière, afin que le lé qui recouvre, ne fasse pas ombre au moyen de l'épaisseur du papier, de haut en bas. La pose doit être faite sans plis, sans déchirures; il ne faut pas non plus qu'il soit resté de l'air entre le mur et le papier, ce qui produirait de petites aspérités globuleuses d'un très mauvais effet.

La vitrerie — Le peintre en bâtiment est en même temps vitrier. Le travail du vitrier consiste à couper le verre et à le poser soit sur plomb, soit dans des châssis de menuiserie, comme fenêtres et portes vitrées.

Le carreau de verre se pose dans de petites feuillures à l'extérieur des fenêtres et des portes, feuillures pratiquées à cet effet dans les pièces de bois verticales et horizontales de la menuiserie. Le carreau doit être coupé bien d'équerre et ne pas avoir trop de jeu dans le châssis où on le pose. Il y est fixé au moyen de fines pointes en fer recourbées dans le sens longitudinal du bois, afin de ne pas paraître à travers le mastic.

Quand l'ouvrier vitrier a fixé son carreau, il le consolide encore avec du mastic, qui sert à empêcher l'air et l'eau de pénétrer dans l'intérieur des pièces entre le verre et la menuiserie; car il est impossible d'arriver à ce but sans l'emploi du mastic. Ce dernier se pose en biseau ou en biais; il ne doit pas dépasser l'arête intérieure de la feuillure, car autrement on verrait le mastic de l'intérieur, ce qui serait déplaisant à l'œil.

Le verre est une matière dure, fragile, transparente, lisse, qui

est employée, comme on sait, pour garantir les pièces d'un bâtiment des intempéries de l'atmosphère. Le verre bien fabriqué est
inattaquable par l'eau ni par l'air, ni par les acides, à l'exception
de l'acide fluorhydrique. Le verre est une combinaison de soude ou
de potasse avec la silice en excès.

Le beau verre doit être pur, bien blanc et exempt de bouillons,
loupes ou bulles, de stries ou côtes, de pierres, de gauchis ; il
doit être flexible, se laisser plier pour ainsi dire, sans se casser ;
s'il est trop dur et aigre, il se rompt très facilement. Il faut qu'il
n'ait point de parties changeantes de couleur, sorte de phos-
phorescence.

Le verre à vitre se vend suivant deux qualités : le verre ordinaire et le verre blanc dit de Bohême.

Les verres ordinaires, dits d'Alsace, sont de différentes qualités quant à leur degré de blancheur et quant à leur épaisseur.
Cette dernière varie de 1 à 2 et 3 et même 4 millimètres. Le
verre de 3 et 4 millimètres est connu sous la dénomination de
verre double.

Le mètre superficiel du verre ordinaire pèse environ de 5 à 6
kilogrammes.

Le verre dépoli est du verre ordinaire auquel on a fait subir
un frottement qui lui a enlevé son poli et sa transparence, sans
empêcher cependant le passage de la lumière. Pour obtenir ce
verre, on en prend du tendre qui soit bien égal et bien droit ;
on le fixe sur une superficie plane enduite d'une couche de sable
ou de plâtre clair. Après avoir huilé le carreau à dépolir, on le
frotte avec un autre morceau de verre ou avec une feuille de fer-
blanc, ou encore avec du grès jusqu'à ce que le verre soit bien
dépoli dans toute sa superficie. L'opération du dépolissage doit
se faire avec soin, afin de ne pas casser le carreau à dépolir.

Il vaut mieux se servir de carreaux de verre dépolis que de
carreaux imitant le dépoli au moyen de peinture. Les carreaux
dépolis sont tenus plus facilement propres.

Depuis quelques années, les verres cannelés sont très en
usage : ils dérobent les objets à la vue sans ôter l'intensité à la
lumière : mais ils ont le désavantage de fatiguer la vue.

Le verre appelé *mousseline* est un verre dépoli, à dessins à

jour d'une assez grande variété. Il faut l'employer avec modéra-
tion dans les maisons d'habitation, car il est peu monumental
ou peu architectural. Mais on peut l'utiliser pour certains
vitrages de pavillons, de kiosques, de chapelles; dans de grandes
pièces, son effet est toujours mesquin.

Nous ne ferons que mentionner les verres de couleur connus
de tout le monde; il y en a de rouges, de jaunes, de roses, de
bleus, de violets, de verts, de pourpres. L'emploi des verres de
couleur dépend de la volonté et du goût du propriétaire.

Le nettoyage du verre à vitre ne doit pas se faire à l'eau seule.
Il faut le frotter avec un linge trempé dans du blanc d'Espagne
délayé, et ensuite, avant que ce blanc soit sec, repasser avec un
linge propre et doux pour enlever tout ce qui peut rester de saleté sur les carreaux, Lorsque les carreaux sont très sales, il faut
avoir soin, avant d'étendre le blanc d'Espagne, d'enlever le plus
gros des taches et de la poussière avec un linge humide. S'il s'a-
git d'enlever des taches de peinture à l'huile, il faut prendre un
linge imbibé d'eau seconde et frotter la peinture pour en enlever
le plus possible ; dans le cas où la couleur serait trop tenace, on se
servira d'un couteau à reboucher avec lequel on frottera avec
légèreté pour ne pas rayer le verre.

On nettoie les glaces de la même manière, et si l'on veut vivi-
fier leur poli, on les frottera avec un linge imbibé d'eau-de-vie,
suif ou de d'esprit de vin. On les frottera fortement aussitôt
après. Pour cette opération, comme pour le nettoyage des vitres,
il faut se servir de préférence de toiles qui ne font pas de peluches.

Le verre est encore employé dans l'habitation sous forme de
glaces de vitrage, si répandues pour les magasins, de glaces de
miroiterie, de verres spéciaux imprimés en relief pour pavés en
verre, tuiles en verre, etc., des dalles pour éclairer les sous-sols.

Le *verre-soleil* est un verre de disposition particulière qui se
place comme les vitres ordinaires et qui est destiné à éclairer les
locaux mal situés en y réfléchissant la lumière.

Le *verre cathédrale* est un verre coulé très utile pour le vitrage
des serres car il supporte la grêle la plus forte.

Le *verre armé* renferme un grillage qui lui donne une grande
solidité.

Tentures spéciales Les murs peuvent aussi être recouverts de tentures spéciales : comme linoleum, lincrusta, tôle d'acier vitrifiée, produits pour murs humides.

Le *linoleum* est fabriqué avec de l'huile de lin oxydée et de la poudre de liège. Il peut s'appliquer sur des murs humides, mais il faut avoir soin de vérifier de temps à autre l'état des parties cachées par lui, car elles se pourrissent assez vite en raison du manque d'aération.

La *lincrusta* donne de beaux effets de revêtement : elle se pose à joints vifs sans recouvrements : 1° sur murs secs : l'on emploie généralement la lincrusta sur doublure papier et la colle de seigle ; 2° sur murs humides : on emploie la lincrusta sur doublure toile et la colle de céruse. Les murs de la pièce doivent être bien dressés sans trous ni aspérités : la lincrusta s'applique directement sur le plâtre à nu, sans interposition de papier d'aucune sorte. Il ne faut jamais poser la lincrusta à la colle de seigle sur des murs de construction trop récente : la lincrusta imperméable arrêterait la sortie de l'humidité des plâtres et provoquerait des décollages après quelques semaines. La souplesse de la lincrusta augmentant à la chaleur, il est bon en hiver de chauffer la pièce dans laquelle on exécute un travail de pose. La maison de vente de la lincrusta donne toutes les indications de détail pour la pose de ce produit.

La *tôle d'acier* vitrifiée est un produit relativement récent mais qui a fait ses preuves dans les moyens de transport, et notamment dans le Métropolitain où elle revêt les panneaux intérieurs des wagons dont le service est extrêmement dur. La tôle d'acier vitrifiée a un très bel aspect et elle est d'une propreté remarquable. Dans certains locaux de maisons d'habitation elle peut trouver son application : les compagnies de chemins de fer, notamment le P.-L.-M. et l'État, s'en servent pour leurs cabinets de toilette des wagons, et la compagnie des wagons lits en revêt ses cuisines et également ses cabinets de toilette ; dans les mêmes pièces d'une maison, elle peut donc être utilement appliquée.

Enfin, certains produits sont destinés à être appliqués sur les murs humides pour permettre à ceux-ci de recevoir du papier : parmi ces produits, la *peinture au fer chromique* s'applique à deux ou trois reprises suivant l'état d'humidité du mur. La *cérésite* est aussi un produit pour l'assainissement des passages souterrains.

CHAPITRE XIV

PAVAGE

Le pavage est une couverture solide du sol, destinée à l'utilité et à l'embellissement soit des rues et places, soit des abords et des cours des habitations particulières, tant de la ville que de la campagne. Le plus ordinairement, le pavage se fait en grès, parce que c'est la matière la plus résistante aux chocs des roues des voitures ainsi qu'à celui des pieds des chevaux. Dans les pays volcaniques, on se sert aussi de laves. Dans les contrées dénuées de pierre et de laves, on pave les cours en briques dures, posées sur champ. Enfin, on emploie encore les pavés de bois, l'asphalte comprimé et les pavés de liège.

Nous avons dit précédemment ce qu'est le grès. Les laves sont des matières pierreuses que les volcans émettent dans leurs paroxysmes, et qui, à l'état de fusion pâteuse, s'étendent, sous forme de courants, sur les flancs de la montagne en se portant quelquefois jusqu'à de grandes distances. En France, l'Auvergne, le Velay, le Vivarais, une grande partie des Cévennes, le Languedoc, la Provence, offrent une masse énorme de produits volcaniques.

Pour qu'un pavage soit solide, il faut que le fond sur lequel il est établi soit résistant. Si l'on est obligé de paver sur des terres rapportées, il sera convenable de les pilonner auparavant. Il faudra aussi, autant que possible, donner de la pente au terrain à paver, afin de faciliter l'écoulement des eaux. Il faudra encore combiner les pentes qui doivent amener les eaux dans les ruisseaux destinés à rejeter au loin les eaux pluviales vers les points où elles ne peuvent plus nuire aux constructions. Plus on pourra donner de pente aux surfaces elles-mêmes du pavé, mieux cela vaudra.

Le gros pavé de roche de Fontainebleau, dit *pavé de la Ville*, a environ 22 centimètres sur tous sens ; on le pose sur une forme (couche) de sable de plaine de 16 à 20 centimètres d'épaisseur. On pose ce pavé à sec avec du sable, et ensuite il est battu et dressé avec la « demoiselle ». Cet échantillon de pavé s'emploie pour les voies publiques et les surfaces fatiguées par de lourds fardeaux. Le pavé dit *refendu en deux* peut servir au pavage de distances et de cours parcourues par des voitures légères et des équipages de luxe. Il y a des pavés refendus en trois qui ne doivent servir que pour de petites cours dans lesquelles n'entrent point de voitures ni de chevaux, et enfin pour les trottoirs.

Les pavés refendus en deux et en trois sont posés avec chaux et ciment. On donne au moins 14 millimètres de pente par mètre au pavé des cours, pour l'écoulement des eaux.

Le pavé d'échantillon, plus petit que les précédents, sert pour les offices, cuisines, lavoirs, buanderies et autres lieux où il y a ordinairement de l'eau ; on l'emploie aussi à chaux et ciment. Pour ces travaux intérieurs de pavage, il faut également bien disposer les pentes et bien établir le sol : c'est ce qu'on nomme *dresser la forme*. Ce qui convient le mieux pour la forme, c'est de la terre franche.

Dans les pays où le granit abonde, comme en Toscane par exemple, on pave les cours et les rues avec des dalles de cette matière, de 10 à 12 centimètres environ d'épaisseur. Ces dalles n'ont pas besoin d'être carrées ou rectangulaires : on peut les employer polygonales, à cinq ou sept faces, ainsi que le font voir les rues de Florence et celles d'autres villes d'Italie.

Les pavés de bois se posent sur un sol bien dressé recouvert d'un béton enduit lui-même à sa surface d'un mortier fin de ciment. Les pavés résineux sont plongés, avant d'être employés et pendant vingt minutes, dans une composition de coaltar, de craie argileuse et de créosote qui est destinée à les empêcher de pourrir. Les pavés sont posés sur champ et en rangées perpendiculaires à l'axe de la chaussée et ces rangées sont séparées les unes des autres par des réglettes ; les séparations ainsi formées sont remplies de brai et de créosote au fond et de mortier au dessus.

L'asphalte comprimé est employé soit en pavés posés sur fondation de béton, soit à chaud en application continue sur une couche de béton grâce à un damage soigné.

Les pavés en liège aggloméré sont utilisés pour des remises de voitures et des sous-sols d'écurie; ils sont insonores et élastiques, et ont une durée très satisfaisante.

CHAPITRE XV

NETTOYAGE ET ENTRETIEN DE LA MAISON, TUYAUX ACOUSTIQUES, TÉLÉPHONE, ASCENSEURS, MONTE-CHARGES, EXTINCTEURS D'INCENDIE.

Nettoyage par le vide Le développement des idées d'hygiène dans ces dernières années a amené à se préoccuper plus qu'autrefois de l'entretien de la maison. Le grand ennemi d'une habitation est la poussière, et le nettoyage idéal serait celui qui arriverait à supprimer radicalement cette dernière. On a créé des appareils destinés à la capter. Ce sont les appareils de *nettoyage par le vide*.

On fait maintenant des types très divers de ce genre d'appareils, les uns sont portatifs et actionnés à la main; d'autres également portatifs sont actionnés au moyen du courant électrique qui leur est fourni par une prise de courant quelconque avec laquelle ils sont mis en relation par un fil souple et une douille. D'autres enfin, sont plus compliqués et, par leur caractère, rentrent dans le cadre de la construction. Ils se composent d'un appareil aspirateur placé dans les sous-sols de l'immeuble et qui correspond, par une canalisation posée une fois pour toutes, avec des prises d'aspiration installées dans les diverses pièces de la maison. Quand on veut nettoyer une pièce à fond, on place sur la prise d'aspiration un tuyau muni à son autre extrémité d'une embouchure d'aspiration.

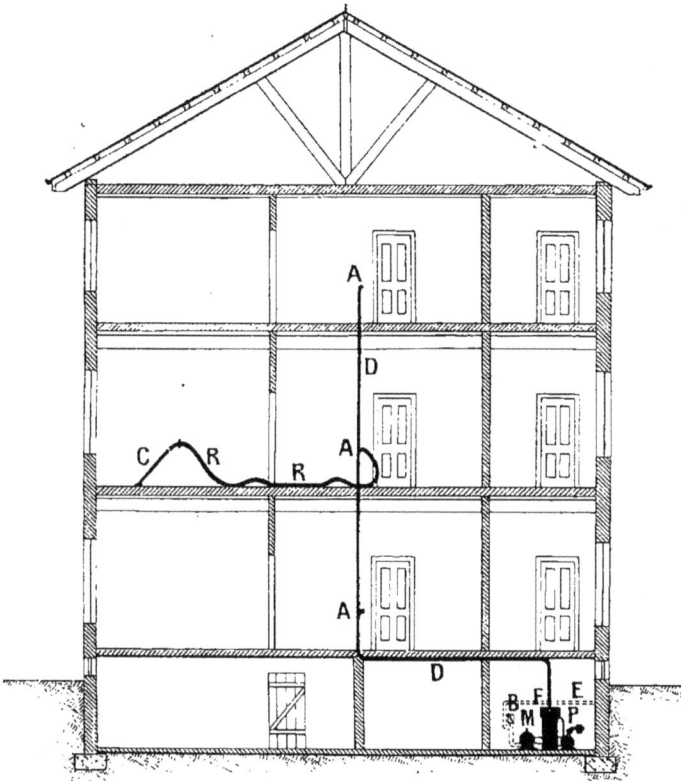

Schéma d'une installation Vacuum Cleaner avec canalisation centrale dans un immeuble.

A. Bouche.	D. Canalisation.	M Moteur.
B. Démarreur.	E. Raccordement.	P Pompe.
C. Aspirateur.	F. Filtre.	R Tuyau flexible.

Fig. 480.

Les poussières sont recueillies dans un récipient ou même évacuées directement à l'égout.

Un grand nombre d'immeubles de Paris sont munis maintenant

Appareil de Vacuum Cleaner facilement transportable pour nettoyage d'appartements ou immeubles.
S'adapte à une prise de courant électrique.

Fig. 481.

du nettoyage central par le vide dont nous venons d'indiquer le principe.

Dans tous les systèmes de nettoyage par le vide, il faut prendre la précaution de régler l'aspiration pour ne pas amener la détérioration des objets nettoyés. Certaines tentures ou certains tapis pourraient souffrir beaucoup d'une application inconsidérée du nettoyage par le vide.

Quant à l'entretien de l'intérieur, il dépend de la maîtresse de maison et nous n'avons certes pas l'idée de venir ainsi donner quelques conseils à cet égard : nous signalerons simplement que certaines parties de l'habitation sont

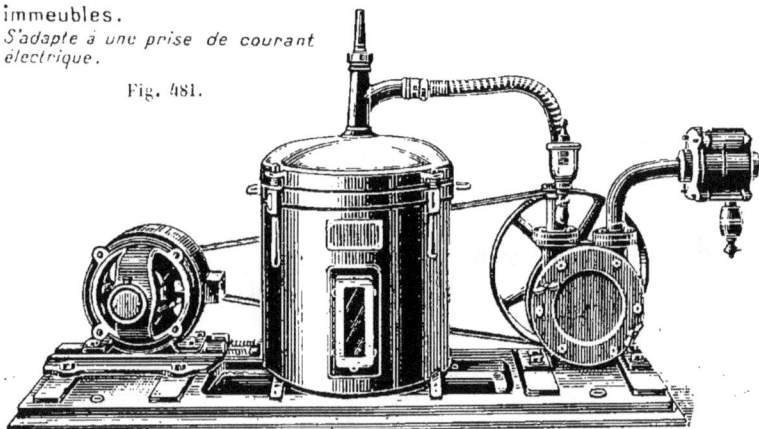

Appareil Vacuum Cleaner pour nettoyage avec canalisation centrale.
(Fonctionne avec tous courants électriques)

Fig. 482.

pour ainsi dire vouées à se salir rapidement si l'on n'a recours
à des précautions spéciales. Nous avons vu, dans le chapitre du
chauffage, que l'on pouvait prendre
quelques dispositions pour éviter que
les chauffages centraux ne détériorent
les peintures. Les portes, et les murs
adjacents, sont fatalement salis par le
contact des mains : on leur applique
des plaques de propreté : celles-ci peuvent être en verre et maintenues par
deux vis munies d'un bouton en verre
qui les rend plus agréables à la vue ; la
pose de ces plaques doit être faite avec
précaution pour ne pas briser la glace
par un serrage trop accentué de la
vis.

On reproche quelquefois aux plaques
de propreté en verre leur défaut d'esthétique : dans ce cas
un moyen très simple est de
fabriquer ces plaques de propreté soi-même. On peut, par
exemple, prendre un mor-
ceau de carton que l'on a découpé suivant les dimensions
de la plaque de propreté. On
recouvre ensuite ce carton
par de l'étoffe assortie aux
tentures de la pièce corres-

Dépoussiérage d'une carpette au moyen
d'un appareil Vacuum Cleaner ayant la forme
d'une balayeuse *(Cet appareil ne contient pas
de brosses mais des aspirateurs.)*

Fig. 483.

pondante. Enfin, il existe des plaques de propreté en cuivre d'une
variété infinie.

On installe dans les maisons ou les appartements de grandes
dimensions des appareils permettant d'entrer en conversation avec
une personne placée par exemple à l'autre extrémité de l'habitation sans avoir à se déranger : les tuyaux acoustiques, les téléphones particuliers répondent à ce besoin. Les appareils sont
achetés tout prêts à être posés ; leur installation se fera par l'ache-

teur lui-même qui demandera des instructions au vendeur, ou par un serrurier pour le téléphone.

Ascenseurs   Les ascenseurs sont de trois types bien distincts; hydrauliques, à air comprimé, électriques.

Les ascenseurs hydrauliques sont les plus anciens : ils fonctionnent grâce à la pression de l'eau, et ils sont de deux modèles différents : à tiges en dessous ou suspendus.

Le premier modèle nécessite un puits toujours délicat à installer ; le second offre moins de difficulté. A Paris, les ascenseurs marchaient tous au moyen de l'eau avant 1894, époque à laquelle l'eau employée dans cette ville fut frappée d'un prix de vente qui rendit fort coûteux l'emploi de ces appareils; certains de ces ascenseurs sont encore en service, d'autres ont été modifiés pour devenir aéro-hydrauliques; d'autres enfin ont été supprimés complètement et remplacés par le type électrique.

Le modèle d'ascenseur hydraulique suspendu, quand on n'a pas de courant électrique à sa disposition, est recommandable en province où les bons puisatiers ne sont pas toujours faciles à trouver; il faut, pour les appliquer, disposer d'une pression suffisante et régulière.

Les ascenseurs à air comprimé sont, en somme, des ascenseurs hydrauliques à piston dont l'eau, toujours la même dans une capacité fermée, reçoit une pression fixe de l'air comprimé agissant soit sur la surface de l'eau elle-même soit par un piston intermédiaire. Il comporte donc tous les avantages pratiques de l'ascenseur hydraulique notamment au point de vue de l'aspect extérieur : possibilité d'employer des cabines d'apparence légère, des guidages en fer rond tourné et poli dont l'apparence nette et brillante ne dépareille pas les escaliers les plus luxueux.

Mais ce qui distingue nettement l'emploi de l'air comprimé de l'emploi de l'eau comme agent moteur, c'est l'économie considérable d'exploitation. Elle est même si importante que tous les propriétaires d'anciens ascenseurs hydrauliques qui les font transformer à l'air comprimé, récupèrent rapidement leurs frais en même temps qu'ils font moderniser les détails de leur installation.

Paris est la seule capitale qui possède une canalisation générale d'air comprimé. Ceci explique la vogue dont y jouissent les ascenseurs à air comprimé.

Les ascenseurs à air comprimé sont de deux types : 1° à compresseur, 2° à compensateur.

Le compresseur est un réservoir simple où l'air communique directement sa pression à l'eau avec laquelle il est en contact. Un dispositif très simple est prévu pour obturer la communication avec le cylindre sous la cabine, si le niveau de l'eau baissait jusqu'au fond du compresseur. Ce dispositif le plus simple et le plus économique d'installation, est tout indiqué pour les appareils à faible course et à usage modéré, comme dans les hôtels particuliers et les maisons de rapport avec peu de locataires ; mais il devient onéreux dès que la hauteur s'accroît et dans une proportion bien plus grande que celle de cet accroissement.

Le compensateur est un organe destiné à équilibrer, en quelque sorte comme un plateau de balance, la charge à élever. Il permet donc, non seulement une forte économie de consommation, mais le maximum réalisable de sécurité, à condition d'être établi de manière que l'air, en aucun cas, ne puisse passer dans la capacité réservée à l'eau.

Les ascenseurs à air comprimé se font pour tous les usages, avec toutes les manœuvres, à cordes ou par boutons électriques ; avec, enfin, toutes les vitesses pratiquement réalisables.

Mais il importe de bien faire la remarque que l'installation d'un ascenseur à air comprimé ne souffre pas la médiocrité ; ils doivent, pour donner la sécurité véritable, être établis suivant une technique sans aucune défaillance et avec une robustesse complète ; autrement, ils peuvent être des plus dangereux si un seul des principes nécessaires à leur établissement correct a été méconnu.

Les ascenseurs électriques suspendus sont aujourd'hui répandus partout. Nous rappellerons qu'il a existé des ascenseurs hydro-électriques qui avaient pour caractéristiques la mise en œuvre d'un compensateur hydraulique au moyen d'un moteur électrique. Ces appareils furent très utiles au moment où l'eau subit à Paris l'augmentation dont nous avons parlé. Ils assuraient du premier coup le prix de revient minimum d'exploitation. Leur prix de premier établissement était très élevé; ils n'ont plus de raison d'être depuis que les ascenseurs purement électriques ont été réalisés.

Que ce soit à Paris ou ailleurs, le système électrique est celui qui convient le mieux chaque fois que rien n'empêche son installation. Il est tout d'abord remarquable par le faible poids relatif des matières premières qu'il comporte; il est facile à transporter et à mettre en place; il devient d'une économie réelle comme dépense première en raison des perfectionnements qui lui ont été apportés. D'autre part, son économie de force motrice est importante par rapport aux ascenseurs hydrauliques et aéro-hydrauliques; ces avantages totalisés font de l'ascenseur électrique le premier de tous.

Il est aussi bien qualifié pour les appareils de luxe ou de fatigue, pour des services abondants ou restreints. Par définition, les ascenseurs électriques sont la combinaison d'un mouvement élévatoire purement mécanique et d'une série d'organes électriques destinés à le provoquer. La nécessité d'une appropriation de ces organes est donc de toute évidence, mais elle ne peut résulter que d'études techniques approfondies et spéciales, faites à l'avance, pour répondre immédiatement à chacun des cas qui peuvent se présenter dans la pratique; il faut résoudre les problèmes les plus variés, appliquer toutes les natures et tous les régimes de courants électriques, toutes les vitesses pratiquement réalisables, tous les genres de manœuvres jusqu'à l'extrême limite de l'automaticité.

Il nous est impossible d'entrer ici dans le détail des mille précautions que les maisons fabriquant des ascenseurs ont su créer pour réduire au minimum les chances d'accident.

Nous donnerons le conseil suivant : le propriétaire qui veut faire construire, fera bien, s'il désire installer un ascenseur dans sa maison, de faire venir le représentant d'une des grandes maisons d'ascenseurs avant de commencer l'exécution de sa maison. Il lui montrera ses plans, fixera avec lui l'emplacement de l'ascenseur, déterminera le système; il n'y aura pas ainsi les surprises qui arrivent si souvent dans l'installation d'un ascenseur que l'on est souvent dans l'obligation de reléguer dans un coin qui ne lui était pas destiné, faute d'avoir su auparavant prévoir son établissement.

Rentrant dans la catégorie des ascenseurs sont les monte-charges et les monte-plats qui rendent de grands services dans les maisons. Ces appareils fonctionnent au moyen du courant électrique, mais ils peuvent aussi fonctionner tout simplement à la main. Leur encombrement réduit, leur consommation de force insignifiante, s'ils sont électriques, les rendent excessivement avantageux.

Une application des monte-charges est celle qui est faite pour monter ou descendre en sous-sol une voiture ou une automobile.

Les monte-charges industriels ont reçu des applications innombrables, ainsi que les transporteurs mécaniques destinés à transporter d'un point à un autre, souvent fort éloigné du premier, toutes espèces de matières.

Enfin, les tapis roulants, les escaliers mobiles, les rouleaux élévateurs de marchandises ont reçu de nombreuses applications.

Extincteurs d'incendie Il est prudent de prévoir l'incendie, autant qu'on le peut, dans toute habitation, par des dispositions spéciales de robinets d'eau.

Grâce au courant électrique, on a réalisé des appareils qui annoncent automatiquement la présence d'un incendie. Nous avons déjà vu un dispositif dans lequel deux lames en se rapprochant sous l'effet de la chaleur développée par l'incendie, provoquent le déclanchement d'une sonnette; dans d'autres systèmes, une barrette se rompt brusquement dès que la température dépasse un degré déterminé, et cette rupture actionne une sonnerie qui dure tant que l'on n'a pas remis une nouvelle barrette. Dans d'autres cas, cette barrette ne se rompt pas; elle s'allonge et provoque la sonnerie qui s'arrête dès que la température étant redevenue normale, la barrette a repris sa première position.

On fait maintenant des appareils extincteurs d'incendie qui sont basés sur l'envoi d'un gaz incombustible sur le foyer d'incendie. Une des meilleures dispositions données à ces appareils est celle qui se compose d'un récipient en tôle contenant de l'eau saturée de bicarbonate de soude et d'une bouteille remplie d'un acide. L'appareil est plombé. Quand on veut s'en servir, on fait sauter le plomb qui ferme le récipient et on retourne tout le système : dans ce mouvement, la bouteille s'ouvre automatiquement et le mélange a lieu ; l'acide carbonique produit est projeté en jet sur le foyer d'incendie.

On fait aussi des grenades extincteurs en verre qui, jetées sur le feu, se brisent et laissent échapper leur contenu liquide; ce liquide, au contact du foyer, se transforme en gaz incombustible.

Purification de l'air des habitations La viciation de l'air intérieur a lieu par la respiration, par les émanations de toutes sortes et par la poussière dans ses différents états.

Les recherches faites par MM. les docteurs Sartory et Marc Langlais sur l'air de Paris, sont des plus suggestives. C'est ainsi qu'ils ont trouvé :

Dans un restaurant ouvrier, 60.000 bactéries au MC; 57.500, avenue du Bois de Boulogne vers 5 heures du soir; dans une grande taverne, 450.000; dans les grands magasins, une moyenne de 300.000 à 2.000.000 un jour d'exposition; dans un hall où l'on pouvait à peine circuler, plus de 4.000.000; au Musée du Louvre, 1.220.000; dans un Salon de peinture : le matin, 42.000, à 2 heures, 3.240,000, plus de 5,000.000 à 4 heures; dans un Salon de locomotion, le jour du vernissage : à midi 2,320.000, à 3 heures le même jour, le chiffre atteint 7.000.000, à 5 heures les 9.000.000 sont dépassés.

Les gaz expirés augmentent la nocivité et la vitalité des microbes.

Il faut donc détruire les gaz toxiques et les rendre impropres au développement des bacilles; la diffusion de l'ozone dans les atmosphères confinées résout heureusement le problème de la purification de l'air.

Miquel a démontré que l'air de la mer et des montagnes est exempt de germes, tandis que l'on trouve dans l'air des villes un nombre d'autant plus considérable de micro-organismes que la ville est plus peuplée et moins aérée.

Pour augmenter la qualité de l'atmosphère intérieure, les recherches se sont tournées de plus en plus vers l'application de l'ozone pour la purification et la désodorisation de l'air.

Un des appareils les plus employés est celui d'Otto, qui rappelle comme principe celui qui sert à la purification de l'eau par l'ozone et que nous avons examiné.

L'ozone est produit par simple passage de l'air atmosphérique à travers des effluves. La production de l'ozone comporte deux opérations distinctes : production de l'effluve et passage de l'air à travers l'effluve.

L'effluve est produite en-

Ozoneurs d'air Otto.
Fig. 484.

tre les surfaces intérieures de deux plaques non conductrices d'électricité dont les surfaces extérieures sont maintenues à des voltages différents, les plaques non conductrices étant constituées par groupes de glaces sur lesquelles sont appliquées des feuilles d'étain.

Elles sont mises en contact les unes avec la terre, les autres avec le côté haute tension d'un transformateur placé dans la boîte sur laquelle repose le générateur d'ozone. Les faces extérieures des glaces étant de cette façon maintenues à des potentiels différents, l'effluve se produit entre les faces intérieures.

L'air atmosphérique est envoyé, par un ventilateur actionné par un moteur, dans la boîte métallique où se trouvent les glaces entre lesquelles se produisent les effluves; l'air est donc obligé de traverser ces effluves dans toute leur etendue.

La télégraphie sans fil dans l'habitation — La dernière et la plus intéressante application des merveilles de la science dans l'habitation, est certainement la faculté donnée maintenant à chacun de recevoir chez soi : l'heure de l'Observatoire, les bulletins météorologiques, les nouvelles de presse, les cotes des Bourses du monde entier, lancés aux observatoires et aux navires de toutes nations à des milliers de kilomètres chaque jour par la Tour Eiffel, par les postes de Norddeich, de Poldhu, de Cleethorpes, par télégraphie sans fil (services publics).

L'émission peut venir des postes français, allemands ou italiens. Les appareils très simples que l'on construit aujourd'hui, la perçoivent en tous lieux, à toutes distances. Point n'est besoin de coûteuses installations; quelques mètres de fil métallique tendus même à l'intérieur des habitations constituent l'antenne, et les appareils se relient simplement, d'un côté à la terre, de l'autre à l'antenne avec du fil de sonnerie; ils sont placés en quelques minutes, prêts à fonctionner.

Pour recevoir les ondes dans la région de Paris la chose est des plus simples ; un lustre isolé électriquement, un coffre-fort, une rampe de balcon, un toit de zinc, une conduite, une colonne montante d'eau ou de gaz constituent d'excellentes antennes; un simple fil de sonnerie, même non dénudé, tendu dans la plus grande longueur de l'appartement, est aussi une antenne.

En dehors de Paris, les antennes peuvent se construire de mille façons, c'est une question d'emplacement et d'initiative; on peut se servir de grillage de clôture ou d'un fil de fer galvanisé tendu sur un toit ou à l'intérieur d'un grenier; mais en principe on les construit en fil de cuivre rouge dénudé de 1 à 5 millimètres de diamètre, de 30 mètres environ de long pour 500 kilomètres, isolé et relié par une extrémité à l'installation intérieure sans toucher les murs. On peut constituer une antenne avec un, deux ou trois fils espacés de 1 mètre les uns des autres, tendus d'une cheminée un peu haute à une autre même plus basse; d'un arbre à une fenêtre, d'une fenêtre d'un corps de bâtiment à une autre fenêtre ou au toit du même bâtiment ou d'un autre, à la condition que les fils soient isolés de leurs supports. A défaut des dispositions ci-dessus, une surface de fil dénudé isolé étendu sur un volet, sur un mur, sur une planche que l'on fixe sur le toit, suffira pour les distances les moins fortes. Il faut orienter

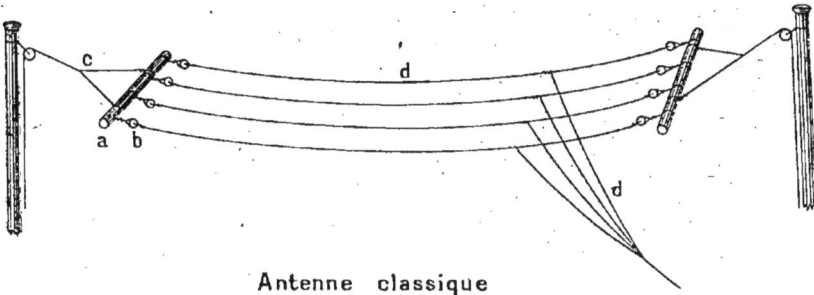

Antenne classique

a. *Bambous* b. *Isolateurs* c. *Corde goudronnée* d. *Fil de bronze silicieux.*

Fig. 485.

l'antenne autant que possible dans sa longueur vers la Tour Eiffel.

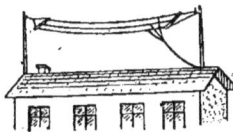

Isolateurs et corde paraffinée

Différents genres d'antenne suivant la disposition des lieux

Fig. 486.

En résumé, on peut utiliser comme antenne tout gril allongé disposé horizontalement isolé de ses supports et placé le plus haut possible d'une façon quelconque suivant l'état des lieux. La lon-

Appareil récepteur
le plus simple.

Fig. 488.

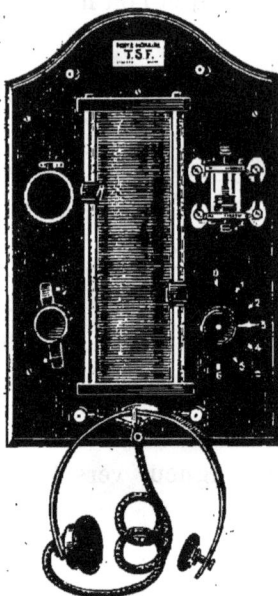

Appareil de réception Morse
pour distance de plus de 2000 km.

Fig. 487.

Mode d'attache des isolateurs

Fig. 489.

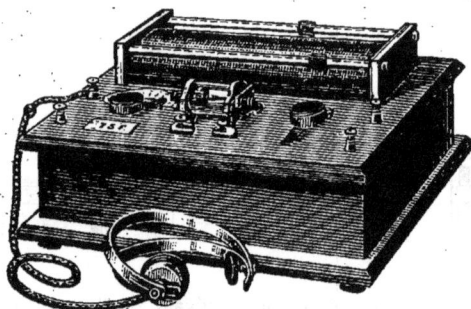

Appareil de réception sur bureau pour
distance de plus de 2000 km.

Fig. 490.

gueur et la grosseur des fils, la hauteur de l'emplacement doivent augmenter avec la distance, surtout à plus de 100 kilomètres. Au Maroc, une antenne de 100 mètres de long à 20 mètres de hauteur seulement assure les communications.

Enfin, tous les réseaux téléphoniques ou de lumière, à la condition qu'ils soient aériens, remplacent les antennes à toutes distances et permettent d'entendre les postes les plus éloignés. Pour les téléphones, on entoure un seul des fils aériens sans le dénuder ni le gratter avec du fil de sonnerie ordinaire sur une bonne longueur pour revenir à l'appareil; ou encore, on relie une des bornes de l'appareil récepteur à une des bornes du téléphone; dans ce cas, on gratte les extrémités. Pour les fils de lumière, on n'entoure qu'un des fils aériens comme nous venons de le dire.

Il faut veiller à ce que le fil qui vient de l'antenne à l'appareil soit éloigné de toute surface métallique, de tout autre fil électrique, et soit éloigné aussi des murs.

Pour lier les appareils à la terre, les conduites d'eau et de gaz avec leurs canalisations souterraines sont excellentes. Il suffit, après avoir gratté convenablement la peinture, d'y rattacher l'appareil avec du fil de sonnerie ordinaire, et si l'on n'a pas ces conduites à sa disposition, une plaque de zinc, enfouie à une certaine profondeur ou immergée dans un puits, en tiendra lieu.

Les appareils employés sont de types variables suivant la distance à laquelle on se trouve de la Tour Eiffel et aussi suivant la qualité de ces appareils. Signalons, par exemple, que pour un rayon de 200 kilomètres de la Tour Eiffel ou de tout poste d'émission d'une certaine puissance, on fait des appareils complets qui ne coûtent que 25 francs.

Quant aux signaux qu'envoie la Tour Eiffel, ils sont de différentes catégories que nous résumons dans le tableau suivant.

HORAIRE DES SIGNAUX D'INTÉRÊT GÉNÉRAL
lancés chaque jour de la Tour Eiffel

De 7 h. à 7 h. 30. . . . . Répétition des nouvelles de presse (" Voici Nouvelles " de la veille).

De 9 h. 57 à 10 h. . . . Envoi de l'heure (Nouvelle méthode, Convention Internationale).

De 10 h. 49 à 11 h. . . . Bulletin météorologique B. C. M.

A 13 h. 30. . . . . Dépêches militaires avec Toul, Verdun et Nancy (souvent chiffrées).

De 17 h. à 17 h. 10. . . . Bulletin météorologique.

De 20 h. à 21 h. . . . . . " Voici Nouvelles " la Tour Eiffel envoie un télégramme de presse sur les événements du jour.

De 20 h. 30 à 22 h. . . . Le poste à émissions musicales appelle tous les postes côtiers (Dunkerque, Boulogne, Brest, Lorient, Rochefort, Escadres de la Méditerranée, Toulon, Ajaccio, Bizerte, Fez, Oran, Taourit).

De 23 h. 20 à 23 h. 23. 180 battements de seconde diminués d'environ 1/50, le 60e et le 120e supprimés.

De 23 h. 57 à 24 h. . . . Envoi de l'heure (nouvelle méthode).

A 23 h. 50. . . . . 2 groupes de 6 chiffres qui sont l'heure du premier et du dernier des 180 battements (méthode des coïncidences pour l'heure et la rectification des longitudes).

Postes étrangers

De 11 h. 57 à 12 et de 21 h. 57 à 22 h. Heure lancée de Norddeich (Allemagne du Nord).

A 22 heures. Nouvelles du jour, cours de bourse, lancés de Norddeich (en allemand).

A 22 heures. Cleethorpes (Angleterre), journal de l'Atlantique.

A 23 heures. Poldhu (Angleterre) envoie les nouvelles du jour.

SIGNAUX CONVENTIONNELS EMPLOYÉS PAR LA STATION RADIOTÉLÉGRAPHIQUE de la Tour Eiffel pour la transmission des Dépêches Météorologiques.

Depuis le 1er septembre 1913, des changements très importants ont été apportés dans le texte et les heures d'émission des bulletins météorologiques par la station radiographique militaire de la Tour Eiffel.

Les bulletins de la région parisienne de 8 heures du matin et de 15 heures le soir sont supprimés.

Le BCM est envoyé deux fois par jour.

Il débute par ces signaux Morse B C M qui signifient Bureau Central Météorologique, précédés de 2 ou 3 appels —.—.—

Ensuite, signal —.. .— (2 traits de séparation).

La dépêche fait ensuite connaître pour les stations indiquées au tableau 1, et en indiquant d'abord la première lettre de chaque station (.R pour Reykiavick, etc.)

1° La pression barométrique au-dessus de 700 par 3 chiffres (exemple, on reçoit : 4 2 8, il faut lire 742,8).

2° La direction du vent par 2 chiffres (voir tableau II).

3° La force du vent par 1 chiffre (voir tableau III).

4° État du ciel (voir tableau IV).

5° L'état de la mer par 1 chiffre (voir tableau V).

Toute observation qui manque est mentionnée par X Chaque lettre indicatrice de la station est suivie du signal du point . . . . Chaque groupe de 8 chiffres est suivi de —...— (trait de séparation).

TABLEAU I — Stations Météorologiques

Station	Lettre
Reykiavick.	R
Valentia.	V
Ouessant.	O
La Corogne.	C
Horta.	H
Saint-Pierre et Miquelon.	S
Paris.	Paris
Clermont.	C
Biarritz.	B
Marseille.	M
Nice.	N
Alger.	A
Skudosness.	SK
Stockholm.	ST
Prague.	P
Stornsway.	SY
Shields.	SH
Le Helder.	HE
Trieste.	T
Rome.	R

TABLEAU II — Direction du vent

		Direction
0	2	N-N-E
0	4	N-E
0	6	E-N-E
0	8	E
1	0	E-S-E
1	2	S-E
1	4	S-S-E
1	6	S
1	8	S-S-O
2	0	S-O
2	2	O-S-O
2	4	O
2	6	O-N-O
2	8	N-O
3	0	N-N-O
3	2	N

TABLEAU III — Force du vent

	Force du vent	Vitesse correspondante (mètre par seconde)
0	Calme.	0 à 1
1	presque calme.	1 à 2
2	très faible, légère brise.	2 à 4
3	faible, petite brise.	4 à 6
4	modéré, jolie brise.	6 à 8
5	assez fort bon, brise.	8 à 10
6	fort bon frais.	10 à 12
7	très fort, grand frais.	12 à 14
8	violent coup de vent.	14 à 16
9	tempête.	plus de 16

TABLEAU IV — Etat du ciel

	Etat du ciel
0	beau.
1	peu nuageux.
2	nuageux.
3	très nuageux.
4	couvert.
5	pluie.
6	neige.
7	brumeux.
8	brouillard.
9	orage.

TABLEAU V — Etat de la mer

	Etat de la mer
0	calme.
1	très belle.
2	belle.
3	peu agitée.
4	agitée.
5	houleuse.
6	tr. houleuse.
7	grosse.
8	très grosse.
9	furieuse.

A la suite des lettres FL. le télégramme indique le vent actuel à la Tour Eiffel et le vent probable pour le soir ou le lendemain.

CHAPITRE XVI

Nature des travaux des corps d'ouvriers employés dans le bâtiment

Les travaux du *terrassier* comprennent tout ce qui se rapporte à la transformation du sol, telles qu'excavations pour l'établissement des ouvrages d'art, piochage, pelletage, transport des terres à enlever, remblais simples, remblais pilonnés et en général toutes les différentes opérations destinées à transformer le sol, ainsi que nous venons de le dire. S'il y a des terres à transporter en dehors de la propriété, il faut que le propriétaire s'informe à l'avance s'il y a des remblais publics : sinon, il avisera avec des voisins pour se débarrasser des fouilles, ou bien il s'entendra avec des propriétaires en dehors de la ville ou du village pour les recevoir.

Après le terrassier vient le *maçon*, qui exécute les fondations, les caves avec leurs voûtes, ensuite les murs de face et de refend, les plafonds, les enduits, les corniches, et en général toute l'ornementation rectiligne et linéaire. Pour exécuter la maçonnerie on se sert du garçon ou manœuvre, du compagnon ou maçon proprement dit. On appelle *poseur*, le maçon qui sait poser et couler la pierre de taille avec habileté et adresse; il se fait aider par un maçon intelligent nommé *contre-poseur*. Le *plâtrier* ou plafonneur est celui qui fait les enduits et les plafonds. Ce sont, dans beaucoup de localités, des ouvriers spéciaux, qui ne s'occupent pas de la maçonnerie des murs; dans certaines localités, les maçons sont en même temps plafonneurs. Le maître compagnon ou chef d'atelier est un ouvrier maçon habile, intelligent, qui conduit et surveille les ouvriers de sa profession. Il doit savoir lire, écrire, calculer et comprendre les projets tracés sur le papier. Enfin, le *tâcheron* est l'ouvrier capable auquel on confie seulement la main-d'œuvre en lui fournissant les matériaux. Il faut que le constructeur propriétaire ait la preuve de l'habileté du tâcheron qu'il emploie, afin qu'il ne gâche pas l'ouvrage qu'on lui confie.

En troisième lieu, vient le *charpentier*, dont le métier est d'assembler des pièces de bois, pour en construire des combles, des planchers, des cloisons, des lucarnes, etc. Le charpentier façonne et pose les assemblages de charpente. C'est le plus intelligent des ouvriers de bâtiment, car il doit savoir en partie la géométrie descriptive pour la taille et l'assemblage des bois qu'il emploie. Le charpentier exécute aussi les escaliers.

A la suite du charpentier vient le *couvreur*, qui garantit les constructions au moyen de couvertures en ardoises, en tuiles, en zinc et autres matières.

Quand le bâtiment est préservé des intempéries de l'air, le *menuisier* s'occupe du complément des assemblages en bois, plus délicats que ceux du charpentier. Le menuisier fabrique les fenêtres, les portes extérieures et intérieures, les achèvements et les décorations du dedans, comme planchers, parquets, lambris, armoires, cloisons légères, les plinthes, les stylobates, les volets, les persiennes, etc.

Le *serrurier*, qui fournit, façonne et pose d'abord les gros fers destinés à lier la charpente à la maçonnerie, tels que tirants, ancres, platebandes, étriers, équerres. Il fournit et pose, ou pose seulement, les serrures, les gonds, les fiches, les équerres aux portes, la ferrure entière des volets, persiennes et fenêtres, et s'occupe en général de la pose de tous les ouvrages de quincaillerie. Le serrurier emploie le fer forgé, la tôle et la fonte indistinctement et, pour certains ouvrages, le cuivre.

L'action du *plombier* est d'abord de couvrir en plomb des combles et des terrasses, de poser les chéneaux (travaux exécutés aussi par les couvreurs), les conduites d'eau, les pompes, les cuvettes et les appareils d'eau dans les water-closet.

Le *paveur* et le *carreleur* pavent les cours, les écuries, les étables, les pièces d'une maison où il ne doit pas y avoir de plancher ni de parquet en bois. Le carreleur pose les carreaux blancs et noirs en pierre et en marbre, les carreaux en terre cuite, soit dans les vestibules et antichambres, soit dans les salles à manger ou salles de bain.

Le *marbrier* pose les cheminées et les plinthes en marbre, les mosaïques, quelquefois les carreaux blancs et noirs en pierre et en marbre, et en général les pavés ornés de l'intérieur des maisons.

Les *peintres-vitriers* viennent achever un bâtiment. Le peintre couvre les surfaces apparentes, soit enduits, bois et fer, de plusieurs espèces d'ouvrages, tant pour la conservation que pour l'embellissement. On peint les façades à l'extérieur; on couvre de peinture, soit à l'huile, soit à la détrempe ou à la colle, les parois des pièces intérieures. Le peintre recouvre l'œuvre du maçon, du menuisier et du serrurier, de couches de couleur tant pour la conserver que pour lui donner une uniformité agréable à la vue. La peinture la plus habituelle s'exécute par tons unis et variés, par réchampissage d'ornement, ou couleur d'une moindre surface posée sur des fonds préparés à cet effet, et enfin en décors, enrichis de filets, d'ornements, de figures et d'animaux.

Dans la peinture dite de décors est aussi comprise l'imitation des bois, des briques, des granits, des marbres veinés, des moulures feintes, ombrées et éclairées à effet, etc., etc.

Le peintre-vitrier pose les carreaux de verre ou les glaces dans les fenêtres et les portes vitrées. Pour cette pose, c'est lui qui coupe au diamant le verre ou les glaces de la dimension voulue et qui fait le mastiquage extérieur. Le propriétaire peut faire venir directement les carreaux de verre ou les glaces de la fabrique la plus voisine, et ne charger le vitrier que de leur pose.

Quand on fait bâtir, il faut savoir quels sont les travaux qui appartiennent à chaque corps d'état, afin de pouvoir donner des ordres justes et des directions positives et opportunes. Celui qui dirige ou surveille les ouvriers d'un bâtiment en construction, qu'il soit architecte ou non, devient le directeur et le maître de ces ouvriers, et rien ne leur inspire plus de confiance, de zèle et d'activité, quand ce directeur leur fait l'effet de connaître avec justesse ce qu'il a à leur ordonner ou commander. Tout homme un peu attentif, qui lira lentement et attentivement les renseignements tout pratiques que nous avons rassemblés dans cet ouvrage, pourra, sans une grande ou fatigante étude, suivre les travaux divers des ouvriers et se mettre à même de surveiller avec profit les œuvres qu'ils exécutent.

Que l'amateur constructeur s'identifie d'abord avec les quelques propositions de géométrie consignées en tête de ce volume, et dont nous avons retranché à dessein les démonstrations, afin d'être plus abrégé ; qu'il étudie plus tard les pages qui traitent des différentes natures du sol, celles ensuite où nous parlons des fondations dans les mauvais terrains, des fondations sur grillages et autres ; qu'il suive avec assiduité, mais sans précipitation, la description des travaux à mesure qu'ils doivent se présenter dans l'exécution, et il s'apercevra que la tâche qu'il a entreprise n'est point au-dessus de ses capacités ni de sa volonté.

Qu'il consulte ce volume comme une sorte de dictionnaire, de petite encyclopédie de construction, ce qui lui est rendu facile par l'ordre alphabétique des matières placé à la fin de ce livre.

S'il nous lit sans distraction, il pourra jouir plus tard du plaisir de voir une œuvre achevée dont il aura dirigé et suivi l'exécution dans toutes ses parties. Il éprouvera le même contentement et la même satisfaction que l'architecte ressent en présence de ses projets exécutés et achevés.

Du nivellement du terrain à bâtir Tous les terrains ne sont pas toujours de niveau ; il y en a qui offrent des inégalités ou des irrégularités considérables. Il est donc nécessaire de se rendre compte des variations de la surface avant de déterminer la profondeur des fondations et le niveau du dessus du plancher du rez-de-chaussée. C'est en négligeant cette simple opération du nivellement qu'on commet trop souvent des fautes irrémédiables, soit qu'on fonde trop bas, soit qu'on fonde trop haut.

Il arrive aussi très fréquemment que le niveau du plancher du rez-de-chaussée, ou que d'autres niveaux d'importance dans les bâtiments neufs doivent dépendre de l'écoulement des eaux ainsi que du drainage ; ces niveaux peuvent encore dépendre de dépendances et d'accessoires qu'il faut prendre en sérieuse considération. Il est donc nécessaire de connaître quelques moyens simples et exacts propres à s'assurer des hauteurs relatives des différents points qui entourent l'emplacement où l'on doit élever un bâtiment nouveau. On se sert pour cette opération de deux

moyens, dont le premier consiste dans l'emploi du niveau d'eau
et le second dans le vulgaire niveau du maçon.

Dans le cas où le terrain dont on veut tirer le niveau est de peu
d'étendue et où les variations du niveau ne s'étendent pas au
delà de quatre à cinq mètres, les différentes hauteurs des divers points peuvent être exactement prises au moyen du niveau
du maçon.

Choisissez un endroit convenable auprès du point le plus élevé
du terrain, enfoncez-y trois petits pieux à égale distance les uns
des autres et formant un triangle aussi régulier que vous pourrez le faire par simple approximation. Clouez, à l'extérieur des
pieux ou piquets, trois morceaux de planche d'une épaisseur
moyenne mais convenable, de façon que leur face supérieure se
trouve dans un même niveau, ce que l'on fera en y présentant une
règle sur laquelle on fera manœuvrer en tous sens l'équerre-
niveau du maçon. Pour cette opération on se fera aider et guider
par un ouvrier maçon. Presque tous savent se servir convenablement de leur niveau, ou d'une manière assez pratique pour l'enseigner au bout de cinq minutes.

Quand le niveau est ainsi fixé, un aide ou un ouvrier se place
vers l'endroit où l'on commence l'opération du nivellement. Cet
ouvrier enfonce en terre un piquet a, qui doit être plus long que
la différence supposée du niveau : il fait glisser le long du piquet, soit en l'élevant, soit en le baissant, un morceau de latte b

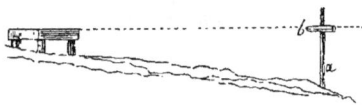

Fig. 491.

jusqu'à ce que l'œil de l'opérateur aperçoive le haut des deux
planches du triangle en question
dans une même ligne horizontale, avec la face supérieure de
la latte tenue par l'aide. On comprendra que pour que la vue
puisse embrasser ces trois points il faut des tâtonnements et des
épreuves jusqu'à ce qu'on arrive au but. La différence de niveau
cherchée sera la hauteur à partir du pied de piquet jusqu'au-
dessus du bout de latte transversale, ou dessus des trois planches
clouées en triangle.

Il y a encore un moyen plus expéditif de connaître des différences de niveau quand les distances ne sont pas trop longues.

Sur le point le plus élevé enfoncez un piquet *a* jusqu'à ras de terre, et dans la direction du niveau à prendre placez un autre piquet *b* à environ 2 mètres au plus du premier. Placez une extré-mité de règle sur le premier pi-quet, et appliquez l'autre contre le second piquet. Présentez en-suite le niveau de maçon sur le dessus de la règle, vers le mi-lieu, et mettez la règle de niveau.

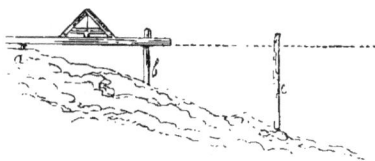

Fig. 492.

Marquez d'une manière quelcon-que ce niveau sur le second piquet, plantez-en un troisième *c*, et recommencez l'opération. Mais il faut avoir soin de ne jamais confondre le dessous avec le dessus de la règle. La différence de niveau cherchée sera la hauteur du pied du dernier piquet jus-qu'au point où arrivera le dessous de la règle.

Le résultat de l'opération faite avec le niveau de maçon repose sur ce principe tiré de l'expérience : qu'un poids quelconque attaché ou suspendu à un fil prend constamment une direction verticale tendant au centre de la terre et formant avec la ligne horizontale ou ligne de la surface de l'eau un angle droit ou de 90 degrés.

Les deux méthodes de nivellement que nous venons de décrire seront suffisantes pour prendre couramment des différences de niveau, et suffiront aux besoins ordinaires du constructeur. Mais dans les cas où une plus grande précision serait exigée, ce qui arrive fréquemment, surtout quand les niveaux sont à de grandes distances les uns des autres, il est nécessaire de faire une opé-ration avec un instrument plus précis et plus exact. Cet instru-ment est le niveau d'eau qui repose sur ce principe d'hydrosta-tique, que la surface calme de l'eau est toujours horizontale.

Le niveau d'eau consiste en un tube dont les extrémités se re-courbent en l'air à angle droit ; il est fixé au milieu sur une tige qu'on enfonce en terre. Dans chacune des extrémités recourbées on introduit un petit cylindre ou fiole, qui forment les points de mire pour une ligne horizontale. Quand on fixe le niveau en terre par le milieu dans une direction à peu près horizontale, et qu'on remplit le tube d'eau, cette eau monte dans les extrémités recourbées et forme deux surfaces dans les deux cylindres creux et qui constituent une ligne horizontale, que l'instrument soit lui-même horizontal ou non. Maintenant, si l'on prend comme points de mire les deux petites surfaces d'eau des cylindres ou fioles, on sera certain de pouvoir s'assurer d'une ligne parfaitement horizontale, qui pourra servir à toutes les opérations de nivellement. Il va sans dire qu'il y a encore d'autres espèces de niveau d'eau, dont on pourra se servir et dont on apprend l'emploi par celui qui les vend.

Le niveau d'eau est placé sur le point culminant du terrain et dans la direction où l'on veut chercher la différence de niveau. Dans cette direction est placé un homme tenant à la main une règle divisée en mètres et en centimètres. Sur cette règle glisse une petite plaque en métal peinte en rouge et en blanc, à deux bandes horizontales. L'œil de l'opérateur mire au-dessus des surfaces des deux cylindres, et fait baisser ou hausser la petite plaque jusqu'à ce qu'enfin la vue embrasse les deux surfaces d'eau et la jonction du rouge et du blanc dans une seule et même ligne, et cette ligne sera la ligne de niveau. On verra à quelle mesure de la règle correspond la ligne de jonction des deux couleurs ; ensuite, on mesurera la hauteur du pied de l'instrument (ou niveau d'eau) jusqu'à la surface de l'eau dans les cylindres. On défalquera cette hauteur de la règle divisée en centimètres en descendant du point de mire, et ce qui restera sera la différence des deux niveaux de terrain.

Nous allons donner un exemple pour nous mieux faire comprendre. Supposons que $a\ b$ soit une route, $c\ d$ le point où l'on veut établir une construction quelconque. On veut savoir quelle est la différence de hauteur ou de niveau entre la ligne $a\ b$ et la ligne $c\ d$. Placez le niveau d'eau au milieu de la route $a\ b$; dirigez-le en longueur sur le point $c\ d$.

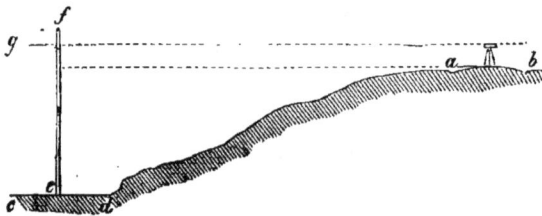

Fig. 493.

Vos deux points de mire de l'instrument vous conduiront (ce qui est indiqué par la ligne ponctuée *g*) sur la règle *e f*, au point *g*. Supposez que du point *g* à la ligne *c d* vous ayez trouvé 4^m,60. De ces 4^m,60, il faut défalquer la hauteur de l'instrument que nous supposerons être 1^m,35. Otez donc ce mètre trente-cinq centimètres de 4^m,60, il restera 3^m,25 qui sera la différence de hauteur ou de niveau entre la ligne *a b* et la ligne *c d*, c'est-à-dire que la ligne de la route sera plus haute de 3^m,25 que la ligne *c d*, où doit être établie une construction ou une terrasse, etc., etc.

Tracé d'un bâtiment sur le sol et fouille   Lorsqu'on a arrêté ses projets et dessiné ses plans, coupes et façades, il s'agit de les exécuter. Quand on est fixé sur l'emplacement de la construction qu'on veut élever, et que cette construction est isolée, que son tracé sur le sol n'est point déterminé par des considérations particulières, que sa position est indépendante de ce qui peut exister autour, on trace avec un cordeau une ligne *a b* sur le sol, qu'on a eu soin auparavant de faire niveler grossièrement. Cette ligne sera tracée dans la direction qu'on veut donner à la façade principale et elle formera le pied de cette façade. Si le bâtiment que vous élevez est isolé, vous avez à déterminer la longueur de votre façade.

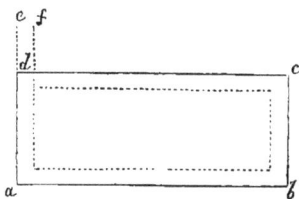

Fig. 494.

Si vous lui avez donné sur votre dessin supposons 12 mètres de longueur, ce sont 12 mètres réels avec une mesure dont se servent les ouvriers qu'il faut reporter sur la ligne tracée sur le sol. Vous déterminerez où vous voudrez asseoir l'angle de votre bâtiment. Car il faut commencer par un point de départ. Cela fait, soit en *a*, vous y enfoncerez un piquet d'un mètre environ de longueur, et à partir de ce piquet vous mesurerez 12 mètres, et au point *b*, où vous arriverez, vous enfoncerez un autre piquet. Vous vous assurerez si la position de ces douze mètres de longueur est selon vos convenances, s'il ne faut pas les avancer ou reculer à gauche ou à droite. Quand vous serez satisfait de la position de cette première ligne, à chacune des extrémités vous vous retournerez d'équerre

sur cette ligne de façade et vous tracerez deux autres lignes *ad*,
bc perpendiculaires à la première, sur lesquelles vous reporterez
le nombre de mètres que doivent avoir vos façades latérales. Si la
place de votre maison est un rectangle ou un pavillon carré, des
deux extrémités des lignes en retour de vos façades latérales *ad*,
bc, vous tirerez une parallèle à la ligne tracée en premier : soit
dc.

Si le plan de la maison avait deux avant-corps ou quatre angles
rentrants, comme l'indique la figure 495, vous tracerez d'abord
le rectangle *jedk*, et vous y ajouterez
ensuite les deux petits rectangles
abcl, *ifgh*. Il faut avoir soin que les
distances *kl*, *ji* soient égales aux distances *cd*, *fe*. A tous les points que
vous aurez déterminés en leur donnant leur position respective, vous
enfoncerez des piquets, par lesquels
vous vous rendrez compte quel est

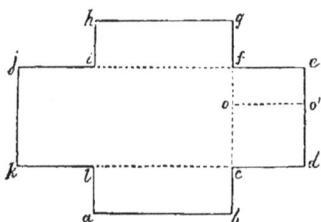

Fig. 495.

l'emplacement du bâtiment à élever, et si cet emplacement répond
à vos désirs et convenances. Faites le tour extérieur des piquets,
placez-vous à distance sur chaque face et cherchez s'il n'y a pas
d'inconvénient à fonder la maison dans le contour formé par les
piquets.

Si le bâtiment n'a pas de caves, soit *abcd*, de la fig. 494, vous
avez l'épaisseur des murs à tracer dans le rectangle *abcd*, ce qui
se fait en tirant des lignes parallèles *ab*, *bc*, *cd*, et *da*. Mettez ces
parallèles à la distance qu'auront l'épaisseur de vos murs. Supposons cette épaisseur de 48 centim. La distance entre les lignes
tirées et les lignes ponctuées sera de chaque côté du rectangle de
48 centimètres. Prolongez d'un mètre toutes vos lignes sur les
quatre faces comme nous l'avons indiqué à l'angle gauche du haut
en *e*, *f*. Plantez-y des piquets, vous y assujettirez des cordeaux
pour guider les terrassiers dans la fouille qu'ils feront. Mais au
lieu de faire faire des tranchées ou fossés de 48 centim. de largeur, comme il est d'usage de donner un empâtement, ou plus
forte épaisseur, aux murs pour fondations, et qui est environ de
8 centim. de chaque côté, la tranchée aura $0^m,66$ au lieu de $0^m,48$.

Pour la commodité des maçons, il faut encore ajouter quelques centimètres de chaque côté, ainsi qu'ils ont l'habitude de l'exiger.

Si le bâtiment a des caves, il faut en prendre sur votre plan la longueur et la largeur et les reporter en mètres réels à la place qu'ils doivent occuper dans le tracé que vous aurez fait. Supposez que vous ayez une cave dont la superficie est le rectangle *cdoo* : si la maison doit encore en avoir ailleurs, tracez-les ; mais, dans toutes les opérations que nous venons de vous indiquer, efforcez-vous de ne pas vous tromper, tenez toujours bien compte des épaisseurs de murs de façade, et quand vous aurez tracé en nature le plan du bâtiment à élever, ne vous lassez pas de vérifier vos mesures et surtout vos mesures principales. Car d'une erreur dans le tracé du plan, et dont on ne se serait point aperçu, peuvent naître des inconvénients irrémédiables dans la suite.

Les piquets de repère bien garantis, les terrassiers peuvent commencer le piochage, le pelletage et exécuter tout ce qui constitue leurs travaux.

La première opération à faire, après avoir nivelé le terrain sur lequel on veut bâtir, c'est de tracer le contour extérieur du bâtiment à élever, et de déterminer quelles sont les parties où seront placées les caves, les fosses d'aisances et les murs de refend, si on ne creuse pas toute la superficie de la maison, ou, en d'autres termes, si on ne met pas tout le rez-de-chaussée sur caves. On nomme *fouille* toute ouverture fouillée en terre, soit pour une fondation d'un simple mur, soit pour y asseoir le souterrain d'une maison entière, et de l'enlèvement des terres, le tout suivant les dimensions données.

La fouille offre moins de difficultés quand elle se pratique dans des terrains secs et fermes, que dans des terrains humides et meubles. Si l'on fouille dans des terrains sablonneux, il faut surtout se précautionner contre les éboulements qui, en compromettant la vie des terrassiers, augmentent aussi la dépense. Pour des fouilles d'une certaine étendue dans le sable, il ne faut pas les faire verticales, mais en talus à l'extérieur, et si on va à une certaine profondeur, il faut de plus former ce talus au moyen de retraites formant gradins. Si l'on fait la fouille d'une cave ou d'une fosse de lieux d'aisance, on doit placer, à mesure qu'on descend, des madriers en sens vertical, les uns opposés aux autres, entre lesquels on place les pièces de bois transversales, un peu inclinées, et dont on fait marcher le pied avec le bec d'un ciseau ou d'un pied de biche, de manière à retenir les terres dans la direction voulue.

Le plus grand obstacle à vaincre dans les fouilles, c'est quand on trouve une nappe d'eau naturelle ou de l'eau de source. L'eau de source peut dans certains cas être supée, mais la règle générale est qu'elle doit être, ainsi que l'eau qui provient d'une nappe naturelle, dévoyée si c'est possible, ou épuisée. Mais on ne peut dévoyer l'eau quelconque d'un sol qu'en l'introduisant dans un tuyau ou canal et la dirigeant vers un lieu situé plus bas que son niveau, d'où elle ne peut pas refluer ou retourner vers sa source. Dans des travaux de quelque importance on se sert, pour l'épuisement de l'eau des fouilles, de pompes foulantes ou de vis d'Archimède.

Fig. 496.

Dans des cas importants, où il s'agit de jeter des fondations très solides, on est obligé d'élever des murs provisoires, formés de pieux contre lesquels on place des madriers et qui contiennent dans leur milieu de l'argile damée. Quand on pratique des fouilles dans l'eau, il faut circonscrire ou enceindre le lieu à creuser de ce qu'on nomme un *batardeau*, qui empêche l'eau de pénétrer. Quand l'eau n'est pas considérable et au-dessus du niveau de la rivière qui n'en serait point éloignée, on peut généralement se contenter d'élever autour de l'endroit à fouiller de petites digues en terre glaise ; mais quand l'eau est abondante et profonde, plus basse que la rivière à proximité, on doit se servir des *batardeaux*. Le batardeau est une enceinte formée de deux rangs verticaux et parallèles de pieux, plantés à très peu de distance les uns des autres, réunis par des palplanches, dont l'intervalle est rempli de glaise ou de terre franche. Pour faire cette espèce d'enceinte, on pratique dans les pieux, plantés à très peu de distance les uns des autres, des rainures dans lesquelles on fait entrer les palplanches ou madriers en bois de chêne taillés en pointe par le bas. La largeur intérieure de cette espèce d'encaissement peut être depuis un mètre jusqu'à 4 mètres, en raison de la gran-

deur et de la force de l'eau. La construction des batardeaux est
du ressort des charpentiers, qui en ont l'habitude et qui pourront
par conséquent aider le propriétaire dans la manière de les faire
ainsi que dans les dimensions à leur donner. Quelquefois, quand
il n'y a pas de charpentier sur les lieux,
ce sont les maçons qui se chargent de
l'établissement des batardeaux. C'est
pour cette raison que nous allons en
donner une description succincte.

La fig. 497 représente le plan et la
coupe transversale d'un batardeau. On
doit d'abord commencer par enfoncer
dans l'étendue que doit comprendre le
batardeau une double rangée de pieux *aa*
à une moyenne distance les uns des
autres (2 mètres environ au moins si
l'on veut). Quant à la distance à donner
d'une rangée à l'autre, elle doit pouvoir
soutenir la pression latérale de l'eau; la
largeur du batardeau peut être identique
ou à peu près à la hauteur du fond de
l'eau à son niveau supérieur. A l'extérieur des deux rangées de pieux, on
pratique, vers leurs extrémités, des espèces de moises ou traverses *bb*, et d'autres intérieures *cc*, boulonnées avec les
précédentes, destinées à recevoir et à
maintenir la direction verticale que les
palplanches doivent avoir. Pour que les palplanches
se joignent mieux, au lieu de faire des joints droits
on les fait angulaires ou même à languette. Pour
maintenir l'écartement des deux rangées de pieux,
on place de trois en trois pieux des traverses *e*, entaillées à mi-bois sur les moises extérieures, et boulonnées dans les pieux, et mieux encore dans les moises. Voilà
donc la garniture extérieure du batardeau établie; alors on place
les palplanches *dd*, assujetties à l'intérieur au moyen d'une autre

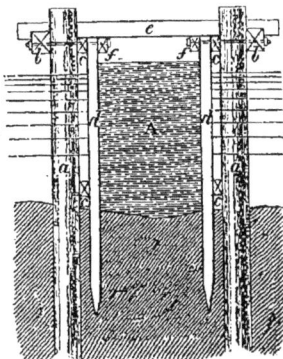

Fig. 497.

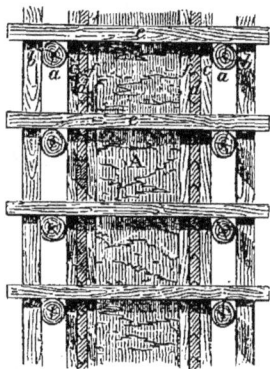

Fig 498.

moise *ff*. Ensuite, l'intérieur du batardeau est rempli de glaise A, de terre forte ou de limon de rivière à une hauteur au delà du niveau supérieur de l'eau.

Le batardeau est ordinairement établi lorsqu'une fouille est près d'arriver à l'eau. Il faut se presser à se débarrasser de l'eau, et indépendamment des différents engins dont on se sert, il n'est pas inutile d'employer encore les bras de l'homme.

Tracé d'une fouille Le tracé d'une fouille de maison quelconque n'est pas plus difficile que le tracé de la fouille d'un trou carré ; c'est la même opération pratiquée plusieurs fois, d'où résulte une complication, qui est néanmoins très simple à comprendre et à exécuter. Supposons le périmètre donné d'une maison, ainsi que l'indique notre figure. La partie A est occupée entièrement par le souterrain. La partie B est occupée par la fosse d'aisances.

Après avoir déterminé la ligne sur laquelle doit être plantée la façade principale C, au moyen d'un cordeau tendu, et après avoir déterminé ensuite les deux extrémités *o'*, *o''* ou angles de votre façade, tracez une ligne D d'équerre sur la ligne C, à l'extrémité *o'* ; cette ligne D devra avoir la longueur qu'on lui aura donnée sur le plan étudié,

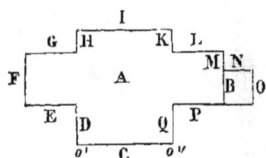

Fig. 499.

et on déterminera cette longueur au moyen du mètre réel dont se servent les ouvriers. A l'extrémité de la ligne D, faites avec le cordeau une ligne parallèle E à la ligne de face C. Donnez-lui la longueur déterminée sur le plan. A son extrémité, tracez une ligne F d'équerre avec la ligne E, et parallèle par conséquent à la ligne D. Donnez à la ligne F, comme vous avez fait pour les précédentes, la longueur déterminée sur le plan étudié, et à son extrémité tracez au cordeau la ligne G d'équerre sur F. Si vous avez opéré avec exactitude, la ligne G sera parallèle à la ligne C. Ayant donné la longueur voulue à la ligne G, à l'extrémité intérieure de cette ligne, tracez-en une autre H de la longueur voulue. Retournez-vous d'équerre et tracez la ligne I, qui sera parallèle à la ligne C si vous avez opéré avec précision.

Quant au côté droit de la fouille, opérez de la même manière pour le tracé de toutes les lignes longitudinales et latérales que vous l'avez fait pour le côté gauche, et, comme nous venons de vous l'indiquer, jusqu'à ce qu'ayant déterminé la position et la longueur des lignes Q, P, O, N, M, L, et K, vous ayez rejoint la ligne I. Mais il faut avoir soin d'opérer avec beaucoup d'exactitude, afin que le tracé réel sur le terrain au moyen du mètre réel se rapporte parfaitement aux mesures ou cotes déterminées sur le plan figuré sur le papier; car le tracé sur le terrain n'est qu'un agrandissement relatif et proportionnel du périmètre de la maison figurée sur le papier en plan.

On se sert d'un cordeau pour tracer. On plante un petit piquet à chaque angle qu'on aura déterminé, et avant d'enlever le cordeau, on fera une raie sur le sol avec une bêche ou une pioche, pour maintenir la direction des lignes que le cordeau aura indiquée en le tendant. Plus le terrain est ferme et convenable, plus on peut et on doit procéder avec exactitude dans le tracé de la fouille. Car il ne faut pas la faire faire plus grande qu'il est nécessaire. Moins on rapporte plus tard de terres contre les murs de fondation ou de souterrain, et mieux cela vaut. S'il y a eu des éboulements partiels et de peu d'importance, la terre qui manque à l'intérieur doit être remplacée par de la terre rapportée qu'on dame ou qu'on pilonne contre le mur extérieur.

La coupe que vous aurez tracée de votre maison, vous montrera la profondeur qu'il faudra donner à votre fouille, et vous l'indiquerez aux terrassiers. Les plus fortes profondeurs se fouillent en dernier, comme celles des fosses d'aisance, qu'on ne creuse qu'au moment où l'on commence à maçonner. On agit ainsi par précaution et pour éviter des éboulements, qu'on peut pour ainsi dire prévoir.

Quand le bon sol est à une certaine profondeur, et que le terrassier ne peut pas jeter la terre immédiatement en dehors du trou qu'il creuse, c'est-à-dire sur le sol ou la surface du sol naturel, on divise la profondeur en gradins en retraite nommés *banquettes,* de chacune de deux mètres environ de hauteur, pour que le terrassier puisse jeter la terre de l'une à l'autre. Quand la profondeur est très considérable et que la largeur de la fouille est trop resserrée, on supplée aux banquettes ménagées dans la masse de terre par des échafauds légers, étagés de la même manière.

Il faut faire attention à ce que les terres extraites de la fouille ne soient pas jetées trop près d'elle, afin de ne pas surcharger la terre restée en place autour du creux. Sans cette précaution, on a des éboulements, et la terre jetée dehors avec celle qui la supporte, retombe alors dans le trou fouillé. Plus la fouille est profonde, plus les terres qui en sortent doivent être éloignées. Dans tous les cas, la fouille n'aurait-elle que 2 mètres de profondeur, il sera toujours convenable de porter les terres qui en proviennent à quelques mètres de distance du bord de la fouille.

Lors d'une fouille, il faut avoir soin d'enlever la terre végétale, s'il y en a, et la conserver pour le jardin ou le parc. Si l'on trouve du sable ou du gravier convenables à être employés pour le mortier, on les fera mettre à part : s'ils ne sont pas bons à cette destination, on en fera des tas, qui pourront servir plus tard pour les chemins. Il faut toujours avoir la précaution de prévoir d'avance l'emploi utile des terres ou matériaux que donnent les fouilles, afin de ne pas augmenter la dépense en les faisant inutilement conduire aux décharges publiques.

Avant de commencer une fouille quelconque, il faut avoir soin de déterminer le niveau du dessus du plancher du rez-de-chaussée. A cet effet, faites enfoncer un piquet dans un lieu quelconque de l'emplacement qui doit être creusé. Déterminez quelle quantité de marches vous voulez avoir du sol au niveau du plancher en question : rappelez-vous que ces marches ne doivent avoir que 16 centimètres d'élévation ; en faisant enfoncer le piquet-guide, faites arrêter son extrémité supérieure à la hauteur que vous aurez déterminée. C'est de ce point qu'il faudra mesurer et descendre en contre-bas la profondeur des fouilles.

Tâchez d'être aussi exact que possible dans vos appréciations, afin de ne pas descendre la fouille plus bas qu'il ne convient. Faites aussi en sorte que les terrassiers aillent à la profondeur nécessaire du premier coup. Enlever trop de terres, ne pas en enlever assez, conduit à un surcroît de dépense parfaitement

inutile, puisqu'avec des soins et des précautions on peut arriver
du premier coup à la profondeur exigée.

Il faut encore avoir soin que les superficies qui doivent recevoir le pied des fondations soient creusées au même niveau,
afin que la pression opérée par les murs de fondement soit
exercée par un poids égal en tous lieux; car si les murs ne s'é-
levaient pas d'un seul niveau, il faudrait prendre des attachements infinis pour leur métré, tandis que s'ils ne descendent
qu'à une seule et même profondeur, il n'y a qu'un seul attachement à noter.

Par le mot d'*attachement* on entend la constatation écrite ou
figurée des objets qui devront être cachés quand la construction sera complètement terminée. On peut indifféremment ins-
crire et figurer ces attachements sur des feuilles volantes ou
sur un registre, comme cela se pratique dans les travaux publics. Chaque entrepreneur doit signer les attachements, qui
seront faits en double et qui serviront comme pièces justifica-
tives pour les mêmes articles portés aux mémoires.

Du tracé des fondations Nous avons dit en nous occupant
des fouilles, p. 634, qu'il fallait
avoir soin de faire porter les terres qui en proviennent à quelques mètres de distance du vide creusé, afin que ces terres ne
pussent pas occasionner d'éboulement par leur poids. Mais il y
a encore un autre motif pour les éloigner : le tracé des murs demande un espace libre et convenable. Il faut au moins un ou
deux mètres du sol naturel tout au pourtour de la fouille pour
pouvoir opérer avec aisance et précision dans le tracé horizontal
de la maçonnerie.

Aussitôt que la fouille est achevée par l'enlèvement des dernières terres, faites-en grossièrement niveler le pourtour extérieur. Rétablissez la ligne de façade C, fig, 499, au moyen d'un
cordeau tendu, et dans une longueur plus grande que vous
l'indique le plan étudié.

Quand on opère sur le terrain, il est bon de tirer les lignes
qui doivent servir à tracer plus longues qu'il n'est besoin pour
y reporter les mesures exactes : d'abord les opérations sont

plus précises, et on n'est jamais obligé de rallonger ces lignes, ce qui évite une perte de temps.

La ligne C étant tracée, déterminez la longueur de la façade aux point o' et o''. En avant des points o' et o'', à 50 ou 60 centimètres de distance de la ligne o' et o'', enfoncez deux petits pieux, ou de forts piquets, aux points 1, 2, 3, 4, et écartés l'un de l'autre d'environ 50 centimètres. Faites de même une semblable opération à tous les angles de votre fouille, ainsi que l'indique pour un seul angle la figure 500. Sur ces petits pieux, on cloue ensuite en travers et à une hauteur d'environ 1 mètre à 1 mètre quarante centimètres, une petite traverse z en latte ou en volige dont on aura dressé la face supérieure. C'est sur cette face des traverses qu'on recommencera le tracé du périmètre extérieur de la maison et qu'on tracera aussi l'épaisseur des murs.

La figure 501 d'un angle en perspective fera comprendre l'o-

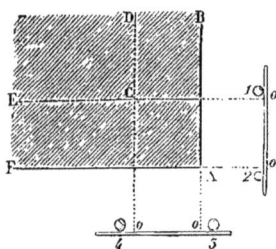

Fig. 500.

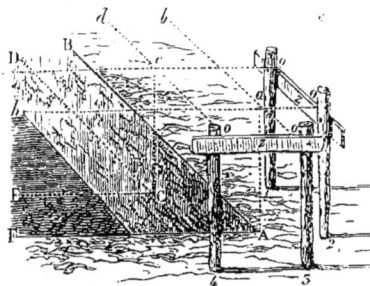

Fig. 501.

pération indiquée. La ligne ponctuée c D correspond à la ligne C E du plan, fig. 500, la ligne $a\,h$ correspond à la ligne A F de la même figure et à la ligne A F du plan, fig. 500. La ligne ab correspond à la ligne A B de la même figure et aussi à la ligne A B du plan, fig. 500 Il en est de même des autres. Les lignes ponctuées de la fig. 501 reproduisent donc le tracé sur le sol, mais à une certaine hauteur arbitraire de ce sol. Les deux lignes ponctuées fig. 500 en équerre C D, C E figurent l'épaisseur du mur, c'est-à-dire la face intérieure du mur de pourtour quand il sera monté à la hauteur du sol.

L'opération indiquée par la figure en perspective est pour conserver intactes toutes les mesures ordonnées. Les lignes ponctuées qui partent des traverses z, z, sont exprimées en réalité par des cordeaux tendus par les maçons. En présentant des plombs aux angles que forment les cordeaux, les ouvriers reportent les dimensions au fond de la fouille et opèrent pour jeter leurs fondations avec l'exactitude convenable. On doit cependant ne pas négliger d'exercer un contrôle sur les opérations des ouvriers et de s'assurer par soi-même s'ils n'ont pas commis quelque erreur.

La partie en hachures biaises du plan fig. 500, contenue entre BAF, et en hachures verticales et horizontales de la fig. 501 en perspective, indique la partie fouillée ou vide. Observons enfin, pour plus de clarté, qu'un angle droit vu d'en haut en perspective devient un angle plus ou moins aigu, comme on peut le voir par l'angle BAF de la fig. 501.

Quand on aura fait descendre, au moyen des aplombs, la position et les dimensions des murs, on indiquera les baies de portes qui doivent établir des communications entre les diverses caves du souterrain.

L'espèce de canevas à cordeau établi à une certaine distance verticale du sol, doit toujours indiquer la position des murs au-dessus de terre. En descendant ces mesures sur le sol des fondations, il faut avoir soin de tenir compte des différences d'épaisseur des murs; car ceux du souterrain doivent être plus épais que ceux du rez-de-chaussée. L'excédant d'épaisseur d'un mur sur un autre se nomme *empâtement*. On donne d'ordinaire 11 centimètres d'empâtement aux murs de face extérieurement et environ 5 à l'intérieur. Il faut tenir compte de l'excédant d'épaisseur en traçant la fouille.

Pilotis en sable Il peut arriver en construction qu'on n'ait que des simples points d'appui à établir pour fondation, plus ou moins éloignés les uns des autres. Alors on se servira du procédé suivant. L'emploi du sable dans les fondations a été fait en 1830 à Bayonne et ensuite à la fondation des piliers du porche du corps de garde de Mousserolles.

La fig. 502 fait voir la disposition de la fondation du pilier qui devait être fondé sur une plate-forme. On fit creuser le sol à un mètre au-dessous du niveau auquel on voulait descendre l'empâtement de ces piliers; on remplit l'excavation de sable en le tassant à la dame. On établit sur ce sable les assises M et N en maçonnerie de libages et mortier ordinaire, puis l'assise P en pierre de taille, formant soubassement.

Le fond de l'excavation a un mètre de largeur. Le ponctué et la lettre S indiquent la place du sable. La première assise en libages a 30 centimètres de hauteur sur un mètre en longueur et en largeur. La seconde n'a que 80 centimètres en longueur et en largeur, et le soubassement n'en a que 60.

Les circonstances où il y a avantage à employer un pilotis en sable sont dans les terrains qui seraient absolument sans consistance, où il serait difficile d'ouvrir les tranchées nécessaires pour y fonder au moyen d'un massif de sable, et dans lesquels on ne pourrait d'ailleurs, sans coffrage, empêcher la vase de venir se mélanger au sable qu'on y placerait.

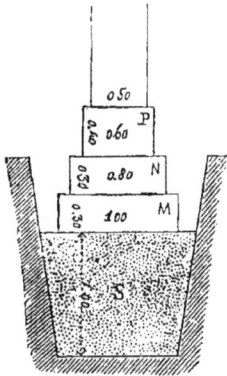

Fig. 502.

Terrassements On appelle *terrassements* les travaux qui ont pour but de modifier le sol, soit au moyen de déblais ou fouilles, soit au moyen de remblais ou exhaussements.

Déblais. Ils sont de deux sortes : ceux qui peuvent être enlevés facilement à la bêche ordinaire, tels que la terre ordinaire, la vase, etc., etc., et ceux pour lesquels on doit avoir recours à la pioche. — Pour les premiers, un bon ouvrier terrassier peut, dans sa journée, enlever de 12 à 14 mètres cubes. Quant aux derniers, qui varient suivant la dureté du sol, il ne faut guère compter que de 7 à 9 mètres.

Nous avons déjà indiqué, en parlant du tracé des fouilles, la manière dont doivent se faire les fouilles d'une maison. Mais lorsque le terrain à creuser doit être plus profond et plus large, et qu'il y a impossibilité de descendre les brouettes au fond, on a soin, pour pouvoir enlever facilement les terres, d'établir sur les parois de la fouille des espèces de gradins, à une distance verticale d'environ 1ᵐ,50 l'un de l'autre. — Les ouvriers se placent sur ces gradins, et jettent sur le gradin supérieur la terre qu'un autre ouvrier leur jette d'en bas, et ainsi de suite jusqu'à ce que les terres arrivent au sommet de la fouille, où on les jette dans les brouettes.

Il faut disposer ses ouvriers de manière à ce que les piocheurs et celui qui charge ne soient jamais inoccupés et n'attendent pas après les brouettes. — Si l'endroit où la terre doit être transportée était trop éloigné, il faudrait établir une double équipe de brouetteurs, et de même si les brouetteurs devaient attendre après le chargement, on augmenterait le nombre des piocheurs et des chargeurs. — Il est indispensable en effet qu'il n'y ait aucun temps d'arrêt et que le brouetteur trouve toujours une brouette pleine lorsqu'il en ramène une vide.

On calcule généralement qu'avec 30 mètres à parcourir un brouetteur peut faire le service d'un chargeur. A plus de 30 mètres, il faudrait un relai de brouetteur.

Quand on a des fouilles de grandes dimensions à faire, on peut, pour activer le travail, avoir recours à la *sape*, c'est-à-dire qu'on fait, dans la face des terres à enlever, des tranchées ou plutôt des entailles droites à une certaine distance l'une de l'autre. Puis entre ces deux entailles on creuse en dessous la terre une tranchée, et quand on juge, d'après la solidité du terrain, que cette sape est assez profonde on enfonce dans le dessus à coup de masse des pieux qui, par l'ébranlement qu'ils communiquent au sol, amènent la chute du bloc de terre, qui ne doit pas avoir plus de 3 mètres de hauteur.

Pour les *déblais de rochers*, il faut avoir recours au pic, à la pince et à la mine. — Mais comme l'emploi de la mine peut être très dangereux et nécessite des gens habitués à ce genre de travail, nous pensons ne pas devoir nous étendre sur ce sujet, qui sort par trop de notre cadre.

Remblais. Quand on veut faire des remblais, il faut avoir soin de bien égaliser le terrain que l'on veut surélever. Pour cela on retire autant que possible la bonne terre ou terre végétale que l'on met de côté, puis on donne une couche de labour afin de faciliter la liaison des terres entre elles, et on opère ensuite le remblai par couche de 0,20 centimètres, en ayant soin de bien battre la terre avec un pilon en bois, ou bien de la tasser avec un rouleau compresseur. — Si les remblais sont faits avec des terres sablonneuses ou graveleuses, on peut, au lieu de pilonner, se contenter d'arroser les couches de terres. — Quant aux talus, dans les terrains assez résistants on leur donne généralement une inclinaison de 45 degrés. Pour les terrains peu solides, la pente devra être moitié moins forte. — Quand les remblais et les talus sont terminés et bien nivelés, on jette dessus la bonne terre qu'on avait mise en réserve, et on dresse le tout en battant avec une dame soit plate, soit à manche incliné.

Quand on fait les chargements au moyen de tombereaux, lorsque la distance à parcourir n'excède pas 500 mètres, on n'emploie généralement qu'un cheval, à moins qu'il n'y ait beaucoup à monter. On calcule qu'un tombereau contient 0,70 mètre cube, ce qui fait à peu près 1,000 kilog., vu que 1 mètre cube de terre franche pèse 1,400 kilog. — La quantité de terre qu'un ouvrier peut charger par jour dans un tombereau est de 10 à 12 mètres cubes. — D'après des calculs trop compliqués pour que nous les donnions ici, on a établi que lorsque la distance où l'on porte les déblais ne dépasse pas 150 mètres on doit avoir trois chargeurs pour remplir les tombereaux. — Pour une distance de 250 mètres on devra avoir deux chargeurs; à partir de cette distance on n'emploiera plus qu'un chargeur; enfin au-delà de 500 mètres le charretier devra faire lui-même le chargement, autrement le chargeur aurait trop de temps perdu. — On ne doit toutefois employer le tombereau qu'au delà de 90 mètres. Jusque là on a plus d'avantage à employer la brouette, par relai de 50 mètres.

Enfin lorsque la distance dépasse 500 mètres on a avantage, surtout dans les grands travaux, à employer des petits chemins de fer dont il existe une infinité de modèles.

LIVRE TROISIÈME

SCIENCE ARCHITECTURALE

DU PLAN,
DE LA COUPE ET DE L'ÉLÉVATION

La connaissance de la construction ne suffit pas seule au propriétaire constructeur; il doit encore y joindre l'art du tracé des plans, des coupes et des élévations. Dans la pratique de cet art il y a des convenances à prendre en considération, des exigences d'économie domestique à remplir, et enfin à inculquer aux créations un caractère de bon goût autant que faire se peut.

Les dessins graphiques sont destinés à manifester et à rendre les idées du constructeur, qu'il soit architecte ou propriétaire. Les dessins sont des images en miniature des objets qu'on a l'intention de réaliser; ils représentent la forme, la position et l'arrangement de parties devant former un tout, un ensemble complet; ils représentent la liaison des portions diverses qui doivent former un bâtiment. Mais il ne suffit pas aux dessins de montrer la forme des parties d'un bâtiment, il ne suffit pas qu'ils indiquent la manière de lier ces parties entres elles : si tel était le but unique des dessins, un croquis superficiel suffirait. Ils doivent, au contraire, faire connaître les dimensions des parties et celles de la construction constituée au moyen de ces parties. Pour arriver à ce résultat, de simples dessins des parties sont insuffisants, il faut des dessins qui représentent la disposition générale, horizontale et verticale du bâtiment entier.

Les dessins, ou la représentation des parties diverses d'une construction, servent aux ouvriers pour leur faire voir ce qui leur est demandé; ils leur servent comme modèle, pour ainsi dire, des objets qu'ils sont chargés de créer.

Le dessin crée l'unité dans une construction, et c'est d'après cette loi d'ensemble que les dessins doivent être composés et conçus ; c'est d'après cette unité ensuite que chaque corps de métier travaille chacun dans son genre, en concourant collectivement à la manifestation matérielle de l'œuvre conçue et combinée par l'auteur des dessins.

Les dessins sont la langue du constructeur, ils transmettent aux ouvriers ses conceptions ; et quand la langue est correcte et claire, l'œuvre sera aussi d'une correction parfaite et d'accord avec les conceptions du constructeur. On voit donc quel est le rôle important que jouent les plans et autres dessins dans la science de la construction pratique. Pour élever une construction quelconque, il faut donc la combiner d'avance sur le papier, l'étudier, essayer plusieurs combinaisons, plusieurs dispositions, peser le pour et le contre et s'arrêter enfin à ce qui semble le plus convenable et le plus rationnel.

Les plans et autres dessins sont aussi un moyen de mettre au courant le propriétaire du genre d'exécution d'une œuvre projetée. Tant que les dessins sont en projet, le propriétaire peut y apporter des changements sans aucun préjudice. C'est pour cette raison qu'il doit connaître la distribution de sa maison, la position et le rapport des différentes pièces, leur dimension, etc., etc.

Les projets graphiques ne doivent pas uniquement se borner à donner l'apparence extérieure d'un bâtiment projeté ; ils doivent encore mettre à même de faire connaître l'intérieur de ce bâtiment. Il y a donc différents genres de dessins, pour donner l'idée de la dimension, de la disposition et de la forme des parties intérieures.

Nous parlerons d'abord du plan.

Le plan est une représentation de toutes les surfaces horizontales sur lesquelles est assis un bâtiment ou sur lesquelles il doit s'élever. Qu'on se représente un bâtiment quelconque, coupé horizontalement, c'est-à-dire parallèle au niveau de la surface de l'eau, que la longueur et la largeur, la forme de ses murs et de ses pans de bois soient figurées en petit sur une feuille de papier, et l'on aura une idée de ce que c'est qu'un plan.

Supposons comme exemple un étui à aiguilles, pour nous servir d'un objet très vulgaire. Supposons encore que cet étui est placé verticalement et coupé horizontalement de *a* en *b*, qu'on en enlève la partie supérieure *c* : alors si on se figure être d'a-plomb sur le restant de l'étui, on en verra le plan, qui forme un cercle ou rond avec l'épaisseur de l'étui. La ligne extérieure de notre cercle, fig 504, indique la surface extérieure de l'étui, le blanc, l'épaisseur de l'étui, et le noir enfin, le creux de l'étui, ou espace circulaire où l'on met les aiguilles.

Le plan d'une colonne, corps cylindrique ou rond et plein, ne peut s'indiquer que par une ligne circulaire qui est la circonférence de la colonne ou le développement de sa surface quand on tourne tout autour. En gravure, on indique cette masse ronde par des hachures qui ne dépassent pas la circonférence de la colonne, fig. 505.

Le plan d'un pilier ou masse pleine, comme un obélisque ou un poteau de bois carré, s'indique par quatre lignes, deux verticales et deux horizontales, comme on le voit dans la figure 506.

Le plan d'une tour ou d'un espace carré ou rectangulaire, c'est-à-dire plus long que large, est indiqué par huit lignes, dont les quatre plus petites dans l'intérieur de la figure représentent les faces ou parois *intérieures* de la tour, et dont les quatre plus longues désignent les faces ou parois *extérieures* de la tour. L'espace compris entre ces huit lignes, indiqué par des hachures, représente l'épaisseur des quatre murs, et le blanc du milieu, AA, représente le vide laissé entre les quatre murs.

Supposez maintenant qu'il y ait une ouverture sur une des faces de la fig. n° 1, une porte par exemple : elle sera indiquée par le blanc B laissé dans le mur où se trouve cette ouverture (fig. 508) ou porte.

La petite figure ponctuée représente le bas de la tour carrée avec sa porte, telle qu'on la voit réellement quand on est devant elle. Nous ferons remarquer que cette figure ponctuée n'appartient nullement au plan. Elle se rapporte aux élévations, dont nous nous occuperons plus tard. Nous ne l'avons tracée ici que pour nous faire mieux comprendre.

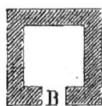

Fig. 508.

Maintenant si l'on se figure une section horizontale et réelle d'un bâtiment, et la partie supérieure de la section comme étant enlevée, si l'on se figure ensuite être dans un ballon, et être ainsi placé verticalement au-dessus de la partie inférieure de la section de la partie restée debout, d, sur le sol, fig. 503, on verra la place des portes, des fenêtres, l'épaisseur des murs et des pans de bois, l'emplacement des escaliers, etc. En conséquence, tous ces détails doivent être reproduits sur un plan correct, exact et complet.

Or, le plan d'un bâtiment ou d'un édifice quelconque n'est que la reproduction multiple ou plusieurs fois répétée des figures que nous avons expliquées plus haut, soit de parties circulaires, soit de parties rectangulaires. Les pièces et les salles d'un bâtiment plus ou moins grand ne sont qu'une répétition en d'autres proportions des deux tours indiquées par les figures 1 et 2 et placées les unes à côté des autres selon certaines convenances et selon certaines dimensions pour lesquelles il n'y a point de règles absolues, parce que ces dimensions sont arbitraires et dépendent des exigences du propriétaire et de la dépense qu'il veut faire.

On comprendra aisément que les pièces d'une maison d'habitation d'un fermier sont moins spacieuses que les pièces d'une maison d'habitation d'un rentier très opulent, dont les mœurs et les usages sont tout autres, ainsi que les besoins du fermier. On comprendra encore que les pièces composant la maison de campagne d'un particulier riche seront et peuvent être plus étendues que les pièces analogues de sa maison de ville, où l'on est limité pour le terrain et par le prix de ce terrain.

On ne se contente pas d'un seul plan dans la construction d'un bâtiment. Il en faut plusieurs, ceux du souterrain, ceux du rez-de-chaussée, du premier étage et enfin des étages suivants s'il y en a ; chaque plan, composé et dessiné d'après une échelle ou mesure proportionnelle, présentera à la vue la distribution du souterrain, du rez-de-chaussée et des divers étages, en indiquant la longueur et la largeur de toutes les pièces (comme vestibule, salon, salle à manger, etc.); par suite, la longueur et la largeur des murs et des pans de bois ou cloisons, l'emplacement et la mesure ou dimension des cheminées, des portes, des fenêtres, etc.

Nous venons de dire que chaque plan sera composé et dessiné d'après une échelle ou mesure proportionnelle. Nous allons expliquer ce que nous entendons par dessiné selon une échelle ou mesure proportionnelle.

On peut tracer une image exacte de tout objet sur une surface plane. Cette image réunit en elle les mêmes proportions, les mêmes dimensions, les mêmes rapports que ceux de l'objet que cette image reproduit. Cette reproduction en plus petit peut donner une idée complète de la forme et de l'apparence de l'objet voulu. L'image ou le dessin est donc, pour ainsi dire, une copie d'un objet donné. Or, comme l'objet peut avoir de fortes dimensions, l'image reproduite sur une surface plane peut passer pour une *réduction* de l'objet en question. Le dessin mathématique met devant les yeux tout objet dans ses plus exactes proportions, tandis que l'esquisse ou le croquis, faits à main levée sans échelle ni compas, ne reproduit l'objet que dans sa forme et dans sa situation, sans avoir égard aux proportions géométriques et réelles des parties ou détails.

Si le peintre se sert de contours et de couleurs pour reproduire un objet quelconque, l'architecte ou constructeur se sert de lignes pour déterminer le portrait en petit de l'édifice ou du bâtiment à exécuter en grand.

On peut se faire une idée de la forme extérieure d'un édifice, tel que l'œil l'aperçoit d'un point quelconque choisi par le spectateur, en le représentant sur une surface plane dans les proportions embrassées en réalité par la vue. Il s'agit par exemple de reproduire la façade d'une maison; dessinez ou tracez un carré ou un rectangle d'une dimension quelconque et arbitraire sur le papier, mais néanmoins, autant que possible, en propor-

tion du carré et surtout du rectangle que forment les lignes
verticales latérales de la façade et les lignes du sol et de la
corniche supérieure. Vous aurez alors sur le papier quatre
côtés d'un rectangle et quatre angles droits, deux au niveau du
sol, et deux en haut. Vous aurez bien la reproduction d'une
façade de maison, mais dans cette reproduction vous n'aurez
aucune idée, aucune donnée de la dimension effective, réelle de
l'objet imité. Vous ne savez pas quelle est la longueur ni la
largeur de cette maison. On peut encore y ajouter à leur place
respective le nombre de portes et de fenêtres que vous voyez
dans la façade, vous pourrez même accuser les proportions
de ces ouvertures, tracer les portes et les fenêtres, le double de
leur largeur en hauteur. L'image ainsi faite indiquera bien le
nombre de fenêtres, de portes, etc., qui se trouvent sur la façade,
mais cette image ne vous instruira en aucune manière sur la
dimension de ces fenêtres et de ces portes, vous ne saurez
cette dimension qu'au moyen d'une échelle de *réduction*.

Le croquis ne donne la dimension aux détails d'un objet que
par estimation ou coup d'œil ; il se distingue donc du dessin
géométral, qui reproduit les détails et l'ensemble au moyen d'une
échelle et d'un compas.

Dans l'imitation géométrique, les détails sont mesurés et
proportionnés réellement d'après une échelle, et l'on conserve
exactement dans la reproduction de l'objet les mesures et les
proportions qui lui sont propres. Supposons qu'il s'agisse de
lever géométriquement la façade principale d'un bâtiment. Cette

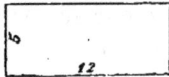

façade a 12 mètres de longueur et 5 mètres de
hauteur ; reportez ces nombres sur le croquis ou
brouillon que vous aurez fait sur le papier, chacun à sa place respective et en les exprimant
en chiffres. La figure ci-jointe est trop petite :

Fig. 509.

elle doit être au moins de huit à dix fois plus grande ; mais sa
petite dimension suffira à notre démonstration. La façade a de
plus six fenêtres et une porte ; cette dernière est au milieu de la
façade, et de chacun de ses côtés sont pratiquées trois fenêtres.
On mesure la dimension de la porte et des fenêtres ; la porte a
1^m,25 de largeur et 2 mètres d'élévation. Chacune des fenêtres a

1 mètre de largeur et 2 mètres d'élévation; du sol à l'appui des fenêtres on trouve qu'il y a 1 mètre, que d'une fenêtre à l'autre il y a 0^m,60, que l'écoinçon ou le plein entre la dernière fenêtre et l'angle de la façade a 1^m,35, etc. On note toutes ces mesures soit sur du papier ou dans un calepin (recueil de notes), ou sur le brouillon à main levée. Avec ces mesures on peut apprécier exactement la dimension réelle et les proportions ou rapports des parties et détails entre eux.

Cette manière de représenter un objet de construction est toujours insuffisante. On demande une image exacte, mathématique, de l'objet mesuré et levé, comme on dit en termes d'architecture, afin d'avoir non-seulement par le coup d'œil une idée de la dimension et de la proportion des détails de cet objet, mais encore la mesure propre ou spécifique des détails en question, leurs proportions et rapports entre eux par le dessin, et cela sans avoir vu l'original. C'est ainsi que des monuments situés dans des pays éloignés de nous, sont mis sous nos yeux au moyen de plans, coupes et façades levés, mesurés et rapportés proportionnellement en se servant d'une échelle ou mesure adoptée.

Il y a même plus : les dessins géométriques faits à l'échelle doivent pouvoir représenter un objet quelconque qui n'existe point encore, mais qu'on a à exécuter.

Après ces explications nécessaires, nous arrivons enfin au moyen matériel qui met à même de tracer sûrement l'image géométrique d'un objet quelconque, objet qui existe déjà ou qui doit être créé. Ce moyen est l'*échelle de réduction*. Au moyen de cette échelle, toute personne sera capable de placer sur le papier toutes les portions d'une œuvre dans les dimensions et les proportions que ces portions ont effectivement quand elles existent ou lorsqu'elles seront exécutées. On aura encore l'idée exacte de la liaison de ces portions pour faire un ensemble complet.

Or, comme le dessin en question ne peut être qu'une même image réduite en plus petit de l'objet reproduit, que, par exemple, même le plus petit bâtiment ne peut être représenté dans sa grandeur naturelle sur une feuille de papier, il tombe sous le sens que l'échelle tracée sur le papier ne peut être celle au moyen de laquelle le bâtiment a été mesuré en nature.

Aussi on procède par réduction. On peut prendre sur un mètre du commerce 10 centimètres, et dire que ces 10 centimètres formeront 10 mètres pour le dessin que nous voulons tracer. Chaque centimètre sera pour nous un mètre, et chaque millimètre sera pour nous 10 centimètres. Si l'on prend 20 centimètres pour en faire une échelle de 10 mètres, 2 centimètres seront pour nous un mètre, et chaque millimètre sera pour nous 5 centimètres. Si l'on prend 5 centimètres pour faire une échelle de 10 mètres, chaque mètre sur notre échelle aura 5 millimètres de longueur, et chaque millimètre représentera 20 centimètres. Comme la mesure du commerce nommée *mètre* contient 100 divisions nommées centimètres, que la longueur que nous prenons sur une ligne tracée en haut et en bas de notre papier représente en petit ce même mètre également divisé en 100 parties, il est évident que si nous mesurons dans un bâtiment une longueur de 8 mètres 50 centimètres et une seconde mesure de 3 mètres, à leurs places respectives telles qu'elles sont au bâtiment mesuré, ces deux mesures seront dans la même proportion qu'elles sont dans le bâtiment, elles seront seulement infiniment plus petites. L'échelle de réduction sert donc à tracer un objet quelconque dans une dimension réduite, tel que cet objet se présente ou se présentera réellement dans la nature, et cela dans toutes ses proportions respectives. Ainsi, pour nous servir des mesures indiquées plus haut on dira, si l'on prend un centimètre pour mètre : l'objet représenté avec cette mesure de convention sur le papier sera cent fois plus petit que ce qu'il représente ou devra représenter. Si l'on prend 2 centimètres pour en faire 1 mètre, l'image sera cinquante fois plus petite que la réalité. Si l'on prend 5 centimètres pour 10 mètres, ce qui fera 5 millimètres pour mètre, l'image sera deux cents fois plus petite que la réalité.

Il nous reste à parler de l'établissement de l'échelle de réduction.

Règle pour établir l'échelle de réduction Tirez une ligne droite sur le bas du papier, sur lequel vous voulez tracer un dessin de construction. Divisez avec le compas cette ligne en autant de parties égales que vous le jugerez convenable, et aux points que marquera le compas tracez des petites lignes verticales et placez-y des chiffres ainsi que le montre notre figure. Le ponctué de notre figure indique la prolongation arbitraire de la ligne sur laquelle est construite l'échelle; elle peut contenir 7, 8, 9, ou 10 divisions de plus, semblables à celles de 0 en 1,

Fig. 510.

de 1 en 2, de 2 en 3; supposons que la longueur 0 en 1 doive représenter un mètre. Divisez d'abord cette longueur en deux parties égales, ensuite chacune de ces parties en cinq; vous aurez dix parties de 0 en 1 et vous adopterez une de ces parties comme représentant dix centimètres, par la raison que vous avez dix parties et que 10 fois 10 font 100, nombre des centimètres contenus dans un mètre. Supposons maintenant des figures au bas desquelles se trouve notre échelle, soit 1° un carré abcd. Supposez que

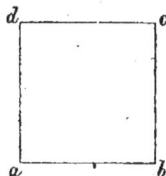

Fig. 511.

ce carré représente une construction, une guérite. Vous voulez savoir quelle est sa dimension. Prenez avec le compas la profondeur ad, portez-la sur votre échelle de 0 sur la ligne à votre droite. Vous trouverez que cette guérite a 1ᵐ,50 sur la face ad. Pour vous assurer de sa mesure en longueur vous opérerez de même en prenant ab et en portant cette longueur sur l'échelle : vous trouverez une longueur identique à celle de a en d, et vous savez que la figure abcd est un carré (ne pas confondre un carré qui a ses 4 faces égales, avec un rectangle qui a bien 4 angles droits mais seulement les faces opposées égales). Voulez-vous savoir quelle est la dimension du triangle efg, prenez avec votre compas eg, portez-le sur l'échelle de 0

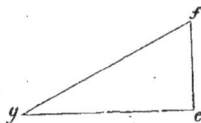

Fig. 512.

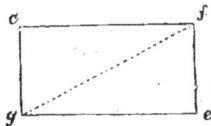

Fig. 513.

sur la ligne à votre droite; vous trouverez que le côté eg a 2ᵐ,00 de longueur. Prenez ensuite le côté ef, vous trouverez qu'il a 1ᵐ,03 de longueur; prenez ensuite le troisième côté fg du triangle ou l'hypoténuse, vous trouverez 2ᵐ,25.

Voulez-vous savoir la superficie de ce triangle, opérez ainsi qu'il suit : multipliez le nombre de mètres et de centimètres trouvés sur le côté *eg* (2^m,00) avec le nombre de mètres et de centimètres trouvés sur le côté *ef* (1^m,03), et divisez-en le résultat par deux.

Fig. 514.

$$
\begin{array}{r}
2,00 \\
1,03 \\
\hline
6,00 \\
2,00 \\
\hline
2,0600 \\
\end{array}
\quad
\begin{array}{|l}
2 \\
\hline
1,03
\end{array}
$$

Le triangle *e f g* a selon les deux côtés, chacun de 2,00 et 1,03 de longueur, 1 mètre 3 centimètres de superficie.

C'est de cette manière qu'on peut mesurer toutes les figures au moyen de l'échelle de réduction, et c'est encore ainsi, en sens inverse, qu'on peut construire toutes les figures dont les dimensions sont données, en se servant de l'échelle en question. Ainsi, supposant l'échelle de la fig. 513 donnée : on demande de tracer un rectangle d'après cette échelle, dont la base, ou le plus long côté, doit avoir 2^m,00 (nous prenons à dessein les mêmes mesures employées plus haut), et le côté vertical 1^m,03 de longueur. Tirez une ligne droite horizontale *ge*, prenez avec le compas 2^m,00 sur l'échelle et reportez cette mesure sur la ligne *ge* de *g* en *e*. Pour prendre ces 2^m,00, placez une pointe du compas au point *o* et ouvrez-le jusqu'au point 2. Élevez sur les points *e* et *g* deux perpendiculaires, et prenez avec le compas 1 mètre 3 centimètres que vous reporterez sur les deux perpendiculaires *gc*, *ef*, en mettant le compas sur *e* et le portant jusqu'au point *f*. Faites-en autant de l'autre côté et tirez ensuite la ligne *ef*. La figure *gefc* sera le rectangle demandé. La superficie de ce rectangle sera de 2^m,06 puisqu'il est le double du triangle *efg* de la figure 512. Ces 2^m,06 ont été trouvés dans l'exemple de calcul fait plus haut, en multipliant le grand côté par le plus petit.

Le cas peut se présenter où l'échelle doit être dans une grande proportion, afin qu'on puisse, s'il était utile et nécessaire, y voir les centimètres pour pouvoir prendre des centimètres avec le compas et les reporter sur le dessin à tracer. Et au contraire, le cas peut se présenter où les centimètres ne peuvent être appréciés qu'à l'œil. Dans le premier cas, il y a une manière particulière de construire l'échelle.

Supposons que l'échelle (fig. 515) doive représenter un mètre. Divisez la longueur de la ligne *ab* en deux parties égales ; chacune de ces parties sera 50 centim. Divisez encore ces deux parties en deux ; chacune de ces quatre divisions vous représentera la valeur de 25 centimètres. Divisez ensuite chacune de ces quatre divisions en cinq parties égales, qui représenteront 5 centimètres. Divisez enfin une de ces 20 parties en cinq, qui vous représenteront un centimètre. A cause de l'exiguïté de notre format, nous n'avons représenté sur notre échelle qu'un mètre. On peut prolonger vers la droite la ligne *ab* et y marquer la quantité de mètres qu'on jugera nécessaires, et sur cette prolongation on reportera la longueur *ab* qui représente le mètre.

Mais les 20 divisions sur la ligne *ab* de la fig. 515 peuvent aussi représenter 20 *mètres*. Alors chacune des cinq divisions de 0 en 5 représentera 20 centimètres. Dans ce cas, les centimètres se jugeront à l'œil ou approximativement, s'ils ne forment pas un

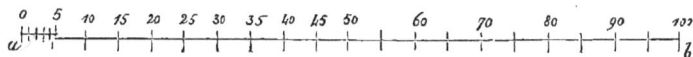

Fig. 515.

nombre rond qui tombe sur une des quatre petites lignes verticales ; car chaque espace contenu entre les petites verticales marquées de 0 en 5, représente 20 centimètres comme nous l'avons dit. Si la pointe du compas, placé au point 30, ce qui représentera 5 mètres de 30 à 5 sur l'échelle, tombe au milieu de la seconde petite division en partant du point 5 et allant à gauche, vous aurez une mesure de $5^m,30$; si la pointe du compas tombe au milieu de la quatrième division, vous aurez une mesure de $5^m,70$. Mais si la pointe du compas tombe dans des longueurs qui ne sont pas marquées sur l'échelle et qui ne sont pas les moitiés des petits espaces de 0 à 5, il faut les évaluer par approximation ou à l'œil.

Par la même raison la ligne *ab* peut aussi servir pour représenter 4 et encore 5 mètres. Dans le premier cas, nous aurons

1 mètre de 0 à 25, deux mètres de 0 à 50, 3 mètres de 0 à 75 et le quatrième mètre de 75 à 100. Dans le second cas, nous aurons un mètre de 0 à 20, deux mètres de 0 à 40, trois mètres de 0 à 60, quatre mètres de 0 à 80, et le cinquième mètre de 80 à 100. Si la ligne *ab* est prise pour quatre mètres, les 5 divisions de 0 à 5, de 5 à 10, de 10 à 15, de 15 à 20, de 20 à 25, représenteront chacune 20 centimètres, et chacune des petites de 0 à 5, 4 centimètres. — Si, au contraire, la ligne *ab* était prise par cinq mètres, les cinq divisions de 0 à 5 représenteraient chacune 5 centimètres, et la distance de 0 en 5 vaudrait 25 centimètres.

Il s'ensuit donc de tout ce que nous venons de dire, qu'on peut prendre une longueur arbitraire quelconque pour en faire une mesure, et que tout dessin, plan, coupe ou élévation faits ou dressés selon cette mesure et ses subdivisions, sera en rapport réduit, mathématique et proportionnel avec un objet qui existe et qui a été mesuré, ou avec un objet qui n'existe pas encore et qui doit être créé. Le dessin fait d'après l'échelle est un *patron* d'une petite dimension dans une proportion quelconque avec la réalité passée ou future.

Mais il n'est pas d'usage en construction, pour établir une échelle, de prendre une longueur arbitraire. On prend une certaine division du mètre pour cette longueur, soit un centimètre, soit cinq centimètres, soit un ou plusieurs millimètres, pour représenter un mètre. Si le centimètre est pris pour mètre, l'objet représenté par le dessin sera $\frac{1}{100}$ de ce que cet objet est ou sera en réalité. Si cinq centimètres sont pris pour faire un mètre, le dessin sera $\frac{1}{20}$ de l'objet réel ou à créer, et si l'on ne prend que deux centimètres pour mètre, il sera de $\frac{1}{50}$ et ainsi de suite.

Toute personne qui fait construire et qui veut avoir conscience de ce qu'elle fait, doit pouvoir lire le langage de la construction, qui n'est autre que les dessins faits à l'échelle de réduction, dessins qui comprennent des plans, des coupes, des élévations et des détails de l'ensemble, destinés à mieux les faire saisir aux ouvriers, parce qu'on trace ces détails avec plus de correction sur une grande échelle que dans les plans, coupes et élévations générales.

Après avoir expliqué ce que c'est qu'un plan, nous devons expliquer ce que c'est qu'une *coupe*. La coupe est la représentation d'un bâtiment coupé en deux verticalement, soit en longueur, soit en largeur, et dont on aurait enlevé la moitié ou partie antérieure, ou celle qui est la plus rapprochée du spectateur. Le plan ne donne qu'une section horizontale, tandis que la coupe nous offre une section verticale ou perpendiculaire. On comprendra aisément que le point choisi pour pratiquer la coupe d'un bâtiment est arbitraire et laissé à la volonté de l'architecte ou du constructeur. Il est d'usage de supposer un bâtiment coupé au milieu, mais quelquefois aussi on n'en enlève que les murs de face en sorte qu'on aperçoit l'intérieur des pièces, l'épaisseur des murs de refend et celle des cloisons.

Si la coupe se fait en longueur du bâtiment, cette coupe est dite *longitudinale;* si elle est faite en travers, elle est dite *transversale.* Pour un seul et même bâtiment on fait quelquefois les deux coupes, afin de mieux faire comprendre aux ouvriers ce qu'on a l'intention d'exécuter. Dans la coupe longitudinale, la section est censée être parallèle à la façade principale ou d'honneur; dans la coupe transversale, la section est réputée parallèle aux faces latérales ou de côté.

La coupe n'est pas indispensable; le plan et le dessin des façades, nommées élévations en terme technique, suffisent. Le plan indique le nombre et la position des portes, des cheminées, des niches, etc.; la façade indique la hauteur des fenêtres : quant à celle des portes et des niches, on peut l'indiquer en marge du plan. Si l'on se dispense de faire un dessin de la coupe, il faut avoir soin d'indiquer la hauteur du rez-de-chaussée et des étages depuis le sol jusqu'au plafond, en marquant aussi l'épaisseur des planchers.

Il nous reste maintenant encore à parler de la façade. C'est la représentation par le dessin des faces extérieures d'un bâtiment, ainsi que de tous les détails qui s'y trouvent. Elle montre les perrons, les portes d'entrée, les fenêtres, elle indique à quelle élévation seront placés les cordons et la corniche, quelle sera la hauteur du toit et des tuyaux de cheminée, les lucarnes et un fronton s'il y en a, etc., etc. La façade est donc une image de ce que sera le bâtiment à l'extérieur quand il sera élevé et achevé, depuis le sol jusqu'au faîte. Mais comme un bâtiment a plusieurs façades, on fait le dessin de chaque façade particulière, à moins qu'il n'y en ait qui se ressemblent.

Il n'est question ici, bien entendu, que de dessins nommés *géométraux*, dont toutes les lignes horizontales sont parallèles, et dans lesquels on n'admet pas d'horizon ni de point de distance. Dans les dessins géométraux, les objets ne fuient pas comme dans les dessins en *perspective* dans lesquels on peut voir deux faces d'un édifice ou d'un bâtiment quelconque, et dans lesquels des corps ou des ouvertures de même dimension diminuent à mesure qu'ils s'éloignent de la vue, comme cela a lieu quand nous nous plaçons à l'angle d'une colonnade. Dans le dessin géométral, l'œil est censé être de niveau et à la même hauteur avec tous les objets vus, ce qui n'a pas lieu pour les dessins en perspective, où le spectateur est réputé embrasser tous les objets d'un seul et même point de vue.

Il faut donc ne pas confondre les dessins géométraux avec les dessins perspectifs, c'est-à-dire les dessins de construction ou d'architecte avec les œuvres pittoresques des peintres, qui ne peuvent être d'aucune utilité aux ouvriers de bâtiment ou constructeurs.

Du dessin des projets Le tracé d'une esquisse ou d'un brouillon est la première opération à faire pour exécuter le programme écrit. Il s'agit de traduire ce programme dans la langue des constructeurs. Cette esquisse ou ce croquis ne consiste que dans le tracé libre de simples lignes servant à indiquer les distributions du bâtiment. Dans cette esquisse, on ne tient aucun compte de l'épaisseur des murs, de la dimension des portes et fenêtres et d'autres détails; on ne s'astreint pas non plus rigoureusement aux proportions, car il ne s'agit, au moyen de l'esquisse, que de se rendre compte de la juxtaposition des pièces et du plus ou moins de convenance de leur liaison. Il ne faut pas s'en tenir à une seule esquisse. Il faut en

faire plusieurs, en changeant la position des pièces entre elles.
Si vous êtes presque satisfait d'une de vos esquisses, calquez-la
sur du papier végétal ou tout autre papier transparent, et sur
ce calque étudiez plus commodément les modifications que vous
aurez conçues. Votre brouillon doit figurer les murs, leur direction, la position des chambres, salles, corridors, etc., etc., la
disposition de l'escalier ou des escaliers s'il y en a plusieurs, l'indication des portes et des fenêtres, et l'on écrira en chiffres la
longueur des pièces sur leur largeur.

Supposons qu'il s'agisse de tracer le croquis d'une maison de
16 mètres de longueur sur 12 de profondeur. Cette maison sera
isolée et pourra tirer du jour sur ses quatre faces. Indépendamment du rez-de-chaussée, elle aura un premier et un second
étage. Elle sera habitée par un homme de moyenne fortune avec
sa famille; elle doit être d'une grandeur moyenne, offrir un
vestibule, trois pièces et une cuisine au rez-de-chaussée, quatre
pièces au premier étage, deux grandes pièces et quatre petites
au second.

Tracez sur le papier un rectangle, à peu près dans la propor-

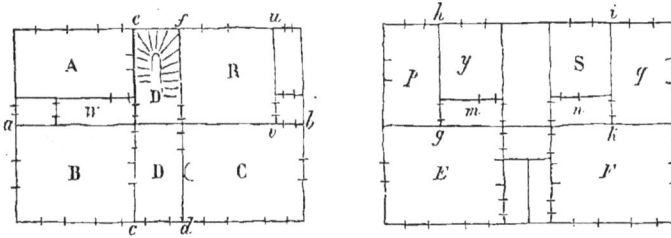

Fig. 516.

tion de quatre de longueur sur trois de profondeur (ces nombres
sont donnés en simplifiant ceux de 16 et 12, 4, dans 16, 4 fois; 4
dans 12, 3 fois). Prenez ce rectangle pour y tracer la distribution
du rez-de-chaussée. Car c'est par le rez-de-chaussée qu'il faut
commencer le plan d'une maison ou de tout bâtiment quelconque. Sur la façade, on veut avoir un vestibule D, et de chaque
côté de ce vestibule deux pièces d'égales dimensions, B, C. Ces
deux pièces doivent avoir leur entrée sur le vestibule et être

éclairées par trois fenêtres, dont une sur la façade latérale. La profondeur des deux pièces B, C, doit avoir la moitié de la profondeur totale de la maison, et pourra être figurée par la ligne *ab,* qui sera parallèle à la façade. Tracez au milieu du rectangle et d'équerre sur la façade les lignes *ce, df,* qui donneront l'espace D pour le vestibule.

Le rez-de-chaussée, ainsi tracé, vous servira aussi pour les deux étages supérieurs; car il est de règle de faire monter d'aplomb les murs et pans de bois ou cloisons en briques depuis le rez-de-chaussée jusqu'au plancher du comble et de ne pas faire (à moins dans certains cas exceptionnels) de porte-à-faux, c'est-à-dire de pans de bois ou cloisons en briques portant sur le vide. Nous venons de parler de cas exceptionnels dans lesquels on met des distributions sur le vide. Il ne s'agit pas alors de pans de bois ni de cloisons en briques, mais de cloisons en menuiserie, qui ont peu de poids et qui ne font pas fendre les plafonds qui se trouvent au-dessous. Quand un pan de bois est absolument indispensable en porte-à-faux, il faut chercher par une combinaison, dans laquelle s'emploiera le fer, de le lier à la charpente du comble pour soulager le plancher sur lequel il pose. Un charpentier un peu intelligent saura comment procéder en ce cas. Voyez aussi les fig. 198, 199.

Nous avons dit comme quoi les murs et cloisons devant, en bonne construction, monter d'aplomb à partir du rez-de-chaussée, on aura la même division pour le premier étage. Seulement l'espace directement au-dessus de D n'aura point de porte sur la façade, et servira en partie de dégagement aux deux pièces placées sur B et C du rez-de-chaussée. Au second, nous avons les deux grandes pièces EF. On en demande quatre autres pour loger des amis, des enfants ou les domestiques. Divisez les deux pièces sur le derrière en deux parties égales, au moyen des lignes *gh, ki.* Mais comme il faut trouver accès aux pièces, *p, q,* sans passer dans les pièces *y* S, tirez à une petite distance de la ligne *gk,* une ligne parallèle à *gk',* qui formera avec la ligne *gk* les deux couloirs *m, n,* qu'on traversera pour arriver aux pièces *p, q.*

Toute la partie à gauche de la ligne *ce,* fig. 516, est destinée aux caves.

Ensuite, marquez par de petits traits en travers des murs les portes et les fenêtres, ainsi que nous l'avons indiqué sur les façades et sur les murs latéraux ; une porte d'entrée principale qui donne accès au vestibule D, une autre porte à gauche et à droite du vestibule pour pénétrer dans les pièces B et C. La pièce R sera la cuisine, dans laquelle, vu sa grandeur, il y aura une cloison vu, derrière laquelle sera le garde-manger. Après le vestibule D, sera la cage d'escalier, contenant les marches pour monter au premier. Derrière la pièce de gauche B, sera un couloir w qui conduira aux water-closet et à la pièce A, qui servira de cabinet pour le maître de la maison.

Dans l'axe des deux fenêtres tracées sur la façade, tracez-en de semblables sur le mur de face de derrière pour éclairer la cuisine R et le cabinet de maître A.

L'escalier est à la suite du vestibule sur le même axe. Il s'agit de savoir combien cet escalier doit avoir de marches. Supposons que le rez-de-chaussée ait 2^m,90 d'élévation, du plancher au plafond ; nous aurons l'épaisseur du plancher à ajouter à cette hauteur. Un plancher ordinaire a environ 33 centim. d'épaisseur : 2^m,90 et 0^m,33, font 3^m,23. Une marche doit avoir 0^m,16 d'élévation. Pour connaître le nombre de marches qu'il faut pour monter 3^m,23, il faut chercher combien de fois 16 sont contenus dans 323. On trouvera 20. Il y aura donc 20 marches pour l'escalier en question ; mais il nous reste 3 centimètres qu'il faut diviser en 20 et de ces 20 petites parties il faut en ajouter une à la hauteur de chacune des marches ; on trouvera que ces 3 centimètres divisés par 20 produisent 0^m,0155, ce qui, ajouté à la marche, ne lui donnera en aucune manière une élévation incommode. Pour arriver en compte rond aux 16 centim. sans fraction, on peut diminuer l'élévation du rez-de-chaussée de 35 centimètres, ce qui lui donnerait de hauteur 2^m,87. La marche dans son giron, ou partie horizontale où l'on pose le pied, ne doit pas avoir moins de 25 centimètres de largeur au milieu ; elle peut en avoir davantage, mais pas au delà de 35 centimètres. Passé cette mesure, l'escalier devient un casse-cou. Puisqu'une des marches est formée par le plancher du haut, nous n'aurons plus que dix-neuf marches. Nous avons dit que ces marches devaient avoir 25 centimètres de largeur : pour connaître le développement de l'ensemble de notre escalier, nous devons multiplier 25 par 19, ce qui produit 4ᵐ,75. Il faut un palier à cet escalier, de 1ᵐ,25, qui, ajouté aux 4ᵐ,75 fera 6 mètres. Comme la maison a 12 mètres de profondeur à l'extérieur, qu'il faut en déduire l'épaisseur des deux murs de face, de chacun 48 centimètres, ce qui fait ensemble 96 centimètres, lesquels déduits de 12 mètres nous laissent 11ᵐ,04, qu'ensuite nous avons divisé cette longueur en deux parties égales pour y établir le mur de refend *ab*, il ne reste plus que la moitié de la longueur de ces 11ᵐ,04, soit 5ᵐ,52, mesure dans laquelle nous ne pouvons pratiquer un escalier d'une volée, puisque nous avons trouvé qu'il avait 6 mètres de développement et que la cage n'en a que 5ᵐ,52. Il faut donc trouver un autre moyen d'établir cet escalier. On se sert à cet effet de marches tournantes ou non parallèles, ainsi que l'indique la figure 517. Un tel escalier, ayant 19 marches, ne demande

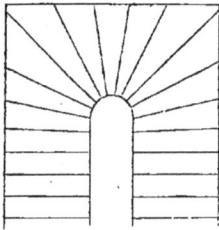

Fig. 517.

qu'un espace de 2ᵐ,37 de longueur sans compter l'espace qu'on doit laisser en avant de la première marche, et de la cloison qui sépare la cage d'escalier D' de l'antichambre D, en supposant à l'escalier une largeur de 1 mètre. Nous indiquerons plus loin la manière de tracer un escalier semblable.

L'escalier conduisant au comble peut être la continuation de l'escalier principal et s'étendre dans la même cage, ou il peut être pratiqué ailleurs, comme dans une des pièces *y* S du second étage. On peut se dispenser de le faire monter de fond.

Quant aux cheminées, celle de la pièce B du rez-de-chaussée peut être placée sur le mur de refend ce qui sépare cette pièce du vestibule D, ou bien sur le mur *ab* qui divise la maison en deux partie égales longitudinalement. La pièce A aura sa cheminée sur le mur latéral de droite, et la cuisine la sienne, soit sur le mur de refend *df*, soit sur l'autre refend *ab*. La même disposition des cheminées sera suivie pour les pièces du premier étage et pour celles du second. Il faut apporter un soin particulier à *ramener* les tuyaux de cheminées en un seul groupe, afin qu'au-dessus du toit les tuyaux sortent autant que possible ensemble, ce qui est d'un meilleur effet que de les voir s'élever en trop grand nombre et éparpillées sur la toiture. En les groupant ainsi, il y a d'ailleurs grande économie.

Les cheminées et leurs tuyaux ne doivent jamais être appuyés contre un pan de bois. Il faut les combiner et les placer de manière à ce qu'ils trouvent toujours un point d'appui contre des murs ou des cloisons élevées en briques. Mais, dans le dernier cas, les tuyaux sont en saillie dans la pièce, ce qui n'est pas d'un bon effet. Quand cela a lieu dans un cabinet, on peut le tolérer ; dans une petite pièce accessoire, également. On masque alors la saillie du tuyau en remplissant par des placards ce qu'il a laissé de vide dans la pièce. Mais c'est cependant ce qu'il faut éviter autant que possible, en ayant soin d'élever des murs au lieu de cloisons en brique, là où l'on place des cheminées et leurs tuyaux. C'est un surcroît de dépense, à la vérité, mais qu'on est loin de regretter, par la symétrie que ce parti pris donne aux chambres et aux salles.

Mise au net des projets en se servant de l'échelle de réduction Les détails du travail dans lesquels nous allons entrer pour la mise au net des projets, ne serviront pas seulement aux dessins qu'on fait soi-même, mais feront comprendre les dessins et les projets faits par d'autres.

Pour bien comprendre les dessins qui représentent les objets qu'on veut exécuter, il faut en partie savoir les dresser soi-même. Cette opération en miniature sur le papier est identiquement la même que le tracé sur le sol pour l'exécution définitive, sauf l'étude des proportions.

Il s'agit ici de mettre au net et à l'échelle des dessins destinés aux ouvriers maçons, charpentiers et autres, sur lesquels sont indiquées les diverses pièces composant une maison, la disposition des portes, des fenêtres, etc. Il s'agit aussi de faire un plan du rez-de-chaussée, de ceux des deux étages supérieurs, d'une coupe en longueur et enfin d'une façade.

Pour exécuter ces dessins divers, nous supposerons une maison d'habitation, dont le programme a déjà été étudié et mûri, et dont l'esquisse ou croquis est représenté par la figure 516.

Il faut d'abord déterminer quelle est la mesure qu'on prendra comme échelle, si l'on prendra pour figurer 1 mètre, *un* ou *deux* centimètres, *cinq* millimètres, etc. Une échelle commode, qui permet d'opérer avec précision, est celle d'un centimètre pour un mètre. Les dix millimètres contenus dans le centimètre (et dont chacun représente 10 centimètres sur votre échelle réduite) vous permettent de prendre avec le compas d'une manière exacte, 10, 15, 20, 25, etc., centimètres sur votre échelle. Un peu de pratique et d'attention feront bientôt arriver à la précision qu'il faut avoir soin de mettre dans l'usage du compas sur l'échelle.

Ayez soin que le papier sur lequel vous voulez tracer vos projets dépasse en tous sens les dimensions du bâtiment que vous représentez, c'est-à-dire prenez une feuille de papier assez grande pour vous laisser des marges au pourtour du dessin. Cette précaution est encore nécessaire pour que vous n'employiez pas de papier plus petit que la plus longue mesure que vous aurez à prendre sur l'échelle.

Il peut arriver que ce soit au contraire le format du papier qui force à déterminer la proportion de l'échelle. Alors dites, par exemple, je laisse dans la longueur du papier 3 centimètres de chaque côté; ôtez 6 centimètres de la longueur en question, et ce qui reste servira à proportionner l'échelle. Supposons une feuille de papier de 31 centimètres de longueur et 20 de largeur (papier dit *pot*), ôtez de ces 31 centimètres 6 centim., il restera 25 centimètres. Si votre maison a 16 mètres de longueur, vous pourrez prendre pour unité de votre échelle $0^m,015$ (quinze millimètres) par la raison que 16 fois 15 font 24 centimètres. Il reste de vos 25 un centimètre, dont vous ajouterez une moitié à chaque marge de gauche et de droite. Alors, au bas du papier, vous tirerez une ligne approximativement plus longue que 24 centimètres, et sur cette ligne, vers son milieu, vous ferez un petit trait vertical de quelques millimètres de hauteur. Ensuite, prenez avec votre compas 15 millimètres (qui représentent un mètre), portez-en 5, 6, 7 ou 8 fois la longueur sur la ligne, et à chaque point que marque le compas faites également un petit trait vertical. Divisez la dernière division de gauche en dix parties égales et vous aurez les centi-

mètres, car chacune de ces dix petites divisions représentera 10
centimètres de votre échelle.

Pour la mise au net des plans figurés en brouillon dans la fig.
516, nous supposons une échelle de 5 millimètres pour mètre.
Cette échelle est un peu trop petite, mais notre format ne nous en
permet pas de plus grande. Au reste, les opérations sont les
mêmes avec une échelle de 5 millimètres ou d'un centimètre pour
mètre.

Tirez une ligne horizontale sur le papier à une distance telle
du bord du bas, qu'il reste une distance au-dessus de cette ligne

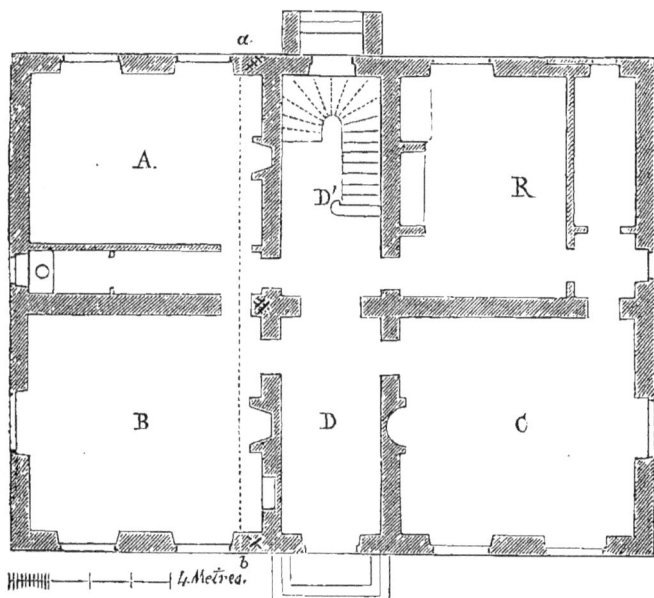

Fig. 518.

assez grande pour y tracer la profondeur de la maison. Cette première ligne représentera le pied d'une surface verticale qui sera
la façade principale. A l'endroit de cette ligne et au milieu du
papier, élevez une ligne perpendiculaire à votre première ligne
tirée parallèlement au bord du papier. Prenez sur votre échelle
8 mètres et marquez ces 8 mètres à droite et à gauche en mettant
la pointe du compas sur l'intersection de la ligne horizontale avec

la ligne verticale ou perpendiculaire. Aux deux extrémités de la ligne horizontale où aboutiront les 8 mètres, tirez deux lignes verticales, qui représenteront les deux faces latérales ou en retour de la maison. Prenez ensuite la valeur de 12 mètres, portez-les sur les deux lignes verticales, pour déterminer la profondeur de la maison. Des deux points de droite et de gauche où aura abouti la pointe de votre compas, renfermant 12 mètres entre ses deux branches, tirez une ligne droite, qui sera nécessairement parallèle à la première ligne tirée, si vous avez opéré avec précision. Doublez ces lignes dans l'intérieur, par des lignes parallèles que vous tracerez à 48 centimètres des premières. Ces doubles lignes donnent l'épaisseur des murs extérieurs et figurent les faces ou parois intérieures de ces mêmes murs.

Vous avez à tracer les deux murs de refend qui forment les deux côtés latéraux du vestibule D, ainsi que ceux de la cage d'escalier D'. Supposons que vous vouliez donner 2m,50 de largeur à ce vestibule. Prenez avec votre compas sur l'échelle 1 mètre 25 centimètres, moitié de la largeur demandée; placez ce mètre vingt-cinq de chaque côté de la ligne perpendiculaire du milieu, qu'on nomme l'axe du bâtiment : ces deux mètres cinquante réunis formeront la largeur du vestibule demandée. Aux points où le compas vous indiquera 1 mètre 25 centimètres, en appliquant cette mesure parallèlement à la face principale, tirez deux parallèles à l'axe. Ajoutez-y 18 centimètres en vous éloignant de l'axe pour former l'épaisseur de vos deux murs.

Maintenant, en additionnant les quatre épaisseurs de murs (4 fois 48 centim.) aux 2 mètres 50 centimètres de largeur du vestibule, vous trouverez 4 mètres 42 centimètres. Si vous ôtez ces 4m,42 de votre longueur totale de 16 mètres, il restera 11 mètres 58 centim. dont une moitié forme la longueur des deux pièces B, C : soit 5m,79. Il est clair qu'avant le tracé géométrique vous auriez pu vous rendre compte par le calcul de la longueur des deux pièces en question. N'oubliez pas que presque toutes les opérations géométriques qu'on fait sur le papier peuvent également se chiffrer, puisque les lignes représentent des nombres.

On aura donc, en défalquant l'épaisseur des deux murs latéraux extérieurs (c'est-à-dire 96 centimètres) de la longueur totale de 16 mètres, 15m,04 ; c'est ce qu'on nomme une mesure *dans œuvre*, dans l'intérieur d'une construction quelconque.

Si, ensuite, on soustrait l'épaisseur des deux murs de face longitudinaux de la profondeur du bâtiment, c'est-à-dire 0m,96 de 12 mètres, on aura 11 mètres 4 centimètres de largeur dans œuvre. Nous avons dit que la profondeur de la maison serait divisée en deux parties égales. Divisez-la ainsi avec le compas et tirez une ligne en travers du dessin parallèle à la ligne de façade. Portez à cheval sur cette ligne l'épaisseur du mur qui doit séparer les pièces du devant des pièces situées sur le derrière : soit encore 48 centimètres. Ces 48 centim. déduits des 11 mètres 4 centimètres laisseront un espace de 10m,56, dont la moitié fera la profondeur des pièces B, C, R.

Voilà donc tous les gros murs de votre construction tracés sur le papier. Pour tracer ce même plan sur le terrain à bâtir, vous procéderez de la même manière, en vous aidant des indications que nous avons déjà données auparavant.

Derrière la pièce B est établi un corridor pour donner accès aux water. Il sera suffisamment large en lui donnant 1 mètre de largeur. Ajoutez en haut de votre mur de refend longitudinal une distance de 1 mètre : tirez une ligne ; marquez au-dessus de cette ligne 16 centimètres pour l'épaisseur de la cloison qui doit séparer le corridor de la pièce A. Donnez 2 mètres de profondeur aux water.

Dans la pièce R, à une distance de 1m,50 du mur latéral, tracez une cloison également de 16 centimètres d'épaisseur. Cette cloison séparera la cuisine du garde-manger. Tracez une autre petite cloison d'équerre sur la dernière, à 1m,50 de distance du mur de refend longitudinal. Le carré qui en résulte est destiné à la communication de la cuisine R avec la salle à manger C, communication qui ne doit pas être directe, pour empêcher les odeurs de cuisine de pénétrer dans la salle à manger.

Voilà donc les murs et les cloisons de distribution tracés, soit sur le papier, soit sur le terrain.

Il s'agit maintenant d'y ajouter les détails, comme portes, fenêtres, cheminées, etc. Commençons par la principale porte d'entrée, donnant accès dans la maison par le vestibule. Cette porte peut être à un vantail ou à deux vantaux. A un vantail, on peut lui donner 1 mètre de largeur; à deux vantaux, on peut lui donner 1^m,25 ou enfin 1^m,40 de largeur, qui est celle des fenêtres. Comme un des deux vantaux reste souvent fermé, on passe aisément dans une ouverture de 62 centimètres. Nous donnons donc à la porte d'entrée 1 mètre 25 centimètres de largeur.

Il faut déterminer la place de la cheminée de la pièce B, que nous nommerons le salon. La place la plus convenable est celle contre le mur de gauche du vestibule. On sait que le salon a 5^m,28 (moitié de 10^m,56 trouvés plus haut) de profondeur. C'est au milieu de cette largeur ou profondeur que doit se trouver l'axe de notre cheminée. Divisez donc la profondeur du salon en deux parties égales, et au point que vous marquera le compas tirez l'axe en question sur le mur de refend qui sépare le salon du vestibule. Comme vous aurez une niche de poéle à tracer dans la pièce C, que nous nommerons salle à manger, et que cette niche doit être au milieu de cette salle, tirez en même temps que l'axe de la cheminée du salon, l'axe de cette niche sur l'autre mur de refend du vestibule.

Comme vous aurez une fenêtre à pratiquer sur les deux murs de face latéraux, et que la place de ces fenêtres est vis-à-vis de la cheminée et vis-à-vis de la niche, tirez le même axe à travers les deux murs latéraux. Vous aurez ainsi le milieu de ces deux fenêtres.

Supposons que, pour le salon, il s'agisse d'une cheminée de 1^m,30 de longueur. Prenez avec le compas la moitié de cette longueur, soit 0^m,65, et reportez ces 65 centimètres de chaque côté de l'axe de cheminée de bas en haut, et de haut en bas. Aux points marqués par votre compas tirez deux petites lignes, parallèles au mur de face. Donnez à la cheminée 30 centimètres de saillie dans la pièce, et donnez-en 20 de face aux jambages (ou petits montants de côté). Prenez la moitié de l'épaisseur du mur de refend contre lequel est adossée votre cheminée, et faites-en le fond du foyer, auquel vous donnerez 60 centimètres de largeur. Tirez ensuite les deux lignes biaises.

N. B. — Si cela convenait mieux, on pourrait mettre la cheminée sur l'autre mur de refend, vis-à-vis du mur de façade. Alors on mettrait la porte du vestibule au salon à la place de la cheminée indiquée sur la fig. 518.

En face de la cheminée et sur l'axe tracé, pratiquez une fenêtre de 1^m,40 de largeur sur le mur latéral de droite.

Il s'agit maintenant de placer les deux fenêtres du salon sur la façade. On demande un trumeau au milieu et deux écoinçons d'égale longueur. Pour trouver la mesure de ces trois parties pleines de mur, voici comment on s'y prendra. Il faut déduire les vides de la longueur et diviser ce qui reste en trois parties égales. Les fenêtres ont 1^m,40, on donne 8 centimètres à l'ébrasement. On aura donc 1^m,40 + 1^m,40 + 0^m,32 = 3^m,12. La longueur à diviser est de 5^m,79. Défalquez 3^m,12 de 5^m,79, il restera 2^m,67 qui, divisés par 3, vous donneront 89 centimètres pour le trumeau et chacun des deux écoinçons.

Mais nous ne pouvons pas avoir de trumeau de 89 centimètres de largeur, parce que un côté de persiennes ouvert doit se développer extérieurement sur le trumeau. Les deux moitiés forment ensemble 1^m,40, largeur des fenêtres. Il faut donc que le trumeau ait au moins 1^m,40, afin que les persiennes ouvertes aient de la place pour se loger. Dans une pièce plus longue que la nôtre, qui n'est que de 5^m,79, la division en trois de l'espace plein de mur, restant après défalcation des vides, peut se faire pourvu que le trumeau soit assez large pour le développement des persiennes.

Divisez la longueur du salon en deux parties égales; faites-en de même pour la salle à manger; tracez un axe au travers du mur de face. Prenez sur votre échelle 70 centimètres, reportez-les de chaque côté de l'axe (ces 70 centimètres sont la moitié de la largeur des fenêtres). Prenez 1^m,40 que vous reportez à la suite de la mesure précédente, de chaque côté du trumeau. Ce 1^m,40 représente la baie ou ouverture des fenêtres. Tirez des petites lignes verticales en travers de votre mur de face, et les fenêtres seront tracées.

Il faut maintenant tracer le tableau et l'embrasure de la fenêtre. Donnez, supposons, 16 centimètres au tableau, le tiers de l'épaisseur du mur. Ajoutez intérieurement 8 centimètres de chaque côté à la largeur de votre fenêtre, et tirez du dehors, de l'intersection de la ligne extérieure de face avec la ligne qui indique la largeur de la fenêtre, les petites lignes biaises, indiquées sur la fig. 519.

C'est ainsi qu'on trace les fenêtres dans un plan. Les embrasures des portes se tracent de la même manière.

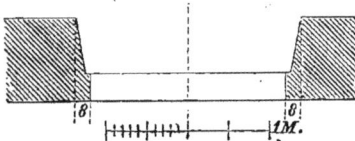

Fig. 519.

Il faut déterminer la place de la porte du vestibule au salon. Elle doit se trouver soit à gauche soit à droite de la cheminée. Nous préférons la mettre à gauche afin d'éviter un trop fort courant d'air amené par la porte d'entrée de la maison. Divisez donc l'espace depuis la cheminée jusqu'au mur de refend longitudinal, en deux parties égales; tracéz un axe qui sera le milieu de votre porte. Une porte d'intérieur peut avoir 84 centim. de largeur quand elle est à un battant ou vantail. Prenez la moitié de 84, soit 42, et placez cette mesure à droite et à gauche de l'axe de la porte, et vous aurez la baie qui, du vestibule, donne accès au salon. Faites la même opération pour la salle à manger.

Si l'on préférait mettre la porte à droite de la cheminée, il n'y aurait point d'autre empêchement que celui de l'introduction de courants d'air. Pour simuler la porte de l'autre côté de la cheminée, on en établira une qui servira de fermeture à un placard tracé sur le plan fig. 518.

On a demandé de pouvoir sortir du salon sans traverser le vestibule. On a, pour répondre à cette demande, ouvert une porte dissimulée ouvrant sur le corridor qui est situé derrière le salon. Ces portes de dégagement n'ont d'ordinaire que 75 à 80 centimètres de largeur. Il ne faut jamais les placer tout à fait dans l'angle d'une pièce, si c'est possible, mais laisser un écoinçon : celui de notre plan a 25 centimètres de longueur.

Au fond du vestibule, on a ouvert une arcade de 1^m,50 de

largeur pour donner accès à la partie postérieure de la maison. Cette arcade terminée par un arc à plein cintre (demi-circonférence du cercle), peut aussi se terminer carrément, comme une porte. Elle peut encore contenir des portes vitrées.

A droite du plan, derrière la salle à manger, on a tracé une cloison (en briques) à 1^m,50 du mur latéral. Elle sépare le garde-manger de la cuisine. En avant de ce garde-manger on a laissé un petit couloir carré afin de ne pas pénétrer directement de la salle à manger dans la cuisine. Ce petit couloir est éclairé par un œil-de-bœuf ou une petite fenêtre de 60 centimètres de diamètre ou de largeur. Le garde-manger est éclairé et tire de l'air au moyen d'un œil-de-bœuf ou petite fenêtre semblable à celle du couloir.

Les fenêtres de la façade postérieure sont pratiquées sur l'axe de celles de devant. La pièce A aura une cheminée au milieu du mur qui la sépare de la cage de l'escalier D' et une porte ouvrant sur le couloir qui la sépare du salon.

Près de la fenêtre de la cuisine sont placés les fourneaux; vient ensuite le foyer.

Il faut qu'il y ait une porte d'entrée sur la façade postérieure et dans l'axe de la maison. Cette porte doit avoir au moins 2 mètres de hauteur. Il faut faire attention que le dessous des marches de l'escalier ne vienne pas empêcher l'établissement de la porte. Cherchons donc combien il faut de marches de 16 centimètres de hauteur pour arriver dans l'angle supérieur de droite A de la cage d'escalier D'. Nous avons 2 mètres de hauteur de porte. Convertissons ces 2 mètres en centimètres : soit 200 centimètres qu'il faut diviser par 16, hauteur de chacune de nos marches; 200 divisés par 16 font 12. Nous donnons 1 mètre de largeur à l'escalier. Prenez 1 mètre sur l'échelle, marquez cette mesure de chaque côté de la cage, et tirez deux lignes parallèles à l'axe de la maison. Marquez encore la largeur d'un mètre de haut en bas de l'intérieur du mur de face postérieur. Comme vous avez donné 2^m,50 de largeur au vestibule et que la cage d'escalier porte en largeur la même mesure, il restera pour le jour ou vide de l'escalier 50 centimètres, puisque vous avez donné 1 mètre de largeur à vos marches, mesure qui se répète deux fois, votre escalier se retournant, en montant, vers la direction d'où la première marche est partie.

Vous avez mis 1 mètre sur l'axe de la maison en partant de l'intérieur du mur de face postérieur. Nous avons 50 centimètres de vide d'escalier. Prenez la moitié de 50 centimètres, soit 25, mettez-les sur l'axe en partant du mètre tracé antérieurement, et faites, avec ces 25 centimètres comme rayon, un demi-cercle dont les extrémités rejoindront les deux lignes indiquant l'extérieur de la largeur de l'escalier. Vous aurez alors la limite du vide dans le tournant de l'escalier. Prenez 75 centimètres avec le compas et du

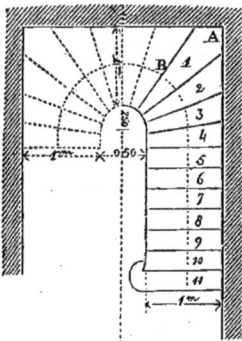

Fig. 520.

point de centre avec lequel vous avez tracé le petit cercle, tracez-en un plus grand, comme vous l'indique la figure 520. Ce grand demi-cercle vous donnera juste le milieu de votre escalier, tant des parties droites que de la partie tournante. Prenez 25 centimètres (largeur des marches en travers), et sur la ligne du milieu de l'escalier que vous venez de tracer, marquez, en partant de l'axe, 10 ou 12 fois ces 25 centimètres. Il s'agit maintenant de savoir où doit être placée la première marche du bas de votre escalier. Il faut que la marche

le plus près de l'angle droit A arrive à quelques centimètres plus haut que 2 mètres; comptez donc depuis la marche B combien il vous faut de fois 16 pour faire 200 centimètres (ou les 2 mètres, hauteur de votre porte); vous trouverez 12. Vous devez donc avoir 12 hauteurs de marche, ce qui forme onze marches, comme l'indique la figure 520.

Les marches tournantes aboutissent presque toutes au point de centre duquel on a tiré les deux demi-circonférences. Les marches droites sont parallèles. Mais il y a des marches entre celles qui sont parallèles et celles qui, en tournant, se dirigent au point de centre indiqué, qui balancent ou dansent, comme on dit en termes de bâtiment. Ainsi la ligne entre 2 et 3, et celle entre 3 et 4, forment le balancement dont nous avons parlé. On fait varier la marche 4, plus large auprès du mur que vers le vide. Il en est de même de la marche 3. On fait varier les marches les plus rappro-chées du tournant, au profit des marches tournantes, et cela suivant une progression qui augmente et diminue par degrés insensibles sur les deux portions consécutives du contour semi-circulaire. On tâche que cette progression soit aussi correcte que possible; il faut que l'œil soit conduit insensiblement de la plus large extrémité des marches à la plus étroite, ainsi que la montre la fig. 520.

Les traits indiqués pour l'escalier représentent ce qu'on nomme la *contre-marche* ou partie verticale d'une marche où aboutit le bout du pied.

N. B. On doit pouvoir monter et descendre les yeux fermés ou dans l'obscurité un escalier bien tracé en se tenant au milieu de cet escalier par la raison, qu'au milieu, toutes les marches *doivent avoir la même largeur*. Cette règle est invariable.

La largeur ou *giron* d'une marche ne doit pas avoir moins de 25 centimètres, et son épaisseur pas moins de 40 millimètres; autant que possible elle doit être d'un seul morceau. Quant à la contre-marche, son *minimum* d'épaisseur est de 27 millimètres. En France, les escaliers se font toujours en chêne; dans d'autres pays, comme en Angleterre, en Allemagne, on les fait aussi en sapin du Nord : en Italie, en bois de cèdre.

Les escaliers peuvent être placés dans une cage carrée, rectangulaire, circulaire, semi-circulaire, elliptique. La règle pour la construction des marches est toujours la même dans ces différentes formes d'escaliers. On appelle *limon* une pièce de charpente droite ou circulaire qui termine l'escalier vers le vide et dans laquelle on assemble les marches de l'escalier. On nomme *faux limon* une pièce rampante posée contre le mur, laquelle ne reçoit pas le bout des marches comme le vrai limon, mais qui est découpée pour en supporter le dessous, et en appuyer les contre-marches.

On nomme *escalier à l'anglaise* celui dont le limon est recouvert par les marches qui se profilent aussi en retour du côté du vide. C'est celui que nous avons adopté dans nos figures. Dans ce cas, on a soin de réunir les marches par des clés entaillées dans les joints et serrées par dessous au moyen de chevilles, pour prévenir le relâchement des assemblages.

La fosse d'aisances doit être verticalement en dessous des water-closets; dans notre plan, une partie de cette fosse est comprise sous le siège et le reste est en dehors de la maison où se trouvera aussi la pierre destinée à être enlevée lors des vidanges. On construit les fosses solidement et elles doivent toujours être voûtées.

Nous avons supposé que le dessus du plancher du rez-de-chaussée est établi à 64 centimètres au-dessus du sol, ce qui nécessite quatre marches, chacune d'elles ayant et devant avoir 16 centimètres de hauteur. Nous avons laissé un palier en avant de la porte d'entrée; ce palier n'est pas de plain-pied avec le plancher ou carreau du vestibule, il a 2 mètres de longueur sur 80 centimètres de largeur (la partie longitudinale en dehors de la maison). Les deux autres lignes qui le circonscrivent, sont les deux autres marches. Pour plus de commodité nous avons établi ce perron de manière à pouvoir monter des trois côtés, en face et sur les deux côtés latéraux. Ces perrons en pierre sont plus légers et par conséquent aussi plus élégants que ce dernier genre de perron que nous avons figuré sur la face postérieure, qui est cependant fréquemment employé. Dans ce dernier genre de perron, on ne monte que de face. Les extrémités des marches sont terminées par deux petits murs, soit en pierre de taille, soit en meulière, soit en bonnes briques dures, qu'on recouvre d'une dalle en pierre pouvant résister à la gelée.

Il va sans dire qu'on peut varier à l'infini la forme, la disposition et les dimensions des perrons qui forment une série sans fin depuis le grand perron, ou escalier extérieur de la cour du Cheval blanc du château de Fontainebleau jusqu'aux deux que nous avons indiqués dans notre fig. 518.

Il s'agit maintenant de tracer sur le papier le plan du premier étage. Comme tous les murs de face et de refend doivent monter d'aplomb, on commencera par tracer, comme nous l'avons indiqué pour le rez-de-chaussée, un rectangle indiquant la face extérieure des murs de pourtour; on tracera ensuite l'épaisseur des murs, on établira les deux murs de refend perpendiculaires à la façade, et enfin on mettra à sa place respective le mur de refend longitudinal. Il faut que le tracé de tous ces murs soit identiquement le même que celui qu'on aura fait pour les murs du rez-de-chaussée. Les détails seuls, comme emplacements des cheminées, des niches, des portes, etc., etc., doivent varier, mais jamais les murs.

Commencez par établir vos fenêtres d'aplomb sur celles du bas ; pour cette opération vous n'avez qu'à copier la disposition de ces baies telle que vous l'avez tracée sur le plan du rez-de-chaussée. Copiez ensuite avec une très grande précision l'escalier.

Vous aurez, comme vous avez eu au rez-de-chaussée, quatre

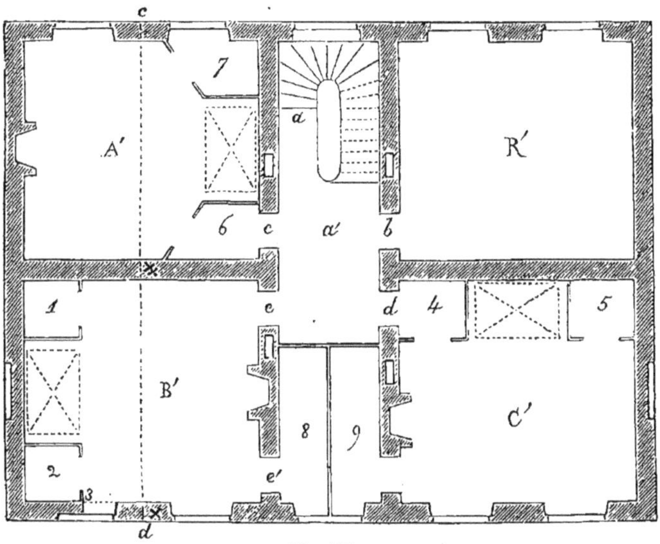

Fig 521.

grands espaces et un cinquième au milieu, d'une forme très allongée. Les quatre grands espaces sont destinés à autant de chambres à coucher. Vous arrivez par l'escalier en *a*, sur le palier *a'*, qui doit desservir les quatre chambres à coucher. A 30 centimètres, dans l'intérieur des quatre pièces, du mur de refend longitudinal, il a été établi quatre portes *b*, *c*, *d* et *e*.

Dans la pièce B' est établie une cheminée sur l'axe de celle du salon B' au rez-de-chaussée. On lui a donné la même dimension. A côté de cette cheminée est figuré le tuyau de la cheminée du bas. Contre le mur latéral de gauche est figuré en ponctué un rectangle avec ses deux diagonales. C'est ainsi qu'on indique les lits. Ce rectangle est placé dans une alcôve de 1 mètre 40 centimètres de profondeur et 2 mètres 40 centimètres de longueur. De chaque côté de cette alcôve se trouvent deux cabinets, 1, 2, ayant chacun une porte y donnant accès par la chambre à coucher (B′). Cette distribution, tout en donnant une proportion convenable à la pièce B′, offre cependant un inconvénient, qu'il faut toujours chercher à éviter. La cloison en profondeur de la chambre, et dans laquelle sont pratiquées les deux portes des cabinets 1 et 2, vient aboutir perpendiculairement à la façade principale au milieu de la dernière fenêtre de gauche au point 3. On aurait d'abord une demi-fenêtre dans l'angle de la pièce à l'intérieur, et à l'extérieur on serait obligé de figurer une moitié de fenêtre, ce qui ne doit jamais se faire sur les deux façades principales de devant et de derrière. On se permet des fenêtres feintes sur les faces latérales. Mais, en général, il faut autant que possible éviter en architecture les baies feintes, les choses postiches, qui ne font jamais un bon effet.

Supprimons donc un instant la demi-fenêtre au point 3, et figurons-la seulement sur la façade à l'extérieur. Il ne nous restera plus qu'une seule fenêtre pour éclairer la pièce B′, dont la profondeur est de $5^m,28$; elle a plus de 4 mètres de largeur. Cette pièce ne serait pas assez claire avec une seule fenêtre, laquelle, de plus, ne serait pas au milieu du mur qui la limite sur la façade. Il y aura peut-être des propriétaires auxquels cette disposition pourra convenir. Mais nous supposons qu'on veuille obvier à l'inconvénient que nous avons signalé. Il faut donc avoir recours à une autre distribution. Entrons dans l'espace C′ par la porte d. Là, nous avons pratiqué une autre alcôve avec deux cabinets 4 et 5, vis-à-vis des deux fenêtres du mur de face. Cette alcôve et ses deux cabinets s'appuient contre le mur de refend longitudinal ou du milieu. La pièce C′ reste régulière, elle est plus longue que profonde. Sa cheminée est située sur son axe longitudinal. Tout est bien jusque-là. Mais il a fallu supprimer sur la face latérale la fenêtre qui se trouve au-dessus de celle pratiquée dans la salle à manger du bas, C′, en face de la niche. Il a fallu la supprimer, parce que, maintenue, elle ne serait point en face de la cheminée et par conséquent point dans l'axe de la pièce C′. Mais, pour la régularité du dehors de la façade latérale de droite, on a figuré à l'extérieur cette fenêtre, qu'au surplus tout propriétaire qui ne tiendrait pas à une stricte régularité pour la chambre C' pourrait laisser ouverte, surtout si l'on jouissait d'une belle vue de cette partie de la maison.

Si l'on rejetait ces deux distributions, il y en a une troisième à proposer, qui est celle qu'on a figurée dans la pièce A'. L'alcôve est encore au milieu de la pièce avec cheminée en face. En ayant franchi la porte c, on entre dans un cabinet 6, qui a la forme d'un trapèze. De l'autre côté de l'alcôve, sur la face postérieure du bâtiment, se trouve uu autre cabinet 7, l'inverse du cabinet 6, mais construit comme le cabinet 6. Au moyen de cette troisième manière de distribution, on ne bouche aucune fenêtre sur la façade, on n'y a pas de fenêtre feinte, et la cheminée est placée en face de l'alcôve sur l'axe de la pièce; elle est, à la vérité, éclairée par une seule fenêtre, moins de travers toutefois dans la pièce que par la distribution proposée dans la chambre B' sur le devant.

Si l'on ne voulait pas d'alcôve, on aurait quatre chambres à coucher comme celle en R' dont deux sur le derrière sans, et deux sur le devant avec cabinets. Le dessus du vestibule D offrirait l'espace nécessaire pour établir les cabinets 8 et 9, séparés du palier par une cloison légère, et l'un de l'autre également par une cloison, comme on l'a indiqué sur le plan, fig. 521.

Les deux tuyaux de cheminée figurés à droite et à gauche de la cage d'escalier, dans les deux murs de refend, sont (celui de gauche de la cheminée de la pièce A) ceux des cheminées du rez-de-chaussée (celui de droite du foyer de la cuisine R).

Nous avons maintenant à nous occuper de la mise au net du second étage. Comme nous avons dit que les murs extérieurs et les murs de refend s'élevaient verticalement les uns sur les autres dans l'élévation totale du bâtiment, nous pouvons reproduire tous les murs du plan du rez-de-chaussée, tant de face que de côté et de refend. Les mesures seront donc absolument les mêmes pour les quatre grandes pièces et la cage de l'escalier. Quant à l'escalier, il sera aussi identiquement le même que celui qui mène du rez-de-chaussée au premier étage, puisque, pour ne pas compliquer les opérations, nous avons supposé que le rez-de-chaussée et les deux étages auraient la même hauteur. Commencez par re-

porter sur votre deuxième étage l'axe de vos fenêtres et de vos
cheminées; déterminez-en la largeur, et faites la pièce E égale à
la pièce B du rez-de-chaussée. La pièce F sera égale à la pièce E,
mais en sens contraire.

On a demandé quatre pièces plus petites, pour les amis et les
enfants ou domestiques. Divisez d'abord chacune des grandes
pièces sur le derrière (au-dessus de A' et R') en deux parties
égales, transversalement et, sur la ligne d'axe que vous tracez,
placez une cloison indiquée par deux petites lignes parallèles,
distantes l'une de l'autre de 7 centimètres, mesure que vous

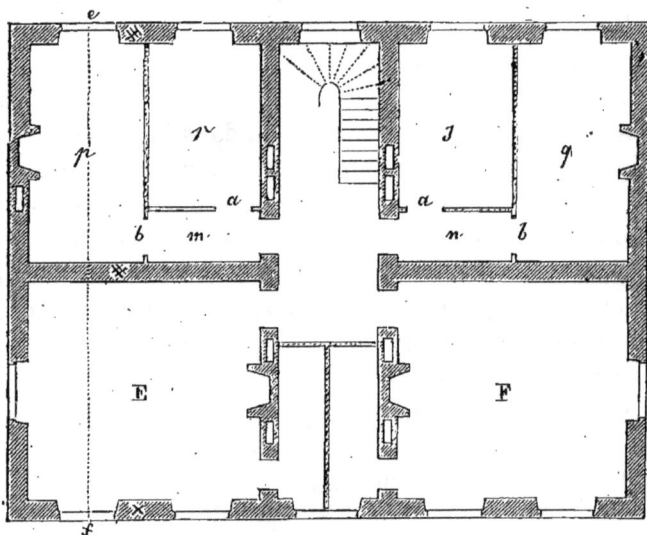

Fig. 522.

estimerez à l'œil sur votre échelle, qui est trop petite pour que
vous preniez ces 7 centimètres avec les deux pointes de votre
compas. Ces deux cloisons sont représentées dans le croquis
par les deux lignes hg et $ék$, fig. 516.

Maintenant il s'agit de tracer le couloir m et le couloir n, afin
de passer par m dans la pièce p et par n dans la pièce q. Prenez
avec le compas $1^m,20$, et reportez cette mesure de la ligne supérieure du mur longitudinal de refend, verticalement, pour former
la largeur des couloirs, et tirez une ligne parallèle au dit mur.

Maintenant mettez 7 centimètres pour l'épaisseur des cloisons et tirez une autre parallèle à la première. Cette cloison de droite et de gauche ne doit pas se continuer au delà de la largeur des pièces *r* et *s*. Autrement ils rapetisseraient les deux pièces *p* et *q*, ce qui est inutile. Sur la cloison transversale, vous établirez les deux portes *a*, *a* à la distance du mur de refend que vous jugerez convenable; dans notre figure, elle est placée à 20 centim. de ce mur. Au bout des deux couloirs vous établirez les deux portes *b*, *b*, qui donnent accès dans les pièces *p* et *q*, dans lesquelles vous établirez aussi une cheminée.

Quant à la distribution des cabinets des deux grandes pièces sur le devant, elle est la même que celle du premier étage.

Les pièces *r* et *s* n'ont pas de cheminée. Si l'on en demandait, sa place serait contre le mur de refend qui sépare ces pièces de la cage de l'escalier.

Il faut avoir soin de ne pas oublier de marquer les tuyaux de cheminée du rez-de-chaussée et du premier étage, et surtout s'assurer si, par la distribution adoptée, il y a place pour leur passage d'un étage à l'autre.

Maintenant, nous avons à nous occuper de la coupe par laquelle on fait voir aux ouvriers l'intérieur *vertical* du bâtiment.

Reprenons un instant notre étui à aiguilles. Pour en avoir le plan, nous avons supposé qu'il était placé verticalement et qu'on le coupait horizontalement. Supposons-le dans la même situation, et coupons-le verticalement en deux. Nous verrons alors son intérieur de haut en bas. La partie figurée en hachures est le vide où se trouvent les aiguilles. Nous voyons son épaisseur ainsi que la manière dont le dessus s'ajuste à la partie plus longue du dessous. Nous avons supposé que la moitié antérieure de l'étui était enlevée, comme on enlève une moitié de pomme quand on la partage en deux avec un couteau.

Fig. 523.

Pour faire la coupe d'une maison, on procède absolument de même. On suppose enlevé le mur qui cache derrière lui les pièces dont on veut montrer une face. On peut couper une maison soit en longueur, soit en largeur. Quelquefois, il est utile de donner deux coupes aux ouvriers, une longitudinale, une autre transversale. Mais dans les maisons d'une distribution simple une seule coupe suffit, voy. fig. 528.

Nous avons supposé le mur latéral de gauche enlevé pour dresser notre coupe. Alors, au rez-de-chaussée, nous voyons la face de la pièce B sur laquelle est établie la cheminée : ensuite, le couloir entre la pièce B et la pièce A, cette dernière sur la face où est sa cheminée. Nous avons l'épaisseur des deux murs de face, celle du mur de refend et enfin celle de la cloison qui sépare le couloir de la pièce A. Nous voyons encore la porte x, qui de la pièce B communique au vestibule D, et celle du couloir qui conduit dans la cage d'escalier D'. La porte ponctuée dans la pièce B est celle du placard ou armoire.

Au premier étage, nous avons supposé le bâtiment coupé sur la ligne ponctuée cd, fig. 521, et non aussi près du mur de refend que le rez-de-chaussée, que nous avons coupé en ab, fig. 518. En avançant la ligne ponctuée (cd), fig. 521, vers nous, nous avons pu faire voir les deux pans biais de l'alcôve dans la pièce A. Sur ces deux pans coupés sont figurées les portes des cabinets 7 et 6.

Enfin, au second étage, nous avons une pièce identiquement la même que celle du dessous (B). Mais ce second étage, nous l'avons supposé coupé sur la ligne ponctuée ef. fig. 522. A gauche on voit la pièce p avec sa porte b conduisant au couloir m.

Le tracé d'une coupe est facile quand on a dressé les plans, toutes les dimensions horizontales étant données par eux. Voici comment on s'y prendra.

Tracez une ligne sur votre papier assez éloignée de la marge pour pouvoir figurer sous cette ligne la coupe du souterrain. Prenez par exemple 3 mètres sur votre échelle ou plus. Marquez ces 3 mètres sur votre papier en partant du bord. Au point de ces 3 mètres tirez une ligne horizontale qui vous figurera le dessus du parquet du rez-de-chaussée. Sur cette ligne, et au milieu de votre papier, élevez une perpendiculaire qui figurera l'axe transversal du bâtiment. Placez sur cet axe, à cheval, le mur de refend qui divise la maison longitudinalement en deux parties égales. Prenez sur votre plan du rez-de-chaussée la demi-profondeur extérieure de la maison et reportez-la de chaque côté de l'axe,

tirez deux lignes verticales parallèles à l'axe, et vous aurez
l'extérieur des deux faces principales du bâtiment. Marquez ensuite, en vous dirigeant vers l'axe, l'épaisseur des murs de face
de devant et de derrière, que vous savez être de 0^m,48 d'épaisseur et que vous pouvez prendre sur
le plan. Voilà donc nos trois murs
établis. Les repères pourront vous
guider.

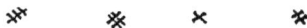

Fig. 524.

Il est bien entendu que, puisque
votre rez-de-chaussée et vos deux étages supérieurs ont ensemble, planchers compris, au delà de 9 mètres d'élévation, vous
devez prolonger verticalement les lignes que nous venons d'indiquer, au moins à 10 mètres de hauteur, afin de ne pas être obligé
de recommencer l'opération du tracé des murs à chaque étage.

Parallèlement à votre ligne principale, qui indique le dessus du
plancher du rez-de-chaussée, vous en tirez une autre à 2^m,90 que
vous prenez sur votre échelle. Cette nouvelle ligne représentera
le plafond. Nous avons dit plus haut que l'épaisseur ordinaire
d'un plancher, charpente, enduit et menuiserie compris, était
de 0^m,33 qui, ajoutés à 2^m,90, font 3^m,23. Prenez sur votre échelle
3^m,23 que vous reporterez de la ligne du plancher du rez-de-
chaussée, verticalement, sur votre papier, et au point que mar-
queront ces 3^m,23 tirez une nouvelle parallèle, qui représentera
le dessus du plancher du premier étage. Répétez cette opération
deux fois, vous aurez vos planchers du second étage et du grenier, puisque nous avons admis que les deux étages auraient la
même élévation que le rez-de-chaussée.

Il est évident qu'on peut varier la hauteur du rez-de-chaussée,
lui donner par exemple 4 mètres au lieu de 2^m,90. On peut aussi
donner 3 mètres au premier étage, et notre première mesure de
2^m,90 au second. Ces mesures sont arbitraires et dépendent du
goût et de la volonté du propriétaire.

On peut aussi augmenter l'épaisseur des murs, leur donner au
lieu de 0^m,48, 55 ou 60 centimètres. Il s'agit des murs de face.
Quant aux murs de refend, s'ils doivent contenir des tuyaux de
cheminée, il faut leur donner 0^m,48 d'épaisseur. S'ils n'ont point
de tuyaux de cheminée, on peut les élever de 0^m,35 à 0^m,40 d'épais-

seur s'ils doivent supporter des poutres ou des solives de longue portée.

Dans la pièce B à votre droite, tracez l'axe au milieu de cette pièce. Comme toutes les cheminées des pièces C, B', E sont au milieu respectif de ces pièces, tirez l'axe de la cheminée du rez-de-chaussée jusqu'au dernier plancher du haut, afin de ne pas être obligé de recommencer l'opération pour les deux étages. Prenez sur le plan du rez-de-chaussée la demi-largeur de la cheminée, qui sera de 0ᵐ,65 si l'on a donné 1ᵐ,30 à cette largeur, et reportez ces 65 centimètres à droite et à gauche de l'axe, et tirez deux lignes verticales qui figureront l'extérieur des deux jambages *b*, *b* (ou montants latéraux de la cheminée).

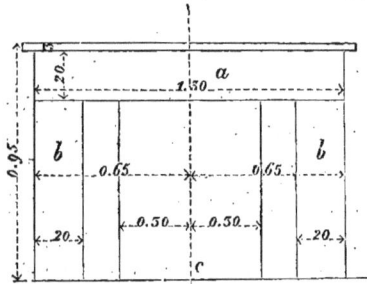

Fig. 525.

Prolongez ces lignes au-dessus du plancher des premier et second étages, à environ 1ᵐ,50 ou 2 mètres du plancher. Quand vous aurez déterminé la hauteur de la cheminée, pour laquelle nous avons adopté 95 centimètres, portez cette mesure à partir des planchers verticalement, dans la pièce du rez-de-chaussée ainsi que dans celle des deux étages. En contre-bas de cette ligne, tirez-en une autre parallèle, à 3 centimètres de la première, et ces deux lignes horizontales figureront l'épaisseur de la tablette. Tracez dans l'intérieur de la cheminée deux autres lignes verticales à une distance de 30 centimètres de l'axe de la cheminée. L'espace compris entre ces deux lignes figurera le fond du foyer *c*. A 23 centimètres du haut de la cheminée tracez une autre ligne horizontale parallèle, à celles qui figurent la tablette ou dessus de la cheminée, et vous en avez alors tracé la plate-bande horizontale ou traverse *a*.

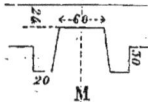

Fig. 526.

Nous donnons le plan de cette cheminée, mais sur une échelle beaucoup plus petite. M indique l'axe de la cheminée.

Prenez sur le plan l'écoinçon du mur de refend jusqu'à la porte et reportez-le sur votre coupe. Prenez la largeur de la porte, que nous supposons ici de $0^m,80$, et reportez-la à la suite de l'écoinçon. Faites-en autant du côté de la fenêtre ou mur de face. Donnez à ces portes, dont l'une conduit dans le vestibule et dont l'autre (ponctuée) est celle du placard ou porte simulée, donnez-leur 2 mètres d'élévation.

La largeur de ces portes est également arbitraire. Nous avons dit que nous leur donnions $0^m,80$, mais on peut leur donner $0^m,90$ si elles sont à un vantail ou battant. Si on adopte la largeur de $0^m,90$, il faut que leur élévation soit au moins de $2^m,20$ pour qu'elles aient un aspect convenable à l'œil.

Les portes à deux vantaux ou deux battants peuvent avoir $1^m,30$, parce qu'on passe habituellement, et d'une manière assez commode, dans une ouverture de $0^m,65$: alors il faudra au moins leur donner $2^m,85$ de hauteur, plus si l'on veut. Il va de soi que des portes de cette élévation ne doivent être pratiquées que dans des hauteurs d'appartement au delà de $2^m,90$, car une porte qui s'étend en hauteur presque jusqu'au plafond est d'un mauvais effet.

Le constructeur fera bien d'examiner des portes exécutées, et d'en choisir qui, pour leur proportion, sont à sa convenance. C'est surtout en voyant les choses faites, qu'on peut bien les juger quand on n'est pas architecte. Si une porte exécutée vous semble trop large ou trop haute ou pas assez élevée, prenez un mètre, et, en mesurant la porte exécutée, faites vos modifications selon vos convenances. Mais il faut bien se souvenir que toute porte doit au moins avoir deux fois sa largeur pour hauteur. Il faut aussi, autant que possible, les placer au milieu des espaces où elles seront à établir. C'est ce que nous avons indiqué dans la pièce B de notre coupe.

Dans la pièce du rez-de-chaussée A, vous tracerez encore un axe au milieu, et vous figurerez une autre cheminée qui pourra être d'une plus petite dimension. A droite, on voit aussi la cloison qui est entre elle et le couloir qui longe le mur de refend et qui conduit aux water-closets. Dans le fond du couloir, on voit une porte qui est celle qui mène à la cage de l'escalier D'. Au-dessus de cette pièce A, au premier, nous avons la pièce A'. Les deux lignes verticales indiquent la longueur de l'alcôve. Les deux portes à droite et à gauche sont celles qui conduisent dans les cabinets 7 et 6.

Au-dessus de la pièce B est, au premier étage, la pièce B'. Les portes de chaque côté de la cheminée ne sont pas dans l'axe de celles du bas (pièce B). La position de la porte e, motivée par la distribution de la pièce C', doit se trouver en face de la porte d, elle-même placée sur l'axe du cabinet 4, qui, du palier, donne accès à la pièce C'. Nous avons dit que la distribution de cette pièce C' était préférable à celle qui est indiquée dans la pièce B. En faisant des écoinçons de 20 à 25 centimètres, il y a place pour un encadrement convenable de porte, qui souvent n'a que 10 centimètres de largeur. On nomme *écoinçon* la partie de mur plein d'un angle à une porte ou à une fenêtre, ainsi que l'indique en *a*, *c*, la fig. 527. L'autre porte *e'* de notre pièce, en étant placée à 20 centimètres de l'intérieur du mur de face, correspond pour la distance du centre de la cheminée, avec la porte *e* de l'autre côté. Si on la rapprochait de la cheminée, elle ne laisserait pas un écoinçon assez étendu pour y placer un meuble. Il faut donc la pratiquer où nous l'avons indiquée, ce qui de plus nous donne une bonne longueur de mur dans le cabinet 8, derrière la cheminée de la pièce B'.

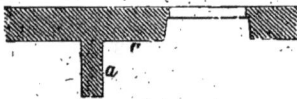

Fig. 527.

Il faut, en général, apporter un grand soin à l'emplacement des portes, ne pas donner trop d'étendue aux écoinçons, et surtout ne pas hacher l'étendue des murs, qui alors n'offrent plus assez d'espace pour y placer commodément les meubles. Il faut même quelquefois savoir sacrifier un peu de symétrie à la commodité.

Sur nos murs de face, à l'endroit des fenêtres, on voit trois lignes verticales; celle du dehors représente la face extérieure du bâtiment, celle du dedans la paroi intérieure du mur, et la troisième, qui est entre elles à une inégale distance, indique le tableau, qu'elle sépare de l'embrasure.

La descente de cave se trouve en dessous de l'escalier du rez-de-chaussée au premier étage.

Quant au comble, nous renvoyons le lecteur à l'explication des figures 211 et 247, pages 292 et 320 de ce volume.

Les deux portions de cintre indiquent la réunion des cheminées pour les conduire dans un seul et même corps.

La façade d'un bâtiment ne peut être tracée ou dessinée que lorsqu'on a arrêté le plan et la coupe dans tous leurs détails. On tracera une ligne horizontale qui figurera le sol. Ensuite, on élè-

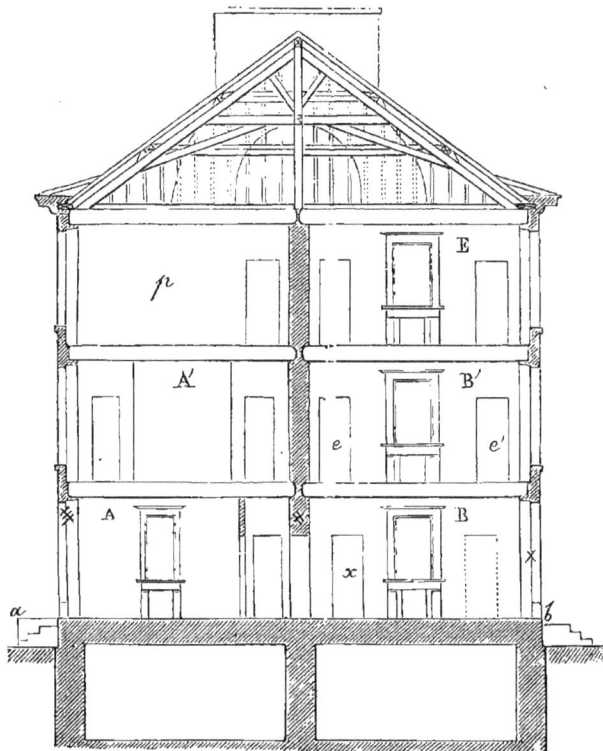

Fig. 528.

vera, au milieu de cette première ligne, une seconde ligne verticale, qui figurera l'axe de la façade.

La seconde ligne horizontale sera celle qui indiquera le dessus du plancher du rez-de-chaussée et en même temps le sommet du soubassement. Comme nous avons supposé quatre marches pour arriver du sol au niveau du premier plancher ou celui du rez-de-chaussée, que chaque marche a 16 centimètres de hauteur, il faut prendre sur l'échelle quatre fois 16 centimètres ou 64 centi mètres et reporter cette mesure avec le compas vers les extrémités du papier en marquant deux points, et réunir ensuite ces deux points par une ligne qui sera parallèle à la ligne de terre.

Prenez ensuite sur le plan la distance de l'axe jusqu'aux murs latéraux, et reportez-la de chaque côté de l'axe de votre façade projetée. Tirez deux lignes perpendiculaires ou verticales aux extrémités où vous aurez marqué la mesure prise précédemment.

Fig. 529.

Ces deux lignes vous indiqueront les deux angles que la façade fait avec les faces latérales de la maison.

Maintenant, il faut déterminer la place de la quatrième ligne du bas de votre façade, qui indique le dessus du cordon. On voit dans la coupe que nous avons donné, 40 centimètres de hauteur au petit mur d'appui de fenêtre, à partir du haut des planchers. Prenez 1 mètre 4 centimètres (les 64 du soubassement plus les 40 du mur d'appui), et du sol reportez cette mesure au-dessus, et tirez une ligne qui doit être parallèle à votre ligne de terre. La largeur des cordons dépend des dimensions de la façade. Celui de la nôtre a 8 centimètres de largeur. Prenez cette mesure sur votre échelle et reportez-la en dessous du dessus de votre cordon. Voilà donc le soubassement et le premier cordon de votre façade tracés.

Pour le second cordon, celui qui est en dessous des fenêtres du premier étage, vous prendrez avec votre compas sa distance supérieure jusqu'au sol, que vous reporterez de chaque côté de votre façade, et de même pour le troisième cordon, celui qui règne en dessous des fenêtres du second étage.

Pour avoir la hauteur du dessus de la corniche de couronnement, vous la prendrez également avec le compas sur la coupe en plaçant une pointe sur le sol et l'autre sur le dessus de cette corniche, écartement de compas que vous reporterez verticalement sur la façade en plaçant une pointe de compas sur le sol. Ensuite en dessous de cette ligne supérieure de la corniche, vous marquerez son épaisseur et les différentes lignes qui simulent les moulures dont elle est composée.

Pour avoir la hauteur du faîtage, vous supposerez la ligne du sol prolongée à travers la coupe et en mettant une pointe du compas sur cette ligne, vous prendrez la distance entre cette ligne et le faîtage, que vous reporterez sur votre façade.

Quant aux fenêtres, reportez-en les axes respectifs à droite et à gauche de l'axe de la façade, et tirez quatre lignes verticales parallèles à cet axe. Prenez ensuite avec le compas 70 centimètres sur votre échelle (70 centimètres moitié de $1^m,40$ largeur des baies et des fenêtres), reportez cette mesure à droite et à gauche de l'axe des fenêtres et tirez des lignes verticales jusqu'au-dessus de la corniche. Ces lignes indiqueront l'arête extérieure du tableau des fenêtres (voyez page 200, figure 104, et page 666, figure 51ᵇ).

Pour la hauteur des fenêtres, prenez sur la coupe la mesure à partir du dessus du mur d'appui ou dessus du cordon jusqu'au tableau horizontal, ou $2^m,35$ sur l'échelle; reportez cette mesure sur la façade en mettant la pointe du compas sur la ligne supérieure du cordon et en piquant un point avec l'autre pointe sur le papier. Cette opération doit être répétée deux fois, à gauche et à droite de la façade, à une petite distance soit intérieure soit extérieure de la ligne qui forme la limite de gauche et de droite de la façade. Faites-en autant pour le premier et le second étage.

Quant aux cheminées, elles sortent presque toujours d'aplomb hors des murs de face latérale ou de refend, à moins que, dans certains cas, on ait trouvé convenable de les dévoyer ou de les réunir. Pour la naissance de la portion hors du toit, elle se prendra sur la coupe, à l'endroit où cette naissance rencontre les chevrons.

La partie du toit appelée *croupe* (voyez page 290, figure 206) doit avoir une pente ou inclinaison semblable à celle des longs pans, situés dans la direction des deux façades longitudinales de face et de derrière (voyez page 294 et suivantes).

Pour tracer le perron, on divisera les 64 centimètres de la hauteur du soubassement en quatre parties égales, ce qui fera quatre marches de chacune 16 centimètres de hauteur. Pour déterminer leurs extrémités de gauche et de droite, on aura recours au plan, figure 518, page 661, où ces extrémités sont indiquées. On déterminera d'abord la longueur du palier, supposée ici de 2 mètres. On reportera ensuite deux fois de chaque côté de ce palier la mesure de 25 centimètres, largeur ou giron de la marche, et qui doit toujours être la même que celle donnée aux marches de face ou de devant (voyez page 332 et suivantes).

Des qualités ou propriétés indispensables aux projets de construction
Le plan d'une construction projetée est la chose essentielle pour tout constructeur. Il faut que son ordonnance et sa distribution soient bien étudiées. Il faut réunir dans un plan ce qui est appelé ordre et symétrie avec les convenances personnelles.

La symétrie n'est autre chose que la proportion et le rapport entre les différentes parties d'un tout. C'est encore un rapport de parité entre la hauteur, la longueur et la largeur des portions destinées à composer un ensemble élégant, gracieux et beau. On dit, par exemple, qu'il y a de la symétrie dans une façade quand non seulement les portes et les fenêtres sont placées à une égale distance à droite et à gauche d'une ligne d'axe, supposée au milieu de cette façade, mais quand encore les fenêtres de cette façade sont établies toutes sur une même ligne horizontale, à leur base aussi bien qu'à leur sommet.

Plus la construction est considérable, plus aussi doit-on tenir compte de la symétrie, et dans les monuments publics elle est de toute nécessité. Dans les constructions particulières, elle est jusqu'à un certain point également de rigueur; mais cependant, il y a certains cas exceptionnels où l'on peut s'en affranchir, et cette liberté peut devenir plus large en proportion de l'exiguïté du bâtiment. Il ne faut que peu sacrifier à l'œil de la commodité et des convenances intérieures. Il faut bien avoir ceci présent à l'esprit, c'est qu'on habite une maison à *l'intérieur* et non à l'extérieur. Ainsi, un point de symétrie, c'est qu'une façade ait la porte d'entrée au milieu; mais si la façade n'est pas très étendue, il s'ensuit qu'on aura non des pièces spacieuses au rez-de-chaussée, mais des pièces petites, ressemblant pour ainsi dire à des cabinets. Pour les habitations de campagne surtout, on doit chercher à donner de l'espace aux pièces et tirer le meilleur parti possible d'une petite superficie.

Malheureusement, on se rend esclave chez nous de la symétrie des portes et des fenêtres, tandis qu'elle a souvent été mise de côté dans les constructions d'Angleterre et d'Allemagne. On a cherché à satisfaire aux convenances des mœurs des habitants, tout en tenant compte d'une sorte de régularité extérieure destinée à ne pas choquer la vue des habitants et des passants. En France, on cherche toujours à imiter dans de petites maisons d'habitation fort insignifiantes l'ordonnance et la symétrie exigées pour les monuments publics. Dans ceux-ci, les espaces sont tellement grands, et il y a si rarement des exigences ménagères et domestiques à ménager, qu'on peut, sans nuire aux affaires qui s'y font, s'astreindre à la symétrie. On comprendra qu'il est puéril de suivre cette règle pour certaines maisons dans lesquelles la commodité, l'espace et l'air doivent passer avant tout.

Mais la symétrie doit être surtout observée pour la dimension des fenêtres et des portes surtout si, de ces dernières, il y en a plusieurs sur les façades. Une certaine symétrie est incontestablement un des éléments subordonnés de la beauté; mais, comme nous l'avons dit, elle n'est pas absolue : l'homme de goût sait s'en affranchir et la compenser agréablement.

Un plan est conçu avec ordre et symétrie lorsque les portes et les fenêtres sont placées à une égale distance des murs de refend, lorsque les portes et les cheminées sont établis les unes au-dessus des autres sur les mêmes axes, lorsque les escaliers se trouvent dans la même cage, lorsque leurs révolutions suivent régulièrement, etc., etc. C'est par cette conformité des parties d'un édifice et d'une maison d'habitation que l'œil et l'esprit se trouvent satisfaits et ressentent une sorte de contentement. C'est donc encore dans cette conformité que consistera la beauté d'une construction : il faut donc en tenir compte dans une mesure relative.

Il y a aussi une certaine proportion *des parties* composant une construction dont il ne faut pas se départir. Une ouverture de porte, par exemple, a une symétrie à elle propre pour être commode ou conforme à son but. Ainsi pour qu'une personne puisse y passer sans gêne, toute porte doit avoir au moins 2 mètres d'élévation; mais il n'est pas nécessaire que sa largeur soit égale à sa hauteur. Comme une largeur de porte égale à la moitié de sa hauteur donne un passage commode, la plus belle proportion à donner à une porte sera que sa largeur soit en proportion de sa hauteur comme 1 est à 2. L'expérience seule n'a pas révélé cette proportion, elle est encore sentie par l'homme de goût.

On sait que la plus grande quantité de lumière vient d'en haut; si l'on pratiquait une baie de fenêtre plus large que haute, on ferait par conséquent une absurdité, car dans ce cas on irait contre le but qu'on se propose d'atteindre. Il faut donc qu'une fenêtre soit plus haute que large, et comme la proportion de 1 à 2 est agréée par le goût comme belle et convenable, on fera une fenêtre deux fois aussi haute qu'elle est large.

Les proportions des différentes parties d'un bâtiment ont donc leur raison d'être dans la commodité et l'agrément qu'elles procurent. Il faut s'efforcer de conserver des proportions agréables et une noble simplicité, et ne pas surcharger ni gâter, par exemple, les façades extérieures en y pratiquant des détails bizarres, des ornements inutiles qui n'auraient pas leur raison

d'être. Il faut qu'il y règne de la convenance, il ne faut pas
qu'on y aperçoive des inutilités, de la présence desquelles on ne
pourrait pas se rendre compte. Il faut enfin que les façades
laissent pour ainsi dire deviner, par leur caractère, le but ou la
destination de la construction.

Ainsi que nous l'avons dit plus haut, ce ne sont pas seulement
la symétrie et l'élégance qui constituent la perfection d'un bâtiment
ou d'un édifice. La perfection consiste encore dans la commodité, la situation et la dimension qui doivent également y concourir. Il ne faut jamais perdre de vue le but de chaque portion,
de chaque détail, surtout dans les habitations particulières. Nous
le demandons, à quoi servirait une belle maison, avec des
chambres et des salles élégantes, à un agriculteur, si les dépendances indispensables pour ses exploitations y font défaut? ou
bien si ces dépendances étaient disposées de manière à être
incommodes et lui faire perdre un temps précieux?

La maison d'habitation est destinée au séjour de son habitant :
il doit y trouver toutes les convenances pour l'exercice de sa
profession ainsi que pour la commodité de ses habitudes. De
nos jours, on ne demande pas seulement que la maison abrite du
vent, de la pluie et des autres intempéries des saisons, on ne
demande pas seulement des chambres à coucher et d'autres
pièces pour le plaisir et les affaires; mais il faut aussi qu'on
puisse y vivre avec ordre et propreté; on demande des dimensions convenables pour les chambres, pièces et cabinets, on exige
enfin que chaque chose réponde à sa destination d'une manière
satisfaisante. On veut de plus trouver toutes ces exigences réunies
dans le plus petit espace possible, ne point perdre de place
et ne point faire de dépenses inutiles. Il va sans dire que la
maison doit renfermer tout ce qui est indispensable à une famille.

Si le propriétaire est riche ou à son aise, il aimera à recevoir
ses amis. Alors il faut une maison plus étendue, des pièces en
plus grand nombre pour les loger et leur procurer des plaisirs et
des distractions. L'économie domestique s'étend aussi, et demande à être satisfaite. Le maître de la maison, pour entrer
dans sa propriété, se contente d'une simple porte ou veut avoir

une porte cochère ou une grille ornée. La cour de l'habitation doit être spacieuse, répondre avec ses dépendances aux besoins de la maison et de l'hygiène; le bûcher, le four, les écuries et l'étable doivent être placés là où l'ordre, la réflexion et la commodité l'exigent. Il faut de bonnes caves où se bonifie le vin, où se conservent les légumes et autres choses se rapportant à la cuisine ou au ménage. Il faut que l'escalier conduise avec facilité et sûreté d'un étage à l'autre, il faut qu'il établisse une communication agréable entre les pièces du bas et celles du haut. Il faut que la situation des pièces réponde au but qu'elles ont à remplir; que le salon, par exemple, soit à proximité, à côté même de la salle à manger, et cette dernière à proximité de la cuisine. Si le propriétaire a un bureau ou un cabinet, il faut que ces pièces soient situées au rez-de-chaussée, non loin de la porte d'entrée, afin que les étrangers pénètrent le moins possible dans l'habitation, au sein de la famille. Il faut qu'il y ait dans une maison dont le plan est convenable un vestibule spacieux, ou une antichambre donnant accès à certaines pièces, au cabinet du maître, au salon, à la salle à manger. Enfin, dans un plan bien conçu, il ne doit pas y avoir de pièces qui se commandent : on se sert à cet effet de couloirs et de corridors, qu'il faut éclairer par des fenêtres, des œils-de-bœuf autant que possible, ou par des jours pratiqués au-dessus des portes des pièces adjacentes.

Une maison commode et convenable se compose ordinairement d'un vestibule ou d'une antichambre, du cabinet ou chambre du maître, d'un ou de plusieurs salons, d'une salle à manger, de chambres à coucher en nombre suffisant pour loger les membres de la famille ainsi que les amis qu'on reçoit et qui couchent. Ensuite, il faut une cuisine avec son lavoir et son garde-manger, une pièce à l'abri de l'humidité pour la conservation des provisions sèches, comme sucre, café, sel, farine, etc. Les chambres de domestiques doivent être établies dans les combles. Nous avons déjà parlé des caves.

Dans les maisons où règne l'opulence, on doit trouver une salle de billard, une bibliothèque, un salon spécial de musique et de danse, destiné en général aux fêtes données aux amis et connaissances. On voit qu'on peut augmenter à volonté le nombre de pièces d'une maison de quelque importance et que ce nombre répondra aux besoins des habitants. On comprendra encore que la maison d'un riche agriculteur ne peut et ne doit pas avoir la même disposition que celle d'un propriétaire rentier. Les besoins de l'agriculteur sont différents de ceux du rentier. Il faut qu'un fermier puisse surveiller de son habitation les dépendances qui l'entourent. Si le rentier exploite ses biens comme le fermier, il doit, comme lui, être à même de construire certains bâtiments d'exploitation, connaître l'espace qu'il faut pour loger tant de chevaux, de vaches, de moutons, et d'instruments aratoires, etc. Il doit savoir former le cube demandé pour emmagasiner telle quantité de bottes de blé ou de foin, etc., etc.

Toute personne qui veut construire, a donc, avant toutes choses, à dresser un programme dans lequel seront consignés tous les besoins avec toutes les convenances. Mais, avant tout, il ne faut pas trop se presser dans l'exécution du programme; il faut le reprendre, le revoir, le compléter avant de le dessiner en plan sur le papier. N'oubliez pas non plus de consulter la maîtresse de la maison pour la situation et la dimension des pièces qui dépendent du service, car c'est à elle qu'en reviendront la surintendance et l'emploi.

De l'orientation des habitations particulières Quand il s'agit de bâtir une maison d'habitation à la campagne, il faut commencer par étudier avec soin le terrain, en prendre une connaissance exacte, le parcourir en tous sens, se rendre compte de la direction de l'écoulement des eaux pluviales, prévoir la convenance de l'emplacement des bâtiments de dépendances si l'on a l'intention d'en construire, et enfin ne pas négliger l'orientation de la façade principale. En se promenant sur tous les points du terrain on découvrira les points de vue les plus étendus et les plus agréables; car, à la campagne, ce sont en grande partie les points de vue qui doivent déterminer la position de la maison. On ne doit pas se contenter d'observer la vue, les pieds placés sur le sol : on fera bien, au contraire, de faire faire un petit échafaudage composé de quelques pièces de bois verticales et biaises et d'un plancher, sur lequel, on se placera soit au niveau du rez-de-chaussée ou du premier étage futurs. On pourra alors avancer ou reculer plus ou moins si, par exemple, le terrain est en pente douce, afin de ne pas s'exposer plus tard à des regrets sur la position malheureuse ou insolite de la maison bâtie, comme cela arrive assez fréquemment quand on se laisse aller à une première et unique impression.

Si l'on doit bâtir dans un village ou au sein d'une agglomération de maisons isolées, il faut s'assurer de l'endroit le plus avantageux pour profiter de la vue au moyen d'une *échappée* à travers les distances qui séparent les maisons voisines les unes des autres.

Si le terrain affecte la forme d'une cuillère, s'il est creux au milieu, ne bâtissez pas au centre si quelque considération vous y engage, sans vous être assuré auparavant des moyens propres à lui donner au contraire une forme convexe, soit par les terres que vous rapporterez des bords au milieu, soit par des terres venues du dehors. Si vous n'obviez pas à l'inconvénient de la concavité du terrain, vous aurez une habitation humide et malsaine, comme cela ne se voit que trop souvent, faute de réflexion ou d'examen.

Il va sans dire qu'on peut bâtir une maison de campagne sur le penchant d'une montagne ou d'une colline, où alors le rez-de-chaussée forme souterrain d'un côté et où le premier étage forme rez-de-chaussée de l'autre. Ayez soin alors de vous assurer s'il n'existe pas de filets d'eau sur votre terrain ou dans son voisinage, et n'omettez pas de faire établir sur les trois côtés qui enveloppent la maison un drainage en règle et bien conditionné. Ne lésinez pas dans l'établissement de ce drainage : car si, par une économie mal calculée, on était obligé plus tard de recommencer l'opération, indépendamment du désagrément des travaux de terrasse, qui abîmeraient infailliblement les gazons, les plates-bandes, les plantations et même les chemins, on aurait à faire des frais plus considérables que ceux d'un excellent établissement primitif. Ayez encore soin de conduire le drainage dans une direction divergente des deux faces latérales de la maison, et cherchez à mener les eaux dans des puisards beaucoup plus bas que le sol des caves ou du rez-de-chaussée.

A moins que le terrain ne soit très exigu, il convient en général de ne pas bâtir sur une rue ou une route. On évite ainsi d'abord le bruit et la poussière des passants, et l'on peut sans crainte laisser certaines fenêtres du rez-de-chaussée ouvertes dès le grand matin afin de rafraîchir les pièces qu'il renferme.

A moins que le terrain ne soit sur le versant septentrional d'une montagne ou d'une colline en pente douce, efforcez-vous de placer la façade principale au sud ou au levant. Le sud et le levant sont de bonnes expositions pour un salon et des chambres à coucher, pièces où se passe la plus grande partie de la vie à la campagne quand le temps ne permet pas de jouir du grand air.

Un philosophe de la Grèce a dit, il y a vingt-trois siècles : « Que la commodité d'une maison en constitue la véritable beauté, » et c'était donner le meilleur principe de construction ; or voici comment il raisonnait : « Quand on veut bâtir une maison, ne doit-on pas s'étudier à la rendre en même temps agréable et commode ? » Cette proposition étant avouée, « n'est-il pas à désirer, ajoutait-il, qu'elle soit fraîche pendant l'été, et chaude en hiver ? » Ce point lui était encore accordé. « Eh bien, continuait-il, quand les maisons regardent le midi, le soleil pénètre en hiver dans les appartements ; et en été, passant au-dessus de nos têtes et par-dessus les toits, il procure de l'ombre. Il faut par conséquent donner de l'élévation aux édifices qui sont au midi, pour que les appartements reçoivent le soleil en hiver, et tenir fort bas ceux qui sont exposés au nord, afin qu'ils soient moins battus des vents froids. En un mot, la plus belle, la plus agréable maison est celle qui fournit la plus agréable retraite en toute saison, où l'on renferme avec le plus de sûreté ce qu'on possède » (1).

Dans l'orientation des maisons, on néglige assez généralement de les tourner de manière à ce que les pièces le plus longtemps habitées profitent le plus possible de l'action bienfaisante du soleil dont, de nos jours, on semble peu tenir compte. Il serait inopportun en ce lieu d'entrer dans des considérations hygiéniques sur l'influence du soleil, sur la santé et la beauté de la race, dont les anciens faisaient grand cas ; mais nous ne pouvons nous

---

(1) Xénophon, *Mémoires sur Socrate*, livre III, chapitre VIII.

empêcher de faire remarquer que la privation du soleil dans certaines contrées, comme dans le canton des Grisons en Suisse, par exemple, dans les vallées où une ombre éternelle couvre pour ainsi dire les populations, a amené parfois des monstruosités physiques et intellectuelles, en donnant naissance et en perpétuant ce qu'on nomme le *crétinisme*.

Qu'on cherche donc en combinant le plan d'une maison de faire en sorte que le salon, les chambres à coucher et surtout celle des enfants soient situés au midi. Réservez le nord pour la salle à manger, la cuisine avec ses dépendances, la salle de bain, etc., etc.

Si le terrain sur lequel on bâtit est planté de grands arbres, tâchez que ces arbres servent à garantir la maison du vent du nord. Les arbres, même en hiver, lorsqu'ils sont dépourvus de leur feuillage, rendent encore des services, en brisant l'action du vent, en empêchant sa force de se manifester en bourrasques et par masses continues.

Il faut donc avant toutes choses s'occuper de la salubrité, et pour cela examiner, ainsi que nous l'avons dit, les différentes expositions et choisir la meilleure pour la maison. Qu'on n'oublie pas non plus que la dimension de cette dernière doit, jusqu'à un certain point, être proportionnée à l'étendue du terrain, et à la campagne à l'étendue des terres ainsi qu'à la fortune et aux besoins du propriétaire. Que de fois, à notre époque, ne voit-on pas la construction de maisons trop considérables pour les moyens et les exigences de ceux qui les habitent.

Des corniches et entablements Les *corniches* sont les saillies profilées pratiquées aux parois extérieures des bâtiments, qui couronnent la partie supérieure de la totalité d'une construction, ou bien certaines de leurs portions seulement. D'autres saillies, appelées également corniches, sont destinées à séparer horizontalement les étages les uns des autres, et en même temps à préserver les murs des eaux de pluie.

La combinaison de moulures horizontales qui terminent et couronnent le sommet des murs d'un bâtiment, est nommée *entablement,* et celle qui ne couronne que certaines parties, comme par exemple portes, fenêtres, niches, etc., est nommée *corniche*. On dit cependant indistinctement couronnement et aussi corniche de porte et de fenêtre, et les moulures qui séparent les étages les uns des autres sont appelées *cordons*.

On doit distinguer dans toute moulure la *saillie* et la *hauteur*. La saillie et la hauteur d'une moulure ou d'une corniche dépendent de la nature des matériaux employés. Il faut que la hauteur d'une corniche soit en harmonie et en proportion avec l'élévation du bâtiment ; car elle ne doit être ni trop lourde ni trop légère, ce qui, dans les cas contraires, donnerait trop de lourdeur ou trop de légèreté aux façades.

Toute corniche de couronnement se compose de trois parties distinctes : 1° d'une partie (A) qui supporte, 2° d'une partie (B) qui abrite, et 3° d'une partie (C) qui couronne. Chacune de ces trois parties est composée de moulures planes et curvilignes que le bon goût dispose de manière à ce qu'elles alternent convenablement pour produire un jeu d'ombres et de lumières. Dans la partie qui couronne, la moulure principale devra toujours être légère, curviligne, une doucine, par exemple ; dans la partie qui abrite, on aura une forte saillie, le larmier ; et enfin dans la partie qui supporte, ou partie inférieure, il faudra pratiquer une moulure curviligne, mais d'une certaine force ou épaisseur, un talon renversé, bien accentué, par exemple.

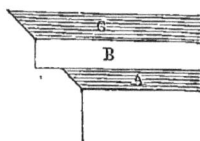

Fig. 530.

Dans les beaux monuments de la Renaissance italienne, les corniches de couronnement ont ordinairement un quinzième de l'élévation totale de l'édifice et l'expérience a prouvé, dans beaucoup de cas, qu'une plus grande ou une moindre élévation de l'entablement ne satisfaisait pas l'œil et le goût du spectateur exercé.

On pratique quelquefois en dessous de la corniche de couronnement, pour les monuments et les maisons particulières, soit en ville, soit à la campagne, ce qu'on nomme une *frise*, portion verticale, ornée de guirlandes, de rinceaux, de bas-reliefs, etc. Nous ferons observer que la frise est comprise dans la dimension que nous venons d'indiquer plus haut.

La règle générale pour tracer correctement une corniche d'entablement, c'est de faire saillir le larmier

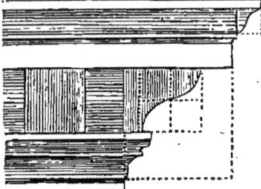

de la longueur d'un côté du carré tracé du
bas de la corniche jusqu'à la partie inférieure du larmier, ainsi que l'indique la
fig. 531.

Le larmier doit toujours être d'une assez
forte saillie; d'abord pour abriter les murs
des eaux de pluie, et ensuite pour produire
une ombre qui détache bien ce larmier avec

Fig. 531.

sa corniche, ou moulure et couronnement, de la paroi de la construction, ce qui est toujours d'un bon effet en architecture.

Du style le plus convenable — Nous insistons surtout sur
pour les maisons particulières — une sobriété d'ornementation si l'on veut bâtir à bon
marché, et nous répéterons sans cesse qu'il faut absolument
apporter une grande économie dans l'emploi des moulures et
des ornements tant intérieurs qu'extérieurs. Le vulgaire ne
sait pas apprécier la simplicité qui n'exclue pas l'élégance, mais
qui au contraire sait la manifester à peu de frais. L'élégance en
architecture, c'est la fierté, la hardiesse alliées à l'harmonie
et à la grâce. Or, tout cela peut être concentré dans une petite
maison de campagne aussi bien que dans un grand monument
public d'une capitale. L'essentiel, dans la construction aussi
bien que dans la décoration des murs et des plafonds, c'est que
chaque chose, chaque ornement ait sa raison d'être, et qu'on ne
puisse rien supprimer sans que l'œuvre n'en souffre dans sa
totalité.

Au siècle dernier, on a essayé de faire renaître le style du
moyen âge, dit gothique. Ce style était triste, dispendieux et ne
permettait pas l'entrée d'une lumière suffisante dans les appartements : aussi a-t-il été abandonné peu à peu pour être remplacé
par l'architecture dite de la Renaissance. Cette architecture a ses
grands avantages : elle nous a laissé des exemples de richesse
décorative et de simplicité. Les premiers peuvent servir d'inspi-

ration pour des constructions où l'on ne vise pas précisément à
l'économie. Le style de la Renaissance offre aussi des modèles
d'une grande simplicité, d'une grande élégance, et qu'on peut
adapter à des constructions dans lesquelles on vise à une sage
économie. Il y a une quantité de maisons et de petits monuments
publics sur les bords de la Loire, comme à Orléans et ailleurs,
qui offrent des motifs charmants à introduire dans la composition
des façades des maisons de campagne. Nous citerons entre autres la maison dite du *Lion rouge*, rue Pierre-Percée ; celle dite de
Du Cerceau, rue des Hôtelleries-Sainte-Catherine, à Orléans, et
dans la même ville la maison de Jean d'Alibert, marché de la
Volaille. On trouvera dans les ouvrages intitulés *L'art architectural
en France depuis François Ier jusqu'à Louis XIV*, par E. Rouyer,
Paris, 1859, in-4°, et *la Renaissance monumentale en France*, par
A. Berty, Paris, 1858, in-4°, des ensembles et des détails d'architecture propres à être introduits dans la composition architectonique des constructions rurales.

Si l'on aimait plus de sévérité dans le style, si l'on avait du
goût pour l'architecture antique, il faudrait feuilleter les œuvres
d'un grand architecte italien qui florissait vers le milieu du
seizième siècle. Cet artiste avait un sentiment naïf pour la vérité
et a élevé un nombre prodigieux de maisons de ville et de campagne. Son imagination était fertile, riche ; il eut le talent de produire une variété séduisante de motifs dans un cercle restreint,
et cela avec une petite quantité d'éléments. Cet architecte est
André Palladio, né en 1518 et mort en 1580. On est vraiment ravi
de la grâce des façades de Palladio, de ces façades si simples,
composées souvent et uniquement d'un socle ou soubassement,
d'une corniche qui couronne une façade à plusieurs étages et dont
les fenêtres et la porte d'entrée sont ornées avec une sobriété
telle qu'il n'y a rien à en retrancher. « De fait, dit Quatremère
de Quincy, il n'est point d'architecte qui, après avoir formé son
style sur les grands modèles de l'art des anciens et des premiers
maîtres de l'Italie moderne, ne se croie obligé d'aller encore étudier dans les œuvres de Palladio un genre d'applications plus
usuelles, et plus en rapport avec l'état de nos mœurs, c'est-à-dire
le secret d'accommoder tour à tour et nos besoins aux plaisirs

d'une belle architecture et l'agrément de celle-ci aux sujétions que de nouveaux besoins lui imposent (1). » Les *Œuvres de Palladio* ont été publiées par Chapuy et Beugnot; Paris, 1827 à 1842, 2 volumes in-folio.

Il y a encore un tout autre style pour les habitations rurales : c'est celui employé en Angleterre d'abord pour les châteaux et ensuite pour les petites maisons de campagne nommées *cottages* par nos voisins d'outre-Manche. La première des deux catégories que nous venons d'indiquer, rappelle l'architecture des châteaux anglais du moyen âge : on y voit des tourelles, des pignons, des machicoulis et des créneaux; dans la seconde, il règne une très grande simplicité tout en étant un diminutif du style précédent. Les façades en sont irrégulières, avec des avant-corps et des retraites : les ornements utiles seuls y sont pratiqués, comme cordons horizontaux pour contribuer à éloigner les eaux pluviales des faces extérieures, et larmiers rectangulaires pour préserver de la pluie les portes. Une variété moyenne entre ces deux catégories a été tentée aux environs de Paris, dans les maisons de gardes du bois de Boulogne, dans quelques maisons du boulevard Maillot ou du nord et ailleurs. S'il y a, en France, pénurie d'ouvrages sur la matière qui nous occupe, il n'en est point ainsi en Angleterre. On trouvera des plans et des façades de cottage dans les ouvrages de F. Goodwin, de Robinson, de Papworth et de J.-C. Loudon. Nous ne prétendons pas qu'on doive copier ces maisons mais on puisera d'excellents renseignements dans les auteurs anglais que nous venons de citer.

Nous avons parlé de l'inconvénient de la régularité extérieure pour des habitations particulières de moyenne dimension. Supposons l'emplacement d'une maison ne devant ou ne pouvant avoir que neuf à dix mètres de façade : on veut cependant avoir un salon et des chambres à coucher spacieuses, où l'on soit à l'aise. Un vestibule convenable ne peut pas avoir moins de 1 mètre 50 centimètres de largeur. Ajoutons à cette mesure 96 centimètres pour l'épaisseur des deux murs latéraux, soit 2 mètres 46 centi-

(1) *Histoire de la vie et des ouvrages des plus célèbres architectes du onzième siècle jusqu'à la fin du dix-huitième;* Paris, 1830, 2 vol. in-4°.

mètres. Ajoutons-y encore 32 centimètres, les deux épaisseurs des cloisons de gauche et de droite formant le vestibule, soit encore 2^m,78. Déduisez cette mesure de 9 mètres, il restera 6^m,22, qu'il faut diviser en deux parties pour chacune des pièces à disposer à droite et à gauche du vestibule. On aura donc pour la largeur de chacune de ces deux pièces 3^m,11, dimension insuffisante pour la largeur d'un salon et trop grande pour la cuisine d'une maison de 9 mètres de largeur.

Nous avons donc donné au salon de la maison que représente notre plan, 4^m,30 de largeur, et à la cuisine 2^m,30 de largeur, largeur demandée par la maîtresse de la maison.

Voici maintenant la longueur de la façade principale de la maison, et nous donnons le détail suivant afin d'initier tout constructeur aux calculs qu'il faut faire pour établir en longueur les pièces d'une maison :

Épaisseur du mur latéral de gauche....................	0,48
Largeur du salon.....................................	4,30
Épaisseur de la cloison en brique de gauche du vestibule..	0,16
Largeur du vestibule.................................	1,50
Épaisseur de la cloison en brique de droite du vestibule...	0,16
Largeur de la cuisine............................	2,30
Épaisseur du mur latéral de droite....................	0,48
Total..........	9,38

Si la porte d'entrée avait été placée dans l'axe de la façade, on aurait eu de chaque côté 4^m,69. Dans la disposition adoptée, la porte d'entrée est placée à 5^m,69 à partir de l'angle gauche de la façade, c'est-à-dire à un mètre plus à droite que l'axe principal. S'il y a cette irrégularité dans la façade extérieure, elle est amplement compensée par l'agrément d'un salon qui a 1^m,19 de plus de largeur que si la porte d'entrée était placée au milieu de la façade.

Entrons dans le vestibule : nous ne trouverons pas immédiatement à gauche la porte qui donne accès au salon. D'abord l'architecte n'a pas voulu mettre cette porte auprès de la porte d'entrée ; placée entre cette dernière et l'axe de la cheminée du salon, elle

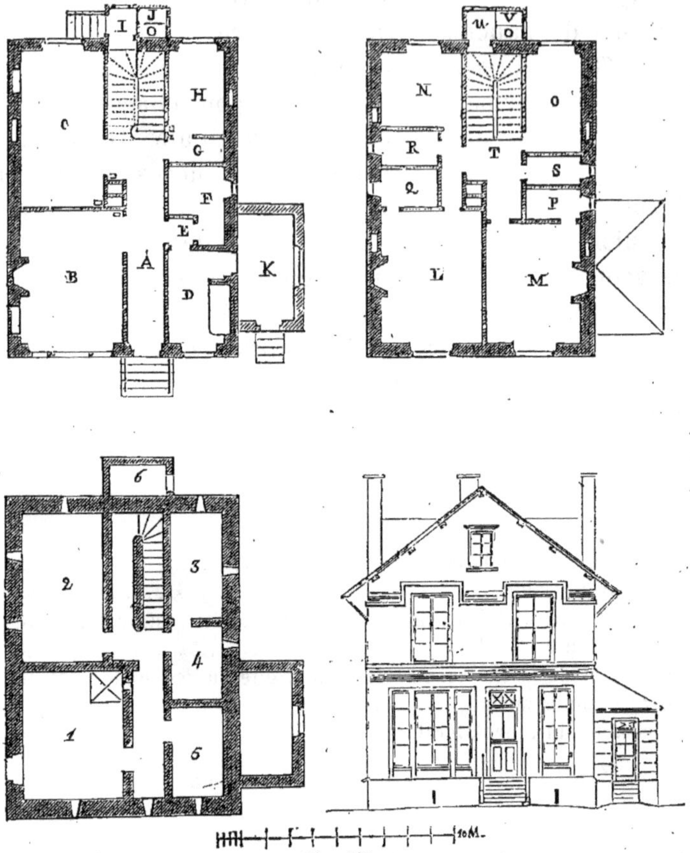

Fig. 532.

Souterrain.

1 Cave pour le combustible.
2, 4, 5 Caves pour divers usages.

3 Cave au vin.
6 Fosse des W. C.

Rez-de-chausée.

A Vestibule.
B Salon.
C Salle à manger.
D Cuisine.
E Passage du vestibule à la cuisine.
F Garde-manger.
G Chapeaux, paletots, parapluies, etc.
H Cabinet du maître de la maison.
I Sortie postérieure.
J Cabinet d'aisance.
K Avant-cuisine.

Étage.

L Chambre à coucher.
M   id.
N Chambre de garçon.
O   id.
P Cabinet de toilette de la chambre à coucher M.
Q Cabinet de toilette de la chambre à coucher L.
R Petite lingerie.
S Pièce de provisions sèches.
T Palier.

aurait établi un fort courant d'air qu'il faut toujours savoir éviter. Ensuite la porte du salon se trouve à 4 mètres de la porte d'entrée, parce que le propriétaire n'a pas voulu de porte de communication directe du salon à la salle à manger. Car il savait que, quelque close que soit une porte, il est bien difficile que l'odeur des mets ne pénètre pas à travers, en sorte qu'en quittant la salle à manger et en entrant au salon, cette odeur vous poursuit. La porte du vestibule au salon est donc pratiquée à la place où elle est, d'abord pour éviter le courant d'air dont nous avons parlé et ensuite pour communiquer plus promptement du salon à la salle à manger.

Le salon de 4^m,30 de largeur, a 5^m,25 de profondeur, ce qui produit une superficie de 22^m,57. La cheminée est appuyée sur le mur extérieur. Dans la cloison du fond, celle qui sépare le salon de la salle à manger, est pratiquée une ouverture de 1^m,20 de largeur sur 2 mètres de hauteur, fermée par une glace sans tain. Cette disposition a été prise pour donner encore plus de lumière dans les deux pièces et en agrandir l'espace à la vue.

Si l'on avait continué la largeur de 1^m,50 du vestibule jusqu'à l'autre extrémité de la maison, cet espace n'aurait pas été assez large pour établir un escalier d'une largeur convenable. La cloison de droite du vestibule traverse donc seule toute la profondeur de la maison. Aussi a-t-il fallu reculer la cloison de gauche et la placer à 2 mètres de celle de droite, afin de pouvoir obtenir un escalier de 90 centimètres de largeur avec 20 centimètres de jour.

La salle à manger a 3^m,79 de largeur sur 5^m,70 de longueur. La porte d'entrée de cette pièce est aussi près que possible de la porte du salon; elle vient à la suite du tuyau de cheminée du calorifère et du tuyau de chaleur. Elle est éclairée par une seule grande fenêtre, à peu de chose près dans l'axe de la glace sans tain et de celui de la fenêtre du salon. Le salon, comme on peut le voir, n'a point de trumeau; mais il a une large fenêtre au milieu, accompagnée de deux demi-fenêtres, à gauche et à droite, séparées de la principale par un poteau en bois.

Comme la vue était belle derrière la maison, on a voulu en jouir du salon même, et afin de ne pas avoir un massif de maçonnerie vis-à-vis de la glace sans tain, on l'a remplacé par la grande fenêtre en question. Mais cette seule fenêtre n'aurait pas éclairé suffisamment le salon, c'est pourquoi on y a ajouté les deux demi-fenêtres.

La largeur du salon étant de 4^m,30, et celle de la salle à manger de 3^m,79, leur paroi de gauche, de plus, étant sur une même ligne, c'est-à-dire sur l'intérieur du mur latéral, il s'ensuit que les axes de ces deux pièces ne tombent point ensemble. La moitié de la largeur du salon est de 2^m,15, celle de la salle à manger est de 1^m,89, ce qui établit une différence de 26 centimètres. Il a donc fallu faire une compensation : on a pris la moitié de 26 centimètres, soit 13, qu'on a ôtée de 2^m,15, moitié de la largeur du salon, de sorte que dans le salon le milieu de l'ouverture avec glace sans tain se trouve à 2^m,02 à la droite du mur latéral ; on a au contraire ajouté 13 centimètres à la moitié de la largeur de gauche de la salle à manger, ce qui donne 2^m,02 à partir du mur latéral de gauche, et ainsi cette différence d'axe accusée par l'ouverture et les deux parties latérales de cloison est diminuée à tel point qu'elle ne choque plus la vue dans l'une ou l'autre pièce.

Sur la droite du vestibule se trouve la cuisine de 2^m,30 de largeur sur 3^m,65 de profondeur, dimensions qui produisent une superficie de 8^m,39. Elle est éclairée par une fenêtre pratiquée sur la façade, et elle communique à l'intérieur par une porte ouvrant sur un petit dégagement de 1 mètre de largeur sur 1^m,25 de profondeur. Une arcade en plein cintre donne accès de ce dégagement dans le vestibule. A la suite de la cuisine se trouve le garde-manger dans lequel on entre par le dégagement dont nous venons de parler. Plus loin, en profondeur, est un couloir, à la suite du garde-manger, pour placer les chapeaux, les manteaux, les parapluies, etc. Ce couloir donne accès à une pièce de 2^m,30 de largeur sur 3^m,30 de longueur, éclairée par une fenêtre, et dont le maître de la maison peut faire son cabinet de travail. On remarquera qu'il n'y a dans cette pièce, ni dans la salle à manger, de cheminée ou de poêle, quoique leur tuyau soit accusé dans le plan. Il y a absence de cheminée et de poêle dans ces deux pièces, parce qu'elles sont chauffées par un calorifère établi dans le souterrain.

A l'extrémité du vestibule et de l'escalier est un petit avant-corps, d'où une porte conduit dans le jardin et qui a une fenêtre qui éclaire la cage d'escalier au rez-de-chaussée.

A la droite de ce petit avant-corps sont établis les cabinets d'aisance.

A droite de la cuisine, il y a un petit bâtiment qui ne s'élève pas au delà du rez-de-chaussée. Ce bâtiment renferme l'avant-cuisine où est établie une chaudière pour la lessive, et où est placé le réservoir d'eau de rivière, ainsi que le filtre d'eau. On y entre par une porte sur la façade qui elle-même est un peu en retraite sur la façade principale. Une autre porte donne accès à la cuisine. Cette avant-cuisine est éclairée par une fenêtre latérale, et son sol est, de plus, de 16 centimètres plus bas que celui de la cuisine, afin que les eaux qui proviennent des travaux domestiques qu'on y fait ne puissent pas s'introduire dans la cuisine.

Toutes les pièces du rez-de-chaussée, sans exception, sont sur caves. Le sol du rez-de-chaussée est à 1^m,30 d'élévation au-dessus du sol naturel. Le souterrain a 2^m,25 d'élévation jusqu'au-dessous des solives du plancher du rez-de-chaussée.

En dessous du cabinet de Monsieur est placée la cave à vin, d'environ 7 mètres de superficie, couverte en solives de fer; elle a des entrevoûtes en briques à plat, formant de petites voûtes méplates.

Dans l'angle central, au-dessous du salon, est établi le calorifère destiné à chauffer la totalité de la maison, à l'exception des deux pièces moyennes situées sur le derrière au premier étage.

Ayant monté l'escalier, on traverse le palier T, qui sert de dégagement à toutes les pièces de l'étage. D'abord à la pièce L, première chambre à coucher, de même dimension que le salon, c'est-à-dire de 4^m,30 de largeur sur 5^m,25 de profondeur, éclairée par une seule fenêtre dans l'axe de celle du salon. Dans cette chambre à coucher il y a une cheminée, pour s'en servir le matin et le soir en automne et au printemps, quand il ne fait pas assez froid pour utiliser le calorifère. Cette chambre a son cabinet de toilette Q, de 1^m,50 de largeur sur 2^m,75 de longueur, éclairé par une demi-fenêtre pratiquée sur la façade latérale. De ce cabinet on pourrait établir une communication avec le palier T.

Du palier T on a accès à la chambre à coucher M, de 3^m,95 de largeur sur 4^m,75 de profondeur, et pourvue d'une cheminée; cette pièce a également son cabinet de toilette P, de 1^m,60 de largeur sur 2^m,15 de longueur.

La petite pièce S est destinée aux provisions sèches; la pièce R renferme l'armoire à linge.

La chambre à coucher N, de moyenne dimension, de 3^m,85 de longueur sur 2^m,65 de largeur, est destinée à un enfant, un jeune homme ou un ami. Il en est de même de la chambre O.

L'étage a 2^m,90 d'élévation.

Dans le comble se trouvent sur le devant une belle chambre de maître et plusieurs chambres de domestiques.

Le cabinet d'aisances du rez-de-chaussée est destiné aux hommes, et un autre pour les femmes est établi au-dessus de celui-ci; on y arrive au niveau de la treizième marche de l'escalier, où l'on trouve une porte vitrée qui en dissimule l'entrée; car devant ce cabinet des dames il y a un petit dégagement qui, au moyen d'une fenêtre, éclaire l'escalier.

Cette maison est située au levant à 12 mètres de la rue, et l'intervalle forme un jardin. Le salon devait nécessairement être placé sur le devant. Quoiqu'il y ait un concierge, on veut que la cuisinière ou autres domestiques soient à même de voir qui entre. C'est pour cette raison que la cuisine est sur la façade principale, tandis que le cabinet du propriétaire ou maître de la maison se trouve sur le derrière. Il serait facile de changer cette disposition et de mettre l'un à la place de l'autre.

Nous ferons remarquer que si l'on avait voulu placer l'avant-cuisine et le cabinet d'aisances sous le même toit que la maison, on aurait eu une bien plus grande superficie et par conséquent une dépense beaucoup plus considérable.

Quant à l'irrégularité de la façade principale au rez-de-chaussée, on s'apercevra qu'elle provient de la distribution convenable et commode des pièces de l'intérieur. La grande fenêtre dite *vénitienne* est bien dans l'axe du salon; la porte d'entrée est dans l'axe du vestibule et la fenêtre de droite est dans celui de la cuisine. La fenêtre de la pièce, ou chambre à coucher L du premier étage est dans l'axe de cette pièce, ainsi que dans celui de la grande fenêtre du salon du rez-de-chaussée. La fenêtre de la pièce M est bien dans l'axe de cette pièce, et il n'y a nulle part de porte à faux, ce qui est essentiel à faire remarquer.

Toutes les fenêtres des deux façades principales sont larges et élevées, afin de bien éclairer les pièces auxquelles elles appartiennent. Il n'y a pas de fenêtre au rez-de-chaussée sur le mur latéral de gauche; sur celui de droite, il y en a la moitié d'une pour éclairer et aérer le garde-manger F. Au premier étage, il n'y a de baies que celles des demi-fenêtres éclairant les cabinets R, Q, S et P.

Les pièces L, M sont chauffées par le calorifère au moyen de bouches de chaleur. Cependant une cheminée a été établie dans chacune de ces chambres à coucher, pour pouvoir chauffer ces appartements sans avoir recours au calorifère.

On a employé le toit à deux versants par économie; il forme saillie de 1 mètre sur la face des quatre murs. Les corps de cheminée latéraux sont montés à 50 centimètres au-dessus du niveau du faîtage et maintenus par des barres de fer. Ces corps de cheminée dominent dans la façade géométrale, mais leur importance et surtout leur élévation dominent dans l'exécution par l'effet de la perspective.

Le propriétaire a demandé à l'architecte de supprimer les moulures et ornements sur les façades, et c'est ce qui a eu lieu dans la construction.

Le soubassement a été exécuté en meulière; dans l'enduit extérieur recouvrant les murs du rez-de-chaussée, on a mêlé au plâtre du noir et un peu d'ocre; dans l'enduit extérieur de l'étage on a mis de l'ocre jaune pur, et enfin les deux pignons sont restés blancs.

La façade offre donc quatre tons différents : le ton brun de la meulière, le gris assez prononcé du rez-de-chaussée, le jaune du premier étage et le blanc des pignons. Une bordure brune de 50 centimètres de largeur fait tout le tour du bâtiment et sépare le rez-de-chaussée du premier étage. Une autre bordure brune de la même largeur fait également le tour de la maison, et sépare sur les deux faces l'étage du pignon.

Comme cette maison a été construite sur un des boulevards d'Argenteuil, près de Paris, et que par conséquent elle a été considérée comme maison de campagne, rustique même, on a remplacé les perrons en pierres, toujours dispendieux, par des perrons en bois tels qu'on en voit dans le nord de l'Europe.

Le perron principal de notre maison se compose de trois limons à crémaillère en bois de chêne et dont le pied pose sur un dé de pierre. Le haut des limons est scellé dans le mur. Les marches de hauteur et de largeur ordinaires, mais de 2 mètres de longueur, sont en madriers de bois de sapin, et vissées sur les limons. Toutes les parties invisibles à l'œil ont été goudronnées à trois couches. Les marches et les faces latérales des limons ont été peintes à l'huile à plusieurs couches. Il suffit d'en renouveler la peinture tous les deux ans, pour préserver suffisamment le bois de l'effet des intempéries de l'air. Les contre-marches ont été supprimées, afin de donner plus de légèreté au perron. L'auteur de ce livre a vu en Allemagne nombre de perrons en bois qui ont plus d'un demi-siècle d'existence, et qui sont encore en fort bon état.

La maison de la fig. 533 est un bâtiment de 13 mètres de longueur sur 9^m,50 de profondeur, non compris l'avant-corps.

L'entrée de cette maison se trouve sur une des faces latérales. De cette entrée a de 1^m,50 de largeur on passe dans l'antichambre b, de 3^m,35 de profondeur sur 3^m,25 de largeur, éclairée par une fenêtre pratiquée dans le mur de face latéral. De cette antichambre on entre au salon c, de 5 mètres de largeur sur 6^m,15 de profondeur. Comme on suppose que la vue qu'on a de ce salon est belle, on a préféré les pans coupés à la forme carrée pour la partie qui forme saillie sur le devant. Cette disposition laisse plus facilement et plus complètement embrasser à l'œil du spectateur placé dans le salon ce qui se trouve en dehors, que si cette pièce se terminait carrément à chacun de ses angles extérieurs. Ensuite, au lieu de trois fenêtres, le salon n'aurait pu en avoir que deux avec trumeau au milieu, en face de la cheminée, ce qui, à la campagne, est toujours un inconvénient, parce que ce trumeau se reproduit dans la

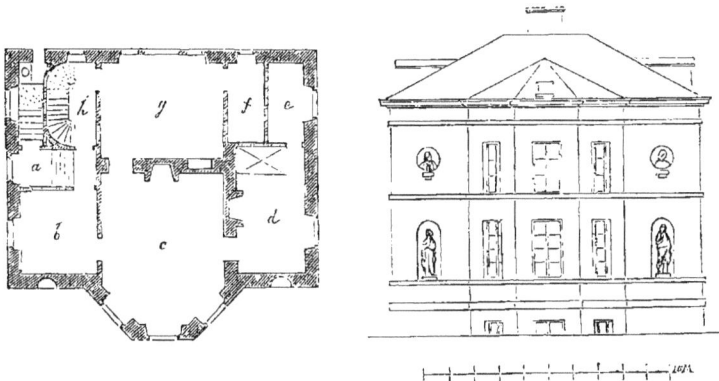

Fig. 533.

glace qui surmonte la cheminée. Disons aussi que ces pans coupés avec leur fenêtre donnent du mouvement, de la vie et par conséquent de la gaieté là où ils sont pratiqués.

Du salon c on passe dans une chambre à coucher d, de 2ᵐ,90 de largeur sur 5ᵐ,10 de profondeur, éclairée, comme l'antichambre b, par une fenêtre latérale et chauffée par une cheminée. De cette chambre à coucher on passe dans un cabinet de toilette e, qui n'a pas dans notre plan de dégagement, mais qui pourrait en avoir un par la pièce f, dont nous parlerons plus tard.

De l'entrée a, et par le dégagement h, on passe dans la salle à manger g, de 5 mètres de largeur et, comme le salon, de 3ᵐ,90 de profondeur. La petite pièce f est un office de 1ᵐ,50 de longueur sur 3ᵐ,25 de profondeur. Dans le mur qui sépare le salon de la salle à manger, est une niche destinée au poêle, dans le cas où la maison ne serait point chauffée par un calorifère.

Au premier étage, on trouvera, au-dessus de l'antichambre b, une pièce pareille ; au-dessus du salon c, un second salon, ou bibliothèque ou billard ; et au-dessus de la chambre à coucher d, une semblable un peu plus profonde que la première. Par le palier, on

entre dans une autre chambre à coucher *p*, troisième de la maison,
qui a, comme celle de cet étage, son cabinet de toilette *o*.

La cuisine 2 (sous la salle à manger), le garde-manger 5, une
salle fraîche 1 (sous le salon), se trouvent dans le souterrain, avec
les caves à vin, à légumes, etc.

En avant de la cuisine sera établi un fossé avec escalier extérieur
pour le service domestique.

Un coup d'œil sur la façade suffira pour convaincre le lecteur
de la simplicité de cette partie de la maison. Les deux faces en
retraite de l'avant-corps sont ornées de niches et de statues, et au
premier étage de petites niches circulaires avec bustes. Si au lieu
de placer les fenêtres des deux chambres de gauche et de droite
sur la façade latérale, on les eût pratiquées sur la façade principale, il y aurait eu quatre fenêtres de plus sur cette façade, ce

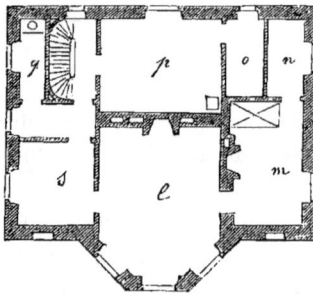

Fig. 534.

Rez-de-chaussée.   *Premier étage.*

a Entrée ou vestibule.
b Antichambre.
c Salon.
d Chambre à coucher.
e Cabinet de toilette de la chambre *d*.
f Office.
g Salle à manger.
h Dégagement avec l'escalier du premier
    étage.

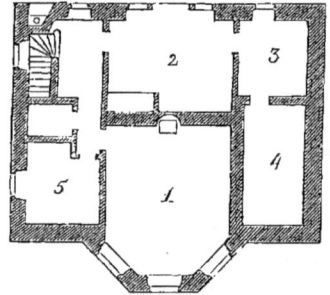

l 2e Salon, bibliothèque ou billard.
m Chambre à coucher.
n Cabinet de toilette de la chambre *m*.
o Cabinet de toilette de la chambre *p*.
p Chambre à coucher.
q Cabinet d'aisances.
s Pièce de dégagement ou anticham-
    bre.

Souterrain.

1 Salle fraîche d'été.   3, 4 Caves.
2 Cuisine.   5 Garde-manger.

qui aurait été d'un mauvais effet; car la maison aurait ressem-

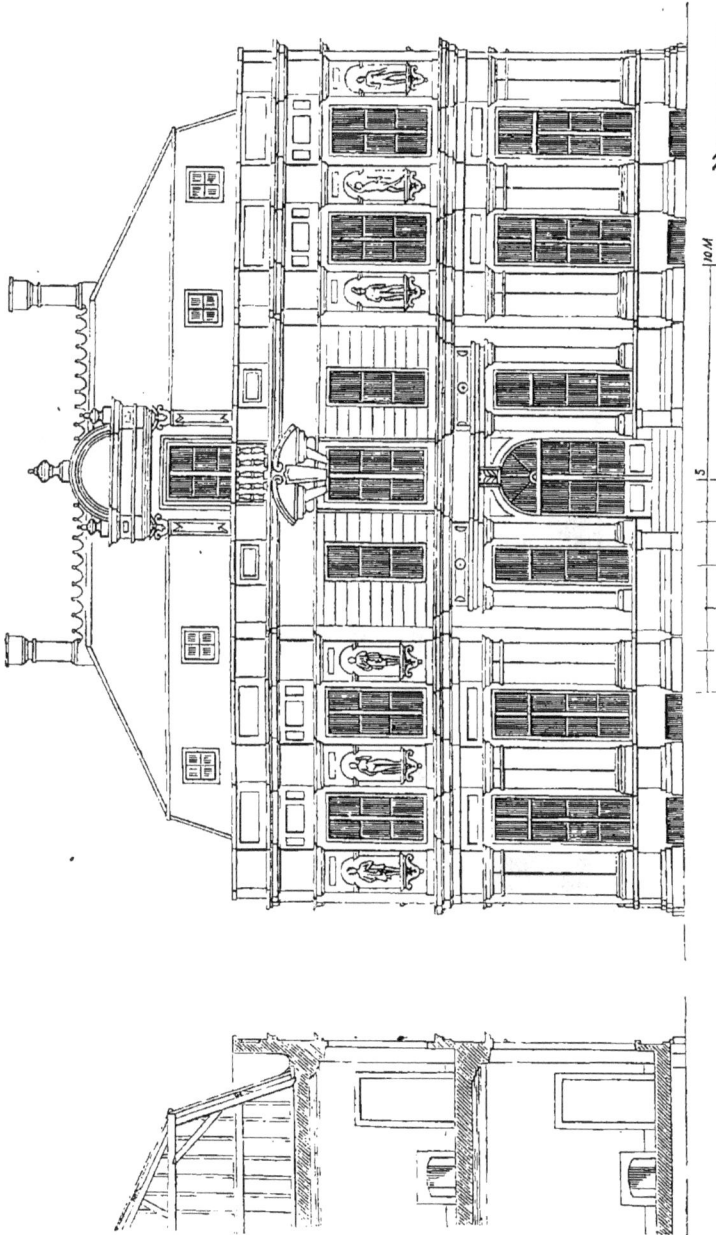

Fig. 533.

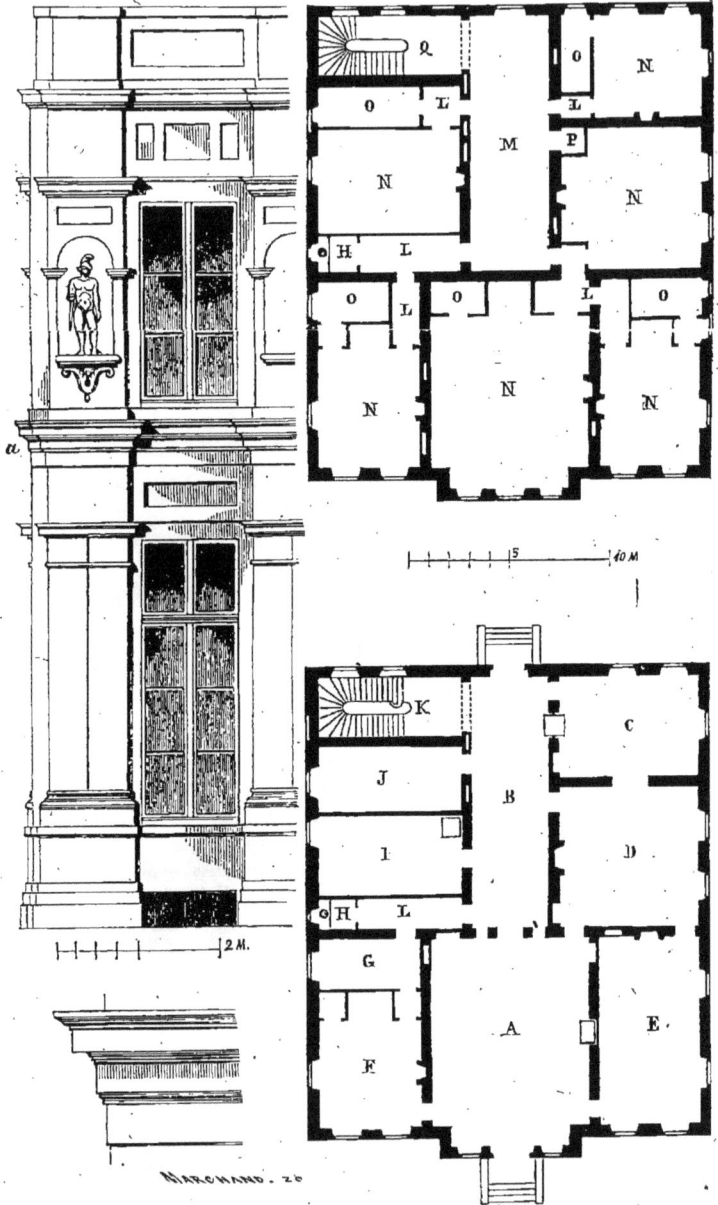

Fig. 536.

blé à une cage vitrée. En éclairant ces quatre pièces de côté, on a évité cet inconvénient.

La salle à manger *g* est éclairée par une fenêtre entière et deux moitiés qui, ensemble, forment la fenêtre dite *vénitienne*.

Les figures 535, 536, représentent une maison d'habitation de 20 mètres de façade sur 23 mètres de profondeur. Le plan du bas est celui du rez-de-chaussée. A est un vestibule ou antichambre de 8 mètres de largeur sur 10 mètres de profondeur. Cette antichambre donne accès au salon D de 7 mètres de largeur sur 6^m,75 de profondeur. La porte, entre la salle à manger C et le salon D, établit la communication entre ces deux pièces, qui donnent accès au vestibule B. La salle à manger C a 7 mètres de largeur, comme le salon D, et 5 mètres de profondeur. La pièce E est un second salon de 5 mètres de longueur sur 9 de profondeur.

F est une chambre à alcôve avec cabinet de toilette G et dégagement L qui conduit aussi aux water-closets H. L'emplacement K est celui des escaliers du souterrain et des étages; I est le commun des gens et J la lingerie. Tous les murs ont 0^m,50 d'épaisseur, les pans de bois ou murs intérieurs de briques à plat ont 0^m,16 d'épaisseur.

Au premier étage, les water-closets sont placés en H. Les lettres L sont des dégagements et des entrées. M est un corridor au-dessus du vestibule B du rez-de-chaussée. Les lettres N indiquent six chambres à coucher spacieuses,

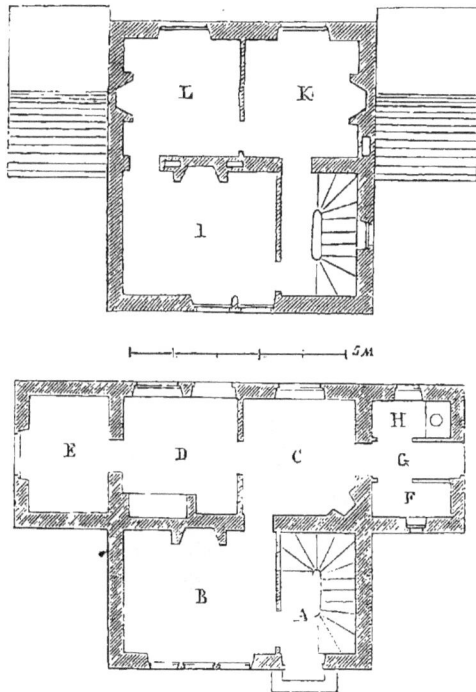

Fig. 537.

avec cabinets de toilette O. La lettre Q est l'emplacement des escaliers. P est une armoire pour le service des domestiques.

Dans le comble sera encore une chambre de maître au-dessus
de la pièce N du milieu, éclairée par la lucarne ornée et centrale
représentée dans la façade.

Les cuisines seront dans le souterrain au-dessous de la salle
à manger C et du salon Q ; les caves établies à volonté sous A et
E, soit sous F, G.

A gauche de la fig. 536, nous avons reproduit une portion de la
façade. La fig. 535 développe entièrement la façade principale.

La coupe à gauche fait connaître la hauteur des étages. Le rez-
de-chaussée, élevé de quatre marches ou à 0^m,64 du sol, aura
4^m,50 d'élévation et le premier étage aura 3^m,50.

L'échelle de la façade générale comme celle de la coupe est
double de celle des deux plans, et celle du détail à gauche est huit
fois cette dernière.

Le détail à gauche en bas représente plus en grand le cordon
orné en a du grand détail.

Fig. 538.

Les fig. 537, 538 représentent la façade et les deux plans d'une maison rustique dont A est le petit vestibule avec escalier, B le salon, C la salle à manger, D la cuisine, E la chambre de domestique, F un garde-manger, G un corridor avec une porte d'entrée, H les water-closets. Au premier I, K, L, sont trois chambres à coucher. Ce châlet a 10^m,50 de longueur sur 6^m,50 de profondeur.

Les fig. 539, 540, font voir la disposition d'une maison n'ayant qu'un rez-de-chaussée, pouvant servir pour un garde ou un jardinier. A, entrée. B, chambre d'habitation. C et D, chambres à coucher. E, cuisine. F, débarras. G, corridor communiquant à la cuisine. H, water-closets. L'ovale dans la pièce E indique le four.

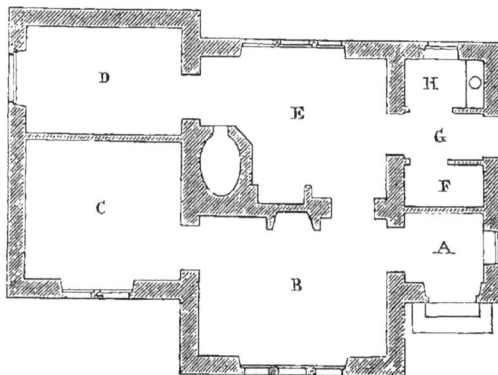

Fig. 539.

Les fig. 541, 542, représentent une maison de garde ou de jardinier, de 7^m,50 de façade sur 6^m,25 de profondeur. A, entrée. B, chambre d'habitation. C, E, F, chambres. D, fournil, et G, four.

Fig. 540.

Quand un propriétaire est privé du concours d'un architecte, ou bien qu'il veut se procurer le plaisir de combiner lui-même la construction et l'architecture d'une maison d'habitation, il se trouve souvent dans l'embarras, surtout pour les questions de goût. Quelquefois aussi il n'a pas

sous la main de modèles convenables ni d'ouvriers pouvant exécuter autre chose que des moulures linéaires. On peut cependant
avec des moyens restreints arriver au but qu'on se propose, en choisissant pour les façades un style simple qui
n'exclut pas l'élégance et la distinction.

Le second ordre, ou style grec, d'une grande simplicité,
d'une richesse gracieuse de moulures, produisant des variations de lumière et d'ombre, des effets agréables à l'œil de

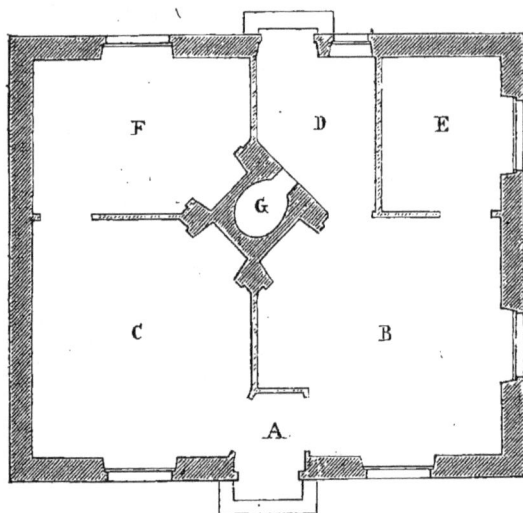

Fig. 541.

l'homme de goût; le second ordre grec, nommé ionique, est on ne

Fig. 542.

peut plus convenable pour l'emploi de la décoration en architecture. Il est de plus d'une exécution facile et peu coûteuse.

Comme les constructions dont nous nous occupons dans cet ouvrage ne sont pas des palais ni des édifices publics, et comme dans leur ornementation il n'entre point de colonnes, nous n'offrons pas à la vue du lecteur l'ordre ionique complet, c'est-à-dire la colonne avec base et chapiteau à volutes, etc. Nous donnons seulement l'entablement de cet ordre, c'est-à-dire l'architrave, la frise et la corniche de couronnement.

Dans la coupe à droite en haut de la fig. 543, dont la partie pleine ou massive est indiquée par des hachures, la portion supérieure *a* représente la corniche de couronnement, la portion *b*, la frise, et enfin la portion *c*, l'architrave.

Au-dessus de la corniche supérieure doit exister une partie biaise, rampante, A, destinée à laisser écouler les eaux pluviales avec facilité. Vient ensuite ce qu'on nomme un *filet*, petite bande verticale ; une *doucine*, moulure en S, formée de deux quarts de cercle, et concave en haut, convexe en bas ; un *filet*, plus petit que le premier ; un *talon*, formé également de deux quarts de cercle, et convexe en haut, concave en bas ; un *larmier*, fort membre carré avec face verticale, avec un canal creusé en dessous pour empêcher l'eau de couler le long du mur ; *quart de rond*, moulure convexe ; un petit *talon* ; un *filet*, et enfin un fort *talon*.

En dessous de cette corniche vient la frise B, partie verticale, lisse ou avec ornements.

En dessous de cette frise est l'architrave, composée d'un *filet*, d'un *talon*, de deux *faces*. Pour couronner les façades d'une maison, on peut se servir de la corniche et ne pas employer la frise et l'architrave ; mais dans le cas où des pilastres seraient adaptés aux façades extérieures il faudrait de toute nécessité employer l'entablement entier, c'est-à-dire la corniche avec la frise et l'architrave. Le détail à la lettre M est une base destinée à ces pilastres. Les détails aux lettres E, F, représentent la base et le couronnement d'un piédestal dont la hauteur peut varier : on sait que le piédestal est un corps carré qui porte une colonne et qui lui sert de soubassement. La proportion la plus convenable d'un piédestal est de lui donner un peu plus de hauteur que deux fois sa largeur, en comprenant dans cette hauteur la base et la corniche.

On peut poser la base d'un pilastre sur un piédestal, mais dans ce cas le piédestal ne forme plus le carré ou un dé plus haut que large; il n'est plus qu'un corps en saillie qui ne doit avancer que légèrement sur le pilastre, afin de donner l'espace nécessaire pour la saillie de la base.

La corniche C d'un piédestal de l'ordre ionique se compose d'un *filet*, d'un *talon*, d'un *larmier*, d'un *tore*, d'un petit *filet*, et enfin d'un *cavet*, fig. 543, lettres C et E.

La base F. D se compose, en partant du bas, d'une *plinthe*, large partie verticale, d'un *filet*, d'une *doucine renversée*, d'un *tore*, d'un *filet* et d'un *cavet*.

Le détail de la lettre G est une archivolte avec une imposte. L'archivolte est un arc contourné en bandeau orné de moulures qui règne à la tête des voussoirs d'une arcade. L'imposte est un composé de moulures horizontales et droites, sur lequel s'élève un des côtés de l'archivolte; c'est ce qu'indique le détail en G, où l'on a figuré en coupe avec hachures la forme et la saillie des moulures constituant l'archivolte.

Les cannelures (petites cavités circulaires) qui ornent les pilastres, se tracent de la manière suivante. Ayant déterminé la largeur de la cannelure, on divise cette largeur en deux parties égales : de la moitié de chacune de ces deux parties comme point de centre, on figure les deux cercles de notre détail en L. Prenez ensuite la distance d'un point de centre à l'autre, portez-la, à partir de la ligne ponctuée horizontale, sur la ligne verticale, et du point supérieur tirez *vn* passant par les points de centre les deux lignes ponctuées biaises de notre détail. Du point inférieur où elles toucheront les deux cercles au point supérieur sur la ligne verticale comme rayon, tracez un arc : cet arc fera le fond de la cannelure, ainsi que l'indique le détail en L.

Il existe encore un autre ordre d'architecture fort simple et souvent employé dans la construction. Cet ordre a pris naissance en Italie, pendant les derniers temps de la république romaine : il est nommé ordre *toscan*, et n'est qu'une imitation abâtardie de l'architecture étrusque. Le détail H de la fig. 543 en reproduit l'entablement entier avec chapiteau de pilastre en dessous. On peut voir que ce style, plus simple encore que l'ionique, ne

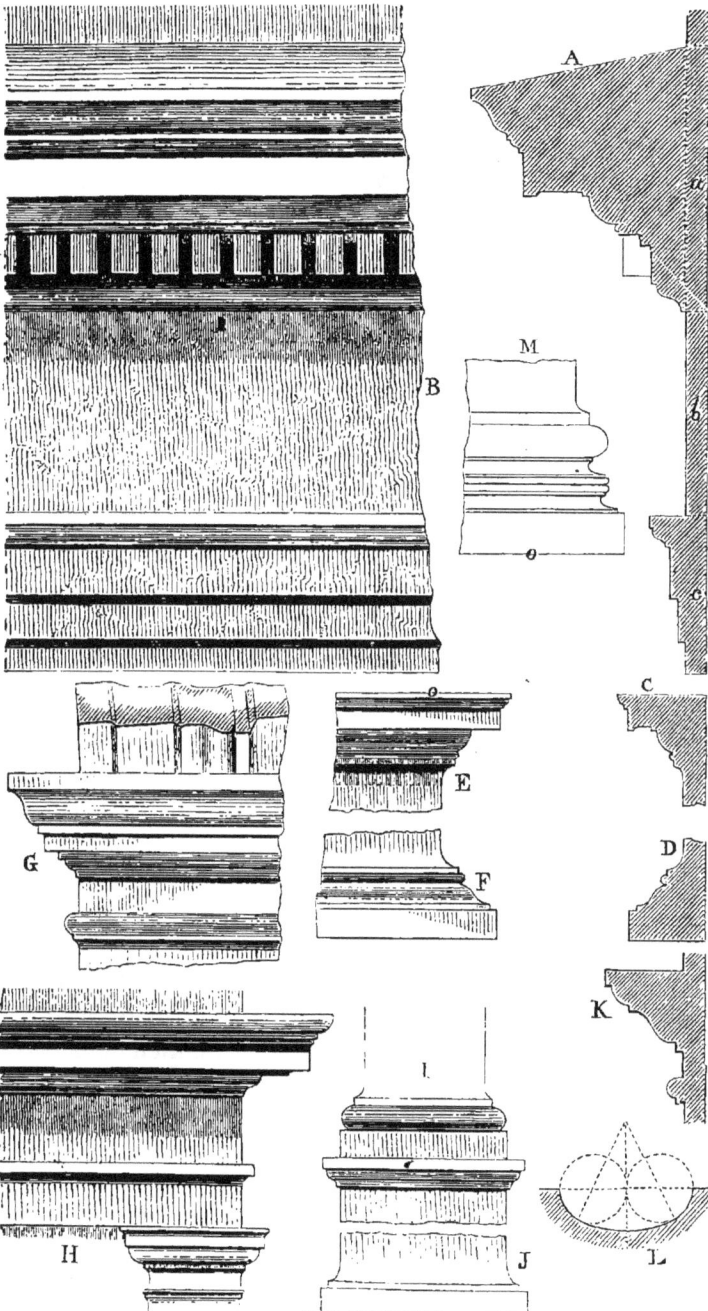

Fig. 543.

manque pas d'élégance malgré sa simplicité. Les détails I et J
représentent la base du pilastre ou de la colonne, le couronnement
du piédestal et sa base, qui est de la plus grande simplicité.

Nous n'entrerons pas dans cet ouvrage dans les détails de proportion des parties d'architecture entre elles, ni des proportions
et des saillies des moulures. Il existe des feuilles volantes et des
livres élémentaires sur ces proportions diverses qu'il est facile de
se procurer.

Le détail en K est le profil d'un cordon qui peut servir à séparer les étages sur les façades extérieures.

De l'arc rampant   Comme on peut être obligé de se servir
de l'arc rampant dans les constructions
particulières, soit pour voûte, soit pour perron et autres usages,
voici comment il faut opérer pour tracer cet arc.

Tirez d'abord la ligne droite *ab*, c'est-à-dire une ligne d'une

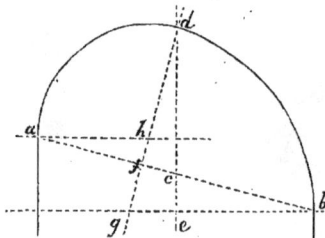

Fig. 544.

naissance à l'autre. Divisez ensuite
cette ligne en deux parties égales
au point *c*. Élevez la perpendiculaire
cd. Reportez la longueur *ce* sur la
ligne *ab* au point *f*. Enfin, tirez *gd*
perpendiculaire à la ligne *ab*, en
passant par le point *f*, *h* sera le point
de l'arc *ad*, et *g* celui de l'arc *db*.

Du niveau de maçon   Le niveau dont on se sert le plus
habituellement dans la construction
est nommé *niveau de maçon;* il est formé de deux côtés assemblés
d'équerre à 90 degrés. Au sommet est fixé un petit cordeau au
bas duquel est assujetti un petit plomb. Au milieu de la traverse
destinée à maintenir l'angle droit formé par les deux côtés est
pratiqué un petit cran en travers de la traverse dont la direction aboutit au sommet du niveau.

Ce niveau se place sur une règle bien droite qu'on pose soit sur
de la charpente, soit sur de la maçonnerie ou sur le sol. On fixe
une des extrémités de la règle, et l'autre extrémité est calée en
dessous jusqu'à ce que le cordeau du niveau tombe sur le petit

cran ou l'entaille verticale de la traverse. Dès que cela a lieu la règle est de niveau, c'est-à-dire parallèle à la surface de l'eau.

Si le cordeau penche à gauche du cran, le côté droit est trop élevé ; si, au contraire, il penche à droite du cran, le côté droit est trop bas. On arrive au résultat demandé en calant plus ou moins un des côtés, dont le choix est arbitraire.

Nous donnons ici l'explication du niveau, parce qu'il en a été souvent question dans les pages précédentes.

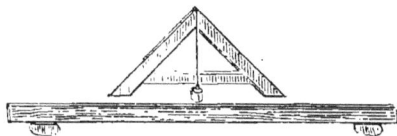

Fig. 545.

Water-closets Il y a un objet dont on ne tient pas assez compte dans la composition et dans la distribution d'une maison : il s'agit des water-closets. On est étonné d'apprendre qu'une loi municipale n'ordonna qu'en 1513 que chaque maison aurait un cabinet d'aisances, et en 1700 la police était encore obligée d'ordonner la construction de fosses.

La convenance et la salubrité exigent impérieusement qu'on prenne un soin tout particulier pour l'établissement des cabinets d'aisances. On semble avoir pour habitude de ne s'occuper que de la disposition des salons, salles à manger, chambres à coucher, cuisines et dépendances, sans s'inquiéter aucunement des cabinets en question. Quand la distribution générale est faite, alors seulement on arrive dans bien des cas à penser aux lieux d'aisances, qu'on relègue comme on peut dans un coin, au fond d'un corridor sans air ou sous un escalier — quand on ne les oublie pas tout à fait, comme cela arrive encore quelquefois de nos jours.

Il faut chercher autant que possible à placer ces cabinets de manière à ce qu'ils aient le plus de lumière et surtout le plus d'air possible. Il faut ensuite qu'ils soient aisément accessibles, que leur entrée ne frappe pas directement la vue, mais soit pour ainsi dire dissimulée. En Angleterre et en Allemagne, on a rempli ces conditions d'une manière beaucoup plus convenable qu'en France.

Quant à la situation des cabinets d'aisances, il faut qu'elle soit au levant ou au nord : ces deux expositions sont plus convenables et plus salubres que celles au midi ou au couchant. Il faut ensuite qu'ils soient éloignés de la cuisine et de ses dépendances : il est facile de deviner dans quel but.

La routine a consacré l'établissement des cabinets d'aisances dans l'intérieur du périmètre des maisons, surtout pour les maisons de campagne. Quand ces dernières sont vastes, cela est et peut être convenable ; mais quand elles sont petites ou moyennes on gagne beaucoup de place en établissant ces cabinets en saillie sur une des façades latérales ou sur celle de derrière. On peut les placer dans des tourelles circulaires ou carrées attenant au bâtiment principal. L'auteur de ce livre en a construit de cette manière, qui lui laissait intacte la bonne distribution intérieure. Seulement il faut avoir soin que ces tourelles soient placées à proximité des escaliers, afin que les grands escaliers ou les escaliers de service servent à monter aux cabinets établis dans les différents étages.

Il ne faut jamais sacrifier une convenance d'intérieur domestique à un effet ou aspect plus ou moins désagréable de l'extérieur. La plus grande régularité doit régner dans un monument public, mais elle n'est pas rigoureusement nécessaire dans les habitations particulières. Le bon goût dans les maisons d'habitation ne doit pas aller jusqu'au point de faire renoncer, par symétrie, à des convenances personnelles et journalières. C'est ce qu'on a senti de tout temps en Angleterre et en Allemagne, où la maison de campagne n'a pas voulu usurper l'aspect du château et du palais, et les habitations s'en trouvent on ne peut mieux.

L'entrée des cabinets d'aisances ne doit pas être située dans une antichambre. Il faut qu'elle soit placée dans un corridor ou dans un dégagement. Il faut qu'en y allant et qu'en en revenant personne ne puisse deviner d'où l'on vient et où l'on va, c'est-à-dire qu'il y ait d'autres portes à proximité par lesquelles on aurait pu passer soit pour entrer, soit pour sortir de chambres auxquelles ces portes donnent entrée.

CONSEILS GÉNÉRAUX

POUR DIVERSES CONSTRUCTIONS

Il ne nous est guère possible de donner sur le genre de construction des maisons d'habitation des conseils généraux, d'autant
plus que les genres d'habitation peuvent varier indéfiniment
suivant les goûts, les habitudes et les besoins du propriétaire.
Nous nous contenterons donc de quelques renseignements utiles
sur les dépendances des maisons de campagne, telles que écuries,
vacheries, porcheries, poulaillers, en indiquant les soins principaux à prendre dans la construction de ces bâtiments.

ÉCURIES

Pour qu'une écurie soit dans de bonnes conditions, il faut,
avant tout, qu'il n'y ait point d'humidité, que l'espace soit proportionné au nombre des habitants, qu'elle ait un air toujours
respirable, assez de lumière, une température convenable, un
arrangement intérieur commode et un accès facile (fig. 546).

Pour éviter l'humidité, il faut, autant que possible, que le sol
intérieur de l'écurie soit un peu plus élevé que le sol extérieur.

Quant à l'espace, plus un cheval est logé à l'aise, plus il se
délasse convenablement de ses fatigues. La perfection consiste-
rait à donner à chaque animal ce que les Anglais appellent un
box et à l'y laisser en liberté. Il peut, en effet, se tenir debout
devant sa crèche, se coucher sans difficulté et se relever librement.

Pour l'air respirable, on calcule qu'il faut généralement à un cheval 60 mètres cubes par jour, et pour cela il faut ménager pour chaque bête un espace libre de $2^m,36$ en longueur sur une largeur de $1^m,60$, avec une élévation de plancher de $3^m,50$ à 4^m. Il faut de plus l'espace nécessaire pour l'établissement du râtelier et de la mangeoire, et un passage suffisant pour le service, l'entrée et la sortie facile du cheval. Ce passage doit avoir au moins $1^m,90$.

Pour le renouvellement de l'air, on y arrive au moyen des portes, des fenêtres, des barbacanes et enfin des ventilateurs.

Fig. 546.

Les portes toutefois ont l'inconvénient de donner passage, quand elles sont ouvertes, à de fortes colonnes d'air qui sont interceptées quand on ferme la porte. Les fenêtres, si elles sont mal disposées, peuvent suivant la variation de l'atmosphère, suivant leur exposition, leur plus ou moins d'ouverture intempestive, donner lieu à de fâcheux courants d'air. Il faut donc avoir soin de les disposer de manière à les faire servir surtout à l'éclairage de l'écurie et à une aération bien entendue.

Ce que nous recommandons comme le meilleur système pour le renouvellement de l'air, ce sont les ventilateurs, ou trouées pratiquées au plafond et surmontées d'une cheminée d'aspiration que l'on conduit hors du toit. Avec ces ventilateurs, en en fermant plus ou moins l'ouverture, il est très facile de maintenir dans l'écurie une température modérée, qui doit être plutôt élevée que basse, et varier entre 10 degrés et 18 au maximum.

Il faut enfin tenir les abords des écuries aussi propres que possible, en éloigner les dépôts de fumier, qui donnent des émanations fétides, et veiller à ce que le purin s'écoule rapidement.

Les mesures les meilleures à donner à une écurie bien entendue sont de 5 mètres de largeur, 1^m,60 de largeur pour chaque cheval, et 3^m,50 de hauteur, ce qui doit donner pour chaque tête un espace de 10 mètres environ.

La porte qui peut être entière, à un seul battant ou à volets, a généralement de 1^m,50 de largeur à 2^m,30 de hauteur, afin que les chevaux puissent passer facilement tout harnachés. Elle peut s'ouvrir en tournant sur des gonds ou sur des pentures, ou mieux encore glisser sur des rails auxquels elle est suspendue et se ranger contre le mur comme les portes de service dans toutes les gares. Lorsque cela est nécessaire, on y pose des serrures, mais le verrou à deux têtes placé dans l'épaisseur de la porte et pouvant se manœuvrer du dedans et du dehors, est préférable, à cause du peu de saillie qu'il offre. Il faut éviter, en effet, tout ce qui peut blesser ou accrocher au passage.

Les fenêtres, qu'on fait généralement semi-circulaires, d'un diamètre de 1 mètre à 1^m,25, sont posées à 2 mètres et plus du sol, et, ce qui vaut encore mieux, à une petite distance en contre-bas du pla-

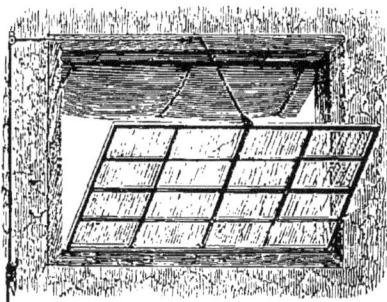

Fig. 547.

fond (fig. 547). Elles doivent être établies sur un châssis en
fer vitré, s'ouvrir en dedans et de haut en bas au moyen d'une
petite corde et de deux poulies. Par cette disposition, l'air arrivant du dehors est obligé de traverser les couches les plus chaudes
de l'atmosphère de l'écurie, par la raison que la chaleur tend
toujours à monter, de sorte que l'air froid ne parvient aux chevaux qu'après avoir frappé d'abord le plafond, c'est-à-dire en
s'étant pénétré du calorique des couches supérieures. En été, on
peut laisser tomber entièrement le châssis et le remplacer par
de petits paillassons à claire-voie qui tamisent l'air, le rafraîchis-
sent et, assombrissant l'écurie, en éloignent les mouches et les
cousins. On peut encore établir des ouvertures dans le bas des
murs, qui facilitent considérablement le renouvellement de l'air
en l'absence des chevaux; ces ouvertures, munies de trappes ou
de portes en madrier, doivent pouvoir s'ouvrir et se fermer à
volonté. Mais quand les chevaux sont présents, on ne doit s'en
servir qu'en été, dans les grandes chaleurs.

Nous avons déjà parlé des ventilateurs comme le meilleur mode
de ventilation. Ces ventilateurs, qui peuvent être en bois bien
sec, en tôle ou même en zinc, doivent
varier suivant le nombre de chevaux,
et avoir d'ouverture intérieure, pour
5 chevaux, $0^m,17$; pour 7 chev. $0^m,19$;
pour 9 chev. $0^m,22$; pour 12 chev.
$0^m,25$; pour 14 chev. $0^m,27$; pour
17 chev. $0^m,30$; pour 21 chev. $0^m,30$.
La forme en coupe peut être carrée
pour les ventilateurs en bois, mais
elle vaut mieux circulaire pour la
tôle et le zinc. Ce sont des conduits
comme des tuyaux de cheminée dont
l'orifice supérieur peut être terminé
soit carrément, soit en cône, soit en
angle, ainsi que l'indiquent les figures ci-jointes (548 et 549).

Pour bien fonctionner, les ventilateurs de zinc et de tôle doivent

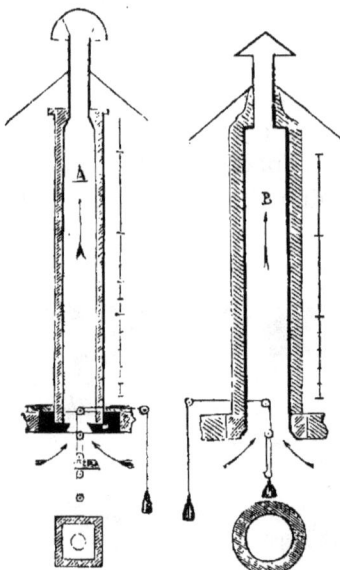

Fig. 548.   Fig. 549.

être préservés au dehors contre le refroidissement par une couche d'argile, mélangée de hachis de paille, de 6 à 8 centim. d'épaisseur. Enfin, un chapeau tournant comme pour les cheminées, et placé au sommet du ventilateur, garantit le conduit de l'action du vent et de la pluie. Il ne faut pas non plus que le ventilateur dépasse de beaucoup le toit, de $0^m,30$ à $0^m,50$ cent. au plus.

Pour régler le plus ou moins d'aération on a, à l'entrée inférieure du conduit, une soupape circulaire en bois, se mouvant à l'aide d'une poulie, au moyen de laquelle on modère plus ou moins le tirage.

Le ventilateur doit être placé de manière à faciliter, autant que possible, le mélange de l'air extérieur avec l'air intérieur de l'écurie, et on y arrive en éloignant l'embouchure du ventilateur des points par lesquels l'air nouveau peut pénétrer, sans le placer pourtant à un point trop écarté du centre de la masse intérieure. Dans certains cas il vaudra même mieux établir deux ventilateurs qu'un seul; un de chaque côté de l'écurie, en mettant les ouvertures en rapport avec la dimension des écuries, c'est-à-dire un ventilateur de $0^m,16$ d'ouverture environ pour chaque 6 mètres de longueur qu'aura l'écurie.

De l'aire des écuries Pour que l'aire soit bien installée et ne fatigue point le cheval de sa déclivité, il faut que la pente, dans tout l'espace occupé par le cheval, c'est-à-dire 3 mètres, n'ait pas plus de 4 centimètres de pente, et celle-ci doit aboutir à une rigole ménagée à dessein pour conduire les urines en dehors de l'écurie.

Pour le sol, on se contente ordinairement de battre la terre avec plus ou moins d'argile et de débris de chaux; ce procédé est mauvais car le sol absorbe les déjections et devient le siège de fermentation de toutes sortes qui dégagent de l'ammoniaque. Le bétonnage, le pavage à la brique, au grès, au bois, assurent l'imperméabilité nécessaire. Pour bétonner, on commence par modeler le sol de l'écurie suivant les pentes, contrepentes et rigoles qu'on veut avoir, puis, après avoir battu et humecté le sol ainsi préparé, on y répand le béton avec une pelle et on

le bat à mesure, avec une planchette, pendant qu'il est encore
humide, en ayant soin de faire rentrer ou d'enlever les cailloux excédants, de manière à bien égaliser la surface. Avant
que le béton ne soit pas trop pris, il faut avoir soin d'y imprimer en creux et en losange des rainures, sur lesquelles les
pieds des chevaux peuvent s'agripper, soit pour se coucher, soit
pour se relever.

Le meilleur système de tous et celui qui ménage le mieux les
pieds des chevaux, c'est un pavage en bois avec des morceaux
de sapin du nord, taillés en forme de briques.

Ces pavés de bois de 30 à 40 cent. environ de longueur sur
12 d'épaisseur, posés sur champ, peuvent être taillés de nouveau
ou retournés quand ils sont usés. Ils forment sous le pied du
cheval une couche presque élastique et durent très longtemps. A défaut du sapin du Nord, on peut employer des bouts
de chêne, ou autre bois dur, mais en carré, sous la forme de
pavés.

En Allemagne et en Autriche, le sol de l'écurie est formé de
madriers transversaux et dans une pente semblable à celle
que nous avons déjà indiquée (fig. 550). Ces madriers posent
sur des poutrelles, dans lesquelles ils sont entaillés de leur épaisseur. Les poutrelles elles-mêmes sont assemblées dans des enchevêtrures, dont l'une est placée à la tête du cheval et l'autre à la
queue. Les bois employés sont le chêne ou le mélèze. En
dessous du pont d'écurie est un pavé à superficie concave,
établi en pierre ou en brique, qui reçoit les urines pour les conduire à travers une petite ouverture dans un canal moyen recouvert soit en panneaux de bois soit en dalles. De ce canal, les
urines sont conduites dans le trou à fumier. Toutefois, pour que
l'urine puisse couler du plancher en bois sur le sol concave
placé en dessous, il faut pratiquer dans les madriers et à l'arrière du cheval des trous d'environ trois centimètres de diamètre. Les poutrelles sont posées sur de petits murs de refend,
contre lesquels sont adossées les petites voûtes renversées. Ces
murs n'ont que 35 centimètres d'épaisseur. Au point de réunion
des poutrelles avec les enchevêtrures de face, formées de deux
pièces de charpente, sont posées deux agrafes biaises pour les

lier ensemble. Au-dessus de ces enchevêtrures s'élèvent des poteaux cylindriques de 0ᵐ,20 à 0ᵐ,22 de diamètre et de 2ᵐ,20 à
2ᵐ,50 de hauteur, placés à la distance les uns des autres selon la
largeur donnée aux stalles. Ces poteaux sont en chêne ou en
mélèze. Ils doivent être cylindriques ou octogones, être solidement fixés dans le sol à une profondeur de 1 mètre, et avoir

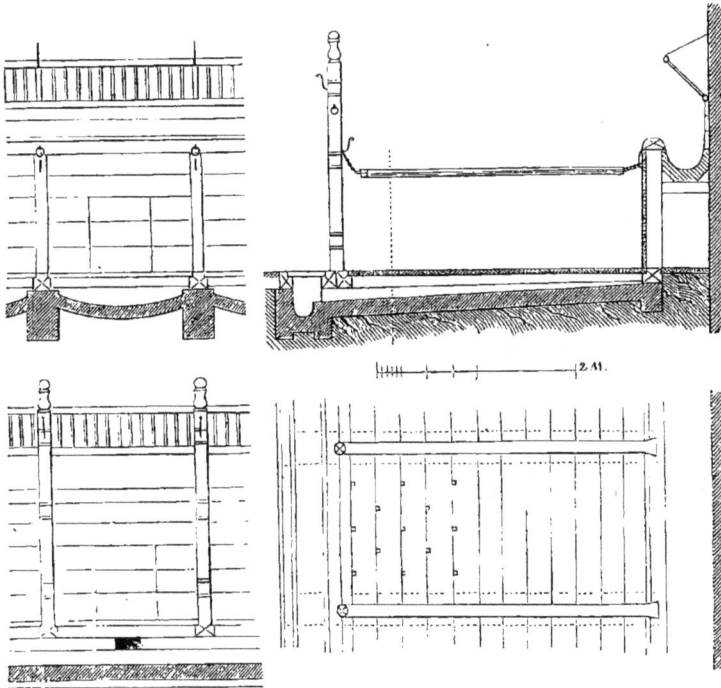

Fig. 550.

la forme carrée en coupe dans cette profondeur ; ils auront donc
3ᵐ,20 ou 3ᵐ,50 de longueur.

A l'extrémité supérieure des poutrelles ou à la tête des chevaux, sur l'axe des cloisons, sont posés des poteaux de 15 à
18 centimètres d'équarrissage, reliés au mur de fond par des
traverses et aux poteaux au moyen d'équerres solides. C'est sur
ces traverses que pose la mangeoire, formée de madriers ou d'un
tronc d'arbre creusé dans une forme concave, de 35 centimètres
de largeur sur 22 de profondeur. Pour maintenir tous les po-

teaux en question dans leur position respective, ils sont recouverts d'une sablière ou chapeau arrondi au sommet, et garnis de fer-blanc ou d'une tôle de zinc. A 1^m,70 du sol est posée l'arête inférieure du râtelier. La partie du mur comprise entre le dessus de la mangeoire et le dessous du râtelier est revêtue de bois, de planches posées horizontalement sur champ, ou, mieux encore, en dalles si l'on en a à sa disposition. L'espace dans la largeur de la stalle, du sol à la mangeoire, est également fermé par des madriers : on y pratique quelquefois une porte en trappe, afin d'utiliser l'espace en dessous de la mangeoire, pour y placer la paille destinée à la litière.

Du plancher supérieur En général, le grenier aux fourrages
des écuries est placé au dessus des habitations
des animaux, dont il n'est séparé que
par des perches ou des solives de rebut, ce qui permet aux émanations malsaines de pénétrer et d'altérer le fourrage. Pour obvier à cet inconvénient, déjà grave et auquel viennent encore se joindre les chances d'incendie, le meilleur système de plancher à employer est celui de petites

Fig. 551.

voûtes en briques, dont nous donnons ci-joint la forme (fig. 551).
Contre chacune des faces des deux chevêtres AA, on cloue une petite chanlate pour maintenir les extrémités de la voûte. Une voûte est appliquée dessus en plaçant des briques C dans l'ordre observé dans la figure, puis on fait un remplissage en DD, et l'on a un plancher parfaitement régulier et imperméable.

Quand, au lieu de poutres, on peut employer des solives en fer, on peut en se servant de bonne chaux, ou mieux encore de ciment, faire les voûtes avec une seule brique posée à plat, et butant l'une contre l'autre. Toutefois, il ne faut pas que la voûte ait plus de 3 mètres de largeur, et il est bon de maintenir de distance en distance l'écartement des voûtes avec des tirants en fer. — Ces voûtes ainsi faites ne sont pas d'un grand poids, coûtent peu et offrent une résistance plus que suffisante.

Les trappes que l'on ménage au-dessus du râtelier, très commodes pour le service, ont l'inconvénient, par la poussière qu'elles occasionnent, de nuire aux yeux et aux voies respiratoires du cheval. Cette poussière en s'attachant à la peau, peut même occasionner des maladies de peau. Ces trappes ont de plus le désagrément de laisser pénétrer à l'étage supérieur les émanations. Il vaut donc mieux n'avoir qu'une trappe à l'extrémité de l'écurie et l'isoler encore au moyen d'une cloison.

Arrangement intérieur des écuries Dans les écuries doubles à deux rangs, en plaçant les chevaux tête à tête, on peut avoir de chaque côté un passage même large, surtout si les murs opposés aux croupes sont percés de portes qui facilitent l'entrée et la sortie. Quand, au contraire, on place les chevaux croupe à croupe, l'écurie n'a qu'une rue au milieu; mais celle-ci doit avoir 2^m,50 au moins pour éviter les accidents.

Quel que soit le mode adopté, il y a certaines règles à observer dans la pose des mangeoires et des râteliers.

La mangeoire doit avoir de 0^m,35 à 0^m,40 d'ouverture dans le haut, et aller en diminuant de manière à n'avoir que 10 à 12 cent. de largeur au fond. La profondeur peut être de 0^m,30. Pour les animaux de taille moyenne, le bord supérieur de la mangeoire est à 1^m,20 du sol.

Le râtelier, monté presque droit, doit commencer à 0^m,20 au-dessus du bord supérieur de la mangeoire, s'élever de 0^m,35 cent., et s'écarter du mur de 0^m,30 au plus dans le haut. Les barreaux auront entre eux un écartement de 0^m,08 à 0^m,10.

Les mangeoires se font en bois, en fonte, en ciment armé, en zinc, en pierre. Les mangeoires en bois ne sont pas recommandables; on peut corriger leurs défauts en les garnissant de tôle à leur bord supérieur. Les mangeoires en pierres sont rares.

A la mangeoire sont fixés des anneaux en fer dans lesquels glisse la longe du licol. Mais il vaut mieux fixer à la mangeoire une barre de fer scellée au bas dans le sol. Un gros anneau portant une demi-longe monte ou descend sur cette barre suivant que le cheval abaisse ou lève la tête; ou bien encore cette barre de fer est remplacée par un petit madrier en chêne avec une rainure par derrière laquelle on place un billot en bois soutenu par l'extrémité de la longe (fig. 552). On évite ainsi le bruit de l'anneau glissant sur le fer.

Fig. 552.

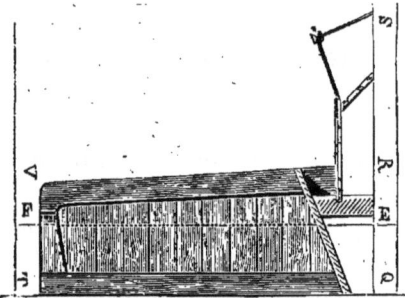

Fig. 553.

Les stalles ne doivent être ni trop hautes ni trop courtes. Il faut que les animaux puissent se voir et s'habituer entre eux. Nous croyons donc devoir donner ici un modèle comme le meilleur type à suivre (fig. 553).

Un cheval de taille ordinaire se trouvera convenablement établi dans une stalle de dimensions suivantes. Longueur EF, 3^m,50; largeur, 1^m,70; hauteur en avant à la mangeoire QR, 1^m,20; hauteur à la croupe TV, 1^m,05. Nous ne conseillons pas les stalles à cou de cygne, vu qu'elles sont trop courtes et trop hautes. Elles ôtent de l'air à l'écurie, et emprisonnent le cheval qu'il ne faut pas séquestrer.

Les séparations des chevaux dans l'écurie peuvent se faire de différentes façons : par barres, par bat-flancs, par séparations fixes.

Les barres sont à rejeter complètement car elles offrent beaucoup d'inconvénients; les bat-flancs sont en bois; ils sont suspendus au plafond par une corde ou une chaîne; l'attache qui les retient, est munie d'un dispositif appelé « sauterelle » qui fait tomber le bat-flanc dès qu'un cheval a passé sa jambe par dessus; c'est le poids du cheval qui détermine le fonctionnement de la sauterelle. On recouvre les bat-flancs de matelas de paille recouverts de cuir qui empêchent les chevaux de se faire mal contre le bat-flanc.

Les séparations fixes sont les meilleures et sont constituées par des panneaux de bois tendre placés sur le fil vertical pour empêcher les éclanches de piquer les animaux. Vers la tête des chevaux la séparation porte à sa partie supérieure une claire-voie.

Box Loges d'une certaine dimension dans lesquelles le cheval trouve une habitation spacieuse et commode. Jouissant de toute sa liberté, il s'y repose à l'aise et s'y délasse plus vite et plus commodément.

Le sol des boxes n'éprouvant jamais autant de fatigues que celui des écuries, peut être établi d'une manière moins solide et être, par conséquent, plus doux aux pieds des chevaux. Les fenêtres peuvent être plus rares, mais disposées de même que dans l'écurie (fig. 554).

On remplace dans les écuries en boxes le râtelier par la corbeille, et la mangeoire par une petite auge bien évasée par le fond. On les établit l'une au-dessus de l'au-

Fig. 554.

tre dans l'angle qui se trouve le plus éloigné de la porte d'entrée.

On fait des écuries en boxes à un ou deux rangs, et on les dispose comme les écuries à stalles, c'est-à-dire qu'on applique les loges contre les murs de manière à ménager une rue dans le bâtiment, ou bien on les adosse l'une à l'autre. Nous préférons

le premier système, surtout si, dans le mur, on a une porte donnant sur une petite cour dans laquelle le cheval peut sortir. Le
service du râtelier et de la mangeoire se fait alors par la rue
du milieu.

BERGERIE.

Ce n'est que dans d'assez grandes exploitations qu'on consacre
des bâtiments spéciaux au logement des bêtes ovines. Quand leur
nombre est peu considérable il suffit de disposer pour cela une
partie d'écurie, de grange ou d'étable, en ayant soin toutefois de
bien pourvoir à tout ce qu'exige la salubrité et surtout au système
d'aération que nous avons conseillé en parlant des écuries.

Il faut donc, avant tout, un espace en rapport avec la taille et
le nombre des animaux, leur permettant à tous de se reposer,
de manger et de se mouvoir facilement en tous sens, une température moyenne et régulière, un air sec et constamment renouvelé. Cette dernière condition est rigoureuse, le tempérament
lymphatique du mouton exigeant la plus grande consommation
possible d'air.

Il est bon d'orienter la bergerie du nord au midi et d'adjoindre
un parc au bâtiment, afin d'y pouvoir lâcher les moutons quand
on nettoie la bergerie, et procéder à l'affouragement.

Le sol sera élevé au-dessus des terrains environnants d'au moins
0,30 centimètres. Il doit être imperméable, ce qui prévient le
mauvais effet de l'humidité sur la santé de l'animal et assure la
bonne confection du fumier en s'opposant à la perte des liquides
que l'on peut faire absorber en dehors par des terres sèches.

Selon les matériaux dont on dispose, on emploie pour la construction des murs la brique, la pierre, le pisé, le torchis ou le bois.
Mais il est essentiel de n'employer que des matériaux résistants
tels que la pierre, la brique bien cuite ou le béton hydraulique,
dans la partie inférieure des murs jusqu'à une hauteur dépassant
d'au moins 0,30 centimètres, celle à laquelle peut s'accumuler le
fumier.

Il y a trois sortes de bergeries : 1° abris sous hangars ; 2° bergeries fermées et sous toit; 3° bergeries fermées sous plafond.

Nous nous occuperons principalement de celles fermées sous plafond et ayant au-dessus un grenier à fourrage, et nous renvoyons pour le détail des autres à l'excellent ouvrage l'*Encyclopédie de l'Agriculteur*, publié en 13 vol. chez Firmin-Didot, par Moll et Gayot.

Dans ces bergeries, les ouvertures doivent être multipliées, et les cheminées d'appel ou ventilateurs deviennent indispensables. On calcule qu'il faut généralement un ventilateur de 0,17 centimètres d'ouverture par 20 mètres carrés.

Il faut seulement avoir soin de disposer ces ventilateurs de manière à ce que le milieu de la bergerie soit bien exposé aux courants qui se produisent des fenêtres aux ventilateurs.

Pour les cheminées d'appel, on peut employer un tuyau cylindrique en tôle ou en poterie, ou bien encore une caisse en bois, formée de trois planches assemblées en triangle. C'est un système encore plus économique que celui qui est employé pour le ventilateur des écuries.

La forme des fenêtres est à peu près arbitraire. On peut les placer horizontalement ou verticalement. L'essentiel est que leur seuil soit installé à une hauteur telle que le courant d'air s'éta-

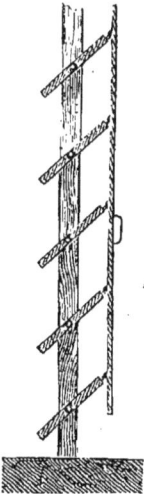

Fig. 555.

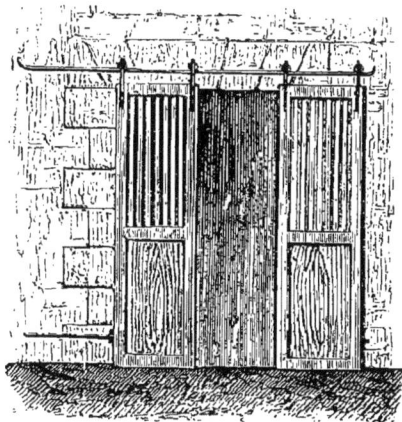

Fig. 556.

blisse au-dessus des animaux sans les atteindre. Il est bon aussi de pouvoir régler à volonté l'entrée de l'air. Le meilleur appareil est une persienne à cadre dormant et à lames mobiles, que nous donnons ici en coupe (fig. 555).

Portes des bergeries   Elles sont de deux sortes, celles extérieures et celles intérieures. Les premières doivent toujours s'ouvrir en dehors. Quand on leur donne plus d'un mètre de largeur, on les construit à deux vantaux. — Il est utile d'en pratiquer deux en face l'une de l'autre pour permettre le passage des voitures qui enlèvent le fumier. Quelques-unes sont brisées à mi-hauteur, d'autres ont la partie supérieure à claire-voie. Cependant, en raison de la violence avec laquelle les moutons se précipitent pour entrer ou sortir, les portes roulant sur gonds ne sont pas sans inconvénient, Nous leur préférons les portes suspendues sur galets, dont la fig. 556 donne le dessin.

Quant aux portes intérieures, comme leur jeu est bientôt gêné par l'exhaussement du fumier, il faut en employer qui puissent s'élever à volonté et dont le fonctionnement ne laisse rien à désirer.

La porte fig. 557 fait partie d'une cloison à claire-voie. Elle est suspendue par ses traverses à une tringle de fer aa boulonnée sur le cadre de la cloison qu'elle dépasse d'environ 0ᵐ,75, et qui n'est en quelque sorte qu'un cadre très allongé. La légèreté de cette porte permet de la soulever facilement.

La seconde (fig. 558) est placée dans un mur de séparation entre

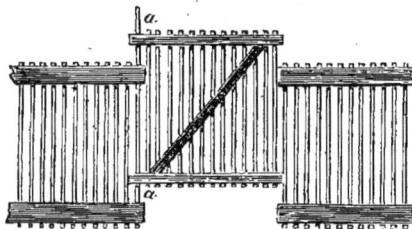

Fig. 557.

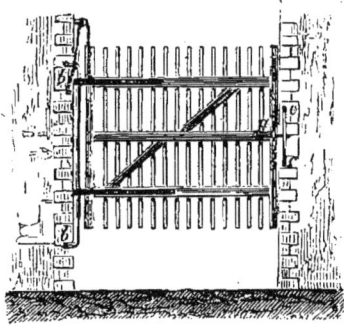

Fig. 558.

deux bergeries. Le système est le même. Une tringle de fer bb, dans laquelle roulent et glissent les paumelles de la porte, est scellée dans le mur de gauche, et dans le mur de droite une autre tringle *cc* reçoit sur toute sa hauteur le verrou *d*. Enfin, une chaîne de fer boulonnée à sa paumelle supérieure, passe sur une poulie et vient se fixer à un crochet scellé dans le mur et maintient la porte suspendue à la hauteur voulue.

Un meilleur système est celui où on place de chaque côté de la porte deux montants carrés en bois, allant du sol au plafond et dans lesquels sur le côté regardant la porte on a creusé une rainure. Le châssis de la porte, plus étroit que l'intervalle entre les deux montants, porte à chaque angle du haut et du bas une roulette entrant dans la rainure des montants, ce qui permet de monter et d'abaisser facilement la porte, qui est maintenue par les roulettes glissant dans les rainures. — Une corde en cuir, attachée au milieu de la porte, passe autour d'une poulie fixée au plafond, et comme à l'autre bout de cette corde est fixé un poids égal à celui de la porte, lorsqu'on lève ou abaisse celle-ci, le contrepoids, qui l'équilibre, la fait rester dans la position où on l'a laissée.

Les *crèches* doivent toujours être composées d'un râtelier pour les fourrages en brins et d'une auge destinée aux débris ou graines échappées du râtelier. — Pour les râteliers qu'on fixe contre le mur, la disposition la moins coûteuse est celle de la fig. 559. Le bâti se compose d'un montant dans lequel est assemblé sous un angle ouvert un bras *ab* supporté par une jambe de force. Une planche fixée sur ce bras reçoit les barres du

Fig. 559.

râtelier dont le limon s'attache au montant par une tringle de fer; elle est munie d'un rebord en *b*. — Le montant est scellé dans le mur au moyen d'une patte B.

Le râtelier doit être assez large pour contenir l'affouragement d'un repas; une ouverture de 40 cent. est suffisante. Les barreaux seront peu inclinés et leur écartement ne doit pas dépasser 0^m,15.

Lorsque la crèche est double, le râtelier doit recevoir une cloi-

Fig. 560.

son médiane qui permet d'affourager de chaque côté (fig. 560). Il faut avoir soin de disposer au-dessous de la mangeoire une planche pour empêcher les agneaux de se blesser en voulant passer au-dessous.

Les bergeries doivent avoir généralement 4 mètres de largeur, et il faut compter par tête sur un mètre carré de surface, et 0^m,45 de largeur, au râtelier. Avec 4 mètres de largeur, en admettant deux rangs de moutons, et en supposant que les crèches de 0^m,30 de largeur occupent tout le périmètre des murs, il reste libre derrière les animaux un espace de 1^m,10 très suffisant pour la circulation.

Avec cette disposition, en plaçant la porte dans l'axe du pignon, on ne perd aucune place pour l'emplacement des animaux, tandis qu'en mettant la porte dans les murs de face on perd la largeur de trois bêtes. — Avec ce système d'ailleurs, en mettant une porte dans chaque pignon, on peut, avec une voiture, entrer d'un côté et sortir de l'autre, ce qui est avantageux pour le transport du fumier.

Il est bon d'adjoindre à la bergerie deux ou trois petites chambres, pour que le berger, la nuit, tout en ne couchant pas dans la bergerie, ce qui est malsain, puisse facilement surveiller les moutons. Il faut aussi qu'on ait un emplacement pour l'infirmerie, pour les brebis portières, pour les béliers surtout.

Nous donnons (fig. 561) ici la représentation d'une bergerie, telle qu'elle a été établie à Britannia, en Belgique; — tout en ne recommandant pas les portes établies de côté. Le bâtiment du milieu est une bonne chose, attendu qu'en cas de mauvais temps on peut y faire passer les moutons tandis qu'on arrange leur litière, et éviter ainsi la mouille des pieds, qui est souvent une cause de maladie pour les moutons.

On peut encore diviser le bâtiment de la bergerie en un local clos et un préau ouvert le long du local clos ; ce préau a l'avantage de permettre de faire évacuer le local clos pendant la distribution des aliments et le nettoyage ; de plus, les animaux peuvent ainsi profiter de l'air extérieur ; on expose ce préau au midi, et en été

Fig. 561.

on protège les animaux contre l'ardeur du soleil par des paillassons tombant sous forme de rideaux.

Enfin, pour la toiture du grenier nous recommandons les grandes tuiles en terre rouge. Ces tuiles qui s'enchevêtrent l'une dans l'autre au moyen de rainures, ne laissent nullement pénétrer l'eau ni la neige, même dans les plus grands vents. — Moins lourdes que les tuiles ordinaires, elles ont de plus l'avantage de ne jamais se couvrir de mousse. Elles résistent mieux au vent, aux chocs qui peuvent se produire, et enfin, au moyen de certaines tuiles garnies intérieurement de verre, on peut sans châssis éclairer les greniers autant qu'on veut. — Nous ne saurions donc trop préconiser ce genre de couverture, qui tend d'ailleurs tous les jours à se généraliser, et qui, comme prix et comme force de charpente, ne revient pas plus cher que la tuile ordinaire.

PORCHERIES

Un lieu chaud ou froid, suivant la saison, mais toujours sec et propre, est avant tout une condition de bon établissement pour une porcherie. Car le porc craint le froid et, malgré l'opinion générale, aime la propreté. Il faut donc, autant que possible, avoir une mare à proximité.

Comme la porcherie exhale une odeur très désagréable, elle doit être placée sous le vent régnant le plus souvent, afin que l'odeur se trouve emportée. Il faut éviter aussi de mettre les ouvertures du côté du nord, c'est-à-dire du côté des vents froids.

Quant à l'espace occupé par chaque animal, il est difficile de le préciser, attendu qu'il dépend de la variété des espèces. Cependant, comme moyenne, on peut calculer pour chaque animal de $3^m,20$ à $3^m,50$ carrés. La loge peut donc avoir de 2 mètres de longueur sur $1^m,60$ de largeur. La cour attenante a ordinairement de 3 mètres à $3^m,50$ de longueur sur $1^m,60$. Les porcs doivent y rester le plus longtemps possible et ne se servir de leur loge que comme abri pour la nuit.

Nous ne nous occuperons ici que des petites porcheries pour quatre ou cinq porcs, et renverrons pour les grandes porcheries à l'*Encyclopédie de l'agriculteur*.

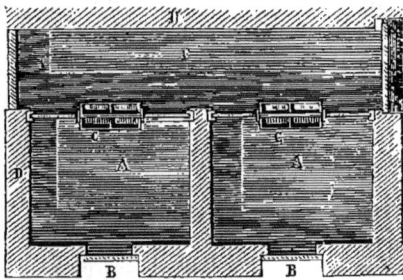

Fig. 562.

Ordinairement, pour ces porcheries on utilise un mur libre, sur lequel on installe un simple toit en appentis; les côtés sont fermés par de la maçonnerie et souvent même par des planches.

Dans ce cas, on doit ménager le long du mur un couloir par lequel on fait le service des animaux au moyen d'auges donnant sur cette galerie. Ces auges, en pierre ou en bois, doivent être disposées de manière que les animaux ne puissent se gourmander (fig. 562).

II, mur contre lequel est appliqué l'appentis; A, A, deux loges de 2 mètres de large sur 2 mètres de long chacune, pouvant contenir un ou deux porcs d'engrais, suivant leur âge; E, couloir de service devant les auges; B, portes donnant dans chaque loge. Au-devant de ces portes doit être annexée une cour.

Pour économiser, on supprime souvent le couloir. Les auges sont placées dans le mur de face, et le service se fait en plein air.

Quand on veut avoir un plus grand nombre de porcs, on peut faire la porcherie double; en laissant un passage au milieu, ainsi que l'indique la fig. 563. — A, A, loges; B, couloir; C, auges. — A chaque extrémité du passage se trouve une porte, dont une seule peut suffire pour le service. Sur les côtés, si l'on ne veut pas de cour, les murs sont pleins, sauf quelques ou-

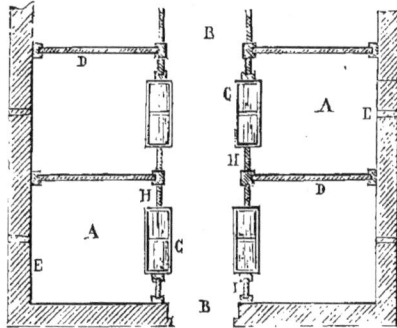

Fig. 563.

vertures pour la ventilation et l'éclairage. Cette disposition de porcherie, surtout si elle est plafonnée, est la meilleure pour les porcs à l'engrais, à cause de la grande tranquillité où ils s'y trouvent.

Le sol doit être imperméable et n'offrir aucun interstice suffisant pour que le porc puisse fouiller, comme il en a l'habitude. A cet effet, on doit employer des grès ou des briques sur champ, mais posées sur une bonne couche de mortier hydraulique, c'est-à-dire fait avec du sable fin et de la chaux hydraulique. Les joints doivent être en ciment.

On peut aussi se servir de béton, sur lequel on répand une couche de bon ciment.

Des auges La capacité d'une auge doit être pour chaque porc de 11 à 12 litres environ. La profondeur est ordinairement de 15 à 18 cent., la largeur de 0^m,30 à 0^m,33, et la longueur telle que les auges aient la capacité nécessaire pour le nombre d'animaux auxquels on les destine.

ARCHITECTURE. 47

Les auges (fig. 564) sont le plus souvent en bois, en pierre et quelquefois en fonte. — Celles en bois, de forme triangulaire, se font avec 4 planches. Il convient d'employer pour elles du chêne de 27 millimètres et de faire tous les joints avec la plus grande précision. — Les auges en fonte doivent avoir la forme d'un cylindre.

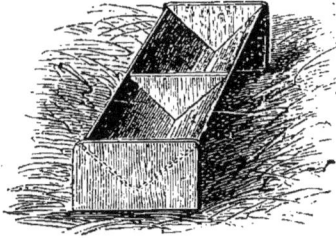

Fig. 564.

Mais toutes les auges simples ont l'inconvénient de déranger les animaux. On a donc imaginé plusieurs moyens de donner la nourriture et de nettoyer les auges par dehors.

A cet effet, les porcheries bien comprises possèdent un couloir de service séparé par un mur de l'endroit où se tiennent les animaux. De temps en temps, ce mur est interrompu et remplacé par une auge au-dessus de laquelle est placé un panneau mobile suivant l'axe longitudinal de l'auge (dans le prolongement du mur). Quand on veut remplir l'auge, on pousse ce panneau vers la partie où se trouvent les animaux ; et on peut à son aise faire l'opération de remplissage. Quand, ensuite, on veut que les porcs mangent, on attire le panneau à soi vers le couloir de service.

Une disposition de porcherie bien étudiée doit posséder deux parties comme la bergerie ; un bâtiment clos et un préau recouvert seulement par le prolongement du toit du bâtiment clos. Près de ce préau est une mare où les animaux peuvent se baigner à leur aise. On doit prévoir soigneusement une évacuation des produits de déjection des porcs qui empêche l'écoulement de ces produits vers la mare où ces animaux se plongeront.

Cloisons Elles peuvent être faites soit en maçonnerie, soit en pans de bois ou en planches. Mais la hauteur de ces séparations doit être de 1^m,20.

Quant aux murs, ils doivent être assez épais pour éviter la déperdition de chaleur en hiver.

POULAILLERS.

Le poulailler doit être autant que possible construit au-dessus d'un sous-sol. Le terrain sera convenablement aéré, situé en un coin calme, et exposé à l'orient, de manière à ce que les rayons du soleil levant viennent le frapper.

La porte d'entrée, qui doit s'ouvrir avec des galets ainsi que l'indique la fig. 565, peut avoir 1 mètre de largeur sur 1m,80 de hauteur. Elle aura dans le bas trois petites ouvertures o, o, o, de dimension convenable pour le passage d'une poule. Chaque ouverture sera fermée par une petite planchette glissant dans des coulisses en bois.

Les fenêtres seront garnies de persiennes à lames mobiles. Plus larges que hautes, elles devront être garnies en hiver de paillassons épais, ou de forts rideaux en laine qu'on remplacera en été par des paillassons à claire-voie, tamisant la lumière et laissant

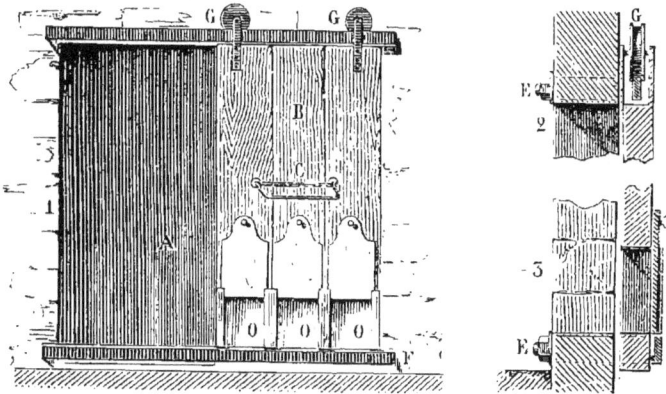

Fig. 565.

circuler l'air pour une bonne ventilation indispensable à un poulailler.

La toiture peut être en chaume, couverture chaude en hiver et fraîche en été. C'est, en effet, une erreur de croire que le froid n'influe pas sur les poules. Avec une température maintenue de 15 à 20 degrés centigrades au moyen de calorifères, on obtient dans certains grands poulaillers, presque autant d'œufs l'hiver qu'en été.

L'aire faite en terre, battue avec soin, doit être recouverte d'une couche de sable fin très sec et assez épaisse sous les juchoirs ou perchoirs, pour empêcher les excréments de s'attacher au sol. Ce

Fig. 566.

sable rend l'enlèvement des ordures facile, absorbe l'humidité et retarde la fermentation.

Les murs seront crépis à la chaux et maintenus toujours bien propres.

Nous recommandons la forme des perchoirs ci-jointe (fig. 566), parce qu'elle empêche les poules de se battre entre elles pour occuper les échelons les plus élevés. Ces perchoirs se composent de sortes de bancs, sur lesquels sont fixés, à 0^m,40 d'élévation, des barres transversales où viennent se percher les poules. — Les traverses qui supportent ces barres, sont scellées dans le mur, mais munies à 20 cent. du mur de charnières qui permettent de relever d'une seule pièce le perchoir et de venir l'adosser contre le mur. Cette disposition est très avantageuse pour pouvoir facilement nettoyer le dessous des perchoirs.

Les pondoirs sont établis contre les deux murs de face, par étages. Ces pondoirs se composent d'une auge faite en planches appliquées contre le mur, où elles portent sur des bras en fer, de manière à pouvoir les retirer quand on veut. — A l'intérieur de ces auges, au moyen de planchettes en bois on fait de 25 en 25 cent. des séparations, et dans ce nid les poules viennent pondre. — Le devant de l'auge est garni d'une petite planchette formant avance, sur laquelle les poules qui ont monté au pondoir, au moyen de deux échelles transversales, peuvent passer sans déranger les poules qui sont dans leur nid.

Chaque pondoir est garni non de foin, qui se remplit de mites, mais de paille, qu'on doit renouveler chaque semaine en nettoyant les auges à fond.

L'œuf destiné à rester dans chaque nid, est en plâtre.

Il faut recouvrir tous les bois d'une forte couche de peinture.

Pour que la poule prospère il lui faut un terrain plus ou moins spacieux pour s'ébattre tout en ramassant ce qu'elle peut trouver. Il faut donc, autant que possible, adjoindre au poulailler un petit enclos, où les poules puissent trouver quelques arbustes pour se mettre à l'ombre, des mûriers surtout, ou bien quelques abris rustiques pour éviter les rayons d'un soleil trop ardent, qui occasionnent souvent des maladies. — Ces abris doivent être fermés au nord et au couchant, ouverts en plein du côté de l'orient et à demi au midi. — Enfin, dans des auges, on doit avoir soin de maintenir une eau toujours propre et renouvelée chaque jour.

VACHERIES OU ÉTABLES.

La dimension d'une vacherie est déterminée par le nombre de bêtes qu'elle doit abriter, ensuite par la position et l'espace nécessaire à chaque vache. Les vaches peuvent être placées, comme les chevaux, dans l'écurie : si l'on donne une largeur de 1^m,60 pour l'emplacement d'une vache et 3^m,20 de longueur, la mangeoire comprise, on aura pour une rangée d'animaux 1^m,75 ; pour deux rangées, les têtes tournées au mur, 8^m,25 à 8^m,60 ; pour deux rangées, avec les têtes tournées vers un passage commun, 10^m,15 à 11^m,40 de largeur dans œuvre. Dans le premier cas, le passage sera de 1^m,60 de largeur ; dans le second, le passage à fourrage sera de 1^m,90 à 3^m,20, tandis que les passages latéraux adossés au mur auront 0^m,94 à 1^m,30. Il y a des pays, comme par exemple le Tyrol, l'Allemagne et la Suisse, où l'on place les mangeoires en longueur de l'étable ; dans d'autres, on exhausse le passage central dont on fait régner le niveau avec le dessus des mangeoires. La hauteur de la vacherie doit être de 3^m,50.

Les solives d'enchevêtrure seront supportées au centre selon la position des animaux, par des poteaux ou des colonnes en fonte.

Il convient de voûter les étables pour leur donner de la durée et éviter les incendies. Ces voûtes peuvent être en poteries creuses, ce qui leur donne plus de légèreté.

Pour supporter une voûte, il faut des fondements et des murs solides ; ces murs auront 0^m,80 d'épaisseur. Les baies, pour donner de l'air et de la lumière, seront pratiquées en contre-bas de la naissance de la voûte ou du plafond en chapente, qui donneront aussi passage à des ventilateurs s'élevant de l'étable jusqu'au faîtage.

On donnera aux portes d'entrée une largeur de 1^m,45 à 1^m,60, et une élévation de 2^m,20 à 3^m,15. Il faut que le sol de l'étable soit au moins de 0^m,15 plus haut que celui de l'extérieur. Il peut être pavé en grès, en briques ou en dalles dures, avec canaux pour conduire le liquide sur les fosses de fumier de l'extérieur.

On peut employer des mangeoires en bois, en pierre et en fonte ; il faut qu'elles aient 0^m,32 à 0^m,36 de largeur, 0^m,22 à 0^m,25 de profondeur : elles auront au plus 0^m,65 de hauteur au-dessus du sol, à la tête de la bête.

Les fermes du toit d'une étable seront légères et peu compliquées, laissant sous la couverture un grenier spacieux pour la conservation des fourrages. Au-dessus de la naissance de la voûte, dans le mur de pourtour, seront pratiqués de petits canaux pour ventiler le dessous du plancher, où pourrait s'introduire avec le temps de l'humidité au moyen de la voûte.

On établit quelquefois à une des extrémités de la vacherie un emplacement pour les verrats, et à l'autre une seconde pièce avec un escalier donnant accès au grenier.

LES CONSTRUCTIONS DÉMONTABLES
ET LEUR APPLICATION AUX COLONIES

Les constructions démontables peuvent rendre des services en France pour des installations provisoires; elles peuvent servir à édifier des bureaux pour chantier, des pavillons de jardin, des guérites, des kiosques, des pavillons d'habitation pour l'été notamment et que l'on démontera à l'entrée de l'hiver etc. Ces constructions peuvent être tout en bois ou au contraire composées d'une ossature de fer avec complément de matériaux en bois et agglomérés divers.

En ce qui concerne les constructions tout en bois, certains constructeurs fournissent de ces installations entièrement finies et complètes, y compris les ferrures, serrures et vitrages, et dont les bois ont reçu deux couches de peinture à l'huile ou de vernis. Les constructions se montent le plus souvent directement sur le sol dont elles sont isolées au moyen de cales et traverses goudronnées. On peut aussi les édifier sur une maçonnerie légère. Dans certains cas, on fait la toiture en carton cuir ou matériaux analogues; dans d'autres cas, on la fait en grandes feuilles de tôle ondulée galvanisée. Le montage s'effectue très simplement en suivant les indications données par le constructeur.

Les constructions démontables à ossature métallique sont les seules que l'on puisse employer aux colonies où elles rendent les plus grands services. En France, tandis que les constructions démontables en bois doivent être évitées pour la saison d'hiver, les constructions à ossature métallique au contraire peuvent résister toute l'année aux intempéries. Le type le plus courant de ces constructions a été imaginé par le lieutenant-colonel Espitallier qui avait en vue l'installation des ambulances de guerre essentiellement déplaçables, et aussi l'édification des constructions coloniales que l'on doit élever au début d'une conquête soit pour suppléer à l'insuffisance de matériaux encore inexploités, soit pour parer au manque d'habileté de la main d'œuvre indigène. L'installation coloniale n'exige pas une aussi grande rapidité de montage que l'ambulance (rapidité à laquelle on sacrifie tout), mais par contre elle doit être suffisamment durable, solide et surtout facile à transporter et à monter sur place grâce à la légèreté de ses éléments et à la simplicité de leurs formes.

Ce qui précède indique que l'on est appelé à envisager deux

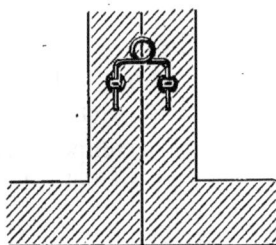

Coupe d'un élément de muraille

Accrochage de deux
panneaux consécutifs
de la muraille

Encastrement d'un
élément avec ses deux
voisins

Fig. 567.

Fig. 568.

types principaux de constructions à ossature métallique : le type pour installations ultra mobiles comme l'ambulance militaire, et le type pour installations plus stables.

1° Le type pour installations ultra mobiles comporte trois éléments : un pour la muraille, un pour la toiture et un pour le plancher.

L'élément de muraille est une caisse creuse dont les dimensions sont les suivantes :

Hauteur $2^m,50$ à 3 mètres, largeur 1 mètre, épaisseur $0^m,10$ à $0^m,12$.

Sa paroi est en carton spécial dur et imperméable. Les éléments de muraille se placent verticalement côte à côte ; un des côtés verticaux est taillé en saillie, l'autre en creux ; deux éléments voisins se trouvent réunis par l'encastrement de la partie saillante de l'une et de la partie creuse de l'autre.

Les éléments de toiture sont semblables aux précédents ; sauf que leurs grands côtés, qui seront placés suivant la ligne de plus grande pente du toit, sont pourvus d'un rebord en saillie ; une fois deux éléments placés côte à côte, la saillie de l'un se trouve contre la saillie de l'autre et on place à cheval au-dessus d'elles un couvre-joint en forme de demi-cylindre pour assurer l'étanchéité.

Les éléments de toiture sont réunis deux à deux à charnière suivant la ligne de faîtage. Pour les mettre en place instantanément, après qu'on a posé un tirant de fer rond qui empêche les murailles de s'écarter, on apporte le double élément à la manière d'une échelle double à l'a-

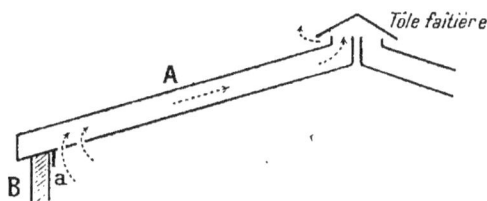

a : butée retenant l'élément de toiture **A** sur l'élément **B** de muraille

Élément de toiture disposé pour la ventilation.

Fig. 569.

plomb de son emplacement définitif ; puis chacun des pans est successivement posé sur la muraille où il est retenu par la butée d'une cornière. Ces éléments de toiture peuvent être disposés pour servir à la ventilation de l'ambulance.

L'élément de plancher est un coffre en bois disposé de manière à pouvoir servir à l'emballage des autres éléments. Il est indispensable de dresser le plancher bien de niveau. Pour cela, on fait reposer ses éléments sur des chevalets en forme d'X dont les pieds peuvent s'écarter plus ou moins afin de racheter les dénivellations du sol.

On conçoit avec quelle rapidité on doit pouvoir faire le montage de pareils éléments, car ils sont à la fois légers, simples, et suffisamment grands pour être peu nombreux. Ils sont interchangeables, ce qui évite les tâtonnements.

Voici quelques chiffres s'appliquant à une ambulance de 20 lits.

Longueur 16^m,15, largeur 5 mètres, surface totale 80^m,70, soit par lit 4^m,35. Poids par mètre carré de surface couverte, 40 kilogrammes. Montage en quatre heures par une équipe de 5 hommes. Prix 5000 francs, soit par mètre carré 62 fr. 20 et par lit 250 francs.

En guerre, les réquisitions de voitures peuvent entraîner de graves mécomptes ; c'est pourquoi un pareil pavillon d'ambulance est généralement muni de trois haquets à roues dont la plateforme entre dans la composition du plancher. Les haquets sont placés parallèlement entre eux et à 4 mètres les uns des autres ; ils sont réglés de niveau et des entretoises en fer allant de l'un à l'autre assure leur écartement en même temps qu'elles forment solives pour supporter les éléments de plancher décrits plus haut.

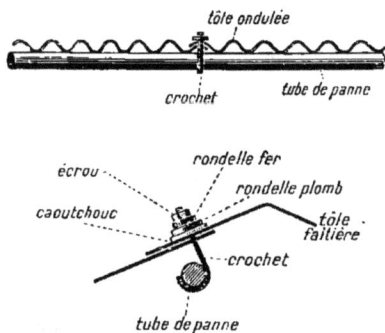

Ajustage de la couverture en tôle ondulée avec la tôle faîtière et une panne.

Fig. 570.

Les trois haquets augmentent, il est vrai, la dépense de 3.600 francs, mais ils assurent le transport en temps utile et de plus ils permettent, en simplifiant l'implantation du pavillon, d'accélérer son montage.

2° Système dit à ossature et à parois indépendantes.

L'ossature constitue l'organe résistant du deuxième système. L'élément de l'ossature est le tube cylindrique en acier que l'industrie produit aujourd'hui dans d'excellentes conditions d'économie. Avec lui sont faits les montants verticaux, les arbalétriers, les sous-arbalétriers et les contrefiches des fermes et enfin les pannes de

① goupille

Tube d'Ossature **1**   Tube d'Ossature **2**

Petit tube

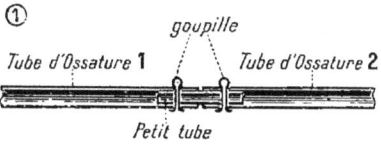

Jonction de deux tubes, **1** et **2**
d'ossature par un tube de plus
petit diamètre.

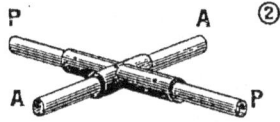

② P   A

A   P

Manchon double pour jonction
d'un arbalétrier **A** et de deux
pannes **P**

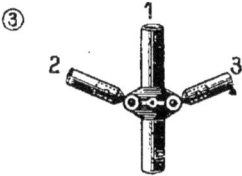

③ 1

2   3

Assemblage à collier à rotules
de trois tubes, **1, 2, 3**

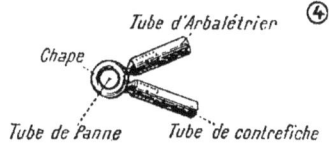

④ Tube d'Arbalétrier

Chape

Tube de Panne   Tube de contrefiche

Assemblage par chape

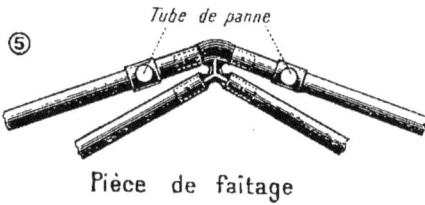

⑤ Tube de panne

Pièce de faîtage

Semelle

Fixation des montants
et des béquilles
dans le sol

Fig. 571.

la toiture. Des tubes de trois grosseurs suffisent pour ces divers organes. L'emploi du tube creux se justifie par sa résistance d'une part et par la facilité de son montage.

L'assemblage des tubes de ce système se fait très simplement sans rivet et avec de rares boulons. On utilise pour l'effectuer des pièces spéciales réunies aux tubes par des goupilles et dont voici les principales, fig. 571 :

Tube de diamètre plus petit que celui des tubes de l'ossature et qui se place pour les réunir dans deux de ces derniers mis bout à bout. Double manchon pour réunir des tubes n'allant pas dans la même direction comme par exemple un arbalétrier et deux pannes. Collier à rotules, chapes, pièces de faîtage. La jonction de la tôle ondulée qui recouvre le toit avec la tôle faîtière et une panne, se fait au moyen d'un crochet qui tient tout l'ensemble grâce au serrage d'un écrou qui prend entre lui et la tôle faîtière une rondelle de fer, une rondelle de plomb et une lamelle de caoutchouc.

La toiture est constituée par des feuilles de tôle ondulée et galvanisée qui sont reliées, comme nous venons de le voir, aux pannes et à la tôle faîtière. Cette toiture porte en outre des gouttières qui aboutissent à des tuyaux de descente.

Une fois l'ossature montée et recouverte de sa toiture, le travail du montage des parois se fait à l'abri.

Les parois comprennent le plancher, la muraille, le plafond. Les éléments de plancher ou plutôt de parquet, sont des panneaux de sapins rouges ou de pitchpin qui peuvent servir à l'emballage des autres éléments.

Le plancher est soutenu par des longerons longitudinaux, par des longerons transversaux dans le plan des fermes, enfin par des solives longitudinales. Les longerons sont formés de deux cornières adossées embrassant les montants tubulaires ; quelques tasseaux maintiennent l'écartement convenable. Afin de n'être pas forcé de donner à ces cornières un profil et un poids exagérés, on subdivise leur portée au moyen de béquilles et de contrefiches en tubes. Les solives ont comme portée l'écartement des fermes, soit 3 mètres en général; on les fait en bois ou en fer à T. Elles sont espacées de $0^m,60$ à 1 mètre suivant les cas.

La muraille est composée de deux parois ménageant entre elles un matelas d'air de 7 à 8 centimètres. La paroi extérieure n'est le plus ordinairement ni en bois, trop facilement attaquable par les insectes, ni en tôle, trop conductrice et trop sonore. Elle est constituée par des panneaux en aggloméré spécial. La paroi intérieure est faite de panneaux de bois peints ou vernis.

Cette double paroi est très importante au point de vue de la température. En France, elle permet de maintenir pendant les jours froids une certaine chaleur dans l'intérieur de la construction, le matelas d'air formant un isolant excellent. Dans les pays chauds, au contraire, elle permet d'établir une circulation d'air qui rafraîchira l'intérieur de l'installation. On fait communiquer par elle le sous-sol avec la partie de la construction comprise entre le plafond et la couverture. Cette partie fortement chauffée par le soleil fait appel, et la circulation d'air s'établit ; l'air emprunté ainsi au sous-sol est relativement frais.

Quant à l'aggloméré spécial, il est constitué par une toile métallique dont les mailles sont garnies par une contre-trame en fibre de coco ; cette toile est enduite d'un ciment spécial, très résistant. Ces toiles sont pincées entre deux cadres en frises de bois qui en bordent le pourtour. Ses dimensions sont de 1 mètre de largeur sur 3 mètres environ de hauteur.

Le plafond est le plus souvent accroché aux sous-arbalétriers de la ferme, et comme eux inclinés à deux pentes. Il est formé de panneaux de bois ou d'amiante.

Les croisées, persiennes et portes forment elles-mêmes des panneaux se substituant dans le montage aux panneaux ordinaires.

Le montage est des plus simples ; habituellement les fondations en maçonnerie sont inutiles ; les montants et les béquilles s'appuient sur le sol par une semelle en fonte qu'ils traversent et sur laquelle porte un anneau entourant le tube à la hauteur de l'enfoncement que l'on veut obtenir, et qui varie entre $0^m,60$ et $0^m,80$. Sans outils spéciaux et sans appareils de levage, en employant seulement des échelles doubles, trois ouvriers quelconques peuvent monter et couvrir 200 mètres carrés de hangar en 10 heures ; ceci est possible grâce au poids et à la dimension des

pièces, aucune de ces dernières ne pesant plus de 20 à 25 kilogs
et ne dépassant pas 6 mètres.

Avant de monter la construction, on nivelle le terrain et on y
fait des trous aux emplacements des montants.

DES PONTS.

Les ponts peuvent être considérés comme de forts planchers
destinés à relier des parties de routes interrompues par des cours
d'eau d'une largeur quelconque. Dans l'établissement des ponts
il y a une règle capitale à observer : c'est qu'il ne faut pas qu'un
pont rétrécisse ni encombre le lit du courant d'eau au-dessus duquel il est établi. On enfreint cette loi si l'on établit un pont à
l'endroit le plus étroit d'une rivière; au-dessus du chenal, quand
les rives de cette rivière n'ont que peu d'élévation : ou encore si
l'on établit la charpente ou les arches en maçonnerie d'un pont
à une trop petite élévation au-dessus du niveau ordinaire de
l'eau, de sorte que lors d'inondations ou de débâcles de glaces
l'eau et les glaçons rencontrent un obstacle et ne trouvent pas
une issue suffisante dans l'ouverture ou les ouvertures du pont.
Le lecteur est à même de déduire les conséquences funestes qui
peuvent en résulter.

Les ponts les plus simples construits en bois sont ceux qui
sont formés de pièces de charpente horizontales, lesquelles supportent des pièces horizontales et transversales, dont l'ensemble
constitue le plancher ou tablier du pont. Les poutres destinées
à supporter le plancher sont posées sur les points d'appui opposés : ces poutres doivent être placées parallèles entre elles et avec
l'axe du pont, afin d'offrir un support suffisant aux madriers
transversaux formant le plancher ou voie sur laquelle hommes,
chevaux et voitures doivent passer. Les poutres longitudinales
sont souvent renforcées d'une manière très simple ou d'une manière compliquée. Si le pont n'a pas une grande étendue en longueur, et s'il ne consiste qu'en une seule ouverture, l'extrémité
des maîtresses poutres repose de chaque côté sur des murs de

maçonnerie ou sur des culées en charpente. Mais si la distance
d'une rive à l'autre est trop considérable, et qu'il y ait à craindre
qu'il ne s'opère des ruptures aux poutres soit par leur propre
poids, soit par le poids qui passera dessus, soit encore que la
dimension des bois ne permette pas l'emploi d'une poutre d'une
seule pièce, mais qu'il soit nécessaire d'en mettre deux ou plus
encore bout à bout les unes des autres, dans ces cas on établit
des *piles* en pierre ou des palées en pieux. L'ouvrage de charpente
ou de maçonnerie compris entre deux piles est nommé *travée*. Il
est aisé de comprendre que la longueur d'une travée a des limites, que cette longueur ne doit pas dépasser dix-huit mètres,
et cela parce que les maîtresses poutres, s'étendant d'une pile à
l'autre, doivent être d'un seul morceau et offrir dans toute leur
étendue un égal équarrissage.

Les ponts en charpente se composent :

1° De culées, 2° de palées, 3° de longerons, 4° du plancher ou
tablier, 5° de balustrades, de garde-corps ou garde-fous, et 6° des
brise-glace.

Les culées ont d'abord pour but de servir de points d'appui aux
extrémités des poutres longitudinales, ensuite de souder ou lier
le pont au rivage; les culées sont encore destinées à résister à
la poussée des terres de remblai qu'on peut avoir été obligé de
pratiquer. Si les culées sont exécutées en charpente, le choix du
bois en déterminera la durée. Comme les pieux dont elles sont
formées sont exposés à la variation du niveau des eaux, on ne
doit compter que de trente ou quarante années pour leur durée
s'ils sont en bois de chêne ou de mélèze, et de quinze à vingt ans
s'ils sont en bois de sapin.

Pour que les pieux employés dans les culées en bois puissent
résister à la poussée des terres qu'ils doivent soutenir, il faut que
ces pieux soient enfoncés dans le sol à une profondeur égale à
leur hauteur au-dessus du niveau de l'eau. Quand l'élévation de
la culée est petite ou moyenne, les pieux sont enfoncés verticalement; mais quand les culées sont élevées et soutiennent de fortes
masses de terre, on doit leur donner une direction oblique vers la
rive, et cette obliquité devra être d'un douzième de leur longueur.
La distance des pieux entre eux est réglée selon la force ou di-

mension des madriers destinés à former la paroi intérieure de la culée, ou cloison. Si les madriers ont cinq centimètres d'épaisseur, par exemple, la distance d'un pieu à l'autre devra être d'un mètre; s'ils ont huit centimètres, leur distance sera de 1^m,35, s'ils ont dix centimètres on leur donnera de 1^m,60 à 1^m,90 d'espacement.

Si l'action de l'eau est à craindre, il faut empêcher le délaiement des terres au moyen d'un petit batardeau construit directement derrière les pieux ou directement à la suite des madriers et un peu plus haut que le niveau le plus bas des eaux, ou bien on établira une double cloison de madriers en contrariant leurs joints, cloison qu'on montera jusqu'au niveau indiqué. Comme la poussée ou pression des terres contre le mur en charpente augmente en raison du carré de la hauteur, il faut maintenir et consolider l'ouvrage en bois au moyen d'autres pieux placés en arrière et à distance des premiers et reliés entre eux au moyen de pièces de bois placées obliquement et boulonnées aux pieux de front et de telle sorte qu'elles soient d'équerre sur ces derniers.

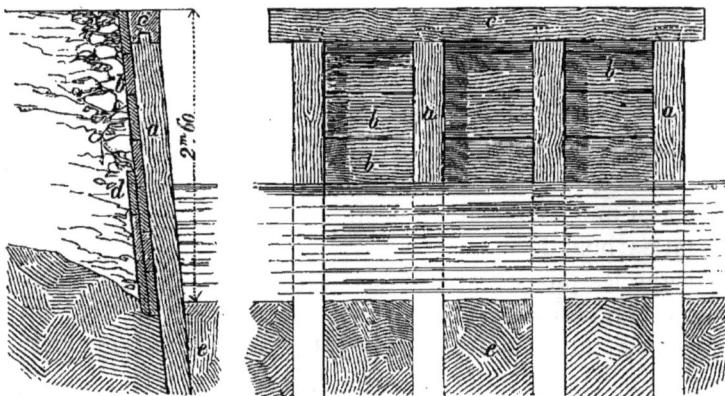

Fig. 572.

Nous donnons dans la figure 572 la face et la coupe de la charpente d'une culée de 2^m,60 d'élévation. Les pieux carrés *aa* sont enfoncés à environ 1^m,15, de milieu en milieu, les uns des autres; leur inclinaison (fig. 572) est d'un douzième de leur hauteur, assemblés dans un chapeau ou sablière *c*, pour les maintenir dans leur position. Derrière ces pieux est établie en madriers la cloison formée des madriers sur champ *bb*, et posés horizontalement. Ils sont cloués sur les pieux *a a* dans toute leur élévation ; derrière cette première cloison s'en élève une seconde moins haute *d*, qui part du sol *e* et qui se termine un peu plus haut que le niveau le plus bas des eaux. Cette seconde cloison est clouée sur la première, en ayant soin de contrarier ses joints avec ceux des madriers de la première. Les joints supérieurs de la cloison *b* seront recouverts au moyen de lattes qu'on clouera alternativement sur l'un et l'autre madrier, et sur la face intérieure, celle qui recevra les terres.

Il faut que cet ouvrage en charpente soit fait avec soin et précision. Il faut qu'en façade les pieux se présentent dans une direction bien verticale. Il faut ensuite que les madriers soient posés horizontalement avec exactitude, afin que leurs joints soient parallèles au niveau de l'eau ; car si cela n'avait pas lieu, cette défectuosité nuirait au bon aspect que l'œuvre doit avoir, et la solidité elle-même s'en ressentirait.

Les palées simples sont composées d'une seule file de pieux, enfoncés et fixés dans l'eau (dans le lit de la rivière) suivant la direction de son cours. Quand la rivière est peu profonde, les pieux peuvent être d'une seule pièce ; cette méthode offre néanmoins des inconvénients qu'il faut éviter, car la partie des pieux formant la distance entre la hauteur des plus basses eaux et le niveau des hautes eaux se trouve, nécessairement, alternativement exposée à l'humidité et à la sécheresse, et par là tend à se pourrir. Cette partie des pieux exige donc un renouvellement tous les quinze ou vingt ans. Il est donc préférable d'établir des palées formées de pieux recépés et moisés un peu au-dessous des basses eaux, et sur lesquels on assemble des poteaux pour recevoir le plancher.

On doit donner aux pieux d'une palée la force convenable pour supporter le pont et les fardeaux qui passeront dessus ; ensuite il faut qu'ils soient enfoncés à une bonne profondeur des eaux ; il faut enfin que ces pieux résistent à la pression et au choc des glaces et ne soient jamais ébranlés. La profondeur à laquelle on doit enfoncer les pieux de palée, pour donner un guide dans cette opération, peut être un tiers et jusqu'à la moitié de leur hauteur. Leur diamètre est déterminé par la hauteur de la palée au-dessus du sol ou fond de l'eau. Pour une hauteur de 2 à 3 mètres, ils auront de 21 à 24 centimètres de diamètre; pour 3 à 4 mètres, 27 à 30 centimètres; de 5 à 10 mètres, 35 centimètres à 375 millimètres.

La distance de milieu en milieu de ces pieux est en rapport avec les diamètres que nous venons d'indiquer; elle peut varier de 75 à 90 centimètres et jusqu'à un mètre. Si cette distance est plus considérable, il faut aussi donner un plus fort diamètre aux pieux. Si on les enfonce à $1^m,25$ par exemple les uns des autres et qu'ils aient 5 mètres de hauteur, il faut qu'à leur extrémité supérieure ils aient au moins 45 centimètres. Il faut employer de préférence pour les pieux de palée du bois équarri, si c'est du chêne dont on se sert. Si, au contraire, on emploie du mélèze ou du sapin, on peut leur laisser leur forme naturelle et se contenter de les écorcer. Pour mieux résister à la charge qu'ils doivent supporter, la direction verticale des pieux est préférable à l'obliquité; l'expérience a cependant prouvé la solidité de palées dont le pieu du milieu ou deux ou trois pieux du milieu étaient verticaux et les autres enfoncés obliquement.

Quand la profondeur et le courant de l'eau l'exigent, on établit une palée à deux rangs ou files de pieux, embrassés sur la longueur par des moises; d'un rang à l'autre, on pratique des pièces transversales ou entretoises, sur lesquelles sont posés les poteaux, dont le pied est assuré par un troisième cours de moises, boulonnées entre elles et avec les entretoises.

Les longerons sont des maîtresses pièces de la longueur du pont, posées d'une culée à l'autre et parallèlement à l'axe du pont. La pièce horizontale et transversale qui couvre la palée, reçoit les têtes des pieux et est nommée *chapeau*. D'autres petites pièces posées parallèlement à l'axe du pont, et nommées *sous-longerons*, sont assemblées par entailles réciproques sur le chapeau, au-dessus des pieux; ils sont destinés à donner plus d'assiette aux longerons, qu'ils soulagent et qui s'assemblent en fausses coupes au-dessus de chaque palée. Indépendamment de la charge permanente du

tablier ou plancher du pont, les longerons ont encore à supporter
le poids des voitures et des fardeaux qui passent dessus : on admet que le plus pesant fardeau qu'un pont ait à subir est une
foule nombreuse d'hommes occupant toute la superficie de ce
pont. Pour se faire une idée de la charge que pourrait occasionner
une foule, il faut savoir qu'il peut se trouver vingt-quatre personnes réunies sur quatre mètres superficiels, lesquelles au poids
moyen de 62 kilogrammes chaque, produiraient une charge de
1.488 kilogrammes.

La même superficie ne peut contenir que deux hommes à cheval, lesquels estimés à raison de 378 kilogrammes, produiraient
pour quatre mètres 750 kilog., c'est-à-dire une charge moitié
moindre que celle que pourrait produire une foule de gens à
pied.

Des passerelles La passerelle est le plus simple et le plus
petit pont qu'on puisse construire. C'est un
pont étroit, établi sur les chemins qui bordent les rivières et
formé avec plus de simplicité que les ponts
sur longerons, lorsqu'il ne doit livrer passage
qu'à des piétons, sur des ravins ou sur les
petits cours d'eau affluents. Les plus simples
passerelles sont composées de deux madriers
épais et n'ont de garde-corps que d'un côté.
Quand ces madriers n'ont pas au delà de 4ᵐ,50
de portée, leur force suffit pour le passage
des piétons. On établit quelquefois des passerelles assez solides pour permettre le passage des bestiaux; dans ce cas, les madriers
formant le plancher sont fixés sur des longerons, et des garde-corps sont établis de chaque côté.

La passerelle se compose : 1° de quatre pieux,
dont deux sont enfoncés de chaque côté du
cours d'eau dans la rive au niveau des eaux
ordinaires ; 2° de deux traverses, fixées l'une
sur chaque couple de pieux et destinées à re-

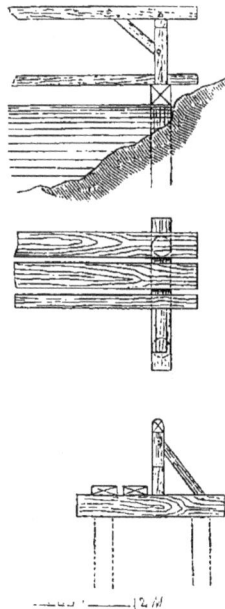

Fig. 573.

. cevoir le plancher ; 3° du plancher, formé de deux madriers fixés sur les traverses à chaque extrémité ; 4° de deux potelets, assemblés sur les traverses vers leur milieu, et 5° d'une pièce de bois assemblée longitudinalement sur les potelets pour former le garde-corps. Les potelets sont consolidés par des contrefiches, assemblées à tenon et mortaise dans ces derniers ainsi que dans les traverses. D'autres contrefiches consolident les potelets avec le dessus du garde-corps.

Si l'on ne peint pas les bois de la passerelle, il sera convenable de goudronner les pieux, les assemblages, ainsi que le *dessous* de toutes les pièces de charpente, afin de les garantir de l'humidité. C'est une précaution peu difficile à prendre et peu coûteuse, et qui donnera une plus longue durée à la passerelle.

Quand la passerelle est destinée au passage de bestiaux, il faut lui donner une plus grande largeur que celle que nous avons indiquée précédemment. Il faut, en outre, que les madriers soient jointifs, c'est-à-dire qu'ils se joignent, pour que les pieds des moutons, par exemple, ne puissent pas s'y engager. On établira aussi des *deux* côtés un garde-corps pour que les bestiaux ne puissent pas tomber dans l'eau.

Si l'on voulait établir une passerelle invisible de loin, au lieu de potelets en bois on se servirait de montants en fer et l'on réunirait ces montants au moyen d'un ou de plusieurs forts fils de fer peints en brun foncé ou en vert, en se servant de vert-de-gris. Si la passerelle devait être fréquentée par des enfants, il faudrait employer, au lieu de fil de fer, un treillage à mailles également en fil de fer.

Des ponceaux et des brise-glace

Les ponceaux sont des ponts de peu de longueur qui rattachent l'une à l'autre des parties de routes interrompues, soit par des routes inférieures, soit autrement ; ces ponceaux ont donc à supporter d'assez lourds fardeaux.

Le plancher d'un pont doit toujours avoir un haut degré de solidité et de durée. Il est d'habitude formé par une rangée de madriers posés en travers du pont et des longerons. Mais comme les voitures usent la face supérieure de ces madriers quand le pont est très fréquenté, on est dans l'usage de placer sur cette première rangée de madriers, une seconde rangée, qui ne recouvre la première que dans la superficie parcourue par les voitures. Les madriers de la rangée inférieure doivent toujours former saillie dans le vide sur la face verticale extérieure des deux longerons extrêmes. Les joints des madriers supérieurs doivent toujours tomber au milieu des madriers inférieurs et jamais sur leurs propres joints. Il est aisé de comprendre quelle sera la facilité avec laquelle on pourra restaurer le plancher du pont dès que les madriers supérieurs seront usés par le frottement des voitures et les pieds des chevaux, tandis que les madriers inférieurs resteront pour ainsi dire constamment intacts.

On établit quelquefois des planchers sur des ponts en bois au moyen d'une couche de gravier ou d'un pavé sous forme de sable reposant sur des madriers. Cette sorte de plancher a de grands inconvénients, car il entretient une humidité permanente, qui n'est pas longtemps à attaquer et à endommager tous les bois du pont. On ne devrait se servir de cette espèce de plancher que pour les ponts couverts, dans lequel ce dernier est à l'abri des eaux pluviales.

Si cependant il y avait nécessité absolue d'établir un plancher en macadam ou en pavés, il faudrait adopter une disposition avec trottoir élevé pour les piétons, avec pavés et rigole pour l'écoulement de l'eau. Nous ferons remarquer qu'au lieu de pavés en grès, on peut se servir de pavés en bois debout ou de champ pour former le plancher d'un pont de bois. Il ne faudrait pas poser les pavés de bois immédiatement sur les madriers transversaux, mais recouvrir ces derniers d'une couche de sable ou de gravier fin de quelques centimètres d'épaisseur.

Les garde-corps ou balustrades des ponts sont destinés à la sécurité des passants, et leur plus ou moins de travail et de richesse servent à l'ornementation de l'œuvre. Il faut que leur dimension et leur forme soient en rapport avec la construction du pont. Plus un pont est près d'une habitation, plus aussi le garde-corps peut être compliqué, orné et soigneusement travaillé. Si le pont est solitaire, à l'écart ou hors de vue, son garde-corps doit être combiné de manière à n'offrir que de la solidité et de la sécu-

rité. Dans ce cas, la balustrade peut être très simple et n'être formée que de montants, de pièces horizontales et longitudinales,
maintenus par des contrefiches. Dans les ponts élevés par les
particuliers dans leurs propriétés, l'élévation des garde-corps est

tout à fait arbitraire, et
dépend du goût du cons-
tructeur ; elle peut varier
entre 90 centimètres et
1^m,20.

Les brise-glace sont des
combinaisous de pièces de
charpente assemblées

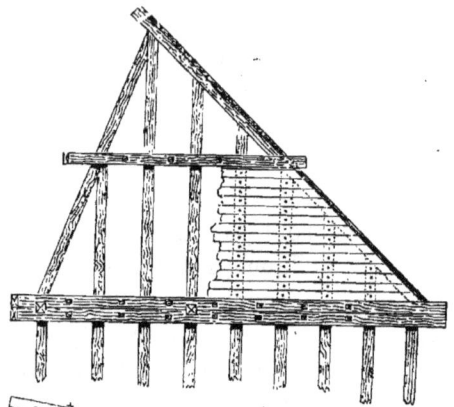

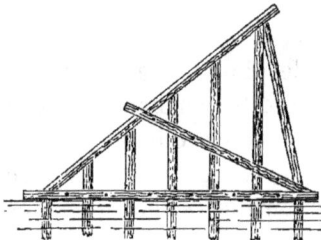

Fig. 574.

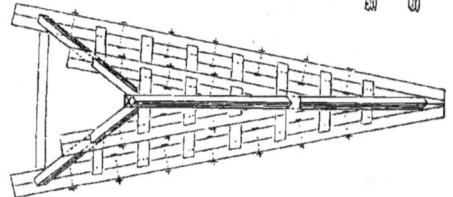

Fig. 575.   Fig. 576 et 577.

qu'on établit surtout en amont du pont pour préserver les palées
du choc des glaçons. Les brise-glace sont formés d'un ou de deux
rangs de pieux non parallèles, mais qui se réunissent en pointe
et qui sont d'inégales grandeurs, en sorte que le moins élevé sert
de ce qu'on nomme *éperon*. Ils sont recouverts d'une pièce de bois
ou chapeau posé en rampant.

Les fig. 574, 575, 576, et 577 les feront suffisamment connaître
et comprendre.

Ponts en pierre   Le pont est une construction qui établit une
communication directe et facile entre deux
points séparés par un espace qui ne pourrait être franchi autrement sans rencontrer de grands obstacles, qui augmenteraient
les difficultés s'ils ne la rendaient pas impossible. On sait que les

ponts sont établis sur des fleuves, des rivières, des ravins, des fossés, des marais, etc. Un pont peut avoir une ou plusieurs arches, dont le nombre est déterminé par la distance l'un de l'autre des deux points qui doivent être réunis.

Les ponts se composent de culées, de piles, de voûtes, d'une chaussée et de garde-corps. La *culée* ou butée est un massif de pierre dure de formes diverses, qui arc-boute la poussée de la première et dernière arche du pont. Toute arche a naturellement une tendance à exercer une poussée ou une pression sur son point d'appui ou culée, à la renverser ou à causer un glissement des assises les unes sur les autres, et c'est cette tendance qu'il faut combattre et annihiler. Le premier moyen consiste à continuer la construction de l'arche

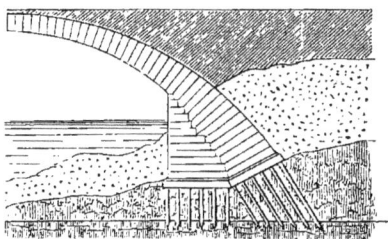

Fig. 578.

à travers la culée, jusqu'à ce qu'elle rencontre une fondation solide ainsi que le montre la fig. 578. Le second moyen consiste à donner à la forme de la culée en plan celle d'un arc horizontal avec deux murs remplissant l'office de contreforts, et qui retiennent la buttée ou la poussée. Le troisième moyen consiste à unir les assises les unes aux autres d'une manière solide en scellant dans les pierres contiguës soit des goujons en fer, soit des doubles queues d'aronde en guise d'agrafes.

Fig. 579.

Dans le cas où les contreforts horizontaux d'une culée seraient bâtis ainsi que le fait voir la fig. 580, la poussée des terres aura une tendance à les rompre à leur jonction avec la culée proprement dite, ainsi que l'indiquent les lignes *ab*, *cd*. Pour éviter cet inconvénient très vicieux, on obtiendra une solidité identique et avec un volume de matériaux égal, en construisant un certain nombre de petits murs longitudinaux et transversaux. Cette espèce de grillage en maçonnerie

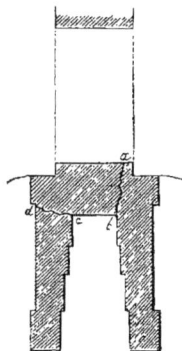

Fig. 580.

offre une grande résistance, les terres sont fortement retenues sur plusieurs points divers, et, enfin, la pression se trouve pour ainsi dire annihilée, répartie qu'elle est en plusieurs endroits (fig. 581).

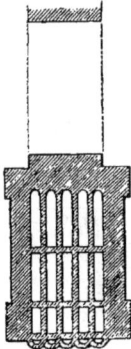

Fig. 581.

Quant aux piles, leur construction n'est qu'une partie de l'ensemble des constructions dans l'eau dont nous avons parlé plus haut.

« Les voûtes des ponts, dit Bruyère, présentent généralement à l'intrados une surface cylindrique, dont la génératrice s'appuie constamment sur une courbe d'espèce variable suivant les circonstances. Cette courbe peut être une demi-circonférence de cercle ou une demi-ellipse; mais on substitue le plus ordinairement à cette dernière, une courbe à plusieurs centres, nommée *anse de panier*. Les anciens ont presque toujours adopté le demi-cercle pour les arches de leurs ponts. Cette forme, qui satisfait le goût, est en même temps la plus favorable à la solidité et à l'économie; elle paraît donc préférable toutes les fois que les données peuvent le permettre. On ne peut cependant se dissimuler qu'elle n'est pas propre à l'écoulement des grandes eaux, parce que l'étendue des tympans diminue la largeur du débouché, surtout au moment où il faudrait pouvoir l'augmenter. Les avant-becs (1), tels qu'on les construit, ne pouvant embrasser toute l'étendue entre les deux arcs, défendent très imparfaitement les arêtes contre les eaux et les corps flottants.

« Les inconvénients dont on vient de parler, sont communs aux arches en demi-cercle et en anse de panier. L'inconvénient relatif à l'écoulement devient très grave lorsque le rapprochement des deux rives ne permet pas de compenser, par la largeur totale du débouché, les pertes dues à la forme des tympans, et cette dernière considération a fait souvent accorder la préférence aux voûtes en portion de cercle, dont les naissances sont placées au-dessus des grandes eaux ordinaires. »

Ce que nous avons dit des voûtes s'applique en partie aussi aux arches des ponts en pierre. Après avoir donné quelques dé-

(1) On nomme ainsi les deux éperons de la pile d'un pont.

tails sur certaines arches à plein cintre, en anse de panier et en arc de cercle, Rondelet dit : « Il n'est pas possible de donner de règles générales pour le choix qu'il faudra faire entre ces différentes espèces d'arches ; on se décidera dans chaque cas particulier d'après les circonstances locales qui pourront se présenter. La surface du débouché qu'il faudra donner à la rivière, les hauteurs relatives des plus grandes et des plus basses eaux, celle à laquelle on sera maître d'élever la surface du pavé du pont, *l'obligation où l'on sera quelquefois de laisser la liberté de détruire une arche, et par conséquent de faire faire aux piles la fonction de culées,* fourniront les principaux motifs du parti qu'on prendra sur cet objet. Il faudra aussi faire entrer en considération la nature des matériaux que l'on aura à sa disposition, et le degré de résistance qu'ils pourront offrir (1). »

Nous croyons opportun de donner ici quelques indications sur la combinaison des cintres destinés à la construction des arches de ponts en pierre. Le cintre d'une arche est l'assemblage d'une charpente temporaire, destinée à la supporter pendant sa construction. Cette charpente est formée d'une quantité de pièces placées dans plusieurs directions sur lesquelles est enfin posée la suite de couchis qui reçoit les voussoirs.

Dans la combinaison des cintres dont nous nous occupons, il y a trois points essentiels à considérer et à observer : 1º Il faut qu'ils présentent une solidité suffisante pour prévenir tout tassement ou altération de forme pendant l'édification de l'arche. 2º Il faut aviser aux moyens de pouvoir donner du jeu ou de baisser les cintres graduellement en dessous de tous les points quelconques de l'arche. 3º Comme l'établissement de cintres nécessite généralement l'emploi d'une grande quantité de bois de charpente et temporairement seulement, il faut éviter autant que possible toute détérioration inutile de bois, afin que leur valeur soit aussi peu diminuée que possible dans l'emploi futur qu'on en pourrait faire.

Dans les cintres pour les ponts, *il faut éviter autant qu'il est*

(1) Rondelet, *Traité théorique et pratique de l'art de bâtir.* Paris, 1862, 12ᵉ édition, t. IV, p. 339.

possible de faire traverser deux pièces l'une sur l'autre par des en-
tailles, comme les croix de Saint-André, etc., etc.; car les deux
pièces disposées ainsi n'ont pas plus de force qu'une seule au point
où elles se croisent. On doit donc écarter entièrement certaines
combinaisons, d'ailleurs très ingénieuses, mais dont l'exécution
entraîne l'emploi de cette vicieuse disposition.

Comme exemple, nous citerons la ferme des cintres des arches
du pont de Waterloo à Londres, commencé en 1811 par l'ingénieur John Rennie et livré à la circulation le 18 juin 1817. Chaque
arche a 36^m,57 de largeur sur 10^m,66 de hauteur. Rondelet donne,
planche 126, figure 11, le dessin de ces cintres, que le petit
format de notre volume nous a empêché de reproduire pour
être d'une utilité réelle. Nous renvoyons donc à Rondelet. C'est
là que l'auteur a donné une preuve de sa haute intelligence,
en imaginant de recevoir les extrémités opposées des pièces
dans une espèce de moyeu en fonte, dans lequel elles s'emboîtent
comme les raies d'une roue, et transmettent ainsi directement
tout l'effort du poids sur les points solides.

Des ponts pour parcs et jardins   Nous avons indiqué la construction de ponts en bois à plancher ou tablier horizontal. Il nous reste à
parler d'un genre de ponts d'un aspect plus agréable et plus élé-
gant et qu'on a l'habitude d'employer quand ils sont en vue soit
dans un parc, soit dans un jardin. Ces ponts légers ne sont destinés qu'aux piétons, parce qu'ordinairement ils ne sont construits que pour relier des portions de chemins séparées les unes
des autres par des cours d'eau de peu de largeur. Dans cette
catégorie de ponts, les planchers sont circulaires, bombés, et
forment une portion d'arc sur la largeur de l'eau à passer. Les
ponts cintrés dont nous parlons, ont été inventés par Palladio
célèbre architecte italien, mort en 1580. Dans ces ponts cintrés
les armatures des parapets forment une espèce de voûte ou de
cintre, composé de voussoirs en bois divisés par les poinçons,
reliés par de doubles contrefiches en croix de Saint-André, les
sablières et les pièces de dessus formant appui. Les poutrelles
qui soutiennent le plancher du pont, sont suspendues aux poin-

çons par des étriers ou tirants de fer; ces poutrelles, à largeur égale entre les rives, peuvent être moins grosses, ainsi que les solives, la longueur du pont étant divisée en onze travées. Le parapet, qui a pour hauteur la longueur d'une de ces travées, a moins du douzième d'élévation.

Cette disposition, qu'on peut aussi utiliser pour des ponts où

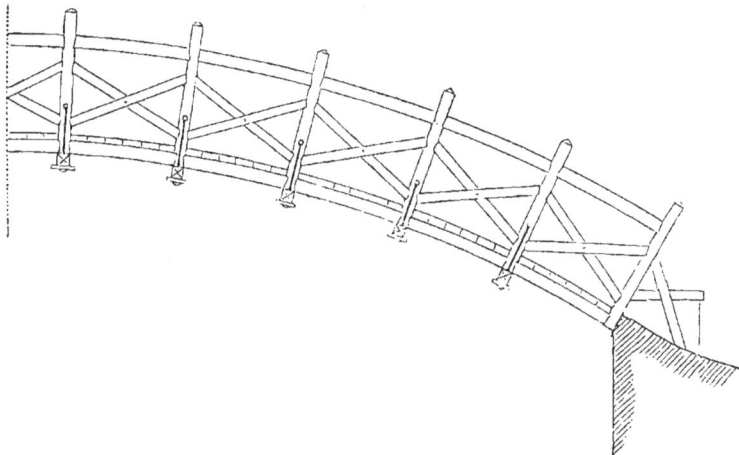

Fig. 582.

doivent passer des voitures, n'offre cependant qu'une solidité plus apparente que réelle, parce qu'elle présente une combinaison plus susceptible de varier dans ses assemblages, à cause de la compression, de l'élasticité et du desséchement auxquels les bois sont sujets. De plus, les fardeaux mobiles tendent, en montant et en descendant, à comprimer alternativement la partie où ils se trouvent, et à faire relever celle qui lui est opposée. Ce mouvement détruit avec le temps la fermeté des assemblages.

Ainsi que nous l'avons dit en commençant, ces ponts cintrés ne conviennent que pour des parcs et des jardins où ne passent que des piétons.

Une autre combinaison dans laquelle le plancher n'est pas de niveau, consiste en armatures formant en dessus une partie de polygone, avec des poinçons contreventés par de doubles contre-fiches en croix de Saint-André. Les pièces A formant les côtés extrêmes des polygones sont doublées. De plus, les premières travées sont soutenues en dessous par des contrefiches B. Les poutres transversales sont suspendues aux poinçons par des étriers de fer.

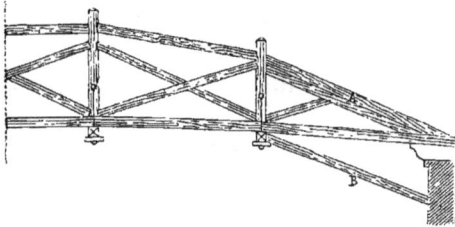

Fig. 583.

Ce genre de pont construit avec soin peut permettre le passage de voitures peu chargées et d'équipages de maître.

Les deux combinaisons dont nous venons de parler, ne peuvent convenir que pour des ponts de cinq à six mètres de longueur. Ceux qui seraient en dessus de cette dimension exigeraient des fermes intermédiaires pour soutenir la portée des poutres transversales.

Pour les petits ponts de parc, on se sert souvent avec avantage et succès de bois courbés qui offrent une très grande solidité. Voici comment on s'y prend pour courber les bois. On enfonce en terre des pieux dont les différentes hauteurs sont déterminées par la courbe plus ou moins prononcée qu'on veut donner au pont. A l'extrémité supérieure de ces pieux on pose des traverses de bois en grume, fixées sur les pieux à tenon et mortaise et chevillées. Alors on place sur cette rangée de pieux, dont le nombre est arbitraire, la poutrelle à courber. On commence à l'assujettir au milieu, au moyen d'une chaîne en fer, ensuite on courbe doucement et lentement les extrémités vers la terre, soit avec des pieds, soit avec des leviers, et l'on assujettit de même la poutrelle à l'aplomb de chaque pieu vertical. Ensuite, pour aider la courbure du bois, on place sous les portions à courber un feu peu ardent, et pendant le temps que le dessous de la poutrelle est échauffé par l'action du feu, on a soin d'humecter avec de l'eau sa partie supérieure. Dès que la pièce de bois est assez courbée pour toucher les petites traverses couronnant les pieux, on la fixe dans cette position avec des chaînes. L'opération de la courbure doit naturellement se faire graduellement du milieu aux extrémités, et cela lentement, afin de ne pas faire rompre le bois.

Nous ferons observer qu'il faut pratiquer autant de rangées de

pieux qu'on a de pièces de bois à courber : car pour conserver
la courbure artificielle qu'on leur a donnée, il faut qu'elles
restent en place *au moins* deux mois.

Un pont à deux fins, joignant la légèreté et l'élégance à la
solidité, serait celui formé de longerons droits renforcés des
deux côtés du pont par deux pièces de bois courbées. Un pont
de cette combinaison pourrait avoir de douze à quinze mètres de

longueur. Les longerons
sont consolidés à leurs
extrémités par des sous-
longerons A, boulonnés
ensemble. C'est de cette
partie, doublée comme
pied, que partent les
abouts de la pièce cin-
trée, abouts également

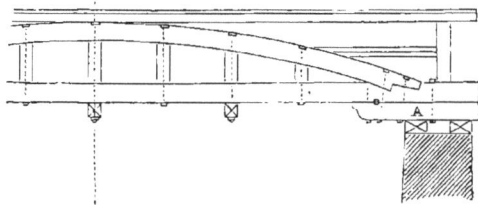

Fig. 584.

boulonnés sur les longerons et sous-longerons. A une distance de
$1^m,05$ à $1^m,75$ seront posés des potelets pour dissimuler les boulons qui consolideront le cintre et les longerons, boulons qui
traverseront les potelets et les pièces transversales du pont et
destinées à supporter les poutres longitudinales. On peut, si l'on
veut orner les espaces vides entre les potelets de croix de Saint-
André ou de tout autre combinaison, peindre ensuite les longerons en vert de gris et le reste du pont en blanc, afin de dissimuler davantage sa combinaison de solidité.

S'il s'agissait de jeter
un pont économique et
pittoresque sur un ra-
vin, on pourrait s'ins-
pirer de celui construit
par Donegani de 1820 à
1825 sur le Monte Stil-
vio, dans la Valteline, et
qui fait partie de la route
de Bormio au Tyrol, la
route la plus élevée en
Europe, établie à 2,600

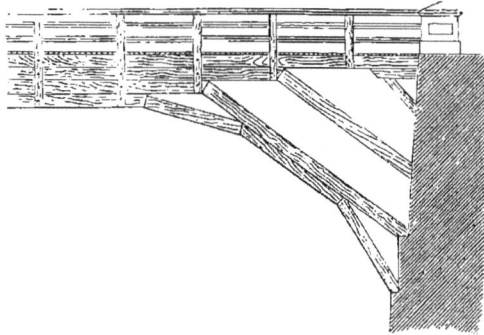

Fig. 585.

mètres au-dessus du niveau de la mer. Le pont en question est formé de cinq cintres de 26 mètres d'ouverture, composés de longerons et de sous-longerons et de pièces obliques formant arc-

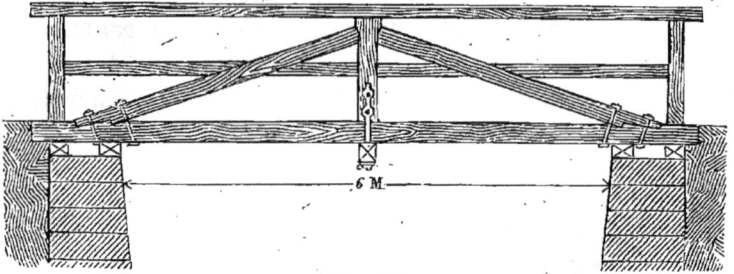

Fig. 586.

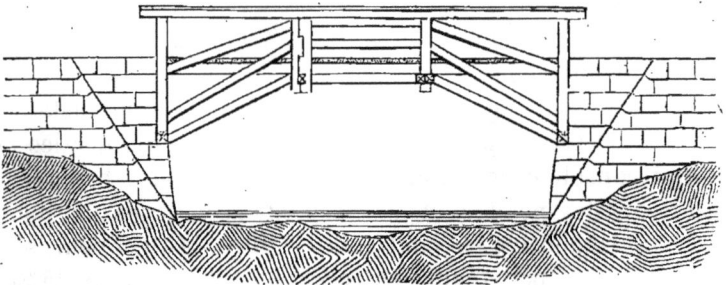

Fig. 587.

boutants. On remarquera qu'il n'y a point là de poinçon ni de croix de Saint-André et que le longeron principal est parfaitement soutenu dans le vide.

Les fig. 586, 587, 588, montrent d'autres exemples de ponts de différents genres et de diverses dimensions.

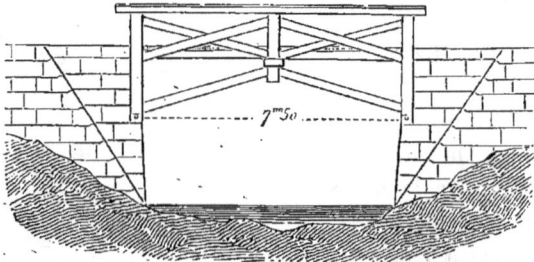

Fig. 588.

Dans tout ce qui précède, tant pour les ponts que les passe-relles, il n'a été question que d'ouvrages en bois ou en pierre, mais on fait également de petits ponts en fer qui peuvent être soit fixes soit démontables. Dans chaque cas, il y a lieu de s'a-dresser à une maison spécialiste qui envoie un de ses représen-tants et qui soumet un certain nombre de types à adopter.

Du décintrement des voûtes et des ponts Au nombre des plus grandes pré-cautions à prendre dans les tra-vaux de bâtiment, il faut ranger le décintrement des voûtes et des ponts en pierre. Nous en avons déjà parlé ailleurs, page 236 de ce volume. Ce qui est sur-tout indispensable, c'est que l'enlèvement des cintres se fasse sans ébranler la maçonnerie. Il faut ôter les couchis en commen-çant aux naissances des deux côtés de l'arche pour finir au sommet. Les premiers couchis sont aisés à enlever, mais au delà des points de rupture et surtout près de la clef, la voûte pressant fortement sur le cintre, on ne peut ôter les couchis qu'en ruinant peu à peu les cales avec le ciseau. Le cintre dé-chargé tend d'ailleurs à se soulever, et cette circonstance aug-mente la force avec laquelle les derniers couchis sont serrés contre le cerveau de la voûte.

Le système de coins a été remplacé avantageusement par plusieurs constructeurs, dans les voûtes de pont, par des sacs de forte toile remplis de sable bien tassé, et dont l'ouverture est cousue avec du fil très fort ou seulement ficelée. Ces sacs se placent aux mêmes endroits que les coins et ils résistent bien à l'effort considérable de compression auquel ils sont soumis. Quand on veut décintrer, on pratique une ouverture à l'extré-mité de chacun des sacs, lesquels se vident alors lentement, et l'on peut activer l'écoulement du sable en le remuant avec une tige de bois ou de fer. Ce moyen simple et économique four-nit un décintrement facile, excessivement régulier, sans aucune secousse (1).

Le sable dont on remplit les sacs, doit être bien siliceux, et

(1) *Pratique de l'art de construire*, par Claudel et Laroque, 1859, p. 425.

parfaitement sec : à cet effet, on le torréfie dans une étuve avant de l'introduire dans les sacs. Ceux-ci sont des manchons de toile forte ouverts par les deux bouts. On serre d'abord l'un des bouts au moyen d'une forte ficelle et l'on remplit le sac de sable, puis on ferme l'autre bout de la même façon.

Pour éviter que le sable ne reprenne de l'humidité, ce qui l'empêcherait de couler au moment nécessaire, on ne place les sacs sous les cintres qu'au moment même où l'on veut opérer le décintrement. Jusque-là ceux-ci sont maintenus en place par des cales, des potelets ou des coins jumellés selon ce qui a été précédemment décrit.

Au moment du décintrement, on place le sac entre deux madriers au-dessus et au-dessous desquels on dispose les deux coins jumellés, et on le pose tout contre le support qu'il doit bientôt remplacer. Cela fait, on serre à coups de masse les coins, jusqu'à ce que le sable contenu dans le sac entièrement comprimé acquiert la dureté d'une pierre; il est facile alors de renverser d'un coup de masse ou de hache, le support voisin que, dès lors, il remplace.

Tous les supports ayant été ainsi remplacés par des sacs à sable, on place près de chacun d'eux des ouvriers chargés de les ouvrir ou, en dénouant les cordons, de veiller à l'écoulement régulier du sable, qui commence aussitôt. A cet effet, chaque ouvrier est muni d'un demi-litre en fer-blanc dans lequel il reçoit le sable qui s'écoule; dès que le demi-litre est rempli, il ferme le sac jusqu'à un nouveau commandement pour l'ouvrir et continuer l'opération.

Il arrive parfois que le sable s'arc-boute dans les sacs et que l'écoulement cesse. Dans ce cas, l'ouvrier dégage l'obstruction qui s'est formée, au moyen d'un crochet en fer dont il est pourvu, et généralement l'opération se poursuit ainsi régulièrement et sans encombre jusqu'au moment où la voûte cesse de s'appuyer sur le cintre (1).

(1) *Guide pratique du constructeur, Maçonnerie;* par A. Demanet, 1864, p. 165, 166.

DU SALPÊTRE SUR LES PAROIS DES MURS.

Quand les matériaux dont nous nous sommes occupés sont exposés ou soumis à certaines conditions, il se produit un phénomène curieux, malheureusement peu expliqué jusqu'à ce jour. Dans les lieux humides, les murs des nouvelles constructions se couvrent souvent d'une substance cristalline, d'une apparence laineuse et blanchâtre, d'une saveur légèrement acidulée et qui se fait jour à travers n'importe quelle couche de peinture. Comme dans son efflorescence cette substance absorbe l'humidité de l'atmosphère, elle rend les parois des murs humides et fait tomber la peinture en écailles plus ou moins larges.

Les murs couverts de cette substance sont vulgairement dits *salpêtrés*. Et, en effet, le salpêtre est produit par les matériaux employés à la construction de ces murs. L'effet fâcheux et désagréable que ce phénomène produit sur les décorations, tant intérieures qu'extérieures, n'a cessé de rendre la recherche de sa cause d'un grand intérêt pour l'architecte et le constructeur.

A proprement dire, le salpêtre est du nitrate de potasse ; mais quoique considéré comme la seule cause du phénomène dont nous nous occupons, le salpêtre est loin pourtant d'être la seule substance produite dans certains cas ; on rencontre souvent le nitrate de soude et le chloride de potassium en connexion avec le salpêtre lui-même.

Presque toutes les pierres calcaires contiennent une certaine quantité de soude ou de potasse ; le général Freussart fut peut-être le premier qui porta son attention sur ce sujet, lorsqu'il dit que les ciments artificiels différaient de ceux obtenus par les concrétions pierreuses ou septaria, en tant que ces dernières contenaient une petite dose de l'un ou de l'autre de ces oxydes métalliques. Mais il s'en tint purement à cette énonciation, qui n'eut point d'influence sur la question qui nous occupe.

Les chimistes des derniers siècles croyaient pouvoir expliquer la production du salpêtre au moyen de la combinaison du nitre qui se montrait sur les parois des murs (né d'une combinaison primitive de l'oxygène de l'air avec l'azote produit par la décomposition des matières animales que contenaient les matériaux de construction) avec les oxydes métalliques que ces parois pouvaient contenir. Cette théorie resta incontestée jusqu'à ce que M. Longchamp en proposa une autre, au moyen de laquelle il cherchait l'explication du phénomène de la production du nitre, en supposant que les carbonates de chaux et de magnésie, suffisamment pulvérisés et humectés, pouvaient absorber l'air, le condenser, et le transformer en acide nitrique avec le temps, ou après condensation le mettre dans un état qui pourrait le forcer à s'allier avec la chaux et la magnésie, faisant naître ainsi les nitrates de ces deux substances, en le rendant d'autant plus apte à se combiner avec le potassium si surtout il existait sous la forme de carbonate.

Dans tous les cas, l'existence des bases puissantes, comme la craie et la magnésie, ou le potassium, semble indispensable, et ces bases demandent à être dans un haut degré de pulvérisation. De la chaux crayeuse ou une pierre calcaire extrêmement poreuse sont favorables à l'action du nitre. Les marbres, l'espèce la plus dense des pierres à chaux, se nitrifient très difficilement, presque jamais; et les chaux qui sont tirées de marbres même, pas plus. Thouvenel semble croire que ces bases se nitrifient seulement quand elles sont à l'état de carbonates. Mais la facilité extraordinaire avec laquelle les sulfates de chaux font naître la formation du salpêtre, n'est pas de nature à confirmer son opinion.

Quelle que soit la théorie qu'on admette pour expliquer la présence du nitre, il semble qu'il existe certaines conditions qui facilitent la production du salpêtre. D'abord un certain degré d'humidité, égal environ à celle qu'a la terre des jardins, est favorable à cette production. Il n'y a point de nitrification à 0 degré centigrade; elle est la plus abondante entre 15°,56 et 21°,11. En Suède, on croit que la nitrification est retardée par la lumière, et l'on cherche toujours une exposition au nord; mais il y a lieu de croire que le fait ne dépend pas autant de l'absence du soleil, mais plutôt des effets des vents du nord qui hâtent l'évaporation et qu'on désire ardemment dans les fabriques du nitre artificiel. Et au fait,

la lumière semble être sans influence dans son action. Les conditions les plus favorables pour la formation du nitre se trouvent
réunies dans les caves et autres emplacements souterrains ; ce fut
effectivement de ces lieux que, pendant les guerres, les chimistes
français tiraient le salpêtre nécessaire aux manufactures de poudre
à canon, et plus spécialement encore des démolitions de caves
hourdées en plâtre au lieu de mortier de chaux. Les matériaux les
plus riches dans ce genre contiennent quelquefois de 5 à 7 pour 100
de salpêtre.

Il est impossible cependant d'attribuer la présence du nitre entièrement à la décomposition des substances animales contenues
dans les matériaux de construction. Dans bien des cas, ces
matériaux sont soumis temporairement à un tel degré de chaleur qu'elle arrêterait les progrès de la décomposition ; toutefois,
pour la brique, on voit paraître la nitrification presque immédiatement après leur exposition à l'air. Il est donc difficile d'expliquer
de cette manière la formation constante de nouveaux cristaux de
nitrate de potasse, telle qu'elle s'opère dans les cavernes de Ceylan
et dans celles de la Roche-Guyon, département de Seine-et-Oise.
Il est vrai que, dans la fabrication artificielle du nitre, cette matière
est obtenue au moyen du mélange de terres calcaires avec des
matières animales en décomposition, mais celles-ci demandent à
être employées dans une proportion si considérable, qu'on doit
hésiter avant d'admettre qu'elles soient l'unique source d'où les
matériaux de bâtiment tirent les quantités qui leur conviennent.
On est donc forcé de chercher l'explication du phénomène dans
l'action des bases chimiques sur les éléments constitutifs de l'atmosphère. On sait que l'azote et l'oxygène se combinent sous la
forme d'acide nitrique à l'aide du fluide électrique et par l'influence de l'eau. La présence de bases aussi énergiques que la
chaux et la magnésie peut, ici peut-être, équivaloir à l'électricité
surtout si l'on considère que la porosité des matériaux les met à
même d'agir à la fois sur de plus petites quantités.

Les principaux points de cette intéressante question chimique
se résument donc pour le constructeur en ces règles à suivre :

1° L'eau et le sable de mer ne devraient jamais être employés
pour faire le mortier et gâcher le plâtre dont les travaux seraient

destinés à recevoir de la peinture, une sorte de décoration quelconque, comme papiers peints, stucs, etc., etc. Pour des ouvrages extérieurs, on peut employer le sable de mer en le lavant suffisamment dans de l'eau douce et après l'avoir exposé au moins pendant six mois à l'air : mais il n'est pas certain que ce sable ne soit pas cause d'une nitrification ; or, comme les conditions de la température à l'intérieur sont plus favorables à cette action qu'en plein air, il y a lieu d'admettre que la nitrification s'opérera à l'intérieur. Il est toujours dangereux d'employer du sable de mer ; il est donc prudent de le remplacer, la dépense fût-elle même plus considérable.

2° Quand on se trouve absolument forcé d'employer des matériaux qu'on sait exposés aux inconvénients de la nitrification, il faut prendre dès l'origine les précautions nécessaires pour prévenir l'action de l'air sur les ingrédients chimiques contenus dans les matériaux. On voit que, quelle que soit la manière dont les bases chimiques absorbent le nitre, soit qu'elles décomposent les substances animales, soit qu'elles condensent les gaz, on voit, disons-nous, que l'absorption ne peut avoir lieu à moins que l'air ne se trouve en contact avec l'intérieur de la construction. Donc si l'on garantit l'intérieur au moyen d'une couche de peinture ou d'encaustique, par exemple, on arrêtera vraisemblablement l'action de la nitrification. Il est cependant douteux qu'en peignant le ciment romain aussitôt qu'il est sec on arrive à ce résultat ; et si on le laissait pendant quelque temps sans peinture, il serait trop tard pour l'appliquer, car l'air aurait pénétré dans les pores du ciment, et les nitrates feraient tomber toutes les peintures imaginables.

Une semblable précaution ne peut réussir que si le corps de l'œuvre n'est pas de nature à fournir lui-même son nitre, si l'on peut se servir de cette expression ; ou bien si elle est située dans une position à ne pas tirer d'ailleurs le nitre. Si par exemple, un mur est bâti en briques fabriquées avec de la terre prise à l'embouchure d'un fleuve, aucune précaution ne pourra empêcher l'apparition du salpêtre. Toute décoration destinée à des murs bâtis dans de telles conditions, devra être isolée du mur. Si celui-ci était peu épais et que la couche d'encaustique pénétrât très avant dans l'enduit, il se peut que l'action du salpêtre ait lieu seulement à l'extérieur. Mais comme, dans ce cas, cette action ne peut ni être expliquée ni contrôlée il ne faut donc pas y compter. Nous voyons souvent que, dans des murs très épais, le salpêtre n'apparaît pas des deux côtés, mais seulement du côté exposé aux intempéries de l'air. On pourrait peut-être expliquer ce fait en admettant que la chaux de l'intérieur aurait eu le temps de se changer en carbonate parfait avant que l'air ait pu trouver son chemin à travers les pores des substances. Toutefois, si dans des murs épais il se manifeste des progrès, la formation du salpêtre ne s'arrêtera pas, au moins dans un espace de temps moyen.

En dépit de toutes les précautions connues et prises jusqu'à nos jours, on voit à chaque instant les matériaux qui contiennent de la soude et de la potasse manifester la présence du salpêtre : et nombre de constructions nouvelles sont ruinées par la décomposition qu'il introduit dans les pierres de la bâtisse.

Les recherches de M. Kuhlmann sur la nitrification des matériaux de construction, sont du plus haut intérêt : elles ont considérablement contribué à éclaircir les points les plus obscurs de la théorie ; mais jusqu'à présent on n'a pu vaincre les difficultés pratiques qui dominent encore dans la nitrification des substances qui entrent dans l'édification des bâtiments.

Dans un petit opuscule de M. Kuhlmann, intitulé : *Silicatisation ou application des silicates alcalins solubles au durcissement des pierres poreuses, des ciments et des plâtrages*, etc., Paris, 1858, l'auteur dit, page 74 : « En envisageant la silicatisation des mortiers en dehors de l'influence de la magnésie, j'ai constaté par des expériences nombreuses, mais qui n'ont encore qu'une durée de quelques mois, que l'on obtient de bons mortiers hydrauliques en associant à la chaux grasse non seulement du sable et des silicates alcalins, mais aussi un peu d'argile. Des mortiers composés de trente parties de chaux grasse, cinquante de sable, quinze d'argile non calcinée et cinq de silicate de potasse en poudre, m'ont permis de construire des citernes parfaitement étanches. »

Ainsi avec une dépense de 5 pour 100 de silicate alcalin sec, ou leur représentant en dissolution, les mortiers acquièrent déjà une grande dureté.

Du durcissement des pierres et de la peinture par l'application des silicates alcalins

On a appliqué avec succès les silicates alcalins solubles non-seulement au durcissement des pierres, mais aussi à celui de la peinture. Ce nouveau procédé est dû à M. Fréd. Kuhlmann.

La dissolution de silicate à 35 degrés, telle qu'elle est livrée au commerce, contient un tiers de son poids de silicate sec ou vitreux. Elle a été fixée à 35 degrés, afin qu'il suffise de l'étendre d'une fois et demie son volume d'eau, pour obtenir le liquide dont le degré de concentration est le plus convenable au durcissement des pierres. Les constructeurs les moins habitués aux manipulations chimiques peuvent donc aisément, moyennant ces indications, approprier aux applications nouvelles le silicate vitreux ou le silicate liquide. La dissolution du silicate vitreux n'est pas sans présenter quelques difficultés ; elle a lieu plus facilement lorsqu'au lieu d'eau pure on emploie de l'eau déjà chargée d'un peu de silicate. La dissolution s'effectue d'ailleurs à la température de l'ébullition dans des chaudières en fer, et pour faciliter l'opération l'on peut pulvériser le silicate ou mieux mettre dans la chaudière un excès de silicate vitreux en fragments, en ayant soin d'agiter la masse pendant la dissolution.

Les proportions que nous indiquons, ne sont pas rigoureusement nécessaires. Une dissolution siliceuse d'un degré de concentration un peu plus élevé peut donner encore de bons résultats ; mais il est à remarquer que les dissolutions trop faibles exigent que l'on multiplie les opérations d'imprégnation, tandis que les dissolutions trop concentrées se prêtent mal à une bonne pénétration, et par suite au durcissement de la pierre.

On peut terminer la silicatisation des pierres poreuses, blanches ou peu colorées, par l'application de dissolutions siliceuses plus concentrées, celle par exemple où, à un volume de silicate à 35 degrés, on ajoute un volume égal d'eau ; et pour éviter que des parties de silicate ne restent non décomposées par l'air et par conséquent légèrement solubles, après quelques jours d'exposition à l'air, il est utile d'arroser les parties silicatisées

avec un très léger lait de chaux et ensuite avec de l'eau pure,
pour enlever la chaux surabondante.

La manière d'appliquer le silicate varie avec la nature des
travaux à exécuter. Dans les constructions neuves, l'application
doit être faite immédiatement ; mais dans les constructions anciennes, il faut préalablement nettoyer les pierres afin de faciliter
leur pénétration par la dissolution siliceuse. De simples lavages
sont rarement d'une efficacité suffisante; un grattage à vif sera
toujours préférable. Mais si cette dernière opération n'était
pas possible, il faudrait opérer le lavage avec une brosse dure
ou une lessive de potasse caustique : en tout cas, il faudrait bien
se garder d'employer de l'eau acidulée.

Si la pierre à durcir n'a qu'un petit volume, comme une statuette,
un vase, un détail d'ornementation, l'application de la dissolution
siliceuse se fera par une simple immersion, dont la durée sera de
quelques heures, et qui devra être répétée plusieurs fois.

Pour des murs de surfaces étendues, on procédera par arrosement à l'aide de pompes à incendie, de pompes ou de grandes se-
ringues à jet divisé. On aura soin de recueillir au pied des murs,
au moyen de rigoles en terre glaise, en plâtre ou en ciment, le
liquide en excès qui s'écoulera et qui pourra servir jusqu'à épuisement pour de nouveaux arrosements.

Lorsque la silicatisation ne devra porter que sur des parties distinctes d'un bâtiment, sur des sculptures par exemple, on emploiera des brosses molles, formant éponge et pouvant retenir
beaucoup de liquide, afin de fournir aux surfaces à silicatiser
autant de dissolution que par l'arrosement ou l'immersion.

Il faudra toujours avoir soin de garantir, au moyen de toiles, les
vitres et glaces des fenêtres, contre les atteintes de la dissolution
siliceuse, qui y laisserait des taches difficiles à enlever, après leur
consolidation à l'air.

Entre deux applications successives de la dissolution siliceuse,
il faut laisser un intervalle de quelques heures, ou mieux encore
un intervalle d'un jour. En général, trois applications faites dans
trois journées consécutives, suffisent pour durcir convenablement
la pierre. Un nombre trop considérable de couches la recouvri-
rait d'un enduit vitreux d'un aspect miroitant, désagréable, et

nécessiterait des lavages à l'eau immédiatement après le dernier arrosement. Il est toutefois des pierres tellement poreuses que cet inconvénient est peu à craindre. Pour ces pierres, on est moins exposé à faire abus de silicate, mais la silicatisation devient plus coûteuse. On a obtenu d'excellents résultats en faisant pénétrer dans ces sortes de pierres de nature calcaire, avant la silicatisation, de l'alumine et du sulfate de chaux, par des imbibitions réitérées de dissolution de sulfate d'alumine à 6 ou 8 degrés Baumé ; l'imbibition postérieure des mêmes pierres à dissolution siliceuse donne d'excellents résultats avec une faible dépense.

L'application du silicate au durcissement des pierres peut se faire pendant toute l'année, à l'exception des jours de forte gelée ; on choisira un temps couvert de préférence à un temps chaud et sec ; si le soleil est ardent, il sera convenable de protéger le travail au moyen de toiles pour éviter une dessiccation trop rapide.

Pour la peinture sur pierre, sur plâtrage, etc., les couleurs broyées sont délayées dans une dissolution siliceuse d'environ 25 degrés, obtenue en étendant la dissolution à 35 degrés, dans la proportion de 3/4 de litre d'eau sur un litre de silicate, et appliquées exactement comme la peinture à l'huile ou à la colle. Deux couches suffisent d'ordinaire. Seulement, lorsque l'application doit avoir lieu sur des pierres poreuses, il est utile de silicatiser faiblement la pierre avant l'application de la peinture, pour que la peinture ne soit pas trop vite desséchée par le contact du corps absorbant.

Cette même peinture s'applique aussi très bien sur bois, pourvu que le bois ne soit pas imprégné de résine, qui repousse la couleur. Il importe aussi que le bois soit sec, car des peintures appliquées sur des matériaux soumis à des inégalités de dilatation ou à de fréquents changements de température, résistent difficilement.

L'on ne peut appliquer de peintures siliceuses sur des peintures à l'huile ou réciproquement : lorsque le silicate se trouve en contact avec un corps gras, il se produit une réaction chimique qui détériore la peinture ; de même, des couleurs altérables par les alcalis ne peuvent pas être utilisées dans la peinture siliceuse. Celles qui conviennent le mieux sont les ocres, le bleu et le vert d'outremer, l'oxyde de chrome, le chromate de baryte, jaune de zinc, le sulfure de cadmium, le minium, le noir de fumée calciné, l'oxyde de manganèse, le blanc de zinc, le sulfate artificiel de baryte, le noir d'os impalpable connu généralement sous le nom de noir d'ivoire.

Pour la peinture des appartements, on emploie un genre mixte, où les silicates n'interviennent que comme moyen de fixation, en permettant le lavage à l'eau.

La peinture se fait d'abord par les procédés ordinaires de la peinture à la détrempe, puis pour fixer les couleurs, on applique au pinceau plat, dit *queue de morue*, deux couches de silicate de potasse, la première à 10 degrés de l'aréomètre de Baumé, et la seconde à environ 12 degrés, en laissant, entre chaque application siliceuse, un intervalle de quelques heures au moins.

DES DEVIS.

Le devis est un détail circonstanciel et complet des dépenses exigées pour une construction quelconque, grande ou petite; il comprend donc les déboursés affectés aux matériaux, à la main-d'œuvre ou façon, et le transport de la pierre, de la brique, de la chaux, etc., etc.

Trois choses doivent surtout caractériser un devis : ces trois choses sont l'exactitude ou la précision, l'ordre et la clarté. Pour atteindre à ce but, il faut avoir sous les yeux les plans et dessins de la construction projetée, afin de pouvoir y prendre toutes les mesures et proportions nécessaires à la rédaction du détail descriptif qu'on se propose de dresser; cela toutefois ne suffit pas encore, car les différents détails doivent être énumérés avec suite et liaison et décrits avec clarté, les uns après les autres.

C'est au moyen des plans, des coupes, des élévations et de certains détails en grand que l'on apprend à connaître les dimensions d'un bâtiment et de ses différentes parties. C'est au moyen de la réunion de tous ces dessins qu'on est mis à même de calculer exactement la superficie des surfaces, le cube des voûtes et des murs, la quantité de matériaux nécessaire ainsi que le montant de la façon ou mise en œuvre.

Afin de procéder avec ordre dans la rédaction d'un devis, on classe la matière en plusieurs divisions principales, sous les rubriques ou titres suivants : terrassement et fouille, fondations, maçonnerie, serrurerie, charpente, couverture, menuiserie, peinture et vitrerie, etc., et sous ces titres principaux sont compris les matériaux, la main-d'œuvre, le charroi, etc. Au moyen de ces divisions et en suivant leurs détails avec ordre et exactitude, il est difficile d'oublier un article ; chaque sorte d'ouvrage peut être décrit et calculé, et la dépense ou le coût peut être exactement évalué et même précisé.

On doit donc expliquer dans le devis la forme et les dimensions de ces parties, la manière dont elles doivent être exécutées, la nature et les qualités des matériaux qui doivent y être employés, et enfin l'évaluation des dépenses qui peuvent en résulter.

Il ne faut pas mettre de précipitation dans le travail d'un devis ; il faut se renseigner sur tous les détails pour le bien faire. C'est à la promptitude et au défaut de connaissance sur la valeur des matériaux qu'est due l'insuffisance des devis et qu'ils sont souvent dépassés dans l'exécution. Il en est des devis comme de toutes choses positives, il faut en connaître les éléments constitutifs pour pouvoir arriver à un résultat normal et réel.

Il faut que les devis contiennent toutes les conditions relatives à chaque nature d'ouvrage ; ainsi, pour la maçonnerie on indiquera la nature des pierres, moellons, plâtre, mortier, etc. On expliquera comment ces matériaux seront façonnés, employés, mesurés et évalués, afin que dans aucun cas il ne puisse s'élever de contestations entre l'entrepreneur et le propriétaire. Pour la charpente, on désignera la nature des bois, leurs dimensions, la manière dont ils seront disposés, assemblés et façonnés, tant pour les planchers, les combles, les pans de bois, les cloisons, que pour les escaliers, lucarnes et autres ouvrages. Pour la menuiserie, on indiquera la qualité des bois, tels que le chêne, le sapin, pour les lambris, portes, fenêtres ; on en fixera la forme et les dimensions par des dessins, afin de pouvoir en déterminer la valeur à *tant* le mètre superficiel ou mètre linéaire. Pour la serrurerie, on distinguera les ouvrages en gros fer, tels que les tirants, ancres, harpons, étriers, etc., de ceux qui exigent plus de soin et d'ajustement, tels que les rampes d'escalier, les balcons, les grilles, etc.; enfin, les ouvrages de serrurie proprement dits, tels que ceux qui servent à la fermeture des portes, fenêtres, comme pentures, gonds, fiches, serrures, verrous, espagnolettes, etc.

Il est d'usage d'évaluer les gros fers à *tant* le cent ou le kilogramme; les rampes et grilles peuvent s'évaluer au mètre superficiel ou au mètre courant. Quelquefois, on détaille ces ouvrages pour en apprécier plus justement la valeur, et quelquefois on les évalue à la pièce; les devis et dessins réunis servent à indiquer leur forme, la manière dont ils doivent être exécutés. Pour la couverture, on désignera la forme des combles; s'ils doivent être couverts en ardoises, de quelle qualité, ou en tuiles de tels pays; comment seront faits les faîtages, les noues, les gouttières, les chéneaux, lucarnes, etc. On fera le détail de chaque nature d'ouvrage pour les parties neuves, les parties remaniées, les parties en recherche, les filets, solins, batellements, etc. Il en sera de même de tous les autres objets, comme vitrerie, plomberie, peinture d'impression, etc. On s'attachera surtout à prévenir les abus et les infidélités qui peuvent naître de la cupidité des entrepreneurs et de la négligence des ouvriers, afin que les ouvrages se fassent avec toute la perfection, la solidité et l'économie dont ils sont susceptibles.

Nous avons déjà dit, et nous répétons, que pour établir convenablement un devis il faut avoir les dessins arrêtés de la construction dont on veut connaître la dépense. Ces dessins doivent initier aux diverses dimensions de toutes les parties du bâtiment à élever, enseigner les proportions des ouvrages de maçonnerie, de charpente, etc., propres à donner à la construction toute la durée et la solidité possibles; mais, d'un autre côté, elles ne doivent pas être trop considérables, afin de ne pas augmenter la dépense inutilement. Il faut aussi que la distribution, la position et les dimensions des différentes pièces répondent à leur destination et aux commodités du propriétaire. Il faut enfin que l'intérieur du bâtiment projeté donne de la satisfaction à l'œil et au goût.

Quand ces exigences sont remplies et qu'on admet que leur exécution matérielle peut avoir lieu selon les règles de l'art, il est naturel qu'on désire savoir quel sera le montant des dépenses. On arrive à cette connaissance en se rendant un compte exact du prix des ouvrages de chaque corps de métier.

Il est facile de comprendre qu'un modèle de devis ne peut pas servir pour des localités différentes, où les prix des matériaux et de la main-d'œuvre sont très variés. Il n'y a d'invariable dans un devis que les mesures cubes et de surface de la construction à élever.

Il y a, dans tout devis, trois choses à considérer : 1° la quantité de matière en œuvre, 2° le déchet ou la perte qu'elle a à éprouver, et 3° la main-d'œuvre qu'elle a pu occasionner.

On se rend facilement compte de la quantité de matière par son poids, par ses dimensions, qui en font connaître le cube, ou par le nombre d'objets qui en sont formés. Les pierres et les bois de charpente, par exemple, sont susceptibles d'être évalués au mètre cube ; les fers, les plombs et autres métaux au kilogramme ou au quintal métrique ; les briques, les carreaux, les ardoises, les tuiles, au cent ou au millier. Mais ce qui est moins facile à apprécier, c'est la quantité de temps nécessaire à la confection de chaque genre d'ouvrage et la quantité de déchet que les matériaux peuvent éprouver en raison des formes qu'on leur donne. Il faut renoncer à la prétention d'arriver à une exactitude rigoureuse et mathématique, qui ne peut être que le résultat d'effets obtenus par la mécanique, comme plusieurs auteurs l'ont fait remarquer très judicieusement. Il y a un *medium*, un moyen terme entre une exagération abusive dans la dépense et une économie préjudiciable aux constructions, qu'il faut garder et pratiquer.

Tout devis doit commencer par l'évaluation des travaux de terrassement et de fouille. Quand on a mesuré sur le *plan* la superficie des fouilles, et qu'au moyen des *coupes* on en a fait les cubes et qu'ensuite on y a adapté les prix, on doit passer à l'évaluation des différents travaux de maçonnerie. On en fera de même en troisième lieu des ouvrages de charpente, 4° de couverture, 5° de ceux de menuiserie, 6° de ceux de serrurerie, 7° de ceux de plomberie, 8° de ceux de pavage et carrelage, 9° de ceux de marbrerie, 10° de ceux de peinture et 11° enfin de ceux de vitrerie. On voit, par ce que nous venons de dire qu'un devis, ou le calcul de ce que coûtera la construction d'un bâtiment quelconque, se compose d'un grand nombre d'opérations arithmétiques et de détails qu'il est indispensable de faire et de connaître.

Il faut donc apporter une attention toute particulière à ces opérations et n'omettre aucune des parties essentielles. Il ne faut donc pas se dissimuler que la rédaction parfaite ou exacte et juste d'un devis est une chose assez difficile pour quiconque n'en a pas l'habitude et la pratique. Mais avec de la réflexion, de la méditation, on pourra cependant approcher très près de la vérité. Nous allons donner ici le commencement d'un devis qui doit servir d'exemple et de programme à suivre.

La construction dont il s'agit, mesurée au-dessus de la retraite du rez-de-chaussée, a 16 mètres de longueur hors œuvre sur 12 de largeur ou profondeur prise de même; elle aura par conséquent 192 mètres de surface ou de superficie (16×12). Sa hauteur jusqu'au-dessus de la corniche est de $10^m,80$. Elle se compose d'un souterrain, d'un rez-de-chaussée, de deux étages carrés au-dessus, et est terminée par un comble à croupes.

L'étage souterrain est divisé en quatre pièces principales voûtées, de 3 mètres d'élévation sous clef de voûte, et un escalier en pierre. Les caves seules y sont placées.

La fouille des terres étant terminée, les murs seront établis sur une assise générale de libage en pierre dure franche, de bonne qualité, posée sur le fond des rigoles, nivelée et battue et portant 8 centimètres d'empatement (plus forte épaisseur des murs dans les fondations) de chaque côté des murs élevés au-dessus.

Ces murs seront construits en bons moellons de... (indiquer le lieu d'où ils seront tirés), maçonnés en mortier de chaux et sable, posés par assises, et battus pour éviter les tassements.

Les faces apparentes de ces murs seront en moellons piqués, ainsi que celles des voûtes. Les reins de ces voûtes seront garnis en bonne maçonnerie de moellons et arasés de niveau pour former le sol du rez-de-chaussée. Les parties en pierre de taille, telles que murs, piliers, dosserets et chaînes, seront en pierre dure franche, de bonne qualité, avec lits, joints et parement bien conditionnés, ainsi qu'il sera indiqué dans le délai estimatif, où seront portés les autres ouvrages à exécuter pour la mise en état des pièces de ce souterrain.

Le rez-de-chaussée a quatre marches, ou 64 centimètres au-dessus du sol; il est distribué en quatre pièces principales, avec vestibule formant antichambre sur le devant et un escalier sur le derrière.

Les murs de face jusqu'au-dessus du cordon, formant l'appui des fenêtres du premier étage, seront construits en pierre de taille de bonne qualité, ainsi qu'il sera expliqué dans le détail d'estimation.

A l'intérieur, les murs de refend et de côté seront construits en bons moellons durs, maçonnés en plâtre (substituer chaux et sable s'il n'y a pas de plâtre dans la localité) ravalés des deux côtés.

Les dosserets des portes seront en pierre de taille, ainsi que les deux premières assises au-dessus du sol, sous les murs de côté ou murs de face latéraux.

(Quant à la décoration intérieure, aux fenêtres, portes et autres menuiseries, à la peinture et à la serrurerie, il en a déjà été question.)

Le premier étage est également distribué en quatre pièces principales, dont trois avec cabinet. Ces trois pièces sont des chambres à coucher; la quatrième est une bibliothèque.

Les murs de distribution de l'intérieur ou murs de refend, ainsi que les deux murs latéraux de face, seront construits en moellons, maçonnés en plâtre (ou en chaux et sable s'il n'y a pas de plâtre).

Les cloisons qui forment les cabinets et les alcôves seront en menuiserie à claire-voie, ravalées en plâtre (ou avec ce qui est d'usage dans la localité). Les portes, fenêtres, et autres ouvrages, devront être indiqués dans le délai estimatif.

Les murs formant la distribution du deuxième étage, ainsi que les murs de face et les murs latéraux, seront tous construits en moellons maçonnés en plâtre (indiquer l'usage du pays quand il n'y a pas de plâtre) et ravalés. Les planchers séparant les étages au-dessus du rez-de-chaussée, seront composés de solives en bois de chêne de bonne qualité, avec aire et plafonds, corniches, parquets, carreaux, etc., etc.

Nous indiquons ci-après le métré de quelques surfaces et solides, qui aidera à se rendre compte de certaines difficultés d'appréciation.

Il ne faut pas se dissimuler que la confection d'un *devis exact* est un travail long et difficile, que ce travail embrasse une infinité de détails, d'opérations géométriques et arithmétiques qui sont longues, compliquées, arides, mais auxquelles il faut absolument se soumettre pour arriver à la vérité. Nous ne craignons pas de dire que, malgré tout le soin et l'attention qu'on apporte à la confection d'un devis, il pourra échapper quelques articles à l'homme, au laïque qui n'est pas rompu à ce genre de travail.

Il est moins difficile de dresser un devis exact des dépenses à faire pour élever un monument public que pour celles destinées à l'édification d'une maison particulière. Dans l'exécution des détails qui constituent le monument, tout est prévu, et par les grandes dimensions aucun de ces détails ne doit et ne peut varier. Il n'en est point ainsi pour la maison. On prévoit bien, par exemple, le nombre de poutres, de chevêtres, de solives, de chevrons, d'arbalétriers, de pannes, etc., etc. On leur a donné leurs dimensions normales. Or, quand on a affaire à des charpentiers riches, considérables, qui ont en magasin une immense quantité de bois, parmi lesquels on peut trouver les échantillons nécessaires à la construction qu'on a en vue d'élever, le devis de la charpente peut être fait avec une exactitude absolue. Mais il n'en est point ainsi dans bien des cas, surtout dans de petites localités, et à plus forte raison à la campagne. On est souvent obligé de modifier dans le cours de l'exécution des travaux de construction certaines mesures cotées dans le devis, afin de ne pas avoir trop de déchet dans le bois; on est quelquefois forcé d'accepter des dimensions de bois plus grandes que celles prévues dans le devis. Si l'on voulait être absolu dans les mesures, l'entrepreneur en faisant ses calculs augmenterait ses prix en conséquence. Il y a donc, dans cet objet, une certaine élasticité à exercer. Il ne faut cependant pas que cette élasticité aille trop loin, et autant que possible il faut s'en tenir aux dimensions de bois énoncées dans le devis et calculées d'après les espaces plus ou moins longs à couvrir de planchers ou de combles.

« Dans une grande et célèbre ville de la Grèce, dit Vitruve (1), à Éphèse (en Asie Mineure), il existe, dit-on, une ancienne loi à laquelle on a attaché une sanction sévère, mais juste. Tout architecte qui se charge d'un ouvrage public, est tenu de déclarer quels doivent en être les frais, et une fois l'estimation faite, ses biens passent comme garantie dans les mains du magistrat, jusqu'à l'accomplissement des travaux. Si les dépenses répondent au devis, on lui accorde des récompenses, des honneurs; si elles ne dépassent l'estimation que du quart, on a recours aux deniers publics, sans qu'il soit contraint de subir aucune peine; mais si elles montent au delà du quart, on prend l'excédent sur ses biens.

« Combien il serait à souhaiter que les Romains eussent une loi semblable, continue Vitruve, non seulement pour leurs édifices publics, mais encore pour leurs bâtiments particuliers ! L'impunité n'autoriserait pas les désordres de l'ignorance; il n'y aurait que ceux dont l'habileté serait reconnue, qui oseraient exercer la profession d'architecte; les pères de famille ne seraient point jetés dans ces dépenses excessives qui les ruinent; les architectes, arrêtés par la crainte d'une peine, apporteraient plus de soin dans le calcul de leurs dépenses, et l'on verrait s'achever les édifices pour la somme qu'on se proposait d'y employer ou peu de choses en sus. Car celui qui veut dépenser 400.000 sesterces (84.000 francs) à la construction d'un bâtiment peut bien y ajouter cent mille autres (21.000 francs) pour avoir le plaisir de le voir terminer; mais quand les frais se trouvent doublés, plus que doublés, on perd toute confiance, on ne veut plus entendre parler de rien, on se voit ruiné, on n'a plus de courage, on est forcé de tout abandonner. »

Un des traducteurs anglais de Vitruve, W. Newton, fait remarquer que les erreurs dans les devis ont lieu partout, et qu'il n'est guère possible que les frais d'un édifice ne dépassent jamais

(1) Vitruve, *De l'Architecture*, Introduction du livre X.

l'estimation première, malgré beaucoup de soin, beaucoup d'exactitude.

Sait-on sûrement d'avance quel sol on trouvera en creusant pour les fondations? N'est-on pas quelquefois obligé, lors de l'exécution, de modifier la nature des matériaux qu'on avait dessein d'employer primitivement?

Le propriétaire qui voudra dresser un devis pour sa maison future, fera bien de se faire aider par les différents entrepreneurs. Il aura sous les yeux les plans et autres dessins nécessaires, et consultera l'homme du métier pour savoir s'il n'a pas fait quelque oubli. Il lui demandera le prix des choses, et s'informera dans la localité si ce prix est juste et *courant*.

Méthode pratique pour mesurer une voûte en berceau

Pour cette opération, on multipliera d'abord le diamètre intérieur de la voûte par le rayon extérieur; de cette surface on retranchera celle du demi-cercle qui forme le vide de la voûte, et le reste sera la surface de la couronne et des reins. Par exemple, soit une voûte dont le diamètre intérieur ab est égal à 12 mètres, et l'épaisseur ac est égale à $1^m,5$.

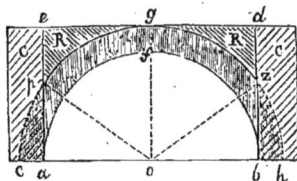

Fig. 589.

Pour la surface rectangle $abde$ on a ab multiplié par ae, ou 12 multiplié par $7^m,5 = 90$.

Et pour le demi-cercle intérieur formant le vide de la voûte, ab multiplié par of, multiplié par $\frac{11}{14}$, ou 12 multiplié par

$6 = 72 \times 11$ et divisé par $14 = $ . . . . $56,5714$

Il reste pour la surface de la couronne et des reins. $33^{mq},4286$

La méthode la plus abrégée pour trouver la surface du cercle consiste à chercher le carré du diamètre et d'en prendre les $\frac{11}{14}$. Nous avons comme diamètre 12 qui $\times$ par 12 = 144, dont la moitié pour notre vide est 72, qu'il faut multiplier par 11 et diviser par 14. On peut aussi calculer de la manière suivante : prendre la moitié de 72 (pour $\frac{14}{28}$) = 36; le quart ($\frac{7}{28}$) = 18,

ARCHITECTURE.

50

le 7e du quart ($\frac{1}{28}$) = 2,5714. En tout $\frac{22}{28}$ ou $\frac{11}{14}$. Car 36 + 18 +2,5714 = 56,5714.

Pour trouver la valeur de la couronne, il faut multiplier le diamètre intérieur plus $\frac{2}{7}$ de ce diamètre par l'épaisseur de la voûte.

Pour la couronne, on aura donc

ab plus $\frac{2}{7}$ de ab multiplié par fg, ou $12 + \frac{2}{7}$ de $1^m,5 \times 1^m,5$,

ou pour le diamètre	12,0000
pour les $\frac{2}{7}$ de diamètre (les $\frac{2}{7}$ de 12)	3,4286
	15,4286

Pour la surface de la couronne, il faut multiplier cette somme (15,4286) par l'épaisseur $1^m,5$ de la voûte. . .	23,1429
Et si enfin on retranche cette dernière surface de la précédente, on aura pour la valeur des reins.	10,2857

Si l'on multiplie ces différentes surfaces (33,4286, 23,1429 +10,2857) par la longueur de la voûte, on en aura le cube.

Ainsi 33,4286 multiplié par 14, longueur supposée de la voûte, on aura $468^m,0004$, 23,1429 additionnés à 10,2857 font 33,4286, qui multipliés par 14 = 468,0004.

Il s'agit maintenant de mesurer le cube d'une voûte avec ses reins *plus* les murs de culée (ou massif qui arcboute la poussée d'une voûte). Supposons que la voûte entière, compris les deux demi-segments engagés dans les murs de culée, ait pour mesure :

ch multiplié par og multiplié par $\frac{11}{14}$, ou 15 multiplié par 7,5 = 1125 multiplié par 11 divisé par 14 = moins le vide de la voûte	88,393
ab multiplié par of multiplié par $\frac{11}{14}$, ou $12 \times 6 \times \frac{11}{14} =$	56,571
Surface de la voûte, compris les deux demi-segments.	$31^{mq},822$

Il s'agit enfin de soustraire ces deux demi-segments des culées pour en avoir le cube.

Il faut chercher d'abord la surface du demi-segment acp : cette surface est égale à celle du secteur ocp moins le triangle oap.

Ainsi on a

$\frac{cp}{2}$ multiplié par op moins $\frac{ap}{2}$ multiplié par oa; ou

$\frac{4,827}{2} \times 7,5 = $ 18,10

moins $\frac{4,05}{2} \times 6 = $ 13,50

Il reste pour la surface du demi-segment acp 4,60
idem pour le demi-segment bhz 4,60

Ensemble . . . . $9^{mq},20$

Nous avons vu que la voûte entière, compris les deux demi-segments engagés dans les murs de culée, a pour mesure ch multiplié par og multiplié par $\frac{11}{14}$ ou 15 multiplié par 7,5 multiplié par $\frac{11}{14} = $ 88,393

moins le vide de la voûte ab multiplié par of multiplié par $\frac{11}{14}$ ou $12 \times 6 \times \frac{11}{24} = $ 56,571

Surface de la voûte, compris les deux segments . . . . $31^{mq},822$

De ce dernier résultat, il faut retrancher la valeur des deux parties engagées 9,20

Il restera pour la surface de la voûte sans les deux demi-segments . . . . $22^{mq},622$

Nous n'avons pas indiqué l'opération pour arriver à connaître la mesure de la longueur cp, portée à 4,827. Cette opération, qui comprend des calculs et des détails mathématiques, n'entre pas dans le cadre de cet ouvrage. Pour arriver à la connaissance de la longueur de cette ligne, on la mesurera sur l'épure qu'on fera faire de la voûte ou d'une de ses moitiés avant de commencer sa construction. Cette épure pourra se faire de grandeur d'exécution sur un vieux mur, ou l'aire unie de quelque grange ou grenier.

Méthode pour mesurer une voûte en pierre plein cintre ou en berceau avec voussoirs à crossettes [1].

Pour métrer cette sorte de voûte il faut mesurer chaque voussoir séparément suivant son équarrissage ; retrancher du produit la pierre en œuvre, et le surplus sera le cube des évidements

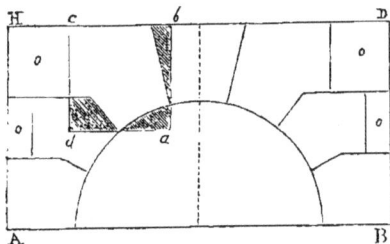

Fig. 590.

La mesure de chaque voussoir est prise de la manière qui est indiquée par le prisme *adcb*, circonscrit à la forme en œuvre : les hachures indiquent la pierre jetée bas.

La superficie de la pierre en œuvre est égale au rectangle ABDH moins celle du vide de la voûte et des quatre parties *oooo*, qui doivent être comptées comme assises courantes puisqu'elles sont parallélipipédiques.

Si on multiplie cette surface par la longueur de la voûte, on aura le cube de la pierre en œuvre.

Si enfin du cube total, suivant l'équarrissage de la pierre, on retranche celui de la pierre en œuvre, on aura le cube des évidements.

Le parement circulaire de l'intrados (partie intérieure et concave de la voûte), considéré comme taille circulaire en grande partie faite d'après évidement, est réduit à $\frac{5}{6}$ de taille.

La surface de chaque joint droit égale à celle du rectangle ABDH, moins celle du vide de la voûte, et cette surface est réduite à $\frac{1}{2}$ taille.

Les joints obliques ou en coupe, faits d'après des évidements comptés en cube, sont mesurés suivant leurs dimensions en œuvre, et réduit en pierre dure à $\frac{1}{3}$ de taille, et en pierre tendre à $\frac{1}{2}$.

La taille de l'extrados (partie extérieure de la voûte) DH, et celle des deux faces latérales AH et BD, sont métrées d'après leurs dimensions en œuvre, et réduites en taille suivant le degré de perfection du travail.

1. *Crossettes* se dit des crochets que l'on pratique aux pierres ou voussoirs formant une voûte, un arc ou plate-bande.

Si, au lieu d'assises en pierre, les parties *oooo* sont en moellon ou meulière, il faut les mettre sous le timbre qui leur est propre.

Métré des voûtes en arc de cloître et d'arête Les voûtes d'arête et les voûtes en arc de cloître sont à plein cintre et ordinairement sur plan carré.

Deux berceaux plein cintre sont égaux en surface à une voûte d'arête et à une voûte en arc de cloître élevées sur le même plan.

Si nous supposons une voûte en berceau coupée diagonalement par deux plans verticaux qui se croisent en passant de l'extrémité d'une naissance à l'autre, comme *ac* et *bd,* il en résulte que les deux pans de voûte tournés du côté des ouvertures appartiennent à une voûte d'arête, et que les sections *aed* et *bec* sont deux pans de voûte en arc de cloître. Si la même opération est faite sur une deuxième voûte en berceau de même longueur et de même diamètre, on aura de cette manière quatre pans de voûte en arc de cloître, et quatre pans de voûte d'arête, c'est-à-dire une voûte de chaque espèce.

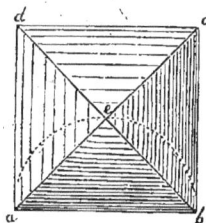

Fig. 591.

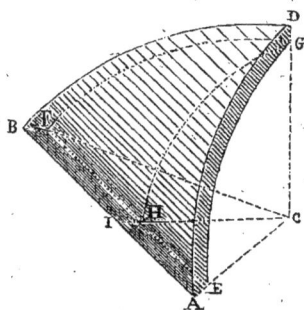

Fig. 592.

Soit un pan de voûte en arc de cloître, plein cintre,

Supposons la longueur extérieure . . . . . AB = 20
La longueur intérieure. . . . . EF = 16
Le demi-diamètre extérieur. . . . . CH = 8
Le demi-diamètre intérieur . . . . CI = 10
Et l'épaisseur de la voûte . . . . DG = 2

Puisque la voûte est plein cintre, la montée CG et la hauteur CD sont connues, car CG est égal à CH et CD est égal à CI.

Chaque pan de voûte en arc de cloître plein cintre doit être considéré comme une portion de la sphère, dont le point D serait le pôle, AB une partie de l'équateur et CD le rayon.

Or, comme la solidité ou cube d'une sphère entière est égale à la circonférence de l'un de ses plus grands cercles multiplié par le diamètre, et ce produit par le tiers du rayon, il s'ensuit que le cube d'un pan de voûte en arc de cloître plein cintre, en y comprenant la partie engagée dans le mur de culée, est égale à la longueur de ce pan de voûte mesuré à sa base multipliée par le rayon, et le produit par le tiers de la hauteur ou du rayon moins le cube du vide.

Ainsi pour ce pan de voûte on a

$$AB \times CI \times \frac{CP}{3} - ED \times CH \times \frac{CG}{3}.$$

Si à ces quantités on substitue les dimensions connues, on aura

$$20 \times 10 \times \frac{10}{3} \quad \ldots \ldots \ldots \ldots \ldots \ldots \quad 666,667$$

pour le vide,

$$16 \times 8 \times \frac{8}{3} \quad \ldots \ldots \ldots \ldots \ldots \ldots \quad 341,333$$

Il reste pour le cube du pan de voûte 325,334

Méthode de métrer les plate-bandes droites des baies de portes et de fenêtres

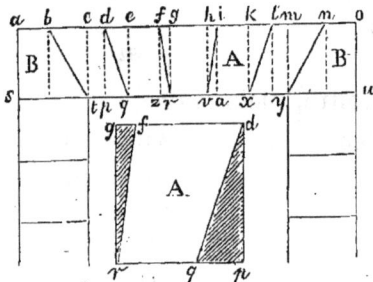

Fig. 593.

Le plafond de l'ébrasement et celui du tableau sont quelquefois en pierre dans les constructions riches ou élégantes. Les claveaux et voussoirs doivent être mesurés par équarrissage; alors la pierre jetée bas est comptée comme évidement et déchet, et celle en œuvre est mise sous un timbre particulier qui porte l'indication de l'ouvrage et de la qualité de la pierre.

Soit une plate-bande droite en pierre, dont nous désignons l'épaisseur par la lettre E.

Un claveau A de cette plate-bande a pour mesure dans notre détail en plus grand

$$dg \times dp \times E,$$

dont en évidement et en déchet

$$\frac{pg + fg}{2} \times dp \times E.$$

Dans ce cas, on peut abréger l'opération en métrant ensemble les cinq claveaux et les deux sommiers BB suivant leur équarrissage, ce qui revient à

$$ao + bc + de + fg + hi + kl + mn \times dp \times E,$$

dont en œuvre :

$$ao \times dp \times E.$$

Le reste est le cube des évidements et des déchets.

Les parements vus, mesurés suivant leur forme en œuvre, sont comptés à l'unité de taille. Le lit supérieur $a\,o$ en pierre dure, s'il reçoit d'autres assises, est réduit à $\frac{1}{3}$ de taille, et s'il n'est que dégrossi, on le compte pour un sixième. Les joints droits as ou ou comptés à une demi-taille, et les joints obliques bt, dg, fr, iv, lx, et ny, mesurés doubles, puisque chaque claveau porte deux joints, sont réduits, comme étant faits d'après évidement, à $\frac{1}{3}$ de taille en pierre dure, et à $\frac{1}{2}$ si c'est en pierre tendre.

Métré des claveaux à crossette Cette sorte de claveaux se mètrent suivant le principe des claveaux droits. Ainsi un claveau à crossette, fig. 594, a pour mesure AB $\times$ AD $\times$ E (l'épaisseur), dont en évidement et déchet.

$$\frac{DH}{2} \times AD \times E, \text{ et } \frac{BE + FG}{2} \times BG \times E.$$

Le reste du produit total est le cube de la pierre en œuvre. Supposons maintenant des mesures connues :

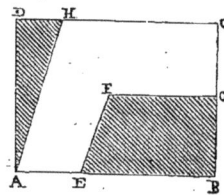

Fig. 594.

AB = 54 on aura 54 $\times$ 40 $\times$ 48 ou 0^m,10368 cube total.

AD = 40

E = 48

DH = 12

BE = 37

FG = 28

BG = 20

$\frac{12}{2}$ ou 6 $\times$ 40 $\times$ 48 ou 0^m,01152 ⎫ évidement

$\frac{37 + 28}{2} \times 20 \times 48$ ou 0^m,03120 ⎬ et déchet.

0^m,04272. ⎭

0^m,10368 — 0^m,04272 = 0^m,06096 (0^m,061).

On voit qu'il n'y a rien de difficile dans le métré d'un claveau à crossette, en décomposant et analysant l'opération et en procédant avec réflexion.

Méthode de métrer les marches. La marche, soit en bois, soit en pierre, est la partie dans un escalier où l'on pose le pied ; on la nomme aussi *degré*. Il n'est question ici que des marches en pierre.

Les marches les plus simples sont rectangulaires sur leur profil, et quelquefois chanfreinées (à arête abattue sur le devant). Il y en a de délardées (démaigries en chanfrein par dessous) et profilées de moulures, et d'autres dansantes comme pour les escaliers tournants; il y en a enfin dont la tête et le plafond sont appareillés en coupe, et formant voussoirs ou claveaux comme dans les escaliers dits *en vis Saint-Gilles*. Nous ne nous occuperons point de ces dernières.

Les marches droites ou pleines sont métrées en cube ainsi qu'il suit : à la longueur visible on ajoute 8 centimètres pour chaque portée dans les murs en pierre, 16 centimètres pour celles dans les ouvrages en moellon, et 3 centimètres pour ce qui entre dans le limon.

A la largeur visible on ajoute 5 centimètres pour le recouvrement (partie de la marche inférieure, cachée par la saillie de la marche supérieure).

Les parements de face et du dessus sont comptés à l'unité de taille. Leur longueur comprend les portées et encastrements, et le recouvrement doit être ajouté à la largeur visible de chaque marche.

Les lits du dessous des marches, lorsqu'ils portent sur une maçonnerie en moellon, et qu'ils ont été réellement dégrossis (ou ébauchés), sont réduits à $\frac{1}{6}$ de taille. Si, ce qui arrive le plus souvent, ces lits sont bruts, il n'est rien compté. Dans les escaliers ordinaires, dont le dessous est apparent, sans cependant former ni voûte ni plafond, la taille de cette face est considérée comme celle d'un lit ordinaire et réduite à $\frac{1}{3}$ de taille, compris les sciages perdus. Lorsque les marches joignent d'autres ouvrages en pierre, la taille des abouts ou joints d'extrémité est réduite à $\frac{2}{3}$. Si les portées ont lieu dans un mur en moellon, les joints sont souvent bruts, et dans ce cas il n'est rien compté ; mais lorsqu'ils ont été dégrossis on les réduit à $\frac{1}{5}$ de taille. Les joints sur la face de derrière des marches sont quelquefois bruts, comme pour les descentes de caves, par exemple ; mais si cette face a été taillée on la compte pour $\frac{1}{2}$ taille. Quant au chanfrein, il est variable ; on compte cette taille suivant ses dimensions réelles et visibles.

Les marches droites et pleines, profilées sur le devant d'un quart de rond et d'un filet, se mètrent comme les précédentes, et l'on compte en plus le profil de la moulure, suivant sa longueur visible, sur 32 centimètres de taille.

Pour les marches dansantes, leur largeur est prise au nu du mur, perpendiculairement sur l'arête du devant de la marche, et non mesurée à l'extrémité de la portée.

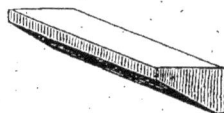

Fig. 595.

On nomme *marche délardée* celle qui est moins haute du derrière que du devant, fig. 595. Dans un morceau de pierre ABDC, fig. 596, par le moyen d'un trait de scie FE et des parties jetées bas CEK, BFHI et DFG, on obtient deux marches délardées, dont les parements du dessus sont AI et EG. Pour mesurer ces sortes de marches, il faut les

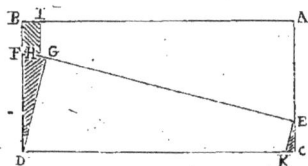

Fig. 596.

prendre deux à deux, telles qu'elles ont été débitées dans le même morceau de pierre.

Ainsi deux marches droites et délardées, fig. 596, débitées dans un même bloc ABCD, doivent être prises ensemble suivant le prisme circonscrit à leur forme en œuvre, et les évidements comptés séparément. On aura donc AC $\times$ AB $\times$ L (la longueur), dont en œuvre pour la première marche $\frac{AE + HI}{2} \times AI. \times L$. Le double de ce produit est le cube des deux marches en œuvre. Si on le retranche du total précédent, le reste sera le cube des évidements.

Par exemple, que : AC $= 25$, AB $= 44$, L $= 1,25$.

Ces trois dimensions multipliées ensemble feront 0^m,1375 cubes, pour les deux marches.

Ensuite que AE = 16, HI = 6, AI = 41, L = 1,25.

On aura 16 + 6 = 22 divisé par 2 = 11 × 41 × 1,25 = 0^m,056375, pierre en œuvre pour la première marche.

Enfin que GD = 15, EG = 41, EK = 5, L = 1,25.

On aura 15 + 5 = 20 divisé par 2 = 10 × 41 × 1,25 = 0^m,051250, pierre en œuvre pour la seconde marche. Ces deux cubes de pierre (0,056375 et 0,051250) font ensemble 0^m,107625 qui, diminués du cube brut, donnent 0,0298 pour évidement et déchet.

Les différentes tailles sont métrées comme pour les marches pleines. Les parements AI, AE et EG sont comptés à l'unité de taille, et celui de la face DG, qui est fait par suite d'un évidement compté en cube, est réduit à $\frac{1}{2}$. Les lits EH et DK, s'ils sont terminés, sont réduits à $\frac{1}{3}$; les joints des extrémités, s'ils sont dégrossis, on les réduit à un cinquième, et à $\frac{2}{3}$ si la taille de ces joints est

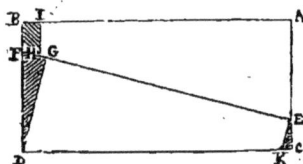

Fig. 597.

terminée. Ils ont chacun pour mesure :

$$\frac{AE + H}{2} \times AI$$

ou, en chiffres, 16 plus 6 = 22 divisés par 2 = 11 × 41 = 0^m,0451 superficiel.

Les marches délardées et profilées d'une moulure sur le devant, fig. 598, se mètrent deux à deux, suivant le prisme circonscrit à leur forme en œuvre et d'après les mêmes principes que les précédentes. Ainsi on a AB × AC × L (la longueur), dont en évidement et déchet, le prisme quadran-

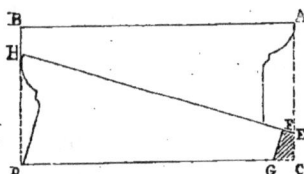

Fig 598.

gulaire CEFG. Le surplus est le cube de la pierre en œuvre.

Les parements de face et du dessus sont comptés à l'unité de taille, compris l'épannelage pour le dégagement de la moulure ; et le profil, composé d'un quart de rond ou d'une baguette, d'un filet et d'un congé au-dessous, est métré, d'après sa valeur visible, sur 32 centimètres courants de taille.

Les lits et joints sont ensuite comptés comme nous avons dit pour les marches précédentes.

Comme il est assez difficile de mesurer exactement le petit prisme quadrangulaire CEFG, dont la base est constamment de petite dimension, ordinairement équivalant à un rectangle de 2 ou 3 centimètres sur 5 centim., selon la hauteur plus ou moins forte du derrière des marches, il sera facile d'en déterminer la surface par aperçu, sans crainte d'erreur sensible, ce qui ne changerait en rien le cube total de l'ouvrage.

On nomme *marches dansantes* les marches qui sont portées ou assemblées dans les quartiers tournants des escaliers. Dans les cages d'escalier circulaires, ces sortes de marches sont ordinairement débitées deux à deux dans un même morceau de pierre ABCD, au moyen d'un trait de scie EF pratiqué dans le sens de la hauteur du bloc, de manière à ce que le sciage doive former les parements de face des deux marches. Si ensuite le banc de la pierre est assez élevé pour permettre deux hauteurs de marche, on trouve, par un autre trait de scie, pratiqué dans le sens de l'épaisseur de la pierre, quatre marches égales dans le même bloc.

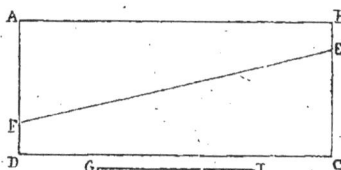

Fig. 599.

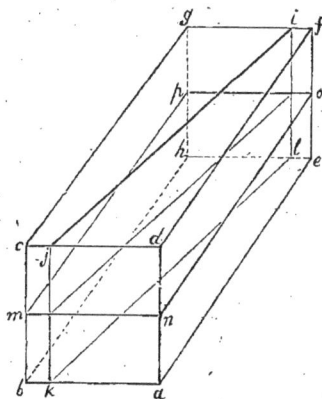

Fig. 600.

Soit un morceau de pierre *abcd efgh :* le trait de scie *jkli* a séparé la pierre en deux; un autre trait de scie *mnopm* le séparera en deux dans les sens inverse et donnera quatre marches.

Il est visible que chaque marche dansante a plus de largeur que la moitié du prisme total, puisque les parements des deux dessus ABEF et CDFE, fig. 599, représentent des trapèzes. Il s'ensuit que pour obtenir deux marches de cette espèce dans le même

morceau de pierre, il faut qu'il soit au moins égal à la plus grande
largeur d'une marche BE, plus sa petite largeur AF ou CE.

Ainsi, une marche pleine et dansante ABEF, fig. 599, dans une
cage d'escalier circulaire, a pour mesure la demi-somme de sa
plus grande et de sa plus petite largeur, mesurée à l'extrémité des
portées, multipliée par la hauteur, et ce produit par la longueur.

$$\frac{AF + BE}{2} \times GH \times AB.$$

Supposons que AF $= 0,51$, BE $= 0,13$, GH $= 0,16$, AB $= 1,40$.
On aura $0,51 + 0,13 = 0,64$ divisé par $2 = 0,32 \times 0,16 =$
$0,512 \times 1,40 = 0^m,071680$.

Les différentes tailles sont métrées comme pour les marches
précédentes.

Les marches dansantes dans les cages d'escalier rectangulaires ne présentent plus le même avantage pour être débitées
que celles des cages circulaires. En effet, dans celles-ci, lorsque
le plan est un cercle ou une portion de cercle, toutes les marches
sont semblables et de même dimension, tandis que dans les cages
angulaires chaque marche dan-
sante, fig. 602, a une forme et des
dimensions différentes. Par cette
raison il est facile de concevoir que
si on débite deux de ces sortes de
marches dans le même morceau de
pierre, il en résulte évidemment un

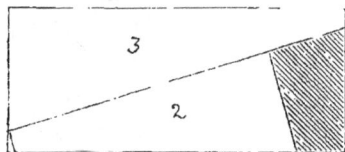

Fig. 601.

déchet très considérable, ainsi qu'il est aisé de s'en convaincre
par le plan des marches 2 et 3 prises dans le même bloc, fig. 601.

D'un autre côté, il faut remarquer que les différentes portées
des marches, d'après le prisme primitif de la pierre, présentent
des angles saillants trop prononcés, comme a, b, c, angles qu'il
est souvent nécessaire de recouper, afin d'obtenir des portées
plus uniformes, et principalement pour éviter de trancher dans
une trop grande profondeur les murs de la cage d'escalier. Les
portées étant de forme très irrégulière, le métré rigoureusement
exact des marches dansantes en devient d'autant plus long et plus
difficile.

Mais, comme il arrive presque toujours que les portées se trouvent cachées au moment du métré ou de la vérification de l'ouvrage, et que, d'un autre côté, on ne peut se dispenser d'admettre un certain déchet produit par le recoupement et la taille des abouts ou extrémités, il est plus simple et non moins exact de prendre la longueur visible des marches et d'y ajouter le chiffre d'une portée ordinaire (8 centim.).

Suivant l'usage actuel, les marches dansantes sont métrées d'après leur plus grande longueur dans œuvre, suivant *eq, gp, sr*, etc., fig. 602; à cette mesure on ajoute, comme nous l'avons déjà dit, 8 centimètres pour chaque portée dans les murs en pierre, 16 centimètres

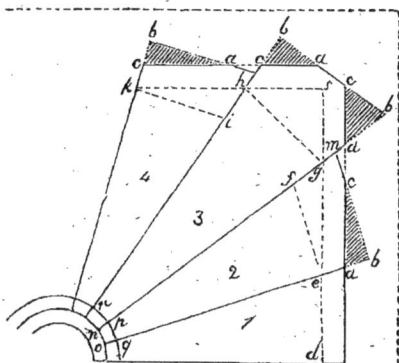

Fig. 602.

dans les murs en moellon, et 3 centimètres pour ce qui entre dans le limon. La largeur est prise au plus large de chaque marche, suivant les droites ponctuées *de, ef, gh, ik*, lesquelles sont perpendiculaires aux arêtes supérieures des parements de face, et à cette mesure on ajoute 5 centimètres pour le recouvrement de la marche supérieure.

Les différentes tailles sont ensuite mesurées et évaluées comme pour les marches précédentes.

On nomme *marches dansantes et délardées* des marches sem-

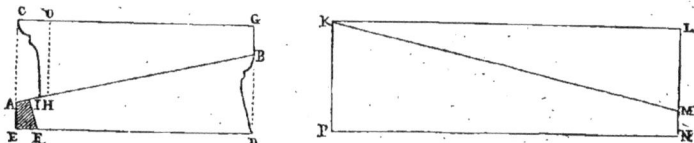

Fig. 603.

blables aux précédentes, mais dont le devant a plus de hauteur que le derrière.

Deux marches dansantes, délardées par dessous et profilées sur le devant, peuvent être débitées dans le même morceau de pierre, fig. 603, par le moyen d'un trait de scie AB. Ici le sciage a lieu dans le sens du profil et suivant un plan oblique pour former le délardement des deux marches.

Par l'inspection de la figure et par les raisons que nous avons données pour les marches délardées de la fig. 596, on voit pour quel motif une partie de pierre EAIF, fig. 603, est jetée bas, et de quelle dimension doit être le prisme de la pierre pour qu'il puisse contenir deux marches de l'espèce dont il s'agit.

Les parties de pierre supprimées EAIF et KLM sont comptées en cube comme évidement et déchet, et celles sur le devant des marches sont comprises dans le produit de la pierre en œuvre.

Ainsi une marche CB, après le délardement produit par le sciage AB, mais avant l'évidement KLM, forme un prisme quadrangulaire qui a pour base le trapèze CGBA et pour hauteur la longueur de la marche.

Le cube total est donc : $\dfrac{CA + GB}{2} \times CG \times PN$,

dont pour pierre jetée bas avec déchet, le prisme triangulaire tronqué KLM, lequel a GB pour hauteur aux angles K et L, et OH à l'angle M.

Pour avoir OH, on fait CO = MN, et du point O on abaisse la perpendiculaire OH.

Ainsi, la solidité de ce prisme est égale à la surface du triangle KLM, qui lui sert de base, multipliée par le tiers de la hauteur de ses trois arêtes,

$$\frac{LM \times KL}{2} \times \frac{2GB + OH}{3}$$

Supposons maintenant des chiffres au lieu de lettres, et que LM = 0,16, KL = 0,52, GB = 0,4, OH = 0,15; on aura 0,16 multiplié par 0,52, ce qui fait 0,0832, qui divisés par 2 donnent 0,0416 multipliés par deux fois 4, c'est-à-dire 8, plus 15, ce qui fait 23, divisé par 3, ce qui fait 0,07666.

```
  0,0416
    7666
  _____
    2496
    2496
    2496
    2912
  _____
0,03189056
```

La marche dansante et délardée en question métrera 0^m,3189 et plutôt 0^m,310, parce que les 90 qui suivent les 318 sont comptés comme 100, qui ajoutés à 318 font 319.

Le surplus du cube total est le produit de la pierre en œuvre. Les différentes tailles sont ensuite métrées comme pour les autres marches, d'après leurs dimensions en œuvre, mais en y comprenant les portées, encastrements et recouvrements.

Métré des pierres d'évier   Soit une pierre d'évier, fig. 604, portée d'un côté par un jambage en brique et adossée à un mur, et de l'autre bout par un jambage semblable, mais isolé.

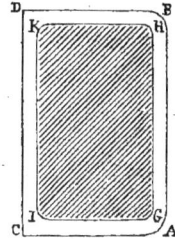

Fig. 604.

Pour le cube de la pierre on a AB $\times$ BC $\times$ EF, fig. 605, sans déduction pour le refouillement.

Le parement du dessus, de même surface, sans déduction pour le recreusement, est compté à l'unité de taille.

Le recreusement ou seconde taille est égal à GI $\times$ IK, que l'on compte à $\frac{5}{4}$ de taille, compris le refouillement jusqu'à 5 centimètres de profondeur. Si ce refouillement est de 7 centimètres, on doit le compter à 1 1/2.

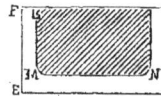

Fig. 605.

La taille du rebord à l'intérieur est prise suivant le pourtour GIKH, et comptée sur 10 centimètres de taille, compris l'angle arrondi du fond. A ce pourtour il n'est ajouté aucune plus-value pour les quatre angles arrondis verticaux G, I, K, H.

Le lit du dessous, qui est ordinairement dégrossi, est réduit à 1/6 de taille; les parements visibles et layés (taillé avec un marteau bretté ou refendu à dents par sa hache) AC et CD sur l'épaisseur, sont comptés à l'unité, et la hauteur EF est égale à celle de la pierre; la taille de chanfrein est comptée sur 8 ou 10 centimètres suivant sa largeur; l'arrondissement de l'angle B est évalué à 0^m,03 de taille; les joints dégrossis AC et CD sont réduits à $\frac{1}{5}$, et enfin le trou pour le passage des eaux ménagères est évalué à 0^m,10 de taille, et 0^m,15 s'il porte une nervure pour recevoir la crapaudine.

Métré des corniches en pierre   Le métré des corniches en pierre se compose de cinq opérations :

1º De la pierre en œuvre; 2º de la pierre jetée bas pour l'ébauche des moulures suivant les masses principales des profils, laquelle doit être comptée comme évidement et déchet; 3º de la taille d'épannelage, faite par suite de la pierre jetée bas; 4º de

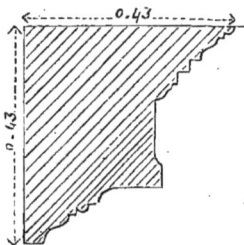

Fig. 606.

l'évaluation des profils; 5º de la longueur des moulures et de l'évaluation des angles et ressauts.

Chaque assise d'une corniche est d'abord métrée suivant son équarrissage, en distinguant la pierre en œuvre de la pierre jetée bas pour le dégagement des moulures, et la taille d'épannelage est ensuite comptée séparément pour demi-taille, comme étant faite par suite d'évidement. Les tailles d'épannelage doivent être prises, autant que possible, d'après leurs dimensions réelles. Ce procédé est plus exact que de compter leur développement suivant la hauteur et la saillie des corniches. On ne doit se servir du dernier moyen que lorsqu'il est impossible d'opérer autrement.

Lorsqu'une corniche est formée de plusieurs assises dans sa hauteur, il faut prendre les mesures d'un lit à l'autre, afin de pouvoir déterminer les évidements de chaque morceau de pierre, ainsi que les tailles d'épannelage qui en dépendent.

Le *profil* d'une corniche ou de toute autre moulure en pierre a pour mesure : 1º une fois et demie sa hauteur et sa plus grande saillie ; 2º plus chaque filet, listel ou larmier, cinq centimètres ; 3º pour chaque moulure simple, comme quart de rond et cavet, 10 centimètres ; 4º pour chaque moulure composée, comme cimaise, talon et baguette, 15 centimètres.

Prenons la corniche de la fig. 606.

Sa saillie, supposons-nous, sera. . .	0^m,43
Sa hauteur.	0^m,43
	0^m,86
Moitié en plus	0^m,43
Ensemble.	1^m,29
Plus 3 filets, à 5 cent.	0^m,15
3 moulures simples, à 10 cent. . . .	0^m,30
2 moulures composées à 15 cent. . . .	0^m,30
Valeur du profil.	2^m,04 centimètres.

Ainsi le profil d'une corniche ou de toute autre moulure en pierre, a pour mesure une fois et demie la somme de sa hauteur et de sa plus grande saillie, et le produit augmenté à raison de

5 centimètres de chaque filet, listel ou larmier,
10. . . . . moulure simple, quart de rond et cavet,
15. . . . . moulure composée, cimaise, talon et baguette.

A la longueur réelle des corniches ou autres moulures en pierre, pourtournée sur les ressauts et prise au milieu de la saillie, on ajoutera 16 centimètres pour chaque angle saillant et 32 centimètres pour chaque angle rentrant.

Du calcul décimal de la superficie et du cube Nous devons faire remarquer que le *mètre cube* et ses multiples ou sous-multiples ne conservent pas entre eux les rapports que désignent leurs dénominations.

Ainsi le décimètre cube n'est pas la dixième partie du mètre cube, mais la 1000e; le centimètre cube en est la *millionième,* et le rapport qui est *décimal* pour les mesures de longueur, et *centésimal* pour les mesures de superficie, devient *millésimal* pour les mesures de solidité. Si donc on veut additionner des mètres cubes avec des décimètres cubes, ou soustraire les uns des autres, il faut avoir grand soin de placer les décimètres cubes de manière que les unités de ces décimètres répondent à la troisième décimale des mètres, les centimètres cubes à la sixième décimale, etc.

Rappelons ici qu'un point placé devant un chiffre (.5) en fait des 10es; qu'un point en avant d'un zéro suivi d'un autre chiffre (.05 ou ,07) en fait des 100es; qu'un point suivi de deux zéros en fait des 1000es. Ainsi .9, .08, .006, ou .4, .11, .126 indiquent neuf dixièmes, huit centièmes et six millièmes, ou quatre dixièmes, onze centièmes, cent vingt-six millièmes.

Dans les mesures cubiques, le centimètre cube est la millionième partie du mètre cube, etc.

Voilà ce qui fait qu'on pourrait être surpris du calcul fait à la page 77, d'une pièce de charpente de 4 mètres de longueur sur 28 centimètres de largeur et 21 centimètres de hauteur qui ne produit que 23 centimètres cubes.

En multipliant les 28 centimètres linéaires par les 21 centimètres linéaires, on aura 0^m,0588 superficiels, ou 0^m. $\frac{5}{100}$, $\frac{8}{1000}$, $\frac{8}{10000}$ ou $\frac{588}{10000}$ du mètre superficiel, qui contient 10,000 centimètres, car le mètre superficiel a 100 centimètres de largeur et 100 centimètres de longueur : or, 100 × 100 = 10,000.

Voici l'opération 0,28 × 0,21.

$$\begin{array}{r} 0,28 \\ 0,21 \\ \hline 28 \\ 56 \\ \hline 0,0588 \end{array}$$

Nous avons ici trois chiffres dans le produit de 28 multiplié par 21. Mais comme ces deux nombres sont décimaux, et qu'il faut que, dans le produit, il y ait autant de décimales qu'il y en a ensemble dans les deux sommes multipliées (28, 21), il faut, selon la règle, ajouter ici à gauche du produit un zéro, pour avoir l'expression réelle des deux nombres multipliés.

Nous allons multiplier ces 0^m,0588 superficiels par 4 mètres pour avoir le cube en question.

$$\begin{array}{r} 0^m,0588 \\ 4 \\ \hline 0^m,2352 \end{array}$$

Il faut bien se souvenir que dans les mesures superficielles le décimètre et le mètre carrés ne sont pas dans la proportion de 1 à 10, mais de 1 à 100; que le mètre et l'hectomètre carrés ne sont pas dans le rapport de 1 à 100 mais de 1 à 10,000. Il faut considérer ces mesures comme des unités particulières, dont chacune est 100 fois plus grande que celle qui la suit immédiatement.

Il faut encore se rappeler que le rapport qui est décimal pour les mesures de longueur, centésimal pour les mesures de superficie, devient millésimal pour les mesures de solidité.

Ainsi, dans le résultat de la multiplication des mesures de longueur, de hauteur et de largeur, on aura à distinguer le rapport millésimal.

Exemple : 2 mètres 14 centimètres multipliés par 3 mètres (= 6ᵐ,42) multipliés par 8 mètres 5 centimètres produisent 51 mètres cubes, 6810 : ces décimales sont des dix-millièmes de mètre cube, ou des dixièmes de décistère.

Autre exemple : un mur de 2 mètres d'épaisseur, de 2ᵐ,04 de hauteur et 7ᵐ,06 d'élévation, produira (2 × 2,04 = 4,08 × 7,06 = 27ᵐᶜ,8048) 28 mètres cubes.

Dans les temps modernes, où les fortunes ont généralement diminué et où la construction, tant à la campagne qu'à la ville, a augmenté en valeur, on a désiré se rendre un compte exact du prix d'une construction projetée ou avant sa réalisation. Alors s'est élevée une nouvelle profession, celle de vérificateur de bâtiment. Le vérificateur ne se borne pas seulement, ainsi que l'indique son nom, à vérifier sur place les dimensions des travaux exécutés ainsi que les prix convenus d'avance et ceux qui sont cotés dans les mémoires fournis par les différents entrepreneurs employés dans ces travaux, mais le vérificateur se charge en outre, ayant tous les dessins du bâtiment à élever devant les yeux, d'en rédiger le devis complet.

Cette profession exige une longue expérience, des connaissances variées et extrêmement arides. On conçoit aisément qu'un propriétaire ne peut avoir cette expérience ni se soumettre aux opérations arides que demandent les calculs pour arriver à connaître les cubes de fouilles, de maçonnerie, de charpente, de menuiserie, la superficie des légers ouvrages, de la peinture, de la couverture, des planchers, lambris, portes, fenêtres, etc., etc. Il n'est donc pas donné à un propriétaire de pouvoir dresser un devis aussi juste, aussi exact et aussi complet que le ferait un métreur-vérificateur.

Toutefois, avec des plans arrêtés, avec une coupe et une

élévation, on peut arriver, sans être du métier, à se rendre un compte approximatif de la dépense d'un bâtiment à élever.

Pour connaître le cube de la fouille, il faut prendre les dimensions des vides, leur longueur, leur largeur et leur hauteur, et multiplier ces dimensions l'une par l'autre.

Supposons une fouille de terre de 15 mètres de longueur, sur 10 mètres de largeur et 3 mètres de hauteur ou de profondeur. Nous aurons 12 à multiplier par 10, ce qui produit 120, qu'il faut multiplier par 3, ce qui produit 360 mètres cubes. Si la profondeur n'était que de 2 mètres, cela ne produirait que 240 mètres cubes.

Pour connaître le cube des maçonneries, il y a également deux multiplications à faire. Il faut prendre la longueur du mur, multiplier cette longueur par sa hauteur, et enfin le résultat par l'épaisseur du mur. On en aura ainsi le cube. Supposons un mur de 12 mètres 65 centimètres de longueur, de 5 mètres de hauteur : ces deux dimensions multipliées l'une par l'autre produisent 63^m,25 : ce dernier nombre doit être multiplié par l'épaisseur du mur que nous supposerons être de 45 centimè-

$$
\begin{array}{r}
12,65 \\
5 \\
\hline
63,25 \\
0,45 \\
\hline
31625 \\
25300 \\
\hline
28,4625
\end{array}
$$

tres. — 63^m,25 multipliés par 0,45 produisent 28 mètres cubes 462 décimètres cubes.

Comme on a quatre décimales (65 et 45), ces quatre chiffres doivent être retranchés à la droite de la somme totale, ce qui donne les 28 mètres et les 462 décimètres.

Il est d'habitude de ne tenir compte en calculs de construction que de deux, tout au plus de trois nombres décimaux. La fig. 589 indique avec son texte comment on mesure le cube des voûtes. Quant à ce qu'on nomme les légers ouvrages, les enduits, etc., on les compte par superficie ; c'est donc une seule multiplication à faire, la hauteur par la longueur pour les pans de bois, la longueur par la largeur pour les plafonds. La fig. 606 indique la manière de mesurer les corniches.

Quant à la charpente, il faut avoir sous les yeux le plan des planchers, le détail en élévation des pans de bois et des fermes du comble, et puis calculer le cube de chaque pièce de bois, grande et petite, indiquée sur les dessins. C'est une opération très longue et peu récréative pour quiconque n'est pas du métier.

Mais on peut se dispenser de cette opération quand on sait que les planchers ordinaires emploient en constante sept centimètres cubes de bois par mètre carré ou superficiel : les planchers plus forts que les ordinaires emploient huit centimètres cubes par mètre carré. Nous allons donner un exemple de ce calcul. On a un plancher de 7 mètres 50 centimètres de longueur sur 5 mètres 50 centimètres de largeur. Ces deux nombres multipliés ensemble produisent 41 mètres carrés 25 décimètres carrés, qu'il faut multiplier par 0 mètre 7 centimètres ($0^m,07$). Le produit en sera 2 mètres cubes 887.

$$\begin{array}{r} 7,50 \\ 5,50 \\ \hline 37500 \\ 3750 \\ \hline 41,2500 \\ 0,07 \\ \hline 2,887500 \end{array}$$

Les pans de bois de 22 centimètres d'épaisseur emploient 5 centimètres cubes de bois par mètre carré ou superficiel; ceux de 15 centimètres d'épaisseur emploient 6 centimètres cubes de bois par mètre carré. Exemples : on a un pan de bois de 22 centimètres d'épaisseur, de 6 mètres 15 centimètres de longueur, sur 4 mètres 10 centimètres d'élévation. Multipliez $6^m,15$ par $4^m,10$, ce qui produit $25^{mq},2150$ qu'il faut multiplier par 5 centimètres ($0^m,05$). Ce qui fait 1 mètre cube 260 décimètres cubes.

$$\begin{array}{r} 6,15 \\ 4,10 \\ \hline 6150 \\ 2460 \\ \hline 25,2150 \\ 0,05 \\ \hline 1,260750 \end{array}$$

Pour un pan de bois de 15 centimètres d'épaisseur, si l'on prend les mêmes hauteur et largeur, on aura 1 mètre cube 512.

Quand on a les cubes, on multiplie par le prix, et il en est de même pour les superficies. Ainsi 21 mètres cubes 250 décimètres cubes de bois mis en œuvre, à 95 francs le mètre cube, produisent 2018 francs 75 centimes.

$$\begin{array}{r} 95 \\ 21,25 \\ \hline 10625 \\ 19125 \\ \hline 2018,75 \end{array}$$

Le montant de la couverture est aisé à calculer. C'est la superficie des différents rampants multipliés par le prix soit de l'ardoise, soit de la tuile ou du zinc.

On peut convenir avec le menuisier du prix du mètre courant de portes, de fenêtres, de persiennes, de volets, de lambris, de plinthes, etc.

Le devis de la serrurerie est plus difficile; mais on peut calculer le poids des gros fers et le multiplier par le prix courant. On peut se rendre compte de la quantité de serrures, de pentures, de gonds, d'arrêts de persiennes, d'espagnolettes ou de crémones, d'équerres, tous objets dont on peut savoir le prix d'avance, la pose comprise ou non.

Quant à la peinture, elle se mesure superficiellement, et l'on peut facilement se rendre compte, avec l'assistance d'un peintre, comment on doit s'y prendre pour métrer la peinture soit à la colle, soit à l'huile, soit à deux, soit à trois couches.

Pour la plomberie, il y a des objets qui se payent au poids et d'autres au mètre courant.

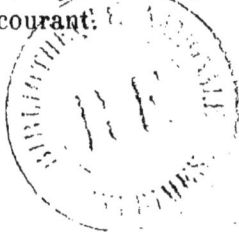

MOTS TECHNIQUES EMPLOYÉS

dans la

CONSTRUCTION

A

Abat-vent. — Tuyau ou appendice en tôle de fer placé sur les mitres de cheminées, ou directement sur l'orifice du tuyau.

Abattant (*Men.*). — Planche mobile placée sur la cuvette des cabinets d'aisance.

About (*Charp.*). — Pièce de bois taillée à onglet.

— (*Men.*); extrémité d'une pièce.

Abras. — Garniture en fer d'un marteau de forgeron.

Abreuver (*Maç.*). — Jeter de l'eau avec une truelle, une brosse, un balai de bruyère sur un vieux mur, afin de pouvoir y accrocher un nouvel enduit.

Accourse. — Galerie extérieure par laquelle on communique à un appartement.

Accumulateur (*Electr.*). — Appareil emmagasinant l'énergie et la restituant sous forme de courant.

Acérer (*Serr.*). — Souder un morceau d'acier à l'extrémité d'un outil en fer, pour en rendre la pointe tranchante et susceptible de s'affûter convenablement.

Acérin (*Serr.*). — Fer qui tient de la nature de l'acier et se durcit à la trempe. Les ouvriers disent *acéreux*.

Acétylène. — Gaz hydrocarboné, que l'on obtient en traitant le carbure de calcium par l'eau.

Acrotère (*Men.*). — Bandeau uni placé au-dessus des corniches de buffets, armoires, etc.

Adoucissement (*Arch.*). — Ornement composé de plantes ou d'animaux, placé au sommet et sur les extrémités des frontons des monuments antiques.

Ægilops (*Charp.*). — Chêne court à tronc circulaire, au bois compact et dur.

Affamer. — Réduire l'épaisseur d'une construction, d'une pièce de bois et lui retirer ainsi une partie de sa solidité ou de sa force.

Affile. — Nouet de toile rempli de graisse pour aider à affiler certains outils d'acier ou de fer.

Affiler. — Donner le fil, le tranchant à un outil quelconque. — Limer les dents d'une scie qui ne coupe plus, avec des limes triangulaires (TIERS-POINTS), ou rondes (QUEUES DE RAT). V. ces mots.

Affleurer (*Men.*). — Mettre deux pièces de bois voisines sur le même plan.

Affourcher. — Joindre par un double ou triple assemblage deux pièces de bois avec languettes et rainures de l'une dans l'autre. On dit aussi *embrever*.

Agglomérat. — Réunion de pierres ou de produits minéraux, par la cémentation ou la fusion.

Agglomérés. — Matériaux factices (V. BÉTON).

Agrafe (*Serr.*). — Boucle en fer pour fixer les volets. — Crampon servant à réunir deux pierres de taille voisines.

Agrès. — Moufles, poulie et cordage faisant partie de la *chèvre* des maçons.

Aile de mouche. — Mouvement de sonnette en forme de branche en Y.

Aire (*Maç.*). — Surface plane et unie; enduit en plâtre ou mortier ou en béton sur lequel on pose des dalles ou des carreaux.

Ais d'Entrevoux (*Men.*). — Planche posée entre des solives de remplissage.

Aisselier (*Charp.*). — Pièce de bois, droite ou courbe, qui fortifie l'assemblage du petit *entrait* et de l'*arbalétrier*.

Aitres. — Ancien mot désignant les dépendances d'un édifice, d'une maison (« *j'ai habité cette maison, j'en connais tous les* aitres »).

Alaise (*Men.*). — Planche de faible largeur servant à compléter un panneau ou une surface pleine quelconque.

Allège (*Maç.*). — Partie de mur comprise entre l'appui d'une fenêtre et le sol.

Allégir ou **Ravaler** (*Men.*). — Donner de la légèreté à une pièce d'aspect lourd.

Amenuiser. — Ancien terme, on dit aujourd'hui *amincir*.

Ampèremètre. — Galvanomètre destiné à mesurer l'intensité d'un courant électrique.

Ancre (*Serr.*). — Petite barre de fer verticale fixant un tirant ou une chaîne en fer, pour empêcher l'écartement d'un mur ou la poussée d'un arc.

Antebois ou **Antibois** (*Men.*). — Assemblage mobile disposé sur le parquet des appartements, pour éloigner les dossiers des chaises et empêcher la dégradation des lambris.

Anter. — Joindre bout à bout une pièce de bois avec une autre.

Apointiser. — Rendre pointu; on dit aussi *apointir*.

Appareil (*Maç.*). — Terme désignant les dimensions, la disposition et l'ajustement des pierres.

Appareiller (*Men.*). — Choisir les bois suivant les dimensions et l'aspect convenables.

Appareilleur. — Maître compagnon ou chef d'atelier des tailleurs de pierre.

Appentis. — Combles à une seule pente.

Appiler. — Mettre en pile.

Approches, *contre-approches.* — Tuiles ou ardoises, tranchées dans leur longueur employées sur les arêtiers, à la rencontre de deux pans de combles; on les appelle aussi *tranchés*.

Appui. — Partie d'une fenêtre ou d'une balustrade sur laquelle on s'appuie; c'est le dessus d'une *Allège*, qui est ordinairement une tablette de pierre.

Araigne. — Crochet de fer à plusieurs branches qui sert à retirer les seaux d'un puits; on dit aussi *araignée*.

Araignée (*Plomb.*). — Crochet en fer à branches dont on se sert pour l'établissement des pompes, afin de les fixer en place.

Araser. — Bâtir, conduire de niveau une assise de maçonnerie, un bâtiment.

—— (*Men.*); donner un coup de scie à une pièce pour limiter le tenon; couper juste, affleurer juste.

Arbalétrier (*Charp.*). — Pièce inclinée sur laquelle posent les *pannes*.

Arc-doubleau. — Arcade en saillie et en contre-bas de l'*intrados* d'une voûte dont elle suit la courbure; il a pour objet de *doubler* la voûte.

Arcanne. — Craie rouge, espèce de sanguine dont se servent les charpentiers pour tracer leurs coupes de bois.

Arceau. — Courbure d'une voûte.

— (*Men.*); partie cintrée d'une baie.

— *Serr.*); arcs demi-circulaires en fer ou en fonte formant bordure au-dessous de la maçonnerie.

Architrave (*Men.*). — Partie inférieure d'un tableau de devanture ou d'un entablement.

Archivolte. — Arc qui contourne les voussoirs et se termine sur les imposte.

Ardoise (*Couv.*). — Pierre tendre, feuilletée et bleuâtre qui sert à couvrir les maisons.

Ardoise artificielle. — Ardoises en amiante qui forment une toiture légère, durable et parfaitement isolante.

Aréneux (*Maç.*). — Sablonneux, en parlant de la composition du mortier.

Arête (*Maç.*). — Angle saillant formé par la rencontre de deux faces d'un corps solide.

Arêtier (*Charp.*). — Pièce de charpente inclinée qui forme les arêtes ou angles saillants du comble et sur laquelle on fixe les chevrons.

Armature (*Serr.*). — Assemblage de liens métalliques consolidant un ouvrage de maçonnerie ou de charpente.

Aronde. — Ancien nom de l'hirondelle. V. QUEUE D'ARONDE.

Arquer. — Courber une pièce de fer, de bois.

Arrachement. — Pierres faisant saillie (V. ATTENTE, HARPE) et servant à lier une maçonnerie nouvelle à une plus ancienne.

Arrêt de pêne (*Serr.*). — Petit talon qui entre dans les encoches du pêne d'une serrure, et empêche ce pêne de courir.

Arrêts de persienne (*Serr.*). — Pièces de ferrure qui permettent de maintenir les persiennes ouvertes.

Arrêter (*Maç.*). — D'une pierre, l'assurer, la fixer à demeure. — D'une solive, en maçonner les scellements. — Sceller au plâtre, au ciment, au soufre et à la limaille de fer, au plomb, etc.

 - (*Men.*); sceller au moyen de pattes et de crampons.

Assemblage. — Manière de joindre des pièces de bois.

 (*Charp.*); assemblage à clé, en crémaillère, par embrèvement, par tenon et mortaise.

 - (*Men.*); à onglet, à boument, à clé, à queue d'aronde, carré, en adent (ou à entailles), en fausse-coupe, à tenon et mortaise, à trait de Jupiter.

Assette. — Hachette de couvreur ayant d'un côté un tranchant large et recourbé à l'intérieur, de l'autre un marteau.

Assise. — Rangée horizontale de pierres, de moellons, de briques, etc. formant les murs ou points d'appui d'un édifice. V. LIAISON, LIBAGE, PARPAING, RETRAITE.

Assise (HAUTEUR D'). — Signifie la hauteur approximative d'une assise de moyenne dimension.

Assise (*Men.*). — Assemblage de moulures embrevées formant corniche.

Assouchement. — Ensemble des pierres qui, dans un fronton, forment la base du triangle. Elles sont en général de grande dimension; aussi sont-elles dites pierres d'échantillon.

Attachement. — Pièces de comptabilité des travaux du bâtiment qui constatent dans quelles conditions ont été exécutés certains travaux.

Attelles (*Plomb.*). — Deux morceaux de bois creux qui, serrés l'un contre l'autre, forment une sorte de poignée avec laquelle les plombiers saisissent leurs fers à souder.

Attente (*Maç.*). — Pierres laissées d'espace en espace, en saillie, à une partie de mur quelconque, pour former une liaison avec celui qui peut y être adossé.

Attique (*Men.*). — Lambris surmonté d'une corniche et placé au-dessus d'une baie.

Auberon. — Petit morceau de fer au travers duquel passe le pêne d'une serrure.

Aubier. — Partie tendre du bois, près de l'écorce; le bois passe à l'état d'aubier avant d'être bois parfait.

Augée (*Maç.*). — Contenu d'une auge.

Auget (*Maç.*). — Garnissage en plâtre posé entre les solives d'un plancher ou les chevrons d'un comble, sur un bâtis espacé, pour former le corps du plafond.

Aussière. — Cordage ordinaire employé dans l'industrie du bâtiment.

Auvent. — Sorte de petit toit en appentis placé au-dessus d'une baie pour l'abriter.

 - (*Men.*); partie saillante destinée à abriter une croisée, une baie ou une porte extérieure; partie pleine entre la corniche d'une devanture et le nu du mur de face.

Avant-corps. — Partie d'un bâtiment en saillie.

Aviver (*Men.*). — Reprendre les arêtes de menuiserie détériorées après le passage des maçons.

B

Badigeon. — Composé de lait de chaux et de poudre de pierre tendre, employé pour couvrir la façade de bâtiments ravalés en plâtre, en moellons et en pierre.

Badours. — Tenailles moyennes dont se servent les forgerons.

Bagues. — Bracelets situés aux extrémités des colonnes en faïence qui cachent les tuyaux de tôle des poêles.

Baguette. — Moulure convexe (la plus petite); on la nomme aussi *astragale*.

Bahut. — Petit mur en maçonnerie, le plus ordinairement surmonté d'une grille.

Baie. — Ouverture d'une porte, d'une fenêtre pratiquée dans un mur, une cloison, un pan de bois. (V. APPUI, JAMBAGE. LINTEAU, PIED-DROIT, PLAFOND, SEUIL, TABLEAUX et VOUSSURE).

Bajoyers. — Murs latéraux.

Balèvre (*Maç.*). — Saillie que présente une pierre qui n'affleure pas le parement de la construction dont elle fait partie.

Baliveaux. — Grandes pièces de bois liées verticalement les unes sur les autres et qui servent à échafauder plusieurs étages. On les nomme aussi *échasses* d'échafaud.

Balustrade. — Rangée de balustres.

— (*Serr.*); clôture en fer forgé, à jour, à hauteur d'appui, disposée le long d'une terrasse.

Balustre (*Men.*). — Colonnette assemblée avec la main courante et le limon d'un escalier en bois.

Bandeau. — Bande plus ou moins saillante, unie, moulurée ou ornementée, qui décore les façades des édifices. Lattes jointives posées sur les solives d'un plancher et recevant l'*aire*.

— (*Men.*); planche mince et étroite couronnant un lambris de hauteur. Chambranle simple qui encadre une porte ou une fenêtre.

— (*Fum.*); *bague* ou ceinture saillante qui décore les colonnes de poêle.

Bard ou **Bayart.** — Civières pour transporter des matériaux à bras.

Bardage. — Transport des matériaux à l'aide du bard.

Bardeaux. — Petits ais de planches minces dont on couvre les maisons dans les pays où les bois sont abondants.

Barder. — Charger des pierres sur une voiture ou sur un bateau.

Bardeurs. — Manœuvres qui chargent des pierres sur une voiture ou qui les approchent d'un chantier avec un *bayart*.

Barlongue (PIERRE). — Qui a la forme d'un rectangle allongé, d'un carré long.

Barlotières. — Traverses de fer de moindre dimension que la traverse dormante, et qui forment la division d'une fenêtre.

Barre (*Men.*). — Champ en chêne de forte épaisseur reliant des cloisons et des portes en planches *rainées* ou non; *barrer* une porte, c'est clouer la barre dessus.

Barre de trémie (*Serr.*). — Fer plat servant à supporter un manteau de cheminée ou une caisse destinée à recevoir un foyer.

Bascule à coq (*Serr.*).— Dont les crampons sont encloisonnés et à moulure.

—— A CRÉMONE : composée de deux verrous coudés, que l'on fait mouvoir à l'aide d'une poignée.

—— DE LOQUET; qui est fixée à l'extrémité de la tige d'un loquet à bascule et sert à le soulever.

—— A PIGNON; qui fait mouvoir les tiges des verrous par un pignon commandant deux crémaillères.

—— A QUEUE DE POIREAU; poignée de fer ronde montée sur platine : à l'aide de fils de fer ajoutés sur la queue de la poignée, on ouvre des verrous ou des becs de canc placés dans une armoire, une bibliothèque, etc.

Basting ou **Bastaing** (*Charp.*). — Pièce de bois mesurant ordinairement 0,17 à 0,18 de largeur sur 0,065 ou 0,07 d'épaisseur.

Batardeau. — Digue destinée à garantir de toute infiltration un travail exécuté au-dessous du niveau des eaux environnantes.

Batellement (*Couv.*). — Double rang de tuiles sur le bord d'un toit, d'où les eaux s'égouttent dans un chéneau.

Bâti (*Charp.*). — Pièces principales d'un pan de bois ; des pièces assemblées, telles que des poteaux reliés par des sablières, sont des bâtis.

— (*Maç.*); mur, plafond, cloison de distribution, ou *lattis*, non encore enduits de mortier ou de plâtre.

— (*Men.*); sorte de cadre dans lequel on assemble des pièces devant former un tout complet.

Bâti dormant (*Men.*). — Espèce de cadre ajusté et scellé dans la feuillure d'une baie et sur lequel battent soit une porte, soit les châssis ouvrants d'une fenêtre.

— D'ENCADREMENT: celui qui forme le cadre d'un parquet, d'un panneau.

Battage (*Fouilles*). — Avant de jeter les fondations, quand les rigoles sont creusées, si le sol est compressible, on le *bat* par divers procédés. Si le terrain est tout à fait mou, sans consistance, vaseux, on y enfonce des pilots, des pieux à l'aide du *mouton* ou de la *sonnette*.

Battant (*Serr.*). — Serrure sans clé, à poignée, avec un *fouillot* dont les deux positions donnent l'ouverture et la fermeture d'une porte.

Batte (*Couv.*). — Maillet qui sert à battre, à dresser les tables de plomb ou les feuilles de zinc.

Battement (*Men.*). — Petite moulure rapportée sur les battants du milieu d'une porte pour en cacher les joints. — Toute pièce, verticale ou horizontale, qui forme feuillure ou reçoit le choc d'une partie ouvrante et l'arrête à la fin de sa course.

Battre le beurre. — Creuser un trou vertical dans l'assise d'un mur pour y fixer un chaînage à l'aide d'une ancre.

Bauge. — Mortier composé de terre franche, d'argile et de chaux mêlée avec de la bourre, ou du foin et de la paille humide. V. TORCHIS.

Bavette. — Bande de plomb ou de zinc, qui couvre le devant et les bords d'un chéneau, d'une lucarne, d'une croisée, d'un châssis à tabatière, etc.

Bavure (*Serr.*). — Trace laissée par les joints des pièces d'un moule sur une pièce moulée ; légère saillie laissée par le burin et la lime à la surface du fer.

Bec de cane (*Serr.*). — Serrure à un seul pêne, sans clé, et ouvrant au moyen d'un bouton ou d'une béquille.

Bédane (ou **Bec d'âne**). — Outil tranchant de charron, de menuisier, pour creuser des mortaises.

Bélier. — Machine servant à enfoncer les pieux. V. MOUTON.

— HYDRAULIQUE : machine qui sert à élever les eaux.

Bénarde (CLÉ). — Celle dont la tige n'est pas forée.

— (SERRURE): celle qui peut s'ouvrir avec la clé soit en dehors, soit en dedans.

Béquille (*Serr.*). — Pièce coudée, espèce de poignée, qui remplace le bouton d'une serrure lorsque ce dernier, trop près d'une feuillure, ne pourrait être manœuvré sans danger pour les doigts.

Besace. — Pierres de mêmes dimensions posées alternativement en longueur ou en largeur à la rencontre de deux murs de face, ou d'un mur de face et de refend.

Besaiguë (*Charp.*). — Outil dont les deux bouts acérés sont taillés l'un en ciseau, l'autre en bec-d'âne.

Béton. — Mortier, composé de chaux hydraulique, d'eau, de sable, de cailloux, de recoupes de meulière ou d'éclats de pierres ; employé pour construire des fondations.

Béton armé. — Matière composée d'une ossature métallique noyée dans le béton.

Bidet (*Men.*). — Petit établi sans tiroir ni presse.

Bigorne. — Enclume à deux pointes.

Bisaiguë. — V. BESAIGUË.

Blanchir (*Men.*). — Raboter une planche pour en faire disparaître les traces de sciage.

Blocage. — Menues pierres, ou moellonaille qu'on jette, à bain de mortier, comme remplissage, entre deux parements d'un mur, ou pour constituer un mur à l'aide de chaînes en pierre.

Blochet. — Pièce horizontale d'une forme de comble recevant le pied de l'arbalétrier et dont l'extrémité est moisée dans la jambe de force.

Bloquer. — Placer des pierres les unes contre les autres sans prendre d'autres précautions que de les serrer aussi bien que possible.

Bois bouge. — Celui qui est courbé ou bombé en plusieurs endroits.

— DE BRIN ; bois non équarri.

— CORROYÉ ; bois repassé au rabot et dressé à la varlope.

— FLACHE : celui qui est équarri sans beaucoup de déchet et dont les arêtes ne sont pas vives.

— GÉLIF ; bois sujet à se fendre par l'effet de la gelée.

— EN GRUME ; celui amené des forêts avec l'écorce, sans être équarri.

— LAVÉ ; bois dont on enlève les traits de scie avec la besaiguë.

— MARMENTAUX ; sert à décorer jardins, bosquets, cours, allées et maisons de campagne.

Boisseau gourlier (*Maç.*). — Poteries rectangulaires, aux angles arrondis, s'emboîtant les unes dans les autres pour former des tuyaux de cheminée.

Bondieu. — Large coin de bois dur ou de fer que les scieurs de long introduisent et chassent dans la fente faite par la scie.

Bossage. — Saillie brute ou façonnée, pratiquée sur la surface plane des murs, des arcades et même des colonnes.

Boucharde. — Marteau à deux têtes, à extrémités aciérées et formées de petites pyramides accolées en pointes de diamant ; sert aux tailleurs de pierre pour exécuter le *rusticage* sur les roches d'une grande dureté.

Boudin. — Spirale d'acier, de fil de fer. Moulure demi-cylindrique.

Bouge (*Charp.*). — Pièce de bois qui a du bombement.

Boulins. — Traverses horizontales portant les planchers, dans les échafauds des maçons.

Bourrique (*Maç.*). — Civière dont se servent les maçons pour élever des matériaux.

Bourseau. — Moulure circulaire pratiquée sur la panne de brisis d'un comble ; on la revêt de plomb ou de zinc ; on la nomme aussi *membron*.

— (*Plomb.*); morceau de bois quadrangulaire et pourvu d'un manche, qui sert aux plombiers pour arrondir les bords des feuilles de zinc destinées à faire des bourrelets.

Bousin. — Croûte tendre et molle, qui se trouve à la surface des pierres et des moellons quand on les extrait des carrières.

Bousille. — Maçonnerie faite grossièrement avec du chaume ou de la paille, et de la terre détrempée.

Bouterolle (*Serr.*). — Une des gardes de la serrure. Chacune des fentes de la clé.

Boutisse. — Pierres plus longues que larges et dont un des bouts forme le parement du mur.

Bouton de tirage (*Serr.*). — Pièce en bronze ou en fonte vissée sur un vantail de porte.

Bouvement (*Men.*). — Rainure pratiquée dans une pièce de menuiserie au moyen du *bouvet*.

Bouvet. — Outil du menuisier et du parqueteur servant à faire des rainures.

Bouvet à embrever. — Rabot utilisé dans l'assemblage de deux pièces de bois se rencontrant obliquement et dans lequel la pénétration a la forme d'un prisme triangulaire.

Brandilles. — Trous faits dans les *chevrons*.

Brandir. — Affermir et relier les chevrons sur les pannes au moyen de chevilles en fer qui passent dans les *brandilles*.

Braser. — Souder ensemble deux pièces de fer, de cuivre, de laiton, à l'aide d'un alliage plus fusible comme le laiton et le zinc.

Brayage. — Approche et équipement des pierres avant leur montage.

Brayers. — Faisceau de cordes pour suspendre au câble les pierres, les baquets, etc. qu'il faut monter à l'arase d'une construction. V. ÉLINGUES.

Brettelé. — Pierre dont le parement a été dressé avec un outil à dents comme le *riflard*, la *ripe*, et dont la taille est inachevée.

Brettures. — Traces laissées sur la pierre par un outil à dents.

Bricole. — Équipe composée d'un petit nombre d'ouvriers.

Bride. — Lien de fer méplat servant à relier des pièces de bois, de charpente ou de fer, des parties de maçonnerie, etc.

Brifier. — Bande de plomb qui couvre les faîtages.

Brin (BOIS DE) (*Charp.*). — Tronc d'arbre sur lequel on n'a pas fait de levées. Employé de préférence dans les étaiements, cintres, pilots, poutres, chevêtres, poteaux, etc.

Brique. — Pierre artificielle fabriquée avec des argiles. On distingue deux espèces de briques : les *briques crues* ou durcies au soleil ; les *briques cuites* ou durcies au feu. Ces dernières se subdivisent en briques *ordinaires*, *réfractaires*, *pleines* et *creuses*.

— DE CHANTIGNOLLE ou PLANELLE : celle qui a autant de longueur que de largeur, par 0^m,03 d'épaisseur ; elle sert à paver, a faire des cloisons, manteaux et caisses de cheminées.

— RÉFRACTAIRE ; celle qui résiste à l'action du feu ; composée d'argile pure, on l'emploie pour la construction des fours et des appareils métallurgiques.

Briquet. — Petite charnière ou couplet de fer ou de cuivre qui a deux broches et ne s'ouvre que d'un côté.

Briquetis. — Ouvrage en briques ; on dit plus ordinairement *briquetage*.

Brisis. — Rencontre d'angles d'un comble, faux ou coupé, avec le vrai comble, comme dans les combles à « la Mansard ».

Broche. — Tige de fer adaptée à certaines serrures et dans laquelle doit entrer le trou d'une clé *forée*.

Brocher la tuile. — C'est la passer de son épaisseur entre les lattes, afin que le couvreur l'ait sous la main.

Broquette. — Petits clous à tête ronde.

Brouter (*Men.*). — Rabot qui « broute », celui qui ne se dégorge pas.

Brucelles. — Pinces fines à ressort pour saisir les petits objets.

Buchement. — Enlever avec la hachette une partie de pierre à retrancher ou à refaire.

Burin. — Ciseau d'acier pour couper les métaux.

Buttée ou **Butée.** — Massif de maçonnerie destiné à recevoir une poussée.

Buveau. — Outil en manière de fausse équerre, servant à rapporter et tracer des angles.

C

Cabestan. — Treuil vertical maintenu par une solide charpente.

Cache-entrée (*Serr.*). — Lame mobile de cuivre, de différentes formes et grandeurs, servant à cacher le trou d'une serrure, d'un cadenas.

Cadenas. — Serrure mobile à combinaisons multiples pour fermeture de portes, malles, etc.

Cadette. — Pierre carrée de petit échantillon, qui sert au pavage.

Cadole (*Serr.*). — Loquet de porte.

Cage (ESCALIER). — Espace dans lequel les marches sont placées.

Caillasse. — Pierre meulière de couleur blanchâtre, grise, dure et compacte, de qualité inférieure, composée presque exclusivement de silex.

Calottin. — Petite calotte de métal, ordinairement de zinc, qui est employée par les couvreurs pour recouvrir les têtes de clous.

Camard (BOUTON). — Bouton de forme aplatie.

Camarder (*Men.*). — Diminuer la saillie d'un profil pour le raccorder avec les profils voisins.

Caminade. — Ancien mot : pièce à feu, chambre avec cheminée.

Camion. — Vase dans lequel les peintres en bâtiment délayent leur peinture.

Campane. — Ornement en plomb chantourné qu'on place au bas du faîte et des brisis d'un comble.

Can. — Terme employé par les charpentiers comme synonyme de *champ* : *poser de can*, pour *poser de champ; canter* pour *mettre sur champ*.

Caniveau (*Maç.*). — Petite rigole, ou pierre creusée en manière de canal, qui sert à l'écoulement des eaux pluviales et ménagères.

Cannelure. — Canaux ou sillons creusés de haut en bas à la surface d'une colonne, d'un pilastre, etc.

Cantalabre (*Men.*). — Bordure ou chambranle d'une porte ou d'une fenêtre, synonyme de *bandeau* et de *chambranle*.

Capote (*Fumist.*). — Appareil en tôle placé au-dessus des souches de cheminées, pour les empêcher de fumer; on le nomme aussi, suivant ses différentes formes, *abat-vent, cauchoise* et *champignon*.

Capucine (*Men.*). — Plancher fait avec des panneaux courts. Les chambranles de cheminées qui sont droits.

—— (*Maç.*); bandeau plat en plâtre ou mortier, couronnant un mur, une souche de cheminée.

Caracol (*Men.*). — Nom donné à un escalier en limaçon.

Carborundum. — Composé de charbon et de silicium ou *carbure de silicium*.

Carillon. — Tige de fer carrée; sert notamment dans les hourdis des planchers.

Carne (*Men.*). — Angle d'une table de bois ou de marbre.

Carreau. — Pierre équarrie posée alternativement avec la *boutisse* pour former liaison; elle présente plus de largeur que d'épaisseur.

- Petites dalles employées au pavement des pièces intérieures. Elles sont en pierre calcaire, en marbre, en terre cuite, etc.

—— Dé carré ou planchette en chêne employée comme remplissage d'une feuille de parquet.

—— (*Serr.*); grosse lime à section rectangulaire, employée pour dégrossir les pièces de métal.

Carreau de plâtre. — Composé aggloméré de plâtre et de mâchefer. Sert à construire des cloisons de distribution d'appartements.

Carrelet (*Serr.*). — Lime à section rectangulaire, taillée sur les quatre faces; elle est moitié moins forte que le carreau.

Carrotin. — Locution synonyme de *Carreau*.

Carton-bitumé. — Les cartons bitumés *sablés* sont destinés aux toitures; les cartons bitumés *unis* s'emploient à l'intérieur pour cloisons légères, dessous de tapis, etc.

Carton-pâte. — Composition formée de craie ou blanc de Meudon, de carton, de gélatine ou de colle-forte, avec laquelle on fait des ornements décoratifs pour plafonds d'appartement, gorges de corniches, colonnes, pilastres, portes, etc.

Caussiné ou **Cauffiné.** — Bois qui, après avoir été bien *dressé*, s'est *déjeté*, est devenu *gauche*.

Cavalier (*Fouilles*). — Terres disposées en monticules prismatiques d'où l'expression : *jet de terre en cavalier*.

Caver. — Creuser une excavation.

Cavet (*Men.*). — Moulure en quart de cercle concave dans les corniches; on la nomme aussi *cimaise*.

Cavoir (*Vitr.*). — Outil, de forme circulaire ou en rectangle allongé, pourvu d'entailles, employé pour *égruger* le pourtour d'un carreau, après avoir donné le trait de diamant.

Cerce (*Fouilles*). — Cercle de fer d'un grand diamètre employé pour maintenir le blindage des terres dans les fouilles de puits circulaires.

- (*Men.*); toute courbe faisant partie d'une voussure.

— Nom donné par les tailleurs de pierre au *patron*, ou *calibre* en bois ou en zinc, qui leur sert à tracer sur la pierre une courbe quelconque.

Cerrus. — Espèce particulière de chêne qui croît surtout en Italie; ressemble au liège, mais est moins dur.

Chabots (*Constr.*). — Petits cordages avec lesquels sont attachés les baliveaux et échasses qui servent à faire un échafaud.

Chaînages. — Pièces de bois ou de métal posées dans l'épaisseur des murs pour en relier et maintenir réunis les matériaux.

Chaîne. — Espèces de piles qui servent à donner plus de résistance, plus de solidité aux murs faits en petits matériaux.

— DE PIERRE; pierre de taille posée en manière de jambages dans un mur quelconque dont les pierres, plus petites, présentent peu de solidité.

Chambranle (*Men.*). — Bordure avec moulures, adaptée autour d'une porte, à l'extérieur ou l'intérieur d'une fenêtre, ou à une cheminée. Sans moulure, on l'appelle *bandeau*.

Champ (*Men.*). — Côté le plus étroit d'une pièce dans le sens de la longueur.

Chanfrein. — Surface étroite, petit plan obtenu par l'abatage d'une arête sur la pierre, le bois, le fer, etc. On l'appelle aussi *biseau*.

Chanlattes (*Plomb.*). — Petites pièces de bois placées sur les chevrons d'un comble pour supporter les tuiles.

Chantepleure. — Ouverture permettant l'écoulement des eaux dans les murs de terrasse, de soutènement ou de clôture; se nomme aussi *barbacane*.

Chanterelle. — Fausse équerre du menuisier et du charpentier.

Chantignole ou Echantignole (*Charp.*). — Petite pièce de bois de la charpente d'un comble, en forme de trapèze et fixée sur l'arbalétrier pour maintenir les pannes.

— (*Maç.*); brique spéciale servant à la construction des cheminées.

— (*Men.*); pièce de bois taillée en biseau et supportant une panne ou une traverse.

Chantourner. — Découper un morceau de bois ou métal, suivant un dessin donné.

Chape (*Constr.*). — Enduit très épais fait de mortier et de ciment, sur l'extrados d'une voûte quelconque, pour empêcher l'infiltration des eaux.

— (*Plomb.*); même opération effectuée dans le même but vis-à-vis des éviers, des fosses, etc.

Chapeau (*Charp.*). — Pièce de bois chanfreinée qui couronne un pan de bois, et reçoit une corniche en plâtre.

— DE LUCARNE (*Charp.*); pièce de bois horizontale, ordinairement de forme triangulaire, posée pour couronner les poteaux montants.

Chaperon (*Maç.*). — Recouvrement d'un mur avec pierres de taille, brique, plâtre, tuiles, etc.; à deux pentes, on lui donne le nom de *bahus*.

— (*Charp.*); fausse coupe exécutée à l'extrémité d'une pièce portant tenon, lorsque, au droit de la mortaise, le bois est *flache*.

Chaploir. — Petite enclume.

Chapoter. — Dégrossir le bois avec une *plane*.

Chaput. — Billot de bois sur lequel on équarrit les ardoises.

Charge (*Maç.*). — Matières rapportées après coup pour compléter une épaisseur déterminée.

— (*Electr.*): opération électrolytique par laquelle on emmagasine l'électricité dans les accumulateurs.

Chartil. — Appentis servant dans les constructions rurales, à remiser les charrettes, les charrues et autres instruments agricoles.

Chas. — Petite plaque percée au milieu d'un trou à travers lequel passe le cordeau d'un fil à plomb.

Chasse-Bondieu. — Outil de scieur de long; c'est un morceau de bois appointé qu'ils font pénétrer dans le trou de scie, pour chasser le coin en bois dur ou en fer appelé *Bondieu*.

Châssis (*Men.*). — Partie de fenêtre ou de cloison dans laquelle sont fixés des carreaux.

Chatières. — Petites ouvertures pratiquées sur les versants d'un comble pour aérer des greniers ou la charpente des couvertures.

Chaude (*Serr.*). — Donner une *chaude* c'est faire chauffer le fer afin de le porter à une température voulue.

Chaude-portée (*Serr.*). — Chauffer simultanément deux pièces de fer pour les souder.

Chausse (*Plomb.*). — Tuyau de descente en poterie.

— D'AISANCES; tuyau de descente en plomb, en fonte ou en poterie, pour les lieux d'aisances.

Chaux. — Protoxyde de calcium formant la base d'un grand nombre de pierres.

— ÉTEINTE (*hydratée*); celle combinée avec l'eau.

— HYDRAULIQUE; celle qui peut être employée sans altération dans l'eau.

— VIVE (*anhydre*); chaux sans eau.

— LAIT DE CHAUX; eau dans laquelle on a délayé de la chaux; employée pour blanchir les murs et les plafonds.

Chef. — Côtés d'une ardoise.

Chéneau (*Plomb.*). — Canal ou rigole en plomb, zinc, etc., disposé au pourtour d'un comble pour recevoir les eaux pluviales et les conduire dans les tuyaux de descente.

Chevalées. — Etages soutenus à l'aide d'un chevalement.

Chevalement (*Charp.*). — Grand étaiement composé de plusieurs pièces de bois disposées en manière de chevalet.

Chevalet (*Constr.*). — Petit comble de forme triangulaire, derrière une lucarne, une souche de cheminée ou un fronton, formé de chevrons.

— Tréteaux qui servent pour les échafaudages.

Chevêtre (*Charp.*). — Pièce de bois placée de manière à laisser un espace libre dans les planchers, pour le placement de l'âtre et pour le passage des tuyaux de cheminée.

Cheviller (*Men.*). — Consolider des assemblages à l'aide de chevilles.

Chevillettes. — Petite broche de fer semblable à un fort clou à tête plate, et qui sert à consolider des assemblages.

Chèvre. — Machine qui sert aux maçons, aux charpentiers et aux serruriers pour élever des fardeaux.

Chevrette. — Petit morceau de fer carré recourbé à ses extrémités pour former pied.

Chevron (*Charp.*). — Chacune des pièces de bois équarri ou refendu qui soutiennent les lattis d'un comble sur lesquels on pose des tuiles ou des ardoises.

Chicoristes. — Les ouvriers modeleurs qui posent le carton-pâte.

Chien-assis. — Petite lucarne destinée à éclairer, mais surtout à donner de l'air dans un comble.

Cimaise (*Men.*). — Moulure qui couronne un lambris ou qui est posée à hauteur d'appui sans lambris.

— (*Arch.*); partie supérieure d'un entablement.

Ciment (*Maç.*). — Débris de tuiles, de briques, ou de carreaux et autres substances concassées et mêlées avec de la chaux, huile, cire ou résine pour en faire une pâte destinée à empêcher l'infiltration des eaux ou l'humidité.

— ARMÉ; ciment à prise rapide avec lequel on enduit en tous sens, en les y noyant, un faisceau de fils d'acier ou un treillage métallique.

— DES FONTAINIERS; composé de houille, de machefer broyé, de tuileau, de grès tendre réduit en poudre, le tout mélangé avec de la chaux vive éteinte et bien broyée.

— ROMAIN; obtenu en cuisant et en concassant certaines pierres et qui durcit rapidement à l'air et dans l'eau.

Cingler. — Tracer des lignes droites à l'aide d'un cordeau blanchi, noirci ou sanguiné; les charpentiers disent *battre la ligne*.

Cipolin. — Espèce de marbre gris verdâtre et blanc.

— Genre de peinture en détrempe et vernis pour laquelle on emploie de l'ail, lors de l'application de la première couche.

Cisaille. — Sorte de gros ciseaux avec lesquels on coupe des plaques de métal, on élague les arbres, etc.

Clameaux. — Clous ou crampons à deux pointes coudées, pour des constructions provisoires; on les emploie pour fixer des pièces de bois l'une sur l'autre ou l'une contre l'autre.

Claveau. — Pierre taillée en forme de coin et qui entre dans la composition d'un arc ou d'une voûte; aujourd'hui synonyme de *Voussoir*.

Clé. — Instrument métallique pour ouvrir et fermer une serrure. Il se compose d'un *anneau*, d'une *tige* et d'un *panneton*. Les clés ordinaires se font en fonte malléable; les supérieures en fer forgé.

— CLÉ ANGLAISE : outil à mâchoires mobiles qui sert à ouvrir ou fermer, serrer ou détendre des écrous.

Cliquet. — Petit levier qui a pour fonction d'arrêter le mouvement d'une roue dentée.

Closoir (*Maç.*). — Dernière pierre posée dans une voûte ou dans un mur, pour remplir le dernier espace qui restait vide : se nomme aussi *clé*.

Cochonnet. — Petit bout de latte taillé ou profilé dont on se sert comme d'un calibre.

— (*Men.*); la partie saillante d'un bâtiment à l'extérieur d'une croisée ou porte.

Cognée. — Forte hache.

Coin. — Instrument de fer en angle qui sert à fendre du bois. Pièce prismatique servant à remplir un vide entre deux parties de construction et à les serrer.

Collet (*Men.*). — Partie la plus étroite d'une marche dansante, c'est-à-dire celle qui se trouve près du *noyau* (ou du *limon* d'un escalier tournant.

— (*Serr.*); portion d'une penture, d'une paumelle, etc., la plus proche de l'œil.

— (*Plomb.*); renflement existant à l'extrémité d'un tuyau et qui sert à maintenir ce tuyau au-dessus d'un autre.

Collier (*Serr.*). — Bande de fer plat de forme circulaire entourant une colonne; étrier complétant l'assemblage de deux pièces de charpente jumelées.

Colombage. — Remplissage de cloison fait en terre, platras et gravois, etc., recouvert de mortier ou de plâtre.

Colombe (*Charp.*). — Poteau posé d'aplomb à une cloison, à un pan de bois, etc.

Coltinage. — Transport de fardeau à force d'homme et sur l'épaule.

Comble (*Charp.*). — Ensemble de toutes les pièces destinées à porter les ardoises, les tuiles, les feuilles de plomb ou de zinc qui constituent la couverture d'une maison et qui doivent en assurer l'étanchéité.

Commutateur. — Appareil servant à changer la direction des courants électriques.

Compagnon. — Synonyme d'ouvrier. ½ maçon, en quittant son état de garçon, devient d'abord *limousin*, puis *maçon à plâtre*.

— (MAITRE): ouvrier maçon chargé par un entrepreneur de surveiller les maçons à plâtre, les limousins et les garçons qui se trouvent sur l'atelier.

Compas. — Instrument composé de deux branches mobiles autour d'un axe et servant soit à tracer des courbes, soit à mesurer des longueurs ou des épaisseurs.

— DE CHARPENTIER : le compas d'appareilleur ou *à tracer les épures*, le *compas à verge en bois*, le *compas fixe*, le *compas à quart de cercle* et enfin les *compas d'épaisseur*.

Congé. — Raccordement du fût et de la ceinture d'une colonne au moyen d'un quart de rond creux.

Console (*Arch.*). — Saillie destinée à supporter des moulures, des corniches, les galeries, les balcons, etc.

Contrecœur. — Partie verticale de la cheminée comprise entre les deux jambages.

— DE FENÊTRE : parpaing moins épais que le mur et placé au-dessus de l'appui.

Contrefiche (*Charp.*). — Étai placé obliquement pour soutenir une construction ou un mur chancelant.

— Pièce de bois d'un comble placée en arc-boutant et servant à lier les arbalétriers et le poinçon.

— Dans les fermes en fer, sont nommées les contrefiches *bielles*.

Contre-fruit (*Maç.*). — Dans un mur, plus grande épaisseur donnée au sommet jusqu'à la base (synonyme de *surplomb*).

Contre-latte (*Charp.*). — Planche mince placée de hauteur, en forme d'*étrésillon* entre les chevrons d'un toit.

Coquille (D'ESCALIER) (*Men.*). — Dessous des marches.

Corbeau. — Forte saillie de pierre, de bois ou de fer, destinée à supporter des poutres, des corniches, des arcatures, etc. V. MODILLON.

Corindon. — Pierre fine, la plus dure après le diamant.

52

Cornette. — Fer méplat, incrusté dans l'encoignure d'un bâtiment pour la protéger contre le choc des essieux des véhicules.

Corniche. — Membre saillant d'architecture qui sert à couronner le faîte d'un bâtiment quelconque.

Cornier (*Charp.*). — Poteau d'encoignure d'une construction en charpente.

— CHÉNEAU-CORNIER (*Plomb.*): celui posé sur la *noue* de rencontre de deux combles qui en reçoit les eaux.

— PIED-CORNIER, POTEAU-CORNIER (*Men.*); pour désigner le pied ou le poteau faisant parement sur deux faces.

Cornière (*Charp. en fer*). — Fer en forme d'équerre et laminé employé pour poitrails et poutres en fers: l'assemblage s'en fait avec des rivets.

— (*Couv.*): rangée de tuiles, à la jonction de deux pentes de toit, qui sert à l'écoulement des eaux pluviales.

Correcte. — Nom du chef d'atelier, du commis des menuisiers, et qui correspond au *gâcheur* des charpentiers.

Corroyage (*Men.*). — Dégrossir, dresser, équarrir, et blanchir une pièce de bois avec la varlope ou le rabot.

— (*Serr.*): synonyme de *forger*: c'est battre le fer à chaud, réunir et souder au marteau plusieurs tiges ensemble.

Corvée. — Travail de peu d'importance que les ouvriers traduisent par *bricole*.

Coterie. — Nom avec lequel les ouvriers du bâtiment s'interpellent dans le chantier.

Couchis. — Épaisseur de graviers propre à recevoir un pavage ou un carrelage.

— Pièce de bois méplate faisant partie d'un étaiement.

— DE LATTES: lattis à lattes jointives des solives d'un plancher pour recevoir l'aire en plâtre (V. BARDEAU).

Coulis (*Maç.*). — Plâtre gâché très clair, au mortier de sable et de chaux très liquide, qui sert à *couler* et *ficher* les joints de pierres, au moyen du *coulage*.

Coulottes. — Fortes pièces de bois que les scieurs de long mettent sur tréteaux pour porter le bois qu'ils ont à refendre.

Coupe. — Dessin représentant l'aspect d'un édifice *coupé* verticalement.

Coupe-circuit. — Fil d'alliage fusible que l'on intercale dans un circuit électrique et qui fond quand l'intensité du courant devient trop considérable, interrompant ainsi le circuit.

Coupe-larmes (*Men.*). — Petit canal pratiqué sous l'appui d'une croisée pour rejeter l'eau.

Couplet (*Serr.*). — Fortes charnières employées pour les gros ouvrages; elles sont de deux sortes, à pans ou à goujon.

Courçon, courson (*Men.*). — Bout de planche qui, n'étant pas de longueur, est employé dans le remplissage des feuilles de parquet.

— (*Serr.*): fer du Berry très doux dont la section est à pans irréguliers.

Coyaux (*Charp.*). — Petits chevrons placés sous les couvertures en saillie sur la corniche.

Coyer (*Charp.*). — Maîtresse solive, posée en diagonale, qui reçoit l'assemblage des *soliveaux* ou *empannons*.

Crampon. — Morceau de fer ou de bronze replié à crochet à ses deux extrémités, ou *à queue d'aronde*; sert à consolider les assises.

Crapaudines (*Serr.*). — Morceau de fer ou de bronze carré, destiné à recevoir le pivot d'un vantail de grille ou de porte qui tourne verticalement.

— (*Plomb.*): petite grille placée sur l'orifice d'un tuyau pour empêcher les détritus ou immondices de s'y introduire.

Crémaillère (*Men.*). — Champ en chêne ou autres bois avec crans employé pour armoires ou bibliothèques. — Pièce supportant les marches d'un escalier.

Crémone (*Serr.*). — Fermeture de fenêtre remplaçant l'espagnolette.

Crépi (*Maç.*). — Couche de plâtre appliquée sur un mur en maçonnerie, un pan de bois, sur le hourdis d'une cloison, sur un auget, etc.

Crépine (*Plomb.*). — Sorte d'écumoire hémisphérique placée à l'extrémité d'un tuyau d'aspiration pour empêcher les corps étrangers de s'y introduire.

Crépir (*Maç.*). — Nettoyer les parements et joints d'un mur, que l'on mouille et enduit avec du mortier, ou que l'on fouette avec un balai et du mortier ou plâtre clairement délayés.

Crête (*Plomb.*). — Ornement en bois, fer ou plomb, découpé à jour et qui court sur le faitage d'un comble.

Cric. — Machine à crémaillère et à manivelle, servant à soulever les fardeaux.

Croisée (*Men.*). — Assemblage de menuiserie placée dans la baie d'une fenêtre, et destinée à servir de dormant aux carreaux de verre.

Croupe (*Charp.*). — Extrémité en pente d'un comble composée de deux arêtiers tendant à un poinçon.

— (DEMI-); moitié de la croupe: elle ressemble à l'*appentis*.

Cul-de-poule (*Serr.*). — Renflement évidé situé au centre d'un bouton d'espagnolette, ou d'une poignée de crémone.

Culière (*Maç.*). — Pierre creusée, posée au bas d'un tuyau de descente, pour recevoir les eaux pluviales et les conduire au ruisseau.

Culotte (*Plomb.*). — Bout de gros tuyau, en fonte ou en plomb, portant sur ses côtés deux ou trois branches destinées à divers embranchements.

D

Dalon. — Petite gouttière servant à l'écoulement des eaux, posée ordinairement à la surface du sol.

Dé. — Carré de pierre, de bois, de fer, de plâtre, de maçonnerie, etc., servant à la composition d'un piédestal, à supporter une colonne, un pilier, etc.

Débillardement (*Charp.*). — Couper dans une pièce de bois et sur sa longueur, une portion triangulaire ou arrondie, pour faire soit une partie de l'échiffre d'un escalier rampant, soit un arêtier ou un faitage.

Déblais (*Fouilles*). — Terres provenant d'une fouille ou d'une excavation.

Décrottage (*Maç.*). — Détacher les portions de plâtre ou de mortier adhérant aux briques et aux carreaux venant de démolition et destinés à être réemployés.

Dégauchir. — Dresser en tous sens une pierre ou une pièce de bois, soit de charpente, soit de menuiserie.

— Raccordement d'un talus avec une pente de terrain.

Dégorgeoir. — Endroit où les eaux se dégorgent.

Dégueulement (*Charp.*). — Entaille de forme conique faite à l'extrémité des *arêtiers* et de leurs *contrefiches*, pour les assembler dans l'arête du poinçon.

Délardement (*Charp.*). — Amaigrissement du dessous d'une marche d'escalier.

Délarder (*Charp. et constr.*). — Abattre les angles d'une pierre ou d'une pièce de bois en chanfrein.

(d°): *limon* ou marche d'escalier échanfreinée, suivant la ligne de rampe.

Tailler en pente une pièce pour permettre le passage d'une autre.

Délit. — Pierres dont les joints des bancs de carrières sont placés d'aplomb dans une construction, par conséquent contraires à leurs lits naturels.

Déliter une pierre. — C.-à-d. la refendre.

Dépouille (*Serr.*). — *Limer en dépouille*, c'est chanfreiner légèrement une pièce, afin qu'elle porte exactement dans une entaille.

Détrempe (*Peint.*). — Peinture aussi appelée *à la colle*; faite avec des couleurs broyées à l'eau et détrempées dans la colle de Flandres ou de peau, ou autres substances gélatineuses qui la rendent adhérente. — V. ENCOLLAGE.

Dévers (*Charp.*). — Pièce de bois qui n'est pas droite par rapport à ses angles et à ses côtés.

Dévirure (*Couv.*). — Pente en plâtre faite sous la tuile ou sous l'ardoise des solins et des *ruellées*, et qui sert à rejeter l'eau sur le toit.

Diable. — Petit chariot à deux roues basses formé d'un simple plateau, et muni d'un brancard portant une traverse qui sert à le conduire.

Doleau (*Couv.*). — Outil de l'ardoisier, avec lequel il donne la forme à l'ardoise.

Dormant. — Pour *bâti dormant*.

— (*Men.*); encadrement fixe dans lequel jouent les menuiseries mobiles, telles que portes, croisées, châssis, etc.

— DE FER: enroulements et autres ornements adaptés dans un châssis, pour servir d'imposte au-dessus d'une porte.

Dosses (*Men.*). — Les premières planches enlevées sur une pièce de bois; elles sont irrégulières et comportent de l'aubier et du bon bois.

Dosseret. — Petit pilastre ou parpaing d'un mur qui fait un piedroit commun à une porte ou à une fenêtre.

Doubleaux. — Fortes solives placées dans les planchers, pour servir de supports aux chevêtres ou toute autre charge.

Doublis (*Couv.*). — Rang de tuiles ou d'ardoises qui s'accrochent immédiatement au-dessus de la *chanlatte* et qui double le premier rang de tuiles ou ardoises.

Doucine. — Moulure convexe par le haut et concave par le bas.

— Rabot de menuisier servant à faire ces moulures.

Dougé ou Douger. — Ciseau plat, très mince qui, à l'aide d'un petit maillet, sert à diviser l'ardoise en *fendis*, ou *ardoises brutes*.

Douille. — Partie creuse d'un outil dans laquelle est adapté le manche.

Drille ou Trépan. — Outil en acier qui sert à percer les métaux ou les bois durs.

Dynamo. — Nom donné à la machine dynamo-électrique, qui transforme l'énergie mécanique en énergie électrique.

E

Ebarber (*Serr.*). — Couper à l'aide d'un burin et dresser à la lime les *balèvres* ou *barbes* sur les rives d'une pièce de fer.

Ebousiner (*Maç.*). — Enlever avec le marteau le *bousin* ou couche tendre qui recouvre la surface des pierres.

Ebrasement (*Men.*). — Côté intérieur d'une baie de porte ou de fenêtre, depuis la battue (la partie ouverte) jusqu'au retour de l'alignement intérieur. En général, élargissement dans les croisées, mais rarement dans les portes.

Ecailler le plomb (*Couv.*). — C'est le gratter à vif avec le *grattoir*, afin de le mettre en état de recevoir la soudure.

Ecaillon. — Principal ouvrier d'une ardoisière.

Echafaud. — Plancher temporaire, établi au moyen de planches ou madriers sur des poteaux et traverses ou boulins, pour les ouvriers pendant la construction d'un bâtiment.

Echafaudage. — Plancher temporaire plus solide que l'échafaud, formé de poteaux, reliés par des longrines sur lesquelles portent des boulins ou solives destinés à recevoir le plancher.

Echaillon. — Pierre calcaire, dure et résistante, d'un blanc rosé ou d'un jaune clair.

Echampir et Réchampir (*Peint.*). — Appliquer sur des moulures ou sur les compartiments d'un plafond ou d'un panneau, les teintes autres que celles de la couleur qui forme le fond.

— Terminer les inscriptions faites au *pochoir* (rechampissage).

Echandole. — Terme, dans quelques localités, synonyme de *bardeau*.

Echantignolle. — V. CHANTIGNOLLE.

Echasses. — Pièces de bois de brin que l'on dresse pour supporter les planchers d'échafauds. On les appelle aussi *écoperches* et *baliveaux*.

Echaudage. — Lait de chaux qui sert à blanchir les murs.

Echelier ou Rancher. — Pièce de bois traversée par des échelons, nommés *ranches*, et qui remplit l'office d'échelle.

Echelle de meunier (*Charp.*). — Escalier droit, sans contremarche, dont les marches sont encastrées soit dans les limons, soit dans les murs ou fixées sur tasseaux ou cornières.

Echenal. — Gouttière creusée dans un tronc d'arbre, ou faite avec deux ou trois planches, pour recevoir l'eau des toits.

Echiffre. — Mur rampant sur lequel portent les marches et la rampe d'un escalier.

—— DE BOIS ; assemblage triangulaire, composé d'un patin, de deux noyaux, d'un ou de plusieurs potelets, avec limon, appui et balustres.

Echiquet (POSE EN). — Pose des feuilles de parquets diagonalement par rapport aux murs de la pièce à parqueter.

Ecoinçon. — La partie de mur plein d'un angle à une porte ou à une fenêtre.

Ecoperche. — Longue perche en bois de brin, ou *baliveau*, qu'on emploie à la construction des échafauds.

Ecrouir. — Battre un métal à froid pour le rendre plus doux et plus élastique.

Ecuyer (*Serr.*). — Support de *main-courante* d'escalier scellé dans le mur.

Effumer (*Peint.*). — Eteindre une couleur, un ton trop ardent.

Efourceau. — Espèce de chariot ou *trique-balle* qui sert au transport des troncs d'arbres ou des grosses pièces de charpente.

Egoine. — Scie à main à une seule poignée et à lame plus large du côté de cette poignée qu'à l'autre extrémité ; se nomme également *scie à guichet*.

Egrenage (*Peint.*). — Unir au moyen du grattoir les enduits de plâtre neufs pour en lisser la surface et la rendre propre à recevoir la peinture.

Egrisage (*Maç.*). — Opération qui précède le polissage dans la taille des pierres très dures ; pour les moulures à égriser, on emploie des molettes de fer ou de buis ayant le profil des moulures, sur lesquelles on projette du grès mouillé.

Egruger. — Exercer à l'aide du *cavoir*, une pesée sur le pourtour d'un carreau de verre, d'une glace, après que le trait du diamant y a été donné.

Elégi (*Men.*). — Partie en retrait, laquelle, dans une pièce massive, lui donne plus de légèreté.

Elégir. — Corruption d'*allégir*, *alléger* : rendre moins pesante, moins lourde d'aspect, une partie quelconque de construction.

Elingue (*Charp.*). — Corde ayant un nœud coulant à chaque bout et qui sert à entourer les matériaux pour les élever.

Embarrures (*Couv.*). — Joints, au mortier ou au plâtre, faits de chaque côté des tuiles faitières pour les sceller.

Embardellement (*Couv.*). — Dernier rang d'ardoises taillé en pointe par le bas. — Ardoises chevauchant les unes sur les autres.

Emboutir (*Plomb.*). — Revêtir de plomb ou de zinc une corniche ou tout autre ornement saillant en pierre ou en bois, pour le préserver.

Embrèvement (*Charp.*). — Entaille pratiquée à la surface d'une pièce destinée à recevoir le bout d'une autre pièce.

Embrever. — Joindre par un embrèvement.

Embroncher (*Couv.*). — Ranger des tuiles ou des ardoises convexes de manière qu'elles s'emboîtent les unes avec les autres.

Emmarchement (*Charp.*). — Disposition des marches d'un escalier, leur longueur.

Empan. — Mesure de longueur égale à la distance qui sépare l'extrémité du pouce de celle du petit doigt de la main ouverte le plus largement possible.

Empannon *Charp.* — Chevron de croupe qui, au lieu d'être fixé sur le faitage, est assemblé sur l'arêtier et posé sur la plate-forme.

Empênage. — Mortaise destinée à recevoir le pêne de n'importe quelle fermeture, serrure, barre de fer, etc.

Empenoir (*Men. et Serr.*). — Ciseau recourbé dont les extrémités tranchantes sont inversement disposées.

Encastrer *Serr.* — Enchâsser, introduire une ferrure dans une entaille de forme appropriée.

Encaustique (*Peint.*). — Peinture préparée avec de la cire fondue.

Enchevauchure (*Couv.*). — Partie d'une ardoise, d'une planche, d'une tuile, etc., qui recouvre en partie celle qui est disposée au-dessous.

Enchevêtrure. — Assemblage comprenant l'espace carré vide laissé dans les planchers pour les âtres et le passage des tuyaux de cheminée.

Enclaver. — Faire entrer les bouts des solives par entailles dans une poutre. — Arrêter une pièce avec des clés ou des boulons de fer. — Mettre quelques carreaux de différentes hauteurs en assise, par des entailles pratiquées en liaison.

Enclumette. — Petite enclume portative du couvreur.

Encollage (*Peint.*). — Application de couches de colle chaude sur les surfaces à peindre en *détrempe*.

Encorbellement. — Construction en saillie portant à faux sur le nu du mur.

Encroûter. — Enduire la surface d'un mur avec un mortier de chaux contenant du mâchefer.

Enduit (*Maç.*). — Couche de plâtre ou composé de chaux et de sable qu'on applique sur un mur ou un plafond.

Enfaîter (*Couv.*). — Couvrir de tables de plomb le faîte d'une couverture d'ardoise. — C'est aussi poser un faîtage.

Engravure. — Entaille faite dans un mur pour recevoir la partie supérieure d'une bande de zinc ou de plomb.

Enlève-carré (*Men.*). — Espèce de bouvet, qui sert à dresser certaines parties de moulures dans les croisées.

Enlier (*Maç.*). — Poser des matériaux en liaison (pierres de taille, mœllons, briques).

Ennusure (*Couv.*). — Bande de plomb placée sous le *bourseau* d'un comble.

Enrayure. — Assemblage de toutes les pièces horizontales qui composent une ferme.

Entablement. — Ensemble des différentes moulures qui se trouvent au-dessus des colonnes et des pilastres.

Enter. — Joindre bout à bout deux pièces de bois de charpente de même grosseur.

Entrait. — Pièce principale ou poutre qui, dans une ferme, porte les arbalétriers et le poinçon.

Entretoise. — Toute pièce de bois placée entre deux autres dans lesquelles elle s'assemble à tenons et à mortaises. Traverse qui forme châssis et retient l'écartement.

—— (*Serr.*); pièce de fer coudée à ses extrémités et accrochant les solives en fer d'un plancher pour maintenir l'écartement.

Entrevous. — Espace compris entre deux solives d'un plancher.

Épannelage (*Maç.*). — Abatage de la pierre pour la dégrossir, afin de dégager les moulures, profils, etc.

Épaufrure, Épauffrure. — Éclat enlevé à l'arête d'une pierre, par maladresse de l'ouvrier ou par tassement de la construction.

Épaulement (*Serr.*). — Couronne disposée sur une pièce méplate ou cylindrique permettant de recevoir une autre pièce.

Éperon. — Pilier construit contre un mur et qui sert à le consolider.

Épi (*Couv.*). — Ornement en fer, zinc ou plomb, placé le plus souvent aux extrémités d'un faîtage.

Époussetage (*Peint.*). — Travail préparatoire sur les surfaces à nettoyer, telles que plafonds, murs, portes, lambris, menuiserie, plâtres crus ou enduits, etc.

Équarrir (*Carr.*). — Aviver les arêtes des carreaux de pierre ou de marbre.

—— (*Charp.*); retrancher d'un bois en grume juste ce qu'il faut pour le rendre carré.

—— (*Maç.*); tailler une pièce à l'équerre, c'est-à-dire de façon que les parements opposés soient parallèles et les parements contigus à angle droit.

—— (*Men.*); refaire les rainures et languettes, ou les feuillures de fermeture, redresser l'épaisseur des battants, etc.

—— (*Pav.*); aviver les arêtes du parement d'un pavé, c'est-à-dire les quatre arêtes du dessus.

—— (*Serr.*); rendre un trou carré avec l'équarrissoir.

Équiboquet (*Charp.*). — Instrument servant à vérifier le calibre des mortaises.

Équinette. — Partie horizontale du fer qui sert de support aux girouettes.

Équipet. — Planche fixée à une muraille dans un atelier, et qui sert à ranger certains outils.

Éridelle (*Couv.*). — Ardoise longue et étroite qui a deux de ses côtés bruts et les deux autres taillés.

Escalier encloisonné (*Charp.*). — Celui dont les marches sont scellées entre deux murs (ou cloisons) ou portant sur une ou plusieurs fausses crémaillères appliquées le long de ces murs ou cloisons.

— A LIMON, DIT « A LA FRANÇAISE » ; voir LIMON.

— A QUARTIERS TOURNANTS ; celui dont les rencontres des limons de chaque rampe sont arrondies. Voir CAGE. ÉCHELLE DE MEUNIER, ESCARGOT, GIRON, LIMON, MARCHES, PALIER et RAMPE.

Escargot (ESCALIER DIT). — Escalier à noyau plein.

Établi. — Table de travail des menuisiers, des serruriers, etc.

Établissement (*Men.*). — Marques faites sur le parement des pièces pour indiquer l'emplacement qu'elles doivent occuper.

Étai (*Charp.*). — Pièce de bois destinée à appuyer et retenir un mur, un plancher ou autre corps qui menacent ruine.

Étaiements (*Terr.*). — Action de poser des étais.

Étampe. — Pièce de fer destinée à produire des empreintes sur les métaux à froid et à chaud.

— Outil du forgeron, du serrurier.

Étançon (*Charp.*). — Appui ou étai que l'on emploie pour retenir un mur ou un plancher pendant l'exécution de quelques réparations.

Étau. — Instrument dans lequel on serre les objets à limer.

Ételon (*Charp.*). — Toute épure projetée en vraie grandeur sur une surface plane, verticale ou horizontale.

Étoffe. — Tôle obtenue par la soudure de feuilles de tôle de fer et d'acier commun.

Étreignoir. — Instrument garni de clés qui sert à serrer les écrous des pièces assemblées.

Étrésillon. — Petite pièce de bois placée, ou dans un fossé pour empêcher les éboulements, ou adaptée à un ouvrage repris en sous-œuvre.

Étrier. — Pièce de fer servant à soutenir une solive ou toute autre pièce de bois horizontale fixée sur une pièce plus importante.

Extrados. — Cavité extérieure d'une voûte ou d'un arc.

F

Faîtage (*Maç.*). — Partie la plus élevée d'un toit.

Faîtière. — Tuile courbe dont on couvre le faîte d'un toit.

Fenton. — Tringle de fer carrée employée comme *paillasse* ou carcasse, pour soutenir des travaux en plâtre.

Faucillon (*Serr.*). — Petite lime fine qui sert à évider le panneton des clés.

Fauconneau. — Pièce de bois qui, placée en travers sur le haut d'un engin, sert à soutenir deux poulies propres à élever des fardeaux.

Fausse aire. V. AIRE.

Fausse-Coupe (*Men.*). — Coupe qui n'est ni d'équerre ni d'onglet.

Fécine ou **Facine.** — Rouleau de paille tressée que les ouvriers couvreurs attachent sous leurs échelles pour les empêcher de glisser, et préserver de rupture les tuiles et les ardoises qui portent ces échelles.

Fendis (*Couv.*). — Ardoises brutes.

Fenestration. — Répartition des fenêtres sur une façade de bâtiment.

Fenêtre. — Ouverture ménagée dans un mur pour donner du jour et de l'air. — Boiserie et cadre vitré qui garnissent cette ouverture. V. APPUI, JAMBAGES, LINTEAU et PIÉDROITS.

Fenton de cheminée. — Crampon scellé dans le mur pour soutenir et lier le tuyau.

Fer corroyé. — Celui forgé à chaud, ensuite à froid, pour le rendre moins cassant.

— EMBOUTI ; tôle relevée en bosse, pour figurer des roses, rosaces et autres ornements.

— ROUVERIN ; celui qui a des gerçures ; se casse à chaud.

Ferme. — Assemblage de pièces placées de distance en distance et destinées à porter le *faîtage*, les *pannes* et les *chevrons* d'un comble.

— PIÈCES QUI CONSTITUENT UNE FERME : les *arbalétriers*, qui travaillent à la flexion ; — les *tirants*, les *faux-entraits*, le *poinçon*, soumis à l'extension ; — les *contrefiches* et *jambes de force* qui travaillent à la compression.

— Les pièces longitudinales de charpente, telles que *faîtage, pannes* et *plates-formes* et qui portent le nom général de *retours*.

Ferme-porte (*Serr.*). — Appareil formé d'une partie fixe sur le dormant et contenant un mécanisme de rappel à ressort ou à piston, et d'une tige mobile fixée sur la traverse supérieure d'une porte et coulissée dans un support spécial.

Fermoir. — Outil du maçon qui lui sert à terminer et à finir dans ses moindres détails les moulures en plâtre.

Ferrements. — Tous les gros fers employés dans le bâtiment, tels que *chaînes, ancres, équerres, étriers, plate-bandes, armatures*, etc.

Ferreur. — Ouvrier serrurier qui pose les ferrures destinées à consolider, renforcer ou garnir les ouvrages de menuiserie : portes, croisées, persiennes, volets, etc.

Ferrures. — Ensemble des pièces de métal qui consolident ou garnissent les ouvrages de menuiserie ou de charpente.

Feuilles (*Men.*). — Les volets des persiennes et de fermeture des boutiques, les panneaux de menuiserie employés pour les parquets.

Feuille de sauge (*Serr.*). — Petite lime demi-ronde très plate.

— (ARRÊT A) ; petite ferrure en forme de feuille destinée à arrêter la corde d'un store, d'une jalousie.

Feuilleret (*Men.*). — Sorte de *bouvet* ou de rabot qui porte un conduit servant à l'appuyer contre le bois.

Feuillure (*Men.*). — Entaille ou évidement rectangulaire pratiqué dans le tableau d'une baie pour y loger le bâti dormant, ou dans les bâtis en bois pour recevoir les menuiseries, les verres, etc.

Fichage (*Maç.*). — Remplir de mortier les joints des pierres de taille.

Fiche (*Serr.*). — Petite penture avec charnières, employée pour les portes de communication.

Fiche à mortier (*Maç.*). — Lame de fer dentée et emmanchée qui sert pour le fichage des pierres.

Fil. — Défauts, veines qui, dans le marbre et les pierres, les coupent et les détériorent par l'action de l'air. — Dans une pièce de bois, nœuds qui se rencontrent au même endroit.

Filet (*Couv.*). — Enduit de plâtre ou de mortier qui sert à fixer un rang de tuiles ou d'ardoises contre corps.

Filière. — Instrument d'acier servant à étirer les fils métalliques.

Flache (*Men.*). — Défaut d'équarrissage (l'endroit où l'écorce, ou l'aubier, paraissent encore dans une pièce de bois équarrie, mais non à vive arête).

Fléau (*Serr.*). — Barre de fer ou de bois placée derrière les portes cochères, et qu'on tourne à demi pour ouvrir les deux battants.

Flipot (*Men.*). — Petites tringles de bois posées à la colle et affleurées au rabot, employées dans la réparation des panneaux, parquets, etc.

Flottage (*Men.*). — Partie d'un assemblage qui vient en recouvrir un autre.

Foliot (*Serr.*). — Petite pièce de fer ou de cuivre formant bascule à deux branches et qui fait mouvoir le pêne demi-tour d'une serrure.

Foncet (*Serr.*). — Plaque de fer qui couvre une serrure.

Foret. — Instrument de fer ou d'acier servant à percer des trous dans le bois, dans la pierre.

Fouée (FAIRE UNE). — Ramasser sur le chantier de construction des abouts de bois pour en faire des fagots de bois à brûler.

Fouille. — Ouverture d'un fossé en vue de fondations pour un bâtiment quelconque.

Fouillot (A) (*Serr.*). — V. FOLIOT.

Fourrure (*Men.*). — Pièces de bois servant de remplissage. Tringles remplaçant les lambourdes dans un parquet.

Fraises. — Outil d'acier en forme de cône renversé et servant à évaser l'orifice d'un trou. — Petite roue dentée ou scie circulaire en acier, qui sert à couper les bois, les métaux, etc.

Frasils. — Sorte d'escarbilles, cendres ou crasses chargées de houille.

Fresque. — Peinture dont les couleurs, détrempées à l'eau, sont appliquées sur un enduit encore frais (*fresco* en italien) où elles s'incorporent.

Frettes. — Anneaux employés pour empêcher les pièces de bois de se fendre longitudinalement par suite des poids qu'elles ont à supporter. S'applique principalement aux armatures des pieux de pilotis.

Frisons (*Plomb.*). — Rognures de tôle.

Fumifuge. — Qui aide la fumée à fuir : tels sont les appareils qu'on place sur les tuyaux de cheminée dans le but d'augmenter leur tirage.

Fumivore. — Appareil qui dévore la fumée, c'est-à-dire qui brûle les gaz qui se dégagent d'un foyer quelconque.

Fuser. — Eteindre, couler de la chaux.

Futée. — Sorte de mastic composé de sciure de bois, de copeaux et de colle forte dont les menuisiers se servent pour boucher des fentes de bois.

G

Gabarit. — Patron, modèle en vraie grandeur.

Gable. — Vieux mot français qui s'applique à cette partie triangulaire d'un mur qui termine un toit à deux rampants (ne pas confondre avec PIGNON).

Gâchage (*Maç.*). — Action de délayer dans l'eau le plâtre ou le ciment avant leur emploi.

Gâche (*Serr.*). — Plaque de fer percée d'un trou rectangulaire pour recevoir les pênes d'une serrure. — Collier qui sert à fixer des tuyaux d'eau ou de gaz.

Gâchette (*Serr.*). — Petite pièce de serrurerie fixée au palastre d'une serrure sous le pêne, auquel elle sert d'arrêt à l'aide d'un ressort.

Gâcheur. — Maitre ouvrier charpentier.

— Ouvrier maçon qui prépare le mortier de plâtre ou le mortier de ciment.

Gâchis. — Sorte de mortier bâtard fait avec du plâtre, du ciment et de la chaux.

Galandage (*Maç.*). — Construction en pan de bois dont les vides sont remplis avec des briques posées de champ.

Galère (*Charp.*). — Long rabot servant à refaire les bois de charpente et à les dresser à vives arêtes.

Garçon. — Nom donné par les maçons, couvreurs, plombiers, briqueteurs, rocailleurs, perceurs et carreleurs, à leurs aides ; chez les charpentiers, le garçon se nomme *lapin*; chez le serrurier, *apprenti*.

Gargouille. — Pierre creusée pour l'écoulement des eaux.

Garrot. — Petite pièce de bois en forme de gaine de poignard, qui passe dans l'axe des cordelettes qui servent à tendre la lame d'une scie.

Gélives (PIERRES). — Pierres qui, exposées à l'air, absorbent l'humidité, et se fendent et se délitent sous l'action de la gelée.

Gélivures. — Défauts du bois altérant sa qualité : fentes longitudinales causées par la gelée.

Gemelles. — Pièces de bois plates et flexibles que les ouvriers du bâtiment appliquent sur les montants de leurs échelles pour les fortifier.

Géminé, ée. — Une arcade ou baie géminée est celle qui est subdivisée en deux autres.

Genouillère (*Serr.*). — Pièce brisée qui s'ajuste dans les foliots de serrure et qui fait ouvrir simultanément une double porte.

— (*Plomb.*) : appareil d'éclairage pouvant pivoter autour d'une douille fixée au mur.

Géométral. — Elévation d'ensemble en vraie grandeur ou en grandeur proportionnelle, sans tenir compte de la perspective.

Giron (ESCALIER). — Largeur de la marche mesurée dans l'axe de l'emmarchement.

Glacis. — Pente douce pratiquée au-dessus d'un cordon, d'une corniche, etc., pour faciliter l'écoulement des eaux de pluie.

— (*Peint.*); couleur transparente appliquée sur une autre couleur pour obtenir certains effets.

Globe. — Cylindres creux en terre cuite employés dans le hourdis des planchers.

Gobetage, Gobeter (*Maç.*). — Introduire du mortier ou du plâtre délayé dans les joints de pierre.

Gobineau. — Partie de carreau servant à raccorder, le long d'un mur, les vides du carrelage.

Godrons (*Sculpt.*). — Ornements convexes en demi-rond ; l'inverse des cannelures.

Goliot. — Serrure bec-de-cane pour magasin.

Gond (*Serr.*). — Fer plat et coudé fixé sur l'épaisseur inférieure d'une porte près de la feuillure et sur lequel tournent les pentures.

Gorge (*Maç.*). — Moulure concave.

— (*Serr.*) ; branches courbées rapportées sur le grand ressort d'une serrure et dans lesquelles s'engagent les entailles du panneton d'une clé.

Gouge. — Ciseau de menuisier, de sculpteur, etc., creusé en canal et muni, à son extrémité, d'un taillant courbe.

Goujat. — Manœuvre, aide qui sert le maçon.

Goujon (*Serr.*). — Cheville en fer.

Goulotte. — Petit caniveau creusé sur la cimaise d'une corniche, afin de faciliter l'écoulement des eaux pluviales par les gargouilles.

Gouttereaux ou **Goutterots** (*Maç.*). — Murs qui portent les gouttières : le contraire des murs *pignons*.

Gradine. — Ciseau dentelé employé par les tailleurs de pierre et par les sculpteurs.

Grattage (*Maç.*). — Travail préparatoire exécuté avant le ravalement ou le badigeon.

— (*Men.*) ; dresser et affleurer les planches et les bois d'un planchéiage et d'un plancher parqueté ; se nomme aussi *replanissage*.

— (*Peint.*) ; enlever à l'aide du *grattoir*, les vieilles couches de peinture ; quand celles-ci sont à l'huile, on commence par les brûler à l'aide d'un réchaud ou d'une lampe à gaz ou esprit de vin.

Gratte-fonds. — Outil en fer employé pour le ravalement des murs en pierre de taille.

Gravois (*Maç.*). — Débris de pierraille, de plâtre gâché, de mortier, de plâtres et autres résidus de construction ou de démolition.

Grellchonne. — Truelle en fer des maçons et des cimentiers.

Gresage (*Maç.*). — Passage au grés.

Gréson. — Réunion de petits cailloux agglutinés à l'aide d'un ciment naturel : synonyme de *poudingue*.

Griotte. — Marbre tâcheté de rouge, de brun et de blanc.

Grisard (*Men.*). — Peuplier qui donne un excellent bois de menuiserie ; employé surtout pour panneaux de portes et lambris.

Gros-glandeux (*Maç.*). — Une des meilleures qualités de plâtre.

Gros-dur (*Maç.*). — Plâtre de bonne qualité qui, dans la carrière, se trouve placé, comme banc, au-dessous du *petit-dur* et du *toisé*, et au-dessus de la *ceinture* et du *gros-gris*.

Grue. — Appareil de levage servant à déplacer et à soulever des fardeaux.

Grume (Bois en). — Bois coupés de longueur, seulement ébranchés, mais non équarris.

Gros-gris. — Plâtre de qualité très médiocre.

Gros-Pène. — Pène dormant d'une serrure de sûreté.

Gruau. — Petite grue servant à enlever les fardeaux.

Guette. — Pièce de bois inclinée qui entre dans la composition d'un pan de bois.

Gueulard. — Ouverture d'un foyer de calorifère, d'un haut fourneau : c'est par là qu'on charge l'appareil de combustible.

Gueule-de-loup. — Assemblage de deux pièces dans le sens de leur épaisseur.

— (*Men.*) ; genre particulier de fermeture appliqué aux battants de croisées et de portes cochères.

Gueule-de-loup (*Fum.*): tuyau en tôle qui porte à son extrémité un chapeau coudé et mobile autour d'un axe.

Guidas ou **Guindeau.** — Synonyme de cabestan.

Guigneaux. — Pièces de bois transversales assemblées par les deux bouts dans les chevrons d'un toit pour laisser un passage libre aux tuyaux de cheminée, comme les chevêtres dans les planchers.

Guillaume. — Espèce de rabot en bois dur et armé d'une petite lame d'acier. Employé par les charpentiers, les menuisiers, les rampistes, etc.

Guimbarde (*Men.*). — Outil à fût qui sert à fouiller des fonds que le rabot ne pourrait atteindre parallèlement à la face de l'ouvrage.

Guindage. — Action d'élever, de hisser, de *guinder* un fardeau.

Guindeau. — Grand treuil, tandis que le petit treuil se nomme VIREVEAU.

Guinguin (*Men.*). — Petit panneau de parquet.

Guitares. — Pièces courbées de charpente assemblées en vue de soutenir un petit toit en saillie pour protéger des lucarnes et même des fenêtres contre la pluie.

H

Hachard. — Ciseau du forgeron, qui lui sert à couper le fer.

Hachereau. — Petite hache.

Hameçon. — Outil du serrurier qu'on nomme plutôt *archer*.

Happe. — Crampon qui sert à lier deux pierres ou deux pièces de bois.

Harpes. — Pièces saillantes réservées pour servir d'amorce à un bâtiment ou à construire ultérieurement ou à faciliter la liaison avec la maçonnerie voisine.

Havet. — Outil de fer dont l'extrémité est recourbée en crochet; employé par les ardoisiers.

Héberge. — Terme de jurisprudence (*Coutume de Paris*) qui sert à désigner la portion d'un mur mitoyen occupée par un propriétaire, tant en largeur qu'en hauteur.

Héridelle (*Couv.*). — Modèle d'ardoise usité en France, qui mesure 0m168 de largeur sur 0m380 de hauteur.

Herminette, Erminette. — Hache de charpentier.

Hoche. — Petits montants de bois scellés dans les murs en constructions qui permettent de tendre des *lignes* ou cordeaux qui servent à constater l'épaisseur desdits murs.

Hoquette. — Ciseau carré du sculpteur, qui lui sert à dégrossir les blocs.

Houe. — Pelle de fer recourbée qui sert à fouiller la terre. — Sorte de *rabot* ou *broyon* pour corroyer le mortier. — Tréteau sur lequel les charpentiers placent des pièces de bois pour les scier de long.

Hourdage. — Ouvrage en maçonnerie grossière.

Hourder. — Maçonnerie faite avec de menus moellons en platras. Enduire grossièrement avec du mortier ou du plâtre.

Hourdis. — Construction exécutée à bain de mortier, de plâtre ou de ciment. Les massifs et en général tous les travaux de limousinerie, les bandes de trémies, la maçonnerie des planchers pleins, celles des pans de bois et des cloisons, sont des *hourdis*.

Huisserie (*Men.*). — Encadrement qui, dans les cloisons, circonscrit et forme les baies des portes.

I

Impastation. — Mélange de plusieurs matières pétries ensemble et réunies par un lien quelconque, qui durcit à l'air : le stuc, par exemple, est une *impastation*.

Impostes (*Men.*). — Partie haute des châssis ou des portes, généralement vitrée; la traverse d'imposte les sépare des châssis ou portes.

— (*Serr.*); grille qui forme la partie supérieure d'une baie.

Impression (*Peint.*). — Première couche de peinture à l'huile appliquée sur des bois spongieux ou sur des plâtres crus.

Interrupteur. — Appareil qui a pour fonction d'interrompre le courant électrique.

Intrados. — Surface intérieure, et par conséquent concave, d'un arc, d'une voûte.

—— (ou DOUELLES) ; la surface creuse d'une voûte, d'un cintre.

J

Jalousie (*Men.*). — Espèce de contrevents composés de lames minces de bois flexibles ou de tôle occupant toute la largeur de la baie.

Jambage (*Maç.*). — Chaînes en pierre de taille, en moellons ou en briques ; dans ce sens, jambage est synonyme de *pied-droit*.

—— Pied-droit d'une porte ou d'une fenêtre, qui comprend : un *tableau ;* une feuillure où loge le *dormant* et l'ébrasement ; la dernière pierre en haut du jambage et qui se nomme *sommier,* elle reçoit l'arc qui couronne la baie.

—— Petits murs construits à gauche et à droite du foyer d'une cheminée et soutenant son manteau.

Jambe (*Maç.*). — Chaîne verticale formée de *carreaux* et de *boutisses* et élevée dans l'épaisseur d'un mur pour le consolider.

—— BOUTISSE ; celle dont la tête fait liaison de chaque côté dans les murs de face de deux maisons attenantes, et dont la queue fait liaison dans le mur mitoyen.

—— ÉTRIÈRE ; celle qui forme la tête d'un mur mitoyen, et pied-droit dans le mur de face.

—— PARPAIGNE ; celle dont toutes les assises font le parpaing dans l'épaisseur totale du mur.

—— DE FORCE (*Charp.*); pièce de bois oblique qui, dans une ferme, soulage l'*entrait* et porte sur le *blochet.*

Jambette d'échiffre (*Men.*). — Poteau qui, au bas d'un escalier, supporte le limon.

Jarret (*Men.*). — Coude dans une partie droite ; changement de courbure dans une courbe régulière.

Jarret, Jarreté. — Point de déplacement dans le claveau d'une voûte ou d'une arcade.

Jauge. — Plaque de métal, ordinairement en acier qui sert à déterminer le diamètre des fils de fer.

Jé, Jonc ou Rotin. — Long jonc servant aux plombiers à nettoyer les tuyaux de descente qui sont engorgés.

Jet d'eau. — Traverse inférieure du châssis d'une fenêtre curviligne à l'extérieur, de manière à faciliter l'écoulement de l'eau.

Joint. — Espace vide, intervalle entre deux pierres, rempli soit de ciment, de mortier ou de plâtre ; — entre deux ais, deux planches ou madriers.

Jointoiement. — Garnissage en mortier, plâtre ou ciment des joints d'une maçonnerie.

Jointoyer. — Garnir ou remplir des joints de ciment, de mortier ou de plâtre.

Joue. — Épaisseur de bois qui reste de chaque côté d'une mortaise ou d'une rainure.

Jouée. — La face latérale ou plane d'un objet : *jouée* de solive, *jouée* de lucarne, etc.

Jumelé, ée (*Charp.*). — Pièces de bois juxtaposées dans leur longueur.

Jumelles. — Deux pièces de bois ou de métal semblables qui entrent dans la composition d'un outil.

L

Laceret ou **Lacet** (*Charp.*). — Petite tarière servant à percer des trous dans les pièces de bois devant recevoir des chevilles.

Lacet (*Serr.*). — Petite broche qui relie les deux parties d'une charnière.

Laie ou **Laye.** — Marteau bretté du tailleur de pierre.

Lait de chaux. — Chaux délayée dans l'eau, servant à blanchir des murs, des plafonds, etc.

Laitance. — Partie de chaux qui se détache des bétons lors de leur immersion.

Laisses. — Bavures qui subsistent sur les bords des tables de plomb, quand elles viennent d'être coulées.

Lambourde (*Charp.*). — Pièce de bois qui reçoit les abouts des solives d'un plancher, lorsqu'on ne les scelle pas dans les murs.

— (*Maç.*); pierre calcaire d'un grain assez grossier, d'un ton jaunâtre, surtout au sortir de la carrière.

— (*Men.*); pièce de bois de sciage longue, étroite, assez semblable à un chevron ; employée pour porter les parquets.

Lambrequin (*Men.*). — Bordure posée en dehors des toitures pour cacher les gouttières ou les chéneaux.

Lambris (*Maç.*). — Liteaux cloués en lattis pour une cloison, un plancher enduit de plâtre ou de mortier.

— (*Men.*); assemblage de montants de pilastres, de panneaux de différentes hauteurs, destinés à revêtir les murs d'une pièce. — *Lambris d'appui*, de 0m90 à 1m50 de hauteur. — *Lambris de hauteur*, ceux qui garnissent entièrement les murs entre deux planchers.

Lancer (*Peint.*). — Peindre un plafond avec une grosse brosse nommée *lance*.

Lancis (*Maç.*). — Opération qui consiste à substituer dans un parement des pierres neuves à des pierres détériorées.

Lancier (*Plomb.*). — Large canal de plomb qui reçoit les eaux d'un comble, d'une terrasse, et qui les *lance* dans la rue.

Langue d'aspic. — Disposition particulière du taillant de certains outils, le *foret* entre autres.

— DE CARPE (*Serr.*); ciseau méplat en fer, dont le tranchant est à double biseau et arrondi en demi-cercle.

Languette. — Séparation étroite pratiquée entre des tuyaux de cheminée.

— DE CHAUSSE-D'AISANCE; parpaing en auplats de briques qui séparent des étages chaque tuyau de descente.

— DE MENUISERIE; tenon continu pratiqué dans toute la longueur d'une planche, d'une frise ou d'un madrier.

Lanternon. — Petite lanterne placée au sommet d'un dôme, d'une cage d'escalier; on disait autrefois *lanterneau*.

Lanusure. — V. BOURSEAU.

Lard du bois. — Nom donné à l'*aubier*.

Larder (*Maç.*). — Piquer çà et là de clous à bâteau des pièces de bois qui doivent recevoir un enduit de plâtre, afin d'en faciliter le grippement.

Larmier. — Saillie d'une corniche creuse en forme de gouttière et destinée à faire tomber l'eau de pluie à une distance convenable du pied du mur.

— DE CHEMINÉE; couronnement d'une souche de cheminée.

Latte. — Bois de chêne employé en général dans tous les travaux de charpenterie qu'on enduit de plâtre.

Lattis — Ouvrage de lattes destiné à recevoir un enduit de plâtre et exécuté sous les planchers pour en faire le plafonnage; sur les pans de bois et les cloisons, pour en faire le *hourdis*; enfin, sur les chevrons d'un comble, pour y accrocher la tuile ou y clouer l'ardoise.

Layer. — Tailler, unir le parement d'une pierre à l'aide de la LAIE. (V. ce mot).

Levage. — Montage et assemblage des pièces d'un ouvrage de charpenterie.

Liais. — Qualité de pierre dure à grain fin et serré.

Liaison (*Maç.*). — Matériaux posés les uns sur les autres et les uns à côté des autres par assises ou à joints de rencontre.

— (POSER EN); arranger et lier entre eux les moellons, les pierres, les briques, de façon que ces matériaux s'enchaînent entre eux.

Libage. — Gros moellons grossièrement équarris servant pour les fondations.

(ASSISE DE); celle qui couronne les fondements d'un mur de maçonnerie.

Lien (*Charp.*). — Pièce de bois ou de fer qui sert à maintenir et à rendre solidaires deux autres pièces plus longues en formant avec elles un triangle.

(*Serr.*); plate-bande de fer *coudée*, *cintrée*, servant à consolider un assemblage de charpente.

Lierne (*Charp.*). — Pièce de bois, faite de courbes assemblées de niveau et disposée pour recevoir les tenons et mortaises des chevrons courbes d'un dôme.

— Pièces de bois avec entailles servant à brider et à relier d'autres pièces dans un assemblage.

Limande. — Règle à différents usages chez les charpentiers.

Limon (ESCALIER). — Pièce (en pierre, bois, fer ou fonte) rampante, qui soutient les marches du côté opposé au mur.

— (FAUX-LIMON); pièce de bois rampante qui passe dans le jour d'une baie, et remplace ainsi un des murs absents de la cage d'escalier.

Limousin. — Ouvrier maçon qui exécute les travaux dits de *limousinage*, c'est-à-dire les murs en moellons, les massifs et en général toutes les grosses constructions en petits matériaux bruts.

Linçoir. — Pièce de bois entaillée de mortaises et placée à quelques centimètres des murs, pour recevoir les solives des planchers.

Linteau. — Dessus de porte ou de fenêtre.

— Barre de fer qui empêche de varier les claveaux d'une plate-bande de pierre.

Listel. — Petite moulure étroite, unie et verticale, séparant deux moulures concaves ou convexes.

Liteaux. — Petite latte employée à *liteler* un plafond, une cloison, etc.

Liteler. — Clouer, poser, fixer des liteaux sur un plafond, etc.

Longrain (*Couv.*). — Suite ou série de stries presque parallèles qui se trouvent sur les ardoises.

Longrine (*Charp.*). — Longue pièce de bois qui concourt à l'assemblage des fermes d'une jetée.

Loquetcau. — Petit loquet.

Loup. — Forte pince courbée avec laquelle on enlève de gros clous.

Louper (*Men.*). — Faire un faux tracé, faire un *loup*.

Louve. — Outil en fer, ordinairement à deux branches, employé pour le montage des pierres.

Lucarnon. — Petite lucarne; on la nomme aussi *chatière, chien assis, lunette*.

Lumière. — Cavité pratiquée dans les outils à fût, et qui sert à recevoir le fer et à expulser les copeaux.

— (*Charp.*); mortaise traversant de part en part une pièce de bois de charpente.

Lunette (*Maç.*). — Ouverture formée par la pénétration d'une voûte en berceau dans une autre voûte ordinairement d'un plus grand rayon.

— Petite lucarne pratiquée dans un comble (V. LUCARNON, CHIEN-ASSIS).

— (*Men.*); ouverture circulaire pratiquée dans un siège d'aisance.

Lut (*Plomb.*). — Mastic pâteux dont on enduit certains joints; *lut des fontainiers*.

M

Mâchoire. — Pièces de fer ou d'acier servant à saisir un objet pour le prendre, le mordre ou pour le travailler.

Madrier (*Charp.*). — Pièce de bois épaisse et méplate de 0.08 à 0.11 d'épaisseur et 0.22 ou 0.23 de largeur.

Maillé (*Maç.*). — Matériaux posés en échiquier ou à joints obliques.

— (FER): les treillages de fer ou grillages fixés aux barreaux des grilles.

Mailler. — Fermer des compartiments de jardin par des hauteurs d'appui, faites avec des échalas ou en losange.

Maillet. — Marteau ou masse en bois de charme, de frêne, de buis ou de noyer, employé par les tailleurs de pierre, les charpentiers, les sculpteurs, es menuisiers et les marbriers.(V. BATTE).

Main courante (*Men.*). — Appui ou pièce supérieure d'une clôture à hauteur d'appui (rampe, balcon, barrière, etc.); pièce sur laquelle glisse ou court la main.

Mamelon. — Partie cylindrique formant la moitié d'un gond, d'une fiche à vase ou d'une paumelle, et qui porte le goujon sur lequel pivote l'autre moitié.

Mandrin. — Pièce sur laquelle le tourneur assujettit son ouvrage. — Poinçon qui sert à percer le fer à chaud. — Outil pour agrandir et percer les trous. — Cylindre de bois ou de fer.

—— (*Serr.*); calibre servant à forger certaines pièces qui doivent être creusées, comme une douille, par exemple.

—— (*Men.*); poteau de bois brut placé dans l'axe d'une colonne creuse et qui sert à fixer les *plateaux* ou *touches*, qui y sont rapportés de distance en distance.

Manette (CLÉ A). — Sert à ouvrir des robinets qui ont la tête de leur cauillon terminée en forme d'écrou carré.

Manier à bout (*Couv.*). — Mettre des lattes neuves à un couvert et replacer dessus des tuiles ou des ardoises.

Mansard (COMBLES A LA). — Combles brisés permettant de faire des logements.

Marchandeur (*Men.*). — Celui qui travaille aux pièces à façon ou à la tâche. (V. TACHERON).

Marches (ESCALIER). — Elles sont *droites* si elles sont de même largeur dans toute leur étendue, et *dansantes* si leur surface est en forme d'équerre; tous les escaliers tournants ont des marches dansantes.

Marmenteau. — Arbre de haute futaie conservé auprès d'une maison comme décoration et faisant, pour ainsi dire, partie de l'immeuble.

Maroufle. — Colle forte dont on se sert pour maroufler.

Maroufler. — Coller une toile peinte avec de la maroufle soit sur une autre toile pour la renforcer, soit sur du bois, soit sur un enduit pour l'y fixer. — Coller, derrière un panneau de lambris, de la toile, de la filasse, afin d'empêcher les planches de se disjoindre.

Marques. — Signes conventionnels exécutés sur la pierre, sur le bois, pour les tailler ou pour reconnaître leur assemblage ou la place qu'ils doivent occuper dans la construction.

Marrain. — Déblais de démolition de murs ou recoupes de pierre de taille.

Marre. — Pelle large et courbée; et aussi pioche et espèce de houe.

Marteau. — On distingue dans un marteau la *tête* et le *manche*; la tête est percée d'un *œil* qui reçoit le manche. La partie avec laquelle on frappe se nomme *panne*.

Martelet. — Petit marteau du couvreur, qui lui sert à écorner et tailler la tuile.

Marteline. — Petit marteau du sculpteur, dont l'une des extrémités est terminée en pointe, tandis que l'autre porte de fortes dents d'acier pour *gruger* le marbre.

Martine. — Barre de fer ou d'acier de petit échantillon, qu'on a étiré sous le *martinet*.

Martinet. — Gros marteau mû par un moulin.

Martinets. — Fers ronds de petit diamètre.

Martoire (*Serr.*). — Gros marteau à deux pannes.

Masse. — Gros marteau en maillet.

Masser (*Men.*). — Travailler ferme.

Massif. — Construction faite à bain de mortier sous les perrons, les dés, etc. et, en général, toute maçonnerie sans parements, c'est-à-dire non apparente.

Mastic. — Sert à boucher des trous, les joints des dalles; à souder des éclats de pierre, à enduire des surfaces exposées à l'humidité.

Mater (*Charp.*). — Elever, dresser une pièce de bois, une forte perche, un mât.

Matir (*Serr.*). — Faire disparaître les traces produites par la jonction de deux pièces soudées ensemble.

Mattoir. — Outil servant à matir.

—— Marteau servant à river les clous ou les boulons chauffés au rouge.

—— Ciseau de plombier, non tranchant, qui sert à comprimer le plomb formant la soudure de deux tuyaux.

Matton. — Grosse brique ferrugineuse employée comme pavage.

Mèche. — Petit outil en acier ou en fer aciéré qui, à l'aide du *vilebrequin*, sert à percer le bois, la pierre, la brique, etc.

Mèche à bois. — Dans la vrille, le vilebrequin, la partie qui sert à percer.

Membron (*Couv.*). — Baguette servant d'ourlet aux faîtes d'un comble brisé de plomb ou de zinc.

Membrure (*Men.*). — Bois de chêne en forme de petits *madriers*; ce mot indique leurs dimensions, épaisseur et largeur (0.08 $\times$ 0.165).

Meneau. — Montant et traverse en pierre ou en bois qui divise une baie en plusieurs compartiments; quand il la divise en croix, on le nomme *croisillon*.

Ménil. — Ancien mot signifiant *habitation*.

Mentonnet (*Serr.*). — Pièce de cuivre, mais surtout de fer, qu'on fixe dans l'embrasure d'une porte ou sur son battant pour recevoir l'extrémité d'un loquet ou d'un loqueteau.

Merrain. — Bois de chêne du Nord, fendu et non débité à la scie; on l'emploie pour les feuilles de parquet.

Meule. — Pierre de grès taillée en forme de disque qui sert à aiguiser, affûter les outils. V. CARBORUNDUM et CORINDON.

Meulière. — Pierre calcaire silicieuse, remplie de cavités; sert à construire citernes, fosses d'aisance, égouts, soubassements de bâtiments divers.

Mezzanine. — Petite fenêtre carrée d'entresol.

Mitraille (*Serr.*).— Rebuts de ferraille.

Mitre. — Appareil en terre cuite placée comme couronnement au-dessus des tuyaux de fumée.

Mitron. — Petite mitre de forme cylindrique.

Modénature. — Proportion et galbe des moulures d'une corniche.

Modillon. — Petite console renversée.

Moellons. — Toute pierre de petite dimension quelle que soit sa nature; mais, plus particulièrement, une pierre calcaire exploitée dans les environs de Paris.

Moellonaille.—Moellons informes et de petites dimensions provenant soit de débris de gros moellons, soit de la taille des pierres.

Moie ou **Moye.** — Partie tendre qui se trouve dans une pierre dure.

Moisage, Moisement. — Action de *moiser*; assemblage de pièces de charpente au moyen de *moises*.

Moise. — Pièces de bois servant de liens dans les combles.

Molasse. — Pierre calcaire de médiocre qualité employée comme moëllon.

Montoir. — Grosse pierre, en forme de dé ou de cylindre, qui sert à monter à cheval (anciennement *perron*).

Moraillon (*Serr.*).—Pièce de fer méplate à charnière et percée au milieu d'un trou rectangulaire pour laisser passer l'anneau d'un piton, lequel reçoit le cadenas.

Moraine. — Cordon en mortier formé autour d'un ouvrage en *pisé*.

Mordache. — Morceau de bois, de plomb ou de cuivre placé entre les mâchoires d'un étau pour saisir un ouvrage, sans l'endommager.

Morizet ou **Moriset.** — Espèce de *boulin* long de 4 mètres environ, employé spécialement pour les échafauds de plafonds.

Mors d'Ane (*Charp.* et *Men.*). — Assemblage affectant la forme d'un mors d'âne.

Mortaise. — Trou ou vide fait dans une pièce de bois, de la forme et de la dimension du tenon qu'il doit recevoir.

Mortellerie. — Travail du *mortellier*, c'est-à-dire de l'ouvrier qui brise certaines variétés de pierres dures pour en faire du ciment.

Mortier. — Mélange de chaux ou ciment, de sable et d'eau, employé dans la construction, pour lier les matériaux entre eux.

Moucher (*une arête*). — L'arrondir légèrement. On mouche les arêtes des seuils, des marches, les embrasures des portes et des fenêtres, etc., ce qui diminue les chances d'épaufrures.

Mouchette. — Rabot pour faire les baguettes.

Mouchette. — Larmier d'une corniche qui empêche l'eau, à l'aide d'un coupe-larme, de passer sous la corniche et de filer sur la face des murs.

— Rabot au fût et au fer affûté de manière à pouvoir pousser des quarts de ronds et autres moulures.

— Parties agglomérées du plâtre qui constituent le résidu du tamisage; plâtre imparfaitement écrasé.

Mouchoir. — Refaire un vieux mur en « mouchoir », c'est en conserver les parties bonnes en décrivant une ou plusieurs lignes obliques du pied au sommet du mur.

Moufle. — Assemblage de poulies dans une même chape servant à élever de lourds fardeaux.

Moulet (*Mén.*). — Calibre de bois pour régler les épaisseurs de certaines pièces.

Moulinage. — Passer les pierres au grès avec la molette ou le *martin*.

Mouliné. — *Bois mouliné* : un bois piqué par les vers.

— Pierres MOULINÉES, pierres à bâtir qui se désagrègent et tombent en poussière.

Moulures. — V. BAGUETTE, CAVET, CONGÉ, DOUCINE, GORGE, LISTEL, PIÉDOUCHE, PLATE-BANDE, QUART DE ROND, SCOTIE, TALON et TORE ou BOUDIN.

Mouluriel. — Ouvrier qui exécute des moulures.

Mouton. — Bloc de fer, de fonte, mais principalement de bois, armé d'une frette en fer qui, dans une sonnette, sert au battage des pieux ou pilotis.

Moye. — Couche de pierre tendre qui se rencontre dans les délits et joints des bancs de carrière.

Moyer. — Voir MOIE.

Mur bouclé. — Celui qui est ventru et crevassé.

— DE DOUVE; contre-murs entre lesquels on place de la terre glaise pour empêcher les filtrations (citerne, réservoir, fosse d'aisances, etc.).

— D'ÉCHIFFRE; mur rampant sur lequel porte le limon (les escaliers dont un limon est dégagé s'appellent *escaliers suspendus*).

— HOURDÉ; celui qui est construit en moellons bruts.

— DE PARPAING; celui dont les matériaux forment toute l'épaisseur du mur, ou gros de mur.

— DE REFEND; celui qui sépare les pièces à l'intérieur d'un bâtiment, d'un appartement, etc.

Museau (*Serr.*). — Le devant du panneton d'une clé à tige forée, ou d'une clé bénarde.

Musique. — Poussiers de gravois, de plâtre, de chaux, etc., passés au grand crible; ce criblage produisant un bruit particulier; une *musique*, les ouvriers ont donné ce nom à tout ce qui sort de l'autre côté du crible.

ARCHITECTURE.

Mutule. — Toute pierre ou toute pièce de bois, dépassant l'alignement du mur.

N

Naissance (*Maç.*). — Première assise horizontale des pierres d'une voûte; raccord d'enduit étroit fait sur un vieux mur.

Nappe (*Plomb.*). — Large table de plomb employée pour la couverture des terrasses, des terrassons et des grands chéneaux.

Navrer. — Dresser un échalas, un linteau, etc., en enlevant tous les nœuds et défauts.

Nez ou Crochet. — Petite saillie ménagée sur une tuile plate pour l'accrocher à la latte.

— Demi-cône en zinc ou en tôle soudé sur un tuyau de descente pour le maintenir et l'assujettir contre un mur au moyen de brides.

Nigoteau. — Fragment de tuile placé le long d'un *solin* ou d'une *ruellée*.

Nille. — Rouleau de bois creux formant une pièce de gaîne et servant à garnir une manivelle pour faciliter son maniement.

— Petit piton rivé aux traverses des armatures en fer des vitraux et destiné à retenir les panneaux au moyen de clavettes.

Niveau. — Instrument servant à déterminer des surfaces ou plans horizontaux.

— A BULLE D'AIR; tube de verre légèrement courbé, dans lequel se trouvent un liquide très mobile (alcool ou éther) et une bulle d'air.

Noix (*Men.*). — Gorges poussées dans les dormants des croisées, bâtis, etc.

Nolets. — Tuiles qui couvrent les lucarnes ou les chéneaux pour laisser égoutter les eaux pluviales.

Noquets (*Couv.*). — Morceaux de plomb ou de zinc carrés, pliés et fixés à l'ouverture d'une lucarne, le long d'un châssis.

Noue. — L'angle rentrant formé à l'extérieur par la rencontre de deux combles.

53

— Pièce de bois qui porte des empanons. — Cornier ou chéneau placé sur la noue qui reçoit les eaux des deux pentes.

Noulets. — Petits chevrons formant les noues de la rencontre d'une couverture de lucarne avec celle d'un comble; nommés aussi *fourchettes*.

Noyau d'escalier. — Poteau au centre d'un escalier à vis où correspondent les marches tournantes.

Noyure. — Trou en forme de petit cône, servant à loger une tête de vis.

Nu (*Men.*). — Dans les panneaux, les cadres, etc., la partie dépourvue de moulures.

O

Oche (*Charp.*). — Dérivé d'*encoche*; entaille faite sur une règle de bois pour y marquer certaines mesures ou dimensions.

Ognette. — Ciseau du sculpteur et du marbrier.

Onde (*Men.*). — Marque que laisse sur le bois, à chaque copeau qu'il enlève, le fer des varlopes et des rabots.

Onglet (BOITE DITE D') (*Men.*) — Sorte de canal dont les parois verticales portent des traits de scie obliques dans lesquels on engage la lame de la scie et qui servent de guide à cette dernière.

Ornière. — Partie basse d'un pavé où les eaux coulent.

Orbe. — Se dit d'un mur qui n'a point d'ouverture.

Orbevoie. — Ancien mot qui servait à désigner une fausse arcade, une fausse fenêtre.

Oreilles (*Men.*). — Petits cintres placés aux angles de traverses droites ou contournées, et formées d'un quart de cercle ou d'ovale.

— (*Serr.*); pièces saillantes excédant le corps de l'ouvrage principal.

Oreille-d'âne (*Serr.*). — Outil méplat servant à fixer sur un étau une clé dont on veut limer ou travailler le panneton; l'oreille-d'âne se place dans l'anneau de la clé.

Orgues. — Tuyaux de cheminées disposés en tuyaux d'orgues.

Oulice (ASSEMBLAGE A) (*Charp.*). — Pièce de bois verticale assemblée dans une pièce inclinée.

Ourlet. — Rebord à la rencontre de deux tables de plomb. — Rebord des ailerons d'un plomb de vitrail.

Outil à corniche. — Sorte de *bouvet* ou rabot servant à pousser un *talon* renversé ou une *doucine* sur la rive d'une planche.

Ouvrant (*Men.*). — Vantail s'ouvrant le premier dans une porte à deux vantaux.

Ouvrer. — Travailler, façonner le bois, le fer, etc.; d'où les expressions bois ouvré, fer et bronze ouvrés, par opposition au bois brut, au fer et au bronze non travaillés.

Ove. — Ornement en forme d'œuf appliqué sur des moulures de diverses matières.

P

Paillasse (*Maç.*). — Ossature, faite en fer *carillon* ou *côte de vache*, qui, dans un fourneau de cuisine, supporte les réchauds et le carrelage.

Palan (*Charp.*). — Assemblage de poulies et de cordages, pour exécuter des manœuvres et mouvoir de lourds fardeaux.

Palançon. — Pièce de bois employée pour maintenir un mur, une cloison faite en torchis.

Palastre (*Serr.*). — Espèce de boite carrée en forte tôle qui renferme le pène, les ressorts, enfin toutes les pièces constituant l'intérieur d'une serrure.

Palier (ESCALIER). — Espace plus ou moins considérable servant de repos entre deux rampes.

— DE REPOS; ceux qui se trouvent entre deux étages et ne donnent accès à aucune porte.

Palière (MARCHE). — Dernière marche d'une rampe faisant partie d'un palier.

Palis. — Petits pals ou pieux faits avec des lattes plates ou demi-rondes appointées, et qu'on emploie pour former des *palissades*.

Palmer. — Appareil de mesure pour l'épaisseur des métaux.

Palplanches (*Fouilles*). — Pièce de bois garnissant le devant d'un pilotis, de digues, de jetées, etc.

Pan de bois. — Murs faits de différentes pièces de charpente dont les intervalles sont remplis avec des plâtras, des moellons, des briques, hourdis en plâtre ou en mortier.

Panne. — Pièce de charpente placée horizontalement sur les arbalétriers pour supporter les chevrons.

Panneresse. — Matériaux de briques et de pierres, engagés dans un mur et dont la longueur et la hauteur sont apparentes.

Panneton (*Serrur.*). — Appendice placé à l'extrémité de la tige d'une clé, latéralement à son axe.

Ferrures droites servant à arrêter les volets mobiles d'une fenêtre; coudées, on les nomme AGRAFES.

Parclause ou **Parclose** (*Men.*). — Petites traverses de bois mince qu'on rapporte dans le haut ou dans le bas d'une planche.

Parement (*Maç.*). — Faces apparentes d'un ouvrage, d'une pierre, d'un mur.

—— (*Couv.*); enduit au plâtre exécuté sur le lattis ou le voligeage d'une couverture afin de lui donner la pente nécessaire qui facilite l'écoulement de l'eau.

—— DE MENUISERIE; faces apparentes des bois après leur pose.

Parpaing. — Pierre qui tient toute l'épaisseur d'un mur ordinaire; d'un *mur d'échiffre* pour un escalier; et de *contre-cœur* pour une fenêtre.

—— (ASSISE DE); celle dont les pierres ont l'épaisseur du mur et qui, par conséquent, a deux parements. On dit aussi *assise parpaigne*.

Paume (*Charp.*). — Genre particulier d'assemblage employé pour réunir des pièces se croisant à angle droit.

Paumelle (*Serr.*). — Sorte de gond ou de penture à deux branches formant le T, et qu'on pose en hauteur sur les portes, les volets et les persiennes.

Pavage, Pavement. — Le pavement est fait avec des matériaux de choix et de prix, et le pavage avec des matériaux ordinaires.

Peigne (*Peint.*). — Outil qui sert à faire les veines des faux bois.

Pelard (BOIS). — Celui dépouillé de son écorce; on dit le *pelard*.

Pellage. — Emplacement ou terrain sur lequel les ouvriers ont à manier la pelle.

Pelleter. — Se servir de la pelle.

Pène (*Serr.*). — Pièce de fer mobile, principale pièce d'une serrure actionnée par la clé; c'est la pièce qui entre dans la mortaise de la gâche.

Pentures (*Serr.*). — Bandes de fer plat terminées par un œil ou anneau dans lequel entre le gond, et qu'on fixe sur la porte avec des vis ou des clous.

Percerette. — Espèce de foret ou vrille très fine.

Perrière. — Nom donné dans l'Anjou aux carrières dans lesquelles on extrait l'ardoise, et ailleurs aux carrières de pierres.

Perruque (*Serr.*). — Ouvrage personnel fait par un ouvrier à l'atelier (travailler en *perruque*).

Persiennes (*Men.*). — Contrevents extérieurs construits de manière à laisser pénétrer le jour et l'air dans l'intérieur des locaux qu'ils ferment. On en fait aussi de légères en fer.

Peser. — L'effort fait soit avec une pince pour forcer une porte, un volet, etc., soit avec un levier pour pousser ou soulever un fardeau, un corps lourd et pesant.

Pestum (*Men.*). — Rabot à moulures.

Petits bois (*Men.*). — Montants et traverses séparant les verres dans les croisées et châssis; ils sont porteurs de feuillures recevant les verres.

—— (*Serr.*); tringle de fer à feuillure qui reçoit les verres d'un châssis de comble vitré.

Peuplier (*Charp.*). — Remplir les vides d'une charpente avec des pièces de bois espacées.

Pic. — Outil en fer dont une extrémité est pointue et acérée; celui des carriers est à deux pointes.

Picolet. — Crampon à tenon ou à pattes qui embrasse et assujettit le pêne d'une serrure, d'un verrou, d'une targette.

Pied de Biche (*Men.*). — Morceau de bois dur à l'extrémité duquel se trouve une entaille triangulaire ou un fer denté, qui sert à retenir sur champ des bois sur l'établi.

— Ciseau en fer fourchu et à deux tranchants assez courts, avec lequel on saisit les clous et les broches en fer que la rouille tient fortement scellés dans les vieux bois.

— DE CHÈVRE; pièce de bois qui sert de patin aux montants d'une chèvre. — Genre d'enture employé pour allonger une pièce de bois.

— CORNIER (*Charp.*); pièce de bois située à la rencontre de deux pans en charpente ou à l'encoignure d'un seul pan de bois.

Pied droit ou **Piédroit** (*Maç.*). — Mur supportant une voûte, ou simplement la paroi de maçonnerie placée au-dessous des naissances d'une voûte.

Pied d'Œuvre. — Espace, chantier qui se trouve au bas d'une construction en cours d'exécution.

Pierre d'échantillon. — Celle qui a des dimensions déterminées et qui a été commandée sur mesure à la carrière.

— GÉLIVE, GÉLISSE, HUMIDE ou VERTE; celle qui sous l'action de la gelée se délite, soit parce qu'elle contient son eau de carrière, soit à cause de sa qualité.

— EN DÉLIT; celle qui n'est pas posée sur son lit, comme elle l'était dans la carrière.

— DÉLITÉE; celle qui a peu de consistance et qui se refend facilement.

— FEUILLETÉE; qui se délite par feuilles ou feuillets, pompe l'humidité et, de là, sujette à être gelée.

— DE LIAIS; celle qui sert aux plombiers à souder leur plomb.

— MOULINÉE; composée de grains grossiers peu serrés et sujette à se décomposer.

— MOYÉL; avec des parties tendres en ses joints, qui causent des déchets considérables pour les enlever.

— SOUPIER; le banc le plus bas non susceptible d'être employé dans la construction.

Pieux. — Pièces de bois non complètement engagées dans le sol.

Pige. — Synonyme de *jauge*; d'où le verbe *piger*, synonyme de jauger, toiser, mesurer, et même, surprendre.

Pigeon (*Men.*). — Petite pièce de bois placée dans une rainure ménagée dans les onglets afin d'empêcher de voir le jour au travers des pièces quand le bois se retire.

Pigeonnage. — Cloison en plâtre pur dressée à la main avant la prise, employée dans la construction des *coffres* et *languettes* de cheminées et pour des hottes.

Pignon. — Sommet ou partie supérieure d'un mur où viennent aboutir les deux rampants d'un comble.

Pilastre. — Avant-corps, sorte de colonne plate, toujours peu saillante sur le mur ou le pied-droit sur lequel il est adossé.

Pile. — Massif, qui sert de maçonnerie, de support aux voûtes.

— Massif de béton coulé dans des puits et qui supportent les fondations d'une construction dans de mauvais sols.

Pilonnage (*Terr.*). — Tassement artificiel des terres à mesure de l'exécution d'un mur de fondation.

Pilots. — Bois de brin appointés, armés d'un *sabot* ou *tardoir* et frettés à l'autre bout. — On les enfonce dans le sol au moyen de la *sonnette* ou *mouton*, et servent à l'établissement des pilotis.

Pilotis. — Pièce de bois cylindrique ou équarrie enfoncée dans le sol; elle le resserre et donne de la solidité à la construction à élever au-dessus.

Pince. — Barre de fer, espèce de levier, légèrement recourbé à ses extrémités ou seulement à l'une d'elles.

Pincelier. — Vase en fer-blanc, rectangulaire, et divisé en deux compartiments; dans l'un d'eux, les peintres mettent de l'huile, et dans l'autre ce qui sort de leurs pinceaux quand ils les nettoient.

Pinceur. — Ouvrier bardeur qui aide à la pose des pierres.

Piochon (*Charp.*). — Sorte de *bisaigüe* fort courte qui sert à faire les mortaises sans le secours de la tarière.

Pipe. — Conduit remplissant l'office d'une rallonge ; il sert à mettre en communication le siège d'un cabinet d'aisance avec la *culotte.*

Piqué (*Maç.*). — Un moellon est *piqué,* quand il a été taillé à vive arête sur toutes ses faces (lits, joints, parements).

Pisé. — Maçonnerie économique, faite avec de la terre comprimée sur place, qu'on emploie comme construction dans les localités où la pierre est rare.

Plançon (*Charp.*). — Gros arbre, revêtu de son écorce, qui a été scié en deux dans sa longueur.

Plane. — Outil du plombier.

Plaquis (*Maç.*). — Morceau de pierre de peu d'épaisseur qu'on nomme aussi *carreau.*

Plate-bande. — Série de pierres, formant une bande continue, qui compose l'architrave dans les ordonnances d'architecture. — Moulure plate et unie.

Plate-forme. — Pièce de bois posée horizontalement sur la longueur des murs d'une construction et recevant le pied des fermes et celui des chevrons.

Plateau (*Men.*). — Pièce de bois pleine ou évidée, qui sert à maintenir l'écartement des tringles formant une colonne creuse ou un tambour de treuil.

Platée (*Maç.*). — Massif de maçonnerie établi sur les fondations d'un bâtiment et arasé de niveau à une hauteur voulue.

Platelage. — Plancher formé de fortes planches, bien dressées.

Plâtre. — Substance obtenue en calcinant le gypse, ou sulfate de chaux hydraté, dans des fours spéciaux. Délayée et gâchée avec de l'eau, elle sert à réunir fortement, à la manière des mortiers, les matériaux de construction.

Plinthe (*Men.*). — Planche mince placée au bas des lambris, au pourtour des pièces, le long des murs, des cages d'escalier, etc.

Pocher (*Peint.*). — Tracer une lettre ou un ornement à l'aide d'un *pochoir,* feuille de carton découpée à la forme du dessin à reproduire.

— Façon destinée à donner à une peinture le grain de la pierre en tapant à petits coups sur la peinture encore fraîche avec une brosse à poils courts.

Poinçon. — Outil de fer aigu ; sert à percer ou à graver.

Poinçon. — Pièce de bois posée au milieu et verticalement dans un assemblage de charpente contre laquelle les arbalétriers viennent contre-buter.

Pointal. — Toute pièce de bois ou de charpente destinée à servir d'étai ou de support.

Pointe de diamant (*Men.*). — Point de rencontre des quatre faces d'un panneau taillées en forme de pyramide.

—— Arête obtenue de la même façon dans un panneau rectangulaire.

Pointeau (*Serr.*). — Outil en acier perçant dans le fer un trou qui sert d'amorce au foret.

Poitrail. — Pièce de bois de forte dimension placée au sommet d'une baie d'une longueur considérable et posant sur des piles de pierre ou jambes étrières.

—— EN FER (*Serr.*) ; composé de deux ou trois fers à double ou triple T reliés avec des brides et boulons.

Polastre. — Réchaud sur lequel on pose des parties de tuyaux en fer ou en cuivre afin de les réparer ou de les réunir au moyen de soudures.

Polka. — Marteau de pierre, à deux taillants dont l'un est à biseau simple et l'autre à biseau denté.

Pomelle. — Terme de fontainier. Petite plaque de plomb rectangulaire ou circulaire percée de nombreux trous, placée sur l'orifice d'un tuyau de décharge pour y empêcher l'introduction d'objets susceptibles de l'engorger. V. CRAPAUDINE.

Porte arasée. — Celle dont l'assemblage ne présente aucun creux ni renforcement.

—— D'ASSEMBLAGE ; faite de cadres et de panneaux ajustés.

— ÉBRASÉE ; celle dont les angles extérieurs de jambages sont taillés en pans.

Portereau (*Charp.*). — Bois ou fort bâton de brin qui sert à porter des pièces de bois du chantier dans un bâtiment.

Poser de champ. — Matériaux placés ou disposés sur leur moindre épaisseur.

— DE PLAT; le contraire de champ.

— EN DÉCHARGE; placer une pièce de bois pour contreventer, soulager ou arc-bouter un corps quelconque.

Poser à cru. — Construire un mur sur le sol même, c'est-à-dire sans fondation.

— A SEC; construire sans mortier.

Poseur. — Ouvrier qui pose les pierres de taille ou les briques.

— CONTRE-POSEUR; aide-poseur.

Poteau de remplissage (*Men.*). — Celui placé verticalement entre les poteaux corniers et les décharges obliques.

— CORNIER; principale pièce d'angle d'une maison en charpente et des extrémités d'un pan de bois.

Potelets. — Poteaux courts destinés à garnir les hauteurs d'appuis de fenêtres et échiffres d'escaliers.

Potence (*Charp.*). — Pièce de bois debout coiffée d'un chapeau, avec un bras de force, qui sert à supporter une poutre longue et autres constructions en matériaux flexibles.

Potence (*Men.*). — Support en forme d'équerre.

Potence de fer. — Console destinée à porter un balcon, une galerie, une lampe, un réverbère, etc.

Potiche (*Charp.*). — Entaille pratiquée, dans les pièces de bois, sur les nœuds afin d'en reconnaître l'état.

Poudingue. — Espèce de pierre formée par l'agglomération de petits cailloux agglutinés par un ciment naturel siliceux.

Pouf. — Se dit d'une pierre, d'un marbre, d'un grès qui, n'ayant pas une grande cohésion, s'égrène sous les coups de l'outil employé à sa taille.

Pouilleux, se (*Charp. et Men.*). — *Bois pouilleux, planches pouilleuses*, bois et planches qui se piquent de petits points noirs ou rougeâtres indiquant un commencement de pourriture.

Pousse-Fiche (*Serr.*). — Outil en fer de même forme que le chasse-pointe, mais un peu plus fort, qui sert à *débrocher*, c'est-à-dire à enlever les broches des fiches.

Poussier. — Retailles de pierres petites et moyennes : on les place sous un dallage.

— Débris de charbons de bois placés entre les lambourdes d'un parquet ou d'une capucine, pour empêcher l'humidité.

Poutrage (*Charp.*). — Ensemble des grosses pièces de bois ou *poutres* qui concourent à la confection d'un plancher.

Poutres (*Charp.*). — Pièces de charpente de fort équarrissage servant à soulager la portée des solives d'un plancher.

Poutrelle (*Charp.*). — Remplit les mêmes fonctions que la poutre, mais pour les planchers ayant à supporter des charges peu considérables.

Presse à coller. — Outil que les menuisiers et les ébénistes utilisent pour serrer des assemblages réunis à l'aide de la colle forte.

Presse d'établi (*Men.*). — Etau composé d'une vis en bois et d'une jumelle, ou d'un mors ou mâchoire qui sert à presser l'objet à travailler.

Preux. — Contre-maître chez les peintres en bâtiment.

Prisonnier (*Serr.*). — Petite goupille à tête qui sert à river deux pièces ensemble.

Profil. — Contour d'un membre d'architecture sur un axe longitudinal ou transversal.

Profilé (*Serr.*). — Toutes les pièces portant des moulures : petits fers des vitrages des portes, des serres, etc.

Puisard. — Tuyau en métal posé dans un lieu quelconque pour ramasser les eaux pluviales ou autres et les écouler.

Pureau. — Partie visible d'une ardoise ou d'une tuile après sa mise en place.

Q

Quarderonner. — Pousser sur le bois, sur le plâtre, sur la pierre, une moulure nommée *quart de rond*.

Quart de rond. — Moulure convexe dont le profil est un quart de cercle.

— L'outil en forme de *bouvet* qui sert au menuisier à pousser cette moulure.

Quartier suspendu. — Limon aminci dans la courbe des escaliers rampants pour établir une communication entre deux appartements ou pièces.

Queue (*Charp.*). — La partie la plus large d'une marche en bois.

Queue d'aronde (*Charp. et Men.*). — Genre d'assemblage de deux pièces de bois, et dans la forme de la queue éployée de l'hirondelle.

Queue de carpe (*Serr.*). — Plate-bande en fer plat terminée, à une extrémité par un talon, à l'autre par une queue, et employée dans le solivage des planchers.

Queue de cochon. — Ornement en fer forgé et contourné en vrille.

Queue de morue (*Men.*). — Planche plus large d'un bout que de l'autre.

Queue de paon (*Men.*). — Disposition de pièces de bois formant des compartiments qui vont en s'élargissant du centre aux extrémités.

Queue percée (*Men.*). — Assemblage à mi-bois dont les joints sont apparents.

Queue perdue (*Men.*). — Assemblage à mi-bois dont les joints sont cachés.

Queue de rat. — Petite lime ronde très mince servant à creuser les parties arrondies entre les dents de scie.

Quincaille (*Serr.*). — Abréviation de quincaillerie ; sert à désigner l'ensemble des pièces fabriquées qui alimentent les ateliers.

R

Rable (*Plomb.*). — Petite pièce de bois à l'aide de laquelle les plombiers font couler et étendent leur plomb sur le moule posé sur le *madrier*.

Rabler (*Maç.*). — Séparer du plâtre gris le charbon qui peut s'y trouver mélangé ; d'où le plâtre ainsi purgé prend le nom de *plâtre râblé*.

Rabot ou **Broyon**. — Outil propre à délayer du mortier, de la terre dans de l'eau.

Rabot (*Men.*). — Outil à fût, dont la lame en acier, en forme de ciseau, est ajustée dans le fût de bois ; sert à dresser et blanchir les bois de menuiserie, et ceux de charpente dits *bois refaits*. V. BOUVET, GUILLAUME, VARLOPE.

Raboteuse. — Machine-outil servant à raboter.

Raboutir. — Mettre bout à bout des pièces de bois.

Racage. — Collier en fer reliant deux pièces de charpente en bois.

Racher (*Charp.*). — Tracer avec un compas, sur une pièce de bois, les formes et les coupes suivant lesquelles elle doit être taillée.

Radiateur. — Appareil servant à augmenter la surface de rayonnement d'un tuyau ; employé soit pour le chauffage des appartements, soit comme réfrigérant dans certains moteurs mécaniques.

Ragrément (*Maç.*). — L'action de recouper, dans un ouvrage achevé, les parties trop fortes pour les raccorder avec celles qui leur sont adjacentes.

Rais de cœur (*Sculpt.*). — Ornement végétal en forme de cœur, accompagné de feuilles d'eau, taillé au point sur des talons renversés.

Rameneret (*Charp.*). — Trait du charpentier, qui lui sert de repère sur ses bois.

Rampe ou **volée** (ESCALIER). — Suite de marches placées entre le départ d'un escalier et le premier palier.

Rampiste (*Men.*). — L'ouvrier menuisier qui fabrique les mains courantes en bois.

Rangette. — Tôle commune qui sert à fabriquer des tuyaux de poêle.

Rappointis (*Serr.*). — Bouts de vieux fers de toutes provenances.

Raquette. — Grande scie avec laquelle les scieurs de long évident les noyaux des escaliers.

Râteau (*Serr.*). — Pièce de la garniture d'une serrure, ainsi nommée parce qu'elle a des dents comme un râteau de jardinier, lesquelles dents s'entaillent dans le *museau* et le *panneton* de la clé.

Ravalement. — Tout crépi et enduit appliqué sur des murs anciens et extérieurs

Ravaloir (*Serr.*). — Espèce de mandrin qui sert à ravaler l'anneau rond d'une clé.

Rebouchage (*Peint.*). — Reboucher, à l'aide d'un mastic, les crevasses et les fissures qui se sont produites sur les parois déjà couchées et qu'il s'agit de peindre.

Recépage de pieux (*Fouilles*). — En couper les têtes.

Réchampir. — Étendre plusieurs couches de couleurs différentes sur un objet.

Rechausser un mur (*Maç.*). — Un mur dont le pied se trouve endommagé par l'humidité est dit *déchaussé*. On le rechausse en supprimant les mauvais moellons et en encastrant de nouveaux.

Recherche. — Travaux faits en vue de réparer les parties défectueuses d'une couverture, d'un carrelage, d'un pavage, sans toucher aux parties voisines qui sont en bon état.

Recoupe (*Maç.*). — Débris, détritus, raclures et poudre provenant de la taille, de la coupe des pierres. Tamisé, on s'en sert pour le badigeon ou on en fait du mortier. Ce qui est resté au-dessus du tamis affermit le sol des caves et garnit les voûtes.

Recoupement (*Maç.*). — Ravalement d'un vieux mur en pierre de taille.

Refait (Bois) (*Charp.*). — Bois d'équarrissage parfaitement dressé sur toutes ses faces.

Reficher (*Maç.*). — Refaire les joints des assises d'un mur sur lequel on a fait des réparations ou un nouveau ravalement.

Refouillement. — Évidement pratiqué dans la pierre au moyen de la masse et du poinçon sur trois, quatre ou cinq côtés conservés (pour les auges, les cuvettes, les châssis de regards, etc.).

Réfractaire (TERRE). — Celle qui résiste au feu, qui ne fond pas ou qui fond difficilement au milieu d'un feu même violent.

Refuite (*Men.*). — Jeu que l'on donne dans un assemblage à emboîtement, afin que les planches puissent se retirer sur elles-mêmes.

Régalage (*Terr.*). — Mettre de niveau ou niveler un terrain.

Régingot (*Maç.*). — Petit larmier de forme circulaire ou triangulaire pratiqué sous le jet d'eau ou sous l'appui d'une croisée, ou encore sous une dalle formant le chaperon d'un mur.

Registres (*Fum.*). — Petites portes en tôle à coulisse, servant à ouvrir ou fermer les bouches de chaleur, de ventilation, de foyer, etc.

Réglet (*Men.*). — Petite moulure plate et droite qu'on nomme aussi *listel* et qui sert, dans les compartiments des panneaux, à en séparer les parties.

Régleur, régaleur, dresseur (*Terr.*). — Principal ouvrier terrassier, qui règle et dresse les terres des berges et des remblais de nivellement.

Rejeteau ou **Reverseau** (*Men.*). — Moulure coupe-larme pratiquée à la partie inférieure du bois d'une fenêtre pour empêcher les eaux pluviales de pénétrer dans l'intérieur d'une chambre.

Rejointoiement (*Maç.*). — Remplir de mortier ou de plâtre les bords des lits et des joints.

Relancis (*Maç.*). — Mauvais matériaux d'un mur remplacés partiellement par des matériaux neufs; on dit *relancer des matériaux*.

Relatter (*Charp.*). — Latter de nouveau : garnir un comble de lattes neuves, ou seulement remplacer les mauvaises par des neuves.

Remailler (*Maç.*). — Reboucher les trous d'un mur décrépi avec des pierres et du mortier.

Rembarrures (*Couv.*). — Plâtres qui servent à maintenir les faîtages dans leur longueur.

Remblais (*Fouilles*). — Terres ou décombres jetés dans une excavation naturelle ou un creux artificiel, ou transportées en chaussées, etc.

Rempiéter. — Restauration du bas ou du pied d'une muraille. — Reprise en sous-œuvre de la partie inférieure d'une construction.

Renard. — Petite pierre attachée à l'extrémité d'une ficelle ou d'un cordeau servant de fil à plomb.

Renformis (*Maç.*). — Surépaisseur de mortier ou de plâtre ajoutée à un mur qui boucle et qui rentre.

Reniflard (*Plomb.*). — Petit appareil placé dans certaines conduites et qui sert à les purger des eaux de condensation; aussi le nomme-t-on souvent *purgeur* (le *siphon* des gaziers).

Renton (*Charp.*). — Joint en coupe oblique de deux pièces de bois qui doivent se prolonger sur une même ligne.

Repiquage (*Terr.*, *Pav.*). — Déblai de terre ou action d'enlever les pavés enfoncés ou cassés d'une cour, d'une route, d'un chemin, etc., afin de les remplacer par d'autres pavés.

Repous (*Maç.*). — Poudre grossière obtenue par l'écrasement de vieux plâtres.

Repoussoir. — Long ciseau en fer acéré par son tranchant, nommé aussi *fer carré*; sert aux tailleurs de pierre pour tailler les moulures.

Reprise (*Maç.*). — Toute sorte de réfection de mur, de pilier, de pied-droit, etc., faite en sous-œuvre et par petites parties afin de ne pas ébranler l'ensemble de la construction.

Résingle. — Outil servant à redresser les objets bossués.

Ressaut. — Les saillies formées, sur les lignes d'un édifice, par un pilastre ou les diverses parties d'un entablement, telles qu'architrave, frises, corniche. V. AVANT-CORPS.

— (*Plomb.*); espèce de bourrelet ménagé à l'extrémité des tables de plomb ou des feuilles de zinc réunies à dilatation libre.

Retondre (*Maç.*). — Refaire les parements d'une pierre pour en faire disparaître les épaufrures. — Rabattre le sommet d'un mur, d'une souche de cheminée qui sont dégradés.

Retraite (ASSISE DE). — Le premier rang posé en retraite sur la partie basse d'un mur, lorsque celle-ci présente une plus forte épaisseur.

Revers. — Partie pavée, plus ou moins en pente, établie devant des murs pour rejeter les eaux pluviales vers les ruisseaux; ils empêchent aussi la dégradation de ces murs.

Reverseau. — V. REJETEAU.

Revêtement (*Maç.*). — Le plus usuel est l'enduit en plâtre; dans les endroits bas et humides, on emploie des mortiers hydrauliques et des ciments.

— (ASSISE DE): celle qui n'a qu'un parement et qui sert à retenir les terres.

Riblon (*Serr.*). — Petit morceau de fer hors de service qui n'est bon que pour la fonte.

Ridelle. — Sorte de gros râtelier ou de châssis à claire-voie qui forme le côté de certaines charrettes.

Riflard. — Rabot à deux poignées, pour dégrossir le bois. — Ciseau en forme de palette qui sert aux maçons pour ébarber les ouvrages de plâtre, à raccorder les moulures plates et à égaliser les surfaces. — Grosse lime à dégrossir les métaux.

Rifloir. — Sorte de lime qui sert à dresser les métaux, surtout le cuivre.

Ripe. — Outil du tailleur de pierre qui lui sert à racler et à polir la pierre.

— (*Peint.*); outil en forme de truelle, servant à riper la pierre de taille des maisons, après leur nettoyage.

Rive (BORDURE DE) (*Couv.*). — Bordure en terre-cuite qui termine une toiture en tuiles sur le mur pignon.

Rivet. — Gros clou assez court à tête en goutte de suif.

Rivoir. — V. BOUTEROLLE.

Rivure « prisonnière » (*Serr.*). — Celle qui ne fait pas de saillie, parce que son extrémité s'engage dans un trou fraisé.

Roane ou Rouane. — Grande tarière servant à percer les corps de pompe en bois.

Roder. — Frotter deux surfaces l'une contre l'autre, après avoir interposé entre elles du grès, de la poudre d'émeri, ou tout autre poudre corrosive.

Rombaillet. — Morceau de bois inséré dans un assemblage de charpente pour remplir un vide ou pour donner de la dimension à une pièce trop étroite ou trop courte.

Rossignol (*Serr.*). — Crochet en fer qui permet d'ouvrir les serrures dont on n'a pas les clés.

— (*Men.*); morceau de bois en forme de coin qu'on fait entrer de force dans une mortaise trop longue pour son tenon.

Rotie (*Maç.*). — Exhaussement d'un mur mitoyen sur la demi-épaisseur de ce mur.

Rouannette (*Charp.*). — Outil en fer rond dont l'extrémité aplatie est divisée en deux pointes; il sert à marquer les bois, à tracer des cercles.

Rouet. — Assemblage de charpente placé au fonds d'un puits pour recevoir la maçonnerie en pierre sèche qu'on élève au-dessus.

Rouleur. — Ouvrier terrassier qui fait les transports à la brouette.

Rudération. — Maçonnerie dont l'exécution est grossièrement faite.

Ruellée (*Couv.*). — Enduit de plâtre ou de mortier pratiqué sur les tuiles ou ardoises d'un toit, sur la rive qui ne s'appuie pas à un mur.

Ruiner. — Hacher des poteaux de cloisons, afin de faciliter l'adhérence ou la liaison d'un enduit.

Rusticage (*Maç.*). — *Piquage* des joints de pierre avec une pioche, pour faciliter l'adhérence du mortier.

S

Sablière (*Charp.*). — Pièce de bois posée horizontalement et destinée à recevoir dans un pan de bois, les poteaux et décharges de l'étage supérieur.

Sabot (*Serr.*). — Godet ou enveloppe métallique épousant la forme de la pièce de bois qu'il est destiné à protéger.

Sabrer (*Men.*). — Travailler sans soin.

Saignée (*Men.*). — Coup de scie donné dans une pièce pour la redresser en plaçant un coin dans l'encoche.

« Saigner du nez ». — Quand un vantail de croisée, de porte ou de châssis baisse sur le devant, on dit qu'il *saigne du nez*.

Sapine. — Echafaudage formé de quatre grandes pièces de bois verticales, et destiné au montage de la pierre de taille.

Sas (*Maç.*). — Tamis de crin ou de soie, aux mailles fines, qui sert dans les chantiers de construction à passer le plâtre destiné à faire les enduits des plafonds, des murs et des cloisons.

Sauterelle (*Charp.*). — Instrument formé de deux règles assemblées à l'une de leurs extrémités, et servant à tracer des angles.

— (*Serr.*); la branche de bascule droite d'un mouvement de sonnette, qui sert à faire ressauter le fil de fer ou cordon de tirage.

Sauton (*Couv.*). — Ardoise réduite sur sa largeur afin de pouvoir compléter un rang d'ardoises. Souvent pour employer de la vieille ardoise, on la transforme en *sauton*.

Scellement (*Maç.*). — Fixer un gond, une gâche, une patte, un arrêt de persienne, etc., avec du plomb, du plâtre ou du ciment.

Sciotte (*Maçonn.*). — Sorte de scie à main, avec laquelle le maçon *sciotte* les joints de pierre à démolir avec soin.

Scotie. — Moulure concave placée entre les tores d'une base de colonne et souvent sous le larmier d'une corniche.

Shampooing (*Plomb.*). — Robinet mélangeur pour *douche*, *lavabo*, etc., articulé à jointure et terminé par un col-de-cygne muni d'une crépine.

Semelle. — Sorte de tirant fait d'une plate-forme, où sont assemblés les pieds de la ferme d'un comble pour en arrêter l'écartement.

— D'ÉTAI; pièce de bois couchée à plat sous le pied d'un étai, d'un POINTAL ou d'un CHEVALEMENT.

— ou TALON (*Men.*); feuillet de bois pris dans une pièce refendue obliquement, lequel feuillet est propre à être plaqué.

— (*Serr.*); pièce en fer plat servant à porter l'extrémité d'une pièce, telle qu'un arbalétrier de comble, une solive, la base d'un pilier ou d'une colonne, etc.

Septain (*Serr.*). — Corde faite de sept torons.

Sergent. Corruption du mot SERRE-JOINT (*Men.*). — Outil en bois ou en fer employé pour tenir serrés des joints ou des assemblages au moyen de chevilles et de colle forte.

Série de Prix. — Tarif général de tous les travaux exécutés dans le bâtiment.

Serpe ou Serpette (*Plomb.*). — Outil en fer aciéré, courbe, tranchant d'un seul côté, muni d'un long manche de bois, qui sert à couper les tables de plomb.

Serpentins. — Tuyaux en fer étiré ou en cuivre rouge employés dans le chauffage à l'eau chaude, au gaz et à la vapeur.

Serre-joint. — V. SERGENT.

Serrure. — Appareil destiné à fermer une porte au moyen d'une clé ou d'un ressort.

—— A PÈNE DORMANT, manœuvre en 2 temps ou *tours de clé*.

—— D'ARMOIRE OU A CANON, à tour et demi.

—— A TOUR ET DEMI et BOUTON DE COULISSE pour logements ordinaires.

—— A DEUX PÈNES ou A PÈNE DORMANT et A DEMI-TOUR.

—— DE SURETÉ (*à gorges*, pièces qui commandent le pêne) ou A POMPE.

—— BECS DE CANE, manœuvrés à l'aide d'une *béquille double* ou d'un bouton.

V. BÉQUILLE, GORGE, MENTONNET, PALASTRE et PÈNE.

Servante. — Point d'appui pour travailler les grandes pièces.

—— (*Men.*); tige à crémaillère portée sur un pied à quatre branches.

—— (*Serr.*); sorte de tréteau sur lequel est appuyée la pièce à forger.

Seuil (*Maç.*). — Pierre longue et de peu de largeur placée dans l'ébrasement d'une porte à fleur du sol.

—— (*Men.*); feuilles de parquet formant le revêtement de l'aire de l'ébrasement d'une porte.

Singe. — Treuil horizontal à bras ou à double manivelle monté sur deux chevalets; employé pour élever, descendre des matériaux pour fondations.

Smille. — Marteau à deux pointes servant aux tailleurs de pierre à smiller la pierre.

Smiller. — Piquer la pierre avec la *smille* pour la dresser.

Soie (ASSEMBLAGE A) (*Serr.*). — Partie métallique engagée dans une pièce de bois (*limon d'escalier*) ou un manche d'outil.

Sole. — Synonyme d'*aire* d'un four, d'un fourneau et, par suite, toute construction en brique qui reçoit les cendres d'un foyer.

Solin (*Charp.*). — 1° Espace compris entre deux solives; 2° chevron posé contre un mur et qui sert de support aux abouts d'un *voligeage* ou d'un *lattis*.

—— (*Maç.*); enduit de plâtre ou de mortier posé le long d'un pignon, pour joindre et retenir les premières tuiles ou garantir le pied des souches de cheminées.

Solive. — Pièces de bois ainsi nommées parce qu'elles constituent le sol de l'étage où elles sont placées.

—— BOITEUSE; celle assemblée d'un bout dans le chevêtre et l'autre scellé dans le mur.

—— DE BRIN: celle faite de toute la grosseur d'une branche ou d'un arbre.

—— D'ENCHEVÊTRURE; celles dans lesquelles est emboîté le chevêtre; ce sont les deux plus fortes solives d'un plancher.

—— DE FERME; solive sur laquelle sont assemblés les pieds des arbalétriers.

—— PASSANTE; solive en bois de brin qui fait toute la largeur d'un plancher sans poutre.

—— DE REMPLISSAGE; celle placée entre deux autres solives pour en remplir l'intervalle.

—— DE SCIAGE; celle débitée dans une pièce de bois.

Soliveau (*Men.*). — Petite solive qui remplit et garnit les trop grands vides.

Sommier (*Charp.*). — Pièce de bois qui porte les soliveaux d'un plancher.

—— (*Maç.*); pierre taillée en coupe, qui sert de buttée au premier claveau d'une plate-bande.

—— (*Men.*); la planche à laquelle est suspendue une jalousie et où se trouvent montés les poulies, cordons de tirage ou chaînette qui portent les lames de bois.

—— (*Serr.*); *lisse* en fer plat, percée de trous, recevant les barreaux d'une grille.

Sonnette (*Fouille*). — Machine à enfoncer des pieux ou des pilotis, et composée d'une enrayure de montants, d'une poulie et d'un mouton.

—— A DÉCLIC (*Fouille*); quand la corde qui tient le mouton vient s'enrouler sur le corps d'un treuil.

— A TIRAUDE ; quand la corde qui tient le mouton est tirée directement par des hommes.

Sorbonne (*Men.*). — Petite plate-forme carrelée, sorte de fourneau qui, dans les ateliers de menuiserie, sert à chauffer les bois, à faire fondre la colle forte et à coller les assemblages.

Souche. — Tuyau de cheminée qui s'élève au-dessus du comble.

Souchet. — Pierre qui se trouve immédiatement au-dessous du dernier banc d'une carrière.

Soucheveur. — Ouvrier carrier qui a la spécialité d'enlever le *souchet* pour soulever les bancs de pierre et les faire tomber.

Souillard (*Maç.*). — Trou pratiqué dans un entablement où dans l'épaisseur d'un mur, afin de donner passage aux eaux d'un chéneau.

— Puisard recouvert d'une dalle percée de trous ronds afin de laisser les eaux d'un tuyau de descente ou d'une gargouille s'y écouler.

Sourci (*Maç.*). — Arcade formée avec des briques de champ au-dessus d'une baie.

Spatule. — Petite truelle ovale et pointue employée par les marbriers et les serruriers pour gâcher le plâtre destiné aux scellements.

Staff (*Sculpt.*). — Mélange de plâtre, de ciment, de glycérine, etc., employé en guise de pierre pour la décoration architecturale des constructions provisoires.

Stuc, Stucage. — Composition imitant le marbre, faite avec de la chaux éteinte et de la poudre de marbre blanc.

Stylobate ou **stéréobate.** — Piédestal continu régnant autour d'un édifice, d'une stalle, etc.

— (*Men.*) ; large plinthe au bas des murs d'une pièce d'appartement.

Suante (*Serr.*). — On nomme *chaude suante*, *chaleur suante*, le degré de chaleur nécessaire à un fer chauffé à blanc pour amener un commencement de fusion.

T

Tables (*Maç.*). — Partie lisse et unie faite dans un mur en pierre, en ravalement de mortier ou de plâtre formant saillie où renfoncement. — Panneaux de crépi entourés de bandes d'enduit lisse.

— (*Men.*) ; partie de menuiserie carrée ou rectangulaire qui fait saillie sur une masse.

— (*Plomb.*) ; feuilles de plomb laminé, de longueur et de largeur variables.

Tableau (*Maç.*). — Dans la baie d'une fenêtre, la partie de l'épaisseur du mur qui va de la feuillure au parement de la façade. — V. ÉBRASEMENT.

Tablette (*Maç.*). — Pierre de peu d'épaisseur, débitée en tranche, employée pour couvrir un mur de terrasse, pour faire le bord d'un bassin.

— D'APPUI ; celle qui couvre l'appui d'une croisée.

Tacheron. — Maître compagnon qui se fait concéder par un entrepreneur quelconque des travaux à la tâche. (V. MARCHANDEURS.)

Taloche (*Maç.*). — Planchette rectangulaire avec, au centre, un manche perpendiculaire servant à la manœuvrer elle sert à exécuter les crépis et les enduits en plâtre.

Talon. — Moulure concave en haut et convexe en bas ; le contraire de la DOUCINE, ou *talon* renversé.

Talutage (*Terr.*). — Donner du talus à des terres.

Tambour (*Men.*). — Cloison à laquelle sont fixées une ou plusieurs portes et qu'on place devant une porte d'entrée afin d'empêcher l'air extérieur d'arriver directement dans le local.

— (*Plomb.*) ; bout de tuyau conique servant à raccorder deux autres tuyaux de diamètres différents.

Tamis (*Maç.*). — Cercle de bois méplat fermé d'un côté par un tissu de crin ou de soie et qui sert à tamiser le ciment, le plâtre, etc.

Tamponnoir (*Men.* et *Serr.*). — Instrument en fer aciéré qui sert à percer dans les murs (pierre ou brique), de petits trous qu'on bouche avec des tampons de bois.

Tarabiscot (*Maç.*). — Outil à fût qui sert à faire des élargissements de moulures.

Taraud (*Serr.*). — Outil en acier servant à *tarauder*, c.-à-d. à creuser, dans une pièce de fer, une spirale destinée à recevoir une vis.

Targette (*Serr.*). — Petite plaque de fer ou de cuivre avec un verrou plat; sert à fermer portes et fenêtres.

Tarière (*Men.* et *Serr.*). — Grosse vrille servant à percer le bois, la pierre, etc.

Tasseau (*Charp.*). — Morceau de bois cloué sur les faces verticales des solives d'un plancher.

— (*Men.*); petite tringle de bois fixée sur des murs opposés, sur les côtés d'un placard, afin de supporter les extrémités de tablettes.

— (*Serr.*); petite enclume portative.

— DE COUVRE-JOINT (*Couv.*); tringle servant, dans les couvertures en zinc, à fixer les couvre-joints.

Taupette (*Peint.*). — Brosse à main.

Té (*Men.*). — Traverse en bois reliant les pieds d'une table, d'un tréteau, etc.

— (*Serr.*); équerres ou ferrures ayant la forme d'un T ou d'un double T.

— ABAT-VENT (*Fum.*); abat-vent ayant la forme d'un T.

Témoins (*Fouilles*). — Petits monticules que les terrassiers laissent dans une fouille, une excavation, pour faciliter le mesurage du cube déplacé.

Tenettes (*Serr.*). — Petites tenailles servant à tenir des objets à étamer.

Tenon (*Men.*). — Pièce de bois ou de fer, diminuée carrément à l'extrémité de manière à pouvoir entrer dans une mortaise.

Terrasse. — L'ensemble des travaux exécutés dans un sol pour y jeter les fondations d'une construction.

Tétière (*Serr.*). — Tête de cloison d'une serrure à travers laquelle passe le pêne.

Teton (*Serr.*). — Petite éminence qui existe sur certains *forets* ou *fraises*, dénommés pour cela *forets à teton*, *fraises à teton*.

Têtu. — Fort marteau à tête carrée, surtout employé pour les démolitions.

Tiercine (*Couv.*). — Portion d'une tuile refendue en deux, employée contre les parois des murs et des souches de cheminée.

Tiers-point (*Serr.*). — Lime fine à section triangulaire surtout employée à affûter le tranchant des dents de scie.

Tinette. — Espèce de tonneau servant aux vidanges.

Tiers-poteau. — Bois de sciage employé dans les cloisons légères; ainsi nommé, parce que d'un fort poteau on retire trois *tiers-poteaux*.

Tirant. — Pièce de fer ayant à chaque extrémité un œil destiné à recevoir une *ancre*; elle sert à empêcher l'écartement des différentes parties d'une construction.

Tire-fond (*Serr.*). — Fort piton posé dans les plafonds et qui sert à porter des lustres.

Toiser. — Ancien terme remplacé par celui de *métrer*.

Tombeur. — Ouvrier qui opère les démolitions des vieilles constructions.

Tondin. — Tore ou grosse baguette employée comme moulure.

— (*Plomb.*); gros cylindre de bois servant à former et arrondir les tuyaux de plomb.

Torchis. — Mélange de terre argileuse, de foin ou de paille, dont on fait des murs de remplissage.

Tore. — Moulure convexe dont le profil est un demi-cercle.

Torsade (*Serr.*). — Faisceau d'éléments en fer tordus en spirale.

Tourne-à-gauche. — Outil avec lequel on courbe en sens contraire les dents d'une scie. — Outil qui sert à faire des pas de vis.

Tournisse (*Charp.*). — Poteau de remplissage compris entre une *sablière* et une *décharge*.

Toyère. — Œil d'un fer de hache.

Traceret (*Charp.* et *Men.*). — Outil servant à tracer sur les bois les détails des assemblages, coupes, repères, etc.

Traînée (*Maç.*). — Filet de plâtre appliqué sur un mur qu'il s'agit de ravaler; se nomme plus souvent *cueillie*.

Traîner (*Maç.*). — TRAINER UN PLAFOND; jeter du plâtre presque liquide à l'aide de la taloche sur un plafond.

— TRAINER UNE CORNICHE, UNE MOULURE; faire une corniche, une moulure avec un calibre traîné sur deux règles fixées l'une au-dessus et l'autre au-dessous de la moulure.

Tranche (*Serr.*). — Outil en forme de merlin, aciéré et affûté; il porte un œil dans lequel passe un manche de bois; il sert soit à refendre ou *trancher* les pièces de fer à chaud, soit pour les couper à froid.

Tranchet. — Outil tranchant dont se servent les plombiers pour couper le plomb.

Tranchis (*Couv.*). — Rang d'ardoises ou de tuiles échancrées et posées sur les arêtières.

Trapan. — Haut d'un escalier où finit la rampe.

Trappon. — Trappe à fleur de terre qui sert à fermer une cave dans laquelle on entre par la rue.

Travaison (*Charp.*). — Saillie qui termine le haut des murs d'un édifice et qui porte la charpente de la couverture ou les travées de cette charpente. Plus considérable, on la nomme *corniche*, *entablement*.

Travée (du latin *trabs*, poutre). — Espace compris entre deux poutres et par dérivation une ordonnance d'architecture comprise entre deux points d'appui principaux.

— (*Men.*); TRAVÉE DE DEVANTURE: l'espace compris entre deux piles de bâtiment. — TRAVÉE DE PLANCHER: l'espace compris entre deux poutres.

Trémie. — Emplacement du foyer d'une cheminée.

— (BANDE DE); bande de fer méplat qui s'accroche comme un étrier sur le chevêtre; on en place sous l'âtre d'une cheminée, afin de le soutenir.

Trémion. — Barre de fer ou de bois destinée à supporter la caisse ou trémie d'une cheminée.

Trépan ou **Drille.** — Outil à mèche dans le genre du vilebrequin mais plus grand; il sert à percer des trous dans la pierre, le marbre, etc.

Trésaille. — Pièce de bois horizontale qui, dans les charrettes, retient les ridelles.

Trésillon. — Petit étai; liteau placé entre deux planches nouvellement sciées pour les faire sécher.

Treuil. — Machine à élever les fardeaux: cylindre monté sur un bâti au moyen des tourillons sur lesquels sont fixées des manivelles servant à faire tourner le cylindre.

Tricage. — Merrain qui n'a pas les dimensions usuelles du commerce, parce que ses dimensions en sont faibles.

Tricoises. — Tenailles servant aux menuisiers et aux charpentiers à arracher des chevilles et des clous. Celles des serruriers, à mordants courbes, ne pincent que par leurs extrémités.

Tricosine (*Couv.*). — Tuile fendue dans sa longueur.

Tringle (*Men.*). — Petite alaise non rainée, clouée sur un battant de porte ou de tout autre partie de menuiserie mobile qui a subi une trop grande retraite.

Tringler. — Tracer une ligne sur la pierre ou le bois avec un cordeau frotté avec de la craie, de la pierre noire ou rouge.

Triqueballe (*Charp.*). — Sorte de fardier servant à transporter les troncs d'arbres, ainsi que les plus grosses pièces de charpente.

Tronche. — Morceau de bois gros et court, dont on peut tirer un quartier tournant pour un escalier en charpente.

Truelle. — Outil en fer avec manche en bois dont se servent les maçons; en cuivre, pour les plâtriers.

Trullisation. — Poser différentes couches d'enduits les unes sur les autres pour dresser un mur, arrondir une voûte ou une colonne de maçonnerie, etc.

Trumeau. — Partie de mur de face entre deux fenêtres.

Trusquin. — Outil formé d'une planche traversée en son milieu par une règle carrée ; employée par le menuisier, le charpentier et le serrurier, pour tracer sur le bois des lignes parallèles aux arêtes.

Tué (*Men.*). — Ouvrage *loupé.*

Tuf. — Terrain solide et compact excellent pour des fondations et généralement composé de terre forte mélangée de gravier.

Tuffeau. — Calcaire de structure tantôt arénacé, tantôt grésiforme (mauvais matériaux).

Tuiles. — Carreau de terre cuite servant à couvrir un bâtiment.

   — CREUSE ; celle qui est circulaire en son profil.

   — GIRONNÉE ; plus large dans un bout que dans l'autre.

   — FAITIÈRE ; celle qui se pose sur le sommet d'un comble.

   — FLAMANDE ou en S.

   — PLATE ; celle avec un petit crochet pour la fixer sur la latte.

   — VERNISSÉE ; celle enduite de vernis de diverses couleurs.

Tuileaux. — Morceaux de tuiles qui cassés et réduits en poudre, servent à composer un mastic utile à différents usages.

Turbine. — Roue hydraulique dont l'axe, au lieu d'être horizontal, est vertical.

Tuyère. — Ouverture pratiquée à la partie inférieure d'un fourneau et destinée à recevoir le bec des soufflets.

Tympe (*Maç.*). — Pierre maçonnée placée à la partie antérieure d'une *tuyère,* ou tuyau de forge.

V

Vacation. — Temps employé par un architecte pour une expertise ; une vacation est ordinairement de trois heures.

Vache (TIRER LA) (*Serr.*). — Actionner le soufflet de forge, dont les côtés sont en cuir de vache.

Va-et-vient. — Nom donné à toute pièce de serrurerie qui exécute un mouvement d'aller et de retour (*pivots va-et-vient*).

Valet (*Men.*). — Outil de fer d'une forme se rapprochant de l'F, et servant à maintenir les pièces de bois fixes sur l'établi.

   — (*Serr.*) ; toute pièce de fer empêchant une fermeture de retomber ou de s'ouvrir facilement ; les targettes et les verrous en portent souvent.

Vantail. — Battant d'une porte ou d'une fenêtre ajusté dans un bâti dormant.

Varlope. — Outil de menuiserie ; sert à dresser, à blanchir les bois.

Vasistas (*Serr.*). — Chassis mobile, ordinairement en fer rainé et qui reçoit dans ses rainures une pièce de verre.

Veau (*Charp.*). — Levée faite dans une forte pièce de bois pour la cintrer sur l'une de ses faces.

Veine. — Défauts dans la pierre de taille désignés par les mots *moyes, fils, délits.*

Veinette (*Peint.*). — Brosse en soies blanches.

Velue (PIERRE). — Pierre brute, telle qu'elle sort de la carrière.

Ventouse (*Maç.*). — Ouverture pratiquée au pied d'un mur, pour faciliter l'écoulement d'une eau quelconque.

   — (*Plomb^rie*) ; tuyau adapté à une grande conduite, pour l'échappement de l'air qui peut s'y introduire.

   — (*Fum.*) ; conduit en maçonnerie amenant l'air extérieur au foyer d'une cheminée.

Ventrière (*Charp.*). — Pièce de bois grossièrement équarrie placée devant un rang de palplanches afin de mieux préserver un ouvrage de maçonnerie exposé à une poussée de terres ou à un courant d'eau.

Vérin (*Charp.*). — Appareil pour élever les fardeaux à une faible hauteur.

Verseau. — Pente du dessus d'un entablement non couvert.

Vertevelle. — Sorte d'anneau qui fixe le mouvement d'un verrou, d'un pêne de serrure, etc.

Vie (tout en) (*Men.*). — Quand une pièce de bois pénètre dans une autre sans qu'on ait rien diminué de sa largeur ou de son épaisseur, on dit que cette pièce pénètre dans l'autre *tout en vie*.

Vielle (LOQUET A) (*Serr.*). — Celui qui s'ouvre à l'aide d'une pièce coulée en forme de manivelle.

Vilebrequin (*Maç. et Men.*). — Outil servant à faire mouvoir des mèches à percer le bois, la pierre tendre etc.

Vingtain ou **Vingtaine** (*Maç.*). — Petit cordage servant à conduire les pierres en les élevant avec le câble, afin d'empêcher leur écornement contre les parois saillantes d'une construction.

—— POTOYÈRE ; marche d'escalier de cave qui tourne autour d'un noyau circulaire.

Virbouquet ou **Virebouquet** (*Charp. et Maç.*). — Cordage qui sert à guider un fardeau élevé par une grue ou toute autre machine de levage.

Vireveau. — Petit treuil.

Vis d'escalier. — Limon d'escalier circulaire suspendu.

Vive arête (à). — Pièce de bois, de métal, bloc de pierre, dont les arêtes, les angles, sont nets et vifs.

Volée. — Hauteur à laquelle on élève le mouton d'une machine à battre les pieux. — Série d'un certain nombre de coups de *mouton* sur la tête d'un pieu. — V. RAMPE.

Volet. — Fermeture intérieure ou extérieure des croisées ou des porte-croisées.

—— Ouverture de pigeonnier se fermant par un petit *ais* en abattant.

—— Ailerons ou petites planches qui font tourner la roue d'un moulin à eau.

Volige. — Planche mince en bois de peuplier, employée pour l'établissement des couvertures en ardoises ; en chêne ou en sapin, on la nomme plutôt *feuillet*.

Voligeage (*Couv.*). — Aire formée à l'aide de voliges clouées sur des chevrons et sur laquelle on fixe des ardoises.

Voltmètre. — Appareil permettant de décomposer l'eau par un courant électrique. — Tout appareil où se produit une réaction électrolytique.

Volute (*Men.*). — Partie inférieure du limon d'un escalier formant un enroulement et sur lequel est posé le *pilastre* de la rampe en fer.

Voussure (*Men.*). — Les plafonds en voussure sont destinés à revêtir des embrasures de portes ou de croisées dont les courbes intérieures et extérieures diffèrent.

Voûte d'arête. — Intersection de deux voûtes en berceau de même hauteur.

Voûte-canne. — Maçonnerie légère de plâtre remplissant, dans un plancher, l'espace compris entre les soliveaux. (V. ENTREVOUS).

Vrillon. — Petite tarière dont le fer est terminé en vrille.

W

Wagon, Wagonnet (*Maç.*). — Poteries de terre cuite qui servent à former des tuyaux de cheminée dans l'intérieur d'un mur.

Wastringue (*Men.*). — Outil dans le genre d'une plane, qui sert à arrondir le bois.

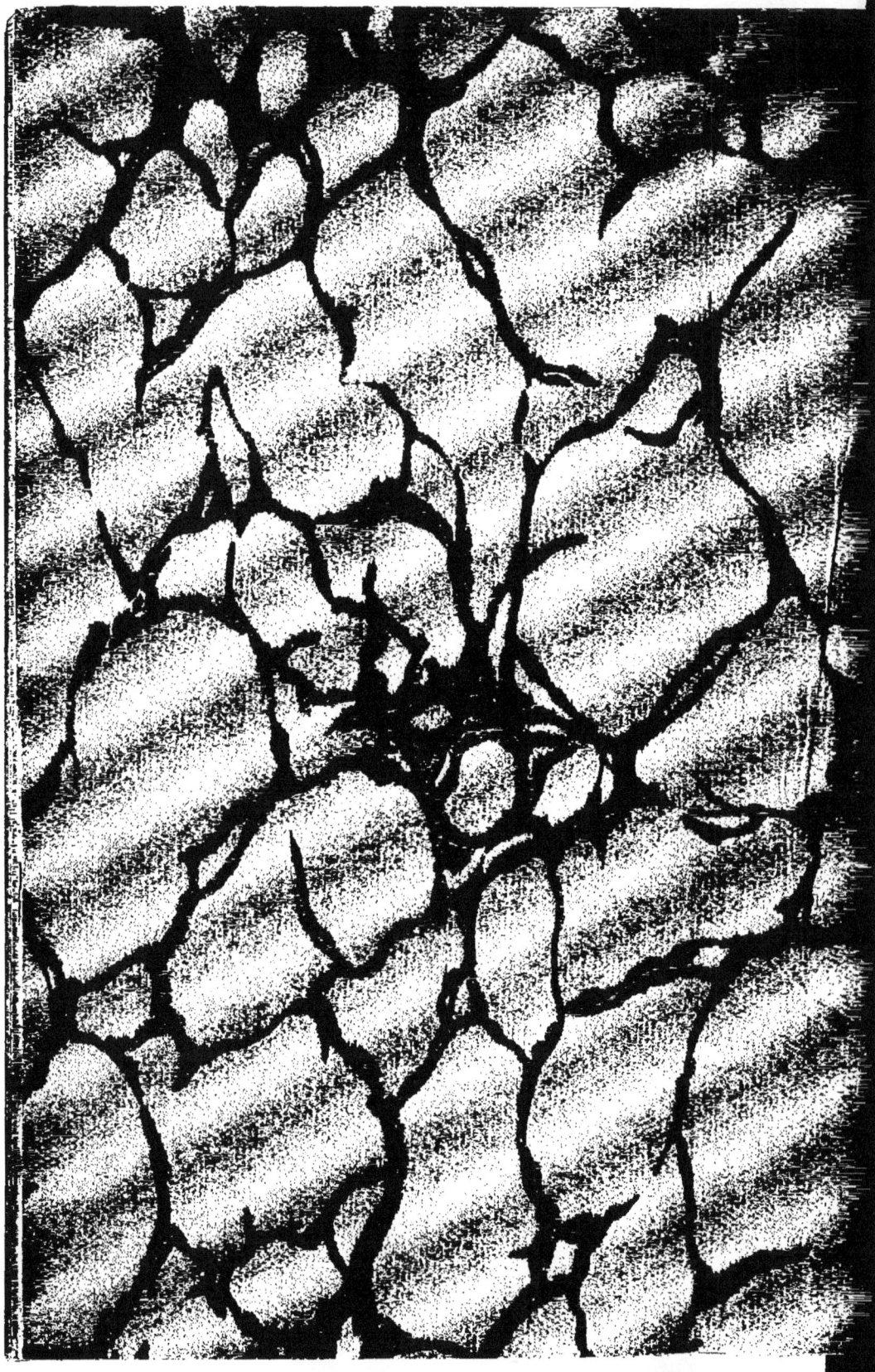

www.ingramcontent.com/pod-product-compliance
Lightning Source LLC
Chambersburg PA
CBHW060716220326
41598CB00020B/2110